Einheiten, die keine SI-Einheiten sind

Größe	Name	Zeichen	Definition
Zeit	Minute	min	$1\text{ min} = 60\text{ s}$
	Stunde	h	$1\text{ h} = 60\text{ min} = 3600\text{ s}$
	Tag	d	$1\text{ d} = 24\text{ h} = 1440\text{ min} = 86400\text{ s}$
Volumen	Liter	l	$1\text{ l} = 1\text{ dm}^3 = 10^{-3}\text{ m}^3$
Druck	Bar	bar	$1\text{ bar} = 10^5\text{ Pa} = 10^5\text{ N/m}^2$
Energie	Elektronenvolt	eV	$1\text{ eV} = 1{,}602 \cdot 10^{-19}\text{ J}$
	Kalorie	cal	$1\text{ cal} = 4{,}184\text{ J}$
Leistung	Pferdestärke	PS	$1 = PS = 735{,}5\text{ W}$
Masse	atomare Masseneinheit	u	$1\text{ u} = 1{,}6605 \cdot 10^{-27}\text{ kg}$
Winkel	Grad	°	$1° = \dfrac{\pi}{180}\text{ rad}$

Umrechnungen

Länge

$1\text{ m} = 5{,}3996 \cdot 10^{-4}\text{ sm}$

$1\text{ sm} = 1852\text{ m}$

$1\text{ mile} = 1609{,}344\text{ m}$

$1\text{ Lichtjahr} \approx 9{,}46 \cdot 10^{12}\text{ km}$

(sm Seemeile; mile »amerikanische/englische Meile«)

Zeit

$1\text{ a} = 365\text{ d }5\text{ h }48\text{ min }47\text{ s}$

$1\text{ Woche} = 7\text{ d} = 168\text{ h} = 10080\text{ s}$

$1\text{ mph} = 0{,}447\text{ m/s}$

(a tropisches Jahr, d Tag, h Stunde)

(mph miles per hour »Meilen pro Stunde«; kn Knoten; sm Seemeile)

Volumen

$1\text{ Liter} = 1\text{ dm}^3 = 10^{-3}\text{ m}^3$

$1\text{ m}^3 = 10^3\text{ l}$

$1\text{ pint} = 0{,}55061\text{ dm}^3$

Druck

$1\text{ Torr} = 1\text{ mmHg} = 133{,}322\text{ Pa}$

$1\text{ bar} = 10^5\text{ Pa}$

$1\text{ mbar} = 100\text{ Pa}$

Energie

$1\text{ kWh} = 3{,}6 \cdot 10^6\text{ Ws} = 3600\text{ kJ}$

$1\text{ cal} = 4{,}184\text{ J}$

(cal Kalorie)

Masse

$1\text{ zt} = 50\text{ kg}$

$1\text{ t} = 1000\text{ kg}$

$1\text{ Pfd.} = 0{,}5\text{ kg} = 500\text{ g}$

(zt Zentner; t Tonne; Pfd. Pfund)

Temperatur

$-273{,}15\text{ °C} = 0\text{ K}$

$0\text{ °C} = 273{,}15\text{ K}$

$100\text{ °C} = 373{,}15\text{ K}$

Wellenlänge – Frequenz

$300\text{ nm} \approx 1 \cdot 10^{15}\text{ Hz}$

$3\text{ mm} \approx 100\text{ GHz}$

$1\text{ cm} \approx 30\text{ GHz}$

$1\text{ m} \approx 300\text{ MHz}$

adt Mensch Bakterien Viren Atomgröße Kerngröße

$10^0 \quad 10^{-5} \quad 10^{-10} \quad 10^{-15} \quad 10^{-20}$

wellen Umlaufzeit des Elektrons kurzlebigste Elementarteilchen

$10^{-10} \quad 10^{-15} \quad 10^{-20} \quad 10^{-25} \quad 10^{-30}$

Schülerduden Physik

Rechtschreibung und Wortkunde
Ein Wörterbuch zur alten und neuen
Rechtschreibung

Grammatik
Eine Sprachlehre mit Übungen und
Lösungen

Wortgeschichte
Herkunft und Entwicklung des
deutschen Wortschatzes

Bedeutungswörterbuch
Ein Lernwörterbuch mit Bedeutungs-
angaben und Anwendungsbeispielen zur
kreativen Wortschatzerweiterung

Fremdwörterbuch
Herkunft und Bedeutung der
Fremdwörter

Lateinisch-Deutsch
Wortschatz für den modernen
Lateinunterricht

Kunst
Von der Felsmalerei bis zur
Fotografie, von Dürer bis Dix

Musik
Bach und Beatles, gregorianischer
Gesang und Hip-Hop

Literatur
Von der Tragödie bis zum Computer-
text, von Sophokles bis Süskind: die
Literatur in ihrer ganzen Vielseitigkeit

Chemie
Von der ersten Chemiestunde
bis zum Abiturwissen

Physik
Quarks & Co.: Begriffe und
Methoden der Physik

Biologie
Die gesamte Schulbiologie aktuell
und zuverlässig

Sexualität
Umfassende Informationen
zur Sexualität des Menschen

Ökologie
Klassische Ökologie
und moderne Umweltpolitik

Geographie
Erdbeben, Klimazonen, Struktur-
wandel: allgemeine Geographie für den
modernen Erdkundeunterricht

Geschichte
Von der Hügelgräberkultur bis zum
Hitlerputsch, von der Res publica
bis zum Zwei-plus-vier-Vertrag

Wirtschaft
Das Einmaleins der Marktwirtschaft
für Schule und Berufsausbildung

Politik und Gesellschaft
Ein zuverlässiges Nachschlagewerk zu
Fragen der aktuellen Politik in Zeitung,
Fernsehen und Internet

Philosophie
»Logik des Herzens« und kategorischer
Imperativ: die wichtigsten Modelle
und Schulen

Psychologie
Das Grundwissen der Psychologie und
ihrer Nachbarwissenschaften

Pädagogik
Alles zum Thema Schule, Ausbildung
und Erziehung

Informatik
Algorithmen und Zufallsgenerator:
das Informationszentrum für Anfänger
und Fortgeschrittene

Mathematik I
5.–10. Schuljahr: das Grundwissen

Mathematik II
11.–13. Schuljahr: das Abiturwissen

Wörterbuch Englisch
Mit einem deutsch-englischen und
einem englisch-deutschen Teil

Schülerduden

Physik

4., völlig neu bearbeitete Auflage
Herausgegeben und bearbeitet
von der Redaktion Schule und Lernen

Dudenverlag
Mannheim · Leipzig · Wien · Zürich

Redaktionelle Leitung:
Dipl.-Phys. Martin Bergmann

Herstellung:
Erika Geisler

Redaktion:
Silvia Barnert (WGV, Weinheim), Dr. Matthias Delbrück (WGV),
Dipl.-Phys. Walter Greulich (WGV), Dipl.-Phys. Carsten Heinisch (WGV),
Rainer Jakob, Dipl.-Phys. Klaus Lienhart (WGV),
Dr. Gunnar Radons (WGV), Dipl.-Phys. Roland Wengenmayr (WGV)

Mitarbeiterinnen und Mitarbeiter:
Dr. Petra Gruner-Bauer, Wallertheim
Roland Haaß, Neulußheim
Dr. Anja Krüger, Selters
Dipl.-Phys. Klaus Lienhart, Heidelberg
Dr. Gerhard Sauer, Gießen
Reinhold Zimmer, Heidelberg

Grafik:
Klaus W. Müller, Stahnsdorf

Umschlaggestaltung:
Sven Rauska, Wiesbaden

Die Deutsche Bibliothek – CIP-Einheitsaufnahme

Ein Titeldatensatz für diese Publikation ist bei
Der Deutschen Bibliothek erhältlich.

Das Wort DUDEN ist für den Verlag
Bibliographisches Institut & F. A. Brockhaus AG
als Marke geschützt.

Das Werk wurde in neuer Rechtschreibung verfasst.

© Bibliographisches Institut & F. A. Brockhaus AG, Mannheim 2001
Satz: WGV Verlagsdienstleistungen GmbH, Weinheim
Druck und Bindearbeit: Graphische Betriebe Langenscheidt KG,
Berchtesgaden
Printed in Germany
ISBN 3-411-05374-7

Die Physik ist sicherlich die grundlegendste aller Naturwissenschaften und Teilgebiete wie Relativitäts- und Chaostheorie, Kosmologie, Elementarteilchen- und Laserphysik werden auch in der Öffentlichkeit verfolgt. Trotzdem gilt sie bei vielen Schülerinnen und Schülern als langweilig und uninteressant. Das Ziel des »Schülerdudens – Physik« ist es deshalb, eine Brücke zu schlagen zwischen dem vermeintlich trockenen Schulwissen und der Faszination, die von der modernen Physik ebenso ausgeht.

Dazu wurde der Inhalt umfassend mit den aktuellen Lehrplänen der allgemein bildenden Schulen für die Mittel- und Oberstufe abgestimmt und durch vielerlei interessante Themen aus den neueren Entwicklungen der Physik ergänzt. Grundlegende Begriffe und Vorstellungen wie Arbeit, Energie und Feld sind ausführlich erklärt. Zahlreiche, aussagekräftige Abbildungen unterstützen das Verständnis, die wichtigen Formeln sind farblich unterlegt. Der »Schülerduden – Physik« eignet sich damit ideal zum gezielten Nachschlagen und Wiederholen für Hausaufgaben und Klausuren, Referate und Prüfungen; gleichzeitig öffnet er den Zugang zu modernen Forschungsgebieten.

Durch einen blauen Rand sind die »Blickpunkte« gekennzeichnet, ausgewählte Artikel zu zentralen und besonders interessanten Themen. Sie informieren über aktuelle Begriffe wie Radioaktivität, Supraleitung und Elektrosmog, zeigen bemerkenswerte Theorien auf, z. B. zu Elementarteilchen, zur Chaosforschung und zum Urknall, oder porträtieren herausragende Physikerpersönlichkeiten wie Galilei, Newton und Einstein. Diese Sonderseiten laden ein zum Lesen, Mit- und Weiterdenken und schließen jeweils mit Tipps und Literaturempfehlungen für diejenigen ab, die sich noch eingehender mit einem Thema beschäftigen möchten.

Häufig benötigte Informationen zu Naturkonstanten, Größen und Einheiten und deren Umrechnung finden sich auf den Innenseiten des Buchdeckels. Interessante und teilweise überraschende Datenbeispiele zu unterschiedlichen Bereichen und Phänomenen der Physik vermitteln ein »Gefühl« für Zahlenangaben. Im Anhang zeigt eine Auflistung die Verwendung griechischer Buchstaben in der Physik. Die historische Einordnung von Entwicklungen erlaubt eine Sammlung der Kurzbiografien von etwa 100 bedeutenden Physikerinnen und Physikern. Ein Verzeichnis mit Literaturhinweisen zur Schulphysik – sowohl zum Lernen wie zur Unterhaltung – rundet den Band ab.

Nun noch einige *Benutzungshinweise:* Der Text ist nach fett gedruckten Hauptstichwörtern alphabetisch geordnet. Die Alphabetisierung ordnet Umlaute wie die einfachen Selbstlaute ein, also ä wie a, ö wie o usw. Das ß wird wie ss eingeordnet. Mehrteilige Hauptstichwörter werden ohne Rücksicht auf die Wortgrenzen durchalphabetisiert, sodass sich z. B. folgende Reihenfolge ergibt: **spezifischer Widerstand, spezifisches Gewicht, spezifische Wärmekapazität.**

Gibt es für einen Sachverhalt mehrere Begriffe, so werden diese nach dem Stichwort in runden Klammern angegeben, z. B. **Aperturblende** (Öffnungsblende). Angaben zur Herkunft folgen dem Stichwort in eckigen Klammern. Die Betonung eines Stichworts ist durch einen unter-gesetzten Strich (betonter langer Vokal) oder einen untergesetzten Punkt (betonter kurzer Vokal) gekennzeichnet. Aussprachehinweise werden in der gebräuchlichen internationalen Lautschrift angegeben.

Begriffe oder Bezeichnungen, die mit dem Stichwort in enger inhaltlicher Beziehung stehen, werden als Unterstichwörter halbfett hervorgehoben, z. B. **Ozonloch** unter **Atmosphäre.** Der Verweispfeil (↑) besagt, dass ein Begriff unter einem anderen Stichwort behandelt wird oder dass ergänzende Informationen in einem anderen Artikel zu finden sind. Besitzt ein Stichwort gleichzeitig mehrere verschiedene Bedeutungen, so wird dies durch das Symbol ◆ angedeutet (z. B. **Gitter** als Begriff aus der Optik, der Elektronik und der Festkörperphysik). Die im Text verwendeten Abkürzungen sind am Ende des Bands zusammengestellt.

Im Übrigen wird konsequent das internationale Einheitensystem (SI) verwendet. Andere Einheiten werden nur aufgeführt, wenn ihnen in der wissenschaftlichen Praxis oder im Alltag noch eine gewisse Bedeutung zukommt. Die Werte der Naturkonstanten folgen den aktuellen internationalen Empfehlungen. Wird von einem Vektor der Betrag genommen, zeigt dies das Weglassen des Vektorpfeils an: »Kraft F« bedeutet also »Betrag der Kraft $\vec{F}$«.

Wir hoffen, dass die neue Auflage des »Schülerdudens – Physik« dem Ziel nahe kommt, den Schülerinnen und Schülern sowie allen anderen Interessierten mit fundierten Informationen zu nutzen, aber auch etwas von der Faszination der Wissenschaft Physik zu vermitteln. Kritik und Anregungen sind herzlich willkommen.

Mannheim, im Januar 2001   Redaktion und Bearbeiter

a:

◆ Abk. für den ↑Einheitenvorsatz Atto (Trillionstel = 10^{-18}fach).

◆ Einheitenzeichen für die Flächeneinheit Ar (1 a = 100 m^2).

◆ Einheitenzeichen für die Zeiteinheit ↑Jahr (von lat. annum).

A:

◆ Einheitenzeichen für ↑Ampere.

◆ (A): Formelzeichen für ↑Abbildungsmaßstab.

◆ (A): Formelzeichen für ↑Aktivität.

◆ (A): Formelzeichen für ↑Auflösungsvermögen.

◆ (A): Formelzeichen für ↑Massenzahl (Nukleonenzahl).

ā ($\vec{a}$): Formelzeichen für die ↑Beschleunigung (von engl. *a*cceleration).

Å: Einheitenzeichen für ↑Ångström.

Abbildung (optische Abbildung): die Erzeugung eines Bildes von einem Gegenstand mithilfe der von ihm ausgehenden oder an ihm reflektierten Lichtstrahlen, wobei Brechungs- und Reflexionserscheinungen ausgenutzt werden.

Das von einem Punkt P des Gegenstands (**Gegenstandspunkt**) ausgehende Strahlenbündel wird dabei beim Durchgang durch eine ↑Linse oder ein Linsensystem gebrochen bzw. an einem ↑Spiegel reflektiert und im Idealfall wieder in einem Punkt P', dem **Bildpunkt**, vereinigt. Die Gesamtheit der Bildpunkte ergibt das Bild Q' des Gegenstands Q. In der Realität wird das Bild aber oft durch ↑Abbildungsfehler beeinträchtigt.

Zur Berechnung der Bildpunkte gilt die für das jeweilige optische System (z. B. Linse, Wölb-, Hohlspiegel) charakteristische ↑Abbildungsgleichung. Sie nimmt für Strahlen dicht an der optischen Achse und parallel zu ihr (achsennahe und **achsenparallele Strahlen**) eine besonders einfache Form an. Sind die ↑Brennweiten in dem optischen System bekannt, so lässt sich das Bild (abgesehen von Abbildungsfehlern) auch zeichnerisch bestimmen. Dabei wird ausgenutzt, dass sich *alle* von einem Gegenstandspunkt ausgehenden Strahlen im entsprechenden Bildpunkt wieder schneiden. Zur Konstruktion des Bildpunkts genügen also zwei beliebige Strahlen. Man wählt daher von den durch den Gegenstandspunkt P gehenden Strahlen diejenigen zwei Strahlen, deren Verlauf durch die Eigenschaften des optischen Systems besonders leicht zu bestimmen ist. Hierfür kommen infrage (Abb. 1):

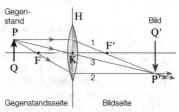

Abbildung (Abb. 1): Bei der Konstruktion des Bildes sind der bildseitige Brennstrahl 1, der gegenstandsseitige Brennstrahl 2 und der Hauptstrahl 3 ausgezeichnet.

▩ der von P aus parallel zur optischen Achse einfallende Strahl (**Parallelstrahl**), der nach Brechung an der Linse als bildseitiger Brennstrahl durch den bildseitigen Brennpunkt F' geht;

▩ der durch P und den gegenstandsseitigen Brennpunkt F gehende Strahl (**gegenstandsseitiger Brennstrahl**), der das System nach Brechung an der Linse als Parallelstrahl verlässt;

▩ der von P zum Linsenmittelpunkt K laufende Strahl (**Hauptstrahl**), der nach Durchgang durch die Linse seine Richtung nicht geändert hat. Bei dünnen Linsen wird er auch als **Mittelpunktsstrahl** bezeichnet.

Unter bestimmten Bedingungen (↑Abbildungsgleichung) vereinigen sich die aus dem optischen System austretenden Strahlen auf der Gegenstandsseite nicht, sondern nur ihre rückwärtige Verlängerung. Dann spricht man von einem ↑virtuellen Bild (Abb. 2).

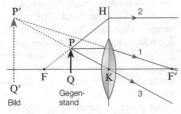

Abbildung (Abb. 2): bildseitiger Brennstrahl 1, gegenstandsseitiger Brennstrahl 2 und Hauptstrahl 3 bei der Konstruktion eines virtuellen Bildes

Diese zeichnerische Konstruktion mit der Brechung an *einer* Ebene gilt nur für dünne Linsen, wie sie in der Schule durchweg benutzt werden. Bei dicken Linsen muss man dagegen *zwei* ↑Hauptebenen unterscheiden.

Abbildungsfehler: bei einer optischen ↑Abbildung die Abweichungen (Aberrationen) von den Abbildungsgesetzen dünner Linsen. Bei einfarbigem (monochromatischem) Licht treten folgende A. auf:

▪ **Öffnungsfehler** (sphärische Aberration): Hier werden nicht alle Lichtstrahlen eines parallel zur optischen Achse auf die Linse einfallenden Bündels in einem Punkt gesammelt. Für solche Fehler sind bei sphärischen Linsen die achsenfernen Strahlen verantwortlich.

▪ **Astigmatismus:** Punkte außerhalb der optischen Achse werden nicht punktförmig abgebildet. In zwei von der Linse unterschiedlich entfernten Ebenen entstehen senkrechte Striche. Ursache des Astigmatismus ist die unterschiedliche Brechkraft einer Linse in zwei zueinander senkrechten Richtungen.

▪ **Bildfeldwölbung:** Die Punkte einer Ebene werden nicht genau auf eine Ebene abgebildet, sondern auf eine Rotationsfläche um die Linsenachse.

▪ **Asymmetriefehler** (Koma): Hier wird ein schief zur optischen Achse einfallendes Parallelstrahlbündel, das durch eine Blende begrenzt wird, nicht mehr rotationssymmetrisch zur optischen Achse abgebildet.

▪ Bei mehrfarbigem Licht treten zusätzlich ↑chromatische Aberrationen auf, die auf der Dispersion des brechenden Mediums beruhen.

Abbildungsgleichung: der mathematische Zusammenhang zwischen Gegenstandsweite g, Bildweite b und Brennweite f bei einer optischen ↑Abbildung. Für achsennahe Strahlen gilt:

$$\frac{1}{g} + \frac{1}{b} = \frac{1}{f}.$$

Bei Sammellinsen und Hohlspiegeln ist die Brennweite f positiv, bei Zerstreuungslinsen und Wölbspiegeln negativ zu rechnen. Die Bildweite b ist bei reellen Bildern positiv, bei virtuellen Bildern dagegen negativ.

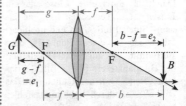

Abbildungsgleichung: zur Begriffsbildung bei der gewöhnlichen und bei der newtonschen Form der Abbildungsgleichung

Oft verwendet man anstelle der Gegenstandsweite g die Entfernung e_1 des Gegenstands zum Brennpunkt und anstel-

Gegenstands-weite g	Bildweite b	Art des Bildes
$0 < g < f$	Bild liegt auf derselben Seite der Linse wie der Gegenstand, $|b| > g$	virtuell, aufrecht stehend, größer als der Gegenstand
$g = f$	$b = \infty$	es entsteht kein Bild
$f < g < 2f$	$b > 2f$	reell, umgekehrt, größer als der Gegenstand
$g = 2f$	$b = 2f$	reell, umgekehrt, ebenso groß wie der Gegenstand
$g > 2f$	$f < b < 2f$	reell, umgekehrt, kleiner als der Gegenstand
$g = \infty$	$b = f$	punktförmiges »Bild«

Abbildungsgleichung: Abhängigkeit der Bildweite b und der Art des entstehenden Bildes bei einer Sammellinse von der Gegenstandsweite g

le der Bildweite b die Entfernung e_2 des Bilds vom bildseitigen Brennpunkt. Es gilt dann $e_1 = g - f$ und $e_2 = b - f$. Damit erhält man die newtonsche Form der Abbildungsgleichung (nach I. NEWTON):

$$e_1 \cdot e_2 = f^2 .$$

Sie gilt bei Linsen jedoch nur für einfarbiges (monochromatisches) Licht und nur dann, wenn sich auf beiden Seiten der Linse dasselbe optische Medium befindet.

Abbildungsmaßstab, Formelzeichen A: bei einer optischen ↑Abbildung das Verhältnis von Bildgröße B zu Gegenstandsgröße G. I. A. gilt:

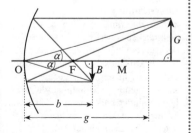

Abbildungsmaßstab: Abbildung an einem Hohlspiegel (O optischer Mittelpunkt, F Brennpunkt, M Krümmungsmittelpunkt)

$$A = \frac{B}{G} = \frac{b}{g}$$

(g Gegenstandsweite, b Bildweite). Für $A > 1$ ist das Bild größer, für $A < 1$ ist das Bild kleiner als der Gegenstand. Der A. wird auch ↑Vergrößerung genannt.

Ab|erration [lat. »Entfernung, Ablenkung, Abweichung«]:

♦ *Optik:* ein ↑Abbildungsfehler, speziell die ↑chromatische Aberration.

♦ *Astronomie:* die scheinbare Verschiebung eines Fixsterns am Himmelsgewölbe. Sie ist auf die endliche Lichtgeschwindigkeit und die Bewegung der Erde zurückzuführen.

In Abb. 1a tritt ein Lichtstrahl durch die Mitte A des Objektivs in ein Fernrohr. Ist das Fernrohr in Ruhe, so durchläuft der mit der Geschwindigkeit c sich ausbreitende Lichtstrahl die Fernrohrlänge l, gelangt nach der Zeit Δt zur Mitte B des Okulars und kann dort beobachtet werden. Der Ort des mit dem Fernrohr anvisierten Sterns liegt dann auf der Verlängerung der Fernrohrachse BA. Nun soll sich das Fernrohr mit der Geschwindigkeit v senkrecht zur Richtung des Lichtstrahls bewegen. Dann befindet sich das Fernrohr in der in Abb. 1b

A

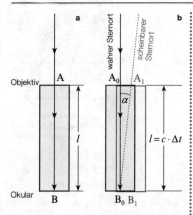

Aberration (Abb. 1): Lichtstrahl im Fernrohr. Ist das Fernrohr in Ruhe (a), so tritt keine Aberration auf, bewegt sich das Fernrohr (b), so scheint sich der Sternort zu verschieben.

sekunden am größten und nimmt zu den Polen hin auf 0 ab.

▨ Die **jährliche** Aberration, die auf die Bewegung der Erde um die Sonne zurückgeht. Der maximale Aberrationswinkel beträgt hier 20,5 Winkelsekunden.

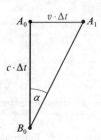

Aberration (Abb. 2): zur Berechnung des Aberrationswinkels

schwarz gezeichneten Lage, wenn das vom Stern kommende Licht in die Mitte A_0 des Objektivs eintritt. Während der Zeit Δt, in der das Licht die Fernrohrlänge l durchläuft, hat sich das Fernrohr aber um die Strecke $s = v \cdot \Delta t$ bewegt (blau eingezeichnet). Der Lichtstrahl trifft dann nicht mehr auf die Mitte B_1 des Okulars, sondern auf einen Punkt im Abstand $v \cdot \Delta t$, der sich dort befindet, wo ursprünglich der Mittelpunkt B_0 des Okulars gewesen ist. Dem Beobachter erscheint dadurch der Sternort in der Verlängerung der Strecke $B_0 A_1$, also um den Winkel $A_0 B_0 A_1 = \alpha$ verschoben. Der Winkel α heißt **Aberrationswinkel**. Für ihn gilt nach Abb. 2

$$\tan \alpha = \frac{v \cdot \Delta t}{c \cdot \Delta t} = \frac{v}{c}.$$

Man unterscheidet mehrere Aberrationseffekte:

▨ Die **tägliche Aberration,** die durch die Rotation der Erde verursacht wird. Der Aberrationswinkel hängt von der geographischen Breite ab; er ist am Äquator mit $\alpha = 0,32$ Winkel-

Ab|errationswinkel: ↑Aberration.
abgeleitete Zustandsgrößen: ↑Zustandsgrößen.
abgeschlossenes System: ein physikalisches ↑System, das in keinerlei Wechselwirkung mit seiner Umgebung steht, also weder Energie noch Materie austauscht. In einem a. S. bleibt die Energie konstant (↑Erhaltungssätze). Gegensatz: ↑offenes System.
Ablenkplatten: ↑Bildschirm.
Abplattung: Abweichung der ↑Erde von der idealen Kugelform. Die Pole befinden sich näher am Erdmittelpunkt als der Äquator.
Abschirmung:
◆ *Elektrotechnik:* das Fernhalten von elektrischen oder magnetischen Feldern aus einem begrenzten Gebiet. Ein elektrostatisches Feld lässt sich durch eine allseitig umgebende, elektrisch leitende Wandung abschirmen. Die Feldlinien enden dann in den durch Influenz (↑elektrische Influenz) gebildeten Oberflächenladungen. Der Innenraum bleibt also feldfrei. Praktische Ausführung einer elektrischen A. ist ein ↑Faraday-Käfig. Zur magnetischen

A. umgibt man den Raum mit einem magnetisch weichen Material mit hoher ↑Permeabilität ($\mu_r = 10^3$ bis 10^5).

♦ *Atomphysik:* die Erscheinung, dass in einem Atom mit hoher Kernladungszahl Z die äußeren Elektronen ein abgeschwächtes elektrisches Feld spüren. Die Ladung der inneren Elektronen in der atomaren Hülle schirmt nämlich die Ladung des Kerns nach außen ab. Das abgeschwächte Feld kann man durch eine kleinere »effektive« Kernladungszahl Z_{eff} erfassen. Die Differenz $Z-Z_{eff}$ heißt **Abschirmzahl.** Sie ändert sich mit der Elektronenschale.

♦ *Kerntechnik:* eine Anordnung von Materialien mit dem Ziel, die Intensität einer ionisierenden Strahlung zu verringern. Die Schwächung beruht auf der Wechselwirkung der Strahlungsteilchen mit dem Material (z. B. ↑Streuung oder ↑Absorption). Die Strahlung hat im abschirmenden Material eine sehr geringe ↑Reichweite.

absolute Brechzahl: ↑Brechung.

absolute Di|elektrizitätskonstante: ↑Dielektrizitätskonstante.

absoluter Nullpunkt: ↑Temperatur.

absolutes Maßsystem: das ↑CGS-System.

absolute Temperatur, Formelzeichen T: die auf den absoluten Nullpunkt bezogene Temperatur, die in ↑Kelvin (K) angegeben wird (↑Temperaturskalen).

Absorption [lat. absorbere »verschlucken«]:

♦ die Schwächung der Intensität einer elektromagnetischen Welle oder die Verringerung der Energie einer Teilchenstrahlung beim Durchgang durch Materie. Das absorbierende Material heißt **Absorber.** Die absorbierte Energie wird in Wärmeenergie (die **Absorptionswärme**) umgewandelt oder durch die Anregung oder Ionisierung der Atome bzw. Moleküle des Absorbers verbraucht. Wenn die Atome bzw. Moleküle eines Stoffs bei der Anregung nur bestimmte Energiebeträge E (Energiequanten) aufnehmen können, werden nur bestimmte Frequenzen und Wellenlängen (beim Licht bestimmte Farben) gemäß der Gleichung $E = h \cdot \nu$ absorbiert (h plancksches Wirkungsquantum, ν Frequenz der Strahlung). Dies nennt man selektive A. oder **Linienabsorption;** das entstehende **Absorptionsspektrum** ist ein Linienspektrum. Kontinuierliche A. liegt vor, wenn Strahlung eines breiten Wellenlängengebiets absorbiert wird.

Die Intensität einer elektromagnetischen Welle nimmt bei der A. exponentiell ab, wie im **lambert-beerschen Absorptionsgesetz** beschrieben:

$$I = I_0 \cdot e^{-\mu s}$$

Dabei ist I_0 die Intensität der Strahlung vor dem Absorber, s der von der Strahlung im Absorber zurückgelegte Weg, I die Intensität nach Durchlaufen der Strecke s und μ der ↑Absorptionskoeffizient.

Für die A. von Teilchenstrahlung gibt es kein allgemein gültiges Gesetz, sie hängt wesentlich vom »Mechanismus« der A. ab (z. B. Streuung, Ionisation oder Stoßanregung).

♦ die Aufnahme eines Gases durch eine Flüssigkeit oder einen Festkörper (Absorptionsmittel), die im Unterschied zur ↑Adsorption zu einer gleichmäßigen Verteilung (Lösung) im Innern des absorbierenden Stoffs führt. Mit der A. ist keine chemische Reaktion verbunden.

Absorptionsko|effizient (Absorptionskonstante), Formelzeichen μ: eine stoffspezifische Größe, welche die exponentielle Schwächung der Intensität in einem Absorber beschreibt (↑Absorption). μ heißt auch **Extinktionskoeffizient,** wenn neben der Intensitätsschwächung durch Absorption auch die Streuung eine bedeutende Rolle spielt.

Absorptionsspektrum: ↑Absorption.

Abstoßung: das Bestreben von Körpern, ihren gegenseitigen Abstand zu vergrößern aufgrund bestimmter Kräfte (**Abstoßungskräfte**), die zwischen ihnen wirken.

Abtrennarbeit: ↑Austrittsarbeit.

achromatische Linse [griech. achrómatos »farblos«] (Achromat): ein Linsensystem, bei dem die ↑chromatischen Aberrationen, also die Abbildungsfehler, die durch die unterschiedliche Brechung verschiedenfarbigen Lichts verursacht werden, weitgehend ausgeglichen sind. Als a. L. verwendet man Kombinationen von Zerstreuungs- und Sammellinsen aus Glassorten unterschiedlicher ↑Dispersion.

Achse: eine Gerade mit gegebener Richtung (z. B. bei Körpern die ↑Drehachse, in einem optischen System die ↑optische Achse). Mathematisch bilden drei nicht in einer Ebene liegende Achsen (Raumrichtungen) ein räumliches Koordinatensystem.

achsennaher Strahl: ↑Abbildung.

achsenparalleler Strahl: ↑Abbildung.

actio = reactio [lat. »Wirkung = Gegenwirkung«]: das dritte ↑newtonsche Axiom.

Adaptation [lat. adaptare »anpassen«] (Adaption): Bezeichnung für die Fähigkeit des ↑Auges, seine Empfindlichkeit der jeweiligen Helligkeit anzupassen. Das Anpassen der Empfindlichkeit nennt man Adaptieren.

adaptive Optik: ein Spiegel, dessen Form sich in geringen Grenzen computergestützt verändern lässt. Auf diese Weise werden Veränderungen der optischen Weglänge im Strahlengang (z. B. durch Luftdruckschwankungen) ausgeglichen. Adaptive Optiken werden vor allem in der Astronomie als Teleskope eingesetzt, um Bildstörungen, etwa durch atmosphärisches Flimmern, zu vermeiden und die ↑Auflösung zu erhöhen.

Addition von Kräften: ↑Kräfteparallelogramm.

Ad|häsion [lat. adhaerere »anhaften«]: das Aneinanderhaften eines festen und eines flüssigen oder gasförmigen Körpers durch ↑Molekularkräfte.

Adiabate: ↑Poisson-Gesetz.

adiabatisch [griech. adiábatos »nicht zu durchschreiten«]: bezeichnet einen Prozess »ohne Wärmeaustausch mit der Umgebung«. Dazu muss das System gut isoliert oder der Prozess so schnell sein, dass für den Wärmeaustausch keine Zeit ist.

adiabatische Entmagnetisierung: Verfahren zur Erzeugung sehr tiefer Temperaturen. Bringt man eine paramagnetische Substanz (↑Paramagnetismus) in ein starkes Magnetfeld, so orientieren sich die Elementarmagnete (die magnetischen Momente der Moleküle) z.T. in Richtung des Magnetfelds. Dabei sinkt die Gesamtenergie gegenüber dem ungeordneten Zustand. Entfernt man das Magnetfeld, so verteilen sich die Elementarmagnete wieder in alle Richtungen. Die dazu nötige Energie wird der kinetischen Energie der Moleküle, also der thermischen Energie der Substanz, entzogen. In der Praxis muss die Substanz mit einer ↑Kältemaschine vorgekühlt werden. Mit dem Verfahren lassen sich Temperaturen bis 10^{-6} K erreichen.

adiabatische Zustandsänderung: die Zustandsänderung eines Gases ohne Wärmeaustausch (Energieaustausch) mit der Umgebung. Z.B. kann das schnelle Zusammenpressen von Luft in einer verstopften Luftpumpe als adiabatischer Vorgang angesehen werden. Für ein ideales Gas gilt dabei das ↑poissonsche Gesetz.

Adsorption [lat. ad »an« und sorbere »verschlucken«]: die Anlagerung von Gasen oder gelösten Substanzen an der Oberfläche eines festen Stoffes (nicht im Stoff drin wie bei der ↑Absorption).

A|erodynamik [griech. aér »Luft« und dýnamis »Kraft«]: die Lehre von den Strömungsvorgängen in Gasen, besonders in Luft. Insbesondere untersucht sie theoretisch und experimentell (z. B. im Windkanal) die Kräfte, die an umströmten Körpern auftreten, und erarbeitet damit die Grundlagen für die Bewegung von Flugkörpern (↑fliegen) und von am Boden bewegten Fahrzeugen (↑Luftwiderstand).

A|erogel [lat. gelatus »erstarrt«]: hochporöser, für sichtbares und infrarotes Licht transparenter Schaum aus Quarz oder Kieselsäure mit einem Porenanteil von bis zu 98%. Die Poren haben Durchmesser von einigen Atomdurchmessern und sind mit Luft gefüllt. Aerogele werden z. B. als durchsichtige Wärmedämmung oder in Detektoren zum Nachweis der ↑Tscherenkow-Strahlung eingesetzt.

Aerogel: wärmeisolierende Wirkung

Aeros|ol [lat. solutus »aufgelöst«]: feinstverteilte Materie (Feststoffe oder Flüssigkeiten) in Luft oder anderen Gasen. Ein A. wirkt als ↑Kondensationskern. Typische Erscheinungsformen sind Rauch, Staub, Dunst oder Nebel.

Aggregatzustand [lat. aggregare »beigesellen«]: Erscheinungsform, in der ein Stoff vorliegt; er wird durch die Stoffeigenschaften und äußere Bedingungen wie Druck und Temperatur bestimmt. Nach der Anschauung unterteilt man in den festen, den flüssigen und den gasförmigen Zustand; sie unterscheiden sich u. a. durch den Widerstand gegen eine Änderung des Volumens oder der Form:

Ein **Festkörper** hat ein bestimmtes Volumen und eine bestimmte Gestalt. Er setzt einer Formänderung einen Widerstand entgegen, da seine Bausteine (Atome, Moleküle) durch elektromagnetische Kräfte fest verbunden sind.

Eine **Flüssigkeit** hat zwar ein bestimmtes Volumen, aber keine bestimmte Gestalt. Sie nimmt die Form des Gefäßes an, in dem sie sich befindet, und bildet eine Oberfläche.

Ein **Gas** hat weder ein bestimmtes Volumen noch eine bestimmte Gestalt. Es nimmt jeden ihm zur Verfügung stehenden Raum ein und bildet keine Oberfläche.

Eine andere Einteilung geht von den molekularen Verhältnissen aus und unterscheidet zwischen Kristallen, amorphen und gasförmigen Stoffen:

Kristallin sind Stoffe, bei denen die einzelnen Bausteine (Atome, Moleküle, Ionen) an bestimmte Orte gebunden sind, um die herum sie schwingen können. Kristalle sind darum sehr volumen- und formbeständig.

Amorph heißen Stoffe, deren Bausteine sich leicht gegeneinander bewegen können. Ihr mittlerer Abstand aber bleibt etwa gleich. Daher haben sie eine geringe Formbeständigkeit, aber eine große Volumenbeständigkeit. Beispiele für amorphe Stoffe sind die Flüssigkeiten, aber auch nichtkristalline Festkörper wie Glas oder Wachs.

Gasförmig heißen solche Stoffe, bei denen sich die Bausteine völlig frei bewegen können. Form und Volumen von Gasen sind darum leicht zu ändern.

Die meisten Stoffe (Ausnahmen sind z. B. ↑Flüssigkristalle) können in allen drei A. vorkommen; bei tiefen Temperaturen sind sie fest, bei mittleren flüs-

A

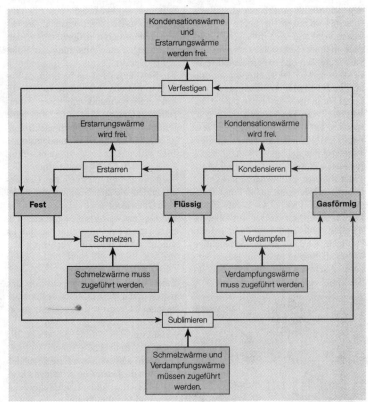

Aggregatzustand: Namen der Übergänge zwischen den einzelnen Aggregatzuständen

sig und bei hohen gasförmig. Der Übergang von einem Zustand (↑Phase) in einen anderen heißt ↑Phasenübergang. Er findet bei Werten der Temperatur und des Drucks statt, die für den jeweiligen Stoff charakteristisch sind. Bei sehr hohen Temperaturen tritt eine oft als »vierter Aggregatzustand« bezeichnete Form der Materie auf, das ↑Plasma.

Ah: Einheitenzeichen für ↑Amperestunde.

Akkomodation [lat. »Anpassung«]: die Entfernungseinstellung des ↑Auges auf ein Objekt.

Akkumulator [lat. accumulare »aufhäufen«], Abk. Akku (Sekundärelement): eine auf elektrochemischer Basis arbeitende Gleichstromquelle, die dank ihrem geringen Innenwiderstand – im Gegensatz zu einer ↑Batterie – wieder aufgeladen werden kann.

Der bekannteste Typ ist der **Bleiakkumulator** (»Autobatterie«). Er besteht aus Bleiplatten als Elektroden, die in verdünnte Schwefelsäure H_2SO_4 als Elektrolyt tauchen und durch Separatoren getrennt sind (Abb.). Die Platten überziehen sich mit einer Schicht aus Bleisulfat $PbSO_4$. Beim **Ladevorgang** schließt man die Elektroden an eine

Gleichspannungsquelle an. Es findet eine Elektrolyse statt; an der Anode bildet sich Bleidioxid PbO_2, an der Kathode metallisches Blei. Gleichzeitig entsteht durch Wasserentzug konzentrierte Schwefelsäure:

Anode (positive Elektrode):
$$PbSO_4 + 2\ OH \rightarrow PbO_2 + H_2SO_4,$$
Kathode (negative Elektrode):
$$PbSO_4 + 2\ H \rightarrow Pb + H_2SO_4.$$

Ist der Akku geladen, bilden die Elektroden zusammen mit dem Elektrolyten ein ↑galvanisches Element. Die Leerlaufspannung (↑Klemmenspannung) zwischen den Elektroden beträgt etwa 2 V.

Wird der Akku über einen Verbraucher entladen, so fließt in entgegengesetzter Richtung wie bei der Aufladung ein **Entladestrom.** Durch Rückumwandlung der chemischen Energie in elektrische werden die Elektroden und der Elektrolyt wieder in den Ausgangszustand zurückgebildet:

Anode (positive Elektrode):
$$PbO_2 + 2\ H + H_2SO_4 \rightarrow$$
$$PbSO_4 + 2\ H_2O,$$
Kathode (negative Elektrode):
$$Pb + SO_4 \rightarrow PbSO_4.$$

Technisch bedeutend ist auch der **Nickel-Cadmium-Akkumulator,** der in vielen Elektrogeräten die nicht aufladbaren Batterien ersetzt. Der NiCd-Akku verwendet Kalilauge als Elektrolyt; er ist leichter und unempfindlicher als der Bleiakku, hat aber einen geringeren Wirkungsgrad und liefert nur eine Leerlaufspannung von 1,1 V. Weitere Typen sind der Nikkel-Eisen- und der Lithium-Ionen-Akkumulator.

Aktivierung [lat. agere, actum »handeln«]:

◆ *allgemein* jeder Prozess, durch den ein Stoff in einen reaktionsfähigen Zustand überführt wird, z.B. die Erzeugung großer reaktionsfähiger Oberflächen durch Zerkleinern des Stoffs.

◆ *Kernphysik:* die Erzeugung künstlich radioaktiver Atomkerne (↑Radioaktivität, ↑Kern) durch Beschuss stabiler Atomkerne mit energiereichen Teilchen (meist mit Neutronen).

◆ *Kristallphysik:* die Dotierung von Kristallen mit Fremdatomen (sog. Farbzentren), um ↑Lumineszenz zu erreichen.

Aktivierungsenergie: der Energiebeitrag, der zur ↑Aktivierung eines Stoffes oder zur Auslösung physikalischer bzw. chemischer Prozesse benötigt

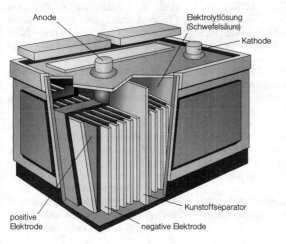

Anode

Elektrolytlösung (Schwefelsäure)

Kathode

Kunstoffseparator

positive Elektrode

negative Elektrode

Akkumulator: Schema eines Bleiakkumulators

wird (z. B. die Emission eines Alphateilchens bzw. die Bildung eines Moleküls).

Aktivität, Formelzeichen A: die Zerfallsrate eines radioaktiven Stoffs, anders ausgedrückt die Zahl der Zerfälle ΔN pro Zeiteinheit Δt:

$$A = \Delta N / \Delta t.$$

SI-Einheit ist das ↑Becquerel.

Die A. ist proportional zur Anzahl N der noch nicht zerfallenen, radioaktiven Kerne:

$$A = N \cdot \lambda.$$

Die Proportionalitätskonstante λ heißt ↑Zerfallskonstante. Die A. eines Gramms einer radioaktiven Substanz nennt man **spezifische Aktivität.**

Akustik [griech. akoustikós »das Gehör betreffend«]: die Lehre vom ↑Schall einschließlich der biologischen und psychologischen Aspekte des ↑Hörens. Die physikalische Akustik als ein Teilgebiet der Mechanik untersucht die Schwingungen materieller Systeme mit Frequenzen zwischen 16 Hz und 20 kHz (↑Hörbereich), die sich in einem elastischen Medium wellenförmig (zumeist als ↑Longitudinalwellen) ausbreiten und im Gehör (↑Ohr) einen Schalleindruck hervorrufen. Wegen ihres physikalisch ähnlichen Verhaltens werden auch Schwingungen und Wellen mit Frequenzen unter 16 Hz (↑Infraschall) und über 20 kHz (↑Ultraschall) der Akustik zugerechnet.

Akzeptor [lat. accipere, acceptum »empfangen«]: ↑elektrische Leitung.

Albedo [lat. »weiße Farbe«]: Maß für das diffuse Rückstrahlungsvermögen eines Körpers, im Gegensatz zur gerichteten ↑Reflexion. Albedo 0 bedeutet keine, Albedo 1 vollständige Rückstrahlung des Lichts.

allgemeine Gasgleichung: die allgemeine ↑Zustandsgleichung für Gase.

Körper	Albedo
Mond	0,07
Wolken	0,7–0,9
Schnee	0,5–0,9
Wasser	0,02–0,7
Basalt	0,05

allgemeine Gaskonstante: ↑Gaskonstante.

AlNiCo®: Überbegriff für magnetisch harte Legierungen hauptsächlich aus **Al**uminium, **Ni**ckel, **Co**balt und Eisen, die sich besonders zum Bau von ↑Dauermagneten eignen.

Alphaspektrum (α-Spektrum): das Energiespektrum der Alphateilchen beim ↑Alphazerfall.

Alphateilchen (α-Teilchen): das vollständig ionisierte Heliumatom, das beim ↑Alphazerfall frei wird.

Alphateilchenmodell: Spezialfall des Clustermodells (↑Kernmodelle).

Alphazerfall (α-Zerfall): eine Art des radioaktiven Zerfalls (↑Radioaktivität), bei der der Ausgangskern (Mutterkern) ein **Alphateilchen** abstrahlt. Dieses besteht aus einem Heliumkern, d. h. aus zwei Protonen und zwei Neutronen, und hat die Massenzahl $A = 4$. Die nach dem A. verbleibenden Restkerne (Tochterkerne) sind Isotope, deren Ordnungszahl Z um 2 und deren Massenzahl A um 4 kleiner sind als die des Mutterkerns.

Der A. beruht auf der ↑starken Wechselwirkung. Die emittierten α-Teilchen (**Alphastrahlung**) haben meist nur eine einzige Energie (z. B. bei Radium 4,9 MeV); das α-**Spektrum** ist also ein Linienspektrum. Damit haben die α-Teilchen auch alle dieselbe Reichweite (einige Zentimeter in Luft, im Körper unter 0,1 mm). Als ↑Abschirmung genügt im Prinzip schon ein Blatt Papier.

Altersbestimmung: Datierung von geologischen Ereignissen und archäologischen Funden mit naturwissenschaftlichen Messmethoden.

Bei **Abzählverfahren** zählt man Eis- und Sedimentschichten oder Baumringe und kann so das Alter von Proben relativ zueinander oder – bei bekanntem Zeitmaßstab – auch absolut angeben. Die **radioaktive Altersbestimmung** beruht auf dem Zerfall der in den Proben enthaltenen radioaktiven Isotope (↑Radioaktivität). Man nutzt aus, dass durch den Zerfall der Gehalt an radioaktiven Mutterisotopen ständig ab- und der an stabilen Tochterisotopen ständig zunimmt (radioaktives ↑Zerfallsgesetz). Das Verhältnis von Mutter- und Tochterisotopen wird mit einem ↑Massenspektrographen bestimmt.

Besonders verbreitet ist die **C-14-Methode,** bei der man in organischen Proben den Gehalt des Kohlenstoffisotops ^{14}C misst, das unter dem Einfluss der ↑Höhenstrahlung aus dem Stickstoff der Luft entsteht. Ab dem Tod des Lebewesens nimmt der C-14-Gehalt ständig ab. Damit sind Datierungen zwischen 1000 und 50 000 Jahren möglich. Zur Datierung von alten Gesteinen eignet sich die **Kalium-Argon-Methode.** Sie beruht auf dem Zerfall des Kaliumisotops ^{40}K (Halbwertszeit 1,3 Milliarden Jahre) in Calcium (^{40}Ca) durch ↑Betazerfall oder in Argon (^{40}Ar) durch ↑Elektroneneinfang. Da bei der Mineralbildung nur sehr wenig Argon eingelagert wird, lässt sich durch Messung des Kalium- und Argongehalts das Alter gut bestimmen.

Weitere Methoden der radioaktiven A. an jungen Gesteinen nutzen die ↑Lumineszenz bei Erwärmung, mit der man die ursprüngliche Aktivität berechnet **(Thermolumineszenzmethode),** oder die Störung des Kristallgitters durch den Zerfall des enthaltenen Urans **(Spaltspurmethode),** die im Mikroskop sichtbar ist.

AM: Abk. für Amplitudenmodulation (↑Modulation).

amontonssches Gesetz [amɔ̃'tɔ̃; nach GUILLAUME AMONTONS, *1663, †1705]: ↑Gasgesetze.

amorph [griech. »formlos«]: ↑Aggregatzustand eines festen oder flüssigen Stoffs, bei dem die Atome oder Moleküle zwar im Mittel einen festen Abstand haben, aber nicht im Kristallgitter angeordnet sind.

Ampere [am'pɛːr, nach A. M. AMPÈRE], Einheitenzeichen A: SI-Einheit der ↑Stromstärke und eine der sieben ↑Basiseinheiten im Internationalen Einheitensystem.

Festlegung: Das Ampere ist die Stärke eines zeitlich konstanten elektrischen Stroms, der durch zwei parallele, geradlinige, im Abstand von 1 m voneinander angeordnete Leiter fließt und zwischen diesen Leitern pro 1 m Leitungslänge die Kraft von $2 \cdot 10^{-7}$ Newton hervorrufen würde. Dabei soll der Querschnitt der Leiter vernachlässigbar klein sein und die Anordnung sich im Vakuum befinden.

Amperemeter: ↑Strom- und Spannungsmessung.

Amperesekunde, Einheitenzeichen As: Einheit der Elektrizitätsmenge (↑Ladung). Es ist 1 As = 1 C (↑Coulomb).

Amperestunde, Einheitenzeichen Ah: von der ↑Amperesekunde abgeleitete Einheit der Elektrizitätsmenge, verwendet vor allem bei elektrochemischen Spannungsquellen (z. B. Autobatterien). Es gilt: 1 Ah = 3 600 As.

Amplitude [lat. »Größe, Weite«]: der größtmögliche Wert, den eine sich periodisch ändernde Variable bei einer ↑Schwingung annimmt. Bei einer mechanischen Schwingung ist die Amplitude der Maximalwert der ↑Auslenkung aus der Ruhelage.

Amplitudenmodulation, Abk. AM: ↑Modulation.

analog [griech. análogos »entsprechend«]: bezeichnet die Eigenschaft ei-

A

ner zur Informationsübertragung dienenden physikalischen Größe, dass sie sich kontinuierlich ändern, also (innerhalb bestimmter Grenzen) jeden Zwischenwert annehmen kann. Gegensatz: ↑digital. Eine **Analoganzeige** ist eine ↑Anzeige mit analogen Werten.

Analysator [griech. análysis »Auflösung«]:

◆ *allgemein:* Gerät zur Feststellung eines physikalischen Zustands, z.B. ein Impulshöhenanalysator für eine Folge von Strom- oder Spannungsimpulsen.

◆ *Optik:* ein Gerät zum Nachweis von linear polarisiertem Licht (z. B. ein ↑Nicol-Prisma).

Anero|idbarometer: ↑Barometer.

Anfangsbedingungen: ein Satz von Bedingungen, die den Zustand eines physikalischen Systems (z. B. eines Körpers) zu einem beliebig gewählten **Anfangszeitpunkt** $t = t_0$ festlegen. Dieser Zeitpunkt dient meist auch als Anfang der Zeitzählung ($t_0 = 0$). Die Anfangsbedingungen für einen bewegten Körper sind seine Geschwindigkeit **(Anfangsgeschwindigkeit)** und sein Ort **(Anfangslage)** zur Zeit $t = t_0$.

Ångström [ˈɔŋ-; nach ANDERS J. ÅNGSTRÖM, *1814, †1874], Einheitenzeichen Å: bisweilen in der Atomphysik verwendete Längeneinheit. Umrechnung: $1 \text{ Å} = 10^{-10} \text{ m}$.

An|ion [griech. ana »hinauf« und ión »(etwas) Gehendes«]: einfach oder mehrfach negativ geladenes Ion (z. B. Na^+, Cl^- oder SO_4^{2-}), das von einer positiven Elektrode (↑Anode) angezogen wird.

an|isotrop [griech. an- »nicht«, ísos »gleich« und trópos »Richtung«]: bezeichnet die Beschaffenheit eines Körpers, dass wenigstens eine physikalische Eigenschaft richtungsabhängig ist (Gegensatz: ↑isotrop). Die meisten Kristalle sind anisotrop, da die Ausbreitungsgeschwindigkeit des Lichts in ihnen richtungsabhängig ist. Dies führt

zu Effekten wie ↑Polarisation oder ↑Doppelbrechung.

Anker: Bestandteil eines ↑Elektromotors oder ↑Generators.

Annihilation [lat. ad »zu« und nihil »nichts«]: ↑Paarvernichtung.

Anode [griech. ána »hinauf« und hódos »Weg«]:

◆ positiv geladener Pol einer elektrochemischen Spannungsquelle (z. B. einer Batterie oder eines Akkumulators).

◆ positive Elektrode einer Elektronenröhre oder einer Röntgenröhre.

Anodenfall: bei einer ↑Glimmentladung der unmittelbar vor der Anode auftretende Spannungsabfall.

anomal [griech. ánomos »gesetzlos«] (*nicht* anormal): von der Regel abweichend, z.B. anomale ↑Dispersion.

Anomalie des Wassers: Bezeichnung für das von den meisten anderen Stoffen abweichende Verhalten des Wassers bei Temperaturänderungen:

▬ Erwärmt man (flüssiges) Wasser von 0 °C, so nimmt sein Volumen nicht *zu,* sondern zunächst *ab,* bis +4 °C erreicht sind. Erst bei weiterem Erwärmen zeigt sich die erwartete Volumenzunahme. Wasser hat also bei +4 °C seine größte Dichte (Abb. 1).

▬ Anders als bei den meisten Stoffen hat der feste Zustand des Wassers (das Eis) eine geringere Dichte als der flüssige (bei 0° C), sodass Eis auf der Wasseroberfläche schwimmt. Da

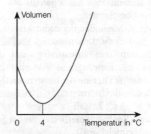

Anomalie des Wassers (Abb. 1): Volumenänderung des Wassers bei Temperaturänderung

die dichtesten Wasserschichten nach unten sinken, bleibt die Temperatur in einem See bei Frost in den tieferen Schichten bei +4 °C, sodass Wassertiere überleben können (Abb. 2). Erst bei lang anhaltendem Frost friert der See von oben her zu.

Anomalie des Wassers (Abb. 2): Temperaturschichtung in einem zugefrorenen See

Anregung: der durch Energiezufuhr bewirkte Übergang eines gebundenen Teilchensystems (z. B. Atom, Kern, Molekül, Kristallgitter usw.) aus einem Anfangs- in einen energetisch höher liegenden Endzustand (angeregter Zustand). Der tiefstmögliche Anfangszustand ist der ↑Grundzustand.

Die für den Prozess benötigte Energie (↑Anregungsenergie) kann dem System auf zwei Wegen zugeführt werden: entweder durch Absorption elektromagnetischer Strahlung oder durch **Stoßanregung**, bei der ein Teilchen einen bestimmten Teil seiner kinetischen Energie im Verlauf eines Stoßes auf das System überträgt. Der Nachweis verschiedener Anregungszustände in der Atomhülle gelang mit dem ↑Franck-Hertz-Versuch.

Anregungsenergie: die Energie, die zur Anregung eines gebundenen Teilchensystems in einen bestimmten Energiezustand erforderlich ist.

Ist E_0 die Energie des Grundzustands und E_1 die Energie des angeregten Zustands, so ist die A. die Differenz $\Delta E = E_1 - E_0$. In der Atomphysik (z. B. beim ↑Franck-Hertz-Versuch) gibt man sie meist in ↑Elektronvolt an.

Antenne [lat. antenna »Segelstange«]: Vorrichtung zum Senden oder Empfangen von ↑elektromagnetischen Wellen. Die einfachste Form einer Antenne lässt sich als einseitig geerdeter ↑Dipol auffassen.

Antiferromagnetismus: Bezeichnung für ein bestimmtes magnetisches Verhalten gewisser Stoffe. Bei ihnen steigt die ↑magnetische Suszeptibilität bis zu einer bestimmten Temperatur T_N (**Néel-Temperatur**) an und sinkt bei weiterer Temperatursteigerung wieder ab.

Dieses Verhalten ist folgendermaßen zu erklären: Bei sehr tiefen Temperaturen sind die auf die Spins zurückgehenden magnetischen Dipolmomente eines Kristalls paarweise antiparallel ausgerichtet und kompensieren sich gegenseitig (anders als beim ↑Ferromagnetismus). Mit steigender Temperatur wird diese Ordnung durch die Wärmebewegung gestört und bricht schließlich bei $T = T_N$ zusammen. Oberhalb von T_N verhalten sich antiferromagnetische Stoffe paramagnetisch. Bei einer kleinen Gruppe von Stoffen zeigt die elektrische Polarisation ein analoges Verhalten; dies nennt man **Antiferroelektrizität** (↑Ferroelektrizität).

Antimaterie: Form der Materie, deren ↑Atome (Antiatome) aus den ↑Antiteilchen der Elektronen, Protonen und Neutronen (also aus Positronen, Antiprotonen und Antineutronen) aufgebaut sind. Treffen Materie und Antimaterie zusammen, zerstrahlen sie in Strahlungsquanten (z. B. Gammaquanten).

Nach dem Urknallmodell für die Weltentstehung entsteht bei extrem hoher Energiedichte gleich viel Materie wie Antimaterie. Aus dem ↑Urknall stammende Reste aus A. sind bislang nicht beobachtet worden; das Überwiegen der Materie nach dem Urknall wird mit einer schwachen Verletzung bestimmter Erhaltungssätze für Elementarteilchen begründet. In großen Teilchenbeschleunigern wird A. künstlich erzeugt.

A

anti|statisch: bezeichnet die Eigenschaft bestimmter fettähnlicher Stoffe, die elektrostatische Aufladung von Kunststoffen und damit die Anziehung von Staub und elektrische Entladungen zu verhindern.

Antiteilchen: das zu jedem ↑Elementarteilchen vorhandene Teilchen, dessen Existenz sich aus quantentheoretischen Symmetrieeigenschaften (↑Symmetrie) theoretisch herleiten lässt. Das A. besitzt die gleiche Masse und den gleichen ↑Spin wie das zugehörige Teilchen, aber in allen gerichteten Größen (also solchen, die ein Vorzeichen haben, z.B. die elektrische Ladung) den entgegengesetzten Wert.

Trifft ein Teilchen mit seinem Antiteilchen zusammen, kommt es zur ↑Paarvernichtung. Dabei werden mindestens zwei Gammaquanten in entgegengesetzter Richtung emittiert; ihre Gesamtenergie ist gleich der doppelten ↑Ruheenergie der Teilchen.

Das A. wird in der Regel mit einem Querstrich über dem Symbol des Teilchens bezeichnet.

Elektron e^-	Positron e^+
Proton p	Antiproton $\bar{p}$
Neutron n	Antineutron $\bar{n}$
Neutrino ν_e	Antineutrino $\bar{\nu}_e$
Myon μ^-	Antimyon μ^+
Pion π^-	Antipion π^+

Antiteilchen: Paare von Teilchen und Antiteilchen

Antrieb: in der Technik der Mechanismus, mit dem ein Körper in Bewegung versetzt wird, oder auch der einem Körper zugeführte Impuls; im übertragenen Sinn auch die Kraftmaschine (z.B. ↑Wärmekraftmaschine, ↑Wasserkraftmaschine oder ↑Elektromotor), die den Antrieb liefert.

Anzahldichte (Teilchendichte), Formelzeichen n: Verhältnis aus der Anzahl N von Teilchen in einem Volumen V und diesem Volumen: $n = N/V$. SI-Einheit ist $1/m^3 = m^{-3}$.

Anzeige: Darstellung eines Messwerts an einem Messgerät. Bei einer **Analoganzeige** liest man den Wert etwa mithilfe eines Zeigers oder einer Flüssigkeitssäule an einer **Skala** ab, einer bezifferten Stricheinteilung mit Angabe der Einheit. Bei einer **Digitalanzeige** wird der Wert als Folge von Ziffern dargestellt; sie befinden sich auf Rollen (wie bei einer Wasseruhr) oder erscheinen auf einem Display.

Anziehung: das Bestreben von Körpern, ihren gegenseitigen Abstand zu verringern aufgrund von zwischen den Körpern wirksamen Kräften (**Anziehungskräfte**). So gibt es aufgrund der ↑Gravitation eine Anziehung zwischen Massen und aufgrund des ↑Coulomb-Gesetzes eine zwischen entgegengesetzten Ladungen. Das Gegenteil der Anziehung ist die ↑Abstoßung.

aperiodische Dämpfung [griech. a-»nicht«]: ↑Schwingungen und Wellen.

Aperturblende (Öffnungsblende): eine meist regelbare ↑Blende im Strahlengang eines optischen Systems, die den Öffnungswinkel der zur Abbildung beitragenden Strahlenbündel begrenzt. Damit beeinflusst sie das ↑Auflösungsvermögen des Systems.

Apfelmännchen: ↑Chaostheorie.

Apsiden [griech. hapsis »Gewölbe«]: zusammenfassende Bezeichnung für die beiden Punkte auf der elliptischen Bahn eines Himmelskörpers um einen anderen, bei denen die beiden Körper ihren größten bzw. kleinsten Abstand voneinander haben. Bei Körpern auf der Bahn um die Sonne bzw. die Erde heißen die Punkte des größten Abstands **Aphel** bzw. **Apogäum**, die Punkte kleinsten Abstands werden **Perihel** bzw. **Perigäum** genannt.

Äquipotenzialflächen: Flächen gleichen ↑Potenzials in einem ↑Feld (z.B.

elektrisches Feld, Schwerefeld) im Raum. Bei einer elektrischen Punktladung beispielsweise wird die Ä. durch eine Kugelschale gebildet, in deren Mittelpunkt sich die Ladung befindet. Bei der Bewegung eines Körpers auf einer Ä. wird keine Arbeit verrichtet. Die Feldlinien verlaufen stets senkrecht zu diesen Flächen.

Äquivalentdosis: ↑Dosis.

Äquivalenzprinzip: die Hypothese von der ↑Äquivalenz von Massen und Energie.

Äquivalenz von Masse und Energie: die Aussage innerhalb der ↑Relativitätstheorie, dass die Masse m und die Energie E gleichwertig sind, ausgedrückt in der Formel:

$$E = m \cdot c^2$$

(c Lichtgeschwindigkeit).

Aräometer [griech. araiós »dünn«] (Senkwaage): einfaches Gerät zur Messung der ↑Dichte von Flüssigkeiten. Es besteht aus einem Schwimmkörper bekannter Masse, der nach dem ↑archimedischen Prinzip umso tiefer in die Flüssigkeit eintaucht, je geringer die Dichte der Flüssigkeit ist. Der Messwert ist auf der Skala abzulesen. Umgekehrt kann man bei bekannter Flüssigkeitsdichte ein A. zur Massenbestimmung verwenden (↑Waage).

Arbeit, Formelzeichen A oder W [engl. work »Arbeit«]: grundlegende physikalische Größe, die sich aus den Größen »Kraft« und »Weg« herleitet und eng mit der ↑Energie verknüpft ist.

Eine A. wird immer dann verrichtet, wenn ein Körper unter dem Einfluss einer auf ihn wirkenden Kraft bewegt wird. Haben Kraftvektor $\vec{F}$ und Wegvektor $\vec{s}$ die gleiche Richtung und ist die Kraft längs des gesamten Wegs konstant, so gilt:

$$W = F \cdot s$$

In Worten: Die Arbeit W ist das Produkt aus dem Betrag F der Kraft und der Länge s des Wegs. Dabei weisen Kraft und Weg in die gleiche Richtung, andernfalls muss noch der Winkel α zwischen ihnen berücksichtigt werden:

$$W = \vec{F} \cdot \vec{s} = F \cdot s \cdot \cos\alpha$$

ist das Skalarprodukt von Kraftvektor $\vec{F}$ und Wegvektor $\vec{s}$, α ist der von $\vec{F}$ und $\vec{s}$ eingeschlossene Winkel. Ändert sich schließlich der Kraftvektor längs des Wegs, ergibt sich die allgemein gültige Integralgleichung:

$$W = \int \vec{F} \, d\vec{s} = \int F \cos\alpha \, ds$$

Die A. ist also das Wegintegral der Kraft. Sie ist eine skalare Größe, d. h., sie wird anders als ein ↑Vektor durch einen einzelnen Zahlenwert charakterisiert. Die SI-Einheit ist das Joule (J), es ist 1 J = 1 N m.

Je nachdem, um was für eine Kraft es sich handelt, spricht man von elektrischer oder magnetischer Arbeit, von Formänderungs- oder Reibungsarbeit usw. Allerdings leistet nicht jede Kraft notwendigerweise A., z.B. wirkt die ↑Lorentz-Kraft immer senkrecht auf die Bewegungsrichtung einer elektrischen Ladung, das Skalarprodukt aus

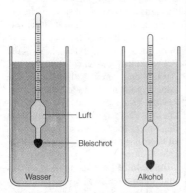

Aräometer: Aufbau und Arbeitsweise (links in Wasser, rechts in Alkohol)

Luft

Bleischrot

Wasser

Alkohol

Kraft und Weg (bzw. cos α) ist somit immer null.

Auch gibt es Formen von A., die nicht unmittelbar auf eine Kraft zurückgeführt werden können, ein Beispiel ist die A., die ein erhitztes Gas bei der Ausdehnung gegen den allseitig wirkenden ↑Druck der Behälterwände leistet (Volumenänderungsarbeit).

archimedisches Prinzip [nach ArCHIMEDES]: die Aussage, dass sich das Gewicht eines in Gas oder Flüssigkeit eintauchenden Körpers scheinbar um so viel verringert, wie die von ihm verdrängte Gas- oder Flüssigkeitsmenge wiegt. Der Körper erfährt also einen (hydrostatischen) ↑Auftrieb.

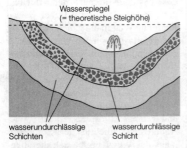

Wasserspiegel
(= theoretische Steighöhe)

wasserundurchlässige
Schichten

wasserdurchlässige
Schicht

artesischer Brunnen

artesischer Brunnen [nach der frz. Landschaft Artois]: ein auf dem Prinzip der ↑kommunizierenden Röhren beruhender Springbrunnen. Befindet sich zwischen zwei wasserundurchlässigen Erdschichten (z.B. Ton) eine wasserdurchlässige Schicht (z.B. Kies), so kann in einer Mulde die Erdoberfläche unterhalb des Wasserspiegels in der wasserdurchlässigen Schicht liegen. Durchbohrt man hier die obere wasserundurchlässige Schicht, so entsteht ein Springbrunnen. Er steigt theoretisch so hoch, wie die Wasser führende Schicht über der Talsohle liegt.

As: Einheitenzeichen für ↑Amperesekunde.

astonscher   Massenspektrograph

[nach F. W. ASTON]: ältere Form des ↑Massenspektrographen.

Astronomie: die Naturwissenschaft, die sich mit der Erforschung des Universums sowie mit der Entwicklung des Alls als Ganzes befasst. Eine Einteilung liefert die Art der Beobachtungstechnik: Die **optische Astronomie** fängt Lichtwellen mit Instrumenten wie ↑Fernrohren auf und analysiert sie. Die **Radioastronomie** untersucht mit Radioteleskopen die ↑Radiowellen, langwellige Signale bestimmter Radioquellen. **Röntgen-** und **Infrarotastronomie** arbeiten mit Satelliten und untersuchen die Signale von Röntgensternen und Wärmewellen. Als eigenständige Forschungsrichtung hat sich die **Astrophysik** herausgebildet, die nicht allein die Himmelskörper, sondern das ganze Universum als physikalisches Objekt betrachtet; sie beschreibt seine Eigenschaften und seine Entwicklung mit physikalischen Methoden.

astronomisches Fernrohr: das keplersche ↑Fernrohr, dessen Linsen ein auf dem Kopf stehendes Bild erzeugen.

at: Einheitenzeichen für technische ↑Atmosphäre.

Äther [griech. aithér »heiterer Himmel«]: ein hypothetischer Stoff, von dem man bis zum Ende des 19. Jahrhunderts annahm, er würde alle Materie durchdringen und den ganzen Raum erfüllen. Er sollte das Medium sein, in dem sich Licht, Wärme und die Schwerkraft ausbreiten (analog zur Ausbreitung von Schall in Luft). Die Ätherhypothese führte jedoch zu zahlreichen Widersprüchen. Mit dem ↑Michelson-Versuch wurde die Existenz des Äthers 1881 widerlegt.

atm: Einheitenzeichen für physikalische ↑Atmosphäre.

Atmosphäre [griech. atmós »Dampf« und sphaíra »Kugel«]:
♦ *Geophysik, Umweltphysik*: jede gasförmige Hülle eines Himmelskörpers,

die durch die eigene Schwerkraft gebunden wird; im engeren Sinne die Atmosphäre der Erde.

Die **Erdatmosphäre** reicht bis in eine Höhe von etwa 3000 km, etwa 80 % ihrer Masse von 1,5 Billiarden Tonnen liegen aber unterhalb von 7 km Höhe. Die Zusammensetzung am Erdboden zeigt Tab. 1.

Die Zusammensetzung der A. hängt stark von der Höhe ab. So findet sich in etwa 20–25 km Höhe eine merklich höhere Konzentration von Ozon. Diese sog. **Ozonschicht** absorbiert einen wesentlichen Teil der auf die Erde auftreffenden UV-Strahlung. Die um 1980 erstmals gemessene teilweise Zerstörung der Ozonschicht an den Polen **(Ozonloch)** geht auf menschliche Einflüsse zurück (z.B. Treibgase in Spraydosen) und ist heute ein ernstes ökologisches Problem. Neben den genannten Gasen enthält die A. noch stark wechselnde Anteile an Wasserdampf (zwischen nahezu 0 und 4 %).

Die A. ist stockwerkartig aufgebaut (Tab. 2), ihre Eigenschaften ändern sich mit der Höhe über der Erdoberfläche. Die unterste Schicht ist die **Troposphäre,** in ihr spielt sich das Wettergeschehen ab. Darüber schließt sich die fast feuchtigkeitsfreie **Stratosphäre** an, welche die Ozonschicht beherbergt. In der darüber liegenden **Mesosphäre** leuchten u.a. die Meteore auf. Oberhalb der Mesosphäre liegen die **Ionosphäre,** wo die Luftmoleküle durch die

Stickstoff	78,09 %
Sauerstoff	20,94 %
Argon	0,93 %
Kohlendioxid (jährlicher Anstieg 0,0002 %)	0,037 %
Methan (jährlicher Anstieg 0,000002 %)	0,0002 %
Sonstiges (Neon, Helium u. a.)	0,003 %

Atmosphäre (Tab. 1): Zusammensetzung (in Volumenprozent, ohne Wasserdampf)

Sonnenstrahlung ionisiert (↑Ionen) werden, und die **Exosphäre,** die ohne scharfe Grenze in den Weltraum übergeht. An der Ionosphäre werden bestimmte Radiowellen (Kurzwellen) reflektiert, sodass sie sich weltweit empfangen lassen.

Eine der wichtigsten Eigenschaften der A. ist die Möglichkeit, Wärmestrahlung zu absorbieren und auf den Erdboden zurückzustrahlen (natürlicher ↑Treibhauseffekt).

◆ **physikalische Atmosphäre,** Einheitenzeichen atm: veraltete Einheit des ↑Drucks. 1 atm ist der Normwert des Luftdrucks, festgelegt als 760 mm Hg (↑Millimeter Quecksilbersäule). SI-Einheit des Drucks ist das ↑Pascal (Einheitenzeichen Pa). Es gilt:

$$1 \text{ atm} = 1013,25 \text{ hPa}$$
$$= 1,01325 \text{ bar} = 760 \text{ Torr}.$$

◆ **technische Atmosphäre,** Einheitenzeichen at: veraltete Einheit des

Schicht	Höhe	Temperatur
Troposphäre	Pole: 0–9 km Äquator: 0–17 km	mit der Höhe abnehmend bis ca. −70 °C
Stratosphäre	9 (17)–50 km	mit der Höhe steigend bis ca. 0 °C
Mesosphäre	50–80 km	mit der Höhe abnehmend bis −80 °C
Ionosphäre	80–450 km	mit der Höhe ansteigend bis über 1200 °C
Exosphäre	über 450 km	nicht mehr einheitlich definiert

Atmosphäre (Tab. 2): vertikaler Aufbau

A

↑Drucks. 1 at ist festgelegt als die Gewichtskraft von 1 kg auf 1 cm² Fläche. SI-Einheit des Drucks ist das ↑Pascal (Einheitenzeichen Pa). Es gilt:

$$1 \text{ at} = 98\,100 \text{ Pa} = 981 \text{ hPa}$$
$$= 736 \text{ Torr} = 0{,}981 \text{ bar}.$$

Atom: siehe S. 26.

atomare Masseneinheit, Einheitenzeichen u: gesetzlich zugelassene Nicht-SI-Einheit der Masse für die Angabe von Teilchenmassen.
Festlegung: eine atomare Masseneinheit ist der zwölfte Teil der Masse eines Atoms des Nuklids $^{12}_{6}C$ (Kohlenstoff):

$$1 \text{ u} = 1{,}66053873 \cdot 10^{-27} \text{ kg}.$$

Dieser Wert entspricht einer ↑Ruheenergie von 931,494013 MeV.

Atombombe: ↑Kernwaffen.

Atomfalle: eine käfigartige Anordnung aus drei Elektroden (zwei Halbkugeln mit einem dazwischenliegenden Ring), mit der sich unter ↑Vakuum einzelne geladene Atome (Ionen) über längere Zeit festhalten lassen. Elektrische Wechselfelder, die an die Elektroden angelegt werden, stoßen das Ion ständig hin und her. Dabei wird es in die Mitte des Käfigs gezwungen, wo sich die Kräfte gegenseitig aufheben.

Atomhülle: die Gesamtheit der im ↑Atom gebundenen Elektronen.

Atomkern: ↑Kern.

Atomkraftwerk, Abk. AKW (Kernkraftwerk, Abk. KKW): ↑Kernreaktor.

Atomlaser: ein auf der ↑Bose-Einstein-Kondensation beruhender Laser, bei dem ausgenutzt wird, dass entsprechend der Quantenmechanik jedes Materieteilchen auch Welleneigenschaften besitzt. Die Atome eines Bose-Einstein-Kondensats haben wie die Photonen eines herkömmlichen Lasers identische Wellenlänge und bewegen sich im Gleichtakt. Der erste Atomlaser wurde 1997 am Massachussetts Institute of Technology (MIT) in Boston (USA) gebaut. Anstatt Photonen sendet er einen kohärenten Strahl von Natriumatomen aus. Da Atome – anders als Photonen – der Schwerkraft unterliegen, könnten Atomlaser als Präzisionssensoren zur Messung der Erdbeschleunigung (und damit z.B. zur Erdbebenüberwachung) eingesetzt werden. Eine besonders wichtige Anwendung könnte die Atomlithographie sein, mit deren Hilfe sich höchst genau sehr kleine Strukturen auf Halbleiteroberflächen (Chips) erzeugen ließen.

Atommasse: Man unterscheidet die absolute und die relative Atommasse:
Die **absolute Atommasse** ist die Masse eines einzelnen Atoms (↑atomare Masseneinheit).
Die **relative Atommasse** ist eine Verhältniszahl, die angibt, wievielmal die Masse eines bestimmten Atoms größer ist als die Masse eines Standard- oder Bezugsatoms. 1961 wählte man das Kohlenstoffnuklid $^{12}_{6}C$ als Bezugsatom und ordnete ihm die relative Atommasse 12 zu.

Atommodell: ein aufgrund experimenteller Befunde entwickeltes Bild vom ↑Atom und seinem inneren Aufbau. Das bekannteste Beispiel ist das bohrsche Atommodell.

Atomnummer: die ↑Ordnungszahl.

Atomoptik: Teil der Physik, in dem man die quantenmechanischen ↑Materiewellen nutzt, um »Optik« mit Atomstrahlen zu betreiben. Man nutzt dazu die Beugung und Interferenz aus. An Apparaten werden oft ↑Atomlaser und ↑Atomfallen verwendet.

Atomphysik: im engeren Sinn die Physik der Atome, Ionen und Moleküle und aller von ihnen verursachten physikalischen Erscheinungen, im weiteren Sinn die Physik aller mikrophysikalischen Erscheinungen. Heute versteht man unter A. meist die Physik der Elektronenhülle und der Vorgänge, an denen die Atomelektronen beteiligt sind.

Experimentell untersucht die A. vor allem die ↑Spektrallinien der von den Atomen ausgesandten Strahlung und die Streuung von Atomstrahlen. Die Theorie beruht vor allem auf der ↑Quantenmechanik. Enge Beziehungen bestehen zur Laserphysik (↑Laser) und zur ↑Festkörperphysik. – Die Physik der Atomkerne ist die ↑Kernphysik.

Atomrumpf: der Teil des ↑Atoms, der aus dem ↑Kern und den abgeschlossenen Elektronenschalen besteht. Er entspricht also dem Atom ohne die Elektronen in der Außenschale.

Atomuhr (Cäsiumuhr): ↑Uhr.

Atto: ↑Einheitenvorsätze.

Attraktor [lat. attrahere, attractum »anziehen«]: ↑Chaostheorie.

Atwood-Fallmaschine ['ætwʊd; nach GEORGE ATWOOD, *1745, †1807]: Gerät zur Demonstration der Fallgesetze (↑freier Fall) und zur Messung der Fallbeschleunigung g. Die A.-F. besteht aus einer reibungsfreien Rolle, über die ein als masselos angenommenes Seil mit zwei gleichen Massenstücken der Masse M hängt. Bringt man eine zusätzliche kleine Masse m auf einer Seite an, führt das System eine gleichmäßig beschleunigte Bewegung aus (Abb.). Die beschleunigende Kraft $\vec{F}$ hat den Betrag $F = m \cdot g$, beschleunigt wird die Masse $2M + m$ (das Trägheitsmoment der Rolle wird nicht betrachtet). Dann gilt für den Betrag a der Beschleunigung: $m \cdot g = (2M + m) \cdot a$ oder:

$$a = \frac{m}{2M + m} g.$$

Der Fallvorgang verläuft also wesentlich langsamer als beim freien Fall. a lässt sich dann leicht messen und daraus g berechnen.

Aufdruck: ↑hydrostatischer Druck.

Aufhängung: die Befestigung eines hängenden Körpers z. B. durch eine Kette oder einen Stab. Weitere Typen sind die ↑bifilare Aufhängung und die ↑kardanische Aufhängung.

Auflösungsvermögen: Maß für die Fähigkeit eines Messgeräts, zwei nebeneinander liegende Objekte deutlich voneinander unterscheiden zu können. Als **optisches Auflösungsvermögen** A definiert man den Kehrwert des Abstands d_{min}, den zwei Punkte mindestens haben müssen, um als getrennt erkannt zu werden: $A = 1/d_{min}$.

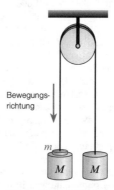

Atwood-Fallmaschine: Schema

In einem optischen Gerät wie einem *Mikroskop* werden die in das Objektiv eintretenden Lichtstrahlen an der ↑Aperturblende gebeugt. Man findet dann für das Auflösungsvermögen

$$A = \frac{0{,}82 \cdot n \cdot d}{\lambda \cdot f}$$

(n absolute Brechzahl des Materials zwischen Gegenstand und Objektiv; d Durchmesser der Aperturblende, f Brennweite, λ Wellenlänge des Lichts). Das A. eines *Mikroskops* lässt sich also steigern, indem man 1. den Objektivdurchmesser d vergrößert, 2. kurzwelliges Licht verwendet oder 3. eine Flüssigkeit mit hoher Brechzahl n zwischen Objekt und Objektiv bringt. Solche sog. **Immersionsflüssigkeiten** wie Glycerin oder Zedernöl spielen in

Unter einem Atom (griech. átomos »unteilbar«) versteht man die kleinste, mit chemischen Mitteln nicht zerlegbare Einheit eines chemischen Elements.

Die Vorstellung, dass sich die Welt aus solchen kleinsten Teilchen zusammensetzt, geht auf den griechischen Philosophen DEMOKRIT (um 400 v. Chr.) zurück. Seine Auffassung konnte sich aber nicht durchsetzen. Erst Naturforscher wie I. NEWTON (Ende 17. Jh.) oder der Chemiker J. DALTON (Anfang 19. Jh.) griffen seine Idee wieder auf. Seitdem sind die Vorstellungen vom Aufbau der Atome immer detaillierter geworden; ihre Entwicklung ist eng mit derjenigen der ↑Quantentheorie verknüpft. Heute ist man sicher, dass es Atome gibt, und man kennt ihre Struktur und Wechselwirkungen sehr genau – aber sie sind weder unteilbar (↑Kernspaltung) noch sind sie die kleinsten Teilchen in der Natur: ↑Elementarteilchen (Quarks, Elektronen usw.) sind mindestens 100 Millionen Mal kleiner als das kleinste Atom!

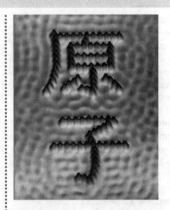

(Abb. 1) das Wort »Atom« in japanischen Schriftzeichen – dargestellt durch Eisenatome, die mit einem Rastertunnelmikroskop auf einer Kupferoberfläche positioniert wurden.

■ Eigenschaften der Atome

Atome haben eine Masse zwischen 1 und 300 atomaren Masseneinheiten (ca. 10^{-27} bis 10^{-25} kg) und verhalten sich, als hätten sie einen Durchmesser von 0,05 bis 0,5 nm. Normalerweise sind Atome elektrisch neutral, man kann sie jedoch ionisieren (↑Ionisation). Aufgrund seiner geringen Ausdehnung kann man ein Atom nicht sehen – es ist 1000- bis 10 000-mal kleiner als die Wellenlänge sichtbaren Lichts! Es gibt aber verschiedene Methoden, mit denen man ihre Existenz beweisen kann, z.B. mit dem ↑Massenspektrometer oder über die Beugung von Röntgenstrahlen an Kristallen. Und mit einem ↑Rastertunnelmikroskop lässt sich sogar die Ausdehnung einzelner Atome darstellen (Abb. 1).

Ein Atom besteht aus einem positiv geladenen ↑Kern und einer Hülle aus (negativ geladenen) Elektronen. Bei neutralen Atomen enthält die Hülle gerade so viele Elektronen, wie im Kern positive Ladungen vorhanden sind. Anzahl und Anordnung der Elektronen in der Atomhülle bestimmen das physikalische und chemische Verhalten der einzelnen Elemente. Zu einem bestimmten Element gehören alle Atome mit identischen chemischen Eigenschaften, also Atome mit gleicher Elektronenzahl (im neutralen Zustand) und damit auch mit gleicher ↑Kernladungs- oder ↑Ordnungszahl.

■ Atommodelle einst und jetzt

In der Geschichte wurden unterschiedliche Vorstellungen zum Aufbau der Atome (**Atommodelle**) entwickelt, die den jeweiligen Kenntnisstand ihrer Zeit widerspiegeln. Das **Kugelmodell** von J. DALTON (1803) beschreibt das Atom als eine kleine, gleichmäßig mit Masse gefüllte Kugel. Mit ihm lassen sich u.a. die Gasgesetze und Vorgänge wie Diffusion und Osmose erklären. Nach dem

Thomson-Modell (»Rosinenkuchen-modell«, nach J.J. THOMSON, 1904) ist das Atom eine homogene positiv geladene Kugel, in die negative Ladungen so eingebettet sind, dass das Atom als Ganzes nach außen neutral ist. Im **rutherfordschen Atommodell** (nach E. RUTHERFORD, 1911) besteht das kugelförmige Atom aus einem winzigen Kern (Radius etwa 1 fm), in dem sich die gesamte positive Ladung und fast die gesamte Masse konzentriert, und aus Elektronen, die den Kern umkreisen; der Raum dazwischen ist leer. Den Radius der Kreisbahnen berechnet man – wie bei einer Planetenbewegung – aus dem Gleichgewicht von Zentrifugal- und Coulomb-Kraft. Mit diesem Modell ließ sich die ↑Streuung von Alphateilchen an Goldatomen erklären (rutherfordscher Streuversuch), und man konnte die Lage von ↑Spektrallinien berechnen.

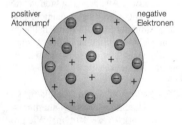

positiver Atomrumpf

negative Elektronen

(Abb. 2) das thomsonsche Rosinenkuchen-modell

■ **Das bohrsche Atommodell**

Das rutherfordsche Modell widerspricht den Gesetzen der Elektrodynamik, weil ein kreisendes Elektron Strahlung und damit Energie abgibt (↑Bremsstrahlung) – das Elektron müsste also in kürzester Zeit in den Atomkern stürzen! Daher machte 1913 RUTHERFORDS Schüler N. BOHR zwei revolutionäre Annahmen, um stabile Elektronenbahnen herzuleiten. Sie bilden die Grundlage des **bohrschen Atommodells.** Die wichtigste Forderung ist das **erste bohrsche Postulat (bohrsche Quantenbedingung):**

Die Elektronen bewegen sich strahlungsfrei, also ohne Energieverlust, auf Kreisbahnen, für die das Produkt aus Impuls $m_e \cdot v$ und Umfang $2\pi \cdot r$ ein ganzzahliges Vielfaches des ↑planckschen Wirkungsquantums h ist:

$$2\pi \cdot r_n \cdot m_e \cdot v_n = n \cdot h.$$

Man nennt n eine ↑Quantenzahl, und die Bahnen mit Radius r_n und Bahngeschwindigkeit v_n heißen bohrsche Bahnen.

Um den Radius der innersten Bahn ($n = 1$) zu berechnen, setzt man, wie im rutherfordschen Modell, die Coulomb-Kraft zwischen Kern und Elektron gleich der Zentripetalkraft. Für das Wasserstoffatom ergibt sich dann

$$r_1 = a_0 = 0{,}529 \cdot 10^{-10} \text{ m}.$$

a_0 ist der **bohrsche Radius,** der in der Atomphysik oft als Längeneinheit verwendet wird; man kann ihn als Richtwert für die Größe des Wasserstoffatoms ansehen.

Jeder bohrschen Bahn entspricht ein diskretes Energieniveau im Atom. BOHR nahm nun an, dass beim Übergang von einer Bahn zu einer anderen mit geringerer Energie elektromagnetische Strahlung mit fester Frequenz emittiert wird. Umgekehrt muss das Atom, um von einem niedrigeren auf ein höheres Energieniveau zu gelangen, Licht genau dieser Frequenz absorbieren. Man spricht vom **zweiten bohrschen Postulat (bohrsche Frequenzbedingung):**

Die Frequenz ν der emittierten oder absorbierten Strahlung ist danach durch

$$h \cdot \nu = E_2 - E_1 \ (E_1 < E_2)$$

gegeben (Abb. 3).

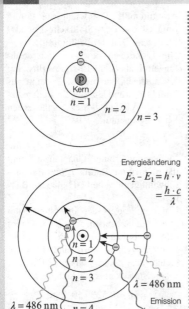

Energieänderung

$$E_2 - E_1 = h \cdot v$$
$$= \frac{h \cdot c}{\lambda}$$

$\lambda = 486\ \text{nm}$

$\lambda = 486\ \text{nm}$ $n = 4$ Emission

Absorption $\left(\lambda = 656\ \text{nm}\right)$ $\lambda = 656\ \text{nm}$

(Abb. 3) bohrsche Quantenbahnen

Die Emission oder Absorption von Strahlung *anderer* Frequenzen ist *nicht* möglich.

Mit seinem Atommodell gelang BOHR die erste befriedigende Erklärung des ↑Wasserstoffspektrums. Das Modell hat aber offensichtliche Widersprüche (auch hier müsste ein Elektron ↑Bremsstrahlung abgeben; eine Kreisbewegung mit Bahndrehimpuls null ist unmöglich), die sich in seinem Rahmen nicht auflösen lassen. Das Modell wurde daher später weiterentwickelt.

■ **Orbitale und Schalen**

Erst die Quantentheorie gab eine befriedigende physikalische Grundlage für die diskreten Energieniveaus. Allerdings gibt es dort keine klar definierten Elektronenbahnen mehr, sie sind über einen Raumbereich um den Kern »verschmiert«. Man kann sich ein solches **Orbital** als dreidimensionale stehende Materiewelle vorstellen; höhere Energieniveaus sind dann in diesem Sinne einfach »Oberschwingungen«. Das einfachste Orbital und damit der Grundzustand (der energieärmste Zustand) ist eine kugelsymmetrische Elektronenwolke, die keinen Drehimpuls hat; kompliziertere Orbitale haben z.B. Keulen- oder Hantelform.

Die wichtigsten Aussagen des quantenmechanischen Atommodells lassen sich im **Schalenmodell** zusammenfassen: Dort werden Orbitale durch die **Hauptquantenzahl** n, die **Drehimpulsquantenzahl** l und die **magnetische Quantenzahl** m gekennzeichnet, zwischen denen bestimmte Beziehungen gelten (↑Auswahlregeln). Zustände mit gleichem n werden zu Schalen zusammengefasst, die man mit den Buchstaben K, L, M, … bezeichnet ($n = 0$, $n = 1$, usw.). Aus den erlaubten Werten der Haupt- und Nebenquantenzahlen und damit der Struktur der Schalen und Unterschalen lässt sich der gesamte Aufbau des ↑Periodensystems der Elemente erklären. ■

🔖 Stelle Dir einen Atomkern von 1 mm Durchmesser vor (Durchmesser des Protons: 1 fm = 10^{-15} m). Wie groß wäre dann der bohrsche Radius (0,05 nm), wie groß die Ausdehnung eines Cäsiumatoms (0,25 nm)? Man findet, dass einem Atomkern von 1 mm Durchmesser (10^{12}-mal soviel wie 1 fm) ein bohrscher Radius von 50 m entspricht. Das Cäsiumatom wäre 250 m groß.

📖 COOPER, CHRISTOPHER: *Sehen, Staunen, Wissen: Materie. Faszinierende Forschung*. Hildesheim (Gerstenberg) 1993. ■ KIPPENHAHN, RUDOLF: *Atom. Forschung zwischen Faszination und Schrecken*. München (Piper) 1998.

der heutigen Mikroskopie aber keine Rolle mehr.

Bei einem *Fernrohr* wird das A. etwas anders definiert, da man den wahren Abstand zweier Punkte nur selten messen kann. Hier interessiert der kleinste Sehwinkel δ_{min}, unter dem zwei Objektpunkte erscheinen dürfen, damit sie noch getrennt werden, und definiert $A = 1/\delta_{min}$. Berücksichtigt man die Beugung, so gilt

$$A = \frac{0,82 \cdot d}{\lambda}$$

(*d* Durchmesser der Eintrittsöffnung des Objektivs, λ Wellenlänge des Lichts). Diese Beziehung gilt auch für das *Auge*: Nimmt man einen Pupillendurchmesser von 3 mm und eine Wellenlänge von $6 \cdot 10^{-4}$ mm (rotes Licht) an, so gilt $A = 4100$; daraus berechnet man den kleinsten Sehwinkel $\delta_{min} =$ 1/$A \approx 44$ Winkelsekunden.

Das **spektrale Auflösungsvermögen** U gibt die Fähigkeit eines ↑Spektralapparats an, zwei dicht beieinander liegende Spektrallinien zu trennen. Man definiert $U = \lambda/\Delta\lambda$. Das A. eines Beugungsgitters nimmt mit der Zahl der beleuchteten Striche und der Ordnung der beobachteten Beugungsmaxima zu.

Auftrieb: eine der Gewichtskraft entgegen wirkende Kraft.

Der **hydrostatische Auftrieb** ist eine der Schwerkraft entgegengesetzte Kraft, die ein in Flüssigkeit eintauchender Körper aufgrund des unterschiedlichen hydrostatischen Drucks an Ober- und Unterseite erfährt. Nach dem ↑archimedischen Prinzip ist der Auftrieb eines Körpers so groß wie die Gewichtskraft der von ihm verdrängten Flüssigkeitsmenge. Analog erfährt ein Körper auch in einem Gas einen A. (aerostatischer Auftrieb), dieser ist aber meistens vernachlässigbar klein; Ausnahme: Ballons und Luftschiffe. Ursache des A. ist der in unterschiedlichen

Tiefen verschiedene ↑hydrostatische Druck. Für die Herleitung des A. betrachten wir einen zylindrischen Körper mit der Grundfläche A (Abb. 1). Auf seine Deckfläche wirkt die Kraft $F_1 = p_1 \cdot A = h_1 \cdot \rho \cdot g \cdot A$ nach unten. Entsprechend wirkt auf die Grundfläche die Kraft $F_2 = p_2 \cdot A = h_2 \cdot \rho \cdot g \cdot A$ nach oben. Da $h_1 < h_2$, ist auch $p_1 < p_2$. Es resultiert eine nach oben gerichtete Kraft $\vec{F}_a$, der Auftrieb. Sein Betrag ist

$$F_a = A \cdot (h_2 - h_1) \cdot \rho \cdot g.$$

Da $A \cdot (h_2 - h_1)$ gerade das Volumen V des Körpers und das Volumen der verdrängten Flüssigkeit ist, gilt $F_a = V \cdot \rho \cdot g$, und das ist gerade die Gewichtskraft G der verdrängten Flüssigkeitsmenge. Diese Herleitung gilt entsprechend auch für andere Formen.

Sei nun G die Gewichtskraft und ρ_K die Dichte eines Körpers, F_2 der Auftrieb und ρ_{Fl} die Dichte der Flüssigkeit, in die er eintaucht. Dann gilt:
Für $F_a < G$ (oder $\rho_K > \rho_{Fl}$) **sinkt** der Körper. Für $F_a = G$ bzw. $\rho_K = \rho_{Fl}$ **schwebt** der Körper an jeder Stelle der Flüssigkeit (z. B. ein Fisch im Wasser).

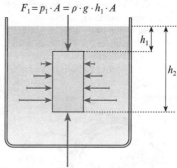

$F_1 = p_1 \cdot A = \rho \cdot g \cdot h_1 \cdot A$

$F_2 = p_2 \cdot A = \rho \cdot g \cdot h_2 \cdot A$

Auftrieb (Abb. 1): zur Herleitung

Ist $F_a > G$ (oder $\rho_K < \rho_{Fl}$), dann steigt der Körper und taucht so weit aus der Flüssigkeit auf, bis der verringerte Auf-

A

trieb wieder gleich *G* ist. Der Körper **schwimmt** dann auf der Oberfläche der Flüssigkeit.

Diese drei Fälle lassen sich auch mit einem **kartesischen Taucher** (nach R. DESCARTES, latinisiert CARTESIUS) demonstrieren. Ein unten offener, mit Luft gefüllter Glaskörper befindet sich in einem bis oben mit Wasser gefüllten Gefäß, das mit einer elastischen Membran verschlossen ist. Seine Gewichtskraft ist kleiner als der Auftrieb, er schwimmt. Drückt man auf die Membran, dann wird die Luft im Glaskörper zusammengepresst, und es dringt Was-

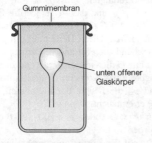

Gummimembran

unten offener Glaskörper

Auftrieb (Abb. 2): kartesischer Taucher

ser von unten her ein. Damit verkleinert sich das Volumen des Systems aus Glaskörper und Luft, und so verringert sich auch der Auftrieb. Je nachdem, wie stark man auf die Membran drückt, schwebt der Körper, oder er sinkt.

Die Temperaturabhängigkeit des A.

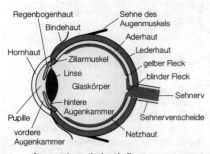

Regenbogenhaut
Bindehaut
Hornhaut
Ziliarmuskel
Linse
Glaskörper
hintere Augenkammer
Pupille
vordere Augenkammer

Sehne des Augenmuskels
Aderhaut
Lederhaut
gelber Fleck
blinder Fleck
Sehnerv
Sehnervenscheide
Netzhaut

Auge: schematischer Aufbau

nutzt man beim ↑Galilei-Thermometer. Der **dynamische Auftrieb** wirkt auf Körper in einer strömenden Flüssigkeit oder einem strömenden Gas. Er tritt auf, wenn die Strömungsgeschwindigkeit auf einer Seite des umströmten Körpers größer ist als auf der anderen. Nach der ↑Bernoulli-Gleichung besteht eine Druckdifferenz zwischen den verschieden schnellen Strömungen, die zu einer resultierenden Auftriebskraft führt. Der dynamische Auftrieb ist die Grundlage dafür, dass z.B. ein Flugzeug fliegt (↑fliegen).

Auge: Sehorgan bei Menschen und Tieren, das Lichtreize wahrnimmt und so Informationen über die Umwelt vermittelt.

Das menschliche Auge hat einen Durchmesser von etwa 24 mm. Die physikalisch wichtigsten Bestandteile sind die Iris, die Linse und die Netzhaut (Retina). Die **Iris** hat die Funktion einer Lochblende; der Durchmesser ihrer Öffnung (die Pupille) kann durch zwei Muskeln stetig verändert werden. Die Wölbung der elastischen **Linse** lässt sich durch Anspannung eines Muskels verändern. Die Linse und die vor ihr liegende, mit Kammerflüssigkeit gefüllte Augenkammer werden durch die Hornhaut geschützt. Den Raum hinter der Linse nimmt der Glaskörper ein, der aus einer gallertartigen Masse besteht und an die **Netzhaut** angrenzt. Auf ihr befinden sich die Sinneszellen, etwa 120 Millionen hell-dunkel-empfindliche Stäbchen und ca. 7 Millionen farbempfindliche Zäpfchen. Eine kleine Vertiefung genau gegenüber der Pupille, der **gelbe Fleck,** enthält besonders viele Zäpfchen und ist der Ort schärfsten Sehens. An der Eintrittsstelle des Sehnervs in den Augapfel, dem blinden Fleck, befinden sich weder Zäpfchen noch Stäbchen.

Die Wirkungsweise des Auges lässt sich mit einer Kamera vergleichen. Die

Iris regelt den Lichteinfall. Unwillkürlich zieht sie sich bei großer Helligkeit zusammen bzw. weitet sich bei geringer Helligkeit. Diesen Vorgang nennt man Adaptation. Die Linse wirkt in Verbindung mit der Hornhaut und der Kammerflüssigkeit wie eine Sammellinse. Sie entwirft ein reelles, auf dem Kopf stehendes, seitenverkehrtes und verkleinertes Bild auf der Netzhaut. Durch unbewusste Muskelanspannung wird die Linse dabei so gekrümmt, dass das Bild auf der Netzhaut immer scharf ist (**Akkommodation**). Der Akkommodationsbereich des Auges liegt beim Menschen zwischen unendlich (Fernpunkt) und 10–15 cm (Nahpunkt). Mit zunehmendem Alter rückt der Nahpunkt vom Auge weg. Die deutliche Sehweite ist die Entfernung, auf die das A. ohne zu ermüden für längere Zeit akkommodieren kann. Sie beträgt für junge Menschen etwa 25 cm.

Kann das Auge nicht akkommodieren, sodass das Bild nicht genau auf der Netzhaut liegt, liegt eine **Fehlsichtigkeit** vor. Man spricht von ↑Kurzsichtigkeit, wenn der Brennpunkt vor der Netzhaut liegt, und von ↑Weitsichtigkeit, wenn er dahinter liegt. Die altersbedingte Weitsichtigkeit hängt zum einen mit den Wegrücken des Nahpunkts, zum anderen mit zurückgehender Elastizität der Linse zusammen. Die Sehfehler lassen sich durch eine Brille fast völlig beheben (Zerstreuungslinse bei Kurzsichtigkeit, Sammellinse bei Weitsichtigkeit).

Das **räumliche Sehen** kommt dadurch zustande, dass derselbe Gegenstand von den beiden Augen unter verschiedenen Winkeln gesehen wird. Die beiden leicht unterschiedlichen Bilder werden im Gehirn zu einem räumlichen Bild verarbeitet.

Auger-Effekt [oˈʒeː; nach PIERRE AUGER *1899, †1993]: eine Form des inneren ↑Fotoeffekts.

Ausbreitungsmedium: ↑Welle.

Ausdehnungskoeffizient: bei der ↑Wärmeausdehnung von Körpern eine Größe, welche die Längen- bzw. Volumenzunahme bei einer Temperaturänderung um 1 °C beschreibt. Dementsprechend unterscheidet man den linearen oder Längenausdehnungskoeffizenten bzw. den kubischen oder **Volumenausdehnungskoeffizienten**.

Ausgleichsgerade: ↑Fehlerrechnung.

Auslenkung (Elongation): bei einer mechanischen ↑Schwingung die zeitlich veränderliche Entfernung des Schwingers von seiner Ruhe- bzw. Gleichgewichtslage. Der Maximalwert der Auslenkung ist die Amplitude. Bei einer harmonischen Schwingung ist die Auslenkung dem Sinus der Zeit proportional. Im übertragenen Sinne spricht man von A. auch bei nicht mechanischen Schwingungen.

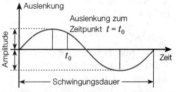

Auslenkung: zeitlicher Verlauf der Auslenkung bei einer sinusförmigen Schwingung

Auslösebereich: Spannungsbereich eines ↑Zählrohrs, innerhalb dessen die Zählrate (die Anzahl der Ausgangsimpulse in einer bestimmten Zeit) nicht von der Zählrohrspannung abhängt. In diesem Bereich ist die Zählrate auch von der Primärionisation unabhängig.

Ausschließungsprinzip: anderer Name für das ↑Pauli-Prinzip.

außerordentlicher Strahl: ↑Doppelbrechung.

Austrittsarbeit: die Energie, die aufgebracht werden muss, um ein ↑Elektron aus dem Innern eines Stoffes (insbesondere ein Leitungselektron aus einem Metall) durch die Oberfläche nach

A

außen zu bringen. Im Mittel beträgt sie z.B. für Cäsium 1,8 eV und für Wolfram 4,5 eV. Die nötige Energie kann auf verschiedene Weise geliefert werden, etwa durch Licht (↑Fotoeffekt), durch Wärme (↑glühelektrischer Effekt) oder durch ↑Stoßionisation.

Auswahlregeln: bestimmte Bedingungen an die ↑Quantenzahlen, die erfüllt sein müssen, damit zwischen den zugehörigen Energiezuständen des ↑Atoms (oder ↑Kerns oder ↑Festkörpers) auch Übergänge stattfinden können. Z. .B. darf bei einem Elektronenübergang im Atom die Bahndrehimpulsquantenzahl sich nur um 1 erhöhen oder erniedrigen.

Avogadro-Gesetz: ↑Gasgesetze.

Avogadro-Konstante [nach AMADEO DI AVOGADRO, *1776, †1856], Formelzeichen N_A: die Zahl der in einem ↑Mol eines Stoffs enthaltenen Atome oder Moleküle. Sie ist für alle Stoffe gleich und hat den Wert

$$N_A = 6{,}02214199 \cdot 10^{23} \text{ mol}^{-1}.$$

Früher bezeichnete man N_A auch als ↑Loschmidt-Konstante L, die aber etwas anders definiert ist.

B

b:

◆ Einheitenzeichen für Barn (↑Wirkungsquerschnitt).

◆ Symbol für das ↑Bottom-Quark.

◆ (b): Formelzeichen für ↑Bildweite.

 ($\vec{B}$): Formelzeichen für die ↑magnetische Flussdichte.

Bahn: die Gesamtheit der von einem Massenpunkt bei seiner Bewegung durchlaufenen Raumpunkte. Die Bahn legt den Weg des Teilchens (die Bahnkurve) im Raum fest (↑Kinematik).

Bahnbeschleunigung (Tangentialbeschleunigung): die in Richtung der Bahntangente, also parallel zum Geschwindigkeitsvektor eines bewegten Körpers wirkende ↑Beschleunigung. Der Betrag $a_\parallel$ der B. ist gleich dem Betrag der ersten Ableitung des Betrags v der Geschwindigkeit nach der Zeit t bzw. gleich dem Betrag der zweiten Ableitung des Wegs s nach der Zeit:

$$a_\parallel = \frac{\mathrm{d}v}{\mathrm{d}t} = \frac{\mathrm{d}^2 s}{\mathrm{d}t^2}.$$

Bahndrehimpuls: eigentlich der Drehimpuls, den ein Teilchen aufgrund seiner Bewegung auf einer gekrümmten Bahn bezüglich des Koordinatenursprungs hat; speziell der Drehimpuls eines Elektrons im bohrschen Atommodell (↑Atom) aufgrund seines gedachten Umlaufs um den Kern (im Gegensatz zum Eigendrehimpuls, dem ↑Spin). Der B. eines Elektronenzustands in der Atomhülle kann keine beliebigen Werte annehmen, sondern nur ganzzahlige Vielfache von $\hbar = h/2\pi$ (↑plancksches Wirkungsquantum). In dem Produkt $l \cdot \hbar$ heißt l die **Bahndrehimpulsquantenzahl** einer bohrschen Bahn. Ist n die ↑Hauptquantenzahl eines bohrschen Zustands, so kann l alle Werte von 0 bis $n-1$ annehmen.

Bahndrehimpulsquantenzahl: ↑Bahndrehimpuls, ↑Quantenzahlen.

Bahnelemente: Satz von sechs Größen, die Lage, Form und Größe der wahren Bahn eines Himmelskörpers um einen anderen sowie dessen Ort zu einem bestimmten Zeitpunkt festlegen. Bei einer Ellipsenbahn gehört dazu z.B. die große Halbachse.

Bahngeschwindigkeit: die Geschwindigkeit, mit der sich ein Körper auf seiner Bahnkurve bewegt. Sie ist gleich dem Betrag des Geschwindigkeitsvektors (↑Kinematik).

Bahnkurve: Kurve, die ein Teilchen bzw. der Schwerpunkt eines bewegten Körpers beschreibt (↑Kinematik).

Bahnmagnetismus: der durch die Bewegung (den ↑Bahndrehimpuls) der

Hüllenelektronen verursachte Anteil am ↑Diamagnetismus der Atome (im Unterschied zu dem Anteil, der auf ihren Spin zurückgeht). Auch der dadurch bedingte Anteil des magnetischen Moments eines Atoms wird manchmal als Bahnmagnetismus bezeichnet. Dieser Anteil hängt vom Gesamtdrehimpuls $\vec{L}$ aller Elektronen der Hülle ab; er wird **magnetisches Bahnmoment** $\vec{\mu}_L$ genannt. $\vec{\mu}_L$ ist proportional zu L, der Proportionalitätsfaktor ist das ↑bohrsche Magneton μ_B.

Balkenwaage: die verbreitetste Form der Hebelwaage (↑Waage).

Ballistik [griech. ballein »werfen«]: Lehre vom Verhalten und der Bewegung geschossener Körper. Die **innere Ballistik** befasst sich mit den Vorgängen im Lauf einer Feuerwaffe, die äußere Ballistik behandelt das Verhalten eines Geschosses nach dem Verlassen des Laufs. Es bewegt sich dann auf einer **ballistischen Kurve,** die erheblich von der idealen Wurfparabel (↑Wurf) abweicht. Ihre Form hängt u. a. von der Luftdichte, vom Luftdruck, von den allgemeinen Witterungsverhältnissen (Wind, Luftfeuchtigkeit usw.), vom Gewicht und der Form des Geschosses, seinem Drall und der Erdrotation ab. Die ballistische Kurve liegt stets innerhalb der idealen Wurfparabel, der absteigende Ast ist steiler als der aufsteigende.

ballistisches Galvanometer: ↑Strom- und Spannungsmessung.

ballistisches Pendel: ein ↑Fadenpendel, das durch einen ↑Kraftstoß ausgelenkt wird und mit dem sich die Geschwindigkeit eines Geschosses bestimmen lässt.

Ein ballistisches Pendel besteht aus einem Pendelkörper (Masse M; meist ein mit Sand gefüllter Sack oder Kasten), in den das Geschoss der Masse m_g und Geschwindigkeit v_g hineingeschossen wird und stecken bleibt (unelastischer

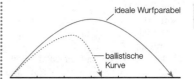

Ballistik: ideale Wurfparabel und ballistische Kurve (blau)

↑Stoß). Aufgrund der Impulsübertragung beginnt das Pendel zu schwingen und erreicht die Höhe h.

Das Gesamtsystem aus Pendel und Geschoss hat vor dem Stoß nur den Impuls des Geschosses: $P_v = m \cdot v_g$. Nach dem Schuss haben Pendel und Geschoss dieselbe Geschwindigkeit v_p, und das Gesamtsystem trägt den Impuls $P_n = (m + M) \cdot v_p$. Wegen des ↑Impulssatzes sind beide Impulse gleich: $P_v = P_n$. Daraus folgt:

$$v_g = \frac{M + m}{m} v_p .$$

Die Geschwindigkeit v_p lässt sich aus der Höhe h, um die die Pendelkörper gehoben wird, mit den Gesetzen des ↑freien Falls bestimmen zu $v_p = \sqrt{2gh}$ (g Fallbeschleunigung). Also gilt:

$$v_g = \frac{M + m}{m} \cdot \sqrt{2gh} .$$

Balmer-Formel [nach J. J. BALMER]: ↑Wasserstoffspektrum.

Balmer-Serie [nach J. J. BALMER]: ↑Spektralserie.

Bande [frz. »Einfassung«]: in der Spektroskopie eine Vielzahl eng benachbarter Spektrallinien (**Bandenlinien),** die nach einer Seite des Spektrums zur **Bandenkante** hin zusammengedrängt sind. Banden erscheinen bei geringem Auflösungsvermögen des Spektralapparats als strukturlose, bandartige Gebilde (↑Bandenspektrum).

Bandenspektrum: ein durch ↑Banden charakterisiertes ↑Spektrum, das bei Übergängen zwischen Energiezuständen von ↑Molekülen emittiert oder absorbiert wird (also nicht Übergänge in ↑Atomen, die ein Linienspektrum hervorrufen).

Jeder Energiezustand eines Moleküls lässt sich näherungsweise als Summe der Energien der Elektronenhülle, der Schwingungsenergie (Oszillation der Atome des Moleküls gegeneinander) und der Rotationsenergie (Rotation des Moleküls um seine Hauptträgheitsachse) darstellen. Dieser Dreiteilung entspricht eine dreifache Struktur der Bandenspektren: Ändert sich allein die Rotationsenergie, so ergeben sich relativ einfache Linienfolgen im fernen ↑Infrarot. Eine Änderung von Schwingungs- *und* Rotationsenergie führt zu gesetzmäßig angeordneten Linienfolgen im nahen Infrarot. Ändern sich *alle* Energiearten gleichzeitig, so ergeben sich komplizierte Linienfolgen im sichtbaren und ultravioletten Bereich.

Die Banden im sichtbaren und UV-Bereich sind meist durch eine Kantenstruktur gekennzeichnet: Von einer scharfen Kante aus verläuft die Einzelbande in den kurz- oder langwelligen Bereich. Bandenspektren im sichtbaren und UV-Bereich finden sich vor allem bei zweiatomigen Molekülen oder Molekülionen. Die Bandenspektren mehratomiger Moleküle liegen vorwiegend im Infrarot.

Bändermodell: Modell für die Energiezustände der Elektronen in einem Festkörper. Das Zusammenwirken vieler Atome führt hier dazu, dass keine scharfen Energiezustände wie bei einzelnen Atomen, sondern breite Energiebereiche – sog. Bänder – auftreten, in denen sich Elektronen aufhalten können. Das oberste, energiereichste noch vollständig mit Elektronen besetzte Band heißt **Valenzband,** das folgende leere oder nur teilweise mit Elektronen besetzte Band ist das **Leitungsband.**

Bandgenerator: ein Gerät zur Erzeugung von elektrischer Gleichspannung. Der **Van-de-Graaff-Generator** ist ein Hochspannungsgenerator, der vor allem in der Kernphysik als Teilchenbeschleuniger eingesetzt wird.

Der Generator besteht aus einem breiten Gummiband, das über zwei Metallwalzen umläuft, von denen sich eine auf Erdpotential und die andere im Innern einer sehr gut isolierten Hohlkugel aus Metall befindet. Das Band entnimmt durch ↑elektrische Influenz einer Spannungsquelle von einigen Kilovolt elektrische Ladung und transportiert sie kontinuierlich in das Innere der Hohlkugel. Dort wird sie über einen Spitzenkamm aufgenommen und verteilt sich auf die äußere Kugelfläche, den sog. **Konduktor.** Der Generator erreicht Spannungen bis 10 MeV.

Der **selbsterregte Bandgenerator** dient in der Schulphysik zur Demonstration der Ladungstrennung.

Gelangt eine negative Ladung (z. B. aus der Luft) auf das Gummiband an

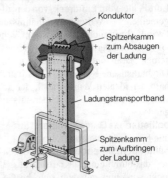

Bandgenerator (Abb. 1): Schema eines Van-de-Graaff-Generators

die Stelle P, so fließen durch ↑Influenz positive Ladungen aus der Erde auf das Band. Sie werden auf die Hohlkugel transportiert und verteilen sich auf der äußeren Oberfläche. Die durch Influenz auf der Innenseite der Hohlkugel ent-

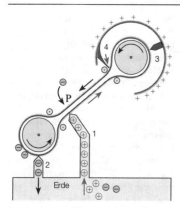

Bandgenerator (Abb. 2): selbsterregter Bandgenerator

stehenden Ladungen werden auf das Band übertragen und nach unten zur Erde transportiert. Sobald sie an P vorbeikommen, bewirken sie durch Influenz den erneuten Fluss von Ladungen auf das Band.

Bar [griech. báros »Gewicht«], Einheitenzeichen bar: ältere Einheit des ↑Drucks, die als Millibar (mbar) früher vorwiegend in der Meteorologie verwendet wurde. Zur SI-Druckeinheit, dem ↑Pascal, besteht die Beziehung: 1 bar = 0,1 MPa, 1 mbar = 1 hPa.

Barkhausen-Beziehung: ↑Triode.

Barkhausen-Effekt: ↑Ferromagnetismus.

Barn [baːn, engl. Scheune, Codename im amerik. Atombombenprojekt], Einheitenzeichen b: SI-fremde Flächeneinheit in der Kernphysik zur Angabe des ↑Wirkungsquerschnitts; $1\,b = 10^{-28}\,m^2$.

Barometer: Gerät zur Messung des Luftdrucks, das ähnlich aufgebaut ist wie ein ↑Manometer. Nach der Funktionsweise unterscheidet man Flüssigkeitsbarometer und Aneroidbarometer. Das **Flüssigkeitsbarometer** (meist als **Quecksilberbarometer**) geht in seiner Grundform auf den ↑Torricelli-Versuch zurück. Es besteht aus einer flüs-

sigkeitsgefüllten U-förmigen Glasröhre mit verschieden langen Schenkeln; der längere Schenkel ist oben geschlossen, der kürzere ist oben offen und endet in einer Schale. Der äußere Luftdruck übt auf die Flüssigkeitsoberfläche am offenen Ende eine Kraft aus, die Flüssigkeit in den geschlossenen Schenkel hoch drückt (im geschlossenen Schenkel ist der Raum oberhalb der Flüssigkeitsoberfläche luftleer, und es kann daher hier keinen Luftdruck geben). Gleichgewicht herrscht, wenn der durch die Gewichtskraft der hochgedrückten Flüssigkeitssäule verursachte Druck gerade den Luftdruck kompensiert. Damit ist die Höhe der Flüssigkeitssäule im geschlossenen Schenkel ein Maß für den Luftdruck (Abb. 1).

Die Funktion des **Aneroidbarometers** beruht auf der Durchbiegung einer Membran. Die gebräuchlichste Form ist das **Dosenbarometer.** Es besteht aus einer luftleer gepumpten Metalldose, die vom äußeren Luftdruck entsprechend seiner Stärke zusammengedrückt wird. Die Verformung der Dose wird über ein Hebelwerk auf einen Zeiger übertragen, der auf einer Skala den Luftdruck anzeigt (Abb. 2). Dieser Typ des Barometers benötigt vor dem Ge-

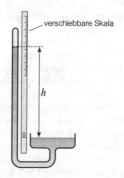

verschiebbare Skala

h

Barometer (Abb. 1): prinzipieller Aufbau eines Flüssigkeitsbarometers. Die Skala ist verschiebbar, um den Nullpunkt auf die Oberfläche der Flüssigkeit einstellen zu können.

brauch eine ↑Kalibrierung mit einem Flüssigkeitsbarometer.

barometrische Höhenformel: Formel für den Zusammenhang zwischen Luftdruck und Höhe über dem Erdboden. Bei konstanter Temperatur gilt

$$p_h = p_0 \cdot e^{-\rho_0 \cdot g \cdot h / p_0}$$

(p_h Luftdruck in der Höhe h, p_0 Luftdruck bei $h = 0$, ρ_0 Luftdichte bei $h = 0$, g Fallbeschleunigung). Der Luftdruck nimmt also exponentiell mit der Höhe ab. Dann ergibt sich für h:

$$h = \frac{h_0}{\rho_0 \cdot g}(\ln p_0 - \ln p_h).$$

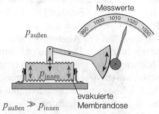

$p_{\text{außen}} \gg p_{\text{innen}}$

Barometer (Abb. 2): Dosenbarometer

Damit kann man aus dem gemessenen Luftdruck die Höhe berechnen. Auf diesem Zusammenhang beruht die Wirkungsweise verschiedener Höhenmessgeräte.

Baryonen [griech. barýs »schwer«]: Sammelbezeichnung für schwere ↑Elementarteilchen, deren Masse größer oder gleich der Protonenmasse ist und die ↑Fermionen sind, also einen halbzahligen Spin tragen. Beispiele für Baryonen sind Protonen und Neutronen.

Baryonenzahl: eine Quantenzahl, die bei allen Reaktionen von ↑Elementarteilchen erhalten bleibt, obwohl man die zugrunde liegende ↑Symmetrie nicht kennt. Dabei ordnet man allen an einer Reaktion beteiligten ↑Baryonen die Zahl +1, ihren Antiteilchen die Zahl −1 und den ↑Mesonen sowie allen ↑Leptonen die Zahl 0 zu.

Basis [griech. básis »Fußgestell«]:
♦ *Festkörperphysik:* Grundlage eines Kristallgitters (↑Kristall).
♦ *Elektronik:* ↑Transistor.

Basiseinheiten: ein Satz von Einheiten eines ↑Einheitensystems, aus dem sich alle übrigen ↑Einheiten als Potenzprodukte ableiten lassen.

Die B. des gesetzlich vorgeschriebenen Internationalen Einheitensystems (SI) sind in der Tabelle aufgeführt.

Batterie [frz. »Gruppe von Kanonen«]: eigentlich die Zusammenschaltung mehrerer ↑galvanischer Elemente. Verbindet man den Minuspol eines Elements mit dem Pluspol des Nächsten (Serienschaltung), ergibt sich eine höhere Spannung; werden die Pluspole der Elemente verbunden (Parallelschaltung) erzielt man eine höhere Stromstärke. Im üblichen Sprachgebrauch ist eine Batterie jede (nicht wieder aufladbare) netzunabhängige Stromquelle, im Gegensatz zum aufladbaren ↑Akkumulator.

Die am stärksten verbreitete Batterie ist die **Braunsteinzelle,** die z. B. in Taschenlampen eingesetzt wird und 1,5 V Leerlaufspannung liefert. Sie hat eine Zinkbecher als Anode, die Kathode besteht aus Kohle und Braunstein (Mangandioxid, MnO_2). Als Elektrolyt dient

Basiseinheit	Zeichen	Grundgröße
Meter	m	Länge
Kilogramm	kg	Masse
Sekunde	s	Zeit
Ampere	A	elektrische Stromstärke
Kelvin	K	thermodynamische Temperatur
Mol	mol	Stoffmenge
Candela	cd	Lichtstärke

Basiseinheiten des gesetzlich vorgeschriebenen Internationalen Einheitensystems (SI)

eine angedickte Salmiaklösung (Ammoniumchlorid, NH_4Cl) oder Zinkchlorid ($ZnCl_2$); dieser Batterietyp wird darum auch Trockenzelle genannt.

Bauch: ↑Schwingung.

Becquerel [nach H. BECQUEREL], Einheitenzeichen Bq: SI-Einheit für die ↑Aktivität einer radioaktiven Substanz. Der Zahlenwert gibt die Zahl der Zerfälle pro Sekunde an: $1\ Bq = 1\ s^{-1}$.

Vollmond	ca. 0,20 lx
Straßenlampe	20 lx
Wohnraumlampe	100–200 lx
Leselampe	300 lx
Sonne (Schatten)	2000–10 000 lx
Sonne (direkt)	70 000–100 000 lx

Beleuchtungsstärke: Beleuchtungsstärke für verschiedene Lichtquellen

Beleuchtungsstärke: Formelzeichen E, Quotient aus dem senkrecht auf eine Ebene fallenden ↑Lichtstrom Φ und der beleuchteten Fläche A: $E = \Phi/A$. SI-Einheit ist das Lux (lx).

Betrachtet man die B. auf der Oberfläche einer Kugel vom Radius r, in deren Mittelpunkt sich eine Lichtquelle befindet, die einen Lichtstrom Φ gleichmäßig in alle Richtungen abgibt, so erhält man $E = \Phi/(4\pi \cdot r^2)$. Daraus ergibt sich das **lambertsche Entfernungsgesetz** (nach J. H. LAMBERT), nach dem die B. mit dem Quadrat von der Lichtquelle abnimmt:

$$\frac{E_1}{E_2} = \frac{r_2^2}{r_1^2}\ .$$

Die B. auf zwei konzentrischen Kugelflächen mit den Radien r_1 und r_2 um eine punktförmige Lichtquelle nimmt also umgekehrt proportional zum Quadrat der Entfernungen von der Lichtquelle ab.

Das lambertsche Entfernungsgesetz gilt angenähert auch für ebene Flächen, die sich nicht zu nah an der Lichtquelle befinden.

Benetzung: die Herstellung eines Kontakts zwischen einer Flüssigkeit und einer Festkörperoberfläche, wobei sich ein kleiner Randwinkel an der Flüssigkeitsoberfläche ausbildet. Eine benetzende Flüssigkeit (z. B. Wasser) läuft auf einer waagrechten Fläche zu einer Linse auseinander und steht in einem Gefäß am Rand höher als in der Mitte (↑Meniskus); eine nicht benetzende Flüssigkeit (z. B. Quecksilber) bildet auf der Unterlage kleine Kügelchen und bildet einen nach oben gewölbten Meniskus. Die B. sorgt auch für die ↑Kapillarität.

Ursache für Benetzung sind die ↑Molekularkräfte und die daraus folgende ↑Oberflächenspannung: Bei einer benetzenden Flüssigkeit sind die Kohäsionskräfte kleiner als die Adhäsionskräfte, bei einer nicht benetzenden Flüssigkeit ist es umgekehrt.

Benetzung: Auf einem (von einer natürlichen Wachsschicht umschlossenen) Maisblatt ist Wasser *keine* benetzende Flüssigkeit, es bildet sich ein fast runder Tropfen.

Bernoulli-Gleichung [nach D. BERNOULLI]: die hydrodynamische Druckgleichung

$$p + \frac{\rho}{2}v^2 = \text{const.} = p_0\ .$$

Der Gesamtdruck p_0 in einer stationären, reibungsfreien, inkompressiblen Flüssigkeit mit der Strömungsgeschwindigkeit v_0 ist die Summe aus statischem Druck p und dem Staudruck $(\rho/2) \cdot v^2$; die Dichte ρ des strömenden Mediums soll konstant sein.

B

Die Gleichung lässt sich mithilfe eines Rohrs mit wechselndem Querschnitt nachprüfen: Im verengten Teil strömt die Flüssigkeit schneller, der statische Druck ist also geringer (Abb.). Die Verringerung von p_a auf p_c wird durch die innere Reibung (↑Viskosität) bestimmt. Ohne innere Reibung wäre im unendlichen langen Rohr $p_a = p_c$.

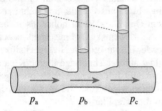

$$p_a \qquad p_b \qquad p_c$$

Bernoulli-Gleichung: Im verengten Teil des Rohrs ist der statische Druck am geringsten.

Berührungselektrizität: die Erscheinung, dass zwei Körper aus unterschiedlichen Substanzen elektrisch entgegengesetzt aufgeladen sind, wenn man sie sich zunächst berühren lässt und dann trennt. Ursache dafür ist ein Elektronenübertritt von der Substanz mit der höheren zu der mit der niedrigeren ↑Dielektrizitätskonstante (bei Isolatoren) bzw. von der Substanz mit der kleineren zu der mit der größeren Austrittsarbeit (bei Metallen). Die dabei auftretende Spannung heißt Berührungs- oder ↑Kontaktspannung.

Beschleuniger: kurz für ↑Teilchenbeschleuniger.

Beschleunigung, Formelzeichen $\vec{a}$ (von englisch acceleration »Beschleunigung«): die zeitliche Änderung der Geschwindigkeit $\vec{v}$ eines Körpers in Betrag und Richtung. Nimmt der Geschwindigkeitsbetrag ab, spricht man auch von **Bremsen.** Die Beschleunigung ist ein grundlegender Begriff der ↑Kinematik.

Ist die Geschwindigkeitsänderung $\Delta\vec{v}$ in gleichen Zeitintervallen Δt gleich, so spricht man von einer **gleichmäßig beschleunigten Bewegung** und setzt

$$\vec{a} = \Delta\vec{v} / \Delta t$$

(Durchschnittsbeschleunigung). Die B. ist ein Vektor, d. h. zu ihrer Beschreibung ist stets die Angabe von Betrag und Richtung erforderlich. Bei einer gleichmäßig beschleunigten Bewegung ist dieser Vektor in Betrag und Richtung konstant.

Ändert sich die B. mit der Zeit (**ungleichmäßig beschleunigte Bewegung**), geht man durch $\Delta t \to 0$ zur Momentanbeschleunigung über und bildet die Ableitung nach der Zeit:

$$\vec{a} = \lim_{\Delta t \to 0} \frac{\Delta\vec{v}}{\Delta t} = \frac{\mathrm{d}\vec{v}}{\mathrm{d}t}$$

Die Momentanbeschleunigung lässt sich in jedem Punkt der Bahnkurve eines Massenpunkts in eine Komponente tangential (↑Bahnbeschleunigung $\vec{a}_\parallel$) und eine Komponente senkrecht (**Zentripetalbeschleunigung** $\vec{a}_\perp$) zur Bahn-

elektrische Lokomotive	$0{,}25 \ \mathrm{m/s^2}$
Auto (ca. 75 PS = 55 kW)	$3 \ \mathrm{m/s^2}$
Rennwagen (400 kW)	$8 \ \mathrm{m/s^2}$
frei fallender Körper	$9{,}81 \ \mathrm{m/s^2}$
Geschoss im Lauf	$500\,000 \ \mathrm{m/s^2}$
Proton von 0 auf 10 MeV	$1{,}9 \cdot 10^{13} \ \mathrm{m/s^2}$

Beschleunigung: Beispiele

kurve zerlegen. $\vec{a}_\parallel$ ist maßgebend für die Geschwindigkeitsänderung, $\vec{a}_\perp$ für die Richtungsänderung. Bei einer gleichmäßig beschleunigten Drehbewegung nennt man $\vec{a}_\perp$ auch ↑Winkelbeschleunigung.

Der Zusammenhang zwischen der B. eines Körpers und der auf ihn einwirkenden ↑Kraft ist durch das zweite ↑newtonsche Axiom gegeben.

Besetzungs|inversion: ↑Laser.

Besetzungszahl: die Anzahl von ↑Elektronen oder ↑Nukleonen, mit denen einzelne Schalen, Unterschalen oder einzelne Energiezustände besetzt sind – auch ↑Pauli-Prinzip.

BESSY: Abk. für Berliner Elektronen-Speicherring für ↑Synchrotronstrahlung, eine Forschungseinrichtung in Berlin-Wilmersdorf. Die Nachfolgeanlage in Berlin-Adlershof für Elektronenstrahlen bis 1,9 GeV (BESSY II) ist im Sommer 2000 in Betrieb gegangen.

Betaspektrum (β-Spektrum): Energieverteilung der Elektronen oder Positronen beim ↑Betazerfall.

Betastrahlung (β-Strahlung): Name für die beim radioaktiven ↑Betazerfall auftretende Strahlung aus Elektronen oder Positronen. Sie wirkt ionisierend und hat je nach Energie eine Reichweite in Luft von einigen Metern. Zur ↑Abschirmung dienen Materialien mit großer Ordnungszahl oder hoher Dichte wie Eisen oder Blei.

Betateilchen (β-Teilchen): beim ↑Betazerfall emittierte Elektronen oder Positronen.

Betatron: ein ↑Teilchenbeschleuniger für Elektronen.

Betazerfall (β-Zerfall): eine Art des natürlichen radioaktiven Zerfalls, bei der der Ausgangskern (Mutterkern) ein geladenes und ein neutrales ↑Lepton aussendet. Beim B. ändert sich die Ordnungszahl um +1 (Elektronenemission, ein Neutron wird in ein Proton umgewandelt) oder –1 (Positronenemission, Umwandlung eines Protons in ein Neutron). Die Massenzahl A ändert sich beim B. nicht. Ursache des Betazerfalls ist ein Überschuss an Neutronen oder Protonen in Atomkernen.

Der relativ langsame β-Zerfall erfolgt über die ↑schwache Wechselwirkung. Der einfachste B. ist der Zerfall des

Neutrons n, der bei neutronenreichen Kernen auftritt:

$$n \to p + e^- + \bar{\nu} \ .$$

Neben dem Elektron e^- entstehen ein Proton p und ein Antineutrino $\bar{\nu}$ (Beispiel: $^{137}Cs \to {}^{137}Ba + e^- + \bar{\nu}$). Das Energiespektrum der Elektronen (**Betaspektrum**) ist kontinuierlich. Daraus schloss W. PAULI wegen der Energie- und Impulserhaltung auf die Existenz eines leichten Teilchens, des ↑Neutrinos, das einen Teil des Impulses aufnimmt. Wegen der Ladungserhaltung (↑Erhaltungssätze) beim B. musste die Summe der Ladungen vor und nach dem Zerfall gleich, das Teilchen also neutral sein. Aus der scharfen Energieobergrenze des Betaspektrums lässt sich eine Obergrenze für die Masse des Neutrinos bestimmen.

Die zweite Art des β-Zerfalls kommt in Kernen vor, die im Vergleich zu stabilen Kernen zu viele Protonen enthalten:

$$p \to n + e^+ + \nu$$

(mit dem Positron e^+ und dem Neutrino ν). Beispiel: $^{30}P \to {}^{30}Si + e^+ + \bar{\nu}$.

Die dritte Art des β-Zerfalls ist der ↑Elektroneneinfang, bei der ein Elektron der Hülle in den Kern gerät:

$$p + e^+ \to n + \nu \ .$$

Ein Beispiel dafür ist die Reaktion $e^- + {}^{37}Ar \to {}^{37}Cl + \nu$.

Betrag: eine Größe, die zusammen mit der Richtung einen Vektor vollständig charakterisiert. Der B. ist stets eine reelle Zahl größer oder gleich null. Anschaulich lässt sich der B. als Länge des Vektors verstehen.

Beugung: Abweichung einer Wellenausbreitung (z. B. von Licht) vom geradlinigen Strahlengang z. B. am Rand eines Hindernisses oder einer Öffnung. Man erklärt die B. mithilfe des ↑huygensschen Prinzips: Von jedem Punkt im Ausbreitungsmedium breiten sich

B

Elementarwellen aus, und zwar in der Ebene kreisförmig, im Raum kugelförmig. Die Elementarwellen überlagern sich so, dass die resultierende Gesamtauslenkung mit der ursprünglichen Wellenfront identisch ist. Die Elementarwellen am Rand eines Hindernisses finden jedoch keine »Partnerwellen« und breiten sich daher in den Raum hinter dem Hindernis aus.

Beugung tritt bei *allen* Wellenerscheinungen auf, und zwar umso deutlicher, je größer die Wellenlänge ist. So ermöglicht B. das Hören von Schall ohne Reflexion auch hinter einer Tür oder hinter einem Pfeiler oder den Empfang von Radiowellen über Berge hinweg. Die B. von Licht ist weniger deutlich wahrzunehmen. Im Alltag äußert sie sich z. B. darin, dass ein lichtundurchlässiger Körper keinen scharfen Schatten wirft, sondern leicht verwaschene Schattenränder zeigt. Auch das ↑Auflösungsvermögen optischer Geräte ist von der Beugung beeinflusst.

Neben den im Folgenden behandelten Spezialfällen treten Beugungserscheinungen mit Licht auch an einer dünnen Öffnung, einem dünnen Draht oder einer kleinen Kreisscheibe auf.

Aufgrund der Welleneigenschaft von Materie (↑Materiewellen) lassen sich alle hier dargestellten Gesetzmäßigkeiten auch auf Teilchen wie Elektronen übertragen.

■ **Beugung am Spalt**

Bei der Beugung am Spalt fällt ein paralleles Strahlenbündel von einfarbigem (monochromatischem) Licht senkrecht auf eine sehr schmale rechteckige Blende (Abb. 1). Durch ↑Interferenz entsteht auf einem Schirm hinter dem Spalt ein Beugungsbild (Abb. 2) aus hellen und dunklen Streifen (**Beugungsmaxima** und **Beugungsminima**); die zugehörige Intensitätsverteilung zeigt Abb. 3.

Gemäß dem huygensschen Prinzip lässt sich jeder Punkt im Innern des Spalts als Wellenzentrum einer Elementarwelle auffassen. Diese Wellenzentren schwingen in gleicher Phase. Die ent-

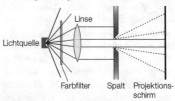

Beugung (Abb. 1): Beugung am Spalt

standenen Elementarwellen überlagern sich; weit vom Spalt entfernt weisen sie je nach Richtung einen Gangunterschied auf, der zur gegenseitigen Verstärkung, Abschwächung oder Auslöschung führt.

Die helle Mitte der Beugungsfigur (nulltes Beugungsmaximum) kommt zustande, weil die senkrecht aus dem Spalt austretenden Strahlen gleichphasig auf den Schirm treffen und sich da-

Beugung (Abb. 2): Beugungsmaxima und Beugungsminima bei der Beugung am Spalt

bei gegenseitig verstärken. Die Entstehung des ersten dunklen Streifens ergibt sich entsprechend Abb. 4: Der Gangunterschied beider Randstrahlen muss gerade gleich der Wellenlänge λ des Lichts sein. Das ist der Fall, wenn für den in Bogenmaß gemessenen Winkel α gilt:

$$\sin \alpha = \lambda / b$$

(b Spaltbreite). Dann haben ein Randstrahl und ein Mittenstrahl gerade einen Gangunterschied von $\lambda/2$, sodass sich

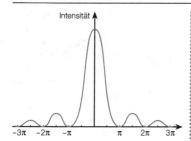

Beugung (Abb. 3): Intensitätsverteilung der Beugungsfigur aus Abb. 2

die beiden Strahlen gegenseitig auslöschen. Ebenso gibt es für jeden Strahl aus der unteren einen Strahl aus der oberen Spalthälfte mit dem Gangunterschied $\lambda/2$, sodass sich auch diese Strahlen gegenseitig auslöschen.

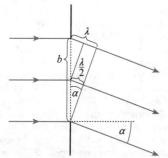

Beugung (Abb. 4): Auslöschung bei einem Gangunterschied von $\lambda/2$

Weitere dunkle Streifen ergeben sich, wenn der Gangunterschied ein ganzzahliges Vielfaches von λ ist. Beugungsminima treten also bei Winkeln α auf, für die gilt:

$$\sin\alpha = n \cdot \lambda / b$$

(n eine ganze Zahl).
Eine ähnliche Überlegung führt zur Bedingung für die Entstehung der hellen Streifen (**Nebenmaxima**):

$$\sin\alpha = \frac{2n+1}{2} \cdot \frac{\lambda}{b}$$

(n eine ganze Zahl). Man nennt n die **Ordnung** des Beugungsminimums bzw. Beugungsmaximums. Die Intensität der Beugungsmaxima nimmt mit wachsender Ordnung ab.

Die durch α bestimmte Lage der Beugungsminima und -maxima auf dem Schirm ist bei gleich bleibender Spaltbreite b nur von der Wellenlänge λ abhängig.

■ **Beugung am optischen Gitter**

Lässt man einfarbiges Licht auf ein optisches ↑Gitter fallen, entsteht ein Muster aus hellen und dunklen Streifen. Die Beugungsmaxima erscheinen unter Winkeln α, für die gilt:

$$\sin\alpha = n \cdot \frac{\lambda}{g}$$

Je kleiner die Wellenlänge λ und je größer die Gitterkonstante g, umso weiter liegen die Beugungsmaxima auseinander. Ist das einfallende Licht nicht einfarbig (z. B. weißes Licht), so entstehen keine Beugungsmaxima, sondern farbige Bänder; man bezeichnet sie als Gitterspektrum. Die Reihenfolge der Farben ist genau umgekehrt wie beim Prismenspektrum (↑Prisma), wo das langwellige (rote) Licht schwächer abgelenkt wird als das kurzwellige (blaue) Licht. Da beim optischen Gitter – anders als beim Prismenspektrum – die Auffächerung des weißen Lichts gleichmäßig ist, spricht man auch vom **Normalspektrum.** Aus der Lage einer Farbe im Normalspektrum kann man unmittelbar ihre Wellenlänge ablesen. Gitter werden in ↑Spektralapparaten eingesetzt, um Licht verschiedener Wellenlänge zu trennen.

■ **Beugung am Doppelspalt**

Ein Doppelspalt lässt sich als Spezialfall eines Gitters aus zwei parallelen Spalten auffassen, sodass die Herleitung der Beugung am Gitter verwendet

B

werden kann. Die Beugung von Elektronen am Doppelspalt spielte eine Rolle bei der Entwicklung der Vorstellung von ↑Materiewellen und der Formulierung des ↑Welle-Teilchen-Dualismus.

Beweglichkeit: ↑elektrische Leitung.

Bewegung: die Ortsveränderung eines Körpers in Bezug auf einen anderen Körper oder ein festzulegendes Bezugssystem. Man unterscheidet ↑Translationsbewegungen (alle Punkte des Körpers bewegen sich auf parallelen Geraden mit gleicher Geschwindigkeit), ↑Rotationsbewegungen (ein einzelner Punkt oder eine Gerade behalten eine feste Lage im Raum bei) und periodische Bewegungen (der Körper kehrt nach einem bestimmten Zeitabschnitt, der Periode, wieder in seine Ausgangslage zurück, z. B. bei einer ↑Schwingung).

Die Formen der B. werden in der ↑Kinematik behandelt, die sie verursachenden Kräfte in der ↑Dynamik.

Bewegungsenergie: andere Bezeichnung für kinetische ↑Energie.

Bewegungszentrum: bei einer Zentralbewegung derjenige feste Raumpunkt, auf den während der gesamten Bewegung die Zentralkraft gerichtet ist.

Bezugssystem:

◆ das *Einheitensystem,* in dem die Zahlenwerte der physikalischen Größen angegeben werden. Praktisch am häufigsten verwendet und gesetzlich vorgeschrieben ist das Internationale Einheitensystem SI (↑Einheitensystem).

◆ ein der *Kinematik* und *Dynamik* von Bewegungen zugrunde gelegtes Koordinatensystem, in dem alle Orts- und Impulskoordinaten definiert werden. Dieses System kann seinen Koordinatenursprung im Massenschwerpunkt aller im System vorhandenen Massen haben (**Schwerpunktsystem**) oder in einem beliebigen anderen Punkt, der z. B. durch die räumlichen Gegebenheiten eines Laboratoriums bestimmt ist (**Laborsystem**).

Bewegt sich ein B. gegenüber einem anderen, so entstehen zusätzliche Relativbewegungen z. B. der Massen. Durch die experimentellen Bedingungen oder Beobachtungen ist festzulegen, ob eines der Systeme vor den anderen ausgezeichnet ist. Unterliegen sich selbst überlassene Körper oder Massenpunkte in einem gleichförmig bewegten B. dem Trägheitsgesetz, so spricht man von einem **Inertialsystem;** Alle Inertialsysteme sind einander gleichwertig.

Biegeschwingung: eine ↑Transversalschwingung in einem festen, lang gestreckten Körper.

bifilare Aufhängung [lat. bi- »zwei-« und filum »Faden«]: die Aufhängung eines Körpers an zwei Fäden oder Drähten. Verlaufen die beiden Fäden nicht parallel, so kann der aufgehängte Körper nur senkrecht zu der durch die beiden Fäden aufgespannten Ebene schwingen. Er hat dann nur einen Freiheitsgrad und kann als ↑Pendel aufgefasst werden.

Bifilarwicklung: in der Elektrotechnik verwendete Wicklungsart von Widerstandsdrähten und Spulen, mit der sich die Induktivität und damit die ↑Selbstinduktion reduzieren lässt. Man knickt dazu den Draht in der Mitte und wickelt ihn als parallel laufenden Doppeldraht. Durch nebeneinander liegende Drähte

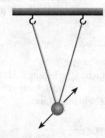

bifilare Aufhängung

fließt so derselbe Strom, nur entgegengesetzt gerichtet. Daher sind auch die magnetischen Wirkungen – insbesondere die Induktivitäten der Wicklungen – entgegengesetzt gleich und heben sich in ihrer Wirkung auf.

bikonkav: beiderseits nach innen gewölbt. Zerstreuungslinsen sind häufig bikonkav (↑Linse).

bikonvex: beiderseits nach außen gewölbt. Sammellinsen sind häufig bikonvex.

Bild: Ergebnis einer optischen ↑Abbildung. Ein **reelles Bild** entsteht immer dann, wenn die von jedem einzelnen Gegenstandspunkt ausgehenden Strahlen sich nach der Brechung oder Reflexion wieder in je einem Bildpunkt vereinigen. Ein reelles B. kann auf einem Bildschirm oder einer Mattscheibe beobachtet werden. Anders bei **virtuellen Bildern:** Hier vereinigen sich nicht die von den Gegenstandspunkten ausgehenden Strahlen, sondern deren rückwärtige Verlängerungen in einem Punkt. Ein virtuelles B. lässt sich nicht mit einer Mattscheibe beobachten.

Bildebene: bei einer ↑Abbildung die zur optischen Achse senkrechte Ebene, auf der das Bild eines Gegenstandspunkts liegt. Entsprechend ist die **Gegenstandsebene** die Ebene, auf der die abzubildenden Punkte liegen. Im Ideal-fall ohne ↑Abbildungsfehler wird jeder Punkt der Gegenstandsebene auf dieselbe B. abgebildet.

Bildgröße: bei einer ↑Abbildung die Höhe des Bilds.

Bildschirm: Anzeigeelement, zur Sichtbarmachen von Bildern. Im üblichen Sprachgebrauch ist ein B. ein Gerät zur Sichtbarmachung von elektronisch übermittelten Bildern.

Eine **Kathodenstrahlröhre** (braunsche Röhre) nutzt zur Bilderzeugung einen Elektronenstrahl, der auf dem Leuchtschirm einen Leuchtpunkt erzeugt. Durch die Trägheit des ↑Auges entsteht der Eindruck eines Bilds, wenn der Elektronenstrahl schnell genug alle Bildpunkte im richtigen Maß beleuchtet (beispielsweise bei einem Fernsehgerät 50 Bilder aus je 156 000 Leuchtpunkten pro Sekunde).

Die Kathodenstrahlröhre ist eine luftleere Glasröhre. In der Glühkathode K wird durch den ↑glühelektrischen Effekt ein Elektronenstrahl erzeugt, der mit einem negativ geladenen Metallzylinder **(Wehnelt-Zylinder)** gebündelt wird. Eine Anodenspannung von über 1 kV beschleunigt den Strahl zur Anode A. Ein Teil der Elektronen tritt durch das Loch in der Anode, trifft auf den Leuchtschirm L und erzeugt dort durch Fluoreszenz einen Leuchtpunkt.

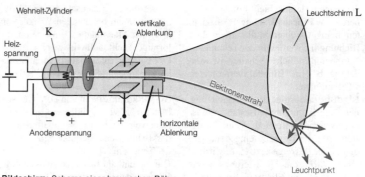

Bildschirm: Schema einer braunschen Röhre

Zwischen Anode und Leuchtschirm befinden sich zwei zueinander senkrechte Paare von Metallplatten, die den Strahl proportional zur angelegten Spannung ablenken. Legt man an diese **Ablenkplatten** eine veränderliche Spannung an (z. B. Spannungsimpulse, Wechselspannung), so bewegt sich der Leuchtpunkt auf dem Leuchtschirm. Die Helligkeit des Leuchtpunkts lässt sich durch die Spannung am Wehnelt-Zylinder regeln.

Ein Flachbildschirm (**liquid crystal display, LCD**) ist eine Anordnung aus beleuchteten ↑Flüssigkristallen, bei der sich jeder Bildpunkt einzeln steuern lässt. Bei Anlegen einer Spannung an einen Flüssigkristall ändern sich die Lichtdurchlässigkeit bzw. die Reflexionsfähigkeit und damit die Helligkeit des betreffenden Bildpunkts.

Bildweite, Formelzeichen b: bei einer ↑Abbildung der Abstand des Bilds von einer Linse (gemessen von der Hauptebene) bzw. von einem Spiegel. Den Zusammenhang von b, Gegenstandsweite g und Brennweite f gibt die ↑Abbildungsgleichung an.

Bimetallstreifen [lat. bi- »zwei-«]: ein flacher Körper, der aus zwei miteinander verschweißten oder verklebten Metallschichten mit verschieden starker ↑Wärmeausdehnung besteht. Beim Erwärmen krümmt sich der B. zur Seite derjenigen Metallschicht mit dem kleineren Wärmeausdehnungskoeffizienten, beim Abkühlen in die umgekehrte Richtung. B. werden in der Technik als wärmeempfindliche Schalter verwendet (z. B. im Bimetallthermometer, ↑Thermometer).

Bindungsenergie: der Energiebetrag, der nötig ist, um zwei Bestandteile eines Systems zu trennen. Wenn die Bestandteile die Bindung eingehen, wird diese Energie freigesetzt: Z. B. wird bei einem Atom die ↑Ionisierungsenergie benötigt, um ein Elektron abzutrennen;

sie wird frei, wenn das Ion wieder ein Elektron bindet.

Binnendruck: ↑Van-der-Waals-Gleichung.

Biophysik: interdisziplinäre Naturwissenschaft im Grenzgebiet zwischen Biologie, Chemie, Physik und Medizin. Ihr Gegenstand ist die Untersuchung von biologischen Systemen und Vorgängen mit physikalischen Methoden, z. B. die Wirkung elektromagnetischer Felder auf Zellen, der Nachbau biologischer Strukturen durch technische Konstruktionen (**Bionik**) oder die Modellierung von Informations- und Regelmechanismen, etwa durch neuronale Netze. Die B. des menschlichen Körpers ist die ↑medizinische Physik.

biot-savartsches Gesetz ['bjoːsa'vaːr-, nach JEAN-B. BIOT, *1774, †1862, und FÉLIX SAVART, *1791, †1841]: experimentell gefundene Aussage über die Stärke und Richtung eines magnetischen Felds in der Umgebung eines stromdurchflossenen Leiters. Für einen stromdurchflossenen geraden Leiter liefert das b.-s. G., dass den Leiter kreisförmig Magnetfeldlinien umgeben (↑Rechte-Hand-Regel), dass die Stärke des Magnetfelds proportional zur Stromstärke ist und dass die Magnetfeldstärke quadratisch mit zunehmendem Abstand vom Leiter abnimmt.

Biprisma: ein gleichschenkliges ↑Prisma mit einem brechenden Winkel von fast 180°. Man nutzt es, um eine punktförmige Lichtquelle in zwei virtuelle Lichtquellen aufzuspalten, deren Strahlen kohärent sind und die bei Überlagerung Interferenz zeigen können.

Blasenkammer: ein von D.A. GLASER (*1926) 1952 erfundenes Gerät zum Nachweis und zur Sichtbarmachung der Bahnen energiereicher ionisierender Teilchen.

Die B. enthält flüssigen Wasserstoff, Propan oder Helium unter Druck (einige 100 kPa). Die Temperatur liegt über dem Siedepunkt im Normalzustand. Durch plötzliche Druckverringerung wird die Flüssigkeit kurzzeitig überhitzt. Ein eindringendes Teilchen hebt den ↑Siedeverzug örtlich auf: Entlang der Teilchenbahn bilden sich sichtbare Dampfbläschen, die fotografisch ausgewertet werden können (Abb.).

qualität bei einer Abbildung wesentlich von den Blendendurchmessern ab. Eine besondere Bauart ist die **Irislende,** bei der sich der Durchmesser der Blendenöffnung stetig verändern lässt. Sie wird v. a. in Fotoapparaten verwendet. Mit ihr können sowohl der Bereich der ↑Schärfentiefe als auch der Lichteinfall eingestellt werden.

B

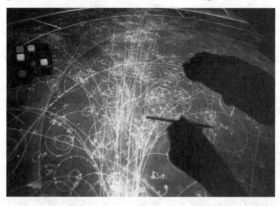

Blasenkammer:
Untersuchung einer Blasenkammer-aufnahme am CERN in Genf

Die B. hat gegenüber der ↑Nebelkammer einige Vorteile: Die verwendeten Flüssigkeiten haben eine höhere Dichte als Gase, sodass energiereichere Teilchen stärker gebremst werden und besser sichtbar sind als in der Nebelkammer. Auch andere Teilchen, die in der Nebelkammer nur schwach zu sehen sind, lassen sich in der B. besser beobachten. Da die fotografische Auswertung der Bahnen aber sehr zeitaufwendig ist, werden heute fast nur noch elektronische Teilchensensoren benutzt.
Blättchenelektroskop: eine Form des ↑Elektroskops.
Bleiakkumulator: ↑Akkumulator.
Blende: in der Optik eine Vorrichtung zur Begrenzung des Querschnitts von Strahlenbündeln. Als Blende dient z. B. die Fassung einer Linse in einem optischen Aufbau oder eine in den Strahlengang gebrachte Lochscheibe. Wegen der ↑Beugung hängt die Bild-

Blendenzahl: der Kehrwert des ↑Offnungsverhältnisses bei einer Linse oder einem Linsensystem.
Blindleistung, Formelzeichen Q: in einem elektrischen Wechselstromkreis der Teil der elektrischen ↑Leistung, der zum Aufbau der elektrischen und magnetischen Felder verbraucht wird und daher nicht zur tatsächlichen Arbeit (↑Wirkleistung) beiträgt. Der Quotient aus der ↑Wirkleistung und dem Betrag der B. ist der ↑Verlustfaktor.
Blindwiderstand: ↑Wechselstromkreis.
Blitz: atmosphärische Form der ↑Funkenentladung bei einem ↑Gewitter.
Blitzableiter: von B. FRANKLIN erfundene Vorrichtung zum Schutz eines Gebäudes vor Blitzeinschlägen. Der B. besteht aus einer Metallstange, die leitend mit dem Grundwasser oder im Boden verlegten Eisenbändern verbunden ist und so dem einschlagenden Blitz ei-

B

nen sicheren Entladungsweg zur Erde bietet, der das mit dem B. versehene Gebäude nicht beschädigt.

Bloch-Wände: ↑Ferromagnetismus.

Bodendruck: ↑hydrostatischer Druck.

Bogenentladung: eine selbstständige ↑Gasentladung, die z. B. zwischen zwei Kohlestäben unter genügend hoher Spannung bei Atmosphärendruck auftritt und als Lichtbogen sichtbar ist. Man zündet die B., indem man die Stäbe bei mindestens 60 V Gleichspannung sich berühren lässt. Der dabei fließende Strom erhitzt die Übergangsstelle und das umgebende Gas, wobei Gasatome durch thermische Stöße ionisiert werden (↑Stoßionisation). Bei Auseinanderziehen der Stäbe tritt dann im elektrischen Feld eine Gasentladung auf. Die positiven Ionen treffen auf die Kathode und erhitzen sie auf ca. 3000 K. Durch Glühemission sendet die Kathode weitere Elektronen aus, die ihrerseits weitere Stoßionisationen im Gas bewirken. Die Anode wird durch die auf sie prallenden Elektronen bis 5000 K erhitzt. Es bildet sich an ihr ein Krater, von dem ein intensives weißes Licht ausgeht. Das Gas zwischen den Stäben wird auf 4000–10 000 K erhitzt und zu starkem Leuchten angeregt. Dieser Lichtbogen ist durch den Auftrieb des erhitzten Gases nach oben gekrümmt.

Bogenentladungen werden zur Beleuchtung, aber auch zur Erzeugung hoher Temperaturen etwa für das Lichtbogenschweißen oder manche chemischen Reaktionen eingesetzt.

Bogenmaß (Arkus), Zeichen arc: Maß für die Größe eines ebenen Winkels, das die Länge des dazugehörigen Bogens auf dem Kreis mit Radius 1 (Einheitskreis) angibt. Dem Winkel 360° entspricht also das Bogenmaß 2π, allgemein gilt arc $\alpha = 2\pi\alpha/360°$. Die Einheit des Bogenmaßes ist der ↑Radiant.

Für kleine im Bogenmaß gemessene Winkel α gilt die Näherung $\alpha \approx \sin \alpha$.

bohrsche Bahnen: ↑Atom.

bohrsche Frequenzbedingung [nach N. BOHR]: im bohrschen Atommodell (↑Atom) formulierte Bedingung für die Frequenz(en) der von einem Atom oder atomaren System emittierten bzw. absorbierten elektromagnetischen Strahlung.

bohrsche Postulate: ↑Atom.

bohrscher Radius: Radius der innersten Elektronenbahn im bohrschen Atommodell des Wasserstoffatoms (↑Atom).

bohrsches Atommodell: ↑Atom.

bohrsches Magneton [nach N. BOHR], Formelzeichen μ_B: Grundeinheit des atomaren magnetischen Dipolmoments (↑Magneton). Es gilt:

$$\mu_B = \frac{e\hbar}{2m_e} = 9,274\,008\,99 \cdot 10^{-24} \text{ J/T}$$

($\hbar = h/2\pi$, h plancksches Wirkungsquantum, e Elementarladung, m_e Elektronenmasse).

Bolometer [griech. bolé »(Sonnen-)strahl«]: Gerät zum Messen der Energie elektromagnetischer Strahlungen (z. B. Infrarotstrahlung). Die zu messende Strahlung erwärmt ein Material (Metall oder Halbleiter), dessen elektrischer Widerstand sich mit der Temperatur ändert. Diese Widerstandsänderung ist das Maß für die Energie der Strahlung. Das Bolometer ist damit eine spezielle Form des ↑Widerstandsthermometers.

Boltzmann-Konstante [nach L. BOLTZMANN] (molekulare Gaskonstante), Formelzeichen k: Umrechnungsfaktor zwischen der absoluten Temperatur in Kelvin und der Energie in Joule:

$$k = 1,308\,65 \cdot 10^{-23} \text{ J/K}$$

k spielt eine bedeutende Rolle in den ↑Zustandsgleichungen.

Bose-Einstein-Kondensation [nach

S. N. BOSE und A. EINSTEIN]: 1925 theoretisch vorhergesagter Übergang eines Systems von ↑Bosonen in einen Grundzustand, in dem alle Teilchen dieselbe niedrigstmögliche Energie haben. Sie wurde 1938 mit Heliumatomen experimentell verwirklicht, aber erst 1995 gelang die Bose-Einstein-Kondensation von schwereren Teilchen (Rubidium-Atome in einer ↑Atomfalle). Auf der B.-E. beruht auch der ↑Atomlaser.

Bosonen: nach dem indischen Physiker S. N. BOSE gebildete Sammelbezeichnung für Teilchen und Quanten mit ganzzahligem Spin. Beispiele für Bosonen sind die Photonen, die W- und Z- Bosonen und Mesonen (↑Elementarteilchen). Auch die Austauschquanten der fundamentalen ↑Wechselwirkungen sind Bosonen. Für sie gilt – im Gegensatz zu den ↑Fermionen – das ↑Pauli-Prinzip nicht.

Bottom-Quark ['bɔtəmkwɔːk, engl. bottom »Unterteil«] (b-Quark): 1977 erstmals nachgewiesenes ↑Elementarteilchen, das mit dem Top-Quark die dritte Familie der ↑Quarks bildet.

boyle-mariottesches Gesetz [bɔɪlmar'jɔt-, nach ROBERT BOYLE, *1627, †1691, und EDME MARIOTTE, *1620, †1684]: eines der ↑Gasgesetze, das den Zusammenhang zwischen Druck p und Volumen V einer bestimmten Menge eines idealen Gases bei gleich bleibender absoluter Temperatur T beschreibt:

$$p \cdot V = \text{const. bei } T = \text{const.}$$

Bq: Einheitenzeichen für ↑Becquerel.

Brackett-Serie ['brækɪt-, nach F. P. BRACKETT, *1865, †1953]: ↑Spektralserie im Wasserstoffatom.

Bragg-Gleichung [nach W. H. und W. L. BRAGG] (braggsche Reflexionsbedingung): eine Bedingung für das Zustandekommen von reflektierter Strahlung unter ganz bestimmten Winkeln bei der Beugung von Röntgen-,

Elektronen- oder Neutronenstrahlen an einem Kristallgitter.

In der Vorstellung deutet man die Reflexe als Reflexionen an den Gitterebenen. Man betrachte zwei Strahlen aus dem Bündel, das unter dem Winkel α auf den Kristall auftrifft; sie sollen an benachbarten Gitterebenen reflektiert werden (Abb.). Sie haben dann einen Gangunterschied $\Delta s = 2 \cdot d \cdot \sin\alpha$ (d: Abstand zweier benachbarter Gitterebenen). Die reflektierten Strahlen kommen dann zur ↑Interferenz. Die Verstärkung ist maximal, wenn der Gangunterschied ein ganzzahliges Vielfaches der Wellenlänge λ des Röntgen-

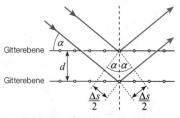

Bragg-Gleichung: Reflexion an den Gitterebenen

strahls bzw. der Materiewelle beträgt, also $\Delta s = k \cdot \lambda$ ($k = 1, 2, 3, 4...$). Nur für ganz bestimmte Winkel α_k erhält man also ein reflektiertes Bündel. Diese **Glanzwinkel** müssen die folgende Bragg-Bedingung erfüllen:

$$k \cdot \lambda = 2 \cdot d \cdot \sin\alpha_k.$$

Bei allen anderen Winkeln löschen sich die an den verschiedenen Gitterebenen reflektierten Strahlen durch Interferenz wieder aus. Beachte, dass der Glanzwinkel – anders als der Einfallwinkel bei Brechung oder Reflexion – nicht gegen das Einfallslot, sondern gegen die Gitterebene gemessen wird! Die Bragg-Gleichung wird in der ↑Kristallstrukturanalyse benutzt, um die Gitterkonstante zu bestimmen.

Bragg-Methode [nach W.H. und W.L.

B

BRAGG]: die Drehkristallmethode in der ↑Kristallstrukturanalyse.

braggsche Reflexionsbedingung [nach W.H. und W.L. BRAGG]: die ↑Bragg-Gleichung.

braunsche Röhre [nach KARL F. BRAUN, *1850, †1918]: ↑Bildschirm.

brechende Flächen: ↑Prisma.

Brechkraft (Brechwert): Formelzeichen D, ein Maß für die strahlenbrechende Wirkung einer Linse oder eines Linsensystems. Sie ergibt sich als Kehrwert der in Metern gemessenen Brennweite f der Linse, bezogen auf Luft als Umgebungsmedium: $D = 1/f$. SI-Einheit ist die ↑Dioptrie (dpt).

Brechung (Refraktion): Änderung der Ausbreitungsrichtung von Wellen beim Durchgang durch die Grenzfläche zweier Medien, in denen sie sich verschieden schnell ausbreiten.

Trifft ein Lichtstrahl schräg auf die Trennfläche zwischen Luft und Wasser (Abb. 1), so wird ein Teil von ihm reflektiert (↑Reflexion), während der andere Teil unter Richtungsänderung in das Wasser übertritt. Der Winkel α_{II} zwischen dem einfallenden Strahl und dem ↑Einfallslot heißt Einfallswinkel, der Winkel zwischen gebrochenem Strahl und Einfallslot ist der Brechungswinkel α_{II}. Einfallender Strahl,

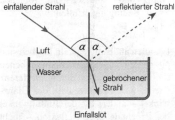

Brechung (Abb. 1): Brechung von Licht beim Übergang von Luft in Wasser

Einfallslot und gebrochener Strahl liegen in einer Ebene. Ist $\alpha_I = 0°$ (senkrechter Einfall), so tritt keine B. auf.

B. zeigt sich nicht nur beim Übergang

Luft–Wasser, sondern allgemein beim Durchgang eines Lichtstrahls durch die Trennfläche zweier Medien mit unterschiedlicher optischer Dichte. Wird dabei der Lichtstrahl zum Einfallslot hin gebrochen ($\alpha_{II} < \alpha_I$), so heißt Medium II **optisch dichter** als Medium I, wird er vom Lot weg gebrochen ($\alpha_{II} > \alpha_I$), heißt Medium II **optisch dünner** als Medium I (Abb. 2).

■ **Das snelliussche Brechungsgesetz**

Um die Gesetzmäßigkeiten der Brechung zu untersuchen, betrachten wir die geometrischen Verhältnisse in Abb. 3. Das Verhältnis der beiden Strecken MP' und MQ' ist für jeden

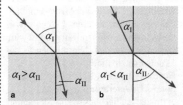

Brechung (Abb. 2): Verlauf des Strahls beim Übergang in ein optisch dichteres Medium (links) oder ein optisch dünneres Medium (rechts)

Einfallswinkel konstant. Es wird als **relative Brechzahl** oder **Brechungsverhältnis** von Medium II gegenüber Medium I bezeichnet (Formelzeichen $n_{II,I}$):

$$\frac{MP'}{MQ'} = n_{II,I}.$$

Da $MP' = r \cdot \sin\alpha_I$ und $MQ' = r \cdot \sin\alpha_{II}$ gilt, ergibt sich

$$\frac{MP'}{MQ'} = \frac{r \cdot \sin\alpha_I}{r \cdot \sin\alpha_{II}} = \frac{\sin\alpha_I}{\sin\alpha_{II}} = n_{II,I},$$

in Worten: Beim Übergang eines Lichtstrahls aus einem Medium I in ein Medium II hängt also der Quotient der Sinuswerte von Einfallswinkel α_I und Brechungswinkel α_{II} nur von den bei-

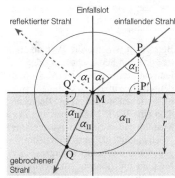

Brechung (Abb. 3): zum snelliusschen Brechungsgesetz

den Medien ab. Diese Beziehung heißt **snelliussches Brechungsgesetz** (nach WILLEBRORD SNELLIUS, *1591, †1626). Für den Übergang von Luft in Wasser ist $n_{W,L} = 4/3$, für den Übergang von Luft in Glas gilt angenähert $n_{G,L} = 3/2$ (der genaue Wert hängt von der Glasart ab). Das Brechungsverhältnis für den Übergang vom Vakuum in ein Medium M heißt **absolute Brechzahl** oder **Brechungsindex** des Mediums (Formelzeichen n_M). Einige Beispiele sind in der Tabelle angegeben.

Die relative Brechzahl $n_{II,I}$ des Mediums II gegenüber dem Medium I ist gleich dem Quotienten der absoluten Brechzahlen: $n_{II} = n_{II}/n_I$. Damit lässt sich das snelliussche Brechungsgesetz auch in folgender Form schreiben:

$$\frac{\sin \alpha_I}{\sin \alpha_{II}} = \frac{n_{II}}{n_I};$$

in Worten: Beim Übergang eines Lichtstrahls vom Medium I in ein Medium II ist der Quotient der Sinuswerte von Einfallswinkel α_I und Brechungswinkel α_{II} gleich dem umgekehrten Verhältnis der absoluten Brechzahlen der Medien.

Die Brechzahl n ist nicht nur vom Medium selbst abhängig, sondern auch von der Wellenlänge (also der Farbe)

des Lichts. Violettes Licht wird am stärksten, rotes Licht am schwächsten gebrochen (↑Dispersion). Bei der ↑Doppelbrechung wird nur der ordentliche Strahl gemäß dem snelliusschen Brechungsgesetz gebrochen.

■ Brechung und huygenssches Prinzip

Brechungserscheinungen treten nicht nur beim Licht auf, sondern auch bei anderen Wellenarten. Die Vorgänge lassen sich anschaulich mit dem ↑huygensschen Prinzip erklären.

Gemäß Abb. 4a sei c_1 die Ausbreitungsgeschwindigkeit der betrachteten ebenen Welle im Medium I und c_2 die in Medium II. Die einfallende Welle E trifft im Punkt B_1 unter dem Winkel α_I auf die Grenzfläche G. Während der Wellenpunkt B_2 noch den Weg B_2C_2 im Medium I zurücklegen muss, breitet sich um den Punkt B_1 schon eine kreisförmige Elementarwelle im Medium II

Material	absolute Brechzahl
Vakuum	1
Luft (1013 mbar)	1,000272
Wasserstoff (1013 mbar)	1,000139
Wasser	1,333
Alkohol	1,365
Kronglas (leicht)	1,515
Kronglas (schwer)	1,615
Flintglas (leicht)	1,608
Flintglas (schwer)	1,757
Bleikristall	>1,545
Kalkspat (o-Strahl)	1,659
Kalkspat (ao-Strahl)	1,486
Diamant	2,417

Brechung: Brechungsindices verschiedener Stoffe für gelbes Natriumlicht (λ = 589 nm). Die Werte sind immer größer als 1.

B

aus. Wenn die einfallende Welle für den Weg von B_2 nach C_2 die Zeit t benötigt, lässt sich die Strecke B_2C_2 als Produkt von Ausbreitungsgeschwin-

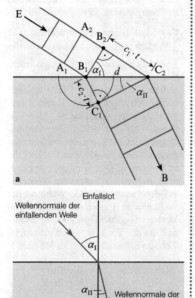

a

Einfallslot

Wellennormale der einfallenden Welle

α_I

α_{II} — Wellennormale der gebrochenen Welle

b

Brechung (Abb. 4): Erklärung der Brechung mit dem huygensschen Prinzip. **a** Wellenfronten, **b** Wellennormale.

digkeit c_1 und Laufzeit t schreiben:

$$B_2C_2 = c_1 \cdot t.$$

In dieser Zeit t hat sich aber die um B_1 entstehende Elementarwelle um die Strecke $c_2 \cdot t$ ausgebreitet. Ihre Wellenfront liegt auf einem Kreis um B_1 mit dem Radius $c_1 \cdot t$. Die Wellenfront der gebrochenen Welle B im Medium II ergibt sich als Tangente vom Punkt C_2 an diesen Kreis. Die Wellenfront ist also C_1C_2. Für das rechtwinklige Dreieck $B_1B_2C_2$ gilt dann die Beziehung $\sin \alpha_I = c_1 \cdot t/d$ und für das Dreieck $B_1C_1C_2$: $\sin \alpha_{II} = c_2 \cdot t/d$. Daraus folgt:

$$\frac{\sin \alpha_I}{\sin \alpha_{II}} = \frac{c_1}{c_2}.$$

Betrachten wir nun die Wellennormalen, d. h. die Senkrechten auf der Wellenfront. Es ergibt sich Abb. 4b mit denselben Winkeln α_I und α_{II}.

Man erkennt aus der obigen Beziehung, dass eine Welle beim Übergang in ein Medium mit geringerer Ausbreitungsgeschwindigkeit zum Einfallslot hin gebrochen und beim Übergang in ein Medium mit höherer Ausbreitungsgeschwindigkeit vom Lot weg gebrochen wird. Geringere Ausbreitungsgeschwindigkeit ist also gleichbedeutend mit größerer optischer Dichte und umgekehrt. Beim senkrechten Einfall auf die Grenzfläche tritt keine B. auf, da die gesamte Wellenfront gleichzeitig in das andere Medium übergeht.

Da die relative Brechzahl gleich dem Verhältnis $\sin \alpha_I/\sin \alpha_{II}$ ist (snelliussches Brechungsgesetz), ergibt sich:

$$n_{II,I} = \frac{c_1}{c_2}.$$

Die relative Brechzahl $n_{II,I}$ des Mediums II gegenüber Medium I ist also gleich dem Verhältnis der Ausbreitungsgeschwindigkeiten in diesen Medien. Bei der B. von Licht gibt die absolute Brechzahl an, um welchen Bruchteil die Ausbreitungsgeschwindigkeit im Medium geringer ist als die Vakuum-Lichtgeschwindigkeit c.

Brechungsindex: ↑Brechung.

Brechungswinkel: der Winkel, den ein gebrochener Lichtstrahl (z. B. an einer Linsenfläche) mit dem Einfallslot bildet (↑Brechung).

Brechwert: ↑Brechkraft.

Brechzahl: ↑Brechung.

Bremsen: Form der ↑Beschleunigung, bei der der Betrag des Geschwindigkeitsvektors abnimmt. Man spricht oft von **negativer Beschleunigung** oder **Verzögerung.**

Bremsspektrum: ↑Bremsstrahlung.

Bremsstrahlung: kurzwellige elektromagnetische Strahlung, die bei der Beschleunigung eines schnellen geladenen Teilchens im elektrischen Feld eines anderen Teilchens entsteht.

Die Coulomb-Kraft zwischen den Ladungen zwingt das Teilchen auf eine gekrümmte Bahn, auf der es unter Energieverlust ΔE abgelenkt wird. Die Impulsänderung wird durch den Atomkern aufgenommen; daher kann B. nur in Gegenwart von Materie emittiert werden.

Das abgestrahlte ↑Photon trägt genau die Energie des Energieverlusts: $\Delta E = h \cdot \nu$ (h plancksches Wirkungsquantum, ν Frequenz der Strahlung). Die Energie kann alle Werte annehmen, das entstehende ↑Spektrum (**Bremsspektrum**) ist kontinuierlich. Die Maximalenergie der Photonen ist die kinetische Energie E_{kin} des Teilchens vor dem Stoß. Es gibt also eine obere Grenzfrequenz ν_{max}:

$$\nu_{max} = \frac{E_{kin}}{h} = \frac{Q \cdot U}{h} \; .$$

Dabei ist Q die Ladung des abgelenkten Teilchens, das die Beschleunigungsspannung U durchlaufen hat. Für die zugehörige untere Grenzwellenlänge λ_{min} ergibt sich:

$$\lambda_{min} = \frac{c}{\nu_{max}} = \frac{c \cdot h}{q \cdot U}$$

(c Lichtgeschwindigkeit).

Streng genommen entsteht B. bei *jeder* Beschleunigung (also auch nur bei einer reinen Richtungsänderung) im elektrischen Feld (↑Synchrotronstrahlung). Auch bei niedrigeren Energien gibt es im Prinzip B., diese ist dann aber i. A. vernachlässigbar klein. Das bohrsche Atommodell (↑Atom) berücksichtigt nicht die aufgrund der Kreisbewegung der Elektronen zu erwartende B. und ist daher unzureichend.

Brennebene: bei einer Linse, einem Linsensystem oder einem gekrümmten Spiegel die durch den Brennpunkt gehende, zur optischen Achse senkrechte Ebene (↑Linse, ↑Spiegel).

Brennelement: in einem ↑Kernreaktor die Zusammenfassung mehrerer Brennstäbe, die im Inneren den Kernbrennstoff enthalten, zu einem Bauteil.

Brennfläche: eine ↑Kaustik.

Brennglas: eine Sammellinse, mit der man die parallel einfallenden Sonnenstrahlen im ↑Brennpunkt sammelt. Die Temperatur im Brennpunkt ist hoch genug, um Papier oder ein Laubblatt zu entzünden (Abb.).

Brennglas

Brennpunkt (Fokus): derjenige, meist mit F bezeichnete Punkt auf der optischen Achse einer Linse, eines Linsensystems oder eines gekrümmten Spiegels, in dem sich achsennahe, parallel zur optischen Achse einfallende Strahlung nach der Brechung oder Reflexion schneiden. Bei Zerstreuungslinsen oder Wölbspiegeln heißt derjenige Punkt, von dem aus achsennahe, parallel zur optischen Achse verlaufende Strahlen nach der Brechung oder Reflexion auszugehen scheinen, der **virtuelle Brennpunkt** oder **Zerstreuungspunkt**. In ihm schneiden sich die gedachten Verlängerungen der gebrochenen bzw. re-

B

flektierten Strahlen. Der Abstand des Brennpunkts von der Linse bzw. dem Spiegel heißt ↑Brennweite.

Brennstoffzelle: Stromquelle, in der chemische Energie direkt in elektrische Energie umgesetzt wird.

Bei einer normalen Verbrennung gibt ein Brennstoff Elektronen an Sauerstoff ab – der Brennstoff wird also oxidiert –, und die frei werdende Energie wird praktisch vollständig in Wärme überführt. In einer Brennstoffzelle hingegen werden die Oxidation des Brennstoffs und die Reduktion des Sauerstoffs (die Aufnahme von Elektronen) räumlich voneinander getrennt, der Elektronenaustausch erfolgt über eine externe Stromleitung, der Ionenaustausch über eine elektrolytische Flüssigkeit. Die Hauptprodukte dieser »kalten« Verbrennung sind Wasser (im Falle von Wasserstoff als Brennstoff) und elektrischer Strom.

Eine typische Brennstoffzelle besteht im Wesentlichen aus zwei porösen Elektroden, zwischen denen sich ein ↑Elektrolyt befindet.

Brennstoffzellen haben sich in der Raumfahrt bewährt (Spaceshuttle), ihre Anwendung als Energiewandler in Autos und Kraftwerken wird erprobt.

Brennstrahl (Brennpunktstrahl): ein durch den ↑Brennpunkt einer Linse, eines Linsensystems oder gekrümmten Spiegels verlaufender Strahl.

Brennweite, Formelzeichen *f:* Abstand des ↑Brennpunkts von einer Linse, einem Linsensystem oder einem gekrümmten Spiegel. Bei dünnen symmetrischen Linsen ist die Brennweite *f* nahezu gleich dem Krümmungsradius *r* (↑Krümmungsmittelpunkt). Beim sphärischen Spiegel ist die Brennweite gleich dem halben Krümmungsradius.

Brennwert: die spezifische ↑Verbrennungswärme.

brewstersches Gesetz ['bruːstə-, nach DAVID BREWSTER, *1781,

†1868]: Zusammenhang zwischen ↑Reflexion und ↑Polarisation eines Lichtstrahls. Fällt ein Lichtstrahl so auf die Grenzfläche zweier nicht metallischer Medien unterschiedlicher optischer Dichte, dass der reflektierte und der gebrochene Strahl einen rechten Winkel miteinander bilden, wird der reflektierte Strahl vollständig linear polarisiert. Der dazu gehörende Einfallswinkel heißt **Brewster-Winkel.** Sind n_I und n_{II} die absoluten Brechzahlen (↑Brechung) der beiden Medien, so gilt für den Brewster-Winkel α_p:

$$\tan\alpha_p = \frac{n_{II}}{n_I} = n_{II,I}.$$

Der Brewster-Winkel hängt – wie die Brechzahlen – von der Wellenlänge des einfallenden Lichts ab (↑Dispersion). Für den Übergang Luft–Glas beträgt er

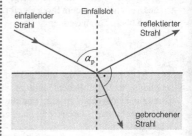

brewstersches Gesetz: Reflektierter und gebrochener Strahl stehen senkrecht aufeinander.

(gelbes Licht, $\lambda = 590$ nm) etwa 57°.

brownsche Bewegung (brownsche Molekularbewegung): von ROBERT BROWN (*1737, †1858) 1827 erstmals beobachtete, völlig regellose, zitternde Bewegung kleiner, in Flüssigkeiten oder Gasen schwebender Teilchen (z. B. Rußteilchen über einer Flamme). Sie entsteht durch die ständigen, regellosen Stöße, welche die Moleküle der Gase bzw. Flüssigkeiten auf die in ihnen schwebenden Teilchen ausüben. Diese Teilchen sind zwar sehr viel größer und schwerer als die Moleküle, trotzdem kommt es bei jedem Stoß zu einem Impulsübertrag. Die dabei übertragenen Impulse gleichen sich aber nicht zu jedem Zeitpunkt völlig aus, sodass die Teilchen eine regellose Zickzackbewegung ausführen. Die theoretische Erklärung der b. B. durch A. EINSTEIN im Jahr 1905 war ein wichtiger Beweis für die atomare Struktur der Materie. Mit seinem oben skizzierten Modell ist eine sehr genaue

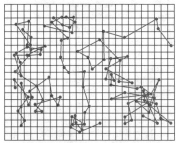

brownsche Bewegung: Zeichnung der mikroskopischen Aufnahme der regellosen Bewegung eines Teilchens in Wasser. Die Lage des Teilchens nach jeweils gleichen Zeitabschnitten ist mit einem Punkt markiert.

experimentelle Bestimmung der ↑Avogadro-Konstante N_A und der ↑Boltzmann-Konstante k möglich.

Brückenschaltung: die Zusammenschaltung von Widerständen, durch die sich mit der ↑Nullmethode Widerstände bestimmen lassen. In einem Diagonalzweig, der eigentlichen Brücke, befindet sich ein Galvanometer, das Stromlosigkeit feststellen soll.

Bei der **Wheatstone-Brücke** (Abb.) ist der gesuchte Widerstand R_x mit einem bekannten Widerstand R_1 parallel zu den Widerständen R_2 und R_3 geschaltet, deren Verhältnis R_2/R_3 verändert werden kann. Dieses Verhältnis wird nun so geändert, dass durch das Galvanometer kein Strom fließt. Dann müssen die Ströme durch die Widerstände R_1 und R_x gleich stark sein, ebenso die

Ströme durch die Widerstände R_2 und R_3. Mit Hilfe der Maschenregel, angewandt auf den linken und den rechten Teil der Schaltung, kann man zwei Gleichungen aufstellen, die die Stromstärken mit den Widerständen in Zusammenhang setzen. Durch Vergleich der Gleichungen erhält man schließlich folgendes Verhältnis zwischen den Widerständen:

$$\frac{R_x}{R_1} = \frac{R_3}{R_2}.$$

Daraus folgt der Wert für R_x.

Kirchhoff-Brücke nennt man die obige Schaltung, wenn die Widerstände R_2 und R_3 durch ein homogenes Drahtstück gebildet werden. Dann kann man das Widerstandsverhältnis R_2/R_3 einfach durch das entsprechende Längenverhältnis der Drahtstücke ersetzen.

Brüten: das Erzeugen von spaltbarem Material aus einem nicht spaltbaren sog. **Brutstoff** durch Neutronenanlagerung in einem speziellen ↑Kernreaktor, dem **Brüter** oder **Brutreaktor**. Dabei wird mehr spaltbares Material erzeugt, als gleichzeitig zur Energiegewinnung verbraucht wird.

Büschelentladung: Form der selbstständigen ↑Gasentladung, die bei hohen elektrischen Feldstärken (↑Feld) an Kanten oder Spitzen leitender Gegenstände auftritt. Bei der dabei auftreten-

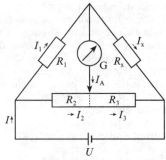

Brückenschaltung: Wheatstone-Brücke

den ↑Stoßionisation werden Atome, Moleküle und Ionen so stark angeregt, dass sie Leuchterscheinungen verursachen, die man im Dunkeln als Leuchtfäden (»Büschel«) beobachten kann. Bei genügend hoher Spannung zwischen den Elektroden kann die Büschelentladung in einer ↑Funkenentladung enden.

C

c:

♦ Abk. für den ↑Einheitenvorsatz Zenti (Hundertstel = 10^{-2}).

♦ Symbol für das ↑Charm-Quark.

♦ (c): Formelzeichen für die ↑Lichtgeschwindigkeit im Vakuum.

♦ (c): Formelzeichen für die ↑spezifische Wärmekapazität.

C:

♦ Einheitenzeichen für ↑Coulomb.

♦ (C): Formelzeichen für ↑Kapazität.

♦ (C): Formelzeichen für ↑Wärmekapazität.

°C: Einheitenzeichen für Grad Celsius (↑Celsius-Skala).

cal: Einheitenzeichen für die veraltete Einheit ↑Kalorie.

Camera obscura [lat. »dunkle Kammer«]: ↑Lochkamera.

Candela [lat. »Kerze«], Einheitenzeichen cd: SI-Einheit der ↑Lichtstärke, eine der sieben ↑Basiseinheiten des Internationalen Einheitensystems. *Festlegung*: 1 Candela ist die Lichtstärke in einer bestimmten Richtung einer Strahlungsquelle, die monochromatische Strahlung der Frequenz $540 \cdot 10^{12}$ Hz aussendet und deren Strahlstärke in dieser Richtung 1/683 Watt/Steradian beträgt.

Carnot-Maschine [nach N. L. S. CARNOT]: ↑Kreisprozesse.

Carnot-Kreisprozess [nach N. L. S. CARNOT]: ↑Kreisprozesse.

Cäsiumuhr (Atomuhr): ↑Uhr.

cd: Einheitenzeichen für ↑Candela.

Celsius-Skala [nach ANDERS CELSIUS; *1701, †1744]: ↑Temperaturskala, deren Bezugspunkte (Fundamentalpunkte) der Schmelzpunkt von Eis (**Eispunkt**) und der Siedepunkt von Wasser (**Dampfpunkt**) bei einem Druck von 101 325 Pascal sind. Der mit einem Quecksilberthermometer gemessene Abstand zwischen diesen beiden Bezugspunkten wird in 100 gleiche Abschnitte unterteilt, die als **Celsius-Grade** (Einheitenzeichen °C) bezeichnet werden. Dabei wird der Eispunkt zu 0 °C und der Dampfpunkt zu 100 °C festgelegt. Die Celsius-Skala wird oberhalb des Dampfpunktes und unterhalb des Eispunktes entsprechend weitergeführt; die unter 0 °C liegenden Temperaturen erhalten dabei ein Minuszeichen. Die in ↑Kelvin angegebene absolute ↑Temperatur hat dieselbe Skalenteilung wie die Celsius-Skala, aber vom absoluten Nullpunkt aus.

Cerenkov: ↑Tscherenkow.

CERN, Abk. für Conseil Européen pour la Recherche Nucléaire [frz. »europäischer Kernforschungsrat«]: früherer Name des bei Genf gelegenen weltgrößten Forschungszentrums (heutiger offizieller Name: »CERN – europäische Forschungsorganisation«). Es hat knapp 3000 Mitarbeiter und wird zurzeit von 20 Mitgliedstaaten getragen. Es verfügt über mehrere ↑Teilchenbeschleuniger und Speicherringe, die größten davon mit einem Tunneldurchmesser von 9 km (Umfang: etwas über 27 km). Der bislang größte wissenschaftliche Erfolg am CERN war die Entdeckung der W- und Z-Bosonen (↑Bosonen), die 1984 mit dem Nobelpreis für Physik gewürdigt wurde. Am CERN wurden auch das WWW (World Wide Web) und der erste Browser entwickelt.

CGS-System (absolutes Maßsystem): ↑Einheitensystem mit den Basiseinheiten Zentimeter (cm), Gramm (g) und Sekunde (s). Die elektrischen und magnetischen Einheiten werden aus diesen mechanischen Einheiten zusammengesetzt. Das CGS-System wird manchmal noch in der theoretischen Physik eingesetzt, gesetzlich vorgeschrieben ist das Internationale Einheitensystem (SI).

Chaos [griech. »leerer Weltenraum«]: allgemein ein ungeordneter, schwer vorhersehbarer Zustand (↑Chaostheorie). Zeigt ein physikalisches System langfristig irreguläres, nicht vorhersehbares Verhalten, das dazu empfindlich von den ↑Anfangsbedingungen abhängt, so spricht man vom **deterministischen Chaos**.

Chaostheorie: siehe S. 56.

Charm-Quark ['tʃɑːmkwɔːk, engl. to charm »bezaubern«] (c-Quark): 1974 erstmals nachgewiesenes ↑Elementarteilchen, das mit dem Strange-Quark die zweite Familie der ↑Quarks bildet.

chemische Energie: eine Form der ↑Energie.

chemisches Element: ↑Element.

chladnische Klangfiguren ['k-, nach ERNST F. F. CHLADNI; *1756, †1827]: charakteristische Muster, die sich auf schwingenden Platten herausbilden, die z. B. mit Korkpulver oder Sand bestreut sind.

Bringt man eine an einer Stelle fest eingespannte elastische Platte durch Anschlagen oder durch Anstreichen mit einem Geigenbogen zum Schwingen, so bilden sich auf ihr ↑stehende Wellen heraus. Es gibt also auf der Platte neben den schwingenden Stellen auch Stellen, die immer in Ruhe sind. Sie werden als **Knotenlinien** oder **Knotenflächen** bezeichnet und lassen sich sichtbar machen, wenn man die Platte mit Pulver bestreut. Von den schwingenden Stellen wird es weggeschleudert, während es sich an den Knotenlinien ansammelt. Die Form der c. K. hängt von Material

und Abmessungen der Platte ab, vor allem aber davon, an welcher Stelle die Platte zum Schwingen angeregt und wo sie eingespannt ist, da sich an der Anregungsstelle stets ein Schwingungsbauch und an der Einspannstelle ein Schwingungsknoten herausbildet.

chromatische Ab|erration [k-, griech. chróma »Farbe«, lat. aberratio »Ablenkung«] (Farbabweichung): ein ↑Abbildungsfehler bei Linsen und Linsensystemen, der auf der ↑Dispersion des Lichts beruht.

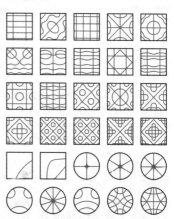

chladnische Klangfiguren: Knotenlinien verschiedener Schwingungen

Die Brechzahl (↑Brechung) eines Materials ist abhängig von der Wellenlänge des Lichts: Kurzwelliges (violettes) Licht wird stärker gebrochen als langwelliges (rotes) Licht. Daher ist die Brechkraft und somit die Brennweite einer Linse für die einzelnen Farben unterschiedlich. Der Brennpunkt F_v für violettes Licht liegt näher an der Linse als der Brennpunkt F_r für rotes Licht. Daher treffen sich bei einer ↑Abbildung die von einem Gegenstandspunkt ausgehenden weißen Lichtstrahlen nicht wieder in einem einzigen Bildpunkt; stattdessen entstehen mehrere hintereinander liegende verschiedenfarbige

Die »nichtlineare Dynamik« will Aussagen über eine Vielzahl unterschiedlicher Systeme gewinnen, die gemeinsam haben, dass Ursache und Wirkung nichtlinear verknüpft sind. Darunter fallen so unterschiedliche Beispiele wie ein tropfender Wasserhahn (Frequenz) oder das Wettergeschehen (Vorhersagbarkeit).

Die umgangssprachliche Bezeichnung »Chaostheorie« erhielt das Forschungsgebiet, weil in diesen Systemen auf den ersten Blick scheinbar völlig regellose und zufällige Bewegungen auftreten können. Das »chaotische« Verhalten beruht aber auf streng festliegenden – deterministischen – Gesetzmäßigkeiten, weshalb man auch vom **deterministischen Chaos** spricht.

■ Lineare und nichtlineare Systeme

Ein lineares System ist dadurch bestimmt, dass Ursache und Wirkung einander proportional sind. Ein Federpendel (↑Pendel) z.B. hat eine Rückstellkraft, die direkt proportional zur Auslenkung wirkt. Die typischen Bewegungen dieses sog. harmonischen Oszillators sind regelmäßige Schwingungen, die langsam abklingen, bis sie ganz zur Ruhe kommen.

Bei einem nichtlinearen System sind Ursache und Wirkung *nicht* proportional miteinander verknüpft. So ist bei einem Feder- oder Stabpendel die Rückstellkraft nicht direkt proportional zur Auslenkung, sondern zu deren Sinuswert. Das führt bei zusätzlichem regelmäßigen äußeren Antrieb zu unvorhersehbaren Bewegungen: Das Stabpendel kann sich bei genügend starker Anregung überschlagen oder es bewegt sich ganz unregelmäßig und chaotisch.

Allgemein unterscheiden sich lineare und nichtlineare Systeme im wesentlichen durch zwei Phänomene. Das erste betrifft das mögliche Auftreten zeitlich chaotischer Bewegungszustände, obwohl sich das Verhalten der Systeme durch eine eindeutig definierte Gleichung beschreiben lässt. Das zweite Phänomen ist die **Strukturbildung,** die spontane Ausbildung einer selbstorganisierten räumlichen oder zeitlichen Ordnung. **Fraktale** – kompliziert verästelte Muster, die sich in verschiedenen Vergrößerungsstufen immer wieder selbst ähnlich sehen – sind Ausdruck einer solchen Strukturbildung.

■ Zufall und Chaos

Aus der täglichen Erfahrungswelt kennen wir zahlreiche nichtlineare Vorgänge. So lässt sich z. B. nicht vorhersagen, welches Muster sich beim Einfüllen der Milch in die Kaffeetasse ergibt oder was für Kringel der aufsteigende Rauch einer Zigarette bildet. An einem tropfenden Wasserhahn kann man Chaos beobachten: Erhöht man die Ausströmgeschwindigkeit des Wassers, so geht eine anfangs gleichmäßige Reihe von Tropfen in eine chaotische Folge von Tropfen über (Abb. 1).

Es gibt also physikalische Systeme, deren Verhalten sich nicht mehr so zuverlässig vorhersagen läßt, wie wir das von den »normalen« (linearen) Systemen gewohnt sind. Das Beispiel des tropfenden Wasserhahns verdeutlicht, dass ein und dasselbe System sowohl regelmäßiges wie auch chaotisches Verhalten zeigen kann. Die Art und Weise, wie dieser Übergang stattfindet, charakterisiert verschiedene chaotische Systeme, man spricht von sog. **Routen ins Chaos.**

Man hat lange vermutet, dass das in vielen Systemen beobachtete ungeordnete chaotische Verhalten allein auf die Komplexität der Systeme zurückzuführen ist, wie die große Zahl der Flüssigkeitsmoleküle im Wassertropfen, die miteinander wechselwirken. Die weitere Analyse führte aber zu dem überra-

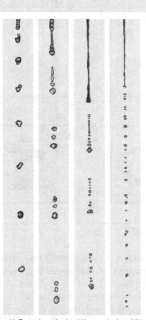

(Abb. 1) Der chaotische Wasserhahn: Mit zunehmender Ausströmgeschwindigkeit tritt chaotisches Verhalten auf (von links nach rechts).

schenden Ergebnis, dass Chaos auch in ganz einfachen Systemen auftritt, die physikalisch präzise beschreibbar sind.

■ Trajektorien und Attraktoren

Ein solches Beispiel ist das Stabpendel (eine Pendelstange mit Gewicht, die um eine Achse schwingt), dem mithilfe eines Elektromotors ein zusätzliches periodisches Rechts-/Links-Drehmoment aufgeprägt werden kann.

Das Pendelverhalten lässt sich entsprechend den newtonschen Gesetzen beschreiben. Betrachtet man, wie meist üblich, die Amplitude des Pendels als Funktion der Zeit, erfasst man jedoch nur einen Aspekt der Bewegung.

Bereits HENRI POINCARÉ zeigte, dass sich das Verhalten eines dynamischen Systems besser darstellen lässt, wenn man es in einem abstrakten **Phasen-**

raum betrachtet. Auf den Koordinatenachsen des Phasenraums trägt man die zeitlich veränderlichen Komponenten des Systems auf, hier z.B. Auslenkwinkel φ, Winkelgeschwindigkeit ω und Phasenwinkel zwischen der Auslenkung und der Zwangskraft durch den Motor. Jeder Punkt im Phasenraum charakterisiert einen augenblicklichen Bewegungszustand mit konkreten Werten für Winkel, Winkelgeschwindigkeit usw. Die zeitliche Entwicklung des Systems, also das Schwingen des Pendelkörpers, führt dann zu einer Bahn im Phasenraum, der **Trajektorie.**

Oft genügt es, nur zwei Dimensionen des Phasenraums zu betrachten, etwa die vom Winkel und der Winkelgeschwindigkeit aufgespannte Ebene, um das dynamische Verhalten einigermaßen genau zu beschreiben. Dabei lassen sich abhängig von den Ausgangsbedingungen unterschiedliche Trajektorien unterscheiden. In ihnen fallen die sog. **Attraktoren** auf, Bereiche, die von den Bahnkurven immer wieder durchlaufen werden oder auf die sie zustreben:

■ Ohne äußere Anregung des Pendels erhält man eine gedämpfte harmonische Schwingung. Im zweidimensionalen Phasenraum entspricht sie einer Spiralkurve, die zum Nullpunkt strebt. (Abb. 2a).

■ Kleine Anregungsamplituden führen zu erzwungenen Schwingungen, die Trajektorie ist eine geschlossene Ellipse (Abb. 2b).

■ Bei höherer Anregung schlägt das Pendel weit aus und kann sich sogar überschlagen. Daraus kann bei geeigneter Parameterwahl eine sog. Periode-1-Bewegung folgen (Abb. 2c).

■ Wird die Antriebsstärke vorsichtig weiter erhöht, verdoppelt sich die Periode der Bewegung. Die Trajektorie spaltet sich auf (Abb. 2d).

■ Erhöht man die Anregung noch mehr, verdoppeln sich die Perioden

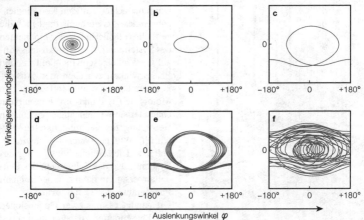

Winkelgeschwindigkeit ω

Auslenkungswinkel φ

(Abb. 2) Übergang zum Chaos

weiter (Abb. 2e), bis die Periodizität ganz verschwindet (Abb. 2f). Das System ist jetzt in einem deterministisch chaotischen Zustand.

■ Starke und schwache Kausalität

Diese Beispiele zeigen, dass schon kleinste Veränderungen einer Einflussgröße einen Übergang von geordnetem zu ungeordnetem Verhalten bewirken. Man hat dies plakativ als **Schmetterlingseffekt** bezeichnet: Der Flügelschlag eines Schmetterlings in Südamerika reicht aus, um das Wetter in Hamburg maßgeblich zu verändern. Diese Empfindlichkeit (sensitive Abhängigkeit) ist eine weitere charakteristische Eigenschaft der nichtlinearen gegenüber den linearen Systemen und führt uns zu der Frage, wie Ursache und Wirkung in der Natur verknüpft sind (↑Kausalität).

Für *alle* Systeme – linear oder nichtlinear – gilt die schwache Kausalität: Gleiche Ursachen haben gleiche Wirkungen. Sehr viel weniger Systeme erfüllen dagegen die Forderung der starken Kausalität: Ähnliche Ursachen haben ähnliche Wirkungen; bei geringfügigen Veränderungen der Anfangs- und Randbedingungen erhält man dann immer noch fast identische Ergebnisse.

Die starke Kausalität gilt für nichtlineare Systeme i.d.R. nicht, da hier kleinste Abweichungen zu extrem verschiedenen Endzuständen führen können. Das Verhalten solcher Systeme über längere Zeiträume ist daher grundsätzlich nicht genau vorauszuberechnen. ■

🔖 Magnetpendel: Montiere zwei oder mehr gleiche Magnete symmetrisch auf einer Platte und lasse eine Eisenkugel mittig an einem Faden darüber pendeln. Es ist unmöglich vorherzusagen, über welchem Magneten die Kugel zur Ruhe kommt.

📖 GRESCHIK, STEFAN: *Das Chaos und seine Ordnung*. München (dtv) [2]1999. ■ HUBER, ANDREAS: *Stichwort Chaosforschung*. München (Heyne) 1996. ■ PEITGEN, HEINZ-OTTO u.a.: *Chaos: Bausteine der Ordnung*. Reinbek (Rowohlt) 1998. ■ PRIGOGINE, ILYA: *Die Gesetze des Chaos*. Taschenbuchausgabe Frankfurt am Main (Insel) 1998.

Bildpunkte, von denen der violette der Linse am nächsten liegt.

Die c. A. lässt sich weitgehend beseitigen, wenn man anstelle einer einzelnen Linse eine Kombination von Sammel- und Zerstreuungslinsen aus Materialien

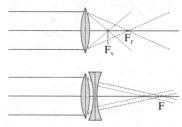

chromatische Aberration: Effekt der chromatischen Aberration und ihre Korrektur durch einen Achromaten

unterschiedlicher Dispersion verwendet. Bei geeigneter Wahl der Brennweiten und der Linsenmaterialien wird die durch die Sammellinse bewirkte Auffächerung des Lichts in verschiedene Farben durch die Zerstreuungslinse gerade wieder aufgehoben. Derartige Linsenkombinationen heißen **Achromaten** (↑achromatische Linse).

chromatische Tonleiter [k-]: die in der abendländischen Musik verbreitete ↑Tonleiter, die sich ergibt, wenn man den Abstand zwischen Grundton und Oktave in elf Teile unterteilt.

Cluster ['klʌstə, engl. »eine Gruppe gleichartiger Dinge«]: eine Ansammlung von einigen wenigen bis zu einigen zehntausend Nukleonen, Atomen oder Molekülen. Als Größe eines C. bezeichnet man die Zahl seiner Bestandteile. C. bilden die Brücke zwischen den Einzelbestandteilen der Materie, die in Kern- und ↑Atomphysik behandelt werden, und den sehr großen Zahlen von Molekülen in festen Körpern.

Die **Clusterphysik** hat gezeigt, dass *alle* physikalischen und chemischen Eigenschaften eines C. – zum Teil sehr

deutlich – von seiner Größe abhängen. So erhält z. B. Glas durch Zugabe von Silber alle Farbtöne, je nach der Größe der Silbercluster. Umgekehrt lässt sich durch die äußeren Bedingungen das Wachstum von C. so steuern, dass nur C. einer Größe entstehen (z. B. Kohlenstoffcluster aus genau 60 Atomen, die ↑Fullerene).

Die Clusterphysik spielt eine entscheidende Rolle bei der Untersuchung von sehr kleinen Strukturen, wie sie in der Nanotechnik und zunehmend auch bei der Chipherstellung für Computer wichtig sind.

Clustermodell: ein ↑Kernmodell.

C-14-Methode: Verfahren der radioaktiven ↑Altersbestimmung, das den Zerfall des Kohlenstoffisotops $^{14}_{6}C$ ausnutzt.

Collider [kə'laɪdə, engl. to collide »zusammenstoßen«]: ↑Teilchenbeschleuniger.

Compoundkern [kɔm'paʊnd, engl. compound »zusammengesetzt«]: ↑Kernmodelle.

Compton-Effekt: 1922 von A. H. COMPTON entdeckter Effekt, dass sich die Frequenz bzw. Wellenlänge elektromagnetischer Strahlung ändert, wenn sie an Elektronen gestreut wird. Man kann diesen Effekt als elastische Streuung eines ↑Photons an einem Elektron deuten, wobei sich dessen Energie ändert, und spricht von **Compton-Streuung**.

Beim Auftreffen eines Photons auf ein ruhendes Elektron gibt das Photon Energie an das Elektron ab, die dieses als kinetische Energie E_{kin} aufnimmt. Wie bei jedem elastischen Stoß gilt

$$E' = E - E_{kin},$$

wobei E und E' die Energie des Photons vor bzw. nach dem Stoß und E_{kin} die kinetische Energie des Elektrons nach dem Stoß bedeutet. Durch den Energieverlust beim Stoß hat das Photon (we-

C

gen $E = h \cdot \nu$) eine geringere Frequenz ν'. Es gilt

$$h \cdot \nu' = h \cdot \nu - E_{\text{kin}}$$

und damit

$$\nu' = \nu - \frac{E_{\text{kin}}}{h}$$

(h plancksches Wirkungsquantum, ν und ν' Frequenz vor und nach dem Stoß). Mit der Verringerung der Frequenz vergrößert sich die Wellenlänge des Photons. Es gilt $\lambda = c/\nu$ und $\lambda' = c/\nu'$ (c Lichtgeschwindigkeit). Die Wellenlängenänderung hängt vom Streuwinkel ϑ ab. Man bezeichnet sie als **Compton-Verschiebung**. Es ergibt sich unter Anwendung des Impulssatz:

$$\Delta\lambda = \lambda - \lambda' = \lambda_C \cdot (1 - \cos\vartheta).$$

Dabei ist λ_C die **Compton-Wellenlänge** des Elektrons. Es gilt

$$\lambda_C = \frac{h}{m_e \cdot c}$$

Compton-Effekt: Verhältnisse bei der Compton-Streuung

(m_e Ruhemasse des Elektrons, c Lichtgeschwindigkeit). Die Compton-Wellenlänge des Elektrons beträgt $\lambda_C = 2{,}426\ 310 \cdot 10^{-12}$ m. Auch andere Teilchen haben eine Compton-Wellenlänge, die man berechnet, indem in die obige Formel statt m_e die entsprechende Teilchenruhemasse m_0 eingesetzt wird. Mit der Compton-Streuung wurde 1926 erstmals direkt nachgewiesen, dass der Energie- und der Impulssatz auch bei

Prozessen auf atomarer Ebene streng gültig sind.

Beim **inversen Compton-Effekt** übertragen energiereiche Elektronen ihre Energie auf Photonen. Solche Elektronen kommen in intergalaktischen Bereichen vor. Treffen sie auf die langwelligen Photonen der kosmischen Hintergrundstrahlung, so wird sie in energiereiche Röntgenstrahlung verwandelt.

Computertomographie: Verfahren der ↑medizinischen Physik, bei dem man mithilfe eines Computers aus Röntgen-Schnittbildern des menschlichen Körpers eine dreidimensionale Ansicht des Körperinneren rekonstruiert.

Confinement [kən'faɪnmənt, engl. »Einschluss«]: die Tatsache, dass die ↑Quarks nicht isoliert, sondern nur in ↑Elementarteilchen als deren Bausteine »eingeschlossen« vorkommen.

Cooper-Paar ['ku:pə-, nach LEON N. COOPER, *1930]: ↑Supraleitung.

Coriolis-Kraft [kɔrjo'lis-, nach GASPARD G. DE CORIOLIS; *1792, †1843]: eine Scheinkraft, die ein Körper erfährt, der sich in einem rotierenden Bezugssystem bewegt. Sie wirkt senkrecht zu seiner Bahn und senkrecht zur Drehachse des Systems und existiert nur für einen mit dem Bezugssystem mitrotierenden Beobachter; für einen fest stehenden Beobachter tritt sie nicht auf.

Ein Beobachter befinde sich genau im Zentrum einer rotierenden Kreisscheibe. Stößt er einen Körper radial von sich weg, so bewegt sich der Körper für einen Beobachter von außen mit konstanter Geschwindigkeit radial vom Mittelpunkt weg, vollführt also eine geradlinig gleichförmige Bewegung (Abb.). Die Summe der auf ihn wirkenden Kräfte ist also null. Für den mit der Scheibe rotierenden Beobachter erfährt der Körper dagegen eine seitliche Ablenkung. Die Ursache dafür kann für den rotierenden Beobachter nur eine Kraft senkrecht zur Bewegungsrichtung sein, die man als Coriolis-Kraft bezeichnet. Ihr Betrag ergibt sich aus der Beziehung

$$F_C = 2m \cdot v \cdot \omega$$

(F_C Coriolis-Kraft, m Masse des mit der konstanten Radialgeschwindigkeit v bewegten Körpers, ω Winkelgeschwindigkeit des rotierenden Bezugssystems).

Coriolis-Kräfte treten nicht nur bei radialen Bewegungen auf, sondern bei allen Bewegungen in einem rotierenden Bezugssystem. Dann ist der Betrag von der Bewegungsrichtung abhängig, die

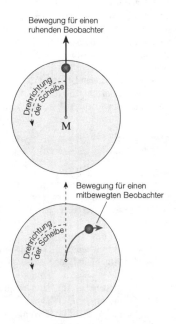

Bewegung für einen ruhenden Beobachter

M

Bewegung für einen mitbewegten Beobachter

Coriolis-Kraft: Für einen ruhenden Beobachter scheint sich der Körper auf der rotierenden Scheibe radial nach außen zu bewegen (schwarz eingezeichnet). Für einen mitrotierenden Beobachter erfährt der Körper dagegen scheinbar eine Kraft in seitlicher Richtung (blau).

sich durch den Winkel φ zwischen der Drehachse und der Bewegungsrichtung beschreiben lässt. Es gilt

$$F = 2m \cdot v \cdot \omega \cdot \sin \varphi .$$

Die C.-K. wirkt insbesondere auf jeden Körper, der sich auf der Erdoberfläche bewegt und verursacht eine Reihe von bemerkenswerten Erscheinungen. So wird z. B. ein frei fallender Körper nach Osten abgelenkt, die Schwingungsebene eines Pendels scheint sich zu drehen (↑foucaultscher Pendelversuch). Auf der Erdoberfläche sich bewegende Körper werden auf der Nordhalbkugel nach rechts, auf der Südhalbkugel nach links abgelenkt. Auch die Richtung der Passatwinde ist auf die C.-K. zurückzuführen.

Coulomb [ku'lɔ̃, nach C. A. de COULOMB], Einheitenzeichen C: SI-Einheit der elektrischen Ladung (Elektrizitätsmenge). *Festlegung:* 1 Coulomb ist die Ladungsmenge, die während der Zeit 1 Sekunde (s) bei einem zeitlich unveränderten Strom der Stärke 1 Ampere (A) durch den Querschnitt eines Leiters fließt:

$$1\,C = 1\,A\,s .$$

Coulomb-Gesetz [nach C. A. de COULOMB]:

♦ grundlegende Beziehung der *Elektrostatik*: Die Kraft F, die zwischen zwei punktförmigen Ladungen Q_1 und Q_2 wirkt (die sog. **Coulomb-Kraft**), ist dem Produkt der beiden Ladungen direkt und dem Quadrat ihres Abstands r umgekehrt proportional:

$$F = \frac{1}{4\pi\,\varepsilon} \cdot \frac{Q_1\,Q_2}{r^2} .$$

Als Proportionalitätskonstante führt man ε ein, die ↑Dielektrizitätskonstante des Mediums, in dem sich die Ladungen befinden (der Faktor 4π hat mathematische Gründe).

Die Coulomb-Kraft wirkt in Richtung der Verbindungslinie der punktförmigen Ladungen. Bei Ladungen gleichen Vorzeichens bewirkt sie eine Abstoßung, bei Ladungen entgegengesetzten Vorzeichens eine Anziehung. Die Coulomb-Kraft ist u. a. für den Zusammenhalt der Atome und die elektrischen Eigenschaften der Stoffe verantwortlich.

♦ grundlegende Beziehung der *Magnetostatik*: Die Kraft F, die zwischen zwei idealisiert punktförmigen Magnetpolen der Polstärke p_1 und p_2 wirkt, ist dem Produkt der beiden Polstärken direkt und dem Quadrat ihres Abstands r umgekehrt proportional:

$$F = \frac{1}{4\pi\mu} \cdot \frac{p_1 p_2}{r^2}.$$

(μ ↑Permeabilität des Mediums, in dem sich die Magnetpole befinden). Die Kraft wirkt in Richtung der Verbindungslinie der punktförmigen Magnetpole. Man erhält Abstoßung für gleiches Vorzeichen der Magnetpole, Anziehung bei ungleichem Vorzeichen. Zur Unterscheidung verwendet man oft die Namen **erstes** oder **elektrostatisches Coulomb-Gesetz** bzw. **zweites** oder **magnetisches Coulomb-Gesetz**.

Coulomb-Kraft [nach C. A. de COULOMB]: die aufgrund des ↑Coulomb-Gesetzes zwischen zwei Ladungen wirkende Kraft.

Coulomb-Potenzial [nach C. A. de COULOMB]: das elektrische Potenzial V einer als punktförmig angenommenen Ladung Q:

$$V = \frac{1}{4\pi\varepsilon} \cdot \frac{Q}{r}$$

(ε Dielektrizitätskonstante, r Abstand zur Ladung). Durch Ableitung nach r lässt sich daraus die Coulomb-Kraft (↑Coulomb-Gesetz) gewinnen.

Curie [nach M. und P. CURIE]: Einheitenzeichen Ci, veraltete Einheit der ↑Aktivität eines Stoffes.

Festlegung: 1 Ci ist die Zahl von Zerfällen, die bei einem Gramm Radium pro Sekunde auftritt ($3,7 \cdot 10^{10}$ Zerfälle pro Sekunde). Damit besteht folgende Beziehung zur SI-Einheit ↑Becquerel (Bq):

$$1 \text{ Ci} = 3,7 \cdot 10^{10} \text{ Bq} .$$

Curie-Gesetz [nach P. CURIE]: ↑Paramagnetismus.

Curie-Konstante [nach P. CURIE]: ↑Ferromagnetismus, ↑Paramagnetismus.

Curie-Temperatur [nach P. CURIE]: Temperatur, bei der in einem Stoff der ↑Ferromagnetismus zusammenbricht und ↑Paramagnetismus auftritt.

Curie-Weiss-Gesetz [nach P. CURIE und PIERRE WEISS; *1865, †1940]: Gesetz zur Temperaturabhängigkeit der magnetischen Suszeptibilität in ferromagnetischen Stoffen (↑Ferromagnetismus).

c_w-Wert (Widerstandsbeiwert): dimensionslose Kennzahl, die den ↑Luft-widerstand eines Körpers charakterisiert.

d:
♦ Abk. für den ↑Einheitenvorsatz Dezi (Zehntel = 10^{-1}fach).
♦ Einheitenzeichen für Tag.
♦ Symbol für das ↑Deuteron.
♦ Symbol für das ↑Down-Quark.
♦ (d): Formelzeichen für Durchmesser, Dicke und allgemein Länge.

D:
♦ (D): Formelzeichen für ↑Brechkraft.
♦ (D): Formelzeichen für ↑Dosis.
♦ (D): Formelzeichen für ↑Durchgriff.
♦ (D): Formelzeichen für ↑Federkonstante.

$\vec{D}$ ($\vec{D}$): Formelzeichen für die ↑dielektrische Verschiebung.

da: Abk. für den ↑Einheitenvorsatz Deka (zehnfach = 10^{1}fach).

d'alembertsches Prinzip [dalãb'ɛ:r-, nach J. LE ROND d'ALEMBERT]: ein grundlegendes Prinzip der Mechanik, das eine Erweiterung der ↑virtuellen Arbeit beinhaltet. Man erhält es, wenn man sowohl die beschleunigende Kraft $\vec{F}$ als auch die Trägheitskraft $\vec{F}_T$= $m \cdot \vec{a}$ eines Körpers berücksichtigt. Dann gilt nach der newtonschen Grundgleichung $\vec{F} = \vec{F}_T$, und bei einer ↑virtuellen Verrückung um δr gilt für die virtuellen Arbeiten:

$$\vec{F} \cdot \delta \vec{r} = \vec{F}_T \cdot \delta \vec{r},$$

woraus die Bewegung des Körpers ermittelt werden kann. Durch diese Gleichung wird das d'a. P. mathematisch beschrieben. Die Nützlichkeit dieser Formulierung zeigt sich, wenn Zwangskräfte auftreten. Sie schränken die Bewegungsmöglichkeiten eines Körpers ein, ihre Stärke ist aber i. A. nicht näher bekannt (z. B. die Kräfte, die ein Kind in einer kurvigen Rutsche halten). Damit ist die Ermittlung des Bewegungsverlaufs über die newtonsche Grundgleichung nicht möglich. Da die Zwangskräfte jedoch senkrecht auf den möglichen Bewegungsrichtungen des Körpers stehen und also keine Arbeit verrichten können, ist die virtuelle Arbeit entlang virtueller Verrückungen null. Die Zwangskräfte tauchen in obiger Gleichung also gar nicht auf, und das Bewegungsproblem kann gelöst werden. Allerdings muss man dazu die virtuellen Verrückungen und damit die möglichen Bewegungsrichtungen genau kennen (z. B. den Verlauf der Rutsche).

daltonsches Gesetz: ein von J. DALTON angegebenes Gesetz, nach dem sich der Gesamtdruck in einem Gemisch von idealen Gasen als Summe der Einzeldrücke (Partialdrücke) der Bestandteile des Gemischs ergibt. Der Partialdruck ist dabei der Druck, den jedes einzelne Gas ausüben würde, wenn es allein den gesamten zur Verfügung stehenden Raum ausfüllen könnte. Das d. G. setzt voraus, dass die Gase chemisch nicht miteinander reagieren.

Dampf: Bezeichnung für den gasförmigen ↑Aggregatzustand eines Stoffs, wenn er mit dem flüssigen (oder festen) Aggregatzustand desselben Stoffs in Wechselwirkung steht. Dabei wird zwischen D. und Flüssigkeit ständig Substanz ausgetauscht, indem Moleküle aus dem Dampfraum in die Flüssigkeit übertreten und umgekehrt. Bleiben dabei die Stoffmengen des D. und der Flüssigkeit gleich (treten also in gleichen Zeiträumen genauso viele Moleküle aus dem Dampfraum in die Flüssigkeit über wie umgekehrt), so spricht man von einem **thermodynamischen Gleichgewicht** zwischen den beiden Aggregatzuständen. Der in Natur und Technik wichtigste Dampf ist der Wasserdampf.

Dampfdichte: die Dichte eines ↑Dampfs, bezogen auf den ↑Normalzustand. Das Verhältnis der Dampfdichte zur Dichte der Luft bei derselben Temperatur und demselben Druck wird als **Dichteverhältnis** bezeichnet. Multipliziert man das Dichteverhältnis eines Dampfs mit der relativen Molekülmasse der Luft (= 28,8), so erhält man die durchschnittliche Molekülmasse des betreffenden Dampfes.

Dampfdruck: der von der Temperatur abhängige Druck eines ↑Dampfs; befinden sich Dampf und Flüssigkeit im thermodynamischen Gleichgewicht, so spricht man vom ↑Sättigungsdampfdruck. Wird bei Vorliegen des Gleichgewichts die Temperatur leicht erhöht (oder der Druck erniedrigt), so beginnt die Flüssigkeit zu sieden (↑Verdampfen). Die Dampfdruckerniedrigung bei Zugabe einer löslichen Substanz gibt das ↑raoultsche Gesetz an.

Die Abhängigkeit des D. einer Substanz von der Temperatur zeigt die

D

Dampfdruckkurve im p-T-Diagramm, die im ↑kritischen Punkt endet. In einem solchen Diagramm sind die drei möglichen Phasen (↑Aggregatzustände) durch drei Kurvenzweige getrennt.

Dampfkochtopf (Schnellkochtopf): Haushaltsform des ↑Papin-Topfs.

Dampfmaschine: eine Vorrichtung zur Umwandlung von Wärme in mechanische Energie. Im Gegensatz zur ↑Verbrennungskraftmaschine wird der Betriebsstoff (Kohle, Öl, Gas) hier außerhalb der eigentlichen Maschine in einer Kesselanlage verbrannt und dabei möglichst heißer Dampf mit möglichst hohem Druck erzeugt. Der Dampf gelangt über eine Rohrleitung zur Dampfmaschine, in der dann ein Teil seiner thermischen Energie in mechanische Energie umgewandelt wird.

Bei der **Kolbendampfmaschine** strömt Wasserdampf unter Druck in einen Zylinder und verschiebt den darin gleitenden Kolben (Abb.). Der Kolben ist mit einem Gestänge und einer Kurbelwelle verbunden, über das die Kolbenbewegung in die Drehung eines Rades überführt wird. Ein Schwungrad sorgt für einen gleichmäßigen Verlauf der Kolbenbewegung. Es verhindert, dass der Kolben bei maximaler Verschiebung (Umkehrpunkt, Totpunkt) stehen bleibt, und treibt ihn zurück. Der rückkehrende Kolben schiebt den inzwischen abgekühlten Dampf aus dem Zylinder, und der Kreisprozess beginnt erneut. Der heiße Dampf kann entweder nur auf einer Seite des Kolbens eingespeist werden, dann muss das Schwungrad den Kolben zurücktreiben; oder er wirkt abwechselnd auf beiden Seiten des Kolbens (Abb.) und treibt den Kolben einmal vor und einmal zurück. Der Eintritt und Austritt des Dampfes wird durch einen Schieber gesteuert, der wechselseitig die Einlass- und die Auslassöffnung freigibt. Der Schieber ist über ein Gestänge mit der Kurbelwelle verbunden, sodass er im Takt mit der Kolbenbewegung die Dampfzugänge öffnet oder verschließt. Der ↑Wirkungsgrad einer Kolbendampfmaschine beträgt unter günstigen Arbeitsbedingungen nicht mehr als 20%, d. h. höchstens 20% der über den Verbrennungsprozess zugeführten Wärmeenergie wird in mechanische Energie umgewandelt, die restlichen 80% gehen ungenutzt als Wärme in die umgebende Atmosphäre.

Wird die im Dampf enthaltene Wärmeenergie über eine Turbine in Bewegungsenergie umgewandelt, spricht man von einer ↑Dampfturbine.

Dampfpunkt: andere Bezeichnung für den ↑Siedepunkt des Wassers.

Dampfturbine: eine ↑Turbine mit ↑Dampf als Arbeitsmedium. Durch die beim Verbrennen eines Brennstoffs oder durch Kernenergie

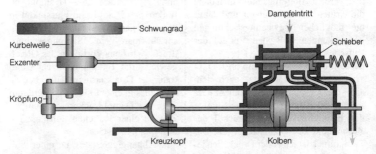

Dampfmaschine: Wirkungsweise einer Kolbendampfmaschine

frei werdende Wärme wird Wasserdampf von hoher Temperatur und hohem Druck erzeugt. Den Dampf lässt man aus einer Düse austreten, sodass er auf die Schaufeln eines drehbaren Schaufelrads (Turbine) trifft, das da-

Dampfturbine: Durch Ablenkung des Dampfstrahls an den Laufschaufeln wird die Druckenergie in Drehenergie umgewandelt.

durch in Drehung versetzt wird. Die Geschwindigkeit des Dampfs verringert sich dabei.

Der Wirkungsgrad einer D. hängt neben der Dampftemperatur von der Form der Düse ab. Meist verwendet man eine ↑Laval-Düse, mit der sich die höchste Dampfgeschwindigkeit am Düsenausgang erreichen lässt. Dann ist auch die Kraft am höchsten, die der Dampfstrahl auf die Turbinenschaufeln ausübt. Ausschlaggebend ist, wie weit der Dampfstrahl von den Schaufeln aus seiner ursprünglichen Richtung abge-

lenkt wird. Günstig ist etwa eine Anordnung der Schaufeln auf einem Rad, sodass der Strahl nahezu in Umfangsrichtung abgelenkt wird (Abb.).

Um die im Dampf enthaltene Energie voll auszunutzen, werden meist mehrere Stufen (Paare von Düsen und Laufschaufeln) hintereinander geschaltet. So kann der Dampf seine Energie stufenweise abgeben. Da die Schaufelräder auf einer Welle montiert sind und mit einer einzigen Winkelgeschwindigkeit rotieren, der Dampf aber immer langsamer wird, muss der Dampf durch Leiträder nach jeder Stufe in eine geeignete Richtung umgelenkt werden.

Dämpfung: bei einer ↑Schwingung oder ↑Welle die Abnahme der Amplitude durch Umwandlung der Schwingungsenergie in anderen Energieformen. Liegt Dämpfung vor, spricht man von einer **gedämpften Schwingung** (Abb. 1). Maß für die D. ist der Quotient zweier aufeinander folgender Amplituden, das **Dämpfungsverhältnis** k:

$$k = \frac{A_1}{A_2} = \frac{A_2}{A_3} = \ldots = \frac{A_n}{A_{n+1}}.$$

Oft benutzt man stattdessen den natürlichen Logarithmus von k, das **logarithmische Dekrement** Λ: $\Lambda = \ln k$.

Bei sehr hoher D. findet keine periodische Schwingung mehr statt, sondern der Pendelkörper »kriecht« in seine Ruhelage (**aperiodische Dämpfung**, Abb. 2).

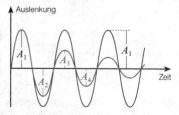

Dämpfung (Abb. 1): ungedämpfte und gedämpfte Schwingung (blau)

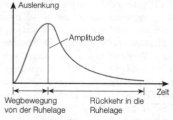

Dämpfung (Abb. 2): zeitlicher Verlauf einer Schwingung im aperiodischen Grenzfall

D

Dauermagnet: ein ↑Magnet, der im Gegensatz zum ↑Elektromagneten sein magnetisches Moment und damit sein magnetisches Feld ohne äußere Einwirkung beliebig lange beibehält. Nur bei starker Erschütterung oder bei Erhitzen über die Curie-Temperatur (↑Ferromagnetismus) hinaus geht der Magnetismus verloren. Dauermagnetische Materialien sind z. B. Eisen und Nickel oder hartmagnetische Legierungen wie Cobalt-Samarium. ↑Magnetische Werkstoffe (z. B. das Magnetit, »Magneteisenstein«) kommen auch in der Natur vor.

dB: Abk. für ↑Dezibel.

De-Broglie-Wellen [də'brɔj-, nach L. v. DE BROGLIE]: ↑Materiewellen.

Debye-Scherrer-Verfahren [də-'bɛ i ə, nach P. DEBYE und PAUL SCHERRER, *1890, †1969] (Kristallpulvermethode): ↑Kristallstrukturanalyse.

Defektelektronen: ↑elektrische Leitung.

Deformation [lat.]: ↑Verformung.

Dehnungsmessstreifen (DMS): ein Messfühler für mechanische Größen, bestehend aus einem zickzackförmigen Draht auf einem Kunststoffstreifen als Träger, der auf die Messstelle aufgeklebt wird. Bei einer Bewegung (z. B. einer Dehnung oder Biegung) ändert sich die Länge des Drahts und damit sein Widerstand.

Deka: ↑Einheitenvorsätze.

Deklination [lat. declinare »abwenden, umbiegen«]: der Winkel zwischen der Richtung des magnetischen und der des geographischen Nordpols. – Sie ist zu unterscheiden von der ↑Inklination.

Dekontamination: die Beseitigung oder Verringerung einer radioaktiven Verunreinigung (↑Kontamination) z. B. durch Abwaschen oder Abtragen von Oberflächenschichten.

DESY, Abk. für **D**eutsches **E**lektronen**s**ynchrotron: Name des 1964 eingeweihten Synchrotrons (↑Teilchenbe-schleuniger) in Hamburg und des dort entstandenen Forschungszentrums für Elementarteilchen- und Hochenergiephysik. Zu DESY gehören die Speicherringe DORIS, PETRA und HERA sowie das Hamburger Synchrotronstrahlungslabor Hasylab. Am DESY und seiner Außenstelle in Zeuthen bei Berlin arbeiten rund 2600 Wissenschaftler aus 35 Nationen.

Determinismus [lat. determinare »abgrenzen«]: Theorie, nach der man jeden vergangenen oder zukünftigen Zustand eines physikalischen Systems berechnen kann, wenn der augenblickliche Zustand vollständig bekannt ist und man darüber hinaus alle Naturgesetze kennt, die in dem System herrschen. Grundlage des Determinismus ist die ↑Kausalität.

In vielen Bereichen der klassischen Physik ist das deterministische Prinzip gut erfüllt. Bei einem System, das aus einer großen Zahl von Teilchen besteht, z.B. einem Gas, kann es allerdings

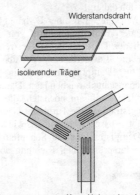

Dehnungsmessstreifen: Neben der einfachen Anordnung des Widerstandsdrahts (oben) gibt es u. a. die Deltarosettenanordnung (unten), mit der sich die Dehnungen und Spannungen in verschiedenen Richtungen gleichzeitig messen lassen.

schwierig sein, den augenblicklichen Zustand, der die Wechselwirkungen aller Teilchen untereinander beinhaltet, vollständig zu beschreiben. Daher greift man auf sog. statistische Methoden zurück (↑kinetische Gastheorie), aus denen sich dann die ↑Gasgesetze ergeben. Selbst für einfache Systeme ist die Theorie des D. oft nicht haltbar, da die sog. Anfangsbedingungen (die den augenblicklichen Zustand charakterisieren) kleinen Schwankungen unterliegen können. Solche Schwankungen führen aber häufig zu einem chaotischen, also nur noch eingeschränkt vorhersagbaren Verhalten des Systems (↑Chaostheorie).

Gar nicht angewendet werden kann das Prinzip in der ↑Quantenphysik, weil hier die Forderung der vollständigen Kenntnis des Systems grundsätzlich nicht erfüllbar ist. So können z. B. gemäß der ↑heisenbergschen Unschärferelation der Ort und der Impuls eines Teilchens nicht zur gleichen Zeit exakt festgestellt werden. Damit ist aber der Berechnung des früheren oder späteren Zustands des Systems die notwendige Voraussetzung entzogen.

deterministisches Chaos: ↑Chaos.

Deuterium [griech. deúteron »das Zweite«] (schwerer Wasserstoff): Zeichen D oder ^{2}H, Wasserstoffisotop mit dem doppelten Atomgewicht des gewöhnlichen Wasserstoffs ^{1}H. Der Kern von ^{2}H besteht aus einem Proton und einem Neutron (↑Deuteron). D. verhält sich chemisch (bis auf eine kleinere Reaktionsgeschwindigkeit) wie gewöhnlicher Wasserstoff, hat aber aufgrund der höheren Masse andere physikalische Eigenschaften. Die wichtigste Verbindung des Deuteriums ist das ↑schwere Wasser.

Deuterium-Tritium-Reaktion (D-T-Reaktion): ↑Kernfusion.

Deuteron [griech. deúteron »das Zweite«]: der aus einem Proton und einem Neutron bestehende Kern des ↑Deuteriums. Zur Bezeichnung des D.

sind die folgenden Symbole sind gebräuchlich:

$$d = {}^2_1 d = D = {}^2_1 D = {}^2_1 H.$$

Die Ruhemasse des Deuterons beträgt $m = 2{,}013\ 553\ 212$ u $= 3{,}343\ 583{\cdot}10^{-27}$ kg, sein Spin ist 1. Das Deuteron ist als einziger Kern nach dem Zweikörperproblem mathematisch exakt zu beschreiben und ist darum von hohem Interesse für die theoretische Physik, um Modelle für die ↑Kernkräfte zu entwickeln.

Deutsche Physikalische Gesellschaft, Abk. DPG: eine an Traditionen früherer Gesellschaften anknüpfende wissenschaftliche Vereinigung, die direkt und unmittelbar der reinen und angewandten Physik dienen will. Sie arbeitet mit Industrie und Öffentlichkeit zusammen, veranstaltet Kongresse, unterhält zwei Tagungshäuser und gibt eine Zeitschrift (»Physikalische Blätter«) heraus. Die DPG mit Sitz in Bad Honnef hatte im Frühjahr 2000 über 30 500 Mitglieder.

Dewar-Gefäß ['dju:ə-]: ein 1893 von JAMES DEWAR (*1842, †1923) entwickeltes doppelwandiges Gefäß aus Glas oder Metall zur Aufbewahrung flüssiger Gase (z.B. Stickstoff, Sauerstoff oder Helium) bei tiefsten Temperaturen. Der Raum zwischen den beiden Wänden ist luftleer, sodass die ↑Wärmeleitung unterbunden wird. Zur Vermeidung von ↑Wärmestrahlung sind die Wände verspiegelt. Eine einfache Ausführung des D.-G. ist eine Thermoskanne.

Dezi: ↑Einheitenvorsätze.

Dezibel [nach ALEXANDER G. BELL; *1847, †1922], Einheitenzeichen dB: das logarithmierte Verhältnis zweier gleichartiger Größen G_1 und G_2 (z.B. zweier Auslenkungen bei einer Schwingung).

Festlegung: 1 dB entspricht dem Verhältnis log $G_1/G_2 = 1/10$. Das Dezibel

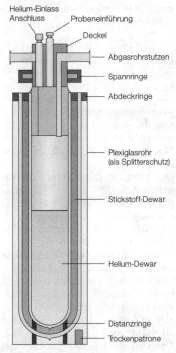

Helium-Einlass
Anschluss — Probeneinführung

Deckel

Abgasrohrstutzen

Spannringe

Abdeckringe

Plexiglasrohr
(als Splitterschutz)

Stickstoff-Dewar

Helium-Dewar

Distanzringe

Trockenpatrone

Dewar-Gefäß: schematische Darstellung

(das zugrunde liegende Maß »Bel« ist für den praktischen Gebrauch zu groß) ist vor allem im Zusammenhang mit Schalleinwirkungen auf den Menschen gebräuchlich. Dabei wird der Quotient aus dem durch eine Schallquelle hervorgerufenen Schalldruck und einem Normschalldruck gebildet.

Dezimalwaage: eine ungleicharmige Balkenwaage (↑Waage).

Diamagnetismus: die Erscheinung, dass ein Stoff magnetisiert wird, wenn man ein äußeres Feld an ihn anlegt, wobei die Magnetisierung klein und dem äußeren Feld entgegengerichtet ist. Die Magnetisierung erfolgt während des Anwachsens des äußeren Magnetfelds durch Induktion. Gemäß dem lenzschen Gesetz ist das induzierte Magnet-

feld dem äußeren Feld entgegengerichtet. Das äußere Magnetfeld wird also abgeschwächt. Bei diamagnetischen Stoffen ist damit die relative ↑Permeabilität μ kleiner als 1 und die ↑magnetische Suszeptibilität χ kleiner als null. Auf mikrophysikalischer Ebene beruht der D. darauf, dass das äußere Magnetfeld die Bewegung der Elektronen in der Atomhülle beeinflusst. Diese werden zu einer Kreisbewegung um die magnetischen Feldlinien veranlasst, was einem Kreisstrom entspricht und ein Magnetfeld erzeugt (ähnlich wie bei einer stromdurchflossenen Spule). Der D. tritt bei allen Stoffen auf, wird aber wegen seiner Geringfügigkeit oft von anderen magnetischen Erscheinungen überdeckt (↑Ferromagnetismus, ↑Paramagnetismus). Er ist weitgehend temperaturunabhängig. Rein tritt er nur bei Substanzen auf, deren Atome oder Moleküle kein permanentes magnetisches Moment besitzen. Solche Stoffe heißen **diamagnetisch.** Beispiele sind Wasser, Bismut und die Edelgase.

Diaprojektor [griech. dia- »hindurch«, lat. proicere, proiectum »wegwerfen«]: ↑Projektor.

diatonische Tonleiter: eine ↑Tonleiter, bei der zwischen Grundton und Oktave sechs Töne (fünf Ganz- und zwei Halbtöne) liegen. Je nach Lage der Halbtöne unterscheidet man Dur- und Molltonleitern.

Dichte, Formelzeichen ρ: der Quotient aus Masse m und Volumen V eines Körpers:

$$\rho = \frac{m}{V}$$

Die D. hängt vom Material, aber auch von Druck und Temperatur ab (besonders ausgeprägt bei Gasen und Flüssigkeiten). SI-Einheit der Dichte ist das Kilogramm durch Kubikmeter (kg/m³), häufig gebraucht wird auch g/cm³ oder (bei Gasen) g/l:

Aluminium	2,699
Beton	1,5–2,4
Blei	11,35
Eis (bei 0 °C)	0,917
Eisen	7,86
Gold	19,3
Holz (trocken)	0,4–0,8
Quecksilber	13,54
Sand (trocken)	1,5–1,6
Schaumstoff	0,02–0,05
Uran	18,7
Wasser	0,998
Wasser (bei 4 °C)	1,000

Dichte: Dichte einiger fester Stoffe in g/cm³ bei 0 °C und Normdruck

$$1 \, g/cm^3 = 1000 \, g/l = 1000 \, kg/m^3.$$

Als **relative Dichte** oder **Dichteverhältnis** bezeichnet man den Quotienten aus der Dichte eines Körpers und der Dichte eines Vergleichskörpers (in der Regel Wasser bei 4 °C und Normdruck von 101 325 Pa oder Luft bei 0 °C und Normdruck). Sie ist dimensionslos.

Di|elektrikum: elektrisch isolierender Stoff (↑Isolator), der, in ein äußeres elektrisches Feld gebracht, durch ↑Polarisation ein Gegenfeld aufbaut. Bringt man ein Dielektrikum zwischen die Platten eines Kondensators, so vergrößert sich dessen Kapazität um einen Faktor ε_r, die Dielektrizitätszahl (↑Dielektrizitätskonstante).

di|elektrische Suszeptibilität, Formelzeichen χ: physikalische Größe, die den Zusammenhang zwischen der ↑Polarisation $\vec{P}$ und der elektrischen Feldstärke $\vec{E}$ vermittelt: $\vec{P} = \chi \vec{E}$.

di|elektrische Verschiebung (elektrische Verschiebung, elektrische Flussdichte): Bezeichnung für die vektorielle elektrische Feldgröße $\vec{D}$, für die gilt:

D

$$\vec{D} = \varepsilon_0 \cdot \varepsilon_r \cdot \vec{E}.$$

(ε_r relative ↑Dielektrizitätskonstante, ε_0 elektrische Feldkonstante).
SI-Einheit der d. V. ist das Coulomb durch Quadratmeter (C/m²). Die d. V. wird heute wenig verwendet. Mit ihr lassen sich einige Grundgleichungen der Elektrizitätslehre (Maxwell-Gleichungen), in denen der Faktor $\varepsilon_0 \cdot \varepsilon_r \cdot \vec{E}$ auftaucht, einfacher schreiben.

Di|elektrizitätskonstante (Permittivität): die Proportionalitätskonstante ε zwischen der elektrischen Feldstärke $\vec{E}$ und der ↑dielektrischen Verschiebung $\vec{D}$. Im Vakuum ist sie gleich der **elektrischen Feldkonstante** ε_0 (früher auch absolute Dielektrizitätskonstante oder Influenzkonstante genannt):

$$\varepsilon_0 = \frac{1}{\mu_0 c^2} = 8,854 841 817 \cdot 10^{-12} \, As/Vm$$

($\mu_0 = 4\pi \cdot 10^{-7} \, Vs/Am$ ↑magnetische Feldkonstante, c Lichtgeschwindigkeit). In Materie ist die D. größer als ε_0. Das Verhältnis $\varepsilon / \varepsilon_0 = \varepsilon_r$ heißt **Dielektrizitätszahl** oder **relative Dielektrizitätskonstante** (relative Permittivität oder Permittivitätszahl) und ist eine dimensionslose Stoffkonstante. Ihr Wert ist bei Gasen nur wenig von 1 verschie-

Vakuum	1
Luft	1,000 59
Wasser	80,8
Eis (−20 °C)	16
Petroleum	2
Papier	1,6–2,6
Porzellan	2–6
Glas	2–16
keramische Spezialmassen	bis 4000

Dielektrizitätskonstante: Werte der relativen Dielektrizitätskonstante (bei 18 °C)

den, bei Flüssigkeiten und Festkörpern können höhere Werte vorkommen.

Di|elektrizitätszahl: die relative ↑Dielektrizitätskonstante.

Dieselmotor [nach RUDOLF DIESEL; *1858, †1913]: eine ↑Verbrennungskraftmaschine, die mit Kolben arbeitet. Anders als beim ↑Ottomotor wird hier aber das Gemisch aus Kraftstoff und Luft nicht durch einen Zündfunken entzündet, sondern entzündet sich durch hohe Verdichtung selbst (»Selbstzünder«).

Dieselmotoren in Autos arbeiten fast alle nach dem Viertaktverfahren: Beim Abwärtsgehen des Kolbens saugt der Kolben reine Luft an, die beim Aufwärtsgehen auf etwa 22:1 verdichtet wird (beim Ottomotor etwa 9:1). Dabei erhitzt sie sich auf etwa 600–900°C. In diese heiße Luft wird nun der Kraftstoff (Leicht- oder Schweröl) eingespritzt und entzündet sich dabei. Die entstehenden Verbrennungsgase treiben den Kolben nach unten. Bei der darauf folgenden Aufwärtsbewegung werden die Gase ausgestoßen. Dann beginnt der Zyklus von vorn.

Der Wirkungsgrad eines D. ist wegen der höheren Verbrennungstemperatur höher als beim Ottomotor. Er erreicht im günstigsten Fall 40%, d. h. 60% der chemischen Energie des Treibstoffs wird ungenutzt als Wärme abgegeben.

Diffusion [lat. diffundere »sich verbreiten«]: statistischer Ausgleichsprozess, in dessen Verlauf Teilchen (Atome, Moleküle) von Orten hoher Konzentration zu Orten niedriger Konzentration gelangen. So kommt es zum Konzentrationsausgleich. Zum Beispiel diffundieren zwei Gase ineinander, bis die Teilchen beider Sorten gleichmäßig im Raum verteilt sind. Allgemein tritt nicht nur bei Stoffen im gleichen ↑Aggregatzustand, sondern auch an der Grenzfläche zweier Phasen Diffusion auf **(Grenzflächendiffusi-**

on). Antrieb der D. ist die Wärmebewegung der Teilchen (↑brownsche Bewegung).

In der mathematischen Beschreibung betrachtet man zwei Volumina eines Stoffs mit unterschiedlicher Konzentration c_1 und c_2, also einem Konzentrationsgefälle $\Delta c/\Delta x$. Dann treten in einem

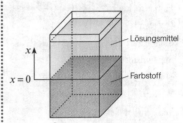

Diffusion: Über der Farbstofflösung steht zu Beginn des Diffusionsvorgangs das reine Lösungsmittel. Im Lauf der Zeit erfolgt ein Konzentrationsausgleich, bis schließlich in der gesamten Flüssigkeit die gleiche Konzentration vorliegt.

Zeitintervall Δt genau ΔN Teilchen durch die Trennfläche vom Querschnitt A:

$$\frac{\Delta N}{\Delta t} = -D \cdot A \cdot \frac{\Delta c}{\Delta x}$$

(erstes **ficksches Gesetz**).

Der Proportionalitätsfaktor D heißt **Diffusionskonstante.** Sie hat für Gase Werte um 1 cm²/s; bei Flüssigkeiten und Festkörpern verläuft die Diffusion wesentlich langsamer (in Flüssigkeiten liegt D bei etwa 10^{-5} cm²/s, in Festkörpern zwischen 10^{-5} und 10^{-20} cm²/s). Die D. von Ionen ist langsamer als die von neutralen Teilchen.

Die D. wird in verschiedenen technischen Verfahren ausgenutzt, z.B. in der Trennung von Gasen verschiedener Masse (etwa der Isotope ^{1}H und ^{2}H), und spielt auch eine Rolle bei der ↑Dotierung von Halbleitern.

Diffusionsnebelkammer: Grundform der ↑Nebelkammer.

Diffusionspumpe: ↑Vakuumpumpen.

digital [engl. digit »Ziffer«]: bezeichnet die Eigenschaft einer physikalischen Größe, nur diskrete Werte annehmen zu können. Gegensatz: ↑analog.
Digitaltechnik: eine elektronische Schaltungstechnik, bei der nur Informationen mit zwei möglichen Werten (z.B. ja–nein, null–eins) verwendet werden. Analoge, kontinuierliche Informationen werden dazu in einem Wandler in digitale, diskrete Signale zerlegt und dann in der Art eines Abzählverfahrens verarbeitet. Die Digitaltechnik ermöglicht meist geringere Verzerrungen als die Analogtechnik.
Dilatation [lat. dilatare »ausbreiten«]: die Vergrößerung einer Abmessung. Sehr bekannt ist die von der ↑Relativitätstheorie vorhergesagte Zeitdilatation bei Geschwindigkeiten nahe der des Lichts.
Diode [griech. di- »zwei«, hodos »Weg«]: elektronisches Bauelement mit zwei Anschlüssen (genannt Anode und Kathode), dessen elektrischer Widerstand davon abhängt, welcher Pol der Stromquelle an welchem Anschluss liegt. In **Durchlassrichtung** ist der elektrische Widerstand gering, in **Sperrrichtung** ist er rund 10^6-mal so hoch. Daher weist die Diode eine Richtwirkung für den elektrischen Strom auf.
Die früher verbreitete Röhrendiode ist heute in modernen Schaltkreisen fast völlig durch die ↑Halbleiterdiode ersetzt und spielt nur noch in Leistungsschaltkreisen eine Rolle.
An der Röhrendiode lässt sich das Diodenprinzip am einfachsten erläutern (Abb. links): Elektronen treten aus der Glühkathode aus und werden im elektrischen Feld zwischen Anode A und Kathode K beschleunigt. Es entsteht der von der Anodenspannung abhängiger Anodenstrom I_A. Erhöht man die Anodenspannung, so wächst I_A, da immer mehr Elektronen bis zur Anode ge-

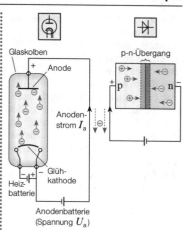

Diode: Aufbau einer Röhrendiode (links) und einer Halbleiterdiode (rechts); oben sind die zugehörigen Schaltzeichen wiedergegeben.

langen. Ab einer bestimmten Spannung erreicht der Strom einen Maximalwert, den Sättigungsstrom I_{AS}. Dann gelangen praktisch alle Elektronen von der Kathode zur Anode. Beim Umpolen der Anodenspannung fließt dagegen kein Strom (Sperrschaltung), weil die jetzt negative Elektrode nicht erhitzt wird und daher keine Elektronen aus ihr austreten. Beim Anlegen einer Wechselspannung fließt nur während der positiven Halbwelle ein Anodenstrom, die Diode arbeitet dann als ↑Gleichrichter.
Diodenlaser: ein Laser mit einer ↑Laserdiode als aktivem Element.
Dioptrie, Einheitenzeichen dpt: gesetzliche Einheit der ↑Brechkraft von optischen Systemen (Linsen, Linsenkombinationen usw.). *Festlegung:* 1 Dioptrie (dpt) ist gleich der Brechkraft eines optischen Systems mit der Brennweite 1 m in einem Medium mit der Brechzahl 1 (z.B. in Luft: 1 dpt = 1 m^{-1}).
Dipol: eine Anordnung von zwei Quellen (z. B. elektrischen Ladungen, Magnetpolen usw.) in einem Abstand d.

Das erzeugte Feld heißt **Dipolfeld.** Bei einer symmetrischen Anordnung von mehr als zwei Quellen spricht man von einem **Quadrupol,** Oktupol oder allgemein einem **Multipol.**

Ein **elektrischer Dipol** ist ein System von zwei gleich großen, ungleichnamigen Punktladungen, die sich isoliert voneinander im Raum befinden. Ihr Abstand wird durch den Abstandsvektor $\vec{l}$ beschrieben, der von der negativen zur positiven Ladung weist. Mit dem Dipol verknüpft ist das **elektrische Dipolmoment** $\vec{p}$. Es gilt:

$$\vec{p} = Q \cdot \vec{l}$$

(Q positive Ladung des Dipols). SI-Einheit des Dipolmoments ist Coulomb mal Meter (Cm). Das elektrische Feld in der Umgebung eines elektrischen Dipols wird beschrieben durch

$$\vec{E} = \frac{1}{4\pi\varepsilon_0 r^3}\left[\left(3\vec{p}\cdot\vec{r}\right)\frac{\vec{r}}{r^2} - \vec{p}\right]$$

($\vec{E}$ elektrische Feldstärke, ε_0 elektrische Feldkonstante, $\vec{r}$ Abstandsvektor vom Mittelpunkt des Dipols zum Punkt, in dem $\vec{E}$ bestimmt werden soll, Skalarprodukt zwischen den beiden Vektoren). Man erkennt, dass die Feldstärke in Richtung des Dipolmoments minimal ist (das Skalarprodukt von $\vec{p}$ und $\vec{r}$ ist null, wenn die beiden Vektoren parallel sind) und dass E für große Abstände, also proportional zur dritten Potenz des Abstands vom Dipol abnimmt: $E \sim 1/r^3$ (das elektrische Feld einer Punktladung nimmt dagegen proportional zum Abstandsquadrat von der Punktladung ab).

Magnetischer Dipol ist die Bezeichnung für alle Körper, die in ihrer Umgebung ein magnetisches Feld haben. Solche Körper sind z.B. ein Stabmagnet oder eine stromdurchflossene Leiterschleife. Der Betrag B der magnetischen Flussdichte nimmt proportional zur dritten Potenz des Abstands r vom

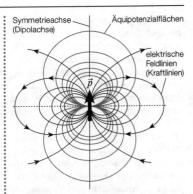

Dipol: Das Dipolfeld und die Äquipotenzialflächen (blau) sind rotationssymmetrisch um die Dipolachse angeordnet.

Dipol ab, wenn r groß ist gegen die Abmessungen des Körpers: $B \sim 1/r^3$.

Der magnetische Dipol wird durch das **magnetische Dipolmoment** $\vec{m}$ (kurz auch magnetisches Moment) charakterisiert. Für seinen Betrag m gilt bei einer Leiterschleife: $m = I \cdot A$ (I Stromstärke des Ringstroms, A vom Ringstrom durchflossene Fläche). Die Richtung von $\vec{m}$ stimmt mit der Richtung der magnetischen Flussdichte $\vec{B}$ innerhalb der Fläche A überein. SI-Einheit ist Ampere durch Meter (A/m).

Innerhalb von Atomen lässt sich sowohl die Eigenrotation der Elektronen (der Spin) als auch ihre Bewegung um den Kern als Ringstrom deuten. Diesen Bewegungen kann man daher ein magnetisches Dipolmoment zuschreiben. Es wird meist in Vielfachen des ↑bohrschen Magnetons angegeben.

Dipolmoment: vektorielle Größe, die mit einem ↑Dipol verbunden ist.

diskret [lat. discernere, discretum »trennen«]: gequantelt (↑Quantisierung), Gegenteil von ↑kontinuierlich.

Dispersion [lat. dispergere »zerstreuen«]:

◆ *Wellenerscheinungen:* die Abhängigkeit einer physikalischen Größe von der Wellenlänge bzw. der Frequenz. So versteht man unter der **Dispersion des Lichts** die Abhängigkeit der Ausbreitungsgeschwindigkeit des Lichts (und damit der Brechzahl eines optischen Mediums) von der Wellenlänge, also der Farbe des Lichts. Nur im Vakuum tritt keine D. auf, in ihm ist die Lichtgeschwindigkeit für alle Wellenlängen gleich. In allen anderen Ausbreitungsmedien hängt die Ausbreitungsgeschwindigkeit dagegen von der Wellenlänge ab. Man spricht von **normaler Dispersion**, wenn die Ausbreitungsgeschwindigkeit mit zunehmender Wellenlänge wächst, wenn also die Brechzahl mit zunehmender Wellenlänge abnimmt. Solches Verhalten zeigt sich z.B. für sichtbares Licht in Wasser, Glas und Quarz. Beim Durchgang durch ein ↑Prisma aus diesen Materialien wird also das langwellige rote Licht weniger stark abgelenkt als das kurzwellige violette Licht. Schickt man weißes Licht durch ein solches Prisma, so wird es zu einem Spektrum aufgefächert. Im Gegensatz zum Gitterspektrum (Normalspektrum), das bei der ↑Beugung an einem Gitter entsteht, spricht man von einem **Dispersionsspektrum**. Hier sind die Abstände der Farben nicht gleich, da sich die Brechzahl mit der Wellenlänge nicht gleichmäßig ändert; das Spektrum ist im roten Bereich weniger stark auseinander gezogen als im violetten.

Bei manchen Stoffen wächst in bestimmten Wellenlängenbereich die Brechzahl mit zunehmender Wellenlänge. In einem solchen Fall spricht man von **anomaler Dispersion**. Die Wellenlängenbereiche anomaler Dispersion fallen in der Regel mit den Bereichen zusammen, in denen der Stoff das hindurchgehende Licht absorbiert. Anomale Dispersion tritt also vorwiegend an farbigen Medien auf. Lässt man weißes Licht durch ein Prisma aus Material hindurchgehen, das anomale

Dispersion zeigt, ergibt sich im betreffenden Wellenlängenbereich ein Spektrum mit umgekehrter Farbenfolge.

◆ *Physikalische Chemie:* die sehr feine Verteilung eines Stoffs in einem anderen. Beispiele für Dispersionen sind Schäume (Dispersion von Luft in einem festen Stoff, ↑Aerogel) oder ↑Aerosole (Dispersionen von einem festen oder flüssigen Stoff in Luft).

Dissipation [lat. dissipare »verschwenden«]: die nicht umkehrbare Umwandlung von irgendeiner Energieform in Wärmeenergie (↑Energie). Sie erfolgt z.B. in mechanischen Systemen durch Reibung.

Dissoziation [lat. dissociare »trennen«]: die Aufspaltung eines Moleküls in kleinere, meist geladene Bestandteile (↑Ionen) durch Hitze, in Lösungen oder bei der ↑Elektrolyse.
Der Quotient aus der Anzahl N_d der dissoziierten Moleküle und der Anzahl N der ursprünglich vorhandenen Moleküle $\alpha = N_d/N$ wird als **Dissoziationsgrad** bezeichnet; er wächst mit steigender Temperatur und Verdünnung.

divergent [lat. »auseinander laufend«]: bezeichnet die Eigenschaft von auseinander laufenden Lichtstrahlen. Gegensatz: konvergent.

DMS: ↑Dehnungsmessstreifen.

Domänen [frz. domaine »Bereich«]: ↑Ferromagnetismus.

Donator [lat. donare »schenken«]: ↑elektrische Leitung.

Donner: ↑Gewitter.

Doppelbrechung: die in anisotropen Körpern wie Kristallen auftretende Erscheinung, dass ein einfallender Lichtstrahl in zwei Teilstrahlen zerlegt wird. Die Doppelbrechung wurde erstmals 1669 an Kalkspat beobachtet: Trifft der Strahl senkrecht auf die Kristallfläche, so spaltet er beim Eindringen in zwei Strahlen auf. Der eine behält die ursprüngliche Strahlrichtung bei und heißt deshalb **ordentlicher Strahl** (o-

optische Achse

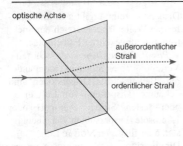

außerordentlicher Strahl

ordentlicher Strahl

Doppelbrechung: Der einfallende Strahl spaltet sich in den ordentlichen und den außerordentlichen Strahl, die senkrecht zueinander polarisiert sind; eine der Richtungen liegt in der Ebene des Hauptschnitts (blau).

Strahl). Der zweite, der **außerordentliche Strahl** (e-Strahl oder ao-Strahl) wird entgegen dem Brechungsgesetz beim Eintritt in den Kristall gebrochen. Beim Austritt wird er ein zweites Mal gebrochen und verläuft dann parallel zum ordentlichen Strahl. Außerordentlicher und ordentlicher Strahl sind senkrecht zueinander polarisiert (↑Polarisation), eine Richtung fällt mit dem Hauptschnitt des Kristalls zusammen. Beim Blick durch einen doppelbrechenden Kristall erscheinen zwei leicht verschobene Bilder, die von den beiden unterschiedlichen Strahlen abgebildet werden. Ursache der D. ist die unterschiedliche Ausbreitungsgeschwindigkeit von Licht in den verschiedenen Kristallrichtungen. Diese Unterschiede beruhen wiederum auf der richtungsabhängigen Polarisierbarkeit.

Auch isotrope Stoffe wie Gase oder Flüssigkeiten können unter Einfluss eines elektrischen Felds Doppelbrechung zeigen (↑Kerr-Effekt).

Doppelpendel: Kombination zweier Fadenpendel, bei der das eine Pendel an der Pendelmasse des anderen befestigt ist. Das D. ist ein einfaches Beispiel für ein System mit chaotischem Verhalten (↑Chaostheorie).

Doppler-Effekt [nach C. DOPPLER]: die Erscheinung, dass bei allen Wellen eine Änderung der Frequenz bzw. der Wellenlänge festzustellen ist, wenn sich Beobachter und Wellenerreger relativ zueinander bewegen.

Der Effekt zeigt sich besonders deutlich bei Schallwellen. Nähert sich z.B. ein Feuerwehrwagen mit Sirene einem ruhenden Beobachter, so hört er einen höheren Ton, als wenn sich der Wagen von ihm weg bewegt. Ebenso hört er, wenn er sich selbst auf die Schallquelle zu bewegt, einen höheren Ton als bei einer Bewegung von der Quelle weg.

■ **Ruhender Wellenerreger – bewegter Beobachter**

Wir bezeichnen die Frequenz des Wellenerregers W mit ν_0, seine Wellenlänge mit λ_0 und die Geschwindigkeit, mit der sich der Beobachter B in Richtung W bewegt, mit v (Abb. 1). Die Werte werden in Hz, m bzw. m/s gemessen. Dann erreicht den Beobachter pro Sekunde genau die Zahl der vom Erreger ausgesandten Wellen, die betragsmäßig gleich der Frequenz ν_0 ist. Zusätzlich treffen aber noch so viele Wellen bei B ein, wie sich auf dem von ihm in einer Sekunde zurückgelegten Weg befinden. Dieser Weg dividiert durch die Zeit ist zahlenmäßig genau gleich der Geschwindigkeit v des Beobachters. In diesem Weg sind v/λ_0 Wellen enthalten, also kommen bei B pro Sekunde $\nu_0 + v/\lambda_0$ Wellen an. Damit stellt der Beobachter die Frequenz ν' fest:

$$\nu' = \nu_0 + v/\lambda_0.$$

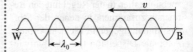

Doppler-Effekt (Abb. 1): Der Beobachter B bewegt sich mit v auf den Wellenerreger W zu.

Da aber $\lambda_0 = w/\nu_0$ gilt (w Ausbreitungsgeschwindigkeit der Welle), folgt $\nu' = \nu_0 + (v/w) \cdot \nu_0$ und damit

$$\nu' = \nu_0 \left(1 + \frac{v}{w}\right).$$

Entsprechend erhält man für den Fall, dass sich der Beobachter vom ruhenden Wellenerreger fort bewegt,

$$\nu' = \nu_0 \left(1 - \frac{v}{w}\right).$$

■ Bewegter Wellenerreger – ruhender Beobachter

Auch hier betrachten wir wieder die Frequenz ν_0 des Wellenerregers W und seine Wellenlänge mit λ_0. u bezeichnet die Geschwindigkeit, mit der sich W in Richtung des Beobachters B bewegt (Abb. 2). Die Werte werden in Hz, m bzw. m/s gemessen. Dann ist die Zahl der pro Sekunde vom Erreger ausgesandten Wellen zahlenmäßig gleich der Frequenz ν_0. Die Wellen werden wegen der Bewegung von W auf ein Wegstück zusammengedrängt, das zahlenmäßig gleich der Differenz $w - u$ ist. Für die vom Beobachter festgestellte Wellenlänge λ' ergibt sich dann

$$\lambda' = \frac{w - u}{\nu_0} = \frac{w - u}{w} \cdot \lambda_0 = \lambda_0 \left(1 - \frac{u}{w}\right)$$

(das zweite Gleichheitszeichen folgt wegen $\nu_0 = w/\lambda_0$). Auflösen nach ν' (mit $\lambda = w/\nu$) ergibt für den sich nähernden Wellenerreger

$$\nu' = \frac{\nu_0}{1 - \dfrac{u}{w}}.$$

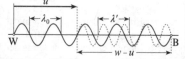

Doppler-Effekt (Abb. 2): Der Wellenerreger W bewegt sich mit v auf den Beobachter B zu.

Bewegt sich der Erreger W mit der Geschwindigkeit u vom Beobachter B fort, tritt an die Stelle des Minus- einfach ein Pluszeichen.

Die Ergebnisse unterscheiden sich also, je nachdem, ob sich der Beobachter oder der Wellenerreger relativ zum Ausbreitungsmedium der Wellen bewegt. Nur wenn die Geschwindigkeit v des Beobachters bzw. des Wellenerregers klein ist gegen die Ausbreitungsgeschwindigkeit w der Welle ist, gehen die Beziehungen $\nu' = \nu_0/(1 - v/w)$ und $\nu' = \nu_0(1 + v/w)$ ineinander über. Man zeigt dies mit einer Reihenentwicklung:

$$\nu' = \frac{\nu_0}{1 - \dfrac{v}{w}} = \nu_0 \left[1 + \frac{v}{w} + \left(\frac{v}{w}\right)^2 \dots \right]$$

v/w ist eine kleine Größe; die Glieder ab $(v/w)^2$ sind dann zu vernachlässigen.

■ Relativistischer Doppler-Effekt

Da elektromagnetische Wellen kein Übertragungsmedium benötigen und eine feste Ausbreitungsgeschwindigkeit c haben, hängt beim **optischen Doppler-Effekt** die Frequenzverschiebung nur von der Relativgeschwindigkeit v zwischen Wellenerreger W und Beobachter B ab. Es spielt also keine Rolle, ob sich einer von beiden in Ruhe befindet oder nicht. Mithilfe der ↑Relativitätstheorie ergibt sich für den Fall, dass sich Erreger und Beobachter aufeinander zu bewegen:

$$\nu' = \nu_0 \frac{\sqrt{1 - (v/c)^2}}{1 - (v/c)}.$$

■ Bedeutung des Doppler-Effekts

Der Doppler-Effekt an elektromagnetischen Wellen, insbesondere an Licht, äußert sich in einer Farbverschiebung. Bewegt sich eine Lichtquelle (z.B. ein Stern) auf den Beobachter zu, so sind die Spektrallinien in den kurzwelligen

Spektralbereich verschoben (Blauverschiebung), entfernt sich die Lichtquelle, tritt eine Verschiebung zum langwelligen Spektralbereich auf. Diese **Rotverschiebung** dient in der Astronomie dazu, die relative Geschwindigkeit zwischen der Erde und Himmelskörpern zu bestimmen.

In der Spektroskopie tritt der Doppler-Effekt störend auf, da Spektrallinien von Gasen mit thermisch bewegten Atomen verbreitert sind (Doppler-Verbreiterung). Eine weitere wichtige Anwendung des Doppler-Effekts ist die Geschwindigkeitsmessung an bewegten Körpern z. B. mit Radarwellen.

Doppler-Verbreiterung [nach C. DOPPLER]: in der Spektroskopie eine Energieunschärfe aufgrund des ↑Doppler-Effekts. Sie äußert sich in der Verbreiterung der Spektrallinien.

Dosenbarometer: ↑Barometer.

Dosimeter: Gerät zur Bestimmung der Strahlendosis (↑Dosis), insbesondere zur Messung der Strahlenbelastung von Personen, die im Beruf mit Röntgenstrahlung, radioaktiven Präparaten oder an Reaktoren und Teilchenbeschleunigern arbeiten. Verbreitete Dosimeter nutzen die ionisierende Wirkung der Strahlung aus (z. B. ↑Ionisationskammer) oder beruhen auf durch die Strahlung ausgelösten chemischen Reaktionen (z. B. Filmdosimeter, bei dem eine Fotoschicht geschwärzt wird).

Dosis [griech. »Schenkung, Gabe«] (Strahlendosis): Maß für die einem Körper zugeführte Strahlungsmenge. Man unterscheidet absorbierte Dosis oder Energiedosis, Ionendosis, Äquivalentdosis und RBW-Dosis. Im Strahlenschutz unterscheidet man die vom ganzen Körper aufgenommene **Ganzkörperdosis** und die von einzelnen Körperteilen aufgenommene **Teilkörperdosis.**

Die **Energiedosis (absorbierte Dosis)** D ist das Verhältnis von aufgenommener Energie ΔE zu bestrahlter Masse Δm: $D = \Delta E/\Delta m$. SI-Einheit ist das Gray (Gy): 1 Gy = 1 J/kg. Die ältere Einheit Rad (rd; 1 rd = 0,01 Gy) soll nicht mehr verwendet werden.

Mit der **Ionendosis** D_i misst man die ionisierende Wirkung einer Strahlung. Als D_i bezeichnet man das Verhältnis zwischen der Ladung ΔQ eines Vorzeichens, die in einer Luftmenge der Masse Δm_L erzeugt wird, und eben dieser Masse: $D_i = \Delta Q/\Delta m_L$. Die Ionendosis wird in Coulomb pro Kilogramm (C/kg) angegeben.

Als **Äquivalentdosis** bezeichnet man das Produkt $H = q \cdot D$ aus der Energiedosis D und einem Bewertungsfaktor q, der von der Art der Strahlung abhängt und die unterschiedliche biologische Wirkung der Strahlung berücksichtigt. Man gewinnt q aus biologischen Untersuchungen. SI-Einheit der Äquivalentdosis ist das Sievert (Sv): 1 = Sv = 1 J/kg. Die ältere Einheit Rem (rem, engl. roentgen equivalent men) mit der Umrechnung 1 rem = 0,01 Sv soll nicht mehr verwendet werden. Der Bewertungsfaktor beträgt für Beta- und Gammastrahlung 1, für die besonders stark ionisierende Alphastrahlung etwa 2.

Als **RBW-Dosis** (RBW steht für **r**elative **b**iologische **W**irksamkeit) bezeichnet man in der Biologie die Energiedosis einer mit 250 kV erzeugten Röntgenstrahlung, die dieselbe biologische Wirkung hervorruft wie die aufgenommene Dosis der untersuchten Strahlungsart.

Dosisleistung (Energiedosisrate): pro Sekunde aufgenommene ↑Dosis einer ionisierenden Strahlung. Ihre SI-Einheit ist das Watt pro Kilogramm (W/kg): 1 W/kg = 1 J/(kg·s) = 1 Gy/s. Der Begriff der Dosisleistung ist in der Biologie wesentlich, weil der Effekt einer Strahlung nicht nur vom Betrag der Dosis, sondern auch von der Zeitdauer abhängt, in der sie aufgenommen wird.

So ist etwa eine in kurzer Zeit aufgenommene Ganzkörperbestrahlung von über 4 Sv tödlich, während dieselbe Äquivalentdosis, über mehrere Jahre aufgenommen, keine sichtbaren Folgen hat (↑Grenzwert).

Dotierung [lat. dotare »ausstatten«]: die kontrollierte Zugabe von Fremdatomen zu einem ↑Halbleiter, um so Bereiche verschiedener elektrischer Leitfähigkeit zu erzeugen.

Down-Quark ['daʊnkwɔːk, engl. down »hinunter«] (d-Quark): ↑Elementarteilchen, das mit dem Up-Quark die erste Familie der ↑Quarks bildet.

dpt: Einheitenzeichen für ↑Dioptrie.

Drall: eine selten verwendete Bezeichnung für ↑Drehimpuls.

Drehachse: der geometrische Ort aller Punkte, die bei der Drehung (↑Bewegung) eines Körpers in Ruhe bleiben.

Drehbewegung: andere Bezeichnung für Rotationsbewegung (↑Kinematik).

Dreheiseninstrument: Form des Amperemeters (↑Strom- und Spannungsmessung).

Drehfrequenz: die ↑Drehzahl.

Drehimpuls, Formelzeichen $\vec{L}$: eine grundlegende vektorielle Größe bei einer Rotation, die dem ↑Impuls bei der geradlinigen ↑Bewegung entspricht. Einem Massenpunkt der Masse m, der sich mit der Geschwindigkeit v auf einer Kreisbahn mit dem Radius r bewegt schreibt man den Drehimpulsbetrag

$$L = r \cdot m \cdot v = r \cdot p$$

(p Impuls) zu. Er ist also umso größer je größer der Impuls des Körpers und der Abstand zur Drehachse ist. Für ein System aus mehreren Massen, die um eine Drehachse kreisen, (z. B. ein sich drehender starrer Körper) ergibt sich der Gesamtdrehimpuls als Summe der Einzeldrehimpulse.

Die Bedeutung des D. liegt u. a. im **Drehimpulserhaltungssatz (Drehimpulssatz):** In einem System, auf das keine äußeren ↑Drehmomente wirken, ändert sich der D. nicht. Verringert man z. B. bei dem in der Abb. gezeigten sich drehenden System den Abstand r der beiden Massen m_1 und m_2 zur Drehachse, nimmt die Geschwindigkeit dieser

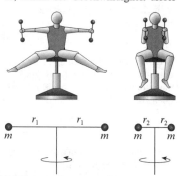

Drehimpuls: Drehimpulserhaltung

Massen und damit die Drehfrequenz zu. Eiskunstläufer nutzen diesen Sachverhalt, indem sie die Arme an ihren Körper anlegen, um eine möglichst schnelle Pirouette zu drehen. In vektorieller Schreibweise ist der Drehimpuls allgemein als folgendes Vektorprodukt festgelegt:

$$\vec{L} = \vec{r} \times \vec{p} = \vec{r} \times m\vec{v}.$$

Mit dieser Festlegung lässt sich auch nicht kreisförmigen Bewegungen ein Drehimpuls bezüglich des Ursprungs des Vektors $\vec{r}$ zuordnen.

Eine Änderung des D. wird durch ein ↑Drehmoment $\vec{M}$ bewirkt. Es gilt:

$$\vec{M} = \frac{\Delta\vec{L}}{\Delta t}$$

(Δt Einwirkungsdauer des Drehmoments) in Analogie zur Gleichung $\vec{F} = \Delta\vec{p}/\Delta t$. In Worten: Das auf einen Körper ausgeübte Drehmoment ist gleich der ersten Ableitung des Drehimpulses nach der Zeit.

Den Widerstand, den ein starrer Körper der Änderung seines Drehimpulses durch ein Drehmoment entgegensetzt, bezeichnet man als ↑Trägheitsmoment J. Es entspricht der Masse bei einer geradlinigen Bewegung. Wieder findet man eine zur Gleichung $\vec{p} = m \cdot \vec{v}$ analoge Gleichung:

$$\vec{L} = J\vec{\omega}.$$

Setzt man diese Beziehung in die Gleichung mit dem Drehmoment ein, kann man berechnen, wie sich die Drehfrequenz im Laufe der Zeit ändert:

$$\vec{M} = \frac{\mathrm{d}(J\vec{\omega})}{\mathrm{d}t} = J\frac{\mathrm{d}(\vec{\omega})}{\mathrm{d}t}.$$

Ein Drehmoment erhöht oder erniedrigt also die Drehfrequenz ω.

In der Quantenphysik untersucht man den ↑Bahndrehimpuls, der nur bestimmte Werte annehmen kann (»quantisiert ist«), nämlich ganzzahlige Vielfache des planckschen Wirkungsquantums $\hbar = h/2\pi$. Zum Gesamtdrehimpuls trägt ferner der Eigendrehimpuls (↑Spin) bei, der bei ↑Bosonen ganzzahlige und bei ↑Fermionen halbzahlige Vielfache von $\hbar$ annimmt.

Drehimpulssatz: der Erhaltungssatz für den ↑Drehimpuls.

Drehkristallmethode: ein Verfahren der ↑Kristallstrukturanalyse mit Röntgenstrahlen an einem Einkristall.

Drehmasse: veraltete Bezeichnung für ↑Trägheitsmoment.

Drehmoment, Formelzeichen $\vec{M}$: eine vektorielle Größe, die ein Maß für die Drehwirkung einer an einem drehbaren starren Körper angreifenden Kraft ist. Der Betrag M des Drehmoments ist gleich dem Produkt aus dem Betrag F der angreifenden Kraft und dem senkrechten Abstand d ihrer Wirkungslinie von der Drehachse:

$$M = F \cdot d.$$

Die Drehwirkung ist also umso größer,

je größer die einwirkende Kraft und je weiter der Angriffspunkt von der Drehachse entfernt ist (das kann man bei der Nutzung eines ↑Hebels leicht feststellen). Die SI-Einheit des Drehmoments Newton mal Meter (Nm, Newtonmeter). Obwohl das D. dieselbe Einheit hat wie die Energie, sind ihre Größenarten unterschiedlich (das Drehmoment ist eine vektorielle, die Energie eine skalare Größe).

Schließen die Richtung der Kraft und der Abstandsvektor zwischen dem Drehpunkt D des Körpers und dem Angriffspunkt A der Kraft einen Winkel γ ein, so ergibt sich (Abb.):

$$M = F \cdot d = F \cdot r \cdot \sin\gamma,$$

in vektorieller Schreibweise:

$$\vec{M} = \vec{r} \times \vec{F}$$

(Vektorprodukt aus der Kraft $\vec{F}$ und dem vom Drehpunkt D zum Angriffspunkt A gezogenen Vektor $\vec{r}$). Der Vektor $\vec{M}$ steht also senkrecht auf der durch die Vektoren $\vec{r}$ und $\vec{F}$ aufgespannten Ebene.

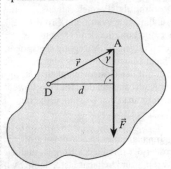

Drehmoment

Greifen an einem Körper mehrere Kräfte an, so ergibt sich das resultierende D. als vektorielle Summe der durch die einzelnen Kräfte bewirkten Drehmomente. Die einzelnen D. können sich gegenseitig aufheben, wenn die rechtsdrehenden und die linksdrehenden Drehmomente betragsmäßig gleich sind. Der Körper ist dann im ↑Gleichgewicht.

Durch die Wirkung eines Drehmoments $\vec{M}$ erfährt ein drehbarer starrer Körper eine beschleunigte Drehbewegung. Dabei gilt:

$$\vec{M} = J \cdot \vec{\alpha}$$

(J ↑Trägheitsmoment bezüglich der Drehachse, Winkelbeschleunigung). Vergleicht man dies mit dem zweiten ↑newtonschen Axiom für die geradlinige Bewegung

$$\vec{F} = m \cdot \vec{a}$$

($\vec{F}$ Kraft, m Masse, $\vec{a}$ Bahnbeschleunigung), so ergeben sich gleichartige Beziehungen für die geradlinige und die Drehbewegung, wenn jeweils die Kraft $\vec{F}$ durch das Drehmoment $\vec{M}$, die Masse m durch das Trägheitsmoment J und die Bahnbeschleunigung $\vec{a}$ durch die Winkelbeschleunigung $\vec{\alpha}$ ersetzt wird.

Drehschwingung: Bezeichnung für ↑Torsionsschwingung.

Drehspiegelgalvanometer: Form des Galvanometers (↑Strom- und Spannungsmessung).

Drehspulinstrument: nur für Gleichstrom verwendbares Amperemeter (↑Strom- und Spannungsmessung).

Drehstrom (Dreiphasenstrom): ein System aus drei Wechselströmen (den sog. ↑Phasen), die um 120° gegeneinander verschoben sind. Drehstrom kann bei gleichem Leitungsquerschnitt $\sqrt{3}$-mal soviel Leistung übertragen wie Einphasenwechselstrom. Dafür sind aber drei Leitungen nötig statt ansonsten zwei.

Drehstromgenerator: spezielle Maschine (↑Generator) zur Erzeugung von ↑Drehstrom mit folgendem Aufbau (Abb.): Drei gleichartige Spulen mit Eisenkern stehen in den Ecken eines gleichseitigen Dreiecks. In der Mitte befindet sich ein drehbar gelagerter Dauermagnet. Rotiert der Dauermagnet, so dreht sich auch sein Magnetfeld vor den Spulen. Dann wird in ihnen aufgrund des sich ändernden magnetischen Flusses eine Spannung induziert, die jeweils um 120° gegenüber der in der folgenden Spule induzierten Spannung phasenverschoben ist.

Da die in den Spulen induzierten Spannungen erdfrei sind, kann jeder beliebige Punkt geerdet werden. Schaltet man die Spulenenden X, Y, Z zu einem sog. Sternpunkt zusammen, spricht man von einer **Sternschaltung.** Bei höheren Belastungen bevorzugt man aber die **Dreiecksschaltung,** bei der jeweils das Ende der einen mit dem Beginn der nächsten Spule verschaltet ist. Die Wi-

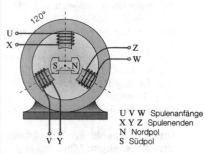

U V W	Spulenanfänge
X Y Z	Spulenenden
N	Nordpol
S	Südpol

Drehstromgenerator: Aufbau

derstände beider Schaltungen lassen sich mit einem Ersatzschaltbild ineinander umrechnen.

Drehwaage: Gerät zur Bestimmung sehr kleiner Anziehungs- oder Abstoßungskräfte aus der ↑Torsion eines dünnen Aufhängedrahts. HENRY CAVENDISH ('kævəndiʃ; *1731, †1810) benutzte sie 1798 zur ersten Messung der Gravitationskonstante.

Drehwinkel, Formelzeichen φ: bei einer Drehung der Quotient aus dem Weg s, den ein Punkt des gedrehten Körpers zurückgelegt hat, und seinem Abstand r von der Drehachse: $\varphi = s/r$. Der D.

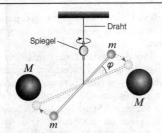

Drehwaage: Schema der Drehwaage nach Cavendish: Aufgrund der Anziehungskraft der beiden großen Massen M wird die Waage um den Winkel φ aus der alten in eine neue Ruhelage (blau) ausgelenkt.

kann im Gradmaß, aber zweckmäßiger im ↑Bogenmaß angegeben werden.

Drehzahl (Drehfrequenz), Formelzeichen n: bei einem gleichförmig rotierenden Körper der Quotient aus der Zahl u der Umdrehungen und der dazu erforderlichen Zeit t: $n = u/t$.

Derselbe Zahlenwert ergibt sich auch, wenn man die Zahl der Umdrehungen pro Zeiteinheit (meist Sekunde oder Minute) misst. Die Einheit der Drehzahl ist s^{-1} = Hz (Hertz) oder min^{-1} (nicht U/min).

Drei-Finger-Regel: eine ↑Rechte-Hand-Regel.

Dreiphasenpunkt: der ↑Tripelpunkt.

Dreiphasenstrom: ↑Drehstrom.

Driftgeschwindigkeit: mittlere Geschwindigkeit der Elektronen in einem Festkörper (↑elektrische Leitung).

Driftröhre: Bestandteil eines ↑Teilchenbeschleunigers.

Druck, Formelzeichen p: der Quotient aus dem Betrag F einer senkrecht auf eine Fläche wirkenden Kraft und der Größe A dieser Fläche:

$$p = F/A.$$

Wirkt die Kraft nicht senkrecht auf die Fläche, so zerlegt man sie in zwei Komponenten parallel ($F_{\parallel}$) und senkrecht ($F_{\perp}$) zur Fläche. Nur die senkrechte Komponente $F_{\perp}$ (↑Normalkraft) trägt dann zum Druck bei: $p = F_{\perp}/A$.

Die durch einen Druck auf eine Fläche hervorgerufene Kraft (z.B. bei einer ↑hydraulischen Presse) bezeichnet man als **Druckkraft.**

Die SI-Einheit des Drucks ist das ↑Pascal (Pa). Weitere Druckeinheiten sind das Bar (bar), das Torr (Torr), die physikalische Atmosphäre (atm), die technische Atmosphäre (at) und das Millimeter Quecksilbersäule (mmHg). Die Umrechnungen zwischen den Einheiten sind in der Tabelle aufgeführt.

D-T-Reaktion: kurz für Deuterium-Tritium-Reaktion (↑Kernfusion).

Dualismus [lat. dualis »zweifach«]: kurz für ↑Welle-Teilchen-Dualismus.

dulong-petitsche Regel [dy'lɔ̃-pə'ti-, nach PIERRE L. DULONG; *1785, †1838; und ALEXIS T. PETIT; *1791, †1820]: Näherung für die ↑spezifische Wärmekapazität.

Dunkelraum: lichtlose Zone in einer ↑Glimmentladung. Man unterscheidet den **Faraday-Dunkelraum** (nach M.

	Pa	bar	mbar	Torr	atm	at
1 Pa =	1	10^{-5}	10^{-2}	$7,5 \cdot 10^{-3}$	$9,87 \cdot 10^{-6}$	$1,02 \cdot 10^{-5}$
1 bar =	10^5	1	10^3	750	0,987	1,02
1 mbar =	10^2	10^{-3}	1	0,75	$0,987 \cdot 10^{-3}$	$1,02 \cdot 10^{-3}$
1 Torr =	133	$1,33 \cdot 10^{-3}$	1,33	1	$1,32 \cdot 10^{-3}$	$1,36 \cdot 10^{-3}$
1 atm =	101 325	1,01325	1013,25	760	1	1,033
1 at =	98 100	0,981	981	736	0,968	1

Druck: Umrechnung zwischen verschiedenen Druckeinheiten

FARADAY) hinter dem Glimmlicht und den Hittorf-Dunkelraum (nach JOHANN W. HITTORF; *1824, †1914) zwischen Kathodenschicht und Glimmlicht.

Durchgriff, Formelzeichen D: ↑Triode.

Durchlassrichtung: die Schaltungsrichtung, bei der eine ↑Diode den minimalen Widerstand hat.

Durchschnittsgeschwindigkeit: der Mittelwert der ↑Geschwindigkeit in einem Zeitintervall. Bei einer gleichförmigen Bewegung ist sie konstant. Wird eine Strecke s in einer Zeit t zurückgelegt, beträgt die Durchschnittsgeschwindigkeit:

$$\bar{v} = \frac{s}{t}.$$

Die tatsächlichen, momentanen Geschwindigkeiten können im Laufe der Bewegung variieren.

Dyn, Einheitenzeichen dyn: veraltete Einheit der Kraft, definiert als die Kraft, die einer Masse von 1 g die Beschleunigung 1 cm/s^2 erteilt: 1 dyn = 1 cm·g/s^2. SI-Einheit ist das ↑Newton: 1 dyn = 10^{-5} N = 0,000 01 N.

Dynamik [griech. dýnamis »Kraft«]: Teilgebiet der Mechanik, in dem der Zusammenhang zwischen Kräften und den durch sie verursachten Bewegungen untersucht wird. Grundlage der Dynamik ist das zweite ↑newtonsche Axiom, oft als **dynamisches Grundgesetz** bezeichnet:

$$\vec{F} = m\vec{a}$$

(Kraft ist gleich Masse mal Beschleunigung) oder

$$\vec{F} = \frac{d(m\vec{v})}{dt}$$

(Kraft ist gleich der zeitlichen Änderung des Impulses).

Dynamo (Dynamomaschine): umgangssprachlich für ↑Generator, insbesondere zur Erzeugung von Gleich-strom. Der erste D. in der öffentlichen Stromversorgung wurde 1871 von THOMAS. A. EDISON (*1847, †1931; Abb.) in Betrieb genommen.

Dynamo: Edison vor einer von ihm konstruierten Dynamomaschine im Jahr 1906

dynamoelektrisches Prinzip: das von W. v. SIEMENS 1866 gefundene Prinzip der Selbsterregung eines ↑Generators für Gleichstrom: Durch den remanenten Magnetismus in den Polen und Jochen wird eine minimale Spannung induziert, sodass sich der Generator zu voller Leistung »aufschaukelt«.

Dynamomaschine: ein ↑Generator.

Dynamometer: eine ↑Federwaage.

Dynode: ↑Sekundärelektrodenvervielfacher.

e:

♦ physikalisches Symbol für das ↑Elektron (e$^-$) bzw. das ↑Positron (e$^+$).

♦ (e): Formelzeichen für die elektrische ↑Elementarladung.

E:

♦ Abk. für den ↑Einheitenvorsatz Exa (trillionenfach = 10^{18}fach).

◆ (*E*): Formelzeichen für die ↑Beleuchtungsstärke.

◆ (*E*): Formelzeichen für das ↑Emissionsvermögen.

◆ (*E*): Formelzeichen für die ↑Energie.

Ē (*Ē*): Formelzeichen für das elektrische ↑Feld.

Ebbe: ↑Gezeiten.

ebene Bewegung: ↑Kinematik.

ebene Welle: ↑Welle.

Echo [nach einer griech. Nymphe]: ein reflektiertes Schallsignal, das vom menschlichen Ohr noch getrennt wahrgenommen werden kann, allgemein eine reflektierte Welle, etwa beim ↑Echolot oder Radar. Bei einer Schallgeschwindigkeit von 340 m/s und einem zeitlichen Auflösungsvermögen des Ohrs von 0,1 s muss der Schallweg mindestens 34 m, der Abstand zwischen Schallquelle und Reflektor also 34 m : 2 = 17 m betragen. Bei geringerer Entfernung verschmilzt das E. mit dem ↑Nachhall.

Echolot: ein Gerät zur Entfernungsbestimmung, das die Laufzeit eines reflektierten Schallsignals (↑Echo) bestimmt und v. a. in der Schifffahrt zur Bestimmung der Wassertiefe eingesetzt wird.

Edelgaskonfiguration: ↑Periodensystem der chemischen Elemente.

Edison-Effekt [nach THOMAS A. EDISON, *1847, †1931]: ↑glühelektrischer Effekt.

EEG, Abk. für **E**lektro**e**nzephalo**g**ramm [griech. en »in«, képhalos »Kopf«]: die Aufzeichnung der elektrischen Aktivität des Gehirns mithilfe von Elektroden auf der Kopfhaut oder direkt im Gehirn.

Effektivspannung: bei einer Wechselspannung diejenige elektrische Spannung, bei der ein Verbraucher unter Gleichspannung dieselbe Wärmeleistung aufnehmen würde (↑Wechselstrom). In analoger Bedeutung spricht man auch vom **Effektivstrom.**

Eichung:

◆ im *Messwesen* die Überprüfung von Messgeräten durch die Eichbehörden, bei der festgestellt wird, ob die Geräte den gesetzlichen Bestimmungen genügen; besonders wichtig ist die Einhaltung der vorgegebenen Eichfehlergrenzen. Der Begriff »Eichen« wird – ungenau – auch für das Justieren oder ↑Kalibrieren von Messgeräten benutzt.

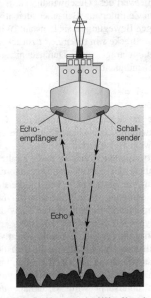

Echolot: Bestimmung der Höhe über dem Meeresboden aus der Laufzeit von Schallsignalen

◆ in der *Elektrodynamik* eine Festlegung bezüglich der elektrischen und magnetischen Potentiale, welche die Felder unverändert lässt, z. B. die Coulomb- oder Lorentz-Eichung. In der modernen *Feldtheorie* sind sog. Eichfreiheiten eng mit grundlegenden ↑Symmetrien verknüpft.

Eigendrehimpuls: ↑Spin, ↑Drehimpuls.

Eigenfrequenz: die Frequenz, mit der ein schwingungsfähiges System schwingen würde, wenn es, einmal angestoßen und zum Schwingen erregt, sich selbst überlassen wird. Bei einem ↑Pendel erhält man die Eigenfrequenz als Kehrwert der Schwingungsdauer. In der Regel treten in einem schwingungsfähigen System mehrere E. auf. Eine Schwingung mit einer E. bezeichnet man als Eigenschwingung. Die E. spielt bei der ↑Resonanz eine wichtige Rolle.

Eigenschwingung: die Schwingung, die ein schwingungsfähiges System mit einer Eigenfrequenz (↑Resonanz) ausführt. Ein komplizierteres System (z. B. eine Saite) kann verschiedene E. haben, nämlich eine Grundschwingung und deren Oberschwingungen. Dies ist für die Klangfarbe von Musikinstrumenten wichtig.

Eigenspannung: ↑Urspannung.

Eigenwert: aus der Mathematik stammender Begriff, wo er die Nullstellen von sog. charakteristischen Polynomen bezeichnet. In der Physik treten Eigenwerte vor allem in der ↑Quantenmechanik auf. Hier sind E. die erlaubten Messwerte von physikalischen ↑Größen, die in diesem Zusammenhang »Observable« genannt werden.

einfache Maschine: die Grundform, auf die sich alle mechanischen Maschinen zurückführen lassen. Hierzu zählen ↑Rolle, ↑Hebel, Keil, ↑Schraube, ↑schiefe Ebene und ↑hydraulische Presse.

Einfallsebene: die von ↑Einfallslot und Einfallsstrahl aufgespannte Ebene.

Einfallslot: die Senkrechte in dem Punkt einer spiegelnden oder brechenden Fläche, an dem der Einfallstrahl auftrifft.

Einfallswinkel: an einer spiegelnden oder brechenden Fläche der Winkel zwischen Einfallsstrahl und ↑Einfallslot.

Einheit (physikalische Einheit): eine per Konvention festgelegte ↑Größe, die als Vergleichsmaß bei der Messung von Größen der gleichen Art dient. Eine E. kann durch einen Prototyp (↑Kilogramm) oder eine Messvorschrift definiert und oft über eine ↑Einheitengleichung auf andere E. zurückgeführt werden. Dementsprechend unterscheidet man zwischen Basis- und abgeleiteten Einheiten. Ein Satz von Basiseinheiten bildet zusammen mit den daraus abgeleiteten E. ein ↑Einheitensystem; das wichtigste ist das ↑SI (Système International d'Unités, Internationales Einheitensystem). Einheiten werden meist mit Formelzeicheneinzelnen Buchstaben, z. B. m für Meter. Zur Vereinfachung der Schreibweise von sehr großen oder sehr kleinen Werten benutzt man ↑Einheitenvorsätze, die dezimale Vielfache oder Teile einer E. bezeichnen; so ist 1 kW (ein Kilowatt) = 1000 Watt. Eine Übersicht über Größen, Einheiten und Formelzeichen findet sich auf der Innenseite des vorderen Buchdeckels.

Einheitengleichung: eine Gleichung, welche die Beziehungen zwischen ↑Einheiten beschreibt bzw. abgeleitete Einheiten auf ↑Basiseinheiten zurückführt. Beispiel: 1 Watt = 1 Newton mal 1 Meter pro Sekunde (Kurzform: 1 W = 1 Nm/s) oder 1 m = 100 cm.

Einheitensystem: eine systematische Zusammenstellung von physikalischen ↑Einheiten. Besonders bequem sind E., in denen für die Einheiten dieselben Beziehungen wie für die zugehörigen physikalischen ↑Größen gelten. Z. B. entspricht im Internationalen Einheitensystem (↑SI) die Beziehung Energie = Kraft mal Weg der Einheitengleichung 1 J = 1 N · 1 m. Ein E., in dessen Gleichungen stets nur der Faktor 1 auftritt, nennt man kohärent. Verwendet man dagegen z. B. die Energieeinheit Elektronenvolt (eV), kommt man auf inkohärente Einheitengleichungen, die »krumme« Zahlenfaktoren enthalten.

E

Grundlage eines E. sind die ↑Basiseinheiten, von denen alle anderen Einheiten abgeleitet werden. Man unterscheidet Dreier-, Vierer- und Fünfersysteme, je nachdem, ob neben Meter, Kilogramm und Sekunde für die elektrischen und magnetischen Größen keine, eine oder zwei unabhängige Einheiten gewählt werden. Das ↑CGS-System ist ein Dreiersystem, das SI gilt als Vierersystem (obwohl es noch drei weitere Basiseinheiten besitzt). Vorläufer des SI waren das Giorgi-System und das MKSA-System.

Einheitenvorsätze: Vorsatzsilben und -zeichen, die dezimale Vielfache und Teile von Einheiten benennen. Gesetzlich zugelassen sind die im Internationalen Einheitensystem (SI) festgelegten Vorsätze für die Zehnerpotenzen Eins, Zwei oder mit durch drei teilbarem Exponenten (Tab. im hinteren Buchdeckel). Zu jedem Vorsatz gibt es ein Vorsatzzeichen, etwa »n« für »Nano«. Es darf immer nur ein Vorsatz verwendet werden; bei Potenzschreibweise gilt der Exponent für Vorsatz und Einheit, also $1\,\text{cm}^2 = 1\,\text{cm} \cdot 1\,\text{cm} = 10^{-4}\,\text{m}^2$.

Einschwingvorgang: der Verlauf einer erzwungenen ↑Schwingung nach Beginn der Erregung, bis sich eine stationäre Schwingung eingestellt hat. Die dafür benötigte Zeit ist die **Einschwingzeit.**

Einschwingzeit: ↑Einschwingvorgang.

Einstein: siehe S. 86.

Einstein-Gleichung [nach A. EINSTEIN]:

◆ *Festkörperphysik:* Gleichung zur Beschreibung der ↑Austrittsarbeit E_a von Elektronen beim ↑Fotoeffekt: $E_\text{kin} = h\nu - E_\text{a}$ (h plancksches Wirkungsquantum, ν Lichtfrequenz); die kinetische Energie der ausgelösten Elektronen ist also proportional zur Frequenz des auslösenden Lichts. Eine

Emission findet nur statt, wenn die Energie $h\nu$ eines Photons die Austrittsarbeit der Elektronen übersteigt.

◆ *Relativitätstheorie:* seltene Bezeichnung für das Gesetz von der Äquivalenz von Masse und Energie, wie es von A. EINSTEIN erstmals in der speziellen ↑Relativitätstheorie formuliert wurde: $E = mc^2$ (c Lichtgeschwindigkeit). Auch die grundlegenden Feldgleichungen der allgemeinen Relativitätstheorie sind nach EINSTEIN benannt.

Eisenkern: ↑Spule.

Eispunkt: ↑Celsius-Skala.

EKG, Abk. für Elektrokardiogramm [griech. kardía »Herz«]: eine Aufzeichnung der elektrischen Potenzialschwankungen eines schlagenden Herzens.

elastisch [griech. elastós, »dehnbar«]: ↑Verformung.

elastischer Stoß: ↑Stoß.

elektrisch [griech. élektron »Bernstein«]: auf dem Vorhandensein von Teilchen oder Körpern beruhend, die eine ↑Ladung tragen; durch ihre Wechselwirkung untereinander (Coulomb-Kraft) verursacht; die Elektrizität und ihre Anwendungen, v. A. in der Elektrotechnik, betreffend. Der (untergeordnete) Begriff ↑elektronisch wird meist als eigenständig behandelt.

elektrische Energie: allgemein die mit den elektrischen Erscheinungen verbundene ↑Energie, im engeren Sinne die Energie des elektrischen ↑Feldes (elektrische Feldenergie). Ein von einem elektrischen Feld erfülltes Volumen V hat die Energie

$$E_\text{el} = \frac{1}{2}\,\vec{E} \cdot \vec{D} \cdot V$$

($\vec{E}$ elektrische Feldstärke, $\vec{D}$ dielektrische Verschiebung; das angegebene Vektorprodukt lässt sich bei parallelem $\vec{E}$- und $\vec{D}$-Vektor auch durch das Produkt der Beträge ersetzen). Man kann die e. E. auch durch das elektrische Potenzial bzw. durch die ↑Spannung U zwischen dem Ort einer Ladung Q und einem willkürlich gewählten Bezugspunkt angeben:

$$E_{el} = Q \cdot U.$$

Bei einem Plattenkondensator mit Abstand d kann man auch schreiben

$$E_{el} = Q \cdot \left| \vec{E} \right| \cdot d = \left| \vec{F}_{el} \right| \cdot d$$

($\vec{F}_{el}$ elektrostatische Kraft auf die Ladung).

Das elektrische Feld leistet an elektrischen Ladungen, die sich während der Zeit t durch einen Leiter bewegen, Arbeit (↑Stromarbeit). In der klassischen Theorie der Elektrodynamik fasst man elektrische und ↑magnetische Energie zur elektromagnetischen Feldenergie zusammen.

elektrische Feldkonstante: ↑Dielektrizitätskonstante.

elektrische Feldstärke, Formelzeichen $\vec{E}$: Maß für die Stärke des elektrischen ↑Felds. Sie ist definiert als die Kraft $\vec{F}$, die auf eine (positive) elektrische ↑Ladung Q ausgeübt wird:

$$\vec{F} = Q \cdot \vec{E}.$$

Die Richtung von $\vec{E}$ zeigt also immer von positiven zu negativen Ladungen. Die Einheit der e. F. ist V/m.

elektrische Flussdichte: ↑dielektrische Verschiebung.

elektrische Influenz [lat. influere »sich einschmeicheln«]: die räumliche Trennung der in einem elektrischen Leiter frei beweglichen Ladungsträger unter dem Einfluss eines äußeren elektrischen Felds. Wenn man einen Leiter, z. B. eine Metallkugel, in ein elektrisches Feld $\vec{E}$ bringt, dann wirkt auf seine freien Elektronen die Kraft $\vec{F} = e \cdot \vec{E}$ (e ist die Elementarladung, also die elektrische Ladung eines Elektrons). Dadurch werden die Elektronen so weit verschoben, dass das sich dabei im Leiterinneren aufbauende elektri-

sche Feld dort das äußere Feld gerade kompensiert (Abb. 1).

Hält man z. B. zwei Metallscheiben mit einem isolierenden Griff direkt nebeneinander in das Feld eines ↑Plattenkondensators (Abb. 2 links), so wandern die Elektronen in der Scheibe so dicht wie möglich zur positiven Kondensatorplatte. Die gegenüber liegende Scheibe wird positiv geladen. Wenn man dann die Scheiben trennt und das Kondensatorfeld entfernt, so behalten die Scheiben ihre entgegengesetzt glei-

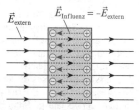

elektrische Influenz (Abb. 1): Durch die Ladungstrennung im Leiter wird dort das externe Feld kompensiert.

chen Ladungen bei (Abb. 2 rechts). Auf der Influenz beruht z. B. die Wirkungsweise des ↑Elektroskops.

elektrische Klingel: ↑Klingel.

elektrische Leistung, Formelzeichen P_{el}: die pro Zeiteinheit verrichtete elektrische ↑Arbeit. Die Einheit ist – wie bei der mechanischen ↑Leistung – das Watt; es gilt: 1 W = 1 J/s = 1 V·A. Im Gleichstromkreis ist $P_{el} = U \cdot I$ (U Spannung, I Stromstärke), die an einem ↑Widerstand R verrichtete e. L. beträgt $P_{el} = U^2/R$. Bei Wechselstrom unter-

Griffe aus Isolationsmaterial

elektrische Influenz (Abb. 2): Ladungstrennung im Feld eines Plattenkondensators

Im Jahr 1905 veröffentlichte ein bis dahin weitestgehend unbekannter Experte 3. Klasse des Schweizer Patentamts in einer physikalischen Zeitschrift drei Arbeiten, die ihn auf einen Schlag berühmt machten. Der junge Schreiber war ALBERT EINSTEIN. Mit diesen und weiteren bahnbrechenden Theorien trug er entscheidend zur Entwicklung der modernen Physik bei und wurde zum populärsten Physiker des 20. Jahrhunderts.

■ Die frühen Jahre

ALBERT EINSTEIN wurde am 14. 3. 1879 in Ulm als Sohn einer jüdischen Familie geboren, wuchs aber in München auf, wo sein Vater und ein Onkel eine elektrotechnische Fabrik betrieben. Wegen des Konkurses dieser Firma übersiedelten seine Eltern 1894 nach Italien; der 15-jährige Sohn blieb in München bei Verwandten, um in den nächsten drei Jahren sein Abitur zu machen. Er brach jedoch die Schule wenig später ab, holte sein Abitur 1896 im schweizerischen Aarau nach und studierte anschließend an der Eidgenössischen Technischen Hochschule (ETH) in Zürich Physik und Mathematik.

EINSTEIN war, anders als die Legende es will, ein guter Schüler. Zwar brachte er neben sehr guten auch schlechtere Noten nach Hause und bestand 16-jährig nicht die vorgezogene Aufnahmeprüfung der ETH, aber seine naturwissenschaftliche Begabung stand außer Frage. Bereits als Schüler wollte EINSTEIN eine wissenschaftliche Karriere einschlagen. Nach Beendigung seines Studiums (1900) fand er zunächst keine feste Anstellung und schlug sich als Aushilfslehrer durch. 1901 nahm er die Schweizer Staatsbürgerschaft an. Ab 1902 arbeitete er als fest angestellter Gutachter am Eidgenössischen Patentamt in Bern und heiratete 1903, jetzt in gesicherten Verhältnissen, seine Mit-

studentin MILEVA MARIC (*1875, †1948). Mit ihr hatte er eine Tochter, die als Kleinkind zur Adoption freigegeben wurde, und zwei Söhne.

(Abb. 1) Albert Einstein als junger Mann

Die Tätigkeit im Patentamt ließ EINSTEIN genug Freiräume, sich mit den neuesten physikalischen Theorien auseinanderzusetzen. Er hatte bereits 1901 begonnen, physikalische Artikel zu schreiben und veröffentlichte nun jedes Jahr mindestens einen weiteren. Seine Arbeiten wurden in den »Annalen der Physik«, einer renommierten physikalischen Fachzeitschrift, abgedruckt. Dann, im März, Mai und Juni des Jahres 1905, erschienen die drei fundamentalen Arbeiten, die EINSTEINS Leben und die Physik veränderten.

■ Neue Wege des Denkens

In der ersten Veröffentlichung des »Wunderjahres« 1905 stellte EINSTEIN die Hypothese auf, dass das Licht aus einzelnen Korpuskeln (Teilchen) besteht, den Lichtquanten – obwohl doch allgemeine Einigkeit über die Wellennatur des Lichts herrschte. In seiner zweiten Veröffentlichung erklärt EINSTEIN die ↑brownsche Bewegung als statistische Bewegung von Teilchen, nämlich der Moleküle, deren Existenz damals noch nicht als gesichert galt. In der dritten Arbeit schließlich entwickelte EINSTEIN fast vollständig die spezielle Relativitätstheorie. In einem Nachtrag gegen Ende des Jahres 1905 folgerte er dann auch die Gleichung $E = m \cdot c^2$. EINSTEINS Leistung tut es keinen Abbruch, dass viele Formeln der Relativitätstheorie bereits vor seinen Veröffentlichungen bekannt waren. Denn erst die physikalischen Deutungen EINSTEINS gaben den Größen und ihren Beziehungen untereinander Sinn. Die Veröffentlichungen von 1905 verdeutlichen einige charakteristische Wesenszüge von EINSTEINS wissenschaftlichem Vorgehen: Er hinterfragte scheinbar sichere, allgemein vertraute Grundannahmen und brachte den Mut auf, die gewohnte Sichtweise umzuwerfen und an ihre Stelle ganz neuartige, überraschende Interpretationen zu setzen. Dabei ging er von wenigen experimentell gesicherten Resultaten aus und zog vorurteils- und kompromisslos logische Schlüsse. Seine Gedankengänge lassen sich oft auf wenigen Seiten, mit vergleichsweise geringem mathematischen Aufwand darstellen.

■ **Auf dem Weg zum Gipfel und die späten Jahre**

Nach dem Paukenschlag 1905 machte EINSTEIN rasch Karriere, was mit zahlreichen Ortswechseln verbunden war. Auf die Promotion an der ETH Zürich (1906) und die Habilitation in Bern (1908) folgten Stellungen als außerordentlicher Professor an der Universität Zürich (1909–1911), als Ordinarius an der Universität Prag (1911/12) und 1912 als Professor wieder in Zürich,

diesmal an der ETH. 1914 folgte EINSTEIN einem ausgezeichneten Angebot aus Berlin. Er wirkte dort an der Preußischen Akademie der Wissenschaften, wo eigens für ihn eine außerordentlich gut bezahlte Stelle eingerichtet worden war, die nur ein Minimum an Verpflichtungen beinhaltete. 1917 wurde er zum Leiter des Kaiser-Wilhelm-Instituts für physikalische Forschung ernannt.

Die preußische Atmosphäre in Berlin behagte EINSTEIN zwar nicht, er hatte aber viele freundschaftliche Kontakte und geschätzte Kollegen. Außerdem zog es ihn zu seiner Cousine ELSA LÖWENTHAL (*1876, †1936), die er 1919 nach der Scheidung von seiner ersten Frau heiratete. In den Berliner Jahren kletterte EINSTEINS wissenschaftliche und gesellschaftliche Anerkennung in ungeahnte Höhen. Vor allem nachdem 1919 eine britische Expedition bei einer Sonnenfinsternis die Ablenkung des Lichts durch die Sonne nachgewiesen hatte, wie sie von der allgemeinen Relativitätstheorie vorhergesagt worden war, wurde EINSTEIN in breiten Bevölkerungsschichten bekannt und verehrt wie ein Filmstar.

Als Höhepunkt der Auszeichnungen erhielt EINSTEIN 1922 nachträglich für das Jahr 1921 den Nobelpreis für Physik – und zwar nicht für die Relativitätstheorie, sondern für seine Arbeit aus dem Jahr 1905 über die Lichtquantenhypothese.

Auch international anerkannt, reiste EINSTEIN nun sehr häufig ins Ausland, um seine Erkenntnisse vorzutragen. Als nach der Machtergreifung der Nationalsozialisten 1933 die Lage wegen seiner jüdischen Herkunft immer gefährlicher wurde, kehrte EINSTEIN von einem Forschungsaufenthalt in den USA nicht mehr nach Deutschland zurück und wurde 1940 amerikanischer Staatsbürger. Er fand eine Bleibe und Forschungsstätte in Princeton, im Staat New Jersey, wo er seine späten Jahre verbrachte und am 18. 4. 1955 starb.

■ Einsteins Werk nach 1905

EINSTEIN hat auch nach 1905 Grundlegendes zur statistischen Physik, zur Quantentheorie und zur Relativitätstheorie beigetragen. 1907 erklärte er die Abnahme der spezifischen Wärmekapazität von Festkörpern bei tiefen Temperaturen mithilfe eines Quanteneffekts. 1915 vollendete er die allgemeine Relativitätstheorie, an der er einige Jahre gearbeitet und die ihn zuletzt fast vollständig beansprucht hatte. Sie ist fast ausschließlich sein Werk. Er fand weiter den grundlegenden Mechanismus der Emission und Absorption von Licht durch die Atome, der z. B. für die Funktionsweise des ↑Lasers entscheidend ist. Als einer der Wegbereiter der ↑Quantentheorie führte er die Diskussion um die richtige Interpretation mit und setzte dabei wichtige Impulse. In den letzten Jahrzehnten seines Lebens arbeitete EINSTEIN zwar intensiv an einer Theorie, die die Gravitation und den Elektromagnetismus vereinigt. Aber seine Bemühungen wurden nicht von Erfolg gekrönt und bis heute ist dieses Unterfangen nicht gelungen.

■ Politik und Gesellschaft

Mit zunehmender Anerkennung äußerte sich EINSTEIN immer häufiger zu politischen und humanitären Belangen. Er bezog eindeutig einen pazifistischen Standpunkt, was ihn in Deutschland zu einem politischen Außenseiter machte. So wurden er und seine Theorien in den 1920er-Jahren häufig Zielscheibe antijüdischer Kampagnen (»jüdisches Blendwerk«), es wurde gar eine Anti-Einstein-Gesellschaft gegründet.

Trotz seiner pazifistischen Einstellung unterschrieb EINSTEIN 1939 einen Brief an den amerikanischen Präsidenten ROOSEVELT, der vor einer möglichen Atombombe in Händen der Nationalsozialisten warnte und die Entwicklung der amerikanischen Atombombe anregte. Nach dem Ende des Zweiten Weltkriegs trat EINSTEIN stark für die Eindämmung des atomaren Rüstungswettlaufs ein. Seine wissenschaftliche Autorität und seine Popularität in weiten Teilen der Welt ließen ihn als eine Art Weltstar erscheinen. In seinem letzten Lebensjahr wurde ihm gar die Präsidentschaft des Staates Israel angetragen, die er jedoch ablehnte.

■ Einstein privat

EINSTEIN spielte gern und gut Geige und war ein begehrter Partner für Streichquartette. Zumindest in seiner Berliner Zeit führte er ein geselliges Leben und genoss die Rolle des berühmten und oft fotografierten Wissenschaftlers. Im Alter jedoch vereinsamte er trotz zahlreicher Kontakte. ■

✎ EINSTEIN ist im Internet allgegenwärtig. Stöbere doch einfach mal und schaue, wer was unter seinem Namen anstellt. – Zwar reine Fiktion, aber sehr lesenswert ist FRIEDRICH DÜRRENMATTS Drama »Die Physiker«, in dem EINSTEIN als Figur auftritt.

✎ *Einstein sagte: Zitate, Einfälle, Gedanken,* herausgegeben von ALICE CALAPRICE. München (Piper) 1999. ■ FISCHER, KLAUS: *Einstein.* Freiburg im Breisgau (Herder) 1999. ■ FÖLSING, ALBRECHT: *Albert Einstein.* Taschenbuchausgabe Frankfurt am Main (Suhrkamp) 1999. ■ HERMANN, ARMIN: *Einstein. Der Weltweise und sein Jahrhundert.* Taschenbuchausgabe München (Piper) 1998. ■ PAIS, ABRAHAM: *»Raffiniert ist der Herrgott...« Albert Einstein, eine wissenschaftliche Biographie.* Lizenzausgabe Heidelberg (Spektrum Akademischer Verlag) 2000.

scheidet man ↑Wirk-, ↑Blind- und ↑Scheinleistung; wichtig ist hierbei die Phasendifferenz zwischen Strom und Spannung.

elektrische Leitung: der Transport von elektrischen Ladungen. Bewegen sich die Ladungen durch ein Medium (z. B. ein Metall oder ein ↑Elektrolyt), so nennt man es einen (elektrischen) ↑Leiter. Ein Material, das keine oder nur verschwindend geringe Ladungsmengen transportieren kann, heißt ↑Isolator. Leitendes oder nicht leitendes Verhalten wird durch den elektrischen ↑Widerstand R bzw. den spezifischen Widerstand ρ oder deren Kehrwerte ↑Leitwert (G) und elektrische ↑Leitfähigkeit (σ) beschrieben. Liegt an einem Körper eine Spannung U an und fließt durch ihn ein Strom I, so gilt

$$U = R \cdot I \quad \text{und} \quad R = \text{konst.}$$

bei konstanter Temperatur (↑ohmsches Gesetz). In den unterschiedlichen Medien treten z. T. sehr verschiedene Leitungsmechanismen auf, die getrennt betrachtet werden müssen.

■ **Metallische Leitung**

Die bekannteste Form der Elektrizitätsleitung ist der Stromfluss in Metallen, etwa in den Leitungen der öffentlichen Stromversorgung. Die gute elektrische Leitfähigkeit (bzw. der geringe Widerstand) von Metallen beruht auf der Existenz von frei beweglichen Elektronen, sog. **Leitungselektronen.** Dies sind Elektronen, die nicht an bestimmte Atome im Metall gebunden sind und daher durch elektrische Kräfte leicht verschoben werden können.

Auf ein einzelnes Leitungselektron wirkt im elektrischen Feld $\vec{E}$ eine Kraft $\vec{F} = e \cdot \vec{E}$ (e Elementarladung), die allein genommen das Elektron gleichmäßig beschleunigen würde: Die Geschwindigkeit wüchse linear mit der Zeit. Stöße des Elektrons mit den Ato-

men behindern jedoch dessen Bewegung; die Elektronen erreichen daher eine konstante Geschwindigkeit, die man die **Driftgeschwindigkeit** $\vec{v}$ nennt. Die Beträge von $\vec{v}$ und $\vec{E}$ sind einander proportional, ihr Quotient ist die Beweglichkeit $\mu = v/E$ mit der SI-Einheit m²/Vs.

Um den Zusammenhang zwischen dem Betrag v der Driftgeschwindigkeit in einem Metallkörper und dessen elektrischem Widerstand zu erhalten, betrachten wir einen Metalldraht mit zylindrischer Querschnittsfläche A, an dessen Enden eine Spannung U anliegt, d. h. längs des Drahtes herrscht ein homogenes $\vec{E}$-Feld (Abb.). In der Zeit Δt wandern durch A alle Elektronen, die sich in einem $d = v \cdot \Delta t$ langen Teilstück des Drahtes befinden. Mit der auf das Volumen bezogenen Anzahldichte n der Elektronen erhält man dann die Zahl

$$z = n \cdot A \cdot d = n \cdot A \cdot v \cdot \Delta t,$$

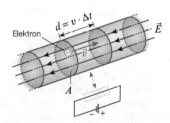

Elektron

$d = v \cdot \Delta t$

elektrische Leitung: Elektronenbewegung und elektrisches Feld in einem zylindrischen Metalldraht

die angibt, wie viele Elektronen in Δt durch A wandern. Da die Stromstärke I der Quotient aus Ladung und Zeit ist und ein Elektron die Ladung $-e$ trägt, ergibt sich

$$I = \frac{z \cdot e}{\Delta t} = n \cdot e \cdot A \cdot \mu \cdot E$$
$$= \frac{n \cdot e \cdot A \cdot \mu}{l} \cdot U.$$

Dabei wurden die Beweglichkeit $\mu = v/E$ und die Spannung $U = E \cdot l$ benutzt (l Länge des Leiters). I und U sind also proportional zueinander, die Konstante $n \cdot e \cdot A \cdot \mu$ ist – im diskutierten Beispiel – der Leitwert, also der Kehrwert des elektrischen Widerstands R:

$$R = \frac{l}{neA\mu} \qquad \rho = \frac{1}{ne\mu}$$

(ρ spezifischer Widerstand). Die Elektronendichte n lässt sich aus den chemischen Eigenschaften des Materials (Anzahl freier Elektronen pro Atom und Molvolumen) sowie der Avogadro-Zahl bestimmen, e beträgt $1,602\,176 \cdot 10^{-19}$, A und R können gemessen werden, sodass auf diese Weise μ bestimmt werden kann. Die Driftgeschwindigkeit v der Leitungselektronen beträgt in Kupfer bei einer Feldstärke von $0,1\,\text{V/m}$ nur $4,3 \cdot 10^{-4}\,\text{m/s}$! Dies zeigt, dass die große Geschwindigkeit der elektrischen Nachrichtenübertragung nicht auf einem schnellen Elektronentransport, sondern auf der schnellen Ausbreitung elektrischer Felder beruht.

■ **Leitung in Halbleitern**

Die Widerstandswerte bzw. Leitfähigkeiten unterscheiden sich bei Leitern und Isolatoren um bis zu 20 Zehnerpotenzen (der spezifische Widerstand ρ ist bei Silber $1,5 \cdot 10^{-8}\,\Omega\text{m}$, bei Glas liegt er über $10^{11}\,\Omega\text{m}$). Zwischen diesen Materialklassen liegen die ↑Halbleiter mit $\rho \approx 1\,\Omega\text{m}$. Halbleiter haben, genau wie Isolatoren, keine frei beweglichen Elektronen und sind bei tiefen Temperaturen nicht leitend. Anders als bei Isolatoren können aber im Halbleiter gebundene Elektronen bei steigender Temperatur »befreit« werden; man beschreibt diesen Sachverhalt physikalisch im ↑Bändermodell. Die Energie, die für den Übergang eines Elektrons vom (gebundenen) Valenzband in das Leitungsband benötigt wird, erhält es aus der Wärmebewegung der Atome.

Im Halbleiter reicht schon die Zimmertemperatur dafür aus.

■ **Elektrische Leitung in Flüssigkeiten und Gasen**

Flüssigkeiten und Gase sind i. A. Isolatoren. Insbesondere Gase enthalten unter Normalbedingungen keine Ladungsträger. *Flüssigkeiten* mit beweglichen Ladungsträgern nennt man ↑Elektrolyten; zum Ladungstransport tragen bei ihnen gelöste Ionen bei. Auch Salz- und Metallschmelzen zählen hierzu, treten jedoch meist nur bei hohen Temperaturen auf. Die bei Stromfluss in einem Elektrolyten auftretenden Vorgänge fasst man unter dem Begriff ↑Elektrolyse zusammen. In *Gasen* kann elektrische Leitung nur auftreten, wenn die neutralen Gasatome zur Abgabe von Elektronen gezwungen, also ionisiert werden. Dies geschieht entweder durch Stöße oder starke elektrische Felder. Man spricht dann von einer ↑Gasentladung. Sie hält so lange an, bis alle entstandenen Ladungsträger wieder zu neutralen Atomen oder Molekülen rekombiniert sind. Wenn eine erhebliche Anzahl der Gasteilchen ionisiert wurde, spricht man auch von einem ↑Plasma. Dieser Materiezustand tritt insbesondere dann auf, wenn bei hohen Temperaturen die Energie der Wärmebewegung die Größe der Ionisierungsenergie erreicht (vierter ↑Aggregatzustand). In Flüssigkeiten und Gasen tragen außer Elektronen auch Ionen zum Stromfluss bei, sie sind somit **Ionenleiter.** ↑Ionenleitung tritt auch in bestimmten Festkörpern auf, die man Festelektrolyte nennt und die z. B. bei ↑Brennstoffzellen eine wichtige Rolle spielen.

elektrischer Fluss, Formelzeichen Ψ: Bezeichnung für das Integral der ↑dielektrischen Verschiebung $\vec{D}$ über eine Fläche A:

$$\Psi = \int_A \vec{D}\, d\vec{A} = \int_A D_n\, dA,$$

dabei sind $d\vec{A}$ der Normalenvektor auf A, also der senkrecht auf der Fläche stehende Einheitsvektor, und D_n die Komponente von $\vec{D}$ in dieser Richtung (die Normalkomponente). Diese Definition ist analog zu der des ↑magnetischen Flusses Φ (↑Fluss). Der gaußsche Satz der Elektrostatik (nach C. F. Gauss) besagt, dass der elektrische Fluss durch eine geschlossene Fläche gleich der eingeschlossenen elektrischen Gesamtladung Q ist:

$$Q = \oint_A \vec{D}\, d\vec{A}.$$

Insbesondere verschwindet Ψ durch die Oberfläche eines ladungsfreien Volumens. Anstatt über die dielektrische Verschiebung definiert man Ψ auch über die elektrische Feldstärke $\vec{E}$. Das entsprechende Integral über eine geschlossene Fläche wird auch elektrische Quellstärke genannt.

elektrische Schaltung: eine Anordnung und elektrisch leitende Verbindung von elektronischen Bauelementen. Man unterscheidet zwischen analogen Schaltungen, bei denen sich Stromstärken und Spannungen kontinuierlich einstellen lassen, und digitalen Schaltungen (↑Digitaltechnik).

elektrisches Dipolmoment: ↑Dipol.

elektrisches Erdfeld: das zwischen dem Erdboden und den oberen Schichten der Atmosphäre herrschende elektrische ↑Feld. Dabei ist der Boden negativ geladen, während die Atmosphäre positive Ionen enthält.

elektrisches Feld: ↑Feld.

elektrisches Moment: seltener gebrauchte Bezeichnung für das elektrische Dipolmoment eines ↑Dipols.

elektrisches Potenzial (Potenzial), Formelzeichen φ: die durch seine Ladung dividierte potenzielle ↑Energie W eines Teilchens an einem Punkt P im

elektrischen ↑Feld $\vec{E}$, bezogen auf einen willkürlich festgelegten Punkt P_0:

$$\varphi = \frac{W_{P_0 P}}{Q} = \frac{\int_{P_0}^{P} \vec{F}\, d\vec{s}}{Q} = \int_{P_0}^{P} \vec{E}\, d\vec{s}$$

(mit der Coulomb-Kraft $\vec{F} = Q \cdot \vec{E}$). Anders als das Potenzial selbst ist die Differenz des Potenzials an zwei Punkten P_1 und P_2 unabhängig vom Bezugspunkt P_0. Es gilt:

$$\varphi(P_2 - P_1) = \int_{P_0}^{P_2} \vec{E}\, d\vec{s} - \int_{P_0}^{P_1} \vec{E}\, d\vec{s} = \int_{P_1}^{P_2} \vec{E}\, d\vec{s}.$$

Diese Potenzialdifferenz ist die zwischen den beiden Punkten anliegende elektrische ↑Spannung U. φ hat dieselbe Einheit wie U, das Volt (V). Das elektrische Potenzial im Abstand r von einer Punktladung hat die Form

$$\varphi = \frac{Q}{4\pi\varepsilon r}$$

(ε Dielektrizitätskonstante). Die Ableitung dieses Potenzials nach r ist, bis auf das Vorzeichen, gleich dem elektrischen Feld einer Punktladung: $E = d\varphi/dx = -Q/(4\pi\varepsilon r^2)$. Ganz allgemein gilt: $\vec{E}$ ist der negative Gradient (die räumliche Ableitung) von dem elektrischen Potenzial φ: $\vec{E} = -\vec{\nabla}\varphi$.

elektrische Verschiebung: ↑dielektrische Verschiebung.

Elektrisierung: allgemein eine Umorientierung oder Umordnung von elektrischen Ladungen in einem Körper unter dem Einfluss eines äußeren elektrischen Felds. Bei Leitern (z. B. Metallen) spricht man meistens von ↑elektrischer Influenz, bei nicht leitenden Materialien (Dielektrika bzw. Isolatoren) von elektrischer ↑Polarisation.

Elektrizität [griech. élektron »Bernstein«]: die Gesamtheit aller Erscheinungen, die durch ruhende (Elektrostatik) oder bewegte (Elektrodynamik) elektrische ↑Ladungen und die von ihnen erzeugten elektromagnetischen

↑Felder hervorgerufen werden; im engeren Sinne nur die Phänomene, bei denen der ↑Magnetismus keine Rolle spielt. Elektrische Effekte wurden bereits im Altertum von THALES VON MILET bei der elektrostatischen Auflagung von Bernstein beobachtet. Der Begriff »Elektrizität« wurde um 1600 von WILLIAM GILBERT (*1544, †1603) eingeführt. E. und Magnetismus wurden 1862 von J. C. MAXWELL in der Theorie des Elektromagnetismus als einheitliches Phänomen beschrieben. In der modernen Physik berücksichtigt die Quantenelektrodynamik darüber hinaus die Erkenntnisse der Quantentheorie und der Relativitätstheorie.

Elektrizitätsmenge: ↑Ladung.

elektrochemisches Äquivalent, Formelzeichen A oder k: Proportionalitätskonstante im ersten ↑faradayschen Gesetz. Sie gibt an, welche Menge an Ionen bei einer ↑Elektrolyse an den Elektroden abgeschieden wird, wenn die Ladungsmenge 1 Coulomb fließt.

elektrochemische Spannungsreihe: ↑Spannungsreihen.

Elektrode [griech. hódos »Weg«]: elektrisch leitendes, meist metallisches Bauteil, an dem Ladungsträger in ein flüssiges oder gasförmiges Medium oder ein Vakuum austreten bzw. von dort eintreten, etwa bei der ↑Elektrolyse oder in ↑Elektronenröhren.

Elektrodynamik [griech. dýnamis »Kraft«]: im engeren Sinne die Lehre von den bewegten elektrischen Ladungen (im Gegensatz zur Elektrostatik), im weiteren Sinne von allen Wechselwirkungen zwischen elektromagnetischen ↑Feldern und den sie erzeugenden Ladungen. Sie beruht auf der Erkenntnis, dass ↑Elektrizität und ↑Magnetismus keine getrennten Erscheinungen sind. Die von J. C. MAXWELL aufgestellte klassische Theorie der E. ist, anders als I. NEWTONS Gravitationstheorie, mit der speziellen ↑Relati-

Stoff	A in mg/C
Silber	1,118
Platin	0,506
Wasserstoff	0,0105
Aluminium	0,0932
Kupfer	0,329
Sauerstoff	0,0829

elektrochemisches Äquivalent: Werte einiger Materialien

vitätstheorie verträglich. Deren Koordinatentransformationen beschreiben auch den Wechsel zwischen elektrischen und magnetischen Feldern beim Übergang zwischen gegeneinander bewegten Bezugssystemen. Eine wichtige Konsequenz der E. ist die Existenz von ↑elektromagnetischen Wellen. Die E. ist eine klassische Theorie, d. h. sie kann keine atomaren und subatomaren Vorgänge beschreiben, da sie nicht quantisiert ist (↑Quantentheorie).

Elektrolyse [griech. lyein »lösen«]: die Zersetzung einer ↑Elektrolyt genannten Flüssigkeit beim Durchgang eines elektrischen Stroms. In wässriger Lösung oder Schmelze werden die Kationen und Anionen des Elektrolyts voneinander getrennt und können sich (bis auf Reibungserscheinungen) frei bewegen; bei Anlegen einer Spannung wandern die negativ geladenen Anionen zur (positiven) Anode, die positiven Kationen zur Kathode. An den Elektroden werden die Ionen neutralisiert, nehmen also Elektronen auf bzw. geben sie ab; z. B. wird bei der Elektrolyse einer Silberchloridlösung (AgCl) an der Kathode durch Anlagerung von Silberionen Silber abgeschieden, an der Anode entsteht Chlorgas. Der Zusammenhang zwischen abgeschiedener Stoffmenge und Stromfluss wird in den ↑faradayschen Gesetzen beschrieben.

Bei der E. von nicht zu stark konzentrierten Elektrolyten gilt das ohmsche Gesetz $U = I \cdot R$; für den spezifischen Widerstand ρ gilt analog zur metallischen Leitung $\rho = z \cdot e \cdot n \cdot (\mu_A + \mu_K)$ mit z Wertigkeit der Ionen, e Elementarladung, n Volumenanzahldichte der Ionen, A Querschnittsfläche des Elektrolyts und $\mu_A + \mu_K$ Beweglichkeit der Anionen bzw. Kationen (↑elektrische Leitung). Da die Beweglichkeit der Ionen stark von ihrer Konzentration abhängt, gilt dies auch für den Widerstand und die Leitfähigkeit eines Elektrolyts.

Elektrolyt (Ionenleiter): ein Stoff, dessen elektrische Leitfähigkeit ganz oder teilweise auf dem Transport von ↑Ionen beruht. Mit Ausnahme weniger

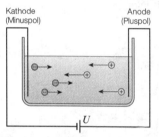

Kathode (Minuspol)   Anode (Pluspol)

Elektrolyse: Bewegung von Anionen (−) und Kationen (+). Beide Ladungsarten tragen zum Gesamtstrom bei.

Festelektrolyte (↑Ionenleitung) sind die meisten E. flüssig; bei ihnen handelt es sich – chemisch gesehen – um geschmolzene oder gelöste heteropolare Verbindungen, also Säuren, Basen oder Salze. Beispiele für Elektrolyte sind Salzwasser oder Kupfersulfatlösung.

elektrolytisches Potenzial: ↑galvanisches Element.

Elektrolytkondensator: ein besonders in der ↑Mikroelektronik häufig eingesetzter ↑Kondensator. Auf die oxidierte innere Oberfläche eines porösen Metallwürfels (z. B. aus Aluminium oder Tantal) wird elektrolytisch Mangandioxid als zweiter Belag abgeschieden. Die Oxidschicht dient dabei

als Dielektrikum. Aufgrund der großen inneren Oberfläche erzielt man bei kleinsten äußeren Abmessungen sehr hohe ↑Kapazitäten von bis zu einem Farad.

Elektromagnet: ein Magnet, der – im Gegensatz zum ↑Dauermagneten – nur dann ein Magnetfeld besitzt, wenn durch ihn ein elektrischer Strom fließt. Ein E. besteht aus einer Spule, in der sich ein Eisenkern befindet. Aufgrund seiner großen ↑Permeabilität wird durch den Kern die magnetische Flussdichte stark vergrößert.

elektromagnetische Schwingung: ↑Schwingkreis.

elektromagnetisches Feld: ↑Feld.

elektromagnetische Wechselwirkung: eine der vier bekannten fundamentalen ↑Wechselwirkungen oder Fundamentalkräfte in der Physik. (Der Begriff der »Kraft« ist weniger allgemein als »Wechselwirkung«.) Die klassische Theorie der e. W. ist die ↑Elektrodynamik J. C. Maxwells. Mitte des 20. Jh. wurde die ↑Quanten-elektrodynamik entwickelt, in den 1960er-Jahren vereinigte man sie mit der Theorie der schwachen Kernkraft zum Konzept der ↑elektroschwachen Wechselwirkung.

elektromagnetische Wellen: sich im Raum ausbreitende elektromagnetische ↑Felder, die Energie (elektromagnetische Feldenergie) transportieren, aber keine Materie (↑Wellen). Anders als man bis Ende des 19. Jh. annahm, besitzen e. W. kein Trägermedium, wie dies etwa bei Wasserwellen der Fall ist, sondern pflanzen sich auch durch das Vakuum fort (↑Äther). Im Vakuum stehen Ausbreitungsrichtung, elektrisches und magnetisches Feld jeweils paarweise aufeinander senkrecht; es handelt sich also um ↑Transversalwellen. Die Richtung des Energietransports in einer e. W. wird vom Poynting-Vektor angegeben.

E

■ Entdeckung

Die Existenz von elektromagnetischen Wellen folgt direkt aus den Maxwell-Gleichungen, den von J. C. MAXWELL aufgestellten Grundgleichungen der ↑Elektrodynamik. Für die Geschwindigkeit c dieser Wellen im Vakuum ergibt sich $c = 1/\sqrt{\varepsilon_0 \mu_0} = 2{,}998 \cdot 10^8\,\text{m/s}$ (ε_0 elektrische Feldkonstante, μ_0 ↑magnetische Feldkonstante). Die spezielle ↑Relativitätstheorie zeigt, dass dies die größte überhaupt erreichbare Geschwindigkeit ist.

H. HERTZ konnte 1886 erstmals mithilfe eines ↑Schwingkreises die Ausbreitung von e. W. demonstrieren **hertzsche Versuche**. Dabei zeigte er insbesondere, dass diese Wellen die gleichen Eigenschaften besitzen wie Licht. Die Erkenntnis, dass Licht aus e. W. besteht, dass also die Optik ein Teilgebiet der Elektrodynamik ist, war eine der bedeutendsten Entdeckungen der Physik im 19. Jh. Sinnfällig wird diese Verknüpfung in der **maxwellschen Beziehung**, welche die Brechzahl n eines Mediums auf dessen Dielektrizitäts- und Permeabilitätszahl ε_r bzw. μ_r zurückführt:

$$n = c_\text{Medium} / c_0 = \sqrt{\varepsilon_\mathrm{r} \mu_\mathrm{r}}$$

■ Erzeugung und Nachweis

Deformiert man einen einfachen elektrischen ↑Schwingkreis wie in Abb. 1 gezeigt, so erhält man einen sog. **hertzschen Dipol.** Koppelt man einen Schwingkreis mit geeigneter Resonanzfrequenz an diesen Dipol, wobei eine Rückkopplungsschaltung für ein ungedämpftes Schwingen sorgt, so lösen sich die elektrischen und magnetischen Feldlinien vom Dipol und breiten sich im Raum aus. Dies liegt daran, dass aufgrund der endlichen Ausbreitungsgeschwindigkeit die Änderungen der Felder in einer gewissen Entfernung nicht mehr nachvollzogen werden können, sodass sich die Feldlinien abschnüren (Abb. 2).

Bei diesem Aufbau handelt es sich um eine sehr einfache Sendeantenne. Man kann sie aber auch als Empfänger benutzen: Wenn nämlich eine e. W. auf einen nicht angeregten hertzschen Dipol trifft, dann induziert sie dort eine Wechselspannung mit der Wellenfrequenz. Diese kann in einem darauf abgestimmten Empfängerkreis elektrische Schwingungen anregen. Ist der hochfrequenten einfallenden Welle ein niederfrequentes Schallsignal aufmoduliert, so lässt sich das Signal per Lautsprecher rekonstruieren (↑Modulation).

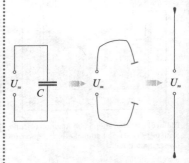

elektromagnetische Wellen (Abb. 1): Übergang vom Schwingkreis zur Dipolantenne

Grundsätzlich erzeugt jede beschleunigte elektrische Ladung eine elektromagnetische Welle. Dies gilt, wenn die Ladungen wie beschrieben in einem Dipol hin- und herschwingen, aber z. B. auch für Ladungen auf Kreisbahnen (↑Synchrotronstrahlung).

■ Elektromagnetische Wellen und Materie

Das Verhalten von e. W. in einem Medium hängt außer von dessen Dielektrizitäts- und Permeabilitätszahl auch von dessen elektrischer Leitfähigkeit σ ab.

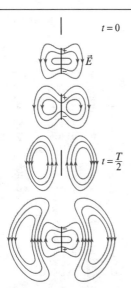

$t = 0$

$\vec{E}$

$t = \dfrac{T}{2}$

elektromagnetische Wellen (Abb. 2):
Abschnüren der elektrischen Feldlinien von
einem schwingenden Dipol – ab einer
gewissen Entfernung können die Felder
aufgrund ihrer endlichen Ausbreitungsgeschwindigkeit der Schwingung des Dipols
nicht mehr folgen.

In Leiter, z. B. Metalle, dringen e. W.
unterhalb einer sehr hohen, Plasmafre-
quenz genannten Grenzfrequenz nicht
ein; dies ist der Grund für den metallischen Glanz (Licht wird von Metall-
oberflächen reflektiert). In nicht leitenden Medien kommt es zu dem bekannten Phänomen der ↑Brechung. Materie
kann e. W. auch dämpfen bzw. absorbieren. Dies geschieht immer dann,
wenn die von einer Welle transportierte
Energie gerade so groß ist, dass ein
physikalischer Vorgang angeregt werden kann, wenn also z .B. Elektronen
in den Atomen des Materials in höhere
Energieniveaus angehoben werden.

■ **Das elektromagnetische Spektrum**

Elektromagnetische Wellen kommen in
den verschiedensten Wellenlängen-
bzw. Frequenzbereichen vor. Mit elektrischen Schwingkreisen kann man
Wellen von wenigen Hertz erzeugen;
technischer Wechselstrom besitzt in
Deutschland 50 Hertz, dies entspricht
Wellenlängen von Tausenden von Ki-
lometern. Sichtbares Licht dagegen hat
Frequenzen im Bereich von 10^{14} Hz
und Wellenlängen 400–800 nm. Die
höchsten auf der Erde auftretenden Frequenzen gibt es bei der kosmischen
oder ↑Höhenstrahlung mit mindestens
10^{34} Hz oder Wellenlängen von unter
10^{-26} m. Einen Überblick über Fre-
quenz- und Wellenlängenbereiche, die
damit verbundenen Energien und Vorkommen bzw. Nutzung gibt die Tabelle
auf Seite 96.

■ **Teilchencharakter der Strahlung**

1905 formulierte A. EINSTEIN die
Lichtquantenhypothese, wonach Licht
aus einzelnen »Paketen« oder Quanten
besteht (↑Quantentheorie). Diese werden auch ↑Photonen oder Gammaquanten genannt; im modernen Verständnis
vermitteln sie die Kräfte der elektromagnetischen Wechselwirkung. Damit
setzte EINSTEIN eine Jahrhunderte dau-
ernde Debatte über die Frage fort, ob
Licht eine Wellenerscheinung sei oder
aus Teilchen bestehe. Nach MAXWELLS
Herleitung von Lichtwellen aus den
elektromagnetischen Grundgleichungen schien die Frage zugunsten der
Wellennatur entschieden zu sein, doch
EINSTEINS Erklärung des ↑Fotoeffekts
mithilfe der Lichtquantenhypothese
wies den Weg zur heutigen Auffassung, dass Licht eine Doppelnatur besitzt: Es zeigt sowohl Wellen- als auch
Teilcheneigenschaften (↑Welle-Teil-
chen-Dualismus). Dabei überwiegt bei
niedrigen Energien und großen Wellenlängen die Wellennatur, während bei
hohen Energien und kurzen Wellenlängen vor allem der Teilchencharakter
zutage tritt. Man spricht daher bei-

Wellenlänge	Frequenz	Bezeichnung	Abkürzung	Verwendung
30000–10000 m	10–30 kHz	Längstwellen	VLF	Überseetelegrafie, Boden-Unterwasserverbindungen
10000–1000 m	30–300 kHz	Langwellen	LF/LW	Kontinentaltelegrafie, Langwellenrundfunk, Wetterdienst
1000–182 m	300–1650 kHz	Mittelwellen	MF/MW	Rundfunk, Schiffsfunk, Polizeifunk, Flugfunk
182–100 m	1.65–3 MHz	Grenzwellen		Küstenfunk
100–10 m	3–30 MHz	Kurzwellen	HF/KW	Überseetelefonie, Rundfunk, Amateurfunk, Flugfunk
10–1 m	30–300 MHz	Ultrakurzwellen	VHF/UKW	Rundfunk, Fernsehen, Flugfunk, Richtfunk
1–0,1 m	300–3000 MHz	Mikrowellen	UHF	Fernsehen, Satellitensteuerung, Mikrowellentechnik
10–1 cm	3–30 GHz	Mikrowellen	SHF	Richtfunk, Radar, Satellitenfunk, Maser
10–1 mm	30–300 GHz	Mikrowellen	EHF	Radioastronomie
1–0,1 mm	300–3000 GHz	Submillimeterwellen		
1 mm–0,78 µm	$3 \cdot 10^{11}$–$3,8 \cdot 10^{14}$ Hz	Infrarot	IR	Wärmeortung, Nachrichtentechnik, Laser
0,78–0,36 µm	$3,8 \cdot 10^{14}$–$7,8 \cdot 10^{14}$ Hz	sichtbares Licht		Lichttelefonie, Lasertechnik, Entfernungsmessung
0,36–0,01 µm	$7,8 \cdot 10^{14}$–$3 \cdot 10^{16}$ Hz	Ultraviolett	UV	Nachrichtentechnik, Lasertechnik
30–0,01 nm	10^{16}–$3 \cdot 10^{9}$ Hz	weiche Röntgenstrahlung	X	Röntgendiagnostik, Röntgentherapie
10^{-2}–10^{-3} nm	$3 \cdot 10^{19}$–$3 \cdot 10^{20}$ Hz	mittlere Röntgenstrahlung	X	Materialprüfung
10^{-3}–10^{-4} nm	$3 \cdot 10^{20}$–$3 \cdot 10^{21}$ Hz	harte Röntgenstrahlung	X	Kernphysik, Elementarteilchenphysik
10^{-4}–10^{-6} nm	$3 \cdot 10^{21}$–$3 \cdot 10^{23}$ Hz	Gammastrahlung	γ	Strahlentherapie, Materialprüfung
$<10^{-6}$ nm	$>10^{23}$ Hz	Höhenstrahlung		Elementarteilchenphysik

spielsweise von Radio- und Mikrowellen, aber von UV-, Röntgen- und Gammastrahlung. Energiereiche Röntgen- und Gammaphotonen können mit Elektronen eine Wechselwirkung eingehen, die nach den klassischen Stoßgesetzen zwischen Teilchen beschrieben werden (↑Compton-Effekt).

Elektromagnetismus: im engeren Sinn die Erzeugung magnetischer Erscheinungen durch elektrische Ströme, im weiteren Sinn Bezeichnung für die ↑elektromagnetische Wechselwirkung, deren klassische Theorie die ↑Elektrodynamik ist.

Elektrometer: ↑Strom- und Spannungsmessung.

Elektromotor: eine Maschine zur Umwandlung von elektrischer in mechanische Energie. Man unterscheidet Gleichstrom- und Wechselstrommotoren. Eine umgekehrt arbeitende Maschine, die also mechanische in elektrische Energie verwandelt, nennt man ↑Generator.

Ein sehr einfaches Beispiel eines **Gleichstrommotors** ist eine Leiterschleife, die im Magnetfeld eines Dauermagneten drehbar gelagert ist. Wenn ein Strom durch diese einfache ↑Spule fließt, entsteht durch Induktion ein Magnetfeld. Daraufhin richtet sich die Schleife so aus, dass sich der Nordpol des induzierten Feldes zum Südpol des Dauermagneten bewegt (Abb. 1). Wenn man nun immer gerade dann, wenn er diesen erreicht, den Strom in der Leiterschleife umpolt, so kann man die Schleife in eine kontinuierliche Drehbewegung versetzen. Das Umpolen besorgt ein **Polwender** oder **Kommutator,** beim Generator auch **Kollektor** genannt (Abb. 2).

Bei technischen E. enthält die sich drehende Spule zur Verstärkung des Magnetfelds einen Eisenkern. Man nennt sie auch **Anker** oder **Läufer** (Rotor). Das magnetische Hauptfeld (im obigen

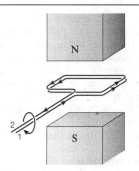

Elektromotor (Abb. 1): Prinzip des Gleichstrommotors

Beispiel das des Dauermagneten) heißt **Erregerfeld;** es wird oft ebenfalls von einer Spule oder Wicklung, der Erregerwicklung, erzeugt. Diese feststehende Spule heißt auch **Ständer** (Stator).

Sind Ankerspule und Erregerspule in Reihe geschaltet, spricht man von einem Hauptschlussmotor, bei einer Parallelschaltung von einem Nebenschlussmotor. Bei Hauptschlussmotoren besteht die Gefahr des »Durchgehens«, d. h. bei abfallender Belastung kann die Drehzahl stark ansteigen. Bei Nebenschlussmotoren variiert die Drehzahl zwischen Leerlauf und Volllast nur um 10–15 %.

Wechselstrommotoren sind meistens Hauptschlussmaschinen, da sich die Drehrichtung bei gleichzeitigem Umpolen von Anker und Erreger nicht än-

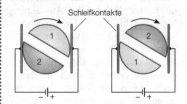

Elektromotor (Abb. 2): Funktion eines Polwenders: Wenn die Anschlüsse (1) und (2) des Läufers rotieren, so berühren sie über die Schleifkontakte abwechselnd die positive und die negative Zuleitung.

E

dert. Daher nennt man den Hauptschlussmotor auch **Universalmotor.** Er wird z. B. bei elektrischen Lokomotiven eingesetzt, allerdings – zur Vermeidung von zu hohen Funkenspannungen – nur bei 1/3 der normalen Netzfrequenz (16,66 Hz). Eine Besonderheit sind Drehstrommotoren, bei denen ein umlaufendes Hauptfeld (ein sog. Drehfeld) den Läufer in Rotation versetzt.

elektromotorische Kraft: ↑Urspannung.

Elektron [griech. »Bernstein«]: das leichteste elektrisch geladene stabile ↑Elementarteilchen. Das Symbol für das E. ist der Buchstabe e; wenn man es von seinem Antiteilchen, dem ↑Positron, abgrenzen will, schreibt man e⁻ für das E. und e⁺ für das Positron. Die ↑Ruhemasse des E. ist m_e = $9,109381 \cdot 10^{-31}$ kg (entsprechend einer Ruheenergie von 510,999 keV), seine (negative) elektrische Ladung beträgt genau eine ↑Elementarladung (e). Der Spin oder Eigendrehimpuls ist 1/2, das E. zählt also zu den ↑Fermionen. E. sind die negativen Ladungsträger im Atom. Sie bilden aufgrund der quantenmechanischen Unschärfe ausgedehnte Ladungswolken um den positiv geladenen Kern. Bei den meisten Formen von elektrischem Strom, insbesondere bei der metallischen Leitung, stellen E. die Ladungsträger.

Das E. besitzt bis zu einer Messgenauigkeit von 10^{-18} m keine Ausdehnung. Man kann ihm aber im klassischen Verständnis einen Radius zuschreiben, den klassischen **Elektronenradius.** Dabei setzt man die elektrostatische Energie, die eine über eine Kugeloberfläche mit Radius r verteilte Elementarladung hätte, mit der relativistischen ↑Ruheenergie des Elektrons gleich:

$$\frac{e^2}{4\pi\varepsilon_0 r} = m_e c_0^2$$

$$\Leftrightarrow r = \frac{e^2}{4\pi\varepsilon_0 m_e c_0^2} = 2,818 \cdot 10^{-15}\,\text{m}.$$

Dabei sind ε_0 die Dielektrizitätskonstante des Vakuums und c die Lichtgeschwindigkeit im Vakuum.

Elektronenbahn: ↑Atom.

Elektronenbeugung: die ↑Beugung von Elektronenstrahlen oder auch einzelnen Elektronen aufgrund der Welleneigenschaften der Materie (↑Welle-Teilchen-Dualismus) analog zur Beugung von Lichtstrahlen.

Elektronen|einfang: allgemein Bezeichnung für die Bindung eines freien Elektrons an ein positives Ion oder ein sonstiges positiv geladenes Teilchen, im engeren Sinne eine Kernreaktion, bei der ein Atomkern ein inneres Hüllenelektron absorbiert (↑Radioaktivität).

Der E. wurde 1935 von H. JUKAWA vorhergesagt und 1937 von LUIS A. ALVAREZ (*1911, †1988) experimentell bestätigt. E. tritt auf, wenn im Kern ein Überschuss an Protonen (bzw. Neutronenmangel) herrscht, wenn also durch Umwandlung eines Protons in ein Neutron die potenzielle Energie des Kerns gesenkt werden kann (↑Kernmodelle). Der E. ist ein Spezialfall des ↑Betazer-falls; wie dieser wird er durch die ↑schwache Wechselwirkung verursacht.

Elektronen|emission: die Auslösung von Elektronen aus einem Festkörper, z. B. einem Metall. Die dazu nötige Energie kann durch Wärme (↑glühelektrischer Effekt), elektrische Felder (↑Feldemission), Photonenabsorption (↑Fotoeffekt) oder durch Elektronen bzw. Ionenstöße (↑Stoßionisation) aufgebracht werden.

Elektronengas: ein 1895 von H. A. LORENTZ aufgestelltes Modell zur Beschreibung von Leitungselektronen in Metallen. Es beruht auf der Analogie zwischen den frei beweglichen Elektro nen und den Teilchen eines idealen Gases. Das Modell kann viele Eigenschaften von Metallen bei nicht zu tiefen Temperaturen erklären, versagt aber, wenn die Auswirkungen des ↑Pauli-Prinzips, also Quanteneigenschaften, berücksichtigt werden müssen.

Elektronenhülle: ↑Atom.

Elektronenkonfiguration: ↑Atom.

Elektronenlawine: exponentielle Vermehrung von freien Elektronen in einer ↑Gasentladung. Eine E. entsteht, wenn jedes Elektron im Mittel mehr als ein Sekundärelektron erzeugt.

Elektronenleiter: ein elektrischer Leiter, dessen Ladungsträger Elektronen sind (↑elektrische Leitung).

Elektronenlinse: das Analogon einer Linse in der ↑Elektronenoptik. Elektronenstrahlen bzw. -wellen können von rotationssymmetrischen elektrischen oder magnetischen Feldern gestreut oder in einem Bildpunkt gesammelt werden. Anders als bei optischen Linsen, an deren Oberfläche sich die Brechzahl sprunghaft ändert, verändert sich die Brechzahl bei Elektronenlinsen kontinuierlich.

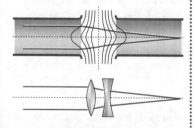

Elektronenlinse: Potenzialfeld einer elektronenoptischen Rohrlinse (oben) und ihr optisches Gegenstück (unten). Der linke Teil wirkt als Sammellinse, der rechte als Streulinse. Aufgrund der Beschleunigung der Elektronen im Potenzial überwiegt die Sammelwirkung.

Elektronenmikroskop: ein ↑Mikroskop, das anstelle von Licht Elektronenstrahlen zur Abbildung benutzt. Die De-Broglie-Wellenlänge (↑Materiewellen) eines durch eine Spannungsdifferenz von 150 V beschleunigten Elektrons beträgt 0,1 nm und damit nur etwa ein 5000stel der Wellenlänge von sichtbarem Licht. Daher kann ein E. entsprechend kleinere Strukturen auflösen.

Den Linsen eines Mikroskops (Kondensor, Objektiv und Okular bzw. Projektionslinse) entsprechen beim E. sog. ↑Elektronenlinsen, der Strahlengang verläuft genau wie beim Lichtmikroskop (Abb. 1). Das Auslesen des Bildes geschieht entweder durch eine Fotoplatte oder elektronisch. Wichtig ist, dass zwischen Elektronenquelle und Objekt Vakuum (höchstens 1 mPa ≈ 10 nbar Druck) herrscht, da sonst die mittlere ↑freie Weglänge der Elektronen zu klein ist.

Das erste, 1931–33 gebaute E. war ein **Transmissionselektronenmikroskop** (TEM), d. h. der Elektronenstrahl tritt durch das Objekt durch und wird dabei unterschiedlich stark abgeschwächt. Weitere Formen sind das **Rasterelektronenmikroskop** (REM), bei dem ein Elektronenstrahl das Objekt schrittweise abtastet, und das **Feldemissionsmikroskop** (FEM, Abb. 2). Bei Letzterem stehen sich eine extrem spitze Kathode und eine als Leuchtschirm ausgebaute Anode gegenüber. Die Spitze ist so klein (im Idealfall nur wenige Atome), dass aus ihr Elektronen austreten, wenn man eine hinreichend große Spannung anlegt (↑Feldemission). Dies liegt daran, dass die Feldstärke des annähernd radialsymmetrischen elektrischen Felds in der Nähe des Mittelpunkts der Kathode sehr hohe Werte annimmt. Die ausgetretenen Elektronen werden von dem elektrischen Feld zum Schirm hin beschleunigt und erzeugen dort ein Bild der Elektronenstruktur der Kathodenspitze.

Elektronen|optik: die Anwendung

E

von Gesetzmäßigkeiten der klassischen (Licht-)optik auf freie Elektronen, die nach L. DE BROGLIE Welleneigenschaften besitzen. Wie bei Licht kann die Strahlablenkung durch eine elektronenoptische Brechzahl (↑Brechung) beschrieben werden, die sich aber – anders als bei der Lichtoptik– kontinuierlich und nicht in Sprüngen ändert. Die elektronenoptischen Analoga von Linse, Spiegel u. Ä. werden durch Anordnungen von elektrischen und magnetischen Feldern realisiert (↑Elektronenlinse). Die bekanntesten Anwendungen sind das ↑Elektronenmikroskop, das ↑Massenspektrometer sowie der ↑Sekundärelektronenvervielfacher. Auch Holographie und Lithographie sind möglich; Letztere wird in der Fertigung von Mikrochips eingesetzt.

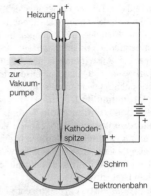

Elektronenmikroskop (Abb. 2): Feldemissionsmikroskop

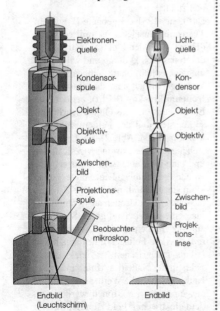

Elektronenmikroskop (Abb. 1): Strahlengang einesn Elektronenmikroskops mit magnetischen Linsen (links) im Vergleich zum Lichtmikroskop (rechts)

Elektronenradius: ↑Elektron.

Elektronenröhre: ein elektrisches Steuer- und Verstärkungsgerät für Gleich- und Wechselstrom, bei denen man ausnützt, dass sich die Elektronenbewegung im Vakuum durch elektrische Felder beeinflussen lässt. Eine E. besteht aus einem evakuierten Glasbehälter, der eine Elektronen aussendende Glühkathode und eine als Auffänger dienende Anode enthält (↑Diode). Tritt eine weitere, gitterförmige Steuerelektrode hinzu, spricht man von einer ↑Triode, Formen mit bis zu acht Elektroden und mehr wurden entwickelt. Nach Aufkommen der Mikroelektronik werden E. meist nur noch als Anzeigegeräte (↑Oszilloskop, Kathodenstrahlröhre in Fernsehern und Computer-Monitoren) sowie bei bestimmten Anwendungen der Hochfrequenztechnik eingesetzt.

Elektronenstoß: der ↑Stoß eines energiereichen freien Elektrons mit einem anderen Elementarteilchen, Atom oder Molekül. Bei einem elastischen Stoß wird zwischen Elektron und Stoßpartner lediglich kinetische Energie übertragen, das Elektron ändert dabei i. A. seine Richtung. Beim inelastischen

Stoß dient ein Teil der übertragenen Energie zur Anregung oder (bei Atomen und Molekülen) Ionisation des Stoßpartners. Geht dieser anschließend wieder in den Grundzustand über, kann es zum **Elektronenstoßleuchten** kommen. Wenn das Elektron nach dem Stoß weniger Energie besitzt als vorher, spricht man von einem E. erster Art, andernfalls (Energieübertrag eines angeregten Stoßpartners auf das Elektron) von einem E. zweiter Art.

Elektronenvervielfacher: ↑Sekundärelektronenvervielfacher.

Elektronenvolt (Elektronvolt), Einheitenzeichen eV: SI-fremde, aber gesetzlich zugelassene und in der Molekül-, Atom- und Elementarteilchenphysik sehr gebräuchliche Energieeinheit. *Festlegung:* 1 eV ist die Energie, die ein Elektron bei Durchlaufen einer Spannungsdifferenz von 1 V im Vakuum gewinnt. Es ist 1 eV = $1,602176 \cdot 10^{-19}$ J.

Elektronik: die technische Ausnutzung der physikalischen Eigenschaften von Ladungsträgern, insbesondere Elektronen, unter den verschiedensten Bedingungen. Neben die klassischen Aufgaben im Bereich kleiner Leistungen und Frequenzen aus der Zeit der ↑Elektronenröhren sind heute mit der ↑Mikroelektronik und der Leistungselektronik weitere Teilgebiete mit vielfältigsten Anwendungen getreten. Man unterscheidet grob zwischen analoger und der immer mehr an Bedeutung gewinnenden digitalen Elektronik. Aus der Verbindung mit der modernen Optik ist neuerdings die Optoelektronik entstanden.

Elektronneutrino: ↑Neutrino.

Elektron-Positron-Paar: ↑Paarbildung.

elektroschwache Wechselwirkung: die auf Arbeiten von Sheldon L. Glashow (*1932), S. Weinberg und Abdus Salam (*1926, †1996) zurückgehende Vereinheitlichung von elektromagnetischer und ↑schwacher Wechselwirkung.

Elektro|skop: Gerät zum Nachweis von elektrischen Ladungen und Spannungen (↑Strom- und Spannungsmessung). Seine Wirkungsweise beruht auf der durch ↑elektrische Influenz verursachten elektrostatischen Abstoßung zwischen zwei Bauteilen, von denen eines mit einem Zeiger verbunden ist. Beim als Ladungsmessgerät dienenden **Blättchenelektroskop** sind dies zwei leitend verbundene dünne Aluminiumblättchen. Lädt man sie über die gemeinsame Zuleitung auf, so stoßen sie sich aufgrund der gleichnamigen Ladungen ab; aus der Stärke der Abstoßung liest man die Größe der Aufladung ab. Nach diesem Prinzip arbeiten auch bestimmte Strahlungsdosimeter (↑Dosimeter).

Elektro|smog: siehe S. 102.

Elektro|statik [lat. statum »gestanden«]: die Lehre von den ruhenden elektrischen Ladungen und deren Wirkung auf die Umgebung. Effekte der E. waren bereits im Altertum bekannt. Die E. geht auf in der maxwellschen Theorie der ↑Elektrodynamik.

elektro|statische Induktion: ↑Induktion.

Elektro|striktion [lat. stringere, strictum »zusammenziehen«]: eine elastische Verformung, die auftritt, wenn an ein ↑Dielektrikum eine elektrische

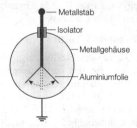

Metallstab
Isolator
Metallgehäuse
Aluminiumfolie

Elektroskop: Beim Blättchenelektroskop stoßen sich die Blättchen ab, wenn der Metallstab aufgeladen wird.

Das Leben auf der Erde ist seit jeher elektrischen und magnetischen Feldern ausgesetzt gewesen – etwa dem Erdmagnetfeld mit seinen teils starken Schwankungen, dem sich in Blitzen entladenden erdelektrischen Feld und natürlich der von der Sonne ausgehenden elektromagnetischen Strahlung. An all diese Einflüsse haben sich die Lebewesen auf der Erde im Laufe der Evolution angepasst. Seitdem jedoch Ende des 19. Jh. entdeckt wurde, wie man gezielt ↑elektromagnetische Wellen erzeugen und diese – sowie elektrischen Strom und Magnetfelder – technisch nutzen kann, ist eine Vielzahl von neuen elektromagnetischen Einflüssen hinzugetreten. Dabei bestreitet niemand die Gefährlichkeit von Starkstrom, Hochspannung, Röntgenstrahlen oder sehr leistungsstarken Sendeantennen. Anders dagegen sieht es bei den beinahe allgegenwärtigen Wechselfeldern von mittlerer oder schwacher Leistung aus – dem sog. Elektrosmog. Das Wort »Elektrosmog« wurde in Anlehnung an das englische Kunstwort »smog« (aus smoke »Rauch« und fog »Nebel«) gebildet, das eine Form von Luftverschmutzung bezeichnet. Elektrosmog ist ein Sammelbegriff für elektromagnetische Strahlung bzw. Wechselfelder, die nicht genügend Energie besitzen, um Atome oder Moleküle zu ionisieren (nicht ionisierende Strahlung), aber durch Erwärmung oder bestimmte biophysikalische Effekte Organismen beeinträchtigen können.

■ Wo entsteht Elektrosmog?

Die Quellen des Elektrosmogs sind so vielfältig wie die Anwendungen der Elektrotechnik: im *Niederfrequenzbereich* (NF, 0–30 kHz) die allgemeine Stromversorgung (50 Hz) sowie das Bahnstromnetz (16 2/3 Hz); im *Hochfrequenzbereich* (HF, 30 kHz–2 THz) Streufelder von Hochspannungsleitun-

gen, Hörfunk- (Mittelwelle um 1 MHz, UKW 90–110 MHz) und Fernsehsender (VHF ~50 MHz, UHF ~200 MHz), zivile und militärische Radaranlagen (im Bereich einiger GHz) sowie die Sender der Mobilfunknetze (etwa 0,9–1,8 GHz beim D-Netz).

Mikrowellenherde arbeiten mit einer Strahlung von knapp 2,5 GHz. Zum Vergleich: Die Frequenzen des sichtbaren Spektralbereichs liegen bei 385–790 THz.

Wenn im Folgenden von den Wirkungen des Elektrosmogs die Rede ist, dann ist die unmittelbare biologische Wirkung gemeint – mögliche Gerätestörungen von Herzschrittmachern oder Insulinpumpen werden nicht diskutiert (müssen aber natürlich ebenfalls ernst genommen werden).

■ Elektromagnetische Felder

Bei vielen biologischen Vorgängen spielen elektrische oder magnetische ↑Felder eine Rolle, allem voran die Signalausbreitung im Nervensystem, die auf einer Kombination aus elektrischen Strömen und der Ausschüttung chemischer Botenstoffe beruht. Daher können nen komplexe, von Nervenzellen gesteuerte Vorgänge wie die Hirnaktivität und der Herzschlag durch elektrische (EEG, EKG) oder magnetische (Kernspintomographie) Diagnoseverfahren untersucht werden – und aus demselben Grund können äußere elektromagnetische Felder durch ihre Kraftwirkung auf Ionen biologische Prozesse beeinflussen.

■ Untersuchungsmethoden...

Wie kann man nun feststellen, inwieweit die äußerst komplexen Vorgänge in einer menschlichen Zelle durch Wechselfelder schwacher oder mittlerer Intensität beeinflusst werden? Hierfür gibt es im Wesentlichen vier Möglichkeiten:

(Abb. 1) Hochspannungsleitungen sind Quellen von Niederfrequenz-Streufeldern.

▨ Statistische Untersuchungen über das Auftreten von gesundheitlichen Störungen in besonders von Elektrosmog betroffenen Personengruppen. Diese Methode ist für Langzeitstudien geeignet, kann aber keine ursächlichen Zusammenhänge deutlich machen.

▨ Versuche an freiwilligen Versuchspersonen unter genau definierten Bedingungen; dabei verbieten sich Langzeit- und gefährliche Versuche, auch sind die Versuchspersonen meist nicht repräsentativ für die Gesamtbevölkerung.

▨ Experimente an Zellkulturen erlauben Langzeituntersuchungen und die Anwendung sehr hoher Felder, liefern aber keine Aussagen über Störungen des Zusammenwirkens von Organen und Organsystemen.

▨ Bei Tierversuchen sind (derzeit) ebenfalls so gut wie alle interessierenden Experimente erlaubt, jedoch ist die Übertragbarkeit umstritten.

Man kann also – wie so oft in Biologie und Medizin – keine »exakten« experimentellen Ergebnisse wie in der Physik erwarten, sondern fast immer nur Hinweise auf mögliche Zusammenhänge.

■ **...und Wirkungsmodelle**

Es gibt in der Medizin heute noch kein allgemein anerkanntes, widerspruchsfreies Modell für die Wirkungsweise elektromagnetischer Felder auf den Organismus. Die gesetzlichen ↑Grenzwerte werden auf Grundlage des einfachsten und am weitesten verbreiteten Modells, des **Körperstromdichtemodells**, gebildet. Dieses betrachtet, vereinfacht gesagt, nur die Ströme im Körpergewebe, die von eindringenden Wechselfeldern induziert werden. Dabei ist zu beachten, dass elektrische Felder aufgrund frei beweglicher elektrischer Dipole auf der Hautoberfläche kaum ins Körperinnere eindringen können (die Haut bildet sozusagen einen Faraday-Käfig), magnetische Felder dagegen nahezu ungestört das Gewebe beeinflussen können. Man beschreibt die Wirkung von Elektrosmog demnach durch die Dichte der im Gewebe induzierten Wirbelströme, von denen man annimmt, dass ihre Energie vollständig in (joulesche) Wärme umgewandelt wird.

Mit den aufgeführten Einschränkungen (experimentelle Unsicherheit, fehlendes theoretisches Modell) sollen im Folgenden die bekanntesten biologischen Wirkungen des Elektrosmogs diskutiert werden.

■ **NF-Felder**

Da praktisch jeder von uns ständig von technischem Wechselstrom umgeben ist und jeder veränderliche Strom bekanntlich ein Magnetfeld erzeugt (und jedes veränderliche Magnetfeld ein elektrisches Feld induziert), haben mögliche biologische Wirkungen bei diesen Frequenzen große Bedeutung. Auch die mit 217 Hz (D-Netz) getakteten Hochfrequenzfelder der verschiedenen Handynetze (↑Mobilfunk) sind immer häufiger anzutreffen.

Elektromagnetische Felder mit Netzfrequenz beeinflussen – auch bei sehr geringen Feldstärken – den Haushalt des Hormons Melatonin, das den Tag-Nacht-Rhythmus des Menschen kontrolliert, und die Calciumionen-Konzentration, welche die elektrochemische Signalübertragung beeinflusst. Statistische Untersuchungen legen

(Abb. 2) Sendemast mit Mikrowellenantennen für den Mobilfunkbetrieb

leicht erhöhte Risiken für Leukämie, Gehirntumore und Missgeburten sowie unterschiedliche psychische Einflüsse nahe. Dabei wurden manche Effekte nur bei bestimmten Frequenzen beobachtet (»Fenstereffekt«) und verschwanden bei anderen Frequenzen völlig. Hinzu kommt, dass sich Faktoren wie Alter, Gesundheitszustand und Lebensumstände der betroffenen Personen nur schwer von elektromagnetischen Einflüssen trennen lassen.

■ HF-Felder

Starke hochfrequente Felder führen über induzierte Wirbelströme zu einer gut nachgewiesenen Gewebeerwärmung. Noch wichtiger ist die periodische Umorientierung von Wassermolekülen durch Absorption von HF-Photonen – nach genau diesem Prinzip funktioniert ein Mikrowellenherd! Besonders betroffen von der Erwärmung sind schlecht durchblutete Körperteile, da die in ihnen entstehende Wärme nicht gut abgeführt werden kann, z. B. Hoden und Netzhaut. Bei den Augen besteht auch die Gefahr einer Linsentrübung. Dies kann vor allem durch (am Kopf gehaltene) Mobiltelefone geschehen. Deren Leistungsdichte liegt bei $1 \, \text{mW/cm}^2$; ab $0,4 \, \text{mW/cm}^2$ können empfindliche Personen eine Strahlung am Ohr, ab etwa $15 \, \text{mW/cm}^2$ ein Wärmegefühl auf der Haut registrieren. (Bei ca. $3100 \, \text{mW/cm}^2$ liegt die Schmerzgrenze. Auch nichtthermische Effekte von HF-Strahlung wurden beobachtet, u. a. erhöhtes Krebsrisiko und Störungen des Immunsystems.

Schon lange wird über die gesundheitlichen Auswirkungen des Elektrosmogs diskutiert, einfache Antworten sind nicht zu erwarten. Erst eine Abwägung zwischen dem Nutzen der Technik und eventuellen gesundheitlichen Risiken kann zu sinnvollen gesetzlichen Grenzwerten führen. ■

Wenn du ein Handy besitzt, finde dessen Leistung heraus (Hersteller, Gebrauchsanleitung). – Informiere dich im Internet: http://www.bfs.de (Bundesamt für Strahlenschutz), http://www.fgf.de (Forschungsgemeinschaft Funk e.V.).

Elektrosmog: Gesundheitsrisiken, Grenzwerte, Verbraucherschutz, herausgegeben von der Katalyse e. v. Heidelberg (Müller) [4]1997. ■ HERMANN, MARKUS: *Elektrosmog kontrovers.* Wiesbaden (DUV) 1997. ■ NIMTZ, GÜNTER und MÄCKER, SUSANNE: *Elektrosmog. Die Wirkung elektromagnetischer Strahlung.* Mannheim (BI-Taschenbuchverlag) 1994.

Spannung angelegt wird. Die elementaren Dipole richten sich durch die angelegte Spannung aus, sodass jeweils positive und negative Pole einander gegenüber liegen. Diese üben aufeinander eine anziehende Kraft aus, die mit zunehmender Spannung stärker wird. Dadurch wird eine Volumenänderung des Dielektrikums hervorgerufen. Die E. ist mit der ↑Piezoelektrizität verwandt.

Element [lat. elementum »Urstoff«]:

◆ *chemisches Element:* ein Stoff, der sich auf chemischem Wege nicht mehr weiter zerlegen lässt. Atome des gleichen Elements haben die gleiche Kernladungszahl, d. h. Protonenzahl Z; Atome mit gleichem Z, aber unterschiedlicher Neutronenzahl N heißen ↑Isotope. Elemente unterscheiden sich auch durch ihre Elektronenhülle, deren Struktur sich im ↑Periodensystem der Elemente widerspiegelt.

◆ *Zelle:* eine elektrochemische Stromquelle, ↑galvanisches Element.

Elementarladung, Formelzeichen e: die kleinste bei einem freien Teilchen vorkommende Menge an ↑elektrischer Ladung. Es ist $e = 1{,}602176 \cdot 10^{-19}$ C. Existenz und Größe der E. ermittelte ROBERT A. MILLIKAN (*1868, †1953) in dem nach ihm benannten Öltröpfchen- oder ↑Millikan-Versuch. Man kennt zurzeit nur zwei Ausnahmen von der Unteilbarkeit der E.: ↑Quarks tragen Ladungen von ±1/3 oder ±2/3, und beim sog. fraktionierten ↑Quanten-Hall-Effekt treten in zweidimensionalen Elektronensystemen Anregungen auf, denen man die Eigenschaften von Teilchen (Quasiteilchen) mit gebro-chenzahliger Ladung zuschreiben kann.

Elementarlänge: ↑Planck-Einheiten.

Elementarmagnete: ↑Magnetismus.

Elementarteilchen [lat. elementum »Urstoff«]: siehe S. 106.

Elementarteilchenphysik: ↑Elementarteilchen, ↑Hochenergiephysik.

Elementarwellen: die nach dem ↑huygensschen Prinzip von jedem Punkt einer ↑Welle ausgehenden Kreis- bzw. Kugelwellen. Die Hüllkurve aller Elementarwellen ist die sich ausbreitende Wellenfront.

Element|synthese [griech. sýnthesis »Zusammensetzung«]:

◆ *Kernphysik:* die künstliche Erzeugung der ↑superschweren Elemente durch Kernreaktionen.

◆ *Astrophysik:* die Entstehung von chemischen Elementen nach dem Urknall, in Sternen oder bei Supernovae.

Elmsfeuer [nach dem heiligen Erasmus, San Elmo]: eine natürlich vorkommende ↑Gasentladung.

Elongation [lat. elongare »entfernen, fernhalten«]: ↑Auslenkung.

Emission [lat. emittere »aussenden«]: die Abgabe von Photonen oder Teilchen aufgrund von chemischen oder Kernreaktionen. Radioaktive Strahlung lässt sich als E. von Alpha- und Betateilchen sowie Gammaquanten, d. h. Heliumkernen, Elektronen und hochenergetischen Photonen auffassen (↑Radioaktivität). Angeregte ↑Atome und Moleküle gehen durch E. von Photonen im UV-, sichtbaren oder Infrarotbereich in energetisch niedrigere Zustände über; dies ist Grundlage der Spektroskopie.

Auch die Abgabe von meist schädlichen Stoffen bei industriellen Prozessen oder technischen Vorgängen (z. B. Auto, chemische Industrie) wird E. genannt.

Emissions|theorie: ↑Lichttheorien.

Emissionsvermögen, Formelzeichen E: die gesamte Energie, welche von einer Flächeneinheit eines Körpers in einer Zeiteinheit abgestrahlt wird, wie im kirchhoffschen ↑Strahlungsgesetz beschrieben.

Emitter [engl. to emit »aussenden«]: ↑Transistor.

Zu wissen, was die Welt, im Innersten zusammenhält« – dies war und ist für die meisten berühmten und weniger berühmten Physiker der eigentliche Antrieb ihrer Forschungsarbeiten. Eng verknüpft hiermit ist die Frage, was es ist, was da zusammengehalten wird – was die elementaren Bausteine der Welt sind, in der Physik Elementarteilchen genannt. Das Wort »Elementarteilchen« wird allerdings nicht immer nur in diesem strengen Sinn gebraucht, auch Zusammensetzungen aus mehreren »echten« Elementarteilchen werden manchmal so bezeichnet und von der Elementarteilchenphysik mitsamt den zwischen ihnen wirkenden Kräften bzw. Wechselwirkungen untersucht.

■ Die Zerlegung des Atoms

Als »elementar« galt lange Zeit das ↑Atom – doch die Entdeckung der ↑Radioaktivität (1896) und des Elektrons (1897) zeigten, dass Atome aus hunderten von kleineren Teilchen zusammengesetzt sein können. Bis etwa 1930 galten dann die damals bekannten Bestandteile von Atomhülle und -kern, Elektronen und Protonen, als fundamental. Doch die Entdeckung weiterer Teilchen – 1932 Neutron und Positron, 1937 das Myon, 1955 das schon 1930 postulierte Neutrino und viele weitere – zeigte, dass es entweder eine fast unüberschaubare Vielfalt von elementaren Partikeln gibt, oder aber die wahren Elementarteilchen noch unbekannt waren.

■ Der Teilchenzoo

Anfang der 1960er-Jahre kannte man schließlich über 300 Teilchen, deren Massen zwischen der Elektronenmasse und einem Vielfachen der Masse des Protons lagen, und die teils in der ↑Höhenstrahlung und teils durch Experimente in Teilchenbeschleunigern entdeckt worden waren. Außerdem gab es das masselose Photon und die vielleicht ebenfalls masselosen Neutrinos; das Wort vom »Teilchenzoo« machte die Runde.

Dessen Bewohner unterschieden sich nicht nur in ihren Massen, sondern auch durch unterschiedliche elektrische Ladungen sowie magnetische Momente bzw. Eigendrehimpulse (↑Spins). Um etwas Ordnung im Zoo zu schaffen, teilte man seine Bewohner in zwei Gruppen ein: die Leptonen, die nur der elektromagnetischen und der ↑schwachen Wechselwirkung unterliegen, und die Hadronen, die zusätzlich auch die ↑starke Wechselwirkung spüren. Letztere unterteilte man in die mittelschweren Mesonen und die schweren Baryonen.

Unter einem anderen Aspekt lassen sich die Elementarteilchen in ↑Bosonen, das sind Teilchen mit ganzzahligem Spin (0, 1, 2,…), und ↑Fermionen, Teilchen mit halbzahligem Spin (1/2, 3/2, 5/2, …), einteilen. Alle Leptonen sind Fermionen. Mesonen haben Spin 0 oder 1, sind also Bosonen. Baryonen haben Spin 1/2 oder 3/2 (z. B. hat das Proton Spin 1/2), sind folglich Fermionen. Diese Übereinstimmungen von bestimmten Quantenzahlen bei verschiedenen Hadronengruppen sowie die Umwandlung eines Neutrons in ein Proton, ein Positron und ein Antineutrino beim Betazerfall legten schließlich die Vermutung nahe, dass alle Hadronen aus einer kleinen Zahl von elementaren Partikeln aufgebaut sein könnten.

■ Quarks

Anfang der 1960er-Jahre postulierten der Amerikaner M. GELL-MANN u. a. ein neues Spin-1/2-Teilchen, also ein neues elementares Fermion, als Grundbaustein aller Hadronen. Seine geniale Idee bestand darin, Mesonen als Paare von Quarks und Antiquarks (den ↑Antiteilchen der Quarks), Baryonen dagegen als Drei-Quark-Kombinationen zu erklären. Um die beobachteten elektrischen Ladungen der Baryonen zu erhalten, führte er zunächst ein Up-Quark (u) mit der Ladung $+2/3\,e$ (e Elementarladung) und ein Down-Quark (d) mit der Ladung $-1/3\,e$ ein. Demnach hat ein Proton, das aus zwei Up- und einem Down-Quark besteht (uud) die Ladung $+1\,e$ und ein Neutron (udd) die Ladung 0. Ein positives Pion (π^+) ist aus einem Up- und einem Anti-Down-Quark zusammengesetzt, hat also die Ladung $+2/3\,e + 1/3\,e = +1\ e$. Um einige »seltsame« Mesonen und Baryonen, die nicht als u-d-Kombinationen erklärt werden konnten, ins Quarkmodell zu integrieren, führte GELL-MANN ein drittes Quark ein, das Strange-Quark (s, engl. strange »seltsam«). Bis 1995 wurden noch drei weitere Quarks gefunden, nämlich Charm (c), Bottom (b) und Top (t).

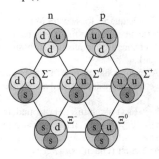

(Abb. 1) eine Gruppe von Elementarteilchen mit u-, d- und s-Quarks

Um zu erklären, warum bis damals (und auch bis heute) noch nie ein ungebundenes, einzelnes Quark beobachtet wurde, führte GELL-MANN zunächst eine weitere »Ladung« ein, die Farbladung, welche nur Quarks tragen. Diese kann die Werte »rot«, »grün« und »blau« sowie »antirot«, »antigrün« und »antiblau« annehmen. Farbe und gleiche Antifarbe sowie drei verschiedene Farben oder Antifarben heben sich auf – und es sind in der Natur nur farbneutrale Kombinationen von Quarks erlaubt. Die Existenz der zunächst nur zur »Buchhaltung« eingeführten Farbladung kann man indirekt experimentell beweisen: es gibt ein Baryon, das sog. Δ^{++}, das aus drei Up-Quarks besteht, die alle denselben Spin und dieselbe Spinrichtung besitzen, also scheinbar in allen Quantenzahlen übereinstimmen. Dies ist aber nach dem ↑Pauli-Prinzip für alle Fermionen und damit auch für die Quarks verboten; nur durch die zusätzliche Quantenzahl der Farbladung wird das Pauli-Prinzip »gerettet«.

■ Das Standardmodell der Teilchenphysik

Auf dem Quarkmodell baut die Quantentheorie der starken Wechselwirkung bzw. der Farbkraft, die Quantenchromodynamik (griech. chroma »Farbe«) auf. Sie gilt zusammen mit den Quantentheorien der elektromagnetischen und der schwachen Wechselwirkung als das Standardmodell der Teilchenphysik, welches die Eigenschaften und Wechselwirkungen der bekannten Elementarteilchen mit hoher Genauigkeit beschreibt. Allerdings ist das Modell nicht mit der allgemeinen ↑Relativitätstheorie verträglich, mit anderen Worten, es kann die Wirkung der Gravitation nicht beschreiben.

Die gesamte Materie ist im Standardmodell aus den elementaren Fermionen, also Quarks und Leptonen, zusammengesetzt. Alle elementaren Bosonen sind Austauschteilchen der fundamentalen Wechselwirkungen (↑virtuelle Teilchen). Das Photon γ vermittelt den Elektromagnetismus, die Gluonen g sind die Träger der starken Wechselwirkung, und die W- und Z-Bosonen übertragen die schwache Wechselwir-

	Quarks				Leptonen			
1. Familie	Up	(u)	Down	(d)	Elektron	(e)	e-Neutrino	(ν_e)
2. Familie	Strange	(s)	Charme	(c)	Myon	(μ)	μ-Neutrino	(ν_m)
3. Familie	Top	(t)	Bottom	(b)	Tauon	(τ)	τ-Neutrino	(ν_m)

(Tab. 2) Die Familien der Quarks

kung (oder, genauer: zusammen mit dem γ die elektroschwache Wechselwirkung). Eine Übersicht gibt Tab. 1. Theorien, die über das Standardmodell hinaus gehen, sehen außerdem noch ein Austauschteilchen für eine »Quantengravitationskraft«, das Graviton G, vor. Man kann die Quarks und Leptonen in drei **Familien** gruppieren (Tab. 2). Für den Aufbau der Atome würden die Fermionen der ersten Generation ausreichen. Umwandlungen zwischen

Wechselwirkung	Austauschteilchen
elektromagnetisch	Photon
schwach	W^+- und W^--Boson
schwach	Z-Boson
stark	8 Gluonen
Gravitation	Graviton

(Tab. 1) Wechselwirkungen und ihre Austauschteilchen

Quarks oder zwischen Quarks und Leptonen finden bevorzugt innerhalb der gleichen Familie statt. Sehr präzise Messungen zum Zerfall des Z-Bosons haben gezeigt, dass es nicht mehr als drei Familien geben kann, sodass das Standardmodell in dieser Hinsicht als abgeschlossen gilt. ∎

Zeitschriften wie »Bild der Wissenschaft« oder »Spektrum der Wissenschaft« enthalten regelmäßig Beiträge zur Teilchenphysik, die auch für Oberstufenschülerinnen und -schüler verständlich sind. – Informiere dich bei Großforschungseinrichtungen, die umfangreiches Informationsmaterial bereit halten:
▥ http://www.desy.de,
▥ http://public.web.cern.ch,
▥ http://www2. slac.stanford.edu
Versuche eine Übersetzung folgender Stelle aus dem Roman »Finnegans Wake« von JAMES JOYCE, nach der M. GELL-MANN den Namen »Quark« wählte:
»Three quarks for Muster Mark!
Sure he hasn't got much of a bark
And sure any he has it's all beside the mark.«
Allerdings halten manche diese Passage für grundsätzlich unübersetzbar.

FRAUENFELDER, HANS und HENLEY, ERNEST M.: *Teilchen und Kerne: Die Welt der subatomaren Physik.* München (Oldenbourg) [4]1999. ∎ GROTELÜSCHEN, FRANK: *Der Klang der Superstrings. Einführung in die Natur der Elementarteilchen.* München (dtv) 1999. ∎ NE'EMAN, YUVAL und KIRSH, YORAM: *Die Teilchenjäger.* Berlin (Springer) 1995. ∎ WALOSCHEK, PEDRO: *Besuch im Teilchenzoo. Vom Kristall zum Quark.* Reinbek (Rowohlt) 1996.

EMK, Abk. für e**lek**tro**mo**torische Kraft: ↑Urspannung.

Endlager: ↑Entsorgung.

endotherm [griech. éndon »innen«, thermós »heiß«]: Bezeichnung für Vorgänge, bei denen Wärmeenergie von außen aufgenommen wird. Gegensatz: ↑exotherm.

Energie [griech. energós »wirksam«], Formelzeichen E (auch W): die Fähigkeit eines physikalischen Systems, ↑Arbeit zu verrichten. Beispielsweise hat ein gespanntes Gummiband die Fähigkeit, kinetische Energie auf eine Papierkugel zu übertragen, welche diese wiederum in Formänderungsarbeit an einem hinreichend formbaren Objekt umsetzen kann. Die SI-Einheit der Energie ist das Joule (J), es ist

$$1\,\text{J} = 1\text{Ws} = 1\text{Nm} = 1\,\text{kgm}^2/\text{s}^{-2}.$$

Die Zufuhr oder Abgabe von Arbeit kann dreierlei bewirken:
1. den Bewegungszustands eines Systems ändern (Beschleunigen oder Abbremsen), d. h. Aufnahme oder Abgabe von kinetischer Energie,
2. die Lage des Systems in einem Kraftfeld (z. B. elektrisches ↑Feld oder Schwerefeld), d. h. die potenzielle Energie des Systems verändern,
3. zur sog. inneren Energie des Systems beitragen, z. B. durch Erwärmung eines Körpers oder Anregung von Atomen oder Atomkernen.

■ **Warum ist Energie wichtig?**

Die zentrale Bedeutung des Energiebegriffs in der gesamten Physik hat mehrere Gründe:
▨ Alle Energieformen können im Prinzip ineinander umgewandelt werden und sind daher äquivalent.
▨ Die Gesamtenergie, also die Summe aller Energieformen eines abgeschlossenen Systems, ändert sich bei allen denkbaren Umwandlungen *nicht* – dies ist der Satz von der Er-

haltung der Energie (↑Erhaltungssätze). Die Gesamtenergie des Universums hat sich seit dem ↑Urknall also nicht verändert!
▨ Nach der speziellen ↑Relativitätstheorie ist auch die Masse nur eine Form von Energie, nach der allgemeinen Relativitätstheorie bestimmt die Massen- und damit Energieverteilung im All sogar dessen geometrische Struktur.
▨ Energie als Arbeitsvermögen ist auch in einem ganz praktischen Sinn von überragender technischer und wirtschaftlicher Bedeutung; die ↑Energietechnik ist eine wichtige Ingenieurwissenschaft und »Energie sparen« ein Schlüsselbegriff der Umweltpolitik.

■ **Energie, Wärme und Reibung**

Bei jeder realen Umwandlung von einer Energieform in eine andere wird ein gewisser Anteil infolge von ↑Reibung, ohmschen Widerständen (joulesche Wärme), Strahlungsverlusten u. Ä. in Wärme verwandelt. Dieser Anteil steht einer mechanischen Nutzung nicht mehr zur Verfügung, man nennt dies (Energie-)**Dissipation;** in der Energietechnik auch Energieentwertung. Umgekehrt nennt man die (teilweise) Umwandlung von Wärme in mechanisch nutzbare Energieformen Energieaufwertung. Der zweite ↑Hauptsatz der Wärmelehre setzt der Umwandlung von Wärme in Arbeit grundsätzlich Grenzen, sie kann nie vollständig und ohne zusätzliche Hilfsmittel geschehen.

■ **Energieformen**

Die **kinetische Energie** (Bewegungsenergie, veraltet: Wucht), Formelzeichen E_{kin}, ist die E., die ein Körper allein aufgrund seines Bewegungszustands besitzt. Um einen Körper mit der (trägen) ↑Masse m aus der Ruhe auf die

Geschwindigkeit v zu beschleunigen, muss man bei einer geradlinigen Bewegung die Arbeit $mv^2/2$ leisten. Demnach ist

$$E_{kin} = \frac{m}{2}v^2.$$

Diese E. wird bei Abbremsen auf $v=0$ wieder freigesetzt, meist durch Reibung als Wärme oder als Verformungsarbeit.

Aus ähnlichen Überlegungen erhält man für den Fall einer Drehbewegung (↑Kinematik) als spezielle Form der kinetischen E. die **Rotationsenergie**

$$E_{rot} = \frac{1}{2}J\omega^2.$$

Dabei sind J das auf die Drehachse bezogene ↑Trägheitsmoment und ω die Winkelgeschwindigkeit. Die kinetische E. eines rollenden Körpers setzt sich aus beiden Anteilen zusammen. Da man die Bewegung jedes starren Körpers durch die eines Massenpunkts gleicher Masse, der sich mit seinem ↑Schwerpunkt bewegt, beschreiben kann, erhält man für dessen gesamte kinetische E.

$$E_{kin} = \frac{1}{2}\left(mv_s^2 + J_s\omega_s^2\right).$$

Der Index »s« bezeichnet jeweils die auf den Schwerpunkt bezogenen Größen.

Auch ↑Wärme ist eine Form von Bewegungsenergie – allerdings handelt es sich bei Wärme um die *ungerichtete* Bewegung der Bestandteile eines Systems, also etwa der Moleküle eines Gases oder einer Wärmflasche; dagegen versteht man unter kinetischer E. immer die Energie, die mit einer *gerichteten* Bewegung des gesamten Systems verbunden ist. In diesem Sinne bedeutet Energiedissipation einfach die Umwandlung von gerichteter in ungerichtete Bewegungsenergie.

Die **potenzielle Energie** ist die E., die ein Körper aufgrund seiner Lage in einem Kraftfeld besitzt. Sie wird daher auch Lageenergie genannt. Eine potenzielle E. ist nicht absolut definiert, sondern hängt immer von der Wahl des Potenzialnullpunkts ab (↑Potenzial). Im Fall des Schwerefelds der Erde erhält man die **mechanische potenzielle Energie** (Gravitationsenergie, ↑Gravitation)

$$E_{pot} = m \cdot g \cdot h.$$

Dabei ist m die (schwere) Masse eines Körpers in der Höhe h über dem Erdboden und g die Gravitationsfeldstärke oder ↑Fallbeschleunigung).

Auch elektromagnetische Felder tragen E. in sich, z. B. beträgt die potenzielle ↑elektrische Energie einer elektrischen Ladung im Feld E eines Plattenkondensators mit Plattenabstand d

$$E_{el} = Q \cdot E \cdot d;$$

für die ↑magnetische Energie in einer vom Strom I durchflossenen Spule gilt

$$E_{mag} = \frac{1}{2}L \cdot I^2$$

(L Induktivität der Spule). Es gibt in der Mechanik *ausgedehnter* Körper spezielle Formen von potenzieller Energie, z. B. die in einer zusammengedrückten elastischen Feder gespeicherte **elastische Energie**. Eine dem ↑hookeschen Gesetz gehorchende Feder mit Federkonstante D, die um die Strecke Δl zusammengedrückt wurde, besitzt die Energie:

$$E_{pot} = \frac{1}{2}D \cdot (\Delta l)^2.$$

Man kann auch die ↑Anregungsenergie eines Valenzelektrons oder eines Atomkerns (↑Kernreaktor) als potenzielle Energie auffassen, ebenso die in einer chemischen Bindung gespeicherte Energie.

■ Energie auf der Erde

In Technik und Alltag versteht man unter »Energie« immer nutzbare E., also alle Energieformen, die direkt oder indirekt zum Antrieb von Maschinen, also zum Leisten von Arbeit zu nutzen sind. Die meisten biologischen, chemischen und physikalischen Vorgänge nutzen als Energiequelle direkt oder indirekt die Sonne. Die von der Sonne in einem Jahr auf die Erdoberfläche gelangende Strahlungsenergie beträgt drei Milliarden Gigawattstunden (Weltenergieverbrauch 1997: etwa 100 Millionen Gigawattstunden). Sie wird u. a. durch die Photosynthese der Pflanzen sowie atmosphärische und ozeanische Transportprozesse in andere Energieformen überführt. Erdöl, Erdgas und Kohle sind in früheren geologischen Epochen durch Photosynthese entstandene chemische Energieträger.

Zu den nicht von der Sonne beeinflussten Energieträgern gehören die Gezeiten (Gravitationswirkung des Mondes), die Erdwärme (Gravitation der Erde sowie radioaktive Prozesse im Erdinneren) und die durch Kernspaltung oder -fusion frei werdende Energie. Energieträger wie Sonnenenergie, Gezeiten

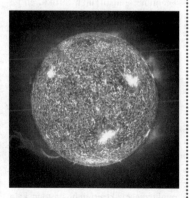

Energie: Die Sonne ist die primäre Energiequelle für fast alle Vorgänge auf der Erde

oder Erdwärme, die ständig neu gespeist werden, nennt man ↑erneuerbare Energiequellen; dagegen heißen solche, die aus endlichen Speichern gewonnen werden, wie Erdöl oder Uran, konventionelle oder nicht erneuerbare Energieträger.

Energiedichte, Formelzeichen w: die Volumendichte der ↑Energie. Diese Größe wird vor allem in der Elektrodynamik verwendet (z. B. als E. des elektromagnetischen Felds).

Energiedosis: ↑Dosis.

Energie-Masse-Äquivalenz: ↑Äquivalenz von Masse und Energie.

Energieniveau: bei Quantensystemen, die nur diskrete Energiewerte einnehmen können, ein spezieller Zustand mit einem genau bestimmten Energiewert (oder Energieeigenwert). Beim Übergang von einem höheren E. zu einem niedrigeren wird ein Photon emittiert, dessen Energie genau der Energiedifferenz zwischen den Niveaus entspricht.

Energieprinzip (Energiesatz): ↑Erhaltungssätze.

Energiesatz: ↑Erhaltungssätze.

Energietechnik: die Gesamtheit aller Verfahren, Vorrichtungen und Anlagen, mit denen Primärenergie in unmittelbar nutzbare Sekundärenergie umgewandelt und an die Verbraucher verteilt wird (↑Energie). Unter **Primärenergie** versteht man dabei auf natürliche Weise gespeicherte (Kohle, Erdöl, Erdgas, Kernbrennstoffe) oder bereitstehende Energieformen (Sonnen- und Gezeitenenergie sowie Wind- und Wasserkraft). Kohle, Gas und Öl bezeichnet man auch als **fossile Energieträger,** da sie bei geologischen Prozessen der fernen Vergangenheit entstanden sind. Dagegen bezeichnet man Sonnenenergie, Wind- und Wasserkraft sowie Gezeitenenergie als ↑erneuerbare Energiequellen, da ihnen kontinuierlich ablaufende Prozesse im Sonneninneren oder

E

die Schwerkraft von Erde bzw. Mond zugrunde liegen.

Die gebräuchlichste Form von Nutzenergie (Sekundärenergie) ist die elektrische Energie (Elektrizität), die über ↑Hochspannungsleitungen oder ↑Batterien an die Verbraucher verteilt wird. Die Übertragung mit Hochspannung ist deshalb vorteilhaft, weil das Verhältnis aus Leitungsverlusten und Primärleistung proportional zu $1/U^2$ ist. Eine weitere wichtige Nutzenergie sind Treib- und Brennstoffe, die eine hohe Energiedichte, d. h. ein günstiges Verhältnis von gespeicherter chemischer Energie zu Brennstoffvolumen besitzen.

Enthalpie [griech. enthalpein »darin erwärmen«], Formelzeichen H: thermodynamische Zustandsgröße (↑thermodynamische Potenziale), die als Summe von innerer Energie E und Verdrängungsarbeit $p \cdot V$ (p Druck, V Volumen) definiert ist:

$$H = E + p \cdot V.$$

Bei einem unter konstantem Druck ablaufenden reversiblen Prozess ist die Änderung der E. gleich der ausgetauschten Wärme. Beim ↑Joule-Thomson-Effekt bleibt die E. konstant.

Entmagnetisieren: das Zurückführen einer ferromagnetischen Substanz in einen völlig unmagnetisierten Zustand. Man erreicht dies durch mehrmaliges Durchlaufen der ↑Hystereseschleife, wobei die Maximalfeldstärke jeweils abnimmt, oder durch Erwärmen über die Curie-Temperatur T_C hinaus. Eine in der Tieftemperaturphysik eingesetzte Sonderform ist die ↑adiabatische Entmagnetisierung.

Entropie [griech. entropíe »Wendung«], Formelzeichen S: eine von R. Clausius eingeführte thermodynamische Zustandsgröße (↑Wärmelehre), die ein Maß dafür angibt, wie sehr ein physikalischer Prozess umumkehrbar (irreversibel) ist oder wie leicht sich ein

bestimmter Zustand eines Systems erreichen lässt. Es gibt zwei unterschiedliche formelmäßige Definitionen der E., deren Äquivalenz man aber beweisen kann:

$$\Delta S = \Delta Q / T$$

(ΔS Änderung der E. bei einem Prozess, ΔQ ausgetauschte Wärmemenge, T absolute Temperatur);

$$S = k \cdot \ln W$$

(k Boltzmann-Konstante, W thermodynamische Wahrscheinlichkeit des Systemzustands).

Der zweite ↑Hauptsatz der Wärmelehre besagt, dass die E. eines abgeschlossenen Systems niemals abnimmt bzw. nur durch Einwirkung von außen erniedrigt werden kann. ↑Irreversible Prozesse führen zu einer Erhöhung der E. im System. Eine weitere Interpretation bezeichnet die E. als Maß der ↑Unordnung eines Systems. Dies lässt sich mit Mitteln der ↑statistischen Physik veranschaulichen: Demnach kann ein makroskopisches System eine Anzahl von Zuständen einnehmen, die in der Größenordnung der Avogadro-Konstante ($6 \cdot 10^{23}$ und mehr) liegt. Nur eine verschwindend geringe Zahl dieser Zustände ist »geordnet«, also durch Strukturen gekennzeichnet (z. B. alle schnellen Moleküle auf der einen, alle langsamen Moleküle auf der anderen Seite eines Gasbehälters). Daher sind die ungeordneten Gesamtzustände viel wahrscheinlicher; ein geordnetes System mit niedriger E. geht mit an Sicherheit grenzender Wahrscheinlichkeit mit der Zeit in einen ungeordneteren Zustand mit hoher E. über.

Bei Annäherung an den Temperaturnullpunkt $T = 0$ gehen die E. und die ↑Wärmekapazität gegen Null. Dies bedeutet u. a., dass der absolute Nullpunkt nie exakt erreicht werden kann (dritter ↑Hauptsatz der Wärmelehre).

Entsorgung: das Verbringen von radioaktiven oder auf andere Weise gesundheits- bzw. umweltgefährdenden Abfällen an Orte, wo von ihnen kein oder nur ein verantwortbar geringes Risiko ausgeht. Während bestimmte chemische Gifte wie Dioxin in Hochtemperaturöfen in weniger gefährliche Stoffe umgewandelt werden können, ist dies für Atommüll nicht möglich; man kann lediglich langlebige Isotope in solche mit niedrigerer Halbwertszeit umwandeln (und auch hierfür gibt es noch keine im industriellen Maßstab einsetzbaren Verfahren). Daher bleibt meistens nur das Einbringen in ein **Endlager,** aus dem gerade langlebige Radionuklide auch über geologische Zeiträume von Zehntausenden bis viele Millionen Jahren nicht entweichen dürfen. Dies setzt insbesondere voraus, dass das Endlager vom Grundwasserkreislauf vollständig abgekoppelt ist.

Entspiegelung: eine Form der Vergütung von technischen oder optischen Gläsern, bei der die Lichtdurchlässigkeit erhöht und die Reflexionsfähigkeit reduziert wird. Man erreicht dies z. B. durch Aufdampfen einer Schicht mit einer Dicke von $\lambda/4$ (λ Wellenlänge des einfallenden Lichts), da dann die reflektierte Lichtwelle durch ↑Interferenz ausgelöscht wird. Die Brechzahl der Schicht muss dabei gleich dem Quadrat der Brechzahl des Trägerglases sein.

Entstaubung: die Entfernung von Staub- und Ascheteilchen aus der Abluft von Verbrennungskraftwerken durch elektrostatische Filter. Diese bestehen aus einem Metallzylinder und einer negativen Drahtelektrode in dessen Mitte, zwischen denen eine Spannung im kV-Bereich anliegt. Kleine Partikel aus der durch den Zylinder geleiteten Abluft werden in dem starken Feld negativ ionisiert und dann an die Außenwände geleitet.

Eötvös-Experiment ['øtvøʃ]: Versuch zur Überprüfung der Äquivalenz von schwerer und träger ↑Masse, das auf L. v. EÖTVÖS zurückgeht. Er benutzte dabei eine ↑Drehwaage, um die Gravitationskraft der Erde auf einen Testkörper mit der Zentripetalkraft der Erdrotation zu vergleichen.

Epidia|sk<u>o</u>p [griech. epi-»auf, über«, dia-»hindurch«]: ↑Projektor.

Epi|sk<u>o</u>p: ↑Projektor.

Erdbeben: ↑Seismographie.

Erdbeschleunigung: ↑Fallbeschleunigung.

Erde: der von der Sonne aus gesehen dritte Planet des Sonnensystems. Die Erde bewegt sich gemäß den ↑keplerschen Gesetzen auf einer fast kreisförmigen Ellipsenbahn um die Sonne. Der mittlere Sonnenabstand beträgt 149,6 Millionen Kilometer; diese Entfernung nennt man auch eine astronomische Einheit (AE; engl. astronomical unit, AU). Im **Perihel,** dem sonnennächsten Punkt, beträgt der Abstand zur Sonne $147{,}1 \cdot 10^6$ km, im **Aphel,** dem sonnenfernsten Punkt, $152{,}1 \cdot 10^6$ km. Der Umfang der Erdbahn beträgt etwa $940 \cdot 10^6$ km; geteilt durch ein Jahr $(31{,}6 \cdot 10^6 \, \text{s})$ ergibt sich eine mittlere Bahngeschwindigkeit von 29,8 km/s oder 107 280 km/h. Die Erde dreht sich in etwa einem Tag (86 400 Sekunden) um sich selbst; kleinere Abweichungen gehen u. a. auf Gezeiteneffekte zurück. Der Erdkörper selbst hat keine exakte Kugelgestalt, sondern ist an den Polen abgeplattet; man nennt diese Form ein **Geoid.** Der mittlere Erdradius beträgt 6371 km. Die Erde setzt sich zusammen aus einem metallischen **Erdkern,** der überwiegend Eisen und Nikkel enthält und etwa 3000–5000 °C heiß ist, dem **Erdmantel** (1500–2500 °C) und der nur wenige Kilometer dicken **Erdkruste** (0–1500 °C). Von außen nach innen steigt die Dichte an den Schalengrenzen sprunghaft an, von 4 bis über 12 g/cm^3, der Druck von Atmosphären-

E

druck auf fast 400 GPa (4 Mbar). Der Erdkern wird unterteilt in einen festen inneren und einen flüssigen äußeren Kern, die Grenze liegt in 5120 km Tiefe. Strömungen im ferromagnetischen inneren Kern erzeugen über den sog. Dynamoeffekt das ↑Erdmagnetfeld. Die Kern-Mantel-Grenze liegt bei 2600–2900 km (dazwischen liegt eine Übergangsschicht). Konvektionsströ-

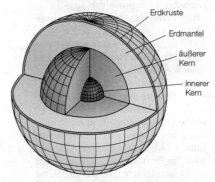

Erdkruste
Erdmantel
äußerer Kern
innerer Kern

Erde: innerer Aufbau

mungen im überwiegend zähflüssigen Erdmantel treiben die Plattentektonik an. Dies ist die Bewegung der einzelnen Kontinentalplatten, aus denen sich die Erdkruste zusammensetzt, die sich mit Geschwindigkeiten von einigen Millimetern bis Zentimetern pro Jahr gegeneinander verschieben.

Die Erde ist von einer Gashülle umgeben, der ↑Atmosphäre, die sich bis in Höhen von etwa 100–1000 km erstreckt.

Erdmagnetfeld: das magnetische Feld der ↑Erde. Das E. kann annähernd als Dipolfeld (↑Dipol) beschrieben werden; es ist aber zu beachten, dass der *magnetische* Nordpol sich in der Nähe des *geographischen* Südpols befindet (und umgekehrt). Die magnetischen Feldlinien stehen an den Polen etwa senkrecht auf der Erdoberfläche, in Äquatornähe verlaufen sie dagegen

etwa horizontal. Der Einflussbereich des E. erstreckt sich in Richtung der Sonne bis zu einer Stoßfront, wo es mit dem vom solaren Magnetfeld geleiteten Sonnenwind (einer Strömung geladener Teilchen) zusammentrifft. Diese Teilchen werden entlang der irdischen Magnetfeldlinien zu den Polen abgeleitet, wo es beim Eintreten in die Hochatmosphäre zu Leuchterscheinungen, dem Polarlicht, kommt. Die abschirmende Wirkung des E. gegenüber dem Sonnenwind war eine der Voraussetzungen für die Entwicklung von Leben auf der Erde. Durch Schwankungen in der Sonnenwindaktivität kommt es auch beim Erdmagnetfeld zu Störungen, welche Raumsonden und Funkverkehr beeinflussen können (»Weltraumwetter«).

Erdung: Bezeichnung für eine leitende Verbindung eines Gerätes oder Leiters mit der Erde. Da diese ein guter Leiter ist, können über eine Erdung alle überschüssigen Ladungen abfließen.

Erdwärme: die in der ↑Erde gespeicherte Wärmenergie. Sie setzt sich zusammen einerseits aus einer aus der Zeit der Erdentstehung stammenden Komponente, als bei der Zusammenballung von Staub und Kleinkörpern Gravitationsenergie in Wärme umgewandelt wurde, und andererseits aus der Zerfallswärme langlebiger Radionuklide. An einzelnen Stellen lassen Anomalien mit besonders hohem Wärmefluss an der Erdoberfläche eine Nutzung als ↑erneuerbare Energiequelle zu.

Erg [griech. érgon »Werk, Arbeit«], Einheitenzeichen erg: die Energieeinheit des ↑CGS-Systems. *Festlegung:*

$$1 \text{ erg} = 1 \text{ dyn} \cdot \text{cm} = \frac{\text{g} \cdot \text{cm}^2}{\text{s}^2} = 10^{-7} \text{ J}.$$

Erhaltungssätze: grundlegende physikalische Gesetze, nach denen bestimmte physikalische Größen immer oder unter bestimmten Wechselwirkungen unverändert bleiben. Die Mathematikerin A. E. NOETHER hat gezeigt, dass Erhaltungssätze auf fundamentale Weise mit ↑Symmetrien verbunden sind, so etwa die Energie- und Impulserhaltung mit der Gleichförmigkeit (Homogenität) von Raum und Zeit.

Satz von der Erhaltung der Energie (Energiesatz): Bei keinem physikalischen Vorgang wird in einem abgeschlossenen System ↑Energie erzeugt oder vernichtet, sondern immer nur von einer Form in eine andere verwandelt. Wenn in der Energietechnik von »Energieerzeugung« oder »Energieverlusten« gesprochen wird, ist damit immer nur die nutzbare Energie gemeint, nicht die Gesamtenergie. Ein Energieverlust ist in diesem Sinne entweder die Umwandlung in Wärmeenergie oder die Entnahme von Energie aus einem nicht abgeschlossenen (offenen) System.

In vielen Teildisziplinen der Physik wurden Energiesätze aufgestellt, etwa der erste ↑Hauptsatz der Wärmelehre oder die ↑goldene Regel der Mechanik. Aufgrund der Äquivalenz von Masse und Energie, wie sie in der ↑Relativitätstheorie nachgewiesen wird, ist der Satz von der Erhaltung der ↑Masse ebenfalls ein Spezialfall des Energiesatzes.

Satz von der Erhaltung des Impulses (Impulssatz): Der Gesamtimpuls eines abgeschlossenen physikalischen Systems bleibt erhalten, d. h. die Vektorsumme alle beteiligten ↑Impulse ist konstant.

Aus Impuls- und Energiesatz kann man die Gesetze des elastischen ↑Stoßes herleiten, ohne die Bewegungsgleichungen im Einzelnen zu kennen. Aus dem Impulssatz folgt, dass der Schwerpunkt eines Systems aus Massepunkten sich so bewegt, als ob die Gesamtmasse in ihm vereinigt wäre (Satz von der Erhaltung der Schwerpunktsgeschwin-

digkeit, **Schwerpunktsatz**). Der Impulssatz spielt auch in der Hydrodynamik eine wichtige Rolle.

Satz von der Erhaltung des Drehimpulses (Drehimpulssatz): Der Gesamtdrehimpuls (↑Drehimpuls) eines abgeschlossenen Systems ändert sich nicht. Mit dem Drehimpulssatz lassen sich u. a. das Fahrrad und der ↑Kreisel erklären. Der D. gilt auch in der Quantenmechanik für Bahn- und Eigendrehimpuls, also auch für den ↑Spin.

Satz von der Erhaltung der elektrischen Ladung: Die Summe aller positiven und negativen ↑elektrischen Ladungen eines abgeschlossenen Systems ist konstant. Geladene Elementarteilchen können immer nur als Teilchen-Antiteilchen-Paare mit entgegengesetzt gleicher Ladung erzeugt oder vernichtet werden (↑Paarerzeugung).

Weitere Erhaltungssätze: In der modernen Physik gibt es noch weitere Erhaltungssätze, die z. T. mit grundlegenden Symmetrien verbunden sind (Konstanz unter Zeitumkehr, Raumspiegelung oder Vertauschung von Teilchen und Antiteilchen) oder sich auf bestimmte Quantenzahlen beziehen. Einige davon gelten nur für bestimmte Wechselwirkungen; so bleibt die Quantenzahl »Strangeness« (sie gibt an, ob ein Partikel Strange-Quarks enthält) bei Prozessen der starken Wechselwirkung erhalten, kann sich aber über die schwache Wechselwirkung ändern.

erneuerbare Energiequellen (alternative Energiequellen): diejenigen Energiequellen, die sich im Gegensatz zu den konventionellen Energieträgern (Kohle, Öl, Gas, Uran) bei nachhaltigem Gebrauch im Prinzip unbegrenzt lange nutzen lassen. Die wichtigsten Typen beruhen indirekt oder direkt auf der Sonnenenergie (Biomasse, Wasser- und Windkraft; Wärmegewinnung in ↑Sonnenkollektoren, Stromgewinnung in ↑Solarzellen). Nicht auf der Sonne

E

beruhen z. B. Erdwärme und die Gezeitenenergie.

Erregerfeld: ↑Elektromotor.

Erregung: ↑Generator.

Erregungszentrum (Erregerzentrum): ↑Welle.

Ersatzschaltung: eine vereinfachte Darstellung eines Stromkreises, bei der die realen Bauteile durch Serien- und Parallelschaltungen von Grundelementen wie Widerstand, Kondensator, Spule und Spannungsquelle ersetzt werden. Das Ersatzschaltbild ist leichter zu berechnen, hat aber (annähernd) die gleichen physikalischen Parameter. Einfachstes Beispiel ist das Ersetzen einer ↑Serienschaltung von Widerständen R_i durch einen einzelnen **Ersatzwiderstand** R_{Reihe} mit $R_{\text{Reihe}} = \sum_i R_i$ bzw. einer ↑Parallelschaltung von Widerständen mit $1/R_{\text{par}} = \sum_j 1/R_j$.

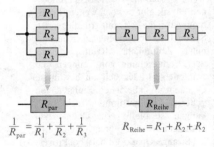

$$\frac{1}{R_{\text{par}}} = \frac{1}{R_1} + \frac{1}{R_2} + \frac{1}{R_3} \qquad R_{\text{Reihe}} = R_1 + R_2 + R_2$$

Ersatzschaltung: Ersatzwiderstand bei Reihen- und Parallelschaltung

Erstarren: Gegensatz zu ↑Schmelzen.

erzwungene Schwingung: eine ↑Schwingung, die von einer periodischen äußeren Kraft erregt wird. Dem schwingenden System wird, evtl. nach einer kurzen Einschwingzeit, die Erregerfrequenz aufgezwungen. Liegen die Erregerfrequenz und die Eigenfrequenz des schwingenden Systems nahe beieinander, treten Resonanz-Effekte auf; stimmen sie überein, spricht man von ↑Resonanz.

eV: Formelzeichen für ↑Elektronenvolt.

Exa: ↑Einheitenvorsätze.

Exo|sphäre [griech. exo- »außer, außerhalb«]: die äußerste Schicht der ↑Atmosphäre oberhalb von 500–1000 km Höhe, von der aus leichte Luftbestandteile in den interplanetaren Raum entweichen können.

exo|therm [griech. thermós »heiß«]: Bezeichnung für einen Prozess, bei dem Wärmeenergie nach außen abgegeben wird, Gegensatz: ↑endotherm.

Experiment [lat. experiri »versuchen, erproben«]: ein planmäßig durchgeführter wissenschaftlicher Versuch, der unter übersichtlichen, wiederholbaren (reproduzierbaren) und vereinfachenden Bedingungen durchgeführt wird. Störende Einflüsse müssen vermieden werden oder wenigstens zu berechnen sein. Aus dem E. müssen sich von der experimentierenden Person unabhängige quantitative oder qualitative Aussagen über Naturvorgänge gewinnen lassen. Ein **Experimentum crucis** [lat. »Kreuzesexperiment«] entscheidet zwischen konkurrierenden Theorien, so etwa der Michelson-Versuch zwischen der Vorstellung vom Äther und der ↑Relativitätstheorie.

Ein E. lässt sich unterteilen in 1. Präparation und Aufbau, 2. Wechselwirkung des Untersuchungsobjekts mit der Messapparatur, 3. Registrierung der dabei aufgetretenen Änderungen im Messsystem und 4. Auswertung sowie (besonders wichtig) Analyse und Quantifizierung der Messfehler.

Extinktionskoeffizient [lat. extingere, extinctum »auslöschen«]: ↑Absorptionskoeffizient.

exzentrischer Stoß [lat. ex- »außerhalb«, griech. kéntron »Mittelpunkt«]: ↑Stoß.

F

f:

◆ Abk. für den ↑Einheitenvorsatz Femto (Billiardstel = 10^{-15}fach).

◆ (*f*): Formelzeichen für die ↑Brennweite.

F:

◆ Einheitenzeichen für ↑Farad.

◆ Abk. für den Brennpunkt.

◆ (*F*): Formelzeichen für die Faraday-Konstante (↑faradaysche Gesetze).

°F: Einheitenzeichen für Grad Fahrenheit (die ↑Fahrenheit-Skala).

$\vec{F}$ ($\vec{F}$): Formelzeichen für die ↑Kraft.

Fabry-Pérot-Interferometer [fa'bripe'ro-]: ein um 1900 von CHARLES FABRY (*1867, †1945) und JEAN-BAPTISTE PÉROT (*1863, †1925) entwickeltes ↑Interferometer, das die vielfache Reflexion des einfallenden Lichts zwischen zwei Glasplatten sowie die Interferenz zwischen den austretenden Strahlen ausnutzt. Untersucht man eine einfarbige Lichtquelle mit dem F.-P.-I., so erhält man ein System aus konzentrischen Ringen, die nach außen schmaler werden und an Intensität verlieren. Der auf dem Prinzip des F.-P.-I. basierende **Fabry-Perot-Resonator** war Teil des ersten ↑Lasers, des Rubinlasers.

Fadenpendel: ein ↑Pendel, bei dem der möglichst schwere und kleine Pendelkörper an einem möglichst langen, dünnen und leichten Faden aufgehängt ist.

Fadenstrahl: ein Elektronenstrahl mit sehr kleinem Querschnitt, der bei einer ↑Gasentladung entstehen kann, wenn geeignete Werte für Emissionsstromstärke und Gasdruck gewählt werden. Die positiven Ionen, die der Strahl im Gas erzeugt, bewirken eine elektrische Fokussierung des Strahls (Gasfokussierung) und machen ihn darüber hinaus sichtbar, da sie von den Elektronen in

angeregte Zustände versetzt werden, aus denen sie unter Aussendung von Lichtquanten in den Grundzustand übergehen. Der F. eignet sich sehr gut, um die Ablenkung von Elektronen im elektromagnetischen Feld zu demonstrieren.

Fahrenheit-Skala: eine von DANIEL G. FAHRENHEIT (*1686, †1736) 1714 eingeführte ↑Temperaturskala, die noch heute in Großbritannien und den USA verwendet wird. FAHRENHEIT wählte als Bezugspunkte (Fundamentalpunkte) die Temperatur eines Gemischs aus Eis, Wasser und festem Salmiak ($-17,8\,°C$) und die Körpertemperatur eines gesunden Menschen ($36,9\,°C$). $1\,°F$ war dann der 96ste Teil der Differenz zwischen diesen beiden Temperaturen. Heute gelten Eis- und Dampfpunkt des Wassers als Bezugspunkte für $32\,°F$ bzw. $212\,°F$, $1\,°F$ ist ein 180stel der Differenz. Damit ist $1\,°F = 5/9\,°C = 0,556\,°C$; für die Umrechnung gilt:

$$t_C = \frac{5}{9}\left(t_F - 32\right) \text{ und } t_F = \frac{9}{5}t_C + 32$$

(t_C, t_F Zahlenwerte der Temperatur auf der Celsius- bzw. Fahrenheit-Skala).

Fahrstrahl: bei einer Zentralbewegung die Verbindungslinie zwischen Bewegungszentrum und Schwerpunkt des bewegten Körpers (↑Kinematik).

Fallbeschleunigung (Erdbeschleunigung, Schwerebeschleunigung), Formelzeichen $\vec{g}$: die ↑Beschleunigung, die ein Körper im Schwerefeld der Erde erfährt, wenn er sich im ↑freien Fall befindet und der Raum um ihn herum luftleer ist. Die Größe der F. hängt aufgrund der nicht kugelförmigen Gestalt der Erde sowie wegen Dichteinhomogenitäten in der Erdkruste vom geographischen Ort ab. Am größten ist g an den geographischen Polen, da dort der Abstand zum Erdmittelpunkt am geringsten ist (Tab.). Außerdem nimmt die F. mit der Höhe (über Meeresniveau) ab. Ein weiterer Effekt ist die von der Erdrotation verursachte Fliehkraft, welche am Äquator entgegengesetzt zur Erdanziehung wirkt und g noch weiter schrumpfen lässt. Die international festgesetzte **Normfallbeschleunigung** beträgt 9,80665 m/s².

φ in °	g in m/s	φ in °	g in m/s
0	9,780 31	50	9,810 79
10	9,782 04	60	9,819 24
20	9,786 52	70	9,826 14
30	9,793 38	80	9,830 65
40	9,801 80	90	9,835 83

Fallbeschleunigung: Abhängigkeit von der geographischen Breite φ (ohne Berücksichtigung lokaler Anomalien)

Fallgesetze: allgemein alle mit dem Fall eines Körpers in einem Schwerefeld zusammenhängenden Gesetzmäßigkeiten, insbesondere die Gesetze des ↑freien Falls in Erdnähe.

Fallrinne: rinnenförmig ausgebildete ↑schiefe Ebene zur Demonstration des ↑freien Falls. Mit dem Neigungswinkel α (Abb.) der F. gilt für die Beschleunigung a einer Kugel $a = g \cdot \sin \alpha$ (g ↑Fallbeschleunigung). Daraus folgt für deren Momentangeschwindigkeit v und den zurückgelegten Weg s:

$$v = g \cdot \sin \alpha \cdot t, \quad s = \frac{g \cdot \sin \alpha}{2} \cdot t^2.$$

Dabei ist t die verstrichene Zeit. Genau genommen müsste noch die ↑Winkelbeschleunigung der Kugel berücksichtigt werden, da diese rollt und nicht frei fällt; dies führt zu einer leichten Verlangsamung der Bewegung. Die F. wurde bereits von G. GALILEI benutzt.

Fallröhre: Aufbau zur Demonstration der Massenunabhängigkeit der ↑Fallbeschleunigung g im luftleeren Raum. Die F. besteht aus einer evakuierbaren Glasröhre, in der sich unterschiedlich

schwere Körper befinden. Ist in der F. Luft enthalten, so erfahren leichtere Körper einen größeren Luftwiderstand und fallen langsamer. Nach Abpumpen der Luft fallen alle Probekörper gleich schnell.

Fallschnur: Gerät, mit dem die quadratische Abhängigkeit des Wegs s von der Zeit t beim ↑freien Fall demonstriert werden kann ($s = g/2 \cdot t^2$, g ↑Fallbeschleunigung). An einer Schnur sind dabei kleine, gleichartige Körper in Abständen befestigt, die sich wie $1^2 : 2^2 : 3^2 : 4^2 \ldots$ verhalten. Lässt man die Schnur senkrecht fallen, so schlagen die Körper in gleichen Zeitabständen am Boden auf.

Fallturm: experimentelle Einrichtung zur kurzzeitigen Erzeugung von Schwerelosigkeit (genauer: Mikrogravitation). Experiment und Messgeräte fallen in einem stoßgedämpften Fallkörper frei durch eine vertikale, luftleere Fallröhre. Während des ↑freien Falls

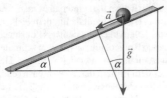

Fallrinne

herrscht einige Sekunden lang Schwerelosigkeit. Der mit 145 m Höhe größte Fallturm der Welt befindet sich an der Universität Bremen.

Familie: ↑Elementarteilchen.

Farad [auch 'fa-, nach M. FARADAY], Einheitenzeichen F: SI-Einheit der ↑Kapazität. 1 F ist die elektrische Kapazität eines Kondensators, der durch die Ladung 1 C auf die Spannung 1 V gebracht wird:

$$1\,\text{F} = 1\,\text{C/V}.$$

Faraday-Effekt ['færədɪ, nach M. FA-RADAY]: die Drehung der Polarisations-ebene von linear polarisiertem Licht (↑Polarisation) um einen Winkel α durch ein Magnetfeld B. Mit der **Verdet-Konstante** V und der vom Licht durchlaufenen Strecke l gilt

$$\alpha = V \cdot B \cdot l.$$

Die Entdeckung des F. war 1846 für FARADAY der entscheidende Beweis für die elektromagnetische Natur des Lichts.

Faraday-Käfig [nach M. FARADAY]: eine elektromagnetische ↑Abschirmung, die den zu schützenden Raum vollständig umschließt und aus einer massiven Metallwand oder einem Metalldrahtgitter (Maschendrahtzaun) besteht. Das Innere eines massiven F. ist völlig, bei Gitterwänden weitgehend feldfrei. Der F. schirmt auch niederfrequente elektromagnetische Wellen ab.

Faraday-Konstante [nach M. FARADAY]: ↑faradaysche Gesetze.

faradaysche Gesetze [nach M. FARADAY]: Gesetze zur quantitativen Beschreibung der ↑Elektrolyse. Das **erste faradaysche Gesetz** gibt die Stoffmenge m in Kilogramm oder Mol an, welche bei der Stromstärke I in der Zeit t an der Kathode abgeschieden wird:

$m = A \cdot I \cdot t$ (auf die Masse bezogen)

$m = F \cdot I \cdot t$ (auf ein Mol bezogen).

Dabei ist A (oder k) das ↑elektrochemische Äquivalent und F die Faraday-Konstante (s. u.).
Das **zweite faradaysche Gesetz** besagt, dass man eine elektrische Ladung von 96 485,34 C transportieren muss, um genau ein Mol eines beliebigen chemisch einwertigen Stoffes (also eines Stoffes, dessen Ionen einfach geladen sind) abzuscheiden – oder anders ausgedrückt: ein Strom von 96,5 A muss 1000 s lang fließen (Ladung = Strom-stärke mal Zeit). Diese Zahl ergibt sich aus der Überlegung, dass 1 mol eines einwertigen Stoffes die Ladung $N_A \cdot e = 96\ 485{,}34$ C besitzt (N_A ↑Avogadro-Konstante, e ↑Elementarladung). Das Produkt

$$F = N_A \cdot e$$

ist die **Faraday-Konstante,** ihre Einheit ist C/mol.

faradayscher Dunkelraum [nach M. FARADAY]: ↑Glimmentladung.

Farbabweichung: ↑chromatische Aberration.

Farbe:

♦ *Elementarteilchenphysik:* die ↑Farbladung eines Quarks.

♦ *Optik:* eine durch Licht bei einem menschlichen Betrachter ausgelöste Empfindung, die durch abstrakte Begriffe wie rot, gelb, blau u. Ä. beschrieben wird. Von diesen sog. bunten Farben unterscheidet man die unbunten Farben Weiß und Schwarz und ihre Mischungen. Bei der Überlagerung bunter Farben unterscheidet man additive und subtraktive ↑Farbmischung. Farbempfindungen werden von elektromagnetischer Strahlung im sichtbaren Wellenlängenbereich (also ↑Licht) ausgelöst, und zwar jede Farbe von einem anderen Teilbereich (vgl. Tab.). Ist dieser Spektralbereich besonders schmal, so spricht man von monochromatischem Licht oder Spektralfarben. Da der Farbeindruck das Resultat der neuronalen Signalverarbeitung im Gehirn ist, hat er neben der objektivierbaren Wellenlängeninformation auch eine individuelle Komponente.
Wenn ein Körper bzw. dessen Oberfläche nicht alle Teile des sichtbaren Spektrums gleich gut reflektiert, so scheint er die Farbe zu besitzen, die am stärksten reflektiert wird oder eine Mischung der am besten reflektierten Wellenlängenbereiche. Wird der Körper mit (farbigem) Licht beleuchtet, das

F

gerade diese spektralen Bereiche nicht enthält, so ändert sich der Farbeindruck entsprechend.

Man unterscheidet in der Farbenlehre zwischen Farbton, Sättigung und Helligkeit einer Farbe. Der **Farbton** ist dabei die Eigenschaft, die eine bunte Farbe von einer unbunten unterscheidet; er wird durch die Lichtwellenlänge charakterisiert. Die **Helligkeit** gibt die Stärke der Lichtempfindung an, sie hängt von der Lichtintensität bzw. dem Quadrat der Lichtamplitude bei der entsprechenden Wellenlänge ab. Die **Sättigung** beschreibt den Grad der Buntheit, also den Unterschied zu einem Grauton derselben Helligkeit. Mit diesen drei Parametern lassen sich alle der etwa zehn Millionen Farben, die das gesunde menschliche Auge unterscheiden kann, eindeutig beschreiben. Es gibt allerdings auch noch weitere farbmetrische Systeme.

Rot	Orange	Gelb	Grün	Blau	Violett
700– 600	600– 575	575– 550	550– 500	500– 475	475– 400

Farbe: ungefähre Wellenlängenbereiche der Farben (alle Angaben in Nanometern)

Farbempfindlichkeit: die Empfindlichkeit des menschlichen Auges für bestimmte Farbreize (↑Farbe). Die F. ist bei normaler Helligkeit bei einer Wellenlänge von ungefähr 550 nm am größten, im Dunkeln ist sie zu kürzeren Wellenlängen hin verschoben.

Farben dünner Plättchen: eine ↑Interferenzerscheinung, bei der Bereiche einer dünnen, transparenten Beschichtung gleiche Farbe zeigen, wenn sie gleich dick sind. Beispiele sind Ölfilme auf Wasser oder Seifenblasen. Die Ursache der Erscheinung ist der Gangunterschied zwischen dem von Ober- und Unterseite der Schicht reflektierten Licht, dessen Größe von der Schichtdicke und dem Einfallswinkel abhängt.

Beträgt der Gangunterschied ein Vielfaches der halben Wellenlänge ($\lambda/2$, $3\lambda/2$, $5\lambda/2$ usw.), so löschen sich die beiden reflektierten Strahlen aus (destruktive Interferenz), bei einem Gangunterschied von λ, 2λ, 3λ,… verstärken sie sich (konstruktive Interferenz). Hieraus ergibt sich ein Muster von farbigen Ringen (↑Newton-Ringe) oder Streifen, die bei gegebenem Blickwinkel für jeweils eine bestimmte Wellenlänge und damit Farbe die Bedingung konstruktiver Interferenz erfüllen.

Farbenlehre: systematische Darstellung und Quantifizierung von Farbempfindungen (↑Farbe). Wichtige Beiträge gehen auf die »Opticks« von I. NEWTON (1704) zurück. Die von JOHANN W. V. GOETHE (*1749, †1832) 1810 aufgestellte F. ist in ihren physikalischen Aussagen widerlegt, die physiologischen Aspekte waren dagegen von großer Bedeutung.

Farbkraft: ↑starke Wechselwirkung.

Farbladung (Farbe): in der Elementarteilchenphysik eine Quantenzahl, welche die drei Werte »rot«, »gelb« und »blau« sowie »antirot«, »antigelb« und »antiblau« annehmen kann. Die F. hat nichts mit den Farben des sichtbaren Lichts zu tun. Nur ↑Quarks und ↑Gluonen tragen eine F., sie treten jedoch stets so auf, dass keine freie F. zutage tritt, also nur in Paaren von Farbe–Antifarbe oder Dreiergruppen mit jeweils unterschiedlicher Farbe.

Farbmischung:

♦ *additive Farbmischung:* eine Überlagerung mehrerer bunter ↑Farben, bei der sich die ergebende Farbwahrnehmung (die **Mischfarbe**) als Summe der Einzelfarben auffassen lässt, etwa wenn eine Fläche mit verschiedenen farbigen Lampen beleuchtet wird. Beispiele sind das Farbfernsehen oder der Newton-Farbkreisel.

♦ *subtraktive Farbmischung:* eine Überlagerung mehrerer bunter ↑Farben, bei der sich die ergebende Farbwahrnehmung als Differenz der Einzelfarben auffassen lässt, etwa wenn Filter oder absorbierende Farbstoffe, wie bei Farbfotografie, einzelne Wellenlängenbereiche aus dem einfallenden Spektrum herausnehmen. Meist verwendet man ↑Grundfarben.

Farbtemperatur: ↑schwarzer Strahler.
Farbton: ↑Farbe.

Fata Morgana [ital. Fee Morgana, eine Gestalt des Volksglaubens]: eine auf Temperaturunterschieden in der Luft beruhende Luftspiegelung. Man kann – vereinfachend – zwei Arten der F. M. unterscheiden:

▪ ein scheinbar unter der Erdoberfläche stehendes Spiegelbild eines aus dem Boden herausragenden Gegenstands (Abb. 1). Es entsteht durch starke Erhitzung der bodennahen Luft, die dadurch optisch dünner wird als die darüber liegende kühlere Luft. Sonnenlicht, das von der Spitze eines Objekts, z. B. eines Baums, reflektiert wird, gelangt durch die kühlere Luftschicht auf normalem Weg zum Beobachter. Dieser kann aber auch ein Spiegelbild des Objekts sehen, da das in Richtung Boden reflektierte Licht in der optisch dünneren bodennahen Luftschicht auf dem Weg zum Beobachter mehrmals so gebrochen wird, dass er an-

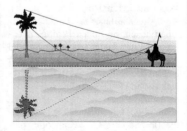

Fata Morgana (Abb. 1): Spiegelung an bodennaher heißer Luft

nimmt, das Licht stamme von einem Punkt unterhalb der Erdoberfläche.

▪ scheinbar hoch am Himmel stehende Abbilder von z. T. weit entfernten bzw. hinter dem Horizont liegenden Objekten (Abb. 2). Diese Erscheinung entsteht durch Reflexion an einer höheren Luftschicht, die deutlich wärmer als die darunter liegende Luft ist.

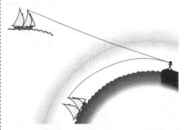

Fata Morgana (Abb. 2): Spiegelung an einer hohen heißen Luftschicht

Federkonstante, Formelzeichen D: der Proportionalitätsfaktor im linearen Kraftgesetz:

$$\vec{F} = D \cdot \vec{x}$$

($\vec{F}$ Rückstellkraft, $\vec{x}$ Auslenkung aus der Ruhelage). Die F. ist ein Maß für die Steifheit der Feder (↑hookesches Gesetz). Die SI-Einheit der F. ist N/m.

Federpendel: ein ↑Pendel, bei dem ein kompakter Körper an einer Schrauben- oder Blattfeder frei auf und ab schwingen kann.

Federwaage (Dynamometer): ein Kraftmesser, bei dem die zu messende ↑Kraft durch die Auslenkung einer Feder aus der Ruhelage bestimmt wird. Diese ist nach dem ↑ hookesches Gesetz der einwirkenden Kraft direkt proportional. Aus der Bestimmung der Gewichtskraft eines Körpers kann man bei bekannter (lokaler) Fallbeschleunigung dessen Masse ableiten.

Fehlerrechnung: Verfahren zur rechnerischen Behandlung von Messfehlern in einer Messreihe. Jede gemessene Größe a ist mit einem Fehler Δa behaftet, d. h. ihr wahrer Wert liegt im Intervall $a \pm \Delta a$.

Beim Aufzeichnen von Messwerten in einem Koordinatensystem muss man die Messpunkte mit einem **Fehlerbalken** eintragen. Hat man einen linearen Zusammenhang gemessen (z. B. die Gewichtskraft F von unterschiedlich langen Stäben der Länge s, so lässt sich oft keine Gerade durch die Messpunkte zeichnen. Man muss dann eine **Ausgleichsgerade** so einzeichnen, dass ihr Abstand zu den einzelnen Messpunkten so gering wie möglich ist (Abb.).

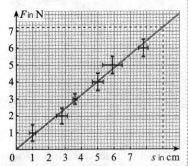

Fehlerrechnung: Beispiel für eine Messreihe mit Fehlerbalken (blau). Die Ausgleichsgerade geht durch alle Fehlerbalken und hat von den Messpunkten den kleinstmöglichen Abstand.

Fein|struktur: die Aufspaltung der Energieniveaus eines ↑Atoms aufgrund der magnetischen Wechselwirkung zwischen den mit Bahn- und Eigendrehimpuls (↑Spin) verbundenen magnetischen Momenten. Sie lässt sich durch eine entsprechende Aufspaltung von Spektrallinien nachweisen.

Feld: die Gesamtheit aller Werte einer physikalischen Größe, die an jedem Punkt des Raumes durch eine oder mehrere Funktionen beschrieben wird. Im ersteren Fall (eine Funktion) spricht man von einem skalaren F., im letzteren von einem Vektor- oder einem höherdimensionalen F. (z. B. Tensorfeld).

Felder treten in allen Bereichen der Physik auf, etwa als elektrisches, magnetisches oder Schwerefeld und als Temperatur- oder Geschwindigkeitsfeld; auch die Mathematik kennt Felder (Wahrscheinlichkeitsfeld). Ein homogenes F. hat an jedem Punkt des Raums (oder eines Teilraums) den gleichen Wert, z. B. das elektrische F. im Inneren eines Leiters. Andernfalls handelt es sich um ein inhomogenes Feld.

Besondere Bedeutung haben **Vektorfelder,** deren Feldgrößen dreikomponentige Vektoren sind. Der Betrag dieser Feldvektoren gibt die Feldstärke an. Vektorfelder werden auch Kraftfelder genannt, da sie die Richtung der Kraftwirkung auf einen Probekörper angeben, welcher der vom Feld beschriebenen Wechselwirkung unterliegt (z. B. einer Probemasse beim Schwerefeld oder einer Probeladung beim elektrischen Feld). Vektorfelder werden durch **Feldlinien** veranschaulicht; dies sind Kurven, deren Tangenten an jedem Punkt des Raumes die Richtung des F. (bzw. der Kraftwirkung) anzeigen und deren Dichte proportional zum Betrag der Feldvektoren und damit zur Feldstärke ist. Feldlinien schneiden sich nicht, und durch jeden Punkt geht genau eine Feldlinie. Wenn sich das F. als Gradient (räumliche Ableitung) eines ↑Potenzials darstellen lässt, dann stehen die Feldlinien senkrecht auf den Äquipotenzialflächen. Punkte oder Oberflächen, an denen Feldlinien beginnen oder enden, nennt man die ↑Quellen oder Senken des F. Beim elektrischen F. beispielsweise sind dies elektrische Punkt- oder Oberflächenladungen.

Auch in der allgemeinen ↑Relativitätstheorie und der ↑Quantentheorie spielen F. eine große Rolle; die Quantenelektrodynamik und die Quantenchromodynamik sind sog. Quantenfeldtheorien (QFT), in denen Teilchen mit angeregten Zuständen fundamentaler F. identifiziert werden. Die wichtigsten F. der klassischen Physik sind das elektrische F., das Magnetfeld und das Gravitations- oder Schwerefeld.

■ Elektrisches Feld

Das elektrische F. legt an jedem Punkt des Raumes die Coulomb-Kraft $\vec{F}_C$ fest, die eine punktförmige positive Probeladung Q erfahren würde (↑Coulomb-Gesetz). Für die elektrische Feldstärke $\vec{E}$ gilt:

$$\vec{E} = \vec{F}_C / Q.$$

Daher werden die negativ geladenen Elektronen im elektrischen Feld entgegen der Richtung beschleunigt, in welche die Feldlinien zeigen (↑Stromrichtung). Die Einheit der elektrischen Feldstärke ist Newton/Coulomb, und wegen 1 Nm = 1 J = 1 V·C gilt:

$$1\frac{N}{C} = 1\frac{Nm}{Cm} = 1\frac{V}{m}.$$

Elektrische Ladungen sind die Quellen des elektrischen Feldes; elektrische Feldlinien beginnen bei positiven und enden bei negativen Ladungen (Abb. 1). In der Elektrostatik ist das elektrische Feld die Ableitung des ↑elektrischen Potenzials nach dem Ort, die Feldlinien stehen immer senkrecht Äquipotenzialflächen (Flächen mit gleichem Wert des Potenzials), z. B.

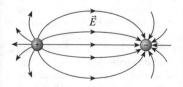

Feld (Abb. 1): Elektrische Feldlinien verlaufen von positiven zu negativen Ladungen.

auf Leiteroberflächen. In der Elektrostatik gibt es keine geschlossenen elektrischen Feldlinien; diese treten nur in der Elektrodynamik bei zeitlich veränderlichen Feldern aufgrund der ↑Induktion auf. Wichtige Beispiele für statische elektrische Felder sind:

▨ das (annähernd) homogene Feld im Inneren eines Plattenkondensators (Abb. 2). Die Feldlinien verlaufen in gleichen Abständen von der positiven zur negativen Platte, nur an den Rändern treten Abweichungen von der Homogenität auf. Für die Feldstärke im Plattenkondensator gilt

$$E = \frac{U}{d}$$

(d Plattenabstand, U am Kondensator anliegende Spannung).

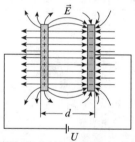

Feld (Abb. 2): elektrische Feldlinien beim Plattenkondensator

Zur Herleitung betrachte man die Arbeit W, die an einer Elementarladung geleistet wird, wenn sie vom Feld entlang der Feldlinien um die Strecke d bewegt wird: $W = F_C \cdot d = e \cdot U \cdot d$. Andererseits ist $W = Q \cdot U$, damit erhält man durch Gleichsetzen $e \cdot U = e \cdot E \cdot d$ und daraus $E = U/d$. Diese Beziehung ist nur ein Spezialfall der allgemeinen Beziehung

$$E = \frac{dU}{dr},$$

das elektrische Feld ist also die Orts-
ableitung des Potenzials. (Multipliziert man dies auf beiden Seiten mit
der Ladung, so folgt die bekannte
Gleichung $F = dW/dx$.)

■ das kugelsymmetrische Feld einer
Punktladung (Abb. 3). Eine einzelne
Punktladung Q erzeugt ein elektrisches Feld, das auf eine Probeladung
Q_{Pr} eine Coulomb-Kraft

$$F_C = \frac{Q \cdot Q_{Pr}}{4\pi\varepsilon r^2}$$

(ε ↑Dielektrizitätskonstante) ausübt.
Indem man durch Q_{Pr} dividiert, folgt

$$E = \frac{Q}{4\pi\varepsilon r^2} = -\frac{d\varphi}{dr}$$

die Feldstärke nimmt also quadratisch mit dem Abstand r ab und ist
die Ableitung des ↑elektrischen Potenzials nach r.

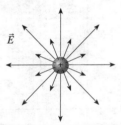

Feld (Abb. 3): kugelsymmetrisches elektrisches Feld einer positiv geladenen Kugel

Zur Beschreibung des elektrischen Feldes in nicht leitenden Körpern (↑Di-
elektrika) benutzt man einen ↑dielek-
trische Verschiebung genannten Vektor
$\vec{D} = \varepsilon \cdot \vec{E}$, der sich vom $\vec{E}$-Vektor dadurch unterscheidet, dass er Effekte der
elektrischen ↑Polarisation mit berücksichtigt.

■ Magnetfeld

Die magnetische Kraftwirkung zwischen Dauermagneten, elektrischen
Strömen oder magnetisierten Stoffen
wird durch ein Feld beschrieben, das

sich vom elektrischen Feld in zwei
Punkten unterscheidet:
Zum einen gibt es keine magnetischen
Punktladungen oder Monopole. Magnetische Feldlinien beginnen und enden nirgends, sondern sind immer geschlossen (↑Magnetismus). Auch bei
Stab- oder Hufeisenmagneten enden
die Feldlinien nur scheinbar an deren
Oberfläche, in Wirklichkeit setzen sie
sich in deren Innerem fort (Abb. 4).
Das einfachste Magnetfeld ist ein Dipolfeld (↑Dipol), auch Elementarteilchen wie Protonen oder Elektronen besitzen ein dipolartiges Magnetfeld
(↑Spin).

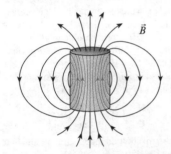

Feld (Abb. 4): Die magnetischen Feldlinien
(d. h. die Linien der magnetischen Flussdichte $\vec{B}$) schließen sich im Inneren eines
Stabmagneten.

Zum anderen wird ein Magnetfeld immer nur durch *bewegte* elektrische Ladungen hervorgerufen, während die Ursache für das Vorhandensein eines
elektrischen Felds sowohl ruhende als
auch bewegte Ladungen sein können.
Dies kann an einem von elektrischem
Strom (d. h. meistens von Elektronen)
durchflossenen Leiter mit einem kleinen Magneten leicht überprüft werden.
Auch der dem Dauermagneten zugrunde liegende ↑Ferromagnetismus kann
mikrophysikalisch auf elektrische Ströme zurückgeführt werden, nämlich auf
Bahn- und Eigendrehimpuls der Elek-

tronen in den Atomen eines Ferromagnetikum.

Diejenige Größe im Bereich des Magnetismus, die analog zur elektrischen Feldstärke $\vec{E}$ definiert ist, wird magnetische Induktion, magnetische Flussdichte oder einfach Magnetfeld genannt und mit dem Symbol $\vec{B}$ bezeichnet. Die Mehrfachbenennung ein und derselben Größe ist historisch bedingt, ebenso wie die Bezeichnung **magnetische Feldstärke** $\vec{H}$ für eine Größe, die mit $\vec{B}$ wie folgt verknüpft ist:

$$\vec{B} = \mu\vec{H} = \mu_r\mu_0\vec{H}$$

(μ ↑Permeabilität, μ_r ↑Permeabilitätszahl, μ_0 ↑magnetische Feldkonstante). Ein Magnetfeld ist vollständig durch die vektorielle Größe $\vec{B}$ beschrieben. Der Betrag von $\vec{B}$ ist die Kenngröße für die Stärke des magnetischen Felds. Lediglich, wenn magnetische Materialien betrachtet werden, kann es von Vorteil sein, mit $\vec{H}$ anstelle von $\vec{B}$ zu arbeiten. Die Einheit von $\vec{B}$ ist ↑Tesla (T), es gilt 1 T = 1 N/(Am); die Einheit von $\vec{H}$ ist A/m.

Die beiden einfachsten Beispiele für von Strömen hervorgerufene Magnetfelder sind der unendlich lange elektrische Leiter und die ↑Spule.

▨ Magnetfeld eines gestreckten Leiters (Abb. 5): Das Magnetfeld B im (senkrechten) Abstand r von einem geraden, unendlich langen Leiter ist proportional zum Quotienten aus Stromstärke I und Abstand. Der Proportionalitätsfaktor lautet im ↑SI aus historischen Gründen $\mu_0/2\pi$ (μ_0 ↑ma-gnetische Feldkonstante):

$$B = \frac{\mu_0}{2\pi} \cdot \frac{I}{r}.$$

▨ Magnetfeld im Inneren einer Spule (Abb. 6): Innerhalb einer sehr langen Spule mit n Windungen und der Länge l gilt:

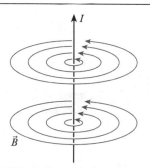

Feld (Abb. 5): Magnetfeld eines langen stromdurchflossenen Leiters

$$B = \mu_r\mu_0 \frac{n}{l} \cdot I.$$

Dabei ist μ_r die relative Permeabilität. Diese ist im Vakuum 1, sie gibt an, um das wie Vielfache sich B erhöht, wenn ein (magnetisierbarer) Stoff ins Spuleninnere gebracht wird. Mit einem Kern aus speziellen Eisenlegierungen kann man das Spulenmagnetfeld um das 20 000–75 000fache erhöhen.

■ **Elektromagnetisches Feld**

In der zweiten Hälfte des 19. Jh. erkannte man, dass elektrisches und magnetisches Feld eng miteinander verknüpft sind: zeitlich veränderliche elektrische Felder (wie z. B. bei einer sich bewegenden, felderzeugenden Ladung) rufen Magnetfelder hervor, und zeitlich veränderliche Magnetfelder erzeugen elektrische Felder, die als ↑Verschiebungsstrom nachgewiesen werden können. Deshalb kennt die Theorie der Elektrodynamik nur noch ein einheitliches elektromagnetisches Feld, aus dem sich die Vektoren $\vec{E}$, $\vec{D}$, $\vec{B}$ und $\vec{H}$ ableiten lassen. Sich als Wellen im Raum fortpflanzende elektromagnetische Felder nennt man ↑elektromagnetische Wellen; Beispiele hierfür sind Lichtwellen, Radiowellen oder Röntgenstrahlen.

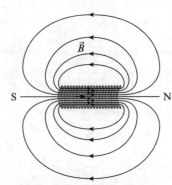

Feld (Abb. 6): Magnetfeld einer Zylinder-spule

■ **Gravitationsfeld**

Die Kraft der Massenanziehung nimmt ebenso wie die Coulomb-Kraft mit dem Quadrat des Abstands ab. Daher kann man analog ein Schwerefeld oder Gravitationsfeld mit der Gravitationsfeldstärke oder ↑Fallbeschleunigung $\vec{g} = \vec{F}/m$ definieren ($\vec{F}$ Schwerkraft, m felderzeugende Masse; ↑Gravitation). Genau genommen beschreibt $\vec{g}$ nur dann das Gravitationsfeld, wenn schwere und träge ↑Masse exakt gleich sind – denn es gilt einerseits Kraft = *träge* Masse mal Beschleunigung und andererseits Kraft = *schwere* (felderzeugende) Masse mal Feldstärke.

Feld|effekttransistor, Abk. FET: ein ↑Transistor, der anders als ein Bipolartransistor bei der Steuerung des zu beeinflussenden Stroms keine Leistung aufnimmt. Dies wird erreicht, indem man ein steuerbares elektrisches Feld in dem Raumbereich zwischen Zu- und Ableitungselektrode (Source oder Quelle und Drain oder Senke) erzeugt. Diese beiden Elektroden kontaktieren eine durch Dotierung hergestellte dünne aktive Schicht auf einem halbisolierenden Halbleitergrundmaterial (Abb.). Die felderzeugende dritte Elektrode heißt Gate oder Gatter. Es gibt verschiedene Typen von FET, die sich durch die Anbringung des Gates und die Art der Ausbildung des Steuerfelds unterscheiden. Beim MOSFET (Metalloxidschicht-FET) liegt eine isolierende Schicht aus Metalloxid zwischen Gate und aktiver Schicht.

Feld|elektronenmikroskop: ↑Elektronenmikroskop.

Feld|emission: der Austritt von Metallen aus kalten Metallen unter dem Einfluss sehr hoher elektrischer Felder (10^8 V/m und mehr). Die F. liegt dem Feldemissionsmikroskop (↑Elektronenmikroskop) zugrunde und tritt nur in sehr gutem Vakuum auf; sonst bildet sich eine ↑Gasentladung aus.

Feld|energie: die als Energiedichte räumlich verteilte Energie eines ↑Feldes. Elektromagnetische Wellen oder Gravitationswellen transportieren Feldenergie in Ausbreitungsrichtung.

Feldlinien: ↑Feld.

Feldspule: Gegensatz zur ↑Induktionsspule.

Feldstärke: ↑Feld.

Femto: ↑Einheitenvorsätze.

fermatsches Prinzip [fɛr'ma-; nach PIERRE DE FERMAT, *1601, †1665]: Grundgesetz der geometrischen Optik, das den Strahlenverlauf in einem Medium beschreibt. Demnach wählt das Licht immer den Weg, auf dem der optische Lichtweg (im einfachsten Fall das Produkt aus geometrischer Weglänge und Brechzahl des Mediums) minimal ist. Es wählt also den *schnellsten* und nicht den *kürzesten* Weg.

Fermi [nach E. FERMI], Abk. fm: anderer Name für Femtometer (10^{-15} m).

Fermilab ['fɛːmɪlæb], Abk. für Fermi National Accelerator Laboratory: Forschungseinrichtung für Hochenergiephysik in Batavia (Illinois). Das F. betreibt mit dem Tevatron den Beschleuniger mit der derzeit höchsten Energie; u. a. wurde dort 1995 das Top-Quark entdeckt (↑Quarks).

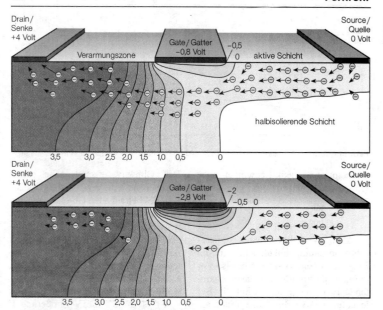

Drain/Senke +4 Volt · Gate/Gatter −0,8 Volt · Verarmungszone · −0,5 0 · aktive Schicht · Source/Quelle 0 Volt · halbisolierende Schicht

3,5 3,0 2,5 2,0 1,5 1,0 0,5 0

Drain/Senke +4 Volt · Gate/Gatter −2,8 Volt · −2 −0,5 0 · Source/Quelle 0 Volt

3,5 3,0 2,5 2,0 1,5 1,0 0,5 0

Feldeffekttransistor: Stromfluss bei niedriger (oben) und hoher (unten) Gatespannung. Die Konturlinien verbinden Punkte mit gleicher Spannung

Fermi|onen [nach E. FERMI]: Sammelbegriff für alle Teilchen mit halbzahligem Spin, also Teichen, deren ↑Spin ein ungerades Vielfaches von $\hbar/2$ beträgt. Fermionische ↑Elementarteilchen sind die Leptonen (z. B. Elektronen) und die Quarks.

Fernpunkt: der am weitesten vom Auge entfernte Punkt, der gerade noch scharf gesehen werden kann. Um den F. scharf zu sehen, muss sich das ↑Auge nicht akkommodieren. Im Gegensatz zum ↑Nahpunkt ist die Lage des F. kaum altersabhängig.

Fernrohr: ein optisches Instrument, mit dem entfernte Objekte unter einem größeren Winkel, also vergrößert, abgebildet werden können. Alle F. besitzen mindestens zwei optische Komponenten, ein ↑Objektiv und ein ↑Okular. Dabei fällt der bildseitige Brennpunkt des Objektivs mit einem Brennpunkt des Okulars zusammen. Das langbrennweitige Objektiv ist immer sammelnd, während das Okular, welches das vom Objektiv erzeugte reelle Bild vergrößert, sowohl sammelnd als auch zerstreuend wirken kann. Um verschiedene ↑Abbildungsfehler zu vermeiden, bestehen beide Komponenten meist aus mehreren Einzelteilen. Die optischen Komponenten eines Fernrohrs sind in einem üblicherweise zylindrischen Tubus (lat. »Röhre«) untergebracht. Bei größeren Teleskopen ist eine stabile und vibrationsfreie Aufstellung sowie die exakte Ausrichtung auf das Beobachtungsobjekt äußerst wichtig. Die wichtigsten Kenndaten eines F. sind seine **Vergrößerung** V, sein **Objektivdurchmesser** D, der Seh- oder **Gesichtsfeldwinkel** α_g sowie das ↑Auflösungsvermögen A. V ergibt sich dem Winkel α_F, unter dem ein Objekt *mit* F.

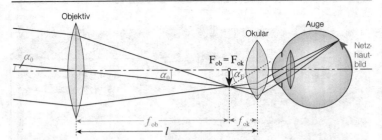

Fernrohr (Abb. 1): Strahlengang beim keplerschen Fernrohr; das Okular ist eine Sammellinse.

erscheint, und dem Sehwinkel ohne Hilfsmittel α_0 als

$$V = \frac{\tan \alpha_F}{\tan \alpha_0}.$$

Für kleine Winkel, wie sie bei der Fernrohrbeobachtung üblich sind, gilt im Bogenmaß $\tan\alpha \gg \sin\alpha \gg \alpha$, also $V = \alpha_F/\alpha_0$. D bestimmt die in das F. eintretende Lichtmenge und damit die Beleuchtungsstärke am Auge (oder am Detektor). Die Angabe »8 × 50« auf einem F. bedeutet $V = 8$ und $D = 50$ mm. α_g schließlich ist der Winkel, unter dem das gesamte Gesichtsfeld dem Beobachter erscheint; $\alpha_g = 8,6°$ bedeutet z. B., dass man in 1000 m Entfernung noch eine Strecke von 150 m überblicken kann (sin 8,6° = 150/1000). Das Auflösungsvermögen eines F. wird von ↑Beugung und Abbildungsfehlern begrenzt; es gilt $A = 0,82 \cdot D/\lambda$ (λ Lichtwellenlänge).

Man unterscheidet generell zwischen Linsenfernrohren (Refraktoren) und Spiegelfernrohren (Reflektoren).

■ **Linsenfernrohre**

Bei Linsenfernrohren sind sowohl Objektiv als auch Okular ↑Linsen, durch die das einfallende Licht hindurchtritt. Das **keplersche** oder **astronomische Fernrohr** (die zweite Bezeichnung ist historisch, in der Astronomie werden heute vor allem Spiegelteleskope benutzt) hat als Okular eine Sammellinse.

Das Objektiv erzeugt nahe seiner Brennebene ein verkleinertes reelles Bild des betrachteten Objekts, das vom Okular wie durch eine Lupe vergrößert wird. Beim Betrachter entsteht ein umgekehrtes (oben ist mit unten und links mit rechts vertauscht), stark vergrößertes Bild. Die Länge l eines keplerschen F. ist die Summe von Objektivbrennweite f_{ob} und Okularbrennweite f_{ok}: $l = f_{ob} + f_{ok}$ (Abb. 1), die Vergrößerung V das Verhältnis der beiden Brennweiten:

$$V = f_{ob}/f_{ok}.$$

Das **holländische** oder **Galilei-Fernrohr**, das zwar nach G. GALILEI benannt, aber von dem niederländischem Brillenmacher HANS LIPPERSHEY (*1570, †1619) erfunden wurde, besitzt im Gegensatz zum keplerschen F. eine Zerstreuungslinse als Okular. Dadurch liegen hier beide *bild*seitigen Brennpunkte übereinander, und zwar bildseitig außerhalb des Tubus (Abb. 2). Die Länge l eines Galilei-Fernrohrs entspricht damit der Differenz der Brennweiten: $l = f_{ob} - f_{ok}$. Da die vom Objektiv kommenden Strahlen auf die Zerstreuungslinse treffen, bevor sie ihren Brennpunkt erreichen, vereinigen sie sich nicht zu einem reellen Bild, sondern gelangen als parallele Strahlen ins Auge. Der Winkel, unter dem sie das Okular verlassen, ist dabei größer als der Sehwinkel ohne Fernrohr. Diese Vergrößerung ergibt sich wieder als

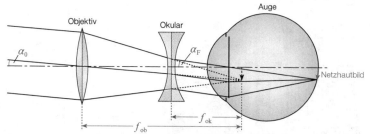

Fernrohr (Abb. 2): Galilei-Fernrohr mit zerstreuender Okularlinse

Quotient der Objektiv- und Okularbrennweiten. Da sich bei diesem Strahlengang die vom Objektiv kommenden Strahlen nicht in einem reellen Bild kreuzen, entsteht im Auge ohne weitere Hilfsmittel ein aufrechtes und seitenrichtiges Bild. Das Galilei-Fernrohr ist deutlich kürzer und damit handlicher als ein keplersches F., es eignet sich aber nur für schwache Vergrößerungen bis etwa 2,5, da sonst das Gesichtsfeld zu klein wird. Man benutzt es z. B. als Opernglas.

Das **terrestrische Fernrohr** (Erdfernrohr, lat. terra »Erde«) ist im Prinzip ein keplersches F., das aber eine zusätzliche ↑Umkehrlinse enthält (Brennweite f_u). Diese ist so angebracht, dass zwischen dem vom Objektiv erzeugten Bild und dem Okularbrennpunkt die Strecke $4f_u$ liegt mit der Umkehrlinse in der Mitte (Abb. 3). Das so erzeugte Bild ist wie beim Galilei-Fernrohr aufrecht und seitenrichtig. Allerdings ist das terrestrische F. wegen seiner großen Länge $(l = f_{ob} + 4f_u + f_{ok})$ sehr unhandlich.

Das **Prismenfernrohr** benutzt statt einer Umkehrlinse zwei ↑Umkehrprismen zur Erzeugung eines aufrecht stehenden Bildes; ein Prisma vertauscht dabei oben und unten, eines links und rechts. Durch diese Anordnung wird der Strahlengang »gefaltet«, d. h. zweimal um 180° umgelenkt (Abb. 4). Daher sind Prismenfernrohre sehr handlich und werden als Fernglas oder Feldstecher auch im Alltag häufig benutzt.

■ **Spiegelfernrohre**

Die Objektivdurchmesser von Linsenfernrohren sind auf maximal ca. 1 m beschränkt, da sich keine größeren brauchbaren Linsen herstellen lassen. Da man aber in der Astronomie v. a. auf eine starke lichtsammelnde Wirkung angewiesen ist, verwendet man für größere F. Hohlspiegel als Objektive. Dies hat überdies – ähnlich wie beim Prismenfernrohr – den großen Vorteil einer

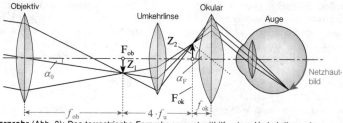

Fernrohr (Abb. 3): Das terrestrische Fernrohr erzeugt mithilfe einer Umkehrlinse ein aufrecht-seitenrichtiges Bild.

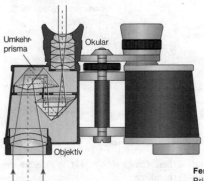

Fernrohr (Abb. 4): Feldstecher, ein kleines Prismenfernrohr

deutlich (auf die Hälfte) verkürzten Tubuslänge. Beim Newton-Reflektor (nach I. NEWTON) wird das durch das offene Ende des Tubus einfallende Licht von einem Parabolspiegel gebündelt und von einem kleinen Fangspiegel um 90° seitlich aus dem Tubus ausgelenkt. Wie beim keplerschen F. fallen bildseitiger Objektivbrennpunkt und objektivseitiger Okularbrennpunkt zusammen, im Okular sieht man ein umgekehrtes Bild, was allerdings bei astronomischer Beobachtung keine

erfolgt mithilfe elektronischer Kameras, die Übertragung beruht auf der ↑Modulation hochfrequenter elektromagnetischer Wellen mit Wellenlängen im Gigahertz-Bereich. Der Empfänger (»Fernseher«) wandelt das Signal in Steuersignale für eine Bildröhre um, die mithilfe von zwei senkrecht aufeinander stehenden Spulenpaaren einen Elektronenstrahl zeilenweise über einen Leuchtschirm lenkt. Bei der in Mitteleuropa gültigen 625-Zeilen-Norm enthält ein Bild etwa 500 000 Punkte,

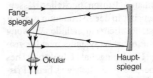

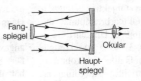

Fernrohr (Abb. 5): Spiegelfernrohr nach Newton (links) und nach Cassegrain (rechts)

großen Nachteile birgt. Ein anderer wichtiger Spiegelfernrohrtyp ist das Cassegrain-Fernrohr (nach JACQUES CASSEGRAIN, *1652, †1712), das einen gewölbten Sekundärspiegel benutzt; dadurch wird die Tubuslänge noch weiter reduziert (Abb. 5).
Fernsehen: die gleichzeitige Aufnahme, Übertragung und Wiedergabe von Bild- und Tonsignalen. Die Aufnahme

25 Bilder pro Sekunde werden übertragen (das Auge kann höchstens 16 Bilder pro Sekunde als zeitlich getrennt wahrnehmen). Zur Aufnahme und Wiedergabe von Farbfernsehbildern verwendet man Filter in drei (oder vier) Grundfarben, die je einen Farbauszug erzeugen bzw. auslesen; Farbfernsehen verwendet also eine subtraktive ↑Farbmischung.

Fernwirkung: eine Kraftwirkung, die unmittelbar, d. h. ohne Medium und ohne zeitliche Verzögerung geschieht. Bis zur Mitte des 19. Jh. war die F.-Theorie in der Physik vorherrschend. Sie wurde in Elektrodynamik und Relativitätstheorie durch die Theorie der ↑Nahwirkung ersetzt.

Ferri|elektrizität [zu lat. ferrum »Eisen«]: das elektrische Analogon des ↑Ferrimagnetismus, das bei einer kleinen Gruppe von Kristallen auftritt und ähnliche Erscheinungen wie die ↑Ferroelektrizität hervorruft.

Ferrimagnetismus: eine dem ↑Antiferromagnetismus verwandte Eigenschaft magnetischer Materialien, bei denen die ↑magnetischen Momente der Atome zwar paarweise antiparallel ausgerichtet sind, sich jedoch betragsmäßig nicht ausgleichen; insgesamt liegt also eine makroskopische Magnetisierung vor. Ferrimagnete zeigen deshalb ähnliches Verhalten wie Ferromagnete (↑Ferromagnetismus), haben aber eine viel geringere Sättigungsmagnetisierung. Oberhalb der Curie-Temperatur sind Ferrimagnete paramagnetisch.

Zu den ferrimagnetischen Stoffen gehören vor allem Verbindungen von Übergangsmetallen sowie **Ferrite** und Granate. Ferrite sind keramische Werkstoffe, die sich aus Eisenoxid und Oxiden zweiwertiger Metalle zusammensetzen. Ferrite haben hohe relative Permeabilitäten von bis zu 15 000 bei einem großen elektrischen Widerstand und eignen sich deshalb als Bauteile der Hochfrequenztechnik, als wirbelstromfreie Eisenkerne in Spulen oder als Tonköpfe.

Ferrite: ↑Ferrimagnetismus.

Ferro|elektrizität: das Vorliegen einer makroskopisch wahrnehmbaren elektrischen ↑Polarisation in einem Körper, ohne dass diese von einem äußeren elektrischen Feld hervorgerufen wird. Die F. ist das elektrische Analogon des ↑Ferromagnetismus. Der ↑Magnetisierung, also der permanenten Ausrichtung der mikroskopischen magnetischen Dipole (Elementarmagnete) entspricht hier eine nur langsam abklingende Ausrichtung der atomaren elektrischen Dipole, sozusagen der Elementarelektrete.

Oberhalb einer materialspezifischen Curie-Temperatur sind Ferroelektrika (Singular: Ferroelektrikum) paraelektrisch, d. h. sie zeigen in einem äußeren elektrischen Feld Orientierungspolarisation. Sie besitzen eine sehr hohe Dielektrizitätskonstante (analog zur hohen Permeabilität der Ferromagnetika), haben eine Domänenstruktur, und die Abhängigkeit ihrer Polarisation von der angelegten elektrischen Feldstärke unterliegt der Hysterese (↑Hystereseschleife). Bekannte Ferroelektrika sind Bariumtitanat ($BaTiO_3$), KDP-Kristalle (KH_2PO_4) und Seignettesalz (Kalium-Natrium-Tartrat), die als nicht lineare Kristalle z.B. in Lasern eingesetzt werden.

Ferromagnetismus: eine Form der magnetischen Ordnung in Festkörpern, bei der die mikroskopischen ↑magnetischen Momente so gerichtet sind, dass sich eine makroskopische Magnetisierung ergibt, der Körper also insgesamt ein magnetisches Moment besitzt. Die mikroskopischen magnetischen Dipole werden bei Ferromagnetika (Singular: Ferrromagnetikum) von den Eigendrehimpulsen (↑Spins) ungepaarter Elektronen hervorgerufen. Im klassischen Bild bezeichnete man sie auch als Elementarmagnete. Aufgrund sog. Austauschwechselwirkungen ist es in Ferromagnetika für die atomaren magnetischen Momente energetisch günstiger, in die gleiche Richtung wie benachbarte Momente zu zeigen. Dadurch bilden sich spontan Bezirke, in denen alle Elementarmagnete gleich orientiert sind; man nennt sie **Domänen** oder **weiss-**

F

sche Bezirke (Abb.). Jede Domäne hat damit ein magnetisches Moment. Wenn sich die (vektoriell) addierten Momente aller Domänen aufheben, erscheint der Körper unmagnetisch, andernfalls ist er ein ↑Dauermagnet. Wenn man ein äußeres Magnetfeld auf ein Ferromagnetikum wirken lässt, so geschieht im Wesentlichen zweierlei: 1. vergrößern sich einzelne Domänen auf Kosten anderer durch Verschieben der Begrenzungszonen (**Bloch-Wände;** nach FELIX BLOCH, *1905, †1983), und 2. richten sich die Momente der Domänen teilweise oder vollständig in Richtung

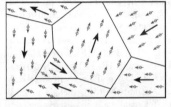

Ferromagnetismus: Domänenstruktur

des äußeren Feldes aus. Dadurch steigt die gesamte Magnetisierung und damit auch das Magnetfeld im Ferromagnetikum um mehrere Zehnerpotenzen an. Die ↑Permeabilität eines Ferromagneten kann Werte von 10 000–75 000 erreichen. Das Wachsen der Domänen und das Ausrichten (Umklappen) ihrer Momente nennt man **Barkhausen-Sprünge** (nach HEINRICH BARKHAUSEN, *1881, †1956). Man kann sie mit einem Lautsprecher nachweisen, indem man ein Ferromagnetikum in eine Spule bringt, wo die Barkhausen-Sprünge Spannungsstöße induzieren (**Barkhausen-Effekt,** ↑Induktion).

Anders als beim ↑Diamagnetismus und beim ↑Paramagnetismus hängen beim F. (makroskopische) Magnetisierung $\vec{M}$ und magnetische Feldstärke $\vec{H}$ nicht linear zusammen und sind darüber hinaus von der Vorgeschichte abhängig

(↑Hystereseschleife). Dabei kann $\vec{M}$ nicht über einen Maximalwert, die Sättigungsmagnetisierung, hinaus ansteigen. Der einfache Grund hierfür ist, dass bei vollständiger Ausrichtung aller Domänen keine weiteren Domänen mehr ausgerichtet werden können.

Der Ausrichtung der mikroskopischen magnetischen Dipole wirkt die thermische Bewegung entgegen: Je höher die Temperatur, desto geringer ist die magnetische Ordnung. Oberhalb einer Grenztemperatur, nach P. CURIE **Curie-Temperatur** (T_C, Tab.) genannt, bricht die ferromagnetische Ordnung ganz zusammen und der Stoff wird paramagnetisch. Unterhalb von T_C gilt für die Abhängigkeit der ↑magnetischen Suszeptibilität χ_m (das Verhältnis der Beträge von $\vec{M}$ und $\vec{H}$) von der Temperatur T das **Curie-Weiss-Gesetz:**

$$\chi = \frac{C}{T - T_C}.$$

C ist die **Curie-Konstante,** die von Größe und Anzahl der mikroskopischen magnetischen Momente abhängt; T wird in Kelvin angegeben.

Zu den Ferromagnetika gehören außer Eisen, Cobalt und Nickel weitere Übergangsmetalle (z. B. Erbium) sowie Legierungen, z. T. auch aus nicht ferromagnetischen Materialien wie die

Material	T_C in K
Eisen	1043
Cobalt	1398
Nickel	631
Erbium	> 510
Bariumferrit	> 710
Magnetit	> 800
heuslersche Legierungen	333–653

Ferromagnetismus: Curie-Temperatur T_C verschiedener Materialien; die Werte variieren etwas mit der Messmethode bzw. der Art der Legierung.

heuslerschen Legierungen aus Aluminium, Kupfer und Mangan.

Fest|elektrolyt: ein elektrisch leitender Festkörper, bei dem die ↑Ionenleitung im Vergleich zur Elektronenleitung überwiegt.

Festkörper: ein Körper im festen ↑Aggregatzustand.

Festkörperlaser [-leɪzə]: ein ↑Laser, dessen aktives Medium aus einem Festkörper, hier einem Kristall oder einem Glas, besteht. Dabei werden in ein durchsichtiges Trägermedium durch ↑Dotierung bis zu 1 % Fremdionen eingebracht, in denen die Laserübergänge stattfinden. Dies ermöglicht eine gut 100-mal höhere Dichte der Laserzentren als etwa in ↑Gaslasern. Ein F. wird mit Blitz- oder Bogenlampen oder mit Diodenlasern gepumpt.
F. mit fester Frequenz sind der Rubin- oder der Neodymlaser. Es lassen sich auch abstimmbare Farbstofflaser konstruieren.

Festkörperphysik: Zweig der Physik, der die makroskopischen Eigenschaften fester Körper, vor allem aber deren Erklärung aus ihrer mikroskopischen Struktur heraus zur Aufgabe hat. Wichtige Teilgebiete sind die Aufklärung von Kristallstrukturen, die Bestimmung von Bindungsverhältnissen sowie das Verhalten von Festkörpern unter mechanischen Spannungen oder in elektromagnetischen Feldern.
Eine wichtige theoretische Vorstellung ist die Übertragung der Welle-Teilchen-Dualität auf mechanische Wellen (Schallwellen) im Festkörper: Diese Wellen werden auf elementare Quanten, sog. **Phononen,** zurückgeführt.
Eine weitere große Leistung der F. ist die Erklärung der elektrischen Leitfähigkeit anhand des ↑Bändermodells. Durch die Entdeckung und Ausnutzung der spezifischen Eigenschaften von ↑Halbleitern hat die F., insbesondere wegen der Anwendungen in der Mikro-

elektronik, enorme wirtschaftliche Bedeutung gewonnen.

FET: Abk. für ↑Feldeffekttransistor.

Fettfleckfotometer: einfaches Gerät zur Messung der ↑Lichtstärke einer (punktförmigen) Lichtquelle. Ein mit einem Fettfleck versehenes Blatt weißes Papier befindet sich dabei zwischen einer Referenzlichtquelle und der zu untersuchenden Lichtquelle. Das Blatt wird so lange verschoben, bis der Fettfleck von beiden Seiten aus nicht mehr zu erkennen ist, die von beiden Seiten einfallende Lichtstärken also gleich sind. Aus der Lage des Blattes und der Stärke der Referenzquelle kann die gesuchte Lichtstärke errechnet werden.

Feuchtigkeit (Feuchte): der Wasserdampfgehalt eines Gases; bei Luft spricht man von **Luftfeuchtigkeit** bzw. -feuchte. Man unterscheidet zwischen absoluter und relativer F.:
Die **absolute Feuchtigkeit** f wird auf die Menge des Wasserdampf enthaltenden Gases bezogen; sie ist definiert als

$$f = m_D / V$$

(m_D enthaltene Masse an Wasserdampf, V Gasvolumen). Die Einheit von f ist demnach g/m³.
Die **relative Luftfeuchtigkeit** φ bezieht sich dagegen auf die bei einer gegebenen Temperatur maximal mögliche absolute Feuchte, die Sättigungsfeuchte $f_{sätt.}$, oberhalb derer der Wasserdampf auszukondensieren beginnt: $\varphi = f / f_{sätt}$.

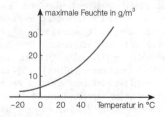

Feuchtigkeit: Temperaturabhängigkeit der Sättigungsfeuchte

φ ist dimensionslos, es wird meistens in Prozent angegeben.

Die Sättigungsfeuchte ist stark temperaturabhängig (Abb.). Erwärmt man Luft, so sinkt die relative Feuchte, weshalb sich z. B. Wolken bei Sonneneinstrahlung auflösen. Die Temperatur, bei der eine gegebene absolute Feuchte gleich der Sättigungsfeuchte wäre, heißt **Taupunkt.** Die Feuchtigkeit eines Gases wird mit einem ↑Hygrometer gemessen.

FhG: ↑Fraunhofer-Gesellschaft zur Förderung der angewandten Forschung e. V.

ficksches Gesetz: ↑Diffusion.

Filmdosimeter: Gerät zur Messung der Strahlendosis anhand der Schwärzung eines Filmstreifens (↑Dosis).

Fixpunkte der Temperaturmessung: ↑Temperaturskala.

Flächenladungsdichte, Formelzeichen σ : die auf eine Fläche A bezogene Dichte der ↑elektrischen Ladung Q:

$$\sigma = Q/A.$$

Flächensatz: das zweite ↑keplersche Gesetz.

Flaschenzug: eine Kombination von mehreren festen und losen Rollen, mit denen schwere Lasten gehoben werden können. Dabei wird die zum Heben nötige Kraft verkleinert, wobei sich der Kraftweg entsprechend vergrößert, sodass der Arbeitsaufwand mit oder ohne F. der gleiche ist. Die ↑Rollen werden zu je einer festen und einer losen Gruppe zusammengefasst, den sog. **Flaschen** (Abb.). Das Gewicht L der an der losen Flasche hängenden Last wird von ebenso vielen Seilstücken getragen, wie Rollen vorhanden sind (im Bild sechs). Jedes der n Seilstücke trägt nur ein n-tel der Last. Da die Kraft F nur an einem Stück angreift, herrscht Gleichgewicht, wenn $F = L/n$. Kraft- und Lastweg verhalten sich umgekehrt. Dies bedeutet im obigen Beispiel, dass

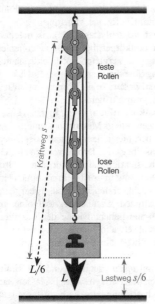

Flaschenzug

man nur ein Sechstel der Last aufwenden muss, um sie zu bewegen, dafür aber ein Seilstück bewegen muss, das sechsmal länger ist als die Strecke, um welche die Last gehoben wird.

Eine spezielle Form des F. ist der Differenzialflaschenzug, der zwei feste Rollen mit verschiedenen Radien benutzt, über die das Seil derart läuft, dass sie sich gegensinnig drehen.

Flavour ['fleɪvə, engl. »(Wohl-)Geschmack«] (amerik. Flavor): eine Quantenzahl, welche die verschiedenen Arten von ↑Quarks charakterisiert; es gibt die Flavours Up, Down, Strange, Charm, Bottom (oder Beauty) und Top (oder Truth). Nur die ↑schwache Wechselwirkung kann den Flavour ändern, und zwar durch Austausch eines geladenen W-Bosons.

Fliegen: eine Fortbewegung in der Luft oder allgemein einem Gas, die im Gegensatz zum ↑Schweben nicht auf statischem, sondern auf dynamischem ↑Auftrieb beruht. **Flugzeuge** fliegen aufgrund der Tatsache, dass die Luft oberhalb der Flügel schneller entlang strömt als unterhalb, wodurch nach den Gesetzen der Aerodynamik eine nach oben wirkende Kraft entsteht. Anders als beim Flugzeug hängt beim Hubschrauber der Auftrieb nicht von der Fluggeschwindigkeit ab, er benötigt auch keine Mindeststartgeschwindigkeit. Vögel, Fledermäuse und Insekten erreichen durch wellenförmige Flügelbewegungen und innerhalb eines Flügels variierende Anstellwinkel eine sehr große Wendigkeit bei einem, im Vergleich zu Flugmaschinen, deutlich geringeren Krafteinsatz.

Fliehkraft: ↑Zentrifugalkraft.

Flöte: ein Musikinstrument, bei welchem der Ton durch Spaltung des Luftstroms an einer Schneidekante entsteht. Im unten offenen Resonanzkörper bilden sich ↑stehende Wellen.

Fluchtgeschwindigkeit: diejenige Anfangsgeschwindigkeit, die ein senkrecht startender Flugkörper (Rakete) haben muss, um ohne weiteren Antrieb das Schwerefeld der Erde zu verlassen, oder genauer: um in einen Bereich zu kommen, in dem die Gravitationsanziehung anderer Himmelskörper (z. B. Mond, Sonne) mindestens so groß wie die der Erde ist. Anders ausgedrückt: Ein aus dem Unendlichen auf die Erde frei fallender Körper schlägt mit der F. an der Erdoberfläche ein. Die F. der Erde beträgt 11,18 km/s. Bei dieser Definition wird der Luftwiderstand *nicht* berücksichtigt.

Flugzeug: ↑Fliegen.

Fluoreszenz [engl. fluor »Flussspat«]: eine durch Bestrahlung mit elektromagnetischen Wellen (z. B. Licht) oder Teilchen (z. B. Elektronen) hervorgerufene Leuchterscheinung, die erstmals am Flussspat (Flourit) beobachtet wurde. Im Gegensatz zur ↑Phosphoreszenz

gibt es bie der F. kein Nachleuchten (die F. erlischt spätestens einige Mikrosekunden nach der Anregung). Beide Phänomene fasst man unter dem Begriff ↑Lumineszenz zusammen.

Fluoreszenzschirm: ↑Leuchtschirm.

Fluss: eine für jedes Vektorfeld (↑Feld) definierte Größe, die angibt, wie viele Feldlinien durch eine Fläche A treten. Man berechnet diesen Fluss als zweidimensionales sog. Flächenintegral des Feldes über diese Fläche. Wichtige Beispiele sind hydrodynamische Flüsse (z. B. bei Luft- oder Wasserströmungen), der ↑elektrische Fluss, der ↑magnetische Fluss, der Wärmefluss sowie Teilchen- und Energieflüsse in der Hochenergiephysik.

Flüssigkeit: ein Körper im flüssigen ↑Aggregatzustand.

Flüssigkristallanzeige: ↑LCD.

Flüssigkristalle: eine Gruppe von Materialien, die sowohl Eigenschaften eines geordneten Kristalls als auch solche von ungeordneten Flüssigkeiten aufweisen. Sie bestehen in der Regel aus lang gestreckten Molekülen (10–100 Atome), die sich gegeneinander verschieben lassen, aber ihre parallele räumliche Anordnung behalten. Sie sind die Grundlage der ↑LCD (Flüssigkristallanzeige).

Flut: ↑Gezeiten.

FM: Abk. für Frequenzmodulation (↑Modulation).

Fokus [lat. focus »Feuerstätte, Herd«]: ↑Brennpunkt.

Formänderungsarbeit: ↑Arbeit.

fortschreitende Welle: Gegensatz zu ↑stehende Welle.

fossile Brennstoffe [lat. fossilis »ausgegraben«]: die derzeit weltweit am meisten eingesetzten Energieträger; hierzu zählen Erdöl, Kohle, Erdgas. F. B. sind durch geologische Prozesse im Laufe von Jahrmillionen entstanden; daher können Lagerstätten nur abgebaut, aber nicht regeneriert werden.

Fotodiode [griech. phos, photós »Licht«] (Fotoelement): eine zum Nachweis von elektromagnetischer Strahlung dienende spezielle ↑Halbleiterdiode. Einer F. liegt ein p-n-Übergang zugrunde, an dem eine Spannung in Sperrrichtung anliegt (Abb.). In der so entstehenden Zone mit erniedrigter Ladungsträgerkonzentration (Verarmungszone) bilden sich bei Beleuchtung durch den ↑Fotoeffekt Elektron-Loch-Paare, die von der anliegenden Spannung getrennt werden und über Elektroden abfließen.

Die F. hat die früher gebräuchliche ↑Fotozelle, eine Elektronenröhre mit ähnlicher Wirkung, fast völlig verdrängt. Wird die F. zur Umwandlung von Strahlungsenergie (also z. B. Sonnenlicht) in elektrische Energie genutzt, so spricht man von einer ↑Solarzelle.

gie die Anziehung des Atomgitters, tritt also aus der Metalloberfläche aus; man spricht auch von Fotoemission oder vom Hallwachs-Effekt (nach WILHELM HALLWACHS, *1859, †1922). Die kinetische Energie E_{kin}^e der emittierten Elektronen ist unabhängig von der Intensität, aber proportional zur Frequenz des einfallenden Lichts.

Dies ließ sich mit der Wellentheorie des Lichts nicht erklären und war Anlass für die Lichtquantenhypothese A. EINSTEINS, nach der Licht aus diskreten Quanten besteht, den sog. Photonen. Sie tragen die Energie $E_g = h\nu$ (h plancksches Wirkungsquantum, ν Lichtfrequenz).

Ebenfalls nicht mit dem Wellenbild zu erklären ist die Tatsache, dass erst ab einer bestimmten Mindest- oder **Grenzfrequenz** ν_{grenz} des einfallenden Lichts (also ab einer Mindestphotonen-

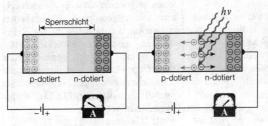

Fotodiode: In der Sperrschicht einer in Sperrrichtung geschalteten Halbleiterdiode (links) entstehen durch eingestrahlte Photonen ($h\nu$) Elektron-Loch-Paare, sodass ein elektrischer Strom fließt (rechts).

Foto|effekt: allgemeine Bezeichnung für verschiedene Effekte, bei denen ↑Photonen des sichtbaren, UV-, Röntgen- oder Gammaspektralbereichs von Hülle oder Kern eines Atoms absorbiert werden. Die dadurch gewonnene Energie führt in der Regel zur Emission eines Elektrons oder Nukleons.

■ Äußerer Fotoeffekt

Beim äußeren F. absorbiert ein Leitungselektron eines Metalls ein einfallendes Photon und überwindet aufgrund der dadurch gewonnenen Ener-

energie) überhaupt Elektronen emittiert werden. Die Ursache hierfür liegt in der ↑Austrittsarbeit W_A, die von den Elektronen verrichtet werden muss, um das Metall verlassen zu können. Nur wenn $E_g > W_A$ ist, kommt es zur Elektronenemission. Dies ist der Inhalt der **fotoelektrischen** oder **Einstein-Gleichung** (Abb.):

$$E_{kin}^e = \frac{m_e}{2} v_e^2 = h \cdot \nu - W_A$$

Dabei ist E_{kin}^e die kinetische Energie eines freiwerdenden Elektrons, m_e und v_e

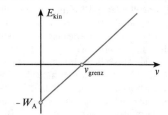

Fotoeffekt: Austrittsarbeit und Grenzfrequenz beim äußeren Fotoeffekt.
Die Gerade gehorcht der Einstein-Gleichung
$E_{kin}^e = h \cdot \nu - W_A$.

ist seine Masse bzw. Geschwindigkeit. $\nu_{grenz} = E_g/h$ liegt bei Alkalimetallen (Lithium, Natrium, ...) im sichtbaren, bei den meisten anderen Metallen im UV-Bereich.

■ **Innerer Fotoeffekt**

Wird ein gebundenes Hüllenelektron in einem Festkörper durch Photonenabsorption freigesetzt, ohne jedoch den Körper zu verlassen, spricht man vom inneren Fotoeffekt. Er tritt nur in Isolatoren und ↑Halbleitern auf. Die Fotoelektronen erhöhen die elektrische Leitfähigkeit des Materials. Im Bändermodell bedeutet die Photonenabsorption, dass das entsprechende Elektron aus dem Valenz- ins Leitungsband angehoben wird; daher ist die Mindestenergie der absorbierten Photonen gleich der Größe der Bandlücke (Energiedifferenz Leitungsband–Valenzband). Jedes absorbierte Photon erzeugt außerdem ein positives Loch, das ebenfalls zur erhöhten Leitfähigkeit beiträgt. Technisch genutzt wird dieser Effekt in ↑Fotodioden bzw. ↑Solarzellen. Der Name »innerer Fotoeffekt« wird auch oft für den sog. **Auger-Effekt** verwendet (nach PIERRE AUGER, *1899, †1993). Dabei gibt ein Elektron einer inneren Elektronenschale, das durch Kernprozesse oder Absorption harter Röntgenstrahlen angeregt wurde, seine Anregungsenergie durch Stöße an weiter außen befindliche Elektronen ab. Dadurch können diese das Atom verlassen. Es handelt sich also sozusagen um eine Selbstionisation des Atoms (Autoionisation). Die kinetische Energie der emittierten Elektronen entspricht der Differenz zwischen der Anregungsenergie des zuerst angeregten inneren Elektrons und der Ionisationsenergie des emittierten äußeren Elektrons.

■ **Atomarer Fotoeffekt**

Bei Gasen spricht man vom »atomaren F.« oder von **Fotoionisation,** der Effekt tritt bei einer ↑Gasentladung oder in Zählrohren konkurrierend zur Elektronenstoßionisation auf. Der ↑Wirkungsquerschnitt pro Atom ist beim atomaren F. proportional zu $Z^4/(h\nu)^3$ (Z Ordnungszahl bzw. Kernladungszahl des betreffenden Elements).

■ **Kernfotoeffekt**

Analog zum Fotoeffekt in der Elektronenhülle gibt es auch eine photoneninduzierte Emission von Kernteilchen. Grundsätzlich kann man jede ↑Kernreaktion, bei der durch γ-Quanten Teilchen freiwerden, als Kernphotoeffekt bezeichnen. Am häufigsten ist die Neutronenemission, außerdem gibt es Reaktionen, bei denen Protonen oder α-Teilchen freiwerden. Ist die γ-Energie zu gering, kann es zu einer Art innerem Kernfotoeffekt kommen, bei dem nur tief liegende Kernniveaus angeregt werden, von denen aus die Anregungsenergie durch γ-Quanten oder sog. Konversionselektronen abgegeben wird. Der Kernfotoeffekt wird zur Konstruktion von transportablen Neutronenquellen benutzt, bei denen ein γ-Strahler von einer Schicht aus ^{9}Be umgeben ist, die Neutronen emittiert.
Foto|element: ↑Fotodiode.
Fotografie: das Erzeugen von dauerhaften Abbildungen durch die Beleuch-

tung von strahlungsempfindlichen Schichten, welche aufgrund der Bestrahlung eine Umwandlung erfahren. Auch die erzeugte Abbildung wird oft F. genannt. Mittels einer fotografischen Kamera, deren wichtigste Komponenten ↑Objektiv, Blende und Sucherokular sind, wird ein reelles Bild auf den mit einer fotografischen Emulsion beschichteten Film abgebildet. Die Emulsion (Fotoschicht) enthält in Gelatine suspendierte Silberhalogenidkörner, die kleiner als 1 µm sind. Bei Belichtung bilden sich Keime aus elementarem Silber (mind. vier Atome), die das sog. latente Bild darstellen, aus dem u. a. mithilfe von Entwicklersubstanzen und Fixiermitteln in einem komplizierten Entwicklungsprozess das haltbare Bild entsteht. Dies ist entweder ein Negativ, bei dem die Helligkeit vertauscht ist (helle Stellen werden dunkel und umgekehrt), oder ein Diapositiv, das man direkt betrachten kann.

Viele fotografische Chemikalien sind giftig, verbrauchte Fixierbäder u. Ä. gelten als Sondermüll. Die ↑Farbfotografie wurde mithilfe sog. panchromatischer Emulsionen möglich. Der fotografische Prozess entfällt bei der digitalen Fotografie, welche die Bildinformation direkt elektronisch speichert.

Foto|ionisation: atomarer ↑Fotoeffekt.

Foto|kathode: eine Kathode, aus der bei Bestrahlung mit Photonen infolge des ↑Fotoeffekts Elektronen ausgelöst werden. Es handelt sich meist um eine sehr dünne Metallschicht auf einer Glaswand. F. werden bzw. wurden in ↑Fotozellen, ↑Sekundärelektronenvervielfachern und in Fernsehkameras (Bildaufnahmeröhren) eingesetzt.

Fotokopierer: ↑Xerographie.

Fotolumineszenz: ↑Lumineszenz.

Fotomultiplier ['fotomʌltɪplaɪə, engl. »Lichtvervielfacher«]: ↑Sekundärelektronenvervielfacher.

Fotozelle: eine Elektronenröhre, die Licht mithilfe des ↑Fotoeffekts in elektrischen Strom umwandelt. Zwischen der lichtempfindlichen Fotokathode und der Anode liegt eine Spannung von 20–200 V, welche die austretenden Fotoelektronen »absaugt«, sodass im äußeren Stromkreis ein der Lichtintensität proportionaler Strom entsteht. Die Empfindlichkeit (meist ca. 50 µA/lm) kann durch ein Fülledelgas (Druck einige Pa) gesteigert werden, da die Primärelektronen durch ↑Stoßionisation weitere Elektronen freisetzen. Bei den meisten Anwendungen werden Fotozellen heute durch ↑Fotodioden auf Halbleiterbasis ersetzt, die nicht nur kompakter und leichter herzustellen sind, sondern auch auf deutlich längerwelliges Licht ansprechen.

foucaultscher Pendelversuch [fu-'ko-]: der von dem französischen Physiker L. FOUCAULT im Jahre 1850 in der Pariser Sternwarte erstmals durchgeführte und 1851 im Pariser Pantheon wiederholte Versuch zum Nachweis der Erdrotation bzw. der von ihr hervorgerufenen ↑Coriolis-Kraft. Diese lenkt Körper, die sich in einem rotierenden Bezugssystem der Drehachse nähern oder sich von ihr entfernen, (in

foucaultscher Pendelversuch: die Durchführung im Pariser Pantheon auf einem Holzschnitt aus dem Jahr 1870

Bewegungsrichtung) seitlich ab. Für horizontale Bewegungen auf der Erde bedeutet dies, dass Körper auf der Nordhalbkugel nach rechts, auf der Südhalbkugel nach links abgelenkt werden, und zwar mit einer (Schein-) kraft, die proportional zum Sinus der geographischen Breite φ ist. Die Ablenkung ist an den Polen ($\varphi = 90°$) maximal, dort ist jede horizontale Bewegung senkrecht zur Erdachse; am Äquator verschwindet sie, da dort horizontale Bewegungen den Abstand zur Erdachse nicht ändern. Für ein senkrecht aufgehängtes ↑Pendel bedeutet dies, dass sich seine Schwingungsebene in einem Tag um einen Winkel

$$\psi(1\ \text{Tag}) = 360° \cdot \sin \varphi$$

dreht; in einer Stunde beträgt der Drehwinkel $\psi(1\text{h}) = 15° \cdot \sin \varphi$. An den Polen erreicht sie also nach einem Tag die Ausgangsposition. Anschaulich gesprochen dreht sich dort die Erde einfach »unter dem Pendel durch«. In Mitteleuropa ($\varphi = 50°$) beträgt die stündliche Drehung noch 11,5°. Damit das Pendel so lange in Bewegung bleibt, dass eine messbare Drehung der Schwingungsebene beobachtet werden kann, muss es sehr lang sein und einen schweren Pendelkörper haben. Foucault benutzte ein 67 m langes Seil und eine Kupferkugel von 28 kg Masse; die Schwingungsdauer betrug 16,4 s.

Fourier-Analyse [fu'rje-; nach JOSEPH FOURIER (*1772, †1837)]: ↑harmonische Analyse.

Fraktal [lat. fractio »Bruch«]: mathematisch gesehen eine Punktmenge mit nicht ganzzahliger Dimension. Der Begriff wurde 1975 von BENOIT MANDELBROT (*1924) eingeführt. Fraktale besitzen in verschiedenen Maßstäben bzw. Vergrößerungen ähnliche Strukturen; berühmt geworden sind die sog. »Apfelmännchen«. In der Natur kommen fraktale Strukturen bei Küstenlini-

en, der ↑brownschen Bewegung, bei Farnen, beim menschlichen Blutgefäßsystem oder meteorologischen Prozessen vor. Die Theorie der F. ist eng mit der ↑Chaostheorie verwandt.

Franck-Hertz-Versuch: 1913 von JAMES FRANCK (*1882, †1964) und GUSTAV HERTZ (*1887, 1975) erstmals ausgeführter Versuch zum Nachweis von Ionisationspotenzialen, bei dem die diskreten Energieniveaus der Atomhülle entdeckt wurden (↑Atom). Der Aufbau besteht aus einer Triode, also einer Elektronenröhre, die außer der Auffanganode A und einer beheizbaren Glühkathode K noch eine Beschleunigungselektrode B besitzt, die als Gitter ausgeführt ist (Abb. 1). Die Röhre ist

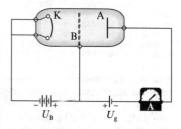

Franck-Hertz-Versuch (Abb. 1): Aufbau

mit Quecksilberdampf gefüllt. Zwischen K und B liegt eine Beschleunigungsspannung U_B an, zwischen B und A eine kleine Gegenspannung $U_g \ll 0,5\,\text{V}$. Wenn man U_B von 0 langsam auf einige Volt erhöht, nimmt der Anodenstrom I zunächst stetig zu, bis er bei einer vom Füllgas abhängigen Spannung U_A abrupt abnimmt (bei Quecksilber ist $U_A = 4,9\,\text{V}$). Bei weiterem Anwachsen von U_B beobachtet man immer dann, wenn U_B ein ganzzahligen Vielfaches von U_A beträgt, dass der Anodenstrom plötzlich absinkt (Abb. 2). Die Erklärung für dieses Absinken liegt in der Anregung von Quecksilberatomen bzw. deren Valenzelektronen aus dem Grundzustand, wofür eine Energie von mindestens 4,9 eV nötig ist. Wenn $U_B = n \cdot U_A$, dann können die beschleunigten Elektronen auf der Strecke von K nach B gerade n Hg-Atome in den niedrigsten angeregten Zustand bringen, sie haben dann aber nicht mehr genügend Energie, um die Gegenspannung U_g zu überwinden.

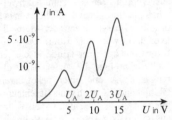

Franck-Hertz-Versuch (Abb. 2): Abhängigkeit des Anodenstroms von der angelegten Beschleunigungsspannung U_B. Immer dann, wenn ein ganzzahliges Vielfaches der ersten Anregungsenergie U_A der Quecksilberatome erreicht ist, bricht der Anodenstrom zusammen.

Fraunhofer-Gesellschaft zur Förderung der angewandten Forschung e. V. [nach J. V. FRAUNHOFER], Abk. FhG: 1949 gegründete Forschungsgesellschaft mit Sitz in München, die angewandte Forschung in 47 Instituten in ganz Deutschland betreibt (1998); die FhG bearbeitet vor allem natur- und ingenieurwissenschaftliche Themen in enger Kooperation mit industriellen und öffentlichen Auftraggebern.

Fraunhofer-Linien: von J. V. FRAUNHOFER entdeckte Absorptionslinien im Sonnenspektrum (↑Spektrum), die durch Absorptionsprozesse in hohen Schichten der Sonne entstehen. In den F.-L. wurde 1868 das Element Helium entdeckt (griech. helios »Sonne«).

freie Achsen: bei einem starren Körper die beiden durch den Schwerpunkt verlaufenden Geraden, für die das ↑Trägheitsmoment seinen größten bzw. seinen kleinsten Wert annimmt. Die Rotation eines frei beweglichen Kör-

pers erfolgt stets um eine der beiden freien Achsen.

Freie-Elektronen-Laser, Abk. FEL: ein ↑Laser, bei dem das aktive Medium aus einem Elektronenstrahl in einem periodisch variierenden Magnetfeld besteht. Die Frequenz des FEL kann zwischen Mikrowellen und fernem UV durchgestimmt werden. Am ↑DESY soll im Jahr 2003 ein Röntgen-FEL fertig gestellt werden.

freie Energie, Formelzeichen F: eine thermodynamische Zustandsgröße (↑thermodynamische Potenziale), die sich aus innerer Energie E, (absoluter) Temperatur T und ↑Entropie S ergibt:

$$F = E - T \cdot S.$$

Das Produkt $T \cdot S$ heißt auch gebundene Energie. Sind Volumen und Temperatur konstant, so strebt ein System eine minimale f. E. an.

freie Enthalpie, Formelzeichen G [nach J. W. GIBBS]: eine thermodynamische Zustandsgröße (↑thermodynamische Potenziale), die sich aus ↑Enthalpie H, (absoluter) Temperatur T und ↑Entropie S ergibt:

$$G = H - T \cdot S.$$

Sind Druck und Temperatur eines Systems fest, dann strebt seine f. E. einem Minimum zu.

freier Fall: historisch bedeutsamer Spezialfall der gleichmäßig beschleunigten Bewegung (↑Kinematik), bei dem sich ein Massenpunkt oder Körper nur unter dem Einfluss der Schwerkraft bewegt (↑Gravitation). Insbesondere die Luftreibung spielt beim f. F. keine Rolle. Beim f. F. beginnt diese Bewegung aus einer Ruhelage heraus, andernfalls handelt es sich um einen ↑Wurf. Der f. F. kann in vertikalen luftleeren Wegstrecken realisiert werden (↑Fallröhre, ↑Fallturm).

Beim freien Fall im Schwerefeld der Erde bewirkt deren Massenanziehung

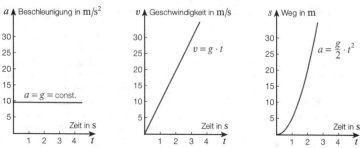

freier Fall: Beschleunigung g (links), Geschwindigkeit v (Mitte) und Fallweg h in Abhängigkeit von der Fallzeit t

eine Beschleunigung $\vec{g}$, die ↑Fallbeschleunigung, Schwerebeschleunigung oder auch Erdbeschleunigung genannt wird. Sie beträgt im Mittel 9,81 m/s².
Die **Fallgesetze**, die von G. GALILEI am Anfang des 17. Jahrhunderts gefunden wurden, lauten:
1. Die Fallgeschwindigkeit v wächst proportional mit der Fallzeit t:

$$v = g \cdot t.$$

2. Die durchfallene Strecke h, der Fallweg, wächst proportional zu t^2:

$$h = \frac{1}{2} g t^2.$$

Die zentrale Aussage der Fallgesetze lässt sich wie folgt zusammenfassen: Weder Fallweg noch Fallgeschwindigkeit hängen von der Masse oder der Form des fallenden Körpers ab. Mit anderen Worten: Ohne Luftwiderstand fallen alle Körper gleich schnell.
Aus den Fallgesetzen ergibt sich für die sog. Geschwindigkeitshöhe, also die Höhe, die ein frei fallender Körper durchfallen muss, um die Geschwindigkeit v zu erreichen:

$$h(v) = \frac{v^2}{2g}.$$

Die Fallgesetze sind Spezialfälle der Bewegungsgleichungen für die gleich-

mäßig beschleunigte Bewegung. g, v und h gegen die Zeit aufgetragen, ergibt eine Parallele zur t-Achse, eine Gerade mit Steigung g und eine Parabel (Abb.).
freie Weglänge (mittlere freie Weglänge): diejenige Strecke λ, die ein Teilchen in einem umgebenden Medium (Festkörper, Flüssigkeit, Gas, Plasma) zurücklegen kann, ohne mit einem Teilchen des Mediums in Wechselwirkung zu treten. In einer Elektronenröhre ist λ z. B. die Strecke, die ein aus der Kathode ausgetretenes Elektron zwischen zwei Stößen mit einem Gasmolekül zurücklegt.
Die f. W. eines Gasteilchens zwischen zwei Stößen mit anderen Gasteilchen beträgt bei normalem Luftdruck und Zimmertemperatur ca. 10–100 nm, also nur etwa 100–1000 Atomradien. Die f. W. in einem Gas wächst mit abnehmendem Druck. Wenn sie die Größenordnung der Gefäßdimensionen (oder bei einer Strömung die Größe des Rohrquerschnitts) erreicht, ändert sich die Eigenschaften eines Gases, insbesondere sein Strömungsverhalten, deutlich. Man spricht dann von Hochvakuum (↑Vakuum). Bei einem etwa 10 cm großen Gefäß bedeutet dies einen Druck von unter 0,1 Pa (10⁻³ mbar).
Frequenz [lat. frequentia »Häufigkeit«], Formelzeichen ν oder f: eine Größe, die angibt, wie oft ein Vorgang

sich innerhalb einer Zeitspanne t wiederholt:

$$\nu = n/t$$

(n Anzahl der Wiederholungen). Bei ↑Schwingungen und ↑Wellen gibt die F. an, wie viele Perioden pro Zeiteinheit durchlaufen werden. ν ist der Kehrwert der Dauer T einer Schwingungsperiode:

$$\nu = 1/T.$$

Die Einheit von ν ist das Hertz (Hz; 1 Hz = 1 s^{-1}). Das 2π-fache der Frequenz ist die ↑Kreisfrequenz $\omega = 2\pi\nu$.

In Natur und Technik treten Wellenerscheinungen mit einer extrem großen Vielfalt von Frequenzbereichen auf: Elektromagnetische Wellen erzeugt man mit F. zwischen einigen Hz und über 10^{20} Hz, in der Höhenstrahlung bis zu 10^{34} Hz – bei den bisher noch nicht direkt nachgewiesenen Gravitationswellen erwartet man dagegen extrem kleine Werte zwischen 10^{-18} und 10^4 Hz!

Frequenzmodulation, Abk. FM: ↑Modulation.

Fresnel-Linse [frz. fre'nel-, nach A. J. FRESNEL]: eine Sammellinse mit großem Öffnungsverhältnis (↑Linse). Die F.-L. besteht aus einer gewöhnlichen dünnen Linse im Zentrum und sich nach außen anschließenden konzentrischen Ringen (»Zonen«). Die inneren Zonen wirken lichtbrechend, die äußeren reflektierend. Bei passend gewählter Krümmung der Zonen fallen alle Brennpunkte zusammen. Alle vom Brennpunkt ausgehenden Strahlen werden bis zur äußersten Zone parallel ausgerichtet, sodass der Lichtstrom vollständig ausgenutzt wird. Durch den stufenartigen Aufbau lässt sich gegenüber einer großen dicken Linse viel Material und damit Gewicht sparen. F.-L. werden häufig aus Acrylglas hergestellt. Die F.-L. beruht wie die fresnelsche

↑Zonenplatte auf der fresnelschen Zonenkonstruktion.

fresnelscher Spiegelversuch: der von A. J. FRESNEL 1816 erstmals durchgeführte klassische Versuch zum Nachweis der ↑Interferenz von Lichtwellen und damit der Wellenatur des Lichts. Zwei in einem stumpfen Winkel (fast 180°) zueinander stehende Spiegel werden von einer annähernd punktförmigen und monochromatischen (nur eine Wellenlänge ausstrahlenden) Lichtquelle Q beleuchtet. Das von den Spiegeln reflektierte Licht scheint aus zwei dicht beieinander liegenden Punkten Q_1 und Q_2 zu kommen; diese sind virtuelle Spiegelbilder von Q (Abb.). Die von Q_1 und Q_2 ausgehenden Teilstrahlenbündel S_1 und S_2 sind kohärent, also interferenzfähig, und erzeugen am Schirm ein räumlich fest stehendes Interferenzmuster.

FRM, Abk. für Forschungsreaktor München: ↑Kernreaktor.

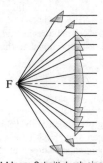

Fresnel-Linse: Schnitt durch eine Fresnel-Linse. Man erkennt die einzelnen Linsenstücke sowie die außen angebrachten Prismen. F ist der gemeinsame Brennpunkt aller optischen Elemente.

Fullerene [nach dem amerikanischen Architekten RICHARD BUCKMINSTER FULLER, *1895, †1983]: eine 1985 entdeckte Modifikation des Kohlenstoffs, bei dem die Kohlenstoffatome in Großmolekülen, sog. Clustern, angeordnet sind. Ebenso wie beim Graphit sind

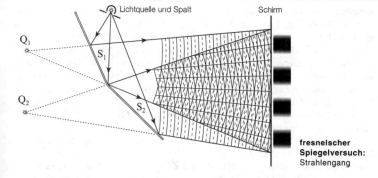

auch bei Fullerenen nicht alle Elektronen in festen Bindungen lokalisiert, sondern ein Teil der Elektronen ist delokalisiert, d. h. im ganzen Großmolekül bzw. Festkörper mehr oder weniger frei beweglich.

Das stabilste Fulleren ist das aus 60 Kohlenstoffatomen bestehende C_{60}, ein hohlkugelartiges Gebilde, dessen Oberfläche – genau wie bei einem Fußball – aus 12 Fünf- und 20 Sechsecken zusammengesetzt ist (Abb.). F. haben interssante Eigenschaften: Man kann Molekülkristalle aus C_{60}-Molekülen

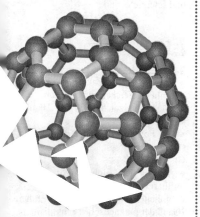

Fullerene: Das fußballförmige Molekül C_{60}. Sein äußerer Durchmesser beträgt 1 nm, der Durchmesser des inneren Hohlraums etwa 0,7 nm.

bilden, die ↑Halbleiter sind, aber durch ↑Dotierung mit Alkalimetallen (Lithium, Natrium, usw.) zu Supraleitern gemacht werden können. Es ist auch möglich, andere Atome oder Moleküle in das Innere der hohlen »Minifußbälle« einzubringen. Weitere F. sind die länglicheren Varianten C_{70}, C_{82}, C_{84}, …, C_{240}, … Indem man die F. immer länglicher werden lässt, kann man sog. **Nanoröhrchen** erzeugen. Das sind Kohlenstoffröhren von wenigen Nanometern Durchmesser, aber mit Längen von einigen Mikrometern oder gar Zentimetern.

Fundamental|abstand [lat. fundamentum »Grundlage«] ↑Temperaturskala.

Fundamentalkräfte: die vier grundlegenden in der Natur auftretenden Kräfte. In der Reihenfolge abnehmender Stärke sind dies:
1. die starke (oder hadronische) Kraft,
2. die elektromagnetische Kraft,
3. die schwache Kraft,
4. die Schwerkraft (Gravitation).

In der modernen Physik wird anstelle des Begriffs »Kraft« das Prinzip der ↑Wechselwirkung in den Vordergrund gestellt.

Fundamentalpunkte: ↑Temperaturskala.

Funken|entladung: eine selbständige ↑Gasentladung, genauer eine ↑Bogen-

F

entladung, die nach sehr kurzer Zeit wieder erlischt. Zum Erlöschen kommt es entweder, weil bei fester Spannung die Entladungselektronen schnell aufgebraucht sind, oder weil die Spannung unter die notwendige Brennspannung absinkt. Zwischen zwei durch Luft getrennten parallelen ebenen Leitern in 1 cm Abstand tritt bei einer Spannung von 30 kV ein Funke über. Bei der F. treten kurzzeitig sehr hohe Stromstärken auf, das Gas wird längs der Funkenstrecke stark erhitzt. Dies ruft sowohl Leuchterscheinungen als auch Schallwellen hervor. Die F. zwischen einer positiv geladenen Wolkenunterseite und dem Erdboden (oder zwischen zwei Wolken) nennt man Blitz (↑Gewitter, ↑elektrisches Erdfeld), die Schallerscheinung Donner.

Funkenkammer: ein Apparat, mit dem die Spuren von energiereichen, ionisierenden Teilchen sichtbar gemacht werden können (↑Ionisation). Eine F. besteht aus mehreren parallelen, flächigen Elektroden (z. B. Metallplatten) in einer Gasatmosphäre (Luft, Edelgas). Wenn ein ionisierendes Teilchen in die Kammer tritt, löst es in einem Szintillations- oder Tscherenkow-Zähler einen Steuerimpuls aus, den sog. Triggerimpuls. Dieser bewirkt, dass eine so hohe Spannung an die Elektroden gelegt wird, dass zwischen dem vom Teilchen ionisierten Kanal und den Elektroden Funken überspringen (↑Funkenentladung). Durch die Triggerung werden also nur die zu untersuchenden Ereignisse registriert. Die Funken werden von beiden Seiten fotografiert oder elektronisch registriert. Die F. hat eine viel kürzere Totzeit als ↑Blasenkammer und ↑Nebelkammer (wenige Millisekunden).

Funkenzähler: Gerät zum Nachweis von ionisierenden Teilchen (↑Ionisation). Zwischen zwei Elektroden im Abstand von einigen zehntel Millime-

tern, an denen eine Spannung von einigen kV anliegt, löst ein ionisierendes Teilchen eine Entladung aus, die elektrisch, akustisch oder fotografisch registriert werden kann. Die Löschung (↑Zählrohr) erfolgt über einen hochohmigen Widerstand ($\gg 100$ MΩ). Der kleinste zeitliche Abstand zwischen zwei getrennt registrierten Ereignissen, die Auflösezeit, liegt bei 0,1 ns.

Fusion [lat. fusio »das Schmelzen«]: ↑Kernfusion.

FZJ, Abk. für Forschungszentrum Jülich: 1956 als Kernforschungsanlage Jülich (KFA) gegründete Großforschungseinrichtung mit den Schwerpunkten Kern-, Teilchen- und Plasmaphysik (Fusionsforschung) sowie Biomedizin, Materialwissenschaften, Umwelt- und Energietechnik.

FZK, Abk. für Forschungszentrum Karlsruhe: 1956 als Kernforschungszentrum Karlsruhe (KFK) gegründete Großforschungseinrichtung mit den Schwerpunkten Fusionsforschung (Mitarbeit an den Experimenten ITER und Wendelstein), Mikrosystemtechnik, Medizintechnik sowie Umwelt- und Energietechnik.

G

g:
◆ Abk. für den ↑g-Faktor.
◆ Einheitenzeichen für ↑Gramm.
◆ (g): Formelzeichen für die ↑Fallbeschleunigung.
◆ (g): Formelzeichen für die ↑Gegenstandsweite.

G:
◆ Abk. für den ↑Einheitenvorsatz Giga (milliardenfach = 10^9fach).
◆ Einheitenzeichen für die Einheit ↑Gauß der magnetischen Flussdichte.
◆ (G): Formelzeichen für ↑Gewichtskraft.

◆ (*G*): Formelzeichen für die Gravitationskonstante (↑Gravitation).

◆ (*G*): Formelzeichen für ↑Leitwert.

◆ (*G*): Formelzeichen für Torsionsmodul (↑Torsion).

Galilei: siehe S. 146.

Galilei-Fernrohr [nach G. GALILEI] (holländisches Fernrohr): Grundform des ↑Fernrohrs.

Galilei-Thermometer: von G. GALILEI entwickeltes ↑Thermometer. In einem mit Wasser gefüllten Gefäß schweben kleine, mit einer Gradzahl beschriftete Hohlkugeln. Die Kugeln sind teilweise flüssigkeitsgefüllt und haben eine jeweils leicht unterschiedliche Dichte. Steigt die Temperatur, so nimmt die Dichte des Wassers und somit auch der ↑Auftrieb ab, den die Kugeln erfahren; die Kugeln mit einer höheren Dichte als das Wasser sinken nach unten. Bei sinkender Temperatur nimmt die Dichte zu; durch den dann höheren Auftrieb steigen die Kugeln, deren Dichte geringer ist als die des Wassers, nach oben. Die Temperatur wird an der untersten der oben schwimmenden Kugeln abgelesen.

Galton-Pfeife ['gɔːltn, nach FRANCIS GALTON; *1822, †1911]: eine Ultraschallpfeife (↑Ultraschall).

galvanisches Element [nach L. GALVANI]: eine Kombination zweier verschiedener Metalle, die mit einem ↑Elektrolyten in Verbindung stehen. Zwischen den beiden Metallen liegt dann eine Spannung an, die auf die ↑Kontaktspannung zwischen Metall und Flüssigkeit zurückgeht.

Die Kontaktspannungen werden **elektrolytischen Potenzialen** zugeschrieben: Da sich jedes Metall in einer Flüssigkeit mehr oder weniger löst und dabei positive Ionen in die Flüssigkeit übertreten, lädt sich das Metall gegen den Elektrolyten negativ auf. An der Oberfläche des Metalls entsteht dann eine elektrische ↑Doppelschicht, deren elektrisches Feld die Ionen wieder auf das Metall zurücktreibt. Durch Diffusion werden auch die in Lösung befindlichen Ionen in das Metall zurückgetrieben. Treten durch diese Effekte gleich viel Elektronen pro Zeiteinheit in das Metall ein wie wieder in Lösung gehen, so stellt sich ein Gleichgewichtszustand ein. Zwischen Metall und Flüssigkeit herrscht dann ein elektrolytisches Potenzial, das von den verwendeten Materialien abhängt.

Befinden sich zwei verschiedene Metalle in der Flüssigkeit, so sind ihre elektrolytischen Potenziale φ_1 und φ_2 i. d. R. verschieden. Zwischen den Metallen herrscht dann eine Potenzialdifferenz (Spannung) $U_{21} = \varphi_2 - \varphi_1$. Ist $\varphi_1 > \varphi_2$, so ist Metall 2 die positive Elektrode. Werden die beiden Elektroden leitend miteinander verbunden, fließt ein Strom. Im äußeren Leiter wandern die Elektronen von der negativen zur positiven Elektrode und neutralisieren dort die positiven Ionen. Zum Ausgleich gehen in der Flüssigkeit weitere Ionen in Lösung. Der Strom fließt so lange, bis die negative Elektrode völlig aufgelöst ist oder das Metall der negativen die positive Elektrode vollständig bedeckt hat und so keine verschiedenen elektrolytischen Potenziale mehr vorliegen.

Nach dem Innenwiderstand unterscheidet man Primärelemente, die sich entladen und dann »verbraucht« sind (↑Batterie) und wieder aufladbare Sekundärelemente (↑Akkumulator). Eine sehr konstante Spannung liefert das ↑Weston-Element.

Galvanisierung [nach L. GALVANI]: ein auf der Elektrolyse beruhendes Verfahren, einen Gegenstand mit einem dünnen Metallüberzug (50 bis 200 μm) zu versehen. Dabei wird der zu galvanisierende Körper als ↑Kathode in eine elektrisch leitende Flüssigkeit (**galvanisches Bad**) gebracht. Die ↑Anode be-

GALILEO GALILEI gilt als der Begründer der experimentellen Physik, indem er als erster anhand systematischer Untersuchungsmethoden und Überlegungen physikalische Zusammenhänge und Gesetzmäßigkeiten aufdeckte. Seine eminent wichtigen Beiträge zum freien Fall und zur gleichmäßig beschleunigten Bewegung haben ihn ebenso unsterblich gemacht wie sein Eintreten und seine Suche nach Beweisen für das heliozentrische Weltbild des KOPERNIKUS, indem er als einer der Ersten die neu erfundenen Teleskope zur systematischen Himmelsuntersuchung benutzte.

■ Vom Klosterschüler zum Hofphilosophen

GALILEO GALILEI wurde am 15. Februar 1564 in Pisa geboren. Sein Vater war der bekannte Musiktheoretiker und Komponist VINCENZO GALILEI, der sich nebenbei auch mit Mathematik beschäftigte. GALILEI besuchte in jungen

(Abb. 1) Galileo Galilei

Jahren die Klosterschule von Vallombrosa bei Florenz und studierte von 1581 an drei Jahre lang in Pisa. 1585 war er Privatlehrer in Florenz und Siena. Bereits mit 25 Jahren wurde er 1589 Professor für Mathematik in Pisa, ab 1592 lehrte er in Padua. COSIMO II. VON MEDICI, sein einstiger Schüler und großer Gönner, dem er sein erstes Buch über den Gebrauch des geometrischen und militärischen Zirkels widmete, berief ihn 1610 als Hofmathematiker und Hofphilosoph nach Florenz.

Sein teilweise kompromissloses und undiplomatisches Eintreten für die Richtigkeit des kopernikanischen Weltbildes schaffte ihm zahlreiche Anfeindungen und endete im Jahre 1633 in einem Inquisitionsprozess, in dem er zur Lossagung vom Irrglauben und zum Hausarrest in seinem Landhaus in Arcetri bei Florenz verurteilt wurde, wo er seine letzten Lebensjahre verbrachte. Er war trotz seiner Erblindung 1637 bis zuletzt äußerst produktiv und starb am 8. Januar 1642. GALILEI war nie verheiratet, aber seine Lebensgefährtin MARINA GAMBA schenkte ihm zwei Töchter und einen Sohn.

■ Galileis Forschungsgebiete

Noch als junger Professor in Pisa beschäftigte GALILEI sich mit den Gesetzmäßigkeiten des freien Falls. Für seine experimentellen Untersuchungen benutzte GALILEI eine Fallrinne, bei der die Fallzeiten genügend lang sind, um sie hinreichend genau zu bestimmen. Die Gesetze des freien Falls leitete er durch verschiedene, teilweise falsche Hypothesen her; unter anderem war er zeitweise der Meinung, die Geschwindigkeit eines Körpers sei proportional zur zurückgelegten Strecke. Erst 1609 gelangte er zur richtigen Erkenntnis, dass die Fallgeschwindigkeit proportional zur Zeit anwächst ($v = a \cdot t$), was einer Proportionalität zwischen Fallstrecke und Quadrat der Fallzeit entspricht ($s = (1/2) \cdot a \cdot t^2$). Er erkannte auch, dass mit diesen Voraussetzungen die Bahnkurve beim schiefen Wurf eine Parabel wird. Die Definition der gleichmäßig beschleunigten Bewegung stammt von ihm.

Beeindruckend ist GALILEIS Vielseitigkeit: Bereits mit 18 Jahren entdeckte er im Dom zu Pisa das Gesetz der Schwingungsdauer des Pendels und nutzte später die Konstanz kleiner Pendelschwingungen zur Zeitmessung aus. Im Alter von 21 Jahren erfand er die hydrostatische Waage (Wasserwaage; beschrieben in »La bilancetta«, 1586) und den Proportionalzirkel. In der Akustik erkannte er den Zusammenhang zwischen Tonhöhe und Frequenz. Er studierte die Effizienz von Rudern bei Galeeren und konstruierte eine Bewässerungspumpe und ein Thermometer (↑Galilei-Thermometer).

Nach 1616 beschäftigte er sich mit zahlreichen Fragestellungen wie dem Aufbau der Materie, dem Wesen der Mathematik, der Rolle des Experiments und der Vernunft in der Forschung, dem Gewicht der Luft, der Lichtgeschwindigkeit, der Natur des Schalls, der Festigkeit von Materialien sowie der Kohäsion.

(Abb. 2) galileische Fernrohre

■ Galileis Beiträge zum kopernikanischen Weltbild

Der deutsche Astronom N. KOPERNIKUS hatte im 16. Jahrhundert das heliozentrische Weltbild begründet, demzufolge die Sonne der Mittelpunkt des Universums ist und die Planeten einschließlich der Erde um sie kreisen. Die Astronomie beschränkte sich allerdings auf die Himmelsbeobachtung mit bloßem Auge. Erst 1609 hörte GALILEI gerüchteweise von der Erfindung des ↑Fernrohrs in den Niederlanden. Er baute aus Brillengläsern ein solches Instrument nach und war nun in der Lage, genauere Himmelsbeobachtungen zu machen. Dabei suchte er nach Bestätigungen für das kopernikanische Weltbild, dem er schon längere Zeit anhing. Er fand heraus, dass der Mond Gebirge besitzt und schätzte deren Ausmaße anhand ihres Schattenwurfs ab. Er erkannte, dass die mit bloßem Auge als Lichtschleier erscheinende Milchstraße in Wirklichkeit aus unzähligen Sternen besteht. Zudem fand er ein seltsames Aussehen des Saturns, als ob er aus drei Körpern besteht. Erst viel später war die Auflösung der Teleskope genügend stark, um die Ringe des Saturns erkennen zu lassen. GALILEI beobachtete die Phasen der Venus, ähnlich den Mondphasen, die von der kopernikanischen Theorie vorausgesagt wurden. 1610 entdeckte er vier Monde des Jupiters, als er anhand längerer Beobachtungen feststellte, dass diese vier Himmelskörper den Planeten Jupiter umkreisen, eine Erkenntnis, die hervorragend ins kopernikanische Weltbild passte.

1611 entdeckte GALILEI, allerdings nicht als Erster, die Sonnenflecken und deutete sie als solche, wohingegen viele Forscher sie noch als kleine, die Sonne umkreisende Körper ansahen.

■ Und sie bewegt sich doch

Mit seinen Entdeckungen setzte sich GALILEI zur damaligen Zeit den Anfeindungen der zeitgenössischen Gelehrten aus, die das aristotelische Weltbild mit der Erde als Mittelpunkt als unbestreitbar ansahen und gar nicht in Erwägung zogen, an diesem philosophisch begründeten Weltbild zu zweifeln. Flecken konnten auf der Sonne, Vorbild vollkommener Reinheit, nicht zu finden sein. GALILEIS Fernrohrbefunde mussten auf optischen Täuschungen oder auf Unzulänglichkeiten der neuartigen Instrumente beruhen.

Im Jahre 1611 besuchte GALILEI Rom und wurde ehrenvoll empfangen, konnte aber die kirchlichen Würdenträger nicht für die kopernikanische Lehre gewinnen. Bei seinem Rombesuch 1615 erreichte er durch sein Drängen nur das Gegenteil, im Jahre 1616 erklärte die Kirche die kopernikanische Lehre für falsch. Das Buch von KOPERNIKUS wurde verboten, und GALILEI musste versprechen, das heliozentrische Weltbild nicht als bewiesene Wahrheit hinzustellen. Er wurde aber nicht bestraft. Nachdem 1623 der ihm zugeneigte Kardinal MAFFEO BERBERINI als URBAN VIII. zum Papst gewählt wurde, reiste GALILEI 1624 erneut nach Rom. Wahrscheinlich dachte er, dass sich die Haltung der Kirche ändern würde, und hoffte auf die Erlaubnis, seine Ansichten öffentlich verbreiten zu dürfen. Dieses und nachfolgende Treffen mit dem Papst gaben GALILEI offensichtlich das Gefühl, er könne unbehelligt über das kopernikanische System schreiben. Denn er kehrte nach Florenz zurück und begann, sein berühmtestes Werk, den »Dialog über die beiden hauptsächlichen Weltsysteme«, zu verfassen. Das Buch erschien 1632 und ist nicht nur ein Meisterwerk der Philosophie und Wissenschaft, sondern auch der italienischen Literatur.

Die Konsequenz der Veröffentlichung war jedoch, dass GALILEI nach Rom vor die Inquisition beordert wurde. Er musste nach Androhung von Folter abschwören (22. 6. 1633) und wurde dazu verurteilt, drei Jahre lang wöchentlich einmal sieben Bußpsalmen zu beten. Die lebenslange Kerkerhaft wurde durch Papst URBAN VIII. in die Verpflichtung umgewandelt, sich im Gebäude des toskanischen Gesandten aufzuhalten. Nach einer Woche durfte er sich zum Erzbischof von Siena begeben, einige Monate später zog er zum Hausarrest in sein Landhaus bei Florenz. Dass er auf dem Sterbebett den Ausspruch »Und sie (die Erde) bewegt sich doch!« tat, ist nicht überliefert. Die katholische Kirche hat GALILEI erst 1992 formell rehabilitiert. ■

✎ Überprüfe das Fallgesetz! Dass nicht alle Körper gleich schnell fallen, liegt am Luftwiderstand. Lasse z. B. eine Kugel und ein Blatt Papier aus gleicher Höhe fallen. Zerknülle das Papier und wiederhole den Versuch; jetzt sind beide etwa gleich schnell. – In seinem Theaterstück »Leben des Galilei« (1938/39) setzt sich BERTOLT BRECHT literarisch mit GALILEO GALILEI auseinander.

✎ DRAKE, STILLMAN: *Galilei.* Freiburg im Breisgau (Herder) 1999. ■ HEMLEBEN, JOHANNES: *Galileo Galilei.* Reinbek (Rowohlt) 1997. ■ KRÄMER-BADONI, RUDOLF: *Galileo Galilei. Wissenschaftler und Revolutionär.* Frankfurt am Main (Ullstein) 1992. ■ STRATHERN, PAUL: *Galilei & das Sonnensystem.* Frankfurt am Main (Fischer) 1999.

steht aus dem abzuscheidenden Metall. Bei Anlegen einer Gleichspannung von wenigen Volt wandern die Metallionen zur Kathode und werden dort zu Metallatomen neutralisiert. Gebräuchlich ist z. B. die Vernickelung.

Galvanometer [nach L. GALVANI]: ein hoch empfindliches Messinstrument zur Messung sehr kleiner Ströme, Spannungen oder Ladungsmengen. Es beruht auf der Wirkung einer ablenkenden Kraft eines Magnetfelds auf einen stromdurchflossenen Leiter (↑Strom- und Spannungsmessung).

Gammaquanten (γ-Quanten): die ↑Photonen der Gammastrahlung.

Gammastrahlung (γ-Strahlung): die beim ↑Gammazerfall frei werdende, kurzwellige elektromagnetische Strahlung. Die G. ist so energiereich, dass der Teilchencharakter überwiegt (man spricht daher von γ-Quanten). Ihre Energie E liegt bei 10–100 keV, ihre Wellenlänge $λ$ entsprechend $E = h·ν = hc/λ$ bei 10^{-12} bis 10^{-13} m (h plancksches Wirkungsquantum, c Lichtgeschwindigkeit, $ν$ Frequenz). Im unteren Energiebereich geht die Gamma- in ↑Röntgenstrahlung über.

G. tritt ferner als ↑Bremsstrahlung beim Auftreffen schneller Elektronen auf Materie, als ↑Synchrotronstrahlung, bei Gammaübergängen oder bei der ↑Paarvernichtung auf. Die von Sternen und kosmischen Objekten emittierte G. ist Gegenstand der Gammaastronomie.

G. ist wegen der hohen Energie sehr durchdringend und wirkt ionisierend. Ihre Schwächung in Materie folgt dem lambert-beerschen Absorptionsgesetz (↑Absorption). Entsprechend der Entstehungsweise hat die G. ein diskretes Spektrum (**Gammaspektrum**). Zu ihrem Nachweis nutzt man u. a. ↑Szintillationszähler, ↑Ionisationskammern, ↑Kernspurplatten und ↑Halbleiterzähler. Zur Messung wird ihre Energie durch verschiedene Streu- und Absorptionsprozesse verkleinert und umgewandelt (↑Compton-Effekt, ↑Fotoeffekt, ↑Paarbildung).

Gammaübergang (γ-Übergang): ein Übergang zwischen Energiezuständen im Atomkern, bei dem ↑Gammastrahlung frei wird.

Gammazerfall (γ-Zerfall): historisch eingeführt als Bezeichnung für eine Art des radioaktiven Zerfalls, der infolge eines vorangegangenen ↑Alphazerfalls oder ↑Betazerfalls auftritt. Bei diesen Prozessen wird ein Tochterkern in einem angeregten Zustand erzeugt, der seine Energie in Form von ↑Gammastrahlung abgibt. Bei einem G. ändert sich die Natur des chemischen Elements nicht.

Ganghöhe: Kenngröße von ↑Schrauben.

Gangunterschied: die Phasendifferenz zweier Wellenzüge, ausgedrückt in Vielfachen der Wellenlänge. Bei bestimmten Werten des G. kommt es zur ↑Interferenz.

Gas: ein Stoff im gasförmigen ↑Aggregatzustand. Steht das Gas in Kontakt mit dem flüssigen oder festen Aggregatzustand desselben Stoffs, spricht man von ↑Dampf.

Kennzeichnend für ein Gas ist, dass die Kräfte zwischen den Gasteilchen (Atome oder Moleküle) so gering sind, dass sich die Teilchen frei im Raum bewegen können und jedes Volumen füllen. Im Modell des ↑idealen Gases setzt man die Kräfte sogar gleich null. Aus dem Modell lässt sich die ↑kinetische Gastheorie ableiten, mit deren Hilfe man den Zusammenhang von Druck, Volumen und Temperatur des Gases durch eine ↑Zustandsgleichung (bzw. die ↑Gasgesetze) angibt. Für ↑reale Gase gilt die ↑Van-der-Waals-Gleichung.

Gas|entladung: der Durchgang eines elektrischen Stroms durch ein Gas,

G

meist mit einer Leuchterscheinung verbunden. Da Gase normalerweise aus elektrisch neutralen Molekülen bestehen, ist die G. erst dann möglich, wenn die nötigen Ladungsträger erzeugt werden. Je nachdem, ob sie mit oder ohne eine äußere Einwirkung entstehen, spricht man von selbstständigen und unselbstständigen Gasentladungen; sie unterscheiden sich durch den Zusammenhang von Stromstärke und angelegter Spannung (Strom-Spannungs-Kennlinie).

Eine **unselbstständige Gasentladung** liegt vor, wenn Ladungsträger von außen in das Gas eingebracht werden oder wenn durch äußere Einwirkung (z. B. durch Strahlung) im Gas selbst Ionen entstehen. Die Ladungsträger neutralisieren sich normalerweise durch ↑Rekombination. Bringt man aber zwei Elektroden in das Gas und legt eine Gleichspannung an, so werden sie zu den Elektroden hin beschleunigt. Je höher die Spannung ist, desto geringer ist die Zahl der Ladungsträger, die auf dem Weg dahin rekombinieren können. Der durch das Gas fließende Strom steigt also zunächst mit der angelegten Spannung an (Teil a in Abb. 1). Wird die Spannung so groß, dass alle vorhandenen Ladungsträger zur Elektrode gelangen, hat der Strom einen Sättigungswert erreicht (**Sättigungsstrom**), der sich durch eine höhere Spannung nicht mehr steigern lässt (Teil b in Abb. 1). Die unselbstständige Gasentladung bricht zusammen, wenn die Ursache der Ionisation wegfällt.

Die **selbstständige Gasentladung** setzt ein, wenn es beim Anlegen einer genügend hohen Gleichspannung im Gas auch ohne ständige Einwirkung von außen zum Ladungstransport kommt. Die wenigen vorhandenen Ladungsträger (z. B. durch die natürliche radioaktive Strahlung gebildet) werden dann im elektrischen Feld so stark beschleunigt,

dass sie bei Zusammenstößen mit weiteren Atomen oder Molekülen diese ionisieren können (↑Stoßionisation). Auch die so erzeugten Ladungsträger können ebenfalls weitere Ionen erzeugen, sodass die Zahl der Ionen lawinenartig anwächst. Mit der Zahl der Ladungsträger sinkt auch der Widerstand der G., was sich in der fallenden Strom-Spannungs-Kennlinie äußert (Abb. 2). Um die selbstständige G. aufrechtzuerhalten, müssen die Ionen zwischen zwei Zusammenstößen mit Gasteilchen so viel kinetische Energie erhalten, dass sie für eine weitere Ionisation aus-

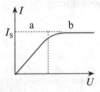

Gasentladung (Abb. 1): Strom-Spannungs-Kennlinie der unselbstständigen Gasentladung

reicht. Ist der Gasdruck sehr hoch ($\geq 10^5$ Pa), so ist die mittlere ↑freie Weglänge gering; die angelegte Spannung muss dann so hoch sein, dass die Teilchen auch auf dem kurzen Weg genügend beschleunigt werden. Bei geringerem Gasdruck (1 bis 10^5 Pa) ist die freie Weglänge dagegen höher, sodass eine kleinere Spannung ausreicht, um die G. aufrechtzuerhalten. Bei sehr niedrigem Druck (< 1 Pa) werden die positiven Ionen so stark beschleunigt, dass sie aus der Kathode Elektronen herausschlagen können; sie erscheinen in Form von ↑Kathodenstrahlen hinter der Anode. Bei noch geringeren Drücken (< 0,1 Pa) hört die selbstständige G. auf, da keine Stoßionisation von Gasteilchen mehr stattfindet.

Je nach angelegter Spannung, Gasdruck, Gasart und Gestalt der Elektro-

den treten verschiedene Formen der
(selbstständigen) Gasentladung auf. Im
Wesentlichen unterscheidet man die G.
unter normalem Druck (↑Büschelentla-
dung, ↑Funkenentladung, ↑Bogenent-
ladung) und unter niedrigem Druck
(↑Glimmentladung), die im Alltag etwa
bei den sog. Neonröhren (↑Leuchtstoff-
röhren) eine Rolle spielt. Auch Gaslaser werden durch eine G. »gezündet«.

Gas|entladungsdetektor: ein ↑Teil-
chendetektor zum Nachweis von ionisierenden Teilchen. Er besteht im Prinzip aus einem Kondensator mit einem
Gas oder Dampf als Dielektrikum. An
die Kondensatorelektroden wird eine
elektrische Gleichspannung angelegt.
Die ionisierende Strahlung setzt dann
im G. eine (unselbstständige) ↑Gasent-
ladung in Gang. Bei geringer angelegter Spannung überwiegt die ↑Rekombi-
nation der Ladungsträger, die eine An-
fangsleitfähigkeit verursachen. Erst bei
höheren Spannungen fließt der Sättigungsstrom. Je nachdem, in welchem
Bereich der Strom-Spannungs-Kennlinie der G. arbeitet, unterscheidet man
↑Ionisationskammern und die verschiedenen ↑Zählrohre. Eine Ortsbestimmung des ionisierenden Teilchens erlaubt die ↑Funkenkammer.
Gasentladungsdetektoren sind durch
Austausch der Gasfüllung zu regenerie-
ren und werden deshalb gern zur Lang-
zeitüberwachung im Strahlenschutz
und bei Langzeitexperimenten der Elementarteilchenphysik eingesetzt.

Gasfokussierung: ↑Fadenstrahl.

Gasgesetze: Sammelbezeichnung für
die Gesetze, die das Verhalten ↑idealer
Gase oder ↑realer Gase beschreiben.
Außer den hier beschriebenen Gesetzen
gehören dazu noch die allgemeine
↑Zustandsgleichung der Gase und die
↑Van-der-Waals-Gleichung.
Für ideale Gase gilt: Der Quotient aus
Druck p und absoluter Temperatur T
bei gleich bleibendem Volumen V einer
Gasmenge bleibt konstant (**amontons-
sches Gesetz**):

$$\frac{p}{T} = \text{konst.} \quad \text{für } V = \text{konst.}$$

Demnach ist der Druck einer Gasmenge bei gleich bleibendem Volumen der
absoluten Temperatur proportional.
Folgerung: Betrachtet man zwei Zustände eines idealen Gases, die durch
die Drücke p_1 und p_2 sowie die absoluten Temperaturen T_1 und T_2 charakterisiert sind, so ergibt sich aus dem amon-
tonsschen Gesetz die Beziehung

$$\frac{p_1}{T_1} = \frac{p_2}{T_2} \quad \text{für } V = \text{konst.}$$

Wählt man für den Zustand 1 die Temperatur 0 °C (= 273,15 K) und für den
Zustand 2 die Temperatur t (in °C) und
bezeichnet man mit p_0 den Druck des
Gases bei 0 °C und mit p_t den Druck
des Gases bei t, so ergibt sich

$$\frac{p_0}{273,15} = \frac{p_t}{(273,15 + t)}$$

oder

$$p_t = p_0 \frac{273,15 + t}{273,15}.$$

Daraus folgt

$$p_t = p_0 \left(1 + \frac{t}{273,15} \right).$$

Bei konstantem Volumen nimmt also
der Druck einer Gasmenge beim Erwärmen um 1 °C um 1/273,15 des Dru-
ckes bei 0 °C zu. Diese Beziehung wird

z. B. im ↑Gasthermometer ausgenutzt. Bei gleich bleibender Temperatur gilt mit der obigen Herleitung das **boyle-mariottesche Gesetz**:

$$p \cdot V = \text{konst.} \quad \text{für } T = \text{konst.}$$

Das Produkt aus Druck und Volumen einer Gasmenge ist also bei gleich bleibender Temperatur konstant. Mit anderen Worten: Der Druck einer Gasmenge ist bei gleich bleibender Temperatur dem Volumen umgekehrt proportional. *Folgerung:* Man betrachte zwei Zustände eines idealen Gases, die durch den Druck p_1 und p_2 sowie die Volumina V_1 und V_2 gekennzeichnet sind. Dann ist bei $T = \text{konst.}$

$$p_1 \cdot V_1 = p_2 \cdot V_2.$$

Das boyle-mariottesche Gesetz folgt aus der allgemeinen ↑Zustandsgleichung der Gase

$$\frac{p_1 V_1}{T_1} = \frac{p_2 V_2}{T_2},$$

wenn man $T_1 = T_2 = T$ setzt.
Eine weitere Beziehung für ideale Gase liefert bei $p = \text{konst.}$ das **gay-lussacsche Gesetz**:

$$\frac{V}{T} = \text{konst.}$$

Der Quotient aus Volumen V und Temperatur T einer Gasmenge ist also bei gleich bleibendem Druck konstant. Mit anderen Worten: Das Volumen einer Gasmenge ist bei gleich bleibendem Druck der Temperatur proportional. *Folgerung:* Betrachtet man zwei Zustände eines idealen Gases, die durch die Volumina V_1 und V_2 sowie die absoluten Temperaturen T_1 und T_2 beschrieben sind, so ergibt sich nach dem gay-lussacschen Gesetz für konstanten Druck:

$$\frac{V_1}{T_1} = \frac{V_2}{T_2}.$$

Wählt man für Zustand 1 die Temperatur 0 °C (= 273,15 K) und für Zustand 2 die Temperatur t (in °C) und bezeichnet man mit V_0 das Volumen des Gases bei 0 °C und mit V_t das Volumen des Gases bei t, so ergibt sich

$$\frac{V_0}{273,15} = \frac{V_t}{(273,15 + t)}$$

oder

$$V_t = V_0 \frac{273,15 + t}{273,15}.$$

Daraus folgt

$$V_t = V_0 \left(1 + \frac{t}{273,15} \right).$$

Bei konstantem Druck nimmt also das Volumen einer Gasmenge beim Erwärmen um 1 °C um 1/273,15 des Volumens bei 0 °C zu (↑Wärmeausdehnung).
Zu den Gasgesetzen gehört auch das **avogadrosche Gesetz**, das A. AVOGADRO 1811 erstmals als Vermutung formulierte und das sich aus der ↑kinetischen Gastheorie herleiten lässt: Bei gleichem Druck und gleicher Temperatur enthalten gleiche Volumina eines (idealen) Gases dieselbe Zahl von Molekülen. Ein ↑Mol eines Gases nimmt im ↑Normzustand (0 °C und 101 325 Pa) ein Volumen von 22,4 l ein.
Alle hier beschriebenen Gesetze gelten streng nur für ideale Gase, bei denen man die Wechselwirkung zwischen den Gasteilchen (Atome oder Moleküle) und deren Eigenvolumen vernachlässigt. Diese Größen muss man aber bei der Untersuchung von realen Gasen berücksichtigen. Man kommt dann zur Van-der-Waals-Gleichung. Die Eigenschaften eines realen Gases nähern sich aber denen eines idealen Gases umso mehr, je geringer der Druck und je höher die Temperatur ist, je weiter also das reale Gas vom Kondensationspunkt entfernt ist. Unter Normalbedingungen

lässt sich z. B. trockene Luft in guter Näherung als ideales Gas auffassen.

Gaskonstante: die in der allgemeinen ↑Zustandsgleichung der Gase auftretende Konstante R. Man unterscheidet dabei zwischen der von der Art des gemessenen Gases abhängigen **spezifischen Gaskonstanten**, die in der Einheit 1 J/(kg·K) gemessen wird, und der stoffunabhängigen, auf ein Mol eines Gases bezogenen **universellen Gaskonstanten** $R = 8{,}314472$ J/(mol·K). Sie ist mit der Boltzmann-Konstante k und der Avogadro-Konstante N_A über die Beziehung $R = k \cdot N_A$ verknüpft.

Gaslaser [-leɪzə]: eine Form des ↑Lasers mit einem Gas bzw. Dampf als aktivem Medium. Die nötige Besetzungsinversion wird üblicherweise durch eine ↑Gasentladung erreicht. Typische Beispiele sind der Helium-Neon-Laser (rot, Wellenlänge $\lambda = 632$ nm), der Kohlendioxidlaser (infrarot, $\lambda \approx 10 \mu$m) oder der Excimerlaser mit angeregten Atomen als Lasermedium (ultraviolett, $\lambda = 108–351$ nm). Die erzielbare Dauerleistung beträgt bis 100 W.

Gas|thermometer: ein ↑Thermometer, bei dem zur Temperaturmessung die Zustandsänderung eines idealen Gases verwendet wird (↑Gasgesetze).

Gas|turbine: eine zur Gruppe der ↑Verbrennungskraftmaschinen gehörende Maschine zur Umwandlung von Wärmeenergie in mechanische Energie. Sie beruht im Wesentlichen auf dem Prinzip der ↑Dampfturbine. Anders als dort setzt hier aber nicht Wasserdampf die Schaufeln der Turbine in Bewegung, sondern die heißen Verbrennungsgase eines in einer Brennkammer verbrannten Kraftstoff-Luft-Gemischs.

Gate [geɪt, engl. »Tor, Pforte«]: Steuerelektrode im ↑Feldeffekttransistor.

Gatter:

♦ (Gate): veraltet für die Steuerelektrode im ↑Feldeffekttransistor.

♦ Verknüpfungselement in logischen Schaltungen.

Gauß [nach C. F. GAUSS], Einheitenzeichen G oder Gs: veraltete, nicht gesetzliche Einheit der ↑magnetischen Flussdichte im CGS-System. Es gilt:

$$1 \text{ G} = 10^{-4} \text{ Wb/m}^2 = 10^{-4} \text{ T}.$$

gay-lussacsches Gesetz [gely'sak-, nach JOSEPH L. GAY-LUSSAC; *1778, †1850]: eines der ↑Gasgesetze für ideale Gase.

gedämpfte Schwingung: eine ↑Schwingung, bei der die Amplitude ständig abnimmt. Dies geht auf die Umwandlung von Schwingungsenergie in andere Energieformen (insbesondere Wärme, ↑Dissipation) zurück. Alle realen Schwingungen sind gedämpft.

Gefrierpunkt (Erstarrungstemperatur): die Temperatur, bei der eine Substanz vom flüssigen in den festen Aggregatzustand übergeht. Der G. von Wasser bei Normaldruck (**Eispunkt**) ist der Nullpunkt der ↑Celsius-Skala. Der G. lässt sich dadurch herabsetzen, dass man einen geeigneten Stoff in der betreffenden Flüssigkeit löst. So liegt etwa der G. einer Lösung von Kochsalz in Wasser unter –20 °C. Auf einer solchen **Gefrierpunktserniedrigung** beruht z. B. die auftauende Wirkung von Streusalz im Winter.

Gegenfeldmethode: eine Methode zur Bestimmung der Geschwindigkeit von geladenen Teilchen in einem Teilchenstrahl. Dabei wird die Stärke eines die Teilchen abbremsenden elektrischen Felds (**Gegenfeld**) so lange erhöht, bis kein Teilchen mehr das Feld überwinden kann.

Wird ein Teilchen der Masse m, der Ladung Q und der Geschwindigkeit v in einem elektrischen Feld mit zugehöriger Spannung U bis zum Stillstand abgebremst, so gilt

$$E_{\text{kin}} = \frac{m}{2} \cdot v^2 = Q \cdot U$$

und damit

$$v = \sqrt{\frac{2Q \cdot U}{m}}.$$

Werden *alle* Teilchen eines Teilchenstrahls im Gegenfeld abgebremst, so ist die Gegenspannung ein Maß für die Maximalgeschwindigkeit der Teilchen. Gelegentlich benutzt man ein Gegenfeld auch, um Teilchen, deren Energie bzw. Geschwindigkeit einen bestimmten Wert unterschreitet, aus dem Strahl auszusondern.

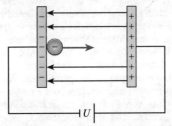

Gegenfeldmethode: Ein geladenes Teilchen bewegt sich parallel zu den Feldlinien des Gegenfelds und wird dabei abgebremst.

Gegen|induktivität: Koeffizient, der beschreibt, wie sich der magnetische Fluss durch eine Spule aufgrund des Einflusses benachbarter stromdurchflossener Spulen ändert. Der gesamte magnetische Fluss einer Spule setzt sich aus Anteilen zusammen, die auf Selbstinduktivität (↑Selbstinduktion) und G. zurückgehen.

Gegenkraft: ↑newtonsche Axiome.

Gegenstands|ebene: ↑Bildebene.

Gegenstandsgröße: bei einer optischen ↑Abbildung die Größe (Höhe) des abgebildeten Gegenstands.

Gegenstandsweite, Formelzeichen g: bei einer ↑Abbildung der Abstand des Gegenstands von einer Linse (gemessen von der Hauptebene) bzw. von einem Spiegel. Den Zusammenhang von g, Bildweite b und Brennweite f geben die ↑Abbildungsgleichungen.

Geiger-Müller-Zählrohr [nach H. W. GEIGER und WALTER M. MÜLLER; *1905, †1979] (Geiger-Zähler): ↑Zählrohr.

gekoppelte Pendel: zwei oder mehr z. B. durch eine Feder oder einen belasteten Faden miteinander verbundene Pendel, die sich gegenseitig beeinflussen, also nicht unabhängig voneinander schwingen können. Die einfachste Form gekoppelter Pendel ist das ↑Doppelpendel.

Koppelt man zwei Fadenpendel gleicher Länge und gleicher Masse (**sympathische Pendel**) und bringt eines der Pendel durch Anstoßen zum Schwingen, so gibt es seine Schwingungsenergie über die Kopplung allmählich an das andere Pendel ab, bis die gesamte Schwingungsenergie im andern Pendel steckt und das erste Pendel zur Ruhe kommt. Während auf diese Weise die Energie zwischen den beiden Pendeln hin und her wandert, erreichen beide Pendel abwechselnd den Zustand der Ruhe und maximaler Schwingung. Der Energieaustausch vollzieht sich so lange, bis die mechanische Energie durch Reibungsvorgänge aufgezehrt ist.

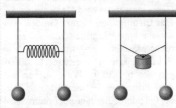

gekoppelte Pendel

Die Schwingungen der sympathischen Pendel sind der Spezialfall einer ↑Schwebung. Sind die Pendel nicht genau aufeinander abgestimmt, kann es zu chaotischen Bewegungen (↑Chaostheorie) kommen. Schwebungserscheinungen treten nicht auf, wenn man die beiden sympathischen Pendel gleichzeitig so erregt, dass beide entweder gleichsinnig oder gegensinnig mit gleich großer Amplitude schwingen.

geneigte Ebene: korrekte, aber ungebräuchliche Bezeichnung für ↑schiefe Ebene.

Generator [lat. »Erzeuger«]:

◆ eine **Dynamomaschine**, die mechanische Energie in elektrische Energie umwandelt. Eine umgekehrt arbeitende Maschine, die also elektrische in mechanische Energie verwandelt, nennt man ↑Elektromotor.

Der Generator beruht auf folgendem Prinzip: Eine Leiterschleife der Fläche A dreht sich im Magnetfeld $\vec{B}$ eines Dauermagneten. Dann kommt es aufgrund der ständigen Änderung des Kraftflusses durch die Schleifenfläche zu einer elektromagnetischen Induktion in der Leiterschleife (Abb.). Dadurch wird an den Enden des Leiters eine Spannung U erzeugt:

$$U = \frac{\mathrm{d}\Phi}{\mathrm{d}t}$$

(Φ ist der magnetische Fluss durch die Leiterschleife, $\mathrm{d}\Phi/\mathrm{d}t$ dessen zeitliche Änderung). Da für Φ gilt

$$\Phi = B \cdot A \cdot \cos \alpha$$

(α: Winkel zwischen der Richtung des Magnetfelds und der Normalen auf der Fläche A, B: Betrag des Magnetfelds), hat auch die Spannung einen sinus- bzw. kosinusförmigen Verlauf. Dreht sich die Leiterschleife mit konstanter Winkelgeschwindigkeit ω, so ist

$$U = \omega \cdot B \cdot A \cdot \sin(\omega \cdot t) = U_0 \cdot \sin(\omega \cdot t).$$

Es handelt sich also um eine Wechselspannung, der hier beschriebene Generator heißt daher **Wechselstromgenerator**. Eine spezielle Ausführung ist der ↑Drehstromgenerator.

Durch Anbringen eines Kollektors (beim Elektromotor meist Polwender genannt) kann man die erzeugte Wechselspannung gleichrichten und eine (pulsierende) Gleichspannung erzeugen (**Gleichstromgenerator**).

◆ Der **Röhrengenerator** oder **Hochfrequenzgenerator** ist eine Schaltung aus einem Schwingkreis und einer Verstärkerröhre zur Erzeugung hochfrequenter elektrischer Schwingungen. Er ist also eigentlich ein Frequenzwandler.

◆ Zur Erzeugung hoher Gleichspannungen dient der ↑Bandgenerator.

Geodynamo: bezeichnet ein Modell des Erdkörpers, der aufgrund des dynamoelektrischen Effektes durch seine Rotation ein Magnetfeld erzeugt.

Geoid [griech. gaía »Erde« und idéa »Gestalt, Aussehen«]: ↑Erde.

geometrische Optik: Teilgebiet der ↑Optik, die Strahlenoptik.

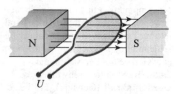

Generator: Leiterschleife im Magnetfeld

Geophysik: Wissenschaft von der Erforschung und Beschreibung der ↑Erde mit physikalischen Methoden. Im weiteren Sinn umfasst sie neben der Physik des Erdkörpers auch die Physik der Ozeane und die Gewässerkunde, die Physik der ↑Atmosphäre (Meteorologie) sowie die Physik der Hochatmosphäre und der die Erde umgebenden Magnetfelder. Nach einer anderen Klassifikation unterteilt man die G. in die Physik des Erdkörpers und die Physik der dem Menschen erfahrbaren Umgebung (↑Umweltphysik).

Geräusch: ↑Schall.

Geschwindigkeit, Formelzeichen v oder (wenn man den Vektorcharakter betonen will) $\vec{v}$: eine die Schnelligkeit einer Bewegung beschreibende Größe

G

(↑Kinematik). Bei einer gleichförmigen Bewegung ist sie definiert als Quotient aus der zurückgelegten Wegstrecke s und der dafür benötigten Zeit t: $v = s/t$; bei ungleichförmigen Bewegungen ist sie durch den entsprechenden Differenzialquotienten gegeben:

$$\vec{v} = \frac{d\vec{s}}{dt}.$$

Die SI-Einheit der G. ist Meter pro Sekunde (m/s). Häufig gebraucht wird auch Kilometer pro Stunde (km/h). Für die Umrechnung gilt: 1 m/s = 3,6 km/h, 1 km/h = 1/3,6 m/s ≈ 0,278 m/s.

Geschwindigkeitsfokussierung: ↑Massenspektrograph.

Geschwindigkeits-Zeit-Diagramm (v-t-Diagramm): grafische Darstellung der Geschwindigkeit v eines bewegten Massenpunkts. Für einen gleichmäßig bewegten Körper ergibt sich eine Parallele zur Zeitachse, für einen mit der Beschleunigung a beschleunigten Körper eine Gerade mit der Steigung a.

Gesichtswinkel: ↑Sehwinkel.

Gewichtskraft (Gewicht), Formelzeichen G: die Kraft, mit der ein Körper aufgrund der ↑Gravitation seine Unterlage oder Aufhängung belastet oder, falls beides nicht vorhanden, zum Erdmittelpunkt hin beschleunigt wird. Mit der ↑Fallbeschleunigung g und der Masse m des Körpers hat die Gewichtskraft den Betrag

$$G = m \cdot g.$$

Die G. ist ein Vektor, ihre Richtung stimmt mit der Fallbeschleunigung überein und hängt – ebenso wie diese – vom Ort ab. Bei gleicher Masse m wiegt ein Körper am Äquator etwa 6 ‰ weniger als an den Polen.

Die SI-Einheit von G ist das ↑Newton.

Gewitter: komplexe meteorologische Erscheinung, die mit luftelektrischen Entladungen und akustischen Phänomenen (Blitz und Donner) verbunden

ist. G. entstehen, wenn sehr feuchte Luft rasch in größere Höhen aufsteigt. Es bilden sich dann in etwa 6–8 km Höhe mächtige Quellwolken, in denen starke Vertikalströmungen herrschen. Diese Vertikalströmungen führen zu starken Ladungstrennungen innerhalb der Gewitterwolken (Abb.). Die positive Hauptladung wird von den Eisteilchen der hohen Wolkenpartien getragen. Die sich bildenden elektrischen Felder gleichen sich durch Funkenentladungen zwischen unterschiedlich geladenen Wolkenteilen (Wolkenblitze) oder durch Blitze zwischen Wolken und Erdoberfläche (Erdblitze) aus. Ab einem bestimmten Zeitpunkt kommt es zu starkem Niederschlag in Form von großen, unterkühlten Regentropfen, manchmal auch Hagel.

Der **Blitz** (genauer der Erdblitz) entsteht als ↑Funkenentladung zwischen positiv geladener Wolkenunterseite und Erdoberfläche, wenn die Potenzial-

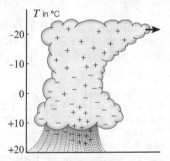

Gewitter: Ladungstrennung in einer Gewitterwolke. Der untere Teil wird negativ, der obere Teil immer stärker positiv geladen.

differenz etwa 100 MV übersteigt. Die Überschussladung beginnt dann, sich einen Weg zum Boden zu bahnen. Sobald sich ein ununterbrochener leitender Pfad aus ionisierter Luft gebildet hat, folgt die eigentliche Entladung als Folge von Stromstößen von ca. 10–20 kA mit einer Dauer von rd. 0,1 ms und einem Abstand von etwa 40 ms. Der gesamte Blitzschlag dauert 0,01 bis 1 s und setzt eine Energie von ca. 300 kWh um. Diese Energie reicht aus, um Temperatur und Druck in der leitenden Luftsäule so weit zu erhöhen, dass sie zu leuchten beginnt und in der umgebenden Luft Schallwellen anregt, die als **Donner** zu hören sind.

Gezeiten (Tiden): Sammelbezeichnung für **Ebbe** und **Flut**. Sie entstehen durch das Zusammenwirken von Gravitations- und Zentrifugalkräften, die Massenbewegungen des Meeres und der Atmosphäre bewirken. Bei der Bewegung des Systems Erde–Mond um den gemeinsamen Schwerpunkt ist die Fliehkraft an allen Punkten der Erde gleich gerichtet und etwa gleich groß. Die Anziehungskraft des Mondes auf die Erde dagegen ist stets auf den Mond gerichtet und hängt von Abstand Erde–Mond ab. Die beiden Kräfte gleichen sich nur im Schwerpunkt der Erde aus, an allen anderen Punkten resultieren kleine ↑Gezeitenkräfte, die die Gezeiten hervorrufen. Entsprechende Kräfte treten auch durch die Bewegung des Systems Erde–Sonne auf. Die Gezeitenkräfte rufen ein Ansteigen des Meeresspiegels hervor, der sich als Welle innerhalb von etwa 12 Stunden um die Erde bewegt. Der Tidenhub ist besonders hoch, wenn Sonne und Mond in gleicher Richtung stehen, da sich dann ihre Gezeitenkräfte addieren (**Springflut**). Stehen sie in einem Winkel von 90° zueinander, schwächen sie sich, und es entsteht die niedrigere **Nippflut**.

Gezeitenkräfte: aus der Bewegung zweier Himmelskörper umeinander entstehende Kräfte, die sich vektoriell aus Gravitations- und Zentrifugalkräften ergeben. Beispiele für die durch sie hervorgerufene Wirkung sind die ↑Gezeiten auf der Erde; ähnliche Effekte treten auf als Verformung des Gaspla-

neten Jupiter durch seine Monde oder des Merkur durch die Sonne.

g-Faktor, Formelzeichen g: in der Atomphysik der dimensionslose Proportionalitätsfaktor zwischen Drehimpulsgröße J und dem zugehörigen magnetischen Moment m: $m = g \cdot J \cdot \mu_B / h$ (μ_B bohrsches Magneton, h plancksches Wirkungsquantum). g ist proportional zum ↑gyromagnetischen Verhältnis.

gibbssche Enthalpie: ↑thermodynamische Potenziale.

gibbssche freie Energie [nach J. W. GIBBS]: Der Teil der ↑Enthalpie, der bei einem reversiblen Prozess zur Verrichtung von Arbeit genutzt werden kann. Die gibbssche freie ↑Energie G wird definiert durch $G = F + p \cdot V$ (F freie Energie).

Giga: ↑Einheitenvorsätze.

Giorgi-System ['dʒordʒi-]: 1901 von GIOVANNI GIORGI (*1871, †1950) eingeführtes ↑Einheitensystem mit den Basiseinheiten Meter, Kilogramm, Sekunde, Ohm. Es wurde 1948 mit der elektrischen Einheit Ampere zum MKSA-System verändert, einem Vorläufer des Internationalen Einheitensystems (SI).

Gitter:

♦ *Elektronik:* eine Elektrode, meist in Form einer Drahtspirale, die sich in einer Elektronenröhre zwischen Anode und Kathode befindet und die in einer ↑Triode zur Steuerung des Anodenstroms verwendet wird. Ist die Spannung zwischen Gitter und Kathode (**Gitterspannung**) positiv, wird der Anodenstrom verstärkt, bei negativer Spannung geschwächt (Bremsgitter).

♦ *Festkörperphysik:* Abk. für ein durch die räumlich periodische Anordnung der Atome bzw. Moleküle gegebenes Kristallgitter. Insgesamt gibt es 14 verschiedene Gittertypen, die man je nach genauer Anordnung der Teilchen unterscheidet. Das Bild des Gitters ist eine

G

ideale Vorstellung, die nur in Einkristallen realisiert ist. Bei den meisten realen ↑Kristallen ist das Gitter durch sog. Gitterbaufehler gestört.

◆ *Optik:* Abk. für Beugungsgitter, ein System zahlreicher zueinander paralleler, dicht nebeneinander liegender Spalte oder Stufen, an denen das auftreffende Licht gebeugt wird (↑Beugung). Der Abstand zweier benachbarter Spaltmitten heißt **Gitterkonstante**, das durch ein Gitter erzeugte Spektrum ist ein Gitterspektrum.

Gitterspannung: Steuerspannung zwischen Gitter und Kathode einer ↑Triode. Ihr über einen hochohmigen Widerstand zugeführte Gleichspannungsanteil ist die **Gittervorspannung**.

Gitterspektrum: mit einem optischen Gitter durch ↑Beugung erzeugtes ↑Spektrum.

Glanz|winkel: ↑Bragg-Gleichung.

Glas: ein Festkörper im amorphen ↑Aggregatzustand, der aus einer Schmelze entstanden ist. Der sog. **Glaszustand** zeichnet sich dadurch aus, dass der Körper beim Aufheizen schmilzt und sich nicht, wie bei anderen amorphen Körpern, kleine Kristalle bilden. Obwohl sich Gläser aus verschiedenen Stoffen herstellen lassen, sind mit dem Begriff meist optische Gläser aus verschiedenen Oxiden wie Quarz (SiO_2), Boroxid (B_2O_5) und Bleioxid (PbO) und weiteren Zusätzen gemeint. Diese Gläser sind für Licht durchlässig; daher fertigt man aus ihnen optische Bauelemente wie ↑Linsen oder ↑Prismen. Nach einer traditionellen Einteilung unterscheidet man **Krongläser** mit schwacher ↑Brechkraft und kleiner ↑Dispersion von **Flintgläsern** mit starker Brechkraft und hoher Dispersion.

Glasfaser: ein aus Glas gefertigter biegsamer Lichtwellenleiter (↑Leiter) für die optische Nachrichtenübertragung. Die G. besteht aus einem Glaskern (50 µm bis 1 mm Durchmesser),

der von einer Glasschicht mit geringerer Brechzahl ummantelt ist. Dadurch kommt es am Übergang zur ↑Totalreflexion, sodass ein eintretender Lichtstrahl die Faser nur an den Enden verlassen kann.

gleichförmig beschleunigte Bewegung: ↑Beschleunigung.

gleichförmige Bewegung: ↑Kinematik.

gleichförmige Kreisbewegung: ↑Kinematik.

Gleichgewicht: im engeren Sinne ein Zustand, den ein starrer Körper erreicht, wenn die Summe aller auf ihn wirkenden ↑Kräfte bzw. ↑Drehmomente gleich null ist (**Gleichgewichtsbedingung**). Der Körper erfährt dann keine Änderung seines Bewegungszustands. Nach der Energie, die nötig ist, das Gleichgewicht zu stören, unterscheidet man drei Arten des so definierten **statischen Gleichgewichts**, die die ↑Standfestigkeit beeinflussen:

Der Körper befindet sich im **stabilen Gleichgewicht**, wenn er nach einer kleinen Auslenkung aus der Gleichgewichtslage wieder dahin zurückkehrt. Die potenzielle Energie im Schwerefeld hat also ein Minimum, der Schwerpunkt hat die tiefstmögliche Lage. Man muss Energie aufwenden, um das Gleichgewicht zu stören.

Ein Körper befindet sich im **labilen Gleichgewicht**, wenn er nach einer kleinen Auslenkung aus der Gleichgewichtslage nicht wieder dahin zurückkehrt, sondern einer neuen stabilen Gleichgewichtslage zustrebt. Die potenzielle Energie im Schwerefeld hat also ein Maximum, der Schwerpunkt hat die höchstmögliche Lage. Wenn das Gleichgewicht gestört wird, wird Energie frei.

Ein Körper befindet sich im **indifferenten Gleichgewicht**, wenn er nach einer kleinen Auslenkung aus der Gleichgewichtslage nicht wieder dahin zurückkehrt, sondern in der neuen Lage bleibt, in die er gebracht wurde. Die potenzielle Energie im Schwerefeld ändert sich nicht, der Schwerpunkt wird weder gehoben noch gesenkt. Es ist keine Energie nötig, um das Gleichgewicht zu stören.

Im übertragenen Sinne wird der Begriff Gleichgewicht auch in anderen Gebieten als der Mechanik verwendet. Man spricht vom **dynamischen Gleichgewicht,** wenn zwei Prozesse sich in ihrer Wirkung gegenseitig aufheben.

So kommt es im **chemischen Gleichgewicht** zu keiner Konzentrationsänderung mehr, weil die ablaufenden Reaktionen entgegengesetzt zueinander sind.

Im **statistischen Gleichgewicht** kommen bei einer großen Zahl von Teilchen ebenso viele hinzu wie verloren gehen. Im **energetischen Gleichgewicht** wird ebenso viel Energie aufgenommen wie abgegeben. Im **thermodynamischen Gleichgewicht** bleibt die ↑Entropie eines abgeschlossenen thermodynamischen Systems konstant.

gleichmäßig beschleunigte Bewegung: ↑Kinematik.

Gleichrichter: elektrisches Gerät oder Schaltung zur Umformung von Wechselstrom in (pulsierenden) Gleichstrom. Im G. werden Bauteile wie ↑Dioden verwendet, die den elektrischen Strom nur in einer Richtung durchlassen. Bei der Einweggleichrichtung wird nur eine, bei der Zweiweggleichrichtung (z. B. durch die ↑Graetz-Schaltung) werden beide Halbwellen des Wechselstroms genutzt.

Gleichspannung: eine zeitlich dem Betrage und Vorzeichen nach konstante elektrische ↑Spannung (im Gegensatz zur Wechselspannung; ↑Wechselstromkreis). Oft wird die Bezeichnung auch für eine Spannung verwendet, die zwar nicht konstant ist, die aber ihr Vorzeichen nicht wechselt (**pulsieren-**

de Gleichspannung). Für die G. verwendet man das Symbol $U_=$.

Gleichstrom: ein zeitlich dem Betrage und Vorzeichen nach konstanter elektrischer ↑Strom (im Gegensatz zum ↑Wechselstrom). Oft wird die Bezeichnung auch für einen Strom verwendet,

Gleichgewicht: stabiles, labiles und indifferentes Gleichgewicht (von links nach rechts)

der zwar nicht konstant ist, aber seine Richtung nicht ändert (**pulsierender Gleichstrom**). Für G. verwendet man das Symbol $I_=$. Nach der engl. Bezeichnung »direct current« wird auch die Abk. DC verwendet.

Gleichstromgenerator: ↑Generator.

Gleichstrommotor: ↑Elektromotor.

Gleit|reibung: Form der ↑Reibung.

Glimm|entladung: eine bei niedrigem Gasdruck zwischen zwei Elektroden auftretende selbstständige ↑Gasentladung. Die zu beobachtende Lichterscheinung hängt von der angelegten Spannung, den Abmessungen und dem Gasdruck ab. Bei einer Wechselspannung nimmt man nur ein gleichmäßiges Leuchten wahr, bei einer Gleichspannung treten dagegen in einer Gasentladungsröhre typische Leuchtschichten und Dunkelräume auf (Abb.).

Die Kathode ist von der schwach leuchtenden **Kathodenschicht** (1) bedeckt, an die sich der lichtlose **Hittorf-Dunkelraum** (2) anschließt. Er wird durch die kleine Zone des (negativen) Glimmlichts (3) begrenzt, die allmählich in den **Faraday-Dunkelraum** (4) übergeht. Den restlichen Teil der Röhre füllt die stark leuchtende positive Säule (5), in der sich das Gas im Zustand des ↑Plasmas befindet.

Diese Beobachtung lässt sich stützen, wenn man die Spannungsverteilung zwischen Kathode und Anode betrachtet (untere Abb.). Unmittelbar vor der Anode findet ein steiler Spannungsabfall statt, der sog. **Anodenfall**. Im Bereich bis zum Hittorf-Dunkelraum nimmt die Spannung nur verhältnismäßig wenig ab, ab der Kante des Glimmlichts ist ein starker Spannungsabfall zur Kathode festzustellen (**Kathodenfall**).

In Kenntnis des Spannungsverlaufs lassen sich die verschiedenen Bereiche der G. erklären: Bei niedrigem Gasdruck genügt wegen der größeren ↑freien Weglänge der Gasteilchen eine relativ niedrige Spannung, um die Gasentladung durch ↑Stoßionisation einzuleiten. Die entstehenden positiven Ionen wandern zur Kathode. Im Kathodenfall

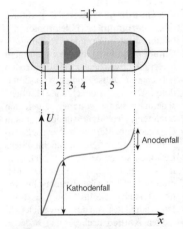

Glimmentladung: Verteilung der leuchtenden Zonen und Dunkelräume (oben) und zugehöriger Spannungsverlauf (unten). Die Zahlen sind im Text erklärt.

werden sie so stark beschleunigt, dass ein Teil von ihnen genügend hohe kinetische Energie erlangt, um beim Aufprall auf die Kathode aus ihr Elektronen herauszuschlagen. Die übrigen, nicht so stark beschleunigten Ionen geben ihre Energie durch Stoßanregung

an Gasteilchen ab, was zur leuchtenden Kathodenschicht führt. Die aus der Kathode stammenden Elektronen werden im Kathodenfall so stark beschleunigt, dass sie im Bereich des Glimmlichts weitere positive Ionen erzeugen oder Leuchterscheinungen hervorrufen können. Dabei verlieren sie so viel Energie, dass sie im Faraday-Dunkelraum weder ionisieren noch anregen können. Bis zur positiven Säule steigt die Energie aber wieder genügend an, um Stoßanregung oder Stoßionisation zu verursachen. In der positiven Säule werden so viele Ionen nachgebildet wie durch Rekombination verloren gehen. Verstärkte Ionisation tritt dann noch im Anodenfall auf.

Die positive Säule der Glimmentladung wird technisch in Leuchtstoffröhren, das Glimmlicht in ↑Glimmlampen genutzt.

Glimmlampe: mit verdünntem Edelgas gefüllte Glasröhre, in die zwei Elektroden in so geringem Abstand eingeschmolzen sind, dass sich bei einer ↑Glimmentladung nur das Glimmlicht ausbildet. Der Kathodenfall ist so gering, dass die Lampe mit normaler Netzspannung betrieben werden kann. Die G. hat eine nur geringe Leuchtstärke und wird als Kontrollleuchte z. B. in Phasenprüfern verwendet.

Global Positioning System (GPS): ↑Satellitennavigation.

glüh|elektrischer Effekt (Richardson-Effekt, Edison-Effekt): das Phänomen, dass eine glühende Metall- oder Halbleiteroberfläche Elektronen emittiert (**Glühemission**).

Mit steigender Temperatur nimmt die mittlere kinetische Energie der Leitungselektronen im erhitzten Körper so weit zu, dass immer mehr von ihnen imstande sind, die Potenzialschwelle an der Oberfläche (↑Austrittsarbeit) zu überwinden. Diese Elektronen umgeben den sich durch den Elektronenverlust positiv aufladenden Körper als eine Raumladungswolke, was eine weitere Elektronenemission erschwert. Legt man den Körper aber als Glühkathode in einem Stromkreis einer Anode gegenüber, so werden die Elektronen durch das elektrische Feld abgesaugt, und es kommt zu einem anhaltenden Stromfluss. Die Sättigungsstromdichte j hängt von der absoluten Temperatur T und der Austrittsarbeit W gemäß der **Richardson-Gleichung** ab:

$$j = A \cdot T^2 \cdot e^{-W/kT}$$

(A ist eine Konstante mit Werten zwischen $10^2\,\mathrm{A \cdot cm^{-2} \cdot K^{-2}}$ für Wolfram und $10^{-2}\,\mathrm{A \cdot cm^{-2} \cdot K^{-2}}$ für Metalloxid, k ist die Boltzmann-Konstante). Der g. E. hat eine große praktische Bedeutung, weil sich dank ihm einfach freie Elektronen erzeugen lassen, wie z. B. in ↑Elektronenröhren oder Kathodenstrahlröhren (↑Bildschirm).

Glühkathode: ↑Kathode.

Glühlampe: eine Lichtquelle, die auf der thermischen Emission eines durch joulesche Wärme (↑joulesche Gesetze) erhitzten Glühfadens beruht.

Gluon [engl. glue »Klebstoff«]: Feldquant der ↑starken Wechselwirkung, das die Wechselwirkung zwischen ↑Quarks vermittelt. Gluonen haben die Masse null und den Spin 1 (wie Photonen). Sie tragen wie die Quarks ↑Farbladungen und sind als freie Quanten grundsätzlich nicht zu beobachten.

Goethe-Barometer: ein von JOHANN W. v. GOETHE (*1749, †1832) benutztes ↑Barometer. Es ist wie ein Quecksilberbarometer aufgebaut, nur dass es statt Quecksilber Wasser verwendet und dass sich im geschlossenen Schenkel Luft befindet. Wenn sich der äußere Luftdruck ändert, verändert sich das Volumen der eingeschlossenen Luft und damit die Wasserstandshöhe. Empfindlicher als auf Schwankungen des äußeren Luftdrucks reagiert das G.-B.

aber auf Temperaturänderungen (↑Wärmeausdehnung), sodass es heute keine praktische Bedeutung mehr hat.

goldene Regel der Mechanik: spezielle Formulierung des Energiesatzes (↑Erhaltungssätze), nach der man mit einer ↑einfachen Maschine keine Arbeit gewinnen kann.

GPS: ↑Satellitennavigation.

Grad [lat. gradus »Schritt«]:
♦ Einheit von Temperaturskalen (↑Celsius-Skala, ↑Fahrenheit-Skala).
♦ zulässige Einheit außerhalb des SI für den ebenen Winkel, Zeichen °. Ein Vollkreis hat 360°. Ein Grad wird unterteilt in 60 Bogenminuten (Einheitenzeichen ') und diese in wiederum 60 Bogensekunden ("). Ein 250stel des Vollkreises beträgt somit 1° 26′ 24″.

Graetz-Schaltung [nach LEO GRAETZ; *1856, †1941]: eine Brückenschaltung zur Zweiweggleichrichtung von Wechselstrom, bestehend aus vier Dioden.

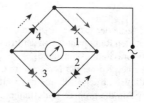

Graetz-Schaltung: Fließen die Elektronen während einer Halbperiode des Wechselstroms in Richtung der blauen Pfeile, so sind die Dioden 1 und 3 geöffnet, während der anderen Halbperiode die Dioden 2 und 4.

Gramm [griech. grámma »Gewicht von 1/24 Unze«], Einheitenzeichen g: von der SI-Basiseinheit ↑Kilogramm abgeleitete Masseneinheit: 1 g = 0,001 kg.

Gravitation [lat. gravis »schwer«] (Massenanziehung): die Kraft, die zwei oder mehrere Körper allein aufgrund ihrer schweren Masse aufeinander ausüben. Die Gravitation der Erde nennt man auch **Schwerkraft**. Sie ist Ursache

G

der ↑Gewichtskraft eines Körpers.
Für den Betrag F der Anziehungskraft zwischen zwei Körpern der Masse m_1 und m_2, deren Schwerpunkte den Abstand r haben, gilt das **newtonsche Gravitationsgesetz**

$$F = G \cdot \frac{m_1 \cdot m_2}{r^2}.$$

Die **Gravitationskonstante** G ist

$$G = 6{,}673 \cdot 10^{-11}\,\text{m}^3/(\text{kg}\cdot\text{s}^2).$$

Als **Gravitationsfeld** (↑Feld) bezeichnet man den Raum in der Umgebung eines Körpers, in dem er auf einen anderen Körper der Masse m eine Anziehungskraft F ausübt. Die **Gravitationsfeldstärke** g an einem Raumpunkt berechnet man aus F und m gemäß $g = F/m$. Die Gravitationsfeldstärke im Schwerefeld der Erde heißt ↑Fallbeschleunigung. Sie hat den Betrag:

$$g = G \cdot \frac{M}{r^2}$$

(M Masse der Erde, r Abstand des betrachteten Raumpunkts von der Erdmitte, G Gravitationskonstante.
Um einen Körper der Masse m im Gravitationsfeld der Erde aus der Entfernung r in die größere Entfernung r_g zu bringen, muss man die Arbeit W aufwenden:

$$W = G \cdot m \cdot M \left(\frac{1}{r} - \frac{1}{r_g} \right).$$

Will man den Körper ganz aus dem Schwerefeld herausbringen ($r_g \to \infty$), muss man die Arbeit

$$W = G \frac{m \cdot M}{r}$$

verrichten. Diese Arbeit entspricht der **Gravitationsenergie** (Schwereenergie), d. h. der potenziellen ↑Energie, welche die Masse m im Gravitationsfeld besitzt. Der Quotient aus W und der

Masse m des betrachteten Körpers ist das Gravitationspotenzial V:

$$V = \frac{W}{m} = G \frac{M}{r}.$$

Da es nur positive Massen gibt, ist die Gravitation stets anziehend.
Gravitationsfeld: ↑Gravitation.
Gravitationsfeldstärke, Formelzeichen $\vec{g}$: ↑Gravitation.
Gravitationsgesetz: ↑Gravitation.
Gray [greɪ, nach LOUIS H. GRAY; *1905, †1965], Einheitenzeichen Gy: SI-Einheit für die absorbierte Energiedosis (↑Dosis) ionisierender Strahlung. Es gilt 1 Gy = 1 J/kg.
Grenzflächendiffusion: die ↑Diffusion an der Grenze zweier Phasen oder Stoffe.
Grenzfrequenz: ↑Fotoeffekt.
Grenz|wert: Höchstgrenze für die als noch zumutbar erachtete und zulässige Belastung durch möglicherweise gesundheitsgefährdende Einflüsse, z. B. durch Gifte, elektromagnetische Felder (↑Elektrosmog) oder radioaktive Strahlung (↑Dosis, ↑Strahlenbelastung). Grenzwerte werden nach physikalisch-biologischen Forschungen anhand der technisch machbaren und finanziell tragbaren Möglichkeiten festgelegt. Die G. für Personen, die beruflich mit den Belastungen umgehen, sind oft viel höher als für die Allgemeinbevölkerung (Tab. 1 und Tab. 2, S. 163).

Frequenz (MHz)	L (W/m²) (Beruf)	L (W/m²) (Allgemein)
300–400	10	2
900	22,5	4,5
> 2000	50	10

Grenzwert (Tab. 1): maximale Leistungsflussdichte L elektromagnetischer Wechselfelder für beruflich exponierte Personen und die Allgemeinbevölkerung

Grenz|winkel: ↑Totalreflexion.

Art der Dosis	mSv (Beruf)	mSv (Allgemein)
Ganzkörperdosis	50	0,3
TK für Keimdrüsen, Uterus und Knochenmark	50	0,3
TK für andere Organe	150	0,9
TK für Schilddrüse	300	0,9
TK für Knochen	300	1,8
TK für Extremitäten	500	

Grenzwert (Tab. 2): jährliche effektive Äquivalentdosis für beruflich exponierte Personen und die Allgemeinbevölkerung in Millisievert (TK: Teilkörperdosis)

Größe (physikalische Größe): ein Begriff, der eine qualitative und quantitative Aussage über ein messbares Einzelmerkmal eines physikalischen Sachverhalts, Systems oder Effekts macht. Eine physikalische Größe bezeichnet also Merkmale oder Eigenschaften, die sich quantitativ erfassen lassen. Jede Größe ist durch eine geeignete Messvorschrift definiert.

Lässt sich die Abhängigkeit eines physikalischen Sachverhalts von verschiedenen Größen qualitativ beschreiben, so braucht man zur Festlegung des Größenwerts, also zur quantitativen Beschreibung, Vergleichsnormale von gleichartigen Größen. Diese Normale nennt man ↑Einheiten. Jeder spezielle Wert einer Größe lässt sich als Produkt ausdrücken:

Größenwert = Zahlenwert mal Einheit.

Man kann dann physikalische Gesetze so formulieren, dass man die Einheiten festlegt und die Beziehungen zwischen den einzelnen Größen durch die Beziehungen zwischen den Zahlenwerten beschreibt (Zahlenwertgleichung). Meist schreibt man die Zusammenhänge aber als Beziehungen zwischen Größen, ohne die Einheit zunächst festzulegen (Größengleichungen). Erst bei der Anwendung auf ein spezielles Problem setzt man dann die gewünschten Einheiten ein. Z. B. legt man als Geschwindigkeit den Quotienten aus zurückgelegter Strecke und benötigter Zeit fest. Aus den verwendeten Einheiten für die Strecke und die Zeit folgt dann die Einheit für die Geschwindigkeit, etwa m/s oder km/h.

In dieser Auffassung lassen sich einzelne Größen auf andere zurückführen (z. B. die Größe Geschwindigkeit auf die Größen Länge und Zeit). Einige Größen, auf die man die anderen – meist aus Gründen der Zweckmäßigkeit – zurückführt, nennt man **Grundgrößen**. In der Mechanik sind dies die Größen Länge, Masse und Zeit. Durch die Wahl der Grundgrößen trifft man auch eine Entscheidung über die ↑Basiseinheiten und damit das ↑Einheitensystem. Eine Übersicht über wichtige Größen, Einheiten und Formelzeichen findet sich auf der Innenseite des vorderen Buchdeckels.

Grundfarben (Primärfarben): die zur Herstellung von subtraktiven ↑Farbmischungen verwendeten Farben, beim Mehrfarbdruck meist ein Rotton (magenta), ein Blauton (cyan) und ein Gelbton.

Grundschwingung: bei einer zusammengesetzten ↑Schwingung diejenige Teilschwingung mit der kleinsten Frequenz. Die übrigen Teilschwingungen heißen **Oberschwingungen**; ihre Frequenzen sind ganzzahlige Vielfache der Frequenz der Grundschwingung. – Bei akustischen Schwingungen verwendet man entsprechend die Bezeichnungen **Grundton** und **Obertöne**.

Grundzustand: der stationäre Zustand eines Atoms, Moleküls, Kerns oder Nukleons mit der niedrigstmöglichen

G

Energie. Die Elektronen in Atomen und Molekülen sowie die Nukleonen im Kern befinden sich normalerweise im Grundzustand. Durch Zufuhr eines bestimmten Energiebetrags (↑Anregung) können sie in einen Zustand höherer Energie (angeregten Zustand) gebracht werden, kehren aber meist nach kurzer Zeit wieder in den Grundzustand zurück.

Gruppengeschwindigkeit: Ausbreitungsgeschwindigkeit einer Wellengruppe (»Wellenpaket«), im Gegensatz zur Phasengeschwindigkeit der ↑Welle. Bei Licht stimmen Gruppen- und Phasengeschwindigkeit nur im Vakuum überein (↑Lichtgeschwindigkeit).

Gs: Einheitenzeichen für ↑Gauß.

GSI, Abk. für Gesellschaft für Schwerionenforschung: eine Großforschungseinrichtung, deren Schwerpunkte von der Kern- und Atomphysik bis hin zu angewandten Themen wie Tumortherapie, Materialforschung, Plasmaphysik und Beschleunigerentwicklung reichen. Die GSI betreibt eine Beschleunigeranlage, mit der schwere Ionen auf ca. 90% der Lichtgeschwindigkeit gebracht werden können. Hier wurden die ↑superschweren Elemente Bohrium, Hassium und Meitnerium sowie die Elemente mit den Ordnungszahlen 110, 111 und 112 erstmals erzeugt. Die GSI mit Sitz in Darmstadt hat ca. 700 Mitarbeiter (davon 300 Wissenschaftler).

Gunn-Diode [gʌn; nach JOHN B. GUNN, *1928]: eine Halbleiterdiode zur Erzeugung von ↑Mikrowellen.

GUT [Abk. für engl. Grand Unified Theory »Große Vereinheitlichte Theorie«]: Sammelbegriff für Theorien, die versuchen, die ↑Fundamentalkräfte bis auf die Gravitation (also die elektromagnetische, schwache und starke Wechselwirkung von ↑Elementarteilchen) durch ein einziges Grundprinzip zusammenzufassen. Man erhofft sich durch eine solche GUT, die zahlreichen

nur experimentell zu bestimmenden Parameter des ↑Standardmodells theoretisch erklären zu können. Die experimentelle Überprüfung der GUTs setzt aber Beschleuniger mit Energien voraus, die zurzeit noch nicht verfügbar sind.

Gy: Einheitenzeichen für ↑Gray.

gyromagnetisches Verhältnis, Formelzeichen γ: Quotient aus magnetischem Moment μ und Gesamtdrehimpuls J eines Teilchens. γ wird meist über den ↑g-Faktor bestimmt.

Gyroskop [griech. gýros »Kreis«]: Gerät zur Untersuchung von Kreiselbewegungen unter dem Einfluss äußerer Kräfte. Meist handelt es sich um einen symmetrischen Kreisel in einer ↑kardanischen Aufhängung.

h:

♦ Abk. für den ↑Einheitenvorsatz Hekto (hundertfach = 10^2fach).

♦ Einheitenzeichen für die Zeiteinheit Stunde.

♦ (h): Formelzeichen für das ↑plancksche Wirkungsquantum.

♦ (h): Formelzeichen für Höhe.

H:

♦ Einheitenzeichen für die Einheit ↑Henry der Induktivität.

♦ (H): Formelzeichen für ↑Enthalpie.

♦ (H): Formelzeichen für ↑Wirkung.

$\vec{H}$ ($\bar{H}$): Formelzeichen für die magnetische Feldstärke.

Hadronen [griech. hadrós »stark«]: Sammelbezeichnung für ↑Elementarteilchen, die aus ↑Quarks bestehen.

Haftreibung: eine Form der ↑Reibung.

hagen-poiseuillesches Gesetz [-pwaˈtsœj-, nach GOTTHILF HAGEN; *1797, †1884; und JEAN-LOUIS POISEUILLE; *1799, †1869]: Gesetzmäßigkeit für ↑laminare Strömungen durch Röhren mit kreisförmigem Querschnitt.

Das je Zeiteinheit den Querschnitt passierende Flüssigkeitsvolumen ist demnach proportional zur Druckdifferenz über die Rohrlänge und zur vierten Potenz des Rohrradius, und es ist umgekehrt proportional zur Rohrlänge und der Viskosität der Flüssigkeit. Mithilfe des h.-p. G. kann man die ↑Viskosität von Flüssigkeiten durch Strömungsmessungen ermitteln, z. B. in der Medizin die Viskosität von Blut. Infolge der Abhängigkeit von der vierten Potenz des Radius kann die durch eine Ader fließende Blutmenge durch geringfügige Änderung des Aderradius stark verändert werden.

Hahn-Meitner-Institut, Abk. HMI: Großforschungseinrichtung in Berlin mit Forschungsschwerpunkt Kernphysik.

Halbleiter: siehe S. 166.

Halbleiterdiode: ↑Halbleiter.

Halbleiterfotoeffekt: ↑Fotoeffekt in der Sperrschicht einer Halbleiterdiode (↑Halbleiter).

Halbleiterzähler (Halbleiterdetektor): Strahlungsnachweisgerät für geladene Teilchen und Gammaquanten. Die Wirkungsweise beruht auf der paarweisen Erzeugung von Elektronen und Löchern in der Sperrschicht einer Halbleiterdiode (↑Halbleiter). Da die beiden Seiten der Sperrschicht ungleichnamig geladen sind, streben die entstandenen freien Ladungsträger in entgegengesetzte Richtungen auseinander und rufen einen ↑Stromstoß hervor. Dieser Stromstoß wird verstärkt und registriert; er ist der Strahlungsenergie proportional. Beim Nachweis von sichtbarem, Infrarot-, und UV-Licht spricht man meist von ↑Fotodioden.

Halbschatten: ↑Schatten.

Halbwertszeit, Formelzeichen $t_{1/2}$: der Zeitraum, in dem eine (meist exponentiell) abfallende Größe auf die Hälfte ihres Anfangswerts abgesunken ist. Beim radioaktiven Zerfall ist die H. die Zeit, in der von ursprünglich N_0 radioaktiven Atomen die Hälfte zerfallen ist, also nur noch $N_0/2$ Atome nicht zerfallen sind. Die H. lässt sich aus dem radioaktiven Zerfallsgesetz (↑Radioaktivität) und der vorgegebenen Zerfallskonstanten λ durch Einsetzen von N_0 und $N_0/2$ sowie Auflösen der Gleichung nach $t_{1/2}$ berechnen:

$$t_{1/2} = \ln 2.$$

Die H. ist eine von äußeren Bedingungen (Druck, Temperatur) unabhängige Konstante (bis auf wenige Ausnahmen). Auf der bekannten H. radioaktiver Elemente beruht die radiometrische ↑Altersbestimmung.

Hall-Effekt [hɔːl-]: ein 1879 von ED-WIN H. HALL (*1855, †1938) entdeckter physikalischer Effekt in stromdurchflossenen Leitern, in denen senkrecht zur Stromrichtung ein magnetisches Feld wirkt. Der H.-E. besteht darin, dass sich senkrecht zur Stromrichtung und zu den magnetischen Feldlinien eine Spannungsdifferenz aufbaut, die **Hall-Spannung** U_H (Abb.). Die Erklärung hierfür liegt in der Anhäufung von Ladungsträgern an den seitlichen Begrenzungen des Leiters, welche von der ↑Lorentz-Kraft bewirkt wird. Dadurch entsteht ein elektrisches Gegenfeld E_H, dessen Kraft auf die Ladungsträger der Lorentz-Kraft entgegengerichtet ist. Die Anhäufung erfolgt

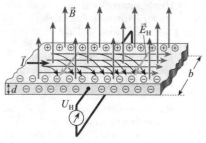

Hall-Effekt

Halbleiter nehmen eine Zwischenstellung zwischen elektrischen Leitern und Isolatoren ein. Ihre Leitfähigkeit verbessert sich mit zunehmender Temperatur, ganz im Gegensatz zum Verhalten metallischer Leiter. Typische reine, kristalline Halbleiter sind Germanium (Ge) und Silicium (Si, Abb. 1), beide aus der vierten Hauptgruppe des Periodensystems. Weitere Halbleiter sind Verbindungen wie SiC (IV-IV-Halbleiter), GaAs (III-V-Halbleiter) oder ZnS (II-VI-Halbleiter) und Metalloxide wie Cu_2O. (Die Zahlen in Klammern beziehen sich auf die Periode, der das jeweilige Element im Periodensystem zugeordnet ist.) Daneben gibt es auch amorphe Halbleiter wie Gläser oder Selen.

■ **»Drecksphysik«**

Die starke Temperaturabhängigkeit des elektrischen Widerstands von Schwefelkupfer hatte schon M. FARADAY festgestellt, und WILLOUGHBY SMITH, ein britischer Ingenieur, stieß 1873 auf die Widerstandsänderung der metallischen Modifikation des Selen bei Belichtung. 1874 hatte K. F. BRAUN, der Erfinder der braunschen Röhre, an Schwefelmetallen den Gleichrichtereffekt entdeckt, der besagt, dass der Widerstand von der Stromrichtung abhängt, und einen Kristalldetektor entwickelt.

Noch in den 1930er-Jahren galt die Halbleiterphysik mit ihren oft nicht reproduzierbaren Ergebnissen als »Drecksphysik«, und die Bearbeitung der Materialien steckte noch in den Kinderschuhen. Erst die Entwicklung geeigneter Kristallzüchtungsverfahren zur Herstellung reiner Kristalle ermöglichte in der Folge die epochemachende Erfindung des Transistors 1947 und führte dann innerhalb kurzer Zeit zu einem neuen und sich rasant entwickelnden Industriezweig, der Elektronik. Immer kleiner und billiger werdende Halbleiterbauelemente ersetzten die klassischen ↑Elektronenröhren z. B. in Radios (Transistorradio) und Computern.

ENIAC, ein Computer aus dem Jahre 1946, enthielt noch über 18 000 Röhren, war 30 t schwer, benötigte 200 000 W elektrische Leistung und hatte einen eigenen Schornstein zur Wärmeabfuhr. Halbleiterbauelemente hinegegen benötigen keinen Heizstrom, keine Anheizzeit, gestatten Batteriebetrieb und dank ihrer Kompaktheit die Konstruktion von tragbaren elektronischen Geräten.

■ **Aufbau und Eigenschaften**

Im Germanium- oder Silicium-Kristall bilden die vier Valenzelektronen mit jeweils einem Elektron eines Nachbaratoms ein Elektronenpaar. Diese Bindungselektronen sind somit zwischen den beiden Nachbaratomen lokalisiert und können sich nicht frei im Kristall bewegen. Daher tragen sie nicht zum Stromtransport bei, der Kristall ist ein Nichtleiter oder Isolator – zumindest bei tiefen Temperaturen.

Wird die Temperatur erhöht, treten zwei gegengerichtete Effekte auf. Zum einen schwingen die Gitteratome stärker und setzen durch ihre Eigenbewegung den fließenden Elektronen einen höheren Widerstand entgegen. Aus diesem Grund steigt in Metallen mit der Temperatur auch der Widerstand. Bei Halbleitern tritt ein Phänomen hinzu, das diesen Effekt weit überwiegt. Bei Wärmezufuhr wird ein Teil der Energie von den Bindungselektronen aufgenommen. Bei einigen reicht die Energie aus, um die Bindung aufzubrechen. Diese Elektronen sind dann frei beweglich und können zum Stromtransport beitragen. Dadurch, dass mehr freie Elektronen zur Verfügung stehen, steigt die Stromstärke bei konstanter

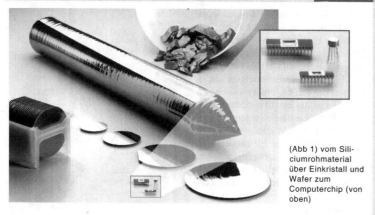

(Abb 1) vom Siliciumrohmaterial über Einkristall und Wafer zum Computerchip (von oben)

Spannung an, d. h. der elektrische Widerstand sinkt. Während sich z. B. der Widerstand von Kupfer bei Temperaturerhöhung von 0°C auf 200°C verdoppelt, sinkt er bei einem Germaniumkristall auf 1/600.

Neben der Zufuhr von Wärme kann auch Energie in Form von Licht eine Elektronenbindung aufbrechen. Dies bewirkt in Fotowiderständen eine Abnahme des elektrischen Widerstands mit der Helligkeit, was in Lichtschranken oder in Helligkeitsmessern angewendet werden kann und bei der Solarzelle zur Stromerzeugung ausgenutzt wird (↑Fotoeffekt).

■ **n-Leitung und p-Leitung**

Bei Halbleitern liegen zwei verschiedene Arten von Stromleitungsmechanismen vor. Ein freies Elektron wandert bei Anliegen einer Spannung zum positiven Pol. Dies wird als Elektronenleitung oder **n-Leitung** bezeichnet. Ein durch Energieaufnahme aus der Bindung gelöstes Elektron hinterlässt aber eine positiv geladene Lücke, auch Defektelektron oder Loch genannt. In dieses Loch kann nun ein Elektron einer benachbarten Bindung hineinspringen. An dessen ursprünglichem Platz entsteht ein anderes Loch, in das ein wei-

teres benachbartes Elektron springen kann usw. Dadurch hat man den Eindruck, als würde das Loch zum negativen Pol wandern. Man spricht von Löcherleitung oder **p-Leitung**.

W. SHOCKLEY entwickelte 1950 das »Garagenmodell«, das die beiden Leitungsmechanismen veranschaulicht: In einer vollbesetzten Garage kann kein Auto sich bewegen. Analog spricht man im Bändermodell von einem vollbesetzten Valenzband, in dem sich die Elektronen nicht bewegen können. Durch Energiezufuhr wird ein Fahrzeug auf ein freies Parkdeck angehoben. Für den Halbleiter heißt das, durch Energiezufuhr wird ein Elektron in das leere Valenzband angehoben. Das einzelne Fahrzeug kann nun z. B. nach rechts fahren. In die Lücke des vollen Parkdecks kann das nächste Auto aufstoßen, in dessen Lücke wieder das nächste usw. Falls alle Autos sich nach rechts bewegen, wandert die Lücke nach links.

■ **Dotieren von Halbleitern**

Die geringe Leitfähigkeit eines kristallinen Halbleiters wie Silicium lässt sich durch gezieltes Einbringen von Fremdatomen, durch sog. Dotieren, beträchtlich steigern. Typischerweise kommt dabei auf eine Million Halbleiteratome ein Fremdatom, entsprechend rein muss der Halbleiter zuvor sein.

Nimmt ein Element der V. Hauptgruppe wie z. B. Arsen (As) als Fremdatom den Platz eines Siliciumatoms ein, so können von seinen fünf Valenzelektronen nur vier die Elektronenpaarbindungen bilden, das fünfte ist nur schwach gebunden und steht schon bei geringer Energiezufuhr für die Elektronen- oder n-Leitung zur Verfügung. Solche Fremdatome stellen also fast freie Elektronen bereit und werden darum als **Donatoren** (lat. donare »schenken«) bezeichnet. Ein mit Donatoren dotierter Halbleiter heißt n-dotiert (Abb. 2a).

Anstelle der Fremdatome aus der V. kann man solche aus der III. Hauptgruppe, z. B. Indium (In) verwenden. Ihre Valenzelektronen können sich nur an drei Paarbindungen beteiligen. Zur Absättigung der vierten Bindung können sie Bindungselektronen benachbarter Atome aufnehmen, weswegen sie auch **Akzeptoren** (lat. accipere »annehmen«) genannt werden. Dadurch ermöglichen sie Löcher- oder p-Leitung, und solchermaßen dotierte Halbleiter heißen p-dotiert (Abb. 2b).

■ Die Halbleiterdiode

Die herausragende Eigenschaft von Dioden ist, dass sie als Gleichrichter wirken, also Strom nur in einer Richtung durchlassen. Halbleiterdioden bestehen im Wesentlichen aus einem Kristall, in dem ein p- und ein n dotierter Bereich aneinandergrenzen – man spricht von einem **p-n-Übergang**. An der Bereichsgrenze diffundieren Löcher vom p- in den n-Bereich, und Elektronen diffundieren in entgegengesetzter Richtung. Dadurch baut sich eine auf der n-Seite positiv und auf der p-Seite negativ geladene Zone auf, die Raumladungs- oder Verarmungszone, die der Diffusion entgegenwirkt. Typische Abmes-

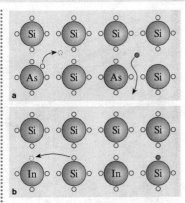

(Abb. 2) **a** n-dotierter, **b** p-dotierter Silicium-Kristall

sungen für die Dicke der Raumladungszone sind 100 Nanometer (10^{-7} m).

In diesem Bereich gibt es aber fast keine beweglichen Ladungsträger (Abb. 3). Wird die Diode an eine Batterie so angeschlossen, dass die p-dotierte Seite mit dem negativen Pol verbunden ist (Abb. 4a), wandern die freien Elektronen verstärkt zum positiven Pol, die Löcher zum negativen. Dadurch wird die Verarmungszone weiter vergrößert und bildet einen hochohmigen

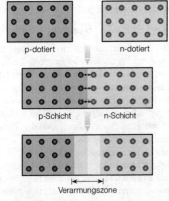

(Abb. 3) Entstehung einer Verarmungszone, auch Sperrschicht genannt

Widerstand, da zum Stromtransport bewegliche Ladungsträger benötigt werden. Anders ist die Situation bei umgekehrter Polung (Abb. 4b). Die Ladungsträger werden nun durch die äußere Spannung über den Grenzbereich hinweg bewegt, die Verarmungszone verschwindet. Die äußere Spannung unterstützt also die natürliche Diffusionsbewegung.

Wenn freie Elektronen an der Grenzschicht in Löcher springen, wird Energie frei, die bei Leuchtdioden, auch

a   Verarmungszone

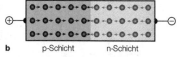

b   p-Schicht   n-Schicht

(Abb. 4) **a** Schaltung in Sperrrichtung, **b** Schaltung in Durchlassrichtung

LED (light emitting diode) genannt, in Form von Licht ausgesendet wird.

Fotodioden werden in Sperrrichtung in einen Stromkreis eingebaut. Einfallendes Licht sorgt für mehr freie Ladungsträger und damit für wachsenden Stromfluss.

■ Vom Transistor zum hoch integrierten Chip

Verbindet man zwei Dioden. also zwei p-n-Übergänge, in geschickter Weise miteinander, so erhält man einen ↑Transistor. Den ersten funktionsfähigen Transistor bauten 1947 J. BARDEEN, W. BRATTAIN und W. SHOCKLEY, wofür sie 1956 mit dem Physik-Nobelpreis belohnt wurden. Ohne Transistoren wäre die Entwicklung der Elektronik und damit der Computer nicht möglich gewesen.

Heute sind elektronische Schaltungen zum Speichern und Verarbeiten von Daten aber meist aus mehreren **integrierten Schaltungen**, sog. ICs (integrated circuits) aufgebaut. Mit geeigneten Verfahren zur Mikrostrukturierung kann man Millionen von Transistoren und Speicherelementen auf einem fingernagelgroßen Siliciumchip unterbringen. Einzelne Halbleiterschichten sind dabei wesentlich kleiner als ein Staubkorn, entsprechend müssen die Herstellungsräume möglichst staubfrei sein.

Von Radios zu Waschmaschinen findet man heute Halbleiterchips in fast allen Elektrogeräten.   ■

✎ Der Physik-Nobelpreis 2000 wurde an die Forscher ZHORES I. ALFEROV (*1930), HERBERT KROEMER (*1928) und JACK S. KILBY (*1923) verliehen, die Bahnbrechendes auf dem Gebiet der Halbleiterforschung und der integrierten Schaltungen geleistet haben. Nähere Informationen findet man auf der Internetseite des Nobel-Komitees: http://www.nobel.se. – Im Handel sind didaktisch gut aufbereitete Experimentierkästen zum Thema Elektronik erhältlich. Bereits Anfänger können damit einen spielerischen Zugang zur Welt der Halbleiter und ihren Anwendungen finden. Die anspruchsvollen Versionen der Kästen bieten auch den Elektronikexperten noch die Möglichkeit, ihr Wissen zu erweitern.

📖 *Brockhaus – die Bibliothek. Mensch, Natur, Technik,* Band 5. *Technologien für das 21. Jahrhundert.* Leipzig (Brockhaus) 2000. ■ HILLMER, HARTMUT: *Der Transistor. Die Entwicklung von den Anfängen bis zu den frühen integrierten Schaltungen.* Erlangen (Heidecker) 2000. ■ MÜLLER, RUDOLF: *Grundlagen der Halbleiter-Elektronik.* Berlin (Springer) [7]1995.

H

so lange, bis die elektrische Kraft gerade die LorentzKraft kompensiert; der Strom wird dann nicht mehr abgelenkt. Bei einem quaderförmigen Leiter der Breite b und der Dicke d erhält man mit der Stromstärke I und der magnetischen Flussdichte B die Hallspannung

$$U_H = R_H \cdot I \cdot \frac{B}{d}.$$

Dabei ist R_H die materialabhängige **Hall-Konstante**. Für $R_H < 0$ sind die Ladungsträger Elektronen, für $R_H > 0$ die sog. Löcher (↑Halbleiter). Der H.-E. wird angewendet zur Messung der magnetischen Flussdichte und zur Bestimmung des Leitfähigkeitstyps bei Halbleitern.

Halogenlampe [griech. halos »Salz«, gennán »bilden«]: eine Weiterentwicklung der Glühlampe mit einem Halogenzusatz zum Füllgas (vorwiegend farblose Bromverbindungen) und einem stark verkleinerten Lampenkolben aus Quarz- oder Hartglas. H. zeichnen sich durch hohe Lichtausbeuten und lange Lebensdauer aus und ersetzen deshalb heute in vielen Bereichen die herkömmlichen Glühlampen.

Handregeln: ↑Rechte-Hand-Regeln und ↑Linke-Hand-Regeln.

Handy ['hændi]: nur im deutschsprachigen Raum verwendete Bezeichnung für ein Mobiltelefon, das über ein Funktelefonnetz – entweder Netz C (analog), oder D1, D2, E (digital) – weitestgehend ortsunabhängiges Telefonieren erlaubt (↑Elektrosmog).

Hangabtriebskraft: der Anteil (die Komponente) der Gewichtskraft eines Körpers auf einer ↑geneigten Ebene, der parallel zur Ebene gerichtet ist.

harmonische Analyse [griech. harmonía »Ebenmaß«]: Zerlegung eines periodischen Vorgangs (einer Schwingung) in seine Grundschwingung und deren Oberschwingungen. Dabei handelt es sich um ↑Sinusschwingungen

mit unterschiedlichen Amplituden und Phasenlagen (Beispiel in der Abb.). Die Schwingungsfrequenzen der Oberschwingungen sind ganzzahlige Vielfache der Frequenz der Grundschwingung. Jeder noch so komplizierte periodische Vorgang lässt sich in dieser Art zerlegen. Das mathematische Verfahren zur h. A. ist die **Fourier-Analyse**. Das menschliche Gehör zerlegt auf ähnliche Weise ein Schallsignal in einzelne Töne (↑ohmsches Gesetz).

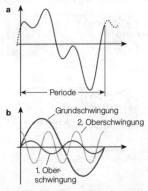

harmonische Analyse: a der sich periodisch wiederholende Teil der darzustellenden Funktion; b ihre durch harmonische Analyse ermittelte Grundschwingung und ihre Oberschwingungen

harmonische Obertöne: Obertöne, deren Frequenz ein ganzzahliges Vielfaches der Frequenz des Grundtones ist.

harmonischer Oszillator: ein schwingungsfähiges System, das ↑harmonische Schwingungen ausführt.

harmonische Schwingung: ↑Sinusschwingung.

Härte: das Maß des Widerstands, den ein Körper einer Verletzung seiner Oberfläche entgegensetzt. Ein Körper 1 ist definitionsgemäß härter als ein Körper 2, wenn man mit Körper 1 den Körper 2 ritzen kann. Die H. von Mineralien wird nach der 10-teiligen **mohs-**

Stoff	Härtestufe
Talk	1
Gips	2
Kalkspat	3
Flussspat	4
Apatit	5
Orthoklas	6
Quarz	7
Topas	8
Korund	9
Diamant	10

mohssche Härteskala

schen **Härteskala** bestimmt, in der jeder Härtegrad durch ein häufiges Mineral vertreten wird. Jedes Mineral in der Härteskala (Tab.) ritzt die vorangehenden und wird selbst von den nachfolgenden geritzt.

Außerdem dient der Begriff H. zur Beschreibung des Durchdringungsvermögens von Strahlung, vor allem von Röntgen- und Gammastrahlung. Die H. einer Strahlung ist umso größer, je größer ihre Energie und Frequenz ist.

hartmagnetisch:
↑magnetische Werkstoffe.

Hauptachse: ↑optische Achse.

Hauptebenen: zwei senkrecht auf der optischen Achse stehende Hilfsebenen zur Konstruktion des Strahlenverlaufs bei dicken Linsen oder Linsensystemen. Ihre Schnittpunkte mit der optischen Achse heißen **Hauptpunkte.** H. sind immer dann nötig, wenn die Strecke, die ein Strahl in der Linse oder dem Linsensystem zurücklegt, nicht vernachlässigt werden kann. Die Bildkonstruktion wird wie bei einer ↑Abbildung an dünnen Linsen durchgeführt, nur dass die Haupt- (1), Parallel- (2) und Brennpunktstrahlen (3) zwischen den H. parallel zur optischen Achse verlaufen (Abb.). Durch die Hauptebenenkonstruktion ändern sich die Winkel der verschiedenen Strahlen beim Durchgang durch die dicke Linse oder das Linsensystem wie bei dünnen Linsen, die Strahlen werden jedoch zusätzlich parallel verschoben.

Hauptpunkte: ↑Hauptebenen.

Hauptquantenzahl, Formelzeichen n: die für die Charakterisierung und Festlegung der Energiezustände eines atomaren Systems wichtigste Quantenzahl, die gleichzeitig zur Nummerierung der Elektronenschalen im Atom dient.

Hauptsätze der Wärmelehre: die drei grundlegenden Erfahrungssätze der ↑Wärmelehre, auf denen sich die gesamte Wärmelehre aufbaut. Sie können jeweils verschieden formuliert werden:

Der **erste Hauptsatz der Wärmelehre** besagt: Wärme ist eine Energieform (man spricht von thermischer Energie), sie kann in andere Energieformen (z. B. mechanische, elektrische, chemische Energie) umgewandelt werden oder aus anderen Energieformen erzeugt werden. Dabei bleibt die Summe aller Energiearten konstant (Energieerhaltungssatz) – ein ↑Perpetuum mobile erster Art ist unmöglich.

Nach dem **zweiten Hauptsatz der Wärmelehre** kann Wärme nicht von selbst von einem kälteren auf einen wärmeren Körper übergehen. Eine andere Formulierung besagt, dass es keine periodisch arbeitende Maschine ge-

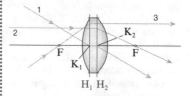

Hauptebenen: Bildkonstruktion bei einer dicken Linse (F: Brennpunkt, H_1 und H_2: Hauptebenen, K_1 und K_2: Hauptpunkte)

ben kann, die Wärme in mechanische Arbeit einfach nur unter Abkühlung eines Wärmespeichers umwandelt. Damit ist die Konstruktion eines ↑Perpetuum mobile 2. Art unmöglich. Eine dritte Formulierung lautet, dass die ↑Entropie eines abgeschlossenen Systems niemals abnimmt bzw. in offenen Systemen nur durch Einwirkung von außen erhöht werden kann.

Dem **dritten Hauptsatz der Wärmelehre** zufolge ist der absolute Nullpunkt der Temperatur nicht erreichbar (man kann ihm nur beliebig nahe kommen). Die gleichwertige Formulierung von W. NERNST **(nernstsches Wärmetheorem)** besagt, dass sich die ↑Entropie aller Körper bei Annäherung an den absoluten Nullpunkt dem Betrag Null beliebig nähert, ohne ihn ganz zu erreichen.

Hauptschlussmotor: ein ↑Elektromotor, bei dem Anker und Feldspule hintereinander geschaltet sind.

Hauptschnitt: ein Schnitt senkrecht zur brechenden Kante eines Prismas.

Hauptstrahl: der Strahl, der bei einer ↑Linse durch den optischen Mittelpunkt läuft, bei einem Kugelspiegel durch den Krümmungsmittelpunkt (↑Spiegel). Ein H. ändert beim Durchgang durch eine Linse seine Richtung nicht, bei der Reflexion an einem Kugelspiegel wird er auf sich selbst reflektiert.

Hebel: ein um eine Achse drehbarer, beliebig geformter Körper, meist in Form einer geraden oder gewinkelten Stange, an dem an beliebigen Punkten außerhalb der Drehachse Kräfte angreifen. Am einarmigen H. (Abb. 1) wirken alle Kräfte auf einer Seite der Drehachse, am zweiarmigen H. (Abb. 2) beiderseits. Beim Winkelhebel (Abb. 3) bilden die Arme des H. im Drehpunkt einen Winkel.

Betrachtet man nur eine Kraft auf den H., bezeichnet man den Abstand des

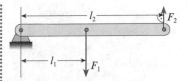

Hebel (Abb. 1): einarmiger Hebel

Drehpunktes von der ↑Wirkungslinie der Kraft als **Hebelarm** (also die Senkrechte zur Wirkungslinie durch den Drehpunkt). Die Drehwirkung ist umso größer, je stärker die Krafteinwirkung und je länger der Hebelarm ist. Sie wird durch das Produkt aus Kraft und Hebelarm beschrieben und als ↑Drehmoment bezeichnet.

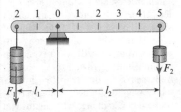

Hebel (Abb. 2): zweiarmiger Hebel

Greift an einem H. wie in Abb. 2 auf jeder Seite eine Kraft an, herrscht genau dann Gleichgewicht, wenn das Drehmoment links gleich groß ist wie das Drehmoment rechts **(Hebelgesetz).** Dann gilt für die Kräfte F_1, F_2 und die Hebelarme l_1, l_2 die Gleichung:

$$F_1 \cdot l_1 = F_2 \cdot l_2 \, ,$$

in Worten: Kraft mal Kraftarm gleich Last mal Lastarm. Allgemein herrscht

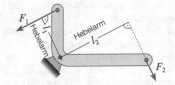

Hebel (Abb. 3): Winkelhebel

an einem H. Gleichgewicht, wenn die Summe der Drehmomente, die den H. nach rechts zu drehen versuchen, und die Summe der nach links drehenden Drehmomente gleich groß ist. Bei großem Hebelarm lassen sich auch mit kleinen Kräften große Wirkungen erzielen (Brechstange, Hebebaum).

Hebelwaage: eine ↑Waage, die mit einem (zweiseitigen) Hebel arbeitet.

Heber: eine auf der Wirkung des äußeren Luftdrucks beruhende Vorrichtung zur Entnahme von Flüssigkeiten aus offenen Gefäßen (Abb.).

Der **Stechheber** ist ein beiderseits offenes Glasrohr, das am oberen Ende eine kugelförmige Erweiterung besitzt. Das untere Ende wird in die Flüssigkeit getaucht, am oberen Ende wird mit dem Mund (oder einem Gummiballon) gesaugt. Hält man darauf das obere Ende zu, kann man die angesaugte Flüssigkeit entnehmen. Sie wird durch den äußeren Luftdruck im H. gehalten.

Der **Saugheber** ist eine gebogene Röhre, die mit Flüssigkeit gefüllt und mit dem kurzen Ende in das Gefäß getaucht wird; es fließt dann so lange Flüssigkeit heraus, wie die Ausflussöffnung tiefer liegt als der Flüssigkeitsspiegel im Gefäß.

Ein spezieller Saugheber ist der sog. **Giftheber,** bei dem durch ein seitliches Zusatzrohr verhindert wird, dass die angesaugte Flüssigkeit in den Mund des Saugenden gelangt.

heisenbergsche Unschärferelation [nach W. HEISENBERG]: eine fundamentale quantenmechanische Beziehung, nach der es unmöglich ist, für ein Teilchen gleichzeitig Impuls p und Ort x beliebig genau zu messen. Für die Unschärfe (Ungenauigkeit) Δp des Impulses und die des Ortes Δx eines Teilchens gilt vielmehr die Ungleichung:

$$\Delta p \cdot \Delta s \geq \frac{h}{4\pi}$$

(h ↑plancksches Wirkungsquantum). Je genauer die eine Größe bestimmt wird, desto ungenauer ist die andere zu bestimmen. Die h. U. ist nicht auf die Eigenschaften der benutzten Instrumente zurückzuführen, sondern ist ein die gesamte Mikrophysik beherrschendes Naturgesetz. Man kann in der h. U. einen Ausdruck der Tatsache sehen, dass quantenmechanisch nur Wahrscheinlichkeitsaussagen gemacht werden können.

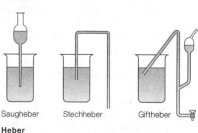

Saugheber   Stechheber   Giftheber

Heber

Analog zur obigen Beziehung gibt es eine Unschärferelation, nach der man auch den Zeitpunkt eines Vorgangs und die übertragene Energie nicht zugleich exakt ermitteln kann. Man kann dies so interpretieren, dass man umso mehr Zeit benötigt, je genauer man eine Energie in einem mikrophysikalischen System messen will. Außerdem bedeutet es, dass in sehr kurzen Zeiten Δt Prozesse ablaufen können, deren Energie ΔE klassisch gesehen nicht vom betroffenen System aufgebracht werden kann, sofern $\Delta E \cdot \Delta t < h/4\pi$ bleibt (↑Vakuum).

Heiz|wert: ↑Verbrennungswärme.

Hekto: ↑Einheitenvorsätze.

Helligkeit: ↑Farbe.

Henry ['henrɪ, nach JOSEPH HENRY; *1797, †1878], Einheitenzeichen H: SI-Einheit für die Induktivität (↑Selbstinduktionskoeffizient). *Festlegung:* 1 H ist die Induktivität einer Leiterschleife, durch die im Vakuum der magnetische Fluss 1 Wb tritt, wenn sie von einem

Strom der Stärke 1 A durchflossen wird.

HERA, Abk. für Hadron-Elektron-Ringanlage: ein ↑Teilchenbeschleuniger am ↑DESY, in dem Elektronen und Protonen beschleunigt und zur Kollision gebracht werden.

Heronsball [nach HERON VON ALEXANDRIA, um 100 n. Chr.]: ein teilweise mit Flüssigkeit gefülltes Gefäß mit einem bis nahe an den Boden reichenden Röhrchen, durch das bei Erhöhung des Luftdrucks (d. h. durch Einblasen oder durch Eindrücken von Luft mit einem Gummiball oder durch Erwärmung) Flüssigkeit aus dem Gefäß herausgedrückt wird (Abb.); nach diesem Prinzip funktionieren Spritzflaschen und Zerstäuber.

Hertz [nach H. HERTZ], Einheitenzeichen Hz: SI-Einheit der ↑Frequenz. 1 Hz ist die Frequenz einer Schwingung mit einer Periode von 1 s:

$$1\,\text{Hz} = 1 / \text{s}.$$

hertzscher Dipol [nach H. HERTZ]: ein elektrischer ↑Dipol, in dem die Ladungen $+Q$ und $-Q$ periodisch gegeneinander schwingen, wobei zeitlich sich ändernde elektrische und magnetische Felder entstehen und ↑elektromagnetische Wellen abgestrahlt werden. Eine praktische Ausführung des h. D. ist die **Dipolantenne.**

hertzsche Versuche: ↑elektromagnetische Wellen.

Himmelsblau: die blaue Farbe des Himmels, die dadurch entsteht, dass das Sonnenlicht an den Molekülen der Atmosphäre gestreut wird. Da der kurzwellige, blaue Anteil des Sonnenlichts wesentlich stärker gestreut wird als der langwelligere, rote Anteil erscheint der Taghimmel blau. Entsprechend erscheint die Sonne in gelbem Licht, da ein Teil des blauen Sonnenlichtanteils durch die Atmosphäre weggestreut wird (im Weltraum erscheint die Sonne weiß). Bei der Streuung an Wolkentröpfchen und Staubpartikeln ist die Wellenlängenabhängigkeit deutlich geringer, daher sehen Wolken meistens gräulich-weißlich aus.

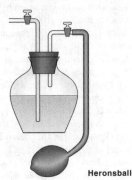
Heronsball

Hintereinanderschaltung: ↑Serienschaltung.

Hintergrundstrahlung: ↑Urknall.

Hittorf-Dunkelraum [nach JOHANN W. HITTORF; *1824, †1914]: ↑Glimmentladung.

Hitzdrahtamperemeter: ↑Strom- und Spannungsmessung.

Hoch: ↑Luftdruck.

Hochenergiephysik: Teilgebiet der Physik, das die Eigenschaften von ↑Elementarteilchen und ihre ↑Wechselwirkungen untersucht. Dies geschieht mithilfe von Stoßprozessen, durch die Elementarteilchen erzeugt oder umgewandelt werden. Dazu sind in der Regel sehr hohe Energien nötig.

Hochspannung: elektrische Spannung, deren Betrag oberhalb 1000 V liegt. H. wird zur verlustarmen Übertragung von elektrischer Energie mit ↑Hochspannungsleitungen eingesetzt.

Hochspannungsleitung: eine elektrische Leitung zur Fernübertragung elektrischer Energie. Bei einer hohen Spannung U in der H. benötigt man nur eine geringe Stromstärke I, um die Leistung eines Elektrizitätswerkes P_{el}

zu übertragen ($P_{el} = U \cdot I$). Durch die geringe Stromstärke kann die Verlustleistung P_V klein gehalten werden; es gilt nämlich: $P_V = R \cdot I^2$, wobei R den ohmschen Widerstand der H. darstellt.

Hochtemperaturreaktor: eine Art von ↑Kernreaktor.

Hochtemperatur-Supraleiter: ↑Supraleitung.

Höhenstrahlung (kosmische Strahlung): sehr energiereiche Strahlung aus dem Weltraum, die auf die Erdatmosphäre trifft und deren Folgeprodukte noch in großen Tiefen im Meer und in der Erdkruste (in Form von Myonen und Neutrinos) nachweisbar ist.

Die **primäre Höhenstrahlung** stößt aus allen Richtungen auf die Erdatmosphäre. Sie besteht zu etwa 85 % aus Protonen, zu 14 % aus Heliumkernen (α-Teilchen) und aus schwereren Atomkernen, Elektronen, Positronen, Myonen und Neutrinos, außerdem Röntgen- und Gammastrahlung. Ein kleiner Anteil der H. wird von der Sonne erzeugt, ein weiterer Teil stammt aus unserer Milchstraße (vor allem aus Supernovae), die energiereichste H. kommt von anderen Galaxien und Quasaren. Die Teilchen der primären H. verlieren durch Ionisation von Luftmolekülen Energie und gehen ↑Kernreaktionen ein; sie gelangen daher maximal bis 20 km Höhe über dem Erdboden.

Die **sekundäre Höhenstrahlung** geht aus den Wechselwirkungen der primären H. mit den Luftmolekülen hervor. Es entstehen neue Teilchen (Pionen, Elektron-Positron-Paare), die ihrerseits durch Kernreaktionen und elektromagnetische Wechselwirkung weitere Teilchen produzieren. Es kommt zu einer kaskadenartigen Vervielfachung der Teilchenzahl. Die sekundäre H. erhöht zunächst die Strahlungsintensität in der Atmosphäre, nimmt aber zur Erdoberfläche hin infolge von Absorption ab. Auf dem Erdboden wird nur noch sekundäre H. nachgewiesen. Bisweilen gelangen sog. Schauer aus sekundärer H., die ein Gebiet von mehreren Quadratkilometern überdecken können, bis zum Boden.

Die Strahlungsbelastung durch die H. steigt mit zunehmender Höhe über der Erdoberfläche an, was bei Flügen eine Rolle spielt. Zur Untersuchung der Höhenstrahlung werden häufig ↑Kernspurplatten eingesetzt.

Hohlraumresonator: ↑Resonator.

Hohlraumstrahlung: die Strahlung eines ↑schwarzen Strahlers.

Hohlspiegel: ein gewölbter ↑Spiegel, dessen hohle, innere Seite dem Licht zugewandt ist.

holländisches Fernrohr (Galilei-Fernrohr): eine Grundform des ↑Fernrohrs.

Holographie [griech. hólos »ganz«, grapheín »schreiben«]: ein Abbildungsverfahren mit kohärentem Licht, das räumliche Bilder von Gegenständen erzeugt.

Zur Bildaufnahme werden ein Gegenstand und ein Spiegel mit kohärentem Licht eines ↑Lasers angestrahlt. Das vom Gegenstand reflektierte Licht (Ob-

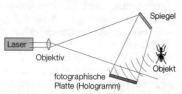

Holographie (Abb. 1): Aufnahme eines Hologramms

jektwelle) interferiert (↑Interferenz) mit der vom Spiegel reflektierten Referenzwelle, und das räumliche Interferenzbild wird auf einer Fotoplatte mithilfe von Schwärzungen gespeichert (Abb. 1). Dieses Bild ist das **Hologramm.**

Im Unterschied zur normalen fotografischen Aufnahme, die nur eine Intensitätsverteilung des vom Gegenstand ausgehenden Lichts enthält, umfasst das Hologramm Informationen über Richtung, Intensität und Phasenlage des vom Objekt kommenden Lichts in Form der räumlichen Verteilung der Intensitätsmaxima und -minima.

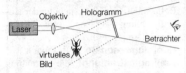

Holographie (Abb. 2): Bildwiedergabe bei einem Hologramm

Zur Bildwiedergabe wird das Hologramm mit kohärentem Licht aus der gleichen Richtung beleuchtet, aus der bei der Aufnahme das vom Spiegel reflektierte Licht einfiel (Abb. 2). Durch Beugung an der Schwärzungsverteilung des Hologramms erscheint dem Betrachter ein dreidimensionales, virtuelles Bild am ursprünglichen Ort. Bei etwas anderem Aufbau kann man auch reelle Hologramme erzeugen.

hookesches Gesetz ['huk-; nach R. HOOKE]: eine Aussage, nach der die Verlängerung eines elastischen Körpers proportional zur erforderlichen Kraft bzw. der dabeiauftretenden Rückstellkraft ist.

Wenn diese Proportionalität vorliegt, z. B. bei einer Schraubenfeder bei nicht zu großer Dehnung, ist der Quotient aus dem Betrag der dehnenden Kraft F und der durch sie bewirkten Verlängerung Δl konstant. Es gilt also:

$$\frac{F}{\Delta l} = \text{konst.}$$

Trägt man in einem Schaubild die Verlängerung einer Feder gegen die dehnende Kraft auf, ergibt sich bei Gültigkeit des h. G. eine Gerade. Die Proportionalitätskonstante des h. G. ist die ↑Federkonstante D. Je größer die Fe-

derkonstante ist, umso straffer ist die Feder.

Bei geringen Verlängerungen gilt das h. G. allgemein; für speziell konstruierte elastische Körper, wie z. B. Stahlfedern, in einem größeren Bereich, den man Proportionalitätsbereich nennt. Bei sehr großen Verlängerungen treten Abweichungen vom h. G. auf, dann erfordert eine weitere Ausdehnung einen immer größeren Kraftzuwachs (Abb.), bis sich schließlich der elastische Körper bleibend (plastisch) verformt.

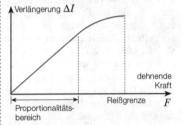

hookesches Gesetz

Hörbereich: der Frequenzbereich, in dem ein Ton hörbar ist (**Tonfrequenzen**). Der H. erstreckt sich beim Menschen von 16 Hz (untere Hörgrenze) bis zu 20 000 Hz (obere Hörgrenze), umfasst also ungefähr zehn Oktaven (↑Tonleiter). Die obere Hörgrenze sinkt mit zunehmendem Alter stark ab und liegt für 35-Jährige bei etwa 15 000 Hz, für 60-Jährige bei etwa 5000 Hz.

Hören: das Wahrnehmen von ↑Schall durch Mensch und Tier und die Verarbeitung und Interpretation der so gewonnenen Informationen im Gehirn. Physikalisch von Bedeutung sind vor allem die akustischen Vorgänge im Hörorgan, dem ↑Ohr.

Hubarbeit, Formelzeichen W_H: die ↑Arbeit, die erforderlich ist, um einen Körper entgegen seiner Gewichtskraft zu heben. W_H ist umso größer, je größer die Gewichtskraft G des gehobenen

Körpers und je größer der Höhenunterschied h ist, um den er gehoben wird.
Man erhält:

$$W_H = G \cdot h = m \cdot g \cdot h$$

(g Fallbeschleunigung, m Masse). Die
H. hängt nicht vom speziellen Weg ab,
auf dem der Höhenunterschied überwunden wurde, und auch nicht von der
Vorrichtung oder Maschine, mit welcher der Körper gehoben wurde.

Hufeisenmagnet: ein zur Hufeisen-
form gebogener ↑Dauermagnet, meist
aus Stahl. Die Feldlinien konzentrieren
sich an den nebeneinander liegenden
Enden, zwischen den Schenkeln verlaufen sie parallel.

huygenssches Prinzip [nach C. H.
HUYGENS]: eine Modellvorstellung,
nach der jeder Punkt einer Wellenfront
als Ausgangspunkt einer neuen Welle,
einer sog. Elementarwelle, betrachtet
werden kann. Diese Elementarwellen
breiten sich mit derselben Geschwindigkeit aus wie die ursprüngliche Welle, und zwar in der Ebene als Kreiswel-
len und im Raum als Kugelwellen. Die
Wellenfront der ursprünglichen Welle
zu einem späteren Zeitpunkt ergibt sich
aus der Überlagerung (Interferenz) der
sich ausbreitenden Elementarwellen.
Sie ist die Einhüllende der Wellenfronten der Elementarwellen (Abb. 1). Mithilfe des h. P. lassen sich ↑Beugung
(Abb. 2), ↑Brechung (Abb. 3) und
↑Reflexion von Wellen anschaulich
deuten.

hydraulische Presse [griech. hydraú-
lis »Wasserorgel«]: Vorrichtung zur
Erzeugung sehr großer Druckkräfte.

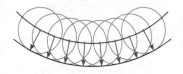

huygenssches Prinzip (Abb. 1)

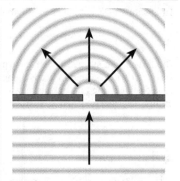

huygenssches Prinzip (Abb. 2): Beugung
einer ebenen Wasserwelle an einem Spalt

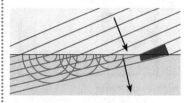

huygenssches Prinzip (Abb. 3): Brechung
einer ebenen Welle

Den Aufbau einer h. P. zeigt die Abb.
Drückt man den kleineren Kolben K_1 in
die Flüssigkeit (meist Wasser oder Öl),
so bewegt sich der größere Kolben K_2
mit großer Kraft nach oben. Die Wirkungsweise der h. P. beruht auf der Tatsache, dass der Druck in einer Flüssigkeit überall gleich groß ist (wenn man
wie hier den Einfluss der Schwerkraft
vernachlässigt), die damit verbundene
Kraftwirkung aber umgekehrt proportional zur übertragenden Fläche ist.
Durch die Kraft F_1 wird in der Flüssigkeit der Druck $p = F_1/A_1$ erzeugt. Dieser Druck übt auf den Kolben K_2 mit
der Fläche A_2 eine Kraft F_2 aus, sodass
$p = F_2/A_2$ gilt.
Für das Verhältnis der beiden Kräfte ergibt sich also:

$$\frac{F_2}{F_1} = \frac{A_2}{A_1}.$$

H

Ist etwa die Fläche A_2 doppelt so groß wie die Fläche A_1, dann ist auch die Kraft F_2 doppelt so groß wie die Kraft F_1.

Die Arbeit, die auf den beiden Seiten verrichtet wird, besteht in der Hebung bzw. Senkung von Flüssigkeitsvolumina um die Höhen s_1 und s_2 (↑Hubar-

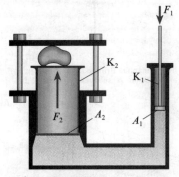

hydraulische Presse

beit). Der Betrag der Hubarbeit $W_1 = F_1 \cdot s_1$ rechts muss gleich groß sein wie der der Hubarbeit links $W_2 = F_2 \cdot s_2$ (↑Energie, ↑Erhaltungssätze), es muss also $F_1 \cdot s_1 = F_2 \cdot s_2$ sein und damit:

$$\frac{F_2}{F_1} = \frac{s_1}{s_2}.$$

Die Hubhöhen verhalten sich umgekehrt, als es die Kräfte tun.

Hydrodynamik [griech. hýdor »Wasser«]: Teilgebiet der Strömungslehre, das sich mit inkompressiblen (nicht zusammendrückbaren) Flüssigkeiten befasst. Bei ruhenden Flüssigkeiten reduziert sich die H. auf die ↑Hydrostatik.

Hydrostatik [lat. stare »stehen«]: die Lehre vom Gleichgewicht in ruhenden Flüssigkeiten bei Einwirkung äußerer Kräfte. Die grundlegende Aufgabe der H. ist die Bestimmung der Druckverteilung in einer ruhenden Flüssigkeit (↑hydrostatischer Druck).

hydrostatischer Auftrieb: ↑Auftrieb.

hydrostatischer Druck: der Druck in einer ruhenden, inkompressiblen (nicht zusammendrückbaren) Flüssigkeit. Der h. D. setzt sich zusammen aus dem Druck, der von der auf die Flüssigkeit wirkenden Schwerkraft herrührt (**Schweredruck**), und aus einem durch andere Kräfte erzeugten Anteil.

Im engeren Sinn bezeichnet der h. D. nur den Schweredruck. Dieser wächst in einer inkompressiblen Flüssigkeit proportional zur Tiefe, da auf eine Wasserschicht eine umso größere Gewichtskraft wirkt, je höher die darüber lastende Wassersäule ist. Bei einem Gefäß mit geraden Wänden und bekannter Querschnittsfläche A lässt sich der Schweredruck p für die in der Tiefe h befindliche Wasserschicht berechnen (Abb. 1). Die ↑Gewichtskraft G einer Flüssigkeit der ↑Dichte ρ und des Volumens V mit $V = A \cdot h$ beträgt:

$$G = m \cdot g = V \cdot \rho \cdot g = A \cdot h \cdot \rho \cdot g$$

(g Fallbeschleunigung). Diese Gewichtskraft wirkt über die gesamte Querschnittsfläche A und erzeugt den Druck

$$p = \frac{G}{A} = \frac{A \cdot h \cdot \rho \cdot g}{A} = h \cdot \rho \cdot g.$$

Der h. D. ist nur von der Tiefe und der Dichte der Flüssigkeit abhängig. Er hängt nicht von der Gefäßform und dem Gewicht der darin befindlichen Flüssigkeitsmenge ab (**hydrostatisches**

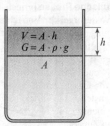

$V = A \cdot h$
$G = A \cdot \rho \cdot g$
h
A

hydrostatischer Druck (Abb. 1)

Paradoxon). Dies kann man für das Gefäß links in Abb. 2 einsehen, indem man in Gedanken um ein kleines Flüssigkeitsvolumen in der Tiefe, für dessen Druck man sich interessiert, dünne, senkrechte Trennwände bis zur Flüssigkeitsoberfläche einzieht. Die Verhältnisse in der ruhenden Flüssigkeit ändern sich dadurch nicht, für das interessierende kleine Flüssigkeitsvolumen gilt nun aber die obige Ableitung des

hydrostatischer Druck (Abb. 2): In allen Gefäßen herrscht der gleiche Bodendruck.

Schweredrucks. Die erheblich größere Flüssigkeitsmenge des linken Gefäßes im Vergleich zum mittleren trägt deswegen nicht zu einem höheren Druck in der Tiefe bei, weil die schrägen Gefäßwände einen Teil der Gewichtskraft der Flüssigkeit abfangen.
Der Druck einer Flüssigkeit in der Nähe des Bodens heißt **Bodendruck,** der an den Seitenwänden des Gefäßes **Seitendruck,** und der dicht unterhalb eines schwimmenden Körpers **Aufdruck.** Auf allen Flächen (unabhängig von der Orientierung) bewirkt der h. D. (wie der Druck) eine senkrecht zur Fläche gerichtete Druckkraft, deren Betrag sich gemäß der Definitionsgleichung des ↑Drucks bestimmt.

hydrostatisches Paradoxon [griech. para- »entgegen-«, dóxa »Meinung«]: ↑hydrostatischer Druck.

Hygrometer [griech. hygrós »feucht«]: Gerät zur Messung der relativen ↑Feuchtigkeit der Luft oder allgemein von Gasen. Das verbreitete Haar-Hygrometer macht sich die Eigenschaft eines menschlichen Haares zunutze, sich bei Zunahme der relativen Feuchte auszudehnen und bei der Abnahme derselben wieder zusammenzuziehen. Das Haar oder ein sich in gleicher Weise verhaltender Kunststofffaden wird mit einem Hebelsystem und angeschlossenem Zeiger verbunden.

Hyperfeinstruktur [griech. hyper- »über-«]: die Aufspaltung von Spektrallinien aufgrund der magnetischen Wechselwirkung der Elektronen mit dem magnetischen Moment des Atomkerns. Diese Aufspaltung ist tausendfach kleiner als die übliche Feinstrukturaufspaltung (↑Feinstruktur) und kann nur mit höchstauflösenden Spektralapparaten gemessen werden. Die beim Übergang zwischen zwei Hyperfeinstruktur-Niveaus von ^{133}Cs emittierte Spektrallinie ist Grundlage der Cäsium-Atomuhr (↑Uhr) und dient zur Definition der Zeiteinheit ↑Sekunde.

Hyperonen [griech. hyper- »über-«]: Sammelbezeichnung für alle zur Gruppe der ↑Baryonen gehörigen Teilchen, deren Ruhemasse größer als die des Neutrons ist (↑Elementarteilchen). H. sind instabil und zerfallen nach kurzen Lebensdauern von 10^{-10} bis weniger als 10^{-20} Sekunden in Nukleonen. Sie finden sich in der Höhenstrahlung oder werden in Teilchenbeschleunigern erzeugt.

Hyperschall: ↑Ultraschall.

Hysterese [griech. hystereín »zurückbleiben«] (Hysteresis): das Zurückbleiben einer Wirkung hinter der sie verursachenden, zeitlich veränderlichen physikalischen Größe. Bei der H. bleibt eine Restwirkung vorhanden, wenn man die Ursache beseitigt. Als magnetische H. bezeichnet man die Beziehung zwischen der Magnetisierung M ferromagnetischer oder ferrimagnetischer Stoffe (↑Ferromagnetismus, ↑Ferrimagnetismus) und der erregenden magnetischen Feldstärke H (↑Hystereseschleife).
H. tritt auch bei Ferroelektrika (↑Ferroelektrizität) auf (elektrische Polarisati-

on in Abhängigkeit von der elektrischen Feldstärke) und bei elastischen Verformungen (Kraft in Abhängigkeit von der Dehnung).

Hysthereseschleife: allgemein eine Darstellung von ↑Hysterese-Effekten, speziell die Auftragung des Betrags der Magnetisierung M in Abhängigkeit vom Betrag der magnetischen Feldstärke H beim Einbringen eines ferromagnetischen Stoffs in ein Magnetfeld (Abb.). Für eine am Anfang unmagnetische ferromagnetische Substanz steigt die Kurve bei kleiner Feldstärke zunächst linear an, verläuft dann bei größerer Feldstärke immer flacher (die Magnetisierung bleibt hinter der magnetischen Feldstärke zurück), bis die Magnetisierung ihren Maximalwert erreicht (Sättigung). Diesen Kurvenabschnitt 1 nennt man jungfräuliche Kurve oder Neukurve. Lässt man nun H auf null zurückgehen und vergrößert anschließend die Feldstärke in entgegengesetzter Richtung, ergibt sich der Kurvenabschnitt 2. Zunächst bleiben die Werte der Magnetisierung größer als die der Neukurve für dieselben Feldstärken H, d. h. die Magnetisierung geht weniger stark zurück als die Feldstärke. Für $H = 0$ behält der Körper sogar eine Restmagnetisierung M_R, die man als **Remanenz** bezeichnet. Um die Remanenz aufzuheben, ist ein Feld mit entgegengesetzter Richtung, ein sog. **Koerzitivfeld** $-H_K$, nötig; H_K heißt **Koerzitivkraft.** Materialien mit niedriger H_K heißen weichmagnetisch, solche mit besonders großer H_K heißen hartmagnetisch (↑magnetische Werkstoffe). Der Betrag der Sättigungsmagnetisierung in entgegengesetzter Richtung ist gleich groß wie in der ursprünglichen Magnetisierungsrichtung. Verändert man H – ausgehend von der Sättigungsmagnetisierung – in umgekehrter Richtung, so erhält man den Kurvenabschnitt 3, der symmetrisch zum Kur-

venabschnitt 2 liegt. Um die Remanenz $-M_R$ aufzuheben, ist wiederum die Koerzitivkraft H_K notwendig. Bei fortgesetzten Änderungen der Feldstärke H bewegt man sich immer auf den Kurvenabschnitten 2 oder 3, den Nullpunkt erreicht man nicht mehr.

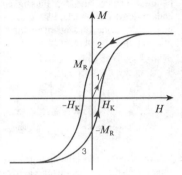

Hysthereseschleife

Die Steigung der H. gibt für jede Feldstärke die ↑magnetische Suszeptibilität an. Die von der H. eingeschlossene Fläche ist peoportional zur durch die Magnetisierung an dem Material geleisteten Arbeit. Diese Arbeit bewirkt eine Erwärmung des Stoffes. Zur Verringerung dieser Energieverluste (**Hysthereseverluste**), etwa in Elektromagneten oder Transformatoren, werden Materialien mit schmaler H. benutzt.

Hz: Einheitenzeichen für ↑Hertz.

i: Formelzeichen für die imaginäre Einheit bei komplexen Zahlen ($i^2 = -1$).

I:

♦ (I): Formelzeichen für die ↑Lichtstärke.

♦ (I): Formelzeichen für die ↑Schallstärke.

♦ (I): Formelzeichen für die ↑Stromstärke.

IC, Abk. für engl. Integrated Circuit »integrierte Schaltung«: ↑Halbleiter.

ideales Gas: Modellvorstellung für theoretische Untersuchungen über das Verhalten von Gasen. Ein i. G. erfüllt die allgemeine ↑Zustandsgleichung der Gase und die ↑Gasgesetze. Kennzeichnend für ein i. G. ist die Annahme, dass seine Bestandteile kein Volumen besitzen und zwischen ihnen keinerlei Wechselwirkung herrscht. Die Eigenschaften eines ↑realen Gases nähern sich umso mehr denjenigen des i. G., je geringer der Druck und je höher die Temperatur ist.

ILL, Abk. für Institut Laue-Langevin: ↑Kernreaktor.

Immersionsflüssigkeit [spätlat. immersio »Eintauchung«]: ↑Auflösungsvermögen.

Immission [lat. immissio »das Hineinlassen«]: Einwirkung von Luftverunreinigungen, Geräuschen, Erschütterungen, Licht, Wärme, Strahlen und ähnlichen schädlichen Umwelteinflüssen sowie chemisch oder physikalisch umgewandelter, schädlicher Zwischenprodukte auf Menschen, Tiere, Pflanzen oder Gegenstände (z.B. Gebäude, Kulturdenkmäler).

Impedanz [lat. impedire »hemmen«]: ↑Wechselstromkreis.

Impuls [lat. impulsus »Stoß«]: allgemein ein Vorgang, bei dem eine Messgröße nur für einen kurzen Zeitraum von Null abweichende Werte hat, wie in der Akustik ein Knall oder in der Elektrotechnik ein ↑Stromstoß. Im engeren Sinn ist der I., Formelzeichen $\vec{p}$, das Produkt aus der Masse m und der Geschwindigkeit $\vec{v}$ eines Körpers:

$$\vec{p} = m\vec{v}.$$

Der I. ist ein Vektor, dessen Richtung mit der Richtung der Geschwindigkeit übereinstimmt. Die SI-Einheit des I. ist kg · m/s. Der Betrag $p = |\vec{p}| = mv$ des I. wird auch Bewegungsgröße genannt.

Anschaulich kann man sich den I. als »Wucht« oder »Schwung« eines bewegten Körpers vorstellen.

Wie erhält ein Körper I. oder wie ändert er seinen I.? Indem eine Kraft auf ihn einwirkt. Diese Erkenntnis drückte NEWTON in seinen ersten beiden Axiomen aus: Solange keine Kraft auf einen Körper einwirkt, bleibt dieser Körper in Ruhe oder bewegt sich mit konstanter Geschwindigkeit weiter, was nichts anderes heißt, als dass sich der I. des Körpers nicht ändert (1. ↑newtonsches Axiom, Ruhe bedeutet ja eine konstante Geschwindigkeit $v = 0$). Wenn ein Körper eine Beschleunigung $\vec{a}$, erfährt, dann ist diese umgekehrt proportional zur Masse des Körpers und proportional zur Kraft $\vec{F}$, die auf ihn einwirkt (2. newtonsches Axiom), als Formel geschrieben:

$$\vec{a} = \vec{F} / m.$$

Dies kann man umformen:

$$\vec{F} = m\vec{a} = m\Delta\vec{v} / \Delta t = \Delta\vec{p} / \Delta t,$$

und man sieht, dass rechts nichts anderes steht als die zeitliche Änderung des Impulses.

Der I. gehört in der Physik zu den wichtigsten Größen überhaupt. Insbesondere, wenn mehrere Körper Kräfte aufeinander ausüben, sei es durch Stöße (z. B. von Kugeln, Fahrzeugen, heißen Gasteilchen beim Austritt aus einem Raumschiffantrieb usw.), durch die ↑Gravitation (Planetensystem) oder durch chemische Bindungen (z. B. Atome und Moleküle im Festkörper), können wichtige Eigenschaften des Gesamtsystems untersucht werden, indem man die Impulse der einzelnen Körper (oder Teilchen) und den Gesamtimpuls betrachtet. Es zeigt sich, dass der Gesamtimpuls eines Systems von Teilchen gleich der Summe der Impulse der einzelnen Teilchen ist:

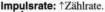

I

$$\vec{p}_{\text{ges}} = \sum_i m_i \vec{v}_i = m_1 \vec{v}_1 + m_2 \vec{v}_2 + \cdots + m_i \vec{v}_i$$
$$= \sum_i \vec{p}_i \, .$$

Dies lässt sich anschaulich durch Versuche nachweisen, in denen man mehrere idealisierte Einzelteilchen (z. B. kleine Gleitkörper auf einer Luftkissenfahrbahn) zusammenstoßen lässt. Dabei kann man auch zeigen, dass die Bewegung des Gesamtsystems übereinstimmt mit der Bewegung des ↑Schwerpunkts (Massenmittelpunkts) des Systems.

Eine weitere wichtige Erkenntnis, die man in Stoßexperimenten gewinnen kann, ist die der Impulserhaltung, ausgedrückt im sog. **Impulssatz:** In einem System aus n Teilchen, auf das keine äußeren Kräfte wirken (abgeschlossenes System), ist die Summe aller Teilchenimpulse unveränderlich:

$$\vec{F} = \Delta \vec{p}_{\text{ges}} \, / \, \Delta t = 0.$$

Wenn keine äußeren Kräfte wirken, ändert sich also der Gesamtimpuls des Systems $\vec{p}_{\text{ges}}$ (d. h. der Impuls des ↑Schwerpunkts des Systems) nicht. Den Impulssatz kann man daher auch formulieren als:

$$\vec{F} = \Delta \vec{p}_{\text{ges}} \, / \, \Delta t = 0.$$

Impulsrate: ↑Zählrate.
Impulssatz (Satz von der Erhaltung des ↑Impulses): einer der ↑Erhaltungssätze.
indifferentes Gleichgewicht [zu lat. differe »unterscheiden«]: ↑Gleichgewicht.
Induktion [lat. inducere, inductum »hineinführen«] (elektromagnetische Induktion): Erzeugung von elektrischen Spannungen durch veränderliche Magnetfelder.
Ändert man das Magnetfeld, das durch eine Leiterschleife hindurchtritt – genauer gesagt, den ↑magnetischen Fluss durch die Leiterschleife –, so kann man an den Enden der Leiterschleife einen ↑Spannungsstoß, bei kurzgeschlossener Leiterschleife einen ↑Stromstoß messen. Diesen Vorgang nennt man elektromagnetische Induktion. Die Änderung des magnetischen Flusses kann auf verschiedene Weise herbeigeführt werden:
- durch Annähern oder Entfernen eines Stabmagneten;
- durch Annähern oder Entfernen einer stromdurchflossenen Spule;
- durch Einschalten, Abschalten, Verstärken oder Vermindern des Stroms einer Spule in der Umgebung der Leiterschleife;

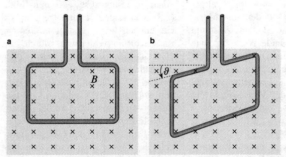

Induktion: Der magnetische Fluss Φ durch eine Leiterschleife ändert sich, wenn man die Leiterschleife im Magnetfeld dreht. Die Änderung des magnetischen Flusses induziert in der Leiterschleife eine Spannung. In **a** steht die Leiterschleife senkrecht zum Magnetfeld (dessen Linien in die Papierebene hineinzeigen), und der magnetische Fluss ist größer als nach Drehung um einen Winkel ϑ (in **b**).

▦ durch Einschieben eines Eisenkerns in eine Spule, die sich in der Nähe der Leiterschleife befindet;

▦ durch Einbringen der Leiterschleife aus einem feldfreien Raum in ein Magnetfeld;

▦ durch Bewegen der Leiterschleife quer zu den magnetischen Feldlinien;

▦ durch Drehen der Leiterschleife in einem Magnetfeld;

▦ durch Verändern der Fläche A der Leiterschleife.

Bezeichnet man den magnetischen Fluss mit Φ, die induzierte Spannung mit U_{ind} und die Zeit mit t, so lässt sich das beobachtete Phänomen durch die Gleichung

$$U_{ind} = -\Delta\Phi / \Delta t$$

beschreiben. Dieses Resultat ist auch als ↑faradaysches Gesetz bekannt. Das Minuszeichen in der Formel gibt eine Erfahrung wieder, die in der ↑lenzschen Regel zum Ausdruck gebracht wird: Die Induktionsspannung ist stets so gerichtet, dass sie ihrer Ursache entgegenwirkt.

Ein interessantes Phänomen, das durch die Änderung des eigenen Magnetfelds einer Leiterschleife hervorgerufen wird, ist das der ↑Selbstinduktion.

Induktionskonstante: ↑magnetische Feldkonstante.

Induktionsspule: eine ↑Spule, die wegen der an ihren Anschlüssen induzierten Spannung (↑Induktion) verwendet wird. Diese Bezeichnung wird vor allem zur Unterscheidung von einer ein Magnetfeld erzeugenden Spule, der sog. **Feldspule,** benutzt.

induktiver Widerstand: der elektrische Widerstand einer Spule im ↑Wechselstromkreis.

Induktivität [lat. inductivus »zur Annahme geeignet«]:

◆ *Elektrodynamik,* Formelzeichen L: bei der elektromagnetischen ↑Induktion die Proportionalitätskonstante zwischen magnetischem Fluss Φ und Stromstärke I: $\Phi = L \cdot I$. Man unterscheidet meist zwischen Selbstinduktivität (induktive Wirkung eines elektrischen Leiters auf sich selbst, ↑Selbstinduktion) und **Gegeninduktivität** (induktive Wirkung eines Leiters auf einen anderen Leiter). Die Einheit der I. ist das ↑Henry.

◆ *Elektrotechnik*: Bezeichnung für ein Bauteil mit einem bestimmten Selbstinduktionskoeffizienten, z.B. eine ↑Spule.

Induktor: spezielle Form des ↑Transformators.

induzierte Emission [lat. inducere »hineinführen, veranlassen«]: ↑Laser.

inelastische Streuung: ↑Streuung.

Inertialfusion [lat. inertia »Trägheit«]: auf dem Trägheitseinschluss von Kernen basierende Möglichkeit der ↑Kernfusion.

Inertialsystem: ↑Bezugssystem.

Influenz: ↑elektrische Influenz.

Influenzkonstante: ↑Dielektrizitätskonstante.

Infrarotstrahlung [lat. infra- »unterhalb«], Abk. IR-Strahlung: unsichtbare elektromagnetische Wellen, die sich an das rote Ende des sichtbaren Spektrums anschließen. Ihre Wellenlänge liegt etwa bei 0,78–1000 µm.

Zu noch größeren Wellenlängen hin schließen sich an den Infrarotbereich die Mikrowellen an.

Die ↑Wärmestrahlung von Körpern mit »alltäglichen« Temperaturen liegt im Infraroten, weshalb häufig die I. auch als Wärmestrahlung bezeichnet wird. Dies ist aber physikalisch nicht korrekt, denn die Wärmestrahlung einer Kerzenflamme liegt auch im sichtbaren, die des Weltalls im Mikrowellenbereich (↑Urknall). Infrarote Strahlen können Schwingungen von Molekülen im bestrahlten Material anregen, die in Wärme umgewandelt werden. Ausgenutzt wird die Wechselwirkung von I. mit Materie in der Infrarotspektroskopie, die ein wichtiges Hilfsmittel in der Erforschung der Molekülstruktur ist, und in technischen Geräten, die zu Heizzwecken eingesetzt werden (Infrarotwärmelampe, Infrarotgrill).

Weil alle Körper auf der Erde infrarote Wärmestrahlung emittieren (und nicht, wie beim sichtbaren Licht, nur reflektieren), kann man mit IR-Sichtgeräten auch nachts »sehen«. IR-Kameras verwenden spezielles, für Infrarotlicht geeignetes Filmmaterial. Durch Messung der von einem Körper ausgehenden I. kann man seine Oberflächentemperatur bestimmen, sofern das Maximum seiner Wärmestrahlung im IR liegt (Thermographie).

Infraschall: mechanische Schwingungen und Wellen mit Frequenzen unterhalb von 16 Hz, die zwar vom menschlichen Gehör nicht mehr als Schall wahrgenommen werden können (↑Hörbereich), die sich jedoch physikalisch nicht vom hörbaren Schall unterscheiden. Anders als Menschen können Elefanten I. erzeugen und zur Kommunikation nutzen.

Inklination [lat. inclinatio »Neigung, Biegung«]: Neigung der Feldlinien des ↑Erdmagnetfelds gegen die Horizontale. Die Abweichung der Richtung der Feldlinien von der geographischen Nordrichtung heißt **Deklination.**

inkohärent: Gegensatz zu ↑kohärent.

Innenwiderstand: Formelzeichen R_i, Widerstand, den jedes elektrische Messgerät und jede Spannungsquelle besitzt. Er bewirkt bei belasteter Spannungsquelle die Abweichung der ↑Klemmenspannung von der ↑Urspannung und ist bei Anwendung der kirchhoffschen Gesetze zu berücksichtigen. Bei Messgeräten beeinflusst der Innenwiderstand die Messwerte.

innere Reibung: ↑Viskosität, ↑Reibung.

integrierte Schaltung: ↑Halbleiter.

Intensität [lat. intensus »heftig«]: die von einer Strahlungsquelle pro Zeiteinheit auf eine senkrecht zur Strahlrichtung stehende Fläche auftreffende Strahlungsenergie. Die I. kann man auch als Energieflussdichte bzw. als auf die Fläche bezogene Leistungsdichte auffassen. Die SI-Einheit der I. ist demnach $J/(s \cdot m^2) = W/m^2$.

Interferenz [engl. to interfere »aufeinander treffen, stören«]: von I. NEWTON geprägter Begriff für die Gesamtheit der charakteristischen Überlagerungserscheinungen, die beim Zusammentreffen zweier oder mehrerer Wellenzüge (mechanische oder elektromagnetische Wellen, Materiewellen, Oberflächenwellen) am gleichen Raumpunkt beobachtet werden können. Zur I. kommt es nur, wenn die Phasendifferenz der Wellen nicht zu groß ist. Die I. beruht auf dem Prinzip der ↑Superposition.

Sehr anschaulich lässt sich die I. anhand von Oberflächenwellen in Wasser verdeutlichen: Erregt man zwei benachbarte Punkte einer Wasseroberfläche mit gleicher ↑Frequenz und ↑Phase, so gehen von den Erregungszentren kreisförmige Oberflächenwellen aus,

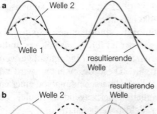

Interferenz: Bei der konstruktiven Interferenz (**a**) ergibt sich die Amplitude der resultierenden Welle als Summe, bei der destruktiven Interferenz (**b**) als Differenz der Amplituden der einzelnen Wellen.

die sich in einiger Entfernung (genauer: auf Hyperbelscharen, deren Brennpunkte in den Erregungszentren liegen) überlagern: Es kommt zu Verstärkung (konstruktive I.) oder Auslöschung (destruktive I.). Sind die Wellen nicht genau in Phase, so findet an keinem Raumpunkt völlige Verstärkung oder Auslöschung statt, sondern die Wellen addieren oder subtrahieren sich nur teilweise. Neben Oberflächenwellen treten Interferenzerscheinungen eindrucksvoll bei Lichtwellen auf, so z. B. bei Versuchen zur ↑Beugung von ↑kohärentem Licht an Einfach- oder Mehrfachspalten oder an dünnen transparenten Filmen (↑Farben dünner Plättchen, ↑Newton-Ringe).

Ausgeprägte Interferenzerscheinungen erhält man, wenn die interferierenden Wellen annähernd gleiche Amplituden besitzen. Sind die Wellenlängen der Einzelwellen nicht gleich, so ist die Amplitude der resultierenden Wellen zeitabhängig, und es bilden sich ↑Schwebungen, wie sie beispielsweise aus der Akustik bekannt sind, wenn zwei annähernd gleich hohe Töne zusammenklingen. Typische Interferenz-

erscheinungen sind auch die ↑stehenden Wellen, die man erhält, wenn eine fortschreitende Welle reflektiert wird und reflektierte und einfallende Welle sich überlagern.

I. bedeutet keine Wechselwirkung der Einzelwellen, sondern ist eine Folge ihres gleichzeitigen Vorhandenseins an einem Raumpunkt. Nach Verlassen des Interferenzgebiets weisen die Einzelwellen keinerlei bleibende Spuren des Zusammentreffens mehr auf.

Auch Materiewellen können I. zeigen; die I. von Elektronen wurde erstmals 1927 (u. a. von G. P. Thomson) nachgewiesen.

Interferometer: optische Messinstrumente, die auf der Aufteilung kohärenten Lichts in Teilbündel mit unterschiedlichen optischen Weglängen und der anschließenden Überlagerung der Teilstrahlen beruhen. Dabei kommt es zu Interferenzerscheinungen, aus der mit höchster Präzision unterschiedliche optische Weglängen abgeleitet werden können. Diese können nicht nur bei unterschiedlichen geometrischen Weglängen, sondern u. a. auch bei unterschiedlicher Brechzahl der durchlaufe-

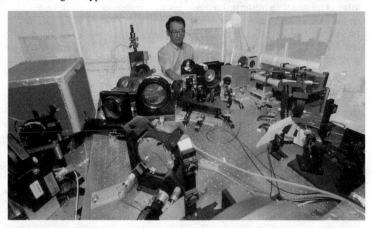

Interferometer: astronomisches Interferometer am Mount-Wilson-Observatorium bei Pasadena/USA

I

nen Medien auftreten. Mit I. lassen sich äußerst genau Längen, Winkel oder die Brechzahlen von Stoffen messen.

Internationales Einheitensystem (Système International d'Unités, Abk. SI): ↑Einheitensystem.

Internationale Temperaturskala von 1990, Abk. ITS-90: eine vom Comité Consultatif de Thermométrie (frz., beratendes Komitee für die Temperaturmessung) definierte, sog. praktische ↑Temperaturskala, bei der zur Unterscheidung von früheren praktischen Skalen manchmal der Index »90« an das Formelzeichen gefügt wird: T_{90}. Sie reicht von 0,65 K bis zu den höchsten mithilfe des planckschen ↑Strahlungsgesetzes noch messbaren Temperaturen. Die ITS-90 verwendet die Verdampfungstemperatur des Heliums (3– 5 K) und 16 Fixpunkte vom ↑Tripelpunkt des Wasserstoffs (13,803 K) bis zum Erstarrungspunkt des Kupfers (1357,77 K). Vorgänger der ITS-90 war die ITS-68 von 1968. Eine Erweiterung für den Tieftemperaturbereich von 1 K bis 0,9 mK wurde 2000 anhand der Schmelzdruckkurve von ^{3}He festgelegt.

Internationale Vereinigung für Reine und Angewandte Physik (engl. International Union of Pure and Applied Physics, Abk. IUPAP): die 1922 gegründete internationale Dachorganisation nationaler physikalischer Gesellschaften und wissenschaftlicher Akademien aus über 40 Ländern (Sitz: Québec/Kanada); die Bundesrepublik Deutschland wird seit 1952 durch die ↑Deutsche Physikalische Gesellschaft vertreten. Aufgabe der IUPAP ist die Förderung der internationalen Zusammenarbeit und Forschung. Von den 17 Kommissionen ist die Kommission für Symbole, ↑Einheiten und Nomenklatur für die Vereinheitlichung der Benennung physikalischer Größen und Einheiten besonders bedeutsam.

Inversionstemperatur [lat. invertere »umkehren«]: ↑Joule-Thomson-Effekt.

Ion [griech. ión »gehendes (Teilchen)«]: ein atomares oder molekulares Teilchen, das elektrisch positiv oder negativ geladen ist. Je nach Zahl der fehlenden bzw. überschüssigen Elektronen spricht man von einfach, zweifach usw. positiv oder negativ geladenen Ionen. Positiv geladene Ionen heißen **Kationen,** negativ geladene **Anionen.** Die Umwandlung eines Atoms oder Moleküls in ein I. heißt ↑Ionisation.

Ionendosis: ↑Dosis.

Ionenimplantation [engl. to implant »einpflanzen«]: Verfahren zur ↑Dotierung von Materialien, bei dem die einzubringenden Atome als beschleunigter Ionenstrahl auf das Material treffen.

Ionenleitung: ↑elektrische Leitung, die auf der Bewegung von Ionen beruht. Ionenleiter können fest, flüssig oder gasförmig sein. Bei den festen Ionenleitern **(Feststoffelektrolyten)** beruht die Ionenbeweglichkeit auf Fehlordnungen im Kristallgitter, sie steigt mit der Temperatur an. In Metallen ist I. nur möglich, wenn sie nicht metallische Verunreinigungen enthalten. Flüssige Ionenleiter sind Lösungen von ↑Elektrolyten und Salzschmelzen. Gase sind i. A. Nichtleiter. Durch Teilchenstrahlung (z. B. Elektronen) oder hochenergetische elektromagnetische Strahlung (Photonen) können sie aber ionisiert werden, z. B. in einer Entladungsröhre.

Ionisation (Ionisierung): im engsten Sinn die Bildung eines Ions durch Abtrennung eines oder mehrerer Elektronen von einem neutralen Atom oder Molekül, wobei die abgetrennten Elektronen zumindest eine gewisse Zeit lang frei existieren. Im weiteren Sinn bezeichnet die I. auch die Anlagerung eines oder mehrerer Elektronen an ein neutrales Atom oder Molekül. Im Falle der Elektronenabtrennung liegen positive Ionen, bei der Elektronenanlagerung negative Ionen vor. Im weitesten Sinn kann jeder Vorgang, der zur Bildung von Ionen führt, als I. bezeichnet werden, so auch die Reaktionen, die bei der ↑Dissoziation von Salzen in Wasser ablaufen, bei denen gleichzeitig positive und negative Ionen gebildet werden, die Elektronen aber ausschließlich gebunden vorliegen.

Um ein Elektron abzutrennen, also ein positives Ion zu erzeugen, muss dem neutralen Teilchen mindestens die sog. Ionisierungsenergie zugeführt werden, die der Bindungsenergie des Elektrons an das Atom oder Molekül entspricht. Im Gegensatz zur ↑Anregung ist die Energieabsorption bei der I. nicht gequantelt, da das freigesetzte Elektron überschüssige Energie als kinetische Energie forttragen kann. Man unterscheidet im Prinzip fünf Methoden der I. durch Elektronenabtrennung:

1. Thermische Ionisation: Die Erwärmung eines Gefäßes, in dem sich neutrale Atome befinden, führt zu unelastischen Zusammenstößen zwischen

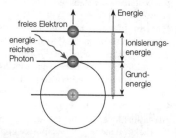

Ionisation: Fotoionisation eines Atoms

den Atomen, wodurch Elektronen freigesetzt werden können (↑Plasma).

2. Ionisation durch Elektronen- oder Ionenstoß: ↑Stoßionisation, ↑Gasentladung.

3. Ionisation durch Auftreffen neutraler Atome auf eine Metalloberfläche, für welche die Bindungsenergie der Leitungselektronen (↑Austrittsarbeit) größer ist als die Ionisierungsenergie der auftreffenden Atome, wenn also Energie beim Elektronenübertrag an das Metall frei wird (Oberflächenionisation).

4. Ionisation unter dem Einfluss elektromagnetischer Strahlung: ↑Fotoeffekt.

5. Feldionisation: Starke inhomogene elektrische Felder können gebundene Elektronen aus ihren Bindungspotenzialen herauslösen (↑Spitzenentladung).

Ionisationsdetektor: Nachweisgerät für ↑Radioaktivität.

Ionisationskammer: Gerät (Detektor) zum Nachweis ionisierender Strahlen, das aus einem gasgefüllten Gefäß mit zwei (meist zylindrischen) Elektroden besteht, wobei die eine Elektrode in der Regel durch den Gefäßmantel selbst gebildet wird. Zwischen beiden Elektroden (Anode und Kathode) wird eine elektrische Spannung angelegt. Einfallende Strahlung (Alpha-, Beta- oder Gammastrahlung) ionisiert je nach Intensität wenige bis viele Gasmoleküle, und die entstandenen Elektronen und positiven Ionen wandern im elektrischen Feld zur Anode bzw. Kathode. Über ein angeschlossenes Strom- oder Spannungsmessgerät kann die Stärke der ↑Ionisation und damit die Intensität der Strahlung angezeigt werden. Bei den sog. **Gleichstromkammern** wird der durch die einfallende Strahlung erzeugte mittlere Strom gemessen, bei **Impulskammern** (zum Zählen einzelner Teilchen) wird die durch ein einzelnes ionisierendes Teilchen bewirkte Spannungsänderung an den Elektroden registriert. Wird die anliegende Spannung erhöht, kommt es durch ↑Stoßionisation zwischen den Gasteilchen zu einem lawinenartigen Anwachsen der Zahl der Ionen und Elektronen. Auf dieser Basis arbeitende I. werden als ↑Zählrohre bezeichnet.

In der Hochenergiephysik verwendet man I., die von Ebenen abwechselnd um 90° versetzter Drähte durchzogen werden. Ein durch ein einfallendes Strahlungsteilchen entstehendes Elektron wird vom jeweils nächsten Draht erfasst. Durch Computerauswertung der impulsliefernden Drähte kann der Bahnverlauf des Teilchens in der Kammer ermittelt werden. Eine solche I. wird auch **positionsempfindlicher Detektor** genannt.

Ionisationsvakuummeter: ↑Vakuummeter.

ionisierende Strahlung: ↑Strahlenschäden, ↑Strahlung.

Ionisierung: ↑Ionisation.

Ionisierungsenergie: die zur ↑Ionisation eines Atoms oder Moleküls notwendige Energie. Sie wird in Elektronenvolt angegeben und beträgt für die am wenigsten fest gebundenen Elektronen (die Leuchtelektronen) eines Atoms je nach Element 3,9 eV (Caesium) bis 24,5 eV (Helium). Die I. ist ein direktes Maß für die Bindungsenergie des Elektrons. Sie ist damit eine der wenigen grundlegenden Eigenschaften eines Atoms, die der direkten Messung zugänglich sind. Die zur Ablösung eines Elektrons von einer Festkörperoberfläche erforderliche Energie wird nicht als I., sondern als Ablöse- oder ↑Austrittsarbeit bezeichnet.

Ionosphäre: ↑Atmosphäre.

Irisblende [griech. íris »Regenbogen«]: spezielle Form einer ↑Blende, bei der sich der Blendendurchmesser stetig variieren lässt.

irreversibel [lat. irreversibilis »unumkehrbar«]: Bezeichnung für einen Vorgang, der weder von selbst noch durch äußere Einwirkungen rückgängig gemacht werden kann, ohne dass eine bleibende Veränderung zurückbleibt. Jeder i. Vorgang ist mit einer Zunahme der ↑Entropie verbunden. Beispiele für i. Vorgänge sind die Erzeugung von Wärme durch Reibung, die Diffusion zweier Gase ineinander und die Lösung eines Stoffs in einem Lösungsmittel. Im strengen Sinn sind alle in der Natur vorkommenden Prozesse irreversibel. Umkehrbare (↑reversible) Vorgänge sind idealisierte (gedachte) Prozesse, bei denen Einflüsse wie die Reibung nicht berücksichtigt werden.

isobar [griech. ísos »gleich«, báros »Schwere, Druck«]: Bezeichnung für eine Zustandsänderung eines Gases, bei welcher der Druck konstant bleibt (↑Gasgesetze).

Isobare: Bezeichnung für Nuklide mit gleicher Massenzahl, aber verschiedener Ordnungszahl (↑Kern). I. haben also gleiche Nukleonenzahl bei verschiedener Protonen- und Neutronenzahl. Beispiele sind $^{16}_{7}N$, $^{16}_{8}O$ und $^{16}_{9}F$.

Isobaren: Linien, die Orte gleichen ↑Drucks miteinander verbinden (z. B. auf einer Wetterkarte).

isochor [-'koːr, griech. chóra »Platz, Stelle«]: Bezeichnung für eine Zustandsänderung eines Gases, bei der das Volumen konstant bleibt (↑Gasgesetze).

Isolator [ital. isolare »zur Insel machen, abtrennen«]: ein Stoff, der ein schlechter elektrischer oder Wärmeleiter ist. Elektrische I. haben einen spezifischen elektrischen ↑Widerstand von mehr als $10^6 \Omega m$. Solche Materialien werden auch ↑Dielektrika genannt. Kristalline I. weisen im ↑Bändermodell der Elektronenenergieniveaus eine große Energielücke auf.

Isolierung:

♦ *Bautechnik, Verfahrenstechnik:* der Schutz von Räumen oder Gefäßen u. a. gegen Wärme, Kälte, Feuchtigkeit oder Lärm durch Sperr-, Dichtungs- oder Dämmstoffe oder Erzeugen eines ↑Vakuums.

♦ *Elektrotechnik:* Trennung oder Ab-

deckung Spannung führender elektrischer Leiter durch elektrische ↑Isolato-
ren, sodass keine Berührung mit Spannung führenden Teilchen möglich ist.

Isolierung   Kupferdrähte

Isolierung: zweiadriges Kupferkabel mit
Isolierung

Isomere [griech. isoméres »aus gleichen Teilen bestehend«]: Bezeichnung
für Systeme, die aus denselben Bestandteilen aufgebaut sind, jedoch unterschiedliche räumliche Strukturen
aufweisen.
Isomerie tritt bei Molekülen und
Atomkernen auf. Isomere ↑Kerne haben gleiche Protonen- und Neutronenzahl, aber ungleiche räumliche Vertei-
lungen der Nukleonen, wobei Übergänge zwischen diesen Konfigurationen
verhältnismäßig   unwahrscheinlich
sind. Daher haben isomere Kernzustän-
de lange Lebensdauern.
Isospin: ein anhand von Untersuchungen mit Protonen und Neutronen entwickeltes Konzept zur Charakterisierung und Einordnung von ↑Elementar-
teilchen, die der ↑starken Wechselwirkung unterliegen. Der I. ist formal mit
dem Spin vergleichbar. Durch die Einführung der ↑Quarks wurde der I. im
Prinzip überflüssig, wird aber in der
Kernphysik aus praktischen Gründen
noch weiter benutzt.
isotherm [griech. thermós »heiß«]:
Bezeichnung für eine Zustandsänderung eines Gases, bei der die Temperatur konstant bleibt (↑Gasgesetze).
Isotherme:
♦ *Meteorologie:* eine Kurve auf einer
Wetterkarte, die Orte gleicher Temperatur miteinander verbindet.
♦ *Wärmelehre:* eine Kurve, die im
Druck-Volumen-Diagramm   Punkte
gleicher Temperatur verbindet. Für

↑ideale Gase sind die I. Hyperbeln, da
dann der Druck proportional zum Volumen ist.
Isotone [griech. tónos »das Spannen,
Anspannung«]: Bezeichnung für ↑Ker-
ne mit gleicher Neutronenzahl N, aber
unterschiedlicher Protonenzahl Z.
Isotope [griech. tópos »Platz, Stelle«]:
Bezeichnung für ↑Kerne (Nuklide) mit
gleicher Protonen- bzw. Ordnungszahl
Z, aber unterschiedlicher Neutronenzahl N. I. haben somit auch verschiedene Massenzahlen A. Da das chemische
Verhalten eines Elements durch die
Ordnungszahl bestimmt wird, verhalten sich I. chemisch gleich, stellen also
ein und dasselbe Element dar (und haben damit denselben Platz im Periodensystem, daher der Name). Die unterschiedlichen Massen können aber die
Energiezustände der Hüllenelektronen
(↑Atom) und dadurch deren Eigenschaften   geringfügig   beeinflussen
(↑Isotopieeffekte). Eine   ↑Isotopen-
trennung ist darum i. A. nur mit physikalischen Methoden möglich. Die meisten Elemente kommen als natürliches
Isotopengemisch vor.
Isotopentrennung: Verfahren zur
Abtrennung oder Anreicherung einzelner ↑Isotope aus einem natürlichen Isotopengemisch. Die Trennverfahren beruhen auf den verschieden großen Massen der Isotope eines Elements. Gebräuchliche   Verfahren   sind   die
Trennung durch Diffusion (leichte Isotope diffundieren eher durch feine Poren als schwere), die Trennung mit einer Zentrifuge (schwere Isotope sind
stärkeren Zentrifugalkräften unterwor-
fen als leichte) und die elektromagnetische Trennung (ionisierte Isotope werden je nach Masse in elektromagnetischen Feldern – nach dem Prinzip eines
↑Massenspektrometers – unterschiedlich stark abgelenkt).
Auch in natürlichen Vorgängen, insbesondere bei diffusiven Transportpro-

zessen (z. B. Verdunstung von Wasser), aber auch bei vielen biologischen Vorgängen findet I. statt. Dies macht man sich in der ↑Umweltphysik zunutze, um Transportprozesse mithilfe von sog. Isotopentracern zu verfolgen.

Isotopie|effekte: physikalische Erscheinungen, deren Ursache im Auftreten und unterschiedlichen Verhalten von ↑Isotopen eines chemischen Elements liegt. Beispiele sind die Verschiebung von Spektrallinien und verschiedene Diffusionsgeschwindigkeiten der einzelnen Isotope.

isotrop [griech. tropé »Drehung, Wendung«]: richtungsunabhängig. Ein Körper, ein Ausbreitungsmedium für Wellen oder allgemein ein physikalischer Raum ist i., wenn seine physikalischen Eigenschaften nicht von der Richtung abhängen. So breiten sich z. B. in einem isotropen Medium die Lichtwellen nach allen Seiten gleichmäßig und mit derselben Geschwindigkeit aus. Im Gegensatz dazu spricht man von einem **anisotropen** Körper, Medium oder Raum, wenn auch nur eine einzige seiner physikalischen Eigenschaften richtungsabhängig ist. Anisotropie tritt besonders häufig bei Kristallen auf.

ITER, Abk. für Internationaler Thermonuklearer Experimental-Reaktor: ein 1988 initiiertes Planungsprojekt mit dem Ziel, die Erreichbarkeit der kontrollierten ↑Kernfusion durch magnetischen Einschluss des Plasmas nachzuweisen. Beteiligt sind die Europäische Union, Japan, Russland, Kanada und die USA, nach der Revidierung des Konzepts 1998 nur noch die vier erstgenannten Partner. ITER wird nach dem Tokamak-Prinzip konzipiert. Der Reaktor sollte ursprünglich einen Plasmaradius von 8,1 m haben, die Stärke des Magnetfelds soll 5,5 T, der Plasmastrom 21 MA betragen. Während eine Heizleistung von 100 MW verbraucht würde, könnte eine Fusions-

leistung von 1,5 GW erzeugt werden. Nach neuesten Planungen rechnet man nun aus Kostengründen mit einem nur halb so großen Aufbau.

IUPAP, Abk. für International Union of Pure and Applied Physics: ↑Internationale Vereinigung für Reine und Angewandte Physik.

j (*j*): Formelzeichen für die ↑Stromdichte.

J:

◆ Einheitenzeichen für die Energieeinheit ↑Joule.

◆ (*J*): Formelzeichen für das ↑Trägheitsmoment.

Jahr, Einheitenzeichen a [lat. annus »Jahr«]: ↑Zeiteinheiten.

Jet [dʒet; engl. »Düse, Strahl«]:

◆ *Elementarteilchenphysik:* Teilchenbündel aus Hadronen, die in Elementarteilchenreaktionen auftreten. Paare aus ↑Quarks und Antiquarks erzeugen z. B. Zweier-Jets aus in entgegengesetzten Richtungen auseinander fliegenden Hadronen. Bei genügend hoher Energie der Stoßpartner konnten auch Drei-Jet- und Vier-Jet-Ereignisse beobachtet werden.

◆ *Flugzeug* mit Antrieb durch Turboluftstrahltriebwerk.

JET, Abk. für Joint European Torus (gemeinsamer europäischer Torus): Anlage in Culham (England) zur Erforschung der physikalischen und technischen Grundlagen der kontrollierten ↑Kernfusion. Zentrum des Projekts ist ein seit 1983 betriebener, nach dem Tokamak-Prinzip arbeitender experimenteller Fusionsreaktor.

Joch: ↑Transformator.

Josephson-Effekte ['dʒəʊzɪfsn-]: mehrere verwandte, von BRIAN D. JOSEPHSON (*1940) 1962 vorhergesagte Effekte, die 1963 von verschiedenen Forschungsgruppen nachgewiesen wurden und bei sehr tiefen Temperaturen in Supraleitern auftreten (↑Supraleitung). Sie sind eine Manifestation der ↑Quantenmechanik im makroskopischen Maßstab.

Joule [dʒuːl, nach J. P. JOULE], Einheitenzeichen J: SI-Einheit der gleichartigen Größen ↑Energie, ↑Arbeit und ↑Wärme.

Festlegung: 1 Joule ist gleich der Arbeit, die verrichtet wird, wenn der Angriffspunkt der Kraft 1 Newton (N) in Richtung der Kraft um 1 Meter (m) verschoben wird:

$$1\,J = 1\,Nm = 1\,Ws = 1\,kg \cdot m^2/s^2.$$

joulesches Gesetz [nach J. P. JOULE]: Aussage über die Erwärmung eines elektrischen Leiters infolge Stromdurchgangs: Die in einer bestimmten Zeit Δt entstehende Wärmemenge Q (**Stromwärme, joulesche Wärme**) ergibt sich aus der Beziehung

$$Q = R \cdot I^2 \cdot \Delta t$$

(R Widerstand des Leiters, I Stromstärke, Δt Zeit des Stromflusses).
Mithilfe der Beziehung $U = R \cdot I$ (U ist die zwischen den Leiterenden herrschende Spannung) ergibt sich daraus:

$$Q = U \cdot I \cdot \Delta t.$$

Falls ein sinusförmiger Wechselstrom fließt, wird in der Zeit $\Delta t,$ wenn diese ein Vielfaches der Periodendauer des Wechselstroms ist, die Wärmemenge

$$Q = U_{eff} \cdot I_{eff} \cdot \Delta t \cdot \cos \varphi$$

freigesetzt, wobei U_{eff} und I_{eff} die effektive Spannung bzw. Stromstärke sowie φ die Phasenverschiebung zwischen Spannung und Stromstärke sind.

joulesche Wärme: ↑joulesches Gesetz.

Joule-Thomson-Effekt [dʒuːl-ˈtɔmsn-, nach J. P. JOULE und W. THOMSON (Lord KELVIN)]: Drosseleffekt, der bei ↑realen Gasen eine Temperaturänderung bewirkt. Wird ein Gasstrom an einer Stelle einer Leitung gedrosselt, so führt die ↑adiabatische Entspannung des Gases nach der Drosselstelle zu einer Temperaturerniedrigung im Gas; der Grund hierfür sind die zwischenmolekularen Anziehungskräfte in realen Gasen. Vor der Drosselstelle herrscht ein hoher Druck, und das Gas nimmt ein kleines Volumen ein, hat also eine hohe Dichte, nach der Expansion dagegen eine niedrigere Dichte mit größerem mittleren Abstand der Moleküle. Dadurch erhöht sich deren potenzielle ↑Energie; wegen der Energieerhaltung muss aber gleichzeitig die kinetische ↑Energie und damit die Temperatur abnehmen.

Bei hohen Temperaturen überwiegt ein anderer Effekt, nämlich der Einfluss des endlichen Eigenvolumens der Gasteilchen. Dieser bewirkt einen negativen J.-T.-E., also eine Erwärmung bei adiabatischer Expansion. Die Temperatur, bei welcher der Übergang zwischen positivem und negativem J.-T.-E. erfolgt, ist die **Inversionstemperatur.**
Der J.-T.-E. unterhalb der Inversionstemperatur ist die Grundlage für die Verflüssigung von Gasen, u. a. des **Linde-Verfahrens** zur Luftverflüssigung (nach CARL V. LINDE, *1842, †1934).

Jukawa-Potenzial: ↑Yukawa-Potenzial.

jungfräuliche Kurve: ↑Hystereseschleife.

k:

◆ Abk. für den ↑Einheitenvorsatz Kilo (tausendfach = 10^3fach).

◆ (k): Formelzeichen für die ↑Boltzmann-Konstante.

◆ (k): Formelzeichen für das ↑elektrochemische Äquivalent.

K:

◆ Einheitenzeichen für die Temperatureinheit ↑Kelvin.

◆ (*K*): Formelzeichen für den Kompressionsmodul (↑Kompressibilität).

kalibrieren [griech. kalopódion »(Schuster)leisten«]: der Vergleich der Skala eines Messgeräts mit derjenigen eines ↑Normals (das üblicherweise eine kleinere Messunsicherheit hat), um zu einer verbesserten Skala zu kommen.

Kalium-Argon-Methode: Verfahren der radiometrischen ↑Altersbestimmung.

Kalorie [lat. calor »Wärme«]: Einheitenzeichen cal; veraltete Einheit der Wärmemenge (↑Wärme). *Festlegung:* 1 Kalorie (cal) ist die Wärmemenge, die die Temperatur von 1 Gramm Wasser von 14,5 °C auf 15,5 °C erhöht. Mit dem Joule (J), der SI-Einheit der Wärmemenge, hängt die Kalorie wie folgt zusammen:

$$1\,cal = 4{,}1868\,J,\ 1\,J = 0{,}239\,cal.$$

Der tausendfache Wert der Kalorie, die **Kilokalorie** (kcal), wurde früher auch als (große) Kalorie (Cal) bezeichnet. Diese ist gemeint, wenn in der Ernährungslehre von Kalorien die Rede ist – 100 g Schokolade haben also 2200 kJ (526 kcal) und *nicht* »2200 J« verwertbare Energie.

Kalorimeter:

◆ *Hochenergiephysik:* ↑Teilchendetektoren.

◆ *Wärmelehre:* ein Gerät zur Messung der Wärme, die bei physikalischen oder chemischen Prozessen erzeugt oder verbraucht wird, sowie der ↑spezifischen Wärmekapazität. Es gibt eine Vielzahl von Messverfahren und Gerätetypen. Den einfachsten und meistbenutzten Typ stellen die Erwärmungskalorimeter dar, bei denen der Probekörper oder das Reaktionsgefäß in eine Substanz mit gutem Wärmeleitkontakt im K. eingebracht und die Temperaturänderung gemessen wird. Daraus lässt sich auf die erzeugte Wärmemenge rückschließen.

Kalorimetrie: Messung von Wärmemengen (allgemeiner auch von Energien), die z. B. bei den folgenden Vorgängen entstehen oder verbraucht werden können: Phasenumwandlungen (Schmelzen, Verdampfen), chemischen und biologischen Prozessen (Verbrennung, Dissoziation), physikalisch-chemischen Vorgängen (Lösung, Absorption) oder der Wechselwirkung von Material mit radioaktiver Strahlung.

Kältemaschine: eine Vorrichtung, mit deren Hilfe unter Arbeitsaufwand Wärme von einem kälteren Körper auf einen wärmeren Körper übertragen wird. Eine K. ist im Prinzip eine ↑Wärmekraftmaschine in umgekehrter Arbeitsrichtung. Arbeit muss aufgewendet werden, weil diese Art der Wärmeübertragung entgegen der spontanen Richtung verläuft und weil sonst der zweite ↑Hauptsatz der Wärmelehre verletzt wäre. Aufgrund dieses Naturgesetzes muss allen zyklisch arbeitenden K. Energie in Form von mechanischer Arbeit, elektrischer oder chemischer Energie oder auch von Wärmeenergie zugeführt werden.

Typische Beispiele für K. sind ↑Wärmepumpen, die die völlig entwertete Energie aus der Umgebung (Boden, Grundwasser bei weniger als 10 °C) in die zu heizenden Räume (20 °C oder mehr) »pumpen«, und **Kühlschränke,** die Wärme aus dem zu kühlenden Volumen in die wärmere Umgebung übertragen. Kühlschränke arbeiten hauptsächlich nach dem Kompressorprinzip: Das gasförmige Kältemittel (z. B. Isobutan) wird durch einen elektromotorisch betriebenen Kompressor zusammengepresst und gelangt stark erhitzt in einen luft- oder wassergekühlten Verflüssiger. Hier wird die Überhitzungswärme abgeführt, und das Kältemittel verflüssigt sich. Anschließend fließt es durch eine Rohrleitung in den Raum, dessen Temperatur erniedrigt werden soll. Dort wird das Kältemittel durch einen adiabatischen Drosselvorgang (↑Joule-Thomson-Effekt) auf einen viel geringeren Druck entspannt und in den Verdampfer geleitet, dessen Rohre sich durch den Kühlraum schlängeln. Hier entzieht das Kältemittel dem Kühlraum und durch ↑Konvektion auch dem darin befindlichen Kühlgut Wärme und geht dabei in der Rohrleitung in den gasförmigen Zustand über. Danach wird das Kältemittelgas in den Kompressor zurückgesaugt, sodass der Kreislauf von neuem beginnen kann.

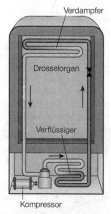

Verdampfer

Drosselorgan

Verflüssiger

Kompressor

Kältemaschine: Kältemaschine (Kühlschrank) nach dem Kompressorprinzip

Kältemischung: Mischung von Salzen mit Wasser oder Eis, deren ↑Gefrierpunkt unterhalb von 0 °C liegt. Beim Auflösen bestimmter fester Stoffe wie Kochsalz, Salmiak oder Kaliumcarbonat in Wasser wird Wärme benötigt, die sog. ↑Lösungswärme. Diese wird dem Lösungsmittel, also dem Wasser, entzogen, wodurch dessen Temperatur sinkt, ohne dass es zu einer Erstarrung (Gefrieren) kommt. Mischt man derartige Stoffe anstatt mit Wasser

mit Eis, dessen Temperatur über dem Gefrierpunkt des Gemischs liegt, so schmilzt das Eis. Es ergibt sich sogar noch eine weitere Temperaturerniedrigung, weil dem Gemisch außer der Lösungswärme auch noch die zum Schmelzen des Eises erforderliche Schmelzwärme entzogen wird. Auf dieser Erscheinung beruht die Wirkung von Streusalz. Das beim Streuen entstehende Salz-Wasser-Gemisch ist wesentlich kälter als 0 °C.

Kamera [Kurzform von ↑Camera obscura]: ein Gerät zur optischen Abbildung von Gegenständen auf strahlungsempfindliche Schichten (fotografische Filme) oder Bildschirme (nach elektronischer Wandlung der einfallenden Strahlung). Man unterscheidet Stehbildkameras (fotografische K.) und Laufbildkameras (Film-, Fernseh- oder Videokamera).

Kammerton: der Ton a^1 oder a' (»eingestrichenes a«) mit einer Frequenz von 440 Hz, der als Normton für das Stimmen von Musikinstrumenten verwendet wird.

Kanalstrahlen: von EUGEN GOLDSTEIN (*1850, †1930) eingeführter Name für positive Ionenstrahlen. GOLDSTEIN beobachtete, dass bei Niederdruckgasentladungen (etwa 1 Pa Druck; ↑Gasentladung) aus den Öffnungen (»Kanälen«) einer durchbohrten Kathode positiv geladene Ionen austreten.

Kapazität [lat. capacitas, capacitatis »Fassungsvermögen«]:

◆ *Elektrostatik/Elektrodynamik:* elektrische Kapazität, Formelzeichen C, bei einem Kondensator der Quotient aus der Ladung Q der positiv geladenen Elektrode und der zwischen den Elektroden herrschenden Spannung U:

$$C = Q/U.$$

Allgemein ist die Kapazität der Quotient aus der auf der Oberfläche eines Leiters befindlichen elektrischen La-

K

K

dung Q und dem von ihr erzeugten Potenzial φ. ↑SI-Einheit der Kapazität ist das ↑Farad (F).

◆ *Elektrotechnik:* Bezeichnung für ein Bauteil mit einem bestimmten Wert der Kapazität, z. B. ein ↑Kondensator.

kapazitiver Widerstand: elektrischer Widerstand eines Kondensators im ↑Wechselstromkreis.

Kapillare [lat. capillus »Haar«]: ↑Kapillarität.

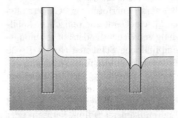

Kapillarität: kapillarer Anstieg bei einer benetzenden und kapillare Senkung bei einer nicht benetzenden Flüssigkeit. Die Flüssigkeitsoberfläche bildet einen Meniskus.

Kapillarität: das durch die Oberflächenspannung bestimmte Verhalten von Flüssigkeiten in engen Röhren (Kapillarröhren, Kapillaren), engen Spalten und Poren. Eine benetzende Flüssigkeit (↑Benetzung) wie Wasser steigt in einer Kapillare empor, wenn man diese senkrecht in die Flüssigkeit eintaucht. Eine nicht benetzende Flüssigkeit (z. B. Quecksilber) sinkt im Kapillarrohr ab und steht dort tiefer als in der Umgebung. Die K. spielt eine wichtige Rolle bei der Wasserversorgung der Pflanzen.

Kapillarkonstante: Koeffizient der ↑Oberflächenspannung.

Kapillarwellen: Wellen mit kleiner Wellenlänge an der Oberfläche von Flüssigkeiten, bei denen die Oberflächenspannung die Rückstellkraft bewirkt. Sie entstehen z. B. bei Einwirkung eines schwachen Winds auf eine vorher ruhige Wasseroberfläche

(↑Wasserwellen). Die Wellenlänge beträgt wenige Zentimeter.

Kaplan-Turbine [nach VIKTOR KAPLAN; *1876, †1934]: eine Form der Turbine (↑Wasserkraftmaschine).

kardanische Aufhängung [nach GERONIMO CARDANO; *1501, †1576]: Aufhängevorrichtung, bei der ein Körper allseitig drehbar gelagert ist. Der Körper befindet sich im Innersten von drei Ringen, die jeweils in einem rechten Winkel zueinander angeordnet und über Achsen miteinander verbunden sind. Ein kardanisch aufgehängter Körper behält eine einmal vorgegebene Richtung im Raum bei, wenn die Aufhängung bewegt wird. Eine abgewandelte Form der k. A. findet beim Kreiselkompass (Schiffskompass) eine weit verbreitete Anwendung.

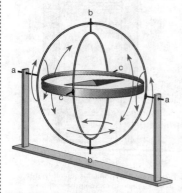

kardanische Aufhängung

kartesischer Taucher [nach R. DESCARTES]: ↑archimedisches Prinzip.

Kata|kaustik [griech. kata »herab«, kaustikós »brennend«]: die bei Hohlspiegeln entstehende Kaustik (↑Spiegel).

Kathode [griech. káta »hinab« und hódos »Weg«] (Katode): die elektrisch negativ geladene Elektrode (der Minuspol) bei elektrochemischen Elementen (Batterien, Akkumulatoren) und in

Elektronen- oder Entladungsröhren. An einer K. werden Elektronen dem System zugeführt und positive Ionen (Kationen) entladen. Bei Elektronenröhren spricht man häufig von **Glühkathoden,** weil die K. durch eine angelegte Heizspannung zum Glühen gebracht wird, sodass Leitungselektronen aus dem glühenden Metall (meist Platin oder Wolfram) austreten können.

Kathodenfall: ↑Glimmentladung.

Kathodenstrahlen: veraltete Bezeichnung für Elektronenstrahlen, die von einer ↑Kathode ausgehen. Sie entstehen z. B., wenn positive Ionen auf der Kathode eines Gasentladungsgefäßes (↑Gasentladung) aufprallen oder wenn die Glühkathode einer Elektronenröhre aufgeheizt wird. Mit K. arbeiten u. a. das ↑Elektronenmikroskop und die ↑Röntgenröhre eingesetzt.

Kathodenstrahl|oszilloskop: ↑Oszilloskop.

Kat|ion [griech. kata »hinab« und ión »(etwas) Gehendes«]: positiv geladenes Ion (z. B. das Wasserstoffion H⁺; ↑Ion). K. wandern beim Anlegen einer Gleichspannung in einem ↑Elektrolyten zur negativen ↑Kathode.

Kausalgesetz: ↑Kausalität.

Kausalität [mittellat. causalitas »Ursächlichkeit«]: das dem menschlichen Denken zugrunde liegende Prinzip, nach dem jede Wirkung eine Ursache hat. Dieses Prinzip ist der Leitgedanke aller Naturwissenschaften. Nach dem sog. **Kausalgesetz** führen gleiche Ursachen immer zu gleichen Wirkungen. Darauf baut das Prinzip des ↑Determinismus auf.

Kaustik [griech. kaustikós »brennend«] (Brennfläche): ↑Linse, ↑Spiegel.

Kavitation [lat. cavus »hohl«]: die durch spontane Verdampfung ausgelöste Hohlraumbildung in Flüssigkeiten. Nach der ↑Bernoulli-Gleichung nimmt in einer strömenden Flüssigkeit der statische Druck mit zunehmender Geschwindigkeit ab. Wenn der statische Druck unter den ↑Dampfdruck der Flüssigkeit sinkt, so bilden sich Dampfblasen; bereits vorhandene Blasen vergrößern sich.

K-Einfang: eine spezielle Form des ↑Elektroneneinfangs.

Kelvin [nach W. THOMSON (Lord KELVIN)], Einheitenzeichen K: SI-Einheit der thermodynamischen Temperatur; eine der sieben Basiseinheiten des Internationalen ↑Einheitensystems (↑SI). *Festlegung:* 1 K ist der 273,16te Teil der thermodynamischen ↑Temperatur des ↑Tripelpunkts des Wassers. Die gelegentlich anzutreffende Ausdrucksweise »Grad Kelvin« ist nicht zulässig.

Kennlinie: grafische Darstellung des funktionalen Zusammenhangs zwischen wichtigen Größen eines mechanischen oder elektrischen Systems. Dabei wird unter Beibehaltung der äußeren Bedingungen nur eine Größe als Funktion der anderen dargestellt. Beispiele sind die ↑Strom-Spannungs-Kennlinien von Dioden und Transistoren oder die Volllastkennlinien von

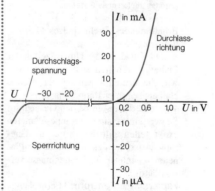

Kennlinie: typische Strom-Spannungs-Kennlinie einer Halbleiterdiode. Zu beachten ist der Unterschied der Strom- und Spannungsskalen für Sperr- und Durchlassrichtung.

K

K

Motoren (Leistung in Abhängigkeit von der Motordrehzahl).

keplersche Gesetze: die von J. KEP-LER nach dem Beobachtungsmaterial von TYCHO BRAHE (*1546, †1601) aufgestellten Gesetze der Planetenbewegung. Sie lauten:

1. Die Planeten bewegen sich auf Ellipsen, in deren einem Brennpunkt die Sonne steht.
2. Die von der Sonne zu einem Planeten gezogene Verbindungsgerade, der sog. Fahrstrahl, überstreicht in gleichen Zeiten gleiche Flächen. Dieses Gesetz ist auch als **Flächensatz** bekannt. Dahinter verbirgt sich nichts anderes als der auf allgemeine Zentralbewegungen (↑Kinematik) anwendbare Satz von der

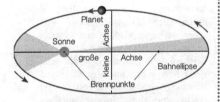

keplersche Gesetze: Die vom Fahrstrahl in gleichen Zeitintervallen überstrichenen Flächen (blau unterlegt) sind gleich groß (zweites keplersches Gesetz).

Erhaltung des Drehimpulses (↑Erhaltungssätze).

3. Die Quadrate der Umlaufzeiten der Planeten verhalten sich untereinander wie die dritten Potenzen der großen Halbachsen ihrer Bahnellipsen.

Während die ersten beiden Gesetze im Schwerpunktsystem Sonne–Planeten exakt gelten, gilt das Dritte nur näherungsweise, weil es die Masse der Planeten gegenüber der Sonnenmasse vernachlässigt.

keplersches Fernrohr: ↑Fernrohr.

Kern (Atomkern): der im Zentrum eines ↑Atoms befindliche, auf einen Bereich von 10^{-15} m Durchmesser konzentrierte, positiv geladene Teil des Atoms. Fast die gesamte Masse eines Atoms (mindestens 99,972%) ist im K. konzentriert. Da sich die Kernmasse auf einen äußerst kleinen Raum konzentriert (der Kerndurchmesser beträgt weniger als ein Zehntausendstel des Atomdurchmessers), ist die Massendichte eines K. sehr groß (etwa $1,4 \cdot 10^{17}$ kg · m^{-3}).

■ **Zusammensetzung und Zusammenhalt**

Der K. setzt sich aus den sog. Nukleonen zusammen. Die positiven Nukleonen heißen Protonen, die neutralen Neutronen. Die Summe der Anzahlen von Protonen und Neutronen eines K. wird als **Massenzahl** A (auch **Nukleonenzahl**) bezeichnet. Zwischen den Protonen des K. herrschen abstoßende Coulomb-Kräfte, die bei stabilen K. durch die starken ↑Kernkräfte kurzer Reichweite (etwa 10^{-15} m) mehr als ausgeglichen werden. Die Kernkräfte sind also diejenigen Kräfte, die den Zusammenhalt der A Nukleonen, den gebundenen Zustand des Systems, bewirken. Die Masse eines K. ist infolge dieser Bindungsenergie kleiner als die Summe der Massen seiner sämtlichen Nukleonen. Diese Massendifferenz heißt ↑Massendefekt, ihr Nachweis ist einer der wichtigsten experimentellen Beweise der ↑Äquivalenz von Masse und Energie.

■ **Bindungsenergie**

Die Bindungsenergie im K. (↑Kernbindungsenergie) beträgt 2,2 MeV beim Deuteron und 1780 MeV beim Urankern. Pro Nukleon beträgt sie für mittelschwere K. etwa 8 MeV. Die Bindungsenergie ist daher im Allgemeinen etwa 10^6-mal größer als die der an den K. gebundenen Elektronen. Es ist also etwa 10^6-mal mehr Energie nötig, um ein Nukleon aus dem K. herauszulösen, als man zur Ablösung eines

Elektrons aus der Atomhülle braucht. Diese hohe, mehrere MeV betragende Abtrennarbeit erklärt einerseits die Unveränderlichkeit der K. bei chemischen Reaktionen und andererseits die bei Kernreaktionen frei werdenden hohen Energien.

■ **Kernladungszahl und Neutronenzahl**

Die Zahl der (positiv geladenen) Protonen eines K. legt die Zahl der positiven Elementarladungen in ihm, die sog. **Kernladungszahl** Z, fest und damit auch die Zahl der Elektronen, die durch den K. in der Atomhülle im (neutralen) Grundzustand des Atoms gebunden werden können. Die Kernladungszahl ist gleich der **Ordnungszahl** des entsprechenden Elements.

Ist A die Massenzahl und Z die Kernladungszahl, so gilt für die Anzahl N der Neutronen (**Neutronenzahl**):

$$N = A - Z.$$

Mit Ausnahme des Heliumkerns mit der Massenzahl $A = 3$ (^{3}He) gilt für stabile K. stets $N \geq Z$. Die Differenz $N - Z$ wird als **Neutronenexzess** bezeichnet; er nimmt mit größer werdender Kernladungszahl zu.

Die Neutronenzahl muss bei mittelschweren und schweren stabilen K. die Protonenzahl überwiegen, da sonst die Coulomb-Abstoßung zwischen den Protonen eine Bindung der Nukleonen durch die Kernkräfte verhindern würde. Bei sehr schweren K. ($N/Z \approx 1,6$) reicht eine Vergrößerung der Neutronenzahl nicht mehr aus, um einen stabilen gebundenen Zustand der Nukleonen zu erreichen; diese K. werden instabil, d. h., sie können spontan zerfallen (↑spontane Spaltung).

K. mit gleicher Kernladungszahl Z können sich z. T. stark in der Neutronenzahl N und damit der Massenzahl $A = N + Z$ unterscheiden; man spricht

in diesem Fall von den ↑Isotopen eines Elements. K. mit gleicher Massenzahl A bezeichnet man als Isobare, solche mit gleicher Neutronenzahl N als **Isotone**. K. des gleichen Isotops können sich noch in ihrem Energieinhalt unterscheiden; sie werden dann als Isomere bezeichnet.

■ **Schreibweisen**

In der Schreibweise der Kernphysik wird jeder K. durch das Symbol des entsprechenden chemischen Elements (im Folgenden durch den Buchstaben **E** repräsentiert) gekennzeichnet. Die Massenzahl A wird als Index oben links, die Protonenzahl Z als Index unten links und die Neutronenzahl N als Index unten rechts hingeschrieben:

$$^A_Z\mathbf{E}_N.$$

Das mit dem K. des leichten Wasserstoffs identische Proton wird also durch das Symbol $^1_1$H$_0$ dargestellt. Das Deuteron, der K. des schweren Wasserstoffs, hat als Zeichen $^2_1$H$_1$; $^{238}_{92}$U$_{146}$ steht für einen Urankern mit der Massenzahl 238, der Protonenzahl 92 und der Nukleonenzahl 146. Häufig lässt man jedoch die Neutronenzahl N und manchmal auch die Protonenzahl Z weg und schreibt dann z. B. nur ^{238}U oder auch U-238.

■ **Kernspin**

Jeder K. besitzt neben Masse und Ladung im Allgemeinen einen Drehimpuls, den man als Kernspin oder kurz ↑Spin bezeichnet. Dieser setzt sich aus den Spins *und* Bahndrehimpulsen aller Nukleonen im K. zusammen. Der Spin eines K. ist entweder ein ganzzahliges oder ein halbzahliges Vielfaches von $\hbar = h/2\pi$ (h ↑plancksches Wirkungsquantum). K. mit abgeschlossenen Schalen (↑Kernmodelle) haben stets eine gerade Zahl von Protonen und Neutronen ohne Bahndrehimpuls, der

Kernspin verschwindet dann. Mit dem Spin verbunden ist ein magnetisches Moment. Nicht kugelförmige K. haben zudem ein elektrisches Quadrupolmoment (↑Kernmoment).

■ Kernzerfälle

Infolge der Isotopie gibt es weit mehr verschiedene Kernarten (Nuklide), als es chemische Elemente gibt. Bei diesen verschiedenen Nukliden muss man zwischen stabilen und instabilen (radioaktiven) K. unterscheiden; Letztere wandeln sich ohne äußeren Einfluss spontan in andere K. um, wobei dieser Zerfall (↑Radioaktivität) einer statistischen Gesetzmäßigkeit gehorcht (↑Halbwertszeit). Man kennt zurzeit rund 2700 verschiedene Nuklide. Von diesen kommen rund 450 in der Natur vor, die Übrigen werden in ↑Kernreaktionen künstlich erzeugt.

■ Kerngestalt

Die meisten K. besitzen keine kugelsymmetrische Gestalt, sondern sind im Gegensatz zur Atomhülle stark deformiert. Die Deformation ist bei einigen schweren K. so groß, dass sie zur spontanen Spaltung führen kann (z. B. bei ^{238}U). Erklärungsversuche für den Aufbau, die Gestalt und das Verhalten von K. geben die ↑Kernmodelle.

Kernbindungsenergie: die Bindungsenergie der Nukleonen in einem Atomkern (↑Kern). Ein Atomkern, in dem Z Protonen und N Neutronen in gebundenem Zustand vorliegen, hat eine geringere Masse als die Summe der Massen gleich vieler freier Neutronen und Protonen. Diese Erscheinung wird als ↑Massendefekt bezeichnet. Beim Zusammenfügen eines Kerns aus freien Nukleonen würde eine dem Massendefekt entsprechende Energie frei werden. Umgekehrt müsste man zum Zerlegen eines Kerns in freie Nukleonen eine entsprechende Energie aufwenden (Abb. 1).

Aus dem Massendefekt lässt sich die K. herleiten. Nach A. EINSTEIN gilt für Energie E und Masse m eines Teilchens das sog. Äquivalenzprinzip:

$$E = m \cdot c^2$$

(c Lichtgeschwindigkeit).

Man bestimmt daher die Kernbindungsenergie E_B über den Massendefekt ΔM eines Kerns mittels

$$E_B = -\Delta M \cdot c^2,$$

wobei das Minuszeichen besagt, dass zum Zerlegen eines Kerns die Bindungsenergie E_B aufzuwenden ist. Für den Massendefekt ΔM gilt:

$$\Delta M = Z \cdot m_p + N \cdot m_n - M,$$

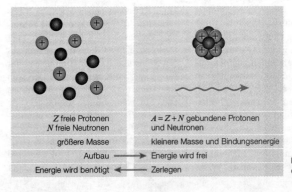

Z freie Protonen
N freie Neutronen

größere Masse

Aufbau ⟶ Energie wird frei

Energie wird benötigt ⟵ Zerlegen

$A = Z + N$ gebundene Protonen und Neutronen

kleinere Masse und Bindungsenergie

Kernbindungsenergie (Abb. 1)

wobei Z die Protonenzahl, N die Neutronenzahl, m_p die Masse eines freien Protons, m_n die Masse eines freien Neutrons und M die tatsächliche Kernmasse ist. Für die K. ergibt sich daraus:

$$E_B = -\left(Z \cdot m_p + N \cdot m_n - M\right) \cdot c^2.$$

Denkt man sich die gesamte K. gleichmäßig auf alle Nukleonen verteilt, so erhält man eine gemittelte Bindungsenergie pro Nukleon zwischen 7 MeV

gegen ist umgekehrt proportional zum Quadrat der Entfernung, d. h., sie nimmt mit der Entfernung wesentlich langsamer ab als die Kernkraft. Bei Kernen mit sehr hoher Nukleonenzahl A ist die Bindung der »äußeren« Nukleonen durch die Kernkraft daher nicht mehr so stark, weil der Kernradius und damit die Entfernung zwischen den einzelnen Nukleonen relativ groß ist. Hier reicht die Kernkraft kaum noch

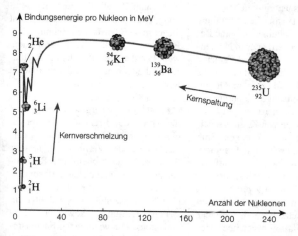

Kernbindungsenergie (Abb. 2): Die Bindungsenergie pro Nukleon steigt bis zum Element Eisen (Massenzahl 60) an und nimmt danach wieder ab.

und 9 MeV. Die Abhängigkeit der K. von der Nukleonenzahl zeigt Abb. 2.

Die anfängliche Zunahme der Bindungsenergie pro Nukleon bis zum Nuklid mit der Nukleonenzahl 60 (Eisen) und die nachfolgende Abnahme lassen sich folgendermaßen begründen: Die Nukleonen werden durch die anziehende ↑Kernkraft zusammengehalten, die innerhalb eines kurzen Abstandes der Nukleonen voneinander stärker ist als die abstoßende Coulomb-Kraft (↑Coulomb-Gesetz) zwischen den positiv geladenen Protonen. Diese Kernkraft verstärkt sich mit größer werdender Nukleonenzahl A, sie nimmt jedoch sehr rasch – nämlich exponentiell – mit der Entfernung ab. Die Coulomb-Kraft da-

aus, um der abstoßenden Coulomb-Kraft zwischen den Protonen entgegenzuwirken. Es genügt schon eine geringe Energie, um einen solchen Kern in zwei Kerne mittlerer Nukleonenzahl zu spalten (↑Kernspaltung) oder ein Alphateilchen abzutrennen (↑Alphazerfall).

Wie in Abb. 2 zu sehen, ist bei Kernen mittlerer Nukleonenzahl ($A \approx 60$) die Bindungsenergie pro Nukleon größer als bei Kernen sehr großer Nukleonenzahl ($A \approx 240$), weshalb bei einer Spaltung von schweren Kernen Energie frei werden muss. Dieser Effekt wird bei der Gewinnung von **Kernenergie** in einem ↑Kernreaktor genutzt.

Gelingt es, Kerne mit kleinen Nukleonenzahlen (z. B. Deuterium mit $A = 2$

K

und Tritium mit $A = 3$) zu Kernen mit größerer Nukleonenzahl (z. B. zu Helium mit $A = 4$) zusammenzufügen, so wird die Bindungsenergie pro Nukleon ebenfalls größer, d. h., auch bei dieser Kernverschmelzung wird Energie frei (↑Kernfusion).

Kerndrehimpuls: ↑Spin.

Kern|energie: ↑Kernbindungsenergie.

Kern|explosion: die Zertrümmerung eines Atomkerns (↑Kern) durch das Auftreffen eines energiereichen Teilchens (aus der kosmischen Strahlung oder einem Beschleuniger) in seine Bestandteile (Nukleonen) oder in Nukleonengruppen, wobei die Kernfragmente (z. B. ↑Alphateilchen) mit ebenfalls hoher Energie sternförmig vom Ort der K. fortfliegen. Je nach der Energie des auftreffenden Teilchens lassen sich verschiedene Typen von K. unterscheiden. Von einer K. im engen Sinn spricht man, wenn sehr viele Fragmente entstehen. Die Energie des auftreffenden Teilchens (des »Geschosses«) muss dazu etwa 300 MeV pro Nukleon betragen. Wenn nur wenige Nukleonen im Stoß freigesetzt werden, wird der Prozess als **Spallation** bezeichnet (Geschossenergie ca. 100 MeV). Bei niedrigen Stoßenergien (etwa 10 MeV) können einzelne Nukleonen oder größere Kernfragmente »abgedampft« werden (**Kernverdampfung**). K. sind immer von der Aussendung hochenergetischer ↑Gammastrahlung begleitet. Sie wurden erstmals 1937 in Kernspuremulsionen (↑Kernspurplatte) nachgewiesen.

Kernfoto|effekt: durch harte Röntgen- oder Gammastrahlung ausgelöste ↑Kernreaktion, bei der ein oder mehrere Nukleonen emittiert werden und in der Regel ein radioaktiver Kern zurückbleibt (↑Fotoeffekt).

Kernfusion (Kernverschmelzung): die Verschmelzung leichter Atomkerne zu schwereren. Die K. tritt ein, wenn sich

zwei ↑Kerne so weit nähern, dass die anziehende ↑Kernkraft, die eine kurze Reichweite besitzt, die abstoßende, langreichweitige ↑Coulomb-Kraft überwindet. K. findet in der Natur in allen Sternen, so auch in der Sonne, statt. Der Mensch hat es bisher nur geschafft, in der Wasserstoffbombe oder bei Kernreaktionen in Teilchenbeschleunigern die K. künstlich herbeizuführen. Noch nicht gelungen ist die kontrollierte K. zum Zweck der Energiegewinnung. Eine solche kontrollierte K. ist Gegenstand intensiver Forschung.

Energie lässt sich durch K. gewinnen, weil bei der Verschmelzung leichter Kerne die Gesamtmasse der gebildeten Reaktionsprodukte kleiner ist als die der Reaktionspartner vor der Reaktion (↑Kernbindungsenergie). Bezogen auf die Masse des Brennstoffs entspricht dies einigen Millionen mal mehr Energie, als bei der Verbrennung fossiler Brennstoffe durch chemische Reaktionen gewonnen werden kann. Besonders groß ist der Energiegewinn bei der Fusion der Wasserstoffisotope Deuterium $^2_1$D und Tritium $^3_1$T sowie des Heliumisotops. Die wichtigsten Fusionsreaktionen sind (n Neutron, p Proton):

(1a) $^2_1$D + $^2_1$D → $^3_1$T + p + 4,0 MeV;

(1b) $^2_1$D + $^2_1$D → $^3_2$He + n + 3,3 MeV;

(2) $^2_1$D + $^3_1$T → $^4_2$He + n + 17,6 MeV;

(3) $^2_1$D + $^3_2$He → $^4_2$He + p + 18,3 MeV.

Die hochgestellte Ziffer gibt die Massenzahl, die tiefgestellte die Protonenzahl des betreffenden Kerns an. In der Kurzschreibweise eines Kernverschmelzungsprozesses stehen links vom Pfeil jeweils die beiden leichteren Kerne, rechts vom Pfeil der fusionierte Kern sowie die freigesetzten Nukleonen und die frei werdende Energie. Die Erforschung der kontrollierten K. hat sich bisher auf die Reaktion (2), die

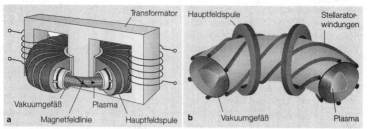

Kernfusion: Schema des magnetischen Plasmaeinschlusses mit toroidalen Konfigurationen;
a Tokamak, **b** klassischer Stellerator

sog.   **Deuterium-Tritium-Reaktion** oder **D-T-Reaktion,** konzentriert. Der Grund dafür ist, dass sie die höchste Reaktionswahrscheinlichkeit (↑Wirkungsquerschnitt) hat, das Minimum ihrer Ausbeute bei der niedrigsten Temperatur auftritt und pro Reaktion der große Energiebetrag von 17,6 MeV frei wird. Sie ist durch zwei Besonderheiten gekennzeichnet: 1. Sie benötigt als Brennstoff das radioaktive Wasserstoffisotop Tritium (mit einer Halbwertszeit von 12 Jahren), das in der Natur nur in Spuren vorkommt; 2. der Hauptteil der Energie (ca. 14 MeV) ist kinetische Energie der entstehenden Neutronen.

Das erforderliche Tritium kann im Prinzip aus dem Element Lithium ($^6_3$Li) direkt im Fusionsreaktor »erbrütet« werden, sodass das Tritium nur ein internes Zwischenprodukt ist und die von außen zu liefernden Brennstoffe Deuterium und Lithium sind. Von beiden sind geographisch gleichmäßig über die Erde verteilte Vorräte vorhanden, die ausreichen würden, um die Energieversorgung für praktisch unbegrenzte Zeit zu garantieren.

Die Einleitung von Fusionsreaktionen ist allerdings nicht einfach. Wichtigste Grundvoraussetzung ist eine Temperatur von vielen Millionen Kelvin (K). Bei solchen Temperaturen sind die Atomkerne leichter Elemente vollständig von ihren Elektronen getrennt: Es bildet sich ein ↑Plasma, d. h. ein nach außen elektrisch neutrales Gemisch von Elektronen und Ionen. Unter diesen Bedingungen ist die Wahrscheinlichkeit für elastische Stöße, bei denen die Coulomb-Kraft wirkt, viel größer als die Wahrscheinlichkeit für Fusionsstöße, bei denen die Kerne so nahe zu-

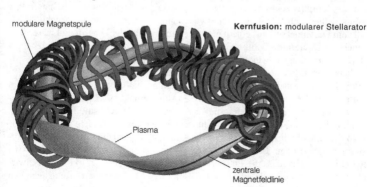

Kernfusion: modularer Stellarator

K

sammenkommen, dass die Kernkraft wirken kann. Damit Fusionsstöße hinreichend häufig auftreten, müssen die Reaktionspartner lange genug in einem Reaktionsvolumen eingeschlossen werden. Zur quantitativen Beschreibung der Bedingungen, die hierfür zu erfüllen sind, dient das **Zündkriterium**, das näherungsweise durch das Produkt aus Temperatur T, Dichte n und sog. Energieeinschlusszeit t_E des Plasmas gegeben ist. Für die D-T-Reaktion hat dieses Produkt den Wert

$$\left(n \cdot T \cdot t_e\right)_{\text{zünd}} = 34{,}8 \cdot 10^{27} \ \mathrm{K \cdot s / m^3},$$

der überschritten werden muss, damit das Plasma zündet; gleichzeitig muss die Temperatur mindestens 54,5 Millionen Kelvin betragen. Zündung bedeutet dabei nichts anderes, als dass erstens genügend Fusionsreaktionen stattfinden und zweitens die entstehenden Heliumkerne ihre Energie (ca. 3,5 MeV pro Kern) wieder an das Plasma abgeben und es dadurch so weit aufheizen, dass keine weitere Energiezufuhr von außen nötig ist. Das Plasma wird dann selbsttätig »weiterbrennen«. Die Energie der entstehenden Neutronen kann als gewonnene Energie abgeführt werden.

Als wichtigste Einschlussprinzipien gelten derzeit der Trägheitseinschluss und der magnetische Einschluss.

Beim **Trägheitseinschluss** werden kleine Kügelchen (»Pellets« von etwa 0,1 mm Durchmesser) aus einem gefrorenen Deuterium-Tritium-Gemisch durch Bestrahlung mit intensivem Laserlicht zur Implosion gebracht. Dadurch heizen sie sich so schnell (innerhalb von 10^{-9} s) auf, dass hinreichend viele Fusionsprozesse ablaufen, bevor sich die Kerne aus dem Reaktionsvolumen entfernen können.

Beim **magnetischen Einschluss** nutzt man die Tatsache, dass die Plasmateilchen aufgrund ihrer elektrischen La-

dung durch ein Magnetfeld in ihrer Bewegungsrichtung beeinflusst werden können. Bildet die Magnetfeldanordnung einen Ring (Torus), so werden die Plasmateilchen auf solche Bahnen gezwungen, dass sie sich über größere Strecken parallel zur Feldrichtung bewegen, also im Torus eingeschlossen sind. Um die »Driftbewegung« der Teilchen nach außen zu unterdrücken, werden die Magnetfeldlinien zusätzlich verdrillt, indem man dem toroidalen Feld ein dazu senkrechtes »poloidales« Feld überlagert. Nach der Methode, mit der das poloidale Zusatzfeld erzeugt wird, unterscheidet man zwei Hauptklassen von Magnetfeldanordnungen: Beim **Tokamak** besorgt dies ein im Plasma fließender Strom, der z. B. durch einen Transformator induziert wird. Beim **Stellarator** wird ein Plasmastrom vermieden; dafür werden zusätzliche externe Magnetfeldspulen benutzt, die geeignet geformt sind.

Bis heute nehmen die Tokamaks wegen ihres vergleichsweise einfacheren Aufbaus bei der schrittweisen Annäherung an einen funktionstüchtigen Fusionsreaktor eine führende Stellung ein. Zu nennen ist insbesondere der Tokamak ↑JET (Joint European Torus) bei Oxford in Großbritannien, der viele wichtige theoretische und praktische Erkenntnisse (z. B. zur zusätzlichen Heizung des Plasmas) gebracht hat. In Planung ist das Tokamak-Projekt ↑ITER (Internationaler Thermonuklearer Reaktor), mit dem die Zündung des Plasmas erstmals gelingen soll.

Kernkraft: diejenige Kraft, die den Zusammenhalt der Nukleonen in einem Atomkern, d. h. die Kernbindung bewirkt. Nukleonen sind keine punktförmigen Gebilde, sondern setzen sich aus kleineren Einheiten, den ↑Quarks, zusammen. Zwischen den Quarks herrscht die sog. ↑starke Wechselwirkung, eine der vier fundamentalen

Wechselwirkungen in der Natur. Man stellt sich nun vor, dass die starke Wechselwirkung im Innern eines Nukleons nicht vollständig abgesättigt ist und dass ein Teil nach außen reicht. Dieser Wechselwirkungsrest ist die Kernkraft. Die auffälligsten Eigenschaften der K. sind:

1. Sie hat eine sehr kurze Reichweite; bei größeren Abständen als etwa 4 fm verschwindet sie.

2. Bei kleineren Abständen als etwa 1 fm ist sie dagegen sehr stark, sehr viel stärker als die Coulomb-Kraft (↑Coulomb-Gesetz).

3. Ihre mathematische Beschreibung ist sehr kompliziert.

Eine erste theoretische Erklärung der K. wurde um 1935 durch H. JUKAWA geliefert (↑Yukawa-Potenzial). Heute ist die K. eingebettet in das Theoriegebäude der Quantenchromodynamik (↑Quarks).

Kernkraftwerk, Abk. KKW (Atomkraftwerk, Abk. AKW): ↑Kernreaktor.

Kernladungszahl, Formelzeichen Z: die Anzahl der positiven Elementarladungen eines Atomkerns (↑Kern), also die Anzahl der Protonen im Kern. Die K. ist identisch mit der ↑Ordnungszahl eines Elements.

Kernmagneton: ↑Magneton.

Kernmodelle: von experimentellen Ergebnissen ausgehende, auf vereinfachenden Annahmen beruhende Modellvorstellungen vom Atomkern (↑Kern) und seinem inneren Aufbau. Einige Modelle beschreiben das Verhalten des Kerns als Ganzes, wie das Tröpfchenmodell, andere die innere Struktur und ihre Energiezustände, wie das Schalenmodell, das Clustermodell und das Kollektivmodell. Die mathematische Formulierung der Modelle basiert auf der ↑Quantenmechanik.

Beim **Tröpfchenmodell** wird der Kern in Analogie zum Wassertropfen als Tröpfchen einer Flüssigkeit aus Protonen und Neutronen angesehen. Diese Analogie wird u. a. durch die praktisch konstante Dichte aller Atomkerne, die nahezu konstante ↑Kernbindungsenergie pro Nukleon und die geringe Reichweite der Kernkraft nahe gelegt. Das Tröpfchenmodell erlaubt es, Kernbindungsenergien zu berechnen, Kernverdampfungsprozesse (↑Kernexplosion) zu beschreiben und die Kernspaltung qualitativ zu erklären. Es eignet sich nicht zur Beschreibung der inneren Struktur der Kerne.

a   **b**   **c**

Kernmodelle: a Aufbau des ^{12}C aus zwei Alphateilchen und zwei Deuteronen (Clustermodell); **b** Beschreibung eines schweren Kerns als homogenes Gebilde (Tröpfchenmodell); **c** Bewegung eines Protons und eines Neutrons im Potenzial einer abgeschlossenen Protonen- bzw. Neutronenschale (Schalenmodell).

Mit dem **Schalenmodell** dagegen lassen sich die Energiezustände einzelner Nukleonen im Kern beschreiben. Es wurde 1949 von MARIA GOEPPERT-MAYER sowie von OTTO HAXEL (*1909, †1998), HANS D. JENSEN (*1907, †1973) und HANS E. SUESS (*1909, †1993) vorgeschlagen. Es basiert auf der Annahme, dass man die Bewegung eines Nukleons im Kern näherungsweise als Bewegung in einem mittleren Potenzial ansehen kann – gerade so, als ob jedes Nukleon sich um einen Punkt im Zentrum des Kerns herumbewegt. In diesem Modell werden also die Vorstellungen zum Schalenaufbau der Atomhülle auf den Kern übertragen. Das Potenzial resultiert im Schalenmodell aus der Wechselwirkung aller übrigen Nukleonen untereinander. Bei bestimmten Protonenzahlen und Neutronenzahlen, den ↑magischen

Zahlen, ist eine Schale gerade vollständig besetzt, d.h. abgeschlossen (wie die Elektronenhülle eines Edelgases). Also muss das nächste Proton oder Neutron in die nächsthöhere Schale eingeordnet werden, in der es schwächer als die übrigen Nukleonen gebunden ist. Das erklärt die leichte Abtrennbarkeit solcher Nukleonen und die besondere Stabilität der Kerne mit magischer Neutronen- oder Protonenzahl.

Im **Clustermodell** wird angenommen, dass Unterkonfigurationen von Nukleonen (sog. Cluster) im Kern existieren. Die Cluster können aus ↑Deuteronen, Tritonen (↑Tritium-Kernen), ^{3}He-Teilchen oder aus Alphateilchen (^{4}He) bestehen. Das Clustermodell hat sich besonders zur Beschreibung von angeregten Kernen mit einer Massenzahl unter 20 bewährt.

Das **Kollektivmodell** eignet sich zur Erklärung der Eigenschaften von Kernen mit deformierter Gestalt, also mittelschweren bis schweren oder hochangeregten Kernen. In ihnen führen die Nukleonen kollektive Schwingungen aus, oder sie rotieren gemeinsam um eine Achse. Das Modell stimmt sehr gut mit den Ergebnissen von Spektraluntersuchungen von vielen Nukliden überein.

Neben den Modellen zur Beschreibung der Kernstruktur gibt es Modelle, mit denen einzelne Reaktionsabläufe beschrieben werden können. Dazu zählt z. B. das Modell des **Compoundkerns.** Dieser bezeichnet einen Kernzustand, der in Kernreaktionen auftritt, bei denen Geschosskern und Targetkern (der Kern, auf den »geschossen« wird) verschmelzen. Die dabei freigesetzte Kernbindungsenergie führt zu einer Anregung des Compoundkerns. Der Compoundkern ist also ein hochangeregter Zwischenzustand, dessen Lebensdauer mit $10^{-17\pm3}$ s lang gegenüber der sonst für Kernreaktionen üblichen Zeit von 10^{-22} s ist. Die Untersuchung des Zerfalls solcher Compoundkerne gibt Aufschluss über die Stoßreaktion.

Kernmoment:

♦ das elektrische Quadrupolmoment eines Kerns, das durch eine nicht kugelsymmetrische Ladungsverteilung hervorgerufen wird.

♦ das ↑magnetische Moment eines ↑Kerns, das sich aus dem Gesamtdrehimpuls aller Nukleonen ergibt. Sein Wert beträgt etwa 1/2000 des atomaren magnetischen Moments.

Kernphysik: Zweig der Physik, dessen Objekt die Untersuchung der Kernstruktur und der Wechselwirkung von Kernen untereinander, von Kernen und ihren Bestandteilen, den Nukleonen, sowie mit ↑Elementarteilchen ist. Sie belegt damit einen Bereich, der zwischen der Atomphysik und der Hochenergie- und Elementarteilchenphysik liegt.

Das Gebiet der K. lässt sich in drei Untergebiete einteilen: 1. die klassische oder Niederenergie-Kernphysik, 2. die Mittelenergie-Kernphysik (mit Wechselwirkungsenergien von mehr als 300 MeV) und 3. die ↑Schwerionenphysik.

Zu den experimentellen Methoden der K. gehören v. a. die ↑Massenspektroskopie, mit deren Hilfe die ↑Kernbindungsenergien ermittelt werden können, die Kernspektroskopie (hauptsächlich auf der Basis von Streuexperimenten) sowie die Verfahren zur Untersuchung der Kernspinresonanz. In **Streuexperimenten** werden sog. Projektile (z. B. Elektronen, Protonen oder ganze Kerne) auf einen Kern »geschossen«. Dabei kann der Kern angeregt werden und Strahlung aussenden, die sich dann spektroskopisch untersuchen lässt. Ist das Projektil ebenfalls ein Kern, so kann es zu ↑Kernreaktionen kommen. **Kernspinresonanzuntersuchungen** nutzen das magnetische Moment eines Kerns (↑Kernmoment) aus, um sein Verhalten in einem äußeren Magnetfeld zu studieren.

Die Anwendungen der Kernphysik reichen von der Lebensmittelbestrahlung über die medizinische Diagnose und Therapie (Nuklearmedizin, Kernspintomographie), die Materialforschung, die Altersbestimmung und die Erforschung der Sterne bis hin zur Aufklärung von Verbrechen. Ein weiterer Anwendungsbereich sind Kernkraftwerke (↑Kernreaktor) und die gesamte Nukleartechnik (Wiederaufbereitung, Lagerung von radioaktivem Abfall). Der ungeklärte Verbleib des in den letzten Jahrzehnten weltweit erzeugten radioaktiven Abfalls (»Atommüll«) sowie die militärische Nutzung der Kerntechnik (↑Kernwaffen) haben zu einer intensiven Diskussion über die ökologischen und gesellschaftlichen Auswirkungen der K. sowie der modernen Physik überhaupt geführt.

Kernreaktionen: natürliche oder künstlich hervorgerufene Umwandlungsprozesse von Atomkernen. Die K. lassen sich einteilen in Zerfallsprozesse instabiler Kerne (↑Radioaktivität) und Stoßreaktionen (erzwungene K.). Dabei kann der Stoß eines Elementarteilchens oder Kerns, im Folgenden durch x symbolisiert, mit einem Kern (durch X symbolisiert) entweder elastisch oder unelastisch verlaufen. Im unelastischen Fall kann eines der Teilchen durch den Stoß in den angeregten Zustand übergehen. Es kann sich jedoch auch die Teilchenart oder -anzahl ändern:

$$x + X \rightarrow Y + y \text{ (+ weitere Teilchen).}$$

Kürzer schreibt man für einen solchen Umwandlungsprozess »X (x, y) Y« und spricht von einer »(x, y)-Reaktion«, z. B. von einer (α, p)-Reaktion, wenn ein Kern mit einem Alphateilchen beschossen wurde und daraufhin

ein Proton aussendet. Dies war bei der ersten künstlichen Kernreaktion, die 1919 von E. RUTHERFORD beobachtet wurde, der Fall, als dieser Stickstoff ($^{14}_{7}$N) mit Alphateilchen ($^{4}_{2}$He) beschoss:

$$\alpha + {}^{14}_{7}\text{N} \rightarrow {}^{17}_{6}\text{O} + \text{p}: \ {}^{14}_{7}\text{N}(\alpha, \text{p}) {}^{17}_{6}\text{O}.$$

Wird bei einer Kernreaktion Energie freigesetzt, so spricht man von einer **exothermen** Reaktion. Die frei werdende Energiemenge heißt *Q*-Wert der Reaktion. Bei einer exothermen Reaktion ist die Summe der Massen der einlaufenden Teilchen größer als die der aus-

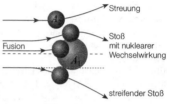

Kernreaktionen

laufenden. Der *Q*-Wert ist gleich dieser Massendifferenz multipliziert mit c^2 (↑Äquivalenzprinzip). Ist die Masse der auslaufenden Teilchen einer Reaktion größer als die der einlaufenden, so wird bei der Reaktion Energie benötigt, und man spricht von einer **endothermen** Reaktion. In diesem Fall ist der *Q*-Wert negativ. Eine endotherme Reaktion besitzt eine Energieschwelle, die überwunden werden muss, damit die Reaktion überhaupt ablaufen kann.

Kernreaktor: eine Anlage, in der die geregelte Kettenreaktion von ↑Kernspaltungen zur Gewinnung von Kernenergie oder Radionukliden (↑Nuklide) genutzt wird.

■ Funktionsprinzip

Der sog. Brennstoff eines K. ist typischerweise eine Mischung des Uranisotops ^{235}U und des Plutoniumisotops

K

^{239}Pu mit ^{238}U (das durch langsame, sog. thermische Neutronen nicht gespalten wird). Gespalten werden die Kerne des ^{235}U, die Kernspaltung wird durch thermische Neutronen (mittlere Energie 0,025 eV) ausgelöst und aufrechterhalten. Die bei der Kernspaltung frei werdenden Neutronen sind wesentlich schneller (mittlere Energie 1–2 MeV), sodass sie in ^{238}U-haltigen Brennelementen (^{238}U ist in natürlichem Uran zu 99,3 % enthalten) eingefangen werden, wodurch ^{239}Pu entsteht. Diese Neutronen können also keine weitere Spaltung von ^{235}U verursachen. Es entstehen daher zunächst auch keine weiteren neuen Neutronen. Damit es zu weiteren Spaltprozessen kommt, müssen die schnellen Neutronen abgebremst werden dies geschieht im ↑Moderator.

Ein K. kann sich nur dann in Betrieb halten, wenn nach erfolgter Kernspaltung mindestens ebenso viele Spaltneutronen vorhanden sind wie vorher. Dies wird durch den sog. **Vermehrungsfaktor** k erfasst, der angibt, wie viele Neutronen pro Kernspaltung entstehen und weitere Kernspaltungen bewirken (↑Kettenreaktion). Der maximal mögliche Wert für k beträgt im Fall des ^{235}U 2,5. Gilt $k = 1$, so ist die Kettenreaktion selbsterhaltend. Liegt k unter 1, so bricht die Kettenreaktion ab. Für Werte von k, die deutlich über 1 liegen, wächst die Reaktionsrate drastisch an. In ↑Kernwaffen wird genau dieser Effekt ausgenutzt, für eine Nutzung der Kernspaltung in Reaktoren muss k dagegen möglichst nahe bei 1 gehalten werden.

Um einen bestimmten Zustand des Reaktors einzustellen, benutzt man in der Praxis sog. Steuer- oder **Regelstäbe**, die aus einem Material bestehen, das Neutronen sehr gut einfängt. Solche Materialien sind Bor, Cadmium oder Hafnium. Je nachdem, ob die Neutronenzahl ab- oder zunehmen soll, werden die Regelstäbe mehr oder weniger weit in die Reaktionszone hineingeschoben. Um die Reaktion in Gang zu setzen, werden sie aus diesem Bereich entfernt; um die Kettenreaktion zum Stillstand zu bringen, werden die Stäbe vollständig eingeführt.

Bei der Kernspaltung entstehen Spaltbruchstücke, deren kinetische Energie bei der Abbremsung in Wärme umgewandelt wird. Deshalb muss der Reaktorkern (der Bereich, in dem die Kettenreaktion stattfindet) zur Abführung dieser Wärme gekühlt werden. Das in einem primären Wärmekreislauf (**Primärkreislauf**) zirkulierende Kühlmittel kann die aufgenommene Wärme z. B. in einem ↑Wärmetauscher an einen **Sekundärkreislauf** zur elektrischen Energieerzeugung abgeben. Als Kühlmittel werden Gase, Flüssigkeiten und bei niedrigen Temperaturen schmelzende Metalle (z. B. Natrium) verwendet.

Die bei der Kernspaltung entstehenden Fragmente sind normalerweise nicht stabil, sondern wandeln sich durch eine Folge von radioaktiven Zerfällen unter Aussendung von Beta- und Gammastrahlung in stabile Endprodukte um. Ein Kernreaktor ist daher nicht nur eine starke Neutronenquelle, sondern auch eine ebenso intensive Quelle radioaktiver Strahlung. Er wird deshalb mit einer Strahlen absorbierenden Schutzwand umgeben, um Bedienungspersonal und Umgebung vor der entstehenden Strahlung zu schützen. In der Praxis haben sich Beton, Schwerspat, Wasser, Eisen und Blei sehr gut als Abschirmmaterial bewährt.

■ **Reaktortypen**

Je nach Verwendung werden die folgenden Typen unterschieden:
Leistungsreaktoren sind so ausgelegt, dass die in ihnen ablaufenden Kettenre-

aktionen optimal zur Energiegewinnung ausgenutzt werden. Ihre typischen Wärmeleistungen liegen im Bereich einiger Hundert Megawatt (MW), ca. ein Drittel davon steht am Ende als elektrische Energie zur Verfügung. Abb. 1 zeigt das Funktionsschema eines **Siedewasserreaktors**, bei dem das Wasser, das zugleich Kühlmittel und Moderator ist, zum Sieden gebracht wird. Der Wasserdampf treibt dann eine Turbine

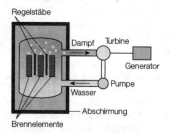

Kernreaktor (Abb. 1): Siedewasserreaktor

an. Der Reaktorkern besteht aus einer Anzahl von Brennelementen, in die (gleichmäßig verteilt) je nach Bedarf Regelstäbe eingeführt werden können. Ein heute bevorzugt verwendeter Reaktortyp zur Energieerzeugung ist der **Druckwasserreaktor** (Abb. 2). Das zur Kühlung der Brennelemente benutzte Wasser steht unter hohem Druck (15 000 kPa), sodass es auch bei Erhitzung nicht sieden kann. Dieser Hochdruckwasserkreislauf heißt Primärkreislauf. Die Wärme des heißen Wassers im Primärkreislauf wird in einem Wärmetauscher an den völlig getrennten Sekundärkreislauf abgegeben, in dem das Wasser verdampfen kann. Der Dampf treibt dann eine Turbine und dadurch einen Generator an. Die Trennung in zwei Kreisläufe des Kühlwassers verhindert, dass radioaktives Material in den Turbinenbereich gelangen kann.

Ein weiterer in Kraftwerken genutzter

Typ eines Leistungsreaktors arbeitet mit schwerem Wasser (D_2O, hier ist der Wasserstoff durch Deuterium ersetzt, dessen Kern neben dem Proton noch ein Neutron enthält) als Moderator und Kühlmittel. Eine Baulinie wird ähnlich wie bei Leichtwasserreaktoren (Leichtwasser ist »normales« Wasser, also H_2O) mit einem Reaktorkern betrieben, der in einem stählernen Reaktordruckbehälter untergebracht ist. Eine andere Baulinie, die **Druckröhrenreaktoren,** führt Moderator und Kühlmittel in sog. Druckröhren einzeln durch den Reaktorkern (Abb. 3). Ein Druckröhrenreaktor ist auch der in der ehemaligen Sowjetunion entwickelte und dort gebaute Typ RBMK, der mit Graphit moderiert und mit leichtem Wasser gekühlt wird. Bei dieser Druckröhrenbauweise ist die schwere Komponente Reaktordruckbehälter nicht erforderlich. Der in den Druckröhren erzeugte Dampf wird unmittelbar der Turbine zugeleitet. Von diesem Typ sind z. B. die K. in Tscher-

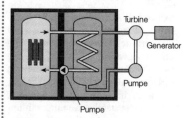

Kernreaktor (Abb. 2): Druckwasserreaktor

nobyl, wo sich am 26. April 1986 der schwerste Reaktorunfall in der Geschichte der friedlichen Nutzung der Kernenergie ereignete.

Forschungsreaktoren dienen rein wissenschaftlichen Zwecken, vielfach als Quelle für Neutronen oder Gammastrahlung. Gegenüber Leistungsreaktoren haben sie eine wesentlich geringere Wärmeleistung. Man verwendet sie u. a. zur Analyse von Materialien, zur Strukturaufklärung von Festkörpersub-

K

stanzen und auch zur Bestrahlung von Lebensmitteln, um diese zu sterilisieren. Wichtige Forschungsreaktoren sind z. B. der **FRM** (**F**orschungs**r**eaktor **M**ünchen) der Technischen Universität München und der Neutronen-Hochfluss-Reaktor des Instituts Laue-Langevin (ILL) in Grenoble.

Der FRM wurde 1957 in Garching errichtet und erlangte als das »Atom-Ei« einige Bekanntheit. Er soll Mitte 2001 von dem Reaktor FRM-II abgelöst werden, der bei einer Wärmeleistung von

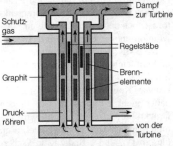

Kernreaktor (Abb. 3): Druckröhrenreaktor

etwa 20 MW einen Neutronenfluss von $8 \cdot 10^{14}$ Neutronen/(cm$^2 \cdot$s) liefern wird. Der Kern des FRM-II besteht aus einem einzigen Brennelement von nur 24 cm Durchmesser und ca. 70 cm Höhe der Uranzone. Es enthält ungefähr 8 kg Brennstoff in Form von Uran-Silicid, einer äußerst stabilen Keramik mit hohem Schmelzpunkt. Dieses Brennelement ist im Zentrum eines Moderatortanks positioniert, in dem eine hohe Neutronenflussdichte in einem großen, experimentell zugänglichen Volumen aufgebaut wird. Der mit Schwerwasser gefüllte Moderatortank befindet sich im unteren Bereich des leichtwassergefüllten Reaktorbeckens, dessen Wand aus 1,5 m Schwerbeton die Strahlung nach außen hin abschirmt.

Der Neutronen-Hochfluss-Reaktor des ILL erzeugt eine Wärmeleistung von 58 MW, sein Kern besteht ebenfalls aus nur einem Brennelement, das sich in einem Tank von 2,5 m Durchmesser befindet, der mit schwerem Wasser als Moderator und Kühlflüssigkeit gefüllt ist. Der für Experimente maximal zur Verfügung stehende Neutronenfluss beträgt $1,2 \cdot 10^{15}$ Neutronen/(cm$^2 \cdot$s).

Spaltstofferzeuger (Brutreaktoren) arbeiten mit schnellen Neutronen, also ohne Moderator, wobei flüssiges Natrium als Kühlmittel dient. Sie erzeugen mehr Spaltstoff, als sie verbrauchen. In ihrem Reaktorkern ist die Spaltzone von einem sog. Brutmantel umgeben, in dem die aus der Spaltzone austretenden Neutronen das thermisch nicht spaltbare ^{238}U in spaltbares ^{239}Pu umwandeln. Man nennt solche K. auch **schnelle Brüter.**

Kernspaltung: die Zerlegung eines Atomkerns (↑Kern) in zwei Fragmente vergleichbarer Masse. Die K. kann bei schweren Kernen von selbst erfolgen (spontane K.) oder durch Zufuhr einer geeigneten Anregungsenergie erzwungen werden (induzierte K.). Die durchschnittlichen Massen der Spaltprodukte verhalten sich etwa wie 2:3. Bei der Spaltung werden etwa 10 % der ↑Kernbindungsenergie, etwa 120–200 MeV, als kinetische Energie der Bruchstücke frei. Gleichzeitig ist der Spaltvorgang mit der Aussendung intensiver elektromagnetischer Strahlung (Gammastrahlung) sowie von zwei bis drei schnellen Neutronen (Spaltneutronen) verbunden. Ein Teil der Spaltneutronen wird erst nach einigen Sekunden freigesetzt – sie treten als sog. verzögerte Neutronen auf. Das bietet die Möglichkeit, den Neutronenfluss zu steuern und so gezielt ↑Kettenreaktionen auszulösen. Deswegen lässt sich die K. zur Gewinnung von Kernenergie in ↑Kernreaktoren oder zum Auslösen einer unkontrollierten Explosion in ↑Kernwaffen ausnutzen.

Eine induzierte K. kann durch Absorption eines Neutrons, aber auch eines energiereichen Protons, Deuterons oder anderen energiereichen Teilchens oder Gammaquants (Fotospaltung) herbei-

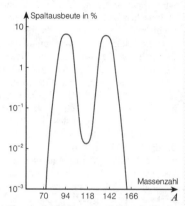

Kernspaltung: Massenverteilung der Spaltprodukte von ^{235}U. Die Spaltung in zwei Kerne unterschiedlicher Masse ist wahrscheinlicher als die in zwei Kerne gleicher Masse.

geführt werden. Die Spaltprodukte sind meist radioaktiv, da sie i. A. einen erheblichen Neutronenüberschuss besitzen, den sie durch mehrfachen ↑Betazerfall ausgleichen.
Lediglich das Uranisotop ^{235}U wird durch langsame Neutronen gespalten; das Isotop ^{238}U hingegen ist nur durch Neutronen mit Energien von mehr als 1 MeV spaltbar und wandelt sich bei Anlagerung eines langsameren Neutrons in das Isotop ^{239}U um. Dieses geht nach der Emission von zwei schnellen Elektronen in das Plutoniumisotop ^{239}Pu über, das seinerseits wieder durch langsame Neutronen gespalten werden kann. Daher dienen v. a. ^{235}U und ^{239}Pu in Kernreaktoren zur Energieerzeugung oder als Spaltmaterial in Kernwaffen. Die aus der Spaltung von 1 g ^{235}U frei werdende Energie beträgt $2{,}26 \cdot 10^4$ kWh; dies entspricht der Sprengkraft von 20 Tonnen TNT (Trinitrotoluol). Die K. wurde 1938 von O. HAHN und

FRITZ STRASSMANN (*1902, †1980) beim Beschuss des Elements Uran mit langsamen Neutronen entdeckt. Eine erste theoretische Erklärung auf der Basis des Tröpfchenmodells (↑Kernmodelle) lieferten 1939 LISE MEITNER und OTTO R. FRISCH (*1904, †1979).
Kernspin: ↑Spin.
Kernspurplatte: mit einer besonderen fotografischen Emulsion beschichtete Platte, mit der sich die Bahnen elektrisch geladener atomarer Teilchen sichtbar machen lassen. Insbesondere dienen sie zur Untersuchung von kernphysikalischen Umwandlungsprozessen (z. B. ↑Kernexplosionen), die durch die kosmische Strahlung (↑Höhenstrahlung) ausgelöst wurden. Durch Ionisation entstehen längs der Teilchenbahn aus den Silbersalzen der Emulsion Silberkörner, die sich bei einer fotografischen Entwicklung sichtbar machen lassen und die Bahnspur aufzeigen. Für die Auswertung benötigt man ein Mikroskop, weil die Reichweite der Teilchen wegen der großen Materiedichte in der Platte oft nur Bruchteile eines Millimeters beträgt. Die Korngrößen sind mit 0,1–0,6 µm etwa zehn Mal kleiner als bei Platten, die in der Fotografie eingesetzt werden; die Auflösung der K. ist entsprechend größer. Die Schichtdicke der K. beträgt 0,2–2 mm, während optische Emulsionen weniger als 20 µm dick sind. Für praktische Messungen, insbesondere der Höhenstrahlung bei Ballonaufstiegen, werden K. zu Paketen von einigen Dezimetern Länge gestapelt.
Kerntrafo: eine Grundform des ↑Transformators.
Kernumwandlung: im engeren Sinn jede Umwandlung von Atomkernen (↑Kern), die durch äußere Einwirkungen (Auftreffen von Nukleonen, Deuteronen, Alphateilchen sowie auch schweren Kernen) hervorgerufen wird und zu Kernen mit anderer Massen-

oder Kernladungszahl (↑Kernreaktionen) führt. Im weiteren Sinn fällt unter die K. auch die ↑spontane Spaltung von Kernen.

Kernverdampfung: ↑Kernexplosion.

Kernverschmelzung: ↑Kernfusion.

Kernwaffen: Sammelbezeichnung für Sprengkörper, deren Wirkung auf der Freisetzung von Kernenergie, also der Bindungsenergie von Atomkernen, beruht. Man unterscheidet sog. **Atombomben,** die auf der Spaltung von schweren Kernen in Form einer unkontrollierten ↑Kettenreaktion beruhen, und **Wasserstoffbomben,** denen die Fusion leichter Kerne zugrunde liegt (↑Kernfusion). Wasserstoffbomben benötigen zur Zündung die Explosion einer Atombombe und sind wesentlich schwieriger zu konstruieren. Die Sprengkraft von K. ist so groß, dass bereits mit einem kleinen Teil der auf der Erde vorhandenen Sprengköpfe die gesamte Weltbevölkerung umgebracht werden könnte. Die dabei freigesetzte ↑Radioaktivität würde die Erdoberfläche für praktisch alle höheren Lebensformen unbewohnbar machen.

körpern, deren Moleküle ein natürliches Dipolmoment (↑Dipol) besitzen oder in denen durch ein äußeres elektrisches Feld ein Dipolmoment induziert wird. Die Ausrichtung der Moleküle im elektrischen Feld bewirkt, dass ein Lichtstrahl, der senkrecht zu den elektrischen Feldlinien das Medium durchdringt, in zwei linear polarisierte Strahlen zerlegt wird (↑Polarisation), die sich mit unterschiedlichen Geschwindigkeiten ausbreiten. Der K.-E. tritt auch bei sehr rasch wechselnder Feldstärke praktisch trägheitslos auf. Stellt man eine **Kerr-Zelle** (eine Anordnung, die das Kerr-Medium enthält) zwischen zwei gekreuzte Polarisationsfilter, so lässt sie jeweils dann kein Licht durch, wenn die angelegte elektrische Feldstärke null ist. Die Kerr-Zelle stellt daher einen sehr schnellen, elektrisch steuerbaren Lichtverschluss dar. Anwendungsgebiete von Kerr-Zellen sind die Film- und Fernsehtechnik und die Hochgeschwindigkeitsfotografie.

Kettenreaktion: in der Kernphysik eine sich selbst erhaltende Folge von ↑Kernspaltungen. Die bei einer Kern-

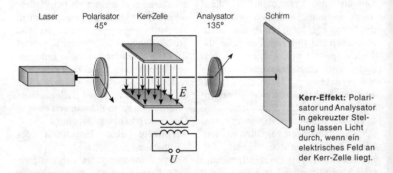

Laser · Polarisator 45° · Kerr-Zelle · Analysator 135° · Schirm

$\vec{E}$

U

Kerr-Effekt: Polarisator und Analysator in gekreuzter Stellung lassen Licht durch, wenn ein elektrisches Feld an der Kerr-Zelle liegt.

Kerr-Effekt [kɑː-, kəː-, nach JOHN KERR; *1824, †1907]: unter der Einwirkung eines elektrischen Feldes auftretende ↑Doppelbrechung in Flüssigkeiten, Gasen oder durchsichtigen Festkörpern

spaltung freigesetzten Neutronen (durchschnittlich zwei bis drei) bewirken in einer K. so viele weitere Spaltungen, dass der Prozess erst zum Erliegen kommt, wenn er durch äußere Einwirkung unterbrochen wird (z. B. mithilfe von Regelstäben in einem Kernreaktor) oder aufgrund innerer Gesetze erlischt (z. B. weil die Menge des Spaltmaterials zu gering geworden ist). Die für den Ablauf einer K. maßgebliche Größe ist der Vermehrungsfaktor (↑Kernreaktor).

Bei einer gesteuerten K. werden aus dem Prozess so viele Neutronen herausgefangen, dass er sich bei einer bestimmten Rate selbst stabilisiert. In ↑Kernwaffen dagegen läuft eine K. ungeregelt als Explosion und unter gewaltiger Zunahme der Spaltrate innerhalb von etwa 10^{-9} Sekunden ab.

kg: Einheitszeichen für ↑Kilogramm.
Kilo: ↑Einheitenvorsätze.
Kilogramm, Einheitszeichen kg: SI-Einheit der Masse; eine der sieben Basiseinheiten des Internationalen ↑Einheitensystems.

Festlegung: 1 Kilogramm (kg) ist die Masse des internationalen Kilogrammprototyps, der beim »Bureau International des Poids et Mesures« in Sèvres bei Paris aufbewahrt wird.

Dieses **Urkilogramm** ist ein Zylinder aus einer Legierung von 90 % Platin und 10 % Iridium, dessen Durchmesser und Höhe gleich sind (etwa 39 mm). Die nationalen Kilogrammprototypen

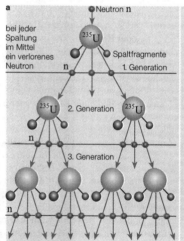

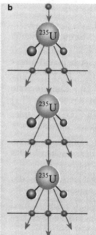

Kettenreaktion:
a unkontrolliert – das Prinzip der Atombombe;
b kontrolliert – das Prinzip des Kernreaktors

Man nennt die kleinste Menge spaltbaren Materials, die notwendig ist, um eine K. zu erreichen, **kritische Masse.** Für ^{235}U ergibt sich als kritische Masse ungefähr 50 kg; denkt man sich diese Masse in Kugelgestalt, so hat diese Kugel einen Durchmesser von etwa 17 cm. Die erste künstliche Einleitung einer K. erfolgte im Rahmen des Manhattan-Projekts am 2. 12. 1942 im Kernreaktor der Universität Chicago unter der Leitung von E. FERMI.

werden in Abständen von 10 bis 15 Jahren mit dem Urkilogramm verglichen (geeicht). Die dabei erreichte Genauigkeit beträgt $3 \cdot 10^{-9}$, allerdings stellt man fest, dass sich die Masse der Prototypen ständig sehr geringfügig ändert. Das Kilogramm ist heute die einzige Basiseinheit, die nicht über Naturkonstanten definiert ist, sondern über ein von Menschenhand geschaffenes Werkstück.

Um aus dieser unbefriedigenden Situation herauszukommen, sind weltweit die Forscher in den nationalen Standardisierungsinstituten (z. B. PTB, Physikalisch-Technische Bundesanstalt, in Braunschweig) bemüht, einen neuen Kilogrammprototypen zu entwickeln. Am aussichtsreichsten scheint zurzeit (2001) die »Wattwaage« des National Institute of Science and Technology (NIST) in den USA zu sein, mit der das Kilogramm auf die Größen Spannung und Strom zurückgeführt werden könnte, die ihrerseits über Naturkonstanten extrem genau bestimmbar sind.

Vorsätze werden nicht auf die Basiseinheit kg, sondern auf deren tausendsten Teil, das Gramm (Einheitenzeichen g), bezogen, z. B. ein Milligramm = $1 \, mg = 10^{-3} \, g = 10^{-6} \, kg$.

Kilokalorie: ↑Kalorie.

Kilowattstunde, Einheitenzeichen kWh: v.a. in der Elektrotechnik verwendete Einheit für Arbeit und Energie. Mit dem Joule (J, $1 \, J = 1 \, Ws$), der SI-Einheit für Arbeit, Energie und Wärmemenge, hängt die K. wie folgt zusammen: $1 \, kWh = 3,6 \, MJ$ oder $1 \, J = 2,7778 \cdot 10^{-7} \, kWh$.

Kinematik [griech. kínema »Bewegung«]: Teilgebiet der Mechanik, das die Formen von Bewegungen beschreibt; die K. befasst sich also mit der Frage, wie und nach welchen Gesetzen Bewegungen ablaufen. Im Unterschied dazu fragt die ↑Dynamik, das andere Teilgebiet der Mechanik, nach dem Zusammenspiel zwischen Kräften und Bewegungen, also nach dem Grund für die Bewegungen.

■ **Grundbegriffe**

Unter **Bewegung** versteht man die Ortsänderung eines Körpers in Bezug auf einen anderen Körper oder in Bezug auf irgendein beliebiges ↑Bezugssystem. Man kann also immer nur von einer relativen Bewegung sprechen; der Begriff der absoluten Bewegung hat in der Physik keinen Sinn.

Legt ein sich bewegender Körper in gleichen Zeiten gleiche Strecken zurück, spricht man von einer **gleichförmigen Bewegung,** andernfalls von einer **ungleichförmigen Bewegung.** Bewegt sich der Körper auf einer Geraden, handelt es sich um eine **geradlinige Bewegung,** andernfalls um eine **krummlinige Bewegung.**

Bewegen sich alle Punkte eines Körpers gleichförmig auf Bahnen, die zueinander parallel sind, so liegt eine **Translationsbewegung** vor. Bewegen sich dagegen die Punkte eines Körpers auf konzentrischen Kreisen um eine feststehende Achse (Rotationsachse) oder auf konzentrischen Kugeln um einen feststehenden Punkt (Rotationszentrum), spricht man von einer **Drehbewegung** oder **Rotation.**

Jede beliebige Bewegung eines Körpers lässt sich aus Translations- und Drehbewegungen zusammensetzen. Die einfachste Kombination einer Translations- und einer Drehbewegung ist die Rollbewegung.

Die Kurve, welche die im Laufe der Zeit von dem bewegten Körper (genauer: dessen Schwerpunkt) durchlaufenen Punkte verbindet, heißt **Bahnkurve** oder einfach **Bahn.** Verläuft die Bahn in einer einzigen Richtung, so spricht man von einer eindimensionalen Bewegung, findet die Bewegung auf einer Fläche statt, von einer zweidimensionalen oder ebenen Bewegung, andernfalls von einer dreidimensionalen oder räumlichen Bewegung.

■ **Kinematik des Massenpunkts**

1. Allgemeines: Da die Bewegungen ausgedehnter Körper i. A. schwer zu überschauen sind, empfiehlt es sich, bei der Ableitung der Grundbegriffe der Kinematik von der Bewegung eines Massenpunkts auszugehen. Da sich die Bewegung ausgedehnter Körper auf Bewegungen von Massenpunkten zurückführen lässt, ist diese Spezialisierung zulässig und auch sinnvoll.

2. *Ortsvektor und Weg:* Um die Lage eines Massenpunkts im Raum zu bestimmen, wählt man zunächst ein Koordinatensystem, das mit dem Bezugssystem fest verbunden ist. In der Regel wird ein rechtwinkliges (kartesisches) Koordinatensystem benutzt. Die Lage eines Massenpunkts ist dann durch seine Koordinaten x, y und z gegeben, die man als Komponenten des **Ortsvektors** $\vec{r}$ auffassen kann (Abb. 1).

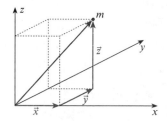

Kinematik (Abb. 1): Lagekoordinaten im kartesischen Koordinatensystem

Die Koordinaten des Massenpunkts und die Komponenten seines Ortsvektors heißen Lage- oder Ortskoordinaten. Bewegt sich der Massenpunkt, so ändert sich der Ortsvektor mit der Zeit (er ist also eine Funktion der Zeit):

$$\vec{r}(t) = \big(x(t), y(t), z(t)\big).$$

Wird die Lage des Massenpunkts zum Zeitpunkt t_0 durch den Ortsvektor $\vec{r}_0(t_0) = \big(x_0(t_0), y_0(t_0), z_0(t_0)\big)$ und zum Zeitpunkt t_1 durch den Ortsvektor $\vec{r}_1(t_1) = \big(x_1(t_1), y_1(t_1), z_1(t_1)\big)$ beschrieben, so sagt man, der Massenpunkt habe in der Zeit $t_1 - t_0 = \Delta t$ eine Ortsänderung um $\vec{r}_1 - \vec{r}_0 = \Delta\vec{r}$ erfahren. Bei einer geradlinigen Bewegung entspricht der Betrag dieses Ortsänderungsvektors $|\Delta\vec{r}| = \Delta r$ dem zurückgelegten **Weg** s, also $s = \Delta r$.
Im allgemeineren Fall einer krummlinigen ebenen oder räumlichen Bewegung

muss die Richtung der Bewegung zu jedem Zeitpunkt mit angegeben werden, und solange die betrachtete Ortsänderung nicht sehr klein wird, stimmen s und Δr nicht überein, wie aus Abb. 3 hervorgeht.

3. *Zusammensetzung und Zerlegung von Bewegungen:* Unterliegt ein Körper mehreren Bewegungen, so ist der von ihm erreichte Ort unabhängig davon, ob er diese Bewegungen gleichzeitig oder zeitlich nacheinander ausführt. Diese Erscheinung heißt ↑Superpositionsprinzip (Unabhängigkeitprinzip, Überlagerungsprinzip). Man kann also mehrere Bewegungen zu einer resultierenden Bewegung zusammenfassen oder auch eine Bewegung in mehrere Bewegungskomponenten zerlegen.

Im Spezialfall mehrerer geradliniger Bewegungen erhält man die resultierende Bewegung gemäß den Regeln der Vektoraddition (Parallelogramm der Bewegungen), und um-gekehrt lässt sich eine geradlinige Bewegung in mehrere Komponenten aufspalten.

4. *Geschwindigkeit:* Bei einer geradlinig gleichförmigen Bewegung versteht man unter der Geschwindigkeit v das Verhältnis von zurückgelegtem Weg s zu der dazu benötigten Zeit t:

$$v = \frac{s}{t}$$

oder – wenn die Bewegung erst ab einem Punkt s_0 bzw. ab einer Zeit t_0 betrachtet wird (Abb. 2) – den Quotienten

$$v = \frac{s_1 - s_0}{t_1 - t_0} = \frac{\Delta s}{\Delta t}.$$

Ändert sich die Geschwindigkeit von einem Augenblick zum andern, so muss man die Augenblicks- oder Momentangeschwindigkeit angeben. Das gelingt, indem man die betrachteten Differenzbeträge Δs und Δt unendlich klein werden lässt. Es gilt dann:

K

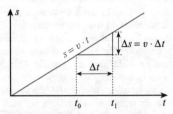

Kinematik (Abb. 2): Weg-Zeit-Diagramm der gleichförmig geradlinigen Bewegung

$$v = \lim_{\Delta t \to 0} \frac{\Delta s}{\Delta t} = \frac{\mathrm{d}s}{\mathrm{d}t} = \dot{s}.$$

Die Geschwindigkeit ist mathematisch betrachtet also gleich der ersten Ableitung des Wegs nach der Zeit.

Beispiel: Der von einem frei fallenden Körper zurückgelegte Weg s hängt nach folgendem Gesetz von der Zeit t ab:

$$s = \frac{g}{2} \cdot t^2.$$

Daraus ergibt sich die Geschwindigkeit, mit der der Körper fällt, zu

$$v = \frac{\mathrm{d}s}{\mathrm{d}t} = g \cdot t.$$

Die Geschwindigkeit $\vec{v}$ ist – wie der Ortsvektor und der Vektor der Ortsänderung – eine vektorielle Größe. Ihre Richtung ist gleich der Richtung der Ortsänderung.

In dem vorstehend genannten Beispiel einer geradlinigen Bewegung genügt es, die Betragsgleichung aufzustellen, da die Richtung der Geschwindigkeit unverändert bleibt.

Bei der allgemeinen Definition der Geschwindigkeit muss man jedoch auch den Fall der krummlinigen ebenen (oder räumlichen) Bewegung berücksichtigen, bei der sich die Richtung des Geschwindigkeitsvektors ändert, je nachdem, in welche Richtung der Ortsänderungsvektor zeigt.

Wie kann man die zeitliche Änderung des Ortsvektors bei einer solchen Bewegung beschreiben? Der Massenpunkt habe z. B. zum Zeitpunkt t_1 den Ortsvektor $\vec{r_1}$ und zum Zeitpunkt t_2 den Ortsvektor $\vec{r_2}$. Dann ist $\Delta \vec{r} = \vec{r_2} - \vec{r_1}$ der Vektor der Ortsänderung, dessen Betrag $|\Delta \vec{r}|$ nicht mit dem tatsächlich durchlaufenen Weg Δs übereinstimmt, der entlang der Bahnkurve gemessen wird (Abb. 3). Was sich mit diesen Größen angeben lässt, ist der Vektor der Durchschnittsgeschwindigkeit:

$$\bar{\vec{v}} = \frac{\Delta \vec{r}}{\Delta t}.$$

Wird nun Δt kleiner, so nähern sich $|\Delta \vec{r}|$ und Δs einander immer näher an, bis sie im Grenzfall $\Delta t \to 0$ überein-

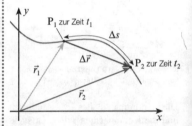

Kinematik (Abb. 3): Bei einer krummlinigen Bewegung stimmen der Betrag des Ortsänderungsvektors $|\Delta \vec{r}|$ und das Weg- oder Bahnstück Δs nicht überein.

stimmen. Die Richtung von $\vec{r}$ ist dann mit der Richtung der Bahntangente identisch. Damit kann man den Vektor der Momentangeschwindigkeit angeben:

$$\vec{v} = \lim_{\Delta t \to 0} \frac{\Delta \vec{r}}{\Delta t} = \frac{\mathrm{d}\vec{r}}{\mathrm{d}t} = \dot{\vec{r}}.$$

Diese Gleichung stellt die allgemeine Definition der Geschwindigkeit dar. Die Komponenten der Geschwindigkeit im kartesischen Koordinatensystem sind:

$$v_x = \frac{\mathrm{d}x}{\mathrm{d}t}; \; v_y = \frac{\mathrm{d}y}{\mathrm{d}t}; \; v_z = \frac{\mathrm{d}z}{\mathrm{d}t}.$$

Für den Betrag der Geschwindigkeit,

der auch als **Bahngeschwindigkeit** bezeichnet wird, gilt

$$\left|\vec{v}\right| = \left|\frac{\mathrm{d}\vec{r}}{\mathrm{d}t}\right| = v = \frac{\mathrm{d}s}{\mathrm{d}t} = \dot{s}\,.$$

was mit der Formel übereinstimmt, die bereits für die gleichförmig geradlinige Bewegung gefunden wurde.

Die SI-Einheit der Geschwindigkeit ist Meter durch Sekunde (m/s). Im täglichen Leben ist auch die Maßeinheit Kilometer pro Stunde (km/h) gebräuchlich. Es gelten die Umrechnungen

$$1\frac{\mathrm{km}}{\mathrm{h}} = \frac{1}{3{,}6}\frac{\mathrm{m}}{\mathrm{s}} = 0{,}277\frac{\mathrm{m}}{\mathrm{s}}$$

und

$$1\frac{\mathrm{m}}{\mathrm{s}} = 3{,}6\frac{\mathrm{km}}{\mathrm{h}}\,.$$

5. Beschleunigung: Unter der Beschleunigung $\vec{a}$ eines Massenpunkts versteht man den Differenzialquotienten von Geschwindigkeit $\vec{v}$ und Zeit t:

$$\vec{a} = \frac{\mathrm{d}\vec{v}}{\mathrm{d}t}\,.$$

Wegen der Beziehung

$$\vec{v} = \frac{\mathrm{d}\vec{r}}{\mathrm{d}t}$$

kann man schreiben:

$$\vec{a} = \frac{\mathrm{d}^2\vec{r}}{\mathrm{d}t^2}\,.$$

Die Beschleunigung ist somit gleich der zweiten Ableitung des Wegs nach der Zeit. Daraus ergibt sich die SI-Einheit der Beschleunigung als Meter pro Sekundenquadrat (m/s²).

Die Komponenten der Beschleunigung im kartesischen Koordinatensystem sind:

$$a_x = \frac{\mathrm{d}^2 x}{\mathrm{d}t^2};\ a_y = \frac{\mathrm{d}^2 y}{\mathrm{d}t^2};\ a_z = \frac{\mathrm{d}^2 z}{\mathrm{d}t^2}\,.$$

Bei einer krummlinigen räumlichen Bewegung ist es von Vorteil, nicht die tatsächliche Beschleunigung zu betrachten, sondern auszunutzen, dass jeder Vektor – so auch der Beschleunigungsvektor – aus anderen Vektoren zusammengesetzt werden kann. Man zerlegt die Beschleunigung üblicherweise in zwei Komponenten, in die **Tangential-** oder **Bahnbeschleunigung** (Komponente in Richtung der Bahntangente) und die **Normalbeschleunigung** (Komponente, die senkrecht zur Bahn,

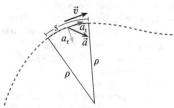

Kinematik (Abb. 4): Zerlegung des Beschleunigungsvektors in die Tangential- und Normalkomponente

also in Richtung der Bahnnormalen, wirkt) (Abb. 4).

Für die Tangentialbeschleunigung a_t gilt

$$a_\mathrm{t} = \frac{\mathrm{d}v}{\mathrm{d}t} = \frac{\mathrm{d}^2 s}{\mathrm{d}t^2}$$

und für die Normalbeschleunigung a_n

$$a_\mathrm{n} = \frac{1}{\rho}\left(\frac{\mathrm{d}^2 s}{\mathrm{d}t^2}\right) = \frac{1}{\rho}\cdot v^2\,.$$

Dabei ist ρ der Krümmungsradius der Bahnkurve am betrachteten Punkt.

Die Tangentialbeschleunigung bewirkt nur eine Änderung des Betrags der Geschwindigkeit, also eine Änderung der Bahngeschwindigkeit. Die Normalgeschwindigkeit dagegen bewirkt nur eine Änderung der Richtung des Geschwindigkeitsvektors. Wirkt auf einen Massenpunkt also nur eine Normalbeschleunigung, so ändert sich seine Bahngeschwindigkeit nicht.

Bei einer geradlinigen Bewegung tritt nur eine Bahngeschwindigkeit auf, und die Vektorgleichung vereinfacht sich zur Betragsgleichung:

$$a = \frac{\mathrm{d}v}{\mathrm{d}t} = \frac{\mathrm{d}^2 s}{\mathrm{d}t^2}.$$

Beispiel: Beim ↑freien Fall lautet das Weg-Zeit-Gesetz $s = (g/2) \cdot t^2$, durch zweimaliges Differenzieren erhält man

$$a = \frac{\mathrm{d}^2 s}{\mathrm{d}t^2} = g.$$

Ist bei einer geradlinigen Bewegung (wie im vorstehenden Beispiel) die Beschleunigung konstant, also unabhängig von der Zeit, so heißt sie **gleichmäßig beschleunigte Bewegung.**

6. Allgemeine Zentralbewegung: Ist der Beschleunigungsvektor bei der Bewegung eines Massenpunkts stets zum selben Raumpunkt hin gerichtet, spricht man von einer **Zentralbewegung.** Der Punkt, zu dem die Beschleunigung zeigt, heißt **Bewegungszentrum.** Die Verbindungslinie vom Bewegungszentrum zum sich bewegenden Massenpunkt wird **Fahrstrahl** oder **Radiusvektor** genannt. Das Verhältnis der vom Fahrstrahl überstrichenen Fläche zu der dazu benötigten Zeit heißt **Flächengeschwindigkeit.** Die Flächengeschwindigkeit ist bei der Zentralbewegung eine konstante Größe: In gleichen Zeiten werden vom Fahrstrahl gleiche Flächen überstrichen. Zentralbewegungen sind z. B. die Bewegungen der Planeten um die Sonne (↑keplersche Gesetze) und die gleichförmige Kreisbewegung.

7. Gleichförmige Kreisbewegung: Eine gleichförmige Kreisbewegung liegt vor, wenn sich ein Massenpunkt mit konstanter Bahngeschwindigkeit auf einer Kreisbahn bewegt. Die Tangentialbeschleunigung ist dabei gleich null. Die Normalbeschleunigung, in diesem speziellen Fall auch **Zentripetalbeschleunigung** oder **Radialbeschleunigung** genannt, ist stets zum Kreismittelpunkt gerichtet. Für ihren Betrag gilt:

$$a_\mathrm{n} = \frac{1}{r} \cdot v^2$$

(r Kreisradius, v Bahngeschwindigkeit).

Es sei ausdrücklich darauf hingewiesen, dass die gleichförmige Kreisbewegung eine beschleunigte Bewegung ist; denn der Geschwindigkeitsvektor ändert seine Richtung ständig, allerdings nicht seinen Betrag, da die Bahngeschwindigkeit nach Voraussetzung konstant ist. Die Zeit T, die der Massenpunkt für einen vollen Umlauf benötigt, heißt (Umlauf-)Periode, sie beträgt

$$T = \frac{2\pi r}{v}.$$

Die Anzahl der Umläufe pro Zeiteinheit heißt **Drehzahl** oder **Drehfrequenz** (n). Es gilt:

$$n = \frac{1}{T} \quad \text{und} \quad T = \frac{1}{n}.$$

8. Winkelgeschwindigkeit und Winkelbeschleunigung: Die mathematische Behandlung der Kreisbewegung vereinfacht sich i. A., wenn man anstelle der Bahngeschwindigkeit mit der sog. **Winkelgeschwindigkeit** ω arbeitet (auch **Rotationsgeschwindigkeit** genannt). Man versteht darunter bei der gleichförmigen Kreisbewegung den Quotienten aus dem Winkel φ, der vom Fahrstrahl überstrichen wird (im Bogenmaß angegeben), und der Zeit t:

$$\omega = \frac{\varphi}{t}.$$

Im allgemeinen Fall, also unter Berücksichtigung auch einer ungleichförmigen Kreisbewegung, muss man entsprechend der allgemeinen Definition der Geschwindigkeit zu differenziell kleinen Zeitabschnitten übergehen:

$$\omega = \frac{\mathrm{d}\varphi}{\mathrm{d}t} = \dot{\varphi}.$$

Die SI-Einheit der Winkelgeschwindigkeit ist Radiant durch Sekunde (rad/s).

Analog zur Winkelgeschwindigkeit definiert man als **Winkelbeschleunigung** α (auch **Rotationsbeschleunigung** genannt):

$$\alpha = \frac{d\omega}{dt} = \frac{d^2\varphi}{dt^2}.$$

Die SI-Einheit der Winkelbeschleunigung ist Radiant durch Sekundenquadrat (rad/s²).

Winkelgeschwindigkeit und Winkelbeschleunigung sind genau genommen Vektoren, deren Richtung aus der ↑Rechte-Hand-Regel bestimmt werden kann; die Vektoren $\vec{\omega}$ und $\vec{\alpha}$ zeigen in die Richtung des Daumens der rechten Hand, wenn deren gekrümmte Finger in Drehrichtung weisen. Ihre Beträge entsprechen den bisher behandelten skalaren Größen ω und α.

Gemäß diesen Definitionen gelten dann allgemein für die Kreisbewegung folgende Zusammenhänge zwischen Bahn- und Winkelgrößen (Abb. 5):

$$s = v \cdot \varphi$$

$$v = r \cdot \frac{d\varphi}{dt} = r \cdot \omega$$

$$a_t = r \cdot \frac{d^2\varphi}{dt^2} = r \cdot \alpha$$

$$a_n = \frac{1}{r} \cdot v^2 = r \cdot \omega^2.$$

■ **Kinematik des starren Körpers**

Ein starrer Körper ist ein idealisierter Körper, bei dem die Abstände aller Massenpunkte, aus denen er zusammengesetzt ist, zeitlich konstant bleiben. In der Praxis sind starre Körper nur annähernd realisiert, da sich jeder Körper bei Temperaturänderung oder bei Einwirkung von mechanischen Kräften verformt. Dadurch ändern sich die Abstände der Massenpunkte untereinander zumindest geringfügig.

Ein starrer Körper kann sowohl Translations- als auch Rotationsbewegungen ausführen. Die reine Translationsbewegung des starren Körpers lässt sich mithilfe der Kinematik des Massenpunkts erfassen, da sie vollkommen durch die Bewegung des ↑Schwerpunkts, der wie ein Massenpunkt behandelt werden kann, beschrieben wird.

Die Rotationsbewegung (Rotation) eines starren Körpers ist dadurch gekennzeichnet, dass eine Gerade inner- oder außerhalb des Körpers bei der Bewegung in Ruhe bleibt, während sich alle übrigen Punkte auf konzentrischen Kreisen um diese Gerade (Rotationsachse, Drehachse) bewegen. Die Drehachse selbst muss dabei nicht ortsfest sein, die Bewegung eines »tanzenden« ↑Kreisels oder die langsame Verlagerung der Erdachse sind Beispiele hierfür. Eine Rotation mit veränderlicher

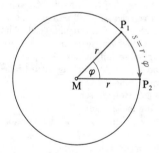

Kinematik (Abb. 5): Zusammenhang zwischen Radius, Winkel und Bogen bei der Kreisbewegung .

Achse kann auch als Rotation des Körpers um einen Punkt betrachtet werden; die Bahnen der Punkte des Körpers liegen dann auf der Oberfläche von konzentrischen Kugeln. Bei der Rotation eines starren Körpers um eine Achse werden – wie beim Massenpunkt – die Begriffe Winkelbeschleunigung und

K

Winkelgeschwindigkeit (vgl. Seite 216) zur Beschreibung der Bewegung benutzt. Jede auch noch so komplexe Bewegung eines starren Körpers lässt sich als gleichzeitige Translations- und Rotationsbewegung um eine Schwerpunktsachse darstellen.

kinetische Energie [griech. kineín »bewegen«]: ↑Energie.

kinetische Gastheorie: eine Theorie des gasförmigen Aggregatzustands, die darauf beruht, dass die Gasmoleküle – deren Existenz zunächst nur hypothetisch angenommen wurde – sich unabhängig voneinander und völlig regellos bewegen. Die k. G. leitet alle Eigenschaften der Gase wie Druck, Wärme, Wärmeleitfähigkeit, innere Reibung und Diffusion aus den Eigenschaften und der Bewegung der Moleküle ab. Die k. G. wurde 1857 von R. CLAUSIUS begründet; sie trug durch ihre Erfolge in der Erklärung zahlreicher Gasphänomene, insbesondere auch durch die Deutung der ↑brownschen Bewegung als von der Molekülbewegung hervorgerufene Schwankungserscheinung, wesentlich zur Anerkennung der Atomhypothese Anfang des 20. Jh. bei.

Die k. g. geht von folgenden Modellvorstellungen aus:

▓ Die Moleküle eines Gases sind ständig in Bewegung.

▓ Zwischen je zwei Zusammenstößen bewegen sie sich unabhängig voneinander gleichförmig und geradlinig, ohne eine bestimmte Raumrichtung zu bevorzugen.

▓ Sie üben keine Kräfte aufeinander aus, solange sie sich nicht berühren.

▓ Der Zusammenstoß der Moleküle untereinander und mit der Gefäßwand gehorcht den Gesetzen des elastischen ↑Stoßes.

Als Folgerungen dieser Betrachtungsweise ergeben sich u. a. Zusammenhänge zwischen den Zustandsgrößen (Druck, Temperatur und Volumen) und der mittleren kinetischen ↑Energie der Moleküle:

▓ Die Grundgleichung der k. G. besagt, dass Druck p und Volumen V eines Gases proportional zur Anzahl N und zur mittleren kinetischen Energie $\bar{E}_{kin}$ seiner Moleküle sind:

$$pV = \frac{2}{3} N\bar{E}_{kin}.$$

▓ Die absolute Temperatur T eines Gases ist der mittleren kinetischen Energie $\bar{E}_{kin}$ seiner Moleküle proportional:

$$\bar{E}_{kin} = \frac{3}{2} k \cdot T$$

(k ↑Boltzmann-Konstante).

▓ Entsprechend den drei Raumrichtungen besitzt jedes Molekül drei voneinander unabhängige Bewegungsmöglichkeiten (**»Freiheitsgrade«**). Da die Bewegungen ungeordnet sind, wird keine Richtung bevorzugt. Daher entfällt auf das einzelne Molekül die mittlere thermische Energie

$$\bar{E}_{kin} = \frac{1}{2} kT \quad \text{pro Freiheitsgrad.}$$

Die absolute Temperatur eines Gases erhält damit eine anschauliche Deutung: Sie entspricht der kinetischen Energie, die mit der ungeordneten Bewegung seiner Moleküle verbunden ist.

▓ Die mittlere Geschwindigkeit $\bar{v}$ der Moleküle beträgt

$$\bar{v} = \sqrt{\frac{3kT}{m}},$$

wobei m die Masse eines Moleküls ist. Die Geschwindigkeiten der Moleküle eines Gases sind über einen weiten Bereich verteilt (↑Maxwell-Verteilung).

Kirchhoff-Brücke [nach G. R. KIRCH-HOFF]: eine ↑Brückenschaltung.

kirchhoffsche Regeln [nach G. R.

kirchhoffsche Regeln (Abb. 1): Knoten-regel

KIRCHHOFF]: Regeln zur Berechnung der Strom- und Spannungsverteilung in elektrischen Leitersystemen, z. B. in Reihen- und Parallelschaltungen.

▨ **Knotenregel (1. kirchhoffsche Regel):** In jedem Verzweigungspunkt (Knoten) in einem Leitersystem ist die Summe der Stromstärken der zufließenden Ströme gleich der Summe der Stromstärken der abfließenden Ströme (Abb. 1).

▨ **Maschenregel (2. kirchhoffsche Regel):** In jedem in sich geschlossenen Teil eines Leitersystems ist die Summe der Teilspannungen an den Widerständen gleich der Summe der Urspannungen aller in der Masche enthaltenen Stromquellen (Abb. 2).

kirchhoffsches Gesetz: ein ↑Strahlungsgesetz.

Klang: ↑Schall.

Klangfarbe: die durch Anzahl und Stärke der wahrnehmbaren Obertöne bedingte charakteristische Zusammensetzung eines Klangs, die insbesondere bei Musikinstrumenten eine Rolle spielt.

klassische Mechanik: das Teilgebiet der ↑Mechanik, das ohne die Gesetze der Relativitätstheorie und der Quantenmechanik arbeitet. Die k. M. ist zur Beschreibung von nicht atomaren Vorgängen bei Geschwindigkeiten deutlich unterhalb der Lichtgeschwindigkeit geeignet.

klassische Physik: die Physik des ausgehenden 19. Jh., die von der Überzeugung ausgeht, dass sich die gesamte Natur auf mechanischer Grundlage beschreiben lässt. Eine Reihe von in diesem Rahmen nicht erklärbaren Beobachtungen erzwang dann aber die Entwicklung der ↑Quantentheorie sowie der ↑Relativitätstheorie.

Klemmenspannung: die Spannung, die zwischen den Klemmen (Polen) einer Stromquelle gemessen wird. Sie ist bei Belastung der Stromquelle (d. h. Stromfluss im geschlossenen Stromkreis) kleiner als die ↑Urspannung U_0, da ein Teil der Urspannung am ↑Innenwiderstand R_i der Stromquelle abfällt und für die Verbraucherwiderstände im Stromkreis nicht mehr zur Verfügung steht. Bei einer Stromstärke I erhält man die K. $U_k = U_0 - R_i \cdot I$. Die K. sinkt also, wenn die Stromstärke ansteigt.

Klingel: ein akustisches Signalgerät, bei dem in schneller Folge eine Glocke angeschlagen wird. Bei der elektrischen K. wird durch Drücken des Klingelknopfs ein Stromkreis geschlossen und eine bewegliche Eisenfeder zu einem Elektromagneten gezogen (Abb.). Die Eisenfeder ist mit einem Klöppel verbunden, der bei dieser Bewegung die Glocke anschlägt. Gleichzeitig wird der Stromkreis unterbrochen, da die Eisenfeder Teil des Stromkreises ist, und der Elektromagnet verliert seine Wir-

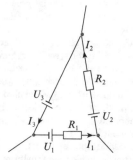

kirchhoffsche Regeln (Abb. 2): Maschen-regel

kung. Die Feder schnellt zurück, der Stromkreis wird erneut geschlossen und der Vorgang beginnt von neuem.

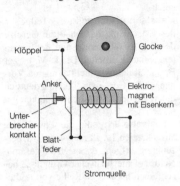

Klingel: Schema der elektrischen Klingel

Klystron [griech. klýzein »anbranden«]: eine ↑Elektronenröhre zur Erzeugung höchstfrequenter elektrischer Schwingungen im Frequenzbereich 0,3–300 GHz (↑Mikrowellen).

Knall: ↑Schall.

Knoten:
◆ (Stromverzweigung): ↑kirchhoffsche Regeln.
◆ SI-fremde, in der Schifffahrt verwendete Einheit der Geschwindigkeit mit dem Einheitenzeichen kn; 1 kn = 1 sm/h = 1,852 km/h = 0,514 m/s (sm: Seemeile, 1 sm = 1,852 km).
◆ ↑stehende Welle.

Knotenregel: ↑kirchhoffsche Regeln.

koaxial [lat. co- »zusammen«, axis »Achse«]: eine gemeinsame Achse besitzend.

Koaxialkabel: elektrische Doppelleitung, bestehend aus einem zylindrischen Rohr oder Drahtgeflecht als Außenleiter und einem Draht als Innenleiter. Zwischen Außen- und Innenleiter befindet sich ein verlustarmes ↑Dielektrikum, in dem die elektromagnetischen Wellen geführt werden. Vorteilhaft ist die gute Abschirmung des elektromagnetischen Feldes nach außen. K. werden in der Nachrichtentechnik zur Übertragung von Funksignalen verwendet.

Koerzitivfeld [lat. coercere »zusammenhalten«]: ↑Hystereseschleife.

kohärent [lat. cohaerens »zusammenhängend«]: Bezeichnung für zwei oder mehrere Wellenzüge, zwischen denen eine feste, zeitlich unveränderliche Phasenbeziehung (↑Phase) besteht. Nur zwischen k. Wellenzügen können Interferenzerscheinungen auftreten.

Schallwellen oder die von einem ↑Laser emittierten elektromagnetischen Wellen können sehr lange k. gehalten werden. Licht aus einer Glühlampe ist dagegen i. A. nicht k. **(inkohärent):** Die Atome senden unabhängig voneinander in unregelmäßigen Abständen Licht aus, wobei eine einzelne Ausstrahlungsdauer nur 10^{-9} s beträgt. Es überlagern sich also ständig und unregelmäßig neue Wellenzüge, sodass sich keine zeitlich festen Phasenbeziehungen ausbilden können.

Zwei k. Lichtwellen, die längere Zeit k. bleiben, erzeugt man in der Praxis dadurch, dass man das von einer Lichtquelle ausgehende Licht an zwei Spiegeln in zwei Teilwellen zerlegt. Die beiden Teilwellen sind dann k. und zeigen Interferenzerscheinungen. Der Unterschied in der Länge der Wege, welche die beiden Teilwellen zurücklegen, darf dabei aber nicht zu groß sein, da durch die geringe Zeitspanne der Lichtaussendung die Wellenzüge verhältnismäßig kurz sind (in 10^{-9} s legt Licht eine Strecke von etwa 30 cm zurück).

Kohäsion [lat. cohaerere »zusammenhängen«]: ↑Molekularkräfte.

Kohäsionskräfte: ↑Molekularkräfte.

Koinzidenz [lat. coincidere »zusammenfallen«]: das zeitliche Zusammenfallen zweier Ereignisse.

Kolbendampfmaschine: Eine ↑Dampfmaschine, die mithilfe eines Zylinders und eines Kolbens Wärmeenergie in Bewegungsenergie umwandelt.

Kolbenmaschine: eine Grundform der ↑Verbrennungsmaschine.

Kollektivmodell: ein ↑Kernmodell.

Kollektor [lat. collector »Sammler«]:
♦ *Elektronik:* ↑Transistor.
♦ *Elektrotechnik:* Bezeichnung für den Polwender (oder Kommutator) eines Generators (↑Elektromotor).
♦ *Energietechnik:* ↑Sonnenkollektor.

Komet [griech. kométes »Haarstern«]: kleiner Himmelskörper, der in Sonnennähe große Mengen an Gasen und Staub freisetzt. Diese Materie sammelt sich um den eigentlichen Kometenkern, wird vom ↑Sonnenwind zum Teil fortgetragen und bildet bei manchen K. einen Schweif. Der Schweif zeigt daher immer von der Sonne weg (was in der Nacht auf der Erde nicht ohne Weiteres zu erkennen ist).
Die Bahnen der K. sind entweder Hyperbeln oder lang gestreckte Ellipsen, in deren einen Brennpunkt die Sonne steht (↑keplersche Gesetze). Die meiste Zeit seines Umlaufs verbringt der K. fern von der Sonne, sodass er nicht gesehen werden kann.

kommunizierende Röhren [lat. communicare »gemeinschaftlich tun«]: oben offene, unten miteinander verbun-

kommunizierende Röhren

dene, mit Flüssigkeit gefüllte Röhren oder Gefäße (Abb.). Die Flüssigkeit stellt sich in allen Röhren gleich hoch ein (der ↑hydrostatische Druck muss in gleicher Wassertiefe gleich sein). Auf dieser Erscheinung beruhen Wasserstandsmesser und ↑artesische Brunnen.

Kommutator [lat. commutare »vertauschen«]: ↑Elektromotor.

Kompass [ital. zu compassare »ringsum abschreiten«]: ein Gerät zum Bestimmen der Himmelsrichtung.
Beim **Magnetkompass** stellt sich ein kleiner, beweglich gelagerter Dauermagnet **(Magnetnadel)** im Erdmagnetfeld in magnetischer Nord-Süd-Richtung ein. Da ein Unterschied in der Lage des geographischen Nord- und Südpols gegenüber dem jeweiligen magnetischen Pol besteht, tritt eine Richtungsabweichung **(Missweisung)** auf. Der Südpol des Erdmagnetfelds liegt in der Nähe des geographischen Nordpols, sodass auf der Nordhalbkugel der magnetische Nordpol eines Stabmagneten in die geographische Nordrichtung weist.
Der **Kreiselkompass** nutzt die Erhaltung des ↑Drehimpulses. Ein mit etwa 20 000 min^{-1} rotierender Kreiselkörper ist so aufgehängt, dass seine Drehachse in die Horizontalebene gezwungen wird. Aufgrund von Kreiselgesetzen richtet sich dann diese Drehachse unter dem Einfluss der Erddrehung möglichst parallel zur Erdachse aus (ist aber in der Horizontalen gefesselt) und damit nach Norden.

Kompensationsschaltung [lat. compensare »ausgleichen«]: elektrische Schaltung zur Bestimmung einer unbekannten Gleichspannung U_x durch Vergleich mit der bekannten Spannung einer Stromquelle. Der volle Widerstand eines Schiebewiderstands liegt an der Stromquelle mit Spannung U_x, ein Teil davon an der bekannten Stromquelle mit der Spannung U (Abb.). Das Verhältnis der Teilwiderstände R_1 und R_2 am Schiebewiderstand wird nun so reguliert, dass durch den Stromkreis A kein Strom fließt (↑Nullmethode). Dann gilt $I_A + I_B = I$ und nach der kirchhoffschen Maschenregel:

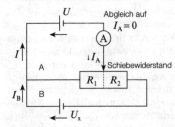

Kompensationsschaltung

$U = I{\cdot}R_1$ (Stromkreis A),

$U_x = I{\cdot}(R_1 + R_2)$ (Stromkreis B).

Durch Elimination von I kann man U_x in Abhängigkeit von U sowie den beiden Widerständen bestimmen.

Komplementärfarben [lat. complere »ergänzen, auffüllen«]: zwei Farben, deren additive Mischung (↑Farbmischung) die Farbe Weiß ergibt.

komplexer Wechselstrom: ein ↑Wechselstrom, der mithilfe komplexer Zahlen beschrieben und in einem ↑Zeigerdiagramm dargestellt wird.

Komponenten [lat. componere »zusammenstellen«]: Anteile einer physikalischen Größe, z. B. von Kräften (↑Kräftezerlegung).

Kompressibilität [lat. compressibilis »zusammendrückbar«], Formelzeichen κ: Maß für die Zusammendrückbarkeit eines Körpers unter dem Einfluss eines ↑Drucks.

Ist V das ursprüngliche Volumen des Körpers und ΔV die durch die Druckänderung Δp bewirkte Änderung des ursprünglichen Volumens, so bezeichnet man als K. den Quotienten aus der relativen Volumenänderung $\Delta V/V$ und der Druckänderung Δp:

$$\kappa = \frac{\Delta V}{V \cdot \Delta p}.$$

Bei festen und flüssigen Körpern ist die K. sehr klein, während sie bei Gasen sehr große Werte annimmt. Der Kehr-

wert der K. wird als **Kompressionsmodul** (Formelzeichen K) bezeichnet:

$$K = \frac{1}{\kappa}.$$

Der Kompressionsmodul K ist mit der Federkonstante D (↑hookesches Gesetz) verwandt.

Kompression [lat. compressio »Zusammendrücken«]: die Verdichtung eines Gases, unter dem Einfluss eines (allseitig wirkenden) Drucks.

Kompressionsmodul [lat. modulus »kleines Maß«]: ↑Kompressibilität.

Kondensation [spätlat. condensare »verdichten«]: der Übergang vom gasförmigen in den flüssigen Aggregatzustand (↑Kondensieren).

Kondensationskerne: in der Atmosphäre schwebende, mikroskopisch kleine Teilchen, an denen bei Sättigung der Luft mit Wasserdampf die Kondensation beginnt. Ohne Vorhandensein solcher K. kommt in der Regel selbst bei Übersättigung der Luft mit Wasserdampf keine Kondensation zustande.

Kondensationspunkt: gleichbedeutend mit ↑Kondensationstemperatur.

Kondensationstemperatur: die Temperatur, bei der das ↑Kondensieren einsetzt.

Kondensationswärme: ↑Kondensieren.

Kondensator:

◆ *Elektrotechnik, Elektronik:* ein elektronisches Bauelement zum (kurzzeitigen) Speichern von elektrischer Ladung bzw. Energie. Ein K. besteht aus zwei durch ein ↑Dielektrikum (Isolator) voneinander getrennten, flächenhaften metallischen Leitern. Die einfachste Bauform ist der ↑Plattenkondensator (es gibt auch Zylinder- und Kugelkondensatoren). Legt man an einen K. eine Gleichspannung an, wird auf dem einen Leiter die positive Ladung $+Q$, auf dem anderen die negative Ladung $-Q$ gespeichert. Die Ladungsmenge ist proportional zur Spannung, es gilt also

$$\frac{Q}{U} = C.$$

Die Proportionalitätskonstante C heißt ↑Kapazität und ist kennzeichnend für einen Kondensator. Zwischen den getrennten elektrischen Leitern besteht ein elektrisches Feld, in dem elektrische Energie gespeichert ist. Um diese Energie zu berechnen, summiert man die Arbeitsportionen $\Delta W = U \cdot \Delta Q$ auf, die nötig sind, um durch Transport von kleinen Ladungsportionen ΔQ einen zunächst entladenen K. aufzuladen. Man erhält für die gesamte zur Ladungstrennung nötige Arbeit W:

$$W = \frac{1}{2} \cdot U \cdot Q = \frac{1}{2} \cdot C \cdot U^2.$$

Der Faktor 1/2 rührt daher, dass sich die Spannung während des Aufladevorgangs vom Wert Null bis zum Maximalwert aufbaut, im Mittel also nur halb so groß ist wie der Endwert U. Bringt man ein Dielektrikum zwischen die Leiter, erhöht sich die Kapazität des K.: Die Moleküle des Isolators bilden

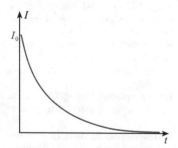

Kondensator (Abb. 1): Entladevorgang

↑Dipole, die sich in Feldrichtung ausrichten (↑Polarisation). Ihre Dipolladungen sind den Ladungen der Leiterflächen entgegengesetzt, sodass das elektrische Feld geschwächt wird. Um die Feldstärke und die Spannung zwischen den Leiterflächen aufrechtzuerhalten, erhöht sich die auf ihnen befindliche Ladung. Die Kapazität des K. erhöht sich dabei um den Faktor ε_r (↑Dielektrizitätskonstante).

Für die zeitliche Entwicklung des Auf- und Entladens eines K. bezieht man sich auf einen einfachen Stromkreis mit einem K., einem ohmschen Widerstand R und einer Batterie, welche die Spannung U_0 liefert. Während des *Entladens* fließt ein zeitabhängiger Strom I. Die Batteriespannung teilt sich auf die Kondensatorspannung $U_C = Q/C$ und die Spannung am Widerstand $U_R = R \cdot I$ auf:

$$U_0 = U_C + U_R = \frac{Q}{C} + R \cdot I.$$

Differenziert man die gesamte Gleichung nach der Zeit (bildet also die erste zeitliche Ableitung), tritt im linken Summanden der rechten Seite der Term dQ/dt auf, was man durch I ersetzen kann. Damit gewinnt man eine Gleichung, die nur Konstanten, die Stromstärke und deren Ableitung enthält. In dieser Gleichung steckt die Information über die zeitliche Entwicklung der Stromstärke. Durch Integration und Auflösen nach I erhält man schließlich:

$$I = I_0 \cdot e^{-t/R \cdot C},$$

wobei I_0 der Strom ist, der zur Zeit $t = 0$ fließt (I_0 bekommt man mithilfe der Integrationskonstante). Die Stromstärke fällt also exponentiell ab (Abb. 1). Entsprechend findet man für den zeitlichen Verlauf der Spannung am Kondensator:

$$U_C = U_0 \cdot e^{-t/R \cdot C}.$$

Auf ähnliche Weise wie oben lässt sich für das *Aufladen* eines K. ein Gesetz über den zeitlichen Verlauf der Kondensatorspannung herleiten (Abb. 2):

$$U_C = U_0 \cdot \left(1 - e^{-t/R \cdot C}\right).$$

Die im elektrischen Feld eines K. gespeicherte Energie lässt sich auch über die Integration der elektrischen Arbeit *W*, die während des Entladens im ohmschen Widerstand geleistet wird, berechnen:

$$W = \int_0^{t_{max}} U \cdot I \, dt = \int_0^{t_{max}} I^2 \cdot R \, dt.$$

Lässt man die Entladezeit t_{max} beliebig groß werden, erhält man nach einigen Umformungen wieder die weiter oben angegebene Energie.

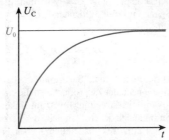

Kondensator (Abb. 2): Aufladevorgang

Nach dem Aufladen wirkt jeder K. in einem mit Gleichstrom betriebenen Stromkreis wie ein unendlich großer Widerstand. Beim Anlegen einer Wechselspannung fließt dagegen ein Strom, da fortwährend die Ladungsmenge an den Kondensatorplatten geändert wird. Bei hohen Frequenzen leitet ein K. gut, hat also einen kleinen Wechselstromwiderstand (↑Wechselstromkreis).
K. dienen unter anderem in der Hochfrequenztechnik als Bestandteile von ↑Schwingkreisen. In Drehkondensatoren kann man die Kapazität regeln.
♦ *Technik:* eine Vorrichtung zur Überführung von Dampf in den flüssigen Aggregatzustand. Die Verflüssigung des Dampfes erfolgt einfach durch Kühlen mit einer Kühlflüssigkeit. K. werden bei ↑Dampfmaschinen, Dampfturbinen und allen mit Dampf arbeitenden Kraftwerken sowie in ↑Kältemaschinen eingesetzt.

Kondensieren [spätlat. condensare »verdichten«]: jeder Übergang eines gasförmigen Stoffs in den flüssigen ↑Aggregatzustand. Die Temperatur, bei der er sich vollzieht, heißt **Kondensationstemperatur** oder **Kondensationspunkt**. Sie stimmt bei konstantem Druck mit der Siedetemperatur überein. Beim K. wird die beim ↑Verdampfen zugeführte Energie wieder frei **(Kondensationswärme)**. Die Kondensationswärme eines Körpers ist also gleich seiner Verdampfungswärme.

Kondensor [spätlat. condensare »verdichten«]: eine System aus Linsen- oder Spiegeln in optischen Geräten (z. B. Mikroskop, Projektor), welches zur Ausleuchtung eines zu beobachtenden Objektes eingesetzt wird. Der K. hat die Aufgabe, das von einer Lichtquelle ausgehende Licht möglichst vollständig zu sammeln und so zu lenken, dass es ohne Verluste das Objekt und das abbildende System passiert und in die Bildebene gelangt.

Konduktanz [lat. conductum »zusammengeführt«] (Wirkleitwert): Wechselstromwiderstand (↑Wechselstromkreis).

Konkavlinse [lat. concavus »hohl«]: eine ↑Linse, die in der Mitte dünner ist als am Rand; sie wirkt als Zerstreuungslinse.

Konkavspiegel: ↑Spiegel.

konservative Kräfte: ↑konservatives System.

konservatives System [lat. conservare »bewahren«]: ein physikalisches System, z. B. ein System von Massenpunkten, in dem die Summe der mechanischen ↑Energien erhalten bleibt, d. h. die Summe aus den Bewegungsenergien und den potenziellen Energien. Insbesondere tritt in einem k. S. keine Umwandlung von mechanischer Energie in Wärmeenergie auf. Es dürfen also keine Reibungskräfte wirken, die ja eine Erwärmung von Körpern hervorrufen würden. Die in einem k. S. wirkenden Kräfte werden **konservative Kräfte** genannt. Ein Beispiel hierfür sind Gravitationskräfte; sich im Gravitationsfeld bewegende Körper bilden ein konservatives System.

Konsonanz [lat. consonare »zusammenklingen«]: Zusammenklang zweier Töne, der vom menschlichen Gehör als wohlklingend empfunden wird. Die Konsonanz ist umso vollkommener, je kleiner die Zahlen sind, durch die sich das Frequenzverhältnis der beiden zusammenklingenden Töne darstellen lässt. Zu den Konsonanzen rechnet man die Tonpaare mit den in der Tabelle angegebenen Intervallen. Heutige Instrumente sind gestimmt in der sog. temperierten Stimmung mit der Folge, dass die Frequenzverhältnisse nicht vollkommen übereinstimmen.

Intervall	Frequenzverhältnis
Oktave	2 : 1
Quinte	3 : 2
Quarte	4 : 3
Sexte	5 : 3
große Terz	5 : 4
kleine Terz	6 : 5

Kontaktspannung [lat. contactum »berührt«] (Berührungsspannung): die bei intensiver Berührung zweier verschiedenartiger Körper in der Berührungsschicht entstehende Spannung. Die Ursachen der K. liegen in den unterschiedlichen Kräften, mit denen die Elektronen in den verschiedenen Materialien festgehalten werden, und in den unterschiedlichen Elektronenkonzentrationen. Beim intensiven Kontakt gehen daher Ladungsträger von einer Seite zur anderen über; es bildet sich eine Doppelschicht aus, in der die beiden Schichten gleich große entgegengesetzte Ladung tragen.

Reißt man die Doppelschicht auseinander, kann es zu hohen elektrischen Spannungen kommen. Zur Erklärung sieht man die Doppelschicht als ↑Plattenkondensator an: Die Spannung zwischen den Platten erhöht sich, wenn man den Abstand der Platten vergrößert. Dieser Mechanismus ist die physikalische Grundlage der ↑Reibungselektrizität (wie sie z. B. beim Reiben eines Katzenfells an einem Kunststoffstab auftritt).

Eine K. zwischen zwei elektrischen Leitern kann man nicht durch ein Strommessgerät messen, da sie keinen Stromfluss hervorruft: Schließt man nämlich verschiedene sich berührende Metalle zu einem Kreis zusammen, so ist die Summe aller Kontaktspannungen gleich Null. Dies gilt allerdings *nicht,* wenn die Kontaktstellen unterschiedliche Temperaturen haben (↑Seebeck-Effekt).

Berühren sich zwei Metalle A und B, kann man die Kontaktspannung U mithilfe der ↑Austrittsarbeiten W_A und W_B der Elektronen und der Elementarladung e berechnen:

$$U = \frac{W_A - W_B}{e}.$$

Der Betrag der K. beträgt typischerweise 1 V. Technisch genutzt wird die K. bei galvanischen Elementen und in der Halbleitertechnologie (↑Halbleiterdiode, ↑Transistor). Sie spielt außerdem für viele Grenzflächenphänomene eine Rolle.

Kontamination [lat. contaminatio »Befleckung«]: die Verunreinigung von Körpern insbesondere durch radioaktive Stoffe. Die Entfernung dieser Stoffe heißt **Dekontamination.**

K

kontinu|ierlich [lat. continuus »zusammenhängend«]: stetig, gleichmäßig, ohne Unterbrechung sich fortsetzend. K. Größen können ohne Sprünge variieren und jeden Wert (zumindest in einem Intervall) annehmen. Mathematisch werden ihnen reelle Zahlen zugeordnet. Der Gegensatz zu k. ist diskret oder gequantelt. Während die klassische Mechanik überwiegend k. Größen (z. B. Geschwindigkeit, Energie) behandelt, kennt die Quantenmechanik auch viele diskrete Zustände (z. B. Energieniveaus).

Kontinu|umsmechanik: die ↑Mechanik der deformierbaren Körper.

Konvektion [lat. convectio »Zusammenbringen«]: der Vorgang, bei dem durch die Strömung einer Flüssigkeit oder eines Gases Wärme transportiert wird. Im Unterschied zur Wärmeleitung hat die Wärmeübertragung durch K. die Bewegung von erwärmter Materie zur Ursache. K. kann mithilfe von Gebläsen oder Pumpen erzwungen werden, etwa bei einer Warmwasserheizung. Sie entsteht auf natürlichem

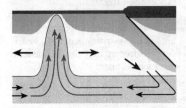

Konvektion: Strömung flüssiger Materie unter der Erdoberfläche

Weg, wenn sich eine Flüssigkeit oder ein Gas erwärmt, ausdehnt und infolge der dadurch verringerten Dichte in kühlere Regionen aufsteigt. Beispiele für natürlich angetriebene K. sind die Luftzirkulation in der Atmosphäre oder in beheizten Räumen, der Energietransport vom Erdkern an die Erdkruste und Meeresströmungen.

Konvektions|instabilität: der Übergang von der Wärmeleitung zur Wärmekonvektion in einer von unten erhitzten Schicht einer zähen Flüssigkeit. Bei kleiner Temperaturdifferenz ΔT zwischen Ober- und Unterseite (Abb. links) herrscht Wärmeleitung, weil die Zähigkeit der Flüssigkeit einen konvektiven Wärmetransport verhindert. Überschreitet die Temperaturdifferenz

Konvektionsinstabilität

einen bestimmten Wert, schlägt der Wärmetransport von Wärmeleitung in Konvektion um. Die Konvektionsbewegung hat gewöhnlich Kreis- oder Sechseckform (Abb. rechts).

Konvektionsstrom: ↑Strom.

konvergent [spätlat. convergere »sich hinneigen«]: zusammenlaufend. Konvergente Lichtstrahlen laufen auf einen gemeinsamen Schnittpunkt zu – Gegensatz: divergent.

Konvexlinse [lat. convexum »zueinander geneigt«]: eine ↑Linse, die in der Mitte dicker ist als am Rand; sie wirkt als Sammellinse.

Konvexspiegel: ↑Spiegel.

Kopplung: gegenseitige Beeinflussung zweier oder mehrerer physikalischer Systeme (z. B. zweier Pendel). Die Beeinflussung erfolgt durch Kräfte oder allgemein durch eine Wechselwirkung, wobei von einem System zum anderen Energie übertragen wird. In der Mechanik stellt man eine K. mit Federn oder sonstigen Verbindungskörpern her; eine elektromagnetische K. wird durch elektromagnetische Felder hervorgerufen (z. B. bei Antennen). Je nach Stärke der K. kann man die Teilsysteme als mehr oder weniger unabhängig ansehen.

Körper: jede abgegrenzte, als Einheit auftretende Materieansammlung. Ein Körper kann fest, flüssig oder gasförmig sein.

Korpuskel [lat. corpuscula »kleiner Körper«]: ↑Teilchen.

Korpuskularstrahlung: ↑Teilchenstrahlung.

kosmische Strahlung: ↑Höhenstrahlung.

Kosmologie [griech. kósmos »Weltordnung, Welt«]: die Lehre von Entstehung, Entwicklung und möglichem Ende des Weltalls (↑Urknall).

Kovolumen: ↑Van-der-Waals-Gleichung.

Kraft, Formelzeichen $\vec{F}$: die Ursache für die Beschleunigung oder die Verformung eines Körpers. Eine K. erkennt man nur an ihrer Wirkung. Umgekehrt schließt man aus jeder Beschleunigung oder Verformung auf das Vorhandensein einer Kraft. Die K. ist ein ↑Vektor, zu ihrer Beschreibung ist somit die Angabe ihres Betrags, ihrer Richtung und ihres Angriffspunkts erforderlich. Der Kraftvektor wird als Pfeil dargestellt.

Der Anfangspunkt (*nicht* die Spitze) des Vektors markiert den Angriffspunkt, die Pfeillänge symbolisiert den Betrag der K. und die Pfeilrichtung die Kraftrichtung. Bei formbeständigen Körpern darf aufgrund des ↑Verschiebungssatzes anstelle des tatsächlichen Angriffspunkts auch jeder Punkt längs der ↑Wirkungslinie als Angriffspunkt gewählt werden.

Definiert ist die Kraft $\vec{F}$ als das Produkt aus der Masse m eines Körpers und der Beschleunigung $\vec{a}$, die dieser Körper erfährt (zweites ↑newtonsches Axiom):

$$\vec{F} = m \cdot \vec{a}.$$

Ist die Masse des Körpers während des Vorgangs nicht konstant (wie z. B. in der ↑Relativitätstheorie), gilt die allgemeinere Definitionsgleichung:

$$\vec{F} = \frac{\mathrm{d}\left(m \cdot \vec{v}\right)}{\mathrm{d}t}.$$

Die Einheit der K. ist das ↑Newton.

Kraftarm: der Abstand der ↑Wirkungslinie einer Kraft vom Drehpunkt bei einem drehbar gelagerten Körper (z. B. bei einem ↑Hebel).

Kräfteaddition: ein Verfahren, mehrere Kräfte durch eine einzige Kraft zu ersetzen, welche die gleiche Wirkung wie die ursprünglichen Kräfte hervorruft. Man nennt sie **resultierende Kraft** oder kurz **Resultierende.**

Mathematisch erfolgt die K. durch vektorielle Addition der Kräfte, grafisch mithilfe des ↑Kräfteparallelogramms oder ↑Kräftepolygons. Bei der K. von zwei Kräften ergibt sich der Angriffspunkt der Resultierenden als Schnittpunkt der Wirkungslinien der beiden Kräfte.

Kräftegleichgewicht: die Situation, bei der die Summe aller an einem Körper angreifenden Kräfte Null ist. Im K. erfährt ein Körper keine Beschleunigung; er verharrt im Zustand der Ruhe

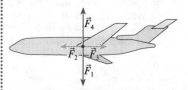

Kräftegleichgewicht: F_1 Gewichtskraft, F_2 Antriebskraft, F_3 Reibungskraft, F_4 Auftriebskraft

oder der gleichförmigen, geradlinigen Bewegung (wie im Beispiel der Abb.). Greifen die Kräfte an verschiedenen Angriffspunkten an einem Körper an, muss längs jeder ↑Wirkungslinie die Summe der Kräfte Null sein, damit K. herrscht, denn sonst wird ein ↑Dreh-

K

moment ausgeübt, das den Körper in Drehbewegung versetzt.

Kräftepaar: zwei Kräfte $\vec{F_1}$ und $\vec{F_2}$ mit gleichem Betrag ($F_1 = F_2 = F$), aber entgegengesetzter Richtung, deren Wirkungslinien nicht zusammenfallen. Zwei Kräfte dieser Art können nicht durch eine einzige Kraft ersetzt werden (↑Kräfteparallelogramm). Ein K. übt auf einen starren Körper ein ↑Drehmoment aus. Bei einem Kraftbetrag F und

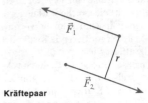

Kräftepaar

dem Abstand r der Wirkungslinien (Abb.) herrscht das Drehmoment $M = r \cdot F$.

Kräfteparallelogramm: ein Parallelogramm zur grafischen Ermittlung der Summe zweier Kräfte (↑Kräfteaddition). Die Pfeile, welche die beiden zu addierenden Kräfte $\vec{F_1}$ und $\vec{F_2}$ darstellen, werden so verschoben, dass ihre Anfangspunkte zusammenfallen. Wie in der Abbildung gezeigt, konstruiert man das K. mithilfe von Parallelen. Die zu addierenden Kräfte bilden die Seiten, die Summe der beiden Kräfte – also die Resultierende $\vec{F}_{res} = \vec{F_1} + \vec{F_2}$ – die Diagonale.

Bei der zeichnerischen Addition von

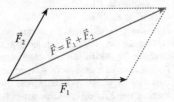

Kräfteparallelogramm

mehr als zwei Kräften kann man schrittweise vorgehen, indem man zunächst zwei Kräfte mithilfe des K. addiert, zur resultierenden Kraft anschließend eine dritte Kraft addiert, zu dieser Resultierenden die nächste usw., bis alle Kräfte addiert sind. Die Addition von mehr als zwei Kräften ist aber wesentlich einfacher, wenn man mit dem ↑Kräftepolygon arbeitet.

Kräftepolygon [griech. polýs »viel«, góny »Knie, Winkel«]: ein Vieleck zur grafischen Ermittlung der Summe mehrerer Kräfte (↑Kräfteaddition). Die Pfeile, welche die zu addierenden Kräfte repräsentieren, werden zu einem Polygonzug verbunden, indem man an die Spitze des einen Kraftpfeils den Anfang des nächsten Kraftpfeils setzt (Abb.). Die Summe aller Kräfte wird durch den Pfeil beschrieben, der den Anfang des Polygonzugs mit dem Ende verbindet, d. h. den Polygonzug schließt. Die Reihenfolge der Kraftpfeile ist beliebig.

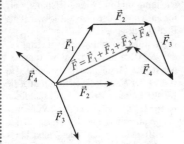

Kräftepolygon

Das Additionsverfahren mit dem K. ist eine vereinfachte Form fortgesetzter Addition mithilfe von ↑Kräfteparallelogrammen.

Kräftezerlegung: die Aufspaltung einer Kraft in zwei oder mehr Teilkräfte (Komponenten). Die Summe dieser Komponenten ist gleich der ursprünglichen Kraft, und auch die Wirkung ist dieselbe.

Bei der K. (für zwei Komponenten) konstruiert man ein ↑Kräfte-parallelogramm, in dem die ursprüngliche Kraft $\vec{F}$ die Diagonale und die Komponenten $\vec{F_1}$ und $\vec{F_2}$ die Seiten bilden (Abb. 1). Die Richtungen der Teilkräfte ergeben sich aus der zugrunde liegenden physikalischen Situation. So kann ein gespanntes Seil nur Zugkräfte in Seilrichtung aufnehmen, ein reibungsfrei auf einer Ebene gleitender Körper kann nur senkrecht zur Auflagefläche eine Kraft auf die Unterlage ausüben, und er kann

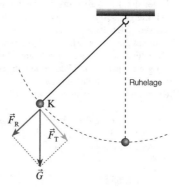

Kräftezerlegung (Abb. 3): Kraftkomponenten beim Fadenpendel

schleunigt werden, auf die er durch den Faden gezwungen wird; die Gewichtskraft bewirkt außerdem, dass der Faden gespannt wird. Man erhält damit die K. der Abb. 3 mit der Tangentialkomponente $\vec{F_T}$ und der Radialkomponente $\vec{F_R}$.

Kräftezerlegung (Abb. 1)

nur parallel zur Auflagefläche durch eine Kraft beschleunigt oder gebremst werden.

Bei der ↑schiefen Ebene wird folglich die Gewichtskraft $\vec{G}$ des Körpers K in die Kraftkomponenten Normalkraft $\vec{F_N}$ (senkrecht zur Ebene) und Tangentialkraft $\vec{F_T}$ zerlegt (Abb. 2).

Beim Fadenpendel kann der Pendelkörper K durch die Gewichtskraft $\vec{G}$ nur tangential zur kreisförmigen Bahn be-

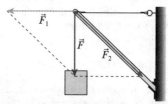

Kräftezerlegung (Abb. 4): Kraftkomponenten bei einer Aufhängung

Die Beträge der Kraftkomponenten können einzeln oder zusammengenommen sogar größer als die ursprüngliche Kraft sein (Abb. 4). In einem solchen Fall beträgt der Winkel zwischen den Kraftkomponenten mehr als 90°, die Komponenten wirken zu einem Teil gegeneinander.

Kraftfeld: ↑Feld.

Kraftgesetz: mathematischer Zusammenhang zwischen einer Kraft oder einem Kräftepaar und geometrischen Größen, z. B. der Verlängerung einer

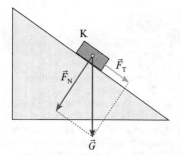

Kräftezerlegung (Abb. 2): Kraftkomponenten an der schiefen Ebene

K

Feder. Ist die Kraft proportional zu einer Länge, spricht man von einem **linearen Kraftgesetz** (z. B. beim ↑hookeschen Gesetz). Das Vorliegen eines linearen K. ist eine Voraussetzung für das Zustandekommen einer harmonischen ↑Schwingung.

Kraftmesser: gleichbedeutend mit Federwaage (↑Waage).

Kraftstoß, Formelzeichen $\Delta \vec{P}$: Das Produkt aus der Kraft $\vec{F}$ und der (meist kurzen) Zeitdauer Δt, während der sie wirkt:

$$\Delta \vec{P} = \vec{F} \cdot \Delta t .$$

Diese Wirkung besteht in einer Änderung des ↑Impulses des Körpers (der K. hat dieselbe Einheit wie der Impuls), und sie ist umso größer, je stärker und je länger die Kraft einwirkt.

Ist die Kraft zeitabhängig, zerlegt man die Zeitdauer ihrer Einwirkung in hinreichend kleine Zeitabschnitte, während deren jeweils die Kraft als konstant angesehen werden kann, und summiert die einzelnen Kraftstöße auf. Beim Übergang zu unendlich kleinen Zeitabschnitten erhält man das Integral:

$$\Delta \vec{p} = \int_{t_1}^{t_2} \vec{F} \mathrm{d}t .$$

wobei t_1 und t_2 den Beginn bzw. das Ende der Krafteinwirkung markieren.

Kraft-Wärme-Kopplung: die gleichzeitige Gewinnung von elektrischem Strom und Nutzwärme durch ein Wärmekraftwerk (↑Kraftwerk). Die beim Betrieb eines solchen Kraftwerks anfallende ↑Abwärme wird über ein Fernwärmenetz zur Nutzung als Heiz- oder Prozesswärme an nahe gelegene Haushalte oder Betriebe abgegeben. Die K.-W.-K. nutzt die Verbrennungsenergie besonders gut aus, sodass sich beträchtliche Einsparungen ergeben.

Kraftwerk: eine technische Anlage, in der durch Energieumwandlung Elektrizität erzeugt wird; kann in dieser Anlage auch Wärme ausgekoppelt werden (↑Kraft-Wärme-Kopplung), so bezeichnet man sie als **Heizkraftwerk. Wärmekraftwerke** werden wie ↑Wärmekraftmaschinen angetrieben. Man kennzeichnet sie weiter nach Art der eingesetzten Brennstoffe (z. B. Kohle-, Gas- oder Kernkraftwerk).

Kraftzentrum: ↑Kinematik.

Kreisbeschleuniger: eine Bauart eines ↑Teilchenbeschleunigers.

Kreisel: ein ↑starrer Körper, der sich um einen festen Punkt dreht. Ein K. im Alltag oder in der Technik besitzt meist Rotationssymmetrie bezüglich seiner Drehachse. Bei der Einwirkung von Kräften bzw. Drehmomenten auf einen K. treten eigentümliche Erscheinungen auf. Versucht man die Drehachse eines K. zu kippen, weicht der K. aus: Er bewegt sich in die zur Drehachse und zur einwirkenden Kraft $\vec{F}$ senkrechte Richtung (in die Richtung des Vektors $\vec{M}$, Abb.). Diese Bewegung erhält man

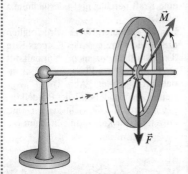

Kreisel: Präzession bei Einwirkung einer Kraft. Der Kreisel kippt nicht nach unten.

rechnerisch durch Anwendung der Gleichung für die Änderung des ↑Drehimpulses. Bei fortgesetzter Krafteinwirkung in gleicher Richtung ergibt sich eine Kreisbewegung, die man **Präzession** nennt. Im Allgemeinen treten kleine Kippbewegungen (**Nutation**) zur Präzessionsbewegung hinzu.

Das eigentümliche Verhalten von K. wird z. B. in Spielzeugen und beim Kreiselkompass (↑Kompass) ausgenutzt. Auch die Erde ist ein K., dessen Drehachse eine Präzessionsperiode von 25 850 Jahren besitzt.

Kreiselkompass: ↑Kompass.

Kreisfrequenz (Winkelgeschwindigkeit), Formelzeichen ω: das 2π-fache der Umlauffrequenz bei einer Kreisbewegung (↑Kinematik).

Kreisprozess: in der ↑Wärmelehre ein Vorgang in einem System, nach dessen Ablauf sich das System wieder im selben Zustand befindet wie zuvor (z. B. eine periodisch arbeitende Wärmekraftmaschine). Wenn bei einem Umlauf zwischen zwei Zuständen der Hinweg anders verläuft als der Rückweg, bleiben außerhalb des Systems Änderungen in anderen Körpern zurück, typischerweise in Form von geleisteter Arbeit oder übertragener Wärme. Der besondere Vorzug eines K. besteht darin, dass er beliebig oft durchlaufen und sein Nutzen dadurch angehäuft werden kann.

Als Modell für einen K. bei Wärmekraftmaschinen dient der **carnotsche Kreisprozess:** Ein Gas befindet sich in einem Zylinder mit einem beweglichen Kolben. Es kann mit einem Wärmespeicher hoher Temperatur T_1 und einem zweiten von niedriger Temperatur T_2 verbunden werden. Ein Umlauf umfasst folgende vier Schritte (das Gas befinde sich anfangs unter hohem Druck bei der Temperatur T_1):

1. Das Gas wird mit dem Wärmespeicher der hohen Temperatur T_1 verbunden. Man lässt es sich so langsam ausdehnen, dass seine Temperatur nicht sinkt. Bei der Ausdehnung nimmt es Wärmeenergie auf und verrichtet Arbeit, indem es den Kolben aus dem Zylinder schiebt.

2. Der Kontakt zum ersten Wärmespeicher wird getrennt, und man lässt das Gas sich ausdehnen, bis es auf die Temperatur T_2 abgekühlt ist. Dabei verrichtet es wiederum Arbeit.

3. Das Gas wird mit dem Wärmespeicher der niedrigen Temperatur T_2 verbunden. Man drückt den Kolben unter Aufwendung von Arbeit in den Zylinder und komprimiert das Gas so langsam, dass es sich nicht erwärmt. Dabei gibt das Gas Wärmeenergie ab.

4. Der Kontakt zum Wärmespeicher wird getrennt, und man presst unter Aufwendung von Arbeit das Gas weiter zusammen, bis es sich wieder auf die hohe Temperatur T_1 erwärmt und den Anfangszustand erreicht hat.

In Abb. 1 sind Druck und Temperatur des Gases im Verlauf eines Umlaufs dargestellt. Der Startpunkt liegt bei 1. Man kann nun zeigen, dass in den Schritten 2 und 3 die am Gas und vom Gas geleisteten Arbeiten sich ausgleichen. In Schritt 1 wird aber vom Gas mehr Arbeit geleistet als in Schritt 4 am Gas geleistet wird (weil der Druck bei Schritt 1 größer ist als bei Schritt 3). Die Maschine eignet sich also, um mit Wärmeenergie Arbeit zu leisten. Entsprechend nimmt das Gas in Schritt 1 mehr Wärmeenergie auf, als es in Schritt 4 abgibt (Energieerhaltung). Die von der Kurve im p-V-Diagramm eingeschlossene Fläche ist ein Maß für die geleistete Arbeit.

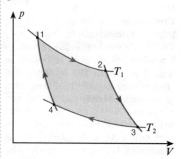

Kreisprozess: carnotscher Kreisprozess im p-V-Diagramm

Beim carnotschen K. kann nicht die gesamte vom Wärmespeicher der Temperatur T_1 aufgenommene Wärmeenergie in Arbeit umgewandelt werden, da ein Anteil Wärmeenergie an den Wärmespeicher der Temperatur T_2 abgegeben werden muss, um einen Umlauf zu vollenden. Man findet, dass der Anteil der abgegebenen Wärmeenergie umso geringer ist, je kleiner die Temperatur T_2 ist. Insgesamt erhält man für das Verhältnis zwischen geleisteter Arbeit und aufgenommener Wärmeenergie den ↑Wirkungsgrad:

$$\eta = \frac{T_1 - T_2}{T_1} = 1 - \frac{T_2}{T_1}.$$

Um einen hohen Wirkungsgrad zu erreichen, muss man also eine möglichst hohe Temperatur T_1 und eine möglichst niedrige Temperatur T_2 anstreben. Diese Überlegungen gelten in prinzipiell ähnlicher Form für jeden K. bei Wärmekraftmaschinen (nur ist der Wirkungsgrad immer etwas kleiner als beim carnotschen K.). Stets muss ein Teil der Wärme abgegeben werden, um einen Umlauf zu vollenden. Wärmekraftmaschinen werden also nicht nur gekühlt, um Überhitzung zu vermeiden, sondern auch, um eine möglichst geringe Temperatur T_2 zu erreichen. Das bekannteste Beispiel für einen K. ist der Ablauf beim ↑Ottomotor.

Kreiswelle: eine von einem punktförmigen Erregerzentrum ausgehende ↑Welle, die sich in einer Ebene nach allen Seiten hin mit gleicher Geschwindigkeit ausbreitet. Die Wellenfronten einer solchen K. sind Kreislinien, deren gemeinsamer Mittelpunkt das Erregerzentrum ist.

Kristall [griech. krýstallos »Eis, Bergkristall«]: jeder feste Körper, dessen Bausteine (also seine Atome oder Moleküle) in einer räumlich-periodischen Struktur (in einem sog. ↑Gitter) angeordnet sind. Beispiele sind der Bergkristall, Quarze, aber auch Halbleiterkristalle oder Diamanten.

Kristalldiode: veraltet für ↑Halbleiterdiode.

Kristallfotoeffekt: gleichbedeutend mit Halbleiterfotoeffekt (↑Fotoeffekt).

Kristallpulvermethode (Debye-Scherrer-Verfahren): ↑Kristallstrukturanalyse.

Kristallstrukturanalyse: Bestimmung der Atomanordnung im Kristallgitter (↑Gitter) durch Röntgen-, Elektronen- oder Neutronenstrahlen. Die Wellenlängen dieser Strahlen liegen etwa im Bereich der Atomabstände im Kristallgitter (0,1 nm), welches deshalb als räumliches Beugungsgitter (↑Beugung) wirkt und Interferenzen erzeugt. Aus der Lage und Stärke der Interferenzmaxima wird der Aufbau des Kristalls bestimmt.

Bei der **Drehkristallmethode** trifft ein monochromatisches Röntgenstrahlbündel auf einen drehbar gelagerten Kristall. Unter Drehwinkeln, bei denen der einfallende Röntgenstrahl genau der ↑Bragg-Gleichung genügt, registriert man in der Reflexionsrichtung ein Intensitätsmaximum. Aus dem Einfallswinkel und der Wellenlänge der Röntgenstrahlung kann man den Abstand zwischen benachbarten Gitterebenen bestimmen (↑Bragg-Gleichung). Bei fortgesetzter Drehung des Kristalls und Aufnahme aller Intensitätsmaxima erhält man alle verschiedenen Gitterabstände und daraus die Struktur des Kristalls. Das **Debye-Scherrer-Verfahren** verwendet anstelle eines einzigen Kristalls ein Kristallpulver bei sonst gleichen Versuchsbedingungen (Abb.). Wegen der ungeordneten Lage der kleinen Kristalle im Pulver befinden sich unter ihnen zahlreiche, die gerade so zur Einfallsrichtung der Röntgenstrahlen ausgerichtet sind, dass sie die Bragg-Gleichung erfüllen. Die un-

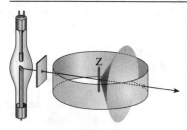

Kristallstrukturanalyse: Debye-Scherrer-Verfahren. Links die Röntgenröhre; der Röntgenfilm ist zylinderförmig um das Kristallpulver angebracht.

ter konstruktiver Interferenz reflektierten Strahlen liegen auf einem Kegelmantel, dessen Achse mit der Richtung des einfallenden Strahls zusammenfällt. Aus dem Winkel zwischen dem einfallenden Strahl und dem der ausfallenden Strahlen erhält man wiederum den Abstand zwischen den Gitterebenen. Beim **Laue-Verfahren** wird ein fest gelagerter Kristall mit Röntgenstrahlung aus einem breiten Frequenzbereich bestrahlt. Als Interferenzbild ergibt sich ein Punktmuster, aus dem man wiederum die Kristallstruktur bestimmen kann.

kritische Masse [griech. krísis »Entscheidung«]: ↑Kettenreaktion.

kritischer Druck: der Druck am ↑kritischen Punkt.

Stoff	kritischer Druck in Pa	kritische Temperatur in K
Wasser	$2{,}21 \cdot 10^7$	647,1
Ammoniak	$1{,}13 \cdot 10^7$	405,7
Sauerstoff	$5{,}04 \cdot 10^7$	154,8
Propan	$4{,}24 \cdot 10^7$	370,0
Neon	$2{,}76 \cdot 10^7$	44,4
Wasserstoff	$1{,}30 \cdot 10^7$	33,2
Helium	$2{,}27 \cdot 10^7$	5,19

kritischer Punkt: kritischer Druck und kritische Temperatur verschiedener Materialien

kritischer Punkt: der Punkt im Dampfdruckdiagramm (↑Dampfdruck), an welchem die Dampfdruckkurve endet. Er ist durch die **kritische Temperatur** und den **kritischen Druck** gekennzeichnet und von Gas zu Gas verschieden. Im k. P. besteht zwischen Dampf und Flüssigkeit kein Unterschied mehr. Oberhalb der kritischen Temperatur lässt sich ein Gas auch unter Anwendung stärkster Drücke nicht mehr verflüssigen.

kritischer Zustand: Bezeichnung für den Zustand eines Stoffs, in dem zwei verschiedene ↑Aggregatzustände nebeneinander existieren, die jedoch physikalisch nicht mehr voneinander unterscheidbar sind. In der Wärmelehre wird der kritische Zustand am ↑kritischen Punkt erreicht.

kritische Temperatur: die Temperatur am ↑kritischen Punkt.

Krümmungsmittelpunkt: der Mittelpunkt derjenigen Kugel, von der eine gekrümmte Fläche einen Teil bildet. Der K. tritt bei sphärischen ↑Linsen und ↑Spiegeln auf. Der Radius der Kugel wird **Krümmungsradius** genannt.

Krümmungsradius: ↑Krümmungsmittelpunkt.

Kryostat [griech. krýos »Kälte« und statos »eingestellt«]: ein ↑Thermostat für tiefe Temperaturen.

kubischer Ausdehnungskoeffizient [lat. cubus »Würfel«]: ↑Wärmeausdehnung.

Kugelkondensator: ein Kondensator, dessen beide leitende Flächen Kugeln mit verschiedenem Radius, aber gemeinsamem Mittelpunkt sind (Abb.). Zwischen den Kugelflächen besteht beim aufgeladenen K. ein radialsymmetrisches elektrisches Feld mit der elektrischen Feldstärke:

$$E = \frac{1}{4\pi \cdot \varepsilon_0 \cdot \varepsilon_r} \cdot \frac{Q}{r^2}$$

(*E* Betrag der elektrischen Feldstärke, *Q* Ladung der positiv geladenen Kugel, *r* Abstand vom Mittelpunkt der Kondensatorkugeln, ε_0 elektrische Feldkonstante, ε_r Dielektrizitätszahl). Die

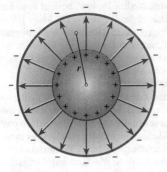

Kugelkondensator

Feldstärke zwischen den Kondensatorflächen ist also gerade so groß, als würde sie von einer Punktladung *Q* im Mittelpunkt der Kugeln hervorgerufen (man kann das Feld einer Punktladung sogar auffassen als das Feld eines K. mit verschwindend kleiner innerer Kugel und über alle Maßen großer äußerer Kugel). Das elektrische Feld beim K. erstreckt sich nur auf den Raum zwischen den Kugelflächen.

kundtsches Rohr: rechts der verschiebbare Kolben, links der schwingende Metallstab und die schwingende Platte

Kugelspiegel: ↑Spiegel.
Kugelwelle: eine von einem punktförmigen Erregerzentrum ausgehende ↑Welle, die sich im Raum nach allen Seiten mit gleicher Geschwindigkeit ausbreitet. Die Wellenflächen einer sol-

chen Kugelwelle sind Kugelflächen, deren gemeinsamer Mittelpunkt das Erregerzentrum ist.
Kühlschrank: ↑Kältemaschine.
Kühlturm: turmartige Kühlanlage, in der das in Kraftwerken anfallende erwärmte Kühlwasser wieder gekühlt wird. Ein Kühlverfahren besteht darin, die Wärme durch Konvektion an die Umgebung zu übertragen, bei einem anderen Verfahren wird das zu kühlende Wasser versprüht und bei der direkten Berührung mit atmosphärischer Luft durch Verdunstung gekühlt.
kundtsches Rohr [nach AUGUST KUNDT; *1839, †1894]: ein Rohr zur Untersuchung von stehenden Schallwellen. In ein Glasrohr ragt ein in der Mitte eingespannter Metallstab, an dessen Ende eine Platte angebracht ist. Die gegenüberliegende Seite der Glasröhre ist durch einen verschiebbaren Kolben verschlossen (Abb.).
Versetzt man den Stab durch Reiben oder Anschlagen in Längsschwingungen, so breiten sich von der Platte an seinem Ende longitudinale Schallwellen in das Rohr hinein aus. Sie werden am Kolben reflektiert und nach dem Zurücklaufen auch an der Platte. Bei geeignetem Abstand zwischen Kolben und Platte bilden sich ↑stehende Wellen aus. In die Röhre gestreutes Korkmehl wird an den Stellen, wo sich die Schwingungsbäuche (große Geschwindigkeiten) befinden, aufgewirbelt und verteilt, während es an den Orten der Schwingungsknoten liegen bleibt.
Auf diese Art entstehen die sog. **kundtschen Staubfiguren,** aus denen man die Wellenlänge λ der stehenden Welle bestimmen kann. Anhand der Wellenlänge lässt sich dann bei bekannter Frequenz ν der Stabschwingung die Schallgeschwindigkeit *v* im verwendeten Gas berechnen:

$$v = \nu \cdot \lambda.$$

Umgekehrt ist es möglich, bei bekannter Ausbreitungsgeschwindigkeit v im Füllgas und gemessener Wellenlänge λ die Frequenz ν der Stabschwingung zu ermitteln.

Kurzschluss: die direkte Verbindung der Pole einer Stromquelle mit nahezu widerstandslosen Leitungen. In der Folge fließt ein Strom von großer Stärke, der **Kurzschlussstrom,** wodurch es zu Gefährdungen von Menschen und Geräten kommen kann. Seine Stärke I_{kurz} hängt von der Urspannung U_0 der Stromquelle ab und wird nur durch deren Innenwiderstand R_i begrenzt:

$$I_{kurz} = \frac{U_0}{R_i}.$$

Ein K. tritt bereits auf, wenn man zwei Leiter, die zu verschiedenen Polen gehören, verbindet, z. B. die verschiedenen Leitungen in einem Lichtschalter oder einem elektrischen Gerät (allgemien in einem »Verbraucher«).

Kurzschlussläufer: ein in einem magnetischen Drehfeld drehbar gelagerter metallischer Käfig. Er besteht aus zwei Aluminiumscheiben, die durch eine Reihe dicker Drähte miteinander ver-

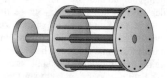

Kurzschlussläufer

bunden sind. Durch das umgebende Magnetfeld werden in den Drähten Induktionsströme erzeugt, die ihrerseits ein Magnetfeld ausbilden. Die beiden Magnetfelder bewirken zusammen eine Drehbewegung des Käfigs. Der K. wird v. a. in Drehstrommotoren (↑Elektromotor) eingesetzt.

Kurzschlussstrom: der bei einem ↑Kurzschluss fließende Strom.

Kurzsichtigkeit: eine Fehlsichtigkeit, bei welcher der Brennpunkt des ↑Auges vor der Netzhaut liegt, sodass sich parallel einfallende Lichtstrahlen zu früh schneiden (Gegenteil: ↑Weitsichtigkeit). Der Blick in die Ferne liefert dadurch ein unscharfes Bild.

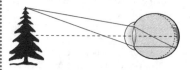

Kurzsichtigkeit: Ferne Objekte werden unscharf gesehen, weil der Brennpunkt vor der Netzhaut liegt.

Die Ursache der K. ist zumeist ein im Verhältnis zur Brechkraft zu lang gebauter Augapfel. Durch Vorsetzen einer Zerstreuungslinse in Form einer Brille oder von Kontaktlinsen kann die K. behoben werden.

kWh: Einheitenzeichen für ↑Kilowattstunde.

l:
♦ Einheitenzeichen für die Volumeneinheit ↑Liter.
♦ (l): Formelzeichen für die Länge.
♦ (l): Formelzeichen für die Bahndrehimpulsquantenzahl (↑Quantenzahlen).
L:
♦ (L): Formelzeichen für den Selbstinduktionskoeffizienten (↑Selbstinduktion).
♦ (L): Formelzeichen für die ↑Leuchtdichte.
♦ (L): Formelzeichen für die ↑Loschmidt-Zahl.
$\vec{L}$ ($\vec{L}$): Formelzeichen für den ↑Drehimpuls.

labiles Gleichgewicht [spätlat. labilis »leicht gleitend«]: Form des ↑Gleichgewichts, bei der ein kleiner Kraftstoß genügt, um einen Körper aus seiner Gleichgewichtslage zu bewegen.

Laborsystem: ↑Bezugssystem.

Ladung (elektrische Ladung, Elektrizitätsmenge), Formelzeichen Q: eine Teilcheneigenschaft, welche die Ursache (die Quelle) des elektrischen Feldes und aller elektromagnetischen Erscheinungen ist.

Allgemein bezeichnet der Begriff der Ladung die Eigenschaft eines Körpers, dass er eine anziehende oder abstoßende Kraft auf einen anderen, ebenfalls geladenen Körper ausübt. Ladung ist immer an Materie gebunden. Man kann zwei Arten von L. beobachten, die man **positive** und **negative Ladung** nennt. Gleichnamige L. stoßen sich ab, ungleichnamige L. ziehen sich an (↑Coulomb-Gesetz, Abb.). Je nach Stärke der Anziehungskraft trägt der Körper eine kleine oder große L.; man nennt den Körper dann schwach oder stark geladen. Die SI-Einheit der L. ist das ↑Coulomb (C).

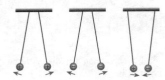

Ladung: Gleichnamige Ladungen stoßen sich ab, ungleichnamige Ladungen ziehen sich an.

Alle Kraftlinien (Feldlinien) beginnen und enden an ruhenden elektrischen L.; dabei bezeichnet man die L., von denen die Feldlinien ausgehen, als positiv, und die L., in denen die Feldlinien enden, als negativ. L. kann man nicht erzeugen, man kann nur die in der Natur vorhandenen L. trennen. Bei einer Ladungstrennung erhält man daher immer gleich viele positive und negative L.

Der kleinste Betrag, den die L. annehmen kann, ist die sog. ↑Elementarla-

dung (Formelzeichen e) sie beträgt $-1,602\ 176\ 4 \cdot 10^{-19}$ C. Jede andere L. ist ein Vielfaches dieser Elementarladung.

In der Elementarteilchenphysik wird allerdings den sog. Quarks (↑Elementarteilchen) eine L. von 1/3 bzw. 2/3 der Elementarladung zugeschrieben; da die Quarks sich aber immer so vereinen, dass sich eine ganzzahlige L. ergibt, und folglich keine einzelnen Quarks auftreten, kann man diese »gebrochenen« L. nicht beobachten.

Der wichtigste Träger einer negativen Elementarladung ist das ↑Elektron. Ein aus ↑Atomen zusammengesetzter Körper gilt als positiv geladen, wenn er einen Mangel an Elektronen hat; bei einem Überschuss an Elektronen ist er negativ geladen.

Auf einem geladenen ↑Leiter verteilt sich die gesamte bewegliche L. immer an der Oberfläche. Dies ist auf die abstoßenden Kräfte zwischen den Ladungen zurückzuführen: Im Innern des Körpers besteht solange ein elektrisches Feld, bis es die L. an die Oberfläche getrieben hat, aus der sie (ohne zusätzliche Energie) nicht austreten können. Hier können sie sich noch längs der Oberfläche bewegen, solange das Feld eine Komponente parallel zur Oberfläche aufweist. Die Bewegung hört auf, wenn die elektrische Feldstärke im Innern des Körpers null ist oder das Feld nur noch senkrecht zur Oberfläche steht. Die Tatsache, dass sich die L. an der Oberfläche verteilen und nicht in das Innere des Körpers eindringen, macht man sich beim sog. ↑Faraday-Käfig zunutze.

Ladungsdichte: Verhältnis aus der elektrischen ↑Ladung Q eines Körpers und dessen Volumen V (Raumladungsdichte $\rho = Q/V$) bzw. Fläche A (Flächenladungsdichte $\sigma = Q/A$).

Ladungsträger: elektrisch geladene Teilchen (↑Elektron, ↑Ion), deren

Transport einen elektrischen Strom bedeutet (↑elektrische Leitung).

Ladungstrennung: die Trennung von vorhandenen elektrischen Ladungen in positive und negative Ladungen. Sie ist möglich durch chemische Vorgänge (↑galvanisches Element), durch mechanische Vorgänge (↑Bandgenerator, ↑Reibungselektrizität), durch elektromagnetische Vorgänge (↑Generator) oder durch ↑Ionisation.

Lage|energie: potenzielle ↑Energie.

lambert-beersches Absorptionsgesetz [nach JOHANN H. LAMBERT, *1728, †1777, und AUGUST BEER, *1825, †1863]: ↑Absorption.

lambertsches Entfernungsgesetz: ↑Beleuchtungsstärke.

laminare Strömung [lat. lamina »Platte«]: Zustand einer zähen Flüssigkeit (oder eines Gases), bei dem die Flüssigkeitsschichten glatt übereinander gleiten. Dieser Zustand hängt von der inneren Reibung (↑Viskosität) und der Strömungsgeschwindigkeit ab. Bei kritischen Werten dieser Größen kann eine l. S. in ↑Turbulenz umschlagen. Für eine l. S. gilt das ↑hagen-poiseuillesche Gesetz.

Lampe: künstliche Lichtquelle, z. B. eine Glühbirne oder eine ↑Leuchtstoffröhre. Umgangssprachlich bezeichnet man auch Leuchten (Halterung und Licht verteilender Schirm) als Lampen.

Längenausdehnungszahl: der ↑lineare Ausdehnungskoeffizient.

Längenkontraktion [lat. contrahere, contractum »zusammenziehen«]: die von der ↑Relativitätstheorie vorhergesagte Längenverkürzung bei hoher Geschwindigkeit.

Längsschwingung: deutsche Bezeichnung für ↑Longitudinalschwingung.

Larmor-Frequenz [ˈlɑːmɔː; nach Sir JOSEPH LARMOR, *1857, †1942]: die Frequenz, mit welcher der Drehimpuls und damit das magnetische Moment ei-

nes Atomelektrons in einem äußeren Magnetfeld präzidiert (↑Kreisel). Strahlt man elektromagnetische Wellen mit dieser Frequenz ein, so wird eine solche Präzessionsbewegung angeregt.

Laser [ˈleɪzə]: siehe S. 238.

Laserdiode [ˈleɪz-]: eine spezielle ↑Halbleiterdiode, die das aktive Medium eines Diodenlasers bildet. Typische Materialien für L. sind die ↑Halbleiter Galliumarsenid (GaAs) und Bleiselenid (PbSe).

Bei Anlegen einer Spannung werden die Elektronen und Löcher im p-n-Übergang getrennt. Licht entsteht, wenn die Elektronen im Leitungsband der n-Schicht und die Löcher im Valenzband der p-Schicht direkt rekombinieren und die dabei frei werdende Energie in Form von Photonen abgeben. Das Licht wird durch Verspiegelung der Endflächen wieder in die p-n-Schicht eingespeist und führt zur Entstehung weiterer Elektron-Loch-Paare. Trotz des hohen Wirkungsgrads von bis zu 90 % ist wegen des kleinen Volumens der aktiven Schicht (ca. 0,5 × 0,2 × 0,1 mm³) die erzielbare Leistung dennoch nur gering (einige Milliwatt).

latente Wärme [lat. latere »verborgen sein«]: die Energiemenge, die nötig ist, um einen Körper ohne Temperaturerhöhung aus dem festen in den flüssigen (Schmelzwärme) oder dem flüssigen in den gasförmigen Aggregatzustand (Verdampfungswärme) zu überführen (↑Schmelzen, ↑Verdampfen). Beim Übergang vom gasförmigen in den flüssigen bzw. vom flüssigen in den festen Aggregatzustand wird die l. W. wieder frei.

Laue-Verfahren [nach M. V. LAUE]: Verfahren der ↑Kristallstrukturanalyse mit »weißer«, d. h. nicht monochromatischer Röntgenstrahlung.

Läufer: der umlaufende Teil eines ↑Elektromotors.

Laufzahl: ↑Spektralserie.

E in Laser (engl. **l**ight **a**mplification by stimulated **e**mission of **r**adiation »Lichtverstärkung durch stimulierte Strahlungsemission«) ist ein Gerät, mit dem scharf gebündeltes Licht mit einer sehr genau festgelegten Frequenz erzeugt wird. Die ausgesandte Lichtwelle ist sehr lang und regelmäßig.

■ **Absorption und Emission von Licht**

Atome können Energie nicht beliebig aufnehmen. Vielmehr sind ihnen nur Zustände mit bestimmter Energie erlaubt. Das ist etwa so wie bei einer Leiter. Man kann nur auf die einzelnen Sprossen steigen, dazwischen zu stehen ist nicht möglich. Entsprechend senden die Atome Licht nicht gleichmäßig, sondern in Portionen aus, in sog. Lichtquanten. Normalerweise befinden sich Atome im untersten, energieärmsten Zustand, dem sog. **Grundzustand.** Das würde dem Boden entsprechen, auf

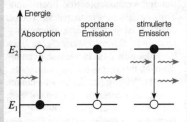

(Abb. 1) Absorption, spontane und induzierte Emission

dem die Leiter steht. Führt man nun dem Atom Energie zu (Anregung), so kann es in einen energiereicheren Zustand, einen **angeregten Zustand,** übergehen. Es steigt die Leiter hoch (Abb. 1 links). Diese Anregung kann auf unterschiedliche Art erfolgen, z. B. durch Zusammenstöße mit anderen Atomen oder auch durch einfallendes Licht. Im zweiten Fall wird das einfallende Licht geschwächt, man spricht von **Absorption.** Ist ein Atom in einem angeregten Zustand, dann bleibt es da

gewöhnlich nicht lange. Typischerweise innerhalb weniger Nanosekunden (milliardstel Sekunden) geht es wieder in den Grundzustand über, es fällt gewissermaßen die Leiter hinunter. Dabei gibt es die Energie als Lichtquant mit eben dieser Energie ab (**spontane Emission,** Abb. 1 Mitte).

Außerdem kann ein Atom auch durch einfallendes Licht dazu gebracht werden, von einem angeregten Zustand in den Grundzustand überzugehen und dabei Licht auszusenden. Wenn ein einfallendes Lichtquant genau die Energie zwischen angeregtem Zustand und Grundzustand hat, dann emittiert das angeregte Atom seine Energie ebenfalls in einem Lichtquant, sodass anschließend nicht mehr ein, sondern zwei Quanten mit der gleichen Energie unterwegs sind (Abb. 1 rechts). Das einfallende Lichtquant stößt das Atom gewissermaßen von seiner Sprosse herunter. Die Emission erfolgt also nicht zufällig wie bei der spontanen Emission, sondern wird durch das einfallende Lichtquant veranlasst. Man spricht deshalb von **stimulierter** (angeregter) oder **induzierter Emission.**

■ **»Normales« Licht**

Ein Licht aussendender Körper (z. B. die Wendel einer Glühbirne oder die Sonne) besteht nicht aus einem, sondern aus Milliarden und Abermilliarden von Atomen. Senden die Atome eines solchen Körpers ihr Licht wie üblich in spontaner Emission aus, dann weiß ein aussendendes Atom nichts vom anderen, die ausgesandten Lichtquanten haben nichts miteinander zu tun. Da Lichtquanten auch Welleneigenschaften haben und man sich ein ausgesandtes Lichtquant als ein kurzes Stück Welle (üblicherweise ca. 1 m lang) vorstellen kann, überlagern sich die Wellenzüge der von verschiedenen Atomen ausgesandten Lichtquanten ohne Zusammenhang. Es entsteht ein regelloses Gemisch, und die zugehörige Welle sieht etwa so aus wie eine Wasseroberfläche, wenn darauf sehr viele Regentropfen fallen. Solches Licht nennt man **inkohärent** (nicht zusammenhängend).

■ **Besonderes Licht**

Trifft ein geeignetes Lichtquant auf ein Atom und löst eine stimulierte Emission aus, dann ist das dabei zusätzlich entstehende Lichtquant genau gleichphasig mit dem einfallenden Lichtquant: Wellenberg trifft auf Wellenberg und Wellental auf Wellental. Man erhält also eine Welle, die doppelt so hoch ist wie die ursprüngliche Welle. Bei fortgesetzter stimulierter Emission hängen auch die Wellenzüge der neu auftretenden Lichtquanten mit denen der auslösenden Lichtquanten zusammen, sie sind **kohärent** (zusammenhängend). Für den Beobachter sieht das wie ein einziger, unendlich langer Wellenzug aus, da er die einzelnen Lichtquanten nicht unterscheiden kann. Die stimulierte Emission kann kettenreaktionsartige Ausmaße annehmen, wodurch große Verstärkungen möglich sind. Zudem ist sind die so entstehenden Laserstrahlen sehr stark gebündelt und parallel.

■ **Die Besetzungsumkehr**

Der Verstärkung von Licht durch stimulierte Emission steht die Schwächung durch die Absorption entgegen. Je nachdem, ob sich mehr Atome im Grundzustand oder im angeregten Zustand befinden, ist die Absorption stärker als die induzierte Emission oder umgekehrt. Da sich wegen der spontanen Emission aber die meisten Atome im Grundzustand befinden, scheint eine Verstärkung nicht möglich zu sein. Die Umkehrung der natürlichen Verhältnisse, nämlich mehr Atome in einem bestimmten angeregten Zustand zu halten als sich im Grundzustand befinden, nennt man **Besetzungsumkehr** oder **Besetzungsinversion**. Die Atome werden dabei auf dem Umweg über eine dritte oder sogar vierte Anregung zur gewünschten Anregungsstufe gebracht.

Ein typisches Energieniveau-Schema

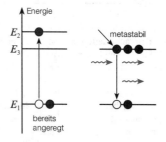

(Abb. 2) Besetzungsinversion

der betreffenden Atome zeigt Abb. 2. Durch Lichteinstrahlung oder Stöße werden die Atome vom Grundzustand mit der Energie E_1 in den Zustand der Energie E_2 angeregt. Wegen der spontanen Emission befinden sich viel weniger Atome in diesem angeregten Zustand als im Grundzustand. Über Stöße oder auch Lichtquantemission geht ein Teil der angeregten Atome auf den Zustand der Energie E_3 über. Wenn dieser nun metastabil ist, d. h. viele hunderttausend Mal langsamer in den Grundzustand übergeht als der Zustand der Energie E_3, häuft sich die Zahl der Atome auf diesem Energieniveau, bis schließlich Besetzungsinversion gegenüber dem Grundzustand erreicht ist.

■ **Aufbau eines Lasers**

Abb. 3 zeigt den prinzipiellen Aufbau eines Gaslasers. In einer Röhre ist das Gas eingeschlossen, mit dessen Atomen oder Molekülen die Besetzungsinversion erreicht wird. Durch eine Hochspannung wird ähnlich wie bei ei-

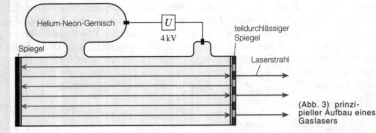

Helium-Neon-Gemisch · U · 4 kV · Spiegel · teildurchlässiger Spiegel · Laserstrahl

(Abb. 3) prinzipieller Aufbau eines Gaslasers

ner Glimmlampe ein Teil der Moleküle in den angeregten Zustand gebracht. Die Lichtemissionen erfolgen zunächst spontan mit unterschiedlichen Wellenlängen und in alle Richtungen. Die verschiedenen Wellen überlagern sich. Da jedoch die beiden Enden der Röhre verspiegelt sind, haben nur solche Überlagerungen eine nennenswerte Amplitude, die zu einer stehenden Welle führen. Hat diese stehende Welle die richtige Wellenlänge, ruft sie die gewünschte stimulierte Emission hervor und verstärkt sich dadurch selbst. Einer der beiden Spiegel ist für etwa 2% der Strahlung durchlässig. Dort kann ein Teil des Laserlichts die Röhre verlassen und genutzt werden.

Neben den großen und schweren Gaslasern gibt es Farbstofflaser, Freie-Elektronen-Laser u. a. Besonders kompakt sind die stecknadelkopfgroßen Halbleiterlaser. Als »Röhre« dient bei ihnen eine spezielle Halbleiterschicht, die von geeigneten Materialien eingeschlossen ist.

■ Anwendungen des Lasers

Die zahlreichen Anwendungen des Lasers beruhen auf der scharfen Ausprägung einer einzigen Wellenlänge und der Möglichkeit, das Laserlicht enorm zu bündeln und so z. T. hohe Energien auf kleine Ziele zu übertragen.

In den Privathaushalten spielen Halbleiterlaser in CD-Playern und CD-ROM-Laufwerken eine Rolle. In der industriellen Fertigung werden computergesteuerte Laser hoher Energie immer mehr zum Bohren, Schneiden und Schweißen eingesetzt.

Zunehmenden Einsatz finden Laser in der Medizin. Bei Augenoperationen können diese viel feiner und genauer schneiden als etwa ein Skalpell, aber auch bei anderen Operationen verwendet man immer öfter Laser. ■

📖 Wenn du dich für Anwendungen interessierst, besuche einmal die Homepage einer Augenklinik, die mit Lasern arbeitet, z. B. www.augen-laser-klinik.de. – Auch bei Laserherstellern findet man interessante Informationen, z. B. www.jenoptik-los.de.

📕 ANDERS-VON AHLFTEN, ANGELIKA, ALTHEIDE, HANS-JÜRGEN: *Laser, das andere Licht.* Taschenbuchausgabe Reinbek (Rowohlt) 1995. ■ *Brockhaus – die Bibliothek. Mensch, Natur, Technik,* Band 5: *Technologien für das 21. Jahrhundert.* Leipzig (Brockhaus) 2000. ■ *Dossier: Laser in neuen Anwendungen,* bearbeitet von DIETER BESTE u. a. Heidelberg (Spektrum-der-Wissenschaft-Verlags-Gesellschaft) 1998. ■ WEBER, HORST: *Laser. Eine revolutionäre Erfindung und ihre Anwendungen.* München (Beck) 1998.

Lautsprecher: Gerät zur Umwandlung elektrischer Signale in Schallschwingungen. Der in Stereoanlagen häufigste Typ ist der **elektrodynamische Lautsprecher** (Abb.). Bei diesem befindet sich eine von tonfrequentem Wechselstrom (etwa 16 Hz–20 kHz) durchflossene Zylinderspule (Schwingspule) im Luftspalt eines Dauermagneten, die in dessen Magnetfeld im Rhythmus der Tonsignale schwingt. An der Schwingspule ist eine Membran befestigt, welche die Bewegung als Schallwelle an die umgebende Luft abgibt.

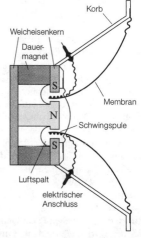

Lautsprecher: Schema eines elektrodynamischen Lautsprechers

Der **elektrostatische Lautsprecher** wird meist in Ohrhörern eingesetzt. Er beruht auf dem Kondensatorprinzip: Die negative Platte bildet eine durchlöcherte geerdete Metallplatte, der in geringem Abstand eine positive dünne Metallmembran gegenübersteht. Legt man an diesen Kondensator die tonfrequente Wechselspannung an, so ändert sich das elektrische Feld im Rhythmus der Wechselspannung. Die dabei auftretenden Kräfteänderungen bringen dann die Lautsprechermembran zum Schwingen

Lautstärke: die subjektive Empfindung der Schallstärke eines Tons. Sie hängt von der Größe des Schalldrucks und von der Tonfrequenz ab. Gemessen und angegeben wird die Lautstärke als Lautstärkepegel (↑Pegel). Er hat die Einheit ↑Phon (die Hörschwelle liegt bei 4 Phon, die Schmerzgrenze bei 130 Phon).

Laval-Düse [nach CARL GUSTAF LAVAL; *1845, †1913]: eine u. a. in ↑Dampfturbinen verwendete Düse, die sich erst verengt und dann wieder erweitert. Durch die Querschnittsverengung erhöht sich die Geschwindigkeit des Dampfstrahls und damit die Kraft, die er auf die Turbinenschaufeln ausüben kann.

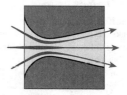

Laval-Düse: Schema

LCD, Abk. für liquid crystal display [engl. »Flüssigkristallanzeige«]: ein ↑Bildschirm, dessen Leuchtelemente (»Pixel«) ↑Flüssigkristalle enthalten, die bei Anlegen einer Spannung von wenigen Volt ihre Lichtdurchlässigkeit ändern.
Da LCDs keine Hochspannung benötigen, sind sie strahlungsfrei und haben einen geringen Energieverbrauch; aufgrund der geringen Abmessungen der Bildelemente können sie als Flachbildschirme ausgeführt werden.

Lebensdauer, Formelzeichen τ: eine Zeit, die angibt, wie lange sich ein mikrophysikalisches System im statistischen Mittel in einem bestimmten Zustand befindet.

So gilt z. B. speziell für den radioaktiven Zerfall: Die Anzahl ΔN der in einem Zeitintervall Δt zerfallenden Atome ist proportional zur Zeit Δt und zur Zahl N der ursprünglich vorhandenen Atome. Die Proportionalitätskonstante heißt **Zerfallskonstante** λ. Aus dem Zusammenhang $\Delta N = -\lambda \cdot N \cdot \Delta t$ gewinnt man durch Grenzübergang zu beliebig kleinen Intervallen und Integration das Zerfallsgesetz

$$N(t) = N_0 \cdot e^{-\lambda \cdot t}$$

($N(t)$ Zahl der zur Zeit t noch vorhandenen Atome, N_0 Zahl der zur Zeit $t = 0$ noch nicht zerfallenen Atome).
Der Kehrwert der Zerfallskonstante ist die mittlere Lebensdauer τ (speziell einer radioaktiven Substanz). Es ist also $\tau = 1/\lambda$. Für $t = \tau$ ergibt sich:

$$N(\tau) = N_0 \cdot e^{-1} = N_0 / e$$

Nach Ablauf der mittleren Lebensdauer τ ist also die Zahl der noch vorhandenen Atome auf den e-ten Teil gesunken. τ liegt bei angeregten Atomen im Bereich von Nanosekunden bis Millisekunden, beim radioaktiven Zerfall kann τ Mikrosekunden bis Milliarden Jahre betragen.
Die Lebensdauer ist zu unterscheiden von der ↑Halbwertszeit, in der die Zahl der Atome auf die *Hälfte* des Ausgangswerts gefallen ist.
Lecher-Leitung: ein System aus zwei parallelen Leitern als Sonderfall eines ↑Schwingkreises, das von ERNST LECHER (*1856, †1926) zum Nachweis der Wellenlänge und der Ausbreitungsgeschwindigkeit elektrischer Wellen entwickelt wurde. Längs der Drähte bilden sich ↑stehende Wellen (**Stromwellen**), wenn die Länge der Drähte ein ganzzahliges Vielfaches der Wellenlänge der Erregerspannung ist. Man kann die Strombäuche durch Glühlämpchen, die Spannungsbäuche mit Glimmlampen sichtbar machen.

LED, Abk. für light emitting diode [engl. »Licht emittierende Diode«] (Leuchtdiode): eine in Durchlassrichtung gepolte ↑Halbleiterdiode, bei der Elektron-Loch-Paare bei ihrer Rekombination Licht aussenden. Die LED ist damit das Gegenstück zur ↑Fotodiode. Durch Rückkopplung kann man aus einer LED eine ↑Laserdiode machen.
Leerlauf: der unbelastete Zustand einer mechanischen oder elektromechanischen Maschine (↑Elektromotor), in welchem sie nur die unvermeidliche Verlustleistung aufnimmt, aber keine Leistung abgibt.
Leerlaufspannung: ↑Urspannung.
Leidener Flasche: ↑Zylinderkondensator.
Leidenfrost-Phänomen [nach JOHANN G. LEIDENFROST; *1715, †1794]: Erscheinung, die auftritt, wenn eine Flüssigkeit einen Gegenstand berührt, dessen Temperatur höher ist als ihre Siedetemperatur. Dabei bildet sich eine isolierende Dampfschicht, die eine weitere Berührung der Körper verhindert und damit das weitere Verdampfen verlangsamt. Auf das L.-P. ist z. B. das Tanzen von Wassertropfen auf einer heißen Herdplatte zurückzuführen.
L-Einfang: ↑Elektroneneinfang aus der L-Schale der Atomhülle.
Leistung, Formelzeichen P: der Quotient aus der verrichteten Arbeit W und der dazu benötigten Zeit t:

$$P = \frac{W}{t}.$$

Ist die Arbeit zeitabhängig, ist also die in gleichen Zeiten verrichtete Arbeit nicht konstant, so ergibt sich für die Durchschnittsleistung im Zeitintervall Δt: $P = \Delta W / \Delta t$. Die momentane L. ist dann

$$P = \lim_{\Delta t \to 0} \frac{\Delta W}{\Delta t} = \frac{dW}{dt}.$$

Die SI-Einheit der L. ist das ↑Watt (W).

■ Mechanische Leistung

Für die mechanische ↑Arbeit W, die verrichtet wird, wenn man den Angriffspunkt einer zeitlich konstanten Kraft mit dem Betrag F um die Strecke s verschiebt, gilt $W = F \cdot s$. Dementsprechend gilt für die mechanische L.:

$$P = \frac{F \cdot s}{t}$$

Stimmen Kraft- und Wegrichtung nicht überein, sondern schließen einen Winkel α ein, gilt $W = \vec{F} \cdot \vec{s} = F \cdot s \cdot \cos \alpha$ und somit:

$$P = \frac{\vec{F} \cdot \vec{s}}{t} = \frac{F \cdot s}{t} \cdot \cos \alpha.$$

Ist die Kraft $\vec{F}$ nur während einer kleinen Wegstrecke $\Delta \vec{s}$ konstant, so ist die auf diesem Wegstück verrichtete Arbeit $W = \vec{F} \cdot \Delta \vec{s}$; also gilt für die L.:

$$P = \frac{\vec{F} \cdot \Delta \vec{s}}{\Delta t} = \vec{F} \cdot \frac{\Delta \vec{s}}{\Delta t}.$$

Lässt man das betrachtete Wegstück immer kleiner werden ($\Delta \vec{s} \to 0$), so strebt der Quotient $\Delta \vec{s} / \Delta t$ gegen die Momentangeschwindigkeit $\vec{v}$. Dann ergibt sich für die Leistung $P = \vec{F} \cdot \vec{v}$.

■ Elektrische Leistung

Wir betrachten einen homogenen elektrischen Leiter (Widerstand R, Länge l), in dem unter der Einwirkung eines elektrischen Felds E ein *Gleichstrom* der Stromstärke $I = U/R$ fließt. $U = E \cdot l$ ist die Spannung zwischen den Leiterenden. Den Strom fassen wir als Transport von Ladungsträgern mit der elektrischen Ladung Q auf, die sich mit der Geschwindigkeit v durch den Leiter bewegen. Dann übt das elektrische Feld auf die Ladungsträger die Kraft $F = Q \cdot E$ aus. Es verrichtet dabei gegen die vom Leitermaterial auf die Ladungsträger ausgeübten »Reibungskräfte«, die den Widerstand bewirken, innerhalb

der Zeit t die mechanische Arbeit (Stromarbeit) $W_{el} = Q \cdot v \cdot E \cdot t$. Damit ergibt sich für die elektrische L. **(Stromleistung)** eines Gleichstroms $P_{el} = Q \cdot v \cdot E$. Mit der für die Stromstärke geltenden Beziehung $I = (Q \cdot v)/l$ ergibt sich:

$$P_{el} = U \cdot I = R \cdot I^2 = \frac{U^2}{R}.$$

Die Leistung eines sinusförmigen Wechselstroms der Kreisfrequenz ω hängt von der ↑Phasenverschiebung φ zwischen der Spannung $U = U_0 \sin \omega t$ und der Stromstärke $I = I_0 \sin(\omega t - \varphi)$ im ↑Wechselstromkreis ab. Für die momentane Leistung gilt:

$$P_{mom} = U_0 I_0 \cdot \sin \omega t \cdot \sin(\omega t - \varphi).$$

Hieraus erhält man mit der Beziehung

$$\sin \alpha \cdot \sin \beta = \frac{1}{2}[\cos(\alpha - \beta) - \cos(\alpha + \beta)]$$

die Formel

$$P_{mom} = U_0 I_0 \cdot \frac{1}{2}[\cos \varphi - \cos(2\omega t - \varphi)].$$

Definiert man die Effektivspannung $U_{eff} = U_0/\sqrt{2}$ und entsprechend die Effektivstromstärke $I_{eff} = I_0/\sqrt{2}$, so gilt:

$$P_{mom} = U_{eff} I_{eff} \cdot \frac{1}{2}[\cos \varphi - \cos(2\omega t - \varphi)].$$

Die elektrische Leistung eines sinusförmigen Wechselstroms zerfällt also in einen Teil, der nicht von der Zeit abhängt, und einen zeitabhängigen Teil. Letzterer verschwindet im zeitlichen Mittel, denn man erhält für die **mittlere Leistung** während einer Periodendauer:

$$P_{el} = \frac{1}{T} \int_0^T P_{mom} dt = \frac{1}{2} U_0 I_0$$
$$= U_{eff} \cdot I_{eff} \cdot \cos \varphi.$$

Diese Leistung bezeichnet man als ↑Wirkleistung P_W. Das Produkt $U_{eff} \cdot I_{eff}$ ist die Scheinleistung P_S, den Faktor $\cos \varphi$ nennt man **Leistungsfaktor**. Der Ausdruck

$$P_B = \sqrt{P_W^2 - P_S^2}$$

heißt **Blindleistung**. Es gilt:

$$P_W = P_S \cos\varphi \quad \text{und}$$

$$P_B = P_S \sin\varphi.$$

Leiter: allgemein ein Material oder ein Körper, der eine energieartige Größe mit geringem Widerstand leitet. Gegenteil: ↑Isolator.

◆ *Elektrizitätslehre:* ein Material oder Körper, der den elektrischen Strom gut leitet (spezifischer Widerstand sehr viel kleiner als $10^6 \, \Omega$), im Gegensatz zum Isolator. Je nachdem, durch welche Ladungsträger die ↑elektrische Leitung innerhalb des Leiters bewirkt wird, spricht man von Elektronenleitern (die meisten Metalle) oder Ionenleitern (z. B. Elektrolyte). Besondere Eigenschaften haben ↑Halbleiter und Supraleiter (↑Supraleitung).

◆ *Wärmelehre:* ein Material oder Körper mit hoher Wärmeleitfähigkeit (↑Wärmeleitung).

◆ *Optik:* eine Vorrichtung aus dielektrischem Material, die Licht praktisch verlustfrei über große Strecken weiterleiten kann. Man unterscheidet Lichtleiter im eigentlichen Sinn, die nur die Lichtenergie transportieren (z. B. für Beleuchtungszwecke in medizinischen Anwendungen), und Lichtwellenleiter (z. B. ↑Glasfasern), bei denen die Welleninformationen des übertragenen Lichts erhalten bleiben.

Leitfähigkeit (spezifische elektrische Leitfähigkeit), Formelzeichen σ: der Kehrwert des spezifischen elektrischen ↑Widerstands ρ:

$$\sigma = 1/\rho.$$

Die SI-Einheit der Leitfähigkeit ist ↑Siemens pro Meter (S/m), 1 S/m = $1 \, (\Omega m)^{-1}$. Zwischen der elektrischen ↑Stromdichte $\vec{j}$ und der elektrischen Feldstärke $\vec{E}$ gilt der Zusammenhang

$$\vec{j} = \sigma \cdot \vec{E}.$$

Leitungselektronen: ↑elektrische Leitung.

Leitungsstrom: ↑Strom.

Leitwert, Formelzeichen G: der Kehrwert des elektrischen ↑Widerstands R:

$$G = 1/R.$$

Die SI-Einheit des Leitwerts ist das ↑Siemens (S; $1 S = 1/\Omega = 1\Omega^{-1}$). Der (komplexe) Wechselstromleitwert ist die Admittanz (↑Wechselstromkreis).

Lenard-Fenster [nach P. LENARD]: eine dünne, luftundurchlässige Aluminiumfolie (Dicke 0,002 mm) oder ein dünnes Glimmerblättchen (Dicke ca. 0,05 mm) zum luftdichten Verschließen einer Gasentladungsröhre. Das Fenster ist nur für ↑Kathodenstrahlen genügend hoher Energie durchlässig. Eine solche Röhre mit L.-F. heißt auch **Lenard-Röhre**.

lenzsche Regel: die von HEINRICH LENZ (*1804, †1865) aufgestellte Aussage, wonach bei einer elektromagnetischen ↑Induktion die induzierte Spannung (oder der induzierte Strom, falls der Induktionskreis geschlossen ist) stets so gerichtet ist, dass das von ihr hervorgerufene Magnetfeld der Induktionsursache entgegenwirkt.

Beim Schließen des Schalters S (Abb.) entsteht ein Magnetfeld, dessen Nordpol gemäß den ↑Rechtehandregeln der Induktionsspule gegenüberliegt. Nach der l. R. soll das Entstehen dieses Nordpols »verhindert« werden. Daher ist – unabhängig vom Wicklungssinn der Induktionsspule – die induzierte Spannung stets so gerichtet, dass an dem der Feldspule zugewandten Ende der Induktionsspule ein Nordpol entsteht, welcher den entstehenden Nordpol der

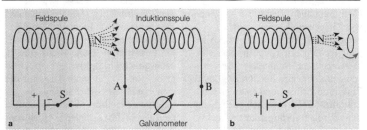

lenzsche Regel: Beim Schließen des Schalters S wird in der Induktionsspule eine Spannung induziert, die einen Strom von A nach B bewirkt **(a)**. Ein vor der Feldspule aufgehängter Metallring wird abgestoßen **(b)**.

Feldspule abzustoßen versucht. Es fließt ein Induktionsstrom *außerhalb* der Induktionsspule von Punkt A nach Punkt B in Abb. a. Hängt man anstelle der Induktionsspule einen leichten Ring vor die Feldspule (Abb. b), so wird dieser beim Schließen des Schalters S kurzzeitig abgestoßen. Beim Öffnen des Schalters verschwindet der Nordpol der Feldspule; dies versucht die Induktionsspannung zu verhindern. Unabhängig vom Wicklungssinn entsteht an dem der Feldspule gegenüberliegenden Ende der Induktionsspule immer ein Südpol, der den verschwindenden Nordpol zu »halten« versucht: Der Ring wird beim Öffnen des Schalters also angezogen.

Leptonen [griech. leptós »schwach, dünn«]: Bezeichnung für ↑Elementarteilchen mit halbzahligem Spin, die nicht der starken Wechselwirkung unterliegen und bislang nur als punktförmige Teilchen in Erscheinung getreten sind. Man kennt drei Familien von L. aus je einem negativ geladenen Teilchen (Elektron e^-, Myon μ^- und Tauon τ^-) und dem zugehörigen ungeladenen Neutrino (ν_e, ν_μ, ν_τ). Zu jedem Lepton gibt es außerdem ein ↑Antiteilchen (e^+, μ^+, τ^+, $\overline{\nu}_e$, $\overline{\nu}_m$, $\overline{\nu}_t$).

Leuchtdichte, Formelzeichen L: fotometrisches Maß für die vom Auge empfundene Helligkeit einer gleichmäßig leuchtenden Fläche. Sie ergibt sich als Quotient aus der Lichtstärke I der Fläche und deren Größe A:

$$L = I / A.$$

Bilden Beobachtungsrichtung und Flächennormale (die Senkrechte auf der leuchtenden Fläche) einen Winkel α miteinander, so gilt

$$L = \frac{I}{A \cdot \cos\alpha}.$$

Die SI-Einheit der Leuchtdichte ist Candela pro Quadratmeter (cd/m^2). Oft verwendet man auch die abgeleitete Einheit cd/cm^2 (1 **Stilb;** Einheitenzeichen sb).

Sonne (mittags)	150 000
Bogenlampe	20 000–100 000
Glühlampe (klar)	200–2000
Glühlampe (matt)	5–50
Kerze	0,75
Leuchtstofflampe	0,35–1,4
klarer Himmel	0,3–0,5
Mond	0,25

Leuchtdichte: typische Werte (in cd/cm^2)

Leuchtdiode: ↑LED.
Leuchtelektron: ↑Valenzelektron.
Leuchtschirm (Fluoreszenzschirm): ein Bildschirm zur Sichtbarmachung von optisch nicht direkt wahrnehmbaren elektromagnetischen oder Teil-

chenstrahlungen. Der L. ist mit einem sog. ↑Leuchtstoff beschichtet.

Leuchtstoff: Material, das bei ↑Anregung (etwa durch Teilchen- oder elektromagnetische Strahlung) ↑Lumineszenz im sichtbaren Bereich zeigt, z. B. Zinksulfid, Silicate und Kaliumborat.

Leuchtstoffröhre (falsch auch Neonröhre): röhrenförmige, mit Quecksilberdampf gefüllte Lampe, in der eine ↑Gasentladung gezündet wird. Die entstehende UV-Strahlung wird durch einen ↑Leuchtstoff auf den Außenwänden in sichtbares Licht umgewandelt.

Libelle [lat. libella »kleine Waage«]: Teil der ↑Wasserwaage.

Licht: elektromagnetische Strahlung mit Wellenlängen zwischen etwa 380 nm (blau) und 780 nm (rot), die mit dem Auge wahrzunehmen ist. Licht verschiedener Wellenlänge ist mit einer Farbempfindung (↑Farbe) verbunden. Während monochromatisches L. nur eng benachbarte Wellenlängen enthält, entsteht »weißes« Licht durch Überlagerung von L. aller Wellenlängen im oben genannten Bereich. Durch Ausnutzen der ↑Dispersion lässt es sich mit einem Prisma oder aber mit einem Gitter in die einzelnen Wellenlängen (Spektralfarben) zerlegen.

Die verschiedenen Aspekte des Lichts werden in den ↑Lichttheorien behandelt. Licht breitet sich im Vakuum geradlinig aus (daher kann man von »Strahlen« sprechen). Die Gesetzmäßigkeiten der Ausbreitung solcher Strahlenbündel behandelt die geometrische ↑Optik, mit der sich z. B. ↑Brechung und ↑Reflexion erklären lassen. ↑Beugung, ↑Interferenz und ↑Polarisation weisen das L. jedoch als Welle aus. Die Wechselwirkungen von L. mit Materie (z. B. ↑Fotoeffekt) können dagegen erst mit der Quantennatur des L. gedeutet werden (↑Welle-Teilchen-Dualismus).

Lichtbogen: die bei einer selbstständi-

gen Gasentladung (↑Bogenentladung) sichtbar werdende Lichterscheinung.

lichtelektrischer Effekt: ↑Fotoeffekt.

lichtelektrische Zelle: ↑Fotozelle.

Lichtgeschwindigkeit, Formelzeichen c: die Geschwindigkeit, mit der sich das Licht oder allgemein eine ↑elektromagnetische Welle ausbreitet. Genauer ist die L. diejenige Geschwindigkeit, mit der sich ein bestimmter Phasenzustand einer Lichtwelle ausbreitet. Man spricht daher auch von der Phasengeschwindigkeit des Lichts, im Unterschied zur Gruppengeschwindigkeit, d. h. der Geschwindigkeit, mit der sich die Wellengruppe als Ganzes fortbewegt. Nur im Vakuum stimmen die beiden Geschwindigkeiten überein.

Die L. hängt sowohl vom Brechungsindex des Ausbreitungsmediums als auch von der Frequenz des Lichts ab (↑Dispersion). Im Vakuum ist die L. frequenzunabhängig, dort nimmt sie ihren höchsten Wert an. Diese sog. **Vakuumlichtgeschwindigkeit** c_0 – sie ist gemeint, wenn im Folgenden von L. die Rede ist – ist eine grundlegende physikalische Konstante. Ihr Wert ist *festgelegt* auf

$$c_0 = 299\ 792\ 458\ \text{m/s}$$

(anders ausgedrückt bestimmt diese Festlegung eine eindeutige Beziehung zwischen den Einheiten ↑Meter und ↑Sekunde).

Dieser Wert ist nach der Relativitätstheorie die obere Grenzgeschwindigkeit für jede Übertragung von Signalen oder von Energie. Ein materieller Körper kann die L. nicht erreichen, sondern sich ihr nur asymptotisch nähern.

In einem Medium mit der Brechzahl n gilt $c = c_0/n$, die L. in einem Medium ist also (da $n > 1$) stets geringer als im Vakuum. In Luft liegt die L. nur um 0,03 % unter der Vakuumlichtgeschwindigkeit. In den meisten Fällen genügt es, mit dem gerundeten Wert $c_0 \approx 300\ 000$ km/s zu rechnen.

■ **Messung der Lichtgeschwindigkeit**

Wegen der grundlegenden Bedeutung des genauen Werts der L. hat man schon vor über 300 Jahren begonnen, ihren Wert genau zu bestimmen. Die Messverfahren spielen heute aber nur noch eine historische Rolle, da man den Wert der L. 1983 bei der Neudefinition des Meters *definiert* hat; auf diese Weise ist die L. die einzige Naturkonstante, deren Wert sich ohne Messfehler angeben lässt.

Die meisten Verfahren beruhen auf der Messung einer sehr großen Länge und der Zeit, in der das Licht diese Strecke durcheilt. Neuere Methoden bestehen darin, mit einem ↑Interferometer die Wellenlänge λ einer Strahlung zu bestimmen; durch Vergleich mit einer Standardfrequenz misst man auch ihre Frequenz ν und errechnet dann die L. aus der Gleichung $c = \lambda \cdot \nu$.

Astronomische Methoden: Dem dänischen Astronomen O. RÖMER gelang 1676 als Erstem, die L. zu messen. Er betrachtete über mehrere Jahre hinweg die Verfinsterung des Jupitermonds Io, also den Eintritt dieses Monds in den Schatten des Jupiter (Abb. 1). Die Zeit zwischen zwei Verfinsterungen maß er mit knapp 42,5 h; der Wert nimmt jedoch zu, wenn sich die Erde auf dem Bahnstück ABC von Jupiter wegbewegt, und er nimmt ab, wenn sich die Erde auf dem Bahnstück CDA Jupiter wieder nähert (die langsame Bewegung von Jupiter kann man vernachlässigen). Der Zeitabstand Δt zwischen der kürzesten und der längsten Zeit zwischen Verfinsterungen beträgt 996 s. Als Grund erkannte RÖMER, dass die L. endlich sein muss, denn die zurückgelegte Wegstrecke des Lichts ändert sich mit der Bewegung der Erde um die Sonne; der Maximalwert $\overline{AC}$ ist genau ein Erdbahndurchmesser d, rund $3{,}00 \cdot 10^{11}$ m. Die L. ergibt sich dann zu

$$\frac{\Delta x}{\Delta t} = \frac{3{,}00 \cdot 10^{11}}{996\ \text{s}} = 3{,}01 \cdot 10^8\ \text{m/s}.$$

RÖMER selbst erhielt allerdings einen viel kleineren Wert, weil er mit $\Delta t =$ 1450 s gerechnet hatte.

Fünfzig Jahre nach RÖMER bestimmte der englische Astronom JAMES BRADLEY (*1693, †1762) die L. aus der ↑Aberration des Lichts. Aus dem Aberrationswinkel $\alpha = 20{,}5''$ (Bogenkunden) und der Bahngeschwindigkeit v der Erde ($v = 29{,}77$ km/s) berechnete er mit $\tan \alpha = 0{,}0001 = v/c$ die L. zu

$$c = \frac{v}{\tan \alpha} = \frac{29{,}77\ \text{km/s}}{0{,}0001}$$
$$= 297\,000\ \text{km/s}.$$

Terrestrische Methoden: Die erste Messung der L. auf der Erde (daher

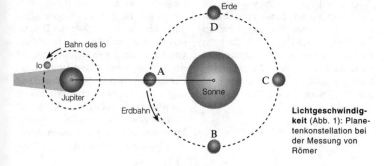

Lichtgeschwindigkeit (Abb. 1): Planetenkonstellation bei der Messung von Römer

»terrestrische Methode«) führte 1849 der französische Physiker ARMAND H. FIZEAU (*1819, †1896) durch. Er benutzte zwei Fernrohre, die in großer Entfernung so fokussiert waren, dass man in dem einem das Objektiv des anderen sehen konnte (Abb. 2). Das aus einer Lichtquelle austretende Licht wurde durch einen halbdurchlässigen Spiegel in den Strahlengang gebracht und an einem ebenen Spiegel in 8,63 km Entfernung reflektiert. Im Objektivbrennpunkt des einen Fernrohrs befand sich ein Zahnrad mit einstellbarer Umdrehungsgeschwindigkeit. Bei langsamer Rotation war das reflektierte Licht nicht im Fernrohr zu sehen, weil es durch die Zähne des Zahnrads abgeschattet wurde. Bei einer schnelleren Drehung jedoch gelangte das Licht zwischen den Zähnen hindurch.

Dann ergibt sich die L. zu

$$c = \frac{\Delta x}{\Delta t} = \frac{17{,}3 \cdot 10^3 \text{ m}}{5{,}49 \cdot 10^{-5} \text{ s}}$$
$$= 3{,}15 \cdot 10^8 \text{ m/s}.$$

Der Fehler liegt bei gerade 5 %. Später wurde das Verfahren vervollkommnet und der Fehler auf 0,007 % verringert. Der französische Physiker L. FOUCAULT realisierte 1869 ein weiteres terrestrisches Verfahren, das mit Messstrecken von einigen Metern auskommt: Hier fällt ein Lichtstrahl auf einen drehbaren Spiegel, von dort auf einen festen Spiegel und wird dann von dort in ein Beobachtungsfernrohr reflektiert. Dreht sich der Spiegel langsam, so gibt es bestimmte Stellungen des Spiegels, bei denen das Licht in das Fernrohr gelangt; man nimmt dort

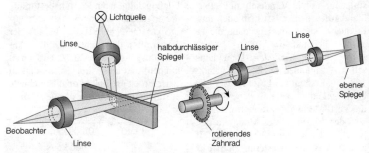

Lichtgeschwindigkeit (Abb. 2): terrestrische Messung nach Fizeau

Bei dem von FIZEAU verwendeten Zahnrad mit 720 Zähnen war dies der Fall bei 25,3 Umdrehungen pro Sekunde. Der gesamte Lichtweg beträgt $2 \cdot 8{,}63$ km = 17,3 km. Das Licht hatte die Lücke zwischen zwei Zähnen passiert, das Rad also eine 720stel Umdrehung gemacht. Weil 25,3 Umdrehungen 1 s dauern, ist die Zeit für eine 720stel Umdrehung

$$\Delta t = \frac{1 \text{ s}}{25{,}3} \cdot \frac{1}{720} = 5{,}49 \cdot 10^{-5} \text{ s}.$$

Lichtblitze wahr. Bei sehr schneller Drehung verschwimmen diese Blitze wegen der Trägheit des Auges; allerdings verschiebt sich dann das Bild innerhalb des Fernrohrs um Bruchteile von Millimetern. Die Genauigkeit, mit der sich c bestimmen lässt, ist durch die Genauigkeit dieser Streckenmessung begrenzt. FOUCAULT erreichte damals einen relativen Fehler von 0,5 % und kam auf einen Wert von 300 900 km/s. Mit einer leicht abgewandelten Apparatur bestimmte er auch die L. in Wasser. A. A. MICHELSON ersetzte später in dem Aufbau den drehbaren Spiegel durch ein achteckiges drehbares Prisma und kam auf einen Wert von (299774±11) km/s. *Weitere Verfahren:* Über die maxwellsche Beziehung

$$c_0 = 1 / \sqrt{\varepsilon_0 \mu_0}$$

(nach J. C. MAXWELL; ε_0 elektrische, μ_0 magnetische Feldkonstante) ist die L. mit elektromagnetischen Größen verknüpft. ε_0 erhält man aus Messungen der Kapazität von Kondensatoren, μ_0 wird durch die Definition des ↑Ampere festgelegt.

Sehr genaue Messungen der L. wurden seit den 1960er-Jahren an linearen Molekülen durchgeführt, die bei bestimmten Quantenbedingungen um ihre Achse rotieren können. Nach Bestrahlung mit kontinuierlichem Licht zeigen sich scharfe Absorptionslinien im Rotations-Schwingungs-Spektrum. Man kann diese Rotationen auch durch Mikrowellen bekannter Frequenz anregen. Die L. c ergibt sich als das Produkt aus Anregungsfrequenz und Absorptionswellenlänge.

Lichtjahr, Einheitenzeichen Lj: in der Astronomie verwendete Längeneinheit (*keine* Zeiteinheit!). *Festlegung:* 1 Lj ist die Strecke, die das Licht in einem Jahr zurücklegt:

$$1 \text{ Lj} = 9,460\ 5 \cdot 10^{12} \text{ km},$$

also knapp zehn Billionen Kilometer.

Lichtleiter: ↑Leiter.

Lichtquant: ↑Photon.

Lichtquantentheorie: die auf A. EINSTEIN zurückgehende ↑Lichttheorie, nach der Licht als Strom von Lichtquanten (↑Photonen) anzusehen ist.

Lichtstärke, Formelzeichen I: die auf den Raumwinkel bezogene Strahlungsleistung einer Lichtquelle. SI-Einheit ist die ↑Candela (cd).

Lichtstrom, Formelzeichen Φ: Be-

zeichnung für die nach der spektralen Empfindlichkeit des menschlichen Auges bewertete Strahlungsleistung einer Lichtquelle. SI-Einheit des L. ist das ↑Lumen (lm). Der Quotient aus dem Lichtstrom Φ, der von einer punktförmigen Lichtquelle in einen bestimmten Raumwinkel Ω ausgestrahlt wird, und dem Raumwinkel selbst ist die ↑Lichtstärke I: $I = \Phi / \Omega$.

Lichttheorien: die Theorien, welche die Natur des Lichts und seine Ausbreitung in den verschiedenen Ausbreitungsmedien beschreiben. Sie haben sich im Laufe der Wissenschaftsgeschichte häufig gewandelt.

Nach der **Wellentheorie** (Undulationstheorie) von C. HUYGENS handelt es sich bei Licht um einen Schwingungsvorgang, ähnlich wie bei Wasserwellen. Das Licht verhält sich wie elastische Wellen in einem hypothetischen Medium, dem sog. ↑Äther. Das Licht breitet sich gemäß dem ↑huygensschen Prinzip aus. Mit der Wellentheorie ließen sich die Reflexion, die Beugung und die Ausbreitung von Licht in Kristallen erklären.

Nach den Vorstellungen von I. NEWTON werden dagegen von leuchtenden Körpern kleine materielle Lichtteilchen mit großer Geschwindigkeit ausgestoßen, die den Raum geradlinig durchfliegen (**Emissionstheorie**). Man muss dann die Lichtbrechung so deuten, dass der Strom der Lichtteilchen beim Übergang in optisch dichteres Medium deshalb zum Einfallslot hin gebrochen wird, weil die Lichtteilchen im optisch dichteren Medium schneller sind als im optischen dünneren Medium. Diese Folgerung stimmt allerdings nicht mit den experimentellen Befunden überein, sodass die Theorie zugunsten der Wellentheorie wieder aufgegeben wurde.

Die Weiterentwicklung der Wellentheorie führte zur **Äthertheorie.** A. J. FRESNEL vertrat erstmals die Vorstellung von Licht als einer sich im Äther ausbreitenden ↑Transversalwelle. Damit erklärte er auf der Grundlage des huygensschen Prinzips die Interferenz und Beugung. Die Annahme der Transversalwellen erlaubte außerdem, die ↑Polarisation des Lichts zu deuten.

Auch die **elektromagnetische Lichttheorie** oder **maxwellsche Theorie** (nach J. C. MAXWELL) ist eine Wellentheorie, die das Licht als transversale Schwingung einer elektrischen und einer dazu senkrechten magnetischen Feldstärke behandelt. Diese sog. elektromagnetische Welle gehorcht den Maxwell-Gleichungen. Ein besonderes Ausbreitungsmedium ist dabei nicht erforderlich, sodass auf die Ätherhypothese verzichtet werden kann.

Die auf A. EINSTEIN zurückgehende **Lichtquantentheorie** ist eine Verbindung von Wellen- und Teilchenvorstellung. Demnach senden leuchtende Körper kleine immaterielle Teilchen (Photonen) aus, deren Energie nach der Beziehung $E = h \cdot \nu$ mit dem planckschen Wirkungsquantum h und der wellenoptischen Frequenz ν zusammenhängt. Damit wurden dem Licht wieder gewisse Teilcheneigenschaften zugesprochen, mit denen sich Erscheinungen wie die quantisierte Emission oder Absorption von Licht durch Atome und Moleküle oder der Fotoeffekt deuten lassen. N. BOHR interpretierte schließlich die Wellen- und Teilcheneigenschaften als komplementäre (sich ergänzende) Aspekte derselben physikalischen Realität (↑Welle-Teilchen-Dualismus).

Linearbeschleuniger: ↑Teilchenbeschleuniger.

linearer Ausdehnungskoeffizient (Längenausdehnungszahl), Formelzeichen α: die auf die Länge bei 0 °C bezogene relative Längenänderung, die ein Körper erfährt, wenn seine Temperatur sich um 1 K (= 1 °C) ändert. Der Wert des l. A. hängt vom Material des betrachteten Körpers ab (↑Wärmeausdehnung).

linearer Oszillator: ein ↑Oszillator, bei dem der Schwingungsverlauf nur von einer Größe abhängt.

lineare Welle: eine ↑Welle, die sich nur in eine Richtung ausbreitet, im Unterschied z. B. zu einer Kugelwelle.

Linienspektrum: ein aus einer Folge von diskreten **Spektrallinien** bestehendes ↑Spektrum. Ein L. entsteht – im Unterschied zu dem an Molekülen beobachtbaren ↑Bandenspektrum – bei der Emission oder Absorption von Licht durch einzelne (z. B. gasförmig vorliegende) Atome oder Ionen, d. h. wenn die Elektronen der Atomhülle zwischen zwei Energiezuständen wechseln. Ein solcher Übergang ist verknüpft mit der Emission bzw. Absorption eines Lichtquants der Energie $h \cdot \nu = \Delta E$ (h plancksches Wirkungsquantum, ν Frequenz der Strahlung, ΔE Differenz der Energien von Anfangs- und Endzustand im Atom). Jedem Übergang entspricht also eine bestimmte Frequenz, d. h. eine bestimmte Spektrallinie.

1814 fand J. V. FRAUNHOFER das erste L., eine Folge von dunklen Absorptionslinien im Sonnenspektrum (**Fraunhofer-Linien**). Da das L. für jedes chemische Element charakteristisch ist, wurde damit erstmals eine Aussage über die chemische Zusammensetzung der Sonne möglich. Noch heute ist die Untersuchung von L. meist die einzige Möglichkeit, Informationen über astronomische Objekte zu erhalten. Auch in vielen anderen Gebieten kann man durch genaues Bestimmen der Lage, Form und Stärke von Spektrallinien die Energieniveaus der beteiligten Atome, Moleküle oder auch Atomkerne genau vermessen. Da die Lage dieser Niveaus von sehr vielen Faktoren (Atommasse, Ordnungszahl, Art der chemischen

Bindung, Geschwindigkeit der Atome usw.) abhängt, gewinnt man aus der Analyse des L. eine Fülle von physikalischen und chemischen Informationen. Eine Abfolge von Linien in einem L. bezeichnet man als ↑Spektralserie, wenn bei ihnen Anfangs- oder Endzustand des Elektrons übereinstimmen.

Linke-Hand-Regel: Merkregel der Elektrotechnik für die Richtung der im magnetischen Feld auf einen Stromleiter wirkenden Kraft: Hält man die linke Hand so, dass die magnetischen Feldlinien senkrecht in die Handfläche eintreten und der Strom in die Richtung der Finger fließt, dann zeigt der Daumen die Richtung der Kraft. (↑Rechte-Hand-Regeln)

Linse: in der ↑Optik ein meist scheibenförmiger, von gekrümmten Oberflächen begrenzter durchsichtiger Körper, mit dem sich die geradlinige Ausbreitung von Lichtstrahlen beeinflussen lässt. Analog nennt man in der ↑Elektronenoptik Bauteile, die Elektronen oder allgemeiner Teilchenstrahlen ablenken können, (Elektronen)linsen. Die Form einer L. kann sehr kompliziert sein (etwa Brillengläser). Im Folgenden beschränken wir uns auf Linsen, die durch zwei Kugelflächen oder eine Kugelfläche und eine Ebene begrenzt sind, die sog. **sphärischen Linsen.** Die Mittelpunkte der Kugelflächen bezeichnet man als Krümmungsmittelpunkte, ihre Verbindungslinie definiert die ↑optische Achse der Linse. Die Radien der Kugelflächen heißen die **Krümmungsradien** r_1 und r_2. Stimmen beide Krümmungsradien überein, spricht man von einer symmetrischen Linse, sonst von asymmetrischen Linsen. Die Ebene, die senkrecht zur optischen Achse steht und durch den Schnitt der beiden Kugelflächen bestimmt wird, heißt **Linsenebene.** Bei symmetrischen Linsen ist sie gleichzeitig die Symmetrieebene der Linse.

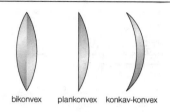

bikonvex   plankonvex   konkav-konvex

Linse (Abb. 1): Konvexlinsen

Linsen, die in der Mitte dicker sind als am Rand, nennt man Konvexlinsen (Abb. 1). Linsen, die in der Mitte dünner sind als am Rand, werden als Konkavlinsen bezeichnet (Abb. 2). Ist das Linsenmaterial optisch dichter als die Umgebung (z. B. Glaslinse in Luft), dann wirkt eine Konvexlinse als **Sammellinse,** eine Konkavlinse dagegen als **Zerstreuungslinse.** Die Wirkungsweise der L. beruht auf der ↑Brechung.

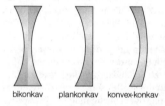

bikonkav   plankonkav   konvex-konkav

Linse (Abb. 2): Konkavlinsen

Die wichtigste Größe einer L. ist die ↑Brennweite f. Sie gibt den Abstand der Brennpunkte $F_{1,2}$ (bzw. der virtuellen Brennpunkte oder Zerstreuungspunkte $Z_{1,2}$) von der Linsenebene an (Abb. 3). Für den Zusammenhang zwischen der Brennweite einer Linse und den Krümmungsradien gilt die ↑Linsenformel.

Man verwendet Linsen zur optischen ↑Abbildung. Der Zusammenhang zwischen Brennweite f, dem Abstand des Gegenstands von der Linse (Gegenstandsweite g) und dem Abstand des Bildes von der Linse (Bildweite b) wird durch die ↑Abbildungsgleichungen angegeben.

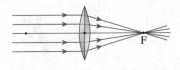

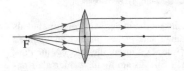

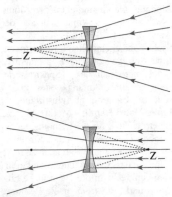

Linse (Abb. 3): Bei einer Sammellinse (links) treffen sich parallel zur optischen Achse einfallende Strahlen im Brennpunkt F. Vom Brennpunkt ausgehende Strahlen laufen achsenparallel weiter. Bei einer Zerstreuungslinse (rechts) scheinen achsenparallel eintreffende Strahlen vom virtuellen Brennpunkt (Zerstreuungspunkt) Z auszugehen. Strahlen, die auf Z zulaufen, gehen nach der Linse achsenparallel weiter.

Bei der zeichnerischen Konstruktion der Bilder versucht man, die Strahlengänge auf die Brechung an *einer* Ebene, der Linsenebene, zurückzuführen (Abb. 4). Ist dies möglich, so spricht man von einer **dünnen Linse.** In der Schule werden durchweg dünne L. benutzt. Spielt dagegen die Dicke der Linse eine Rolle, sodass diese Vereinfachung nicht mehr möglich ist, spricht man von einer **dicken Linse.** Hier muss man *zwei* ↑Hauptebenen H_1 und H_2 unterscheiden.

Linsenformel: der mathematische Zusammenhang zwischen der relativen Brechzahl n des Materials einer ↑Linse gegen Luft, ihrer Brennweite f, dem Abstand d der beiden Linsenflächen an der optischen Achse und den Krümmungsradien r_1, r_2. Für eine in Luft befindliche Linse gilt:

$$f = \frac{n}{n-1} \cdot \frac{r_1 \cdot r_2}{n \cdot (r_2 - r_1) + (n-1) \cdot d}.$$

Dabei ist ein Krümmungsradius mit positivem Vorzeichen zu versehen, wenn das Licht auf eine konvexe Linsenfläche fällt, und mit negativem Vorzeichen, wenn das Licht auf eine konkave Linsenfläche fällt.

Für genügend dünne Linsen, bei denen die Linsendicke d sehr viel kleiner ist als die Differenz $r_2 - r_1$, geht die obige Formel über in

$$f = \frac{1}{n-1} \cdot \frac{r_1 \cdot r_2}{(r_2 - r_1)}.$$

Daraus ergibt sich z. B. für eine symmetrische Glaslinse ($n \approx 1{,}5$, $r_1 = -r_2 = r$):

$$f = \frac{1}{0{,}5} \cdot \frac{r_2^2}{2r_2} = r.$$

Linsensystem: Vereinigung mehrerer ↑Linsen zu einem einzigen abbildenden System, um ↑Abbildungsfehler auszugleichen oder die Brennweite zu verän-

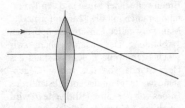

Linse (Abb. 4): Bildkonstruktion bei einer dünnen Linse

dern (Zoomlinse). I. d. R. haben die Linsen eine gemeinsame optische Achse. Für ein L. aus zwei dünnen symmetrischen Linsen mit gemeinsamer optischer Achse und den Brennweiten f_1 und f_2 gilt:

$$\frac{1}{f} = \frac{1}{f_1} + \frac{1}{f_2} - \frac{1}{f_1 \cdot f_2}$$

oder (mit $1/f = D$) (↑Brechkraft)

$$D = D_1 + D_2 - d \cdot D_1 \cdot D_2;$$

darin ist d der Abstand der beiden Linsenebenen. Die Brennweite und die Brechkraft von Sammellinsen sind positiv, die von Zerstreuungslinsen sind negativ anzusetzen. Ist d sehr viel kleiner als f_1 und f_2, so ergeben sich die Näherungsformeln

$$\frac{1}{f} = \frac{1}{f_1} + \frac{1}{f_2} \quad \text{und}$$
$$D = D_1 + D_2.$$

Lissajous-Figur [lisaˈʒu-, nach JULES A. LISSAJOUS; *1822, †1880]: eine Kurve, die bei der Überlagerung von

Lissajous-Figur: Beispiele für geschlossene Kurven

Schwingungen mit unterschiedlichen Richtungen entsteht, z. B. die Bahnkurve eines Massenpunkts, der gleichzeitig in zwei verschiedene Richtungen schwingt. Eine L.-F. lässt sich z. B. mit einem Kathodenstrahloszilloskop (↑Oszilloskop) darstellen. Ein Spezialfall ist diejenige L.-F., die bei der Überlagerung zweier zueinander senkrechter Schwingungen entsteht. Die Form dieser L.-F. ist abhängig

- vom Amplitudenverhältnis,
- vom Frequenzverhältnis und
- von der Phasendifferenz der sich überlagernden Schwingungen.

Ist das Frequenzverhältnis rational, also eine Bruchzahl, so entstehen geschlossene Kurven.

Liter [griech. lítra »Pfund«], Einheitenzeichen l: eine meist für Flüssigkeiten verwendete Volumeneinheit. Mit der SI-Volumeneinheit, dem Kubikmeter (m^3), hängt das Liter folgendermaßen zusammen: $1\,l = 1\,dm^3 = 10^{-3}\,m^3$.

lm: Einheitenzeichen für ↑Lumen.

Löcher (Defektelektronen): in einem Halbleiter die positiven Ladungen, die nach Abwandern eines Elektrons verbleiben (↑elektrische Leitung) und sich als positiv geladene »Quasiteilchen« beschreiben lassen.

Löcherleitung: ↑elektrische Leitung.

Lochkamera (Camera obscura): einfache Vorrichtung zur Erzeugung einer optischen Abbildung, die Urform des Fotoapparats (↑Kamera). Bei der L. handelt es sich um einen lichtundurchlässigen Kasten mit einer kleinen Öffnung auf der Vorderseite.

Von einem vor der Kamera befindlichen Gegenstand wird auf der Innenseite ein umgekehrtes, seitenvertauschtes, reelles Bild erzeugt, das auf einer Mattscheibe oder einer lichtempfindlichen Schicht (Film) aufgefangen werden kann. Die Form des Lochs hat keinen Einfluss auf das Bild, wohl aber die Größe: Je kleiner die Öffnung, umso schärfer, aber auch lichtschwächer ist das Bild.

Für den Zusammenhang von Bildgröße B, Gegenstandsgröße G, Bildweite b und Gegenstandsweite g gilt:

$$\frac{B}{G} = \frac{b}{g}.$$

logarithmisches Dekrement [lat. decrescere »im Wachstum abnehmen«]: der Logarithmus des Dämpfungsver-

---

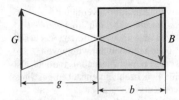

Lochkamera: Bildentstehung

hältnisses bei Schwingungen oder Wellen (↑Dämpfung).

Longitudinalschwingung [lat. longitudo, longitudinis »Länge«]: eine ↑Schwingung von Stäben oder Saiten, bei der Schwingungsrichtung und Längsausdehnung übereinstimmen **(Dehnungsschwingung).** Das Gegenteil hiervon ist die Transversalschwingung. Bei der Schallausbreitung spricht man von **Dichteschwingungen.**

Longitudinalwellen: ↑Wellen, bei denen die Schwingungsrichtung der schwingenden Teilchen (oder die Richtung des Schwingungsvektors) mit der Ausbreitungsrichtung übereinstimmt. L. treten z. B. bei Schallwellen auf.

Lorentz-Kraft: die nach H. A. LORENTZ benannte Kraft $\vec{F}$, die auf eine Ladung Q wirkt, die sich mit der Geschwindigkeit $\vec{v}$ in einem elektrischen oder magnetischen Feld bewegt (↑magnetische Kräfte):

$$\vec{F} = Q \cdot \left[\vec{E} + \left(\vec{v} \times \vec{B} \right) \right].$$

($\vec{E}$ elektrische Feldstärke, $\vec{B}$ magnetische Flussdichte, $\times$ steht für das Vektor- bzw. Kreuzprodukt). Beschränkt man sich nur auf die Bewegung im magnetischen Feld, so steht $\vec{F}$ senkrecht auf $\vec{v}$ und $\vec{B}$. Für den Betrag F der Kraft gilt dann:

$$F = Q \cdot v \cdot B \cdot \sin \alpha,$$

wobei α der von $\vec{v}$ und $\vec{B}$ eingeschlossene Winkel ist. Ist der Stromkreis in Abb. 1 geschlossen, so bewirkt die L.-

K. eine Abstoßung des Leiters in der gezeigten Richtung.

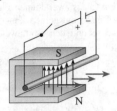

Lorentz-Kraft (Abb. 1): Im Magnetfeld bewegt sich ein stromdurchflossener elektrischer Leiter in der angegebenen Richtung (blauer Pfeil).

Freie Ladungsträger bewegen sich im Magnetfeld $\vec{B}$ auf kreisförmigen Bahnen. Man kann die Radien r berechnen, indem man L.-K. und ↑Zentrifugalkraft gleichsetzt:

$$Q \cdot v \cdot B \cdot \sin \alpha = m \cdot v^2 / r.$$

Steht $\vec{v}$ senkrecht auf $\vec{B}$ (also $\alpha = 90°$), so ergibt sich

$$Q \cdot v \cdot B = \frac{m \cdot v^2}{r}$$

und damit schließlich

$$r = \frac{m}{Q} \cdot \frac{v}{B}.$$

Die Messung des Bahnradius r liefert somit eine Möglichkeit, die spezifische Ladung (das Verhältnis von elektrischer Ladung und Masse, m/Q) eines Teilchens zu bestimmen.

Loschmidt-Konstante [nach JOSEPH LOSCHMIDT; *1821, †1895], Formelzeichen L oder n_0: die Zahl der Atome oder Moleküle in einem Kubikzentimeter eines idealen Gases im Normalzustand (101 325 Pa, 273,15 K):

$$L = 2,686\ 77 \cdot 10^{25}\ \text{m}^3.$$

Das Produkt aus der L.-K. und dem Molvolumen eines idealen Gases bei Normalbedingungen (etwa 22,414 Liter) ist die ↑Avogadro-Konstante, wel-

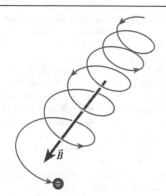

Lorentz-Kraft (Abb. 2): Bewegt sich ein geladenes Teilchen senkrecht zum Magnetfeld, wird es auf eine Kreisbahn gezwungen. Bewegt es sich schräg zum Magnetfeld, wird daraus eine Spiralbahn.

che man früher auch als **Loschmidt-Zahl** bezeichnete.

Löschwiderstand: ↑Zählrohr.

Lösung: homogenes Gemisch verschiedener Stoffe, bei dem die Zerteilung und gegenseitige Durchdringung bis in einzelne Moleküle, Atome oder Ionen geht. L. können in allen ↑Aggregatzuständen vorkommen. Als L. im engeren Sinn wird die L. eines Feststoffs in einer Flüssigkeit bezeichnet. Beim Lösen eines Stoffs in einem anderen wird Energie verbraucht oder frei (↑Lösungswärme).

Lösungswärme: die Energie, die zum Lösen eines Stoffes in einem anderen (z. B. von Salz in Wasser) erforderlich ist (**negative Lösungswärme**) oder beim Lösen frei wird (**positive Lösungswärme**). Die negative L. wird dem Lösungsmittel entzogen, wodurch sich seine Temperatur erniedrigt. Die positive L. dagegen erwärmt das Lösungsmittel und die Umgebung.

Lot:

♦ ein kegelförmiges, mit der Spitze nach unten aufgehängtes Metallgewicht, mit dem man die senkrechte Richtung ermitteln kann. Daher wird in

der Physik auch eine senkrecht auf einer Geraden oder Fläche stehende Gerade L. genannt.

♦ **Metalllegierung** mit niedrigem Schmelzpunkt, die u. a. Zinn enthält (»Lötzinn«) und zur Verbindung von Metallen (**Löten**) benutzt wird.

Luftdruck: der durch die Gewichtskraft der Erdatmosphäre ausgeübte Druck. Er wirkt – wie der ↑hydrostatische Druck in Flüssigkeiten – nach allen Seiten gleichmäßig. Der L. wird mit dem ↑Barometer gemessen und wurde 1643 erstmals von E. TORRICELLI nachgewiesen. SI-Einheit ist das Pascal (Pa). Wegen der Zahlengleichheit mit der früher in der Meteorologie verbreiteten Einheit Millibar (mbar) benutzt man auch das Hektopascal (1 hPa = 1 mbar).

Der L. unterliegt starken zeitlichen und örtlichen Schwankungen. In Meereshöhe beträgt er i. A. zwischen 880 und 1080 hPa. Als **Normalluftdruck** bezeichnet man den Wert 1013,25 hPa = 101325 Pa = 1 atm = 760 Torr. Mit zunehmender Höhe nimmt der L. ab. Die Druckabnahme wird bei gleichbleibender Temperatur durch die ↑barometrische Höhenformel beschrieben. In geringen Höhen beträgt sie etwa 1 mPa pro 8 m Höhenunterschied, in größeren Höhen ist sie schwächer.

In der Meteorologie heißt ein Gebiet mit höherem L. **Hoch,** eines mit niedrigerem Druck **Tief.** Die Dynamik dieser Gebiete bestimmt wesentlich das Wetter; ihre spiralförmige Struktur wird von der ↑Coriolis-Kraft hervorgerufen. Als L. bezeichnet man auch den von Luft ausgeübten Druck in einem geschlossenen Gefäß (z. B. Reifendruck). Ist der Druck innerhalb des Gefäßes wesentlich geringer als außerhalb, spricht man von einem ↑Vakuum.

Luftfeuchtigkeit: ↑Feuchtigkeit.

Luftpumpe:

♦ Vorrichtung zum Verdichten von

Luft (Luftverdichtungspumpe), die man insbesondere zum Aufpumpen von Reifen, Luftmatratzen usw. verwendet.

♦ Vorrichtung zur Erzeugung eines luftverdünnten Raums (↑Vakuumpumpe) bzw. eines ↑Vakuums.

Luftwiderstand: die Kraft, die ein sich relativ zur Luft bewegender Körper entgegen der Bewegungsrichtung erfährt. Ihr Betrag W hängt ab von:

▨ der Form des Körpers, ausgedrückt durch den **Widerstandsbeiwert** c_w,

▨ der Querschnittsfläche A senkrecht zur Bewegungsrichtung (dem Schattenquerschnitt),

▨ der Relativgeschwindigkeit v des Körpers gegenüber der Luft und

▨ der Dichte ρ der Luft.

W berechnet man gemäß

$$W = A \cdot c_w \cdot \rho \cdot v^2 / 2.$$

schichtungen von Fernsehbildschirmen oder Leuchtstofflampen), aber auch z. B. bei Leuchtkäfern (»Glühwürmchen«) auf.

Je nach der Ursache, welche die L. verursacht, spricht man von Fotolumineszenz (nach Beleuchten mit Licht und UV-Strahlung), Röntgenlumineszenz (ausgelöst durch Röntgen- oder Gammastrahlung), Thermolumineszenz (nach Erwärmung), Radiolumineszenz (nach Einwirkung radioaktiver Strahlung) oder Chemolumineszenz (aufgrund chemischer Vorgänge).

Durch die der L. vorausgehenden Vorgänge wird den Atomen oder Molekülen des betreffenden Stoffs Energie zugeführt, sie werden angeregt. Wenn sie danach unmittelbar (innerhalb weniger Mikrosekunden) wieder in den Grundzustand übergehen, spricht man von ↑Fluoreszenz. Ist der Übergang in den

Kreisscheibe	→	|	1,11	Kegel	→ ◁30°	0,34	Kleinwagen → 🚗	0,38
Kugel	→ ◯		0,4	Kegel	→ ◁60°	0,51	großer Pkw → 🚗	0,32
Halbkugel	→)		1,33	Walze	→ ▭	0,85	Sportwagen → 🚗	0,28
Halbkugel	→ (		0,34	Stromlinienform → ▷		0,1	Fallschirm ↑ ▽	0,9

Luftwiderstand: Widerstandsbeiwert c_w verschiedener Körperformen mit gleichem Schattenquerschnitt

Lumen [lat. »Licht«], Einheitenzeichen lm: SI-Einheit des Lichtstroms. Definition: *Festlegung*: 1 lm ist gleich dem Lichtstrom, den eine punktförmige Lichtquelle mit der Lichtstärke ein Candela (cd) gleichmäßig nach allen Richtungen in den Raumwinkel ein Steradian (sr) aussendet:

$$1 \, lm = 1 \, cd \cdot 1 \, sr.$$

Lumineszenz [lat. lumen »Licht« und engl. -escence »-werdung«]: Sammelbegriff für alle Leuchterscheinungen, die nicht auf hoher Temperatur der leuchtenden Substanz beruhen. L. tritt bei allen ↑Leuchtstoffen (z. B. in Be-

Grundzustand dagegen verzögert (charakteristische Zeiten zwischen einer Sekunde und mehreren Monaten), so liegt ↑Phosphoreszenz vor. Ein Unterschied liegt auch in der Temperaturabhängigkeit (die Phosphoreszenz hängt stark, die Fluoreszenz dagegen über weite Bereiche kaum von der Temperatur ab). Bei beiden Phänomenen ist die emittierte Strahlung meist langwelliger als die aufgenommene. Bei der Resonanzfluoreszenz sind aufgenommene und abgegebene Wellenlängen gleich.

Lupe (Vergrößerungsglas): eine Sammellinse mit kurzer Brennweite, mit der man den ↑Sehwinkel, unter dem ein

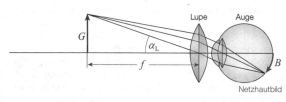

Lupe (Abb. 1): Der betrachtete Gegenstand G befindet sich in der Brennebene der Lupe.

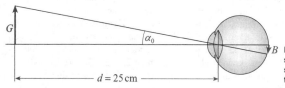

Lupe (Abb. 2): Abstand des Gegenstands G bei Betrachtung ohne Lupe

Betrachter einen Gegenstand sieht, vergrößern kann (↑Linse).

Meist benutzt man die L. so, dass sich der betrachtete Gegenstand in ihrer Brennebene befindet (Abb. 1). Die L. erzeugt dann ein virtuelles Bild im Unendlichen. Befindet sich das nicht akkommodierte Auge direkt hinter der L., sieht man den Gegenstand dann unter dem Sehwinkel α_L. Betrachtet man den Gegenstand dagegen ohne Lupe, befindet er sich in meist in einem Abstand d vom Auge, der sog. **deutlichen Sehweite**, der Sehwinkel α_0 ist dabei kleiner als α_L (Abb. 2). Die Normalvergrößerung V_N der L. ist definiert als

$$V_N = \tan\alpha_L / \tan\alpha_0.$$

Damit gilt (vgl. Abb. 1 und 2)

$$V_N = \frac{d}{f} \approx \frac{25\,\text{cm}}{f}$$

(f Brennweite der Lupe). Die Näherung gilt, weil für die meisten Menschen d etwa bei 25 cm liegt. Auf diese Weise lässt sich eine Vergrößerung bis etwa 20 erzielen. Beim normalen Leseglas ist $V_N \approx 2$.

Häufig verwendet man die L. auch in der Art, dass das virtuelle Bild in der deutlichen Sehweite $d = 25$ cm ent-

steht. Ist das Auge auf diese Entfernung akkommodiert (angepasst), ergibt sich die Vergrößerung als $V_d = V_N + 1$.

Lux [lat. »Licht«], Einheitenzeichen lx: SI-Einheit der Beleuchtungsstärke. *Festlegung:* 1 lx ist gleich der Beleuchtungsstärke auf einer 1 m² großen Fläche, auf die ein gleichmäßiger ↑Lichtstrom von einem Lumen (lm) fällt:

$$1\,\text{lx} = 1\,\frac{\text{lm}}{\text{m}^2} = 1\,\frac{\text{cd}\cdot\text{sr}}{\text{m}^2}.$$

lx: Einheitenzeichen für ↑Lux.

Lyman-Serie ['laɪmən-, nach THOMAS LYMAN; *1847, †1954]: ↑Spektralserie des atomaren Wasserstoffs.

m:

♦ Abk. für den ↑Einheitenvorsatz Milli (Tausendstel = 10^{-3}fach).

♦ Einheitenzeichen für ↑Meter.

♦ (m): Formelzeichen für die magnetische Quantenzahl (↑Quantenzahlen).

♦ (m): Formelzeichen für die ↑Masse.

$\vec{m}$ ($\vec{m}$): Formelzeichen für das ↑magnetische Moment.

M: Abk. für den ↑Einheitenvorsatz Mega (millionenfach = 10^6fach).

M̄ (*M̄*): Formelzeichen für das ↑Drehmoment.

Mach-Kegel [nach E. Mach]: der kegelförmige Bereich, in dem von einem Körper erzeugte Wellen eingeschlossen sind, wenn dieser sich schneller durch ein Medium bewegt, als die Wellengeschwindigkeit in diesem Medium beträgt. Man meint dabei insbesondere den Schallkegel, der sich hinter einem mit ↑Überschallgeschwindigkeit fliegenden Flugzeug herzieht. Auch bei monochromatischem Licht kann ein M.-K. entstehen (↑Tscherenkow-Strahlung). Bei Oberflächenwellen in Wasser (↑Wasserwellen) bildet sich dagegen wegen eines komplizierten Zusammenspiels von Interferenz und Dispersion normalerweise kein einfacher M.-K. aus, sondern ein »Fächer«, dessen Öffnungswinkel von etwa 20° unabhängig von der Geschwindigkeit ist.

Mach-Zahl [nach E. Mach], Formelzeichen *Ma*: in der Aerodynamik das Verhältnis aus der Geschwindigkeit *u* eines Körpers und der ↑Schallgeschwindigkeit *v*:

$$Ma = u/v.$$

Bei *Ma* = 1 bewegt sich der Körper also mit einfacher, bei *Ma* = 2 mit doppelter Schallgeschwindigkeit usw. (↑Überschallgeschwindigkeit). Da *v* aber von den meteorologischen Verhältnissen abhängt (z. B. Luftdruck, Temperatur), ist die Geschwindigkeit über Grund eines z. B. mit *Ma* = 1 fliegenden Flugzeugs nicht immer gleich groß. Unter Normalbedingungen und in Meereshöhe entspricht *Ma* = 1 etwa 340 m/s (1200 km/h).

Magdeburger Halbkugeln: eine von dem Magdeburger Naturforscher und Bürgermeister O. v. Guericke gebaute Vorrichtung zur Demonstration des Luftdrucks. Sie besteht aus zwei hohlen Kupferhalbkugeln mit 42 cm Durchmesser, die sich luftdicht aneinander drücken lassen. Pumpt man den Innenraum mit der ebenfalls von Guericke erfundenen Luftpumpe weitgehend luftleer, erzeugt also darin ein ↑Vakuum, werden die Halbkugeln durch den äußeren Luftdruck zusammengepresst. Bei dem berühmten Schauversuch von 1657 spannte Guericke an jede Halbkugel je acht Pferde. Sie konnten die Halbkugeln nicht trennen .

magische Zahlen: Bezeichnung für die in besonders stabilen Atomkernen auftretenden Protonen- oder Neutronenzahlen 2, 8, 20, 28, 50, 82 und 126. Solche ↑Kerne, in denen die Protonenzahl *Z* oder die Neutronenzahl *N* magisch ist, heißen **magische Kerne.** Sind sowohl *Z* als auch *N* magisch, spricht man von **doppelmagischen Kernen,** z. B. $^{16}_{8}O$, $^{40}_{20}Ca$ und $^{208}_{82}Pb$.

Magische und besonders doppelmagische Kerne haben eine größere ↑Kernbindungsenergie, einen kleineren Kernradius und mehr stabile ↑Isotope als andere Kerne. Instabile magische Kerne zerfallen mit größerer Halbwertszeit.

Die Beziehung zwischen Stabilität und m. Z. hat zur Vorstellung eines schalenartigen Kernaufbaus (↑Kernmodelle) geführt, in Analogie zum Schalenmodell der Atomhülle. Demnach ist bei magischen Kernen die äußerste Protonen- bzw. Neutronenhülle abgeschlossen.

Theoretische Überlegungen legen nahe, dass es für die künstlich erzeugten ↑superschweren Elemente noch weitere m. Z. geben müsste. So sollen 114 und 164 magische Protonenzahlen und 184, 196, 272 und 318 magische Neutronenzahlen sein. Man nimmt an, dass Kerne, bei denen *Z* und *N* sich diesen Werten annähern, besonders stabil sind (»Inseln der Stabilität«). Eine erste Bestätigung dieser Vermutungen ist die Entdeckung der verhältnismäßig langlebigen Nuklide $^{285}_{112}Uub$ ($t_{1/2}$ = 11 min) und $^{289}_{114}Uuq$ ($t_{1/2}$ = 21 s).

Magnet [griech. lithos magnétes »Magnetstein«, eigentlich »Stein aus Magnesia (Kleinasien)«]: Körper, der in seiner Umgebung ein magnetisches ↑Feld erzeugt. Man unterscheidet M. danach, ob das Magnetfeld dauerhaft vorliegt (↑Dauermagnet; u. a. Stab- und Hufeisenmagnete) oder ob es nur während eines elektrischen Stromflusses vorhanden ist (↑Elektromagnet).

magnetische Energie: die in einem magnetischen Feld enthaltene Energie E_{mag}:

$$E_{mag} = \frac{1}{2} B \cdot H \cdot V$$

(B magnetische Flussdichte, H magnetische Feldstärke, V vom Feld erfülltes Volumen).
Wird das Feld beispielsweise durch eine von dem Strom I durchflossene lange Zylinderspule erzeugt, so gilt $E_{mag} = (1/2) \cdot L \cdot I^2$ (L Selbstinduktionskoeffizient der Spule). Diese Energie wird beim Ausschalten des Stroms durch ↑Selbstinduktion wieder frei.

magnetische Feldkonstante (Induktionskonstante, absolute Permeabilität), Formelzeichen μ_0: Proportionalitätsfaktor zwischen der ↑magnetischen Flussdichte $\vec{B}$ und der ↑magnetischen Feldstärke $\vec{H}$ im Vakuum:

$$\vec{B} = \mu_0 \cdot \vec{H}.$$

Die SI-Einheit von μ_0 ist Voltsekunde durch Amperemeter:

$$1\,Vs/Am = 1\,Vs \cdot m/Am^2 = 1\,T \cdot m/A.$$

Der Wert der m. F. ist im ↑SI exakt auf $\mu_0 = 4\pi \cdot 10^{-7}\,Vs/Am$ festgelegt, im ↑CGS-System ist dagegen $\mu_0 = 1$.

magnetische Feldstärke, Formelzeichen $\vec{H}$: vektorielle Größe, mit der das magnetische ↑Feld vor allem in magnetisierbaren Körpern beschrieben wird. $\vec{H}$ ist mit der ↑magnetischen Flussdichte $\vec{B}$ verknüpft gemäß der Beziehung

$$\vec{B} = \mu_0 \cdot \mu_r \cdot \vec{H}.$$

Dabei ist μ_0 die magnetische Feldkonstante (des Vakuums) und μ_r die Permeabilitätszahl (↑Permeabilität) des Materials.
Der Begriff der m. F. $\vec{H}$ ist historisch älter als der Begriff der magnetischen Flussdichte $\vec{B}$. $\vec{H}$ wird mithilfe der ↑Magnetisierung $\vec{M} = \chi_m \cdot \vec{H}$ bestimmt ($\chi_m = \mu_r - 1$ ↑magnetische Suszeptibilität), setzt also die Anwesenheit von Materie voraus. Im Gegensatz dazu ist die magnetische Flussdichte als grundlegendere Größe auch im Vakuum definiert. In einer Reihe von Schulbüchern wird daher $\vec{B}$ als »magnetische Feldstärke« bezeichnet. Die SI-Einheit der m. F. ist Ampere pro Meter (A/m).

magnetische Flussdichte (magnetische Induktion), Formelzeichen $\vec{B}$: grundlegende vektorielle Größe zur Beschreibung des magnetischen ↑Felds, mit der ↑magnetischen Feldstärke $\vec{H}$ über die Beziehung $\vec{B} = \mu_0 \mu_r \cdot \vec{H}$ verknüpft (μ_0 magnetische Feldkonstante, μ_r Permeabilitätszahl, ↑Permeabilität).
Die m. F. wird mithilfe der Kraftwirkung des Magnetfelds auf einen stromdurchflossenen Leiter definiert (↑magnetische Kräfte). Die SI-Einheit von $\vec{B}$ ist das ↑Tesla (T).

magnetische Kräfte: Kräfte, die im Magnetfeld auf stromdurchflossene Leiter, auf bewegte Ladungen und auf Magnete wirken.

■ **Kräfte auf Strom führende Leiter**

Der Zusammenhang zwischen der wirkenden Kraft $\vec{F}$ und den charakteristischen Größen des Magnetfelds ergibt sich aus

$$F = I \cdot s \cdot B \cdot \sin\alpha \quad \text{bzw.}$$
$$\vec{F} = I \cdot [\vec{s} \times \vec{B}]$$

(I Stromstärke des Stroms durch den Leiter, $\vec{s}$ ein Vektor in Richtung der

Stromstärke, dessen Betrag gleich der Länge des Leiters ist, $\vec{B}$ magnetische Flussdichte, × bezeichnet das Vektor- oder Kreuzprodukt, α ist der Winkel zwischen $\vec{s}$ und $\vec{B}$).

■ **Kräfte auf bewegte Ladungen**

Die oben beschriebene Kraft auf einen stromdurchflossenen Leiter greift an den Leitungselektronen und anderen freien Ladungsträgern an (↑Lorentz-Kraft). Sie lässt sich herleiten aus der Gleichung

$$I = -(N/V) \cdot e \cdot v \cdot A$$

(N Zahl der Elektronen im Volumen V, e Elementarladung, A Querschnitt des Leiters, v Driftgeschwindigkeit der Elektronen). Das Minuszeichen rührt daher, dass die Richtung des Stroms der Bewegungsrichtung der Elektronen entgegengesetzt ist. Dann ist die Kraft auf den Leiter (also alle Elektronen)

$$F = -(N/V) \cdot e\, v \cdot A \cdot s \cdot B \cdot \sin\alpha$$

(α ist der Winkel zwischen $\vec{v}$ und $\vec{B}$).Wegen $V = A \cdot s$ erhält man als Gesamtkraft auf den Leiter

$$F = -N \cdot e\, v \cdot B \cdot \sin\alpha \text{ , bzw}$$

$$\vec{F} = -N \cdot e \cdot [\vec{v} \times \vec{B}].$$

Für die Kraft auf eine beliebige bewegte Ladung Q erhält man:

$$\vec{F} = Q \cdot [\vec{v} \times \vec{B}].$$

Dies ist genau die Formel für die Lorentz-Kraft.

■ **Kräfte auf Magneten**

Die m. K. üben auf einen ins Magnetfeld eingebrachten Magneten ein Drehmoment $\vec{M}$ aus. Es lässt sich mithilfe des magnetischen Moments $\vec{m}$ des Magneten und der magnetischen Flussdichte $\vec{B}$ beschreiben:

$$M = m \cdot B \cdot \sin\beta$$

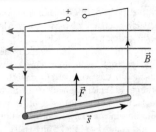

magnetische Kräfte: Kraft auf einen stromdurchflossenen Leiter

(β ist der Winkel zwischen $\vec{m}$ und $\vec{B}$), bzw. als Vektor- oder Kreuzprodukt:

$$\vec{M} = [\vec{m} \times \vec{B}].$$

In inhomogenen Magnetfeldern tritt neben diesem Drehmoment noch eine zusätzliche ortsabhängige Kraft auf.

magnetische Quantenzahl: ↑Quantenzahlen.

magnetischer Einschluss: ↑Kernfusion.

magnetischer Fluss, Formelzeichen Φ: Größe zur Beschreibung elektromagnetischer Vorgänge. Befindet sich eine Fläche A in einem homogenen magnetischen ↑Feld mit der magnetischen Flussdichte $\vec{B}$, so ist der m. F. Φ durch diese Fläche definiert als

$$\Phi = B \cdot A \cdot \cos \alpha$$

(α Winkel zwischen der Flächennormalen und der Richtung des Magnetfelds). Anschaulich gibt Φ die Zahl der durch die Fläche tretenden magnetischen Feldlinien an. Die SI-Einheit des m. F. ist das ↑Weber (Wb).

magnetisches Bahnmoment: ↑Bahnmagnetismus.

magnetisches Dipolmoment: ↑Dipol.

magnetisches Feld: ↑Feld.

magnetisches Moment, Formelzeichen $\vec{m}$: vektorielle Größe zur Beschreibung magnetischer Vorgänge. Das m. M. lässt sich anschaulich als das Verhältnis zwischen dem maximalen mechanischen Drehmoment, das in einem Magnetfeld auf den Körper wirkt, und der Stärke des Magnetfelds selbst ansehen.

Man definiert das m. M. über einen Strom, der eine geschlossene Bahn durchläuft (Kreisstrom). Er erzeugt in der eingeschlossenen Fläche ein m. M., dessen Richtung von der Stromrichtung abhängt.

Diese Betrachtung lässt sich auf Atome übertragen, wenn man das Kreisen der Elektronen um den Atomkern und den Spin als Kreisstrom deutet. Dann kann man diesen Bewegungen ein magnetisches Dipolmoment zuordnen. Die Summe aller anfallenden magnetischen Dipolmomente ist der Vektor $\vec{m}$, den man als m. M. des Körpers bezeichnet. Alle Teilchen, deren Gesamtdrehimpuls oder Spin nicht null ist, tragen zum gesamten m. M. bei.

SI-Einheit des magnetischen Moments ist $1 \, A/m^2$.

magnetische Stürme: plötzliche Änderungen des ↑Erdmagnetfelds.

magnetische Suszeptibilität [lat. susceptibilis »fähig (etwas aufzunehmen)«], Formelzeichen χ_m: das dimensionslose Verhältnis aus dem Betrag M der Magnetisierung und dem Betrag H der magnetischen Feldstärke, welche die Magnetisierung hervorruft:

$$\chi_m = M/H.$$

Die m. S. ist für Para- und Diamagnetika eine Konstante; für ferromagnetische Stoffe hängt sie stark von der Feldstärke H ab, was sich in der ↑Hystereseschleife äußert.

magnetische Werkstoffe: Gesamtheit der technisch genutzten Substanzen mit magnetischen Eigenschaften. Als magnetisch weich (**weichmagnetisch**) bezeichnet man Werkstoffe, die sich leicht ummagnetisieren lassen, d. h. eine schmale ↑Hystereseschleife und eine geringe Koerzitivkraft

(< 1000 A/m) aufweisen. Hierzu gehören Guss- und Schmiedeeisen, technisches Eisen, verschiedene Eisenlegierungen und Ferrite. Weichmagnetische Bauteile müssen eine homogene, (mechanisch) spannungsfreie Kristallstruktur und eine hohe chemische Reinheit besitzen. Sie werden z. B. als ↑Eisenkerne in Spulen oder Transformatoren eingesetzt. Magnetisch harte (**hartmagnetische**) Stoffe sind z. B. Magnetstahl, Platin-Cobalt-Magnete, ↑Alnico und Bariumferrit; diese haben eine hohe Koerzitivkraft (> 1000 A/m) und eine ausgeprägte Hysterese. Sie dienen u. a. zum Bau von Dauermagneten für Messgeräte oder Lautsprecher.

Magnetisierung:

♦ die Ausrichtung der Elementarmagnete (↑Magnetismus) in einem Stoff durch ein äußeres Magnetfeld.

♦ vektorielle Größe mit dem Formelzeichen $\vec{M}$, mit der man die Erscheinungen beschreibt, die mit dem Einbringen von Materie in ein Magnetfeld verbunden sind. $\vec{M}$ ist definiert als das Verhältnis aus dem magnetischen Moment $\vec{m}$ eines Körpers und seinem Volumen V:

$$\vec{M} = \frac{\vec{m}}{V}.$$

SI-Einheit der M. ist $Am^2/m^3 = A/m$. Bei unmagnetischen Körpern ist die M. null. Bringt man einen nicht ferromagnetischen Körper in ein magnetisches Feld, so findet man $\vec{M}$ proportional zur magnetischen Feldstärke $\vec{H}$:

$$\vec{M} = \chi_m \vec{H}$$

(die ↑magnetische Suszeptibilität χ_m ist in diesem Fall eine Stoffkonstante). Nach Einbringen der Substanz in das Magnetfeld tritt zur magnetischen Feldstärke $\vec{H}$ die Magnetisierung $\vec{M}$ hinzu. Somit ergibt sich für die magnetische Feldstärke $\vec{H}_s$ nach dem Einbringen der Substanz:

M

$$\vec{H}_s = \vec{H} + \vec{M} = (1 + \chi_m)\vec{H}.$$

Multiplikation mit der ↑magnetischen Feldkonstanten μ_0 liefert:

$$\mu_0 \vec{H}_s = \mu_0(1 + \chi_m)\vec{H}.$$

Da $\mu_0 \vec{H}$ der magnetischen Flussdichte $\vec{B}$ des angelegten Magnetfelds und $\mu_0 \vec{H}_s$ der magnetischen Flussdichte $\vec{B}_s$ nach Einbringen der Substanz in das Feld entspricht, ergibt sich

$$\vec{B}_s = (1 + \chi_m)\vec{B}.$$

Es besteht zwischen der magnetischen Flussdichte $\vec{B}_s$ in Materie und der magnetischen Flussdichte $\vec{B}$ im Vakuum der Zusammenhang $\vec{B}_s = \mu_r \vec{B}$ (μ_r ist die relative Permeabilität). Also gilt:

$$(1 + \chi_m) = \mu_r.$$

Substanzen mit $\chi_m < 0$ heißen diamagnetisch (↑Diamagnetismus), Substanzen mit $\chi_m > 0$ paramagnetisch (↑Paramagnetismus).

Magnetismus: die Lehre von der Entstehung magnetischer Felder, ihrer Wirkung auf die Materie sowie der magnetischen Eigenschaften von Materialien.

Hinsichtlich des Verhaltens der Materie in äußeren magnetischen Feldern unterscheidet man den ↑Diamagnetismus vom stärkeren ↑Paramagnetismus. In bestimmten Metallen treten auch der sehr starke ↑Ferromagnetismus und ↑Antiferromagnetismus sowie der ↑Ferrimagnetismus auf.

Der M. ist eines der am längsten bekannten Phänomene, gleichzeitig aber auch am längsten unverstanden geblieben. Erst mit der theoretischen Behandlung der ↑Elektrizität ab Ende des 18. Jahrhunderts setzte auch die Untersuchung des M. ein. Hans Christian Ørsted (*1777, †1851) entdeckte, dass ein elektrischer Strom ein Magnetfeld bewirkt. Wilhelm A. Weber (*1804, †1891) führte die von A. M.

Ampère entwickelte Vorstellung der atomaren Kreisströme weiter durch den Gedanken, dass magnetisierbare Materie sog. **Elementarmagnete** enthält, die im unmagnetischen Zustand völlig ungeordnet sind. Erst durch ein äußeres Feld richten sie sich aus (↑Magnetisierung). M. Faraday entdeckte die elektromagnetische ↑Induktion, und J. C. Maxwell schließlich fasste die Phänomene der Elektrizität und des M. in einer Theorie, der ↑Elektrodynamik, zusammen.

Magneton, Formelzeichen μ: das Verhältnis des Betrags des magnetischen Moments $\vec{m}$ eines auf einer Kreisbahn umlaufenden Teilchens der Masse m und der Ladung $-e$ zum Betrag seines in Einheiten von $\hbar = h/2\pi$ (h plancksches Wirkungsquantum) gemessenen Bahndrehimpulses $\vec{j}$:

$$\mu = -\frac{|\vec{m}|}{|\vec{j}|} = -\frac{-e\hbar}{2m}$$

Ist m die Elektronenmasse m_e, so spricht man vom ↑bohrschen Magneton, im Fall der Protonenmasse m_p vom **Kernmagneton** μ_N.

Das M. erweist sich als die natürliche Einheit für den quantenmechanischen Zusammenhang von magnetischem Impuls und mechanischem Drehimpuls.

Magnetostriktion [lat. stringere, strictum »zusammenschnüren«]: Bezeichnung für alle Änderungen in den Abmessungen eines Körpers, die auf Magnetisierungsprozesse zurückgehen. Die relative Längenänderung eines bis zur Sättigung magnetisierten ferromagnetischen Körpers in Richtung der Magnetisierung liegt bei ca. 10^{-5} (ein 1 m langer Stab dehnt sich also um 0,01 mm aus) und ist damit nur unwesentlich kleiner als der lineare Wärmeausdehnungskoeffizient.

Magnetron [Kunstwort aus Magnet und Elektron]: eine selbsterregte Senderöhre für Mikrowellen. Eine Glühka-

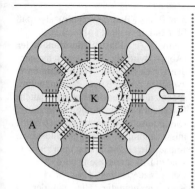

Magnetron: Augenblicksverlauf des Wechselfeldes. A Anode, K Kathode, P ausgekoppelte Leistung. Die Elektronenbahnen sind blau eingezeichnet.

thode K ist von einem Anodenblock A aus Kupfer umgeben, in den regelmäßige Hohlräume eingefräst sind. Die Anordnung befindet sich in einem starken konstanten Magnetfeld parallel zur Symmetrieachse. Aus der Kathode austretende Elektronen bewegen sich in der Überlagerung von elektrischem und magnetischem Feld auf stark gekrümmten Bahnen. Die Elektronenströmung erzeugt in den Hohlräumen eine abstimmbare höchstfrequente Schwingung (ca. 3–300 GHz).
M. dienen u. a. als gepulste Senderöhren in der Radartechnik. Der häufigste Typ ist das Dauerstrich-Magnetron, das z. B. in Mikrowellenherden und medizinischen Geräten eingesetzt wird.
Magnus-Effekt [nach H. G. MAGNUS; *1802, †1870]: die Erscheinung, dass

auf einen in einer Strömung rotierenden Zylinder eine Kraft senkrecht zur Strömungsrichtung wirkt (Abb.). Der Effekt beruht auf der Mitnahme von Strömungsfäden durch die Oberfläche des Zylinders, wodurch sich unterschiedliche Strömungsgeschwindigkeiten ergeben. Daraus resultiert ein dynamischer ↑Auftrieb.
Der M.-E. verursacht Flugbahnabweichungen von rotierenden Geschossen, Tennis- und Golfbällen.
Manometer [griech. manós »dünn«]: Gerät zur Messung des ↑Drucks in Flüssigkeiten und Gasen. Ein M. zur Messung des atmosphärischen Luftdrucks heißt ↑Barometer. M. zur Messung von Drücken, die kleiner sind als der Normaldruck, nennt man ↑Vakuummeter. Je nach Bauart und Wirkungsweise unterscheidet man Flüssigkeits-, Deformations- und Kolbenmanometer.
Beim **Flüssigkeitsmanometer** vergleicht man den zu messenden Druck mit dem Druck, den eine Flüssigkeitssäule aufgrund ihres Gewichts ausübt. In der einfachsten Bauart, dem **U-Rohr-Manometer,** ergibt sich die Differenz zwischen dem zu messenden Druck p_m und dem äußeren Luftdruck p_L aus dem Höhenunterschied der beiden Flüssigkeitsoberflächen (Abb. 1):

$$|p_m - p_L| = h \cdot \rho$$

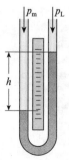

Magnus-Effekt

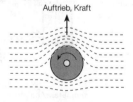

Manometer (Abb. 1): U-Rohr-Manometer

(ρ Dichte der Flüssigkeit). Die Messwerte sind genauer, wenn – wie beim **Schrägrohrmanometer** – die Flüssigkeitssäule schräg steht (Abb. 2).

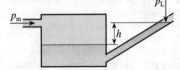

Manometer (Abb. 2): Schrägrohrmanometer

Das Messprinzip eines **Deformationsmanometers** beruht darauf, dass sich ein elastischer Körper unter Einfluss des zu messenden Drucks geringfügig

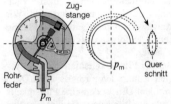

Manometer (Abb. 3): Rohrfedermanometer mit Bourdon-Röhre

verformt. Die Verformung wird auf einen Zeiger übertragen, der auf einer geeichten Skala den Druck anzeigt.

Das gebräuchlichste M. dieser Art ist das **Rohrfedermanometer,** bei dem die Verformung eines kreisförmig gebogenen Rohrs (Bourdon-Röhre) als Maß für den Druck dient (Abb. 3).

Beim **Plattenfedermanometer** (Abb. 4) wird die durch den zu messenden Druck bewirkte Verformung einer zwischen zwei Befestigungen aufgespannten dünnen Metallplatte (Plattenfeder) zur Druckmessung verwendet.

Das **Kapselfedermanometer** (Abb. 5) misst mithilfe einer geschlossenen Kapsel, deren Innenraum dem zu messenden Druck ausgesetzt wird.

Der genaueste Typ eines M. ist das **Kolbenmanometer.** Hier übt der zu messende Druck p_m eine Kraft auf einen beweglichen Kolben aus; dieser Kraft wird durch eine Gewichtskraft G das Gleichgewicht gehalten (Abb. 6). Mit der Fläche A des Kolbens gilt dann

$$p_m = G/A.$$

Kolbenmanometer werden wegen ihrer Genauigkeit oft verwendet, um andere Druckmessgeräte zu kalibrieren.

Maschenregel: die zweite ↑kirchhoffsche Regel.

Maser ['meɪzə], Abk. für **m**icrowave **a**mplification by **s**timulated **e**mission of **r**adiation [engl. »Mikrowellenverstärkung durch stimulierte Strahlungsemission«]: Gerät zur Erzeugung bzw. Verstärkung von Mikrowellen nach dem Prinzip eines ↑Lasers.

Masse:

♦ *Elektrotechnik:* Gesamtheit aller leit-

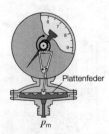

Manometer (Abb. 4): Plattenfedermanometer

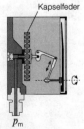

Manometer (Abb. 5): Kapselfedermanometer

Manometer (Abb. 6): Kolbenmanometer

fähigen Teile in einer elektrischen Anlage, die mit einem definierten Potenzial (z. B. Erde oder Grundwasser) elektrisch verbunden sind (↑Erdung).

◆ *Physik:* eine der sieben Basisgrößen des Internationalen ↑Einheitensystems. Man unterscheidet zwischen träger Masse und schwerer Masse.

Als **träge Masse** (m_t) bezeichnet man die Eigenschaft eines Körpers, einer Änderung seines Bewegungszustands nach Betrag oder Richtung einen gewissen Widerstand entgegenzusetzen. Die Größe dieses Widerstands ist ein Maß für die träge Masse. Sie tritt im Grundgesetz der Dynamik, dem zweiten ↑newtonschen Axiom auf: Die aufzuwendende Kraft ist gleich dem Produkt aus träger Masse und Beschleunigung:

$$\vec{F} = m_t \cdot \vec{a}.$$

Die trägen Massen zweier Körper kann man vergleichen, indem man die Beschleunigungen bestimmt, die an ihnen durch dieselbe Kraft verübt werden. Dann ist das Verhältnis ihrer trägen Massen umgekehrt proportional zum Verhältnis ihrer Beschleunigungen:

$$m_{t1}/m_{t2} = a_2/a_1.$$

Die **schwere Masse** (m_s) bezeichnet die Eigenschaft eines Körpers, einen anderen Körper durch Gravitation anzuziehen und seinerseits von einem anderen Körper angezogen zu werden. Die Stärke der Anziehung ist ein Maß für die schwere Masse. Sie tritt im newtonschen Gravitationsgesetz auf:

$$\vec{F} = G \cdot \frac{m_{s1} \cdot m_{s2}}{r^3} \cdot \vec{r}$$

(G Gravitationskonstante, m_{s1}, m_{s2} schwere Massen der beiden Körper, $\vec{r}$ Abstandsvektor mit dem Betrag r zwischen den beiden Körpern). Zwei Körpern besitzen dieselbe schwere Masse, wenn sie durch einen dritten Körper dieselbe Anziehung erfahren (also z. B. eine Schraubenfeder um denselben Betrag verlängern).

Präzisionsmessungen von träger und schwerer Masse haben gezeigt, dass beide – trotz der unterschiedlichen Definitionen – streng proportional sind. Aus praktischen Gründen setzt man den Proportionalitätsfaktor gleich 1, betrachtet beide Größen als äquivalent und spricht von *der* Masse des Körpers. Die Äquivalenz von schwerer und träger Masse ist die Grundlage der allgemeinen ↑Relativitätstheorie. Innerhalb dieser Theorie gelten auch die ↑Äquivalenz von Masse und Energie sowie die ↑Massenveränderlichkeit bei hohen Geschwindigkeiten.

Die SI-Einheit der Masse ist die SI-Basiseinheit ↑Kilogramm (kg).

Massenanziehung: deutsch für ↑Gravitation.

Massendefekt [lat. deficere, defectum »fehlen«]: die Differenz zwischen der Summe der Ruhemassen sämtlicher Nukleonen eines Atomkerns und der tatsächlichen Kernmasse. Nach der Äquivalenz von Masse und Energie entspricht dem M. eine Energie, die ↑Kernbindungsenergie.

Massenmittelpunkt: ↑Schwerpunkt.

Massenpunkt: idealisierter Körper, der keine Ausdehnung und damit kein Volumen besitzt (punktförmig ist), der aber eine definierte Masse aufweist. Der M. wird in der theoretischen Physik immer dann als Modell für einen (ausgedehnten) Körper verwendet, wenn man sich nur für dessen Translationsbewegung interessiert und eventuell vorhandene Drehungen um eine Körperachse sowie die Form, Größe, Oberflächenbeschaffenheit usw. nicht zu berücksichtigen braucht. In einem solchen Fall denkt man sich einen ausgedehnten Körper durch seinen ↑Schwerpunkt ersetzt und betrachtet nur dessen Bewegung.

M

Massenspektrograph (Massenspektrometer): eine Apparatur, mit der man (geladene) Teilchen unterschiedlicher Masse durch elektrische und magnetische Felder trennen und ihre Häufigkeit (das sog. **Massenspektrum**) bestimmen kann. Die Bestimmung der Massenwerte in einem Gemisch von Teilchen verschiedener Masse (z. B. in einem Isotopengemisch) mit einem M. nennt man **Massenspektroskopie**.

Der erste empfindliche M. war der von F. W. ASTON 1919 gebaute **astonsche Massenspektrograph**. Bei diesem werden die Teilchen der zu untersuchenden Probe – falls nötig – verdampft und dann ionisiert. Die Ionen werden in einem elektrischen Feld beschleunigt und treten als Ionenstrahl in den M. ein. Wegen der unterschiedlichen Massen haben die Teilchen im Ionenstrahl unterschiedliche Geschwindigkeiten. Der Strahl durchläuft zunächst ein elektrisches Feld; die Ionen erfahren dabei eine Ablenkung, die umgekehrt proportional zu ihrer Energie ist. Der Strahl wird dabei aufgefächert. Danach gelangen die Ionen in ein Magnetfeld, das senkrecht zum elektrischen Feld gerichtet ist (Abb.). Durch die ↑Lorentz-Kraft erfahren sie eine Richtungsänderung, die der Ablenkung im elektrischen Feld entgegengerichtet ist. Der Betrag der Ablenkung ist hier umgekehrt proportional zum Impuls der Teilchen. Wählt man die Abmessungen der Apparatur und die magnetische Flussdichte geeignet, so gehen alle Ionen mit gleicher spezifischer Ladung (Ladung-zu-Masse-Verhältnis) trotz unterschiedlicher Geschwindigkeit durch denselben Punkt. Dies bezeichnet man als **Geschwindigkeitsfokussierung.** Ferner lässt sich erreichen, dass die zu verschiedenen Ionen gehörenden Punkte alle in einer Ebene liegen. Bringt man in diese Ebene einen fotografischen Film, so kann man auf ihm das Massenspektrum aufzeichnen und – bei bekannter Ladung der Ionen – aus der Lage der Ionenauftreffpunkte die jeweilige Masse des Ions berechnen.

Modernere M. erlauben neben der Geschwindigkeitsfokussierung durch geschickte Formgebung der Felder auch eine Richtungsfokussierung zum Ausgleich kleiner Richtungsunterschiede im Ionenstrahl. Solche doppelt fokussierenden Geräte haben eine höhere Empfindlichkeit als der astonsche Massenspektrograph und verkürzen die Messzeit.

Massenveränderlichkeit (relativistische Massenzunahme): Bezeichnung für die von der speziellen ↑Relativitätstheorie vorhergesagte Abhängigkeit der ↑Masse eines bewegten Körpers von seiner Geschwindigkeit.

Massenzahl (Nukleonenzahl), Formelzeichen A: die Zahl der Protonen (Z) und der Neutronen (N) in einem ↑Kern. Es gilt also:

$$A = Z + N$$
$$\underset{\text{zahl}}{\text{Massen-}} = \underset{\text{zahl}}{\text{Protonen-}} + \underset{\text{zahl}}{\text{Neutronen-}}$$

Die Massenzahl wird zur Kennzeich-

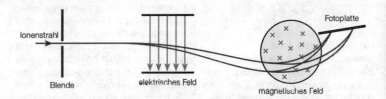

Ionenstrahl

Blende   elektrisches Feld   magnetisches Feld

Fotoplatte

Massenspektrograph: Schema des astonschen Massenspektrographen

nung eines Kerns oder eines Nuklids als linker oberer Index dem entsprechenden Elementsymbol vorgesetzt, z. B. ^{4}He, ^{16}O, ^{232}U, ^{235}U usw.

Maßzahl (Zahlenwert): diejenige Zahl, die angibt, wie oft die hinter ihr stehende ↑Einheit in der zu messenden Größe enthalten ist.

Materialkonstante (Stoffkonstante): eine physikalische Konstante, deren Wert vom Material des betrachteten Körpers abhängt. Zu den M. gehören z. B. ↑Dichte, ↑spezifische Wärme und spezifische elektrische ↑Leitfähigkeit.

Materiewellen (De-Broglie-Wellen): Wellen, die man jedem Teilchen mit nicht verschwindender Ruhemasse (allgemein jeder bewegten Masse) zuschreiben kann.

Die Entdeckung des ↑Fotoeffekts und des ↑Compton-Effekts hatte dazu geführt, dass man einer Lichtwelle auch einen Teilchencharakter zuschreiben musste (↑Welle-Teilchen-Dualismus). In der theoretischen Behandlung dieser Effekte treten »Lichtteilchen« (↑Photonen) mit einer bestimmten Energie, aber ohne Ruhemasse auf. Ist ν die Frequenz der Lichtwelle, dann gilt für die Energie des Photons

$$E = h \cdot \nu$$

(h plancksches Wirkungsquantum). Andererseits erhält man mit der Äquivalenz von Masse und Energie ($E = m \cdot c^2$) für den Impuls p eines Photons $p = E/c$ (c Lichtgeschwindigkeit). Wegen $E = h \cdot \nu$ und $\lambda \cdot \nu = c$ ergibt sich:

$$p = \frac{h \cdot \nu}{c} = \frac{h}{\lambda}.$$

So wrd einer bestimmten Wellenlänge λ ein Impuls p zugeordnet.

L. DE BROGLIE beschritt in seiner Dissertation 1924 den umgekehrten Weg und übertrug diese Beziehungen rein formal auf jede mit einer Geschwindigkeit v bewegte Masse m mit dem Im-

puls $p = m \cdot v = \sqrt{2mE}$. Durch Auflösen nach ν und λ erhielt er

$$\nu = E/h \quad \text{bzw.}$$

$$\lambda = \frac{h}{p} = \frac{h}{m \cdot v} = \frac{h}{\sqrt{2m \cdot E}}.$$

Dies sind die **De-Broglie-Gleichungen,** die jeder mit v bewegten Masse eine Frequenz ν bzw. eine Wellenlänge λ zuordnen, die sog. **De-Broglie-Wellenlänge.** Z. B. ergibt sich für ein Elektron der Ladung e, das mit 150 V beschleunigt wurde, mithilfe von $E = e \cdot U$ aus obiger Formel $\lambda = 0,1$ nm.

Die formalen Überlegungen von DE BROGLIE wurden 1927 von G. P. THOMSON, CLINTON J. DAVISSON (*1881, †1958) und LESTER H. GERMER (*1896, †1971) bestätigt, denen es gelang, mit schnellen Elektronenstrahlen Interferenzen herzustellen.

Die Vorstellung von M. bildete eine der Grundlagen bei der Formulierung der Quantentheorie.

mathematisches Pendel: die mathematische Idealisierung eines einfachen ↑Pendels, bei der ein Massenpunkt in einem festen Abstand vom Aufhängepunkt schwingt und bei dem die rücktreibende Kraft streng proportional zur Auslenkung ist. Eine gute Annäherung an das m. P. liefert das Fadenpendel.

Matrizenmechanik: eine auf W. HEISENBERG zurückgehende Formulierung der ↑Quantenmechanik, die auf der Verwendung unendlicher Matrizen beruht.

Max-Planck-Gesellschaft zur Förderung der Wissenschaften e.V., Abk. MPG: gemeinnützige Forschungsinstitution mit Sitz in München. Die MPG beschäftigt rund 11 000 Mitarbeiter (davon 3000 Wissenschaftler) sowie ca. 7000 Doktoranden und Nachwuchswissenschaftler, die in 80 eigenen Einrichtungen (den **Max-Planck-Instituten**) natur- und geistes-

M

wissenschaftliche Grundlagenforschung betreiben. Damit ergänzt die MPG die Forschung an den Hochschulen. Der Jahreshaushalt (2000) beläuft sich auf 2,34 Mrd. DM.

Maxwell-Beziehung [nach J. C. MAXWELL]: ↑elektromagnetische Wellen.

Maxwell-Gleichungen: ein Satz von vier mathematisch anspruchsvollen Differenzialgleichungen, welche die elektrischen und magnetischen Felder miteinander und mit den elektrischen Ladungen und Strömen verknüpfen. Auf sie lassen sich alle elektrischen, magnetischen und elektromagnetischen Phänomene zurückführen. Die M.-G. sind damit die Grundlage der als ↑Elektrodynamik vereinten klassischen Theorie von Elektrizität, Magnetismus und Optik.

Aus der 1. M.-G. folgen das Coulomb-Gesetz und die Tatsache, dass das elektrische Feld durch elektrische Ladungen hervorgerufen wird. Die 2. M.-G. beschreibt die Gesetze der Induktion. Die 3. M.-G. beschreibt das magnetische Feld; insbesondere folgt, dass es keine der elektrischen Ladung entsprechenden magnetischen Ladungen (magnetische Monopole) gibt und dass sich die Magnetfeldlinien nicht kreuzen. Die 4. M.-G. gibt die Kraft zwischen zwei stromdurchflossenen Leitern an und stellt einen Zusammenhang her zwischen der Feldstärke am Rand einer Fläche und den Strömen, die diese Fläche durchfließen. Eine Folge der Gleichungen insgesamt ist die Existenz ↑elektromagnetischer Wellen.

maxwellsche Theorie: ↑Lichttheorien.

Maxwell-Verteilung (Maxwell-Boltzmann-Geschwindigkeitsverteilung, nach J. C. MAXWELL und L. BOLTZMANN): in der klassischen Vielteilchenphysik (z. B. in der ↑kinetischen Gastheorie) eine statistische Funktion, die angibt, welcher Anteil der Teilchen ei-

nes Gases eine bestimmte Geschwindigkeit v besitzt. Man geht dabei von der Vorstellung aus, dass die Teilchengeschwindigkeit innerhalb eines weiten Bereichs variiert. In der grafischen Darstellung ergibt sich eine unsymmetrische Kurve mit dem Maximum bei der wahrscheinlichsten Geschwindigkeit $v_w = \sqrt{2kT/m}$ (k: Boltzmann-Konstante, m Masse des Teilchens). Die mittlere Geschwindigkeit der Teilchen ist etwas höher, nämlich $\bar{v} = \sqrt{3kt/m}$. Bei höherer Temperatur verbreitert sich die Verteilung und wird flacher (Abb.).

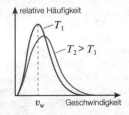

Maxwell-Verteilung: schematischer Verlauf für zwei verschiedene Temperaturen T_1 und T_2

mbar: Einheitenzeichen für ↑Millibar.

Mechanik [griech. mechanikós »erfinderisch«]: ältestes Teilgebiet der Physik, in dem die Bewegungen, die sie verursachenden Kräfte sowie die Zusammensetzung und das Gleichgewicht von Kräften untersucht werden. Man unterteilt sie in Kinematik, Dynamik und Statik.

Die ↑Kinematik beschränkt sich auf die Beschreibung von Bewegungen, ohne die Kräfte zu betrachten, die sie hervorrufen. In der ↑Dynamik dagegen werden die Kräfte als Ursachen der Bewegung berücksichtigt. Hier ermittelt man einerseits aus der Kenntnis der auf einen Körper einwirkenden Kräfte dessen Bewegungsablauf und schließt andererseits aus der Kenntnis der Bewegung auf die verursachenden Kräfte.

Die Statik schließlich betrachtet nur ruhende Körper und untersucht die Zusammensetzung und das Gleichgewicht von Kräften, die auf einen starren Körper wirken.

Nach den untersuchten Körpern unterscheidet man die **Punktmechanik,** die sich auf die Betrachtung von Massenpunkten beschränkt, von der **Systemmechanik,** in der man starre Körper bzw. Systeme von Massenpunkten betrachtet. Als **Himmelsmechanik** bezeichnet man die Mechanik der Himmelskörper, in der man insbesondere Planetensysteme, Doppelsternsysteme und die Bahnen künstlicher Satelliten untersucht. In der **Mechanik der starren Körper** betrachtet man Systeme aus Massenpunkten, deren jeweilige Abstände sich nicht verändern. Ihr steht die **Mechanik der deformierbaren Körper (Kontinuumsmechanik)** gegenüber.

Nach dem Gültigkeitsbereich der entwickelten Formeln unterscheidet man die klassische und die relativistische Mechanik. Die Regeln der **klassischen Mechanik** gelten, wenn die vorkommenden Geschwindigkeiten klein sind im Vergleich zur Lichtgeschwindigkeit. Für Geschwindigkeiten in der Größenordnung der Lichtgeschwindigkeit gelten dagegen die Gesetze der **relativistischen Mechanik** (↑Relativitätstheorie). Als Grenzfall umfasst sie auch die klassische Mechanik. Die klassische Mechanik ist auch im atomaren Bereich nicht gültig, hier wird stattdessen die **Quantenmechanik** angewandt (↑Quantentheorie).

Mit statistischen Verfahren arbeitet die sog. ↑statistische Mechanik. Man wendet sie immer dann an, wenn man das gemeinsame Verhalten einer Vielzahl von Teilchen untersuchen will und die Bewegungszustände der einzelnen Teilchen keine Rolle spielen oder sich gar nicht berechnen lassen (↑Deter-

minismus). Das wichtigste Anwendungsgebiet der statistischen Mechanik ist die ↑Wärmelehre.

medizinische Physik: Bereich der ↑Biophysik, in dem physikalische Methoden auf Probleme der Medizin in Diagnostik und Therapie angewandt werden. Charakteristisch sind Methoden und Verfahren, in denen die Messung physikalischer Größen eine Rolle spielt, z. B. die Messung der Körpertemperatur, die Aufnahme von EKG oder EEG, die Aufnahme von Röntgenbildern oder Tomogrammen usw. Zur m. P. gehören auch die Bestrahlung von Tumorerkrankungen und weite Teile der »Gerätemedizin«.

Mega: ↑Einheitenvorsätze.

Mehrfach|ionisation: die Abtrennung mehrerer Elektronen von einem Atom oder Molekül (↑Ionisation).

M-Einfang: ↑Elektroneneinfang aus der M-Schale der Atomhülle.

Meißner-Ochsenfeld-Effekt [nach FRITZ WALTHER MEISSNER; *1882, †1974; und RUDOLF OCHSENFELD; *1901, †1993]: ↑Supraleitung.

Membran [griech. membrána »Pergament«]: elastische Materialschicht, die man verwendet, um Bereiche unterschiedlichen Drucks voneinander zu trennen. Bei allseitiger Einspannung können Druckänderungen übertragen werden (z. B. in ↑Lautsprecher oder ↑Mikrofon).

Meniskus [griech. menískos »Möndchen«]: die aufgrund der ↑Benetzung gekrümmte Oberfläche einer Flüssigkeit in einer Kapillaren (↑Kapillarität).

Mesonen [griech. méson »das in der Mitte Befindliche«]: ursprünglich Name für ↑Elementarteilchen mit mittlerer Ruhemasse und einer Lebensdauer von 10^{-8} bis 10^{-10} s. Sie haben ganzzahligen Spin, sind also ↑Bosonen; M. können geladen oder neutral sein. M. entstehen beim Stoß energiereicher ↑Nukleonen mit Atomkernen der Ma-

M

terie; dabei muss die Energie der stoßenden Teilchen höher sein als die ↑Ruheenergie der zu erzeugenden Mesonen (z. B. im Falle des ↑Pions 139 MeV). Das Pion wurde 1935 von H. JUKAWA theoretisch gefordert und 1947 in der Höhenstrahlung gefunden. In der frühen Theorie der Kernkräfte sah man die M. als die Vermittler der starken Wechselwirkung (so wie die Photonen die elektromagnetische Wechselwirkung vermitteln). Nach modernen Vorstellungen sind M. aber zusammengesetzte Teilchen (aus einem ↑Quark und einem Antiquark); durch die Vielzahl der Kombinationsmöglichkeiten gibt es auch sehr viele verschiedene Mesonen.

Mesosphäre: Teil der ↑Atmosphäre.

Messbereich: der Teil des Anzeigebereichs eines Messgeräts, in dem die ↑Messfehler innerhalb vorgegebener oder garantierter Fehlergrenzen bleiben.

Messbereichserweiterung: ↑Nebenschluss.

Messfehler: die Gesamtheit aller bei einer ↑Messung auftretenden Einzelfehler. Man unterscheidet **systematische Fehler,** die in abschätzbarer Weise durch Unvollkommenheiten im Messaufbau, im Messgerät oder der Umgebung hervorgerufen werden, von den **zufälligen Fehlern,** die sich nicht abschätzen lassen. Systematische M. kann man durch eine Korrektur des Messwerts eliminieren, zufällige M. in einer ↑Messreihe sind Gegenstand der ↑Fehlerrechnung.

Messgerät: Gerät, mit dem man Erscheinungen und Eigenschaften von Größen quantitativ erfassen kann. Es besteht aus dem eigentlichen Messsystem (Messwerk) mit Anzeige, dem Gehäuse und evtl. weiterem Zubehör. Besondere Bedeutung haben elektrische M. (↑Strom- und Spannungsmessung), da sich fast alle nicht elektri-

schen Größen durch entsprechende Sensoren in geeignete elektrische Signale umwandeln lassen.

Messreihe: die wiederholte Messung einer Größe mit demselben Messaufbau. Ist die M. genügend groß, kann man die zufälligen ↑Messfehler durch ↑Fehlerrechnung abschätzen.

Messschraube: ↑Mikrometerschraube.

Messtechnik: Gesamtheit der Verfahren und Geräte zur ↑Messung physikalischer Größen.

Messung: die experimentelle Bestimmung zahlenmäßig erfassbarer Größen. Bei der Auswahl des Messaufbaus muss man darauf achten, dass die M. den zu messenden Vorgang nicht beeinflusst. Um dies zu vermeiden, verwendet man z. B. bei der ↑Strom- und Spannungsmessung Amperemeter mit möglichst hohem und Voltmeter mit möglichst niedrigem Innenwiderstand. In der Quantenphysik ist eine Beeinflussung des zu messenden Vorgangs nicht zu umgehen (↑Schrödingers Katze). Aufgrund der ↑heisenbergschen Unschärferelation lassen sich ferner bestimmte Größen (z. B. Ort und Impuls eines Quantenteilchens) prinzipiell nicht gleichzeitig genau messen.

Metall: eine Substanz mit geringem spezifischem elektrischen Widerstand, bei welcher der Stromfluss bei ↑elektrischer Leitung durch frei bewegliche Elektronen getragen wird.

metallische Leitung: ↑elektrische Leitung.

meta|stabiler Zustand [griech. meta- »zwischen-«]: angeregter Zustand eines Atoms oder Moleküls, der aufgrund von ↑Auswahlregeln gar nicht oder nur sehr langsam (Lebensdauer bis zu Sekunden) in einen energieärmeren Zustand übergehen kann.

Meteor [griech. metéoron »Himmelserscheinung«]: Leuchterscheinung, die entsteht, wenn ein Körper in die ↑Atmosphäre eindringt und dabei verglüht. Sehr helle Meteore heißen Feuerkugeln; schwächere, aber noch mit bloßem Auge sichtbare M. werden als Sternschnuppen bezeichnet. Körper, die einen M. verursachen, heißen **Meteoride**, bis auf den Erdboden gelangende Bruchstücke **Meteorite**.

Meteorologie: Teilgebiet der ↑ Geophysik, das die Physik der Atmosphäre (bis ca. 80 km Höhe), die Lehre von den Erscheinungen und Vorgängen in der Lufthülle sowie die Lehre vom Wettergeschehen umfasst. Dazu nutzt sie besonders die Gesetze und Beziehungen der Hydro- und Thermodynamik. Wichtigste Aufgabe der M. ist die Wettervorhersage, die auf der kontinuierlichen Beobachtung des Wetters und des Zustands der Atmosphäre beruht.

Meter [griech. métron »Maß«], Einheitenzeichen m: SI-Einheit der Länge, eine der sieben Basiseinheiten des Internationalen Einheitensystems.

Festlegung: Das M. ist seit 1983 definiert als die Länge der Strecke, die Licht im Vakuum während des Zeitintervalls von 1/299 792 458 Sekunden durchläuft.

Das M. wurde 1795 von der französischen Nationalversammlung als der zehnmillionste Teil des Erdmeridianquadranten festgelegt, der durch Paris verläuft. Die so festgelegte Länge wurde durch den Abstand der Endflächen eines Platinstabs verkörpert; dieser Stab und seine Kopie werden als **Urmeter** bezeichnet.

1875 schlossen 15 Staaten die internationale **Meterkonvention** ab. Darin bekannten sie sich zu dem Ziel, allgemein zugängliche, aus der Natur abzuleitende Einheiten zu schaffen. Da eine Kopie des Urmeters nicht mehr möglich war, wurde 1889 dessen Länge als Abstand zwischen zwei Strichen auf einen Maßstab aus einer Platin-Iridium-Legierung übertragen. Von diesem Me-

terprototyp wurden mehrere gleichartige Kopien angefertigt und an alle Mitgliedsstaaten der Meterkonvention verteilt. Mit diesen Kopien sind Messungen in einer relativen Genauigkeit von $5 \cdot 10^{-7}$ möglich.

Mit den Meterprototypen war das Ziel verfehlt, eine allgemein zugängliche Längeneinheit zu schaffen. Daher wurde 1927 das M. als ein Vielfaches einer von Cadmium-Atomen ausgestrahlten roten Wellenlänge definiert (1 m = 1 553 164,13 · λ_{Cd}). Diese Wellenlänge ist jedoch nicht sehr genau zu reproduzieren, sodass man 1960 eine erneute Definition des M. beschloss: »1 m ist das 1 650 763,73fache der Vakuumwellenlänge des orangefarbenen Lichts, das von Atomen des Kryptonisotops ^{86}Kr beim Übergang vom $5d_5$-Zustand in den $2p_{10}$-Zustand ausgesendet wird.« Durch eine geringfügige Asymmetrie der Kryptonspektrallinie war die Genauigkeit des so definierten Längenstandards aber auf $4 \cdot 10^{-9}$ begrenzt. Durch die Neudefinition des M. von 1983 ist die Genauigkeit um fünf Größenordnungen besser.

Allerdings wurde mit der neuen Festlegung die Systematik des Internationalen Einheitensystems verletzt, denn jetzt ist das M. über die Lichtgeschwindigkeit c mit der Definition der Sekunde verknüpft. Da der Wert von c aber *festgelegt* wurde, ist eigentlich eine der beiden Definitionen des M. oder der Sekunde überflüssig.

Michelson-Versuch ['maɪkəlsn-]: ein von A. A. MICHELSON unter Mitarbeit von EDWARD W. MORLEY (*1838, †1923) im Jahr 1881 erstmals durchgeführter Versuch, mit dem die Existenz des ↑ Äthers nachgewiesen werden sollte. Wenn es diesen Äther gäbe, dann müsste sich die Lichtgeschwindigkeit in Richtung parallel und senkrecht zur Umlaufbewegung der Erde unterscheiden. Mit einem speziell konstruierten

M

↑ Interferometer zeigte sich aber, dass die Lichtgeschwindigkeit in einem ruhenden bzw. einem gleichförmig bewegten Bezugssystem nach allen Richtungen gleich ist. Diese Erfahrungstatsache widerlegte die Ätherhypothese und war Ausgangspunkt der von A. EINSTEIN entwickelten ↑ Relativitätstheorie.

Mikro: ↑ Einheitenvorsätze.

Mikro|elektronik: Teilgebiet der Halbleiterelektronik, das sich mit der Herstellung, dem Zusammenbau und der Anwendung von miniaturisierten Schaltkreisen (»integrierten Schaltungen«) beschäftigt (↑ Halbleiter). Dafür wurde eine Vielzahl verschiedener physikalischer Verfahren entwickelt.

Die kleinsten Strukturen der M. liegen zurzeit (2001) bei etwa 250 nm, eine Halbierung mit entsprechender Leistungssteigerung bis zum Jahr 2003 ist wahrscheinlich. Damit stößt die M. an physikalische Grenzen: Da Elektronen auch Welleneigenschaften besitzen (↑ Materiewellen), werden sich bei noch kleineren Abmessungen Quanteneffekte bemerkbar machen (bei den in elektronischen Bauteilen verwendeten Spannungen beträgt die Wellenlänge des Elektrons ca. 1 nm). Kann man andrerseits die Quanteneffekte nutzen, so eröffnet sich die Chance auf die Realisierung des sog. ↑ Quantencomputers.

Mikrofon [griech. phoné »Stimme«]: Gerät zur Umwandlung von Schallschwingungen in niederfrequente elektrische Spannungen oder Ströme.

Die einfachste Bauart, das **Kohlemikrofon** (Abb. 1), ist wegen seines begrenzten Frequenzumfangs nur noch in der Telefontechnik gebräuchlich: Hinter einer Metallmembran liegt eine Schicht Kohlegrieß. Beim Sprechen beginnt die Membran zu schwingen und drückt die Kohlekörner periodisch zusammen. Damit ändert sich ihr elektrischer Widerstand und damit auch der

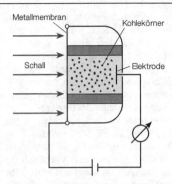

Mikrofon (Abb. 1): Kohlemikrofon

Strom, der von der Membran zur Elektrode fließt, im selben Rhythmus.

Eine bessere Tonqualität erzielt das **Kondensatormikrofon** (Abb. 2). Als Membran dient hier eine Platte eines Plattenkondensators. Treffen Schallwellen auf, so ändert sich die Kapazität des Kondensators im Rhythmus des Schalls. Wird der Kondensator über einen hochohmigen Widerstand mit einer Gleichspannung gespeist, so tritt im Stromkreis ein Wechselstrom (Lade- und Entladeströme) auf, dessen zeitlicher Verlauf mit dem der Schallschwingungen übereinstimmt.

Mikrometerschraube (Messschraube, Bügelmessschraube): Gerät zur Messung kleiner Längen. Der zu messende Gegenstand wird zwischen zwei

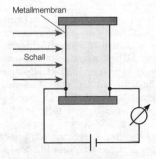

Mikrofon (Abb. 2): Kondensatormikrofon

parallele Messflächen gebracht, deren Abstand sich durch Drehen einer Schraube (Messspindel) verändern lässt. Die Ganghöhe der Messspindel beträgt i. d. R. 0,5 oder 1 mm, d. h., bei einer vollen Umdrehung der Spindel ändert sich der Abstand der Messflächen um 0,5 mm bzw. 1 mm. An der

Mikrometerschraube

Messspindel ist eine Skala angebracht, an der sich der Abstand der Messflächen ablesen lässt. Die Messgenauigkeit der M. liegt bei 0,01 mm.

Mikroskop [griech. skopeín »beobachten«]: optisches Gerät zur vergrößerten Betrachtung kleiner Gegenstände; das M. vergrößert also den ↑ Sehwinkel, unter dem das Objekt wahrgenommen wird. Im Prinzip besteht das M. aus zwei Sammellinsen kleiner Brennweite, in der Praxis werden statt der Sammellinsen Linsensysteme verwendet. Das zu untersuchende Objekt wird meist auf eine Glasplatte gebracht und von einer Lichtquelle mit ↑ Kondensor beleuchtet (Durchlichtmikroskop). Undurchsichtige Objekte können auch von oben beleuchtet werden (Auflichtmikroskop).

Der betrachtete Gegenstand wird möglichst nahe an die Brennebene des ↑ Objektivs gebracht, und zwar zwischen dessen einfache und doppelte Brennweite. Auf der anderen Seite des Objektivs entsteht dann außerhalb der doppelten Brennweite ein vergrößertes, reelles **Zwischenbild** des Gegenstands. Man kann es durch das ↑ Okular wie mit einer Lupe betrachten. Dafür gibt es zwei Möglichkeiten: Man kann es mit dem auf unendlich eingestellten, also nicht akkommodierten Auge betrachten, indem man das Zwischenbild genau in die Brennebene des Okulars bringt (Abb. 1). Meist aber stellt man das Okular so ein, dass es von dem Zwischenbild ein virtuelles Bild im Abstand der sog. deutlichen Sehweite d ($\approx$25 cm) entsteht; das Auge muss dann auf diese Entfernung akkommodiert werden (Abb. 2).

Die Vergrößerung V_m des M. ergibt sich als Produkt aus den Vergrößerungen V_{ob} des Objektivs und V_{ok} des Okulars:

$$V_m = V_{ob} \cdot V_{ok}.$$

Aus den Abmessungen berechnet man die Vergrößerung folgendermaßen: Die Entfernung zwischen bildseitiger

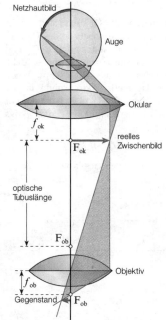

Mikroskop (Abb. 1): Strahlengang bei nicht akkommodiertem Auge

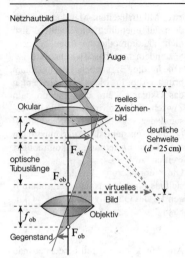

Mikroskop (Abb. 2): Strahlengang bei auf die deutliche Sehweite akkommodiertem Auge

Brennebene des Objektivs und der ihr zugewandten Brennebene des Okulars (also den Abstand zwischen F_{ob} und F_{ok}) bezeichnet man als die optische Tubuslänge t des Mikroskops. Wenn sich das reelle Zwischenbild in der Brennebene des Okulars befindet, gilt für die Vergrößerung V_{ob} des Objektivs (Abb. 3)

$$V_{ob} = B/G = t/f_{ob}$$

(B Bildgröße, G Gegenstandsgröße, f_{ob}

Brennweite des Objektivs). Für die Lupenvergrößerung des Okulars gilt:

$$V_{ok} = d/f_{ob}$$

(d deutliche Sehweite, f_{ok} Brennweite des Okulars). Damit ergibt sich für V_m:

$$V_m = \frac{t \cdot d}{f_{ob} \cdot f_{ok}}.$$

Die maximale Vergrößerung liegt für sichtbares Licht bei etwa 2000. Eine weitere Erhöhung dieses Werts ist sinnlos, weil sie nicht mehr Einzelheiten sichtbar macht. Dies liegt daran, dass außer der Vergrößerung für die Qualität des Mikroskops auch sein ↑Auflösungsvermögen eine Rolle spielt. Bei einem Lichtmikroskop können zwei Punkte im Abstand von ca. 160 nm gerade noch getrennt werden.

Neben dem hier beschriebenen Lichtmikroskop, das elektromagnetische Wellen verwendet, gibt es noch das ↑Elektronenmikroskop und das ↑Rastertunnelmikroskop, die Elektronenstrahlen bzw. Quanteneffekte zur Abbildung nutzen.

Mikrosystemtechnik: Teilgebiet der modernen Technik, das sich mit der Entwicklung und Herstellung von Maschinen und komplexen Anlagen beschäftigt, deren typische Abmessungen im Mikrometerbereich liegen. Beispiele solcher Systeme sind Schreib-Lese-Köpfe von Computerfestplatten, die

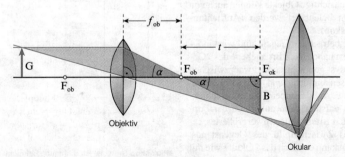

Mikroskop (Abb. 3): Einfluss der Tubuslänge auf die Vergrößerung

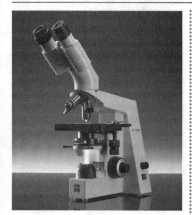

Mikroskop (Abb. 4): modernes Lichtmikroskop

Oszillatoren in Quarzuhren, Beschleu-
nigungssensoren für Airbags in Kraft-
fahrzeugen oder die Druckköpfe in Tin-
tenstrahldruckern. Anders als bei der
↑Mikroelektronik, die nur auf wenige
Materialien und Verfahren zurück-
greift, sind Abläufe und Materialaus-
wahl der M. weit vielfältiger und komplizierter.

Mikrowellen: ↑elektromagnetische
Wellen im Frequenzbereich zwischen
1 GHz und 1 THz (entspricht Wellenlängen zwischen 30 cm und 0,3 mm),
manchmal rechnet man auch Wellen ab
300 MHz (entsprechend 1 m) dazu. Die
M. liegen damit im elektromagnetischen Spektrum zwischen Radio- und
Infrarotstrahlung.
Bei der Erzeugung von M. ist zu beachten, dass die in der Elektronik sonst übliche Technik nur bedingt angewendet
werden kann, weil die Abmessungen
der Bauelemente und die Wellenlängen
dieselbe Größenordnung haben. M. geringer Leistung erzeugt man meist mit
Halbleiterelementen wie der **Gunn-Diode.** Sie besteht aus einem dünnen
Plättchen (einige 10 μm) aus n-leiten-
dem Galliumarsenid, an dessen zwei
elektrischen Anschlüssen eine Span-

nung von wenigen Volt anliegt. Im
Halbleiter entstehen dann sehr schnelle,
statistische   Stromschwankungen
(Wechselfelder) im GHz-Bereich. Zur
Erzeugung von M. höherer Leistung
verwendet man Mikrowellenröhren,
vor allem ↑Magnetrons.
Die wichtigsten Anwendungen von M.
sind der Nachrichtenverkehr über
Richtfunk, Radar und Funknavigation,
die Hochfrequenzspektroskopie und
die Erzeugung von Hochfrequenzwär-
me (z. B. im Mikrowellenherd).
Milli: ↑Einheitenvorsätze.
Millibar, Einheitenzeichen mbar: früher in der Meteorologie verwendete
Einheit des Drucks, speziell des ↑Luft-
drucks. Mit der SI-Einheit Pascal hängt
das Millibar zusammen gemäß 1 mbar =
100 Pa = 1 hPa (Hektopascal).
Millikan-Versuch [nach ROBERT AN-
DREW MILLIKAN; *1868, †1953]: Experiment zum Nachweis und zur Bestimmung der ↑Elementarladung. Dabei bringt man elektrisch geladene
Öltröpfchen in das Feld eines Platten-

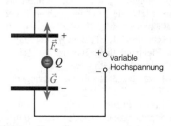

Millikan-Versuch

kondensators ein. Die anliegende Spannung U wird so eingestellt, dass die
Tröpfchen genau in der Schwebe bleiben. Dies ist gerade dann der Fall, wenn
die Gewichtskraft der Tröpfchen
$G = m \cdot g$ (m Masse des Öltröpfchens, g
Fallbeschleunigung) der elektrischen
Kraft $F = Q \cdot E$ (Q Ladung des Tröpf-
chens, E Feldstärke des Kondensator-
felds) entgegengesetzt ist. Dann gilt

$Q \cdot E = m \cdot g$ und mit $E = U/d$ (d Plattenabstand):

$$Q = \frac{m \cdot g \cdot d}{U}.$$

Rechts vom Gleichheitszeichen stehen nur messbare Größen. Bei Wiederholung des Versuchs zeigt sich, dass die Tröpfchen immer ein positives oder negatives, aber stets ganzzahliges Vielfaches einer kleinsten Ladung tragen, die man als ↑Elementarladung e bezeichnet. Sie hat den Wert

$$e = 1{,}602\,176\,4 \cdot 10^{-19}\,\text{C}.$$

Millimeter Quecksilbersäule, Einheitenzeichen mmHg: Einheit des ↑Drucks außerhalb des SI, die in der Medizin zur Messung des Drucks von Körperflüssigkeiten aber noch zulässig ist. Es gilt 1 mmHg = 133,3224 Pa.

min: Einheitenzeichen für ↑Minute.

Minus|pol (negativer Pol): diejenige der beiden Anschlussstellen einer Gleichstromquelle, an der ein Überschuss an Elektronen vorhanden ist. Ursprünglich war der M. definiert als die Elektrode, an der sich bei der ↑Elektrolyse Metall oder Wasserstoff abscheidet. Die mit dem M. verbundene Elektrode einer Batterie oder einer Röhre heißt ↑Kathode.

Minute [lat. pars minuta »verringerter Teil (einer Stunde)«]:

◆ Einheitenzeichen min, SI-fremde, aber zulässige Einheit der Zeit: 1 min = 1/60 h = 60 s.

◆ (Bogenminute): Einheitenzeichen ′, SI-fremde, aber zulässige Einheit des ebenen Winkels: 1′ = 1/60° (↑Grad).

Mischfarbe: der bei der additiven ↑Farbmischung (z. B. beim newtonschen Farbkreisel) entstehende Farbeindruck.

Mischungstemperatur: die Temperatur, die sich bei der Mischung von unterschiedlich temperierten Körpern (meist Flüssigkeiten) ergibt.

Mittelpunktstrahl: ↑Hauptstrahl.

mittlere freie Weglänge: ↑freie Weglänge.

mittlere Lebensdauer: ↑Lebensdauer.

MKSA-System: ↑Einheitensystem mit den vier Basiseinheiten Meter, Kilogramm, Sekunde, Ampere.

MKS-System: ↑Einheitensystem für die Mechanik mit den drei Basiseinheiten Meter, Kilogramm, Sekunde, später erweitert zum MKSA-System.

mmHg: Einheitenzeichen für ↑Millimeter Quecksilbersäule.

Mobilfunk [lat. mobilis »beweglich«]: Gesamtheit der Funkdienste zum Betreiben schnurloser Telefone (**Handys**). Verbindungen werden über Funkzellen (sog. Waben) um eine Relaisstation herum aufgebaut. Das Handy steht nur mit der nächsten Relaisstation in Verbindung; von dort werden die Daten entweder zur Relaisstation der Wabe, in der sich das Empfängerhandy befindet, oder in das Telefonfestnetz weitergeleitet. Das ab 1985 aufgebaute analoge C-Netz spielt heute keine Rolle mehr. Die digitalen D-Netze (D1, D2) arbeiten mit Frequenzen um 900 MHz und haben eine Wabengröße von ca. 25 km; D-Netz-Handys haben eine Sendeleistung von ca. 2 W. Das E-Netz sendet auf Frequenzen von 1805–1880 MHz und empfängt bei 1710–1785 MHz. Die Waben sind hier wesentlich kleiner, daher kommen E-Netz-Handys auch mit weniger Sendeleistung (ca. 1 W) aus. Der M. gilt als mitverantwortlich für den ↑Elektrosmog.

Modell [lat. modulus »Maß, Maßstab«]: vereinfachte Vorstellung von einem Vorgang oder einer Erscheinung, wobei man die für wesentlich erachteten Eigenschaften hervorhebt und die als nebensächlich angesehenen Aspekte außer Acht lässt. Ein gutes M. lässt sich mathematisch behandeln und erlaubt Vorhersagen, die man in einem Experiment überprüfen kann. Die damit gewonnenen Erkenntnisse erlauben es, die Theorie zu verbessern und das M. zu verfeinern. Diese schrittweise Verfeinerung lässt sich z. B. anhand der M. des ↑Atoms nachvollziehen.

Moderator [lat. »Mäßiger«]: in der Kerntechnik Bezeichnung für einen Stoff, der Neutronen hoher Energie durch elastische Stöße auf niedrige (thermische) Energie abbremst. Ein M. ist insbesondere in einem ↑Kernreaktor erforderlich. Hier müssen die bei der Kernspaltung entstehenden Neutronen von ca. 2 MeV auf thermische Energie (ca. 25 keV) abgebremst werden, da nur langsame Neutronen die Kettenreaktion in Uran aufrechterhalten können. Ein wirkungsvoller M. hat folgende Eigenschaften:

Stoß möglichst viel Energie übertragen werden kann und nur wenige Stöße zur Abbremsung nötig sind.
Als M. verwendet man u. a. schweres Wasser (D_2O), Kohlenstoff in Form von Graphit sowie Beryllium.

Modulation [lat. modulatio »Anpassung«]: die Veränderung von Merkmalen einer Schwingung (der Trägerschwingung) entsprechend dem Verlauf einer zweiten Schwingung, der sog. modulierenden Schwingung. Mithilfe der **Demodulation** kann man aus dem modulierten Signal die ursprüngliche Schwingung rekonstruieren.

Man unterscheidet die **Amplitudenmodulation** (Abk. AM), bei der die Auslenkung der hochfrequenten Trägerschwingung bei konstanter Frequenz mit der Modulationsfrequenz verändert wird, und die **Frequenzmodulation**

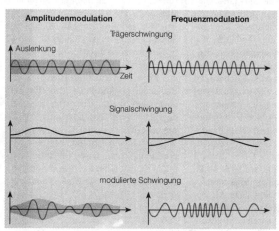

Modulation: Prinzip von Amplitudenmodulation (AM) und Frequenzmodulation (FM)

■ Der Streuquerschnitt (↑Wirkungsquerschnitt) für schnelle Neutronen muss groß sein.

■ Der Absorptionsquerschnitt für thermische Neutronen muss klein sein.

■ Die Massenzahl A muss möglichst klein sein, damit beim elastischen

(Abk. FM), bei der die Amplitude unverändert bleibt und die Frequenz moduliert wird (Abb.). In der Radiotechnik wird die AM bei Mittelwellen- und die FM bei UKW-Sendern verwendet.
Bei der sog. **Impulsmodulation** nutzt man aus, dass es genügt, viele kurze,

M

periodisch aufeinander folgende Ausschnitte einer Nachricht in Form von Impulsen zu übertragen, vorausgesetzt, die Impulsfolgefrequenz ist mindestens doppelt so hoch wie die höchste im Signal vorkommende Frequenz. Diese Form der M. wird z. B. bei der Digitalisierung von Analogsignalen verwendet.

mohssche Härteskala [nach FRIEDRICH MOHS; *1773, †1839]: ↑Härte.

Mol [gekürzt aus Molekül], Einheitenzeichen mol: SI-Einheit der Stoffmenge (Teilchenmenge). Definition: Ein Mol (mol) ist die Stoffmenge eines Systems, das aus ebenso viel Einzelteilchen besteht, wie Atome in 12/1000 kg des Kohlenstoffnuklids ^{12}C enthalt sind.

molare Gaskonstante: Synonym für universelle ↑Gaskonstante.

Molekül [frz. molecule, aus lat. moles »Masse«]: ein aus zwei oder mehreren ↑Atomen zusammengesetztes, nach außen elektrisch neutrales Teilchen, das durch die Kräfte der chemischen Bindung zusammengehalten wird. Moleküle können sowohl aus gleichartigen als auch aus verschiedenartigen ↑Atomen aufgebaut sein. Dies erklärt die große Zahl der chemischen Verbindungen. Die Zahl der in einem M. gebundenen Atome reicht von zwei bis zu mehreren Milliarden (beim DNS-Molekül der Erbsubstanz); liegt sie über 1000, so spricht man von einem **Makromolekül**. Ein elektrisch geladenes M. bezeichnet man als Molekülion oder ↑Ion. Physikalisch gesehen treten Moleküle beim Erwärmen, Abkühlen usw. als einheitliche Teilchen auf. Ihre Massen lassen sich mit einem ↑Massenspektrographen bestimmen; sie liegen zwischen 10^{-27} kg und 10^{-23} kg. Die Moleküldurchmesser reichen von 0,1 nm bis 10 μm.

Der Grund für die Entstehung von M. liegt im Gewinn von ↑Bindungsenergie

beim Eingehen einer chemischen Bindung. Teilen sich zwei Atome ein oder mehrere Elektronenpaare, so spricht man von einer **Atombindung** oder **homöopolaren Bindung**. In diesem Fall ist die Elektronenhülle der beteiligten Atome gegenüber derjenigen der freien Atome stark verändert. Bei Molekülen, die aus verschiedenen Atomen bestehen, liegt vorwiegend eine andere Art der chemischen Bindung vor, die **Ionenbindung**. Diese beruht auf der elektrischen Anziehung zwischen ungleichnamig geladenen Bindungspartnern. Hierbei ist die Elektronendichte i. A. in der Nähe eines Atomkerns größer als bei M., die aus gleichartigen Atomen aufgebaut sind. Daraus resultiert i. d. R. ein permanentes elektrisches Dipolmoment. Wird ein solches Dipolmoment erst durch ein äußeres elektrisches Feld erzeugt, heißt das M. **polarisierbar**.

Wie den Atomen gibt es auch bei den M. Anregungszustände der Elektronen, in denen das M. eine erhöhte innere Energie hat. Wie ein Atom kann ein M. seinen Energiezustand ändern und dabei ein Strahlungsquant (Photon) abstrahlen (beim Übergang in einen energetisch tieferen Zustand) oder eines absorbieren (wenn es in einen energetisch höheren Zustand übergeht). Das emittierte bzw. absorbierte Energiequant ist genau die Energie, die der Differenzenergie der beiden Zustände entspricht.

In Molekülspektren treten – im Gegensatz zu Atomspektren – zahlreiche dicht beieinander liegende Spektrallinien auf, die sich nur sehr schwer auflösen lassen und deshalb normalerweise als Band erscheinen (↑Bandenspektrum). Dies liegt daran, dass ein M. vielfältigere Möglichkeiten der Energieabgabe und -aufnahme aufweist als ein Atom, denn zusätzlich zu den Elektronenanregungen können die Atome in einem M. und das M. selbst Rotations- und Vibrationsbewegungen (Drehungen und Schwingungen) ausführen. Die unterschiedlichen Arten der Anregung überlagern sich in einem Molekülspektrum, dessen Energien vom sichtbaren Bereich (Elektronenanregungen) über das nahe ↑Infrarot (Vibrationen) bis zum fernen Infrarot (Rotationen) reichen.

molekulare Gaskonstante: Synonym für ↑Boltzmann-Konstante.

Molekulargewicht: veraltet für relative ↑Molekülmasse.

Molekularkräfte: die zwischen den Molekülen ein und desselben Stoffes oder verschiedener Stoffe wirkenden Kräfte. Sie gehen nicht auf die Gravitation zurück, sondern sind elektrischen Ursprungs. Sie wirken allerdings nur in der sehr kleinen Umgebung von etwa 10^{-8} m. In der unmittelbaren Umgebung eines Moleküls wirken die M. abstoßend, etwas weiter entfernt jedoch anziehend; man stellt sie sich daher als Überlagerung von anziehenden und abstoßenden Kräften vor. In einer bestimmten Entfernung heben sich die anziehenden und abstoßenden Kräfte auf. Das bedeutet, dass sich zwei Moleküle, wenn keine äußeren Kräfte wirken, stets in einem ganz bestimmten Abstand voneinander befinden. Einer Veränderung dieses Abstands setzen die M. einen Widerstand entgegen. Die M. zwischen Molekülen ein und desselben Stoffs bezeichnet man als **Kohäsionskräfte;** sie bewirken die **Kohäsion,** d. h. den inneren Zusammenhalt eines Körpers. Wenn man den Körper zerteilen will, müssen diese Kohäsionskräfte überwunden werden. Sie sind am größten bei festen Körpern, wesentlich kleiner bei flüssigen und extrem klein bei gasförmigen Körpern. Die zwischen Molekülen verschiedener Stoffe auftretenden M. heißen **Adhäsionskräfte.** Sie bewirken die **Adhäsion,** d. h. ein äußerliches Aneinanderhaften von Körpern aus verschiedenen Stoffen. Adhäsionskräfte treten z. B. beim Kleben oder Kitten auf; auch das Haften der Druckerschwärze auf Papier geht auf sie zurück. Adhäsionskräfte verursachen durch die ↑Oberflächenspannung auch die ↑Kapillarität.

Molekülmasse:

♦ **absolute Molekülmasse:** die Masse eines einzelnen Moleküls; sie ergibt sich als Summe aus den absoluten ↑Atommassen der Atome des Moleküls, abzüglich des Massendefekts durch die Bindungsenergie, die nach der ↑Äquivalenz von Masse und Energie ja ebenfalls einer Masse entspricht. Die Masseneinheit für atomare Teilchen ist die ↑atomare Masseneinheit u.

♦ **relative Molekülmasse:** eine Verhältniszahl, die angibt, um wie viel die Masse eines bestimmten Moleküls größer ist als die Masse eines Standard- oder Bezugsatoms. Seit 1961 dient dazu das Kohlenstoffnuklid $^{12}_{6}C$, dem die relative Atommasse 12,000 zugeordnet wurde. Die relative M. wurde früher auch als **Molekulargewicht** bezeichnet.

Molenbruch: ↑raoultsches Gesetz.

Molvolumen: das Volumen, das ein Mol eines Stoffes einnimmt. Bei gleichen äußeren Bedingungen ist das M. idealer Gase von der speziellen Gasart unabhängig. Das **Normmolvolumen,** das im ↑Normzustand eingenommen wird, beträgt 0,022 414 0 m³/mol (22,4140 l/mol).

Moment [lat momentum »Bewegung, Augenblick«]: das nach bestimmten Regeln berechnete Produkt einer physikalischen Größe mit einem Abstand, wobei es sich um den Abstand zu einem Punkt, einer Linie oder einer Fläche handeln kann. Beispiele sind das ↑Drehmoment, das ↑Trägheitsmoment und die verschiedenen elektrischen und magnetischen Momente (↑Dipol). Han-

M

delt es sich beim M. um einen Vektor, ergibt sich das Gesamtmoment als Vektorsumme der Einzelmomente.

momentan: auf den Augenblick bezogen. In diesem Sinn spricht man z. B. in der ↑Kinematik von der momentanen Beschleunigung oder der Momentangeschwindigkeit. Streng genommen lassen sich solche momentanen Größen jedoch nicht messen, da ein Augenblick zeitlich nicht ausgedehnt ist. Mit dem Begriff des Grenzwerts stellt die Mathematik aber ein Hilfsmittel bereit, mit dem sich momentane Größen definieren und oft auch berechnen lassen.

Momentanwert: der Wert, den eine Variable zu einem bestimmten Zeitpunkt annimmt, z. B. bei einem ↑Wechselstrom.

Mondfinsternis: eine Verdunkelung des Monds, die zustande kommt, wenn der Mond auf seiner Bahn den von der Erde geworfenen Kernschatten durchquert. Dazu muss die Erde zwischen

ternissen, bei denen der Mond ganz in den Erdschatten tritt, und rund 150 **partiellen Mondfinsternissen,** bei denen der Mond nur teilweise vom Erdschatten bedeckt ist. Anders als eine ↑Sonnenfinsternis ist eine M. stets auf der gesamten dem Mond zugewandten Erdhalbkugel zu sehen, da der Erdschatten (in Mondentfernung) wesentlich größer als der Monddurchmesser ist. Bei einer M. kann man an der Form des Erdschattens deutlich die Kugelgestalt der Erde erkennen.

monochromatisch [griech. mónos »einzig« und chróma »Farbe«]: bezeichnet die Eigenschaft einer elektromagnetischen Strahlung, nur eine feste Wellenlänge zu haben. Auch eine Teilchenstrahlung mit fester Teilchenenergie wird m. genannt. Licht muss m. sein, damit ↑Interferenz auftritt.

moseleysches Gesetz ['mǝʊzlɪ-, nach HENRY MOSELEY; *1838, †1923]: ↑Röntgenstrahlung.

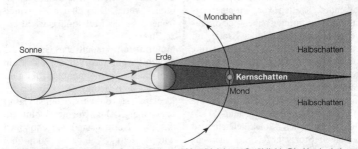

Mondfinsternis: Stellung von Sonne, Erde und Mond (nicht maßstäblich). Die Verdunkelung des Monds durch den Halbschatten der Erde ist mit bloßem Auge nicht wahrzunehmen.

Sonne und Mond stehen, wie dies im Prinzip bei jedem Vollmond der Fall ist. Da aber die Bahnebenen der Erde und des Mondes leicht gegeneinander geneigt sind, tritt eine M. nicht wie der Vollmond alle vier Wochen auf, sondern viel seltener: In einem Jahrhundert kommt es zu etwa 80 **totalen Monfins-**

MOSFET, Abk. für metal oxide semiconductor field effect transistor [engl. »Metalloxid-Halbleiter-Feldeffekttransistor«]: ↑Feldeffekttransistor.

Mößbauer-Effekt: die 1958 von RUDOLF MÖSSBAUER (*1929) gefundene Erscheinung, dass die in ein Kristallgitter eingebundenen Atomkerne Photonen praktisch rückstoßfrei aufnehmen und abstrahlen können (rückstoßfreie Kernresonanzabsorption). Der Impuls des Photons wird aufgrund der starken Bindung zu den Nachbaratomen im Gitter vom gesamten Kristallgitter aufgenommen; sorgt man zusätzlich für tiefe Temperaturen (und damit minimale thermische Zitterbewegung der Atome), sind die emittierten Spektrallinien im Gammabereich sehr scharf und zeigen keine Verbreiterung aufgrund des ↑Doppler-Effekts. Man kann die Linien daher mit ihrer natürlichen Linienbreite beobachten, die aufgrund der Energieunschärfe (↑heisenbergsche Unschärferelation) mit der Lebensdauer des strahlenden Zustands verknüpft ist. Die Bedeutung des M.-E. liegt vor allem darin, dass er Energie- und Frequenzmessungen mit einer relativen Genauigkeit von besser als 10^{-15} ermöglicht, was sonst nirgendwo in der Physik auch nur annähernd erreicht wird. Mit seiner Hilfe wurden z. B. die Formeln für die Zeitdilatation und Massenveränderlichkeit (↑Relativitätstheorie) hochgenau bestätigt.

MOX, Abk. für Mischoxid-Brennelement: ↑Wiederaufbereitung.

MPG: ↑Max-Planck-Gesellschaft.

Multimeter [lat. multus »viel«]: ↑Strom- und Spannungsmessung.

Multiplett:

◆ *Spektroskopie:* eine Gruppe von sehr dicht beieinander liegenden ↑Spektrallinien, die auf Zustände mit gleichen physikalischen Merkmalen (z. B. Bahndrehimpulsquantenzahlen) hinweisen.

◆ *Quantentheorie:* eine Folge physikalisch zusammengehöriger diskreter Energiezustände eines Atoms, Atomkerns oder von Hadronen. Die einzelnen Energiezustände (↑Terme) z. B. eines Ladungsmultipletts unterscheiden sich dabei durch die verschiedenen Kombinationen der Spins der Einzel-

elektronen. Die summierte Drehimpulsquantenzahl der gesamten Elektronenhülle ist für die Terme eines M. dagegen gleich. Die Zahl der möglichen Übergänge und damit der zu einem M. gehörenden Spektrallinien ist durch Auswahlregeln begrenzt. Man spricht bei zwei-, drei- oder vierfacher Aufspaltung auch von Dubletts, Tripletts bzw. Quartetts.

Multiplier ['mʌltɪplaɪə, engl. »Vervielfacher«]: ↑Sekundärelektronenvervielfacher.

Müon: veralteter Name für ↑Myon.

Musikinstrumente: Geräte zur Erzeugung von musikalisch verwendbarem Schall. Bei allen M. wird durch eine Bewegung (Schlagen, Streichen, Zupfen, Blasen, Tastendruck usw.) ein Teil des M. in Schwingungen versetzt. Das so erzeugte Schallereignis (Töne, Klänge, Geräusche) wird oft in einem ↑Resonanzkörper verstärkt und unterscheidet sich je nach Bauart des M. und der Spieltechnik. Die meisten M. erlauben, die Lautstärke der entstehenden Töne, ihre Höhe und oft auch ihre Klangfarbe zu verändern. Physikalisch unterscheiden sich die erzeugten Töne durch ihren jeweiligen Anteil an ↑Obertönen im Klangspektrum.

Muttersubstanz: Ausgangssubstanz einer radioaktiven ↑Zerfallsreihe.

Myon [nach dem Symbol μ], physikalisches Symbol μ oder μ^-: 1937 entdecktes instabiles Elementarteilchen aus der Gruppe der ↑Leptonen. Es hat sehr ähnliche Eigenschaften wie das Elektron, hat aber eine 207-mal höhere Ruhemasse, was einer Ruheenergie von knapp 106 MeV entspricht. Das M. (μ^-) trägt eine negative, sein Antiteilchen μ^+ eine positive Elementarladung. Beide Teilchen haben eine Lebensdauer von $2 \cdot 10^{-6}$ s und zerfallen in ein Elektron (e^-) bzw. ein Positron (e^+) sowie in je ein Neutrino und ein Antineutrino gemäß:

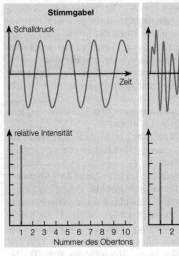

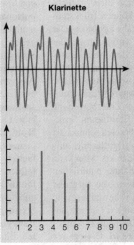

Stimmgabel · Schalldruck · Zeit · relative Intensität · 1 2 3 4 5 6 7 8 9 10 · Nummer des Obertons

Klarinette

Musikinstrumente: zeitlicher Verlauf des Schalldrucks (oben) und relative Intensität der Obertöne (unten) am Beispiel von Stimmgabel und Klarinette

$$\mu^+ \rightarrow e^+ + \nu_e + \bar{\nu}_\mu$$
$$\mu^- \rightarrow e^- + \nu_\mu + \bar{\nu}_e.$$

Myonen entstehen u. a. beim Zerfall von ↑Pionen. Das negative M. kann von einem Atom eingefangen und anstelle eines Elektrons in die Hülle eingebaut werden; es bildet sich dann ein sog. **Myonatom.** Das positive M. kann anstelle eines Protons mit einem Elektron zusammen das instabile **Myoniumatom** bilden, das sich wie ein sehr leichtes Wasserstoffatom verhält.

Die M. bilden den Hauptbestandteil (fast 90%) der sekundären Höhenstrahlung. Sie werden in Materie fast nur durch Ionisation gebremst und haben daher ein sehr hohes Durchdringungsvermögen. Selbst in 1000 m Wassertiefe oder hinter meterdicken Bleischichten sind M. noch nachzuweisen.

n:

♦ Abk. für den ↑Einheitenvorsatz Nano (Milliardstel = 10^{-9}fach).

♦ Symbol für das ↑Neutron.
♦ (*n*): Formelzeichen für die Brechzahl (↑Brechung).
♦ (*n*): Formelzeichen für die Hauptquantenzahl (↑Quantenzahlen).
♦ (*n*): Formelzeichen für die Teilchendichte (Anzahldichte).
♦ (*n*): allgemein Formelzeichen für eine unbestimmte ganze Zahl.
♦ (n_0): Formelzeichen für die ↑Loschmidt-Konstante.

N: Einheitenzeichen für die Krafteinheit ↑Newton.

N_A (N_A): Formelzeichen für die ↑Avogadro-Konstante.

Nachbild: Bezeichnung für die Erscheinung, dass das menschliche Auge einen einmaligen kurzen Lichteindruck für mindestens 0,1 s festhält. Schneller aufeinander folgende Lichteindrücke (z. B. Bildfolgen) erscheinen aufgrund des N. als kontinuierlich ineinander übergehend. Dieser Effekt wird z. B. beim Film ausgenutzt.

Ein sog. negatives Nachbild kommt im Auge zustande, wenn man längere Zeit einen sehr hellen Gegenstand betrachtet hat. Die beteiligten Sinneszellen im

Auge sind dann so überreizt, dass sie für eine gewisse Zeitdauer kaum für neue Lichtreize empfindlich sind. Während der Erholungszeit glaubt der Beobachter ein schattenrissartiges dunkles Bild des zuvor betrachteten hellen Gegenstands zu sehen. Wenn man in einem dunklen Raum einen Gegenstand mit einem Blitzlicht kurz beleuchtet und danach die Pupille eine Zeit lang nicht bewegt, sieht man sogar ein sehr deutliches N. des gesamten Raums.

Nachhall: Schallwellen, die nach Reflexion wieder zum Hörer zurück gelangen, aber im Gegensatz zum ↑Echo nicht getrennt vom Originalschall wahrgenommen werden. Der Zeitunterschied der Wellen liegt bei höchstens 0,1 s. Der N. spielt eine wichtige Rolle in der Raumakustik und trägt z. B. in einer Konzerthalle wesentlich zum »natürlichen« Klangbild bei. In besonderen Fällen kann der N. auch künstlich erzeugt werden, um bestimmte Klangeffekte zu imitieren.

Nahpunkt: der dem Auge am nächsten gelegene Punkt, in dem man einen Gegenstand noch scharf wahrnehmen kann. Dabei muss das Auge voll akkommodiert sein. Die Lage des Nahpunkts ist – im Gegensatz zum ↑Fernpunkt – altersabhängig. Er liegt bei Kindern etwa 7 cm, bei Jugendlichen 10–15 cm vor dem Auge und rückt mit dem Alter bis zu 2 m vom Auge weg.

Nahwirkung: eine Kraftwirkung, die im Unterschied zur ↑Fernwirkung nur in der unmittelbaren Umgebung eines Körpers erfolgt. Die Wirkung von Kräften über große Entfernungen hinweg erklärt man durch die Vermittlung von Kraftfeldern, die sich mit endlicher Geschwindigkeit ausbreiten, z. B. das elektromagnetische ↑Feld oder das Gravitationsfeld. Die Vorstellung von der N. geht auf M. FARADAY und J. C. MAXWELL zurück und hat sich heute allgemein durchgesetzt.

Nano: ↑Einheitenvorsätze.

Nanoröhrchen: ↑Fullerene.

Naturgesetz: ein durch mathematische Formeln ausgedrückter quantitativer Zusammenhang zwischen physikalischen Größen, der für einen großen Teil der materiellen Welt gültig ist. Viele N. entstanden ursprünglich aus experimentellen Ergebnissen, lassen sich heute aber im Rahmen einer als grundlegend betrachteten ↑Theorie herleiten oder verstehen.

Naturkonstanten: Zahlen oder physikalische Größen, die in den Naturgesetzen vorkommen und von denen man annimmt, dass sie durch die Natur vorgegeben sind und überall im Universum denselben Wert haben. Dabei wird vorausgesetzt, dass sie sich im Lauf der Zeit nicht ändern.

Für den inneren Zusammenhang der Physik ist es wichtig, die N. möglichst genau zu messen. Da sich die meisten N. auf völlig verschiedenen Wegen bestimmen lassen, aber auch aufgrund der Fortschritte der Messtechnik ist es notwendig, etwa alle 10 bis 15 Jahre die Werte der N. in den letzten Stellen nach dem Komma neu festzulegen. Die neuesten Festlegungen stammen aus dem Jahr 1999 und sind auf den hinteren Umschlagseiten abgedruckt.

Nebel: ein ↑Aerosol, das aus kleinen, fein verteilten Wassertröpfchen besteht, die in bodennahen Luftschichten schweben und in dem die Sichtweite kürzer als 1 km ist.

Nebel entsteht, wenn sich Luft bei Anwesenheit einer ausreichenden Zahl von Kondensationskernen unter den Taupunkt abkühlt.

Nebelkammer (Wilson-Kammer): ein Gerät, das in der Frühzeit der Kernphysik zum Nachweis und zur Sichtbarmachung der Bahnen ionisierender Teilchen diente. Heute wird es nur noch für Demonstrationszwecke eingesetzt, da es eine lange Erholungszeit hat und da-

N

her nur wenige Messungen pro Zeiteinheit erlaubt.

Die Funktion der N. beruht darauf, dass die in eine mit übersättigtem Dampf gefüllte Kammer eindringenden ionisierenden Teilchen Kondensationskeime für Flüssigkeitströpfchen bilden. Bei seitlicher Beleuchtung ist dann die Teilchenbahn als feine Nebelbahn sichtbar, die man fotografieren und unter dem Mikroskop auswerten kann.

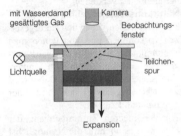

Nebelkammer: Schema einer Kolbenexpansionsnebelkammer

Der älteste Typ der N. ist die **Expansionsnebelkammer.** Bei ihr wird das wasserdampfgesättigte Füllgas übersättigt, indem man das Volumen der Kammer durch Bewegung eines Kolbens schlagartig erhöht (adiabatische Expansion), wodurch das Gas abkühlt. Die Kammer ist nur kurze Zeit zur Messung bereit, nämlich solange die Temperatur sich nicht ausgeglichen hat. In der Praxis löst man dieses Problem, indem man das eintreffende Teilchen mit einem Zählrohr oder Ähnlichem nachweist. Der Zählrohrimpuls löst dann sowohl die Expansion als auch die Kamera aus.

Ohne bewegliche Teile kommt die **Diffusionsnebelkammer** aus, bei der eine Kammerhälfte gekühlt und die andere erwärmt wird. Dadurch diffundiert ständig flüssigkeitsgesättigter Dampf in die kalte Hälfte; es bildet sich eine Zwischenzone übersättigten Dampfs aus, die dauernd messbereit ist.

Nebeneinanderschaltung: deutsch für ↑Parallelschaltung.

Nebenquantenzahl: andere Bezeichnung für die Bahndrehimpulsquantenzahl (↑Quantenzahlen).

Nebenschluss: ein Leiterzweig, der dem Hauptzweig (dem sog. Hauptschluss) parallel geschaltet ist und in dem meist nur ein geringer Strom fließt. Einen N. in Form eines einzigen Nebenschluss- oder Shuntwiderstands setzt man oft zur **Messbereichserweiterung** eines Amperemeters ein (zur Messbereichserweiterung eines Voltmeters dient ein ↑Vorwiderstand).

Das Amperemeter A habe den Innenwiderstand R_i und zeige Vollausschlag bei der Stromstärke I_{max}. Schaltet man einen Shuntwiderstand R_s parallel, so wird er vom Strom I_s durchflossen; in beiden Zweigen liegt dieselbe Spannung U an. Um den Messbereich von A auf das n-fache zu erweitern (d. h. Vollausschlag bei $I = n \cdot I_{max}$), muss man R_s so wählen, dass gilt:

$$I_s = (n-1) \cdot I_{max}$$

(dies folgt aus der ersten ↑kirchhoffschen Regel und $I = I_{max} + I_s$). Wegen $U = R_s \cdot I_s = R_i \cdot I_{max}$ ergibt sich:

$$\frac{I_{max}}{I_s} = \frac{R_s}{R_i},$$

woraus mit $I_s/I_{max} = 1/(n-1)$ folgt:

$$R_s = R_i/(n-1).$$

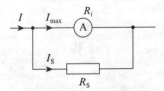

Nebenschluss: Messbereichserweiterung des Amperemeters A durch einen Shuntwiderstand R_s

Um den Messbereich eines Amperemeters mit dem Innenwiderstand R_i also auf das *n*-fache zu erweitern, muss man einen Nebenschlusswiderstand verwenden, dessen Wert den (*n* – 1)-ten Teil von R_i beträgt.

Nebenschlussmotor: ein ↑Elektromotor, bei dem der Anker und die Feldspule parallel geschaltet sind.

Néel-Temperatur [ne'ɛl-, nach LOUIS E. F. NÉEL; *1904]: Temperatur, oberhalb deren der ↑Antiferromagnetismus zusammenbricht.

negativer Pol [lat. negare »verneinen«]: ↑Minuspol.

Neigungswinkel: für die ↑schiefe Ebene charakteristische Größe, welche die Neigung gegen die Horizontale bezeichnet.

Nennwert: geeignet gerundeter Wert einer Größe zur Bezeichnung einer (elektrischen) Einrichtung. Alle Teile einer Anlage müssen so bemessen sein, dass sie mit dem N. (z. B. mit einer Nennspannung von 230 V) gefahrlos betrieben werden können.

Neonröhre: ↑Leuchtstoffröhre.

nernstsches Wärmetheorem [nach W. NERNST]: eine Formulierung des dritten ↑Hauptsatzes der Wärmelehre.

Netzhaut: die lichtempfindliche hintere Schicht des ↑Auges.

Netzwerk: Zusammenschaltung einer beliebigen Zahl von elektrischen Bauteilen, die mindestens zwei Anschlussklemmen (Pole) aufweisen, z. B. Generatoren, Motoren, Leitungen, Schalter, Transformatoren, Dioden usw. Ihre Anordnung im N. wird durch einen Schaltplan wiedergegeben, in dem die Teile durch genormte Symbole (↑Schaltzeichen) und die Verbindungsleiter zu den Anschlussklemmen durch Linien dargestellt sind.

Um das zeitliche Verhalten einer oder mehrerer physikalischer Größen in einem N. zu ermitteln (z. B. den Verlauf der Stromstärke in einem bestimmten Bauteil), muss man ein Messgerät benutzen, das man mit dem zu untersu-

chenden N. verbindet. Das Messgerät und seine Schaltung sind so auszuwählen, dass das Verhalten des ursprünglichen N. möglichst wenig beeinflusst wird.

Neukurve: ↑Hystereseschleife.

Neutrino [ital. »kleines Neutron«], Symbol ν: sehr leichtes, elektrisch neutrales ↑Elementarteilchen aus der Gruppe der Leptonen. Im heute experimentell zugänglichen Energiebereich gibt es nur drei Arten von N., die nach den zugehörigen geladenen Leptonen benannt werden: das **Elektronneutrino** ν_e, das Myonneutrino ν_μ und das Tauonneutrino ν_τ sowie deren Antiteilchen ($\bar{\nu}_e, \bar{\nu}_\mu, \bar{\nu}_\tau$). Der Spin der N. beträgt $\hbar/2 = h/4\pi$, die N. sind also Fermionen. Ihre Masse ist sehr klein, nach neuesten Erkenntnissen aber *nicht* Null; obere Grenzwerte sind 5 eV für ν_e, 270 keV für ν_μ und 24 MeV für ν_τ. Das N. (genauer: das Elektronneutrino) wurde 1930 von W. PAULI aufgrund theoretischer Überlegungen vorhergesagt. Nur mit dieser Annahme konnte er bei der Beschreibung des ↑Betazerfalls das kontinuierliche Betaspektrum mit dem Energiesatz in Einklang bringen und die Drehimpulserhaltung gewährleisten. Das ν_e entsteht nämlich u. a. beim Betazerfall eines Kerns und trägt, neben den Elektronen, einen Teil der frei werdenden Zerfallsenergie. ν_μ und ν_τ entstehen u. a. beim Zerfall von geladenen ↑Pionen.

Mit anderen Teilchen stehen die N. nur in schwacher Wechselwirkung; dadurch sind sie extrem schwer nachzuweisen. Sie können gewaltige Massen (z. B. den Erdkörper) durchdringen, ohne absorbiert zu werden. Erst 1956 gelang der direkte Nachweis des ν_e, das ν_τ wurde sogar erst 2000 erstmals direkt nachgewiesen. Die stärkste Neutrinoquelle in unserem Sonnensystem ist die Sonne.

Neutron [lat. neuter »keiner von beiden«], Symbol n: elektrisch neutrales, relativ langlebiges ↑Elementarteilchen mit der Ruhemasse

$$m_n = 1{,}008\ 664\ 916\,\text{u}$$
$$= 1{,}674\ 927\cdot 10^{-27}\ \text{kg}$$

(u ist die ↑atomare Masseneinheit); dies entspricht einer Ruheenergie von 939,565 3 MeV. Die Ruheenergie ist damit um rund 1,3 MeV größer als die des Protons. Der Spin des N. ist $\hbar/2$, N. sind also Fermionen. Das N. wurde 1932 von JAMES CHADWICK (*1891, †1974) entdeckt.

Neutronen bauen, gemeinsam mit den Protonen, alle zusammengesetzten Atomkerne auf. Dabei sind in stabilen ↑Kernen i. d. R. mehr Neutronen als Protonen vorhanden (↑Neutronenüberschuss). Die N., die nicht Bestandteil eines Kerns sind, heißen **freie Neutronen**. Sie zerfallen nach einer mittleren Lebensdauer von 14,8 min in je ein Proton, ein Elektron und ein Antineutrino (↑Betazerfall): n → p + e⁻ + $\bar{\nu}_e$. Meist wird das N. jedoch vorher von einem Kern eingefangen (↑Neutroneneinfang), sodass in der Natur praktisch keine freien N. vorkommen.

In stabilen Kernen kann das N. nicht zerfallen, weil es für das entstehende Proton nach dem ↑Pauli-Prinzip keinen unbesetzten Quantenzustand gibt.

Da die N. nach außen neutral sind, erleiden sie keinen Energieverlust durch Ionisation und können auch dicke Materieschichten durchdringen. In Materie werden sie nur durch elastische und inelastische Stöße mit Atomkernen abgebremst. Das macht den direkten Nachweis schwierig; man wandelt normalerweise N. durch eine Kernreaktion in geladene Teilchen um, die z. B. in einem Zählrohr oder einer Blasen- bzw. Nebelkammer detektiert werden.

Aufgrund seines guten Durchdringungsvermögens eröffnet ein Neutronenstrahl aber als Sonde wertvolle Untersuchungsmöglichkeiten. Dazu verwendet man einen von einer ↑Neutronenquelle erzeugten Strahl von **thermischen Neutronen** (die Bezeichnung rührt daher, dass ihre kinetische Energie mit der Energie von Gasteilchen infolge thermischer Bewegung vergleichbar ist: zwischen 0,01 und 0,1 eV, entsprechend einer Geschwindigkeit von unter $4{,}4\cdot 10^{-3}$ m/s). Die Neutronen haben dann eine De-Broglie-Wellenlänge von ca. 0,1 nm und sind für Untersuchungen im Größenbereich von Kristallgitterabständen besonders geeignet.

Die **Neutronenspektroskopie** ist heute eines der wichtigsten Verfahren der Kernphysik, Festkörperphysik und Materialforschung, wird aber auch in Chemie und Biologie eingesetzt. Große technische Bedeutung haben die N. auch im Kernreaktor, wo sie die ↑Kettenreaktion einleiten und aufrechterhalten.

Neutroneneinfang: eine Kernreaktion, bei der ein verhältnismäßig langsames Neutron auf einen Atomkern auftrifft und vom ↑Kern absorbiert wird. Der Kern ist danach meist instabil und zerfällt, wobei ein Teilchen oder Gammaquant ausgesendet wird, oder es kommt zu einer Kernspaltung. Wegen des Fehlens elektrischer Abstoßungskräfte auf das Neutron setzt der N. bereits bei sehr geringen Neutronenenergien (z. B. bei thermischen Neutronen) mit großem Wirkungsquerschnitt ein.

Neutronenleiter: eine nach dem Prinzip eines Wellenleiters aufgebaute Einrichtung zum Transport langsamer (insbesondere thermischer) Neutronen. Die Neutronen werden im N. aufgrund ihrer Welleneigenschaften (↑Materiewellen) geführt, wenn sie beim Auftreffen auf die Oberflächen ↑Totalreflexion erleiden. Das Material des N. muss daher für die betreffende Neutronenwellenlänge eine größere Brechzahl als die Umgebung haben.

Neutronenquelle: eine Anordnung zur Erzeugung von freien ↑Neutronen. Dabei werden verschiedene ↑Kernreaktionen ausgenutzt (Tab.). Eine einfache N. realisiert man durch den Beschuss geeigneter Kerne (z. B. Beryllium) mit Alphateilchen. Dabei entsteht Kohlenstoff, wobei ein Neutron frei wird. Die α-Teilchen können z. B. aus einer zerfallenden Radiumverbindung stammen, die mit Berylliumsalz vermischt wird. Eine solche Beryllium-Radium-Quelle wurde 1932 bei der Entdeckung des Neutrons verwendet. Weitere Verfahren sind der Beschuss mit beschleunigten Deuteronen (Energie einige MeV) oder Gammaquanten (Kernfotoeffekt, ↑Fotoeffekt). In ↑Kernreaktoren erzeugt man sog. **Spaltneutronen** durch die im Reaktor ablaufenden Kernspaltungen. Ein solcher Forschungsreaktor ist z. B. der FRM-II in München. Die intensivsten N. sind die sog. **Spallationsquellen.** Hier werden schwere Kerne wie Blei oder Bismut mit hochenergetischen Protonen beschossen, die durch einen Linearbeschleuniger oder durch ein Synchrotron auf über 1 GeV beschleunigt wurden. Durch Spallation (↑Kernexplosion) erzeugt jedes Proton bis zu 50 schnelle Neutronen. Ein Beispiel ist die ESS (European Spallation Source) am Forschungszentrum Jülich.

Neutronenstrahler: Bezeichnung für instabile, meist hoch angeregte Nuklide, die bei ihrem Zerfall ↑Neutronen emittieren. Vorherrschend ist aber stets der Betazerfall.

Neutronenüberschuss (Neutronenexcess): die Differenz der Neutronenzahl N und der Protonenzahl Z eines ↑Kerns. Der N. ist mit wenigen Ausnahmen bei ganz leichten Kernen stets größer als null (Kerne enthalten also mehr Neutronen als Protonen) und steigt mit wachsender Massenzahl auf Werte bis über 60 an. Der N. bewirkt

Verfahren	Reaktion
Alphabeschuss	$^{9}_{4}\text{Be}(\alpha,\text{n})^{12}_{6}\text{C}$
Deuteronenbeschuss	$^{2}_{1}\text{H}(\text{d},\text{n})^{3}_{2}\text{He}$
Deuteronenbeschuss	$^{7}_{3}\text{Li}(\text{d},\text{n})2^{4}_{2}\text{He}$
Gammabeschuss	$^{9}_{4}\text{Be}(\gamma,\text{n})2^{4}_{2}\text{He}$

Neutronenquelle: Kernreaktionen beim Beschuss mit energiereichen Teilchen

die Stabilität eines Atomkerns und trägt wesentlich zur ↑Kernbindungsenergie bei.

Neutronenzahl, Formelzeichen N: die Anzahl der Neutronen in einem Kern. Die Summe von N und Protonenzahl Z ergibt die ↑Massenzahl A: $A = N + Z$. Die Kerne der ↑Isotope eines Elements unterscheiden sich nur durch die N.; Kerne mit verschiedenem A, aber gleichem N bezeichnet man als ↑Isotone.

Newton: siehe S. 288.

Newton ['nju:tn, nach I. NEWTON], Einheitenzeichen N: SI-Einheit der Kraft. *Festlegung:* 1 Newton (N) ist gleich der Kraft, die einem Körper der Masse 1 kg die Beschleunigung 1 m/s² erteilt:

$$1 \text{ N} = 1\frac{\text{kg} \cdot \text{m}}{\text{s}^2}.$$

Newton-Farbkreisel [nach I. NEWTON]: drehbare Kreisscheibe mit verschiedenfarbigen Sektoren zur Demonstration der additiven ↑Farbmischung.

Von einer bestimmten Drehgeschwindigkeit an vermag das menschliche Auge die einzelnen Farben nicht mehr getrennt wahrzunehmen. Es ergibt sich dann ein einheitlicher neuer Farbeindruck, die sog. Mischfarbe.

Newton-Ringe [nach I. NEWTON]: Interferenzerscheinung (↑Interferenz) in Form von aufeinander folgenden hellen und dunklen konzentrischen Kreisen (bei monochromatischem Licht) oder verschiedenfarbigen Kreisen (bei weißem Licht). Die N.-R. entstehen z. B.,

Sir ISAAC NEWTON war einer der größten Wissenschaftler aller Zeiten – für viele der größte überhaupt. Er war der Begründer der modernen Physik, wobei er die Grundlagen für Mechanik, Optik und Himmelsmechanik legte, und entwickelte die Infinitesimalrechnung. Das von ihm geprägte Weltbild hatte für mehr als zwei Jahrhunderte unangefochtene Gültigkeit und wurde erst zu Beginn des 20. Jahrhunderts durch die Relativitätstheorie erweitert.

■ Eine unglückliche Kindheit

ISAAC NEWTON wurde nach julianischem Kalender am 25. 12. 1642 (nach gregorianischem Kalender am 4. 1. 1643) in dem kleinen Dorf Woolsthorpe (bei Grantham), etwa 100 km nördlich von London, geboren. Er war eine Frühgeburt und bei der Geburt so winzig, dass zunächst keiner an sein Überleben glaubte. Seine Eltern waren Landwirte, die es allerdings zu einigem Wohlstand gebracht hatten und einen Gutshof besaßen. Dennoch hatte er keine glückliche Kindheit: Sein Vater starb schon vor seiner Geburt, und als er drei Jahre alt war, heiratete seine Mutter wieder. Sie zog zu ihrem neuen Mann, der seinerseits kein Interesse an ISAAC hatte, sodass dieser zurückbleiben musste. Er wuchs bei seinen Großeltern auf, zu denen er kein engeres Verhältnis entwickelte, und verlebte eine sehr einsame Kindheit. Dass seine Mutter ihn mit drei Jahren verließ, muss für ihn ein traumatisches Erlebnis gewesen sein, das die Depressionen und Neurosen erklärt, die ihn sein ganzes Leben begleiteten.

ISAAC kam aus keinem gebildeten Haus. Sein Vater konnte nicht einmal seinen Namen schreiben. Dennoch schickte ihn seine Mutter, die nach dem Tod ihres zweiten Mannes wieder nach Woolsthorpe zurückgekehrt war, mit 12 Jahren in die Lateinschule in Grantham. Mit seinen Mitschülern kam er nicht aus. Er war ihnen intellektuell weit überlegen und ließ sie das auch spüren. Lieber spielte er mit Mädchen. Zur Stieftochter seines Zimmerwirts entwickelte sich sogar eine Art Romanze, die allerdings nicht sehr lange dau-

Isaac Newton

erte. Es blieb die erste und einzige zarte Beziehung zu einer Frau in seinem Leben. In seiner Freizeit bastelte er Puppenmöbel für die Mädchen oder baute mechanische Modelle. Sein ganzes Geld gab er für Werkzeug aus.

Als er 17 Jahre alt war, wurde er wieder auf das Gut geholt: Er sollte Landwirtschaft lernen und später den Hof übernehmen. Doch daran hatte er keinerlei Interesse. Anstatt die Schafe zu hüten, baute er beispielsweise am nahen Bach Wasserräder. Währenddessen brachen die Schafe ins Getreidefeld des Nachbarn ein.

Diese für alle Seiten schreckliche Zeit dauerte neun Monate, dann ließ sich seine Mutter von ihrem Bruder und dem Rektor seiner früheren Lateinschule überreden, ISAAC wieder auf die Schule zu schicken.

■ Auf der Suche nach der Wahrheit

So wurde er im Juni 1661 Student an der Universität Cambridge. Auch in Cambridge fand er kaum Kontakt zu seinen Kommilitonen und blieb ein einsamer, depressiver Student.

Er hatte völlige Freiheit in dem, womit er sich beschäftigen wollte. Zunächst interessierte er sich für Geschichte, dann aber vor allem für Philosophie, zu der damals noch die Naturphilosophie gehörte, also in etwa das, was wir heute als Physik bezeichnen. Auch mit Mathematik beschäftigte er sich. Von dieser hatte er weder vorher an der Lateinschule gehört, noch gab es dafür in Cambridge einen Lehrer. Vielmehr brachte er sie sich aus Büchern im Selbststudium bei.

Wenn NEWTON sich mit einer Sache beschäftigte, vergaß er alles andere um sich herum. Er aß nicht mehr, er vergaß zu schlafen. Um seine Theorien zu bestätigen, schreckte er auch vor gefährlichen Selbstversuchen nicht zurück. So versuchte er einmal, mit einer Haarnadel so weit wie möglich an die Rückseite seines Augapfels zu gelangen, um die angeblich durch Druck dort entstehenden Farbringe zu beobachten. Er muss einen Schutzengel gehabt haben, dass er dabei nicht erblindete.

1665 brach in Cambridge die Pest aus. Alle Professoren und Studenten flohen, und er ging auf das mütterliche Gut, um sich vor Ansteckung zu schützen. In den fast zwei Jahren seines Aufenthalts auf dem Land machte er seine bedeutendsten Entdeckungen: Er erfand die Infinitesimalrechnung, er leitete die Formel für die ↑Zentripetalkraft her und – seine größte Leistung – er formulierte das ↑Gravitationsgesetz. Dieses Gesetz besagt, dass alle Körper sich gegenseitig anziehen, gleichgültig ob auf der Erde oder im Weltraum. Ihm liegt die Idee zugrunde, dass die Schwer-

kraft nicht nur auf der Erde wirkt, sondern sich ihre Wirkung viel weiter erstrecken muss. Dann müsste diese Kraft auch den Mond in seiner Umlaufbahn halten. Der Legende nach kam er auf diesen Gedanken, als er unter einem Apfelbaum liegend einen Apfel zu Boden fallen sah.

NEWTON stand damit im direkten Gegensatz zur damals gültigen, noch von dem griechischen Philosophen und Mathematiker ARISTOTELES stammenden Lehrmeinung, dass im Himmel andere Gesetze gelten als auf der Erde.

Daneben beschäftigte er sich mit Optik. So stellte er eine Theorie zur Entstehung der Farben auf.

■ Die Geburt der modernen Physik

Wieder zurück in Cambridge, wurde NEWTON zum Professor für Mathematik und Naturphilosophie berufen – übrigens dem einzigen an der ganzen Universität. Die erste öffentliche Anerkennung erfuhr er für die Erfindung des Spiegelteleskops, dessen erstes Exemplar er auch selbst herstellte und schliff. Dafür wurde er in die Royal Society aufgenommen, eine hochgeehrte Vereinigung der besten englischen Wissenschaftler seiner Zeit. Von verschiedenen Seiten wurde er auch gedrängt, seine Erkenntnisse zu veröffentlichen, bisher hatte er diese nämlich noch nicht publiziert. Doch NEWTON hatte Angst, aus seinem einsamen Forscherdasein herausgerissen zu werden: »Ich sehe nicht, warum öffentliche Wertschätzung wünschenswert sein sollte. Sie würde vielleicht meinen Bekanntenkreis vergrößern und genau das will ich nicht.«

Es dauerte bis 1687, bis NEWTON seine physikalischen Ergebnisse zusammenfasste und sein Hauptwerk, die »Philosophiae naturalis principia mathematica« (»Mathematische Grundlagen der Naturphilosophie«), kurz »Principia«

genannt, veröffentlichte. Dieses Werk markiert die Geburtsstunde der modernen Physik und hat die weitere Entwicklung der Naturwissenschaften beeinflusst wie kein anderes. Hierin formulierte er die heute als ↑newtonsche Axiome bekannten Gesetze: Trägheitsgesetz, die newtonsche Bewegungsgleichung, das Gesetz von Kraft und Gegenkraft (actio und reactio); er stellte sein allgemeines Gravitationsgesetz auf und zeigte, dass aus diesem die ↑keplerschen Gesetze folgen und umgekehrt; er beschrieb aber auch konkrete Naturphänomene wie die Gezeiten.

Neben Mathematik und Physik beschäftigten ihn sein ganzes Leben lang auch Alchimie und Theologie. In der Theologie galt er als bibelfest wie wenige andere, denn NEWTON war ein tief religiöser Mensch.

■ **Ein berühmter Mann**

Mit der Niederschrift der »Principia« war die schöpferische Phase NEWTONS zu Ende, verbunden mit einem Ortswechsel: NEWTON verließ Cambridge und zog nach London. Er wurde Mitglied des Parlaments, später Direktor der staatlichen Münze, was ihn zeitweise zu erheblichem Reichtum kommen ließ, da er für Münzprägungen Provision erhielt. Er erfuhr nun viele Ehrungen, die er inzwischen auch gerne annahm. So wurde er Präsident der Royal Society, er wurde 1705 geadelt und durfte sich der persönlichen Bekanntschaft des Königshauses rühmen. Als erster Naturwissenschaftler überhaupt erhielt er später ein Staatsbegräbnis und wurde in der Westminster Abbey beigesetzt.

Seine letzten Jahre waren überschattet von hässlichem Streit, zuerst mit dem königlichen Astronomen JOHN FLAMSTEED, dessen Ergebnisse er ohne dessen Erlaubnis veröffentlichte, vor allem aber mit dem deutschen Mathematiker

G. W. LEIBNIZ, der ihm die Erfindung der Infinitesimalrechnung streitig machte. Heute steht fest, dass NEWTON und LEIBNIZ unabhängig voneinander ihre Ideen entwickelt haben und dass die Erfindung der Infinitesimalrechnung zu jener Zeit »in der Luft lag«.

Am 31. 3. 1727 starb NEWTON im Alter von 84 Jahren in Kensington (heute London), während der letzten Jahre zwar von körperlichen Beschwerden geplagt und vergesslich, sonst aber bei voller geistiger Klarheit. ■

◆ In London findet man das Grabmal von NEWTON in der Westminster Abbey, ein barockes Monument mit Engeln, die Embleme von NEWTONS Entdeckungen hochhalten. – Einige von NEWTONS Schriften sind ins Deutsche übersetzt worden, z.B. sein Buch »Über die Gravitation«. Die Ausdrucksweise wirkt jedoch heute sehr umständlich. – Das Deutsche Museum in München zeigt viele Exponate, die sich mit NEWTONS Entdeckungen beschäftigen. Unter anderem ist ein Versuch von NEWTON zur Farbe des Lichts nachgebaut.

◆ GUICCIARDINI, NICCOLÒ: *Newton – ein Naturphilosoph und das System der Welten.* Heidelberg (Spektrum-der-Wissenschaft-Verlags-Gesellschaft) 1999. ■ SCHNEIDER, IVO: *Isaac Newton.* München (Beck) 1988. ■ STRATHERN, PAUL: *Newton & die Schwerkraft.* Frankfurt am Main (Fischer) 1998. ■ WESTFALL, RICHARD S.: *Isaac Newton.* Heidelberg (Spektrum Akademischer Verlag) 1996. ■ WICKERT, JOHANNES: *Isaac Newton.* Reinbek (Rowohlt) 1995.

wenn eine schwach gewölbte Konvexlinse eine ebene Platte berührt, also zwischen ihnen eine plankonkave Luftschicht entsteht. Senkrecht auftreffendes Licht wird dann zum Teil an der vorderen, zum Teil an der hinteren Grenzfläche der Luftschicht reflektiert. Die reflektierten Strahlen überlagern sich; an bestimmten Stellen kommt es zu einer gegenseitigen Auslöschung (Wellenberg trifft auf Wellental), an bestimmten anderen Stellen zu einer gegenseitigen Verstärkung (Wellenberg trifft auf Wellenberg). Die so entstehenden Interferenzminima und -maxima liegen auf konzentrischen Kreisen um den Berührpunkt von Linse und Glasplatte. Eine verwandte Erscheinung sind die ↑Farben dünner Plättchen.

newtonsche Axiome: die drei von I. NEWTON formulierten Grundgesetze der klassischen Mechanik.

Trägheitsgesetz: Jeder Körper verharrt im Zustand der Ruhe oder gleichförmigen geradlinigen Bewegung, sofern er nicht durch eine Kraft gezwungen wird, seinen Bewegungszustand zu ändern.

Dynamisches Grundgesetz: Die Beschleunigung $\vec{a}$ eines Körpers ist der einwirkenden Kraft $\vec{F}$ und seiner Masse m proportional und erfolgt in Richtung der Kraft:

$$\vec{F} = m \cdot \vec{a};$$

Kurzform: Kraft ist gleich Masse mal Beschleunigung. Ist die Masse nicht konstant, verwendet man die Impulsform:

$$F = \frac{\mathrm{d}(m\vec{v})}{\mathrm{d}t};$$

in Worten: Die Kraft ist gleich zeitliche Änderung des Impulses.

Reaktionsprinzip (Wechselwirkungsgesetz): Übt ein Körper A auf einen Körper B die Kraft $\vec{F_1}$ aus, so übt auch der Körper B eine Kraft $\vec{F_2}$ auf den Körper A aus, deren Betrag gleich dem von $\vec{F_1}$ und deren Richtung der von $\vec{F_1}$ entgegengesetzt ist:

$$\vec{F_1} = -\vec{F_2}.$$

$\vec{F_2}$ bezeichnet man als Gegenkraft (reactio) von $\vec{F_1}$. Kräfte treten also stets paarweise auf; zu jeder »actio« gehört eine »reactio«.

newtonsches Gravitationsgesetz: ↑Gravitation.

newtonsche Versuche: drei von I. NEWTON durchgeführte Versuche, mit denen er bewies, dass weißes Licht eine Mischung von verschiedenfarbigem Licht ist (↑Spektrum).

n-Halbleiter (n-Typ-Halbleiter): ein ↑Halbleiter, der so dotiert ist, dass die ↑elektrische Leitung durch negative Ladungsträger überwiegt.

Nichtlinearität: die Eigenschaft eines Gleichungssystems, Variablen auch in höheren Potenzen als 1 zu enthalten. Im physikalischen Sinn spricht man z. B. von nichtlinearer Optik, wenn die Polarisation des bestrahlten Materials vom Quadrat der elektrischen Feldstärke abhängt. Ein Beispiel ist die ↑Doppelbrechung.

Nicol-Prisma ['nikl-, nach WILLIAM NICOL; *1768, †1851]: ein aus zwei Kalkspatprismen bestehendes Polarisationsprisma, mit dem man linear polarisiertes Licht erzeugen und analysieren kann (↑Polarisation). Es besteht aus einem geschliffenen Kalkspatrhombo-

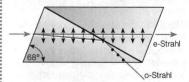

Nicol-Prisma: Verlauf von o- und e-Strahl. Die Pfeile deuten die Polarisation des e-Strahls in der Zeichenebene an, die Punkte die des o-Strahls senkrecht zur Zeichenebene.

N

eder mit dem Hauptschnitt ABCD, der entlang der Ebene AC zerschnitten und mit Kanadabalsam wieder zusammengekittet wird.

Die Wirkung des N.-P. beruht auf der ↑Doppelbrechung des Lichts. Ein gemäß der Abb. in das N.-P. eintretender Lichtstrahl wird in einen ordentlichen (o-Strahl) und einen außerordentlichen Strahl (e-Strahl) aufgespalten. Beide Strahlen sind in zueinander senkrechten Ebenen polarisiert. Für den o-Strahl ist der Kanadabalsam ein optisch dünneres Medium, an dem ↑Totalreflexion stattfindet. Der e-Strahl verlässt dagegen das Prisma ohne Ablenkung. Er ist in der Ebene des Hauptschnitts polarisiert.

Nonius [nach dem latinisierten Namen des portugiesischen Mathematikers PEDRO NUNES, *1492, †1572]: eine Vorrichtung zum Ablesen von Zwischenwerten auf einer Skala, z. B. auf der Längenskala einer Schublehre. Die N.-Skala hat meist zehn Teile, die zusammen so lang sind wie neun Teile auf der Hauptskala. Der Messwert, bestimmt durch den Nullpunkt des N., wird dann auf eine Stelle nach dem Komma abgelesen, indem man den Strich auf dem N. sucht, der genau mit einem Strich auf der Hauptskala übereinstimmt (Abb.).

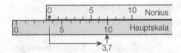

Nonius: Schema einer Ablesung

Nordpol: derjenige Pol eines Magneten, der sich zum geographischen Nordpol der Erde ausrichtet, wenn der Magnet drehbar gelagert ist (↑Kompass). Der andere Pol, der **Südpol,** weist dann nach Süden. Bei den in der Schule verwendeten Demonstrationsmagneten ist der N. meist rot, der Südpol grün gekennzeichnet.

normal [lat. norma »Regel, Richtschnur«]:
♦ senkrecht zu einer Fläche oder einer Kurve stehend.
♦ der Norm entsprechend.
Normal: ein Körper oder Apparat, der im Messwesen dazu dient, eine bestimmte Einheit zu realisieren, oder der für Eichungen verwendet wird. Für N. gelten bestimmte Bedingungen und Genauigkeitsanforderungen. Ein nach internationaler Übereinkunft (z. B. der Meterkonvention) geschaffenes Normal wird auch als **Urmaß** oder **Prototyp** bezeichnet, z. B. das Urmeter (↑Meter).

Normalbedingungen: veraltet für diejenigen physikalischen Bedingungen (vor allem Druck und Temperatur), die einen ↑Normzustand kennzeichnen.

Normalbeschleunigung: diejenige Beschleunigung, die ein sich bewegender Körper in Richtung seiner Bahnnormalen (also senkrecht zu seiner Bahnkurve) erfährt. Die N. ist nicht zu verwechseln mit der Normfallbeschleunigung (↑Fallbeschleunigung).

Normal|element: ein ↑galvanisches Element, das eine Spannung liefert, die kaum von der Temperatur abhängt (z. B. das ↑Weston-Element). Die N. wurden früher als ↑Normale für Spannungen eingesetzt, werden heute aber nur noch gelegentlich, vor allem für Vergleichsmessungen, verwendet.

Normalkraft: eine Kraft, die normal (senkrecht) zur Bahnkurve eines bewegten Körpers oder zu einer Fläche wirkt.

Normalluftdruck: ↑Luftdruck.

Normalpotenzial: ↑elektrochemische Spannungsreihe.

Normalspektrum: durch ein Gitter erzeugtes ↑Spektrum.

Normalwasserstoffelektrode: eine Bezugselektrode aus Platin, die von Wasserstoff umspült wird. Das Potenzial dieser Elektrode gegen eine 1-normale Säure (eine Säure, die pro Liter Lösungsmittel 1 mol Wasserstoffionen enthält) ist als Nullpunkt der ↑elektrochemischen Spannungsreihe definiert.

Normfallbeschleunigung: der international festgesetzte Normwert der ↑Fallbeschleunigung.

Normzustand: der Zustand eines festen, flüssigen oder gasförmigen Körpers bei bestimmten, allgemein festgelegten physikalischen Bedingungen. Meist ist der N. durch eine bestimmte **Normtemperatur** und einen bestimmten **Normdruck** gekennzeichnet. Der **physikalische Normzustand** wird für eine Temperatur von 273,15 K (0 °C) und einen Druck von 101 325 Pa angegeben. Im Unterschied dazu ist der **technische Normzustand** durch die Temperatur 20 °C und einen Druck von 98 066,5 Pa gekennzeichnet; man verwendet ihn meist zur Angabe der Eigenschaften von Festkörpern und Flüssigkeiten. Das Volumen eines Gases im physikalischen N. heißt **Normvolumen.**

n-Typ-Halbleiter: ↑n-Halbleiter.

Nukleonen [lat. nucleus »Kern«]: zusammenfassende Bezeichnung für die Elementarteilchen Proton und Neutron, die den Atomkern aufbauen (↑Kern).

Nukleonenzahl: ↑Massenzahl.

Nuklid [lat. nucleus »Kern«]: Bezeichnung für ein Atom, einen Atomkern oder eine Atomart. Es wird durch ein chemisches Elementsymbol und eine ↑Massenzahl beschrieben. Die verschiedenen N. eines chemischen Elements sind seine ↑Isotope.

In der üblichen Schreibweise wird die Massenzahl links oben neben das Elementsymbol gesetzt, z. B. ^{12}C oder ^{81}Br; seltener schreibt man C-12 oder Br-81. Die erste Schreibweise *muss* verwendet werden, wenn man neben der Massenzahl noch die ↑Ordnungszahl, die Anzahl der Neutronen oder die Zahl der Elementarladungen vermer-

ken will. Sei X ein beliebiges Elementsymbol. Dann schreibt man:

$$\text{Massenzahl} \atop \text{Ordnungszahl} \quad X \quad {\text{Ionenladung} \atop \text{Neutronenzahl}}$$

Z. B. steht das Symbol $^{26}_{12}\text{Mg}^{2-}_{14}$ für ein doppelt negativ geladenes Ion des Magnesiumisotops mit Massenzahl 26, Ordnungszahl 12 und Neutronenzahl 14.

Künstliche oder natürliche radioaktive N., deren Atomkerne nicht nur gleiche Kernladungs- und Massenzahl haben, sondern sich auch im selben Energiezustand befinden (im Gegensatz zu ↑Isomeren), bezeichnet man als **Radionuklide.** Sie zerfallen stets auf die gleiche Weise. Die chemischen Elemente bis zur Ordnungszahl $Z = 83$ (Bismut) weisen in ihren natürlichen Vorkommen, von wenigen Ausnahmen abgesehen, vorwiegend stabile N. auf. Die Elemente von $Z = 83$ bis 92 (Uran) haben natürliche radioaktive N., die sich durch Zerfall ineinander umwandeln (↑Zerfallsreihen). Die Transurane ($Z > 92$) bestehen nur aus künstlichen Radionukliden (↑superschwere Elemente). Eine tabellarische Zusammenstellung aller bekannten N. nennt man **Nuklidkarte** (Abb. S. 294).

Null|effekt: ↑Zählrohr.

Nullleiter: der geerdete Mittelleiter im Dreileitersystem, z. B. bei ↑Drehstrom.

Nullmethode: Messmethode, bei der man die zu messende Größe durch eine Größe, deren Wert bekannt oder leicht abzulesen ist, so kompensiert, dass ein empfindliches Messinstrument Null zeigt. Beispielsweise kann man einen unbekannten ohmschen Widerstand in eine ↑Brückenschaltung einbauen und den Schiebewiderstand so einstellen, dass durch ein Galvanometer kein Strom fließt. Die Messung mit der N. ist sehr genau, weil man im Prinzip beliebig empfindliche Messinstrumente einsetzen kann.

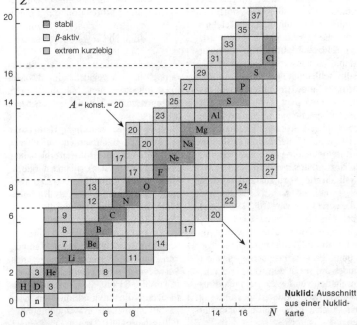

Nuklid: Ausschnitt aus einer Nuklidkarte

Nullphasenwinkel: die ↑Phasenkonstante (↑Phase).

Nutation: ↑Kreisel.

O

Oberfläche: nicht genau zu definierender Grenzbereich zwischen einem Festkörper bzw. einer Flüssigkeit und dem umgebenden Gas oder Vakuum, in dem es zu einem deutlich veränderten Verhalten im Vergleich zum Körperinnern kommt. Die Beschaffenheit der O. beeinflusst viele Phänomene wie Reibung, elektrischen Kontakt, Korrosion, optische Eigenschaften, Adsorption, Benetzung, Kapillarität u. Ä.

Oberflächenphysik: Teilgebiet der Physik, das sich mit der Charakterisierung und Beeinflussung von ↑Oberflächen beschäftigt. Typische Forschungsgebiete sind das Wachstum von Kristallen, elektrische und magnetische Phänomene, die Katalyse oder die Physik von Membranen.

Wichtige Verfahren der O. sind der Beschuss mit Elektronen oder anderen Teilchen und die Untersuchung der entstehenden Beugungsmuster oder Energiespektren sowie Rastersondenverfahren (↑Rastertunnelmikroskop). Durch die Beeinflussung von Oberflächen lassen sich Eigenschaften von Werkstoffen verändern, z. B. die Härte durch Beschichtung mit einem Hartstoff, die optischen Eigenschaften durch Antireflexschichten usw.

Da die Eigenschaften von Oberflächen stark von Verunreinigungen (auch durch einzelne Fremdatome!) beeinflusst werden, finden die meisten Experimente der O. im Ultrahochvakuum (↑Vakuum) statt.

Oberflächenspannung: an der Oberfläche einer Flüssigkeit, aber auch an der Grenzfläche zweier nicht mischbarer Flüssigkeiten auftretende Erscheinung, die auf ↑Molekularkräften beruht und bewirkt, dass die entsprechende Grenzfläche möglichst klein wird. Die Grenzfläche verhält sich dabei wie eine gespannte, elastische Haut. Ursache der O. sind die zwischen den Molekülen der Flüssigkeit wirkenden anziehenden Kohäsionskräfte. Sie sind nach allen Seiten gleich stark und heben sich daher im Innern der Flüssigkeit gegenseitig auf. An der Oberfläche aber wirken sie nur in Richtung des Flüssigkeitsinnern. Durch diese nach innen gerichteten, auf jedes an der Oberfläche befindliche Molekül wirkenden Kräfte ist die Oberfläche insgesamt bestrebt, einen möglichst geringen Wert einzunehmen. Durch die O. nehmen beispielsweise Tropfen oder Seifenblasen kugelförmige Gestalt an.

Oberflächenspannung: Kräfte auf ein Molekül an der Oberfläche und im Innern der Flüssigkeit.

Die physikalische Größe »Oberflächenspannung« wird auch als **Kapillarkonstante** σ bezeichnet. Sie ist definiert als das Verhältnis aus der Arbeit W, die bei konstantem Druck und konstanter Temperatur erforderlich ist, um die Oberfläche um einen Betrag ΔA zu vergrößern, und dieser Fläche A selbst:

$$\sigma = W / A.$$

SI-Einheit der O. ist Joule pro Quadratmeter (J/m^2). Die O. ist eine Materialkonstante, die mit zunehmender Temperatur abnimmt. Ihr Wert wird durch Verunreinigungen oder Netzmittel, z. B. Spülmittel, herabgesetzt, wodurch sich die ↑Benetzung erhöht. Typische Werte bei Zimmertemperatur sind für reines Wasser 0,07 J/m^2, für Quecksilber 0,468 J/m^2, für Alkohol 0,022 J/m^2.

Oberflächenwellen: Wellen, die sich bei einer Störung des Gleichgewichts an der Grenzfläche zweier Medien mit unterschiedlicher Dichte (im engeren Sinn an Flüssigkeitsoberflächen) unter Einfluss von Gravitation und Oberflächenspannung ausbilden. Sie sind nicht sinusförmig und breiten sich als Transversalwellen entlang der Grenz- oder Oberfläche aus. Das bekannteste Beispiel sind ↑Wasserwellen.

Oberschwingungen: ↑Grundschwingung.

Obertöne: die zugleich mit dem tiefsten Ton eines Klangs (Grundton) auftretenden Töne höherer Frequenz. Sind die Frequenzen der O. ganzzahlige Vielfache der Frequenz des Grundtons, spricht man von **harmonischen Obertönen,** sonst von unharmonischen Obertönen. Physikalische Ursache der O. sind die Oberschwingungen der Schallquelle. Anzahl, Art und Stärke der O. bestimmen die Klangfarbe z. B. von ↑Musikinstrumenten.

Objektiv [lat. obiectum »(einem Einfluss, einer Sache) ausgesetzt«]: bei einem optischen Gerät die dem betrachteten oder abzubildenden Gegenstand (Objekt) zugewandte ↑Linse. Das O. erzeugt ein reelles Zwischenbild des Gegenstands, das mit dem ↑Okular betrachtet wird.

offenes System: ein physikalisches ↑System, das mit seiner Umgebung in Wechselwirkung steht, also Energie und Materie austauscht; Gegensatz: ↑abgeschlossenes System. Wenn die inneren Parameter des o. S. trotz fortwährendem Austausch konstant blei-

O

ben, spricht man von einem Fließgleichgewicht (dynamisches ↑Gleichgewicht).

Öffnungsblende: deutsche Bezeichnung für ↑Aperturblende.

Öffnungsfehler: die sphärische Aberration (↑Abbildungsfehler).

Öffnungsverhältnis: bei einer ↑Linse bzw. einem ↑Linsensystem der Quotient aus dem Durchmesser der Eintrittsöffnung (Blendenöffnung) und der Brennweite. Um die Objektive von Fotokameras zu charakterisieren, gibt man i. d. R. den Kehrwert des Ö. an, die sog. **Blendenzahl;** sie dient als Kenngröße für die Belichtung.

Ohm [nach G. S. OHM], Einheitenzeichen Ω: SI-Einheit für den elektrischen ↑Widerstand R.

Festlegung: 1 Ω ist gleich dem elektrischen Widerstand zwischen zwei Punkten eines fadenförmigen, homogenen und gleichmäßig temperierten metallischen Leiters, durch den bei der elektrischen Spannung 1 V zwischen den beiden Punkten ein zeitlich unveränderter elektrischer Strom der Stärke 1 A fließt.

Die Definition beschreibt lediglich eine hypothetische Anordnung. Dies bedeutet, dass es keine Schaltung gibt, mit der man 1 Ω direkt realisieren kann. Man verwendete daher früher (und noch heute in der Schule) bestimmte drahtgewickelte Widerstände, deren elektrischer Widerstand sich aus der Geometrie berechnen lässt. Seit 1990 ist aber der elektrische Widerstand über den Quanten-Hall-Effekt definiert, sodass sich das Ohm aus ↑Naturkonstanten ergibt.

Ohmmeter [nach G. S. OHM]: ein in Ohm kalibriertes Drehspulmessgerät zur Messung von elektrischen Widerständen. Die Drehspule (Innenwiderstand R_i) ist dabei mit dem zu messenden Widerstand R_x und einer Trockenbatterie mit der Spannung U in Reihe

geschaltet. In diesem Stromkreis fließt ein Strom I, und es gilt:

$$I = \frac{U}{R_x + R_i} \text{ und } R_x = \frac{U}{I} - R_i.$$

Anstelle der Stromstärkewerte werden auf der Skala des Messgeräts die Ohmwerte angegeben.

ohmscher Widerstand [nach G. S. OHM]: ↑Widerstand.

ohmsches Gesetz:

♦ *Akustik:* die von OHM gemachte (und von H. V. HELMHOLTZ bewiesene) Beobachtung, dass das menschliche Ohr nur rein sinusförmige Luftschwingungen als einzelne Töne hört. Andere Schwingungen werden in eine Summe von Sinusschwingungen zerlegt, die als Zusammenklang verschiedener Töne empfunden werden (↑harmonische Analyse).

♦ *Elektrizitätslehre:* 1826 von G. S. OHM gefundener Zusammenhang zwischen Spannung und Stromstärke in einem Leiterkreis: Bei konstanter Temperatur ist die elektrische Stromstärke I in einem Leiter der anliegenden Spannung U proportional: $U \sim R \cdot I$. Der Proportionalitätsfaktor R wird als elektrischer ↑Widerstand bezeichnet:

$$R = U/I = \text{konst.}$$

R hängt (bei konstanter Temperatur) nicht von der Spannung ab. Im Strom-Spannungs-Diagramm ergeben sich damit Geraden (Abb.).

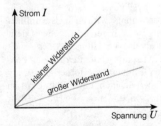

ohmsches Gesetz: Im Strom-Spannungs-Diagramm ergeben sich je nach Wert des Widerstands verschiedene Geraden.

Ohr: das der Schallaufnahme dienende Sinnesorgan von Menschen und Tieren. Beim menschlichen Ohr (Abb.) unterscheidet man drei Abschnitte:

▓ das Außenohr mit Ohrmuschel und Gehörgang;

▓ das Mittelohr mit Trommelfell, Paukenhöhle, Gehörknöcheln und Ohrtrompete (Eustachi-Röhre); und

▓ das Innenohr (Labyrinth) mit Vorhof, Bogengängen und Schnecke (Cochlea).

Auftreffende Schallwellen werden im **Außenohr** aufgefangen und in das **Mittelohr** weitergeleitet. Dort, am Anfang der Paukenhöhle, regen sie das etwa 0,08 mm dicke Trommelfell zu Schwingungen an. Dadurch beginnt auch das Hebelsystem der drei Gehörknöchelchen (Hammer, Amboss, Steigbügel) zu schwingen; so wird die Bewegung verstärkt und auf das Innenohr übertragen. Am Ende der Steigbügelplatte ist der vom Schall hervorgerufene Wechseldruck rund 22-mal so groß wie am Trommelfell; das Übersetzungsverhältnis kann jedoch bei sehr lautem Schall durch Muskeln verändert werden. Die Paukenhöhle, ein luftgefüllter Raum, ist über die Eustachi-Röhre mit dem Nasen-Rachen-Raum verbunden.

Das mit Lymphflüssigkeit gefüllte **Innenohr** besteht aus Vorhof, Bogengängen (die nur dem Gleichgewichtsempfinden dienen) und der Schnecke, einem schlauchartigen, in etwa zweieinhalb Windungen gewickelten Hohlkörper. Hier findet der eigentliche Vorgang des ↑Hörens statt, indem die mechanische Bewegung in Nervenreize umgesetzt wird. Die Bewegung der Steigbügelplatte bewirkt Druckschwankungen in der Lymphflüssigkeit des oberen Schneckenkanals. In der Schnecke bildet sich dann eine Wanderwelle heraus, die sich längs der Basilarmembran bewegt, auf der das Hörorgan (Corti-Organ) mit den Nervenzellen sitzt. An welcher Stelle der Membran die Amplitude der Wanderwellen ihren Maximalwert annimmt, ist frequenzabhängig; damit entsteht längs der Membran ein Abbild des Schallspektrums – das O. führt also eine ↑harmonische Analyse durch.

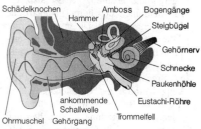

Ohr: Schema des Aufbaus

Okular [lat. ocularis »zu den Augen gehörig«]: bei einem optischen Gerät die dem Auge zugewandte ↑Linse. Mit dem O. kann man das vom Objektiv erzeugte reelle Zwischenbild wie mit einer Lupe betrachten, woraus sich eine Vergrößerung ergibt.

Optik [griech. optikós »das Sehen betreffend«]:

♦ die optischen Bauteile in einem Gerät.

♦ die Lehre vom Licht, also von denjenigen elektromagnetischen Wellen, die mit dem menschlichen Auge wahrgenommen werden können. Über das sichtbare Licht hinaus (Wellenlänge 380–780 nm) sind auch die angrenzenden Wellenlängenbereiche im infraroten und im ultravioletten Spektralbereich Gegenstand der Optik.

Die Gesamtheit aller sich bei der Entstehung und Ausbreitung des Lichts abspielenden physikalischen Vorgänge wird in der **physikalischen Optik** untersucht. Dagegen behandelt die **physiologische Optik** die subjektiven Vorgängen beim Sehen, also allen Prozesse, die zur Wahrnehmung von Licht- und Farbeindrücken führen.

O

Die physikalische Optik wird unterteilt in die Strahlenoptik, die Wellenoptik und die Quantenoptik. In diesen Bereichen geht man von jeweils unterschiedlichen ↑Lichttheorien aus.

Die **Strahlenoptik** (geometrische Optik) geht davon aus, dass sich das Licht geradlinig ausbreitet, dass also die Lichtstrahlen sich durch geometrische Strahlen darstellen lassen und dass ihr Verlauf geometrischen Gesetzen gehorcht. Grundlage der Strahlenoptik sind das snelliussche Brechungsgesetz (↑Brechung) und das ↑fermatsche Prinzip. Mithilfe der Strahlenoptik kann man die Reflexion und Brechung bei der Lichtausbreitung untersuchen und deuten. – Auf der Grundlage der Strahlenoptik beschäftigt sich die **angewandte Optik** mit der Untersuchung der Strahlengänge durch Linsen und Prismen sowie der Reflexion der Strahlen an spiegelnden Flächen. Die gewonnenen Kenntnisse dienen zum Bau optischer Geräte wie Fernrohr, Mikroskop, Fotoapparat usw.

Die **Wellenoptik** kann mit der Vorstellung vom Licht als einer Wellenerscheinung die Phänomene Beugung, Brechung, Interferenz und Polarisation erklären. Ihre Grundlagen sind das ↑huygenssche Prinzip und – wenn man die Lichtwellen als elektromagnetische Wellen deutet – die Maxwell-Gleichungen, mit denen die Optik zu einem Teil der Elektrodynamik wird.

In der **Quantenoptik** schließlich wird das Licht als Strom von Wellenpaketen (Photonen oder Lichtquanten) gedeutet. So lässt sich die Wechselwirkung von Licht und Materie beschreiben.

Da man schnell bewegten Teilchen Wellencharakter zuschreiben kann (↑Materiewellen), lassen sich auch Teilchenstrahlen nach wellenoptischen Gesetzen behandeln. Man spricht dann von Teilchenoptik, insbesondere von ↑Elektronenoptik.

optisch aktiv: Eigenschaft eines Stoffs, der die Polarisationsebene von durch ihn hindurch tretendem linear polarisiertem Licht (↑Polarisation) dreht. Dreht sich die Polarisationsebene nach links (in Richtung des Lichtstrahls betrachtet), heißt die Substanz optisch **linksdrehend**, sonst **rechtsdrehend**.

optische Achse:

♦ gedachte Symmetrielinie in einem optischen Aufbau, die durch die Krümmungsmittelpunkte von Linsen und Spiegeln verläuft. Auf der o. A. liegen Brennpunkte und Hauptpunkte der optischen Elemente. Ein entlang der o. A. einfallender Strahl geht ungebrochen durch eine ↑Linse oder ein Linsensystem hindurch. Bei gekrümmten ↑Spiegeln werden entlang der o. A. einfallende Strahlen in sich selbst reflektiert.

♦ in einem doppelbrechenden Kristall (↑Doppelbrechung) die Richtung des ordentlichen Strahls.

optische Dichte: u. a. von der Brechzahl abhängiges Maß für die Lichtdurchlässigkeit eines Stoffs. Stoffe mit großer o. D. haben eine höhere Brechzahl als optisch dünne Stoffe.

optischer Mittelpunkt: bei einem gekrümmten ↑Spiegel (Hohl- oder Wölbspiegel) der Schnittpunkt der optischen Achse mit der Spiegelfläche; bei einer dünnen, symmetrischen ↑Linse der Mittelpunkt des Abschnitts der optischen Achse, der innerhalb der Linse verläuft.

Orbital [lat. orbis »Kreis«]: ↑Atom.

ordentlicher Strahl: bei einer ↑Doppelbrechung derjenige Strahl, der beim Eintritt in den doppelbrechenden Kristall dem Brechungsgesetz gehorcht und dessen Ausbreitungsgeschwindigkeit nicht von der Ausbreitungsrichtung im Kristall abhängt. – Gegensatz: **außerordentlicher Strahl.**

Ordnungszahl (Atomnummer), Formelzeichen Z: eine für jedes chemische Element charakteristische Zahl, mit der man seine Position im ↑Periodensystem der chemischen Elemente angibt. Wasserstoff als das leichteste Element hat $Z = 1$, die schweren Elemente haben höhere Ordnungszahlen. Die O. ist identisch mit der Kernladungszahl, also der Zahl der Elementarladungen in den Atomkernen des betreffenden Elements, und damit auch gleich der Protonenzahl. Bei elektrisch neutralen Elementen gibt die O. auch die Zahl der Elektronen in der Atomhülle an. In der Schreibweise der Kernphysik setzt man die O. links unten an das Elementsymbol und schreibt darüber die Massenzahl, z. B. $^{12}_{6}C$. Bis $Z = 83$ ist jede Ordnungszahl mit mindestens einem stabilen natürlich vorkommenden Isotop besetzt (Ausnahmen sind Technetium mit $Z = 43$ und Promethium mit $Z = 61$). Die höchste in der Natur vorkommende Ordnungszahl hat Uran mit $Z = 92$. Alle darüber liegenden Elemente heißen Transurane (↑superschwere Elemente) und werden künstlich hergestellt. Bis Mitte 2000 hat man Elemente bis $Z = 118$ erzeugt.

Osmose [griech. osmós »Stoß, Schub«]: eine einseitige Diffusion, die auftritt, wenn zwei gleichartige Lösungen unterschiedlicher Konzentration durch eine ↑semipermeable Membran getrennt sind und durch die Membran nur das Lösungsmittel, nicht aber die gelösten Moleküle durchtreten können. In dem Bestreben, die Konzentration der gelösten Moleküle in beiden Teilen auszugleichen, diffundiert das Lösungsmittel in den Bereich höherer Konzentration; die höher konzentrierte Lösung wird also so lange verdünnt, bis gleich viele Lösungsmoleküle in beiden Richtungen diffundieren. Durch die O. bildet sich auf der Seite der ursprünglich höheren Konzentration ein Überdruck, den man als **osmotischen Druck** bezeichnet. Er hängt nur vom Unterschied der Konzentrationen ab und ist umso höher, je größer dieser Unterschied ist.

Man kann den osmotischen Druck auch als den Druck deuten, den die in der Lösung befindlichen Moleküle des gelösten Stoffs auf die für sie undurchlässige Membran ausüben. Ist die Membran elastisch, so kann sie sich – wie ein luftgefüllter Luftballon – aufblähen und schließlich sogar zerreißen.

Für den osmotischen Druck p_{osm} einer sehr verdünnten (»idealen«) Lösung gilt die ↑Zustandsgleichung idealer Gase; er ist also gleich dem Gasdruck, der sich einstellen würde, wenn der gelöste Stoff als Gas bei einer konstanten Temperatur T das Volumen V der Lösung ausfüllen würde: $p_{osm} = n \cdot RT/V$ (n/V Konzentration in Mol/Liter, R Gaskonstante).

Diesen Zusammenhang bezeichnet man als **Van-t'Hoft-Gesetz**. Es gilt unabhängig von der Art des Lösungsmittels und des gelösten Stoffs.

Oszillator [lat. oscillare »schwingen«]: ein physikalisches System oder Gerät (z. B. ein Massenpunkt, ein Pendelkörper oder eine punktförmige elektrische Ladung), das ↑Schwingungen ausführen kann. Wird der Schwingungszustand durch die Angabe des zeitlichen Verlaufs einer einzigen physikalischen Größe beschrieben, so liegt ein **linearer Oszillator** vor; eine solche Größe ist z. B. bei einem mathematischen Pendel die Entfernung des Pendelkörpers von der Ruhelage. Führt der O. harmonische, d. h. sinusförmige Schwingungen aus, heißt er **harmonischer Oszillator**, andernfalls **anharmonischer Oszillator**.

Oszilloskop: Gerät zur Sichtbarmachung veränderlicher physikalischer Größen als Funktion einer anderen Größe (meist der Zeit). Insbesondere macht man mit einem O. Schwingungen und gepulste Vorgänge sichtbar. Kann das Gerät sie auch aufzeichnen, spricht man von einem **Oszillogra-phen.**

Nachdem die früher auch gebräuchlichen optischen und mechanischen Systeme fast keine Rolle mehr spielen, ist heute nur noch das **Elektronenstrahloszilloskop** (Kathodenstrahloszilloskop) gebräuchlich. Es basiert auf dem Prinzip der braunschen Röhre (↑Bildschirm). Dabei wird der Elektronenstrahl durch das zeitlich veränderliche elektrische Feld eines Plattenkondensators (meist eine Sägezahnspannung) horizontal abgelenkt. Die vertikale Ablenkung wird durch den zu untersuchenden Vorgang gesteuert. Einzelvorgänge können dann durch das Nachleuchten der Leuchtschicht sichtbar gemacht werden, bei periodischen Vorgängen wird die Horizontalablenkung so mit der entsprechenden Frequenz synchronisiert, dass sich ein stehendes Bild ergebt.

Ottomotor [nach NICOLAUS OTTO; *1832, †1891]: eine zur Gruppe der ↑Verbrennungskraftmaschinen gehörende Maschine zur Umwandlung von Wärmeenergie in mechanische Energie. Die Abläufe beim O. sind das bekannteste Beispiel für einen techni-

schen ↑Kreisprozess. Der O. wird mit einem leicht verdunstenden flüssigen Brennstoff (i. d. R. Benzin) oder Gas betrieben. Ein Vergaser bzw. heute meist eine Einspritzpumpe erzeugt daraus ein zündfähiges Brennstoff-Luft-Gemisch, das in einen Zylinder mit einem beweglichen Kolben geleitet, verdichtet und dann durch einen Zündfunken gezündet wird. Eine Variante des O., bei dem – wie beim Dieselmotor – der Brennstoff direkt in den Zylinder gespritzt wird (Direkteinspritzung), ist noch wenig verbreitet. Die Ausdehnung der Verbrennungsgase setzt den Kolben in Bewegung. Durch eine Pleuelstange und eine Kurbelwelle wird die geradlinige Bewegung des Kolbens in eine Drehbewegung umgesetzt.

Es gibt O. als Viertakt- und als Zweitaktmotoren. Beim **Viertaktmotor** ist ein Arbeitsgang (bestehend aus den vier Prozessen Ansaugen, Verdichten und Verbrennen des Gemischs sowie Ausstoßen der Verbrennungsgase) auf zwei Auf- und Abbewegungen des Kolbens, also vier Hübe, verteilt. In dieser Zeit hat sich die Kurbelwelle zweimal gedreht. Beim **Zweitaktmotor** finden dagegen immer zwei der Prozesse eines

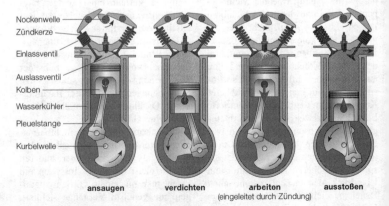

Nockenwelle
Zündkerze
Einlassventil
Auslassventil
Kolben
Wasserkühler
Pleuelstange
Kurbelwelle

ansaugen   **verdichten**   **arbeiton**   **ausstoßen**
                              (eingeleitet durch Zündung)

Ottomotor: Taktfolge beim Viertaktmotor

Arbeitsgangs gleichzeitig statt, sodass ein Arbeitsgang sich auf eine Auf- und Abbewegung des Kolbens (zwei Hübe) verteilt und sich die Kurbelwelle einmal dreht.

Der Wirkungsgrad eines O. ist durch die niedrigere Verbrennungstemperatur etwas geringer als beim Dieselmotor und erreicht bestenfalls 35%, d. h. 65% der chemischen Energie des Treibstoffs wird ungenutzt als Wärme abgegeben.

Overheadprojektor [ˈəʊvəhed-, engl. »Über-Kopf-Projektor«]: ↑Projektor.

Ozonloch: ↑Atmosphäre.

p:

♦ Symbol für das ↑Proton.

♦ Abk. für den ↑Einheitenvorsatz Piko (Billionstel = 10^{-12}fach).

♦ (p): Formelzeichen für ↑Druck.

$\bar{p}$:

♦ ($\vec{p}$): Formelzeichen für Dipolmoment (↑Dipol).

♦ ($\vec{p}$): Formelzeichen für ↑Impuls.

P:

♦ Abk. für den ↑Einheitenvorsatz Peta (billiardenfach = 10^{15}fach).

♦ (P): Formelzeichen für die ↑Leistung.

$\bar{P}$:

♦ ($\vec{p}$): Formelzeichen für ↑Kraftstoß.

♦ ($\vec{P}$): Formelzeichen für ↑Polarisation.

Pa: Einheitenzeichen für ↑Pascal.

Paarbildung (Paarerzeugung): die Erzeugung eines Teilchen-Antiteilchenpaares. Dabei wird Energie eines Photons (Röntgen- oder Gammaquant) in die Massen der beiden entstehenden Teilchen umgewandelt. Damit der Energieerhaltungssatz erfüllt ist, muss die Photonenergie mindestens so groß wie die ↑Ruheenergie der erzeugten Teilchen sein, überschüssige Energie des Photons wird als Bewegungsener-

gie auf die Teilchen verteilt. Die gleichzeitige Erhaltung des Photonimpulses (Impulserhaltungssatz) erfordert, dass Impuls auf einen weiteren Reaktionspartner übertragen wird, z. B. auf einen Atomkern. Deshalb findet P. nur in Anwesenheit von Materie statt.

Die wichtigste P. ist die Umwandlung eines Photons in ein Elektron-Positron-Paar (e^--e^+-P.). Dazu muss die Photonenergie größer als $m_e c^2 = 1,022$ MeV (m_e Masse des Elektrons, c Lichtgeschwindigkeit) sein. Bei Photonenergien oberhalb von etwa 4 MeV bis etwa 20 MeV liefert die e^--e^+-P. den größten Beitrag zur Schwächung elektromagnetischer Strahlung beim Durchgang durch Materie. P. ist der wichtigste Prozess bei der Schwächung elektromagnetischer Anteile der ↑Höhenstrahlung. Ist die Photonenenergie hoch genug, tritt auch die P. von schwereren Teilchen-Antiteilchen-Paaren ein (z. B. Proton-Anti-Proton-Paar). Solche Prozesse spielen in der Elementarteilchenphysik eine große Rolle.

Der zur P. inverse Prozess ist die Paarvernichtung. Beide Prozesse beweisen die Äquivalenz von Masse und Energie (↑Äquivalenzprinzip).

Paarerzeugung: ↑Paarbildung.

Paarvernichtung (Annihilation): der zur ↑Paarbildung inverse Prozess, bei dem ein Teilchen-Antiteilchen-Paar zerstrahlt, d. h. unter Emission von zwei oder drei Photonen oder ↑Mesonen verschwindet. Wegen verschiedener Erhaltungssätze (Ladung, Teilchenzahlen, Symmetrien) ist eine solche »Entmaterialisierung« nur für Teilchen-Antiteilchen-Paare möglich. Das bekannteste Beispiel einer P. ist die bereits 1934 entdeckte Zerstrahlung eines Elektron-Positron-Paares.

Papierkondensator: eine Ausführung eines ↑Plattenkondensators, dessen Dielektrikum zwischen den beiden Leiterflächen aus Papier besteht. Die zwei

P

Metallfolien, die die beiden Platten bilden, werden mit dem dazwischenliegenden Papier zusammengerollt und in einem Gehäuse aus Kunststoff oder Metall eingeschlossen.

Papin-Topf [pap'ɛ̃-, nach DENIS PAPIN; *1647; †vor 1714 (1712 verschollen)]: starkwandiges Metallgefäß mit druckdicht verschließbarem Deckel und verstellbarem Sicherheitsventil zur Messung des Drucks und der Siedetemperatur einer Flüssigkeit. In einem P.-T. kann man Wasser weit über 100 °C erhitzen, ohne dass es vollständig in den gasförmigen Aggregatzustand übergeht. Denn der Wasserdampf kann sich bei Erwärmung nicht ausdehnen, der Druck steigt und damit auch die Siedetemperatur. Die gewünschte Höchsttemperatur lässt sich durch Dampfablassen mithilfe des Sicherheitsventils einstellen. Der P.-T. wird zur Sterilisation von Instrumenten und im Haushalt in der Form des **Dampfkochtopfs** bzw. **Schnellkochtopfs** verwendet. Mit ihm erreicht man beim Kochen eine kürzere Garzeit und damit einen niedrigeren Energieverbrauch.

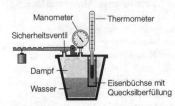

Papin-Topf

Parabol|spiegel: ↑Spiegel.

Parallaxe [griech. parállaxis »Vertauschung«]: die scheinbare seitliche Verschiebung von unterschiedlich weit entfernten Objekten beim Verändern der Blickrichtung. Sie beeinflusst u. a. Sternbeobachtungen (Abb.).

Parallelschaltung [griech. parállelos »nebeneinander«] (Nebeneinanderschaltung): Grundschaltung von elek-

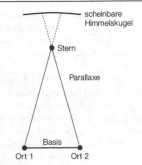

Parallaxe

trischen Bauelementen (Widerstand, Kondensator usw.), bei der auf der einen Seite die Eingänge aller Bauelemente miteinander verbunden sind, auf der anderen Seite die Ausgänge (Abb.). An allen n Bauelementen liegt die gleiche Spannung U an, der elektrische Strom I teilt sich auf in die Einzelströme I_1, I_2, ..., I_n (↑kirchhoffsche Regeln):

$$U = U_1 = U_2 = ... = U_n,$$
$$I = I_1 + I_2 + ... + I_n.$$

Ersetzt man bei einer P. von n ohmschen Widerständen die Einzelströme $I, I_1, I_2, ..., I_n$ durch U/R, U/R_1, U/R_2, ..., U/R_n und setzt diese Ausdrücke in obige Stromgleichung ein, erhält man für den Gesamtwiderstand R:

$$\frac{1}{R} = \frac{1}{R_1} + \frac{1}{R_2} + ... + \frac{1}{R_n}.$$

Dies bedeutet, dass bei Parallelschaltung der Gesamtwiderstand kleiner ist als die Summe der Einzelwiderstände. Beispiel: $R_1 = 2\ \Omega$, $R_2 = 3\ \Omega$; die Summe der Einzelwiderstände ist dann 5 Ω. Bei Parallelschaltung erhält man:

$$\frac{1}{R} = \frac{1}{2\,\Omega} + \frac{1}{3\,\Omega} = \frac{3}{6\,\Omega} + \frac{2}{6\,\Omega} = \frac{5}{6\,\Omega},$$

sodass $R = 6/5\ \Omega = 1{,}2\ \Omega$.

Werden n Kondensatoren parallel geschaltet, erhält man die Gesamtkapazität C durch Addition der Einzelkapazitäten:

$$C = C_1 + C_2 + ... + C_n$$

Bei der P. von n Spulen mit den Induktivitäten $L_1, L_2, ..., L_n$ ergibt sich für die Gesamtinduktivität L:

$$\frac{1}{L} = \frac{1}{L_1} + \frac{1}{L_2} + ... + \frac{1}{L_n}$$

Bezüglich der Gesamtinduktivität gilt eine zum Gesamtwiderstand analoge Aussage.

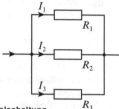

Parallelschaltung

Parallelstrahl: ein parallel zur optischen Achse einer Linse, eines Linsensystems oder eines gekrümmten Spiegels verlaufender Strahl.

Para|magnetismus: eine Form des Magnetismus, bei der ein Stoff ohne äußeres Magnetfeld keine messbare Magnetisierung aufweist, in Anwesenheit eines äußeren Magnetfelds jedoch eine Magnetisierung erhält, die das Magnetfeld verstärkt. Die Atome oder Moleküle solcher Stoffe besitzen permanente magnetische Momente, die mit dem Elektronenspin verknüpft sind. Ohne äußeres Magnetfeld sind die magnetischen Dipole bei Zimmertemperatur aufgrund von Wärmebewegungen willkürlich ausgerichtet, sodass keine Magnetisierung messbar ist. Im äußeren Magnetfeld dreht sich ein Teil der magnetischen Dipole in Feldrichtung. Dieser Anteil ist umso höher, je stärker

das äußere Magnetfeld ist. Insgesamt wird das äußere Magnetfeld $\vec{B}_0$ um den Beitrag $\chi_m \cdot \vec{B}_0$ verstärkt, wobei χ_m die ↑magnetische Suszeptibilität ist und einen positiven Wert hat. Man erhält so ein resultierendes Magnetfeld:

$$\vec{B} = (1 + \chi_m) \cdot \vec{B}_0 = \mu_r \cdot \vec{B}_0 ,$$

wobei μ_r die Permeabilitätszahl ist.
Der Verstärkung des äußeren Magnetfelds wirkt die Wärmebewegung entgegen, welche die Ordnung der magnetischen Momente durcheinander zu bringen versucht. Je höher die Temperatur T des Stoffs ist, desto stärker wird diese Beeinflussung. Die magnetische Suszeptibilität ist deshalb temperaturabhängig. Bezeichnet C eine materialabhängige Konstante, die **Curie-Konstante** (nach P. CURIE), so ergibt sich folgender Zusammenhang, der auch **Curie-Gesetz** genannt wird:

$$\chi = \frac{C}{T}$$

Substanzen, die P. zeigen, sind z. B. Chrom, Platin, (flüssiger) Sauerstoff und Aluminium.

Parität [lat. paritas »Gleichheit«]: physikalische Größe, die das Verhalten bzw. die ↑Symmetrie eines physikalischen Systems gegenüber räumlichen Spiegelungen angibt. Sie spielt in der Elementarteilchenphysik eine Rolle.

Partialdruck [lat. pars, partis »Teil«] (Teildruck): in einem Gemisch von Gasen oder Dämpfen der von einem Bestandteil ausgeübte Druck. Der P. ist damit der Druck, den ein einzelnes Gas ausüben würde, wenn es für sich allein den ganzen Raum füllte. Der Zusammenhang zwischen den Partialdrücken ist im ↑daltonschen Gesetz geregelt.

Partialschwingung: Teilschwingung. Z. B. ist jede bei der ↑harmonischen Analyse auftretende einzelne harmonische Schwingung eine Partialschwingung.

P

partiell [lat. pars, partis »Teil«]: teilweise (z. B. partielle Sonnenfinsternis).

Pascal [nach B. PASCAL], Einheitenzeichen Pa: SI-Einheit des Drucks. *Festlegung:* 1 Pa ist gleich dem auf eine Fläche gleichmäßig wirkenden Druck, bei dem senkrecht auf die Fläche 1 m^2 die Kraft 1 N ausgeübt wird:

$$1\,Pa = 1\,\frac{N}{m^2}.$$

pascalsches Gesetz: Gesetz der Hydrostatik, wonach an jeder beliebigen Stelle in einer Flüssigkeit die Druckkraft in alle Raumrichtungen gleich stark wirkt.

Paschen-Serie [nach FRIEDRICH PASCHEN; *1865, †1947]: ↑Spektralserie.

Pauli-Prinzip [nach W. PAULI] (Ausschließungsprinzip): grundlegendes Prinzip der Mikrophysik, nach dem zwei Elektronen, allgemein zwei Fermionen, nicht in allen ↑Quantenzahlen übereinstimmen dürfen. Es gilt also für alle Teilchen mit halbzahligem Spin, z. B. neben Elektronen auch für Protonen und Neutronen. Anders formuliert kann jeder Quantenzustand nur einfach besetzt sein.

Das P.-P. ist von fundamentaler Wichtigkeit für den Aufbau der Materie, denn es hält die Elektronen zueinander auf Distanz (ein Quantenzustand ist mit einem Raumbereich verknüpft, z. B. mit einem Atom- oder Molekülorbital): So stellt es sicher, dass benachbarte Atome eines Körpers nicht zusammenfallen. Auch der Aufbau der Elektronenhülle der Atome in Schalen und damit das Periodensystem ist stark vom P.-P. geprägt.

Pegel: das logarithmierte Verhältnis zweier gleichartiger Größen p und p_0, wovon der Nenner p_0 eine festgelegte Bezugsgröße ist:

$$\log\left(\frac{p}{p_0}\right).$$

Beim Lautstärkepegel wird das Verhältnis von Schalldrücken gebildet, die Logarithmusbasis 10 verwendet, und das Ergebnis noch verzehnfacht. Der Zahlenwert wird in phon angegeben.

Peltier-Effekt [pɛl'tje-, nach JEAN PELTIER; *1785, †1845]: die Umwandlung von elektrischer Energie in Wärmeenergie an der Kontaktstelle zweier verschiedener Leiter, durch die ein elektrischer Strom fließt. Diese Wärmeenergie ist nicht etwa die joulesche Wärme, sondern ein zusätzlicher Beitrag. Je nach Stromrichtung wird durch den P.-E. die Kontaktstelle erwärmt (Abgabe einer Wärmemenge Q) oder abgekühlt (Aufnahme einer Wärmemenge Q).

Der Effekt lässt sich mithilfe der Kontaktspannung erklären: Verläuft die Stromrichtung so, dass die Elektronen gegen das durch die Kontaktspannung verursachte elektrische Feld anlaufen müssen, verlieren sie Bewegungsenergie, und die Temperatur sinkt. Bei umgekehrter Stromrichtung gewinnen die Elektronen Bewegungsenergie, die Temperatur steigt. Der P.-E. ist die Umkehrung des ↑Seebeck-Effekts. Er wird technisch zur Kühlung oder Erwärmung von kleinen Objekten eingesetzt, etwa Messgeräten.

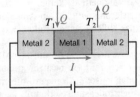

Peltier-Effekt: Die eine Kontaktstelle wird abgekühlt, die andere erwärmt.

Pendel: ein um eine Achse oder einen Punkt frei drehbarer Körper, der nach Auslenkung aus seiner Ruhelage unter dem Einfluss der Schwerkraft eine periodische Bewegung ausführt (wenn man die Reibung vernachlässigt).

Besonders leicht zu handhaben ist die gedankliche Vorstellung des mathematischen Pendels: Bei diesem P. ist eine punktförmige Masse m an einem dünnen, idealerweise gewichtslosen Faden der Länge l aufgehängt, der in einem Aufhängepunkt gelagert ist (Abb.). Die Pendelmasse schwingt auf einer Kreisbahn vom Radius l periodisch um die Ruhelage. Als Auslenkung x bezeichnet man die Länge des Kreisabschnitts zwischen der Ruhelage und dem aktuellen Ort der Pendelmasse oder den Winkel φ des Fadens zum Lot.

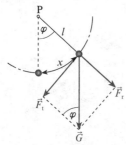

Pendel: Schema eines Fadenpendels

Ist die Pendelmasse ausgelenkt, bewirkt die Gewichtskraft $\vec{G}$ zum einen, dass der Faden gespannt wird, zum anderen, dass der Massepunkt zurückgetrieben wird. Die dazugehörige Kräftezerlegung ist ebenfalls in der Abb. gezeigt.
Der Anteil $\vec{F}_r$, der am Faden zieht, wirkt in Fadenrichtung (radiale Komponente) und hält lediglich die Pendelmasse auf der Kreislinie. Der in Bahnrichtung der Pendelmasse gerichtete Anteil $\vec{F}_t$ (tangentiale Komponente) wirkt in Bewegungsrichtung und beschleunigt den Pendelkörper zur Ruhelage hin. Er stellt eine Rückstellkraft dar. Der Betrag der Rückstellkraft ist von der Größe der Auslenkung abhängig. Es gilt:

$$F_t = G \cdot \sin\varphi .$$

Da für kleine Winkel $\sin\varphi \approx \varphi$ gilt, ist die Rückstellkraft für kleine Auslenkungen in guter Näherung proportional zum Auslenkungswinkel. Ersetzt man nun den Winkel φ im Bogenmaß durch x/l und die Gewichtskraft G durch $m \cdot g$ (m Masse des Körpers, g Fallbeschleunigung), ergibt sich:

$$F_t \approx G \cdot \varphi = G \cdot \frac{x}{l}$$

$$= m \cdot g \cdot \frac{x}{l} = \frac{m \cdot g}{l} \cdot x .$$

Die Rückstellkraft F_t ist also für kleine Ausschläge proportional zur Auslenkung x des Körpers aus der Ruhelage. Damit liegt ein lineares Kraftgesetz (wie beim hookeschen Gesetz) vor mit der Proportionalitätskonstanten $D = m \cdot g / l$. Aufgrund dieses linearen Kraftgesetzes vollführt der Pendelkörper Sinusschwingungen. Setzt man in die Formel für die Schwingungsdauer (↑Schwingung) obigen Proportionalitätsfaktor ein, ergibt sich für die Schwingungsdauer des mathematischen P.:

$$T = 2 \cdot \pi \cdot \sqrt{\frac{l}{g}} .$$

Ein P. mit größerer Fadenlänge schwingt also langsamer. Die Schwingungsdauer ist nicht von der Masse des Pendelkörpers abhängig, dagegen durchaus vom Ort, da die Fallbeschleunigung g von Ort zu Ort variiert.
Die Gesetzmäßigkeiten des mathematischen P. gelten in ähnlicher Weise für andere Arten von Pendeln.

Perigäum [griech. gaía »Erde«]: ↑Apsiden.

Perihel [griech. helios »Sonne«]: ↑Apsiden.

Periode [griech. períodos »Umlauf«]: ↑Schwingungsdauer.

Periodensystem der chemischen Elemente, Abk. PSE: systematische Anordnung sämtlicher bekannten che-

P

Gruppennummer: erste Reihe (arabische Ziffern) von IUPAC (International Union of Pure and Applied Chemistry) 1986 empfohlen; zweite Reihe (römische Ziffern) alte Gruppennummer, wobei A für die Hauptgruppe und B für die Nebengruppe steht

Gruppe	1	2	3	4	5	6	7	8	9	10	11	12	13	14	15	16	17	18	Schale
Periode	IA	IIA	IIIB	IVB	VB	VIB	VIIB	VIIIB	VIIIB	VIIIB	IB	IIB	IIIA	IVA	VA	VIA	VIIA	VIIIA	
1	1 H																	2 He	K
2	3 Li	4 Be											5 B	6 C	7 N	8 O	9 F	10 Ne	L
3	11 Na	12 Mg											13 Al	14 Si	15 P	16 S	17 Cl	18 Ar	M
4	19 K	20 Ca	21 Sc	22 Ti	23 V	24 Cr	25 Mn	26 Fe	27 Co	28 Ni	29 Cu	30 Zn	31 Ga	32 Ge	33 As	34 Se	35 Br	36 Kr	N
5	37 Rb	38 Sr	39 Y	40 Zr	41 Nb	42 Mo	43 Tc	44 Ru	45 Rh	46 Pd	47 Ag	48 Cd	49 In	50 Sn	51 Sb	52 Te	53 I	54 Xe	O
6	55 Cs	56 Ba	*	72 Hf	73 Ta	74 W	75 Re	76 Os	77 Ir	78 Pt	79 Au	80 Hg	81 Tl	82 Pb	83 Bi	84 Po	85 At	86 Rn	P
7	87 Fr	88 Ra	**	104 Rf	105 Db	106 Sg	107 Bh	108 Hs	109 Mt	110 Uun	111 Uuu	112 Uub		114 Uuq		116 Uuh		118 Uuo	Q

*Lanthanoide

57 La	58 Ce	59 Pr	60 Nd	61 Pm	62 Sm	63 Eu	64 Gd	65 Tb	66 Dy	67 Ho	68 Er	69 Tm	70 Yb	71 Lu

**Actinoide

89 Ac	90 Th	91 Pa	92 U	93 Np	94 Pu	95 Am	96 Cm	97 Bk	98 Cf	99 Es	100 Fm	101 Md	102 No	103 Lr

Ac	89	Actinium	**He**	2	Helium	**Rb**	37	Rubidium
Ag	47	Silber	**Hf**	72	Hafnium	**Re**	75	Rhenium
Al	13	Aluminium	**Hg**	80	Quecksilber	**Rf**	104	Rutherfordium
Am	95	Americium	**Ho**	67	Holmium	**Rh**	45	Rhodium
Ar	18	Argon	**Hs**	108	Hassium	**Rn**	86	Radon
As	33	Arsen	**I**	53	Iod (Jod)	**Ru**	44	Rutheniun
At	85	Astat	**In**	49	Indium	**S**	16	Schwefel
Au	79	Gold	**Ir**	77	Iridium	**Sb**	51	Antimon
B	5	Bor	**K**	19	Kalium	**Sc**	21	Scandium
Ba	56	Barium	**Kr**	36	Krypton	**Se**	34	Selen
Be	4	Beryllium	**La**	57	Lanthan	**Sg**	106	Seaborgium
Bh	107	Bohrium	**Li**	3	Lithium	**Si**	14	Silicium
Bi	83	Bismut	**Lr**	103	Lawrencium	**Sm**	62	Samarium
Bk	97	Berkelium	**Lu**	71	Lutetium	**Sn**	50	Zinn
Br	35	Brom	**Md**	101	Mendelevium	**Sr**	38	Strontium
C	6	Kohlenstoff	**Mg**	12	Magnesium	**Ta**	73	Tantal
Ca	20	Calcium	**Mn**	25	Mangan	**Tb**	65	Terbium
Cd	48	Cadmium	**Mo**	42	Molybdän	**Tc**	43	Technetium
Ce	58	Cer	**Mt**	109	Meitnerium	**Te**	52	Tellur
Cf	98	Californium	**N**	7	Stickstoff	**Th**	90	Thorium
Cl	17	Chlor	**Na**	11	Natrium	**Ti**	22	Titan
Cm	96	Curium	**Nb**	41	Niob	**Tl**	81	Thallium
Co	27	Cobalt	**Nd**	60	Neodym	**Tm**	69	Thulium
Cr	24	Chrom	**Ne**	10	Neon	**U**	92	Uran
Cs	55	Cäsium	**Ni**	28	Nickel	**Uub**	112	Ununbium
Cu	29	Kupfer	**No**	102	Nobelium	**Uuh**	116	Ununhexium
Db	105	Dubnium	**Np**	93	Neptunium	**Uun**	110	Ununnilium
Dy	66	Dysprosium	**O**	8	Sauerstoff	**Uuo**	118	Ununoctium
Er	68	Erbium	**Os**	76	Osmium	**Uuq**	114	Ununquadrium
Es	99	Einsteinium	**P**	15	Phosphor	**Uuu**	111	Unununium
Eu	63	Europium	**Pa**	91	Protactinium	**V**	23	Vanadium
F	9	Fluor	**Pb**	82	Blei	**W**	74	Wolfram
Fe	26	Eisen	**Pd**	46	Palladium	**Xe**	54	Xenon
Fm	100	Fermium	**Pm**	61	Promethium	**Y**	39	Yttrium
Fr	87	Francium	**Po**	84	Polonium	**Yb**	70	Ytterbium
Ga	31	Gallium	**Pr**	59	Praseodym	**Zn**	30	Zink
Gd	64	Gadolinium	**Pt**	78	Platin	**Zr**	40	Zirkonium
Ge	32	Germanium	**Pu**	94	Plutonium			
H	1	Wasserstoff	**Ra**	88	Radium			

Periodensystem: Symbole, Ordnungszahlen und Namen der chemischen Elemente. Die Elemente 113, 115 und 117 sind noch nicht bekannt.

mischen Elemente in einer Tafel, die die Gesetzmäßigkeiten des atomaren Aufbaus der chemischen Elemente und ihrer physikalischen und chemischen Eigenschaften widerspiegelt.

Das heute bekannte PSE umfasst 118 Elemente, von denen nur 81 Elemente stabile Isotope besitzen und als solche in der Natur vorkommen. Die übrigen Elemente sind entweder als langlebige radioaktive Elemente in der Natur vorhanden, entstehen als radioaktive Folgeprodukte immer wieder neu oder sind nur aus kernphysikalischen Reaktionen bekannt und durch solche herstellbar. Das PSE (Tafel S. 306) gliedert sich in **Perioden** (Reihen) und **Gruppen** (Spalten). In den Gruppen sind Elemente mit gleichen chemischen Eigenschaften zusammengefasst, wobei die Atommasse in jeder Gruppe von oben nach unten zunimmt. Die erste **Hauptgruppe** bilden die **Alkalimetalle** (Li, Na, K, Rb, Cs, Fr), die zweite die **Erdalkalimetalle** (Be, Mg, Ca, Sr, Ba, Ra), die dritte die Elemente der **Borgruppe**, die vierte die Elemente der **Kohlenstoffgruppe**, die fünfte die Elemente der **Stickstoffgruppe**, die sechste die Elemente der **Sauerstoffgruppe**, die siebte die Elemente der **Halogengruppe** und die achte die Elemente der **Edelgasgruppe**.

Da es sich zeigte, dass nicht alle Elemente in die Form dieses Systems mit acht Hauptgruppen passten, wurde es erweitert und insbesondere die Metalle in acht **Nebengruppen erster Art** eingebaut. Darüber hinaus gibt es noch weitere Elemente, die ihrer chemischen Eigenschaft nach alle einen einzigen Platz im System einnehmen müssten. Sie bilden eine **Nebengruppe zweiter Art**. Die erste Gruppe solcher Elemente sind die »Metalle der seltenen Erden«. Sie wurden in das PSE nach dem Lanthan ($Z = 57$) eingebaut und heißen daher **Lanthanoide**. Auch die erst in

jüngster Zeit vollständig entdeckten **Actinoide** (hauptsächlich Transurane) bilden eine Nebengruppe zweiter Art. Die Nebengruppenelemente sind auch allgemein unter der Bezeichnung **Übergangselemente** oder **Übergangsmetalle** bekannt.

Die Erklärung der Systematik des PSE einschließlich der chemischen Eigenschaften der Elemente liefert die ↑Quantentheorie. insbesondere durch das ↑Pauli-Prinzip. Da nur die aus den Elektronenschalen bestehende Atomhülle die chemischen Eigenschaften der Atome bestimmt, ist das PSE eine Systematik des Aufbaus der Atomhülle; es sagt also nichts über den Aufbau des Atomkerns aus. Das leichteste Element, der Wasserstoff, hat die Ordnungszahl 1. Seine Atome besitzen in ihrer Atomhülle ein Elektron, dessen Hauptquantenzahl (↑Quantenzahlen) im Grundzustand $n = 1$ beträgt. Es befindet sich dabei im Zustand größter pozentieller Energie und Bindungsenergie. Aufgrund der Auswahlregel $l \le (n-1)$ für die Drehimpulsquantenzahl (↑Quantenzahlen) kann sich dieses Elektron nur in Zuständen mit dem Bahndrehimpuls $l = 0$ befinden. Man nennt ein Elektron in einem dieser sog. **s-Zustände** ein **s-Elektron**.

Nach dem Pauli-Prinzip können in die Energiezustände mit den Quantenzahlen $n = 1$, $l = 0$ zwei Teilchen aufgenommen werden, die sich nur bezüglich ihrer Spinquantenzahlen s unterscheiden. Die Atome, bei denen im neutralen Zustand nur diese beiden Elektronen vorhanden sind, sind die des Edelgases Heliums. Bei diesem Element ist die erste Elektronenschale, die sog. **K-Schale**, vollständig besetzt. Gleichzeitig ist damit die erste Periode des Systems, die nur aus den zwei Elementen Wasserstoff und Helium besteht, abgeschlossen. Ebenso wie am Ende der ersten Periode das Edelgas

Helium steht, findet man auch am Ende der folgenden Perioden, die 8, 8, 18, 18 und 32 Elemente besitzen, wiederum Edelgase (Ne, Ar, Kr, Xe, Rn). Diese Atome haben vollständig besetzte äußere Achterschalen. Man nennt daher vollständig besetzte äußere Schalen auch **Edelgasschalen** oder, wenn man die Elektronenkonfigurationen betrachtet, auch **Edelgaskonfigurationen.** Diese Konfigurationen erweisen sich als besonders stabil, was sich z. B. in der hohen Ionisierungsenergie der Edelgase ausdrückt.

Das dem Helium folgende Element mit der Ordnungszahl $Z = 3$ ist das Lithium. Bei ihm beginnt die Besetzung der von Zuständen mit der Hauptquantenzahl $n = 2$ gebildeten sog. **L-Schale.** Entsprechend der Auswahlregel für die Drehimpulsquantenzahl können jetzt außer den Zuständen mit $l = 0$ auch solche mit $l = 1$ auftreten, die man p-Zustände nennt. Demzufolge finden in der L-Schale bei Berücksichtigung der magnetischen Unterzustände (zu $l = 1$ sind das die Zustände mit der magnetischen Quantenzahl $m = +1, 0, -1$ und dazu jeweils zwei Spineinstellungen) insgesamt acht Elektronen Platz, von denen zwei in s-Zuständen ($l=0$) und sechs in p-Zuständen untergebracht werden. Bei der Besetzung aller dieser Zustände ist die zweite Periode aufgefüllt. Sie enthält die folgenden acht Elemente: Li, Be, B, C, N, O, F, Ne. Den Abschluss bildet das Edelgas Neon. Dasselbe Aufbauschema wiederholt sich in jeder Periode, wobei zu jeder Periode stets ein anderer Wert der Hauptquantenzahl n gehört. Die mit zunehmender Ordnungszahl mit Elektronen aufgefüllten Schalen heißen der Reihenfolge nach K-, L-, M-, N-, O-, P-Schale usw., entsprechend den Werten $n = 1, 2, 3, 4, 5, 6...$ der Hauptquantenzahl.

In der **M-Schale** ($n = 3$) werden zuerst die s- und **p-Zustände** ($l = 0, 1$) aufge-

füllt. Dann beginnt der Aufbau der **N-Schale** ($n = 4$). Die **d-Zustände** ($l = 2$) der dritten Schale (3d-Zustände) bleiben zunächst noch unbesetzt. Nach dem Element Calcium wird der weitere Aufbau der N-Schale abgebrochen, und die noch unbesetzten 3d-Zustände werden aufgefüllt. Das beruht darauf, dass die noch freien 3d-Zustände energetisch günstiger sind als die freien 4p-Zustände. Sind alle freien 3d-Zustände besetzt, wird die N-Schale weiter aufgefüllt. Ähnliches wiederholt sich für die **f-Zustände** nach den Elementen Strontium, Lanthan (die nachfolgenden Elemente der ersten Nebengruppe zweiter Art bauen die 4f-Zustände auf) und Actinium (die nachfolgenden Elemente der zweiten Nebengruppe zweiter Art bauen die 5f-Zustände auf).

Durch die sich ständig wiederholende Art des Aufbaus der einzelnen Elektronenschalen ist auch das gleiche chemische und physikalische Verhalten der Elemente einer Gruppe bedingt, das ausschließlich durch die Gleichartigkeit der äußeren Elektronenkonfiguration in den Atomen der Elemente dieser Gruppe bestimmt wird.

Permeabilität [lat. permeabilis »durchlässig«]:

♦ *allgemein:* Durchlässigkeit.

♦ *Physik:* Formelzeichen μ, der Proportionalitätsfaktor zwischen der magnetischen Flussdichte $\vec{B}$ und der magnetischen Feldstärke $\vec{H}$. Die Permeabilität des Vakuums hat eine eigene Bezeichnung: ↑magnetische Feldkonstante μ_0. Der Faktor, um den sich in einem Stoff die Permeabilität ändert, heißt **relative Permeabilität** oder **Permeabilitätszahl** μ_r. Es gilt:

$$\vec{B} = \mu \cdot \vec{H} = \mu_0 \cdot \mu_r \cdot \vec{H}$$

Für diamagnetische ($\mu_r < 1$) und paramagnetische ($\mu_r > 1$) Stoffe liegt μ_r nahe bei 1, bei ferromagnetischen Stoffen bei 10^3 bis 10^4. Mit der ↑magnetischen

Permeabilitätszahl 310

Suszeptibilität χ_m hängt die P. gemäß $\mu_r = \chi_m + 1$ zusammen.

Permeabilitätszahl, Formelzeichen μ_r: ↑Permeabilität.

Permittivität [lat. permittere »erlauben«]: die ↑Dielektrizitätskonstante.

Permittivitätszahl: ↑Dielektrizitätskonstante.

Perpetuum mobile [lat. »das ewig sich Bewegende«]:

Perpetuum mobile 1. Art: eine Maschine, die ohne Energiezufuhr dauernd arbeitet. Wegen des Energieerhaltungssatzes (unter Einbeziehung der Wärmeenergie) ist eine solche Maschine nicht möglich.

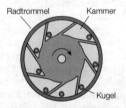

Perpetuum mobile: Die Idee des Entwurfs besteht darin, dass die Kugeln in den rechts befindlichen Kammern stets weiter vom Radmittelpunkt entfernt sind als die Kugeln links.

Perpetuum mobile 2. Art: eine periodisch arbeitende Maschine, die einem Wärmespeicher Wärme entzieht und in mechanische Energie umwandelt, ohne dass dabei in der übrigen Umgebung bleibende Veränderungen entstehen. Eine solches P. könnte z. B. aus der im Meerwasser gespeicherten Energie unbegrenzt mechanische Energie gewinnen, ohne den Energieerhaltungssatz zu verletzen. Das ist jedoch nach dem zweiten ↑Hauptsatz der Wärmelehre unmöglich.

Peta: ↑Einheitenvorsätze.

Pfeife [lat. pipare »piepen«]: eine Schallquelle, bei der eine in einem rohrförmigen Gehäuse (Pfeifenrohr) eingeschlossene Luftsäule zu Eigenschwingungen angeregt wird.

Pferdestärke, Einheitenzeichen PS: nicht gesetzliche, aber bei Verbrennungsmotoren immer noch gebräuchliche Einheit der Leistung:

$$1\,PS = 0,735\,kW$$

Pfund-Serie [nach AUGUST H. PFUND; *1879, †1949]: ↑Spektralserie.

p-Halbleiter: ↑Halbleiter.

Phase [griech. phásis »Erscheinung«]:

◆ *Astronomie:* Bezeichnung für die durch verschiedene Stellungen zur Erde und Sonne wechselnde Lichtgestalt des Mondes und der Planeten (z. B. Vollmond, Neumond).

◆ *Elektrotechnik:* Bezeichnung für eine Strom führende, nicht geerdete elektrische Leitung; ein **Phasenprüfer** ist ein Schraubenzieher mit so großem elektrischen Widerstand, dass bei einer leitenden Verbindung zwischen der Netzspannung und der Erde über den Körper der prüfenden Person nur ein schwaches Leuchten in einem Glühfaden erzeugt wird.

◆ *Schwingungslehre:* der augenblickliche Schwingungszustand eines schwingenden Systems. Bei einer ↑Sinusschwingung wird die P. durch den **Phasenwinkel** φ charakterisiert (oft nennt man φ auch einfach nur »Phase«). Der Phasenwinkel bezeichnet in der Gleichung $y = A \cdot \sin(\omega \cdot t + \varphi_0)$ das Argument des Sinus, also: $\varphi = \omega \cdot t + \varphi_0$. Der Phasenwinkel φ_0 zum Zeitpunkt $t = 0$ heißt **Nullphasenwinkel** oder **Phasenkonstante.** Haben zwei Vorgänge den gleichen Nullphasenwinkel, so sagt man, sie seien »in Phase«, andernfalls nennt man sie »phasenverschoben« um die Differenz ihrer Phasenkonstanten.

◆ *Thermodynamik, Materialforschung:* ein gleichartig beschaffener Bereich in einem System aus verschiedenen Bestandteilen, z. B. die nebeneinander bestehenden ↑Aggregatzustände eines Stoffs wie Wasser und Eis oder die beiden flüssigen Bereiche eines Systems aus zwei nicht mischbaren Flüssigkeiten.

Phasendifferenz: ↑Phasenverschiebung.

Phasengeschwindigkeit: die Geschwindigkeit, mit der sich die Phase einer Welle ausbreitet. Sie ist gegeben durch das Produkt aus der Wellenlänge λ und der Frequenz ν. Die P. steht für die Ausbreitungsgeschwindigkeit einer Welle einer festen Frequenz. Da eine solche Welle keine Information übermittelt, kann die P. größer als die Ausbreitungsgeschwindigkeit einer Information tragenden Wellengruppe sein (↑Gruppengeschwindigkeit).

Phasenkonstante: ↑Phase.

Phasenprüfer: ↑Phase.

Phasenraum: der abstrakte Raum, mit dem die Bewegung unabhängiger Teilchen beschrieben werden kann. Jedem Teilchen sind entsprechend seinem Ort (drei Koordinaten x, y, z) und seinem Impuls (drei Koordinaten p_x, p_y, p_z) sechs Dimensionen zugeordnet.

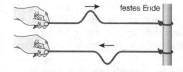

Phasensprung: Bei der Reflexion einer Seilwelle an einem festen Ende wird aus einem »Berg« ein »Tal« (Phasensprung um 180° bzw. π).

Phasensprung: plötzliche Änderung der ↑Phase einer Schwingung oder Welle. Bei einer erzwungenen Schwingung tritt ein P. der Größe φ auf, wenn die Frequenz der Erregerschwingung die Eigenfrequenz des zum Schwingen erregten Systems überschreitet. Ebenfalls ein P. der Größe φ tritt bei der Reflexion einer Welle an einem dichteren Medium (an einem »festen Ende«) auf.

Phasenübergang (Phasenumwandlung): Übergang von Materie von einer ↑Phase in eine andere. Es gibt zwei Typen: Beim P. 1. Art ändern sich die physikalischen Eigenschaften (z. B. die Dichte) des Materials sprunghaft, so etwa beim Verdampfen von Wasser. Beim P. 2. Art ändern sich die Eigenschaften dagegen kontinuierlich, etwa beim Übergang eines Stoffs vom paramagnetischen in den ferromagnetischen Zustand. In der Theorie geht man davon aus, dass die Phasen nebeneinander existieren können und zwischen ihnen ein mechanisches und thermisches Gleichgewicht herrscht. Bei einem P. 1. Art tritt im Gegensatz zu einem P. 2. Art eine Umwandlungswärme auf.

Phasenverschiebung, Formelzeichen $\Delta\varphi$ oder auch φ: die Differenz der ↑Phasen (genauer der Phasenkonstanten) zweier Wellen oder Schwingungen gleicher Frequenz. Ein Beispiel ist die P. zwischen Strom und Spannung im ↑Wechselstromkreis.

Phon [griech. phone »Ton, Stimme«]: Einheitenzeichen phon. Einheit des Lautstärkepegels (↑Lautstärke, ↑Pegel).

Phononen: die elementaren Schwingungsquanten eines Festkörpers (↑Festkörperphysik).

Phosphoreszenz [engl. phosphorus »Phosphor«, -escence »-werdung«]: eine Form der ↑Lumineszenz, die mit einem Nachleuchten verbunden ist.

Durch Zufuhr von Energie werden die Atome bzw. Moleküle angeregt. Anders als bei der ↑Fluoreszenz kehren sie aus dem angeregten jedoch nicht unmittelbar in den Grundzustand zurück, sondern gelangen in einen metastabilen Zwischenzustand, der nur mit geringer Wahrscheinlichkeit zerfällt. Die Anregungsenergie wird dadurch über Bruchteile von Sekunden bis Monate gespeichert. Diese Zeiten hängen jedoch stark von der Temperatur ab. Phosphoreszenz liegt z. B. bei der Fernsehbildröhre vor: Der Elektronenstrahl regt die Atome einer Schicht auf der Innenseite des Bildschirms an, die ihre Anregungsenergie durch Aussendung von Licht nach einigen Millisekunden wieder abgeben.

photo... [griech. »Licht«]: andere Schreibung für ↑foto...

Photon [griech. phos, photós »Licht«] (Lichtquant): das Quant (Teilchen) der elektromagnetischen Strahlung. Ein P. ist ein Elementarteilchen, das sich mit Lichtgeschwindigkeit c bewegt. Die P. einer elektromagnetischen Welle der Frequenz ν haben die Energie $E = h \cdot \nu$ (h plancksches Wirkungsquantum). Beispielsweise beträgt die Energie eines P. für rotes Licht 1,6 eV, für ultraviolettes Licht 12,4 eV, für Röntgenstrahlung zwischen 10^4 eV und 10^5 eV. Wegen der Äquivalenz zwischen Masse und Energie hat ein P. eine Masse von $h \cdot \nu / c^2$, es besitzt aber keine Ruhemasse. Ein P. trägt keine elektrische Ladung und kein magnetisches Moment, weshalb es in elektrischen und magnetischen Feldern nicht abgelenkt werden kann. Sein Spin ist 1.

Das P. repräsentiert den Teilchencharakter der elektromagnetischen Strahlung. Mithilfe des Teilchenkonzepts können solche Erscheinungen wie der ↑Fotoeffekt und der ↑Compton-Effekt erklärt werden. Die Lichtstreuung deutet man als Absorption eines P. mit unmittelbar nachfolgender Wiederemission, wobei ein P. immer als Ganzes verschwindet oder entsteht.

Heute wird jede Wechselwirkung zwischen elektromagnetischer Strahlung und Materie auf die Absorption oder Emission von P. zurückgeführt. Bei diesen Prozessen nehmen die beteiligten Reaktionspartner Energie und Impuls auf oder geben davon ab, sodass die entsprechenden Erhaltungssätze gewahrt bleiben. Die elektrische Anziehung oder Abstoßung zwischen elektrisch geladenen Körpern wird durch ein elektromagnetisches Strahlungsfeld und damit durch P. vermittelt, indem zwischen den Körpern ständig P. ausgetauscht werden. Solche P. können nur für die kurze Zeit des Austauschs (im Rahmen einer quantenmechanischen Unschärferelation zwischen Energie und Zeit, ↑heisenbergsche Unschärferelation) existieren, da sonst der Energieerhaltungssatz verletzt würde. Man spricht daher von virtuellen Photonen.

Mit den P. lässt sich nur der Teilchenaspekt, nicht aber der Wellenaspekt der elektromagnetischen Strahlung erklären. Die Beschreibung unter dem Wellenaspekt ist auch nach der Entdeckung der P. notwendig. Beide Aspekte ergänzen einander im Sinne der Komplementarität.

Durchquert eine elektromagnetische Welle, d. h. ein Photonenstrahl, Materie, erfolgt durch folgende Prozesse zwischen den P. und der Materie eine Schwächung: Atom- und Molekülanregung (für Photonenergien im eV-Bereich), Fotoeffekt (für Energien im keV-Bereich), Compton-Effekt (besonders im Bereich um 0,5 MeV) und Paarbildung (vorherrschend für mehrere MeV).

Physik [griech. physikós »die Natur betreffend«]: die Lehre von solchen Naturvorgängen, die experimenteller Erforschung und messender Erfassung zugänglich sind. Außerdem sollen diese Vorgänge allgemeinen Gesetzen unterliegen und mathematisch dargestellt werden können.

■ **Geschichte**

Schon in der Antike gab es physikalische Forschung. Allerdings unterschied sich diese dadurch von unserer heutigen Auffassung, dass sie der Erfahrung und dem Experiment nur einen geringen Stellenwert einräumte und von der Mathematik kaum Gebrauch machte.

Die Erklärungen waren teleologisch: Man ging davon aus, dass jedem Vorgang ein Sinn (oder Ziel) zugrunde liege, den dieser zu verwirklichen suche (»Der Stein fällt zu Boden, weil dort sein natürlicher Platz ist«). ARISTOTELES schuf eine umfassende und einflussreiche Naturlehre mit philosophisch angehauchten physikalischen Aspekten.

Im Mittelalter stagnierte das physikalische Wissen. Man beschränkte sich weitgehend darauf, das System des ARISTOTELES auszubauen. Einzelne Fortschritte betrafen die sog. Impetustheorie und erste Ansätze zu einer genauen Begriffsbildung und Mathematisierung.

In der Neuzeit bildete sich die **klassische Physik** aus. Der Aufschwung begann mit der Aufwertung von praktischen Erfahrungen, Fortschritten in der Mathematik und erheblichen Zweifeln an Grundannahmen des ARISTOTELES. Als Erster stellte G. GALILEI systematische Experimente an, R. DESCARTES formulierte die grundlegenden Ideen der physikalischen Forschung. Entscheidende Impulse gingen von der Astronomie aus: N. KOPERNIKUS ersetzte das geozentrische Weltbild durch das heliozentrische, J. KEPLER beschrieb die Bewegungen der Himmelskörper und I. NEWTON fand die Gesetze, die die Planetenbewegungen erklärten. Seine umfassende Theorie der Mechanik begründete die sich allmählich durchsetzende Vorstellung, die Welt müsse sich durch mechanische Prinzipien vollständig erklären lassen. Ein Hauptgegenstand der Forschung zur damaligen Zeit war die Optik (Wellentheorie, Lichtgeschwindigkeit) mit C. HUYGENS als einem der wichtigsten Forscher.

Völlig neu erschlossen wurde im 18. und 19. Jh. die Wärmelehre. Man erkannte den Zusammenhang zur Energie, fand die Hauptsätze der Wärmelehre und wandte sich allmählich der kinetischen Gastheorie zu, die gegen Ende des 19. Jh. durch L. BOLTZMANN vollendet wurde. Das 19. Jh. widmete sich daneben der Erforschung der Elektrizität und des Magnetismus (A. M. AMPÈRE, H. HERTZ). Gegen Ende des Jh. gelang es J. C. MAXWELL, eine mathematische Theorie zu entwickeln, die in wenigen Gleichungen alle Erscheinungen des Elektromagnetismus umfasste.

Die **moderne Physik** begann Ende des 19. Jh. mit einer Reihe von experimentellen Entdeckungen, die nicht klassisch erklärt werden konnten, u. a. der Radioaktivität (BECQUEREL, CURIE) und des Elektrons. Daraus entwickelte sich als Hauptthema der Physik des 20. Jh. die Untersuchung des Aufbaus der Atome und der Eigenschaften der kleinsten Bausteine der Materie. Es entstanden die Forschungsrichtungen Atomphysik, Kernphysik und in der zweiten Hälfte des Jh. die Elementarteilchenphysik. Die zur Beschreibung der Mikrophysik in den 1920er-Jahren entwickelte Quantenmechanik führte zu einer Umwälzung der Grundlagen der Physik. Insbesondere war ein mechanistisches Weltbild der Physik nicht mehr haltbar. Die andere wichtige Theorie des 20. Jh. ist die Relativitätstheorie von A. EINSTEIN.

■ **Methode**

Die Physik strebt danach, die Fülle der von ihr untersuchten Naturerscheinungen zu erfassen, zu ordnen, zu beschreiben und zu erklären. Dazu werden – ausgehend von einem vorwissenschaftlichen Erfahrungswissen – geeignete Begriffe gebildet und zueinander in Beziehung gesetzt. Die Begriffe müssen so weit präzisiert sein, dass aus ihnen Messvorschriften abgeleitet werden können. Als exakte Wissenschaft ver-

P

tritt die Physik die Einheit von Theorie und Experiment: Stets muss eine Theorie im Experiment geprüft worden sein, bevor sie den Charakter der Spekulation ablegen darf.

Meist steht am Beginn einer physikalischen Forschung ein unklarer experimenteller Befund oder eine interessante Beobachtung. Zur Erklärung wird eine Hypothese aufgestellt. Aus dieser Hypothese werden dann Vorhersagen abgeleitet, die in einem Experiment geprüft werden können. Stimmt das experimentelle Ergebnis mit der Hypothese überein, kann nun eine Theorie entwickelt werden, die es ihrerseits in weiteren Experimenten zu überprüfen gilt. Hält die Theorie diesen Überprüfungen stand, wird sie akzeptiert (man nennt dies Verifikation); andernfalls muss die Theorie modifiziert oder verworfen werden und der Vorgang beginnt erneut. Die Entwicklung der Physik hat gezeigt, dass diese Nachprüfbarkeit von Theorien unbedingt notwendig ist, um zu gesicherten Kenntnissen zu gelangen.

Enge Wechselbeziehungen bestehen mit der Mathematik. Viele mathematische Bereiche sind aus physikalischen Problemstellungen hervorgegangen, und umgekehrt lassen sich zahlreiche physikalische Theorien und ihre Objekte auf mathematische Strukturen und Objekte abbilden. Im Gegensatz zur Mathematik ist die Physik aber eine konkrete Wissenschaft. Ihre Objekte werden als wirklich, also als objektiv vorhanden angenommen.

Eine wichtige Rolle spielen in der Physik Modellvorstellungen (↑Modell), da sehr viele physikalische Objekte und Erscheinungen nicht unmittelbar sinnlich erfassbar und auch nicht anschaulich vorstellbar sind.

physikalische Einheit: ↑Einheit.

physikalische Größe: ↑Größe.

physikalischer Normzustand: ↑Normzustand.

physikalisches System: ↑System.

physikalische Stromrichtung: ↑Stromrichtung.

Pi|ezo|elektrizität [griech. piézein »drücken«]: die Entstehung von elektrischen Ladungen an den Oberflächen von bestimmten Kristallen infolge einer Deformation. Durch die Deformation werden in Kristallen, die P. zeigen, die positiven und negativen Gitterbausteine so verschoben, dass ein elektrisches Dipolmoment entsteht. Dieses Dipolmoment äußert sich im Auftreten von elektrischer Ladung an der Oberfläche. Wichtige piezoelektrische Kristalle sind Quarz, Turmalin, Seignettesalze und Zinkblende. Auf der P. basieren verschiedene Drucksensoren.

Die Umkehrung der P. ist die Formänderung eines Kristalls durch Anlegen eines elektrischen Felds. In der Technik findet v. a. diese Form der P. Anwendung. Bei einem Quarzkristall lässt sich

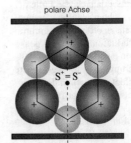

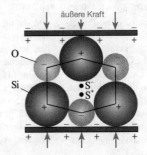

Piezoelektrizität

z. B. durch Anlegen einer hochfrequenten Wechselspannung bestimmter Frequenz erreichen, dass dieser Eigenschwingungen mit relativ großer Amplitude ausführt. Die hohe Frequenzkonstanz dieser Eigenschwingungen kann zur Steuerung von Hochfrequenzsendern und Quarzuhren verwendet werden. Auch zur Erzeugung von Ultraschall und bei Lautsprechermembranen findet die P. Anwendung.

Piko: ↑Einheitenvorsätze.

Pi-Meson: ↑Pion.

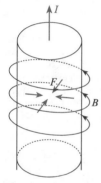

Pinch-Effekt: *I* Stromstärke, *B* Magnetfeld, *F* Kraft

Pinch-Effekt [pintʃ-, engl. to pinch »kneifen«]: das Zusammenziehen eines von einem starken elektrischen Strom durchflossenen Plasmaschlauchs (↑Plasma) durch das Magnetfeld des Stroms. Der elektrische Strom ist von einem ringförmigen Magnetfeld umgeben, das eine ↑Lorentz-Kraft auf die Ladungsträger ausübt und diese in die Mitte des Plasmaschlauchs treibt. Der P.-E. wird besonders zur Aufheizung und Begrenzung eines Plasmas für extrem hohe Temperaturen genutzt, wie sie bei der ↑Kernfusion benötigt werden.

Pion (Pi-Meson): instabiles ↑Elementarteilchen aus der Gruppe der ↑Mesonen. Es treten drei Formen mit unterschiedlichen elektrischen Ladungen auf: das elektrisch neutrale π^0, das positiv geladene π^+ und das negativ geladene π^-. Die geladenen P. zerfallen über die schwache Wechselwirkung in Myonen und Neutrinos. Das neutrale P. zerfällt fast ausschließlich über die elektromagnetische Wechselwirkung in zwei Photonen. Die P. wurden erstmals 1947 in der Höhenstrahlung entdeckt, bei der sie wesentlich zur Bildung der Sekundärstrahlung beitragen. Sie entstehen v. a. durch Stöße energiereicher Photonen mit Protonen. Der Zerfall der geladenen P. der Höhenstrahlung erzeugt die durchdringende Komponente aus Myonen. Im Labor werden die P. meist durch hochenergetische Stöße zwischen Nukleonen erzeugt.

Planck-Einheiten [nach M. PLANCK]: in Elementarteilchenphysik und Kosmologie verwendete Einheiten, die aus den fundamentalen Naturkonstanten G (Gravitationskonstante), c (Lichtgeschwindigkeit) und h (plancksches Wirkungsquantum) berechnet werden. Es sind die Planck-Länge ($\approx 1{,}6 \cdot 10^{-35}$ m), die Planck-Masse ($\approx 2{,}2 \cdot 10^{-8}$ kg) und die Planck-Zeit ($\approx 5{,}4 \cdot 10^{-44}$ s).

Planck-Konstante [nach M. PLANCK]: ↑plancksches Wirkungsquantum.

planckscher Strahler: andere Bezeichnung für ↑schwarzer Strahler.

plancksches Wirkungsquantum (Planck-Konstante) [nach M. PLANCK]; Formelzeichen *h:* eine Naturkonstante, die in den Gesetzen der Atom-, Kern- und Elementarteilchenphysik auftritt. Sie bildet u. a. den Proportionalitätsfaktor zwischen der Energie E eines Photons und der Frequenz ν der entsprechenden elektromagnetischen Strahlung:

$$E = h \cdot \nu.$$

Auch der Energie von Elektronen und anderen Elementarteilchen ist auf diese Weise eine Frequenz zugeordnet. Das p. W. hat die Dimension einer ↑Wirkung und den Wert:

$$h = 6{,}626\,068\,76 \cdot 10^{-34}\ \text{Js}.$$

Für den häufig vorkommenden Quotienten $h/2\pi$ verwendet man das Zeichen $\hbar$ (»h-quer«).

Das p. W. hat für die gesamte Mikrophysik eine fundamentale Bedeutung, z. B. in der heisenbergschen Unschärferelation oder in der Schrödinger-Gleichung. In ihm drückt sich der Teilchencharakter in den Erscheinungen der Mikrophysik aus, was Anfang des 20. Jahrhunderts zur Aufstellung der Quantenmechanik führte. Würde man (gedanklich) den Wert des p. W. gegen Null gehen lassen, so würden die quantenmechanischen Gesetze in die entsprechenden Gesetze der klassischen Physik übergehen.

Experimentell lässt sich das p. W. am einfachsten mithilfe des ↑Fotoeffekts und der damit verknüpften Einstein-Gleichung bestimmen. Dazu wird die maximale kinetische Energie der durch Fotoeffekt ausgelösten Elektronen bei verschiedenen Photonfrequenzen bestimmt und grafisch aufgetragen. Die Steigung der sich ergebenden Geraden gibt den Wert des p. W. an.

Planet [griech. planétes »Umherschweifender«] (Wandelstern): nicht selbstleuchtender Himmelskörper, der sich in ellipsenförmiger Bahn um die Sonne oder einen Stern bewegt (↑keplersche Gesetze). In unserem Sonnensystem gibt es neun Planeten. Geordnet nach steigender Entfernung von der Sonne sind dies: Merkur, Venus, Erde, Mars, Jupiter, Saturn, Uranus, Neptun und Pluto. Zwischen den Bahnen von Mars und Jupiter befindet sich eine große Zahl von **Kleinplaneten (Planetoiden, Asteroiden)**.

Mit den neuesten astronomischen Teleskopen wurde eine Reihe von P. nachgewiesen, die sich um andere Sterne als die Sonne bewegen.

Planetoiden: Kleinplaneten (↑Planet).

planparallele Platte [lat. planis »eben«]: eine Platte aus einem durchsichtigen Material, das von zwei parallelen Ebenen begrenzt wird.

Ein senkrecht auf eine Ebene einfallender Lichtstrahl geht ungebrochen durch die p. P. hindurch. Ein schräg auftreffender Lichtstrahl dagegen wird beim Durchgang zweimal gebrochen (Abb.), einmal beim Eintritt und einmal beim Austritt aus der p. P. (↑Brechung). Die dabei auftretenden Richtungsänderungen sind entgegengesetzt gleich, sodass der Lichtstrahl insgesamt keine Richtungsänderung erfährt. Er wird lediglich parallel verschoben.

Die Verschiebungsstrecke d (Abb.) ist umso größer, je dicker die Platte und je größer der Einfallswinkel des Lichtstrahls ist.

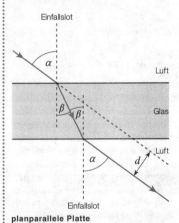

planparallele Platte

Planspiegel: ↑Spiegel.

Plasma [griech. »Gebilde«]: ein sehr heißes Gemisch aus frei beweglichen Elektronen, Ionen und neutralen Atomen oder Molekülen eines Gases. Ein P. enthält außerdem immer viele Photonen. Zwischen all diesen Plasmateilchen finden ununterbrochen Wechselwirkungen statt (z. B. Anregung, Ionisation, Strahlungsemission und -absorption, Dissoziation und Rekombination bei Molekülen). Durch ständige Ladungsverschiebungen sind kleine Bereiche im P. elektrisch geladen; insgesamt erscheint das P. aber elektrisch neutral (quasineutral), da gleichviele positive und negative elektrische Ladungen vorhanden sind.

Weil sich die Eigenschaften eines P. von anderen Zustandsformen der Materie unterscheiden (elektrische Leitfähigkeit, Wärmeleitfähigkeit, spezifische Wärmekapazität usw.), bezeichnet man den Plasmazustand auch als vierten ↑Aggregatzustand. Ein P. besitzt wegen der großen Anzahl frei beweglicher Ladungsträger eine große elektrische Leitfähigkeit.

In der Natur findet man den Plasmazustand in sehr hohen Schichten der Atmosphäre (Ionosphäre), in Sternatmosphären und im Inneren der Sterne. Er zeigt sich auch bei Blitzen, elektrischen Durchschlägen oder in Flammen. Die hohe Leitfähigkeit der Ionosphäre wird technisch zur Reflexion von Radiowellen genutzt. Im Labor wird ein P. durch Gasentladungen in zylinder- oder ringförmigen Röhren erzeugt. Für die Forschungen zur Nutzbarmachung der ↑Kernfusion wird in einem Fusionsreaktor ein Plasma aus ↑Deuterium und ↑Tritium erzeugt und magnetisch zusammengehalten.

plastisch [griech. plastós »geformt«]: ↑Verformung.

Plattenkondensator: ein ↑Kondensator, der aus zwei parallelen, elektrisch leitenden Platten besteht. Beim Aufladen ergibt sich im Innern des P. ein annähernd homogenes elektrisches Feld (Abb.). Der Betrag E der Feldstärke ist umso größer, je größer die Spannung U am Kondensator und je kleiner der Abstand d zwischen den Platten ist:

$$E = \frac{U}{d}.$$

Weiter ist die Kapazität C (Definition: $C = Q/U$) des P. proportional zur Fläche A einer Platte und umgekehrt proportional zum Plattenabstand d. Denn je größer die Plattenfläche ist, desto mehr Ladung wird für eine bestimmte Spannung benötigt (maßgeblich ist die Flächenladungsdichte), und je kleiner der Plattenabstand ist, desto größer muss für eine bestimmte Spannung nach obiger Gleichung die elektrische

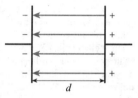

Plattenkondensator

Feldstärke und damit wieder die Flächenladungsdichte sein. Der Proportionalitätsfaktor ist die ↑Dielektrizitätskonstante ε_0; falls sich ein Dielektrikum zwischen den Kondensatorplatten befindet, kommt noch die relative ↑Dielektrizitätskonstante (Dielektrizitätszahl) ε_r als Faktor hinzu. Es gilt:

$$C = \varepsilon_0 \cdot \varepsilon_r \cdot \frac{A}{d}.$$

poissonsches Gesetz [pwasɔ̃-, nach D. POISSON]: der Zusammenhang zwischen dem Druck p und dem Volumen V bei der ↑adiabatischen Zustandsänderung eines idealen Gases. Es gilt:

$$p \cdot V^\kappa = \text{konst.}$$

Dabei ist κ der Quotient aus den spezifischen Wärmekapazitäten des betrachteten Gases bei konstantem Druck (c_p) und bei konstantem Volumen (c_V):

$$\kappa = \frac{c_p}{c_V}.$$

P

Trägt man den Druck in Abhängigkeit vom Volumen in ein *p*-*V*-Diagramm ein, so erhält man hyperbelförmige Kurven, die als **Adiabaten** bezeichnet werden.

Pol [griech. poleín »sich drehen«]:

◆ *Elektrizitätslehre:* Teil einer Stromquelle (negativer oder positiver Pol).

◆ *Magnetismus:* einer der zwei Bereiche eines ↑Magneten, aus dem das Magnetfeld entspringt. Die Feldlinien sind am P. besonders dicht. Die P. eines Magneten heißen Nordpol und Südpol.

Polarisation [lat. polaris »Polarstern«, also »Ausrichtung (am Polarstern)«]:

◆ *Optik:* die Ausrichtung der elektrischen und magnetischen Feldstärke eines Lichtstrahls oder einer elektromagnetischen Welle in einer Vorzugsrichtung. Man spricht beim Vorliegen einer P. von **polarisiertem Licht** bzw. von einer **polarisierten Welle.**

Schwingt der elektrische Feldstärkevektor ständig in einer Ebene, spricht man von **linearer Polarisation** bzw. von **linear polarisiertem Licht** (Abb.1). Dabei stehen der elektrische und der magnetische Feldstärkevektor senkrecht zueinander und beide senkrecht zur Ausbreitungsrichtung. Die Ebene, in der der elektrische Feldstärkevektor schwingt, nennt man die **Schwingungsebene,** die zu ihr senkrechte Ebene, in der sich der magnetische Feldstärkevektor befindet, heißt **Polarisationsebene.** Beschreibt die Spitze des Feldstärkevektors in einer zur Ausbreitungsrichtung senkrechten Ebene einen Kreis, spricht man von **zir-**

kularer Polarisation, beschreibt sie in dieser Ebene eine Ellipse, spricht man von **elliptischer Polarisation.**

◆ *Elektrizität:* die Erzeugung von elektrischen Dipolmomenten in einer dielektrischen Substanz durch Anlegen eines äußeren elektrisches Felds (Abb.2). Sie kann je nach Substanz auf zweierlei Weise erfolgen:

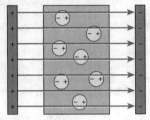

Polarisation (Abb. 2)

Bei der **Verschiebungspolarisation** erfolgt eine Ladungsverschiebung innerhalb der einzelnen Atome durch Deformation der Elektronenhülle. Bei Molekülen, die in einem Kristallgitter angeordnet sind, ist dies auch durch Verschiebung geladener Bestandteile möglich. Dadurch entsteht in der Substanz ein Dipolmoment $\vec{p}$ (↑Dipol). Bei der **Orientierungspolarisation** besitzen die Bestandteile der dielektrischen Substanz permanente elektrische Dipolmomente, die allerdings nicht einheitlich ausgerichtet sind. Die elektrischen Dipolmomente der einzelnen Dipole gleichen sich normalerweise im Mittel aus. Sie werden aber im äußeren elektrischen Feld ausgerichtet und erzeugen so ein messbares elektrisches Dipolmoment. Die Polarisation $\vec{P}$ als physikalische Größe bezeichnet für beide Arten des Zustandekommens das erzeugte Dipolmoment pro Volumenelement ΔV, genauer den folgenden Vektor:

$$\vec{P} = \lim_{\Delta V \to 0} \frac{\Delta \vec{p}}{\Delta V}.$$

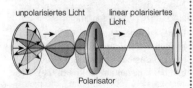

unpolarisiertes Licht   linear polarisiertes Licht

Polarisator

Polarisation (Abb. 1)

$\vec{P}$ hat die SI-Einheit Coulomb durch Quadratmeter (C/m^2). Die Polarisation ist umso stärker, je stärker ein äußeres Feld $\vec{E}$ einwirkt (für nicht zu hohe Feldstärken). Damit gilt:

$$\vec{P} = \chi_e \cdot \varepsilon_0 \cdot \vec{E} = (1 - \varepsilon_r) \cdot \varepsilon_0 \cdot \vec{E} \ ,$$

mit der materialabhängigen elektrischen ↑Suszibilität χ_e, der ↑Dielektrizitätskonstanten ε_0 und der Dielektrizitätszahl ε_r. Wenn P. vorliegt, ergibt sich als Zusammenhang zwischen der ↑dielektrischen Verschiebung und der elektrischen Feldstärke:

$$\vec{D} = \vec{P} + \varepsilon_0 \cdot \vec{E}.$$

♦ *Kern- und Teilchenphysik:* das Auftreten einer Vorzugsrichtung für den Spin von Teilchen.

Polarisationsspannung: Spannung, die aufgrund der ↑Polarisation zweier Elektroden bei der Elektrolyse entsteht. Die durch den Ionentransport im Elektrolyten entstehende P. wirkt der von außen angelegten Gleichspannung entgegen. Dadurch sinkt der Strom von seinem Anfangswert auf einen kleineren Wert, der durch die Differenz zwischen der äußeren Spannung und der Polarisationsspannung bestimmt ist. Schaltet man die äußere Stromquelle ab, so fließt durch den Elektrolyten ein Strom, der die Polarisation der Elektroden wieder rückgängig macht. Eine P. tritt immer auf, wenn ein Gleichstrom durch einen Elektrolyten fließt, also z. B. bei in Betrieb befindlichen Batterien und Akkumulatoren.

Polarisator: Gerät zur Erzeugung von linear polarisiertem Licht; z. B. das ↑Nicol-Prisma.

Polarisierbarkeit: Maß dafür, inwieweit in einem Dielektrikum durch Anlegen eines elektrischen Felds ein elektrisches Dipolmoment erzeugt werden kann (↑Polarisation).

Polarlicht: nachts sichtbare, hauptsächlich in den Polargebieten zu beobachtende Leuchterscheinung der hohen Atmosphäre in Höhenlagen von 70–1000 km.
Das P. wird durch eine von der Sonne stammende Teilchenstrahlung ausgelöst. Diese Teilchen stoßen mit den Atomen und Molekülen der Atmosphäre zusammen. Dadurch werden die Atome und Moleküle zum Eigenleuchten angeregt.

Polwender: ↑Elektromotor.

Pond [lat. pondus »Gewichtsstück«]; Einheitenzeichen p: veraltete, kaum mehr anzutreffende Einheit der Kraft.

positionsempfindlicher Detektor: ↑Ionisationskammer.

positiver Pol: Pluspol.

Positron: das Antiteilchen des Elektrons. Es unterscheidet sich von einem Elektron nur im Vorzeichen der elektrischen Ladung. Positronen entstehen v. a. bei der ↑Paarbildung und beim ↑Positronenzerfall radioaktiver Kerne. In Gegenwart von Materie existiert ein P. nur sehr kurze Zeit, da es bei Wechselwirkung mit einem Elektron unter Bildung von meist zwei Photonen zerstrahlt (↑Paarvernichtung).

Positronenzerfall: Bezeichnung für die eine Form des ↑Betazerfalls radioaktiver Atomkerne, bei dem sich ein Proton des Ausgangskerns in ein Neutron verwandelt, wobei ein Positron und ein Neutrino emittiert werden.

Positronium: ein gebundenes System eines Elektrons und eines Positrons, in dem sich Elektron und Positron um den gemeinsamen Schwerpunkt bewegen (Modellvorstellung). Die Lebensdauer des P. beträgt bei paralleler Ausrichtung der Spins 10^{-7} s, bei antiparalleler Ausrichtung 10^{-10} s. Danach zerstrahlt das P. (↑Paarvernichtung).

Potenzial [lat. potentialis »möglich«]: eine skalare Größe (↑Skalar), die meistens nur von den Ortskoordinaten abhängt und mit deren Hilfe sich physikalische Felder beschreiben lassen.

Das **elektrische Potenzial** ist gleich der potenziellen Energie einer Einheitsladung am entsprechenden Punkt des elektrischen Felds. Die Potenzialdifferenz zwischen zwei Feldpunkten wird als elektrische Spannung bezeichnet. Durch Differenzieren nach den Ortskoordinaten erhält man die elektrische Feldstärke in den jeweiligen Richtungen.

Das **Gravitationspotenzial** ist gleich der potenziellen Energie in Abhängigkeit vom Ort im Gravitationsfeld. Durch Differenzieren nach den Ortskoordinaten erhält man die Gravitationskräfte in den jeweiligen Richtungen.

Wie jede potenzielle Energie hängt auch das Potenzial von der Wahl des Nullpunkts ab.

potenzielle Energie [lat. potentialis »möglich«] (Lageenergie): ↑Energie.

Potenziometer: ein stetig regelbarer elektrischer Widerstand mit einem Schleifkontakt zum Abgreifen von Teilwiderständen. Ein P. kann als ↑Schiebewiderstand oder als Drehwiderstand ausgeführt sein. Beim P. in der Abb. lässt sich der Schleifkontakt entlang des Widerstands verschieben. An den Enden der Widerstandsbahn liegt eine feste Spannung U an, und mit dem Schleifkontakt wird eine Teilspannung U_1 abgegriffen. Die Teilspannung U_1 verhält sich zur Gesamtspannung U wie der Teilwiderstand R_1 zum Gesamtwiderstand R oder einfach wie die Länge

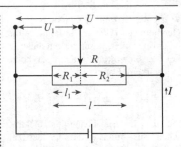

Potenziometer

des Teilstücks l_1 zur Gesamtlänge l. Da die Spannung auf die beiden Teilstücke des Widerstands ihrem Längenverhältnis entsprechend aufgeteilt wird, spricht man bei dieser Schaltung von einem ↑Spannungsteiler.

P. dienen als Bauelemente v. a. in der Nachrichtentechnik, z. B. als Lautstärkeregler bei Verstärkern.

Poynting-Vektor [ˈpɔɪntɪŋ-, nach JOHN H. POYNTING; *1852, †1914]: ↑elek-tromagnetische Wellen.

Präzession [lat. praecedere, praecessum »vorangehen«]: ↑Kreisel.

Primärionisation [lat. primarius »zuvorderst«]: die Gesamtheit der von einem Teilchen beim Durchgang durch Materie unmittelbar erzeugten Ladungsträger. Im Gegensatz dazu spricht man von **Sekundärionisation,** wenn die bei der P. entstandenen Ladungsträger ihrerseits neue Ladungsträgerpaare erzeugen.

Primärkreislauf: ↑Kernreaktor.

Primärspule: Bestandteil des ↑Transformators.

Primärstrahlung: ↑Höhenstrahlung.

Prisma [griech. »das Zersägte«]: ein durchsichtiger Körper zur Beeinflussung von Lichtstrahlen durch Brechung, Dispersion oder Reflexion. Ein P. wird mindestens von zwei nicht parallelen ebenen Flächen, den sog. **brechenden Flächen,** begrenzt. Den Winkel und die Kante, die die brechenden Flächen miteinander bilden, be-

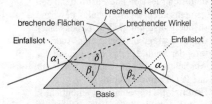

Prisma: Beim dreiseitigen Prisma ist der Hauptschnitt ein Dreieck.

zeichnet man als **brechenden Winkel** bzw. **brechende Kante.** Ein Schnitt senkrecht zur brechenden Kante heißt **Hauptschnitt.** Die Abb. zeigt ein dreiseitiges Prisma. Sein Hauptschnitt ist ein Dreieck. Der Winkel δ, den die Verlängerungen von eintretendem und austretendem Strahl miteinander bilden, heißt **Ablenkungswinkel.** Er ist u. a. abhängig von der Wellenlänge des durch das Prisma durchgehenden Lichts (↑Dispersion). Er ist i. A. für langwelliges (rotes) Licht kleiner als für kurzwelliges (violettes) Licht. Weißes Licht wird deshalb beim Durchgang durch ein P. in seine farbigen Bestandteile zerlegt. Es ergibt sich ein ↑Spektrum.

Prismen werden eingesetzt zur Erzeugung eines Spektrums, zur Umkehr oder Umlenkung eines Lichtstrahls (↑Umkehrprisma) oder als ↑Reversionsprisma. Außerdem erzeugt man mit Polarisationsprismen, die aus doppelbrechendem Material bestehen, polarisiertes Licht.

Prismenfernrohr: ↑Fernrohr.

Prismenspektrum: ein von einem ↑Prisma erzeugtes ↑Spektrum.

Projektionsapparat: gleichbedeutend wie ↑Projektor.

Projektor [lat proicere, proiectum »nach vorn werfen«]: Gerät zur optisch vergrößerten Wiedergabe von Bildvorlagen auf einem Bildschirm (**Projektionswand).** Gemeinsame Bestandteile aller P. sind Beleuchtungseinrichtung, Bildhalter und Objektiv.

Der **Diaprojektor** dient der Abbildung von durchsichtigen Bildern (Diapositiven, kurz Dias). Das Licht einer Lichtquelle geht durch das Dia, wo es durch Teilabsorption geschwächt wird. Nach dem Durchgang werden die verbleibenden Lichtstrahlen mithilfe des Objektivs auf dem Bildschirm abgebildet (Abb. 1).

Das Dia befindet sich nahezu in der Brennebene des Objektivs. Die Gegenstandsweite ist nur geringfügig größer als die Brennweite. Daher entsteht ein stark vergrößertes Bild. Dieses ist reell, umgekehrt und seitenvertauscht. Das Objektiv lässt sich zur Scharfeinstellung längs seiner optischen Achse verschieben, wodurch sowohl die Bildweite als auch die Gegenstandsweite verändert werden.

Die Beleuchtungseinrichtung enthält zwischen der Lichtquelle und dem Bildhalter eine (oft mehrteilige) Sammellinse, den sog. **Kondensor,** der dazu dient, das Licht gleichmäßig auf das gesamte Bild zu verteilen. Hinter der Lichtquelle befindet sich ein Hohlspiegel. Dieser reflektiert die nach hinten (weg vom Dia) ausgesandten Lichtstrahlen, welche dadurch auch dem Dia zugeführt werden.

Der **Tageslichtprojektor** (Overhead-Projektor, Abb. 2) ist eine Sonderform des Diaprojektors. Er besitzt im Vergleich zum Diaprojektor eine riesige Kondensorlinse, da die abzubildenden Folien meistens große Abmessungen haben. Diese Linse ist als ↑Fresnel-Lin-

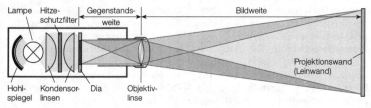

Lampe Hitze- Gegenstands- Bildweite
schutzfilter weite

Hohl- Kondensor- Dia Objektiv- Projektionswand
spiegel linsen linse (Leinwand)

Projektor (Abb. 1): Diaprojektor

P

se unmittelbar unterhalb der Schreibfläche ausgebildet. Ein Umlenkspiegel lenkt nach dem Durchgang durch das Objektiv die Lichtstrahlen seitenrichtig in Bildschirmrichtung.

Ein **Filmprojektor** ist nichts anderes als ein Diaprojektor mit einer Filmhalterung und einer besonderen Transporteinrichtung zum Vorbeiführen der Einzelbilder.

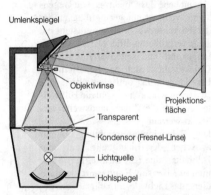

Projektor (Abb. 2): Tageslichtprojektor

Undurchsichtige Bilder werden mit dem **Episkop** projiziert. Eine starke Lampe leuchtet die Bildvorlage kräftig aus. Über das Objektiv und einen Spiegel wird das von der Bildvorlage reflektierte Licht seitenrichtig auf einen Bildschirm abgebildet. Wegen der zahlreichen unkontrollierbaren Reflexionen ist die Lichtausbeute beim Episkop wesentlich geringer als beim Diaprojektor.

Ein P. für beide Bilderarten heißt **Epidiaskop.** Dieses besitzt für jede der beiden Betriebsarten eigene Bildhalterung, Kondensor und Objektiv.

Proportionalbereich [lat. proportio »Gleichmaß«]: bei einem ↑Zählrohr derjenige Spannungsbereich nach der Einsatzspannung, innerhalb dessen die Zählrate proportional zur Zählrohrspannung ist.

Proportionalitätsbereich: der Bereich, in dem die rücktreibende Kraft der Auslenkung proportional ist. Im P. gilt also ein lineares Kraftgesetz (↑hookesches Gesetz).

Proportionalitätszählrohr: ↑Zählrohr.

Proton [griech. prótos »erster«], Formelzeichen p oder $^1_1$H: schweres, elektrisch positiv geladenes, stabiles ↑Elementarteilchen. Es ist zusammen mit dem Neutron Baustein aller zusammengesetzten Atomkerne. Das Proton trägt eine positive Elementarladung ($e = 1,602 \cdot 10^{-19}$ C) und hat die Ruhemasse

$$m_p = 1,007\ 276\ 467 \text{ u}$$
$$= 1,672\ 622 \cdot 10^{-27} \text{ kg.}$$

Dies entspricht etwa 1836 Elektronenmassen und einer Ruheenergie von 938,2720 MeV. Die Ruheenergie des P. ist damit um etwa 1,3 MeV kleiner als die des Neutrons. Das P. bildet den Kern des leichten Wasserstoffatoms, des häufigsten Elements im Weltall. Aus diesem kann das P. durch ↑Ionisation gewonnen werden (Ionisationsenergie: 13,53 eV). Freie P. entstehen auch bei zahlreichen Kernreaktionen, bei Kernspaltungen sowie beim Betazerfall des freien Neutrons. Außerdem besteht der größte Anteil der Höhenstrahlung aus Protonen. In der Physik benutzt man in Teilchenbeschleunigern erzeugte, energiereiche Strahlen von P., um künstliche Isotope herzustellen, Elementarteilchen zu gewinnen oder die Kernkräfte zu studieren.

Obwohl ein Elementarteilchen, ist das P. nicht punktförmig, und es besitzt eine innere Struktur. Nach dem Standardmodell der Elementarteilchenphysik (↑Elementarteilchen) setzt es sich aus drei Quarks zusammen.

Protonenzahl: die Anzahl der Protonen, die ein Kern enthält. Da im Kern außer den Protonen nur noch die elektrisch neutralen Neutronen vorhanden sind, ist die P. gleich der Kernladungszahl Z und damit auch identisch mit der Ordnungszahl des betreffenden Elements. Bei neutralen Atomen gibt die P. gleichzeitig auch die Anzahl der Elektronen der Atomhülle an.

Proton-Proton-Prozess: ein Kernverschmelzungsprozess (↑Kernfusion), der vorwiegend in Sternen abläuft.

Protonzerfall:

♦ eine Form des radioaktiven Zerfalls von protonenreichen Atomen (↑Betazerfall).

♦ der vermutete Zerfall eines freien Protons nach Theorien, die über das Standardmodell der ↑Elementarteilchen hinausgehen. Der P. konnte, bei einer errechneten Lebensdauer des Protons von mindestens 10^{31} Jahren, bisher nicht experimentell bestätigt werden.

pulsierender Gleichstrom [lat. pulsare »wiederholt schlagen«]: ↑Diode.

Pumpe: Arbeitsmaschine zur Förderung von Flüssigkeiten oder Gasen. Wichtige Arten von Pumpen sind Kolbenpumpen, Kreiselpumpen und ↑Vakuumpumpen.

Bei einer **Kolbenpumpe** wird Flüssigkeit durch das Hin- und Hergehen eines Kolbens bewegt. Die Flüssigkeitsförderung erfolgt dabei stoßweise; es ergibt sich also kein kontinuierlicher Flüssigkeitsstrom. Bei der **Saugpumpe** (Abb. links) entsteht durch die Auf-

wärtsbewegung des Kolbens in dem sich erweiternden Hohlraum ein Unterdruck. Der äußere Luftdruck presst das Wasser nach oben in diesen Hohlraum hinein, wobei sich das Saugventil öffnet. Bewegt man nun den Kolben abwärts, schließt sich das Saugventil, während sich das auf dem Kolben befindliche Druckventil öffnet. Die geförderte Flüssigkeit kann durch die Austrittsöffnung ausfließen. Da der äußere Luftdruck nur einer Wassersäule von etwa 10 m das Gleichgewicht halten kann, ist die Förderhöhe auf diese 10 m beschränkt. In der Praxis erreicht man allerdings nur etwa 8 m, bedingt durch die stets auftretenden Undichtigkeiten der Pumpen. Eine praktisch unbeschränkte Förderhöhe lässt sich mit der **Druckpumpe** erreichen (Abb. Mitte). Auch hier wird zunächst wie bei der Saugpumpe beim Aufwärtsgang des Kolbens die zu fördernde Flüssigkeit angesaugt und vom äußeren Luftdruck in den Hohlraum gepresst. Bei der Abwärtsbewegung des Kolbens schließt sich das Saugventil, während sich das in der aufsteigenden Rohrleitung befindliche Druckventil öffnet. Durch den Druck des Kolbens wird das Wasser in das Steigrohr gepresst. Die Förderhöhe hängt dabei nur vom Kolbendruck ab.

Kreiselpumpen ermöglichen eine kontinuierliche Förderung von Flüssigkeiten (Abb. rechts). Durch die rasche,

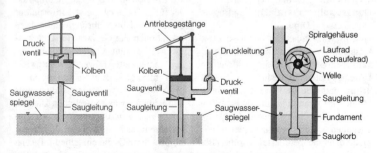

Pumpe: Saugpumpe (links), Druckpumpe (Mitte), Kreiselpumpe (rechts)

motorgetriebene Umdrehung eines Schaufelrads wird die im Pumpengehäuse befindliche Flüssigkeit in ein aufsteigendes Rohr geschleudert. Im Gehäuse der Pumpe entsteht ein Unterdruck, wodurch weitere Flüssigkeit vom äußeren Luftdruck in die Pumpe gepresst wird. Kreiselpumpen müssen bei Inbetriebnahme mit Flüssigkeit gefüllt sein, da sie sonst nicht in der Lage sind, einen hinreichenden Unterdruck zu erzeugen.

Punktmechanik: die ↑Mechanik der Massepunkte.

Pyrometer [griech. pyr »Feuer«]: ein Gerät zur berührungslosen Messung der Temperatur eines Gegenstands aus der von ihm ausgesandten Temperaturstrahlung. In einem P. wird meist die gesammelte Strahlung durch ein ↑Thermoelement oder ein Fotoelement (↑Fotodiode) in elektrischen Strom umgewandelt. Auch der Helligkeits- und Farbvergleich mit der Strahlung eines Körpers bekannter Temperatur findet Anwendung.

Q:
◆ (*Q*): Formelzeichen für ↑Blindleistung.
◆ (*Q*): Formelzeichen für elektrische ↑Ladung.
◆ (*Q*): Formelzeichen für ↑Wärme.

Quadrupol|moment [lat. quadruplus »vierfach«]: ↑Dipol.

Quant [lat. quantum »wie viel«]: kleinste, unteilbare Einheit einer physikalischen Größe, z. B. der elektrischen Ladung (↑Elementarladung). Die Aufnahme und Abgabe von Energie durch Materie erfolgt in Form von **Energiequanten.** Die Energiebeträge entsprechen den Unterschieden in den Energieniveaus der beteiligten Atome oder Moleküle. Ebenso setzt sich die Energie einer elektromagnetischen Welle aus unteilbaren Energieportionen zusammen. In einer elektromagnetischen Welle der Frequenz ν ist die kleinste verfügbare Energiemenge gegeben durch $E = h \cdot \nu$. Die gesamte Energie einer solchen Welle ist ein ganzzahliges Vielfaches des Energiequants $h \cdot \nu$, und sie kann sich bei Emission oder Absorption von Licht auch nur um ganzzahlige Vielfache dieses Energiequants ändern. Die Träger der Energiequanten bei elektromagnetischen Wellen sind die Photonen (Lichtquanten). Die Beschreibung des Lichts durch Wellen einerseits und durch Teilchen (die Photonen) andererseits bezeichnet man als ↑Welle-Teilchen-Dualismus.

Allgemein treten in der Mikrophysik bei allen Wechselwirkungen Quanteneffekte auf. Die Wechselwirkungen werden durch Austausch von Quanten beschrieben.

Quantelung: ↑Quantisierung.

Quantenbedingungen: ursprünglich die im bohrschen Atommodell eingeführten Bedingungen, mithilfe deren aus den unendlich vielen klassischen Bahnen die einzelnen Elektronenbahnen ausgesondert werden. In der modernen ↑Quantentheorie versteht man unter den Q. auch die Forderungen an bestimmte Größen oder an den Zusammenhang von Größen, die zu einer ↑Quantisierung führen.

Quantencomputer: ein Computer, der für die Darstellung von Informationen und die Durchführung von Rechenoperationen die Gesetze der Quantenmechanik ausnutzt. Informationen werden in atomaren Zwei-Niveau-Systemen abgelegt, z. B. mit einzelnen Kernspins mit den Spinorientierungen »up« und »down«, was der üblichen Darstellung durch 0 und 1 entspricht. Im Unterschied zum normalen Computer können beim Q. die einzelnen Informationseinheiten entsprechend den Regeln der Quantenmechanik überlagert und verschränkt werden (Interferenz). Dadurch kann ein Q. eine Vielzahl von Rechenoperationen parallel durchführen, und es sind ganz neue Algorithmen möglich, mit denen bestimmte Probleme viel effektiver als mit herkömmlichen Verfahren gelöst werden können. Technisch umgesetzt wurden bereits die einzelnen Bestandteile des Q., ebenso einfache Schaltungen. Jedoch bereitet das Zerfallen der zerbrechlichen quantenmechanischen Zustände durch die unvermeidbare Kopplung an die Umgebung noch große Probleme. Ob und wann ein leistungsfähiger Quantencomputer produziert werden kann, ist daher noch nicht absehbar.

Quantenelektrodynamik: eine Theorie zur Beschreibung elektromagnetischer Wechselwirkungen, die die Gesetze von Elektrodynamik und Quantenmechanik vereinigt. Die Wechselwirkung zwischen elektrisch geladenen Teilchen und selbst hervorgerufenen bzw. äußeren elektromagnetischen Feldern (z. B. Licht) wird durch den Austausch von Photonen beschrieben.

Quanten-Hall-Effekt [-'hɔ:l-] (Von-Klitzing-Effekt): der unter extremen Bedingungen auftretende ↑Hall-Effekt, bei dem sich die Hall-Konstante in Abhängigkeit vom Magnetfeld in Stufen ändert. Der Q.-H.-E. zeigt sich bei sehr tiefen Temperaturen (etwa 1 K) und hohen Magnetfeldern (etwa 10 T) in sehr dünnen Halbleiterschichten.

Quantenmechanik: mathematisch-physikalische Theorie des Verhaltens und der beobachtbaren Eigenschaften mikrophysikalischer Systeme wie z. B. Atome. Sie ist Bestandteil der ↑Quantentheorie. Die Q. erfasst widerspruchsfrei sowohl die Teilchen- als auch die Welleneigenschaften von mikrophysikalischen Systemen. Bei Mittelung über viele unter gleichen Bedingungen ablaufende Prozesse oder bei großen Abmessungen gehen die Gesetze der Q. in die der klassischen Mechanik und Elektrodynamik über. Die grundlegende Gleichung der Q. ist die ↑Schrödinger-Gleichung.

Quantensprung (Quantenübergang): der Übergang eines mikrophysikalischen Systems (z. B. Atom, Kern) aus einem stationären Zustand in einen anderen. Ein Q. tritt bei der Absorption oder Emission eines Photons durch ein Atom auf, wobei das Photon die Differenzenergie zwischen dem Anfangs- und dem Endzustand des Atoms enthält. Der Q. kann spontan, d. h. ohne äußere Einflüsse, erfolgen, wenn das System z. B. aus einem angeregten (höheren) Energieniveau in ein tieferes übergeht; er kann aber auch durch äußere Einwirkungen erzwungen werden (z. B. beim Laser). Weitere Beispiele zum Q. sind der ↑Franck-Hertz-Versuch, der ↑Fotoeffekt oder auch verschiedene Kernreaktionen.

Quantenstatistik: ↑statistische Physik.

Quantentheorie: Oberbegriff für alle Theorien zur Beschreibung der Eigenschaften und des Verhaltens mikrophysikalischer Systeme, also Systeme atomarer und subatomarer Größe. Die Q. berücksichtigt und erklärt insbesondere die ↑Quantisierung physikalischer Größen, hauptsächlich der Energie und des Drehimpulses. Sie beruht auf dem experimentell gesicherten ↑Welle-Teilchen-Dualismus, den sie widerspruchsfrei darstellt, und enthält das plancksche Wirkungsquantum h als grundlegende Naturkonstante.
Führt man in den Gesetzen der Q. den Grenzübergang $h \to 0$ durch, erhält man die entsprechenden klassischen Gesetze, ohne dass Quanten auftreten. Umgekehrt lassen sich Gesetze der Q. aus den klassischen Gesetzen mithilfe bestimmter Quantisierungsvorschriften gewinnen.

Q

Im Unterschied zur klassischen Physik können in der Q. bestimmte Größen nicht gleichzeitig mit beliebiger Genauigkeit gemessen werden (z. B. Ort und Impuls). Die Messung der einen Größe beeinflusst die zweite. Ein Ausdruck hierfür ist die ↑heisenbergsche Unschärferelation. Als Konsequenz daraus muss in der Q. auf die genaue Festlegung des Orts eines Teilchens verzichtet werden, ebenso auf die Bahn, die ein Teilchen nach den klassischen Gesetzen durchlaufen würde. Stattdessen werden in der Q. Wahrscheinlichkeitsaussagen über das Eintreten bestimmter Messergebnisse gemacht. Über das Geschehen *zwischen* zwei Ereignissen bzw. zwei Messungen lässt sich prinzipiell nichts aussagen. In der mathematischen Beschreibung wird einem Teilchen eine Wellenfunktion zugeordnet. Das Quadrat der Amplitude an einem bestimmten Ort ist ein Maß für die Wahrscheinlichkeit, dass man bei einer Messung das Teilchen an diesem Ort antrifft.

Die Q. ist grundlegend für die Atom-, Kern- und Elementarteilchenphysik. Das Orbitalmodell der Atomhülle ist ein Beispiel für ein aus der Q. hergeleitetes Ergebnis. Den einzelnen Elektronen ist die Wahrscheinlichkeit zugeordnet, mit der sie an den einzelnen Raumpunkten beobachtet werden können. Es ergeben sich bestimmte Räume, die von einzelnen Elektronen bevorzugt werden, die sog. Orbitale. Ein Hauptbestandteil der Q. ist die ↑Quantenmechanik.

Den Grundstein der Q. bildete die 1900 von M. PLANCK formulierte Quantenhypothese, nach der elektromagnetische Strahlungsenergie von Materie nur in Portionen, eben in Quanten, ausgetauscht werden kann. Weitere wichtige Schritte waren die Lichtquantenhypothese von A. EINSTEIN (1905), das bohrsche Atommodell (N. BOHR, 1913)

und die Zuschreibung von Welleneigenschaften zu materiellen Teilchen durch L. DE BROGLIE (1923). Als **Kopenhagener Deutung** (entstanden 1926/27 an BOHRS Institut in Kopenhagen) fasst man heute nach ihrem Entstehungsort die statistische Deutung der Q., die prinzipielle Unkenntnis bestimmter Größen sowie den Welle-Teilchen-Dualismus und die Beziehungen der quantenmechanischen Größen zu den klassischen Größen zusammen.

Quantenübergang: ↑Quantensprung.

Quantenzahlen: i. A. ganze Zahlen, die den Zustand eines quantenphysikalischen Systems charakterisieren. Die Q. sind Ausdruck der Quantennatur mikrophysikalischer Systeme. Durch einen vollständigen Satz von Q. ist der Zustand eines solchen Systems eindeutig festgelegt.

Für die Beschreibung von Zuständen in ↑Atomen ist die **Hauptquantenzahl** n die wichtigste Quantenzahl. Sie gibt die Energie eines gebundenen Elektronenzustands an; im Schalenmodell bezeichnet sie die Nummer der Schale, in der sich das Elektron befindet. Grob gesagt steigt die mittlere Entfernung eines Elektrons vom Kern stark mit n an.

Die **Bahndrehimpulsquantenzahl** l, auch **Nebenquantenzahl** genannt, charakterisiert den Bahndrehimpuls eines Elektrons. Sie kann alle ganzzahligen Werte zwischen 0 und $(n-1)$ annehmen. Ein Elektron in einem Drehimpulszustand mit $l = 0$ nennt man auch s-Elektron, ein Elektron mit einfachem Drehimpuls $(l = 1)$ heißt p-Elektron; Elektronen mit $l = 2$ bzw. $l = 3$ werden d- bzw. f-Elektronen genannt.

Die **magnetische Quantenzahl** m beschreibt das magnetische Moment des umlaufenden Elektrons. Sie ist mit dem Bahndrehimpuls verknüpft und kann alle ganzzahligen Werte zwischen $-l$ und $+l$ annehmen, insgesamt also $2l+1$ verschiedene Werte.

Die **Spinquantenzahl** *s* gibt den Eigendrehimpuls der Elektronen an. Entsprechend den beiden Orientierungsmöglichkeiten des Spins und dem Drehimpulsbetrag kann sie nur die beiden Werte $s = +1/2$ oder $s = -1/2$ annehmen.

Da in einem Atom kein Elektron in allen diesen vier Quantenzahlen übereinstimmen darf (↑Pauli-Prinzip), bevölkern die Elektronen unterschiedliche Schalen.

Die Eigenschaften und Wechselwirkungen der ↑Elementarteilchen werden durch weitere Quantenzahlen beschrieben, die auf inneren Symmetrien beruhen.

Quantisierung (Quantelung):
♦ Bezeichnung für den Sachverhalt, dass eine physikalische Größe nicht beliebige, kontinuierliche Werte annehmen kann, sondern jeweils nur Vielfache eines ganz bestimmten Werts. Im atomaren Bereich sind etwa die Größen Energie, Ladung, Spin und Impuls quantisiert.
♦ Übergang von der klassischen Mechanik zur Quantenmechanik, bei dem die klassischen Größen durch die entsprechenden quantenmechanischen Größen ersetzt werden. Dabei reduzieren sich die möglichen Werte der Größen, die im klassischen Fall ein ganzes Intervall einnehmen können, auf einzelne diskrete Werte.

Quarks [kwɔːkz]: ↑Elementarteilchen, die gemäß dem Standardmodell der Elementarteilchen neben den Leptonen (Elektronen usw.) die fundamentalen Bestandteile der Materie bilden. Danach sind alle Hadronen aus Q. aufgebaut, und zwar die Baryonen aus je drei Q., die Mesonen aus je zwei Quarks. Viele der Eigenschaften der Hadronen ergeben sich als Summe der Eigenschaften der zugrunde liegenden Quarks. Insgesamt gibt es sechs Q., die in drei Zweiergruppen angeordnet werden: up (u) und down (d); charm (c) und

strange (s); top (t) und bottom (b). Alle Q. weisen den Spin 1/2 auf (sind also Fermionen) und sind elektrisch geladen. Die elektrische Ladung beträgt ein Vielfaches eines Drittels der Elementarladung. Die Massen der Q. sind groß (0,2–200 GeV), aber wegen der Bindungsenergie zwischen ihnen nicht genau festzulegen. Die Q. unterliegen allen vier fundamentalen Wechselwirkungen. Die starke Wechselwirkung wird dabei durch den Austausch von Gluonen vermittelt. Dazu schreibt man den Q. eine sog. Farbladung zu, auf die die Gluonen ansprechen (etwa so wie die elektrische Anziehung oder Abstoßung zwischen Körpern die elektrische Ladung benötigt). Es hat sich gezeigt, dass Q. nicht als freie Teilchen außerhalb der Baryonen und Mesonen existieren können, sondern in diesen eingeschlossen sind (Confinement). Man schreibt diesen Sachverhalt der Vergrößerung der Anziehungskräfte zwischen den Q. zu, wenn sich ihr Abstand vergrößert.

Ursprünglich als mathematisches Konzept eingeführt, um die Vielfalt der Hadronen zu ordnen und zu erklären, sind alle Q. heute experimentell nachgewiesen.

Quarzuhr: ↑Uhr.

Quecksilberbarometer: eine wichtige Form des ↑Barometers.

Quecksilberdampflampe: eine mit Quecksilberdampf gefüllte Lichtquelle, die auf der Gasentladung beruht. Im Betrieb erhitzen sich die Elektroden, und das an ihnen befindliche Quecksilber verdampft. Im Gefolge der Gasentladung werden die Quecksilberatome ionisiert und zur Aussendung von ultraviolettem Licht angeregt. Eine Leuchtstoffschicht auf der Innenfläche des Glaskolbens, die ultraviolettes Licht in sichtbares umwandelt, sorgt dafür, dass die Q. auch Licht im roten Wellenlängenbereich ausstrahlt. Bautypen mit

Q

niedrigem Druck des verdampften Quecksilbers werden z. B. zur Straßenbeleuchtung eingesetzt. Höchstdrucklampen bilden einen kurzen Lichtbogen mit hoher Leuchtdichte aus und finden Verwendung für starke Scheinwerfer und in Projektoren.

Quellen:

♦ *Elektromagnetismus:* die Orte, von denen die Feldlinien ihren Ausgang nehmen (↑Feld). Dies sind die Orte der positiven elektrischen Ladungen und die der magnetischen Nordpole. – Gegensatz: ↑Senken.

♦ *Kernphysik:* die Ausgangspunkte radioaktiver Strahlung.

Quellspannung: ↑Urspannung oder Eigenspannung einer Stromquelle; identisch mit der elektromotorischen Kraft.

Querschwingungen: ↑Transversalschwingungen.

Querwellen: ↑Transversalwellen.

Q-Wert: die bei einer ↑Kernreaktion frei werdende oder aufzubringende Energie.

R

r (*r*): Formelzeichen für Radius.

R:

♦ (*R*): Formelzeichen für die universelle ↑Gaskonstante.

♦ (*R*): Formelzeichen für die ↑Rydberg-Konstante.

♦ (*R*): Formelzeichen für den elektrischen ↑Widerstand.

rad: Einheitenzeichen für ↑Radiant.

Radialbeschleunigung: ↑Zentripetalbeschleunigung.

Radiant [lat. radiare »strahlen«]: SI-Einheit für den Winkel im Bogenmaß. *Festlegung:* 1 Radiant (rad) ist die Größe eines Winkels, bei dem die Bogenlänge eines zugehörigen Kreisbogens gleich dem Radius des entsprechenden Kreises ist. Es gilt:

$$1\,\text{rad} = 180°/\pi = 57{,}295\,78°.$$

radioaktive Altersbestimmung [lat. radiare »strahlen« und agere, actum »handeln«]: ↑Altersbestimmung, die auf der Messung des Zerfalls von radioaktiven Isotopen beruht, die in dem zu datierenden Material enthalten sind.

radioaktives Zerfallsgesetz: das den radioaktiven Zerfall quantitativ beschreibende Gesetz (↑Radioaktivität).

Radioaktivität: siehe S. 330.

Radio|isotop: radioaktives ↑Isotop eines chemischen Elements. Das chemische Element kann auch stabile Isotope besitzen, z. B. besitzt Kohlenstoff das R. C-14 und das stabile Isotop C-12.

Radionuklid: ↑Nuklid.

Radiowellen: ↑elektromagnetische Wellen im Frequenzbereich zwischen 10 kHz und 30 GHz, was einem Wellenlängenbereich von 30 km bis 1 cm entspricht. Man unterteilt sie hauptsächlich in die drei Wellenlängenbereiche Langwelle, Kurzwelle und Ultrakurzwelle. R. dienen v. a. zur Rundfunkübertragung. Aus dem Weltall gelangen R. verschiedener Herkunft zur Erde.

Rakete [ital. roccetta »kleiner Spinnrocken«]: ein Flugkörper, der durch den Rückstoß beim Ausstoßen von Masse angetrieben wird. Bei den meisten R. wird im Raketentriebwerk Treibstoff verbrannt, beschleunigt und als Gas ausgestoßen. Da alle zum Betrieb erforderlichen Stoffe mitgeführt werden, ist eine R. von der Atmosphäre unabhängig (im Gegensatz zu Flugzeugen mit Strahltriebwerk) und für Weltraumflüge geeignet. Die Wirkungsweise des Antriebs beruht auf dem newtonschen Axiom von Kraft und Gegenkraft: Die Kraft, mit der die Rakete die Masse ausstößt, bewirkt eine Gegenkraft auf die Rakete, die dadurch ihrerseits in entgegengesetzter Richtung beschleunigt wird. Alternativ lässt sich mit dem

Rakete: Start des Spaceshuttles »Columbia«

Impulserhaltungssatz argumentieren, dass die Impulsänderung, die durch die ausgestoßene Masse auftritt, kompensiert werden muss durch eine Impulsänderung der Rakete in entgegengesetzter Richtung.

Um die Antriebskraft bzw. **Schubkraft** zu bestimmen, versetzt man sich in ein Bezugssystem, in dem die R. momentan ruht. In der Zeitspanne Δt wird eine Masse Δm ausgestoßen, die bei einer Ausstoßgeschwindigkeit von v_0 den Impuls vom Betrag $\Delta m \cdot v_0$ besitzt. Die Rakete ändert ihren Impuls um genau diesen Betrag in entgegengesetzter Richtung. Die Antriebskraft F der Rakete ergibt sich dann als Impulsänderung Δp pro Zeitspanne Δt:

$$F = \frac{\Delta p}{\Delta t} = \frac{\Delta m}{\Delta t} \cdot v_0.$$

Für die theoretisch mögliche Endgeschwindigkeit v_E, die eine anfangs ruhende R. nach Brennschluss des Triebwerks erreichen kann, gilt:

$$v_E = v_0 \cdot \ln \frac{m_0}{m_E}$$

(m_0 Masse der Rakete beim Start, m_E Masse der Rakete bei Brennschluss, v_0 Ausstoßgeschwindigkeit der Verbrennungsgase). Das Verhältnis zwischen Anfangs- und Endmasse sollte bei einer R. also möglichst groß sein, um eine hohe Geschwindigkeit zu erreichen. Tatsächlich besteht eine Rakete zum allergrößten Teil aus Treibstoff. Im Schwerefeld der Erde (in Erdnähe und ohne Berücksichtigung des Luftwiderstands) wird ein Teil der Antriebskraft benötigt, um die Schwerkraft zu kompensieren. Man erhält:

$$v_E = v_0 \cdot \left(\ln \frac{m_0}{m_E} \right) - g \cdot t$$

(g Fallbeschleunigung, t Brenndauer). Eine R. erreicht wegen des letzten Summanden also eine besonders hohe Endgeschwindigkeit, wenn sie sich besonders kurze Zeit im Schwerefeld der Erde aufhält.

Um das Verhältnis zwischen Anfangs- und Endmasse möglichst groß werden zu lassen, verwendet man Mehrstufenraketen. Hat die erste Raketenstufe ihren Brennschluss erreicht, wird der leere Behälter abgeworfen, bevor die zweite Raketenstufe zündet.

raoultsches Gesetz [ra'ul-; nach FRANÇOIS M. RAOULT, *1830, †1901]: Gesetz, das die Herabsetzung des Dampfdrucks einer Lösung durch Zusatz von Fremdstoffen, die sich darin lösen, beschreibt. Die Dampfdruckerniedrigung Δp ist nach dem r. G. proportional zur Anzahl Mole n_L der Fremdstoffe und zum Dampfdruck der reinen Lösung p_0. Es gilt:

$$\Delta p = \frac{n_L}{n + n_L} \cdot p_0 \approx \frac{n_L}{n} \cdot p_0,$$

R adioaktivität bezeichnet die Eigenschaft einer Reihe von Atomkernen, sich von selbst, d. h. ohne jede äußere Einwirkung, in andere Kerne umzuwandeln (radioaktiver Zerfall) und bei dieser Umwandlung eine charakteristische Strahlung auszusenden. Die Energie der ausgesandten Strahlung ist so hoch, dass sie den Menschen gefährden kann. Dabei scheint bei manchen Stoffen die Strahlung im Laufe der Zeit nur unmerklich abzuklingen und der Energievorrat des betreffenden Stoffs nahezu unerschöpflich zu sein.

■ Etwas ganz Neues

Nachdem W. C. RÖNTGEN 1895 die später nach ihm benannten Strahlen entdeckt hatte, konzentrierten sich viele Physiker auf die Suche und Erforschung von Strahlung, die Materie zu durchdringen vermag. Natürlich bedurfte es zur Erzeugung solcher Strahlung hoher Energiezufuhr. Umso erstaunter war im Jahr 1896 A. H. BECQUEREL, als er eine eingewickelte Fotoplatte aus einer dunklen Schublade zog und geschwärzt fand, wobei lediglich ein Körper aus Uransalz auf der Fotoplatte gelegen hatte. Ursprünglich hatte BECQUEREL ausprobieren wollen, ob das Uransalz durch Sonneneinstrahlung zum Aussenden durchdringender Strahlung angeregt werden könne. Die Aussendung von Strahlung ohne Anregung war etwas ganz Neues. Eine neue Art von Strahlung, zumindest eine neuer Mechanismus der Aussendung war entdeckt.

Während BECQUEREL in den folgenden Jahren die Natur der neuen Strahlung zu ergründen suchte, kam MARIE CURIE auf die Idee, dass ein bisher unbekanntes chemisches Element die Strahlung verursachte, und versuchte zusammen mit ihrem Mann PIERRE CURIE, die betreffende Substanz aus einer radioaktiven Probe herauszutrennen. Das Unternehmen gelang. Sie entdeckten ein neues Element und nannten es Polonium (nach Polen, dem Geburtsland von M. CURIE). In den Folgejahren isolierten die CURIES in mühsamer Handarbeit noch ein weiteres Element, das Ra-

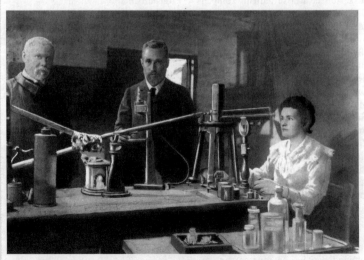

(Abb. 1) Pierre (Mitte) und Marie Curie mit einer dritten Person im Labor

dium. Zu jener Zeit waren die Atomkerne noch nicht entdeckt und schon gar nicht Protonen oder Neutronen, sodass man sich die Herkunft der Strahlung nicht erklären konnte.

■ **Die Natur der Strahlung**

Drei verschiedene Arten radioaktiver Strahlung werden beobachtet: Alphastrahlung, Betastrahlung und Gammastrahlung. Sie lassen sich gut voneinander unterscheiden, da sie in einem Magnetfeld unterschiedlich abgelenkt werden (Abb. 2) und Materie unterschiedlich stark zu durchdringen vermögen. Alphastrahlung besteht aus He-

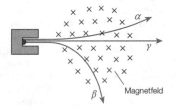

(Abb. 2) Alpha-, Beta-, und Gammastrahlen im Magnetfeld

liumkernen, d. h. Kernen mit zwei Protonen und zwei Neutronen. Die Teilchen sind also positiv geladen; sie vermögen sehr stark andere Atome zu ionisieren, werden aber schon durch ein Blatt Papier absorbiert. Betastrahlung besteht aus Elektronen oder seltener aus Positronen (den Antiteilchen der Elektronen). Diese Strahlung zeigt ebenfalls eine starke, wenn auch im Vergleich zur Alphastrahlung kleinere Ionisationsfähigkeit und wird etwa durch normale Kleidung absorbiert. Gammastrahlung ist elektromagnetische Strahlung hoher Energie. Sie ionisiert ebenfalls Atome (↑Fotoeffekt). Ihre Wellenlänge ist etwa zehnmal kleiner als die von Röntgenstrahlung und sie durchdringt auch noch erhebliche Schichtdicken von Materie.

Zum Nachweis radioaktiver Strahlung nutzt man ihre ionisierende Wirkung aus, z. B. in ↑Ionisationskammern oder beim ↑Zählrohr.

■ **Zerfallsgesetz und Halbwertszeit**

In einer einheitlichen radioaktiven Substanz laufen die einzelnen Kernzerfälle unabhängig voneinander ab, praktisch unbeeinflusst von den äußeren Gegebenheiten wie Druck und Temperatur. Man kann nicht sagen, welches Atom sich in der nächsten Sekunde umwandeln wird, sondern muss eine statistische Aussage über die Gesamtheit einer großen Zahl von radioaktiven Atomen machen. Die Anzahl der Zerfälle dN, die in der Zeitspanne dt in einer Substanz mit N Atomkernen stattfinden, ist proportional zur Anzahl N der vorhandenen Atomkerne und der Zeitspanne dt. Bezeichnet λ die Proportionalitätskonstante, gilt somit:

$$dN = -\lambda \cdot N \cdot dt.$$

Das Minuszeichen berücksichtigt, dass die Anzahl der noch nicht zerfallenen Kerne abnimmt. Man nennt λ die **Zerfallskonstante**. Diese ist für eine einheitlich zusammengesetzte radioaktive Substanz charakteristisch. Integration liefert das **Zerfallsgesetz**:

$$N(t) = N(0) \cdot e^{-\lambda t}.$$

Dabei ist $N(0)$ die Anzahl der Atomkerne zur Zeit $t = 0$ und $N(t)$ die Anzahl der noch nicht zerfallenen Atome zum Zeitpunkt t. Die Zahl der noch nicht zerfallenen Atome nimmt also exponentiell mit der Zeit ab. Anstelle der Zerfallskonstanten wird oft mit der sich daraus ableitenden ↑Halbwertszeit gearbeitet. Die Halbwertszeit gibt an, nach welcher Zeit die Hälfte der ursprünglich vorhandenen Kerne zerfallen und damit auch die Aktivität auf die Hälfte gesunken ist. Die Spanne der

Halbwertszeiten von Radioisotopen reicht von Bruchteilen einer Sekunde bis zu vielen Milliarden Jahren.

■ Des Pudels Kern

Die Radioaktivität beruht auf einer Instabilität der Kerne infolge eines Überschusses an Protonen oder Neutronen. Durch die verschiedenen Zerfallsarten wird dieser Überschuss abgebaut und ein energetisch günstigerer Zustand erreicht. Die Energiequelle für die Strahlung ist also die große potenzielle Energie, die in den Bindungen der Protonen und Neutronen steckt (↑Kernbindungsenergie). Die Energiedifferenz zwischen dem Ausgangszustand des Kerns und dem Endzustand nach dem Zerfall äußert sich (nach der ↑Einstein-Gleichung) in einer Massendifferenz: Die Summe der Masse der Zerfallsprodukte ist kleiner als die Masse des Ausgangskerns. Die Art des Zerfalls und die Halbwertszeit eines Kerns sind durch die Art des Teilchenüberschusses und die energetischen Verhältnisse in einem Kern bestimmt. Jedes radioaktive Element, genauer jedes radioaktive ↑Isotop, zerfällt deshalb mit einer charakteristischen Halbwertszeit und Strahlungsart.

Jeder ↑Alphazerfall vermindert die Kernladungszahl Z um 2 und die Massenzahl A um 4 (↑Kern); jeder ↑Betazerfall erhöht Z um 1, wobei der Elektronenemission die Umwandlung eines Neutrons in ein Proton und ein Elektron vorangeht, A bleibt konstant. In beiden Fällen entsteht also der Kern eines anderen Elements. Bei einem ↑Gammazerfall ändern sich nur die Bindungsverhältnisse im Kern, dagegen weder Z noch A. Obwohl also keine Umwandlung eines Elements in ein anderes stattfindet, spricht man von Zerfall, da die Gammastrahlung als Nachfolge- oder Zwischenprozess von Alpha- oder Betazerfällen auftritt.

■ Natürliche und künstliche Radioaktivität

Damit ein Kern radioaktiv wird, muss durch einen außergewöhnlichen Prozess, der mit einer großen Energiezufuhr verbunden ist, ein Überschuss an Protonen oder Neutronen erzeugt werden. Auf natürlichem Weg geschah dies bei der Entstehung unseres Sonnensystems vor etwa 15 Milliarden Jahren. Bis heute haben sich die meisten der in den Anfängen des Sonnensystems radioaktiven Kerne in stabile umgewandelt. Einige radioaktive Elemente sind noch vorhanden, weil sie eine genügend große Halbwertszeit besitzen, z. B. Uran und Thorium, oder

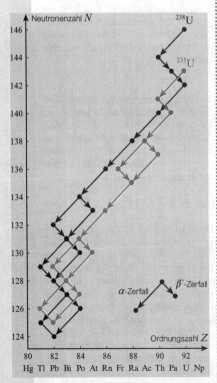

(Abb. 3) Zerfallsreihen des Urans

durch Zerfälle aus diesen Elementen hervorgehen. Der nach einem radioaktiven Zerfall entstandene Kern ist häufig erneut radioaktiv, der auf den nächsten Zerfall folgende ebenfalls. So bilden sich ganze Ketten von radioaktiven Kernen. Man bezeichnet die Folge der durchlaufenen Elemente als **Zerfallsreihe**. In der Natur kommen heute noch drei verschiedene Zerfallsreihen vor, die von den Uranisotopen ^{238}U und ^{235}U sowie vom Thoriumisotop ^{232}Th ausgehen (Abb. 3). Sie enden stets bei einem stabilen Bleiisotop. Innerhalb einer Zerfallsreihe können sowohl Alphazerfälle als auch Betazerfälle stattfinden. Außerdem sind Verzweigungen möglich, d. h. ein Kern kann auf zwei verschiedene Arten in zwei verschiedene Elemente zerfallen. Bei Radioaktivität natürlichen Ursprungs spricht man von **natürlicher Radioaktivität**, ist sie dagegen technisch erzeugt, von **künstlicher Radioaktivität**. Letztere entsteht durch Kernreaktionen mit Neutronen in Kernreaktoren und Atombomben sowie in Teilchenbeschleunigern. Künstlich erzeugte Kerne können darüber hinaus z. B. durch spontane Spaltungen zerfallen.

■ **Die Wirkungen der Radioaktivität auf den Menschen**

Radioaktive Strahlung führt bei genügend hoher ↑Dosis (> 5 Sv) zum Tod. Geringere Dosen äußern sich v. a. in Fortpflanzungs- und Entwicklungshemmungen, z. B Missbildungen von Kindern der folgenden Generation. Ursache der Schädigungen ist die ionisierende Wirkung der radioaktiven Strahlung beim Durchgang durch Materie. In menschlichen Zellen stellen viele der erzeugten Ionen sehr reaktionsfreudige Zellgifte dar, sodass bei hoher Strahlenbelastung die betroffenen Zellen absterben. Auch radioaktive Strahlung von geringer Dosis kann bereits schwere Schädigungen hervorrufen, wenn sie die Erbsubstanz an wenigen Stellen verändert (Mutation). Während einer Zellteilung greifen die vorhandenen Reparaturmechanismen der betroffenen Zellen nicht; die Fehler werden auf die entstehenden Tochterzellen übertragen, die dann möglicherweise absterben. Als eine Folge von Veränderungen kann auch Krebs entstehen. Besonders gefährlich für einen lebenden Organismus sind Alpha- und Betastrahlen, da sie stark ionisieren. Sie werden zwar bereits durch normale Kleidung abgeschirmt, sollten aber nicht durch die Nahrung oder das Einatmen in den Organismus gelangen. ■

Ausführliche Informationen zur Radioaktivität findest du in vielen Büchern zur Geschichte der Physik. Auch das Umweltbundesamt (http://www.umweltbundesamt.de), das Bundesgesundheitsamt oder das GSF Forschungszentrum Umwelt und Gesundheit (www.gsf.de) bieten eine Vielzahl von Informationen. – Oft ist es möglich, sich in einer großen Klinik die radiologische Abteilung zeigen zu lassen. Rege doch einmal einen Besuch deiner Klasse dort an! – In einer ausführlichen Nuklidkarte findest du sehr viele Daten zur Radioaktivität aller bekannten Isotope.

Karlsruher Nuklidkarte. Neudruck Lage/Lippe (Marktdienste Haberbeck) 1998. ■ POHLIT, WOLFGANG: *Radioaktivität.* Mannheim (BI-Taschenbuchverlag) 1992. ■ STRATHERN, PAUL: *Curie & die Radioaktivität.* Frankfurt am Main (Fischer) 1999.

wobei *n* die Anzahl der Mole der ursprünglichen Lösung angibt. Ein Beispiel zum r. G. ist die Dampfdruckerniedrigung des Wassers, wenn darin Kochsalz gelöst wird. Aus ihr resultiert eine Erhöhung des Siedepunkts.

Rasterelektronenmikroskop: ↑Elektronenmikroskop.

Rastertunnelmikroskop: Mikroskop, das auf dem ↑Tunneleffekt beruht und Oberflächen abbildet. Eine äußerst feine Metallspitze wird im Abstand von etwa 1 nm über die abzubildende Oberfläche geführt. Legt man zwischen die Spitze und die Oberfläche eine Spannung an, fließt ein Strom, ohne dass eine leitende Verbindung zwischen Spitze und Oberfläche besteht. Die Stromstärke ist ein Maß für den Abstand der Spitze von der Oberfläche.

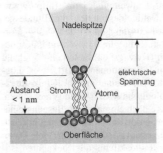

Rastertunnelmikroskop

Raum:

◆ *allgemein*: ein sich in den drei Richtungen Länge, Breite und Höhe erstreckendes Gebiet. Der R. kann je nach Problemstellung sowohl fest eingegrenzt als auch ohne feste Grenze betrachtet werden.

◆ *theoretische Physik*: aus der Geometrie entwickelter, grundlegender Begriff zur Beschreibung der Ausdehnung, der gegenseitigen Lage und der Abstände von Körpern und Feldern. Durch den R. werden Bewegungen als Ortsveränderungen wahrgenommen.

Auf NEWTON geht die Vorstellung des **absoluten Raums** zurück, der stets gleich und unbeweglich bleibt und in den die Körper eingebettet sind. Seit der Relativitätstheorie EINSTEINS werden Zeit und Raum nicht mehr unabhängig voneinander betrachtet (Raum-Zeit).

◆ luftleerer Raum, ↑Vakuum.

Raumausdehnungsko|effizient: ↑Wärmeausdehnung.

Raumladung: räumlich verteilte, ausgedehnte elektrische Ladung. Sie beruht auf einer Verteilung von sehr vielen Ladungsträgern in einem Raumgebiet. Obwohl die einzelnen Ladungen als Quanten auftreten, ist eine gleichmäßige oder sich über messbare Entfernung gleichmäßig ändernde R. oft eine sehr gute Näherung der tatsächlichen Verhältnisse. Eine R. tritt z. B. in der Elektronenwolke in der Umgebung einer Glühkathode auf oder bei p-n-Übergängen in Halbleiterbauelementen (↑Halbleiter).

Der Quotient aus der Gesamtladung $Q = \sum Q_i$ und dem räumlichen Verteilungsvolumen V wird Raumladungsdichte, Formelzeichen ρ, genannt:

$$\rho = \frac{1}{V} \cdot \sum_{i=1}^{n} Q_i.$$

Raum-Zeit: die Zusammenfassung der drei Raumdimensionen mit der Zeit als vierter Dimension zu einem vierdimensionalen Raum (**Raum-Zeit-Kontinuum**).

rayleigh-jeanssches Strahlungsgesetz ['reɪlɪ'dʒiːnz-]: ↑Strahlungsgesetze.

RBW-Dosis: die ↑Dosis der relativen biologischen Wirksamkeit.

re|actio [lat. »Gegenwirkung«]: ↑newtonsche Axiome.

Reaktionsprinzip (Wechselwirkungsgesetz): das dritte ↑newtonsche Axiom.

Reaktorkern: ↑Kernreaktor.

reales Gas: ein Gas, bei dem im Gegensatz zum idealen Gas Wechselwirkungen zwischen den Molekülen oder Atomen auftreten. Sowohl die Anziehungs- und Abstoßungskräfte zwischen den Teilchen als auch ihr Volumen machen sich bemerkbar. Das Verhalten eines r. G. wird in guter Näherung durch die ↑Van-der-Waals-Gleichung beschrieben. Bei großen Abständen zwischen den Molekülen, wie sie bei geringem Druck vorliegen, verhält sich ein r. G. wie ein ideales Gas. Sein Verhalten wird dann durch die allgemeine ↑Zustandsgleichung und die Gasgesetze beschrieben.

Réaumur-Skala [reo'my:r-, nach RENÉ-ANTOINE RÉAUMUR; *1683, †1757]: heute nicht mehr gebräuchliche ↑Temperaturskala, bei der der Abstand zwischen der Schmelztemperatur des Eises und der Siedetemperatur des Wassers in 80 gleiche Teile unterteilt ist.

Rechte-Hand-Regeln (Handregeln): Merkregeln, mit denen sich die Richtungen bestimmen lassen, die magnetische Feldlinien, Ströme und Kräfte zueinander einnehmen.

▨ Stromdurchflossener geradliniger Leiter (Abb. 1): Zeigt der Daumen der rechten Hand in Stromrichtung (vom Plus- zu Minuspol), geben die gekrümmten anderen Finger der rechten Hand den Umlaufsinn der magnetischen Feldlinien an.

▨ Stromdurchflossene Spule: Umfasst man mit der rechten Hand eine stromdurchflossene Spule so, dass die gekrümmten Finger in Stromrichtung liegen, dann zeigt der Daumen die Richtung der magnetischen Feldlinien im Inneren der Spule an.

▨ Stromdurchflossener Leiter oder in einem Magnetfeld bewegte positive Ladung: Daumen, Zeigefinger und Mittelfinger der rechten Hand werden so gedreht, dass sie zueinander rechte Winkel bilden. Zeigt der Dau-

men in Stromrichtung und der Zeigefinger in die Richtung der magnetischen Feldlinien, so gibt der Mittelfinger die Richtung der auf den stromdurchflossenen Leiter wirkenden Kraft an.

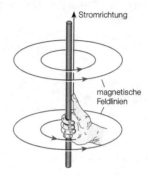

Rechte-Hand-Regeln (Abb. 1)

▨ Richtung des Induktionsstroms in einem (im Magnetfeld) bewegten Leiter (Abb. 2): Wieder müssen Daumen, Zeigefinger und Mittelfinger der rechten Hand rechte Winkel zueinander bilden. Zeigt der Daumen in Bewegungsrichtung und der Zeigefinger in Richtung der magnetischen Feldlinien, so gibt der Mittelfinger die Richtung des induzierten Stroms an.

Die beiden letzten Fälle lassen sich zur sog. **U-V-W-Regel** (**U**rsache-**V**ermittlung-**W**irkung) zusammenfassen. Der

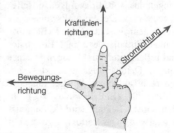

Rechte-Hand-Regeln (Abb. 2)

R

Daumen der rechten Hand zeigt immer in Richtung der Ursache (Stromfluss oder Bewegung), der Zeigefinger in Richtung der Vermittlung (Feldlinienrichtung des magnetischen Felds), und der Mittelfinger gibt dann immer die Richtung der Wirkung (Kraft bzw. Strom) an (Abb. 3).

Rechte-Hand-Regeln (Abb. 3)

Die R.-H.-R. gelten für die übliche Stromrichung bzw die Bewegung von positiven Ladungsträgern. Für die Bewegungsrichtung von negativen Ladungsträgern verwendet man statt der rechten die linke Hand (↑Linke-Hand-Regeln) oder kehrt das mit einer der R. ermittelte Ergebnis einfach um.

Reflexion [lat. reflexio »das Zurückwerfen«]: Bezeichnung für die Erscheinung, dass ein Lichtstrahl oder allgemein eine Welle nicht durch die Trennfläche zwischen zwei verschiedenen Ausbreitungsmedien hindurchtritt, sondern in das ursprüngliche Medium zurückgeworfen wird.

Bei Lichtstrahlen gilt mit den Bezeichnungen aus Abb. 1 das folgende **Reflexionsgesetz:** Der Einfallswinkel ist gleich dem Ausfalls- oder **Reflexionswinkel.** Einfallender Strahl, Einfallslot und reflektierter Strahl liegen in einer Ebene. Daraus folgt z. B., dass ein senkrecht auf einen Spiegel fallender Lichtstrahl (Einfallswinkel = 0°) in sich selbst reflektiert wird (Reflexionswinkel = 0°). Das Reflexionsgesetz gilt auch bei der R. an gekrümmten und an

unebenen Flächen. Man muss dann aber die R. von Lichtstrahlen, die auf verschiedene Stellen treffen, einzeln betrachten. Die Einfallslote an den einzelnen Stellen sind nicht mehr parallel, und einfallende Lichtstrahlen werden in verschiedene Richtungen reflektiert. Bei einer rauen Oberfläche mit genügend kleinen Unebenheiten wird aus einer Richtung einfallendes Licht in nahezu alle Richtungen reflektiert, wobei sich jeder einzelne Lichtstrahl an das Reflexionsgesetz hält; man spricht dann von **diffuser Reflexion.**

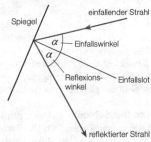

Reflexion (Abb. 1)

Für alle anderen Arten von Wellen (z. B. Schallwellen, Wasserwellen) gilt ebenso das Reflexionsgesetz. An die Stelle der Strahlrichtung des Lichts tritt die Ausbreitungsrichtung der Welle.

Die Vorgänge bei der R. lassen sich mithilfe des ↑huygensschen Prinzips erklären. Gemäß Abb. 2 strebt eine geradlinige Wellenfront schräg auf die Trennfläche H zu. Von jedem Punkt der Trennfläche breiten sich nun kreisför-

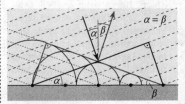

Reflexion (Abb. 2)

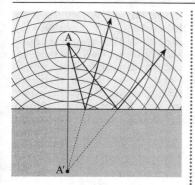

Reflexion (Abb. 3)

mige Elementarwellen aus, und zwar für verschiedene Punkte zeitlich versetzt entsprechend der verschiedenen Zeitpunkte, zu welchen die Wellenfront die Punkte erreicht. Die Wellenfront der reflektierten Welle ergibt sich dann als Hüllkurve dieser Elementarwellen. Auch bei nicht geradlinigen Wellenfronten, wie sie häufig bei mechanischen Wellen auftreten, erhält man mit dem huygensschen Prinzip die Wellenfronten und die Ausbreitungsrichtung der reflektierten Wellen (Abb. 3).

Trifft eine Welle, gleich welcher Art, auf die Trennfläche zwischen zwei Medien, in denen sie unterschiedliche Ausbreitungsgeschwindigkeiten hat, so gelangt stets nur ein Teil der Welle durch diese Trennfläche hindurch, der andere Teil wird reflektiert.

Reflexionswinkel: ↑Reflexion.

Refraktion [lat. refringere, refractum »zerbrechen«]: ↑Brechung.

Regenbogen: eine in der Atmosphäre auftretende Lichterscheinung in Form eines in den Farben des ↑Spektrums leuchtenden Kreisbogens. Ein R. entsteht, wenn die hinter dem Beobachter stehende Sonne eine vor ihm befindliche Regenwolke oder -wand bescheint. Die Sonnenstrahlen werden in den einzelnen Regentropfen gebrochen und in ihre farbigen Bestandteile zerlegt. Außerdem werden sie reflektiert und so in das Auge des Betrachers gelenkt (Abb.). Finden innerhalb der Wassertropfen zwei Reflexionen statt, beträgt der Winkel zwischen dem einfallenden Sonnenlicht und dem zum Betrachter reflektierten Licht 42°. Dies führt zu den normalerweise zu beobachtenden R., die deswegen auch Hauptregenbogen heißen. Bisweilen ist ein zweiter R. zu sehen, der sog. Nebenregenbogen. Hier wird das Licht in den Wassertröpfchen dreimal reflektiert und läuft im Winkel von 51° zum einfallenden Sonnenlicht auf den Beobachter zu.

R. können nicht nur bei Regen, sondern auch unter ähnlichen Bedingungen beobachtet werden, so z. B. im Sprühwas-

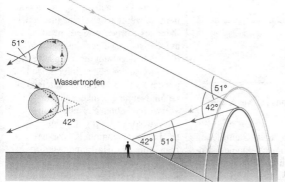

Regenbogen

R

ser von Springbrunnen oder Wasserfällen oder im Spritzwasser eines Schiffsbugs auf See. Selten treten nachts vom Mond verursachte, sehr lichtschwache R. auf (**Mondregenbogen**).

Reibung: die Hemmung der Bewegung eines Körpers, der einen anderen Körper berührt. Mit der R. ist stets eine **Reibungskraft** verbunden. Sie ist der Bewegungsrichtung entgegengerichtet oder verhindert die Bewegung. Man unterscheidet verschiedene Arten von Reibung:

■ Haft- und Gleitreibung

Ein auf einer Unterlage ruhender Gegenstand bleibt zunächst in Ruhe, wenn man mit einer langsam anwachsenden Kraft längs der Unterlage zieht, er haftet an der Unterlage. Man spricht von **Haftreibung.** Kurz bevor sich der Gegenstand mit einem Ruck in Bewegung setzt, ist die Zugkraft und damit auch die Reibungskraft am größten (Abb. 1). Den größten Betrag der Reibungskraft bei ruhendem Gegenstand bezeichnet man als **Haftreibungskraft.** Wenn der Gegenstand gleitet, spricht man von **Gleitreibung.** Hier wirkt nur noch eine kleinere Reibungskraft, die **Gleitreibungskraft** genannt wird.

Reibung (Abb. 1): Kräfte zu Beginn einer Bewegung

Ursache der Haft- und Gleitreibung sind die mikroskopisch kleinen Unebenheiten der sich berührenden Körperoberflächen. Mit steigender Rauig-

keit und Härte der Flächen nimmt die Reibungskraft zu. Während bei Haftung sich die Unebenheiten verhaken, sind beim Gleiten die Verzahnungen z. T. gelöst, und die Unebenheiten werden unelastisch verformt oder abgerissen, wobei neue Verhakungsstellen entstehen (Abb. 2). Letztendlich schleifen sich beim Gleiten die Oberflächen ab.

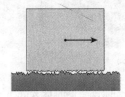

Reibung (Abb. 2): Gleitreibung

Die Haftreibungskraft F_h und die Gleitreibungskraft F_g sind näherungsweise der jeweiligen Normalkraft F_N proportional, d. h. der Kraft, mit der ein Körper auf eine Unterlage drückt. Der Proportionalitätsfaktor f_h bei der Haftreibung bzw. f_g bei der Gleitreibung hängt vom Material und der Beschaffenheit der Flächen beider Körper ab. Es gilt:

$$F_h = f_h \cdot F_N \quad \text{bzw.} \quad F_g = f_g \cdot F_N,$$

f_h und f_g heißen **Haft-** bzw. **Gleitreibungskoeffizient.** Die Tabelle gibt Werte für einige Stoffkombinationen an. Die Auflagefläche spielt keine Rolle. Denn würde man diese etwa verkleinern, so würde jedes kleine Flächenelement des Körpers entsprechend stärker auf die Unterlage gedrückt werden, sodass sich insgesamt nichts änderte. Beispielsweise ergeben sich für einen Körper der Masse m auf einer schiefen Ebene mit Neigungswinkel α die in Abb. 3 veranschaulichten Beziehungen:

Für die Normalkraft gilt $F_N = m \cdot g \cdot \cos\alpha$ (g: Fallbeschleunigung), daraus erhält man für die Haftreibungskraft $F_h = f_h \cdot m \cdot g \cdot \cos\alpha$. Wenn die Hangabtriebskraft $F_H = m \cdot g \cdot \sin\alpha$ gerade so groß wie

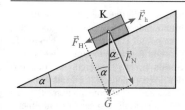

Reibung (Abb. 3): schiefe Ebene

die Haftreibungskraft ist, beginnt der Körper zu gleiten. Durch Gleichsetzen der Gleichungen für F_h und F_H und Auflösen nach dem Haftreibungskoeffizienten findet man:

$$f_h = \tan \alpha .$$

Den Winkel α bezeichnet man als Reibungswinkel.

■ Rollreibung

Von Rollreibung spricht man, wenn der eine Körper auf dem anderen abrollt. Sie beruht auf der mit der Rollbewegung fortschreitenden Formveränderung der Fläche. Zum einen wird die Fläche eingedellt, zum anderen wölbt sie sich vor dem rollenden Körper wie eine Bugwelle (Abb. 4). Die Rollreibung ist viel kleiner als die Haft- oder Gleitreibung..

■ Innere Reibung

Sie bezeichnet den Widerstand, den die einzelnen Teilchen eines festen, flüssigen oder gasförmigen Körpers ihrer relativen Bewegung untereinander entgegensetzen. Die Wirkung der inneren R.

Reibung (Abb. 4): Rollreibung

zeigt sich bei festen Körpern z. B. darin, dass ein elastisch schwingender Körper allmählich zur Ruhe kommt. Bei durch Rohrleitungen strömenden Gasen oder Flüssigkeiten bewirkt die innere Reibung eine geringere Strömungsgeschwindigkeit in der Nähe der Rohrwandung, da direkt an der Wand i. d. R. eine ruhende Gas- oder Flüssigkeitsschicht haftet, an der sich die benachbarten strömenden Schichten reiben (↑Viskosität).

Stoffpaar	f_h	f_g
Stahl – Stahl	0,15	0,12
Stahl – Eis	0,027	0,014
Stahl – Holz	0,56	0,05
Holz – Holz	0,4–0,6	0,2–0,4

Reibung: Haftreibungskoeffizient f_h und Gleitreibungskoeffizient f_g für verschiedene Materialkombinationen

Jede Bewegungshemmung durch Reibung ist mit der Verrichtung von Arbeit verknüpft, der **Reibungsarbeit.** Sie wird vollständig in Wärmeenergie umgewandelt, die man auch als **Reibungsenergie** bezeichnet. Solche Reibung ist oft unerwünscht. Man versucht in der Technik deshalb, möglichst alle Gleitreibungsvorgänge in Rollreibungsvorgänge umzuwandeln. Das geschieht durch Verwendung von Kugel- und Wälzlagern. Lässt sich die Gleitreibung jedoch nicht vermeiden (z. B. in Zylindern von Motoren, in denen Kolben an den Zylinderwänden gleiten), bringt man Schmiermittel (Öle, Schmierfette) auf die Gleitflächen, sodass die Gleitreibung zwischen Kolben und Zylinderwand durch die weitaus geringere innere Reibung des Schmiermittels ersetzt wird

Reibungsarbeit: ↑Reibung.

Reibungselektrizität: Bezeichnung für die beim gegenseitigen Reiben auftretende entgegengesetzte Aufladung zweier verschiedener Isolatoren, die zu einer ↑Kontaktspannung führt.

Reibungswärme: ↑Reibung.

Reibungswinkel: ↑Reibung.

Reichweite: die Wegstrecke von Teilchen oder Strahlung bis zur völligen Abbremsung oder Auslöschung beim Durchgang durch Materie. Die R. hängt von der Art der Strahlung ab, von der Energie der beteiligten Teilchen sowie von der Art und Beschaffenheit des Absorbermaterials. In Luft beträgt die Reichweite von Alphateilchen mit der Energie 5 MeV rund 3,5 cm, von Deuteronen mit 5 MeV etwa 20 cm und von Protonen mit 5 MeV ca. 35 cm. Elektronen (Betastrahlung) werden beim Durchgang durch Materie sehr stark gestreut. Man gibt für sie eine Maximalreichweite an. Sie beträgt in Aluminium für Elektronen von 100 keV etwa 56 mm, für Elektronen von 1 MeV ca. 1,6 mm.

Die Intensität von Neutronen-, Gamma- und Röntgenstrahlung nimmt beim Durchgang durch Materie exponentiell ab. Man definiert hier als **mittlere Reichweite** diejenige Strecke, die die Strahlung in der Materie zurücklegen muss, bis ihre Intensität auf einen Anteil $1/e$ ($e = 2{,}718\ldots$ Euler-Zahl) ihrer Anfangsintensität abgesunken ist. In ähnlicher Weise wird die Reichweite für andere Ausbreitungsphänomene (z. B. Schallausbreitung) häufig als die Distanz definiert, über die die Intensität um die Hälfte abnimmt.

Reihenschaltung: ↑Serienschaltung.

Rekombination: die Vereinigung von (zuvor getrennten) Teilchen mit entgegengesetzter Ladung; dabei wird Energie frei, und die freien Ladungsträger verschwinden. Zum Beispiel findet R. in ionisierten Gasen zwischen Ionen und Elektronen statt oder in Halbleitern zwischen Leitungselektronen und Löchern. Die bei der R. frei werdende Energie kann in Form von elektromagne-

tischer Strahlung ausgesandt (**Rekombinationsleuchten**) oder als kinetische Energie auf das entstandene elektrisch neutrale Teilchen übertragen werden.

Relais [rəˈlɛː; frz. eigtl. »Station für den Pferdewechsel«]: ein als Schalter dienendes elektromechanisches Bauteil. Letztendlich steuert es mit einem kleinen Steuerstrom einen großen Arbeitsstrom.

relative biologische Wirksamkeit: Grundlage der RBW-Dosis (↑Dosis).

relative Brechzahl: ↑Brechung.

relative Dielektrizitätskonstante, Formelzeichen ε_r: ↑Dielektrizitätskonstante.

relative Permeabilität, Formelzeichen μ_r: ↑Permeabilität.

relative Permittivität: ↑Dielektrizitätskonstante.

relativistische Massenzunahme: ↑Massenveränderlichkeit.

relativistische Mechanik: die Erweiterung der Mechanik, welche die Ergebnisse der Relativitätstheorie berücksichtigt. Man wendet sie an, wenn Geschwindigkeiten nahe der Lichtgeschwindigkeit auftreten.

Relativitätstheorie: siehe S. 342.

Rem, Abk. für **R**oentgen **e**quivalent **m**an [engl.], Einheitenzeichen rem: veraltete Einheit der Äquivalentdosis radioaktiver Strahlung. Die SI-Einheit der Äquivalentdosis (↑Dosis) ist das Sievert. Umrechnung: 1 rem = 0,01 Sv.

REM: Abk. für **R**asterelektronenmikroskop (↑Elektronenmikroskop).

Remanenz [lat. remanere »zurückbleiben«]: ↑Hystereseschleife.

Resonanz [lat. resonare »nachklingen«]:

♦ *allgemein:* das Mitschwingen eines schwingungsfähigen Systems, das an ein schwingendes System gekoppelt ist.

♦ *Schwingungen:* das besonders starke Schwingen eines schwingungsfähigen Systems, das mit einer Frequenz nahe der sog. **Resonanzfrequenz** oder **Ei-**

genfrequenz ν_0 des Schwingers periodisch erregt wird.

Jedem Mitschwingen eines schwingungsfähigen Systems liegt eine periodische äußere Einwirkung zugrunde, man hat also eine erzwungene Schwingung. Die Abhängigkeit der Amplitude A der erzwungenen Schwingung von der Erregerfrequenz ν wird durch die **Resonanzkurve** dargestellt (Abb. 1).

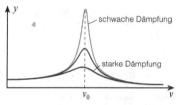

Resonanz (Abb. 1): Resonanzkurve

Sie sei am Beispiel einer Feder erläutert, an deren unterem Ende ein Körper aufgehängt ist, und auf deren oberes Ende periodisch eine Kraft einwirkt. Ist die Erregerfrequenz viel kleiner als die Eigenfrequenz des schwingenden Systems, stimmt die Amplitude der erzwungenen Schwingung des Körpers mit der Amplitude der äußeren Kraft überein. Der Körper schwingt auf und ab, ohne dass sich die Feder verformt. Steigert man die Anregungsfrequenz nach und nach, so vergrößert sich die Amplitude der Schwingung des Körpers. Wenn schließlich die Erregerfrequenz mit der Eigenfrequenz des Federsystems übereinstimmt, erreicht die Amplitude einen Maximalwert (**Resonanzfall**). Je geringer die Dämpfung der Schwingung ist, desto größer ist dieser Maximalwert. Bei zu kleiner Dämpfung kann der Resonanzfall zur Zerstörung des schwingenden Systems führen (**Resonanzkatastrophe**). Bei weiterer Erhöhung der Erregerfrequenz nimmt die Amplitude wieder ab. Mit der Änderung der Erregerfrequenz än-

dert sich auch die Phasenbeziehung zwischen der Erregerschwingung und der Schwingung des Körpers (Abb. 2). Während für kleine Frequenzen die Erreger- und Körperschwingungen ganz parallel ablaufen (man sagt, beide Schwingungen befinden sich »in Phase«), verschieben sie sich mit zunehmender Frequenz um einen Winkel $\Delta\varphi$ gegeneinander, bis im Resonanzfall die Erregerschwingung um 90° bzw. um $\pi/4$ der erzwungenen Schwingung vorauseilt. Bei weiterer Vergrößerung nimmt die Phasendifferenz, d. h. der Unterschied im Winkel der beiden Sinusschwingungen, weiter zu und erreicht schließlich bei sehr hohen Frequenzen einen Wert von 180° bzw. π. Dann schwingen Erreger und der zur Schwingung gezwungene Körper gegeneinander (gegenphasig). Die Phasenänderung erfolgt umso abrupter im Bereich des Resonanzfalls, je geringer die Dämpfung ist.

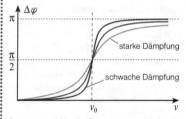

Resonanz (Abb. 2): Phasenunterschied zwischen Erregerschwingung und erzwungener Schwingung

R. tritt in vielen Gebieten der Natur und der Technik auf. Bei manchen technischen Anwendungen, z. B. bei Motoren, den meisten Maschinen und den Bauwerken, versucht man sie zu vermeiden. In anderen Systemen, z. B. elektrischen Schwingkreisen, ist sie erwünscht. Die Klangerzeugung vieler Musikinstrumente und der menschlichen Stimme beruhen ebenfalls auf Resonanz.

Z u Beginn des 20. Jh. veränderte die Relativitätstheorie grundlegend das Verständnis von Raum und Zeit. Damit war sie nicht eine Fortführung bekannter Theorien, sondern schuf eine neue Grundlage der modernen Physik. Die gesamte Relativitätstheorie ist im wesentlichen das Werk ALBERT ↑ EINSTEINS. Kaum eine andere physikalische Theorie ist heute ähnlich gut experimentell abgesichert. Dabei unterscheidet man die spezielle und die allgemeine Relativitätstheorie.

■ **Grundlagen**

Ob der Beobachter eines mechanischen Vorgangs ruht oder sich gleichförmig bewegt, sollte keinen Einfluss auf die beobachteten Kräfte und Beschleunigungen bei dem Vorgang haben. Insofern sind die mechanischen Gesetze in allen gleichförmig bewegten Bezugssystemen, in denen also keine Trägheitskräfte herrschen, gleich. Alle solche **Inertialsysteme** sind damit vom mechanischen Standpunkt aus gleichwertig. Dieses Relativitätsprinzip gab es schon zu NEWTONS Zeiten. Weiterhin sollten die beobachteten Geschwindigkeiten von der Geschwindigkeit des Beobachters abhängen. Wandert z. B. eine Person in einem fahrenden Zug umher, so bewegt sie sich an einem sitzenden Mitreisenden (Beobachter 1) mit geringer Geschwindigkeit vorbei, an einem an der Bahnschranke stehenden (Beobachter 2) jedoch mit hoher. Überraschenderweise stellte man gegen Ende des 19. Jh. fest, dass sich das Licht nicht an dieses Prinzip hält: Als Lichtgeschwindigkeit wurde immer der gleiche Wert ermittelt, egal wie schnell sich Lichtquelle und Beobachter zueinander bewegten.

EINSTEIN erhob nun die Konstanz der Vakuumlichtgeschwindigkeit in allen Bezugssystemen zum ersten Fundament seiner Theorie. Als zweiten Pfeiler dehnte er das **Relativitätsprinzip** auf alle denkbaren physikalischen Vorgänge aus. Danach ist für die Beschreibung aller physikalischen Vorgänge jedes Inertialsystem gleichwertig. Ein Beobachter kann anhand physikalischer Vorgänge nicht den absoluten Bewegungszustand seines Bezugssystems feststellen, und in jedem solchen Bezugssystem haben die physikalischen Gesetze die gleiche Form. Die Hypothese eines bevorzugten, absolut ruhenden Bezugssystems – und damit die Existenz des absoluten Raums – wird verworfen. Alle aus diesem Prinzip folgenden Ergebnisse rechnet man zur **speziellen Relativitätstheorie.**

■ **Ernste Konsequenzen für Zeit und Raum**

Ein Beobachter darf nach dem Relativitätsprinzip die Ausbreitungsgeschwindigkeit des Lichts mithilfe des Quotienten aus zurückgelegter Wegstrecke und verstrichener Zeit bestimmen, ganz gleich mit welcher Geschwindigkeit er sich relativ zu einer Lichtquelle bewegt. Die immer gleiche Geschwindigkeit c, die aus dieser Messung folgen muss, erzwingt aber eine Neubewertung von Raum und Zeit. Obwohl diese nur am Beispiel der Lichtausbreitung gefunden wurde, ist sie prinzipeller Natur, die Konsequenzen gelten allgemein. Bei genauer Betrachtung findet man folgende Hauptergebnisse:

1. Zwei in *einem* Bezugssystem gleichzeitige, räumlich getrennte Ereignisse finden in einem *anderen* Bezugssystem nicht mehr gleichzeitig statt.
2. Vergeht in einem System die Zeit t, dann misst ein relativ zu diesem System mit der Geschwindigkeit v bewegter Beobachter auf seiner eigenen Uhr eine etwas größere Zeitspanne t' gemäß dem Zusammenhang

$$t' = \beta \cdot t \qquad (\beta = 1 / \sqrt{1 - v^2 / c^2}).$$

Diese Zeitdehnung bezeichnet man als **Zeitdilatation** (Abb. 1).

3. Ein Stab der Länge l hat für einen Beobachter, der sich mit der Geschwindigkeit v relativ zu ihm bewegt, eine kürzere Länge l' von

$$l' = l / \beta \qquad (\beta = 1 / \sqrt{1 - v^2 / c^2}\,).$$

Man nennt diese Längenverkürzung **Längenkontraktion.**

Alle drei obigen Aussagen machen deutlich, dass in der Relativitätstheorie Raum und Zeit miteinander verknüpft sind. Man spricht daher von der **Raum-Zeit** oder dem **Raum-Zeit-Kontinuum.**

4. Ein Signal bzw. ein Körper kann sich höchstens mit Lichtgeschwindigkeit ausbreiten bzw. relativ zum Beobachter bewegen.

5. Ein Körper widersetzt sich bei hohen Geschwindigkeiten mit einer größeren Trägheit der Beschleunigung als in Ruhe. Misst man bei einem in Ruhe befindlichen Körper die Masse m_0 **(Ruhemasse),** dann erhöht sich die Masse bei einer Geschwindigkeit v auf

$$m = \beta \cdot m_0 \qquad (\beta = 1 / \sqrt{1 - v^2 / c^2}\,).$$

Das Größerwerden der Masse bei hohen Geschwindigkeiten heißt **relativistischer Massenzuwachs.** Nähert sich die Geschwindigkeit v eines Körpers der Lichtgeschwindigkeit c, so strebt β dem Wert unendlich zu, es wird also immer aufwendiger, den Körper weiter zu beschleunigen.

6. Ein Teilchen der Ruhemasse m_0 bzw. der Masse m besitzt eine Energie von

$$E = m_0 \cdot \beta \cdot c^2 = m \cdot c^2.$$

Diese Gleichung, wohl die berühmteste der Physik, drückt die Äquivalenz zwischen Masse und Energie aus. Ändert sich die Energie eines Systems, so muss sich auch dessen Masse ändern und umgekehrt. Auf der Äquivalenz von Masse und Energie beruht z. B. die Möglichkeit der ↑Paarerzeugung und ↑Paarvernichtung. Auch lässt sich damit die bei der Kernspaltung frei werdende Energie berechnen, nämlich über die Differenz der Masse des ursprünglichen Kerns zu den Massen der Tochterkerne.

■ **Zwillingsparadoxon**

Eines der bekanntesten Gedankenexperimente zur Relativitätstheorie ist das Zwillingsparadoxon: Von den beiden eineiigen Zwillingen Fred und George wird George Astronaut und fliegt in einer Rakete mit hoher Geschwindigkeit zu einem weit entfernten Sonnensystem und wieder zurück. Nach dessen Rückkehr stellt der auf der Erde gebliebene Fred in Übereinstimmung mit der speziellen Relativitätstheorie fest, dass er (Fred) stärker gealtert ist als George. Sollte aber nicht auch George finden, dass er älter als sein Bruder sein müsse, da aus seiner Sicht der auf der Erde gebliebene Bruder Fred sich mit hoher Geschwindigkeit relativ zu ihm bewegte? Mitnichten! Für die Flugphasen mit

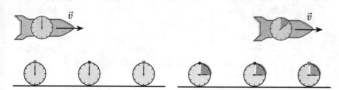

(Abb. 1) Zeitdilatation

konstanter Geschwindigkeit hat George zwar Recht, er erleidet aber mehrfach Beschleunigungen. Deren Auswirkungen, die in der allgemeinen Relativitätstheorie behandelt werden, lassen auch George einsehen, dass er weniger schnell als Fred gealtert ist.

■ Allgemeine Relativitätstheorie

Die **allgemeine Relativitätstheorie** dehnt das Relativitätsprinzip unter Einbeziehung der Gravitationskraft auf beschleunigte Bezugssysteme aus, also Bezugssysteme, in denen Trägheitskräfte auftreten. Es wird gefordert, dass ein Beobachter in einem abgeschlossenen System (z. B. einem Fahrstuhl) nicht zwischen einer Beschleunigung und der Wirkung eines Gravitationsfelds unterscheiden kann. Die experimentell geprüfte Berechtigung dazu liegt in der Äquivalenz von schwerer und träger Masse (**Äquivalenzprinzip**). Die mathematische Ausgestaltung führt zu einer geometrischen Theorie der Gravitation. Danach wird der Raum durch die Anwesenheit von Masse gekrümmt (Abb. 2). Die Bewegung eines nur der Gravitationskraft unterliegenden Massepunkts von A nach B erfolgt entlang des kürzesten Wegs im gekrümmten Raum; die Gravitationskraft ist zur Beschreibung der Bewegung nicht mehr nötig.

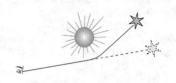

(Abb. 3) Lichtablenkung an der Sonne

Eine wichtige Folgerung aus der allgemeinen Relativitätstheorie ist die Ablenkung von Lichtstrahlen in einem starken Schwerefeld, obwohl doch die zugrunde liegenden Photonen keine Ruhemasse besitzen (Abb. 3). Der Effekt wurde bei verschiedenen Sonnenfinsternissen durch die Beobachtung der Ablenkung von Sternenlicht nachgewiesen, dessen Strahlen dicht an der Sonne vorbeiliefen. Sehr große Massenansammlungen vermögen sogar wie Sammellinsen zu wirken (Gravitationslinsen) oder – im Extremfall des ↑schwarzen Lochs – kein Licht entweichen zu lassen. Außerdem läuft die Zeit in einem starken Gravitationsfeld langsamer ab als in einem nicht von Gravitation beeinflussten Bezugssystem. ■

📖 BÜHRKE, THOMAS: *E = m·c². Einführung in die Relativitätstheorie.* München (dtv) 1999. ■ EINSTEIN, ALBERT: *Grundzüge der Relativitätstheorie.* Braunschweig (Vieweg) [8]1990. ■ EINSTEIN, ALBERT: *Über die spezielle und die allgemeine Relativitätstheorie.* Braunschweig (Vieweg) [23]1997. ■ FRITZSCH, HARALD: *Eine Formel verändert die Welt. Newton, Einstein und die Relativitätstheorie.* München (Piper) [3]1996. ■ KAHAN, GERALD: *E = m·c². Einsteins Relativitätstheorie zum leichten Verständnis für jedermann.* Köln (DuMont) 1999.

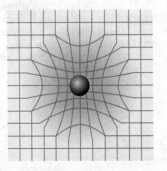

(Abb. 2) gekrümmter Raum

◆ *Teilchenphysik:* bestimmte kurzlebige ↑Elementarteilchen.

Resonanzfluoreszenz: ↑Lumineszenz.

Resonanzfrequenz: ↑Resonanz.

Resonanzkatastrophe: ↑Resonanz.

Resonanzkörper: Hohlkörper v. a. bei Saiteninstrumenten und Schlaginstrumenten zur Verstärkung der Schallabstrahlung.

Resonanzkurve: ↑Resonanz.

Resonator: schwingungsfähiges System mit einer oder mehreren ausgeprägten Eigenfrequenzen, das unter Ausnutzung seiner Resonanzeigenschaften verwendet wird. Häufig wird die Bauweise des **Hohlraumresonators** verwendet. Dies ist ein an den Stirnflächen abgeschlossener, rechteckiger oder zylindrischer Raum mit metallischen, also sehr gut elektrisch leitenden Wänden. Im Inneren können sich elektrische und magnetische Hochfrequenzfelder ausbilden, deren Frequenzen durch die Abmessungen des Hohlraums bestimmt sind (stehende Wellen).

R. finden Verwendung in der Mikrowellentechnik (z. B. Oszillatoren und Filter), in Hochfrequenzteilchenbeschleunigern und in der Optik (z. B. beim Laser).

Resultierende (*resultierende Kraft*): die Gesamtkraft, die sich bei der ↑Kräfteaddition von Teilkräften ergibt.

reversibel [lat. reversibilis »umwendbar«]: Bezeichnung für einen Prozess, nach dem ein physikalisches System ohne bleibende Veränderung in seinen Ausgangszustand zurückkehren kann (↑Kreisprozess). R. Prozesse sind eine Modellvorstellung, da in der Praxis stets Reibung u. Ä. auftritt. Gegensatz: ↑irreversibel.

Reversionsprisma: ↑Umkehrprisma.

Rezipient [lat. recipere »aufnehmen«]: glockenförmiges Gefäß aus Metall oder Glas, in dem mithilfe einer ↑Vakuumpumpe ein weitgehend luftleerer Raum hergestellt werden kann. Im Hoch- und Ultrahochvakuumbereich ist besonders wichtig, dass das Wandmaterial trotz der extrem niedrigen Drücke nicht ausgast, d. h. Teilchen in das Innere des R. abgibt.

Rheostat [griech. rhéos »das Fließen«, státos »gestellt«]: verstellbarer Präzisionswiderstand, der für hochgenaue Messungen eingesetzt wird.

Richardson-Effekt ['rɪtʃədsn-, nach OWEN W. RICHARDSON; *1879, †1959]: ↑glühelektrischer Effekt.

Rollbewegung: das Abwälzen eines runden Körpers auf einer festen Unterlage. Die R. ist eine einfache Zusammensetzung aus einer Translations- und einer Rotationsbewegung.

Rolle: eine kreisrunde, um ihre Achse drehbar gelagerte Scheibe oder Walze.

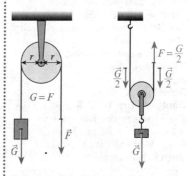

Rolle: feste Rolle (links), lose Rolle (rechts)

Die **feste Rolle** dient in Kombination mit einem Seil zur Änderung einer Kraftrichtung. An ihr herrscht Gleichgewicht, wenn die Beträge (und Richtungen) der auf beiden Seiten angreifenden Kräfte $\vec{F}_1$ und $\vec{F}_2$ gleich sind (Abb. links).

Die **lose Rolle** hängt in der Schlaufe eines mit einem Ende an einem festen Punkt befestigten Seils (Abb. rechts). Die an ihr hängende Last mit der Ge-

R

wichtskraft $\vec{G}$ wird von zwei Seilab-
schnitten getragen. Auf jeden Seilab-
schnitt wirkt also nur die Hälfte der
Last, und es herrscht Gleichgewicht,
wenn für den Betrag der Zugkraft $\vec{F}$
gilt:

$$F = G/2.$$

Röntgenröhre: Glasröhre, in der
Hochvakuum herrscht und beschleunigte Elektronen beim Aufprall auf eine
Metallelektrode ↑Röntgenstrahlung
auslösen (Abb.). Die Glühkathode aus
Wolfram liefert die Elektronen. Sie
werden durch eine hohe Spannung (30–
400 keV) zwischen Kathode und An-

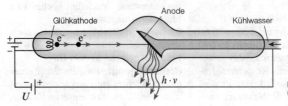

Röntgenröhre
(Abb. 1): Schema

Mit einer losen Rolle wird der Betrag
der Zugkraft halbiert, dafür aber die
Zugstrecke verdoppelt. Die beim Heben der Last aufzuwendende Arbeit
(Kraft mal Weg) bleibt im Vergleich
zum Heben ohne lose Rolle gleich. Die
Maschine zum Heben von Lasten, die
mit einer Kombination von festen und
losen Rollen arbeitet, ist der ↑Flaschen-
zug.
Rollreibung: ↑Reibung.
Röntgen [nach W. C. RÖNTGEN]: das
Durchleuchten des Körpers oder einzelner seiner Teile mit Röntgenstrahlung. Medizinische Untersuchungen
durch R. beruhen auf der unterschiedlichen Absorption von Röntgenstrahlen
durch die verschiedenen Gewebsarten
(Knochen, Weichteile). Nach dem Austritt aus dem Körper erzeugt der durch-
gehende Anteil der Strahlung auf einem
speziellen Röntgenfilm ein negatives
Projektionsbild.
Röntgenbremsstrahlung: ↑Röntgen-
strahlung.
Röntgenlaser [-'leɪzə]: ein ↑Laser,
dessen Strahlung im Spektralbereich
der Röntgenstrahlung liegt, d. h. Wellenlängen hat, die kleiner sind als etwa
30 nm.

ode beschleunigt. Beim Aufprall auf
die Anode werden die Elektronen abgebremst. Etwa 99 % ihrer kinetischen
Energie wird dabei in Wärme umgewandelt, der Rest in Röntgenstrahlung.
Damit die radial von der Auftreffstelle
abgestrahlte Röntgenstrahlung seitlich
mit geringen Verlusten aus der R. austreten kann, ist die Auftrefffläche geneigt. Die Anode wird mit Flüssigkeit
(Wasser, Öl) gekühlt. Die Härte der
Röntgenstrahlung, d. h. die Energie der
Röntgenquanten ist umso höher, je grö-

Röntgenröhre (Abb. 2): William David
Coolidge (*1873, †1975) mit der von ihm
entwickelten ersten Röntgenröhre

ßer die Beschleunigungsspannung für die Elektronen ist.

Röntgenstrahlung (engl. X-rays): Bezeichnung für elektromagnetische Strahlung mit kleinerer Wellenlänge (bzw. größerer Frequenz) als der des Lichts. Sie unterscheidet sich von anderer kurzwelliger elektromagnetischer Strahlung (z. B. Gammastrahlung) nur durch die Art der Entstehung, nicht dagegen in den physikalischen Eigenschaften. R. ist unsichtbar, erzeugt Fluoreszenz, hat starke chemische Wirkung (z. B. Schwärzung von Fotoplatten) und hohes Ionisationsvermögen. Sie zeigt wie das Licht Reflexion, Brechung, Beugung, Interferenz und Polarisation, hat aber im Gegensatz zum Licht hohes Durchdringungsvermögen für die meisten Stoffe.

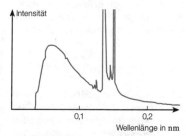

Röntgenstrahlung (Abb. 1): Im Röntgenspektrum zeigt sich ein kontinuierlicher Bereich mit einigen scharfen Linien.

Abb. 1 zeigt die Abhängigkeit der Intensität von R. von der Wellenlänge (Röntgenspektrum). Das Spektrum besteht aus einem kontinuierlichen Bereich und scharfen Linien, die in das Kontinuum eingelagert sind. Die beiden Bestandteile des Spektrums gehen auf unterschiedliche Entstehungsprozesse zurück. Man unterscheidet Röntgenbremsstrahlung und charakteristische Röntgenstrahlung.

Die **Röntgenbremsstrahlung** entsteht durch die Abbremsung schneller Elektronen nach den gleichen Gesetzen, wie

elektromagnetische Wellen durch beschleunigte Ladungen (↑hertzscher Dipol) erzeugt werden. Verliert ein Elektron bei einem Abbremsvorgang die kinetische Energie ΔE, wird ein Photon mit eben dieser Energie ausgesandt. Seine Frequenz berechnet sich gemäß $\Delta E = h \cdot \nu$. Da ganz verschiedene Energieverluste möglich sind, erhält man ein kontinuierliches Spektrum. Es bricht bei einer Grenzfrequenz ν_{max} ab, die ein Photon nur dann aufweisen kann, wenn ein Elektron seine gesamte kinetische Energie $e \cdot U$ in einem Bremsvorgang abgibt. Für die Grenzfrequenz gilt:

$$\nu_{max} = \frac{e \cdot U}{h}$$

(e Elementarladung, U Beschleunigungsspannung, h plancksches Wirkungsquantum). Entsprechend weist das Bremsspektrum eine kürzeste Wellenlänge $l_{min} = c/\nu_{max}$ auf.

Charakteristische Röntgenstrahlung entsteht, wenn ein schnelles Elektron ein Hüllenelektron aus einem Atom schlägt und der freie Platz mit einem Hüllenelektron aus einer weiter außen liegenden Schale wieder aufgefüllt wird. Dabei wird ein Photon emittiert, dessen Energie der Energiedifferenz zwischen den beteiligten Elektronenzuständen bzw. den beteiligten Schalen entspricht. Es sind damit nur wenige, ganz bestimmte Energien und Frequenzen der Photonen möglich. Man erhält einzelne, scharfe Spektrallinien, die für die aussendenden Atome und damit das verwendete Material charakteristisch sind. Je nachdem, welchen Endzustand das nach innen springende Elektron erreicht, bezeichnet man die Spektrallinien als K-, L- und M-Linien (Abb. 2); der Ausgangszustand des springenden Elektrons wird durch einen griechischen Index angegeben. Die Spektrallinien verschieben sich nach dem **mose-**

R

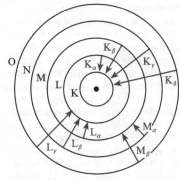

Röntgenstrahlung (Abb. 2): zur Bezeichnung von charakteristischen Röntgenlinien

leyschen Gesetz mit steigender Ordnungszahl des emittierenden Atoms nach der kurzwelligen Seite hin.

Röntgenstrukturanalyse: ↑Kristallstrukturanalyse mit Röntgenstrahlen.

Rotationsbewegung [lat. rotare »sich drehen«] (*Rotation*): Drehbewegung (↑Kinematik).

Rotationsenergie: die kinetische ↑Energie, die ein rotierender Körper aufgrund seiner Drehbewegung besitzt.

Rotverschiebung: ↑Doppler-Effekt.

Rückstellkraft: die Kraft $F_{\text{rück}}$, die bei der Auslenkung eines mechanischen Systems (z. B. einer Feder) aus einer stabilen Gleichgewichtslage auftritt. Sie ist der auslenkenden Kraft entgegengerichtet und versucht, das System wieder ins Gleichgewicht zurückzutreiben. Ein aus seiner Ruhelage ausgelenktes Pendel erfährt z. B. eine R., die durch die Schwerkraft bewirkt ist. Ist $F_{\text{rück}}$ proportional zur Auslenkung x, spricht man von einem linearen ↑Kraftgesetz. Es gilt dann:

$$F_{\text{rück}} = D \cdot x$$

mit der Proportionalitätskonstanten D, die auch Federkonstante (↑hookesches Gesetz) genannt wird. Da die R. der Auslenkung entgegenwirkt, gilt für die entsprechenden Vektoren:

$$\vec{F} = -D \cdot \vec{x}.$$

Wirkt auf einen Körper eine R., die einem derartigen linearen Kraftgesetz gehorcht, so vollführt er, wenn man ihn aus seiner Ruhelage herausbringt und dann sich selbst überlässt, eine harmonische ↑Schwingung.

Rückstoß: die Kraft, die auf einen Körper wirkt, wenn von ihm eine Masse mit einer gewissen Kraft aus- oder abgestoßen wird. Der R. ist eine Folge des Impulserhaltungssatzes. Er wird bei Raketen und Strahltriebwerken zum Antrieb ausgenützt. Bei Feuerwaffen wird er durch die Schulter oder eine zurückfedernde Halterung (Lafette) aufgenommen oder zum selbstständigen Laden bei automatischen Waffen verwendet. Auch beim ↑Stoß spricht man unter bestimmten Bedingungen von R.

Ruheenergie: die Energie E_0, die nach dem Äquivalenzprinzip der Ruhemasse m_0 entspricht. Es gilt:

$$E_0 = m_0 \cdot c^2$$

(*c* Lichtgeschwindigkeit).

Ruhemasse: die Masse, die ein Körper in einem Bezugssystem besitzt, bezüglich dessen er ruht. Teilchen, die sich mit Lichtgeschwindigkeit bewegen, haben die R. Null.

Ruhesystem: ein Bezugssystem, in dem der betrachtete Körper ruht. Ein R. existiert nur für Teilchen, die sich mit einer Geschwindigkeit kleiner als die Lichtgeschwindigkeit bewegen.

Rumpf|elektronen: ↑Atomrumpf.

rutherfordscher Streuversuch ['rʌðəfəd-, nach E.RUTHERFORD]: ↑Atom.

Rydberg-Konstante ['ryːdbærj-, nach JANNE RYDBERG; *1854, †1919], Formelzeichen *R*: eine in der Serienformel für die Spektrallinien des Wasserstoffatoms (↑Spektralserie) auftretende Konstante. Sie lässt sich mithilfe des bohrschen Atommodells ableiten zu:

$$R = \frac{m \cdot e^4}{8 \cdot \varepsilon_0^2 \cdot h^3 \cdot c}$$

$$= 1{,}097\,373 \cdot 10^7\,\mathrm{m}^{-1}$$

(e Elementarladung, m Elektronenmasse, h plancksches Wirkungsquantum, c Lichtgeschwindigkeit, ε_0 elektrische Feldkonstante). Berücksichtigt man, dass das Elektron nicht einfach um den Atomkern kreist, sondern Elektron und Kern um ihren gemeinsamen Schwerpunkt, erhält man einen geringfügig anderen Wert.

S

s:
◆ Einheitenzeichen für die Zeiteinheit Sekunde.
◆ Symbol für das Strange-Quark (↑Quarks).
◆ (s): Formelzeichen für die Spinquantenzahl (↑Quantenzahlen).
S:
◆ Einheitenzeichen für die Einheit ↑Siemens.
◆ (S): Formelzeichen für die ↑Entropie.
◆ (S): Formelzeichen für die ↑Scheinleistung.
◆ (S): Formelzeichen für die Steilheit (↑Triode).
Saite: dünner, fadenförmiger, elastischer Körper meist aus Darm, Seide, Stahl oder Kunststoff, der in Musikinstrumenten zur Schallerzeugung dient. Sie wird zwischen zwei feste Punkte eingespannt und durch Streichen, Schlagen, Zupfen, Anblasen oder Mitschwingen in Schwingung versetzt. Obwohl auch Schwingungen in Längsrichtung (Longitudinalschwingungen) möglich sind, spielen für die Schallerzeugung nur die Schwingungen quer zur Saitenachse (Transversalschwingungen) eine Rolle. Der dabei erzeugte

Ton ist in Höhe und Klangfarbe abhängig von Spannung, Länge, Stärke und Material der S. sowie der Art des ↑Resonanzkörpers.
Bringt man eine S. zum Schwingen, bilden sich auf ihr ↑stehende Wellen mit Schwingungsknoten an den beiden befestigten Enden (feste Enden) aus, wenn für deren Wellenlängen Folgendes gilt: Zwischen die beiden festen Punkte, die den Abstand l zueinander haben, passen genau ganzzahlige Vielfache der halben Wellenlänge λ, d. h.:

$$l = n \cdot \frac{\lambda}{2}$$

mit n = 1, 2, 3 …

Daraus ergibt sich für die Wellenlängen:

$$\lambda = \frac{2l}{n}$$

mit n = 1, 2, 3 …

Um die Frequenz einer solchen Welle zu berechnen, benötigt man die Ausbreitungsgeschwindigkeit v einer Transversalwelle längs der S. Es gilt:

$$v = \sqrt{\frac{F}{A \cdot \rho}}$$

(F Betrag der spannenden Kraft, A Querschnittsfläche der S., ρ Dichte des Saitenmaterials). Die Ausbreitungsgeschwindigkeit vergrößert sich also mit zunehmender Spannkraft und ist bei dickeren, dichteren S. kleiner als bei dünnen, weniger dichten. Setzt man nun in der Beziehung $v \cdot \lambda = v$ obige Ausdrücke für die Wellenlänge und die Ausbreitungsgeschwindigkeit ein und löst nach der Frequenz auf, so erhält man die möglichen Frequenzen, mit der eine S. der Länge l schwingen kann:

$$\nu = \frac{n}{2 \cdot l} \cdot \sqrt{\frac{F}{A \cdot \rho}}.$$

Für n = 1 erhält man die sog. Grundfrequenz, die Frequenz des Grundtons der

S

Saite. Diese Grundfrequenz ist also höher, wenn die S. kürzer und die spannende Kraft größer ist. Für $n = 2, 3, 4\ldots$ erhält man die Frequenzen der ganzzahligen Vielfachen der Grundfrequenz (↑Obertöne).

Sammellinse: ↑Linse.

Satellitennavigation [lat. satelles, satellitis »Wächter«, navigare »segeln«]: ein Verfahren zur Ortsbestimmung, das auf der Auswertung der Funksignale spezieller künstlicher Satelliten beruht. Dem Benutzer eines Systems zur S. wird vom beobachteten Satelliten per Funk die genaue Satellitenbahn und die Weltzeit mitgeteilt. Um den Abstand des Benutzers vom Satelliten und damit den Standort zu bestimmen, werden die Laufzeiten der Signale und der Doppler-Effekt ausgenutzt. Letzterer tritt aufgrund der Satellitenbewegung als Änderung der Empfangsfrequenz beim Beobachter auf. Eine besonders genaue Ortsbestimmung ist durch S. mit mehreren weiträumig verteilten Satelliten möglich. Ein modernes System zur S. ist das **Global Positioning System (GPS)**, bestehend aus 24 Satelliten, die die Erde in 20 000 km Höhe umkreisen. Wenn man die Signale von mindestens drei der Satelliten empfängt, kann man die eigene Position auf wenige Zentimeter genau bestimmen. Bei Empfang eines vierten Satelliten lässt sich auch die Geschwindigkeit angeben.

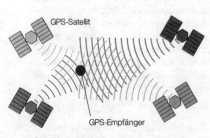

GPS-Satellit

GPS-Empfänger

Satellitennavigation

Sättigung: das Erreichen eines Grenzzustands. Dabei hängt eine physikalische Größe (y), bei der S. auftritt, zwar von anderen Größen (x) ab, aber verharrt nach Erreichen eines bestimmten Werts (y_s) auf diesem Wert (Abb.). S. tritt z. B. in folgenden Bereichen auf:

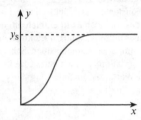

Sättigung

♦ *Chemie:* die Konzentration einer Lösung, bei der sich kein weiterer Stoff mehr im Lösungsmittel löst.

♦ *Elektronik:* ↑Sättigungsstrom.

♦ *Magnetismus:* die Sättigungsmagnetisierung bei einer ↑Hystereseschleife.

♦ *Meteorologie:* die Sättigungsfeuchte (↑Feuchtigkeit).

♦ *Optik:* der Grad der Buntheit einer ↑Farbe.

Sättigungsdampfdruck: der Druck eines Dampfs, der sich mit einer Flüssigkeit im thermodynamischen Gleichgewicht befindet. Wenn S. herrscht, lässt sich die Dampfmenge nicht mehr vergrößern, da jeder Zusatz sofort kondensieren würde. Der S. gibt damit auch den Druck an, der zur Kondensation von Dampf nötig ist. Er steigt mit wachsender Temperatur.

Sättigungsstrom: der Grenzwert der Stromstärke, der durch eine Erhöhung der Spannung nicht mehr überschritten werden kann. Ein S. tritt bei verschiedenen elektronischen Bauelementen (z. B. einer Diode) oder bei einer Gasentladungsröhre auf.

Schalenmodell: ↑Kernmodelle.

Schall: mechanische Schwingungen und Wellen im Frequenzbereich des menschlichen Hörens (16–20 000 Hz). Bei Frequenzen unter 16 Hz spricht man von Infraschall, über etwa 20 kHz von Ultraschall, über etwa 1 GHz von Hyperschall. Die Lehre vom S. ist die ↑Akustik.

Die vielgestaltigen Formen des S. lassen sich in vier Gruppen einteilen: Ton, Klang, Geräusch, Knall.

Der **Ton** ist das einfachste Schallereignis. Er wird durch eine Sinusschwingung (harmonische Schwingung) verursacht. Die Tonhöhe hängt von der Frequenz, die Lautstärke von der Amplitude dieser harmonischen Schwingung ab. Je höher die Frequenz, desto höher der Ton, je größer die Amplitude, desto größer die Lautstärke.

Der **Klang** ist ein Gemisch von Tönen, deren Frequenzen aus einer Grundfrequenz und ganzzahligen Vielfachen davon bestehen. Entsprechend unterscheidet man den Grundton – also dem tiefsten Ton mit der kleinsten Frequenz, der die Empfindung der Klanghöhe bestimmt – von den Obertönen, die für die Klangfarbe verantwortlich sind.

Schall: Ton, Klang, Geräusch und Knall

Als **Geräusch** bezeichnet man ein Schallereignis mit unregelmäßiger Schwingungsform. Es setzt sich zusammen aus sehr vielen einzelnen Schwingungen, deren Frequenzen nicht in ganzzahligen Verhältnissen zueinander stehen.

Einem **Knall** liegt eine schlagartig einsetzende, sehr kurz andauernde mechanische Schwingung großer Amplitude zugrunde.

Die Schallausbreitung ist nur in materiellen Medien möglich. In Luft und Flüssigkeit erfolgt sie in Form von ↑Longitudinalwellen, in festen Körpern sind auch transversale Schallwellen möglich. Wie bei allen Wellen treten auch beim S. Beugung, Brechung, Absorption, Interferenz und Reflexion auf. Bei der Schallausbreitung findet kein Massetransport statt, jedoch werden Impuls und Energie übertragen.

Schallanalyse: die Zerlegung eines Schalls in seine sinusförmigen Bestandteile, d. h. in seine Teiltöne. Das mathematische Verfahren dazu heißt ↑harmonische Analyse oder Fourier-Analyse. Durch die S. erhält man ein ↑Schallspektrum.

Schallaufzeichnung: Speicherung von Schallereignissen (z. B. Musik, Sprache) auf einem geeigneten Träger. Üblicherweise werden die Schallschwingungen zunächst mithilfe eines ↑Mikrofons in elektrische Schwingungen umgewandelt. Die Speicherung erfolgt dabei nach den folgenden Verfahren:

Mechanische Schallaufzeichnung: Es werden die elektrischen Schwingungen in mechanische Schwingungen eines Stichels umgewandelt, der sie in eine Lackfolie eingräbt. Die Folie ist meist rund und dreht sich unter dem Stichel in der Art, dass die Schallrillen spiralförmig eingraviert werden. Nach verschiedenen Härtungs- und Kopierschritten entsteht eine Schallplatte. Zur Wiedergabe tastet eine Nadel die sich unter ihr drehende Schallplatte ab. Die Schallplattenrille versetzt sie in Schwingungen, die in elektrische Schwingungen umgewandelt und mit einem Lautsprecher als Schall ausgegeben werden.

Magnetische Schallaufzeichnung: Es

werden dem sog. Aufnahmekopf (Magnetkopf) die verstärkten elektrischen Schwingungen zugeführt. Er setzt sie in ein entsprechend sich änderndes Magnetfeld um. Dadurch wird ein am Auf-

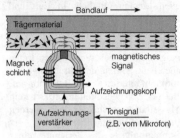

Schallaufzeichnung (Abb. 1): magnetisch

nahmekopf vorbeilaufendes, mit einer dünnen Schicht eines magnetisierbaren Materials beschichtetes Kunststoffband örtlich unterschiedlich magnetisiert (Abb. 1). Bei der Wiedergabe läuft dasselbe Band an einem Hörkopf vorbei, in dem durch die unterschiedlich starke Magnetisierung eine elektrische Wechselspannung induziert wird. Diese wird mit einem Lautsprecher hörbar gemacht. Die magnetische S. findet umfangreiche Verwendung beim Rundfunk, Tonfilm, in der Videotechnik und

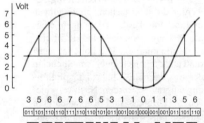

Schallaufzeichnung (Abb. 2): Digitalisierung einer Schwingung; von oben nach unten sind zu sehen: die Abtastung einer Schwingung, die gemessenen Amplituden, die Umsetzung in Binärzahlen und die Umsetzung in digitale elektrische Signale verschiedener Länge.

auch beim Kassettenrekorder (Tape-Deck).

Optische Schallaufzeichnung: Die elektrischen Schwingungen werden in entsprechende Intensitätsschwankungen des Lichts umgewandelt (z. B. unter Ausnutzung des ↑Kerr-Effekts), und damit wird ein an einem Spalt vorbeilaufender Film belichtet. Es sind verschiedene Verfahren möglich: Entweder wird die Helligkeit des Lichtbündels gesteuert, das auf den Film trifft, oder die Breite des Beleuchtungsspalts. Zur Wiedergabe wird der belichtete Film zwischen einer Fotozelle und einer auf sie gerichteten Lichtquelle vorbeibewegt. Die Schwärzungsstufungen des Films verursachen unterschiedlich starke Intensitäten des auf die Fotozelle fallenden Lichtstrahls. Die Fotozelle steuert dann einen Lautsprecher an.

Digitale Schallaufzeichnung: Die elektrischen Schwingungen werden digitalisiert (↑Digitaltechnik) (Abb. 2) und schließlich als Aufeinanderfolge mikroskopisch feiner Vertiefungen in eine Speicherplatte eingeätzt. Von einem solchen Master kann man durch Pressen zahlreiche Kopien anfertigen (Compact Disc, CD).

Zur Wiedergabe tastet ein Laserstrahl die Folge von Vertiefungen auf einer sich drehenden Speicherplatte ab. Da die Vertiefungen den Laserstrahl anders reflektieren als der Rest der CD, ergibt sich dabei eine Folge unterschiedlicher digitaler Lichtsignale; sie werden in elektrische Schwingungen umgewandelt und können nach Verstärkung in einem Lautsprecher hörbar gemacht werden.

Bei einer beschreibbaren CD werden beim »Brennen« die Stellen unterschiedlicher Reflexion durch eine intensive Laserbestrahlung erzeugt, vergleichbar mit der Belichtung des Films in einer Kamera. Lässt sich die dabei auftretende Änderung der Reflexion nicht mehr rückgängig machen, ist die CD nur einmal, sonst mehrfach beschreibbar.

Schalldichte: zeitlicher Mittelwert der Schallenergie pro Volumeneinheit. Zur Ermittlung der S. bildet man also den Quotienten aus der mittleren Schallenergie in einem bestimmten Raumgebiet und dem Volumen dieses Raumgebiets.

Schalldruck: die durch Schall am jeweiligen Ort hervorgerufene Luftdruckschwankung.

Der S. ist die Größe, die bei den meisten Lebewesen vom Hörorgan registriert wird. Im menschlichen Ohr kann bereits ein S. von 20 µPa eine Gehörempfindung hervorrufen. Ein S. von 10 Pa verursacht dagegen schon eine Schmerzempfindung.

Schallempfänger: ein Gerät, mit dem Schallwellen aufgenommen und in Schwingungen umgewandelt werden. Die Art der entstehenden Schwingungen hängt vom Typ des S. ab. Ein S., der elektrische Schwingungen erzeugt, heißt Mikrofon.

Schallfeld: von Schallwellen erfülltes Raumgebiet. In hinreichend großer Entfernung von einer Schallquelle können die Schallwellen als ebene Wellen betrachtet werden. Das S. nahe der Schallquelle kann infolge von Interferenzen sehr kompliziert aussehen. Der Schall breitet sich in verschiedene Richtungen mit unterschiedlicher Schallintensität aus.

Schallgeber: ↑Schallquelle.

Schallgeschwindigkeit, Formelzeichen v: die Ausbreitungsgeschwindigkeit fortschreitender Schallwellen in einem festen, flüssigen oder gasförmigen Medium.

I. A. ist die S. in Gasen kleiner als in Flüssigkeiten und in Flüssigkeiten kleiner als in festen Körpern. Näherungsweise gilt, dass die S. in einem Medium umso größer ist, je weniger dieses sich

Stoff	v_S in m/s
Feste Körper	
Aluminium	5000
Blei	1210
Eichenholz	3850
Eis	3250
Eisen	5120
Glas (Flintglas)	3720
Glas (Kronglas)	4540
Messing	3480
Flüssigkeiten (25 °C)	
Alkohol	1207
Chloroform	9870
Kerosin	1324
Quecksilber	1450
Wasser	1497
Gase (0 °C, 101 325 Pa)	
Helium	965
Luft	331
Sauerstoff	316
Stickstoff	334
Wasserstoff	1284

Schallgeschwindigkeit: Werte für v_S in verschiedenen Medien

bei Krafteinwirkung verformt und je weniger dicht es bei gleicher Verformbarkeit ist. Außer vom Material des Ausbreitungsmediums ist die Schallgeschwindigkeit insbesondere bei flüssigen und gasförmigen Körpern auch von Temperatur und Druck abhängig. Dagegen besteht i. A. keine wesentliche Frequenzabhängigkeit. Bei der Schallausbreitung tritt also praktisch keine Dispersion auf.

Schallintensität (Schallstärke), Formelzeichen I: Quotient aus der ↑Schallleistung und der zur Richtung des Schallenergietransports senkrechten Fläche.

S

Schallleistung: die pro Zeiteinheit von einer Schallquelle (z. B. einem Lautsprecher) in Form von Schallwellen abgestrahlte Energie. Ihre Einheit ist das Watt. In der folgenden Tabelle sind die Leistungen einiger Schallquellen angegeben:

menschliche Stimme beim Sprechen	0,000007 W
bei äußerster Anstrengung	0,002 W
Geige	0,002 W
Trompete	0,3 W
Pauke	10 W
großer Lautsprecher	100 W

Schallmauer: ↑Überschallgeschwindigkeit.

Schallquelle: ein Körper mit der Fähigkeit zu mechanischen Schwingungen im Frequenzbereich zwischen 16 Hz und 20 000 Hz (Hörbereich des Menschen). Lineare S. sind z. B. Saiten, Stäbe und Stimmgabeln. Flächenhafte S. sind Membranen von Lautsprechern, Trommeln, schwingende Platten (Xylophon) und Glocken. Zu den räumlichen, also dreidimensionalen S. gehören z. B. die Pfeifen einer Orgel mit ihren schwingenden Luftsäulen. Je nach Art der S. werden die Schwingungen entweder mechanisch (z. B. durch Anblasen, Anzupfen) oder elektrisch angeregt (z. B. beim Lautsprecher oder unter Ausnutzung der ↑Piezoelektrizität).

Schallschnelle, Formelzeichen u: die zeitlich und örtlich veränderliche Geschwindigkeit, mit der die Teilchen des Ausbreitungsmediums um ihre Ruhelage schwingen. Sie ist streng zu unterscheiden von der ↑Schallgeschwindigkeit.

Schallspektrum: die Gesamtheit der in einem Schallereignis enthaltenen Sinusschwingungen, aufgetragen in einem Diagramm nach ihren Frequenzen (waagerechte Achse) und ihren Intensitäten (senkrechte Achse). Um ein S. zu erhalten, führt man eine ↑Schallanalyse durch. Bei reinen Klängen besteht das S. aus einer Anzahl paralleler senkrechter Linien, die deutlich voneinander getrennt sind. Bei Geräuschen dagegen liegen die Frequenzen der Teiltöne so dicht beieinander, dass die einzelnen Linien nicht mehr getrennt werden können. Man spricht dann von einem kontinuierlichen Spektrum.

Schallstärke: ↑Schallintensität.

Schallwellen: allgemein mechanische ↑Wellen in einem elastischen Medium. In flüssigen und gasförmigen Medien breiten sich nur longitudinale, in Festkörpern auch transversale Wellen aus. Speziell in Luft bezeichnet man als S. sich ausbreitende Luftverdichtungen und Verdünnungen.

Schalter: Gerät zum Schließen oder Unterbrechen eines Stromkreises. Beim Betätigen eines S. werden zwei Kontaktstücke in Berührung gebracht bzw. getrennt.

Schaltplan: die Darstellung von elektrischen Schaltungen durch genormte Symbole (↑Schaltzeichen).

Schaltzeichen: standardisierte Symbole zur zeichnerischen Darstellung von elektronischen Bauelementen, Geräten und Leitungen (siehe Abb.).

Schärfentiefe (Tiefenschärfe): derjenige Entfernungsbereich auf der Gegenstandsseite eines optischen Systems (z. B. eines Fotoapparats), der mit hinreichender Schärfe noch auf ein und derselben Bildebene abgebildet wird. Exakt scharf erscheinen nur genau in der Einstellebene des Objektivs liegende Gegenstandspunkte, alle anderen Punkte werden mehr oder weniger unscharf abgebildet, d. h. sie erzeugen in der Bildebene kleine Kreise. Die Kreisdurchmesser lassen sich verkleinern,

———	widerstandsfreie Leitung
	Leitungskreuzung ohne Verbindung
	Leitungskreuzung mit Verbindung
—o⁄o—	Schalter
	Gleichspannungsquelle, Urquelle
—⊙—	Stromquelle (selten verwendet)
—	Gleichspannung
∼	Wechselspannung
≂	Gleich- oder Wechselspannung
≈	Hochfrequenzspannung
—o o—	Anschlussklemmen
	Abschirmung
	Doppeldiode
	Vakuumdiode
	Triode
	Fotozelle

—(A)—	Amperemeter
	Erdung
—▭—	Widerstand
	stetig einstellbarer elektrischer Widerstand
—⊗—	Glühlampe
—⊕—	Glimmlampe
	elektrische Kapazität
—▬—	Induktivität
	Induktivität mit Eisenkern
	Transformator
—▶⊢—	Halbleiterdiode
	Bipolartransistor
	Feldeffekttransistor (n-Kanal-Anreicherungstyp)
	Feldeffekttransistor (n-Kanal-Verarmungstyp)
—(V)—	Voltmeter
—(G)—	Galvanometer

S

indem mit einer Blende das Lichtbündel, das durch das Objektiv tritt, verengt wird. Damit lässt sich die S. vergrößern.

Schatten: Bezeichnung für die Erscheinung der Dunkelheit oder Verdunkelung hinter einem beleuchteten, undurchsichtigen Körper. Mit S. kann auch der unbeleuchtete Raum hinter einem beleuchteten Körper gemeint sein oder das Bild, das durch die fehlende Beleuchtung auf einer Projektionsfläche erscheint. Schattenraum und Schattenbild sind abhängig von der Form des lichtundurchlässigen Körpers und der Art der Lichtquelle.

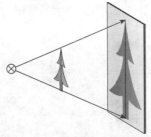

Schatten (Abb. 1): punktförmige Lichtquelle

Eine punktförmige Lichtquelle erzeugt einen scharf begrenzten Schatten (Abb. 1).

Zwei punktförmige Lichtquellen werfen i. A. zwei Schatten, die sich jedoch überlappen können (Abb. 2). Den Raum, in dem weder Lichtstrahlen von

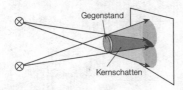

Schatten (Abb. 2): zwei punktförmige Lichtquellen

der einen Lichtquelle noch Lichtstrahlen von der anderen gelangen können, bezeichnet man als **Kernschatten.** Die Raumgebiete, die von einer der Lichtquellen beleuchtet werden, von der anderen aber nicht, heißen **Halbschatten.** Wirft eine ausgedehnten Lichtquelle einen Schatten, bezeichnet man den Bereich, der nicht von Lichtstrahlen getroffen werden kann, als Kernschatten; das oder die Gebiete, die Licht von einem Teil der Lichtquelle bekommen, heißen Halbschatten (Abb. 3). Die Halbschattengebiete gehen allmählich in das Kernschattengebiet über, da das Licht von immer kleineren Teilen der Lichtquelle das Schattengebiet erreicht. Beleuchtet man einen Körper mit einer punktförmigen Lichtquelle, treten bei genauer Beobachtung an der Grenze zwischen S. und beleuchtetem Raum helle und dunkle Streifen auf, die durch ↑Beugung entstehen.

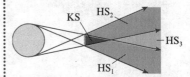

Schatten (Abb. 3): ausgedehnte Lichtquelle

Scheinleistung, Formelzeichen S: das Produkt aus den Effektivwerten von Spannung (U_{eff}) und Stromstärke (I_{eff}) eines Wechselstroms. Die Scheinleistung gibt den maximal möglichen Wert der elektrischen ↑Leistung im Wechselstromkreis an. Er wird dann erreicht, wenn keine ↑Phasenverschie-bung φ zwischen Spannung und Stromstärke besteht.

Scheinwiderstand: Wechselstromwiderstand (↑Wechselstromkreis).

Scheitelwert: der größte Betrag einer sich räumlich oder zeitlich ändernden Größe, v. a. bei ↑Wechselstrom.

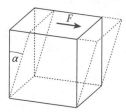

Scherung: *F* Kraft

Scherung: eine ↑Verformung, bei der zwei parallele Begrenzungsflächen gegeneinander verschoben werden (Abb.).

Schiebewiderstand: ein regelbarer elektrischer Widerstand in Form eines auf einen Isolierkörper aufgewickelten langen Drahts, dessen Windungen gegeneinander durch eine Oxidschicht isoliert sind (Abb.). Mittels eines metallischen Schiebers können Teile des Gesamtwiderstands abgegriffen werden. ↑Potenziometer sind häufig aus S. aufgebaut.

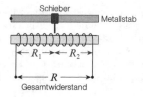

Schiebewiderstand

Schieblehre: ein Längenmessgerät zur Bestimmung von Außen-, Innen- und Tiefenmaßen (Abb.). Zur Messung der Länge eines Körpers von außen wird dieser zwischen die zwei Messschneiden gebracht, von denen die eine feststeht, die andere verschiebbar ist. Auf einer Skala kann der Abstand *s* der beiden Messschneiden und damit die Länge des dazwischen befindlichen Gegenstands abgelesen werden. Die Genauigkeit der Ablesung wird oft durch einen ↑Nonius erhöht. Mit den einander gegenüberliegenden Mess-

schneiden wird nach demselben Prinzip der Innendurchmesser etwa von Rohren bestimmt. Zur Tiefenmessung ist am Ende der S. ein in der Länge verstellbares Tiefenmaß angebracht.

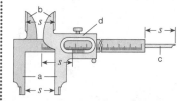

Schieblehre: a Messschneiden für Außenmaße, **b** Messschneiden für Innenmaße, **c** Tiefenmaß, **d** Schieber

schiefe Ebene (geneigte Ebene): eine um einen Winkel α (Neigungswinkel) gegen die Waagerechte geneigte Ebene (Abb.). Die Strecke AC wird als Länge *l*, die Strecke BC als Höhe *h* der s. E. bezeichnet. Neigungswinkel, Höhe und Länge der s. E sind über die Beziehung

$$h/l = \sin \alpha$$

miteinander verknüpft.

Die im Schwerpunkt eines auf der s. E. befindlichen Körpers angreifende, vertikal nach unten gerichtete Gewichtskraft vom Betrag $G = m \cdot g$ (*m* Masse des Körpers, *g* Fallbeschleunigung) lässt sich zerlegen in die parallel zur s. E. gerichtete Hangabtriebskraft F_H und die senkrecht zur s. E. gerichtete Normalkraft F_N. Für die Beträge der Kräfte gilt:

$$F_H = G \cdot \sin \alpha = G \cdot h/l \quad \text{bzw.}$$
$$F_N = G \cdot \cos \alpha.$$

Bewegt man den Körper mit der Gewichtskraft *G* vom Beginn unten bis zum oberen Ende der s. E. hinauf, so hat man eine Kraft vom Betrag F_H entlang der Wegstrecke *l* aufzubringen. Für die erforderliche Arbeit *W* gilt:

$$W = F_H \cdot l = G \cdot \frac{h}{l} \cdot l = G \cdot h.$$

S

Das ist aber gerade die Hubarbeit, die erforderlich wäre, wenn man den Körper senkrecht um den Weg h heben würde. Man kann also durch das Heben mit einer s. E. zwar Kraft sparen, aber keine Energie.

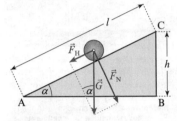

schiefe Ebene

Schmelzen: der Übergang eines Stoffs vom festen in den flüssigen ↑Aggregatzustand. Das S. eines festen Körpers findet bei der **Schmelztemperatur,** auch **Schmelzpunkt** genannt, statt. Sie ist von Stoff zu Stoff verschieden (Tab. 1). Führt man einem festen Körper Wärme zu, so steigt seine Temperatur zunächst bis zur Schmelztemperatur an und bleibt dann trotz weiterer Wärmezufuhr so lange konstant, bis der Körper vollständig geschmolzen ist. Die während des S. zugeführte Energie wird nämlich vollständig dazu benötigt, die Bindungen zwischen den Atomen oder Molekülen aufzutrennen. Diese Energie heißt **Schmelzwärme.** Den Quotienten aus der Schmelzwärme und der Masse eines Körpers nennt man **spezifische Schmelzwärme.** Sie hängt vom Stoff ab und gibt an, wie viel Energie pro kg nötig ist, um einen festen Körper aus dem jeweiligen Stoff vollständig zu schmelzen (Tab. 2).

Bei den meisten Stoffen vergrößert sich beim S. eines Körpers dessen Volumen, und mit zunehmendem äußeren Druck steigt der Schmelzpunkt (geringfügig). Eine Ausnahme bildet das Wasser. Das Volumen von Eis ist größer als das von Wasser und der Schmelzpunkt sinkt mit wachsendem Druck (↑Anomalie des Wassers).

Den zum S. umgekehrten Vorgang des Übergangs vom flüssigen in den festen Aggregatzustand bezeichnet man als **Erstarren.** Das Erstarren findet bei der **Erstarrungstemperatur** (am **Erstarrungspunkt**) statt, welche mit der

Stoff	Schmelz- und Erstarrungstemperatur in °C
Sauerstoff	−218,8
Stickstoff	−210,0
Quecksilber	−38,9
Wasser/Eis	0
Zinn	231,9
Zink	419,4
Aluminium	660
Silber	960,8
Gold	1063
Eisen	1535
Platin	1769
Wolfram	3390

Schmelzen (Tab. 1): Schmelz- und Erstarrungstemperatur verschiedener Stoffe bei einem Druck von 101 325 Pa

Stoff	spezifische Schmelzwärme in kJ/kg
Aluminium	396,1
Blei	323,9
Wasser/Eis	333,5
Eisen	272,1
Gold	67,0
Kupfer	209,3
Quecksilber	11,7
Silber	104,7

Schmelzen (Tab. 2): spezifische Schmelzwärme einiger Stoffe

Schmelztemperatur übereinstimmt. Beim Erstarren wird die beim Schmelzen zugeführte Wärme wieder frei (Erstarrungswärme). Entzieht man einem erstarrenden Körper fortwährend Energie, sinkt seine Temperatur erst dann, wenn er vollständig in den festen Aggregatzustand übergegangen ist.

Schmelzwärme: ↑Schmelzen.

Schmetterlingseffekt: ↑Chaostheorie.

Schnellkochtopf: ↑Papin-Topf.

Schraube:

♦ *Technik*: ein Verbindungselement mit Gewinde.

♦ *Physik und Mathematik*: eine Linie, die um einen Zylinder läuft und sich dabei gleichmäßig in die Höhe windet. Wickelt man ein rechtwinkliges Dreieck um einen Zylinder, so beschreibt die Hypotenuse AC eine Schraube (Abb.). Die Länge der Schraube entspricht gerade der Länge der Hypotenuse, die Schraubenhöhe und der Schraubenumfang entsprechen den beiden Katheten. Ein geladenes Teilchen, das sich schräg zu den Feldlinien eines Magnetfelds bewegt, beschreibt eine schraubenförmige Bahn.

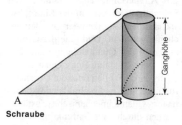

Schraube

Schrödinger-Gleichung [nach E. SCHRÖDINGER]: die grundlegende Differenzialgleichung der (nicht relativistischen) Quantenmechanik, die an die Stelle der Bewegungsgleichung der Mechanik tritt. Sie ist eine Gleichung für die zunächst unbekannte ↑Wellenfunktion $\Psi(x, t)$ eines mikrophysikalischen Teilchens, d. h. sie stellt Forderungen an Wellenfunktionen. Dabei ist x die Orts- und t die Zeitkoordinate. Als Lösung der S.-G. ergeben sich eine oder mehrere erlaubte Wellenfunktionen und gleichzeitig die jeweils zugehörige Teilchenenergie E. Aus der Wellenfunktion wiederum lassen sich alle Bewegungsgrößen des betrachteten Teilchens ermitteln. Die äußeren Bedingungen gehen in Form der ortsabhängigen potenziellen Energie E_{pot} in die S.-G. ein. E_{pot} beschreibt vollständig alle Kraftwirkungen auf das Teilchen. Für den einfachen Fall, dass die Bewegung eines Teilchens auf eine Dimension beschränkt ist und die äußeren Bedingungen nicht von der Zeit abhängen, vereinfacht sich die S.-G. auf folgende Form:

$$\frac{\partial^2 \Psi}{\partial x^2} + \frac{8\pi^2 \cdot m}{h^2} \cdot \left(E - E_{pot}\right)\Psi = 0.$$

Schrödingers Katze: siehe S. 360.

Schubkraft: ↑Rakete.

Schublehre: ↑Schieblehre.

schwache Wechselwirkung: eine der vier fundamentalen Arten der Wechselwirkung von Materie. Ihr unterliegen alle Elementarteilchen mit Ausnahme des Photons. Sie weist eine sehr kurze Reichweite ($< 10^{-17}$ m) auf und ist hundertmal schwächer als die ↑starke Wechselwirkung. Sie bestimmt den Zerfall relativ langlebiger Elementarteilchen (typische Lebensdauern von 10^{-10} s).

Wichtigstes Beispiel für den Zerfall durch s. W. ist der Betazerfall von Atomkernen. An den meisten Prozessen mit s. W. sind Leptonen und Neutrinos beteiligt. Die Austauschteilchen der s. W. heißen intermediäre Bosonen (deren drei Vertreter mit W^+, W^- und Z^0 bezeichnet werden).

schwarzer Körper: ↑schwarzer Strahler.

Vom Standpunkt unserer Alltagserfahrung aus erscheinen die Quantenphysik und viele ihrer Anwendungen und Folgerungen unanschaulich und merkwürdig. ERWIN SCHRÖDINGER, der Mitbegründer der Quantentheorie, zog 1935 in einem berühmten Gedankenexperiment eine ganz besondere Konsequenz, die sogar den Experten Kopfzerbrechen bereitete. Danach kann eine Katze nach den Voraussagen der Quantenmechanik unter bestimmten Umständen – zugespitzt ausgedrückt – zugleich tot und lebendig sein. Die Katze steht für die Alltagswelt, sie ist fachsprachlich ein makroskopisches Objekt. SCHRÖDINGER wollte mit der paradox anmutenden Folgerung aus der Quantentheorie die Physiker zum Nachdenken über den Prozess des Messens und die Verbindung zwischen Mikro- und Makrowelt anregen.

Er rüttelte damit an den Grundfesten einer Theorie, deren Richtigkeit immer wieder bestätigt wurde und wird: Die Quantentheorie – von ihm, W. HEISENBERG u. a. in den 1920er-Jahren entwickelt – ist neben der Relativitätstheorie EINSTEINS die wichtigste Säule der modernen Physik. Sie wurde über die Wissenschaft hinaus mit ungeheurem Erfolg in vielen technischen Gebieten angewendet. Z. B. wären die Errungenschaften der Festkörperphysik und damit der Mikroelektronik und Computertechnik ohne die Quantenmechanik nicht möglich gewesen. Dass eine Theorie erfolgreich ist, bedeutet allerdings nicht, dass man sie nicht hinterfragen und weiterentwickeln kann.

■ Die Höllenmaschine

Warum sollte es ein Problem sein, etwas zu messen, und was hat es mit der eigenartigen Katze auf sich? Schauen wir uns dazu SCHRÖDINGERS Gedankenexperiment näher an. In seinem Artikel über »Die gegenwärtige Situation der Quantenmechanik« von 1935 heißt es: »Eine Katze wird in eine Stahlkammer gesperrt, zusammen mit folgender Höllenmaschine …: In einem geigerschen Zählrohr befindet sich eine winzige Menge radioaktiver Substanz, so wenig, dass im Laufe einer Stunde eines von den Atomen zerfällt, ebenso wahrscheinlich aber auch keines; geschieht es, so spricht das Zählrohr an und betätigt über ein Relais ein Hämmerchen, das ein Kölbchen mit Blausäure zertrümmert. Hat man dieses ganze System eine Stunde lang sich selbst überlassen, so wird man sich sagen, dass die Katze noch lebt, wenn inzwischen kein Atom zerfallen ist. Der erste Atomzerfall würde sie vergiftet haben. Die Wellenfunktion des ganzen Systems würde das so zum Ausdruck bringen, dass in ihr die lebende und die tote Katze … zu gleichen Teilen gemischt oder verschmiert sind.« Das Experiment lässt sich nur verstehen, wenn man sich einige der Grundannahmen der Quantenmechanik vor Augen führt.

■ Von Teilchen und Wellen

Ein Atomkern in einem radioaktiven Präparat ist ein System der Mikrophysik, das den Gesetzen der Quantenmechanik gehorcht. Und eine der Grundaussagen der Quantentheorie ist, dass sich jeder Zustand eines Quantenteilchens durch Wellen oder die Überlagerung von Wellen beschreiben lässt. Genauer: Quantenmechanische Zustände werden durch ↑Wellenfunktionen dargestellt. Aufgrund ihres Wellencharakters können sich Quantenteilchen gleichzeitig in *mehreren* Zuständen befinden – die Wellenfunktionen dieser Zustände überlagern sich. Das gleichzeitige Vorhandensein mehrerer Zustände bedeutet nichts anderes, als dass die Eigenschaften eines Teilchens nur mit einer gewissen Unbestimmtheit an-

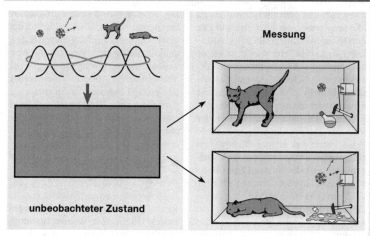

Schrödingers Katze in der »Höllenmaschine«: Erst wenn die Stahlkammer geöffnet wird, kann man sagen, ob die Katze tot oder lebendig ist.

geben werden können. Nach SCHRÖDINGER kann man, ohne die Stahlkammer geöffnet und nachgesehen zu haben, nicht mit Bestimmtheit sagen, ob ein einzelner radioaktiver Atomkern sich gerade im Zustand »zerfallen« oder im Zustand »nicht zerfallen« befindet: Beide Zustände überlagern sich.

■ **Das Messproblem und der Übergang von der Mikro- zur Makrowelt**

SCHRÖDINGER folgert: Wenn man die Überlagerung von Zuständen als gegeben hinnimmt, so ist es erstaunlich, dass bei einer Messung (die üblicherweise mit einem makroskopischen Instrument vorgenommen wird) immer nur *ein* ganz bestimmter Zustand eines Teilchens festgestellt wird. Das Teilchen hat anscheinend durch den Akt der Messung seine Welleneigenschaften eingebüßt.

Die Frage lautet: Auf welche Weise und warum führt die Messung ein ganz bestimmtes Resultat herbei? Was zeichnet eine Messung überhaupt aus? Können Messungen immer nur mit klassischen, makroskopischen Instrumenten ausgeführt werden?

In SCHRÖDINGERS Gedankenexperiment ist die Katze – rein technisch gesehen – nichts anderes als ein Messinstrument, das wie der Geigerzähler radioaktive Zerfälle feststellt. Wenn man mit einem makroskopischen Instrument einen mikrophysikalischen Zustand messen kann, dann muss es, so der Gedanke SCHRÖDINGERS, zu einer Kopplung von Mikro- und Makrowelt gekommen sein. Es sollte also theoretisch möglich sein, die Regeln der Quantenmechanik auf das Messinstrument auszudehnen; dann sollte sich auch das Messinstrument, wie jeder der Atomkerne, in mehreren Zuständen gleichzeitig aufhalten können. Die Katze in der geschlossenen Stahlkammer sollte also gleichzeitig tot und lebendig sein können. Das gesamte System aus Messinstrument (Katze) und Messobjekt (Atomkern) würde sich in einem sog. **verschränkten Zustand** befinden. Die eigentliche Messung würde dann darin bestehen, dass man den Deckel der Kammer öffnet und feststellt, dass die Katze lebt oder tot ist. Aus dieser Messung wiederum lässt sich auf den Zerfall oder Nichtzerfall eines Atomkerns rückschließen. Man hätte es somit durch die Verschränkung mit der Mikrowelt geschafft, mit makroskopischen Mitteln eine Aussage über die Zustände der Mikrowelt zu treffen.

Für viele Wissenschaftler, so auch den Mitbegründer der Quantenmechanik N. BOHR, war und ist der Messprozess eine Selbstverständlichkeit: »Messungen ereignen sich einfach.« Nach dieser sog. Kopenhagener Deutung (↑Quantentheorie) ist für eine Messung *immer* ein makroskopisches Gerät nötig, das *nie* in einen verschwommenen Zustand geraten oder sich mit mikrophysikalischen Zuständen verschränken kann. Wo genau die Grenze zwischen dem makrophysikalischen Messgerät und dem mikrophysikalischen Objekt liegt, sagte BOHR allerdings nicht. SCHRÖDINGER aber gab sich mit dieser Auffassung vom Messprozess nicht zufrieden, und andere Wissenschaftler stimmten ihm zu. Inzwischen hat sich, ausgehend von seinen Überlegungen, ein ganzes Gebiet entwickelt, die Theorie der verschränkten Zustände; sie lassen sich auch experimentell darstellen.

■ Schrödingers Kätzchen

Die Frage, ob es grundsätzlich eine Grenze zwischen der Quantenwelt und der makroskopischen Welt gibt und wo sie zu ziehen ist, versuchen die Physiker in neuerer Zeit, »von unten«, sprich von den atomaren Dimensionen her, anzupacken. Wie weit darf man ein atomares System noch vergrößern, damit es sich noch eindeutig nach den Gesetzen der Quantentheorie verhält? Solche kleinen experimentellen Systeme mit verschränkten Zuständen kann man dann »Schrödingers Kätzchen« oder auch **Quantenkatzen** nennen.

Die untersuchten Systeme sind natürlich immer noch sehr weit weg von der makroskopischen Schrödinger-Katze, und sie bieten noch längst keine Antwort auf die grundlegenden Fragen des Messprozesses. Aber sie bergen bereits ein großes Potenzial an technischen Anwendungen. Hier ergibt sich also eine ganz andere Art von Kopplung an die makroskopische Welt, als SCHRÖDINGER jemals vermutet hätte.

■ Quantencomputer und weitere mögliche Anwendungen

Die Erforschung verschränkter Zustände und ihrer Anwendungen hat in den letzten Jahren einen wahren Boom erlebt. So gibt es Ansätze zur Realisierung eines Quantencomputers, bei dem die Information durch die Überlagerung von Quantenzuständen gespeichert wird (man spricht von Quantenbits oder Qubits).

Eine andere Anwendung ist die Verschlüsselung von Informationen: Hier wird Information auf polarisierte Photonen übertragen, die dann auf raffinierte Weise in einen verschränkten Zustand gebracht werden. Unbefugtes »Abhören« des Zustands zerstört die Verschränkung und lässt keinen Rückschluss auf die Verschlüsselung zu. Eine ganze Reihe weiterer Anwendungsmöglichkeiten wird zurzeit diskutiert. ■

❦ GRIBBIN, JOHN: *Auf der Suche nach Schrödingers Katze: Quantenphysik und Wirklichkeit*. München (Piper) ³1996. ■ *Quanten-Phänomene*, bearbeitet von REINHARD BREUER. Heidelberg (Spektrum-der-Wissenschaft-Verlags-Gesellschaft) 1999.

schwarzer Strahler (schwarzer Körper): ein gedachter Körper, der Strahlung gemäß der ↑Strahlungsgesetze aussendet. Dabei müssen seine maßgeblichen Bestandteile eine einheitliche Temperatur aufweisen. Aus theoretischen Überlegungen kann ein solcher Strahler auftreffende Strahlung aller Wellenlängen vollständig absorbieren. Da er bei niedrigen Temperaturen (z. B. Zimmertemperatur) praktisch kein sichtbares Licht abstrahlt, erscheint er dann also vollkommen schwarz. Mit zunehmender Temperatur leuchtet er aber erst rötlich, dann gelblich und schließlich bläulich.

In der Natur ist kein realer Körper mit den Eigenschaften eines s. S. bekannt. Experimentell lässt sich ein s. S. aber durch eine kleine Öffnung in einer Begrenzungswand eines Hohlraums realisieren, dessen Begrenzungswände innen geschwärzt sind. Daher nennt man die Strahlung eines s. S. auch **Hohlraumstrahlung.**

schwarzes Loch: eine Massenansammlung, die so verdichtet ist, dass nicht einmal Licht ihrem Gravitationsfeld entweichen kann. Ein s. L. kann daher nicht direkt beobachtet werden. Es äußert sich v. a. in der Gravitationswirkung auf außerhalb befindliche Massen. Experimentell noch nicht eindeutig bewiesen, gibt es für die Existenz von s. L. aber starke theoretische Gründe. Als »sichere Kandidaten« gelten die Röntgenquelle Cygnus 1, das galaktische Zentrum, die Radioquelle Sagittarius A sowie die Galaxie M84.

Schweben: der Bewegungszustand eines Körpers, der in einer Flüssigkeit oder in einem Gas weder steigt noch sinkt. Beim S. ist der ↑Auftrieb des Körpers gleich seinem Gewicht. Dann stimmen die mittlere Dichte des Körpers und die Dichte des Mediums überein; anders ausgedrückt ist die Gewichtskraft des Körpers gleich der Ge-

wichtskraft der von ihm verdrängten Flüssigkeits- oder Gasmenge.

Schwebung: Bezeichnung für die periodisch schwankende Amplitude einer Schwingung, die durch die Überlagerung zweier gleichartiger Schwingungen mit nur geringem Frequenzunterschied entsteht. Haben die beiden sich überlagernden Teilschwingungen die Frequenzen ν_1 und ν_2, resultiert eine Schwingung, deren Amplitude mit der Frequenz

$$\nu = |\nu_2 - \nu_1|$$

periodisch schwankt. Die Frequenz ν heißt **Schwebungsfrequenz.** Sind die Amplituden der sich überlagernden Schwingungen gleich groß, schwankt die Amplitude zwischen null und einem Maximalwert (Abb. oben), andernfalls ist der Minimalwert der Amplitude von null verschieden (Abb. unten).

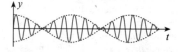

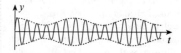

Schwebung: Sind die Amplituden der sich überlagernden Schwingungen gleich, schwankt die Amplitude der Schwebung zwischen null und einem Maximalwert (oben); ansonsten ist die Amplitudenschwankung kleiner (unten).

In der Akustik tritt S. beim Zusammenklingen zweier annähernd gleich hoher Töne auf. Das menschliche Ohr nimmt dabei nur einen einzigen Ton wahr, dessen Frequenz genau in der Mitte zwischen den beiden ursprünglichen Tonfrequenzen liegt und dessen Stärke mit der Schwebungsfrequenz periodisch schwankt. Ist die Schwebungsfrequenz größer als 16 Hz (untere Hörgrenze), nimmt das menschliche Ohr

S

nicht mehr die Lautstärkeschwankungen wahr, sondern empfindet die Schwebungsfrequenz als eigenständigen Ton. Bei der Stimmung von Musikinstrumenten ist die Übereinstimmung mit dem Stimmton dann erreicht, wenn die S. verschwindet.

Schwerebeschleunigung: ↑Fallbeschleunigung.

Schweredruck: der ↑hydrostatische Druck.

schwere Masse: ↑Masse.

schwerer Wasserstoff: ↑Deuterium.

schweres Wasser: Wasser, das anstelle des gewönlichen Wasserstoffs schweren Wasserstoff (Deuterium) enthält. Seine chemische Zusammensetzung lautet D_2O. Schweres Wasser spielt in der Reaktortechnik (↑Kernreaktor) als Moderatorsubstanz eine wichtige Rolle.

Schwerewellen: Wellen auf Flüssigkeitsoberflächen, für die die Schwerkraft die wesentliche Rückstellkraft ist. In Wasser sind dies alle Wellen, deren Wellenlängen einige Dezimeter überschreiten. Kurze S. laufen langsamer als lange. Die Bahnlinien der Flüssigkeitsteilchen entsprechen Kreisbahnen, welche sich mit zunehmender Tiefe unter der Oberfläche zu immer flacheren Ellipsen verformen. Die Wasserteilchen bewegen sich also nicht fort, sondern schwanken jeweils an einer festen Stelle auf und ab. Die Erzeugung von S. und die dadurch bedingte Energieabgabe sind die Ursache des Wellenwiderstands von Schiffen.

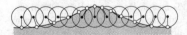

Schwerewellen: Bahnlinien der Wasserteilchen

Schwer|ionenphysik: physikalisches Forschungsgebiet, das sich mit atomaren und nuklearen Prozessen beschäf-

tigt, die auftreten, wenn beschleunigte Ionen der schweren Elemente auf Materie (Targets) geschossen werden. An den Prozessen sind sowohl die Atomhüllen als auch die Nukleonen beteiligt.

Schwerkraft: ↑Gravitation.

Schwerpunkt (Massenmittelpunkt): derjenige Punkt, den man sich bei einem ausgedehnten Körper als Angriffspunkt der Schwerkraft denken kann. Hängt man einen festen Körper in seinem S. auf, so bleibt er bei jeder Orientierung im Gleichgewicht (wenn nur die Schwerkraft wirkt). Man kann sich also im Schwerpunkt die gesamte Masse eines Körpers vereinigt denken. Darüber hinaus behält ein Körper seine Orientierung bei, d. h. er dreht sich nicht, wenn man ihn mit einer im S. angreifenden Kraft beschleunigt. Der S. muss nicht notwendigerweise mit einem Punkt des Körpers übereinstimmen. Bei einem Kreisring fällt er z. B. in den Kreismittelpunkt.

Zur experimentellen Bestimmung des S. betrachte man einen an einem Faden hängenden frei beweglichen Körper. In diesem Fall liegt der S., wenn nur die Schwerkraft auf ihn wirkt, senkrecht unter dem Aufhängepunkt.

Hängt man nun einen geeigneten Körper nacheinander an zwei (oder mehr) verschiedenen Punkten A und B mithilfe eines Fadens auf und markiert jeweils die Verlängerung des Fadens durch den Körper (Abb.), so befindet sich der S. genau im Schnittpunkt S der markierten Linien.

Man kann den S. aber auch rechnerisch bestimmen: Wenn in einem System von n Massepunkten die Ortsvektoren $\vec{r}_i$ die Orte der einzelnen Massen m_i ($i = 1, 2, \ldots, n$) bezeichnen, dann berechnet man den Ortsvektor des S. als sog. gewichtetes Mittel:

$$\vec{r}_s = \frac{m_1 \cdot \vec{r}_1 + \ldots + m_n \cdot \vec{r}_n}{m_1 + \ldots + m_n}.$$

Für die x-Koordinate des S. erhält man etwa:

$$x_s = \frac{m_1 \cdot x_1 + \ldots + m_n \cdot x_n}{m_1 + \ldots + m_n}.$$

Bei einem Körper, dessen Masse kontinuierlich über seine Ausdehnung verteilt ist, muss man zu Integralen übergehen. Z. B. gilt dann für die x-Koordinate des S.:

$$x_s = \frac{\int x \, \mathrm{d}m}{\int \mathrm{d}m}.$$

Solche Berechnungen sind jedoch nur für geometrisch einfache Körper möglich.

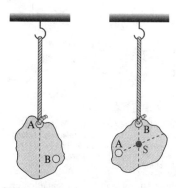

Schwerpunkt

Schwerpunktsatz: ↑Erhaltungssätze.
Schwerpunktsystem: ein ↑Bezugssystem, mit ruhendem Schwerpunkt des betrachteten physikalischen Systems.
Schwimmen: Bezeichnung für die Bewegung oder Lage eines Körpers an oder auf der Oberfläche einer Flüssigkeit. Ein Körper schwimmt, wenn sein ↑Auftrieb größer ist als sein Gewicht, also dann, wenn seine mittlere Dichte kleiner ist als die der betreffenden Flüssigkeit. Er taucht beim Schwimmen gerade so tief in die Flüssigkeit ein, dass die Gewichtskraft der von ihm verdrängten Flüssigkeitsmenge gleich seiner eigenen Gewichtskraft ist (↑archimedisches Prinzip). Durch geeignete Formgebung (z. B. wie bei einem Schiff) kann auch ein Körper schwimmen, dessen Material eine größere Dichte hat als die der Flüssigkeit. Darüber hinaus vermag ein Körper auch zu schwimmen, wenn er etwa durch Bewegungen relativ zur Flüssigkeit eine seinem Gewicht entgegengerichtete Kraftkomponente erzeugt.
schwingende Luftsäule: in einem Behälter eingeschlossenes Luftvolumen, das bei geeigneter Anregung Eigenschwingungen (↑Resonanz) ausführen kann. Form und Ausdehnung des Behälters bestimmen den Ton, die die s. L. hervorruft. Eine s. L. tritt z. B. in der Pfeife auf.
schwingender Stab: eine lineare Schallquelle. Seine Fähigkeit, nach einem einmaligen Anstoß Eigenschwingungen (↑Resonanz) ausführen zu können, beruht auf seiner Elastizität. Da die Rückstellkräfte annähernd proportional zur Vergrößerung des Abstands zwischen den Atomen sind, werden harmonische ↑Schwingungen angeregt. Ein s. S. kann ↑Transversalschwingungen, ↑Longitudinalschwingungen oder ↑Torsionsschwingungen ausführen. Die Frequenzen der Eigenschwingungen bestehen aus einer Grundfrequenz und allen ganzzahligen Vielfachen davon. Ein wenig verformbarer und bei gleicher Verformbarkeit weniger dichter s. S. besitzt eine höhere Grundfrequenz als ein leichter verformbarer und dabei dichterer. Die **Stimmgabel** kann man z. B. als einen s. S. ansehen. Deren Oberschwingungen klingen durch die besondere Form schnell ab, sodass kurze Zeit nach dem Anschlagen nur noch der Grundton zu hören ist.
Schwinger: ↑Oszillator.

S

Schwingkreis: Zusammenschaltung einer Spule und eines Kondensators zu einem geschlossenen Stromkreis (Abb. 1). In einem idealen S., ohne jeden ohmschen Widerstand, der einmal angestoßen wurde, führen Strom und Spannung ungedämpfte harmonische Schwingungen aus, wobei die Energie zwischen dem Kondensator (elektrische Energie) und der Spule (magnetische Energie) hin- und herschwingt. Wenn der S. auch einen ohmschen Widerstand R enthält, was bei jedem realen S. der Fall ist, sind die Schwingungen mehr oder weniger stark gedämpft und die elektromagnetische Energie wird in Wärme umgewandelt.

Um die Schwingung zu erklären, geht man von einem S. aus, bei dem zu Anfang der Kondensator aufgeladen ist, und zerlegt eine vollständige Schwingung in vier Phasen (Abb. 2). In Phase 1 entlädt sich der Kondensator über einen durch die Spule fließenden Strom. Dabei steigt die Stromstärke mäßig schnell an, entsprechend der Gegenspannung, die an der Spule induziert wird ($U_{ind} = L \cdot dI/dt$). Dabei muss die Induktionsspannung stets genau so groß wie die Spannung am Kondensator sein. Zu Beginn der Phase 2 ist der Kondensator gerade entladen, und durch die Spule fließt noch der maximale Entladestrom. Wegen der zu diesem Zeitpunkt verschwindenden Induktionsspannung bleibt der Strom bestehen, sodass der Kondensator in der umgekehrten Richtung wieder aufgeladen wird. Die Stromstärke sinkt erst

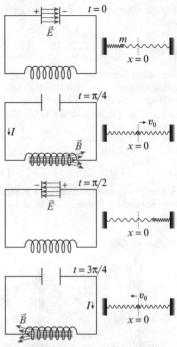

Schwingkreis (Abb. 2): vier Phasen der Schwingung. Links die Entstehung der elektrischen und magnetischen Felder, rechts eine durch zwei Feder bewegte Masse als mechanische Analogie.

langsam, dann in Maßen schneller, entsprechend der anwachsenden Induktionsspannung der Spule. Zu Beginn der Phase 3 ist der Kondensator vollständig aufgeladen und der Strom abgeklungen. Es erfolgt das erneute Entladen (Phase 3) und Aufladen (Phase 4) des Kondensators genau wie in den Phasen 1 und 2, nur mit umgekehrten Richtungen für die Ströme und Spannungen.

Um das zeitliche Verhalten der beteiligten Größen zu berechnen, kann man die Gesamtenergie im S. in Abhängigkeit von der Stromstärke heranziehen:

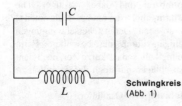

Schwingkreis (Abb. 1)

$$E_{el} + E_{magn} = \frac{1}{2} \cdot \frac{Q^2}{C} + \frac{1}{2} \cdot L \cdot I^2 = \text{konst.}$$

S

Ersetzt man die Stromstärke I durch dQ/dt, erhält man eine Differenzialgleichung für die Ladung am Kondensator, aus der ihr zeitlicher Verlauf ermittelt werden kann.

Alternativ führt auch der Ansatz, dass die Spannung U_L an der Spule und die Spannung U_C am Kondensator sich kompensieren müssen, zu einer Differenzialgleichung, die das zeitliche Verhalten der Größen beschreibt:

$$U_L + U_C = L \cdot \frac{dI}{dt} + \frac{Q}{C} = 0.$$

Durch Lösen der Differenzialgleichung erhält man folgende Resultate: Kondensatorladung, Stromstärke und Spannung führen harmonische Schwingungen (Sinusschwingungen) aus. Die Frequenz ν beträgt jeweils:

$$\omega = \sqrt{\frac{1}{L \cdot C}}.$$

Mit der Beziehung $T = 2\pi/\nu$ ergibt sich damit die Schwingungsdauer T zu

$$T = 2\pi\sqrt{L \cdot C}$$

(thomsonsche Schwingungsformel). Diese Frequenz, mit der die Größen im S. schwingen, bezeichnet man als Eigenfrequenz des Schwingkreises. Für den zeitlichen Verlauf der Stromstärke erhält man also:

$$I(t) = I_0 \cdot \sin\left(\frac{1}{\sqrt{L \cdot C}} \cdot t\right).$$

Berücksichtigt man außerdem den Einfluss eines ohmschen Widerstands, der zusätzlich in den Schwingkreis geschaltet ist, so findet man (nach komplizierterer Rechnung), dass Stromstärke und Spannung gedämpfte harmonische Schwingungen ausführen, deren Frequenz etwas verringert ist.

Indem man an einen S. eine Wechselspannung anlegt (Abb. 3), können erzwungene Schwingungen erzeugt werden. Es treten dann die typischen Resonanzeffekte auf (↑Resonanz). Erzwingt man eine Schwingung mit der Eigenfrequenz des S., wirkt der S. in einer Schaltung wie in Abb. 3 wie ein sehr großer Widerstand. In dieser Anordnung bezeichnet man in deshalb auch als **Sperrkreis.**

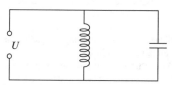

Schwingkreis (Abb. 3): Sperrkreis

S. werden vielfach in der Elektrotechnik, insbesondere in der Rundfunktechnik bei elektronischen Filtern und Verstärkern eingesetzt.

Schwingung: eine zeitlich periodische Änderung einer physikalischen Größe um einen Mittelwert. Sie tritt auf, wenn die Störung eines Gleichgewichts zu Kräften führt, die dieser entgegenwirken.

Bei einer mechanischen S. kann die schwingende Größe z. B. eine aus ihrer Ruhelage ausgelenkte Masse sein (Pendel, Stimmgabel, Saite, Membran). Bei einer elektromagnetischen S. sind die periodisch veränderlichen Größen etwa die elektrische und magnetische Feldstärke, die elektrische Ladung eines Kondensators, die Stromstärke oder die Spannung. Breitet sich eine S. im Raum aus, spricht man von ↑Wellen. Abb. 1 zeigt Momentaufnahmen eines schwingenden Körpers. Zwischen benachbarten Teilbildern liegen gleiche Zeitabstände.

Eine S. wird durch folgende Größen beschrieben:

Auslenkung (Elongation) y: der jeweilige Abstand des schwingenden Körpers von der Gleichgewichts- oder Ru-

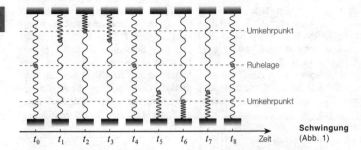

Schwingung (Abb. 1)

helage. Die Auslenkung ist also eine zeitabhängige Größe.

Amplitude (Schwingungsweite) A: Der Abstand zwischen der Ruhelage und einem Umkehrpunkt, d. h. dem Punkt, an dem sich die Bewegungsrichtung umkehrt. Die Amplitude ist damit die größtmögliche Auslenkung.

Schwingungsdauer oder **Periode** T: die Zeit, die für eine volle S. erforderlich ist.

Frequenz (Schwingungszahl) ν: Anzahl der S. pro Sekunde. Zwischen Schwingungsdauer T und Frequenz ν bestehen die Beziehungen:

$$T = \frac{1}{\nu} \text{ und } \nu = \frac{1}{T}.$$

Die S. eines vertikal schwingenden Massepunkts lässt sich grafisch darstellen, indem man hinter ihm gleichmäßig, horizontal ein Blatt Papier vorbeiführt und darauf den jeweiligen Ort des Massepunkts vermerkt. Dann ent-

spricht die horizontale Längenskala einer Zeitskala, und der vertikale Abstand eines Punktes der Kurve zur Mittellinie entspricht der Auslenkung aus der Ruhelage. Das horizontale Vorbeiführen des schwingenden Massepunkts am Blatt führt zum gleichen Ergebnis. Allgemein stellt man eine Schwingung als Kurve in einem Koordinatensystem dar, wobei die horizontale Koordinate eines Kurvenpunkts den Zeitpunkt und die vertikale Koordinate die Auslenkung angibt (Abb. 2).

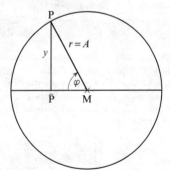

Schwingung (Abb. 3): Zusammenhang zwischen einer Schwingung und einer Kreisbewegung

Schwingung (Abb. 2): Aufzeichnung einer Schwingung auf einem am schwingenden Körper vorbeigeführten Papierstreifen

Von zentraler Bedeutung ist die **Sinusschwingung** oder **harmonische Schwingung**. Da der Sinus auch bei einer Kreisbewegung auftritt, gibt es Entsprechungen zwischen einer S. und einer Kreisbewegung. Die Auslenkung y

einer S. mit der Amplitude A genügt der folgenden Gleichung:

$$y = A \cdot \sin(\omega \cdot t + \varphi_0).$$

Dabei stellt der Ausdruck in der Klammer einen zeitlich veränderlichen Winkel dar, der dem Winkel φ der in der Abb. 3 dargestellten Kreisbewegung entspricht. Er wird **Phase** oder **Phasenwinkel** genannt und setzt sich zusammen aus einem Anfangswinkel φ_0 **(Nullphasenwinkel oder Phasenkonstante)**, der zum Zeitpunkt $t = 0$ bereits vorhanden ist, und einem sich im Laufe der Zeit vergrößernden Winkel $\omega \cdot t$.

ω nennt man **Winkelgeschwindigkeit** oder **Kreisfrequenz,** und für sie gilt:

$$\omega = \frac{2\pi}{T} = 2\pi \cdot \nu.$$

Sie ist ein Maß dafür, mit welcher Geschwindigkeit sich bei einer der S. entsprechenden Kreisbewegung der Winkel φ ändert. Nach einer vollen Umlaufzeit hat sich etwa der Winkel φ um 2π geändert, d. h. es hat eine volle Umdrehung stattgefunden.

Eine Sinusschwingung – auch harmonische Schwingung genannt – lässt sich nun grafisch darstellen, indem man den Winkel und den Sinusanteil einer sich gleichförmig im Kreis drehenden Strecke der Länge A (Amplitude) in ein Diagramm wie in Abb. 4 überträgt

(Zeigerdiagramm). Auf der horizontalen Achse des Diagramms verwendet man nun zwar den Phasenwinkel statt der Zeit, aber die Vergrößerung des Phasenwinkels entspricht (wegen $\varphi = \omega \cdot t + \varphi_0$) genau dem Fortschreiten der Zeit.

Für die Geschwindigkeit v eines harmonisch schwingenden Körpers gilt:

$$v = \frac{dy}{dt} = \omega \cdot A \cdot \cos(\omega \cdot t + \varphi_0).$$

Die Geschwindigkeit schwankt also zwischen den Werten 0 und $\omega \cdot A$. Sie ist beim Durchgang durch die Ruhelage ($y = 0$) am größten und hat an den Umkehrpunkten ($y = A$) den Betrag null. Man erhält für die kinetische Energie E_{kin} einer S. (der Einfachheit halber mit $\varphi_0 = 0$):

$$E_{kin} = \frac{1}{2} m \cdot v^2 = \frac{1}{2} m \cdot \omega^2 \cdot \cos^2(\omega \cdot t)$$

und für die potenzielle Energie E_{pot}:

$$E_{pot} = \frac{1}{2} D \cdot y^2 = \frac{1}{2} D \cdot A^2 \cdot \sin^2(\omega \cdot t)$$

(D Federkonstante), wobei die auslenkende Kraft proportional zur Auslenkung angenommen wurde.

Es findet ein ständiger Austausch zwischen kinetischer und potenzieller Energie statt. Die Gesamtenergie ist konstant, im zeitlichen Mittel tragen beide

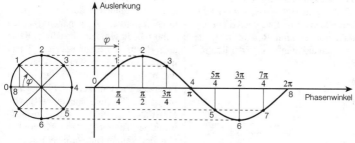

Schwingung (Abb. 4): Zeigerdiagramm

S

Energieformen je die halbe Gesamtenergie.

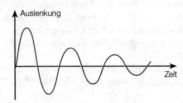

Schwingung (Abb. 5): gedämpfte Schwingung

Eine harmonische S. bzw. Sinusschwingung tritt immer dann auf, wenn die Rückstellkraft proportional zur Auslenkung ist. Mathematisch ergibt sich dieser Zusammenhang als Lösung einer Differenzialgleichung zwischen der Auslenkung und der Beschleunigung eines schwingenden Körpers. Da die Rückstellkraft $F_R = -D \cdot y$ als beschleunigende Kraft $F_B = m \cdot a = m \cdot \ddot{y}$ wirkt, kann man $F_R = F_B$ ansetzen und erhält die Gleichung:

$$-D \cdot y = m \cdot \ddot{y}.$$

Daraus ergeben sich die sinusartige Zeitabhängigkeit der Auslenkung y und die Winkelgeschwindigkeit ω bzw. Schwingungsdauer T der S. zu

$$\omega = \sqrt{\frac{D}{m}} \quad \text{bzw.} \quad T = 2\pi\sqrt{\frac{m}{D}}.$$

Z. B. wird damit die Schwingungsdauer T einer Federschwingung größer für größere Massen und weichere Federn. Falls eine S. durch Reibungsverluste allmählich abklingt, was in der Realität

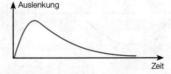

Schwingung (Abb. 6): Kriechfall

ohne Unterstützung der S. immer eintritt, spricht man von einer gedämpften Schwingung. Die Amplitude der S. nimmt kontinuierlich ab (Abb. 5). Man findet bei genauer Betrachtung, dass sich durch die Dämpfung die Schwingungdauer geringfügig erhöht. Bei sehr großer Dämpfung kann der Fall eintreten, dass ein System nach der ersten Auslenkung nicht mehr zur anderen Seite ausschwingt, sondern allmählich in seine Ruhelage zurückkehrt (Abb. 6).

Schwingungsbauch: ↑stehende Welle.

Schwingungsdauer (Periode), Formelzeichen T: die Zeit, die zu einer vollen Schwingung benötigt wird. Bei einem Pendel ist die S. also die Zeit, die für einen vollen Hin- und Hergang vergeht. Frequenz ν und S. T hängen folgendermaßen zusammen:

$$T = \frac{1}{\nu} \quad \text{und} \quad \nu = \frac{1}{T}.$$

Schwingungsknoten: ↑stehende Welle.

Seebeck-Effekt [nach THOMAS J. SEE-BECK; *1770, †1831]: eine thermoelektrische Erscheinung, bei der die Wärme direkt in elektrische Energie umgewandelt wird. Der S.-E. tritt auf an einem Leiterkreis aus zwei aneinander gelöteten Stücken aus unterschiedlichen Metallen (oder Halbleitern). Voraussetzung ist, dass die beiden Lötstellen auf unterschiedlichen Temperaturen T_1 bzw. T_2 gehalten werden (Abb.). In diesem Fall entsteht im Kreis eine elektrische Spannung, die **Thermospannung** oder **Thermokraft** U; durch den geschlossenen Stromkreis fließt ein **Thermostrom**. Per Konvention ist die Thermospannung U_{BA} von Material B gegen Material A positiv, wenn der Thermostrom in Material A von der kalten zur warmen Lötstelle fließt. Der S.-E. lässt sich als Erweiterung der Kontaktelektrizität auffassen: In diesem Sinne ist die Thermospannung die Differenz der bei unterschiedlichen Temperaturen auftretenden ↑Kontaktspannungen zwischen Material A und B (bei gleichen Temperaturen würden sie sich in einem geschlossenen Kreis aufheben). Entsprechend der (kontakt-)elektrischen kann man auch eine thermoelektrische ↑Spannungsreihe aufstellen. Dabei wird meist die differenzielle Thermospannung dU/dT, also die Ableitung der Thermospannung nach der Temperatur betrachtet.

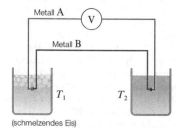

Metall A — V
Metall B

T_1 T_2

(schmelzendes Eis)

Seebeck-Effekt: Wenn die Kontakte der beiden unterschiedlichen Leitermaterialien im Stromkreis auf verschiedenen Temperaturen T_1 und T_2 gehalten werden, zeigt das Messgerät eine Spannung an, die Thermospannung.

Metalle haben untereinander (differenzielle) Thermospannungen von $\pm 10^{-4}$– 10^{-6} V/K. Zwischen Metall und Halbleiter sind diese Werte um zwei bis drei Größenordnungen (um das 100- bis 1000fache) höher. Die wichtigste Anwendung des S.-E. ist das ↑Thermoelement.

Sehwinkel: derjenige Winkel α_S, unter dem das ↑Auge einen betrachteten Gegenstand (Objekt) subjektiv wahrnimmt, also die Größe seines Bilds auf der Netzhaut (↑Abbildung). Der S. entspricht annäherungsweise dem objektiven **Gesichtswinkel** α_G, den die von den Objekträndern ins Auge tretenden Strahlen einschließen. Oft wird allerdings auch der Gesichtswinkel – fälschlicherweise – als S. bezeichnet.

Ein Gegenstand erscheint umso größer, je größer der Sehwinkel und ist. Gleiche Sehwinkel bedeuten, dass die betreffenden Objekte als gleich groß wahrgenommen werden (Abb.). Unterschiede zwischen Gesichtswinkel und S. können u. a. durch individuelle Veränderungen des Abbildungsmaßstabs im Auge entstehen.

Seismographie [griech. seismós »(Erd-)Erschütterung«]: ein wichtiges Teilgebiet der Geologie, das sich mit der Registrierung und Interpretation von Bodenbewegungen befasst, die von Wellen im Erdkörper hervorgerufen werden. **Erdbeben** und große Explosionen (z. B. Kernwaffentests) pflanzen sich in der Erde als elastische ↑Wellen fort. Die Geschwindigkeit der Wellen hängt von Zusammensetzung, Temperatur und Druck der verschiedenen Schichten der ↑Erde ab. Daher kann man durch Bestimmung der Ankunftszeiten einer von einem Erdbeben ausgelösten Welle an verschiedenen Orten deren Laufzeit und Geschwindigkeit rekonstruieren und so Informationen über die geologischen Verhältnisse entlang ihres Wegs gewinnen. Durch Sprengungen künstlich ausgelöste Bebenwellen werden zur Erkun-

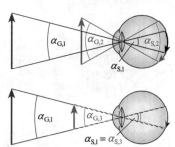

$\alpha_{G,1}$ $\alpha_{G,2}$ $\alpha_{S,2}$

$\alpha_{S,1}$

$\alpha_{G,1}$ $\alpha_{G,3}$

$\alpha_{S,1} = \alpha_{S,3}$

Sehwinkel: Objekt 2 erscheint größer als Objekt 1 (oben), Objekt 3 genauso groß (unten); für die Sehwinkel gilt: $\alpha_{S,1} = \alpha_{S,3} < \alpha_{S,2}$.

dung von Rohstofflagerstätten eingesetzt. Mit **Seismographen** kann man auch sehr genau Ort und Stärke eines Kernwaffentests ermitteln.

Seitendruck: ↑hydrostatischer Druck.

Sekundär|elektronenvervielfacher, Abk. SEV (Elektronenvervielfacher, Multiplier): ein Gerät, das einen extrem schwachen Strom, der sogar nur aus einzeln eintreffenden Elektronen beste-

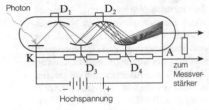

Sekundärelektronenvervielfacher (Abb. 1): Fotomultiplier

hen kann, millionenfach und mehr verstärkt. Dabei wird die Auslösung einer Vielzahl von **Sekundärelektronen** durch ein einzelnes Elektron ausgenützt. Wenn der primäre Strom durch Umwandlung von elektromagnetischer oder radioaktiver Strahlung an einer ↑Fotokathode entsteht, spricht man im

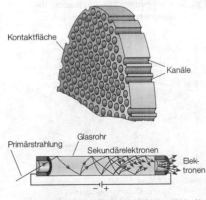

Sekundärelektronenvervielfacher (Abb. 2): Kanalplatte

Englischen von einem **Fotomultiplier,** im Deutschen benutzt man auch in diesem Fall den Begriff »Sekundärelektronenvervielfacher«. Der Nachweis kleinster Strahlungsmengen ist die mit Abstand häufigste Anwendung des SEV.

Ein SEV besteht üblicherweise aus einer evakuierten Elektronenröhre, die außer Anode und Fotokathode (bzw. primärer Kathode) noch eine Anzahl weiterer Elektroden enthält, die sog. **Dynoden** oder Prallkathoden. Die eintreffenden Primärelektroden lösen an der primären Kathode die Emission von Sekundärelektronen aus. Diese werden durch elektrische Beschleunigungs- und magnetische Führungsfelder von Dynode zu Dynode geleitet (Abb. 1), wobei die Zahl der ausgelösten Elektronen exponentiell zunimmt. Mit einer Anordnung von typischerweise 10 Dynoden erreicht man in der Praxis eine Verstärkung von 10^7 bis 10^8. Dynodenmaterialien mit einer besonders großen Ausbeute an Sekundärelektronen sind Kupfer-Beryllium- oder Silber-Magnesium-Legierungen, die bis zu 20 Sekundärelektronen pro einfallendem Primärelektron freisetzen.

Eine andere Bauart mit kontinuierlicher Feldverteilung ist der **Kanalvervielfacher.** Er besteht aus einem Glasrohr oder mehreren in einer **Kanalplatte** nebeneinander angeordneten Rohren, die innen mit einer Widerstandsschicht (z. B. Bleioxid) ausgekleidet sind. Die Sekundärelektronen werden an den Wänden ausgelöst, zwischen denen die Elektronen hin- und herreflektiert werden, während die längs der Röhre anliegende Beschleunigungsspannung sie zum Ende der Röhre treibt (Abb. 2). Auch hier erreicht man Verstärkungsfaktoren von bis zu 10^8. Kanalplatten nutzt man außer zum Strahlungsnachweis auch in der Infrarotbildtechnik.

Sekundärenergie: ↑Energietechnik.

Sekundär|ionisation: ↑Primärionisation.

Sekundärkreislauf: ↑Kernreaktor.

Sekundärspule: ↑Transformator.

Sekunde [lat. pars minuta secunda »zweiter verminderter Teil (einer Stunde)«]:

♦ Einheitenzeichen s: SI-Einheit der Zeit (↑Zeiteinheiten), gleichzeitig eine der sieben Basiseinheiten des ↑SI. *Festlegung*: 1s ist der Kehrwert des 9 192 631 770fachen derjenigen Frequenz, mit welcher ein Cäsium-133-Atom beim Übergang zwischen den beiden ↑Hyperfeinstrukturniveaus des Grundzustands strahlt (der Kehrwert der Frequenz ist die Schwingungsdauer oder Periode eines Vorgangs). Während für die dezimalen Bruchteile der S. die üblichen Einheitenvorsätzen m, μ, n usw. benutzt werden, verwendet man für die Vielfachen die nichtdezimalen, aber gesetzlich zulässigen Einheiten Minute (min, 60 s), Stunde (h), Tag (d) und Jahr (a).

♦ (Bogensekunde): ein 3600stel ↑Grad.

Selbst|induktion [lat. inducere »hineinführen, veranlassen«]: die ↑Induktion einer elektrischen Spannung in einem Leiter aufgrund der Änderung des von dem Leiter selbst hervorgerufenen Magnetfelds. Dieses Phänomen lässt sich besonders gut mit einer ↑Spule untersuchen, also sehr vielen aneinander gereihten Leiterschleifen. In deren Inneren entsteht ein Magnetfeld, wenn ein Strom durch sie fließt. Ändert man den Strom, so ändert sich auch der ↑magnetische Fluss Φ durch die Schleife, was eine zusätzliche Spannung in der Schleife induziert. Da diese Induktion durch die Änderung des eigenen Magnetfeldes hervorgerufen wurde, wird der Name »Selbstinduktion« verständlich.

Die S. spielt bei Ein- und Ausschaltvorgängen eine wesentliche Rolle. Ein Beispiel hierfür ist das Ein- und Ausschalten einer Spannung U_0 in einem Gleichstromkreis mit einem Widerstand R. Nach dem ↑faradayschen Gesetz ist die Spannung U_{ind}, die im Kreis von einem beliebigen sich ändernden Magnetfeld induziert wird, proportional zur zeitlichen Änderung, d. h. sie ist die Ableitung des magnetischen Flusses Φ:

$$U_{ind} = -\frac{d\Phi}{dt}.$$

Weiterhin sind Φ und die Stromstärke I im Kreis einander proportional, die Proportionalitätskonstante L ist der Selbstinduktionskoeffizient (↑Induktivität): $\Phi = L \cdot I$. Durch Einsetzen und mit dem ohmschen Gesetz erhält man hieraus:

$$I = \frac{U_0 + U_{ind}}{R} = \frac{1}{R} \cdot \left(U_0 - L\frac{dI}{dt} \right).$$

Nach Umformen ergibt sich die Differenzialgleichung

$$L\frac{dI}{dt} + R \cdot I = U_0.$$

Lösungen sind in Abb. 1 (Einschalten) und Abb. 2 (Ausschalten) angegeben und skizziert. Man erkennt, dass sich der Endwert $I_0 = U_0/R$ (bzw. 0 im zweiten Beispiel) erst mit einer gewissen Verzögerung einstellt – auch im

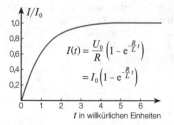

Selbstinduktion (Abb. 1): Lösung der Differenzialgleichung für einen Einschaltvorgang

Gleichstromkreis fließt also nicht immer der gleiche Strom!

Wenn man zu dem hier diskutierten Kreis noch eine Kapazität (also einen Kondensator) hinzufügt, erhält man einen ↑Schwingkreis.

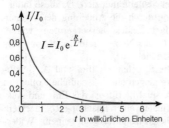

$$I = I_0\, e^{-\frac{R}{L}t}$$

t in willkürlichen Einheiten

Selbstinduktion (Abb. 2): Ausschaltvorgang

Selbstorganisation: das spontane Entstehen von Strukturen in dynamischen Systemen, das auf nichtlineare Wechselwirkungen zwischen Teilsystemen zurückgeht. Beispiele sind die Bildung von Wolken oder bestimmten Strömungsmustern in Flüssigkeiten sowie viele biologische Vorgänge (in gewissem Sinne auch die Entstehung des Lebens selbst). Die Untersuchung der S. ist u. a. eine Aufgabe der ↑Chaostheorie.

semipermeable Membran [lat. semi »halb«, permeare »durchwandern«] (halbdurchlässige Membran): eine Trennwand, die für bestimmte Teilchen (z. B. Moleküle) durchlässig ist, von anderen jedoch nicht passiert werden kann. In der Biologie spielen vor allem s. M. eine Rolle, die ein Lösungsmittel (z. B. Wasser) durchlassen, die gelösten Stoffe (z. B. Salze) dagegen nicht. Auf diese Weise entsteht der osmotische Druck (↑Osmose).

Senken: in einem ↑Feld die Punkte, an denen Feldlinien enden (Gegensatz: ↑Quellen).

Sensor [lat. sensus »Sinn«, »Wahrnehmung«]: allgemein ein Bauelement, das mittels physikalischer, chemischer oder auch biologischer Effekte physikalische und chemische Größen und Stoffkonzentrationen misst und ein mit der Messgröße korreliertes elektrisches Signal erzeugt. Beispiele für physikalische Sensoren sind Piezoelemente (↑Piezoelektrizität), ↑Thermoelemente oder ↑Dehnungsmessstreifen. Sensoren können oft mit kleinen Abmessungen und in großen Stückzahlen gefertigt werden und spielen daher in der ↑Mikroelektronik und ↑Mikrosystemtechnik eine große Rolle.

Serienformel: ↑Spektralserie.

Seriengesetz: ↑Linienspektrum.

Seriengrenze: ↑Spektralserie.

Serienschaltung (Reihenschaltung, Hintereinanderschaltung): eine Schaltung von elektrotechnischen Bauteilen, bei der jeweils die Ausgangsklemme des vorgehenden Elements mit dem Eingang des folgenden verbunden ist; Gegensatz: ↑Parallelschaltung. Alle in Serie geschalteten Elemente werden von dem gleichen Strom I durchflossen (Abb.). Die jeweils anliegenden Spannungen ergeben sich durch Multiplikation mit dem jeweiligen Widerstand: $U_i = I \cdot R_i$ (für das i-te Schaltelement). Die Summe aller Spannungen ist die an der gesamten Reihe abfallende Spannung. Hieraus ergibt sich für eine geschlossene Reihenschaltung die kirchhoffsche Maschenregel (↑kirchhoffsche Regeln). Auch der Gesamtwiderstand und die gesamte Induktivität einer S. ergeben sich durch Summieren über alle Einzelwerte; dagegen gilt für die Gesamtkapazität, dass ihr Kehrwert der Summe der Kehrwerte der Einzelkapazitäten entspricht.

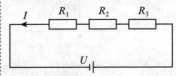

Serienschaltung

Setzwaage: ↑Wasserwaage.

SI, Abk. für Système International [frz. »Internationales System«] (Internationales Einheitensystem): Das 1948 auf der 9. Generalkonferenz für Maße und Gewichte angeregte und 1960 auf der 11. Generalkonferenz beschlossene ↑Einheitensystem. Das SI (*nicht* »SI-System«) hat die sieben Basiseinheiten Meter, Kilogramm, Sekunde, Ampere, Kelvin, Candela und Mol, dazu kommen die ergänzenden dimensionslosen Einheiten Radiant und Steradiant (für ebenen und räumlichen Winkel) sowie alle aus den Basiseinheiten abgeleiteten Einheiten, bei denen keine anderen Zahlenfaktoren als 10 oder Potenzen von 10 auftreten. Gesetzlich zugelassene Nicht-SI-Einheiten sind das ↑Elektronenvolt, die Winkelgrößen ↑Grad, (Bogen)minute und (Bogen)sekunde sowie die ↑Zeiteinheiten Minute, Stunde, Tag und Jahr. Das SI ist in den meisten Staaten der Erde gesetzlich vorgeschrieben (in Deutschland seit dem 1. 1. 1978), nicht jedoch in den angelsächsischen Ländern; allerdings wurden 1995 in Großbritannien SI-Einheiten für Teile des Einzelhandels und den Verkauf von Benzin eingeführt.

Sicherung: ein selbsttätig wirkender Schalter, der einen Stromkreis bei ↑Kurzschluss oder Überlastung unterbricht. Bei **Schmelzsicherungen** (Abb.) schmilzt ein dünner Draht mit definiertem Querschnitt oberhalb einer gewissen Stromstärke, wodurch die Leitung unterbrochen wird. Diese haben den Nachteil, dass man sie nur einmal verwenden kann.

Sicherungsautomaten (Leitungsschutzschalter) besitzen einen elektromagnetischen Auslöser und können viele Male eingesetzt werden. Ein Bimetallstreifen verzögert die Wirkung, um fälschliches Auslösen bei kurzzeitigen Überströmen zu verhindern. Sicherungsautomaten verwendet man bei

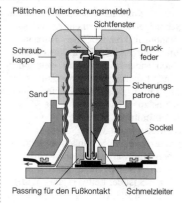

Plättchen (Unterbrechungsmelder) · Sichtfenster · Schraubkappe · Druckfeder · Sand · Sicherungspatrone · Sockel · Passring für den Fußkontakt · Schmelzleiter

Sicherung: Schmelzsicherung

Niederspannungen, u. a. auch im Haushalt.

Sieden: ↑Verdampfen.

Siedepunkt (Siedetemperatur): ↑Verdampfen.

Siedeverzug: die Erscheinung, dass eine Flüssigkeit weit über ihre Siedetemperatur erhitzt werden kann, ohne dass der Siedevorgang einsetzt (↑Verdampfen). Man spricht dann von einer **überhitzten** Flüssigkeit. Damit S. auftreten kann, dürfen keine sog. Siedekeime vorhanden sein, das sind kleine Partikel, an deren Oberfläche sich winzige embryonale Gasbläschen bilden können. Je kleiner ein solches Bläschen ist, desto größer ist seine Krümmung und damit seine Oberflächenspannung; daher ist die Energie, die zur Bildung eines kleinen Bläschens aufgewendet werden muss, viel größer als die Energie, die zur Erzeugung eines sehr dünnen Films auf einem Partikel oder an den Gefäßwänden benötigt wird. In chemisch sehr reinem Wasser lassen sich durch den Siedeverzug Temperaturen von bis 270 °C erzielen. Auf den Siedeverzug folgt meist ein explosiver Siedevorgang, bei dem die Temperatur schlagartig auf den Siedepunkt zurückfällt und der sehr gefährlich sein kann.

S

Beim Kondensieren sowie beim Schmelzen kann es zu einem analogen Phänomen kommen, der **Unterkühlung**. Hier wird ein Gas in Abwesenheit von Kondensationskeimen weit unter seine Kondensationstemperatur oder eine Flüssigkeit weit unter ihren Schmelzpunkt gekühlt.
SI-Einheiten: ↑SI.
Siemens [nach W. v. SIEMENS], Einheitenzeichen S: SI-Einheit des elektrischen ↑Leitwerts, d. h. des Kehrwerts des elektrischen Widerstands. *Festlegung*: 1 S ist der Leitwert eines Widerstands von 1 Ω, also:

$$1\,S = 1/\Omega.$$

Sievert [nach ROLF SIEVERT; *1896, †1966], Einheitenzeichen Sv: SI-Einheit der Äquivalentdosis (↑Dosis). *Festlegung*: 1 Sv entspricht der Dosis 1 Gy (↑Gray), für die ein Bewertungsfaktor $q = 1$ gewählt wurde.
Sinusschwingung [lat. sinus »Bogen«] (harmonische Schwingung): eine ↑Schwingung, bei der die Auslenkung y proportional zum Sinus der Zeit t ist:

$$y = A \cdot \sin(\omega \cdot t + \varphi_0).$$

Dabei sind A die Amplitude, ω die Kreisfrequenz und φ_0 die Phase(nkonstante).
Skala [italienisch scala »Leiter«]: ↑Anzeige.
Skalar [lat. scalaris »zu einer Leiter gehörig«]: eine physikalische Größe, die durch Angabe einer einzigen Maßzahl (sowie ihrer Einheit) bestimmt ist, z. B. Masse, Energie, elektrische Ladung oder Temperatur. Im Gegensatz wird ein ↑Vektor wie die elektrische Feldstärke durch drei Größen charakterisiert (für jede Raumrichtung eine).
Skalenteil, Abk. Skt: der Abstand zwischen zwei Teilstrichen einer Strichskala (↑Anzeige). Bei Experimenten, bei denen es mehr um das qualitative Verhalten als um exakte Zahlenwerte geht,

gibt man die Ergebnisse oft in Skt anstelle einer Angabe mit Maßzahl und Maßeinheit an.
Skin|effekt [engl. skin »Haut«]: eine v. a. bei hochfrequenten ↑Wechselströmen auftretende physikalische Erscheinung, bei der infolge der ↑Selbstinduktion des Leiters der Strom im Wesentlichen durch eine sehr dünne Schicht an der Leiteroberfläche fließt und aus dem Leiterinneren vollständig herausgedrängt wird. Stromdichte und elektrische Feldstärke nehmen nach innen exponentiell ab. Daher ist der (ohmsche) Widerstand eines Leiters bei hohen Wechselstromfrequenzen nicht mehr dessen Querschnittsfläche, sondern seiner Oberfläche umgekehrt proportional. Man verwendet daher in der Hochfrequenztechnik dünne Rohre oder Litzen als Leiter.
snelliussches Brechungsgesetz: ↑Brechung.
soddy-fajanssche Verschiebungssätze ['sɔdɪ-'faɪans-, nach FREDERICK SODDY, *1877, †1956, und KASIMIR FAJANS, *1887, †1975]: Gesetzmäßigkeit beim radioaktivem Zerfall von nurmehr historischer Bedeutung (↑Radioaktivität).
Demnach hat das Zerfallsprodukt beim Alphazerfall eine um vier Einheiten kleinere Massenzahl A und eine um zwei Einheiten kleinere Kernladungszahl Z, wandert also in der Nuklidkarte zwei Felder nach links und zwei nach unten. Beim Betazerfall bleibt A gleich, und Z nimmt um eins zu (beim β^+-Zerfall verringert sich Z um eine Einheit); beim Gammazerfall bleiben A und Z konstant. Diese zunächst experimentell gefundenen Regeln erklären sich durch die Natur der α-, β- und γ-Strahlung als Helium-4-Kerne, Elektronen (Positronen) und masse- und ladungslose Photonen.
Solar|energie [lat. solaris »zur Sonne gehörig«]: ↑Sonnenenergie.

Solarkonstante: die ↑Intensität, d. h. Energieflussdichte der von der Sonne kommenden Strahlung auf der Erdoberfläche oder genauer: auf eine *senkrecht* zur Strahlrichtung ausgerichteten Fläche im mittleren Erdabstand von der Sonne. Der Wert der S. beträgt 1,367 kW/m². Im Laufe eines Jahres schwankt die solare Intensität, weil die Erdumlaufbahn elliptisch ist und daher der Abstand Erde–Sonne um etwa 3 % innerhalb eines Jahres variiert. Die S. muss von der **Globalstrahlung** unterschieden werden; dies ist die auf die *gekrümmte* Erdoberfläche bezogene solare Intensität: Die Erde blendet aus dem Sonnenlicht eine Fläche von πR^2 aus (R Erdradius); dabei hat sie – als angenäherte Kugel – eine Oberfläche von $4\pi R^2$. Die mittlere Globalstrahlung an der Obergrenze der Atmosphäre beträgt demnach gerade ein Viertel der S., also 342 W/m². Hiervon gelangt aufgrund der Absorption und Streuung an Luftmolekülen und Wolken, je nach Witterung und geographischer Breite stark schwankend, nur etwa die Hälfte bis zum Erdboden, also eine Intensität von ca. 175 W/m². Zum Vergleich: Eine 100-Watt-Glühbirne strahlt in 1 m Abstand mit knapp 8 W/m², und auch dies nur, wenn die gesamte elektrische Leistung in Strahlung umgesetzt würde.

Solarzelle: eine ↑Fotodiode, die speziell für die direkte und möglichst effektive Umwandlung von solarer Strahlungsenergie in elektrische Energie konstruiert wurde. In einer S. entstehen bei Bestrahlung mit sichtbarem oder Infrarotlicht durch inneren Fotoeffekt Elektron-Loch-Paare und damit eine Fotospannung. Die von dem entsprechenden Fotostrom zu verrichtende Arbeit kann in einem äußeren Stromkreis genutzt oder in Batterien bzw. Akkumulatoren gespeichert werden. Der Wirkungsgrad der Energieumwandlung beträgt theoretisch bis zu 30 %, in der Praxis erreicht man 5–15 %. Solarzellen können in Zukunft eine wichtige Rolle bei der Nutzung der ↑Sonnenenergie spielen; derzeit sind sie aber noch auf Nischenanwendungen beschränkt.

Solitonen [lat. solus »allein«]: Wellen, die aufgrund von nichtlinearen Effekten keine ↑Dispersion zeigen, also auch über lange Wege ihre Form behalten. S. wurden erstmals 1834 beschrieben, und zwar bei einem Kahn, der in einem engen und flachen Kanal fuhr. Heute macht man sie sich u. a. bei der Telekommunikation in Glasfasern zunutze. Solitonische Oberflächenwellen auf den Meeren, sog. ↑Tsunamis, können viele Tausend Kilometer weit laufen und beim Auflaufen an der Küste bis 30 m hoch werden.

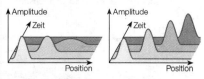

Solitonen: links das Schema einer gewöhnlichen dispergierenden (zerfließenden) Welle; rechts ein Soliton

Sonnenenergie (Solarenergie): die durch Kernfusionsprozesse im Inneren der Sonne frei werdende und als elektromagnetische Strahlung die Erde erreichende ↑Energie. Diese Strahlung wird in einer am äußeren Rand der Sonne liegenden, Photosphäre genannten Schicht erzeugt. Die Temperatur der Photosphäre beträgt 5800 °C, was aus der Form des Sonnenspektrums abgeleitet werden kann, da dieses sich näherungsweise als Schwarzkörper-Spektrum beschreiben lässt. Nach dem Stefan-Boltzmann-Gesetz (↑Strahlungsgesetze) strahlt die Photosphäre eine Leistung von

$$P = 4\pi R_{\text{Sonne}}^2 \cdot \sigma T^4 \approx 3{,}9 \cdot 10^{26}\ \text{W}.$$

S

aus. Im mittleren Abstand Erde–Sonne (149,6 Millionen Kilometer) erhält man daraus eine Strahlungsintensität von etwa 1,4 kW/m^2 (↑Solarkonstante). Wenn noch die Kugelgestalt der Erde und die Wirkung der Atmosphäre berücksichtigt werden, ergibt sich eine Intensität am Erdboden, die zwischen 20 und 300 W/m^2 variiert (je nach Jahreszeit, geographischer Breite und Witterung). Im Mittel strahlt die Sonne damit pro Jahr etwa 3000 PWh (drei Milliarden Gigawattstunden) auf die Erdoberfläche ein – ein Vielfaches des Weltenergieverbrauchs von knapp 100 PWh (1997).

Die Nutzung der S. als technische Energiequelle ist aber nicht nur wegen des prinzipiell immensen Angebots an Strahlungsenergie sinnvoll, sondern vor allem, weil sie eine in menschli-

gen lässt aber eine weitere Verbreitung in Zukunft erhoffen.

Sonnenfinsternis: die Bedeckung der Sonne am Tageshimmel durch den Mond. Im Prinzip müsste bei jedem Neumond eine S. eintreten, dies ist aber nicht der Fall, da die Mondbahn gegen die Erdbahnebene räumlich um etwa 5° geneigt ist. Nur wenn der Mond sich in Neumondstellung am Schnittpunkt seiner Bahn mit der Erdbahnebene befindet, berührt sein Schatten die Erdoberfläche. Dies ist etwa 1–2-mal pro Jahr der Fall. Da die scheinbaren Durchmesser von Mond und Sonne am Erdhimmel ungefähr gleich groß sind, ist der vom Kernschatten des Mondes überstrichene Bereich auf der Erdoberfläche verhältnismäßig klein (ein 100–200 km breiter und einige Tausend Kilometer langer Streifen). Da der Ab-

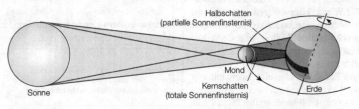

Sonnenfinsternis: die Bahnen von Kernschatten und Halbschatten des Monds auf der Erde

chen Maßstäben unerschöpfliche Energiequelle darstellt. Viele Nutzungsmöglichkeiten sind zudem emissionsarm oder sogar emissionsfrei. Man unterscheidet zwischen der direkten Nutzung, z. B. Umwandlung in elektrischen Strom (↑Solarzellen oder in Wärme (↑Sonnenkollektoren), und der indirekten Nutzung der S. (Biomasseverbrennung, ↑Windenergie). Trotz des großen Potenzials an nutzbarer S. spielt bisher nur die indirekte Verwertung in Windkraftwerken quantitativ eine Rolle (Anteil an der Stromerzeugung in Deutschland: wenige Prozent); eine gezielte Förderung neuerer Entwicklun-

stand Mond–Erde im Laufe eines Monats variiert, kann der Mond die Sonne nicht bei jeder Finsternis vollständig abdecken (totale S.); dann kommt es zu einer ringförmigen Sonnenfinsternis. Im Halbschatten des Mondes sieht man eine partielle Sonnenfinsternis (Abb.).

Sonnenkollektor [lat. colligere »sammeln«]: Gerät zur Umwandlung von ↑Sonnenenergie in Wärme. Dabei wird eine Trägerflüssigkeit (Wasser, Isobutan, flüssiges Natrium) durch Rohre geleitet, welche direkter Sonneneinstrahlung ausgesetzt sind. Die bestrahlte Rohroberfläche ist schwarz, da ein schwarzer Körper ein maximales Absorptionsvermögen besitzt (↑Strahlungsgesetze). Im Niedertemperaturbereich (20–200 °C) werden Flachkollektoren u. a. zur Warmwasserbereitung eingesetzt. Im Mittel- (bis 400 °C) und Hochtemperaturbereich (über 1000 °C) muss das Sonnenlicht gebündelt werden; dies geschieht z. B. durch Parabolspiegel. Dabei werden auch gasförmige Trägermedien eingesetzt.

Sonnentag: ↑Zeiteinheiten.

Sonnenwind: eine von der Sonne fortweisende Strömung sehr heißer geladener Teilchen, vor allem Wasserstoff- (86 %) und Heliumkerne (13 %). Es handelt sich dabei um ein ↑Plasma, das magnetische Feldlinien mit sich führt. Das ↑Erdmagnetfeld lenkt die Partikel des S. zu den Polen, wo es zu Leuchterscheinungen (Polarlichtern) kommen kann.

Die Intensität des S. schwankt kurzfristig sowie in einem elfjährigen Zyklus; besonders starker S. beeinträchtigt Funkverkehr und Raumfahrt.

Spallation [engl. to spall »spalten«]: ↑Kernexplosion.

Spallationsquelle: ↑Neutronenquelle.

Spaltneutronen: ↑Neutronenquelle.

Spaltprodukte: die bei einer ↑Kernspaltung als Bruchstücke des Ausgangskerns auftretenden (radioaktiven) Kerne und deren Folgekerne.

Spannung:

♦ *Mechanik* (elastische Spannung), Formelzeichen σ oder τ (s. u.): das Verhältnis von Betrag F einer an eine Fläche angreifenden Kraft und Flächeninhalt A. Man kann die Spannung in eine **Normalspannung** σ und eine **Tangential-** oder **Schubspannung** τ zerlegen; σ ist die senkrecht auf die Fläche einwirkende Komponente, τ beschreibt parallel zur Fläche angreifende Kräfte. Falls die Kraft in mehrere bzw. alle Richtungen gleichzeitig wirkt, z. B. auf die Wände eines Behälters, verwendet man statt der S. den Begriff des ↑Drucks. Druck und mechanische S. haben die Einheit Pascal (Pa, 1 Pa = 1 N/m²).

♦ *Elektrostatik und -dynamik* (elektrische Spannung), Formelzeichen U: die Differenz des ↑elektrischen Potenzials φ zwischen zwei Punkten P_1 und P_2:

$$U = \varphi(P_2) - \varphi(P_1).$$

Die elektrische Arbeit, die geleistet werden muss (oder, bei einem negativen Wert von U, gewonnen wird), wenn eine positive Probeladung Q von P_1 nach P_2 gebracht wird, beträgt

$$W_{el} = U \cdot Q.$$

Die Größe dieser Arbeit ist unabhängig vom Weg, der zwischen P_1 und P_2 gewählt wird – andernfalls wäre der Energiesatz verletzt und man könnte ein ↑Perpetuum mobile konstruieren.

Der Begriff der e. S. ist deshalb gebräuchlicher als das Potenzial, weil man zu jedem in einem Raumbereich definierten elektrischen Potenzial einen räumlich konstanten Wert addieren kann, ohne dass sich an den physikalischen Erscheinungen etwas ändern würde. Daher sind fast immer nur Potenzial*differenzen,* also die elektrischen Spannungen, von Bedeutung.

Die SI-Einheit der Spannung ist das ↑Volt (V).

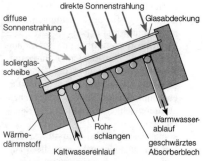

Sonnenkollektor: Schnitt durch einen Flachkollektor

S

Spannungsquelle: gebräuchliche, aber nicht ganz korrekte Bezeichnung für ein Gerät, das zwischen Punkten, den sog. Klemmen, eine elektrische Potenzialdifferenz aufrechterhält. Die Potenzialdifferenz wird als elektrische Spannung bezeichnet. Die S. arbeitet aufgrund elektrochemischer (↑galvanisches Element), elektromechanischer (↑Generator), elektrothermischer (↑Thermoelement) oder anderer physikalischer Effekte (↑Fotozelle, Nuklidbatterie u. a.). Eine S. kann durch eine

lyten einstellt, in welchem die positiven Ionen dieses Metalls gelöst sind. Da diese Spannung nicht direkt gemessen werden kann, wählt man die **Normalpotenzial** φ_N genannte Spannungsdifferenz eines ↑galvanischen Elements, welches das zu untersuchende Metall als eine und eine Bezugselektrode als zweite Elektrode besitzt. Man hat hierfür willkürlich die ↑Normalwasserstoffelektrode gewählt, deren Normalpotenzial beträgt also 0 V. In der elektrochemischen S. ist ein Metall desto

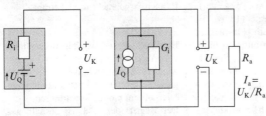

Spannungsquelle: Ersatzschaltbilder einer Spannungs- (links) und einer Stromquelle (rechts); Symbole siehe Text

Ersatzschaltung dargestellt werden, in der eine ideale, widerstandslose Urspannungsquelle mit der **Quellenspannung** U_Q mit einem ↑Innenwiderstand R_i in Reihe geschaltet ist. Die tatsächlich nutzbare Spannung ist die **Klemmenspannung** U_K (Abb.). Man kann eine S. auch als **Stromquelle** auffassen; die entsprechende Ersatzschaltung besteht aus einem idealen Quellenstrom I_Q mit unendlichem Widerstand und parallel geschaltetem innerem Leitwert G_i (Abb.). Beide Schaltungen sind äquivalent, wenn $U_Q = I_Q \cdot R_i$ gilt.

Spannungsreihen: eine Anordnung von chemischen Elementen, insbesondere Metallen, anhand der unter bestimmten Bedingungen an Grenzflächen auftretenden elektrischen Potenzialdifferenzen, d. h. elektrischen Spannungen.

♦ **elektrochemische Spannungsreihe:** Bei der ihr untersucht man die Spannung, die sich zwischen der Grenzfläche eines Metalls und einem ↑Elektro-

edler, je positiver sein Normalpotenzial ist; Gold und Platin sind demnach die edelsten Metalle (Tab). Aus der elektrochemischen S. kann man auch ablesen, welche Spannung ein ↑galvanisches Element aus zwei Elementen der Reihe haben würde; beim Daniell-Element mit Kupferanode und Zinkkathode erhält man z. B. eine Urspannung von $(-0{,}34\ \mathrm{V}) - (+0{,}76\ \mathrm{V}) = -1{,}10\ \mathrm{V}$. Man kann auch für Nichtmetalle eine elektrochemische S. aufstellen, allerdings wird hier die Spannung zwischen

Element	φ_N	Element	φ_N
Li/Li$^+$	–3,04	H$_2$/2 H$^+$	0,00
Ca/Ca^{2+}	–2,87	Cu/Cu^{2+}	+0,34
Zn/Zn^{2+}	–0,76	Ag/Ag$^+$	+0,80
Fe/Fe^{2+}	–0,44	Pt/Pt^{2+}	+1,20
Ni/Ni^{2+}	–0,25	Au/Au^{3+}	+1,50

Spannungsreihen: elektrochemische Spannungsreihe für Metalle (und H$_2$); φ_N in Volt bei 25 °C

negativen Ionen und nichtionisiertem Stoff betrachtet.

♦ **Kontaktspannungsreihe:** die auch elektrische oder voltasche S. genannte qualitative Einordnung von Metallen nach ihren ↑Kontaktspannungen, wobei Elemente mit positiver Kontaktspannung *vor* solchen mit negativer Kontaktspannung stehen. Eine entsprechende S. für Nichtmetalle ist die **reibungselektrische S.** In dieser Reihe steht von zwei aneinander geriebenen Isolatoren derjenige weiter vorne, der sich positiv aufgeladen hat: Haar, Elfenbein, Bergkristall, Flintglas, Baumwolle, Papier, Seide, Kautschuk, Harz, Siegellack, Hartgummi.

♦ **thermoelektrische Spannungsreihe:** In einem aus unterschiedlichen Leitern zusammengesetzten, geschlossenen Stromkreis mit einheitlicher Temperatur heben sich alle Kontaktspannungen gegenseitig auf. Gibt es allerdings einen Temperaturunterschied zwischen den Lötstellen, so bildet sich eine Potenzialdifferenz, auch Thermospannung genannt (↑Seebeck-Effekt). Wählt man ein auf einer Bezugstemperatur gehaltenes Bezugsmetall (meist Kupfer bei 0 °C), so kann man eine entsprechende S. aufstellen.

Spannungsstoß: das Produkt aus Dauer und Größe einer kurzzeitig herrschenden elektrischen ↑Spannung. Ist die Spannung nicht konstant, so ergibt sich der S. durch Integration:

$$\mathrm{Sp.} = \int U \mathrm{d}t$$

(der S. hat kein Formelzeichen). Durch Messung des S. in einer Leiterschleife kann man die Änderung des durch sie hindurchtretenden ↑magnetischen Flusses bestimmen.

Spannungsteiler: ↑Potenziometer.

Speicherring: ↑Teilchenbeschleuniger.

Spektralapparat: ein Gerät, mit dem ↑elektromagnetische Wellen (insbe-

sondere Licht) nach Wellenlängenbereichen getrennt und als ↑Spektrum untersucht werden können. Ein S. enthält einen Eintrittsspalt, ein abbildendes Linsensystem, ein Prisma oder ein Beugungsgitter zur räumlichen Trennung der Wellen nach der Wellenlänge, ein zweites Linsensystem und einen Austrittsspalt. Bekannte S. sind Spektroskop, Spektrograph und Spektrometer.

Spektrallinien: eine linienartige Struktur im ↑Spektrum einer elektromagnetischen Strahlungsquelle (↑Linienspektrum).

Spektralserie: eine Gruppe von Spektrallinien, die durch Elektronenübergänge in den gleichen Endzustand entstehen (↑Linienspektrum). Die einzelnen Wellenlängen einer S. sind über eine **Serienformel** miteinander verknüpft. Z. B. gilt für die S. des Wasserstoffatoms:

$$\frac{1}{\lambda} = R_\mathrm{H} \left(\frac{1}{m^2} - \frac{1}{n^2} \right),$$

$1/\lambda$ ist der Kehrwert der Wellenlänge (auch Wellenzahl $\tilde{\nu}$ genannt), R_H die ↑Rydberg-Konstante des Wasserstoffs. Die Laufzahl n nummeriert die einzelnen Linien einer Serie durch, die Laufzahl m bezeichnet die verschiedenen Serien des ↑Wasserstoffspektrums:

▪ $m = 1$: **Lyman-Serie** (91–122 nm),

▪ $m = 2$: **Balmer-Serie** (364–656 nm),

▪ $m = 3$: **Paschen-Serie** (820–1880 nm),

▪ $m = 4$: **Bracket-Serie** (1,46 – 4,05 µm),

▪ $m = 5$: **Pfund-Serie** (2,28–7,40 µm).

n und m sind die Energiequantenzahlen von Anfangs- und Endzustand des emittierenden Elektrons, daher gilt immer $n > m$ (in der Balmer-Serie ist also $n = 4, 5, 6 \ldots$). Für $n \to \infty$ liegen die Ausgangswellenlängen bzw. -energien immer dichter zusammen und konvergieren gegen die **Seriengrenze,** die der

Ionisationsenergie (↑Ionisation) des Endzustands entspricht. Die S. von anderen Elementen als Wasserstoff sind mathematisch nicht so einfach zu formulieren.

Spektrum [lat. spectrum »Erscheinung«]: die ↑Intensität von elektromagnetischer Strahlung als Funktion der Frequenz bzw. der Wellenlänge. Auch die Abbildung einer ↑elektromagnetischen Welle, bei der benachbarte Wellenlängen nebeneinander stehen, nennt man Spektrum. Ursprünglich verstand man unter S. nur das farbige Band, in das weißes Licht durch ein ↑Prisma, ein ↑Gitter oder Wassertropfen (↑Regenbogen) zerlegt wird. Da Frequenz ν und Wellenlänge λ elektromagnetischer Wellen unmittelbar mit der transportierten Energie E zusammenhängen ($E = h \cdot \nu = h \cdot c / \lambda$, h plancksches Wirkungsquantum, c Lichtgeschwindigkeit), bezeichnet man heute auch bei vielen anderen Prozessen die Darstellung der Energieabhängigkeit einer Größe als S. (z. B. Phononenspektrum, Massenspektrum von Elementarteilchen, Geschwindigkeitsspektrum).

Die Zerlegbarkeit des weißen Lichts in einzelne ↑Farben (Spektralfarben) lässt sich mit den **newtonschen Versuchen** demonstrieren:

▦ Im ersten newtonschen Versuch bildet man weißes Licht durch einen Spalt und eine Linse auf ein Prisma ab und betrachtet das durch das Prisma tretende Licht auf einem Schirm (Abb. a). Man sieht ein leuchtendes Farbband, mit kontinuierlichen Übergängen von Rot über Orange, Gelb, Grün, und Blau nach Violett. Rot wird dabei am wenigsten, violett am stärksten abgelenkt. Man nennt ein solches S. Dispersionsspektrum; es entsteht durch die Wellenlängenabhängigkeit der Brechzahl (↑Dispersion).

▦ Im zweiten newtonschen Versuch

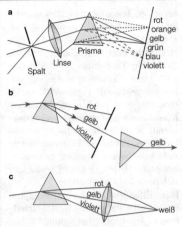

Spektrum: a Lichtzerlegung durch ein Prisma (erster newtonscher Versuch); **b** eine einzelne Farbe wird durch ein Prisma abgelenkt, aber nicht weiter zerlegt (zweiter newtonscher Versuch); **c** ein Spektrum kann durch eine Sammellinse wieder zu weißem Licht zusammengeführt werden (dritter newtonscher Versuch).

blendet man am Schirm das gesamte S. bis auf einen schmalen Bereich aus; den so erzeugten einfarbigen Lichtstrahl lässt man durch ein zweites Prisma treten (Abb. b). Dieser wird dort zwar abgelenkt, behält aber seine ursprüngliche Farbe und wird nur unwesentlich verbreitert. Weißes Licht enthält also verschiedene Farben, die nicht weiter zerlegt werden können.

▦ Beim dritten newtonschen Versuch wird das vom Prisma kommende S. mit einer geeigneten Linse wieder zu weißem Licht vereinigt (additive ↑Farbmischung, Abb. c).

Der Nachteil eines durch Dispersion entstehenden Prismenspektrums besteht darin, dass es sehr ungleichmäßig ist (der rote Bereich wird weniger stark aufgefächert als der blaue). Dies ist beim Gitterspektrum, das auf dem Phänomen der ↑Beugung beruht (Beugungsspektrum), nicht der Fall: Man kann dort die Wellenlänge unmittelbar aus der räumlichen Lage im S. bestimmen.

Qualitativ kann man drei Arten von Spektren unterscheiden: ↑Linienspektren, ↑Bandenspektren und kontinuierliche Spektren. Während Linien- und Bandenspektren auf charakteristische Prozesse in einzelnen Atomen, Molekülen, Atomkernen o. Ä. zurückgeführt werden können, entstehen kontinuierliche S. durch die Überlagerung einer Vielzahl von Vorgängen. Das wichtigste kontinuierliche S. ist das der thermischen Strahlung eines schwarzen Körpers (↑schwarzer Strahler). Ihre Intensität ist bei derjenigen Photonenenergie (d. h. Wellenlänge) maximal, die der Temperatur des Körpers entspricht.

Sperrrichtung: ↑Diode.

spezifischer Widerstand [lat. species »(Eigen)art«], Formelzeichen ρ: ↑Widerstand.

spezifisches Gewicht: ↑Wichte.

spezifische Wärmekapazität, Formelzeichen c: eine Materialkonstante, die die auf die Masse oder Stoffmenge **(molare Wärmekapazität)** bezogene ↑Wärmekapazität eines Stoffes angibt:

$$c = \frac{C}{m} = \frac{\Delta Q}{m \cdot \Delta T}$$

(C Wärmekapazität, m Masse in kg bzw. Stoffmenge in mol, ΔQ zu- oder abgeführte Wärmemenge, ΔT dabei auftretende Temperaturänderung). Die SI-Einheit der s. W. ist damit J/(kg·K) bzw. J/(mol·K). Hat ein Stoff eine s. W. von 1 J/(kg·K), dann bedeutet dies, dass man die Wärmemenge 1 J zuführen muss, um 1 kg des Stoffes um 1 K zu erwärmen.

Nicht die gesamte einem Körper zugeführte Wärme erhöht seine Temperatur, ein Teil kann auch eine Ausdehnung des Körpers bewirken, wobei Arbeit gegen einen äußeren Druck geleistet wird. Man betrachtet daher vor allem zwei Sonderfälle: die s. W. bei konstant gehaltenem Volumen (*keine* Ausdehnung, Formelzeichen c_V) und bei konstantem Druck (*mit* Ausdehnung und Umwandlung von Wärme in Arbeit, Formelzeichen c_p). Bei stabilen thermodynamischen Systemen ist immer $c_p > c_V > 0$. Die Differenz ($c_p - c_V$) ist bei Festkörpern und Flüssigkeiten sehr klein, bei Gasen dagegen groß, da sich Gase bei Erwärmung wesentlich stärker ausdehnen als feste und flüssige Stoffe. ↑Ideale Gase haben $c_p - c_V = R$ (R universelle ↑Gaskonstante). Für die molare s. W. von Festkörpern gilt $c_p \approx c_V \approx 3R = 25\,\text{J/(mol·K)}$; dies ist die **dulong-petitsche Regel.** Diese und die

Material	c_p in J/ (mol·K)	c_p in kJ/ (kg·K)
Aluminium	24,21	0,897
Blei	26,84	0,130
Eisen	25,09	0,449
Gold	25,32	0,129
Graphit	8,52	0,709
Kupfer	24,44	0,385
Magnesium	24,87	1,023
Platin	25,86	0,133
Silber	25,4	0,235
Silicium	20	0,712
Zink	25,39	0,388
Calciumsulfat	99,65	0,732
Kochsalz	50,51	0,864
Silicium- dioxid (Quarz)	44,59	0,742
Essigsäure	123,33	2,054
Wasser	75,35	4,181
Kohlendioxid	37,13	0,844
Wasserstoff	28,84	14,277

spezifische Wärmekapazität: c_p in J/(mol·K) und kJ/(kg·K) bei 0,1 MPa (1 bar) und 298,15 K (25 °C).

S

vorherige Gleichung gelten nur bei hinreichend großen Temperaturen, d. h. bei den meisten Stoffen oberhalb von etwa 100–200 K. Bei Graphit beispielsweise ist allerdings auch bei 800 K noch $c < 20$ J/(mol · K).

sphärische Aberration [griech. sphaíra »Kugel«]: ↑Abbildungsfehler.

Spiegel: ein optisches Bauteil, das auftreffendes Licht gemäß den Gesetzen der ↑Reflexion zurückwirft.

■ Planspiegel

Ein S., bei dem die Einfallslote in allen Punkten der Oberfläche parallel zueinander stehen, heißt ebener S. oder **Planspiegel.** Beim Planspiegel verlaufen alle von einem Punkt P ausgehenden Punkte *nach* der Reflexion so, als ob sie von einem Punkt P′ hinter der Spiegelfläche ausgingen; P und P′ liegen dabei symmetrisch bezüglich der Spiegelfläche (Abb. 1).

Generell liefert ein Planspiegel ein ↑virtuelles Bild eines Gegenstands, wobei Gegenstand und Bild achsensymmetrisch zur Spiegelfläche stehen; Gegenstand und Bild scheinen gleich groß zu sein. Beim Spiegelbild sind damit vorne und hinten vertauscht, nicht rechts und links: Nur da ein menschlicher Betrachter sich unwillkürlich in sein Gegenüber, also auch sein Spiegel-

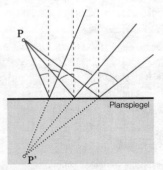

Spiegel (Abb. 1): Strahlengang beim Planspiegel

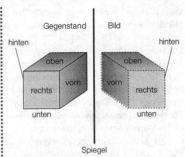

Spiegel (Abb. 2): zur Entstehung des »seitenverkehrten« Spiegelbilds

bild, versetzt, erscheint die Spiegelung ihm seitenverkehrt (Abb. 2).

■ Hohlspiegel

Bei nicht ebenen S. unterscheidet man die konkaven Hohlspiegel und die konvexen Wölbspiegel (s. u.).

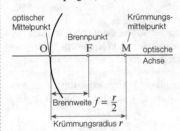

Spiegel (Abb. 3): sphärischer Hohlspiegel

Ein **Hohlspiegel** ist also eine auf der Innenseite verspiegelte gekrümmte Fläche. Zwei spezielle konkave Oberflächenformen sind von besonderer Bedeutung, der sphärische S. oder **Kugelspiegel** und der Parabolspiegel. Beim sphärischen S. nennt man die durch den optischen Mittelpunkt O und den Krümmungsmittelpunkt M verlaufende Gerade **optische Achse,** der ↑Brennpunkt F liegt genau in der Mitte zwischen O und M (Abb. 3). Die zur optischen Achse senkrecht stehende Ebene durch F heißt **Brennebene.** Unter Beschränkung auf achsennahe Strahlen gelten für den sphärischen Hohlspiegel die folgenden Reflexionsgesetze:

▓ Parallelstrahlen werden nach der Reflexion zu Brennstrahlen, Brennstrahlen zu Parallelstrahlen, ↑Hauptstrahlen werden in sich selbst reflektiert (Abb. 4a).

▓ Ein paralleles Strahlenbündel, das schräg zur optischen Achse einfällt, wird nach der Reflexion in einem Punkt der Brennebene gebündelt,

und zwar am Schnittpunkt des zum Bündel gehörenden Mittelpunktstrahls mit der Brennebene (Abb. 4b).

▓ Strahlen, die von einem Punkt der Brennebene ausgehen, verlaufen nach der Reflexion parallel in Richtung des zugehörigen Mittelpunktstrahls (Abb. 4c).

▓ Von einem Punkt P außerhalb der Brennebene ausgehende Strahlen schneiden sich nach der Reflexion in einem Punkt P′, dem Bildpunkt. Wenn P zwischen Brennebene und S. liegt, schneiden sich die rückwärtigen Verlängerungen der reflektierten Strahlen in einem hinter dem Spiegel liegenden virtuellen Bildpunkt (Abb. 4d).

Verlaufen die Strahlen nicht achsennah, so gelten kompliziertere Reflexionsgesetze. Es gibt dann keinen Brennpunkt mehr, sondern eine gekrümmte Linie, die man **Kaustik** nennt (Abb. 5, speziell beim Kugelspiegel auch Katakaustik). Solche hellen Linien kann man z. B. gut an gefüllten Weingläsern beobachten, die von einer Lichtquelle bestrahlt werden.

Für Kugelspiegel gilt ein wichtiger, als **Hohlspiegelgleichung** bekannter Zusammenhang:

$$\frac{1}{g}+\frac{1}{b}=\frac{1}{f}.$$

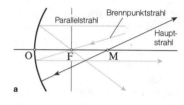

a

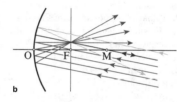

b

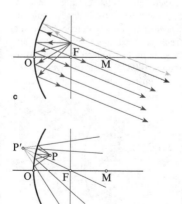

c

d

Spiegel (Abb. 4): Reflexionsgesetze am sphärischen Hohlspiegel

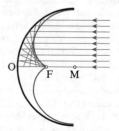

Spiegel (Abb. 5): Entstehen einer Kaustik bei achsenfernen Strahlen im sphärischen Hohlspiegel

In dieser Gleichung ist g die Gegenstandsweite (Abstand Gegenstand–Spiegel), b die Bildweite (Abstand Bildpunkt–Spiegel; $b < 0$ bedeutet, dass das Bild hinter dem Spiegel liegt, also virtuell ist) und f die ↑Brennweite.

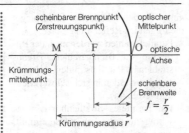

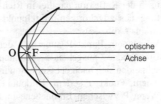

Spiegel (Abb. 6): Parabolspiegel

Einem **Parabolspiegel** liegt die Form eines Paraboloids, also einer um ihre Achse gedrehte Parabel, zugrunde. Im Gegensatz zum sphärischen S. verlaufen beim Parabolspiegel *alle* parallel zur optischen Achse einfallenden Strahlen, auch achsenferne, nach der Reflexion durch den Brennpunkt (Abb. 6) – umgekehrt verlassen alle Brennpunktstrahlen den Parabolspiegel parallel zur optischen Achse. Parabolspiegel werden zur Sammlung elektromagnetischer Strahlung aus dem Weltraum (z. B »Satellitenschüssel«, Radioteleskop) sowie in Scheinwerfern eingesetzt.

■ **Wölbspiegel**

Ein Wölbspiegel (auch erhabener Spiegel genannt) ist im weitesten Sinne eine gekrümmte, auf der Außenseite verspiegelte Fläche. Ein sphärischer Wölbspiegel hat im Prinzip dieselben geometrischen Verhältnisse wie ein sphärischer Hohlspiegel, allerdings liegen hier Krümmungsmittelpunkt und (scheinbarer Brennpunkt) *hinter* der Spiegelfläche (Abb. 7).
Auch die beim Kugelspiegel angeführten Reflexionsgesetze gelten entsprechend, allerdings ist der Bildpunkt immer virtuell und liegt hinter dem Spie-

Spiegel (Abb. 7): Kenngrößen eines sphärischen Wölbspiegels

gel (Abb. 8). Das Bild ist aufrecht und verkleinert und liegt zwischen optischem Mittelpunkt und scheinbarem Brennpunkt. Auch die Hohlspiegelgleichung gilt für den sphärischen Wölbspiegel, man muss lediglich für Brenn- und Bildweite negative Werte einsetzen. Aufgrund des divergenten Strahlenverlaufs ist das Gesichtsfeld beim Wölbspiegel größer als beim Planspiegel. Er wird daher u. a. als Seiten- und Rückspiegel im Auto oder als Verkehrsspiegel an unübersichtlichen Kreuzungen eingesetzt.

Spiegelteleskop: ↑Fernrohr.

Spin [engl. to spin »(sich) drehen«] (Eigendrehimpuls), Formelzeichen $\vec{S}$: allgemein der infolge der Drehung eines Körpers um die eigene Achse auftretende ↑Drehimpuls, im engeren Sinne eine in der ↑Quantentheorie auftretende Größe, die man als Eigendrehimpuls eines Quantenteilchens (z. B.

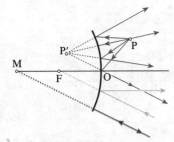

Spiegel (Abb. 8): Strahlengang und Bildkonstruktion beim Wölbspiegel

Atom, Elektron, Atomkern, Elementarteilchen) interpretieren kann. Diese Interpretation darf aber nicht zu wörtlich gefasst werden, denn ein punktförmiges Teilchen hat definitionsgemäß kein ↑Trägheitsmoment, kann aber trotzdem einen Spin besitzen. Auch gibt es Teilchen, die erst nach zwei Spin-»Umdrehungen« wieder ihren Ausgangszustand erreichen.

Der Spin gehorcht den in der Quantenmechanik für Drehimpulse gültigen Gesetzen. Er ist also eine vektorielle Größe, d. h. er besitzt einen Betrag und eine räumliche Orientierung. Sowohl der Betrag S als auch die Richtung des Spin-Vektors $\vec{S}$ können nicht beliebige Werte annehmen, sondern sind gequantelt. S ist immer ein ganz- oder halbzahliges Vielfaches des ↑planckschen Wirkungsquantums $\hbar$:

$$S = s \cdot \hbar \quad (s = 0, 1/2, 1, 3/2, 2 \ldots);$$

s ist die Spinquantenzahl. Oft wird auch – etwas ungenau – die Spinquantenzahl als S. bezeichnet; man sagt etwa, ein Elektron habe »den Spin 1/2« (statt: »es hat den Spin $\hbar/2$«). Bei einem gegebenen Wert von s kann der Spin nur in $2s + 1$ verschiedene Richtungen gemessen werden. Ein Elektron mit $s = 1/2$ hat also nur zwei mögliche Richtungswerte – diese werden oft mit »up« und »down« oder »↑« und »↓« bezeichnet.

Spin und Bahndrehimpuls können zu einem (quantenmechanischen) Gesamtdrehimpuls zusammengefasst werden. Beide tragen zusammen zum magnetischen Moment eines atomaren Teilchens bei. Mithilfe der magnetischen Momente von Elektronenzuständen ohne Bahndrehimpuls wurde der Spin erstmalig nachgewiesen. Die magnetische Wechselwirkung von Elektronen- und Kernspins führt zu einer geringfügigen Aufspaltung von be-

stimmten Spektrallinien, die bei der Elektronenspinresonanz oder in der Kernspintomographie ausgenutzt wird. Der Spin eines zusammengesetzten Teilchens ist der Gesamtdrehimpuls aller Komponenten. Daher können z. B. Atomkerne (↑Kern) große Spins von 9/2 (^{73}Ge), 11/2 (^{125}Sn) oder sogar 7 (^{176}Lu) haben.

Teilchen mit ganzzahligem ($s = 0, 1, 2 \ldots$) Spin nennt man ↑Bosonen, solche mit halbzahligem Spin ($s = 1/2, 3/2, 5/2 \ldots$) ↑Fermionen. Nur für Fermionen gilt das ↑Pauli-Prinzip, woraus sich fundamentale Konsequenzen für den Aufbau der Materie ergeben.

Spitzenentladung: eine elektrische Entladung an der Spitze von elektrischen Leitern, also an Oberflächen mit sehr starker Krümmung. Da die elektrische Feldstärke an einer geladenen Kugeloberfläche umgekehrt proportional zum Krümmungsradius ist, erreicht man bei Spitzen mit Abmessungen im Mikro- oder sogar Nanometerbereich Feldstärken, die groß genug sind, um eine ↑Gasentladung in der umgebenden Luft hervorzurufen.

An positiv geladenen Spitzen sieht man ab 1,5–2,5 kV schwach leuchtende Büschel (**Elmsfeuer**), an negativen Spitzen ab 1–2 kV leuchtende Punkte. Zusammen mit einer S. entsteht ein sog. elektrischer Wind aus ionisierten Teilchen, der von der Spitze fort gerichtet ist.

Spitzenzähler: von H. GEIGER entwickeltes Gerät zur Zählung und Registrierung von energiereichen geladenen Teilchen. Beim S. kommt es beim Durchgang eines solchen Teilchens an einer spitzen Anode aufgrund der dort auftretenden hohen elektrischen Feldstärken zu einer ↑Gasentladung, die als Entladungsstrom gemessen werden kann. Statt dem S. wird heute weitgehend das Geiger-Müller-Zählrohr (↑Zählrohr) eingesetzt.

S

spontane Spaltung: Zerfallsprozess schwerer Atomkerne, bei dem eine geringe Anzahl (meist zwei oder drei) von leichteren Fragmenten (Bruchstücke, Spaltprodukte) entstehen (↑Radioaktivität). Die erste s. S. wurde 1940 von GEORGIJ N. FLJOROW (manchmal auch FLEROV; *1913, †1990) an ^{238}U (Halbwertszeit 10^{16} Jahre) beobachtet. Die Wahrscheinlichkeit für eine s. S. ist wesentlich geringer als für den ↑Alphazerfall, da die Tunnelwahrscheinlichkeit der potenziellen Fragmente mit wachsender Masse stark abnimmt.

Sprungtemperatur: ↑Supraleitung.

Spule: elektrisches Bauelement, bei dem ein langer dünner Leiter auf einen meist zylindrischen Körper gewickelt ist. Jeder fließende elektrische Strom erzeugt um den Leiter ein Magnetfeld (↑Feld), durch die Aneinanderreihung von mehreren kreisförmigen Leiterschleifen ergibt sich in deren gemeinsamer Achse ein annähernd homogener Feldverlauf parallel zu dieser Achse. Daher sind S. die Grundbausteine von Elektromagneten und ↑Elektromotoren. Die magnetische Flussdichte $B = \mu \cdot N \cdot I/l$ (μ ↑Permeabilität, N Anzahl der Windungen, I Stromstärke, l Länge der S.) im Inneren der S. kann man stark vergrößern, wenn man einen **Weicheisenkern** (einen weichmagnetischen **Eisenkern**) mit hoher Permeabilität einbringt. Im ↑Transformator dient der Eisenkern zur Führung des magnetischen Flusses zwischen Primär- und Sekundärspule.

Außer dem Magnetfeld nutzt man technisch vor allem die elektromagnetische ↑Induktion einer S. (in der Elektrotechnik werden S. oft »Induktivitäten« genannt). Wenn sich nämlich der Spulenstrom und damit der magnetische Fluss ändert, wird in der S. eine Gegenspannung induziert. Dies kann man als einen Blindwiderstand (ein Widerstand, an dem anders als am ohmschen Widerstand keine Leistung verbraucht wird, ↑Wechselstromkreis) auffassen. In einem Stromkreis mit ohmschem und induktivem Widerstand fällt die Stromstärke beim Ausschalten exponentiell ab; man kann mit einer S. und einem Kondensator einen elektrischen ↑Schwingkreis aufbauen.

Der ↑Selbstinduktionskoeffizient einer langen S. ist

$$L = \frac{\mu \cdot \pi \, r^2 \cdot N^2}{l}.$$

die in der S. gespeicherte magnetische Energie beträgt

$$E = \frac{L \cdot I^2}{2}.$$

sr: Einheitenzeichen für ↑Steradiant.

stabiles Gleichgewicht: Form des ↑Gleichgewichts, bei welcher der betrachtete Körper nach einer kleinen Auslenkung aus der Gleichgewichtslage in diese zurückkehrt.

Stabmagnet: ein Dauermagnet, dessen magnetisches ↑Feld im Wesentlichen dem einer stromdurchflossenen Spule entspricht.

Standardmodell: allgemein Bezeichnung für eine experimentell bestätigte (bzw. noch nie widerlegte), abgeschlossene Theorie in einem Teilbereich der Physik, vor allem in der Physik der ↑Elementarteilchen und der Kosmologie (↑Urknall).

Ständer: ↑Elektromotor.

Standfestigkeit: die Sicherheit eines Körpers gegen Umkippen, d. h. gegen das Verlassen seiner Gleichgewichtslage (↑Gleichgewicht). Im stabilen Gleichgewicht liegt der ↑Schwerpunkt S des Körpers über der Standfläche, im labilen Gleichgewicht an deren Rand. Um den Körper zu kippen, muss man – bezogen auf den Kipppunkt K – ein linksdrehendes Drehmoment $M_{\text{kipp}} = F \cdot h$ ausüben (F horizontal angreifende Kraft, h Höhe des Schwerpunkts). Dem wirkt das von der Gewichtskraft G des Körpers ausgeübte rechtsdrehende Drehmoment $M_{gew} = G \cdot l$ entgegen (l horizontale Entfernung $\overline{S'K}$). Die S. des Körpers ist nun gerade die Kraft F_{mind}, bei der beide Drehmomente gleich sind, die also mindestens zum Kippen aufgewendet werden muss:

$$F_{mind} = G \cdot l / h.$$

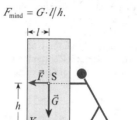

Standfestigkeit

Stark-Effekt [nach JOHANNES STARK; *1874, †1957]: die Aufspaltung von ↑Spektrallinien unter dem Einfluss eines starken elektrischen Felds. Die Stärke der Aufspaltung ist i. A. proportional zum Quadrat der Feldstärke. Der S.-E. beruht ähnlich wie der – magnetische – ↑Zeeman-Effekt darauf, dass bei Anwesenheit eines äußeren Felds zwei oder mehrere Elektronenzustände, die sonst bei der gleichen Energie liegen, unterschiedlich mit dem Feld in Wechselwirkung treten. Dadurch liegen sie nun bei verschiedenen Energiewerten, sodass bei Übergängen auf diese Niveaus Strahlung mit unterschiedlicher Frequenz emittiert bzw. absorbiert wird.

starke Wechselwirkung: eine der vier fundamentalen Kräfte bzw. ↑Wechselwirkungen in der Natur. Der s. W. unterliegen nur Hadronen, d. h. aus ↑Quarks zusammengesetzten Teilchen. Leptonen dagegen (Elektronen und Neutrinos) spüren die s. W. nicht, da sie keine Farbladung haben. Die s. W. hat wie die ↑schwache Wechselwirkung eine sehr begrenzte Reichweite

($< 10^{-15}$ m). Entfernt man zwei gebundene Quarks weiter voneinander, so wird die Anziehungskraft immer stärker, bis die Energie ausreicht, um zwei neue Quarks zu erzeugen, die sich mit den beiden ursprünglichen Quarks verbinden (↑Paarbildung). Dies hängt mit der Tatsache zusammen, dass – anders als bei den anderen drei Fundamentalkräften – bei der s. W. die Austauschteilchen, die ↑Gluonen, selbst der Wechselwirkung unterliegen, also wie die Quarks eine Farbladung tragen. Die Quantentheorie der s. W., die Quantenchromodynamik (QCD), bildet mit den Theorien der elektromagnetischen und der schwachen Wechselwirkung zusammen das Standardmodell für die Physik der ↑Elementarteilchen. Die Anziehung zwischen den Nukleonen im Atomkern wird mithilfe einer effektiven Kraft, der starken ↑Kernkraft beschrieben, welche die Wirkung der s. W. bei Abständen beschreibt, die gleich der oder etwas größer als ihre Reichweite sind. Diese Beschreibung ist vergleichbar mit dem Modell der zwischen Molekülen wirkenden ↑Van-der-Waals-Kraft, der elektrische Dipolwechselwirkungen zugrunde liegen.

starrer Körper: ein idealisierter Körper aus Massenpunkten, deren Abstände stets gleich bleiben. Er eignet sich in der Mechanik als Modell für alle Fälle, bei denen deformierende Wirkungen der angreifenden Kräfte (d. h. ↑Verformungen) vernachlässigt werden können. Während ein Massenpunkt nur Translationen ausführen kann, kommen beim s. K. noch Rotationsbewegungen hinzu. Er besitzt also sechs statt drei Freiheitsgrade der Bewegung (↑Kinematik).

Statik [griech. statikos »stellend«]: der Teil der ↑Mechanik, der sich mit ruhenden Körpern beschäftigt.

statistische Physik: Teilgebiet der Physik, das makroskopische Eigen-

S

schaften der Materie wie z. B. Temperatur oder ↑Entropie auf mikroskopische Prozesse zwischen Atomen oder Molekülen zurückführt. In der zweiten Hälfte des 19. Jh. wurde zunächst die **statistische Mechanik** entwickelt (u. a. von J. C. MAXWELL und L. BOLTZMANN). Heute gilt die **Quantenstatistik** als theoretische Grundlage der Thermodynamik; u. a. begründet sie die ↑Hauptsätze der Wärmelehre in der Quantenmechanik. Statistische Methoden werden auch in der Festkörperphysik, in der Untersuchung von Plasmen, Atomkernen sowie der Lichtausbreitung verwendet und spielen eine große Rolle in der ↑Chaostheorie.

Steady-State-Theorie ['stedɪ-steɪt-, engl. »stabiler Zustand«]: veraltetes kosmologisches Modell, das anstelle einer Entstehung des Weltalls in einem ↑Urknall eine kontinuierliche Produktion von Materie in einem großräumig unveränderlichen Weltall annimmt. Die S. wird von verschiedenen Beobachtungen widerlegt, u. a. der kosmischen Hintergrundstrahlung.

Stefan-Boltzmann-Konstante [nach JOSEF STEFAN, *1835, †1893, und L. BOLTZMANN]: ↑Strahlungsgesetze.

stehende Welle: eine ↑Welle, bei der die räumliche Lage der Schwingungs- bzw. Wellenbäuche und -knoten sich mit der Zeit nicht ändert, im Gegensatz zu einer fortschreitenden Welle. Eine s. W. transportiert, anders als eine fortschreitende, *keine* Energie. Sie entsteht, wenn sich zwei ebene harmonische Wellen (Sinuswellen) mit gleicher Frequenz und Amplitude, aber entgegengesetzter Ausbreitungsrichtung überlagern (↑Interferenz). Dies geschieht z. B., wenn eine Welle an einem Hindernis reflektiert wird und sich einfallende und reflektierte Welle überlagern (Abb. 1).

In einer stehenden Welle schwingen alle Punkte des Mediums mit gleicher Phase, aber unterschiedlicher Amplitude A. Punkte mit maximaler Amplitude nennt man **(Schwingungs-)bäuche,** Punkte, an denen das Medium immer in Ruhe ist ($A = 0$), **(Schwingungs-)knoten.** Der Abstand zwischen zwei benachbarten Bäuchen (bzw. Knoten) beträgt jeweils eine halbe Wellenlänge, ein Bauch ist vom nächsten Knoten jeweils eine viertel Wellenlänge entfernt. Zu bestimmten Zeitpunkten befindet sich das ganze Medium in der Nulllage (in Abb. 1 zu den Zeitpunkten $t = 13$ und $t = 19$). Auch die maximale Aus-

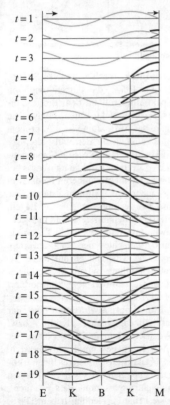

stehende Welle (Abb. 1): Überlagerung von einfallender und reflektierter Welle;
E: Erregungszentrum, B: Bauch, K: Knoten

lenkung wird an allen Punkten gleichzeitig erreicht.

Einfache Beispiele für stehende Wellen sind die Bewegung eines an einer Türklinke festgeknoteten Seils, das gleichmäßig auf und ab bewegt wird, die Luftschwingungen in einer Flöte oder ↑chladnische Klangfiguren – Letztere sind ein Beispiel für eine s. W. in zwei Dimensionen. Auch beim ↑Laser bildet sich im sog. Resonator eine stehende Lichtwelle. In elektrischen Wechselstromkreisen kann man ebenfalls s. W. erzeugen (↑Schwingkreis), dabei sind Strom- und Spannungsbäuche um jeweils λ/4 gegeneinander verschoben.

Man unterscheidet bei s. W. zwischen der Reflexion am offenen und der am festen Ende, oder physikalisch, zwischen Reflexion am dichteren bzw. am dünneren Medium.

Bei Reflexion einer Seilwelle mit losem Ende, Reflexion einer Schallwelle am offenen Ausgang eines Rohrs oder Reflexion einer Lichtwelle an einem Medium mit höherer Brechzahl tritt ein Phasensprung um π bzw. ein Gangunterschied von λ/2 auf (λ Wellenlänge): Wenn die einfallende Welle maximal negative Auslenkung hat, hat die reflektierte Welle maximal positive und umgekehrt (Abb. 2). Damit befindet sich am offenen reflektierenden Ende ein Schwingungsbauch. Bei Reflexion am festen Ende (geschlossenes Rohr, Übergang zu niedrigerer Brechzahl) gibt es dagegen keinen Phasen- oder Gangunterschied, und das Ende ist ein Knoten. Daraus ergibt sich, dass je nach Art der Reflexion bei gegebener Länge *l* des schwingenden Mediums sich für unterschiedliche Wellenlängen s. W. ausbilden: Bei zwei festen Enden oder zwei losen Enden muss $l = 3 \cdot \lambda/2$ gelten (Fall a), bei einem festen und einem losen Ende $l = 5 \cdot \lambda/4$ (Fall b). Dies führt zu einer fundamentalen Erkenntnis: Allgemein gibt es bei jedem

schwingfähigen System bestimmte Wellenlängen, bei denen sich s. W. ausbilden und die von den Abmessungen des Systems sowie der darin herrschenden Wellengeschwindigkeit abhängen. Die zugehörige Frequenz heißt **Eigenfrequenz**. Wird das System periodisch mit dieser Frequenz angeregt, so spricht man von einer ↑Resonanz. Aus

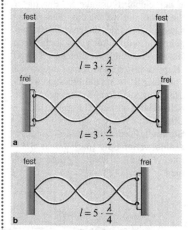

stehende Welle (Abb. 2): Reflexion an zwei offenen bzw. zwei geschlossenen Enden (Fall **a**) und an einem offenen und einem geschlossenen Ende (Fall **b**)

Abb. 2 sieht man, dass sich eine s. W. nicht nur bei einer Wellenlänge λ ausbildet, sondern auch bei allen Vielfachen von λ/2. Es treten dann einfach weitere Knoten zwischen den bestehenden hinzu (Fall a, im Fall b gilt dies für alle ungeraden Vielfache von λ/4). Dies ist der Grund, warum man z. B. mit einer Flöte bei gleicher Fingerstellung verschiedene Töne erzeugen kann: Man regt jeweils s. W. an, deren Wellenlängen die Bedingungen

Fall a: $l = n \cdot \dfrac{\lambda}{2}$ ($n = 1, 2, 3\ldots$),

Fall b: $l = m \cdot \dfrac{\lambda}{4}$ ($m = 1, 3, 5\ldots$)

S

erfüllen. Die s. W. mit der größten erlaubten Wellenlänge, also der kleinsten Eigenfrequenz, nennt man **Grundschwingung** (in der Akustik auch Grundton), die übrigen Schwingungen heißen **Oberschwingungen** oder -töne.

Steighöhe:

♦ beim ↑Wurf die größte vom geworfenen Körper erreichte Höhe.

♦ bei einem Flüssigkeits-↑Barometer die Höhe, um welche die Flüssigkeitssäule aufgrund des äußeren Drucks angehoben wird. Auch bei beliebigen flüssigkeitsgefüllten dünnen Röhren (Kapillaren) spricht man manchmal von einer S., wenn die Flüssigkeit aufgrund molekularer Kräfte gegen die Schwerkraft ansteigt (↑Kapillarität).

Steigzeit: ↑Wurf.

Steilheit, Formelzeichen *S*: ↑Triode.

steinerscher Satz [nach JAKOB STEINER; *1796, †1863]: ↑Trägheitsmoment.

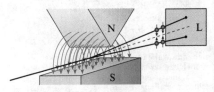

Stern-Gerlach-Versuch: Aufbau

Stellarator [lat. stella »Stern« (wegen des sternförmigen Aufbaus)]: ein Reaktorprinzip in der ↑Kernfusion.

Steradiant [griech. stereós »fest«, auch: »räumlich«, lat. radius »Strahl«], Formelzeichen sr: ergänzende SI-Einheit des Raumwinkels, analog zur Einheit ↑Radiant des ebenen Winkels. 1 sr ist definiert als derjenige Raumwinkel, unter dem aus der Oberfläche einer Kugel vom Radius 1 m eine Fläche von 1 m² herausgeschnitten wird. Ein voller Raumwinkel beträgt damit 4π sr. In der Physik verzichtet man beim Raumwinkel meist auf die Angabe der Einheit,

ebenso wie bei der Angabe von ebenen Winkeln in Radiant. Eine Ausnahme bildet die Fotometrie, wo die Einheit Lumen als 1 lm = 1 cd·sr definiert ist.

Stern: ein Himmelskörper, der in seinem Inneren i. A. durch ↑Kernfusion Energie erzeugt und als elektromagnetische Strahlung und Teilchenstrom an die Umgebung abgibt. Nur die masseärmsten S. (sog. Braunen Zwerge), deren Dichte zum Zünden einer Fusionsreaktion nur während einer kurzen Phase zu Beginn ihrer Entwicklung nicht ausreicht, gewinnen Energie durch Gravitation. Sterne können, je nach Masse, einige Millionen bis mehrere Milliarden Jahre lang einen stabilen Zustand einnehmen, in dem sich Gravitationsdruck einerseits und Gas- und Strahlungsdruck andererseits gegenseitig kompensieren. Der einzige der direkten Untersuchung zugängliche Stern ist die Sonne.

Stern-Gerlach-Versuch [nach OTTO STERN, *1888, †1969, und WALTHER GERLACH, *1889, †1979]: erstmals 1921 durchgeführter Versuch, mit dem die Aufspaltung von atomaren Energieniveaus durch ein inhomogenes Magnetfeld gezeigt wurde. Damit war die Richtungsquantelung des ↑Drehimpulses in der Quantenmechanik bewiesen. Diese Aufspaltung tritt bei Elektronenzuständen auf, die über ein ↑magnetisches Moment verfügen. Dies ist dann der Fall, wenn der aus Bahndrehimpuls und Spin zusammengesetzte Gesamtdrehimpuls des Zustands nicht verschwindet.

Der Drehimpulsvektor und damit auch das magnetische Moment kann sich relativ zur Richtung des äußeren Magnetfelds genau in $2J + 1$ Positionen befinden (J Gesamtdrehimpulsquantenzahl). Silberatome haben im Grundzustand ($J = 1/2$) also zwei mögliche Orientierungen. Daher spaltet sich ein Strahl von Silberatomen in einem inhomogenen Magnetfeld in zwei Teilstrahlen auf, was mit einem Beobachtungsschirm sichtbar gemacht werden kann.

Sternpunkt: ↑Drehstrom.

Sternschaltung: elektrische Schaltung beim ↑Drehstrom.

stetig: ↑kontinuierlich.

Steuerkennlinie: ↑Transistor.

Steuerstromkreis: ↑Relais.

Stimmgabel: Form des ↑schwingenden Stabs.

stimulierte Emission [lat. stimulare »anregen«]: ↑Laser.

Stoffkonstante: ↑Materialkonstante.

Stoß: im weiteren Sinne ein Vorgang, bei dem zwei oder mehrere Objekte, die Stoßpartner, sich aufeinander zubewegen, miteinander in Wechselwirkung treten und sich anschließend mit veränderter Bewegungsrichtung weiterbewegen. In diesem Sinne ist ein S. der Einzelvorgang eines Streuprozesses (↑Streuung). Im engeren Sinne treffen bei einem S. zwei oder mehrere starre Körper oder mikroskopische Teilchen aufeinander. Während der sehr kurzen Stoßzeit wirken sehr große Stoßkräfte, und die Impulse der Stoßpartner ändern sich praktisch augenblicklich. Die Senkrechte auf die Berührungsebene nennt man die **Stoßnormale** (Abb. 1). Der S. von zwei Körpern heißt **zentra-**

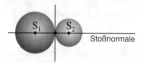

Stoß (Abb. 1): Stoßnormale und Schwerpunkte

ler Stoß, wenn die Stoßnormale durch die Schwerpunkte beider Körper geht, andernfalls spricht man von einem **exzentrischen Stoß.** Weiterhin unterscheidet man den **geraden Stoß** (beide Körper bewegen sich vor dem S. in Richtung der Stoßnormalen) vom

schiefen Stoß (Stoßrichtung und Stoßnormale bilden einen Winkel zwischen 0° und 180°). Bei allen S. gilt der Impulssatz (↑Erhaltungssätze), d. h. die vektorielle Addition aller Impulse *vor* dem S. ist gleich der Vektorsumme der Impulse aller Stoßpartner *nach* dem Stoß. Gilt außerdem auch der Energiesatz (die kinetische Gesamtenergie aller Stoßpartner bleibt vor und nach dem S. gleich), spricht man von einem **elastischen,** andernfalls von einem **unelastischen Stoß.** Bei Letzterem wird kinetische Energie meist in Formänderungsarbeit überführt, der stoßende Körper wird deformiert. Wenn die Verformung dauerhaft ist, nennt man sie plastisch. Der größte Teil der umgewandelten Energie wird letztlich zu Wärme. Besonders einfach zu beschreiben sind die beiden folgenden Fälle:

■ Elastischer gerader zentraler Stoß zweier Körper

Es seien m_1, m_2 die Massen und v_1, v_2 die Geschwindigkeiten der Körper 1 und 2 vor, u_1 und u_2 die Geschwindigkeiten nach dem S. (Abb. 2). Weil der S. elastisch sein soll, gelten Impuls- und Energiesatz und man erhält für die Geschwindigkeiten $u_{1,2}$ und $v_{1,2}$:

$$m_1 v_1 + m_2 v_2 = m_1 u_1 + m_2 u_2$$

$$\frac{1}{2} m_1 v_1^2 + \frac{1}{2} m_2 v_2^2 = \frac{1}{2} m_1 u_1^2 + \frac{1}{2} m_2 u_2^2 \,.$$

Die Impulse $m_1 u_1$, $m_2 u_2$ nach dem S. nennt man häufig **Rückstoß.** Durch Umformen und Einsetzen erhält man daraus:

$$u_1 = \frac{2 m_2 v_2 + v_1 \left(m_1 - m_2 \right)}{m_1 + m_2},$$

$$u_2 = \frac{2 m_1 v_1 + v_2 \left(m_2 - m_1 \right)}{m_1 + m_2}.$$

Wenn beide Körper die gleiche Masse haben ($m_1 = m_2 = m$), wird

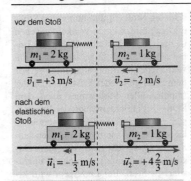

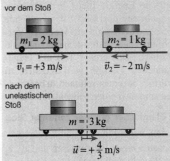

Stoß (Abb. 2): elastischer und vollkommen unelastischer gerader zentraler Stoß

$$u_1 = v_2 \text{ und } u_2 = v_1.$$

Die Geschwindigkeiten beider Körper werden also in diesem Fall getauscht. Wenn ein leichter Körper mit Masse m_1 gegen einen ruhenden Körper mit sehr großer Masse $m_2 \gg m_1$ stößt, etwa gegen eine Wand, dann gilt

$$u_1 = -v_1;$$

der Körper entfernt sich also mit gleicher Geschwindigkeit in entgegengesetzter Richtung.

■ Unelastischer gerader zentraler Stoß zweier Körper

In diesem Fall gilt – mit den gleichen Abkürzungen wie im vorigen Beispiel – nur der Impulssatz:

$$m_1v_1 + m_2v_2 = m_1u_1 + m_2u_2 \ .$$

Bei einem vollkommen unelastischen Stoß haben beide Körper nach dem S. die gleiche Geschwindigkeit $u_1 = u_2 = u$, damit ergibt sich:

$$m_1v_1 + m_2v_2 = (m_1 + m_2)u$$

und daraus

$$u = \frac{m_1v_1 + m_2v_2}{m_1 + m_2};$$

und für $m_1 = m_2 = m$ (beide Körper haben gleiche Masse)

$$u = \frac{v_1 + v_2}{2}.$$

u ist dann der arithmetische Mittelwert beider Geschwindigkeiten vor dem S.

Stoßanregung: ↑Anregung.

Stoßionisation: die ↑Ionisation von Atomen oder Molekülen durch Stöße mit energiereichen Elektronen oder Ionen. Dabei wird die Ionisierungsenergie durch die kinetische Energie der stoßenden Teilchen aufgebracht – es handelt sich also um einen unelastischen ↑Stoß.

Strahl: allgemein ein gerichteter und gebündelter Strom bzw. ↑Fluss von Teilchen oder Wellen, z. B. radioaktive S., Elektronen-, Flüssigkeits- oder Lichtstrahlen. Speziell in der geometrischen ↑Optik versteht man unter einem S. diejenige Verbindungslinie zwischen zwei Punkten, entlang derer sich das Licht ausbreitet, in homogenen Medien also eine Gerade (bzw. ein Geradenstück). Der S. ist die Idealisierung eines (realen) **Strahlenbündels** mit unendlich kleinem Querschnitt. Der Plural »Strahlen« wird oft synonym mit dem Begriff ↑Strahlung gebraucht.

Strahlenbelastung: ungenaue Bezeichnung für eine schädliche ↑Dosis an meist ionisierender Strahlung, der ein Mensch bzw. ein Lebewesen oder ein Gerät in verschiedenen Situationen ausgesetzt sein kann. Man unterscheidet zwischen natürlicher und künstlicher S.; für die künstliche S. sind ↑Grenzwerte festgelegt.

■ **Natürliche Strahlenbelastung**

Die natürliche radioaktive S. beträgt in Deutschland im Mittel 2,4 mSv/a (Äquivalentdosis). Ein Drittel davon entsteht durch äußere Bestrahlung, zwei Drittel durch innere Bestrahlung, also als Belastung durch eingeatmete oder mit der Nahrung aufgenommene Nuklide. Gut die Hälfte der natürlichen S. geht auf das Einatmen des radioaktiven Edelgases Radon zurück, einem Folgeprodukt des Zerfalls langlebiger Uran- und Thoriumisotope. Außerdem tragen die ↑Höhenstrahlung sowie weitere natürliche Radionuklide zur natürlichen S. bei. In Regionen mit hoher Uran- und Thoriumkonzentration im Gestein kann die natürliche S. um ein Vielfaches höher als in Deutschland sein: In bestimmten Gegenden Brasiliens oder des Iran werden Maximalwerte von 200–450 mSv/a erreicht (Dosisleistung). Bestimmte Nahrungspflanzen und Tiere reichern Radionuklide an, z. B. Paranüsse oder Rentiere (110 g Paranüsse belasten die Knochen mit 0,07 mSv). Da Tabak den Alphastrahler ^{210}Po anreichert, führt ein Verbrauch von einer Packung Zigaretten pro Tag zu einer zusätzlichen Belastung von 20–120 mSv/a (Grenzwert der Ganzkörperdosis für beruflich exponierte Personen: 50 mSv/a). Nicht radioaktive natürliche S. beruht vor allem auf der elektromagnetischen Einstrahlung von der Sonne (u. a. Gefahr von Sonnenbrand und Hautkrebs).

■ **Künstliche Strahlenbelastung**

Die künstliche S. ist in Deutschland im Mittel etwa halb so groß wie die natürliche; je nach Wohnort, Lebensweise und Beruf gibt es aber große Schwankungen. Als Quellen fallen die militärische und zivile Nutzung der Kernenergie (Atomtests, Tschernobyl und andere Unfälle bzw. Lecks in Atomkraftwerken), medizinische Anwendungen, vor allem Röntgen- und Laserstrahlung ins Gewicht. Eine besondere Rolle spielen elektromagnetische Felder von verhältnismäßig niedriger Intensität (↑Elektrosmog).

Strahlendosis: ↑Dosis.

Strahlenoptik: ↑Optik.

Strahlenschäden:

♦ *Festkörperphysik*: dauerhafte Veränderungen in Gefüge und Verhalten eines Werkstoffs, die durch energiereiche Strahlung (z. B. radioaktive Strahlung, Elektronen, Neutronen, Röntgenstrahlen) verursacht werden. Mit ihnen ist besonders in Kernkraftwerken, Raumfahrzeugen und Hochenergieexperimenten zu rechnen.

♦ *Medizinische Physik*: durch elektromagnetische oder Teilchenstrahlen hervorgerufene Gesundheitsschäden. Man unterscheidet dabei zwischen natürlicher und künstlicher ↑Strahlenbelastung. Die biologische Wirkung von ionisierender Strahlung beruht v. a. auf der Bildung von hoch reaktiven Radikalen (Atome oder Moleküle mit ungepaarten Elektronen) durch Absorption der Strahlungsenergie im Gewebe. Außerdem können auch wichtige Moleküle wie die Erbsubstanz direkt zerstört werden. Bei nicht ionisierender Strahlung stehen Lichtschäden (Sonnenbrand, Augenschäden v. a. durch Laser, Hautkrebs) an erster Stelle. Kontrovers diskutiert wird der sog. ↑Elektrosmog, also die Wirkung von niederenergetischen elektromagnetischen Feldern.

Strahlenschutz: die Erforschung und Durchführung von Maßnahmen zur Verhinderung von ↑Strahlenschäden. Man unterscheidet zwischen S. für Personen und S. für Material. Der S. muss besonders in der Kerntechnik, der

S

Kern- und Hochenergiephysik, in der Radiochemie, der Nuklearmedizin sowie im Umgang mit Lasern beachtet werden. An erster Stelle steht immer eine hinreichende ↑Abschirmung von Strahlenquellen, außerdem muss, wenn möglich, auf genügenden Abstand geachtet werden (die Intensität jeder Strahlung fällt mit dem Quadrat des Abstands von der Quelle!). Es gibt in Deutschland umfangreiche gesetzliche Regelungen zum S., die u. a. die Bestellung von Strahlenschutzbeauftragten in gefährdeten Betrieben und Behörden vorschreiben.

Strahlung: die gerichtete räumliche und zeitliche Ausbreitung von Energie in Form von Wellen oder Teilchen. Beispiele für **Wellenstrahlung** (↑Wellen) sind Schall- und elektromagnetische Wellen, für Korpuskularstrahlung (↑Teilchenstrahlung) Alpha- oder Betastrahlen. Unter **ionisierender S.** versteht man S., deren Energie ausreicht, um in bestrahltem Material oder Gewebe Elektronen aus Atomen oder Molekülen herauszulösen. Ionisierende Strahlung ist die Hauptursache von ↑Strahlenschäden. Sie wird aber auch in Fertigung, Materialprüfung und Strahlentherapie gezielt eingesetzt.

Strahlungsgesetze: physikalische Gesetze, welche die Aussendung von elektromagnetischer Strahlung durch einen im thermodynamischen Gleichgewicht stehenden Körper (Temperaturstrahler) beschreiben. Im Einzelnen zählen hierzu:

■ **Kirchhoffsches Gesetz**

Das 1859 von G. R. KIRCHHOFF aufgestellte **kirchhoffsche Gesetz** besagt, dass der Quotient von Emissionsvermögen E und Absorptionsvermögen A eines strahlenden Körpers nur von dessen (absoluter) Temperatur T und der von ihm ausgestrahlten Wellenlänge λ abhängt:

$$\frac{E(\lambda,T)}{A(\lambda,T)} = f(\lambda,T).$$

Für einen ↑schwarzen Strahler gilt stets $A = 1$. Daher ist sein Emissionsvermögen $E_{SK}(\lambda, T) = f(\lambda, T)$, und es folgt für beliebige Körper

$$\frac{E(\lambda,T)}{A(\lambda,T)} = E_{SK}(\lambda,T).$$

In Worten: Bei gegebener Temperatur und Wellenlänge ist das Verhältnis von Emissions- zu Absorptionsvermögen eines Körpers gleich dem Emissionsvermögen, das ein schwarzer Strahler bei dieser Temperatur und Wellenlänge besitzt.

■ **Stefan-Boltzmann-Gesetz**

Das 1879 von J. STEFAN gefundene und von L. BOLTZMANN begründete **Stefan-Boltzmann-Gesetz** gibt an, wie die Energieflussdichte bzw. ↑Intensität I der von einem schwarzen Strahler abgegebenen Temperaturstrahlung von der (absoluten) Temperatur T des Strahlers abhängt; alternativ kann man auch die von einer Fläche A abgegebene Strahlungsleistung $P = I \cdot A$ betrachten):

$$I = \sigma \cdot T^4 \text{ bzw. } P = \sigma \cdot A \cdot T^4.$$

σ ist die **Stefan-Boltzmann-Konstante;** es gilt

$$\sigma = \frac{2\pi^5 \cdot k^4}{15c^2 \cdot h^3} = 5{,}670 \cdot 10^{-8} \, \frac{W}{m^2 \cdot K^4}$$

(k Boltzmann-Konstante, c Lichtgeschwindigkeit, h plancksches Wirkungsquantum). Das Gesetz ergibt sich aus der planckschen Strahlungsformel (s. u.) durch Integration über die Wellenlänge.

■ **Plancksche Strahlungsformel**

Die nach M. PLANCK benannte **plancksche Strahlungsformel** ist das fundamentale Gesetz der Temperaturstrahlung. Es beruht anders als frühere, klassische Ansätze auf der Lichtquantenhypothese, also der Annahme, dass Licht bzw. elektromagnetische Strahlung allgemein nur in Form von Quanten genannten Paketen absorbiert oder emittiert werden kann, deren Energie $h \cdot \nu$ beträgt (ν Frequenz). Die spezifische Ausstrahlung $I_\lambda(T)$, also die bei einer bestimmten Wellenlänge λ emittierte Intensität eines schwarzen Strahlers lautet demnach:

$$I_\lambda(T) = \frac{2\pi \cdot h \cdot c^2}{\lambda^5} \cdot \frac{1}{e^{hc/\lambda kT} - 1}$$
$$= \frac{c_1}{\lambda^5} \cdot \frac{1}{e^{c_2/kT} - 1}.$$

$c_1 = 2\pi hc^2$ und $c_2 = hc/\lambda$ sind die planckschen Strahlungskonstanten. Die Dimension von $I_\lambda(T)$ ist die einer Intensität pro Wellenlänge, die Einheit damit $W/(m^2 \cdot m) = W/m^3$. $I_\lambda(T)$ verschwindet sowohl für sehr große als auch für sehr kleine Wellenlängen; anders als im rayleigh-jeansschen Strahlungsgesetz (s. u.) gibt es keine »UV-Katastrophe« (unendliche große Intensität bei kleinen Wellenlängen).

Es gibt zwei auf klassischem Wege erhaltene Näherungsformeln, nämlich das rayleigh-jeanssche und das wiensche Strahlungsgesetz, die bei langen bzw. kurzen Wellenlängen gegen die plancksche Strahlungsformel konvergieren.

■ Rayleigh-jeansssches Strahlungsgesetz und wiensche Strahlungsformel

Bei langen Wellenlängen bzw. hohen Temperaturen ($hc/\lambda = h\nu \ll kT$) gilt das 1894 von J. W. S. RAYLEIGH und JAMES H. JEANS (*1877, †1946) aufgestellte **rayleigh-jeanssche Strahlungsgesetz**:

$$I_\lambda(T) = 2\pi \cdot k \cdot c \cdot \frac{T}{\lambda^4} = \frac{c_1}{c_2} \cdot \frac{T}{\lambda^4}.$$

Für den anderen Grenzfall ($hc/\lambda = h\nu \gg kT$) gab 1896 WILHELM WIEN (*1864, †1928) die **wiensche Strahlungsformel** an:

$$I_\lambda(T) = \frac{2\pi hc^2}{\lambda^5} \cdot e^{-hc/\lambda kT} = \frac{c_1}{\lambda^5} \cdot e^{-c_2/kT}.$$

Den qualitativen Verlauf von planckscher, rayleigh-jeansscher und wienscher Strahlungsformel zeigt Abb. 1.

■ Wiensches Verschiebungsgesetz

Das Maximum der Planck-Kurve, also die Wellenlänge, bei der die Intensität der Schwarzkörperstrahlung am stärks-

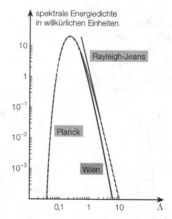

Strahlungsgesetze (Abb. 1): qualitative Abhängigkeit der Intensität der Schwarzkörperstrahlung von der Wellenlänge nach Planck (hellblau), Rayleigh-Jeans (schwarz) und Wien (dunkelblau). Die Wellenlänge wird hier durch die dimensionslose Größe $\Lambda = \lambda \cdot kT/hc$ angegeben, die Emission als spektrale Energiedichte. Im Bild liegt der UV-Bereich links, der IR-Bereich rechts. Die Werte sind doppelt-logarithmisch aufgetragen, man beachte die Abstände der Teilstriche! Während Rayleigh-Jeans bei kleinen Wellenlängen (großen Energien) eine unendlich große Emission vorhersagt (»UV-Katastrophe«), beschreibt die wiensche Formel im Infraroten zu niedrige Intensitäten.

S

ten ist, verschiebt sich mit zunehmender Temperatur zu immer kürzeren Wellenlängen und damit größerer Energie (Abb. 2). Dies kann man gut an einem glühenden Eisenstab (z. B. im Elektrogrill) beobachten, dessen Farbe beim Warmwerden von Dunkelrot über Orange ins Gelbe übergeht. Nach dem bereits 1893 von W. WIEN aufgestellten **wienschen Verschiebungsgesetz** ist das Produkt aus der Wellenlänge maximaler Ausstrahlung λ_{max} und der absoluten Temperatur T eines schwarzen Strahlers konstant. Diese Konstante w hat den Namen **wiensche Verschiebungskonstante:**

$$\lambda_{max} \cdot T = w = 2,897\ 756\ \text{mK} \cdot \text{m}$$

(derzeit bester experimenteller Wert). Man kann diesen Wert auch durch Nullsetzen der Ableitung der planckschen Strahlungsformel nach der Wellenlänge erhalten.

Strahlungsgleichgewicht: der Zustand eines aus zwei oder mehr Körpern bestehenden Systems, in dem alle

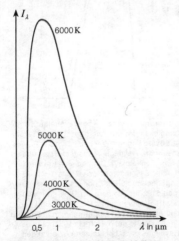

Strahlungsgesetze (Abb. 2): Bei höheren Temperaturen verschiebt sich das Maximum der Planck-Kurve zu immer kürzeren Wellenlängen hin.

Körper die gleiche konstante Temperatur haben und ebenso viel Strahlung emittieren wie sie absorbieren.

Strange-Quark ['streɪnʒkwɔːk; engl. strange »seltsam«], Symbol s: ↑Quarks.

Stratosphäre [lat. stratum »Decke«]: ↑Atmosphäre.

Streuung: die teilweise Ablenkung eines Teilchen- bzw. Wellenstrahls in beliebige Richtungen durch Wechselwirkung mit Materie, z. B. die S. von Licht an Staubpartikeln oder Luftmolekülen oder von Neutronen an den Atomkernen eines Abschirmmaterials. Im weiteren Sinne lässt sich auch die ↑Beugung als S. auffassen.

Die S. erfolgt jeweils an einzelnen mikroskopischen Teilchen des streuenden Mediums, den sog. **Streuzentren.** Betrachtet man die Wechselwirkung eines einzelnen Strahlteilchens, spricht man auch von Einzelstreuung; solche Streuexperimente sind in der Elementarteilchenphysik von größter Bedeutung. Werden die Teilchen der einfallenden Strahlung innerhalb des Mediums mehrfach gestreut, so spricht man von **Mehrfachstreuung** (z. B. Sonnenlicht in Wolken). Die S. bedeutet immer einen Intensitätsverlust für den einfallenden Strahl. Wie beim ↑Stoß unterscheidet man **elastische Streuung** (Summe der kinetischen Energie von gestreutem und streuendem Partikel konstant) und **inelastische Streuung** (Energie wird an innere Freiheitsgrade, z. B. zur Anregung von Elektronen oder Nukleonen, abgegeben). Der ↑Wirkungsquerschnitt eines Streuprozesses heißt auch **Streuquerschnitt.**

Stringtheorie [engl. string »Saite«]: noch nicht experimentell überprüfbare Theorie, die eine Zusammenfassung der allgemeinen ↑Relativitätstheorie mit dem Standardmodell der ↑Elementarteilchen versucht. Grundelemente sind hier keine punktförmigen Teilchen, sondern linien- oder flächenhafte

Gebilde (»Strings« und »Branes«, von engl. membrane »Membran«). In der S. hat der Kosmos nicht nur eine Zeit- und drei Raumdimensionen, sondern mindestens sieben zusätzliche, im Alltag nicht wahrnehmbare Dimensionen.

Stroboskop [griech. stróbos »Wirbel«]: Gerät zur periodischen Unterbrechung oder Intensitätsänderung eines Lichtstrahls durch periodische Abdeckung (Blendenverfahren) oder periodisch aufleuchtende Lichtquellen (Lichtblitzstroboskop). Die einfachste Vorrichtung für einen schnellen Blendenwechsel ist ein sich schnell drehender, mit Schlitzen versehener Zylinder, in dessen Mitte die Lichtquelle steht. Als Lichtblitzstroboskop verwendet man u. a. mit hoher Frequenz gezündete Gasentladungslampen. Durch Stroboskopaufnahmen kann man z. B. Bewegungsabläufe analysieren.

Strom:

◆ (elektrischer Strom): der gerichtete Transport von ↑elektrischen Ladungen. Bewegen sich die Ladungsträger durch einen ruhenden Leiter, spricht man von **Leitungsstrom,** werden sie dagegen von einem Medium mitgeführt, dem gegenüber sie sich in Ruhe befinden, von **Konvektionsstrom.** Jeder elektrische S. induziert ein Magnetfeld (↑Induktion); in jedem Leiter mit nicht verschwindendem (ohmschen) Widerstand wird ↑elektrische Energie in sog. joulesche Wärme umgewandelt (↑joulesches Gesetz). Ist die ↑Stromstärke zeitlich konstant, spricht man von **Gleichstrom,** andernfalls von **Wechselstrom.** Wenn man zwei Punkte, zwischen denen eine elektrische ↑Spannung besteht, leitend verbindet, fließt ein elektrischer S. (↑Stromrichtung).

◆ andere Bezeichnung für ↑Fluss.

Stromarbeit: die von einem elektrischen ↑Feld beim Transport elektrischer Ladungen geleistete ↑Arbeit, durch die ↑elektrische Energie in andere Energieformen überführt wird (↑Energie). Bei einem Gleichstrom mit der Stromstärke $I = Q/\Delta t$ beträgt sie

$$W_{\text{Strom}} = U \cdot I \cdot \Delta t.$$

Diese Arbeit wird – je nach Stromrichtung – in potenzielle elektrische Energie umgewandelt oder von dieser aufgebracht. Bei einem sinusförmigen Wechselstrom gilt

$$W_{\text{el}} = U_{\text{eff}} \cdot I_{\text{eff}} \cdot \cos\varphi \cdot \Delta t$$

(U_{eff} Effektivspannung, I_{eff} Effektivstrom, φ Phasenverschiebung zwischen Spannung und Stromstärke).

Stromdichte, Formelzeichen $\vec{j}$: vektorielle Größe, deren Betrag dem Quotienten aus elektrischer ↑Stromstärke I und Leiterquerschnitt A entspricht und dessen Richtung der technischen ↑Stromrichtung entspricht:

$$j = I/A, \quad \vec{j} = \sigma \cdot \vec{E}.$$

Der Proportionalitätsfaktor σ zwischen $\vec{j}$ und dem elektrischen Feld $\vec{E}$ ist die elektrische ↑Leitfähigkeit. Die SI-Einheit der Stromdichte ist A/m^2.

Stromkreis: eine geschlossene Anordnung aus elektrischen Leitern, Schaltelementen (z. B. Kondensator oder Spule) und Strom- bzw. Spannungsquellen, durch die ein elektrischer Strom fließen kann.

Stromrichtung: die Richtung des elektrischen ↑Stroms in einem Leiter. Man unterscheidet zwischen der konventionellen oder **technischen Stromrichtung,** die der Bewegung einer *positiven* Probeladung im elektrischen Feld entspricht, und der **physikalischen Stromrichtung,** welche die Bewegungsrichtung der *negativ* geladenen Elektronen angibt. Die technische S. verläuft also in einem Stromkreis immer vom Plus- zum Minuspol der Stromquelle. Bei Wechselstrom lässt sich keine S. angeben.

S

Strom-Spannungs-Diagramm
(Strom-Spannungs-Kennlinie): Auftragung der Abhängigkeit der Stromstärke in einem Leiter von der anliegenden Spannung. Bei Gültigkeit des ↑ohmschen Gesetzes ergibt sich eine Gerade. Bei elektronischen Geräten kann man aus dem S. wichtige Eigenschaften ablesen, etwa die Verstärkung bei einer Triode.

Stromstärke (elektrische Stromstärke), Formelzeichen I: Basisgröße des ↑SI mit der SI-Basiseinheit ↑Ampere (A).

Die Stromstärke ist die Ableitung der elektrischen Ladung Q nach der Zeit; sie gibt also an, um welchen Betrag ΔQ sich Q in der Zeit Δt ändert:

$$I = \Delta Q / \Delta t \quad \text{bzw.} \quad I = dQ/dt.$$

Die auf den Leiterquerschnitt bezogene Stromstärke ist die ↑Stromdichte j.

Stromstoß: das Produkt aus Dauer Δt und Stärke I eines kurzzeitig fließenden elektrischen ↑Stroms. Ist der Strom währenddessen nicht konstant, so ergibt sich der S. durch Integration:

$$\text{Str.} = \int I \, dt$$

(der S. hat kein Formelzeichen). Der S. hat Dimension und Einheit einer Ladung, er gibt die während Δt transportierte Ladungsmenge an.

Strom- und Spannungsmessung: die Bestimmung der elektrischen ↑Spannung U zwischen den Endpunkten eines Leiters mit ↑Widerstand R oder der Stärke I des durch ihn fließenden elektrischen Stroms (↑Stromstärke). Da Strom, Spannung und Widerstand über die Gleichung $U = R \cdot I$ verknüpft sind, kann man im Prinzip mit demselben Messgerät bei bekanntem R sowohl Strom als auch Spannung bestimmen. Dabei wird das Gerät
■ für die **Strommessung** mit dem Widerstand *in Reihe* geschaltet; der In-

nenwiderstand R_i des dann **Amperemeter** genannten Messinstruments muss möglichst klein sein (kleiner Spannungsabfall am Messgerät);
■ für die **Spannungsmessung** *parallel* zum Widerstand geschaltet, der Innenwiderstand R_i des dann **Voltmeter** genannten Messinstruments muss dann möglichst groß sein (geringer Stromfluss durch das Messgerät, Abb. 1).

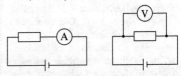

Strom- und Spannungsmessung (Abb. 1): Schaltbild für Amperemeter (A, links) und Voltmeter (V, rechts)

Die gebräuchlichsten Instrumente für die Strom- und Spannungsmessung sind das Drehspulinstrument und das Drehmagnetinstrument für Gleichstrom bzw. -spannung sowie das Dreheiseninstrument und das Elektrodynamometer für Wechselstrom bzw. -spannung (s. u.).

Alle diese Geräte nehmen eine Strommessung vor, aus welcher der Spannungsabfall über den bekannten Innenwiderstand errechnet wird. Ein echtes Spannungsmessgerät ist dagegen das Elektrometer, das leistungslos misst (bei der Spannungsmessung auf Grundlage einer Stromessung wird elektrische Leistung verbraucht).

Bei kleinen Spannungen oder Stromstärken liefern die verschiedenen Typen von Galvanometern besonders genaue Werte. Durch Zuschalten von weiteren bekannten ↑Vorwiderständen lässt sich der Messbereich eines Amperere- oder Voltmeters über viele Zehnerpotenzen variieren (↑Nebenschluss). Ein Gerät, das Gleich- und Wechselströme sowie -spannungen, Leitfähigkeiten und Widerstände in vielen Messbereichen bestimmen kann, nennt man **Multimeter.** Hochfrequente Wechselströme oder sehr große Stromstärken und Spannungen misst man u. a. mit Hitzdrahtinstrumenten, welche die thermische Ausdehnung eines Metallfadens verwenden (↑joulesches Gesetz) oder elektronischen Voltmetern.

■ Drehspul- und Drehmagnetinstrument

Das **Drehspulinstrument,** das wichtigste Amperemeter für Gleichstrom, beruht auf der magnetischen Wirkung des elektrischen Stroms. Dabei wird die magnetische Kraftwirkung zwischen einem Dauermagneten und einer drehbar gelagerten ↑Spule ausgenutzt, welche vom zu messenden Strom durchflossen wird. Der Ausschlag eines an der Spule befestigten Zeigers dient als Maß für die Stromstärke bzw. Spannung im untersuchten Leiterabschnitt (Abb. 2). Beim robusteren, aber weniger empfindlichen **Drehmagnetinstrument** sind Dauermagnet und Spule vertauscht; der Zeiger ist dort also an einem drehbaren Dauermagneten angebracht, der sich im Feld der stromdurchflossenen Spule bewegt.

■ Das Elektrometer

Das **Elektrometer** basiert auf der elektrostatischen Abstoßung zwischen beweglichen und festen Teilen. Die älteste Form des E. ist das ↑Elektroskop, eine modernere Version hiervon das braunsche Elektrometer (nach KARL F. BRAUN; *1850, †1918; Abb. 3). Bei diesem Gerät ist ein leichter Metallzeiger drehbar aufgehängt, der in Ruhe senkrecht ausgerichtet ist. Wird eine Gleichspannung zwischen Zeiger und geerdetem Gehäuse angelegt, so bewirkt die elektrische Abstoßung eine spannungsabhängige Auslenkung des Zeigers. Das Gerät eignet sich am besten für Spannungen von 0,5–10 kV.

■ Drehspul- und Dreheiseninstrumente

Für die Messung von Gleich- und Wechselströmen geeignet ist das **Elektrodynamometer** (elektrodynamisches Drehspulinstrument). Dieses misst die magnetische Kraftwirkung zwischen zwei Spulen, die vom zu messenden Strom durchflossen werden; eine Spule ist dabei jeweils fest, die andere drehbar gelagert. Die Abstoßung zwischen diesen beiden Messspulen ist proportional zum *Produkt* der beiden Spulenströme und damit unabhängig von der Stromrichtung. Ist einer der beiden Spulenströme der Spannung,

Strom- und Spannungsmessung (Abb. 2): Dreheisen- (links) und Drehspulinstrument (rechts)

der andere dem Strom in einem Leiterabschnitt proportional, so kann man damit Leistungsmessungen vornehmen (↑Wattmeter). Mit dem Elektrodynamometer verwandt ist das Kreuzspulinstrument, das den Quotienten zweier Ströme misst und daher auch **Quotientenmesswerk** heißt. Man kann damit Widerstände als Verhältnis von Spannung und Strom bestimmen.

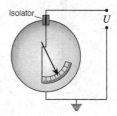

Strom- und Spannungsmessung (Abb. 3): braunsches Elektrometer

Ebenfalls unabhängig von der Stromrichtung ist der Ausschlag beim **Dreheiseninstrument**. Dieses nutzt die ↑Magnetisierung von zwei Weicheisenstücken durch das Magnetfeld einer vom zu messenden Strom durchflossenen Spule. Da bei jeder Polung beide Weicheisenstücke gleich magnetisiert werden, stoßen sie sich immer ab; der Ausschlag des am drehbaren Weicheisenstück angebrachten Zeigers hängt nur vom Betrag der Stromstärke in der Spule ab.

■ **Galvanometer**

Das nach L. GALVANI benannte **Galvanometer** erreicht eine besonders große Empfindlichkeit durch die Verwendung eines an einem Torsionsfaden angebrachten Drehspiegels. Dieser ist anstelle eines Zeigers mit einem beweglichen Magneten im Feld eines feststehenden Magneten verbunden. Der Spiegel wird von einem Lichtstrahl (meistens aus einem Laser) beleuchtet, und der gespiegelte Strahl wird auf einer entfernten Skala verfolgt. Wie beim Drehspul- oder Magneteiseninstrument ist einer der beiden Magnete eine vom zu messenden Strom durchflossene Spule.

Je nach Bauart spricht man vom Drehspul- (bewegliche Spule, Abb. 4), Nadel- (bewegliche Magnetnadel) und Schleifengalvanometer (bewegliche Spule aus nur einer Leiterschleife).

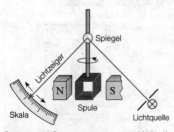

Strom- und Spannungsmessung (Abb. 4): Drehspulgalvanometer

Das **ballistische Galvanometer** (Stoßgalvanometer) ist ein Drehspulgalvanometer mit besonders großem Trägheitsmoment. Man kann damit ↑Stromstöße messen, wenn diese kürzer sind als die Einschwingzeit des Galvanometers. Der erste Maximalausschlag des Lichtzeigers ist dann proportional der transportierten Ladungsmenge.

Stromverzweigung (Knoten): ↑kirchhoffsche Regeln.

Stromwärme (joulesche Wärme): ↑joulesches Gesetz.

Stromwelle: ↑Lecher-Leitung.

Strukturbildung

♦ *Astronomie:* Die Enstehung der großräumigsten Strukturen des Universums (Galaxien, Galaxienhaufen, Galaxiensuperhaufen) aus winzigen Quantenfluktuationen, die sehr kurze Zeit nach dem ↑Urknall bestanden haben.

♦ *Chaostheorie:* das spontane Entstehen von (neuen) räumlichen und zeitlichen Strukturen in dynamischen Systemen (↑Chaostheorie), das auf das gemeinsame Wirken von Teilsystemen zurückgeht, z. B. bei der Wolkenbildung oder im Strahlungsfeld eines Lasers.

Stunde, Einheitenzeichen h [lat. hora]: gesetzlich zulässige ↑Zeiteinheit außerhalb des SI; 1 h = 3600 s.

Sublimieren [lat. sublimare »hochheben«]: der direkte Übergang eines Stoffs vom festen in den gasförmigen ↑Aggregatzustand bei Temperaturen unterhalb des Schmelzpunkts. Die Sublimationstemperatur **(Sublimationspunkt)** hängt vom Druck ab. Die erforderliche Sublimationswärme entspricht der Summe von Schmelz- und Verdampfungswärme.

Bei Atmosphärendruck und Raumtemperatur sublimiert z. B. Iod; gefrorenes Kohlendioxid (sog. Trockeneis) kann nur durch Sublimation gasförmig werden.

Südpol: ↑Nordpol.

Summenkraft: ↑Kräfteparallelogramm.

Supernova [lat. super »darüber« und nova (stella) »neuer Stern«]: die Explosion eines ↑Sterns, zu der es entweder aufgrund von Materieübertragung in einem Doppelsternsystem oder durch Erschöpfung des nuklearen Brennstoffvorrats eines massenreichen Sterns kommt. Im letzteren Fall bricht das Gleichgewicht zwischen Massenanziehung und Strahlungsdruck zusammen, wodurch ein Teil der Sternmaterie mit nahezu Lichtgeschwindigkeit nach außen geschleudert und der Rest im Zentrum extrem komprimiert wird. Bei genügend großer Ausgangsmasse kann so ein ↑schwarzes Loch entstehen. Während einer S. strahlt der explodierende Stern stärker als die ihn umgebende, mehrere hundert Millionen Sterne enthaltende Galaxie.

Superposition [lat. superponere, superpositum »überlagern«]: im weiteren Sinne die Überlagerung von verschiedenen Kräften, Feldern, Schwingungen oder Wellen am selben Ort und zur selben Zeit. Das **Superpositionsprinzip** besagt, dass bei solch einer Überlagerung jede einzelne beteiligte Kraft, Welle usw. so wirkt, als läge sie allein vor. Dies bedeutet, dass sich z. B. bei der Überlagerung zweier Wellen die Amplituden an jedem Punkt addieren. Kommt an jedem Punkt des Raumes ein Wellenberg der einen mit einem Berg der anderen zusammen, spricht man von positiver, beim Zusammentreffen von Wellenberg und -tal von negativer ↑Interferenz. Bei superponierbaren Kräften addieren sich die Kräfte vektoriell. Damit das Superpositionsprinzip gilt, müssen die den betreffenden Prozess beschreibenden Gleichungen linear sein. Dann ist die Summe von zwei Lösungen ebenfalls eine Lösung der Gleichung. Die Grundgleichungen der Elektrodynamik (↑Max-

well-Gleichungen) und der Quantenmechanik (Schrödinger-Gleichung, ↑Quantentheorie) sind Beispiele für die Gültigkeit des Superpositionsprinzips. Daher beobachtet man bei elektromagnetischen Wellen (z. B. Licht) und bei den Wahrscheinlichkeitswellen von Quantenteilchen (z. B. Elektronen) Interferenzerscheinungen. In der nichtlinearen Optik, etwa bei der ↑Doppelbrechung, oder in der Akustik bei großen Schallamplituden gilt das Superpositionsprinzip dagegen nicht.

superschwere Elemente: ungenau definierter Sammelbegriff für die schwersten, ausnahmslos radioaktiven Elemente des ↑Periodensystems. **Transurane** nennt man diejenigen Elemente, die schwerer als das schwerste auf der Erde vorkommende Element Uran ($Z = 92$) sind. Die Transurane bis Fermium ($Z = 100$) wurden durch Neutronenbeschuss mit anschließendem Betazerfall erzeugt, Transurane bis Element 101 (Mendelevium) durch Beschuss leichterer s. E. mit Alphateilchen. Die übrigen Transfermium-Elemente ($Z > 100$) wurden in Berkeley (USA) und Dubna (ehemalige Sowjetunion), die Elemente 107–112 in Darmstadt bei der Gesellschaft für Schwerionenforschung (↑GSI) durch Beschuss mit leichten bis mittelschweren Atomkernen erzeugt. Die Elemente mit $Z > 103$ heißen auch **Transactinoide**, sie gehören chemisch zu den Nebengruppen (für $Z = 113$–118 zu den Hauptgruppen III–VIII). Die bisher schwersten synthetisierten Kerne haben die Ordnungszahlen 114, 116 und 118. Sie haben noch keinen endgültigen Namen und werden vorläufig als Ununquadium (Uuq, $Z = 114$), Ununhexium (Uuh, 116) und Ununoctium (Uuo, 118) bezeichnet. Bis Anfang 2000 konnten nur drei Kerne von $^{293}_{118}$Uuo erzeugt werden, und zwar in der Reaktion

$$^{208}_{82}\text{Pb} + ^{86}_{36}\text{Kr} \rightarrow ^{293}_{118}\text{Uuo} + ^{1}_{0}\text{n}.$$ Während

S

Als Supraleitung bezeichnet man das Phänomen, dass der elektrische Widerstand bestimmter Materialien (sog. Supraleiter) bei einer charakteristischen, sehr tiefen Temperatur schlagartig auf null sinkt. Zweites Charakteristikum eines Supraleiters ist, dass er ein äußeres Magnetfeld aus seinem Innern völlig verdrängt. Supraleitend sind viele Metalle und Legierungen und seit einigen Jahren kennt man auch supraleitende Keramiken und Gläser.

■ Entdeckung der Supraleitung

Die Entdeckung der Supraleitung ist eine Folge des Wettstreits der Wissenschaftler um die Wende zum 20. Jh., immer tiefere Temperaturen zu erzeugen. Nacheinander verflüssigte man Sauerstoff, Stickstoff und Wasserstoff, aber erst 1908 gelang der Forschergruppe um HEIKE KAMERLINGH-ONNES an der Universität in Leiden die Helium-Verflüssigung, und zwar bei der für damalige Verhältnisse unglaublich niedrigen Temperatur von 4,2 K.

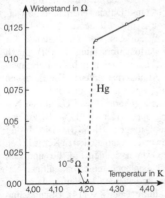

(Abb. 1) Einsetzen von Supraleitung bei Quecksilber

1911 nutzte KAMERLINGH-ONNES seine Apparatur, um den elektrischen Widerstand von Quecksilber zu untersuchen.

Er stellte fest, dass der Widerstand bei einer Temperatur 4,15 K schlagartig auf einen Wert unterhalb der Messempfindlichkeit sank. KAMERLINGH-ONNES prägte für diesen Effekt den Begriff Supraleitung. Der Übergangspunkt wird als **Sprungtemperatur** bezeichnet. Für diese Entdeckung und für seine Beiträge zur Tieftemperaturtechnik wurde er 1913 mit dem Nobelpreis für Physik geehrt.

■ Eigenschaften der Supraleiter

KAMERLINGH-ONNES fand in seinen Experimenten nur einen Widerstand unterhalb der Messempfindlichkeit. Mittlerweile weiß man, dass der Widerstand eines Supraleiters tatsächlich auf null sinkt. In ihm kann ein Strom fließen, auch wenn im Innern kein elektrisches Feld herrscht, und in einem ringförmigen Supraleiter fließt ein Strom auch noch nach Jahren ohne messbare Schwächung.

Der Zustand der Supraleitung ist aber leicht zu stören. Zum einen reagiert er sehr empfindlich auf Änderungen der Temperatur über die Sprungtemperatur hinweg, zum anderen wird die Supraleitung durch zu hohe Ströme oder hohe Magnetfelder zerstört. Mit stärker werdendem äußeren Magnetfeld sinkt daher die Sprungtemperatur. Man unterscheidet zwei Arten von Supraleitern, und zwar nach ihrem Übergangsverhalten bei der Sprungtemperatur.

Supraleiter erster Art wie die meisten reinen Metalle (Pb, Hg, Al) verdrängen ein äußeres Magnetfeld vollständig aus ihrem Innern. Selbst dann, wenn das Magnetfeld bereits bei höheren Temperaturen in der normalleitenden Phase anliegt, wird es beim Übergang in die supraleitende Phase aus dem Material herausgedrängt. Ein Supraleiter verhält sich also wie ein idealer ↑Diamagnet. Dieses 1933 festgestellte Phänomen wird nach seinen Entdeckern **Meißner-**

Ochsenfeld-Effekt genannt. Überschreitet das Magnetfeld eine temperaturabhängige Stärke, wird das Material wieder normalleitend.
Supraleiter zweiter Art wie Legierungen, Übergangsmetalle, metallische Gläser und die neuen Hochtemperatur-Supraleiter bilden zwei Phasen mit unterschiedlichem Verhalten: Die eine supraleitende Phase verdrängt ein äußeres Magnetfeld, in die andere normal leitende Phase kann das Magnetfeld eindringen. Erst wenn das Feld einen (temperaturabhängigen) Grenzwert übersteigt, verliert das Material insgesamt seine Supraleitung. Für technische Anwendungen sind daher Supraleiter zweiter Art besser geeignet.

■ Die BCS-Theorie

Zwar wurde schon in den 1930er-Jahren eine Theorie entwickelt, in der die Eigenschaften der Supraleiter durch diejenigen idealer Leiter und idealer Diamagnete angenähert wurden, die eigentliche theoretische Erklärung der Supraleitung ließ hingegen noch lange auf sich warten. Erst 1950 entwickelten HERBERT FRÖHLICH (*1905, †1991) und unabhängig davon J. BARDEEN ein Modell, wonach Elektronen über Schwingungen des umgebenden Kristallgitters miteinander wechselwirken. 1957 legten BARDEEN, LEON COOPER (*1930) und ROBERT SCHRIEFFER (*1931) darauf aufbauend eine atomistische Theorie der Supraleitung vor, die nach den Anfangsbuchstaben ihrer Schöpfer BCS-Theorie genannt wird. Hierfür erhielten sie 1972 den Physik-Nobelpreis.
Bildlich gesprochen funktioniert die Wechselwirkung, indem ein Elektron das umgebende Kristallgitter leicht deformiert und um sich herum einen positiv geladenen Bereich aufbaut, der auf ein zweites Elektron anziehend wirkt. Ein solches Elektronenpaar, das sog.

Cooper-Paar, kann sich im Gegensatz zu Einzelelektronen ohne Widerstand durch das Kristallgitter bewegen. Die Gesamtheit aller Cooper-Paare ergibt die Supraleitung.

■ Anwendung der Supraleitung

Bei technischen Anwendungen der Supraleitung lässt sich entweder der verschwindende elektrische Widerstand des Supraleiters oder seine Abhängigkeit von Temperatur und Magnetfeld ausnutzen. Auf diese Weise kann man Detektoren für extrem kleine Magnetfelder bauen, sog. supraleitende Quanteninterferometer; man nennt sie nach

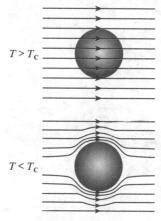

$T > T_c$

$T < T_c$

(Abb. 2) Meißner-Ochsenfeld-Effekt

ihrer englischen Bezeichnung SQUIDs (**s**uperconducting **q**uantum **i**nterference **d**evices). Sie werden für berührungsfreie Messungen u. a. in der Medizin eingesetzt.
Solche SQUIDs sind so hoch empfindlich, dass man mit ihnen das Magnetfeld messen kann, das durch das Schlagen des Herzens entsteht (einige 10 Pikotesla, etwa der zehnmillionste Teil des Erdmagnetfeldes). Sogar die Magnetfelder im Gehirn, die noch einmal

um den Faktor hundert kleiner sind, lassen sich mit SQUIDs messen.

Daneben wird die Supraleitung z. B. ausgenutzt, um mit starken Strömen hohe Magnetfelder zu erzeugen, die in Teilchenbeschleunigern zur Führung der Teilchen dienen. Entwickelt werden auch reibungslos geführte Magnetschwebebahnen.

■ Hochtemperatur-Supraleiter

Der große Vorteil des verlustfreien Stromtransports wird dadurch geschmälert, dass Supraleitung erst bei tiefen Temperaturen einsetzt und eine aufwendige Kühlung erfordert. Lange

(Abb. 3) Eine mit flüssiger Luft gekühlte Scheibe aus Hochtemperatur-Supraleiter-Keramik schwebt über einem Magneten. Das Schweben ist eine Folge des Meißner-Ochsenfeld-Effekts. Wie ein Diamagnet verdrängt der Supraleiter die Magnetfeldlinien, sodass es zur Abstoßung und somit zum Schweben kommt.

Zeit lagen die höchsten Sprungtemperaturen unterhalb von 24 K (–249 °C). Im Jahre 1986 untersuchten JOHANNES GEORG BEDNORZ (*1950) und KARL ALEX MÜLLER (*1927) die keramische Mischsubstanz Ba-La-Cu-O und fanden eine Sprungtemperatur von etwa 30 K – also 6 K höher als bei den bis dahin verwendeten Metallen! Daher nennt man diese neue Materialklasse

auch »Hochtemperatur-Supraleiter« (HTSL). Die Veröffentlichung löste eine beispiellose Forscheraktivität aus, die in den folgenden Monaten zu keramischen Substanzen mit immer höherer Sprungtemperatur führte.

Bereits im Frühjahr 1987 wurde mit dem System Ba-Y-Cu-O eine Sprungtemperatur von ca. 90 K erreicht. Damit war die magische Grenze von 77 K überschritten, die Siedetemperatur von Stickstoff bzw. flüssiger Luft: Wenn nicht mehr mit flüssigem Helium, sondern nur mit flüssiger Luft gekühlt werden muss, um Supraleitung zu erzeugen, sinkt der experimentelle und finanzielle Aufwand erheblich. Heute sind Sprungtemperaturen von ca. 150 K erreicht.

Bereits 1987, also nur ein Jahr nach ihrer revolutionären Entdeckung, wurden BEDNORZ und MÜLLER mit dem Physik-Nobelpreis ausgezeichnet. Die theoretische Erklärung der Hochtemperatur-Supraleitung erweist sich allerdings als schwierig. Die BCS-Theorie lässt sich nicht anwenden und eine erfolgreiche andere Theorie gibt es noch nicht. ■

✎ Hochtemperatur-Supraleiter sind recht einfach selbst herzustellen. Ein Rezept steht z. B. in der Zeitschrift »Chemie in unserer Zeit« 22 (1988) S. 30. Die Chemikalien sind relativ preiswert im Fachversand erhältlich, flüssigen Stickstoff gibt es über einen Gashändler oder an einer nahe gelegenen Universität.

📖 BUCKEL, WERNER: *Supraleitung.* Weinheim (VCH) [5]1994. ■ HAZEN, ROBERT: *Kelvin 90. Der Wettlauf um den Supraleiter.* Frankfurt am Main (Umschau-Verlag) 1989. ■ *Unter Null*, bearbeitet von HANS CHRISTIAN TÄUBRICH und JUTTA TSCHOEKE. Ausstellungskatalog. München (Beck) 1991.

die Halbwertszeiten der stabilsten Isotope bei den s. E. von Plutonium ($t_{1/2}(^{244}\text{Pu}) = 83$ Millionen Jahre) an mit zunehmendem Z auf 898 a ($^{251}_{98}\text{Cf}$), 56 d ($^{258}_{101}\text{Md}$), 34 s ($^{262}_{105}\text{Db}$) und 2 ms ($^{265}_{109}\text{Hs}$) abnehmen, misst man bei Annäherung an die magischen Zahlen $Z = 114$ und $N = 184$ wieder größere Halbwertszeiten: $t_{1/2}(^{289}_{114}\text{Uuq}) = 21$ s, $t_{1/2}(^{285}_{112}\text{Uub}) = 11$ min (Ununbium). Für den doppeltmagischen Kern $^{298}_{114}\text{Uuq}$ erwartet man eine Halbwertszeit von vielen Jahren. Allerdings kennt man bisher keine hinreichend neutronenreichen mittelschweren Kerne, mit denen dieses Nuklid erzeugt werden könnte.

Nuklid	$t_{1/2}$	Zerfall
$^{293}_{118}\text{Uuo}$	120 µs	α
$^{293}_{173}\text{Uuh}$	0,6 ms	α
$^{289}_{114}\text{Uuq}$	21 s	α
$^{288}_{114}\text{Uuq}$	1,8 s	α
$^{287}_{114}\text{Uuq}$	5,5 s	α
$^{285}_{114}\text{Uuq}$	0,6 ms	α
$^{285}_{112}\text{Uub}$	11 min	α
$^{284}_{112}\text{Uub}$	9,8 s	α
$^{283}_{112}\text{Uub}$	177 s	spontane Spaltung

superschwere Elemente: Halbwertszeit $t_{1/2}$ und Zerfallsart der bisher schwersten künstlich erzeugten Nuklide (Stand: Herbst 2000)

Supraleitung: siehe S. 404.
Suszeptibilität [spätlat. susceptibilis »aufnahmefähig«], Formelzeichen χ_e, χ_m: kurz für dielektrische Suszeptibilität (χ_e, ↑Polarisation) oder für ↑magnetische Suszeptibilität (χ_m).
Sv: Einheitenzeichen für ↑Sievert.
Symmetrie [griech. symmetría »Ebenmaß«]: bei physikalischen Objekten,

Zuständen oder Gesetzen die Eigenschaft, dass sich ihre Form bei bestimmten Operationen nicht ändert. Man spricht dann auch von Invarianz. Beispielsweise ist eine Kugel nicht von ihrem Spiegelbild zu unterscheiden (Spiegelsymmetrie). Auch bei einer beliebigen Drehung um eine durch ihren Mittelpunkt verlaufende Achse bleibt die Form der Kugel erhalten (Drehoder Rotationssymmetrie). Ein anderes Beispiel sind die Gesetze der Elektrostatik, die bei Addition eines konstanten elektrischen ↑Potenzials ihre Form behalten und das gleiche physikalische Geschehen beschreiben (Eichsymmetrie). Ähnliche Fälle von Eichsymmetrie, nur deutlich komplizierter, liegen in modernen Quantenfeldtheorien wie der Quantenelektrodynamik vor. In der Elementarteilchenphysik spielen neben der Translations- (Verschiebungs-) und Rotationssymmetrie vor allem die folgenden S. eine Rolle: C-Symmetrie (von engl. charge »Ladung«, Ladungskonjugation; im Wesentlichen die Vertauschung von Teilchen und Antiteilchen), P-Symmetrie (Raumspiegelung oder Umkehr der ↑Parität) und T-Symmetrie (Zeitumkehr). Alle bekannten physikalischen Prozesse sind invariant, wenn *gleichzeitig* C, P und T umgekehrt werden (CPT-Transformation, CPT-Theorem).
Die deutsche Mathematikerin A. E. NOETHER zeigte 1918, dass jede S. eines abgeschlossenen physikalischen Systems mit einem ↑Erhaltungssatz verbunden ist. Beispielsweise folgt aus der Invarianz gegenüber Drehungen die Erhaltung des Drehimpulses und aus der Eichsymmetrie die Erhaltung der elektrischen Ladung.
Synchrotron [aus engl. synchronous »gleichzeitig, synchron« und electron]: ↑Teilchenbeschleuniger.
Synchrotronstrahlung: die ↑Bremsstrahlung, welche von geladenen Teil-

S

S

chen in einem Synchrotron oder einem ähnlichen ↑Teilchenbeschleuniger abgegeben wird; manchmal auch ein Synonym für Bremsstrahlung allgemein. Zu Beginn der Beschleunigerexperimente mit Elementarteilchen wurde die S. vor allem als störender Energieverlust wahrgenommen – heute werden Beschleuniger eigens für die Nutzung der entstehenden S. gebaut. Diese hat nämlich nicht nur ein vom Infraroten bis weit in den Röntgenbereich reichendes Spektrum, das außerdem durch Variation der Strahlenergie kontinuierlich verändert werden kann, sondern ist außerdem stark gebündelt und darum sehr intensiv. Die S. wird vor allem in der Medizin und den Materialwissenschaften genutzt. Bedeutende Quellen für S. in Deutschland sind ↑BESSY und das Hasylab am ↑DESY.

Synchrozyklotron [engl. synchronous »gleichzeitig, synchron«, griech. kýklos »Kreis«]: ↑Teilchenbeschleuniger.

System [griech. sýstema »(zusammengesetztes) Gebilde«]: eine Gruppe von gemeinsam untersuchten, meist in Wechselwirkung stehenden Teilen, z. B. das Planetensystem. Besonders wichtig in der Physik ist das ↑abgeschlossene System, also ein S., das mit der Außenwelt nicht wechselwirkt. Es ist viel einfacher zu behandeln als ein ↑offenes System.
Auch eine unter den Teilen bestehende Ordnung wird S. (oder Systematik) genannt, so z. B. das S. der Kristallklassen in der Festkörperphysik oder das ↑Periodensystem der Elemente.

Système International d'Unités [sis-'tɛːm ɛ̃ternasjɔ'nal dynit'e, franz. »internationales Einheitensystem«]: ↑SI.

Szintillationszähler [lat. scintillare »funkeln«]: Gerät zur Zählung und Energiemessung bei energiereichen Teilchen und Photonen (Gammaquanten). Kernstück der Apparatur ist ein sog. **Szintillator** oder Szintillationskristall (z. B. NaI, Anthrazen oder ZnS), in dem eindringende Teilchen Lichtblitze auslösen (↑Fotoeffekt). Diese kann man mit einem ↑Sekundärelektronenvervielfacher (SEV) registrieren. Der Aufbau eines S. gleicht daher dem eines SEV mit vorgeschaltetem Szintillator. Für die meisten Teilchenarten ist die Lichtausbeute proportional zum Energieverlust im Szintillator. Dadurch wird eine Energiemessung möglich.

T

t:
◆ Einheitenzeichen für Tonne (↑Kilogramm).
◆ Symbol für das ↑Top-Quark.
◆ Symbol für das Triton, den Atomkern des ↑Tritiums.
◆ (*t*): Formelzeichen für die ↑Zeit.

T:
◆ Abk. für den ↑Einheitenvorsatz Tera (billionenfach = 10^{12}fach).
◆ Einheitenzeichen für ↑Tesla.
◆ (*T*): Formelzeichen für ↑Schwingungsdauer (Periode).
◆ (*T*): Formelzeichen für ↑Temperatur, vor allem die in Kelvin angegebene absolute Temperatur.

Tag, Einheitenzeichen d [lat. dies »Tag«]: ↑Zeiteinheiten.

Tangentialbeschleunigung [lat. tangere »berühren«]: ↑Kinematik.

Target [engl. target »Ziel«]: ↑Teilchenbeschleuniger.

tarieren [ital. tara »Abzug für Verpackungen«]: eine ↑Waage ins Gleichgewicht bringen.

Tauon, Symbol τ: das dem Elektron entsprechende ↑Elementarteilchen in der dritten Familien der Leptonen. Das τ besitzt eine Masse von $m_\tau =$ 1777,1 MeV/c^2.

Taupunkt: ↑Feuchtigkeit.

Teilchen (Korpuskel, Partikel): Bezeichnung für kleine Körper in der Physik. Beispiele sind etwa Staubteilchen oder Rauchpartikel oder mikroskopische Körper wie Gasteilchen oder ↑Elementarteilchen.

Teilchenbeschleuniger: eine Anlage, mit der elektrisch geladene Elementarteilchen auf hohe kinetische Energie gebracht werden können. Dabei erreichen sie so hohe Geschwindigkeiten, dass die Formeln der ↑Relativitätstheorie angewendet werden müssen. Alle T. benutzen die ↑Lorentz-Kraft $\vec{F}_L = Q \cdot \left(\vec{E} + \vec{v} \times \vec{B} \right)$ zur Beschleunigung, die eine Ladung Q in einem elektrischen Feld $\vec{E}$ bzw. einem Magnetfeld $\vec{B}$ erfährt. In einem T. durchlaufen die zu beschleunigenden Partikel entweder einmal eine sehr hohe Spannung (Kaskadenbeschleuniger, ↑Bandgenerator) oder ein- oder mehrmals mehrere Beschleunigungsstrecken mit einer vergleichsweise geringen Potenzialdifferenz. Heute nutzt man in der Hochenergie- und Elementarteilchenphysik vor allem die zweite Möglichkeit. Generell kann man alle verwendeten T. in zwei Gruppen einteilen: die Linear- und die Kreisbeschleuniger.

■ **Linearbeschleuniger**

Ein **Linearbeschleuniger** enthält eine oder mehrere Beschleunigungsstrecken, die alle auf einer geraden Linie hintereinander angeordnet sind. Wird eine Gleichspannung zur Beschleunigung benutzt (**elektrostatischer Beschleuniger**), so kann man bei maximalen Längen von 50 m eine Spannung von etwa 35 MV anlegen – Elektronen würden also auf eine Energie von 35 MeV beschleunigt, dem 70fachen ihrer Ruheenergie.
Damit gilt für das Verhältnis β aus Elektronengeschwindigkeit v (im Laborsystem) und Lichtgeschwindigkeit c:

$$\beta^2 = \frac{v^2}{c^2} = 1 - \frac{m_0^2}{m^2} = 1 - \frac{E_0^2}{E^2} = 0{,}9998.$$

Schon bei dieser nach modernen Maßstäben relativ geringen Beschleunigungsspannung erreicht v also bereits 99,99 % der Lichtgeschwindigkeit.
Die meisten heute verwendeten Linearbeschleuniger arbeiten allerdings mit hochfrequenten Wechselspannungen (Hochfrequenz-Linearbeschleuniger). Eine von ROLF WIDERØE (*1902, †1996) um 1925 vorgeschlagene An-

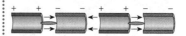

Teilchenbeschleuniger (Abb. 1): Driftröhren und Beschleunigungsspalte bei einem Hochfrequenz-Linearbeschleuniger

ordnung benutzt eine Abfolge von feldfreien Driftröhren und Beschleunigungsspalten, an denen eine hochfrequente Wechselspannung anliegt, und in denen Teilchen in getrennten »Paketen« beim Durchlauf beschleunigt werden (Abb. 2). Dabei sind deren Frequenz und Amplitude sowie die Länge der Driftröhren so aufeinander abgestimmt, dass das elektrische Feld in den Beschleunigungsspalten beim Eintreffen des Pakets immer in dieselbe Richtung zeigt. Die Länge L der Driftröhren muss dann also $L = \beta \cdot \lambda/2$ betragen (λ Wellenlänge der stehenden Hochfrequenzwelle). Eine Variante dieses Prinzips ist die Alvarez-Struktur (nach LUIS A. ALVAREZ, *1911, †1988) mit halb so großer Wellenlänge ($L = \beta \cdot \lambda$). Der zurzeit weltgrößte Linearbeschleuniger wird am SLAC (**S**tanford **L**inear **A**ccelerator **C**enter, Abb. 3) mit einer Länge von über 3 km betrieben.

■ **Kreisbeschleuniger**

Ein **Kreisbeschleuniger** hat gegenüber der linearen Anordnung den Vorteil, dass eine kleine Zahl von Beschleuni-

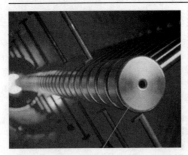

Teilchenbeschleuniger (Abb. 2): Driftröhre aus einem Beschleuniger der Los Alamos National Laboratories in New Mexico (USA)

gungsstrecken beliebig oft durchlaufen werden kann, wodurch im Prinzip hohe Teilchenenergien bei kleinen Beschleunigerabmessungen erreicht werden müssten. Allerdings geben geladene Teilchen bei einer nicht geradlinigen Bewegung, insbesondere also auf Kreis- und Spiralbahnen, ↑Synchrotronstrahlung ab (diese ist sogar nach einem Kreisbeschleunigertyp benannt, s. u.). Da die Synchrotronstrahlung mit zunehmender Teilchenenergie zu-, mit zunehmendem Krümmungsradius jedoch abnimmt, werden auch Kreisbeschleuniger in der Hochenergiephysik sehr groß angelegt (der LEP-Speicherring am ↑CERN in Genf hat einen Durchmesser von 9 km). Der älteste Typ des Kreisbeschleunigers ist das **Zyklotron**. Es besteht aus zwei D-förmigen, hohlen Elektroden (Duanten), innerhalb derer ein Magnetfeld B die Teilchen auf Kreisbahnen führt (↑Lorentz-Kraft). Im Spalt zwischen den Elektroden liegt eine hochfrequente Wechselspannung an, welche die Teilchen nach jedem Halbkreis in den Elektroden beschleunigt; der jeweils nächste Durchlauf durch eine der Hohlelektroden erfolgt daher mit einem etwas größeren Radius. Durch Gleichsetzen von Lorentz- und Zentrifugalkraft erhält man die vom Bahnradius

unabhängige Umlauffrequenz (und damit auch die Frequenz des beschleunigenden Hochfrequenzfelds) ν_Z:

$$\nu_Z = \frac{Q \cdot B}{2\pi \cdot m \cdot c}$$

(Q, m Ladung und Masse des Teilchens, c Lichtgeschwindigkeit). Diese Gleichung gilt allerdings nur, wenn man die relativistische Massenzunahme (↑Relativitätstheorie) vernachlässigen kann, was nur bei Ionen (vor allem Schwerionen wie Blei- oder Goldkernen) gerechtfertigt ist. Um die leichten Elektronen, Positronen oder Protonen auf Energien im MeV- und GeV-Bereich zu beschleunigen, muss man die Umlauffrequenz mit der zunehmenden Trägheit der Teilchen synchronisieren. Hierzu gibt es zwei Möglichkeiten: Entweder passt man bei jedem Umlauf die HF-Frequenz an (**Synchrozyklotron**), oder man muss auf komplizierte Weise das Magnetfeld anpassen (**Isochronzyklotron**, isochron bedeutet »gleiche (Umlauf)zeit«).

Zu höchsten Teilchenenergien gelangt man heute mit einem anderen Aufbau, bei dem die Teilchen bei allen Umläufen die gleiche (angenäherte) Kreisbahn durchlaufen. Dies erreicht man in sog. **Synchrotrons** durch eine Vielzahl von elektrischen und magnetischen Feldern, welche die Teilchen beschleunigen und auf ihrer Bahn halten. Man kann auf diese Weise auch den Strahlquerschnitt reduzieren; allerdings wird heute noch eine Vielzahl weiterer ausgeklügelter Verfahren benötigt, um ausreichende Strahlintensitäten für Kollisionsexperimente zu erhalten. Synchrotrons, in denen die Teilchen nach Erreichen der Maximalenergie mehrere Stunden weiter kreisen, nennt man **Speicherring.**

Eine weitere Variante ist das **Betatron,** bei dem ein zeitlich variierendes Magnetfeld ein elektrisches Wirbelfeld erzeugt. Dieses erhöht die Energie von Elektronen pro Umlauf um etwa 10–50 eV, bei etwa 10^6 Umläufen erreicht man also 10–50 MeV. Betatrons werden heute vor allem in der Nuklearmedizin eingesetzt.

Um die beschleunigten Teilchen zu untersuchen, werden im Wesentlichen zwei Verfahren angewendet: entweder lässt man sie auf eine ruhende Probe treffen (das sog. **Target**), oder man lässt Teilchenpakete aus zwei in entgegengesetzte Richtung beschleunigten Strahlen aufeinander prallen; dieser Anlagentyp heißt **Collider** (von engl. to collide »zusammenstoßen«). Haben die wechselwirkenden Teilchen die gleiche Ruhemasse, so steht bei einem Collider doppelt so viel Energie zur Verfügung wie bei festem Target.

Teilchenbild: ↑Welle-Teilchen-Dualismus.

Teilchendetektor [lat. detegere, detectum »aufdecken«]: Gerät zum Nachweis und zur Bestimmung der Eigenschaften von zumeist hochenergetischen ↑Teilchen. Die meisten T. nutzen die ionisierende Wirkung der Teilchen, außerdem nutzt man die Anregung von Atomen oder Kernen im Detektormaterial und die von den Teilchen ausgesandte ↑Bremsstrahlung. Bei neutralen Teilchen ist man auf andere Wechselwirkungen angewiesen, so benutzt man zum Nachweis von ↑Neutrinos Kernreaktionen, die auf der schwachen Wechselwirkung beruhen. ↑Photonen weist man per Fotoeffekt, Compton-Effekt oder Paarbildung nach. Die ältesten Detektoren waren Fotoplatten, die von radioaktiver Strahlung geschwärzt wurden (H. BECQUEREL, 1896); ebenfalls historische Bedeutung besitzt das Geiger-Müller-Zählrohr (↑Zählrohr). Moderne Detektoren in der Hochenergiephysik sind u. a. die Vieldrahtproportionalkammer, eine Art Zählrohr mit einem dreidimensionalen Drahtgitter und einer Ortsauflösung im Bereich von Milli- oder Mikrometern, ferner ↑Szintillationszähler und Mikrokanalplatten. Zur Energiemessung verwendet man ↑Halbleiterzähler und **Kalorimeter.** Darin wird die Energie eines Teilchens bestimmt, indem man die Energie aller Folgeprodukte misst. Der Impuls eines geladenen Teilchens lässt sich aus dem Krümmungsradius seiner Bahn in einem senkrecht zur Bahnebene stehenden Magnetfeld ableiten (↑Massenspektrograph).

Teilchendichte: ↑Anzahldichte.

Teilchenoptik: die Verallgemeinerung der ↑Elektronenoptik auf beliebige geladene Teilchen, z. B. Protonen.

Teilchenstrahlung (Korpuskularstrahlung): eine Strahlung aus materiellen, bewegten Teilchen mit nicht verschwindender ↑Ruhemasse; quantenmechanisch wird sie als De-Broglie- oder ↑Materiewelle beschrieben. Zur T. zählen Elektronen-, Ionen-, Neutronen-, Alpha- und Betastrahlung, auch Atom- und Molekularstrahlen. Nicht dazu gehört elektromagnetische Strahlung (Licht-, Röntgen-, Gammastrahlung). Wegen des ↑Welle-Teilchen-

Teilchenbeschleuniger (Abb. 3): der Stanford Linear Accelerator in Kalifornien (USA)

Dualismus zeigt K. auch Welleneigenschaften, insbesondere ↑Interferenz.

Teildruck: ↑Partialdruck.

Temperatur, Formelzeichen *T*: ein Maß für die ↑Wärme eines Körpers: Die T. ist eine wichtige Zustandsgröße, mit der ein physikalisches System aus vielen Teilchen beschrieben werden kann. Die SI-Einheit der T. ist das Kelvin (K), es ist eine der sieben Basiseinheiten des ↑SI. Ebenfalls zulässig ist die Angabe in Grad Celsius (°C); beide Einheiten unterscheiden sich lediglich in der Wahl des Nullpunkts (↑Temperaturskala). Die in K ausgedrückte T. heißt auch **absolute** oder **thermodynamische T.,** für die Angabe in °C wird manchmal das Formelzeichen ϑ benutzt. Geräte zur Temperaturmessung heißen ↑Thermometer.

In der ↑Wärmelehre erklärt man die T. als die mittlere ungerichtete Bewegungsenergie der Teilchen eines Systems. Dabei müssen die verschiedenen Freiheitsgrade (Bewegungsmöglichkeiten) unterschieden werden, z. B. Rotations- oder Vibrationsfreiheitsgrade. Es gibt, anders als bei den meisten anderen Größen, eine kleinste mögliche T., den **absoluten Nullpunkt** bei 0 K = −273,15 °C. Nach dem dritten ↑Hauptsatz der Wärmelehre lässt sich der Nullpunkt allerdings nie erreichen. Auch am absoluten Nullpunkt wären darüber hinaus Atome oder Moleküle nicht völlig bewegungslos; dies verbietet die ↑heisenbergsche Unschärferelation. Die bis zum Jahr 2000 tiefste experimentell erzielte T. lag deutlich unter 100 nK. Dies ist – wenn es keine außerirdischen Tieftemperaturphysiker gibt – die mit Abstand tiefste T. im Universum, dessen T. 3 K beträgt (↑Urknall)!

Um die T. eines Körpers zu erhöhen, muss man ihm Energie zuführen, entweder als Wärme oder mechanisch (z. B. durch Reiben oder die Kompres-

sion eines Gases). Nicht jede Wärmezufuhr bewirkt aber eine Temperaturänderung: Siedendes Wasser oder schmelzendes Eis z. B. bleiben so lange bei gleicher T., bis der gesamte Körper in den anderen ↑Aggregatzustand überführt ist. Umgekehrt bewirkt Energieverlust ein Absinken der T., wenn keine Änderung des Aggregatzustands auftritt. Der Quotient aus Wärmezu- oder -abfuhr und dabei auftretender Temperaturänderung ist die ↑Wärmekapazität.

Temperatur|skala: eine über bestimmte Punkte definierte, durch gleichmäßige Unterteilung in Grade geteilte Skala zur Angabe der ↑Temperatur eines Körpers bzw. eines physikalischen Systems. Die definierenden Punkte heißen **Fix- oder Fundamentalpunkte,** der Abstand zwischen zwei Fixpunkten wird **Fundamentalabstand** genannt. Als Fixpunkte kommen Schmelz-, Verdampfungs- oder Tripelpunkte von reinen Substanzen wie Wasser, Wasserstoff oder Kupfer infrage.

Wichtige gebräuchliche Skalen sind die ↑Celsius-Skala, die mit der Kelvin-Skala (absolute T.) bis auf den willkürlich gewählten Nullpunkt übereinstimmt, die ↑Fahrenheit-Skala und die ↑Réaumur-Skala. In der Messtechnik verwendet man die ↑Internationale Temperaturskala von 1990.

Temperaturstrahlung: ↑Wärmestrahlung.

Tera: ↑Einheitenvorsätze.

Term [frz. terme »Begrenzung«]: andere Bezeichnung für einen Quantenzustand mit definierter Energie (↑Energieniveau) in einem ↑Atom. Die Darstellung der verschiedenen Zustände in Abhängigkeit von ihrer Energie nennt man ↑Termschema (↑Wasserstoffspektrum). Die T. werden nach einem Schema benannt, in welchem die wichtigsten ↑Quantenzahlen aufgeführt werden. Die Bahndrehimpulsquantenzahl wird durch die Buchstaben s, p, d, f, g, h, ... ($L = 0, 1, 2, 3, 4, 5, ...$) angegeben. Links oben an diesem Buchstaben steht die sog. Multiplizität $2S + 1$ (S Gesamtspinquantenzahl, s. u.), rechts unten der Gesamtdrehimpuls J. Zum Beispiel hat der Grundzustand des Natriumatoms das Termsymbol $^2S_{1/2}$ ($L = 0$, $S = 1/2$, $J = 1/2$) und der des Fluoratoms das Symbol $^3P_{3/2}$ ($L = 1$, $S = 1$, $J = 3/2$). Die **Multiplizität** gibt ergibt sich aus den quantenmechanischen Regeln der Drehimpulsaddition, nach denen ein Zustand mit Bahndrehimpuls L insgesamt $2S + 1$ verschiedene Einstellmöglichkeiten des Spins mit jeweils leicht verschobenen Energiewerten besitzt. Daher sind ↑Spektrallinien, die Übergänge von oder zu einem solchen Term entsprechen, in $2S + 1$ Einzellinien aufgespalten. Diese Form der Termsymbolik ist bei schweren Atomen jedoch nicht mehr möglich, da dort Spin und Bahndrehimpuls nach komplizierteren Regeln miteinander wechselwirken.

Tesla [nach N. TESLA], Einheitenzeichen T: SI-Einheit der ↑magnetischen Flussdichte. *Festlegung:* 1 T ist gleich der Flächendichte des homogenen magnetischen Flusses 1 Wb (↑Weber), der die Fläche 1 m2 senkrecht durchsetzt:

$$1\,T = 1\,Wb/m^2 = 1\,Vs/m^2 .$$

Tesla-Transformator [nach N. TESLA]: ein spezieller ↑Transformator zur Erzeugung hochfrequenter Wechselströme mit sehr hoher Spannung. In einem ↑Schwingkreis aus einer Funkenstrecke, einem Kondensator und einer Spule mit wenigen Windungen (Primärspule) erzeugt man gedämpfte elektrische Hochfrequenz-Schwingungen. Diese induzieren in einer Sekundärspule mit großer Windungszahl wegen der schnellen magnetischen Flussänderung eine Hochspannung gleicher Frequenz. Befinden sich Primär- und Sekundär-

kreis in Resonanz, so kann man an den Enden der Sekundärspule Spannungen von mehreren MV abgreifen, die meterlange Büschelentladungen hervorrufen können.

Theorie [griech. theoreín »anschauen«]: in der Physik ein umfassend ausgearbeiteter mathematischer Formalismus, der ein abgegrenztes Teilgebiet der Physik beschreibt und durch ↑Experimente nachprüfbare Vorhersagen trifft, anhand derer die Gültigkeit der T. bewiesen oder widerlegt werden kann. Beispiele sind die newtonsche Gravitationstheorie, die Relativitätstheorie oder die T. der Quantenelektrodynamik. Durch neue experimentelle Ergebnisse kann eine bisher akzeptierte T. entweder völlig verworfen werden (so die Äthertheorie) oder aber als Spezialfall in einer allgemeineren Theorie aufgehen (so etwa die newtonsche in der einsteinschen Gravitationstheorie).

thermische Energie [griech. thermós »heiß«]: ↑Wärme, ↑Energie.

thermische Zustandsgrößen: ↑Zustandsgrößen.

Thermo|dynamik [griech. dýnamis »Kraft«]: ↑Wärmelehre.

thermo|dynamische Potenziale: fundamentale Funktionen in der Thermodynamik (↑Wärmelehre), aus denen durch Ableiten alle thermodynamischen Größen (Druck p, absolute Temperatur T, Volumen V, Entropie S usw.) ermittelt werden können. Alle t. P. haben die Dimension einer Energie. Eine Funktion ist nur dann ein t. P., wenn sie in Abhängigkeit von ihren sog. natürlichen Variablen angegeben wird. Dies sind für die innere Energie U: S und V, für die freie Energie F: T und V, für die Enthalpie H: S und p und für die freie oder gibbssche Enthalpie G: T und p. Durch zweimaliges Ableiten kann man aus den t. P. Materialgrößen wie z. B. die ↑spezifische Wärmekapazität erhalten.

thermo|dyn̲a̲mische Temperatur: ↑Temperatur.

Thermo|element: ein Gerät zur Temperaturmessung (↑Thermometer) unter Ausnutzung des ↑Seebeck-Effekts. Dabei entsteht in einem Leiterkreis aus zwei unterschiedlichen Metallen eine Spannung, wenn die Lötstellen auf verschiedenen Temperaturen gehalten werden. Zur Messung einer Temperatur T_1 wird eine Lötstelle auf diese Temperatur gebracht (z. B. mit einem sog. Wärmefühler) und die andere auf eine Referenztemperatur, z. B. die von schmelzendem Eis (0 °C). Die Empfindlichkeit von T. liegt bei einigen mV pro 100 K. Mit verschiedenen Materialkombinationen lässt sich der Temperaturbereich von 3–3500 K abdecken. Durch Reihenschaltung mehrerer gleichartiger T. kann man das Messsignal verstärken.

Thermo|generator: ein ↑Generator, der mithilfe des ↑Seebeck-Effekts Wärme in elektrische Energie umwandelt.

Thermo|kraft: ↑Seebeck-Effekt.

Thermo|lumineszenz: das Auftreten von ↑Lumineszenz bei Erwärmung einer Probe, das u. a. bei der physikalischen ↑Altersbestimmung und in ↑Teilchendetektoren ausgenutzt wird.

Thermo|m̲e̲ter: ein Gerät zur Messung der ↑Temperatur eines Körpers oder Systems. Grundsätzlich kann man entweder ein T. in direkten Kontakt mit dem Messobjekt bringen, bis es dessen Temperatur durch Wärmeleitung übernommen hat (Berührungsthermometer), oder aber die Energie der vom Objekt ausgehenden ↑Wärmestrahlung bestimmen (Strahlungsthermometer). Letztere sind z. B. das ↑Bolometer, das prinzipiell für jede Art von elektromagnetischer Strahlung geeignet ist, und das ↑Pyrometer, das durch Farbvergleich die Wellenlänge der Wärmestrahlung und daraus die Temperatur der Strahlungsquelle bestimmt (↑Strah-

lungsgesetze). Die meisten T. sind jedoch Berührungsthermometer.

Beim **Flüssigkeitsthermometer** wird die Wärmeausdehnung einer Flüssigkeit in einem senkrecht stehenden zylindrischen Glasgefäß gemessen. Aus der Steighöhe wird mithilfe einer geeichten Skala die Temperatur abgelesen (Abb. 1). Geeignete Flüssigkeiten sind u. a. Quecksilber (Messbereich –35 bis +600 °C), gefärbter Alkohol (–100 bis +70 °C) oder Pentan (bis –200 °C).

Auch das **Gasthermometer** beruht auf der thermischen Ausdehnung, in diesem Fall eines Gases. Für den Druck p ein ideales Gas gilt bei konstantem Volumen das amontonssche Gesetz (↑Gasgesetze):

$$p(T) = p(0\,°C) \cdot \left(1 + \frac{T}{273,15\,°C}\right).$$

Daher kann man ein ↑Manometer (Druckmessgerät) als Gasthermometer verwenden, indem man Druck- in Temperaturänderungen umrechnet. Abb. 1 zeigt ein U-Rohr-Manometer, dessen Steighöhe in eine Temperatur umgerechnet werden kann. Gasthermometer sind sehr genau, aber unhandlich und deshalb vor allem zum Eichen anderer T. geeignet.

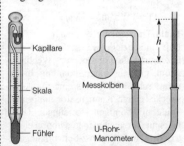

Thermometer (Abb. 1): links Flüssigkeitsthermometer, rechts Gasthermometer

Beim **Bimetallthermometer** wird die Ausdehnung eines Festkörpers, und zwar eines ↑Bimetallstreifens, genutzt. Dieser verbiegt sich aufgrund unterschiedlich starker innerer Spannungen bei einer Temperaturänderung; mit einem Zeiger und einer geeichten Skala lässt sich daraus wiederum die Temperatur ablesen (Abb. 2).

Neben den Ausdehnungsthermometern spielen auch elektrische und magnetische T. eine wichtige Rolle. Zu den elektrischen Thermometern zählen das ↑Thermoelement, das den ↑Seebeck-Effekt ausnutzt, und das ↑Widerstandsthermometer, das auf der Temperaturabhängigkeit des elektrischen Widerstands beruht. Magnetische T. sind in der Tieftemperaturphysik von großer Bedeutung. Sie beruhen auf der Temperaturabhängigkeit der ↑magnetischen Suszeptibilität. Eine solche Temperaturmessung hängt physikalisch gesehen eng mit der Erzeugung tiefster Temperaturen durch ↑adiabatische Entmagnetisierung zusammen.

Thermo|spannung: ↑Seebeck-Effekt.

Thermo|stat [griech. statos »eingestellt«]: ein Gerät, mit dem die ↑Temperatur eines Körpers oder Raumes konstant gehalten werden kann. Einen T. für tiefe Temperaturen nennt man auch einen **Kryostaten.** Ein T. besteht aus einem Thermometer (Temperaturfühler), einem Heiz- bzw. Kühlgerät und einer Regelvorrichtung, die bei Unter- oder Überschreiten der Solltemperatur Heizung oder Kühlung in Betrieb setzt. Dies kann sowohl elektronisch als auch durch ein Thermostatventil geschehen (z. B. an Heizkörpern). Dieses Ventil regelt über einen temperaturabhängigen Dehnkörper den Durchfluss von Heißwasser im Heizkörper, sodass die Raumtemperatur konstant bleibt.

Thermo|strom: ↑Seebeck-Effekt.

Thomson-Brücke ['tɔmsn-, nach W. THOMSON]: eine ↑Brückenschaltung.

Tief: ↑Luftdruck.

Tiefenschärfe: ↑Schärfentiefe.

TOE, Abk. für Theory of everything [engl. »Theorie für alles«]: ↑Wechselwirkung.

Tokamak [russ. Abk. für »toroidale Kammer mit Magnetfeld«]: ein Reaktorprinzip in der ↑Kernfusion.

Ton:
◆ *Akustik*: ↑Schall.
◆ *Optik* (Farbton): ↑Farbe.

Tonfrequenzen: ↑Hörbereich.

Tonleiter: eine aufsteigende Abfolge von Tönen, die von Rahmentönen (meist im Abstand einer Oktave, also einem Frequenzverhältnis von 2:1) begrenzt wird und normalerweise durch Wiederholung nach oben und unten fortgesetzt wird. Die wichtigsten Tonleitern in der europäischen Musik sind

Thermometer (Abb. 2): Bimetallthermometer

die **Dur-** und die **Moll-T.** sowie die chromatische T., die alle 12 Halbtöne innerhalb einer Oktave enthält. Andere Kulturkreise kennen zum Teil deutlich komplexere Tonsysteme.

Tonne, Einheitenzeichen t: gesetzlich zulässige, aber nicht zum ↑SI gehörende Masseneinheit. Es ist 1 t = 1000 kg (↑Kilogramm).

Top-Quark ['tɔpkwɔːk, engl. top »Gipfel«], Formelzeichen t: das massereichste ↑Quark. Es bildet zusammen mit dem ↑Bottom-Quark die dritte Quark-Familie (↑Elementarteilchen). Das T. wurde erst 1995 am Fermilab (Chicago, USA) nachgewiesen. Der genaueste Wert der Masse des T. beträgt derzeit 174 ± 5 GeV/c².

Torr [nach E. TORRICELLI]: veraltete, nicht zum ↑SI gehörende Einheit des

↑Drucks; 1 Torr = 1 mm Quecksilbersäule = 133,322 Pa = 1,333 22 mbar (↑Torricelli-Versuch).

Torricelli-Versuch: erstmals 1643 von E. TORRICELLI durchgeführter Versuch zur Messung des ↑Luftdrucks. Dabei stellt man ein mit flüssigem Quecksilber gefülltes Glasröhrchen senkrecht mit der Öffnung nach unten in eine ebenfalls mit Quecksilber gefüllte Schale. Dadurch entsteht ein Gleichgewicht zwischen dem Luftdruck und dem Druck des im Röhrchen befindlichen Quecksilbers (der Raum über der Quecksilbersäule im Röhrchen ist luftleer, Abb.). Bei normalem Luftdruck (1013 hPa) hat die Quecksilbersäule immer die Höhe 760 mm. Auf diese Weise wurde früher die Einheit ↑Torr definiert. Der Druck 1 Torr entsprach außerdem einer (physikalischen) Atmosphäre (atm).

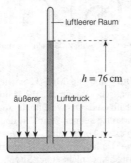

luftleerer Raum

$h = 76$ cm

äußerer | Luftdruck

Torricelli-Versuch: Gleichgewicht zwischen dem von der 760 mm hohen Quecksilbersäule ausgeübten Druck und dem Luftdruck

Torsion [lat. torquere, tortum »drehen«] (Verdrehung, Verdrillung): eine schraubenartige Verformung, die entsteht, wenn an einem Körper an zwei Stellen entgegengesetzt gerichtete ↑Drehmomente angreifen – z. B. wenn man die beiden Enden eines Fadens in entgegengesetzte Richtung verdreht. Wenn die Verformung elastisch ist, tritt ein rücktreibendes Drehmoment auf,

und der Faden vollführt eine Drehschwingung (↑Torsionsschwingung).

Torsionsschwingung (Drehschwingung): eine ↑Schwingung, die durch das bei einer elastischen ↑Torsion auftretende rücktreibende ↑Drehmoment M_r (Rückstellmoment) bewirkt wird. Bei einem geraden Stab mit kreisförmigem Querschnitt (Radius r, Länge l), der um den Torsionswinkel φ verdreht wurde, gilt

$$M_r = \frac{\pi \cdot r^4}{2 \cdot l} \cdot G \cdot \varphi = D^* \cdot \varphi.$$

Die materialabhängige Proportionalitätskonstante G ist das **Torsionsmodul** (Gleitmodul, Schubmodul). Die Größe D^* (Winkelstellkraft, Torsionssteifigkeit) entspricht der ↑Federkonstanten einer auf- und abschwingenden Feder. Solange der lineare Zusammenhang zwischen M_r und φ besteht (lineare T., ↑hookesches Gesetz), gilt für die Schwingungsperiode T eines an einem langen, dünnen Draht aufgehängten Körpers:

$$T = 2\pi \cdot \sqrt{J/D^*} \, .$$

(J ↑Trägheitsmoment des Körpers bezüglich der Drahtachse). Eine wichtige Anwendung von T. ist das ballistische Galvanometer, bei dem die Amplitude einer gedämpften T. die Größe eines zu messenden Stroms angibt (↑Strom- und Spannungsmessung).

Totalreflexion [mittellat. totalis »ganz, völlig«]: die völlige Reflexion einer ↑Welle an der Grenzfläche zu einem Medium mit größerem Brechungswinkel (bei Licht: niedrigerer Brechzahl), ohne dass – wie normalerweise der Fall – ein Teil der Welle in das Medium eindringt. T. tritt auf, wenn der Einfallswinkel größer als der sog. **Grenzwinkel der Totalreflexion** ist (s. u.). Die T. ermöglicht die praktisch verlustfreie Leitung von Lichtwellen in Glas-

Grenzfläche	Grenzwinkel α_g
Wasser-Luft	48,5°
Alkohol-Luft	47,5°
Benzol-Luft	42,0°
Kronglas-Luft	41,5°
Flintglas-Luft	38,4°
Diamant-Luft	24,4°
Kronglas-Wasser	62,0°
Flintglas-Wasser	55,9°
Diamant-Wasser	33,5°

Totalreflexion: Grenzwinkel für verschiedene Materialkombinationen.

fasern. – Außer bei Licht tritt die T. auch bei Materiewellen auf, z. B. bei Neutronen.

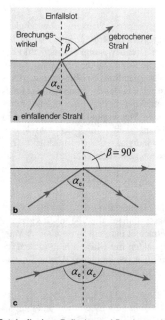

Totalreflexion: Reflexion und Brechung mit Einfallswinkel $\alpha_e < \alpha_g$ (**a**), $\alpha_e = \alpha_g$ (**b**) und $\alpha_e > \alpha_g$ (**c**); α_g Grenzwinkel, α_a Ausfallswinkel des reflektierten Teilstrahls.

Geht ein Lichtstrahl von einem optisch dichteren Medium 1 (Brechzahl n_1) in ein optisch dünneres Medium 2 über (Brechzahl $n_2 < n_1$), so wird der in Medium 2 eindringende Teilstrahl vom Einfallslot weg gebrochen (Abb., ↑Brechung). Bei einem vom Verhältnis der beiden Brechzahlen abhängigen Einfallswinkel, dem Grenzwinkel $\alpha_g < 90°$, beträgt der Brechungswinkel genau 90°, d. h. der gebrochene Strahl verläuft exakt an der Grenzfläche. Bei noch größerem Einfallswinkel kann kein gebrochener, sondern nur noch der reflektierte Strahl auftreten. Die Größe des Grenzwinkels kann man aus dem Brechungsgesetz herleiten, wenn man α_g als Einfallswinkel und 90° als Brechungswinkel wählt:

$$\frac{\sin \alpha_g}{\sin 90°} = \frac{n_2}{n_1} \Rightarrow$$

$$\sin \alpha_g = \frac{n_2}{n_1} \Leftrightarrow \alpha_g = \sin^{-1} \frac{n_2}{n_1}.$$

Totzeit: bei einem Teilchen- oder Strahlungsdetektor die Zeit, während der das Gerät nach einer Detektion unempfindlich für weitere Teilchen oder Quanten ist (↑Zählrohr).

träge Masse: ↑Masse.

Trägheit (Beharrungsvermögen): die Eigenschaft aller Körper, die eine ↑Masse besitzen, ihren Bewegungszustand in einem Inertialsystem (d. h. einem nicht beschleunigten ↑Bezugssystem) nur durch Einwirkung äußerer Kräfte zu verändern. Für Massenpunkte wird dies im ersten ↑newtonschen Axiom, dem Trägheitsgesetz, beschrieben. Die Masse eines Körpers ist ein Maß für seine Trägheit.

Trägheitseinschluss (Trägheitsfusion): neben der Technik des magnetischen Einschlusses die zweite theoretische Möglichkeit, Kerne zu verschmelzen (fusionieren) und dabei Energie zu gewinnen (↑Kernfusion).

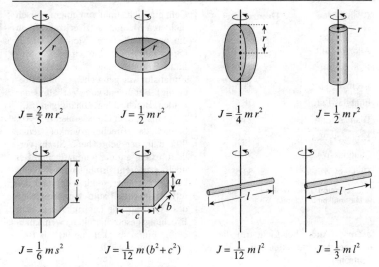

$$J = \frac{2}{5} m r^2 \qquad J = \frac{1}{2} m r^2 \qquad J = \frac{1}{4} m r^2 \qquad J = \frac{1}{2} m r^2$$

$$J = \frac{1}{6} m s^2 \qquad J = \frac{1}{12} m (b^2 + c^2) \qquad J = \frac{1}{12} m l^2 \qquad J = \frac{1}{3} m l^2$$

Trägheitsmoment: Trägheitsmomente für einfache Körper

Trägheitsgesetz: das erste ↑newtonsche Axiom.

Trägheitskraft (Scheinkraft): eine Kraft, die in einem beschleunigten ↑Bezugssystem auftritt und auf dem Widerstand eines Körpers gegen die Bewegung des Bezugssystems, also seiner ↑Trägheit, beruht. Beispiele sind die ↑Zentrifugalkraft und die ↑Coriolis-Kraft in rotierenden Systemen, z. B. auf einem Karussell. Ein außerhalb des Karussells still stehender Beobachter misst nur die Kräfte, mit denen das Karussell eine rotierende Person auf ihrer Kreisbahn hält. Die Person auf dem Karussell spürt dagegen in ihrem Ruhesystem die nach außen wirkende Zentrifugalkraft. In diesem Sinne spricht man von T. als Scheinkräften, da sie durch Transformation in ein anderes Bezugssystem verschwinden können. Die Wirkung dieser Scheinkräfte dagegen ist real und kann, z. B. in einer Achterbahn, spürbare Folgen haben.

Trägheitsmoment: ein Maß für den Widerstand, den ein Körper der Änderung seiner ↑Winkelgeschwindigkeit entgegensetzt. Das T. spielt damit bei einer Drehbewegung (↑Kinematik) die gleiche Rolle wie die (träge) Masse bei einer geradlinigen Bewegung. Dies lässt sich herleiten, wenn man die kinetische Energie $E_{kin} = m \cdot v^2/2$ eines rotierenden Massenpunkts mit Masse m in Abhängigkeit von der Winkelgeschwindigkeit $\omega = v/r$ ausdrückt (E_{rot} bedeutet Rotationsenergie):

$$E_{rot} = \frac{1}{2} m \cdot r^2 \cdot \omega^2 .$$

Die Dimension des T. ist somit Masse·Länge^2, die SI-Einheit kg·m^2. Betrachtet man ein System aus n Massepunkten mit Massen m_i und dem jeweiligen (senkrechten) Abstand r_i von der Drehachse, erhält man:

$$E_{rot} = \frac{1}{2} \left(\sum_{i=1}^{n} m_i r_i^2 \right) \omega^2 = \frac{1}{2} \cdot J \cdot \omega^2 .$$

Die Größe

$$J = \sum_i m_i r_i^2$$

ist das Trägheitsmoment des Systems. Hat man anstatt mit n Massenpunkten mit einer kontinuierlichen Massenverteilung zu tun, muss man integrieren, im allgemeinen Fall sogar über alle drei Raumrichtungen. Da die Abstände r_i von der Drehachse eingehen, ist das T. immer nur bezüglich einer bestimmten Achse definiert, die jeweils mit angegeben werden muss. Eine besondere Rolle spielt das T. bezüglich einer durch den Schwerpunkt des Körpers verlaufenden Achse. Für einfache Körper mit spezieller Symmetrie kann man das T. berechnen (Abb.), bei komplizierter geformten Objekten bestimmt man es experimentell aus der Schwingungsperiode von ↑Torsionsschwingungen.

Transformator [lat. transformare »umwandeln«, Abk. Trafo: ein Gerät, das mithilfe der elektromagnetischen ↑Induktion die Amplitude einer Wechselspannung verändern kann, wobei dessen Frequenz gleich bleibt. Im einfachsten Fall besteht ein T. aus zwei ↑Spulen mit N_1 (**Primärspule**) bzw. N_2 (**Sekundärspule**) Wicklungen, die um einen (meist eckigen) Eisen»ring« gewickelt sind (Abb.). Diesen Aufbau nennt man auch Kern- oder Einphasentrafo. Eine andere Möglichkeit besteht darin, beide Spulen konzentrisch zu wickeln, dabei muss die mit der kleineren Windungszahl innen liegen. Für ↑Drehstrom verwendet man drei Spulenpaare.

Zur Diskussion des physikalischen Verhaltens eines T. betrachtet man einen idealen T., für den gilt:

1. alle ohmschen Widerstände sind verschwindend klein, es treten keine jouleschen Wärmeverluste auf;
2. es gibt keine magnetischen Streuflüsse, d. h. der magnetische Fluss der Primärspule durchsetzt die gesamte Sekundärspule und umgekehrt;
3. Wirbelstromverluste und Hysterese-Effekte im Eisenkern können vernachlässigt werden (niedrige elektrische Leitfähigkeit des Eisenkerns, keine Zeitverzögerung bzw. Phasenverschiebung zwischen Strom und magnetischem Fluss).

■ **Unbelastete Sekundärspule**

Zunächst soll nun die Sekundärspule *unbelastet* sein, d. h. es soll kein Verbraucher mit ohmschem Widerstand an die Ausgangsklemmen angeschlossen sein. Dem T. wird also keine Leistung entnommen.

Wenn nun an der Primärspule eines idealen T. eine Wechselspannung U_1 anliegt, wird dort eine Spannung

$$U_{1,\,\mathrm{ind}} = N_1 \frac{\mathrm{d}\Phi}{\mathrm{d}t}$$

induziert (↑Selbstinduktion, $\mathrm{d}\Phi/\mathrm{d}t$ ist die zeitliche Ableitung des ↑magnetischen Flusses Φ). Zwischen U_1 und dem in der Primärspule fließenden Blindstrom $I_{1,\mathrm{B}}$ besteht eine Phasenverschiebung um π (180°, ↑Phase), $I_{1,\mathrm{B}}$ und Φ sind dagegen in Phase. Da die

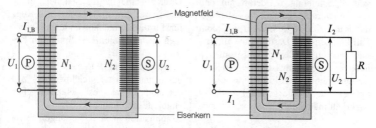

Transformator: links unbelasteter, rechts belasteter idealer Einphasentransformator.

T

Spule einen rein induktiven Widerstand, also einen reinen Blindwiderstand besitzt (↑Wechselstromkreis), wird U_1 von $U_{1,\text{ind}}$ vollständig kompensiert: $U_{1,\text{ind}} = -U_1$. Derselbe magnetische Fluss induziert aber auch in der Sekundärspule eine Spannung

$$U_2 = N_2 \frac{d\Phi}{dt}.$$

Dividiert man die beiden Gleichungen, so erhält man das **Spannungsübersetzungsverhältnis** eines unbelasteten T.:

$$\frac{U_2}{U_1} = -\frac{N_2}{N_1},$$

die Spannungen verhalten sich also wie die Windungszahlen und sind um π phasenverschoben (daher das Minuszeichen).

■ Belastete Sekundärspule

Wenn ein ohmscher Widerstand R an die Ausgangsklemmen des T. angeschlossen wird, fließt im Ausgangs- oder Sekundärkreis ein Sekundärstrom I_2. Dabei soll R betragsmäßig groß gegen den induktiven Widerstand der Spule sein, der Sekundärkreis also einen reinen ohmschen Widerstand haben. Der Wechselstrom I_2, der mit U_2 in Phase ist, fließt nicht nur durch R, sondern auch durch die Sekundärspule und bewirkt dort einen zusätzlichen magnetischen Fluss Φ_2. Die Größe des Gesamtflusses Φ ist aber durch die vorgegebene Spannung U_1 derart auf den Leerlaufwert festgelegt, dass die von $d\Phi/dt$ induzierte Spannung U_1 in jedem Fall kompensiert. Darum muss im Primärkreis außer dem Blindstrom $I_{1,\text{B}}$ noch ein Belastungsstrom I_1 fließen, dessen magnetischer Fluss $\Phi_1 = -\Phi_2$ ist. Da bei einer Spule generell $\Phi \sim N \cdot I$ ist, erhält man damit

$$0 = \Phi_1 + \Phi_2 = \text{konst.} \cdot (I_2 N_1 + I_1 N_2).$$

Damit gilt für das **Stromübersetzungsverhältnis** eines belasteten idealen Trafos:

$$\frac{I_1}{I_2} = -\frac{N_2}{N_1}.$$

Die Ströme verhalten sich wie die Kehrwerte der Windungszahlen und sind wie die Spannungen um π phasenverschoben. Primärspannung und -strom sowie Sekundärspannung und -strom sind dagegen miteinander jeweils in Phase.

Dann gilt für die Produkte aus Strom und Spannung, also die Primär- und Sekundärleistung:

$$P_1 = I_1 \cdot U_1 = \frac{N_2}{N_1} I_2 \cdot \frac{N_1}{N_2} U_2 = I_2 \cdot U_2 = P_2,$$

d. h. die gesamte der Wechselstromquelle entnommene Leistung wird an den Verbraucher weitergegeben. Der ideale T. ist also – wie gefordert – verlustfrei.

Um die Verluste eines realen T. gering zu halten, hält man u. a. den Abstand zwischen Primär- und Sekundärspule klein (konzentrische Wicklung), setzt den Eisenkern aus dünnen, gegeneinander isolierten Blechen zusammen (auf diese Weise werden Wirbelströme verhindert) und verwendet außerdem magnetische Werkstoffe mit möglichst kleiner Remanenz, also solche, die sich leicht ummagnetisieren lassen. Schließlich muss man für die Spulen Draht mit einer möglichst hohen Leitfähigkeit wählen, z. B. hochreines Kupfer, für bestimmte Anwendungen kommen auch supraleitende Spulen in Betracht.

Transistor [engl. transfer »Übertragung« und resistor »(elektrischer) Widerstand«]: aktives elektronisches Halbleiterbauelement, das auf der Kombination von Übergängen zwischen p- und n-leitenden Schichten

(↑Halbleiter) beruht und in seiner Funktion einer ↑Triode ähnelt. Der T. dient der Steuerung und Verstärkung von Strömen oder Spannungen. Ein T. hat – wie die Triode und ihre Verwandten – immer mindestens drei Anschlüsse, von denen mindestens einer zur Steuerung des durch Ein- und Ausgangselektrode gehenden Stroms (bzw. der dort anliegenden Spannung) benutzt wird.

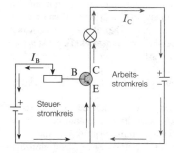

Transistor: Prinzipschaltbild

Bei der einfachsten Bauart, dem sog. bipolaren T., werden zwei n-dotierte Bereiche durch eine ca. 0,01 mm dünne, p-dotierte Schicht getrennt. Diese Trennschicht ist die sog. **Basis** (B), die beiden anderen Bereiche heißen **Emitter** (E) und **Kollektor** (C). Ein solcher n-p-n-Transistor (beim umgekehrten Aufbau spricht man vom p-n-p-Transistor) funktioniert folgendermaßen: Emitter und Basis allein betrachtet bilden eine Diode, ebenso wie Basis und Kollektor. Wird zwischen Emitter und Kollektor wie in der Abb. skizziert eine Gleichspannung U_{CE} angelegt, so fließt kein Strom, weil eine der Dioden in Sperrrichtung geschaltet ist. Nun legt man zwischen Emitter und Basis die Steuerspannung U_{BE} an. Die Basis ist so dünn, dass die meisten (bis zu 99%) der eindringenden Elektronen ganz durch sie hindurch diffundieren und nur wenige durch den seitlichen Anschluss

abgeleitet werden. Der Basisstrom I_B ist deshalb klein. Stattdessen ist der Kollektorstrom I_C groß. Durch geringe Variation des Stroms I_B im Steuerstromkreis erhält man damit eine große Stromänderung von I_C im Arbeitsstromkreis.

Transistoren, insbesondere in Form von ↑Feldeffekttransistoren, gehören zu den Grundbausteinen jedes Computers; ein 600-MHz-Mikroprozessor für PCs enthält heute 10 bis über 20 Millionen T. Auch in der Hochfrequenztechnik und Leistungselektronik werden häufig Transistoren eingesetzt.

Translation [lat. transferre, translatum »hinüberbringen«]: die geradlinige **Verschiebung** eines Punkts oder Körpers entlang einer Richtung im Raum. Wenn x_1, x_2 die Koordinaten in Translationsrichtung vor und nach der T. sind, ist $\Delta x = x_2 - x_1$ die T. oder Verschiebung. Allgemein spricht man auch von **Translationsbewegung** im Gegensatz zur Rotationsbewegung (↑Kinematik).

Transmissionselektronenmikroskop [lat. transmittere »übertragen«]: ↑Elektronenmikroskop.

Transurane: ↑superschwere Elemente.

Transversalschwingung [lat. transversus »querliegend«]: ↑Transversalwellen.

Transversalwellen: ↑Wellen, bei denen die Schwingungsrichtung der schwingenden Teilchen (oder die Richtung des Schwingungsvektors) senkrecht auf der Ausbreitungsrichtung steht. T. sind z. B. Lichtwellen oder allgemein elektromagnetische Wellen.

Treibhaus|effekt: allgemein die Erwärmung eines Raumes, der von einem Medium umschlossen wird, das für Sonnenlicht transparent ist, infrarote ↑Wärmestrahlung dagegen absorbiert. Das namensgebende Beispiel ist das Innere eines gläsernen Treibhauses, das durch Absorption von Sonnenlicht

Wärme aufnimmt. Diese Wärme kann es durch Abstrahlung von Schwarzkörperstrahlung, deren Maximum im betreffenden Temperaturbereich bei infraroten Wellenlängen liegt (↑Strahlungsgesetze), nicht wieder abgegeben. Ähnlich funktioniert der T. in der ↑Atmosphäre der Erde: Wolken, Wasserdampf, Kohlendioxid und eine Reihe

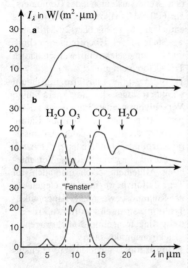

Treibhauseffekt: a Spektrum der infraroten Wärmestrahlung der Erde (das Maximum bei 10 μm entspricht nach dem wienschen Verschiebungsgesetz einer Temperatur von 15 °C); **b** Absorptionsbanden von Wasserdampf, Ozon und Kohlendioxid; **c** das »spektrale Fenster«, durch das die nicht durch menschliche Emissionen gestörte Atmosphäre Wärmestrahlung ins All abgeben kann

von Spurengasen (u. a. Ozon O_3, Methan CH_4 und Lachgas N_2O) haben ein ähnliches Absorptionsverhalten wie Glas, d. h. sie absorbieren die von der Erde abgegebene Wärmestrahlung, lassen aber sichtbares Sonnenlicht passieren. Durch diesen sog. **natürlichen Treibhauseffekt** der Erdatmosphäre erhöht sich die Temperatur der Erdoberfläche gegenüber einer bei allen Wellenlängen transparenten Atmosphäre um über 30 °C. Die Absorptionsbanden von Wasserdampf und Kohlendioxid, also die Spektralbereiche, in denen elektromagnetische Strahlung absorbiert wird, überdecken den Wellenlängenbereich der irdischen Abstrahlung (etwa 3–30 μm) mit Ausnahme einiger »Fenster« recht weitgehend. Daher kann das Einbringen schon kleinster Mengen eines Gases, das gerade in diesen Fenstern die Infrarotstrahlung absorbiert, den natürlichen T. spürbar verstärken. Dies bezeichnet man als **künstlichen Treibhauseffekt** (korrekter wäre »künstliche« oder »anthropogene Verstärkung des T.«, nach griech. ánthropos »Mensch« und génesis »Entstehung«).

Der T. wird auch dadurch verstärkt, dass sich die Konzentration der bestehenden Treibhausgase, vor allem CO_2 und CH_4, erhöht: Die Absorptionsbanden verbreitern sich mit zunehmender Konzentration des Gases und schließen so die Fenster »von den Rändern her «. Der Anstieg der atmosphärischen CO_2-Konzentration seit 1750 um ein Drittel und der CH_4-Konzentration auf das Zweieinhalbfache haben zu einer Erwärmung der globalen Durchschnittstemperatur um 0,5–0,7 °C beigetragen. Modellrechnungen prognostizieren einen Anstieg um 3–5 °C in den nächsten 50–100 Jahren.

Die bekanntesten nicht natürlichen Substanzen mit klimaändernder Wirkung sind die FCKW (Fluorchlorkohlenwasserstoffe). Sie sind keine Treibhausgase im eigentlichen Sinne, sie zerstören aber durch katalytische Effekte die Ozonschicht der Atmosphäre (»Ozonloch«).

Trio**de** [griech. tri- »drei-«, hódos »Weg«]: eine ↑Elektronenröhre mit drei Anschlüssen, die früher zur Steuerung und Verstärkung von Strömen oder Spannungen benutzt wurde. Heute benutzt man bei den meisten Anwendungen ↑Transistoren. Nur gelegentlich verwendet man T.-Verstärker noch u. a. im HiFi-Bereich und als Bass- bzw. Gitarrenverstärker sowie in der Leistungselektronik.

Zwischen Glühkathode K und Anode A tritt bei der T. eine Steuer- oder Gitterelektrode G. Zwischen Gitter und Kathode liegt eine Gleichspannung U_G an, mit deren Hilfe man den Anodenstrom I_A steuern kann (Abb. 1). Wenn U_G stark negativ ist, können keine Elektronen das Gitter passieren und zur Anode gelangen ($I_A = 0$). Bei schwach negativem U_G dagegen kann ein Teil der Elektronen durch das Gitter zur Anode gelangen. In diesem Fall lässt sich der

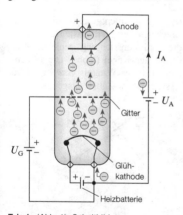

Triode (Abb. 1): Schaltbild

Anodenstrom durch Variation von U_G beeinflussen. Bei positivem U_G wird I_A ebenfalls durch U_G beeinflusst, allerdings tritt bei stark psoitivem U_G ein Sättigungseffekt auf. Wenn man die Anodenstrom-Gitterspannungs-(I_A-U_G)-Kennlinie einer Triode für verschiedene Anodenspannungen U_A aufträgt, erkennt man, dass mit steigendem U_A die Kennlinie immer weiter in den Bereich negativer U_G-Werte hineinreicht (Abb. 2). Man bezeichnet dies auch als

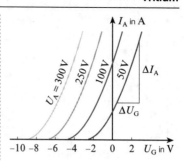

Triode (Abb. 2): Anodenstrom-Gitterspannungs-(I_A-U_G-)Kennlinie einer Triode für verschiedene Anodenspannungen U_A

Durchgriff D. Diese Größe ist definiert als das Verhältnis zwischen Änderung der Gitterspannung und Änderung der Anodenspannung bei gleichem I_A (allgemein die Ableitung dU_G/dU_A). Wünschenswert für die Stromverstärkung ist ein möglichst linearer Kennlinienverlauf, d. h. die **Steilheit** $S = \Delta I_A/\Delta U_G$ (allgemein dI_A/dU_G) bei gleichem U_A soll möglichst konstant sein. Typische Werte liegen bei $S = 1\ldots20$ mA/V.

Tripelpunkt [frz. triple »dreifach«] (Dreiphasenpunkt): der durch eine bestimmte (absolute) Temperatur T und einen bestimmten Druck p eindeutig gekennzeichnete physikalische Zustand, in dem ein Stoff gleichzeitig fest, flüssig und gasförmig vorliegen kann. Dabei befinden sich alle drei ↑Aggregatzustände im stabilen thermodynamischen Gleichgewicht. Im p-T-Zustandsdiagramm treffen sich Schmelz-, Dampfdruck- und Sublimationskurve im T. (Abb.). Der Tripelpunkt von Wasser liegt bei 273,16 K (0,01 °C) und 612 Pa (6,1 mbar), der von Kohlendioxid bei 216,95 K (−56,2 °C) und 0,501 MPa (5 bar). – Abb. S. 242.

Tritium [griech. trítos »der Dritte«] (überschwerer Wasserstoff): Formelzeichen T oder ^{3}H, instabiles Wasserstoffisotop aus einem Proton und zwei Neutronen. Der Kern eines T.-Atoms

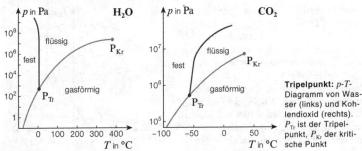

Tripelpunkt: *p-T*-Diagramm von Wasser (links) und Kohlendioxid (rechts). P_{Tr} ist der Tripelpunkt, P_{Kr} der kritische Punkt

wird auch Triton genannt (t, ↑Deuteron). Tritium spielt eine wichtige Rolle beim Versuch, die ↑Kernfusion zur Energiegewinnung zu nutzen. Auch bei der ↑Altersbestimmung und zur Untersuchung von Transportprozessen in der ↑Umweltphysik wird T. eingesetzt. Die Halbwertszeit von T. beträgt 12,3 a; es zerfällt unter Aussendung von weicher Betastrahlung (18,6 keV) in das stabile Heliumisotop ³He. Außer durch natürliche Prozesse in der Hochatmosphäre, die durch die ↑Höhenstrahlung ausgelöst werden, entsteht T. künstlich in Wiederaufbereitungsanlagen und bei Kernwaffenexplosionen.

Tröpfchenmodell: ↑Kernmodell.

Troposphäre [griech. tropé »Wendung«, sphaíra »Kugel«]: die unterste, 8–17 km mächtige Schicht der ↑Atmosphäre, in der sich fast alle Witterungsvorgänge abspielen.

Tscherenkow-Strahlung [nach PAWEL A. TSCHERENKOW; *1904, †1990]: elektromagnetische Strahlung, die von Teilchen emittiert wird, welche sich durch ein Medium mit einer Geschwindigkeit v bewegen, die größer als die Lichtgeschwindigkeit in diesem Medium ist. Die T.-S. ist das elektromagnetische Analogon zum ↑Mach-Kegel bei einem Überschallflugzeug (»Schallmauer«). Wie dort kann die T.-S. den Bereich außerhalb des Mach-Kegels nicht erreichen; die Photonen der T.-S.

werden unter einem Winkel ϑ zur Bewegungsrichtung des Teilchens emittiert, für den gilt:

$$\cos\vartheta = \frac{c_0}{v \cdot n}$$

(c_0 Vakuumlichtgeschwindigkeit, n Brechzahl des Mediums). Damit steht die Emissionsrichtung senkrecht auf dem Mach-Kegel (Abb.). Die Abhängigkeit dieses Winkels von v wird im ↑Tscherenkow-Zähler ausgenutzt.

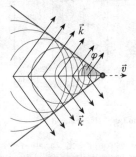

Tscherenkow-Strahlung: Die Strahlung breitet sich nur innerhalb eines Kegels aus (Schnittbild). $\vec{k}$ ist der Wellenvektor, der die Ausbreitungsrichtung der Welle angibt

Tscherenkow-Zähler: ein Nachweis- und Energiemessgerät für Teilchen, die sich mit nahezu Lichtgeschwindigkeit bewegen. Man misst dabei den Öffnungswinkel des ↑Mach-Kegels der ↑Tscherenkow-Strahlung, welche die

Teilchen in einem durchsichtigen Medium mit Brechzahl $n > 1$ erzeugen. Aus der so bestimmten Geschwindigkeit folgt bei bekannter Ruhemasse die Teilchenenergie. Die Photonen der Tscherenkow-Strahlung werden mit ↑Sekundärelektronenvervielfachern registriert.

Tsunami [jap. »große Hafenwelle«]: eine dispersionsfreie Meereswelle (↑Solitonen), die mit Geschwindigkeiten von 500–1000 km/h viele Tausend Kilometer wandern kann. Eine T. ist physikalisch eine Oberflächenwelle, bei der die gesamte Wassersäule bis zum Meeresgrund beteiligt ist; dabei kommt es durch nichtlineare Effekte zur Aufhebung der ↑Dispersion. Die Amplitude beträgt auf dem offenen Meer nur ca. 1 m, die Wellenlänge ist mit 10–100 km sehr groß. Aus Gründen der Energieerhaltung wird die Amplitude beim Auflaufen in flachere Gewässer bis zu 30 m groß, während die Wellengeschwindigkeit abnimmt.

Tunneldiode: eine ↑Halbleiterdiode mit sehr hoher Dotierung der p- bzw. n-leitenden Bereiche. Dadurch kann wegen des ↑Tunneleffekts auch in Sperrrichtung ein sog. **Tunnelstrom** fließen. In Durchlassrichtung nimmt der Strom mit zunehmender Spannung in einem gewissen Spannungsbereich ab; die T. ist dann ein »negativer« Widerstand. Sie wird als Schaltelement und zur Schwingungserzeugung eingesetzt.

Tunneleffekt: mit den Gesetzen der klassischen Physik nicht zu erklärendes Phänomen, bei dem ein Teilchen eine Potenzialbarriere überwinden kann, deren Höhe (potenzielle Energie) größer ist als seine eigene kinetische Energie. Ein einfaches Beispiel ist ein Alphateilchen in einem radioaktiven Atomkern, das den von den Kernkräften erzeugten Potenzialwall durchtunnelt. Im Wellenbild kann man den T. so deuten, dass ein Teil der Wahrscheinlichkeitswelle des einfallenden Teilchens am Potenzialwall reflektiert wird, während der andere eindringt und dort exponentiell gedämpft wird. Daher nimmt die Wahrscheinlichkeit für das Durchtunneln exponentiell mit der Dicke des Walls ab. Die so berechnete Tunnelwahrscheinlichkeit hängt dazu von der Höhe des Walls (also der Differenz zwischen Energie des tunnelnden Teilchens und der maximalen potenziellen Energie im verbotenen Bereich) ab. Die daraus abgeleiteten Werte für die Halbwertszeiten von Alphastrahlern stimmen sehr gut mit den Messwerten überein. Der T. liegt u. a. der ↑Feldemission, der ↑Tunneldiode, bestimmten Effekten in Supraleitern sowie dem ↑Rastertunnelmikroskop zugrunde.

Turbine: eine auf dem Prinzip des Wasserrads beruhende Maschine zur Umwandlung der kinetischen Energie von Fluiden (Gasen oder Flüssigkeiten) in Rotationsenergie mithilfe eines mit Schaufeln versehenen Laufrads. Dessen rotierende Achse wird meistens zur Erzeugung von elektrischer Energie mit einem ↑Generator eingesetzt. Je nach Antrieb unterscheidet man Wasserturbinen (↑Wasserkraftmaschinen), ↑Dampfturbinen und ↑Gasturbinen.

Turbomolekularpumpe: ↑Vakuumpumpen.

Turbulenz [lat. turbo »Wirbel«]: Bewegungszustand von Fluiden (Gasen oder Flüssigkeiten), der – im Gegensatz zur ↑laminaren Strömung – unregelmäßige Geschwindigkeits- und Druckschwankungen in Form von regellosen Wirbeln aufweist. T. tritt auf, wenn die ↑Viskosität des strömenden Mediums klein im Vergleich zum Produkt aus Strömungsgeschwindigkeit und typischer Länge der Strömung ist. In einer turbulenten Strömung wird ständig kinetische Energie in Wärme umgewandelt. Fast alle Prozesse in der Troposphäre sind turbulent. Daher hat die

Untersuchung der T. große Bedeutung in der Meteorologie. Turbulente Strömungen sind komplexe, nichtlineare Vorgänge, sie werden daher auch in der ↑Chaos-Theorie erforscht.

u:
◆ Einheitenzeichen für die ↑atomare Masseneinheit.
◆ Symbol für das ↑Up-Quark.
U (*U*): Formelzeichen für die elektrische ↑Spannung.
Überdruck: der Teil des ↑Drucks in einem Behälter bzw. physikalischen System, der den außen herrschenden Druck übersteigt.
Überhitzung: ↑Siedeverzug.
Überlagerung: ↑Superposition.
Überlaufgefäß: ein wassergefülltes Gefäß mit seitlicher Ausflussröhre, mit dem das Volumen fester Körper gemessen werden kann. Hierzu taucht man den Körper in das Ü. und misst das verdrängte Wasservolumen.
Überschallgeschwindigkeit: Bezeichnung für die Geschwindigkeit v eines Körpers, sofern sie größer als die ↑Schallgeschwindigkeit w im umgebenden Medium ist. Das Verhältnis $Ma=v/w$ heißt ↑Mach-Zahl. Die von einem mit Ü. fliegenden Flugzeug (**Über-**

schallflugzeug) ausgehenden Schallwellen können einen kegelförmigen Bereich mit dem Flugzeug an der Spitze nicht verlassen (↑Mach-Kegel). Am Kegelmantel ist die Schallintensität sehr groß; wenn diese einen Beobachter überstreicht, nimmt er dies als »**Überschallknall**« wahr (Abb.). Wegen des im Vergleich zu Unterschallflugzeugen wesentlich höheren Treibstoffverbrauchs und der Abgasbelastung der unteren Stratosphäre (Überschallflugzeuge müssen wegen des dort geringeren Luftwiderstands deutlich höher fliegen) haben sich Überschallpassagierflugzeuge wie die britisch-französische »Concorde« nicht durchsetzen können. Das elektromagnetische Analogon zur Ü. ist der Tscherenkow-Effekt (↑Tscherenkow-Strahlung).
Uhr [lat. hora »Stunde«]: Gerät zur Messung von Zeitspannen. Bis ins 20. Jh. hinein nutzten U. natürliche (Wasseruhr, Sanduhr, Sonnenuhr) oder mechanische (Pendel, Federschwingung) Abläufe, die sich mit großer Gleichmäßigkeit wiederholen. Moderne U. messen die Frequenz von physikalischen Vorgängen, die mit äußerster Regelmäßigkeit ablaufen:

■ bei der **Quarzuhr** Resonanzschwingungen von Quarzkristallen, welche als umgekehrte ↑Piezoelektrizität aufgefasst werden können;

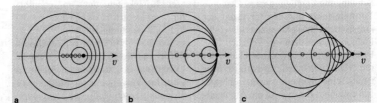

Überschallgeschwindigkeit: Entstehung des Überschallknalls. Der schwarze Kreis gibt den Ort des Wellenerregers an, der sich mit v bewegt. Die leeren Kreise sind die Orte, von denen aus die eingezeichneten Kugelwellen ausgesandt werden (Ausbreitungsgeschwindigkeit w). Links: Doppler-Effekt für $v < w$. Mitte: Für $v = w$ baut sich am Ort des Erregers die Schallmauer auf. Rechts: Für $v > w$ zieht der Erreger eine Schallschleppe hinter sich her, den Mach-Kegel.

bei der **Cäsiumuhr** (Atomuhr, Cäsium-Atomuhr) die Frequenz der Mikrowellenstrahlung beim Übergang zwischen zwei ↑Hyperfeinstruktur-Niveaus des Cäsium-Isotops ^{133}Cs als Frequenznormal und damit zur Definition der Zeiteinheit ↑Sekunde. Zur Messung wird ein präparierter Cäsium-Atomstrahl mit Mikrowellen angeregt, wobei deren Frequenz mit einem Rückkoppelkreis so gesteuert wird, dass die Zahl der angeregten Übergänge maximal wird. Die relative Genauigkeit von modernen Quarzuhren liegt bei 10^{-9}; die heute (Herbst 2000) genaueste Atomuhr, eine sog. Rubidium-Fontänen-Uhr, erreicht sogar eine Genauigkeit von 10^{-16} – in 300 Millionen Jahren beträgt bei ihr die Unsicherheit einer Zeitmessung nur eine Sekunde!

Ultraschall [lat. ultra »jenseits«]: für das menschliche Gehör nicht wahrnehmbarer ↑Schall mit Frequenzen jenseits der Hörschwelle, also über etwa 20 000 Hz. Schall mit Frequenzen über 1 GHz wird auch **Hyperschall** genannt. Man kann U. mechanisch mit einer sog. **Ultraschallpfeife (Galton-Pfeife)** oder einer Ultraschallsirene erzeugen. Praktische Bedeutung haben aber vor allem piezoelektrische und magnetostriktive Ultraschallgeber. U. dient u. a. zur Nachrichtenübermittlung unter Wasser, als ↑Echolot, zu Werkzeugprüfung, medizinischer Diagnostik und Therapie sowie und Glasschmelzen und zum Sterilisieren von Nahrungsmitteln oder medizinischen Geräten verwendet.

Ultraviolettstrahlung (Abk. UV): unsichtbare ↑elektromagnetische Wellen, deren Wellenlängen jenseits der kurzwelligen Grenze des sichtbaren Spektrums (also jenseits des violetten Spektralbereichs) liegen. Man unterscheidet die Bereiche UV-A (380–315 nm), UV-B (315–280 nm) und UV-C (280–30 nm). Man fasst UV-A und UV-B auch als »nahes UV« zusammen, UV-C dagegen wird unterteilt in fernes (280–200 nm) und Vakuum- oder extremes UV (VUV, EUV, 200–30 nm). Bei noch kürzeren Wellenlängen beginnt der Bereich der ↑Röntgenstrahlung; die Grenze ist nicht einheitlich definiert. U. wird von Glas und Luft (insbesondere durch die Ozonschicht der ↑Atmosphäre) weitgehend absorbiert; deshalb gelangt nur ein kleiner Teil der von der Sonne ausgehenden U. bis zum Erdboden. UV-A ist das sog. »Bräunungs-UV«, UV-B wird u. a. zur Synthese von Vitamin D benötigt. U. wirkt keim- und zelltötend, weshalb es zur Sterilisation und in der Strahlentherapie eingesetzt. Zu hohe Bestrahlungsdosen (langes »Sonnenbaden«!) können Hautkrebs und Augenschäden verursachen.

Umkehrlinse: eine ↑Sammellinse, mit der in optischen Geräten, z. B. dem terrestrischen ↑Fernrohr, das vom Objektiv erzeugte reelle, aber seitenverkehrte und Kopf stehende Zwischenbild in ein aufrechtes und seitenrichtiges Bild umgekehrt wird. Da die U. so zwischen Okular und Objektiv angebracht wird, dass der Abstand zwischen Objektiv- und Okularbrennpunkt gleich der vierfachen Umkehrlinsenbrennweite ist, verlängert sie den Strahlengang erheblich. Dies kann man mit einem ↑Umkehr-prisma vermeiden.

Umkehrprisma: ein ↑Prisma, mit dem man seitenverkehrte oder Kopf stehende Zwischenbilder in seitenrichtige und aufrechte Bilder umwandeln kann, z. B. in einem Feldstecher (Prismen-

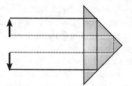

Umkehrprisma: Strahlengang bei einem aufrichtenden Umkehrprisma

Ursprung, Geschichte und Entwicklung des Kosmos gehören seit jeher zu den zentralen Fragen der Philosophie und Wissenschaft. Die heute weltweit anerkannte Theorie, die sich trotz verschiedener offener Fragen am besten mit den bisherigen Beobachtungen und Messungen vereinbaren lässt, ist die des Urknalls.

Damit ein schlüssiges Bild der Entwicklung des Kosmos entsteht, greifen in der Urknalltheorie astronomische und teilchenphysikalische Beobachtungen ineinander. Das Modell führt auf einen Zustand extremer Dichte, der ganz am Anfang herrschte und in dem alle heutigen physikalischen Konzepte, einschließlich desjenigen von Raum und Zeit, zusammenbrechen. Aus diesem Urzustand entwickelte sich das heutige Universum.

■ **Die Relativitätstheorie beflügelt die Fantasie**

Ausgangspunkt der modernen Auffassung von der Entstehung des Universums sind die Arbeiten A. EINSTEINS. Kurz nachdem er seine allgemeine Relativitätstheorie abgeschlossen hatte, suchte EINSTEIN 1917 nach einer Raum-Zeit-Geometrie des Universums als Lösung seiner Gleichungen. Als Voraussetzung forderte er ein homogenes Universum, also eines, das von allen Standorten gleich aussieht. Außerdem sollte es isotrop sein, d. h. es sollte in ihm keine Vorzugsrichtungen geben. Seine Lösung war ein Universum, das sich ausdehnen oder infolge der eigenen Schwerkraft in sich zusammenstürzen sollte – ein Befund, der im krassen Gegensatz zur Beobachtung stand, denn damals waren Galaxien außerhalb unserer eigenen, der Milchstraße, nicht bekannt, und die Milchstraße dehnt sich nicht aus. Man erwartete vom Universum, dass es unveränderlich, also stationär sei. Eine solche stationäre Lösung war jedoch erst möglich, nachdem EINSTEIN seine Gleichungen modifiziert und relativ willkürlich eine kosmologische Konstante eingeführt hatte, welche die Schwerkraft in großen Entfernungen wieder kompensieren sollte.

Im Jahr 1922 entwickelte der russische Mathematiker ALEKSANDR FRIEDMANN (*1888, †1925), ausgehend von der allgemeinen Relativitätstheorie ohne kosmologische Konstante, ein Modell des Universums, das sich zunächst ausdehnt. Infolge der Gravitationsanziehung verlangsamt sich die Ausdehnung und kehrt sich sogar in einen Kollaps des Universums um (geschlossenes Universum). Später entdeckte er, dass bei geringerer Massenanziehung auch der Fall möglich wäre, dass das Universum sich in alle Ewigkeit hin ausdehnt (offenes Universum).

Diese Modelle waren äußerst faszinierend und regten die Fantasie der Menschen an. Allerdings fehlte ihnen, so dachte man, der experimentelle Nachweis ihrer Gültigkeit. In Wirklichkeit hatten einige Astronomen längst festgestellt, dass das Universum keineswegs starr, sondern sehr dynamisch ist.

■ **Linienverschiebung**

Bei Untersuchungen von »Nebelwölkchen« im Weltall kam VESTO M. SLIPHER (*1875, †1969) zwischen 1912 und 1915 zu dem Schluss, dass die von ihm gemessenen Spektrallinien dieser Nebelwölkchen nicht an den Stellen im Spektrum lagen, wo er sie vermutet hatte: Sie waren zum Roten hin verschoben. Eine Linie, die eigentlich blau hätte sein müssen, war grün usw.

Das ist ungewöhnlich, denn alles Licht, auch das Licht der Sterne, setzt sich aus vielen Spektrallinien unterschiedlicher Farbe zusammen, die für die Atome und Moleküle des jeweiligen leuchtenden Materials charakteristisch sind. Man weiß sehr genau, welche Linien

z. B. von Wasserstoff oder Helium ausgesandt werden. Da außerdem bekannt ist (und damals auch schon war), aus welchen Elementen sich Sterne zusammensetzen, nämlich hauptsächlich aus Wasserstoff und Helium, kann man im Spektrum kosmischer Objekte nach deren Linien suchen.

Zunächst lag es nahe, die bei den Nebelwolken gemessene Spektralverschiebung mit dem ↑Doppler-Effekt zu erklären, der auch aus der Akustik bekannt ist: Der Ton der Sirene eines vorbeifahrenden Autos klingt höher, wenn es sich auf uns zu bewegt, und tiefer, wenn es sich entfernt. Hoher Ton bedeutet kleine Wellenlänge und umgekehrt. Ähnlich verhält es sich mit dem Licht von Nebelwolken.

Daraus, dass der Farbton einiger Spektrallinien zu längeren Wellenlängen verschoben waren, folgerte SLIPHER, dass sich die Nebelwolken gemäß dem Doppler-Effekt von uns weg bewegen. Wie sich zeigte, sind die Verhältnisse im Kosmos aber komplizierter.

■ Das Weltall expandiert

Der Astronom EDWIN POWELL HUBBLE (*1889, †1953) konnte 1923 zum ersten Mal den Andromedanebel in einzelne Sterne auflösen und damit die Existenz einer Galaxie außerhalb der Milchstraße nachweisen. Dabei fand er auch eine Klasse von Sternen, die in unserer Galaxis als veränderliche Cepheiden bekannt sind und deren Helligkeit periodisch schwankt. Anhand der Schwankungsperiode konnte HUBBLE auf die absolute Helligkeit der Cepheiden schließen und durch Vergleich mit ihrer scheinbaren Helligkeit ihre Entfernung zur Erde berechnen. Unsere Nachbargalaxie, der Andromedanebel, befindet sich demnach in einem Abstand von zwei Millionen Lichtjahren. Hubble bestimmte auch den Abstand zu anderen Galaxien, die als Nebelwölkchen im Teleskop zu sehen sind, und veröffentlichte 1929 das sensationelle Resultat: Je weiter eine Galaxie von uns entfernt ist, desto schneller entfernt sie sich von uns.

Zur Erklärung dieses Phänomens reicht der Doppler-Effekt nicht mehr aus, sondern man muss die allgemeine Relativitätstheorie bemühen. Danach ist die Rotverschiebung des Lichts entfernter

(Abb. 1) Andromedanebel

Galaxien vor allem auf die Expansion des Weltalls zurückzuführen; man spricht deswegen von der kosmologischen Rotverschiebung. Diese Expansion darf man sich nicht als eine Ausdehnung von Teilchen in den Raum hinein vorstellen (wie etwa bei einer Explosion), sondern der Raum *selbst* dehnt sich aus, d.h., die Abstände zwischen allen Teilchen werden in allen Richtungen immer größer.

Zwischen Geschwindigkeit und Entfernung einer Galaxie besteht eine einfache mathematisch Beziehung, in der die **Hubble-Konstante** angibt, wie stark die Geschwindigkeit mit der Entfernung wächst. Für die Hubble-Konstante erhält man einen Wert von 15 bis 30 km/s pro Million Lichtjahre; mit jeder Million Lichtjahre Abstand entfernen sich die Galaxien mit einer um 15 bis 30 km/s größeren Geschwindigkeit. Die große Unsicherheit im Wert stammt von der ungenauen Bestimmung des Abstands weit entfernter Galaxien.

■ Der Anfang des Universums

HUBBLES Entdeckung hat eine schwerwiegende Folge. Wenn – wie beobachtet – alle Galaxien sich voneinander entfernen, dann sind sie zu einem weit zurückliegenden Zeitpunkt alle in einem Punkt vereinigt gewesen und wurden in einer urplötzlichen Bewegung mit unvorstellbarem Expansionsdrang auseinander gedehnt – dem Urknall oder **Big Bang.** Die Rückrechnung aus der Hubble-Konstanten und den Gesetzen der Gravitation, die den Verlauf des Universums bestimmen, ergibt, dass der Urknall vor 12 bis 15 Milliarden Jahren stattgefunden haben muss.

Ganz am Anfang existierte keinerlei Materie, sondern nur Strahlung in einer unvorstellbaren Dichte und Temperatur (bzw. Energie). Schon etwa 10^{-35} Sekunden nach dem Urknall haben Dichte und Energie so weit abgenommen, dass die heutigen Naturkräfte auftraten. Allerdings waren sie zu diesem Zeitpunkt noch in einer einzigen »Urkraft« vereinigt. Bei der weiteren Expansion spalteten nacheinander die uns vertrauten einzelnen ↑Fundamentalkräfte ab, als erstes die Gravitation, dann die starke, schließlich die schwache und die elektromagnetische Kraft.

In diese Zeit (etwa 10^{-10} Sekunden nach dem Urknall) fällt die Entstehung der ersten Elementarteilchen, beispielsweise von ↑Quarks und ↑Gluonen.

Aus den Elementarteilchen formten sich mit wachsender Ausdehnung und fallender Temperatur schließlich Protonen und Neutronen, also die Bestandteile der Atomkerne. Eine Sekunde nach dem Urknall setzte die Synthese der Elemente (die Nukleosynthese) ein, bei der der gesamte heute im Weltall vorhandene Wasserstoff und ein großer Teil des Heliums entstanden (in einem Mischungsverhältnis von etwa 3:1).

Doch erst nach einigen hunderttausend Jahren konnten die Atomkerne mit den Elektronen zu neutralen Atomen reagieren, aus denen sich – Millionen Jahre später – schließlich Sterne und Galaxien formten. Die Photonen konnten

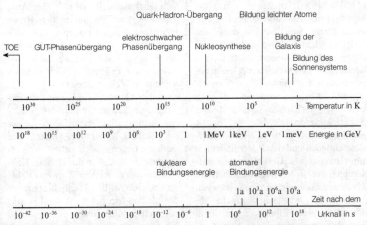

(Abb. 2) zeitliche Entwicklung des Universums nach dem Standardmodell. TOE ist die »Theory of Everything«, die »Theorie für alles«, deren Entwicklung noch in weiter Ferne liegt.

sich jetzt frei bewegen, das Weltall wurde durchsichtig.

■ Kosmische Hintergrundstrahlung

Reste des »Feuerballs« des frühen Universums sind heute noch messbar, und zwar in Form der kosmischen Mikrowellen-Hintergrundstrahlung: Mit Radioteleskopen entdeckten ARNO ALLAN PENZIAS (*1933) und ROBERT WOODROW WILSON (*1936) 1965 ein Rauschen, das aus allen Richtungen des Weltalls mit gleicher Intensität einfällt. Ihr Vorhandensein lässt den Schluss zu, dass der »leere« Raum zwischen den Galaxien (der intergalaktische Raum) nicht vollkommen kalt ist, sondern mit Strahlung »gefüllt« ist und eine Temperatur von ca. 2,7 K (−270,3 °C) aufweist. Diese kosmische Hintergrundstrahlung war von G. GAMOW Ende der 1940er-Jahre vorhergesagt worden, man hatte seine Berechnungen aber nicht ernst genommen. Nun wurden sie durch die Messungen von PENZIAS und WILSON bestätigt. Die kosmische Hintergrundstrahlung ist eine der wichtigsten Stützen der Urknalltheorie.

■ Ausblick

Mit ihren großen Beschleunigern sind die Teilchenphysiker in der Lage, annähernd ähnliche Verhältnisse im Labor zu erzeugen, wie sie nach den ersten Minuten im Universum herrschten. Daher wachsen die Modelle der Elementarteilchenphysik und der Kosmologie immer enger zusammen. Ziel der Physiker ist es, eine »Theorie für alles« (Theory of Everything, TOE) zu finden. Die bisherigen Ansätze, z.B. die Stringtheorie, sind jedoch noch nicht widerspruchsfrei. Bis eine einzige Große Vereinheitlichte Theorie (Grand Unified Theory, GUT) gefunden ist, in der Quantenphysik und allgemeine Relativitätstheorie zusammenlaufen, ist es also noch ein weiter Weg. Und es ist völlig offen, ob wir je ergründen können, was vor dem Urknall war und wohin die Reise des Universums in der Zukunft geht. ■

✎ Eine Vorstellung vom expandierenden Universum erhältst du, wenn du einen Luftballon mit Markierungen (»Galaxien«) versiehst. Beim Aufblasen entfernen sich die »Galaxien« alle voneinander. – Einen lohnenswerten »Blick ins Universum« sowie viele Informationen bieten Sternwarten und Planetarien an.

📚 *Brockhaus – die Bibliothek. Mensch, Natur, Technik, Band 1. Vom Urknall zum Menschen.* Leipzig (Brockhaus) 2000. ■ FRITZSCH, HARALD: *Vom Urknall zum Zerfall.* München (Piper) [4]1999. ■ *Immer Ärger mit dem Urknall,* hg. von REINHART BREUER. Reinbek (Rowohlt) [3]1996. ■ KIPPENHAHN, RUDOLF: *Licht vom Rande der Welt.* Lizenzausgabe München (Piper) [3]1991. ■ WEINBERG, STEVEN: *Die ersten drei Minuten.* Taschenbuchausgabe München (Piper) 1997.

fernrohr, ↑Fernrohr). Es gibt viele Arten von U.; eine einfache Form zeigt die Abb.: Die Lichtstrahlen treten senkrecht, also ungebeugt durch die Hypotenusenfläche eines Dreiecksprismas ein. An beiden Kathetenflächen kommt es unter einem Ein- und Ausfallswinkel von 45° zur ↑Totalreflexion, daher muss der Grenzwinkel kleiner als 45° sein (für den Übergang Glas/Luft ist dies der Fall). Insgesamt ermöglicht dieses Prisma eine Ablenkung um 180°, also eine Bildaufrichtung. Wenn der Strahl unter einem Winkel von 45° durch die Kathetenflächen ein- und austritt und nur einmal an der Hypotenusenfläche reflektiert wird, erhält man eine Umlenkung um 90° (Umlenkprisma). Ein U., das ein Bild sowohl aufrichtet als auch die Seiten vertauscht, ist das **Revisonsprisma**.

Umkehrpunkte: ↑Schwingung.

Umweltphysik: in den 1970er-Jahren entstandenes Fachgebiet der Physik, das die Vorgänge in den dem Menschen zugänglichen Bereichen der Erde wie Grundwasser, Boden, Ozeane, Atmosphäre und Kryosphäre (die eisbeckten Gebiete der Erde) mit physikalischen Methoden erforscht. Wichtigste Methoden sind die Messung von Transportprozessen durch Tracer-Untersuchungen (Verfolgung von natürlichen oder künstlichen »Markierungsstoffen«), Altersbestimmungen und die Modellierung dieser Prozesse mit dem Computer. Am meisten Aufmerksamkeit erlangte dabei die Klimamodellierung (↑Treibhauseffekt). Seit 1998 hat die ↑Deutsche Physikalische Gesellschaftgibt für die U. einen eigenständigen Fachverband.

unelastischer Stoß: ↑Stoß.

Unordnung: physikalisch gesehen ein Zustand eines Systems mit großer ↑Entropie, d. h. mit einer großen Zahl von möglichen Anordnungen der Teilsysteme. Als Analogie aus dem Alltag hat z. B. ein aufgeräumter Schreibtisch für jeden Stift genau einen Platz, während auf einem unaufgeräumten Tisch jeder Stift an einer Vielzahl von Plätzen sein kann. In diesem Sinne strebt der aufgeräumte Schreibtisch ohne äußere »Energiezufuhr« von selbst immer in den Zustand höherer Entropie, einfach weil es für den Tisch mehr Möglichkeiten gibt, seine Stifte unordentlich anzuordnen (↑Hauptsätze der Wärmelehre).

Unschärferelation: ↑heisenbergsche Unschärferelation.

Unterdruck: Bezeichnung für den ↑Druck in einem Behälter bzw. physikalischen System, der kleiner als der äußere Druck ist. Ein ↑Vakuum ist immer ein Unterdruck.

Unterkühlung: ↑Siedeverzug.

Up-Quark [ˈʌpkwɔːk], Symbol u: das leichteste ↑Quark. Protonen und Neutronen bestehen aus Up- und Down-Quarks (↑Elementarteilchen).

Urkilogramm: ↑Kilogramm.

Urknall: siehe S. 428.

Urmaß: ↑Normal.

Urmeter: ↑Meter.

U-Rohr-Manometer: ein einfaches ↑Manometer, das im Wesentlichen aus einem gebogenen, an einem Ende offenen Rohr besteht.

Urspannung (Leerlaufspannung, Quellspannung): bei einer elektrischen ↑Spannungsquelle die stromlos, also ohne Lastwiderstand gemessene elektrische Spannung. Aufgrund des endlichen Innenwiderstands der Quelle ist die U. immer größer als die von einem Verbraucher nutzbare Klemmenspannung. Die U. ist bis auf das Vorzeichen gleich mit dem früher üblichen Ausdruck **»elektromotorische Kraft«** (der Name rührt daher, dass man sich eine Kraft vorstellte, welche in der Spannungsquelle Ladungsträger trennt).

U-V-W-Regel: ↑Rechte-Hand-Regeln.

v (*v̄*): Formelzeichen für die ↑Geschwindigkeit.

V:

♦ Einheitenzeichen für die Einheit ↑Volt.

♦ (*V*): Formelzeichen für das ↑Volumen.

♦ (*V*): Formelzeichen für das Gravitationspotenzial (↑Gravitation).

Vakuum: siehe S. 434.

Vakuummeter [lat. vacuum »leerer Raum«]: ein Druckmessgerät (↑Manometer) für Drücke unterhalb des Atmosphärendrucks von 1013 hPa. Während man im Grob- und Feinvakuum noch direkte Druckmessungen mit Geräten durchführt, die auch bei Überdruck benutzt werden, sind für niedrigere Drücke (unter etwa 1 Pa) indirekte Messverfahren erforderlich, etwa die Messung der Teilchenanzahldichte oder einer dazu proportionalen Größe.

Direkt messende V. sind die mechanischen V. und Flüssigkeits-V. Zu Letzteren zählt das häufig benutzte Kompressions- oder **McLeod-Vakuummeter,** bei dem das zu messende Gas zunächst kontrolliert komprimiert wird, bevor sein Druck in einem U-Rohr gemessen wird (Messbereich bis 0,1 mPa).

Höchste Empfindlichkeit haben **Ionisationsvakuummeter** (bis 1 nPa), bei denen die Gasatome oder -moleküle ionisiert werden; ihre Anzahl wird als Stromstärke registriert. Außer dem Gesamtdruck interessiert oft der ↑Partialdruck einer Komponente des Gases; hierfür wird häufig das ↑Massenspektrometer eingesetzt.

Vakuumpumpen: Sammelbegriff für Geräte, mit denen in einem abgeschlossenen Behälter (Rezipienten) ein Druck unterhalb des Atmosphärendrucks von

1013 hPa erzeugt werden kann (↑Vakuum). Einfache V. sind die Kolbenpumpe (Luftpumpe), die Wasserstrahlpumpe und die Kapsel- oder Schieberpumpe (s. u.).

Die **Wasserstrahlpumpe** wird in vielen Laboren zur Erzeugung leichter Unterdrücke bis 1 kPa (10 mbar) benutzt. Dabei strömt ein schneller Wasserstrahl am Ausgang des Rezipienten vorbei und reißt durch Reibung Luftteilchen mit sich, wodurch der Rezipient evakuiert (entleert) wird (Abb. 1).

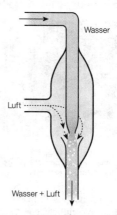

Wasser

Luft

Wasser + Luft

Vakuumpumpen (Abb. 1): Wasserstrahlpumpe

In einer Kapsel- oder **Verdrängerpumpe** rotiert ein Zylinder exzentrisch in einem Gehäuse mit Kreisquerschnitt. Aus ihm ragen beiderseits je ein Schieber heraus, die durch eine Feder luftbzw. gasdicht an die Gehäusewand gepresst werden. Durch einen Ölfilm kann die Dichtigkeit noch erheblich erhöht werden. Wenn der Zylinder rotiert, vergrößert sich der mit dem Rezipienten verbundene Raum im Gehäuse, wodurch Gas angesaugt wird, das nach einer halben Umdrehung auf der anderen Seite komprimiert und ausgestoßen wird (Abb. 2). Eine Schieberpumpe erzeugt Vakua bis 0,1 Pa.

S eit dem Altertum beschäftigen sich Philosophie und Physik mit der Frage, was das Vakuum ist und ob es ein Vakuum überhaupt gibt. Im strengen Wortsinn beschreibt es einen absolut leeren Raum (lat. vakuus »leer«). Der Atomismus, also die Lehre vom Aufbau der Materie aus einzelnen, nicht weiter zerlegbaren Teilchen, legt die Existenz eines Vakuums nahe: Vakuum ist, wo keine Teilchen sind. In Quantenfeldtheorie und allgemeiner Relativitätstheorie aber ist das Vakuum noch immer nicht völlig verstanden.

(Abb. 1) In einem Tokamak-Kernfusionsreaktor – hier zu Wartungsarbeiten geöffnet – herrscht beim Betrieb extremes Vakuum.

Die Experimentalphysik macht es sich begrifflich wesentlich einfacher: Im technischen Sinn gilt jeder Gasdruck innerhalb eines Behälters oder Rezipienten als Vakuum, der wesentlich unterhalb des normalen ↑Luftdrucks von etwa 0,1 MPa (1,013 bar) liegt. Jedoch ist zur Erzeugung eines »guten« Vakuums ein hoher experimenteller Aufwand nötig, und die niedrigsten im Labor erreichten Drücke liegen immer noch um viele Zehnerpotenzen über der Teilchendichte des Raums zwischen den Planeten im Sonnensystem.

■ **Technisches Vakuum**

Seit der Erfindung der Luftpumpe durch O. VON GUERICKE und seinem berühmten Versuch mit den ↑Magdeburger Halbkugeln sind viele Methoden erfunden worden, mit immer besseren ↑Vakuumpumpen immer geringere Drücke zu erzeugen. Solche »technischen Vakua« werden für eine große Zahl von Anwendungen in Industrie und Wissenschaft benötigt: Arzneimittel oder Lebensmittel bleiben vakuumverpackt länger haltbar, die Vakuumentgasung von metallischen Schmelzen erzeugt qualitativ hochwertige Legierungen und viele chemische Verbindungen werden im Vakuum synthetisiert. Flüssige Luft wird durch das Isoliervakuum eines ↑Dewar-Gefäßes gegen Erwärmung geschützt (und Kaffee in einer Thermoskanne gegen Abkühlen). Elektrische und elektronische Geräte wie Glühlampen, Elektronen-, Röntgen- und Fernsehbildröhren sowie Halbleiterbauelemente wären ohne Hochvakuum nicht herzustellen bzw. zu betreiben. Vakuumaufdampfanlagen dienen der Beschichtung und Vergütung von Spiegeln, Reflektoren oder Scheinwerfern. Und schließlich müssen auch in Teilchenbeschleunigern, Massenspektrometern oder Elektronenmikroskopen Hoch- bzw. Ultrahochvakuumbedingungen herrschen.

■ **Hohlraumstrahlung**

Wenn man nun im Labor nicht einmal die Gasdichte des Weltraums herstellen kann, ist es dann wenigstens theoretisch möglich, in einem Volumen absolute Leere herzustellen? Die nahe liegende Antwort, man bräuchte »nur« alle Atome zu entfernen, erwies sich schon Ende des 19. Jh. als unzureichend. Jeder Behälter ist nämlich von elektromagnetischer Strahlung erfüllt, deren Frequenz bzw. Energie von ihrer Temperatur bestimmt wird. Diese Strahlung heißt Hohlraumstrahlung (↑schwarzer Körper); die Erklärung ihres Spektrums durch M. PLANCK war der Beginn des »Quantenzeitalters« in der Physik. Diese Strahlung hat eine auf den ersten Blick paradoxe Eigenschaft: Auch am absoluten Temperaturnullpunkt verschwindet sie nicht, sondern hat eine endliche Energiedichte. Das bedeutet aber, dass *jedes* Volumen, unabhängig davon, ob es Atome oder andere Teilchen enthält, von Photonen der Hohlraumstrahlung erfüllt ist. Auch das Weltall selbst enthält pro Kubikzentimeter etwa 375 solcher Photonen; ihre Wellenlänge beträgt 1,1 mm, was einer Temperatur von 2,7 K entspricht.

■ Vakuumfluktuationen

Das Vorhandensein einer »Nullpunktsenergie« beschränkt sich nicht allein auf die Quanten der Hohlraumstrahlung. Es ist vielmehr eine grundlegende Eigenschaft *aller* Quantensysteme und kann am einfachsten mit der ↑heisenbergschen Unschärferelation veranschaulicht werden. Demnach kann man Impuls und Ort eines Teilchens (oder allgemeiner eines Quantensystems) niemals gleichzeitig exakt bestimmen; das Produkt aus der sog. Orts- und der Impulsunschärfe muss – vereinfacht gesagt – immer größer als das plancksche Wirkungsquantum h sein. Auch im niedrigsten Energiezustand besitzt also jedes Teilchen einen Impuls und damit auch eine gewisse Bewegungsenergie.

Die Unschärferelation gilt nicht nur für Ort und Impuls, sondern auch für eine Reihe von weiteren Paaren physikalischer Größen, insbesondere Energie und Zeit. Dies hat noch paradoxere Folgen als die Ort-Impuls-Unschärfe: Wenn sich die Energie, die ein Quantenvorgang benötigt, und die Zeit, während der er stattfindet, nicht genau angeben lassen, können während einer Zeit Δt Prozesse ablaufen, deren Energie kleiner als $h/\Delta E$ ist, und zwar unabhängig davon, ob das betrachtete System diese Energie tatsächlich besitzt. Es können z. B. ein Elektron und ein Positron »aus dem Nichts« entstehen und wieder verschwinden, sofern dies innerhalb der Zeit $h/2E_0 \approx 10^{-20}$ s geschieht ($E_0 = 511$ keV ist die Ruheenergie eines Elektrons, h das plancksche Wirkungsquantum).

Mit anderen Worten: Ein von allen realen Teilchen gesäuberter Raum enthält nicht nur die Photonen der Hohlraumstrahlung, sondern auch eine unübersehbare Zahl von sog. virtuellen Teilchen, also Teilchen, die – in Einklang mit der Unschärferelation – für sehr kurze Zeiten entstehen und vergehen. Um die im Vakuum fluktuierenden Teilchen zu realisieren, muss man nur Energie zuführen: Im einfachsten Fall trifft ein energiereiches Photon auf ein

Druckbereich	Druck in Pa	Moleküle pro cm^3	mittlere freie Weglänge in Luft (20 °C)
Grobvakuum	10^5–10^2	$2,5 \cdot 10^{19}$–$2,5 \cdot 10^{16}$	0,064–64 µm
Feinvakuum	10^2–10^{-1}	$2,5 \cdot 10^{16}$–$2,5 \cdot 10^{13}$	0,064–64 mm
Hochvakuum	10^{-1}–10^{-5}	$2,5 \cdot 10^{13}$–$2,5 \cdot 10^9$	0,064–640 m
Höchstvakuum	10^{-5}–10^{-7}	$2,5 \cdot 10^9$–$2,5 \cdot 10^7$	0,64–64 km
Ultrahochvakuum	$< 10^{-7}$	$< 2,5 \cdot 10^7$	> 64 km
interstelares Gas in der Milchstraße	ca. $4 \cdot 10^{-16}$	0,1–1	(Millionen km)

Druck, Restgasteilchendichte und mittlere freie Weglänge bei den verschiedenen technischen Vakua. Die Restgasteilchendichte erhält man aus der allgemeinen

Gasgleichung, die mittlere freie Weglänge Λ aus der empirischen Formel
$\Lambda = 6,4 \cdot 10^{-3}$ Pa · m/p,
wobei p der Gasdruck in Pa ist.

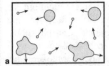  

a **b** **c**

(Abb. 2) **a** In der klassischen Vorstellung enthält ein gasgefüllter Behälter Gasmoleküle bzw. -atome, Staubteilchen, Flüssigkeitströpfchen u. Ä. **b** Auch wenn man alle Teilchen entfernt, ist der Behälter nicht leer, sondern angefüllt mit Photonen; auch am absoluten Temperaturnullpunkt verschwindet dieses Strahlungsfeld nicht ganz, sondern besitzt eine Nullpunktsenergie. **c** Das »Quantenvakuum« ist auch im niedrigst möglichen Energiezustand erfüllt von einer Vielzahl virtueller Teilchen und Quanten, die aufgrund der heisenbergschen Energie-Zeit-Unschärfe ständig erzeugt und vernichtet werden.

virtuelles Elektron-Positron-Paar und macht es zu einem Paar real existierender Teilchen, deren Wirkung in einem starken Magnetfeld gemessen werden kann. In Hochenergiebeschleunigern werden auch Teilchen auf Antiteilchen geschossen, um mit der daraus entstehenden Energie die im Vakuum verborgenen Teilchen sichtbar zu machen.

■ Kosmologie und Vakuum

Die allgemeine Relativitätstheorie lehrt uns, dass die Krümmung von Raum und Zeit von der Energieverteilung abhängt. Wenn nun im Vakuum die Energie fluktuiert, so hat das Auswirkungen auf die Raum- und Zeitkrümmung: Auch Raum und Zeit fluktuieren also. Für die Kosmologen (das sind die theoretischen Physiker, die sich mit der Entstehung des Weltalls beschäftigen) ist es ein faszinierendes Thema, den Beitrag der verschiedenen virtuellen Teilchen zur Raum- und Zeitfluktuation genau zu berechnen: Von deren Wert hängt nämlich der Betrag der sog. kosmologischen Konstante ab, einer Größe, aus der man ableiten kann, ob sich unser Weltall auf alle Ewigkeit ausdehnt, ob die Ausdehnung einfach zum Stillstand kommt oder ob das All irgendwann wieder in sich zusammenfällt (↑Urknall).

Wenn ein Zusammenhang zwischen der kosmologischen Konstante und den Vakuumfluktuationen existiert, ist er komplizierter als jedes andere physikalische Gesetz. Manche Physiker behaupten daher, dass es einen solchen Zusammenhang gar nicht gibt, sondern nur eine (noch unentdeckte) Beziehung zwischen kosmologischer Konstante und anderen Naturkonstanten. Das Thema Vakuum schafft damit Raum genug für weitere grundlegende Forschungen in der Kosmologie. ■

✎ Wenn du mit einem Trinkhalm aus einer leeren, mit einem Stopfen verschlossenen Flasche so weit wie möglich die Luft absaugst und dann den Halm in ein Wasserbecken tauchst, kannst du die Wirkung des Luftdrucks sehen: In der Flasche erscheint ein kleiner Springbrunnen. Aus der Menge des einströmenden Wassers kann man den durch das Saugen erzeugten Unterdruck berechnen.

✎ EDELMANN, CHRISTIAN: *Vakuumphysik*. Heidelberg (Spektrum Akademischer Verlag) 1998. ■ POHL, MARTIN: *Teilchen, Kräfte und das Vakuum*. Zürich (vdf) 1998. ■ WUTZ, MAX, u. a.: *Handbuch Vakuumtechnik*. Braunschweig (Vieweg) [6]1997.

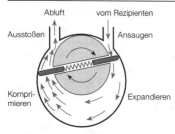

Vakuumpumpen (Abb. 2): Verdränger-pumpe

Moderne Weiterentwicklungen der Wasserstrahlpumpe sind Treibmittel-pumpen, bei denen verschiedene Gase oder Flüssigkeiten die Rolle des Was-serstrahls übernehmen. Mit Diffusions-pumpen, bei denen das abzusaugende Gas in den Treibstrahl hineindiffun-diert, lassen sich Drücke bis hinab zu 10 µPa erzeugen. Noch bessere Vakua bis unter 10 nPa erreichen Molekular-und **Turbomolekularpumpen.** Diese erzeugen mit einem sich sehr schnell drehenden Rotor (bis 45 000 min⁻¹) ei-nen Sog und damit eine Gasdrift aus dem Rezipienten. Ein ganz anderes Prinzip verfolgen **Sorptions-** und **Kryopumpen:** Diese entfernen Gas-teilchen aus einem schon weitgehend evakuierten Rezipienten durch Adsorp-tion (Anlagerung an ein poröses und aufnahmefähiges Wandmaterial) bzw. Ausfrieren (Kondensation oder Subli-mation). Beide können wie die Turbo-molekularpumpe im Ultrahochvaku-umbereich eingesetzt werden.

Valenz|elektronen [lat. valentia »Stärke«] (Leuchtelektronen): diejeni-gen ↑Elektronen, welche die chemische Wertigkeit (Valenz) eines Atoms be-stimmen und am Zustandekommen von chemischen Bindungen beteiligt sind. Im Schalenmodell des ↑Atoms sind die V. bei Hauptgruppenelementen die Elektronen der äußersten Schale, bei Nebengruppenelementen können auch Elektronen von Unterschalen der zweitäußersten Schale V. sein. Bei der Absorption eines ↑Photons des sichtba-ren Spektralbereichs wird meistens ein V. in einen höheren Energiezustand versetzt; andere Elektronen der Atom-hülle besitzen wesentlich größere An-regungsenergien (bis in den Röntgen-bereich hinein).

Van-de-Graaff-Generator [nach R. J. VAN DE GRAAFF]: ↑Bandgenerator.

Van-der-Waals-Gleichung (van-der-waalssche Zustandsgleichung); [nach J. D. VAN DER WAALS]: die ↑Zus-tands-gleichung eines ↑realen Gases, d. h. ei-nes Gases, dessen Atome bzw. Molekü-le eine endliche Ausdehnung besitzen und miteinander in Wechselwirkung treten können. Diese beiden Effekte werden berücksichtigt durch zwei Grö-ßen,

■ den **Binnendruck** a/V_m^2 (V_m^2 Mol-volumen des betreffenden Gases, a ist eine gasabhängige, experimentell zu bestimmende Konstante) und

■ das **Kovolumen** (Eigenvolumen) b, also den von den Gasteilchen einge-nommenen Raum.

Mit diesen Größen sowie dem Druck p, der (absoluten) Temperatur T, dem Vo-lumen V, der Molzahl n sowie der allge-meinen Gaskonstante R lautet die V.:

$$\left(p + \frac{an^2}{V^2}\right) \cdot (V - nb) = n \cdot R \cdot T.$$

Van-der-Waals-Wechselwirkung
[nach J. D. VAN DER WAALS]: eine ef-fektive Wechselwirkung, unter der ver-schiedene elektrostatische Effekte (vor allem Induzierung und Ausrichtung von Dipolmomenten) zwischen Mole-külen und/oder Atomen zusammenge-fasst werden. In der Summe ergibt sich bei sehr kleinen Abständen eine absto-ßende, bei größeren eine anziehende Kraft. Bei Abständen von mehr als etwa 0,5 nm hat die V. keine Auswir-kungen mehr.

Die wichtigste Form der V. ist die Wasserstoffbrückenbindung, die u. a. im Eiskristall und einer Vielzahl von Biomolekülen vorkommt. Auf der V. beruhen auch Edelgaskristalle.

Van-t'Hoff-Gesetz [nach JACOBUS HENDRICUS VAN T'HOFF; *1852, †1911]: ↑Osmose.

Vektor: [lat. vector »Träger, Fahrer«]: eine physikalische Größe, die nicht wie ein ↑Skalar durch einen einzigen, sondern mehrere Zahlenwerte charakterisiert wird und bestimmten, hier nicht weiter wichtigen Rechenregeln genügt. Die größte Bedeutung haben in der klassischen Physik Vektoren mit drei Komponenten, bei denen man jede Komponente einer der drei Raumrichtungen zuordnen kann. Damit zeichnet ein solcher Vektor eine bestimmte Richtung im Raum aus. Beispiele hierfür sind der Geschwindigkeitsvektor $\vec{v}$, der Kraftvektor $\vec{F}$ oder der Vektor der elektrischen Feldstärke $\vec{E}$. Bezeichnet man die Komponenten eines Vektors $\vec{A}$ mit A_x, A_y, A_z, so heißt

$$A = |\vec{A}| = \sqrt{A_x^2 + A_y^2 + A_z^2}$$

Betrag des Vektors; diese Größe ist wieder ein Skalar und lässt sich anschaulich als Länge des Vektors verstehen. Z.B. gibt der Betrag des Kraftvektors die Größe der Kraftwirkung an.

Vektorfeld: ein ↑Feld, dessen Feldgröße ein ↑Vektor ist.

Verbindungshalbleiter: ein ↑Halbleiter, der chemisch gesehen nicht aus einem einzelnen Element, sondern einer Verbindung besteht. Viele V. haben günstigere elektronische Eigenschaften als Elementhalbleiter. Die meisten V. sind Verbindungen aus einem Element en der III. und einem der V. Hauptgruppe des ↑Periodensystems der Elemente (III-V-Halbleiter, z. B. GaAs, InSb), es gibt aber auch sog. II-VI-Halbleiter (z. B. CdS, ZnS).

Verbrennungskraftmaschine: eine Maschine zur Umwandlung von chemischer Energie in mechanische Energie über die Zwischenstufe Wärmeenergie. Im Unterschied zur ↑Dampfmaschine wird in einer V. der Betriebsstoff (z. B. Benzin, Öl oder Erdgas) unmittelbar in der Maschine verbrannt. Wichtige Typen sind die

■ **Kolbenmaschinen** (↑Ottomotor, ↑Dieselmotor), bei denen die bei der Verbrennung in einem sog. Zylinder entstehenden expandierenden Gase einen Kolben verschieben,

■ ↑Gasturbinen, bei denen die aus einer Brennkammer strömenden Verbrennungsgase die Schaufeln eines Turbinenrads antreiben, und

■ **Strahltriebwerke,** bei denen die Verbrennungsgase durch Düsen ausgestoßen werden und der Rückstoß Maschine und Fahrzeug in Bewegung versetzt.

Verbrennungswärme, Formelzeichen Q: die bei der vollständigen Ver-

Brennstoff	H in MJ/kg
Holz (lufttrocken)	16,5
Holzkohle (hart)	29
Braunkohle (rheinisch)	8,5
Steinkohle (Fettkohle)	32
Benzin	46
Dieselkraftstoff	45
Heizöl	40–45
Alkohol (Ethanol)	29,5
Brenngas	H in MJ/m³
Wasserstoff	12
Erdgas	25–40
Methan	37
Propan	93
Butan	119

Verbrennungswärme: ungefähre Brennwerte einiger häufig verwendeter Brennstoffe

brennung eines Stoffs in Wärme umgewandelte chemische Energie. Das Verhältnis von Q und der Masse m eines flüssigen oder festen Brennstoffs ist dessen **Brennwert** oder spezifische Verbrennungswärme H:

$$H = Q/m.$$

Die SI-Einheit der V. ist J/kg, aus praktischen Gründen gibt man sie aber meist in kJ/kg oder MJ/kg an. In der Technik heißt der Brennwert auch »oberer Heizwert«. Bei brennbaren Gasen wird der Brennwert meist auf das Volumen bezogen (Einheit J/m³).

Verdampfen: der Übergang vom flüssigen in den gasförmigen ↑Aggregatzustand. Die Temperatur, bei der dies geschieht, nennt man **Siedepunkt** oder Siedetemperatur. Am Siedepunkt bewirkt eine Wärmezufuhr keine Temperaturerhöhung, sondern den Übertritt weiterer Flüssigkeitsatome oder -moleküle in die Gasphase.

Die zum vollständigen V. einer Flüssigkeit benötigte Wärme ist die ↑Verdampfungswärme. Unter gewissen Umständen kann eine Flüssigkeit auch über ihren Siedepunkt erhitzt werden (↑Siedeverzug).

Der Siedepunkt hängt ab vom verdampfenden Material und vom Druck über der Flüssigkeitsoberfläche (↑Dampfdruck); dabei steigt der Siedepunkt mit wachsendem Druck immer mehr an (Tab.). Beispielsweise ist der Druck im Inneren des Jupiter so hoch, dass der Wasserstoff dort flüssig wird und im Kern des Planeten sogar eine feste, metallische Form annimmt.

Wenn sich beim V. im gesamten Flüssigkeitsvolumen Blasen bilden, nennt man den Vorgang auch **Sieden**. In diesem Sinne versteht man unter V. nur denjenigen Prozess, bei dem der Übergang in die Gasphase ausschließlich an der Flüssigkeitsoberfläche verläuft, also ohne Blasenbildung. Wenn er bei

Temperaturen unterhalb des Siedepunkts abläuft, spricht man vom **Verdunsten**. Eine Flüssigkeit verdunstet umso schneller, je größer ihre Oberfläche ist und je näher ihre Temperatur am Siedepunkt liegt.

p_{Luft}	$T_{S, H2O}$	Stoff	T_S (1013 hPa)
1080	102	Helium	−268,9
1053	101	Stickstoff	−195,8
1013	100	Sauerstoff	−183,0
880	96	Ethanol	78,3
560	84	Wasser	100,0
400	76	Quecksilber	356,6
200	60	Blei	1740

Verdampfen: Siedepunkt T_S von Wasser bei verschiedenen Drücken p (in hPa, links) und Siedepunkte verschiedener Stoffe bei Normaldruck (1013 hPa) (rechts), jeweils in °C. Zum Vergleich: Ein Luftdruck von 560 hPa herrscht in etwa 5–5,5 km Höhe über dem Meeresspiegel.

Bei der Verdunstung von Wasser in Luft oder allgemein von einer Flüssigkeit in ein Gasgemisch spielt außerdem der Sättigungsgrad der Luft mit Wasserdampf eine wichtige Rolle; in feuchter Luft verdunstet weniger Wasser als in trockener. Das Verdunsten ist mit einer Abkühlung der verbleibenden Flüssigkeitsmenge verbunden (↑Verdunstungskälte).

Der zum V. umgekehrte Prozess heißt ↑Kondensieren. Bei gleichem Druck stimmen Siede- und Kondensationstemperatur sowie Verdampfungs- und Kondensationswärme überein.

Verdampfungswärme, Formelzeichen Q_V: die zum vollständigen ↑Verdampfen einer Flüssigkeit benötigte Wärmemenge mit der SI-Einheit J/kg. Die auf die Masse bezogene spezifische V. ist definiert als

$$\sigma_V = Q_V/m$$

(m Masse der verdampften Flüssigkeit). Für Wasser beträgt σ_V 2257,1 kJ/kg, bei Quecksilber ist sie 301 kJ/kg, bei Helium 21 kJ/kg.

Verdet-Konstante [vɛr'dɛ-, nach MARCEL ÉMILE VERDET; *1824, †1866]: ↑Faraday-Effekt.

Verdrängerpumpe: ↑Vakuumpumpen.

Verdrehung: ↑Torsion.

Verdrillung: ↑Torsion.

Verdunsten: ↑Verdampfen.

Verdunstungskälte: umgangssprachliche Bezeichnung für die **Verdunstungskühlung.** Bei dieser handelt es sich um die Abkühlung einer verdunstenden Flüssigkeit (↑Verdampfen). Beim Verdunsten bzw. Verdampfen wird der Flüssigkeit Wärme entzogen. Dies lässt sich mikrophysikalisch deuten: Beim Verdunsten verlassen die energiereichsten, d. h. schnellsten Moleküle oder Atome die Flüssigkeit, wodurch sich die durchschnittliche Geschwindigkeit der Flüssigkeitsteilchen und damit die ↑Temperatur erniedrigt. Auf der V. beruht die Abfuhr von überschüssiger Körperwärme bei Säugetieren durch Schwitzen, also die Abkühlung des verdunstenden Schweißes. Da die Verdunstung auch von der Wasserdampfsättigung der Luft abhängt, gibt es bei hoher Luftfeuchtigkeit praktisch keine V., da dann der Schweiß trotz starken Schwitzens nicht verdunsten kann. Andererseits kann man durch Lüften, also den Austausch von feuchter Luft über dem verdunstenden Schweiß durch trockene Luft, die V. beim Schwitzen erheblich verstärken.

Verfestigen:

♦ der Übergang in den festen ↑Aggregatzustand. Erfolgt dieser aus der flüssigen Phase heraus, spricht man von **Erstarren,** der umgekehrte Prozess heißt ↑Schmelzen. Der Übergang gasförmig–fest wird manchmal Desublimation genannt (↑Sublimation).

♦ das Erhöhen der Festigkeit eines Werkstoffes oder eines natürlichen Stoffes (z. B. Boden oder Schnee) durch Druck oder Bearbeitung.

Verflüssigen: allgemein der Übergang in den flüssigen ↑Aggregatzustand. Je nach Ausgangszustand spricht man vom ↑Schmelzen (fest) bzw. ↑Kondensieren (gasförmig). Speziell versteht man unter dem Begriff die Verflüssigung von Stoffen, die unter Normalbedingungen gasförmig sind, durch Druckerhöhung, Temperaturerniedrigung oder beides. Besondere Bedeutung hat das V. von Luft bzw. Stickstoff und Helium.

Verformung (Deformation): die Änderung der Gestalt eines Körpers durch Kräfte oder Druck, im weiteren Sinne jede Volumenänderung eines Körpers. Gase und Flüssigkeiten mit geringer ↑Viskosität können praktisch beliebig verformt werden und setzen lediglich einer Kompression (Verdichtung) einen Widerstand entgegen. An Festkörpern und zähen Flüssigkeiten wird dagegen bei einer Gestaltänderung Arbeit geleistet (Formänderungsarbeit, ↑Energie). Eine V. kann als Dehnung (bzw. Stauchung), Biegung, ↑Scherung oder ↑Torsion (Verdrillung) auftreten; es sind auch Mischformen möglich. Kehrt ein Körper nach einer V., also wenn die verursachenden Kräfte nicht mehr wirken, in den Ausgangszustand zurück, spricht man von einer **elastischen Verformung** (z. B. ein Gummiband); eine bleibende V. nennt man **plastisch** (z. B. die verformte Knautschzone eines Autos nach einem Unfall). Ein (idealisierter) Körper, der keinerlei V. unterliegt, heißt ↑starrer Körper.

Verformungsarbeit (Formänderungsarbeit): ↑Energie.

Vergrößerung: eine Kenngröße optischer Geräte (↑Fernrohr, ↑Mikroskop), die allgemein das Verhältnis zwischen

Objekt- und Bildgröße beschreibt. Bei aufrechten Bildern hat die V. positive, bei umgekehrten negative Werte. Ihr Betrag wird auch ↑Abbildungsmaßstab genannt.

Verlustfaktor, Formelzeichen d: in der Elektrotechnik der Quotient aus ↑Wirkleistung P und dem Betrag der ↑Blindleistung Q bei einem Wechselstrom:

$$d = \frac{P}{|Q|} = \tan\delta = \frac{1}{\tan\Delta\varphi}.$$

Dabei nennt man $\delta = \pi/2 - |\Delta\varphi|$ den **Verlustwinkel,** $\Delta\varphi$ ist die ↑Phasenverschiebung zwischen Strom und Spannung.

Vermehrungsfaktor: ↑Kernreaktor.

Verschiebung:
◆ *Elektrizitätslehre*: ↑dielektrische Verschiebung
◆ *Mechanik*: ↑Translation

Verschiebungsgesetz (wiensches Verschiebungsgesetz): ↑Strahlungsgesetze.

Verschiebungssatz:
◆ *Kernphysik*: ↑soddy-fajanssche Verschiebungssätze.
◆ *Mechanik*: Gesetz über die Lage des Angriffspunktes einer ↑Kraft auf deren ↑Wirkungslinie, nach dem dieser Punkt entlang der Linie beliebig verschoben werden kann, ohne dass sich die Wirkung der Kraft ändert.

Verschiebungsstrom: Bezeichnung für einen elektrischen Strom, der nicht durch bewegte Ladungsträger, sondern nur durch die zeitliche Änderung des elektrischen ↑Feldes verursacht wird. Die ↑Stromdichte $\vec{j}_V$ des V. ist die zeitliche Ableitung (Änderung mit der Zeit) des Vektors der dielektrischen Verschiebung $\vec{D}$:

$$\vec{j}_V = \frac{d\vec{D}}{dt}.$$

Ein Wechselstromkreis mit Kondensator wird durch den V. zwischen den Kondensatorplatten geschlossen. Der

V. wurden von J. C. MAXWELL eingeführt, um in der vierten ↑Maxwell-Gleichung einen Ausdruck für den Zusammenhang zwischen Strom und Magnetfeld zu erhalten. Der V. nimmt mit der Frequenz eines Wechselstroms zu und hat daher vor allem in der Hochfrequenztechnik praktische Bedeutung.

Verstärker: elektronisches Bauteil zur Vergrößerung der Amplitude von Stromstärke, Spannung oder Leistung (i. A. bei Wechselströmen). Während früher ↑Trioden benutzt wurden, verwendet man heute meistens ↑Transistoren.

Verzögerung: eine negative ↑Beschleunigung.

Viertaktmotor: ↑Ottomotor.

virtu|ell [franz. virtuel »möglich, (nur) theoretisch vorhanden«]: allgemein ein Objekt oder Geschehen, das keine oder nur eingeschränkte Realität besitzt.
◆ *Mechanik*: **virtuelle Verrückungen** sind kleine, nur gedachte Verschiebungen einer Punktmasse, die mit den gegebenen äußeren Zwangsbedingungen verträglich sind, aber bei festgehaltener Zeit durchgeführt werden. Die Arbeit, die dabei geleistet würde, heißt ↑virtuelle Arbeit.
◆ *Optik*: Ein virtuelles ↑Bild kann nicht weiter abgebildet (fotografiert) werden.
◆ *Quantentheorie*: Prozesse, die nach den makroskopischen Gesetzen der Physik nicht möglich sind, aber in der Mikrophysik im Rahmen der ↑heisenbergschen Unschärferelation ablaufen, nennt man virtuell. Z. B. kann im ↑Vakuum ein **virtuelles Teilchen** mit der Energie ΔE für eine Zeit Δt zusammen mit seinem Antiteilchen erzeugt werden, wenn die Bedingung

$$E \cdot t \lesssim h/2\pi$$

erfüllt ist, obwohl dies in der klassischen Physik den Energiesatz verletzen würde. Die Bedeutung solcher virtuellen Teilchen liegt u. a. darin, dass in der Quantenfeldtheorie eine Kraft oder allgemeiner eine Wechselwirkung durch den Austausch von virtuellen Teilchen vermittelt wird. Z. B. beruht die elektrische Anziehung zwischen einem Elektron und einem Atomkern auf dem Austausch von virtuellen ↑Photonen, und die drei ↑Quarks in einem Proton sind von einer Wolke aus virtuellen Quarks und Gluonen umgeben.

virtu|elle Arbeit: die gedachte, an einem Körper geleistete Arbeit δA, wenn man ihn in Gedanken entlang einer möglichen Bewegungsrichtung ein klein wenig um δr verschiebt (↑virtuelle Verrückungen). Herrscht an einem Körper Kräftegleichgewicht ($\vec{F}_1 = \vec{F}_2$), so müssen bei einer virtuellen Verrückung auch die von den Kräften geleisteten virtuellen Arbeiten $\delta A_1 = \vec{F}_1 \cdot \delta r$ und $\delta A_2 = \vec{F}_2 \cdot \delta r$ gleich sein: $\delta A_1 = \delta A_2$. Dies folgt unmittelbar aus dem Kräftegleichgewicht. Mithilfe der v. A. lassen sich manche Probleme der Mechanik leichter lösen als mit Kräften.

Viskosität (Zähigkeit) [lat. viscosus »klebrig«]: Formelzeichen η bzw. ν: der Widerstand eines Fluids (Gas oder Flüssigkeit) gegen eine seitliche Verschiebung einzelner Schichten oder Teilchen des Fluids (innere ↑Reibung). Die dynamische V. η ist in einfachen Fällen der Quotient aus der mechanischen Schubspannung zwischen zwei Grenzflächen des Fluids und dem Geschwindigkeitsgefälle zwischen diesen Flächen; ihre Einheit ist Pa·s. Die kinematische V. ν ist (immer) der Quotient aus dynamischer V. und Fluiddichte (Einheit m²/s). Große V. haben z. B. Honig, Glyzerin oder dicke Öle. Die dynamische V. von Gasen ist wegen deren wesentlich geringerer Dichte einige Größenordnungen kleiner als die von Flüssigkeiten. Gase werden mit steigender, Flüssigkeiten mit sinkender Temperatur zäher.

Volt [nach ALESSANDRO G. A. A. VOLTA, *1745, †1827], Einheitenzeichen V: die SI-Einheit der elektrischen ↑Spannung.
Festlegung: 1 V ist gleich der elektrischen Spannung (elektrischen Potenzialdifferenz) zwischen zwei Punkten eines fadenförmigen, homogenen und gleichmäßig temperierten Leiters, in dem bei zeitlich unveränderlichen elektrischen Strom der Stärke 1 A (↑Ampere) zwischen den beiden Punkten die Leistung 1 W (↑Watt) umgesetzt wird:

$$1\ \text{V} = 1\ \text{J/C} = 1\ \text{W/A}.$$

Voltmeter: ↑Strom- und Spannungsmessung.

Volumen [lat. volumen »(Schrift)rolle«], Formelzeichen V: der Rauminhalt eines Körpers, SI-Einheit: m³. Das V. eines Quaders ist das Produkt aus Breite, Höhe und Länge, das V. einer Kugel mit Radius r ist $V_{\text{Kugel}} = 4\pi r^3/3$. Das ↑Molvolumen ist das V., das 1 mol eines Stoffes einnimmt.

Volumenausdehnungskoeffizient: ↑Ausdehnungskoeffizient, ↑Wärmeausdehnung.

Von-Klitzing-Effekt [nach KLAUS VON KLITZING, *1943]: ↑Quanten-Hall-Effekt.

Vorwiderstand: ein elektrischer ↑Widerstand, der – in Reihe geschaltet –

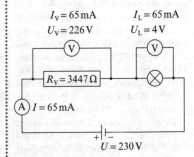

Vorwiderstand: Schutzschaltung für eine Glühbirne

zum Schutz einer Schaltung vor zu hohen Spannungen oder zur Messbereichserweiterung von elektrischen Messgeräten (↑Strom- und Spannungsmessung) eingesetzt wird (bei Parallelschaltung spricht man auch von ↑Nebenschluss). Um z. B. eine Lampe, die maximal 4 V verträgt, an die normale Netzspannung von 230 V anschließen zu können, muss man einen V. von 3477 Ω vorschalten (Abb.). Dessen Größe ergibt sich aus der Überlegung, dass durch ihn dieselbe Stromstärke $I = 65$ mA wie durch die Lampe fließt, aber an ihm die Spannung 230 V − 4 V = 226 V abfallen muss (226 V/ 65 mA = 3477 Ω). Um den Messbereich eines Voltmeters um das n-fache zu erweitern, muss für Vorwiderstand R_V und Innenwiderstand R_i gelten:

$$R_V = (n-1) \cdot R_i.$$

W

w (w): Formelzeichen für die ↑Energiedichte.
W:
◆ Einheitenzeichen für ↑Watt.
◆ (W⁺, W⁻): Symbol für das positiv bzw. negativ geladene W-Boson (↑Bosonen).
◆ (W): Formelzeichen für ↑Arbeit.
Waage: ein Messgerät zur Bestimmung der ↑Masse. Man benutzt vor allem die folgenden vier Messprinzipien:
▨ direkter Massenvergleich, etwa durch Vergleich der von zwei Massen ausgeübten Drehmomente (Hebelwaage, s. u.),
▨ Messung einer von der Masse abhängigen Kraftwirkung, z. B. der Gewichtskraft (↑Federwaage), des Drucks in einer abgeschlossenen Flüssigkeits- oder Gassäule (hydraulische bzw. pneumatische Waagen) oder von masseabhängigen elektromechanischen Größen,

▨ Bestimmung des ↑Auftriebs eines in eine Flüssigkeit eintauchenden Körpers (↑Aräometer),
▨ radiometrische Verfahren bestimmen die (von der durchstrahlten Masse abhängige) Absorption von Gammastrahlung.
Bei einer **Hebelwaage** ruht die zu bestimmende Masse am Ende eines ↑Hebels. Bei einer Vergleichsmessung kann man mithilfe der Hebelgesetze aus der Länge der jeweiligen Hebel auf das Verhältnis der Gewichtskräfte und damit − bei bekannter (lokaler) ↑Fallbeschleunigung − der Massen schließen. Auf diesem Prinzip beruht die bekannteste Form der Hebelwaage, die gleicharmige **Balkenwaage** (Abb.).

Waage: gleicharmige Balkenwaage

Bei dieser ist eine Masse dann gleich einer bekannten Vergleichsmasse, wenn der Zeiger sich in der Nullstellung befindet, also beide Hebelarme im Gleichgewicht stehen. Für sehr genaue Wägungen wiegt man nacheinander auf beiden Waagschalen und bildet den Mittelwert der beiden Ergebnisse. Eine **Dezimalwaage** ist eine ungleicharmige Balkenwaage, bei der sich die Längen der beiden Waagebalken wie 1 : 10 verhalten. Man kommt also im Vergleich zur gleicharmigen Balkenwaage mit 10-mal leichteren Vergleichsmassen aus. Eine weitere Balkenwaage ist die ↑Pascal-Waage.
Auch heute noch zählen Balkenwaagen

zu den genauesten Waagen, allerdings nur, wenn Einflussfaktoren wie Luftdruck, Temperatur u. Ä. genau erfasst und kontrolliert werden. Da das ↑Kilogramm nach wie vor durch die Masse eines Prototyps, des Urkilogramms, definiert ist, kommt bei der Massenbestimmung den Vergleichsmessungen eine besondere Rolle zu.

Eine besondere Form der Massenbestimmung ist der Vergleich von träger und schwerer Masse eines Körpers. Wegen der für die gesamte Physik grundlegenden Bedeutung der Frage, ob beide Größen gleich sind bzw. in einem festen Verhältnis zueinander stehen, wurden hierfür viele Präzisionsexperimente ersonnen, z. B. das ↑Eötvös-Experiment.

Die Masse von Atomen und Molekülen kann man mit einem ↑Massenspektrometer bestimmen. Bei Elementarteilchen ist eine Massenbestimmung einer Energiemessung äquivalent, wofür es spezielle ↑Teilchendetektoren gibt.

Wahrscheinlichkeit: in der Physik vor allem in der Thermodynamik bzw. der statistischen Physik und der ↑Quantentheorie wichtiger mathematischer Begriff, der angibt, wie oft ein bestimmtes Ergebnis bei einer großen Zahl von Versuchen auftritt, und zwar verglichen mit der Zahl aller möglichen Ausgänge. In der statistischen Begründung der Thermodynamik ist die W. eines Zustands als Zahl der Realisierungsmöglichkeiten zu verstehen, z. B. die möglichen verschiedenen Anordnungen der Atome eines Gases. Die ↑Entropie eines Systems ist als natürlicher Logarithmus dieser W. definiert, demnach hat ein Gas eine höhere Entropie als ein Festkörper, da in letzterem die Positionen der einzelnen Atome im Wesentlichen festgelegt sind. In der Quantentheorie hat die W. noch fundamentalere Bedeutung, da sie den Begriff eines absoluten, unabhängig

vom Beobachter existierenden Zustands aufgibt. An die Stelle von sich bewegenden punktförmigen Teilchen treten ↑Wahrscheinlichkeitswellen. Auch über die möglichen Ergebnisse einer physikalischen Messung können nur Wahrscheinlichkeitsaussagen getroffen werden. Dieser grundsätzlich statistische Charakter der Quantentheorie zeigt sich u. a. in der ↑heisenbergschen Unschärferelation.

Wahrscheinlichkeitswellen: die quantentheoretische Interpretation von ↑Materiewellen, wonach letztere die sich wellenförmig fortpflanzende Wahrscheinlichkeit angeben, ein Teilchen an einem bestimmten Ort aufzufinden, z. B. ein Elektron an einer Stelle auf einem Bildschirm.

Wärme (Wärmemenge, Wärmeenergie), Formelzeichen Q: eine Form von innerer ↑Energie eines physikalischen Systems, die man als mit der *ungerichteten* Bewegung der mikrophysikalischen Bestandteile des Systems verbundene kinetische Energie auffassen kann. Diese ungerichtete mikroskopische Bewegung kann in vielen Formen auftreten: bei einem einatomigen idealen Gas ist es einfach die Translationsbewegung der Atome, bei Molekülen kommen noch Rotation und Vibration (Schwingung einzelner Molekülteile gegeneinander) hinzu. In einem Festkörper besteht die Wärme aus Schwingungen der im Kristallgitter fixierten Atome um ihre Ruhelage, hinzu kommen elektronische und magnetische Anregungen, die ebenfalls zur Wärmeenergie beitragen können. In Metallen spielt bei tiefen Temperaturen auch die (sehr kleine) kinetische Energie der freien Elektronen eine Rolle.

Die SI-Einheit der W. ist wie bei allen anderen Energieformen das Joule (J). Die Beziehungen zwischen Wärmeenergie und vom oder am System geleisteter ↑Arbeit werden in den

↑Hauptsätzen der Wärmelehre beschrieben. Die ↑Wärmelehre (Thermodynamik) ist eine phänomenologische, makroskopische Beschreibung der mit der W. verbundenen physikalischen Erscheinungen, eine mikrophysikalische Deutung liefert die ↑statistische Physik. Wärme und ↑Temperatur hängen eng zusammen, die Änderung der W. mit der Temperatur bezeichnet man als ↑Wärmekapazität. Werden zwei Körper mit unterschiedlicher Temperatur in engen Kontakt gebracht, so kommt es zur ↑Wärmeleitung, dabei breitet sich die Wärme immer vom wärmeren zum kälteren Körper hin aus. Das Volumen eines erwärmten Körpers nimmt zu (↑Wärmeausdehnung). Jeder Körper sendet eine elektromagnetische Strahlung aus, deren Energie seiner Wärmeenergie entspricht (↑Wärmestrahlung); diese Strahlung ist neben der Wärmeleitung und der ↑Konvektion die dritte Möglichkeit zum Austausch von W. zwischen zwei Körpern.

Stoff	α in 1/K
Phenol (C_6H_5OH)	$290 \cdot 10^{-6}$
Phosphor	$124 \cdot 10^{-6}$
Aluminium	$23{,}8 \cdot 10^{-6}$
Eisen	$12 \cdot 10^{-6}$
Molybdän	$5{,}1 \cdot 10^{-6}$
Diamant	$1{,}3 \cdot 10^{-6}$

Wärmeausdehnung: Längenausdehnungskoeffizient verschiedener Feststoffe

Wärmeausdehnung: allgemein die Veränderung des Volumens eines Körpers bei Erhöhung oder Erniedrigung seiner Temperatur. Die meisten Körper dehnen sich bei Erwärmung aus und ziehen sich bei Abkühlung zusammen, eine wichtige Ausnahme ist Wasser bei 0–4 °C (↑Anomalie des Wassers). Die W. ist bei Festkörpern kleiner als in Flüssigkeiten und dort kleiner als in Gasen.

Im *Festkörper* sind vor allem der Fall einer linearen, also eindimensionalen Ausdehnung in Drähten, Schienen u. Ä. sowie die gleichmäßige Volumenausdehnung (s. u.) von Interesse. Im ersten Fall gilt für die Längenänderung Δl eines Körpers, der bei $T_0 = 0\,°C$ die Länge l_0 hat:

$$\Delta l = \alpha \cdot l_0 \cdot \Delta T$$

(α **linearer Ausdehnungskoeffizient** bzw. **Längenausdehnungszahl**, ΔT Temperaturdifferenz zu $0\,°C$). Die Längenänderung ist also proportional zur Ausgangslänge bei $0\,°C$ und zur Temperaturerhöhung gegenüber $0\,°C$. Für die Volumenänderung ΔV gilt eine entsprechende Gleichung, Größe γ heißt hier kubischer oder **Volumenausdehnungskoeffizient:**

$$\Delta V = \gamma \cdot V_0 \cdot \Delta T.$$

Die Einheit von α und γ ist jeweils 1/K, als Faustformel kann man für viele Körper $\gamma \approx 3\alpha$ setzen.

In *Flüssigkeiten* gelten im Prinzip dieselben Gleichungen wie in Festkörpern (zu sehen z. B. beim Flüssigkeitsthermometer). Im Bereich der anomalen W. hat Wasser einen negativen Volumenausdehnungskoeffizienten.

Bei ↑idealen Gasen ist bei konstantem Druck $\gamma = 1/273{,}15\ K^{-1}$.

Wärmeenergie: ↑Wärme.

Wärmeenergiemaschine: ↑Wärmekraftmaschine.

Wärmefluss: ↑Wärmeleitung, ↑Wärmeübertragung.

Wärmekapazität, Formelzeichen C: der Quotient aus der einem Körper zugeführten bzw. entnommenen Wärmemenge ΔQ und der dabei auftretenden Temperaturänderung ΔT:

$$C = \Delta Q / \Delta T.$$

Die SI-Einheit der W. ist Joule pro Kelvin (J/K). Meist betrachtet man statt der W. die auf ein Kilogramm oder ein Mol eines Stoffes bezogene ↑spezifische Wärmekapazität.

Wenn man einen Körper bis zum absoluten Nullpunkt abkühlt, geht die W. bis auf null zurück. Dies bedeutet, dass man durch weiteren Wärmeentzug eine immer geringere Temperaturänderung hervorruft. Die Konsequenz hieraus ist, dass man den absoluten Nullpunkt nie ganz erreichen kann (dies ist die Aussage des dritten ↑Hauptsatzes der Wärmelehre).

Wärmekraftmaschine (Wärmeenergiemaschine): eine Maschine, die Wärmeenergie in mechanische oder elektrische Energie umsetzt. Beispiele sind Verbrennungsmotoren (↑Verbrennungskraftmaschinen) und Kraftwerke. In W. wird meist von chemischer Energie (Energieträger: Benzin, Kohle, Erdöl, Gas) ausgegangen, die im ersten Schritt durch Verbrennung in Wärmeenergie umgewandelt wird. Wärmeenergie ist – energietechnisch gesehen – minderwertiger als chemische und auch als mechanische Energie, dies bedeutet, dass nicht die gesamte Wärmeenergie in mechanische Energie umgesetzt werden kann.

Das Verhältnis aus erzeugter mechanischer Arbeit (bzw. elektrischer Energie) und eingesetzter Wärme wird ↑Wirkungsgrad genannt. Er ist umso größer, je höher die Verbrennungstemperatur ist, aber immer deutlich kleiner als 1 (↑Kreisprozesse).

Ein weiteres wichtiges Kennzeichen von W. ist, dass hier – neben der Umsetzung in mechanische oder elektrische Energie – Wärme von einem heißen Reservoir (Verbrennungsraum) an ein kaltes Reservoir (Kühler, Kühlturm) abgegeben wird. Ein Motor braucht einen Kühler einmal, um nicht zu heiß zu werden, aber auch, um überhaupt periodisch arbeiten zu können. Eine idealisierte W., an der die wesentlichen physikalischen Vorgänge diskutiert werden können, ist die Carnot-Maschine (↑Kreisprozess).

Wärmelehre (Thermodynamik): Teilgebiet der Physik, das sich mit der makroskopischen Beschreibung der mit der ↑Wärme zusammenhängenden Vorgänge beschäftigt. Physikalische Systeme aus sehr vielen Teilchen werden dabei durch sog. Zustandsgrößen wie Druck, Volumen oder Temperatur beschrieben (↑Zustandsgleichungen), ohne dass auf die mikroskopischen Vorgänge Bezug genommen wird. Zentrale Begriffe der W. sind Energie, Arbeit, Wärme und Entropie, die Beziehungen zwischen ihnen werden durch die ↑Hauptsätze der Wärmelehre festgelegt. Die mikrophysikalische Begründung der W. liefert die ↑statistische Physik, indem sie die Zustandsgrößen eines Systems als Mittelwerte von Eigenschaften seiner mikroskopischen Bestandteile interpretiert.

Wärmeleitung: eine Form der Übertragung von ↑Wärme, bei der weder Strahlung (↑Wärmestrahlung) noch erwärmte Materie (↑Konvektion) transportiert wird; die W. beruht vielmehr darauf, dass sich die Bewegungsenergien der mikroskopischen Bestandteile (Atome, Moleküle) in den beteiligten Körpern durch sehr viele Stöße einander angleichen. Durch diese mikrophysikalische Interpretation der W. (↑statistische Physik) lassen sich ihre wesentlichen Aussagen leicht verstehen:

- Bei einem ↑Stoß zwischen zwei Atomen oder Molekülen wird Bewegungsenergie vom schnelleren (genauer: vom energiereicheren) auf das langsamere (energieärmere) übertragen.
- Wärme wird immer von Bereichen mit höherer Temperatur zu solchen mit niedrigerer Temperatur geleitet, da eine höhere Temperatur mit einer größeren mittleren Bewegungsenergie verbunden ist.

■ W. findet so lange statt, bis alle beteiligten Körper die gleiche Temperatur haben, bis also die Teilchen aller Körper die gleiche mittlere Teilchenenergie aufweisen.

■ Die W. hängt von der Dichte eines Stoffes ab, da es in dichten Stoffen häufiger zu Stößen kommt – daher leiten Festkörper i. A. die Wärme besser als Flüssigkeiten und diese besser als Gase.

Für einen durch W. übertragenen stationären **Wärmefluss** oder **Wärmestrom** Φ (↑Fluss), der infolge eines Temperaturgefälles ΔT pro Zeiteinheit zwischen zwei Flächen A im Abstand Δx tritt, gilt die Gleichung

$$\Phi = \lambda \cdot A \cdot \Delta T / \Delta x,$$

Stoff	λ	Stoff	λ
Silber	427	Holz	0,1–0,2
Kupfer	399	Baumwolle	0,07
Gold	316	Styropor	0,05
Aluminium	237	Ammoniak	0,5
Messing	115–175	Blut (37 °C)	0,5
Eisen	81	Wasser	0,5
Stahl	15–45	Ethanol	0,2
Blei	35	Benzin	0,1
Granit	2,9	Wasserstoff	0,2
Eis (0 °C)	2,3	Helium	0,1
Glas	0,7–1,4	Kohlendioxid	0,01
Asphalt	0,7	Stickstoff (Luft)	0,02
Schnee (0 °C)	0,2–1,1	Xenon	0,005

Wärmeleitung: Wärmeleitfähigkeit λ in W/(m · K) für verschiedene Stoffe (bei 20 °C)

der Proportionalitätsfaktor λ ist die **Wärmeleitfähigkeit** oder **Wärmeleitzahl**. Die SI-Einheit der Wärmeleitfähigkeit ist W/(m · K), typische Werte zeigt die Tab. Bei ↑idealen Gasen ist

$$\lambda = \rho \cdot \overline{v} \cdot \overline{l} \cdot c / 3$$

(ρ Gasdichte, $\overline{v}$, $\overline{l}$ mittlere Geschwindigkeit und mittlere ↑freie Weglänge der Gasteilchen, c ↑spezifische Wärmekapazität des Gases). Bei Festkörpern und Flüssigkeiten hängt λ aufgrund der vielen an der W. beteiligten mikroskopischen Bewegungsarten von vielen Faktoren ab. Bei Metallen sind in einem weiten Temperaturbereich elektrische und thermische Leitfähigkeit proportional (**wiedemann-franzsches Gesetz**). Nichtkristalline (amorphe) Festkörper wie z. B. Glas haben eine geringe Wärmeleitfähigkeit – man kann einen Glasstab mit einem Ende in eine Flamme halten, ohne sich am anderen Ende die Finger zu verbrennen. Besonders gute Wärmeleiter sind Silber und Kupfer, bei denen, wie bei allen Metallen, die freien Leitungselektronen erheblich zur W. beitragen.

Wärmemenge: ↑Wärme.

Wärmepumpe: eine Anlage, die unter Zugabe von Energie einem kälteren Medium (Wärmequelle) Wärme entzieht und einem wärmeren Medium zuführt (Wärmenutzer), also die natürliche Richtung der ↑Wärmeleitung umkehrt. Das Prinzip gleicht dem einer ↑Kältemaschine, nur dass hier die im Verflüssiger abgegebene und nicht die im Verdampfer entzogene Wärme genutzt wird. Mit einer W. lassen sich Wohnräume oder industrielle Prozesse unter erheblich geringerem Energieeinsatz mit Wärme versorgen, als dies bei der herkömmlichen Wärmeversorgung durch Verbrennungsöfen der Fall ist.

Wärmestrahlung: allgemein die Emission von ↑elektromagnetischen Wellen nach einer thermischen Anregung der Strahlungsquelle, d. h. die Abgabe von Wärme in Form von elektromagnetischer Strahlung. Da W., wenn sie von einem anderen Körper absorbiert wird, wiederum in Wärme umgewandelt wird, ist W. eine Form der Wärmeübertragung (neben ↑Wärmeleitung und ↑Konvektion). Z. B. werden gebundene Elektronen eines Festkörpers durch die Wärmebewegung der Festkörperatome (Gitterschwingungen) in angeregte Zustände versetzt, aus denen sie unter Abgabe eines Photons wieder in den Grundzustand übergehen. Die Energie und damit Frequenz dieses Photons stimmt mit der Wärmeenergie (mittleren Bewegungsenergie der mikroskopischen Bestandteile) des Körpers überein. Wenn sich Strahler und Empfänger im thermischen Gleichgewicht befinden, nennt man die W. auch **Temperaturstrahlung.** Ein idealer Temperaturstrahler ist ein ↑schwarzer Strahler, dessen Spektrum zwar kontinuierlich ist, aber ein deutliches Maximum aufweist. Die Wellenlänge am Maximum ist mit der Temperatur über den wienschen Verschiebungssatz verknüpft (↑Strahlungsgesetze).

Die Wellenlänge der W. von Körpern mit Temperaturen zwischen 10 und 3600 K (−263 bis +3300 °C) liegt im infraroten Spektralbereich, daher wird der Begriff der W oft synonym mit ↑Infrarotstrahlung gebraucht. Dies ist aber physikalisch gesehen nicht korrekt, denn auch die 3-K-Mikrowellenstrahlung, welche das Universum erfüllt (↑Urknall) und das sichtbare und ultraviolette Sonnenlicht werden von annähernd schwarzen Strahlern abgegeben, sind also W.

Wärmestrom: ↑Wärmeleitung, ↑Wärmeübertragung.

Wärmetauscher: Geräte der Wärmetechnik zur Ausnutzung von Abwärme und zur Verbesserung des ↑Wirkungsgrads von ↑Wärmekraftmaschinen. In ihnen wird durch Wärmeleitung Wärme von einem flüssigen oder gasförmigen Medium höherer Eintrittstemperatur stetig an ein Medium niedrigerer Eintrittstemperatur übertragen.

Wärmeübertragung: der Transport von ↑Wärme zwischen zwei Körpern oder Medien. W. erfolgt durch ↑Wärmeleitung, ↑Wärmestrahlung und ↑Konvektion. Während die beiden Letzteren auf der Übertragung von Photonen oder erwärmter Materie beruhen, erfolgt die Wärmeleitung in direktem Kontakt zwischen zwei Körpern durch Ausgleich von Temperaturdifferenzen.

Wasserkraftmaschine: eine Maschine, welche die kinetische ↑Energie von fließendem oder die potenzielle Energie von aufgestautem Wasser in Arbeit oder elektrische Energie (↑Generator) umwandelt. Die einfachste Form einer W. ist das **Wasserrad,** das je nachdem, ob das Wasser von oben auf das Rad strömt oder unter ihm hindurchfließt, ober- bzw. unterschlächtiges Wasserrad genannt wird. An Stauseen, Gezeitenkraftwerken u. Ä. werden **Wasserturbinen** (↑Turbinen) eingesetzt. Die **Kaplan-Turbine** entspricht einer umgekehrt betriebenen Schiffsschraube, die in einem Rohr mit kreisförmigem Querschnitt von einer Wasserströmung in Rotation versetzt wird.

Wasserstoffbombe: ↑Kernwaffen.

Wasserstoffspektrum: das ↑Spektrum der von Wasserstoffatomen emittierten bzw. absorbierten elektromagnetischen Strahlung; manchmal versteht man darunter auch das ↑Bandenspektrum des Wasserstoffmoleküls H_2. Das Spektrum des Wasserstoffatoms ist ein ↑Linienspektrum (Abb.). Das W. hat eine herausragende Bedeutung für Atomphysik, Quantenmechanik und Astronomie, zum einen weil 90 % aller Atome im Weltall Wasserstoffatome

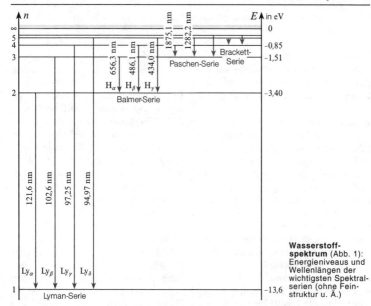

Wasserstoffspektrum (Abb. 1): Energieniveaus und Wellenlängen der wichtigsten Spektralserien (ohne Feinstruktur u. Ä.)

sind, zum anderen aus theoretischen Gründen: Das Wasserstoffatom ist ein Zweiteilchenproblem (Elektron und Proton) und kann als einziges Atom – bis auf magnetische Effekte – vollständig mit der ↑Schrödinger-Gleichung beschrieben werden. Bereits das bohrsche Atommodell (↑Atom) kann die Energieniveaus des Elektrons im Wasserstoffspektrum richtig vorhersagen. Die Spektrallinien des Wasserstoffatoms werden zu ↑Spektralserien zusammengefasst, die Übergängen aus beliebigen, angeregten Elektronenzuständen in einen bestimmten, energetisch niedrigeren Zustand entsprechen; z. B. bilden Übergänge in den Grundzustand die Lyman-Serie.

Magnetische Wechselwirkungen zwischen Bahndrehimpuls und ↑Spin des Elektrons bewirken kleine Aufspaltungen und Korrekturen der Energieniveaus, die sich als sog. ↑Feinstruktur in den Spektrallinien zeigen. Wechselwirkungen mit dem Kernspin erzeugen die noch kleinere ↑Hyperfeinstruktur. Eine besonders wichtige Hyperfeinstrukturlinie ist die sog. 21-cm-Linie des Wasserstoffatoms. Diese Linie entspricht dem Übergang zwischen den beiden Hyperfeinniveaus des niedrigsten Energiezustands im Wasserstoffatom. Sie hat die Frequenz 1420 MHz (Mittelwelle) und die Wellenlänge 21 cm und dient zur Untersuchung der Verteilung von Wasserstoffatomen im Weltall. Eine noch kleinere Aufspaltung ist die sog. Lamb-Shift (læmb-, nach WILLIS

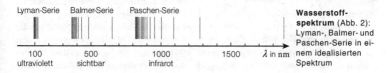

Wasserstoffspektrum (Abb. 2): Lyman-, Balmer- und Paschen-Serie in einem idealisierten Spektrum

E. Lamb, *1913), die dadurch zustande kommt, dass Elektronenzustände mit größerer Aufenthaltswahrscheinlichkeit in Kernnähe häufiger mit den dortigen ↑virtuellen Elektron-Positron-Paaren in Wechselwirkung treten.

Wasserstrahlpumpe: ↑Vakuumpumpen.

Wasserwaage (Setzwaage): Gerät, mit dem man überprüfen kann, ob eine Fläche waagerecht (genauer: parallel zu den Äquipotenziallinien des Gravitationspotenzials, ↑Gravitation) verläuft. Dabei wird ausgenutzt, dass eine Luftblase in einer Flüssigkeit immer die höchste Position einnimmt. Bei einer W. ist in einem kleinen mit einer Flüssigkeit gefüllten Behälter (der Libelle) eine Luftblase eingeschlossen; die Libelle ist so in eine Holz- oder Metallschiene eingelassen, dass bei exakt waagerechter Lage die Luftblase genau in der Mitte der Libelle liegt.

Wasserwellen: Sammelbegriff für im Wasser auftretende Wellenerscheinungen. Man unterscheidet ↑Kapillarwellen und ↑Schwerewellen, es gibt auch Überlagerungen beider Wellentypen. Wichtig ist, dass bei einer Wasserwelle nur die Welle, also ein bestimmter Bewegungszustand, aber kein Wasser transportiert wird. Bei Oberflächenwellen bewegen sich die Wassermoleküle auf kreisförmigen Bahnen, deren Durchmesser senkrecht auf der Was-

Ausbreitungsrichtung der Welle ←

Wasserwellen: Bewegung der Wassermoleküle in einer Oberflächenwelle

seroberfläche stehen (Abb.). Besonders zerstörerisch sind ↑Tsunamis, die an Küsten Amplituden von bis zu 30 m erreichen können.

Im Kielwasser von Schiffen bildet sich ein v-förmiges Wellenmuster aus, das man nicht einfach als ↑Mach-Kegel verstehen kann, da dieser dispersionsfreie Wellen voraussetzt (Schallwellen haben grundsätzlich keine Dispersion). Der Öffnungswinkel des Fächers, der unabhängig von der Schiffsgeschwindigkeit 39° beträgt, ergibt sich als komplizierte Überlagerung der sich mit unterschiedlichen Wellenlängen und -geschwindigkeiten ausbreitenden Wellenfronten. Nur wenn der sich durchs Wasser bewegende Erreger »monochromatische« Wasserwellen, also solche mit einheitlicher Wellenlänge, erzeugt, würde sich ein Mach-Kegel ausbilden.

Watt [nach J. Watt], Einheitenzeichen W: SI-Einheit der ↑Leistung. *Festlegung:* 1 W ist gleich der Leistung, bei der während der Zeit 1 s die Energie 1 J (↑Joule) umgesetzt wird:

$$1\,W = 1\,V \cdot A = 1\,J/s = 1(m^2 \cdot kg)/s^3.$$

Wattmeter: ein Messgerät zur Bestimmung der elektrischen ↑Leistung. Als Wattmeter benutzt man meistens ein Elektrodynamometer (↑Strom- und Spannungsmessung), dessen Ausschlag dem Produkt aus Strom und Spannung proportional ist, und das für Gleich- und Wechselstrom geeignet ist. Im letzteren Fall zeigt es die ↑Wirkleistung an.

Wb: Einheitenzeichen für ↑Weber.

Weber [nach Wilhelm E. Weber, *1804, †1891], Einheitenzeichen Wb: SI-Einheit des ↑magnetischen Flusses. *Festlegung:* 1 Wb = 1 V · s. Wenn ein magnetischer Fluss von 1 Wb während 1 s (↑Sekunde) gleichmäßig auf null abnimmt, wird eine Spannung von 1 V (↑Volt) induziert.

Wechselstromkreis: ein Stromkreis, bei dem sich Stromstärke und Spannung periodisch ändern. Man spricht von **Wechselstrom** und **Wechselspan-**

nung. Der W. besteht aus einer Energiequelle, welche die Wechselspannung liefert, und einer Zusammenschaltung von ohmschen Widerständen, Spulen und Kondensatoren. Meist ändern sich Stromstärke und Spannung sinusförmig (Abb. 1); es gilt dann:

$$I(t) = I_0 \cdot \sin \omega t,$$
$$U(t) = U_0 \cdot \sin (\omega t + \varphi).$$

$I(t)$ und $U(t)$ nennt man auch **Momentanwerte** des Wechselstroms und der Wechselspannung, I_0 und U_0 sind die **Scheitelwerte.**

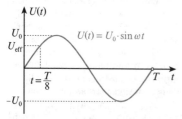

Wechselstromkreis (Abb.1): Wechselspannung

Die Größe $\omega = 2\pi/T$ (T ↑Schwingungsdauer) ist die Kreisfrequenz des Wechselstroms, φ ist die ↑Phasenverschiebung zwischen Strom und Spannung (manchmal wird auch ωt als Phase des Wechselstroms bezeichnet). Stromstärke und Spannung führen also Schwingungen mit gleicher Frequenz aus, sie sind i. A. phasenverschoben, wenn sich Spulen oder Kondensatoren im W. befinden. Der zeitliche Verlauf von Strom und Spannung und die Beziehung zwischen den beiden Größen lassen sich in einem gemeinsamen Zeigerdiagramm (↑Schwingung) grafisch darstellen.

Die **Effektivwerte** von Strom und Spannung, I_{eff} und U_{eff}, sind diejenigen Werte, bei denen ein Verbraucher unter Gleichspannung dieselbe Wärmeleistung aufnehmen würde. Bei sinusförmigem Wechselstrom ist

$$I_{eff} = I_0 / \sqrt{2}, \; U_{eff} = U_0 / \sqrt{2}.$$

Die Frequenz von technischem Wechselstrom (Netzstrom) beträgt in Deutschland 50 Hz, in den USA meist 60 Hz, Eisenbahnen verwenden die Frequenz 16 2/3 Hz. Die Netzspannung beträgt in Deutschland 230 V, in den USA 110 V. Eine besondere Form des Wechselstroms ist der Dreiphasen- oder **Drehstrom**, bei dem drei um 120° phasenverschobene Wechselströme mit 220 V weitergeleitet werden, man kann durch geeignete Schaltung damit eine Spannung von 380 V abgreifen.

■ **Leistungen im Wechselstromkreis**

Bei der ↑Leistung im W. unterscheidet man, wenn eine Phasenverschiebung vorliegt, zwischen Scheinleistung, Wirkleistung und Blindleistung. Die Scheinleistung P_S ist einfach das Produkt der Effektivwerte von Stromstärke und Spannung. Die Wirkleistung P_W ist der Anteil an der Scheinleistung, der tatsächlich zur Umwandlung von elektrischer Energie in Wärmeenergie führt. Die Blindleistung P_B als zweiter Anteil bewirkt keinerlei Erwärmung. Es gilt:

$$P_S = U_{eff} \cdot I_{eff},$$
$$P_W = U_{eff} \cdot I_{eff} \cdot \cos \varphi,$$
$$P_B = U_{eff} \cdot I_{eff} \cdot \sin \varphi.$$

Man erhält diese Beziehungen, indem man im Zeigerdiagramm den Zeiger für die Wechselspannung in eine Komponente parallel zum Stromstärkezeiger und eine Komponente senkrecht dazu zerlegt. Die zum Stromzeiger parallele Spannungskomponente ist gerade diejenige Spannung, die in Phase mit dem Strom durch den ohmschen Widerstand des W. schwingt und die Erwärmung leistet.

Bildet man nun wie gewohnt das Produkt aus dem am ohmschen Widerstand anliegenden Spannungsanteil und der Stromstärke, erhält man gerade die Wirkleistung. Die zweite Komponente der Spannung ist um 90° bzw. $\pi/2$ phasenverschoben zur Stromstärke, weshalb insgesamt keine Leistung aufgenommen oder abgegeben wird.

■ **Widerstände im Wechsel-stromkreis**

Als **Wechselstromwiderstand** Z definiert man analog wie beim Gleichstromkreis stets das Verhältnis aus Spannungsamplitude U_0 und Stromstärkeamplitude I_0: $Z = U_0/I_0$ (man kann gleichwertig auch die Effektivwerte benutzen).

Besteht der W. nur aus einem Kondensator und einer Energiequelle, werden durch eine sinusförmige Wechselspannung ebenfalls sinusförmige Auf- und Entladeströme hervorgerufen. Die

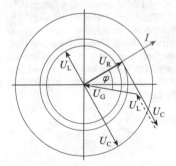

Wechselstromkreis (Abb. 2) Zeigerdiagramm

Stromschwingung eilt dabei der Spannungsschwingung um 90° voraus. Dabei ist die Stromstärke umso größer, je größer die Frequenz der Wechselspannung und je größer die Kapazität des Kondensators ist. Man erhält als Widerstand $Z_C = R_C$:

$$R_C = \frac{1}{\omega \cdot C}$$

und nennt diesen **kapazitiven Widerstand.** Er verkleinert sich mit zunehmender Frequenz.

Befinden sich im W. nur eine Spule und eine Energiequelle, so ruft eine sinusförmige Wechselspannung einen sinusförmigen Strom hervor, der der Spannungsschwingung um 90° hinterherhinkt. Die Stromstärke ist dabei desto größer, je kleiner die Induktivität der Spule und je kleiner die Frequenz ist. Man findet den sog. **induktiven Widerstand** $Z_L = R_L$:

$$R_L = \omega \cdot L.$$

Der induktive Widerstand einer Spule nimmt mit wachsender Frequenz zu.

Bei einer Reihenschaltung von ohmschem Widerstand, Spule und Kondensator fließt durch alle Bauelemente die gleiche Stromstärke. Bezüglich der Stromstärkeschwingung sind die Spannungsschwingungen an den Bauteilen phasenverschoben wie in Abb. 2 gezeigt. Deshalb müssen die Einzelspannungen U_R, U_L, U_C an ohmschem Widerstand, Spule und Kondensator vektoriell addiert werden, um die Gesamtspannung zu reproduzieren. Rechnerisch genügt aber bereits der Satz des Pythagoras, da nur rechte Winkel auftreten. Es gilt also:

$$U_0^2 = U_R^2 + \left(U_L - U_C\right)^2.$$

Ersetzt man die Spannungen durch die Stromstärke und die einzelnen Widerstände und bildet anschließend den Quotienten U_0/I_0, erhält man schließlich folgenden Ausdruck für den sog. **Wechselstromwiderstand** Z:

$$Z = \sqrt{R^2 + \left(\omega L - \frac{1}{\omega C}\right)^2}.$$

Dabei bezeichnet man den Bestandteil $(\omega L - 1/\omega C)$ als **Blindwiderstand** X, den Bestandteil R auch als Wirkwiderstand. Z wird auch **Scheinwiderstand** oder **Impedanz** genannt. Die Phasenverschiebung φ zwischen Strom und Spannung lässt sich ebenfalls über die verschiedenen Widerstände ermitteln. Es gilt:

$$\tan\varphi = \frac{\omega L - 1/\omega C}{R}.$$

Eine solche Reihenschaltung mit geringem ohmschem Widerstand R nennt man auch **Siebkette,** da für die Frequenz $\omega = 1/(LC)^{-1/2}$ der Blindwiderstand verschwindet und die Stromstärke daher besonders groß wird. Diese Frequenz wird sozusagen ausgesiebt. Bei Parallelschaltung von Spule und Kondensator entsteht ein ↑Schwingkreis. Dessen Blindwiderstand wird bei der Frequenz $\omega = 1/(LC)^{-1/2}$ besonders groß, weshalb man ihn als **Sperrkreis** bezeichnet. W. aus Spulen und Kondensatoren spielen in der Rundfunktechnik als Frequenzfilter eine wichtige Rolle.

Wechselstromwiderstand: ↑Wechselstromkreis.

Wechselwirkung: allgemein die gegenseitige Einwirkung von zwei physikalischen Systemen. In der nicht relativistischen Physik (↑Relativitätstheorie) kann man eine W. als das Einwirken von ↑Kräften auffassen, die augenblicklich, also mit unendlich großer Geschwindigkeit, übertragen werden. In der Relativitätstheorie dagegen kann sich nichts, auch keine Kraftwirkung, schneller als die Lichtgeschwindigkeit ausbreiten. Man beschreibt solche W. durch ↑Felder, z. B. das Gravitationsfeld oder das elektromagnetische Feld. Es gibt vier fundamentale W. oder Fundamentalkräfte: die ↑elektromagnetische W., die ↑schwache W., die ↑starke W. und die ↑Gravitation. Für die ersten drei konnte man quantisierte Theorien, sog. Quantenfeldtheorien, entwickeln, welche die W. zwischen zwei Teilchen als Austausch von virtuellen Partikeln,

den Austauschbosonen, beschreiben (Photonen, Gluonen, W- und Z-Bosonen, ↑Elementarteilchen). Diese Theorien beschreiben mit außerordentlicher Präzision fast alle Vorgänge in der Mikrophysik, die Gesetze der klassischen Physik lassen sich als Grenzfälle für große Abstände verstehen. Bei extrem hohen Energien, wie sie kurz nach dem ↑Urknall geherrscht haben müssen, sollen diese drei W. eine einheitliche Gestalt gehabt haben. Diese drei W. sind Gegenstand des »Standardmodells der Teilchenphysik«. Die Gravitation wird bis heute am besten von der Allgemeinen Relativitätstheorie beschrieben. Diese nicht quantisierte Theorie ist nicht mit den Quantenfeldtheorien der anderen W. vereinbar, es gibt aber Ansätze, mit sog. Quantengravitationstheorien eine **TOE** (Theory of everything, engl. »Theorie für alles«) zu schaffen (↑Stringtheorie).

Wechselwirkungsgesetz: das Reaktionsprinzip (↑newtonsche Axiome).

Weg-Zeit-Gesetz: der Zusammenhang zwischen dem von einem bewegten Massenpunkt oder Körper zurückgelegten Weg s und der dafür benötigten Zeit t. Die grafische Darstellung eines W.-Z.-G. nennt man **Weg-Zeit-Diagramm.**

Wehnelt-Zylinder [nach ARTHUR R. WEHNELT; *1871, †1944]: ↑Bildschirm.

Weicheisenkern (Eisenkern): ↑Spule.

weichmagnetisch: ↑magnetische Werkstoffe.

weisssche Bezirke [nach PIERRE E. WEISS; *1865, †1940]: ↑Ferromagnetismus.

Weitsichtigkeit: eine Fehlsichtigkeit, bei welcher der Brennpunkt des ↑Auges hinter der Netzhaut liegt, sodass sich Lichtstrahlen, die von einem nahe gelegenen Punkt ausgehen, zu spät schneiden (Gegenteil: ↑Kurzsichtigkeit). Durch Vorsetzen einer Sammel-

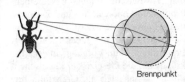

Brennpunkt

Weitsichtigkeit: Nahe Objekte werden unscharf gesehen, weil der Brennpunkt hinter der Netzhaut liegt.

linse in Form einer Brille oder von Kontaktlinsen kann die W. behoben werden.

Welle: ein sich räumlich fortpflanzender Bewegungs- oder Erregungszustand, der Energie, aber keine Materie transportiert.

Man kann eine W. auch als eine charakteristische Änderung (Auslenkung, Störung) von Teilchen eines Mediums oder von physikalischen Größen, z. B. Feldern, auffassen. Dabei kann es sich sowohl um eine einmalige Erregung (z. B. eine einmalige Auslenkung eines Seils, die sich bis an dessen Ende fortpflanzt) als auch um einen periodischen Vorgang handeln. Bei der Wellenausbreitung in einem Medium werden Teilchen von benachbarten, bereits schwingenden Teilchen, dazu angeregt, ebenfalls zu schwingen; dies zeigt bereits den engen Zusammenhang zwischen W. und ↑Schwin-gungen. Wellenartig fortschreitende Erregungen von Feldern benötigen kein Medium, sondern können sich auch im ↑Vakuum ausbreiten. Die Erkenntnis, dass auch ↑elektromagnetische Wellen kein Ausbreitungsmedium besitzen, es also keinen ↑Äther gibt, bereitete den Weg zur Formulierung der speziellen ↑Relativitätstheorie.

Eine wichtige Unterscheidung ist die zwischen ↑Transversalwellen (Auslenkung senkrecht zur Wellenausbreitung, z. B. beim Licht) und ↑Longitudinalwellen (Auslenkung parallel zur Wel-

lenausbreitung, z. B. bei Schall, Abb.). Transversalwellen, deren Schwingungsrichtung immer in dieselbe Raumrichtung weist, nennt man polarisiert (vor allem in der Optik, ↑Polarisation).

Man beschreibt eine Welle durch die Größen Auslenkung y, ↑Frequenz ν, ↑Amplitude A und ↑Phase φ; diese Größen werden genauso wie bei einer (ortsfesten) ↑Schwingung gebraucht. Bei W. treten noch die ↑Wellenlänge λ und die Ausbreitungsgeschwindigkeit c hinzu. Der Zusammenhang dieser Größen bei einer ebenen harmonischen Welle wird in den folgenden Gleichungen deutlich:

$$y(t) = A \cdot \sin 2\pi\left(\frac{x}{\lambda} - \nu t\right)$$
$$= A \cdot \sin\left(kx - \omega t\right),$$
$$c = \lambda \cdot \nu = \frac{\omega}{k}.$$

Dabei ist $k = 2\pi/\lambda$ der Betrag des **Wellenvektors** $\vec{k}$, dessen Richtung die Ausbreitungsrichtung der W. angibt (im allgemeinen Fall müsste man statt $k \cdot x$ das Skalarprodukt $\vec{k} \cdot \vec{x}$ verwenden), und $\omega = 2\pi\nu$ die Kreisfrequenz. Die dritte Gleichung gilt in dieser einfachen Form nur dann, wenn die Ausbreitungsgeschwindigkeit unabhängig von der Frequenz und der Wellenlänge ist, wenn also keine ↑Dispersion auftritt. Andernfalls muss man zwischen der ↑Phasengeschwindigkeit $c_{\mathrm{Ph}}(\omega)$ und der ↑Gruppengeschwindigkeit $c_g(\omega)$ unterscheiden. $c_{\mathrm{Ph}}(\omega)$ ist die Geschwindigkeit, mit der sich eine Auslenkung bzw. eine bestimmte Schwingungsphase fortpflanzt, $c_g(\omega) = \mathrm{d}\omega/\mathrm{d}k$ ist die Geschwindigkeit, mit der sich ein lokalisiertes Wellenpaket fortbewegt und mit der eine W. Informationen übertragen kann (↑Welle-Teilchen-Dualismus). Während unter gewissen Bedingungen die Phasengeschwindigkeit einer Welle die Lichtgeschwindigkeit übersteigen kann, ist die Gruppengeschwindigkeit immer kleiner oder gleich der Lichtgeschwindigkeit im Vakuum. Bei elektromagnetischen W. im Vakuum gilt $c_{Ph}=c_g$, ebenso bei Schallwellen. Die meisten W. lassen sich durch lineare Gleichungen beschreiben, in diesem Fall gilt das ↑Superpositionsprinzip: W. durchdringen sich ungestört, bei der Überlagerung von W. kann es an bestimmten Punkten zur Verstärkung oder Auslöschung kommen (Interferenz). Mithilfe des ↑huygensschen Prinzips kann man Phänomene wie ↑Beugung, ↑Reflexion und ↑Brechung verstehen. Wenn eine W. an einer Grenzfläche reflektiert wird und sich reflektierte und einfallende Welle überlagern, kann es zur Bildung von ↑stehenden Wellen kommen.

nung zwischen Wellen und Teilchen (↑Welle-Teilchen-Dualismus).

Wellenbild: ↑Welle-Teilchen-Dualismus.

Wellenfläche (Wellenfront): bei einer (räumlichen) ↑Welle eine Fläche im Raum, auf der sich alle Punkte im selben Schwingungszustand befinden. Bei einer ebenen Welle sind die W. Ebenen, bei einer Kugelwelle Kugeloberflächen.

Wellenfunktion: allgemein eine von Ort und Zeit abhängige Funktion, welche die Ausbreitung einer Welle beschreibt. Speziell in der Quantenmechanik versteht man darunter eine Lösung der ↑Schrödinger-Gleichung (oder einer verwandten Gleichung), welche den Zustand bzw. die zeitliche Entwicklung eines quantenmechanischen Systems (z. B. eines Wasserstoffatoms) beschreibt.

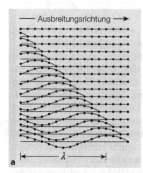

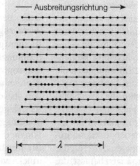

Welle: die Ausbreitung einer Transversal- (links) und einer Longitudinalwelle (rechts)

Die wichtigsten Wellenarten sind – neben den elektromagnetischen W. – Schallwellen (↑Schall), ↑Wasserwellen, Erdbebenwellen und Materiewellen. Wellenphänomene treten aber auch bei Menschenansammlungen (z. B. in Fußballstadien – »la ola« heißt auf Spanisch »die Welle«), Aktienkursen und Verkehrsstaus auf. In der ↑Quantentheorie verschwindet die klare Tren-

Wellengleichung: eine Differenzialgleichung, d. h. eine Gleichung, welche räumliche (und zeitliche) Ableitungen bestimmter Größen verknüpft und deren Lösungen die Ausbreitung von ↑Wellen beschreiben. Beispiele sind die ↑Schrödinger-Gleichung oder die aus den ↑Maxwell-Gleichungen ableitbare W., aus welcher der transversale Charakter der elektromagnetischen

Wellen sowie der Zusammenhang zwischen Lichtgeschwindigkeit, Brechzahl, Dielektrizitätskonstante und Permittivität des Vakuums abgeleitet werden können (die Maxwell-Beziehung) – und damit der Beweis der elektromagnetischen Natur des Lichts.

Die Wellengleichung für eine lineare Welle, die sich mit der Geschwindigkeit v ausbreitet, lautet:

$$\frac{\partial^2 u}{\partial x^2} = \frac{1}{v^2} \cdot \frac{\partial^2 u}{\partial t^2}.$$

Dabei steht u für die Funktion $u(x,t)$, die die Auslenkung der Welle in Abhängigkeit von Ort und Zeit angibt. Eine Lösung ist stets:

$$u = A \cdot \sin \omega \left(t - \frac{x}{v} \right)$$

(u Auslenkung im Abstand x vom Erregerzentrum zur Zeit t, A Amplitude der Welle, t Zeit seit Beginn der Wellenerregung im Erregerzentrum, $\omega = 2\pi/T$ Kreisfrequenz, T Schwingungsdauer).

Wellenlänge, Formelzeichen λ: bei einer ↑Welle der Abstand zwischen zwei aufeinander folgenden Punkten gleicher Phase. Das Produkt aus Wellenlänge und ↑Frequenz einer Welle ist die Wellengeschwindigkeit c (beim Auftreten von ↑Dispersion die Phasengeschwindigkeit).

Wellennormale: die senkrecht auf einer ↑Wellenfläche stehende Richtung.

Wellenoptik: Teilgebiet der ↑Optik, das sich mit den Vorgängen befasst, die sich nur durch die Wellennatur des Lichts erklären lassen.

Wellenpaket: ↑Welle-Teilchen-Dualismus.

Wellenzahl, Formelzeichen $\tilde{\nu}$: der Kehrwert der Wellenlänge λ einer ↑Welle: $\tilde{\nu} = 1/\lambda$; die SI-Einheit der vor allem in der Spektroskopie benutzten W. ist 1/m ($\mathrm{m^{-1}}$).

Welle-Teilchen-Dualismus [lat. dualis »zwei enthaltend«]: die für die moderne Physik grundlegende Tatsache, dass in der mikroskopischen Welt jedes Objekt sowohl Eigenschaften einer ↑Welle als auch solche von ↑Teilchen aufweist. Zum Beispiel können mit Licht und Elektronen Interferenzmuster erzeugt werden (Wellencharakter), und beide rufen in einer Fotoplatte punktförmige Schwärzungen hervor, wenn sie auf diese mit minimaler Intensität treffen (Teilchencharakter, d. h. Auftreten in diskreten »Portionen« oder Quanten). In einer pragmatischen Sichtweise beschreibt man mikrophysikalische Objekte je nachdem, welche Eigenschaften in einem speziellen Experiment zutage treten bzw. interessieren, im **Wellenbild** oder im **Teilchenbild:** Licht als elektromagnetische Welle oder als ↑Photon (Ruhemasse Null), Elektronen als Punktladung oder als De-Broglie- oder ↑Materiewelle. Man muss dabei aber immer im Auge behalten, dass beide Objekte weder Wellen noch Teilchen »sind«, sondern eine der menschlichen Anschauung nicht zugängliche Natur besitzen.

In der gängigen, sog. Kopenhagener Deutung der Quantentheorie werden mikrophysikalische Teilchen als sog. Pakete von ↑Wahrscheinlichkeitswellen beschrieben. **Wellenpakete** sind Überlagerungen von vielen Wellen mit nahezu gleicher Frequenz oder Wellenlänge, die durch Interferenz im ganzen Raum außerhalb eines bestimmten Bereichs verschwinden und sich mit der ↑Gruppengeschwindigkeit der Welle fortbewegen. Aus ihnen lässt sich die Aufenthaltswahrscheinlichkeit des als Teilchen aufgefassten Mikroobjekts berechnen. In diesem Sinne lässt sich auch die ↑heisenbergsche Unschärferelation verstehen: Je mehr verschiedene Wellenlängen miteinander interferieren, desto kleiner ist ein Wellenpaket, d. h. desto genauer kennt man den Ort des dadurch beschriebenen Teilchens.

Die Wellenlänge einer Materiewelle ist aber direkt mit dem Impuls des Teilchens verknüpft; daher bedeutet ein genau bekannter Ort eines Wellenpakets, dass sein Impuls sehr viele verschiedene Werte annehmen kann, also eine große Impulsunschärfe.

Umgekehrt würde ein exakt bekannter Impuls bedeuten, dass das Wellen»paket« nur eine einzige Wellenlänge besitzt – es wäre dann eine ebene Welle mit unendlicher Ausdehnung bzw. Ortsunschärfe.

Weston-Element ['westən-, nach ED-WARD WESTON; *1850, †1936]: ein ↑galvanisches Element, dessen ↑Urspannung (1,018 65 V bei 20 °C) nahezu unabhängig von der Temperatur ist.

Wheatstone-Brücke ['wiːtstən-, nach CHARLES WHEATSTONE; *1802, †1875]: eine ↑Brückenschaltung.

Wichte (spezifisches Gewicht), Formelzeichen γ: veraltete Bezeichnung für den Quotienten aus Gewichtskraft $G = m \cdot g$ (m Masse, g ↑Fallbeschleunigung) und Volumen V:

$$\gamma = m \cdot g / V .$$

Heute benutzt man statt der W. die ↑Dichte.

Widerstand:

♦ *allgemein*: eine Kraft, die ein physikalisches System einer Zustandsänderung entgegensetzt, z. B. Strömungswiderstand (↑Luftwiderstand), Reibungswiderstand, thermischer Widerstand (heute ungebräuchliche Bezeichnung für den Kehrwert der ↑Wärmeleitfähigkeit), Lichtflusswiderstand; in der klassischen Mechanik die ↑Trägheit.

♦ *Elektrizitätslehre* (elektrischer Widerstand), Formelzeichen R: einerseits eine physikalische Größe, andererseits ein Bauteil, bei dem vorrangig diese Größe in Erscheinung tritt. Der elektrische W. ist definiert als das Verhältnis der elektrischen ↑Spannung U zwischen den Endpunkten eines Leiters und der durch ihn fließenden Stromstärke I:

$$R = U/I .$$

Die SI-Einheit des e. W. ist das ↑Ohm (Ω, 1 Ω = 1 V/A). Ist R (bei konstanter Temperatur) unabhängig von Stromstärke und Spannung, so gilt das ↑ohmsche Gesetz, und man nennt den W. einen *linearen* Widerstand. Einen nichtlinearen W. hat z. .B. eine ↑Diode. Wenn der gesamte Energieverlust in einem W. in joulesche Wärme (↑joulesche Gesetze) umgesetzt wird, nennt man ihn einen **ohmschen Widerstand.** Gleichstromwiderstände sind immer ohmsche W., bei Wechselstrom treten dagegen auch induktive und kapazitive W. auf, die nur eine Phasenverschiebung zwischen Strom und Spannung bewirken, aber keine Leistung verbrauchen (↑Wechselstromkreis).

Mit dem elektrischen W. verwandt sind die folgenden Größen:

▦ Der **spezifische elektrische Widerstand** ρ ist der auf die Querschnittsfläche A und die Länge l eines elektrischen Leiters bezogene elektrische W.: $\rho = R \cdot A / l$, SI-Einheit: Ωm. Bei zylindrischen homogenen Leitern mit homogenem Stromfluss ist ρ eine Materialkonstante. Bei Kupfer ist unter Normalbedingungen $\rho = 1{,}55 \cdot 10^{-8}$ Ωm.

▦ Der ↑elektrische Leitwert $G = 1/R$ ist der Kehrwert des W., SI-Einheit: Siemens (S).

▦ Die elektrische ↑Leitfähigkeit σ ist der Kehrwert von ρ, SI-Einheit: S/m.

Bei technischen Widerständen wichtig ist deren Temperaturverhalten, also die Änderung von $\Delta\rho$ bei einer Temperaturänderung ΔT (bzw. die Ableitung dρ/dT). Die Größe $\alpha = \rho \cdot$ dρ/dT ist der Temperaturkoeffizient eines Leiters. Materialien mit $\alpha > 0$ (Widerstand nimmt mit der Temperatur zu, z. B. in den meisten Metallen) nennt man Heißleiter, solche mit $\alpha < 0$ Kaltleiter (Kohle, Elektrolyten, Halbleiter). Für viele Leiter gilt in guter Näherung

$$\rho(T) = \rho(T_0) \cdot (1 + \alpha \cdot \mathrm{D}T)$$

(T_0 bekannte Referenztemperatur, $\Delta T = T - T_0$).
Bei sehr tiefen Temperaturen verlieren viele Leiter aufgrund von Quanteneffekten ihren Widerstand vollständig, man bezeichnet diese Erscheinung als ↑Supraleitung.
Widerstandsbeiwert: ↑Luftwiderstand.
Widerstandsthermometer: ein ↑Thermometer, das auf der Temperaturabhängigkeit des spezifischen elektrischen ↑Widerstands beruht.

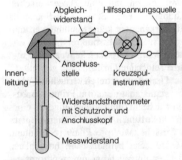

Widerstandsthermometer

Man misst dabei den Widerstand bei der zu bestimmenden Temperatur, indem man ihn mithilfe einer ↑Brückenschaltung oder eines Quotientenmesswerks (↑Strom- und Spannungsmessung) mit dem Widerstand bei einer bekannten Referenztemperatur vergleicht. Bei bekanntem Temperaturkoeffizienten α kann man dann die unbekannte Temperatur berechnen. Platin-Widerstandsthermometer können von 2–2042 K eingesetzt werden (obere Grenze: Schmelzpunkt von Platin), sie dienen als Normthermometer bei der Festlegung der ↑Internationalen Temperaturskala.

wiedemann-franzsches Gesetz [nach GUSTAV H. WIEDEMANN; *1826, †1899; und RUDOLPH FRANZ; *1827, †1902]: ↑Wärmeleitung.
Wiederaufarbeitung (Wiederaufbereitung): die Extraktion des in verbrauchten Brennelementen noch vorhandenen spaltbaren Materials sowie des während des Betriebs entstandenen Plutoniums zur Verwendung in neuen Brennelementen (↑Kernreaktor). Die W. wird in sog. **Wiederaufarbeitungsanlagen** (WAA) durchgeführt. Die Brennelemente werden zersägt und ihr Inhalt mit siedender Salpetersäure herausgelöst. Aus der Lösung werden Uran und Plutonium chemisch extrahiert. Die in der Lösung verbleibenden hochradioaktiven Spaltprodukte und Actinoiden (ca. $4 \cdot 10^{13}$ Bq/l) müssen nach einer Abklingzeit endgelagert werden. Das extrahierte Uran und Plutonium wird zu Mischoxid-(**MOX**-) Brennelementen verarbeitet.
Die ersten WAA wurden für militärische Zwecke, d. h. zur Gewinnung von Waffenplutonium, gebaut. Kommerzielle Anlagen zur zivilen Nutzung gibt es u. a. im französischen La Hague und im britischen Sellafield. In Deutschland wurden aufgrund von politischen Widerständen und mangelnder Wirtschaftlichkeit in Gorleben bzw. Wackersdorf geplante Anlagen nicht gebaut. Nachdem von unabhängigen Gruppen nachgewiesen wurde, dass es immer wieder zur Freisetzung von radioaktivem Material gekommen war und nachdem darüber hinaus schwere illegale Sicherheitsmängel aufgedeckt worden waren, wird seit Anfang 2000 erwogen, auch die Anlage in Sellafield zu schließen. Von vielen Experten wird der direkten Endlagerung mittlerweile der Vorzug vor der W. gegeben.
wiensches Verschiebungsgesetz [nach WILHELM WIEN; *1864, †1928]: ↑Strahlungsgesetze.

Wilson-Kammer [wilsn, nach CHARLES T. R. WILSON; *1869, †1959]: ↑Nebelkammer.

Wind|energie: regenerative Energieform, die mithilfe von Windgeneratoren in elektrische Energie umgewandelt wird (↑erneuerbare Energiequellen). Wind ist eine Luftströmung, die beim Ausgleich von Druckunterschieden entsteht, welche durch die unterschiedliche Erwärmung der Atmosphäre durch ↑Sonnenenergie erzeugt werden. Von der gesamten auf die Erde gelangenden Sonnenenergie erzeugen zwar nur 2 % in Luft- und Meeresströmungen, dies ist aber immer noch weit mehr als die Leistung aller Kraftwerke der Welt. Zurzeit hat W. das größte Wachstum aller erneuerbaren Energiequellen (1990–2000: global +30 %), Deutschland ist mit einer installierten Leistung von 2,9 GW (1998) bei der Nutzung der W. weltweit führend.

Windstärke: Maß für die Windgeschwindigkeiten und die Auswirkungen von Wind bei bestimmten Strömungsgeschwindigkeiten der Luft. W. Null bedeutet Windstille, W. 12 einen Orkan mit Windgeschwindigkeiten von über 63 Knoten (117 km/h).

Windungszahl: die Anzahl der Leiterschleifen in einer ↑Spule.

Winkelbeschleunigung, Formelzeichen α: die zeitliche Änderung der ↑Winkelgeschwindigkeit ω, bei einer gleichmäßig beschleunigten Kreisbewegung (↑Kinematik).

Winkelgeschwindigkeit (Kreisfrequenz), Formelzeichen ω: das 2π-fache der Umlauffrequenz ν bei einer Kreisbewegung (↑Kinematik). Mit der Umlaufperiode T gilt:

$$\omega = 2\pi \cdot \nu = 2\pi/T .$$

Wirbelstrom: ein elektrischer ↑Strom mit geschlossenen Stromlinien. Ein W. wurde erstmals 1825 von DOMINIQUE ARAGO (*1786, †1853) nachgewiesen. In einer leitenden rotierenden Scheibe entstehen W. wenn die mitrotierenden, freien Elektronen durch ein Magnetfeld abgelenkt werden. Die W. wandeln Rotationsenergie in Wärme um. Auf diesem Prinzip beruht die **Wirbelstrombremse.**

In den meisten Fällen sind W. unerwünscht, zur Vermeidung von W.-Verlusten werden in der Elektrotechnik rotierende Bauteile kammartig geschlitzt. In ↑Supraleitern treten verlustlose Wirbelströme auf, die im Prinzip unbegrenzt lange fließen können.

Wirkleistung, Formelzeichen P: im ↑Wechselstromkreis die im Unterschied zur ↑Blindleistung tatsächlich der Spannungsversorgung entnommene elektrische ↑Leistung. Bei einer Sinusspannung ist

$$P = U_{\text{eff}} I_{\text{eff}} \cos\varphi ,$$

Windenergie: »Windfarm« in der Nähe von Harle/ Ostfriesland

W

(U_{eff}, I_{eff} Effektivspannung bzw. -strom, φ Phasendifferenz zwischen Strom und Spannung). Zwischen W. und Wirkwiderstand X des Verbrauchers besteht die Beziehung

$$P = I_{eff}^2 \cdot X.$$

Wirkleitwert (Konduktanz): der reelle Anteil des Wechselstromleitwerts (↑Wechselstromkreis).

Wirkung, Formelzeichen H oder S: das Produkt aus Energie E und Zeit t oder aus Impuls p und Weg s:

$$H = E \cdot t = p \cdot s.$$

Die SI-Einheit der W. ist Js. Die W. spielt in der mathematischen Formulierung der klassischen Mechanik eine Rolle, auch die in der ↑heisenbergschen Unschärferelation auftretenden Produkte haben die Dimension einer W. (↑plancksches Wirkungsquantum).

Wirkungsgrad, Formelzeichen η: der Quotient aus der von einer Maschine geleisteten Arbeit bzw. der abgegebenen Nutzenergie und der ihr zugeführten Energie. Der W. liegt immer zwischen 0 und 1, er wird daher auch oft in Prozent angegeben. Bei realen Maschinen ist er immer kleiner als 100 %, da ein Teil der zugeführten Energie durch Reibung, Wärme- und andere Verluste verloren geht.

Bei ↑Wärmekraftmaschinen wird der **thermische Wirkungsgrad** η_{th} als Verhältnis von zugeführter Wärmemenge Q und geleisteter mechanischer Arbeit W definiert:

$$\eta_{th} = W/Q.$$

Der maximale thermische W. ist der eines carnotschen ↑Kreisprozesses, er beträgt

$$\eta_{Carnot} = \frac{T_2 - T_1}{T_1}.$$

Wirkungslinie: eine gedachte Linie in Richtung der an einem Körper angreifenden ↑Kraft. Sie geht durch den Angriffspunkt der Kraft.

Wirkungs|querschnitt, Formelzeichen σ: ein Maß für die Wahrscheinlichkeit, dass ein bestimmter Wechselwirkungsprozess zwischen Teilchen eines Teilchenstrahls und Streuzentren (Kristallatomen, anderen Teilchenstrahlen u. Ä.) eintritt. Der W. ist definiert als das Verhältnis der pro Zeiteinheit stattfindenden Streuprozesse zur Anzahl der pro Zeiteinheit durch eine Fläche senkrecht zum einfallenden Strahl tretenden Teilchen, also zum einfallenden Teilchenfluss:

$$\sigma = \frac{\text{Streuungen pro Zeit}}{\text{Projektile pro Zeit und Fläche}}.$$

Der W. hat also die Dimension einer Fläche; wegen der oft extrem kleinen Zahlenwerte hat man die Einheit **Barn** (b) eingeführt, 1 b = 10^{-28} m², dies entspricht in etwa der Fläche eines Atomkerns.

Man kann den W. auch noch anders interpretieren, und zwar als eine gedachte Fläche senkrecht zur Strahlrichtung, innerhalb der alle einfallenden Teilchen gestreut werden, während außerhalb dieser Fläche keine Wechselwirkung stattfindet.

Da man in der Quantentheorie aber keine exakten Radien von Teilchen mehr angeben kann, darf der W. nicht mit einer »Größe« des Streuzentrums verwechselt werden. Er kann viel kleiner oder sogar viel größer sein als die Abmessungen des Streuzentrums erwarten lassen. Der W. hängt von der Energie der einfallenden Teilchen und der Ausfallsrichtung ab. Der über alle Raumrichtungen integrierte W. wird auch als totaler W. bezeichnet.

Typische Werte für σ reichen von beispielsweise 30 000 b für den Beschuss von Indium mit Neutronen bis 1–2 pb (10^{-40} m²) bei der Erzeugung der schwersten Elemente.

Wirkwiderstand: Wechselstromwiderstand (↑Wechselstromkreis).

Wölbspiegel: ↑Spiegel.

Wurf (Wurfbewegung): eine Bewegung eines Körpers durch ein Schwerefeld (meistens das der Erde), die mit einer Anfangsgeschwindigkeit $\vec{v}_0$ beginnt. Bei Vernachlässigung des ↑Luftwiderstands überlagern sich beim W. zwei Bewegungen:

▨ eine gleichförmig-geradlinige Bewegung in Richtung von $\vec{v}_0$ und

▨ ein ↑freier Fall, d. h. eine beschleunigte Bewegung nach unten, wobei die Beschleunigung gleich der ↑Fallbeschleunigung $\vec{g}$ ist.

Je nach Richtung von $\vec{v}_0$ kann man drei Fälle unterscheiden.

■ **Senkrechter Wurf**

Beim senkrechten Wurf sind $\vec{v}_0$ und $\vec{g}$ parallel und stehen senkrecht auf dem Erdboden. Man kann daher mit den Beträgen der Vektoren rechnen. Für die oben angesprochenen Fälle gelten die folgenden Weg-Zeit- und Geschwindigkeit-Zeit-Gesetze:

$$s_{\text{Wurf}}(t) = v_0 \cdot t$$

$$s_{\text{Fall}}(t) = -\frac{g}{2} \cdot t^2$$

$$s(t) = s_{\text{Wurf}}(t) + s_{\text{Fall}}(t)$$

$$= v_0 \cdot t - \frac{g}{2} \cdot t^2;$$

dabei ist die Fallbewegung immer nach unten gerichtet (daher das Minuszeichen), v_0 ist bei einem Wurf nach oben positiv, bei einem Wurf nach unten negativ. Das Geschwindigkeit-Zeit-Gesetz lautet

$$v(t) = v_0 - gt.$$

Bei einem Wurf nach oben wird die maximale Wurfhöhe s_{max} erreicht, wenn $v(t) = 0 \Leftrightarrow v_0 = gt$, also nach der Steigzeit $t_s = v_0/g$. Durch Einsetzen erhält man dann

$$s_{\text{max}} = v_0 \cdot \frac{v_0}{g} - \frac{g}{2} \cdot \frac{v_0^2}{g^2} = \frac{v_0^2}{2g}.$$

Für $v_0 = 10$ m/s ergibt sich $s_{\text{max}} = 5{,}1$ m.

■ **Schiefer Wurf**

Im allgemeinen Fall sind $\vec{v}_0$ und $\vec{g}$ nicht parallel, sondern bilden einen Winkel α zueinander ($0 < \alpha < 90°$, Abb. 1).

Im Folgenden sei die Startposition immer bei $x = y = 0$, der Wurf erfolgt also vom Erdboden aus. Die horizontale und die vertikale Komponente von $\vec{v}_0$, $\vec{v}_{0,x}$ und $\vec{v}_{0,y}$, betragen

$$v_{0,x} = v_0 \cos\alpha, \quad v_{0,y} = v_0 \sin\alpha.$$

Für Weg und Geschwindigkeit in x-Richtung gelten die Gesetze der geradlinig-gleichförmigen Bewegung, in y-Richtung kann man die Resultate vom senkrechten Wurf übernehmen:

$$x(t) = v_0 t \cdot \cos\alpha$$

$$y(t) = v_0 t \cdot \sin\alpha - \frac{g}{2} t^2,$$

$$v_x(t) = v_{0,x} = v_0 \cdot \cos\alpha$$

$$v_y(t) = v_0 \cdot \sin\alpha - gt.$$

Löst man die Gleichung für $x(t)$ nach der Zeit auf und setzt das Ergebnis in die Gleichung für $y(t)$ ein, so ergibt sich als allgemeine Bahnkurve eines (ohne Luftwiderstand) geworfenen Körpers die **Wurfparabel:**

$$y(x) = -\frac{g}{2v_0^2 \cos^2\alpha} \cdot x^2 + (\tan\alpha) \cdot x.$$

Der Betrag v der Geschwindigkeit des Körpers berechnet sich zu

$$v(t) = \sqrt{v_x^2 + v_y^2}$$

$$= \sqrt{v_0^2 \cos^2\alpha + (v_0 \sin\alpha - gt)^2}.$$

Steigzeit t_s und **Wurfhöhe** y_{max} ergeben sich im Prinzip wie beim senkrechten Wurf:

$$0 = v_0 \sin\alpha - gt_s$$

$$\Rightarrow \quad t_s = \frac{v_0}{g}\sin\alpha$$

$$\Rightarrow y_{\max} = y(t_s)$$

$$= \frac{v_0^2}{g}\sin^2\alpha - \frac{g}{2}\left(\frac{v_0}{g}\sin\alpha\right)^2$$

$$= \frac{v_0^2 \sin^2\alpha}{2g}.$$

Die **Wurfzeit** t_w ist die Zeit zwischen dem Abwurf und dem Auftreffen am Erdboden, also $t_w = t(y=0)$, man erhält sie aus dem Weg-Zeit-Gesetz für die y-Richtung:

$$0 = v_0 t_w \sin\alpha - \frac{g}{2}t_w^2$$

$$\Rightarrow t_w = \frac{2v_0 \sin\alpha}{g} = 2 \cdot t_s,$$

die Wurfzeit ist also doppelt so groß wie die Steigzeit – dies folgt übrigens bereits aus der Symmetrie der Wurfparabel (Abb. 2)!

Schließlich ist die **Wurfweite**

$$x_w = x(t_w) = \frac{2v_0^2 \sin\alpha\cos\alpha}{g}$$

$$= \frac{v_0^2 \sin 2\alpha}{g}$$

(dabei wurde der trigonometrische Lehrsatz $\sin 2\alpha = 2 \cdot \sin\alpha \cdot \cos\alpha$ benutzt). Die Wurfweite wird maximal, wenn $\sin 2\alpha = 1$ wird, also für $\alpha = 45°$. Da $\sin(45° + \varphi) = \sin(45° - \varphi)$ für alle Winkel $0 < \varphi < 45°$ ist, haben Würfe

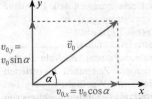

Wurf (Abb. 1): Komponenten der Anfangsgeschwindigkeit v_0 beim schiefen Wurf

unter Winkeln von z. B. 30° und 60° dieselbe Weite.

Unter Berücksichtigung des Luftwiderstands findet man, dass die Bahnkurve im abfallenden Teil steiler wird als hier berechnet, daher ist der Winkel maximaler Wurfweite in Wirklichkeit etwas

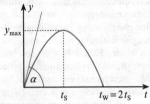

Wurf (Abb. 2): Wurfparabel

größer als 45°.

■ Waagerechter Wurf

Ein weiterer Spezialfall des schiefen Wurfs (neben dem senkrechten Wurf) ist der Wurf mit $\alpha = 0°$ aus eine Anfangshöhe y_0. Die Bahnkurve ist dann eine Parabel, deren Scheitelpunkt bei y_0 liegt:

$$y(t) = y_0 - \frac{g}{2v_0^2} \cdot x^2.$$

X (X): Formelzeichen für den ↑Blindwiderstand.

Xerographie [griech. xerós »trocken«]: Methode zum Drucken oder Kopieren von Text- oder Bilddokumenten, das gebräuchlichste in **Fotokopierern** eingesetzte Verfahren. Die X. wurde erstmals 1938 erprobt und beruht auf der Eigenschaft von einigen sog. Fotohalbleitern (z. B. Selen), bei Lichteinfall einen um das 10^6–10^7fache geringeren elektrischen Widerstand zu haben als ohne Beleuchtung. Vor dem Kopiervorgang lädt man eine mit einem solchen Fotohalbleiter beschichtete

Walze im Dunkeln durch eine stromschwache Gasentladung elektrisch negativ auf. Dabei verteilt sich die Ladung gleichmäßig über die gesamte Walze. Anschließend wird das zu übertragende Bild oder Schriftstück auf die Walze projiziert, wobei an den belichteten Stellen die Ladungen wegen des plötzlich herabgesetzten Widerstands abfließen. Dadurch entsteht auf der Walze ein elektrostatisches Muster, bei dem geladene Stellen dunklen Partien der Vorlage entsprechen. Im nächsten Schritt werden Tonerpartikel auf die Walze aufgetragen, die an unbelichteten, also nach wie vor geladenen Bereichen haften. Durch eine weitere schwache Gasentladung werden schließlich die Tonerpartikel von der Walze auf Papier übertragen, wo sie durch Erhitzen dauerhaft fixiert werden.
Die Funktionsweise eines **Laserdruckers** ist im Prinzip gleich der hier beschriebenen, nur wird das Entladungsmuster nicht von einer Vorlage auf die Walze projiziert, sondern von einem Laser (oder auch – in einem LED-Drucker – von sehr vielen nebeneinander angeordneten Leuchtdioden) zeilenweise auf die Walze geschrieben.
X-Strahlen (engl. X-rays): vor allem im angloamerikanischen Raum gebräuchliche Bezeichnung für ↑Röntgenstrahlen; X.-S. ist der ursprünglich von W. C. RÖNTGEN gewählte Name.

Y

y: Zeichen für den ↑Einheitenvorsatz Yocto (10^{-24}).
Y:
♦ Zeichen für den ↑Einheitenvorsatz Yotta (10^{24}).
♦ (*Y*): Formelzeichen für die Admittanz (↑Wechselstromkreis).
YAG, Abk. für Yttrium-Aluminium-Granat: Metall-Mischoxid, das, mit

Neodym dotiert, ein wichtiges Lasermedium ist (Nd:YAG-Laser, ↑Laser).
Yukawa-Potenzial [ju-, nach H. JUKAWA, engl. Schreibung: YUKAWA]: ein ↑Potenzial, das ↑Wechselwirkungen mit begrenzter Reichweite beschreibt, z. B. die ↑Kernkraft. Es lässt sich als Produkt des 1/*r*-Potenzials der Elektrostatik oder der Gravitation mit einem exponentiellen Abklingfaktor auffassen:

$$V_{Yu}(r) = -g \cdot \frac{1}{r} e^{-r/\lambda_C}.$$

Dabei beschreibt die Kopplungskonstante g die Stärke der Wechselwirkung, und λ_C ist die Compton-Wellenlänge (↑Compton-Effekt) des massebehafteten Austauschteilchens (Wechselwirkungen mit unendlicher Reichweite haben masselose Austauschteilchen). Im Fall der Kernkraft ist das Pion dieses Austauschteilchen, bei der schwachen Wechselwirkung sind es die W- und Z-Bosonen. Die starke Wechselwirkung dagegen hat trotz ihrer begrenzten Reichweite masselose Austauschteilchen (die Gluonen), bei ihr beruht die endliche Reichweite auf dem Anwachsen der Kopplungskonstante mit dem Abstand.

Z

z: Zeichen für den ↑Einheitenvorsatz Zepto (10^{-21}).
♦ (*Z*): Formelzeichen für die Ordnungszahl (↑Kern).
♦ (*Z*): Formelzeichen für die Impedanz (↑Wechselstromkreis).
Zähigkeit: ↑Viskosität.
Zahlenwert: ↑Maßzahl.
Zählrate: bei einem ↑Zählrohr die Anzahl der pro Zeiteinheit registrierten Impulse.
Zählrohr: ein Gerät zum Nachweis von ionisierenden Strahlen bzw. Teilchen.

Z

Ein Z. besteht im Prinzip aus einer zylindrischen ↑Ionisationskammer, in deren Achse ein isolierter dünner Draht verläuft und die mit einem Gas niedrigen Drucks gefüllt ist. Zwischen Draht und Zylinderwand liegt eine Hochspannung von einigen kV an; dabei ist der Draht i. A. als Anode und die Wand als Kathode geschaltet. Die Spannung ist gerade so groß, dass keine selbstständige ↑Gasentladung auftritt. Wenn ein ionisierendes Teilchen oder Photon in das Z. eintritt, ionisiert es die Gasatome bzw. -moleküle, es entstehen Elektronen und positive Ionen. Das radialsymmetrische elektrische Feld ist in der Nähe des Drahts so stark, dass dort durch Stoßionisation eine Lawine von Sekundärelektronen erzeugt wird. Der Vervielfachungsfaktor kann dabei bis zu 10^6 betragen. Auch die Sekundärelektronen tragen zur Ionisierung des Gases bei. Die Gasentladung kommt erst dann zum Stillstand, wenn die positive Raumladung der Ionen die Zählrohrspannung unter die Zündspannung senkt. Erst wenn alle Ionen die Kathode erreicht haben, wo sie mit Elektronen rekombinieren, ist das Z. wieder betriebsbereit. Diese Zwischenzeit heißt ↑Totzeit. Der durch die Entladungslawine erzeugte Spannungsstoß ist das Messsignal, das verstärkt und dann elektronisch registriert oder an einen Lautsprecher geleitet wird.

Die Zeitauflösung eines Z. kann durch geeignete Schaltungen oder Zusätze zum Füllgas verbessert werden. Im ersten Fall werden die Entladungen über einen hohen Ableitwiderstand (**Löschwiderstand**) mit 0,1–1 GΩ oder elektronisch gelöscht (Totzeit 10 ms), im zweiten Fall kann durch Zugabe von geringen Mengen an Halogenen Totzeiten im Bereich von μs erreichen.

Selbst wenn es in der Nähe eines Z. keinerlei Strahlungsquellen gibt, zeigt es Impulse an. Dieser sog. **Nulleffekt** wird durch radioaktive Substanzen in den Raumwänden oder der Raumluft (z. B. Radon) sowie durch die ↑Höhenstrahlung ausgelöst. Er muss vor jeder Messung bestimmt und anschließend vom Messergebnis abgezogen werden.

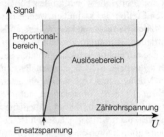

Zählrohr: Bereiche der Kennlinie

Die Kennlinie oder Charakteristik eines Z. ist die Auftragung der Zählrate gegen die Zählrohrspannung U (Abb.). Man nimmt die Kennlinie auf, indem man vor einer Strahlungsquelle mit konstanter Aktivität die Zählrohrspannung kontinuierlich erhöht. Die niedrigste Spannung, bei der das Z. noch einen Impuls erzeugt, ist die Einsatzspannung. Rechts davon liegt der Proportionalbereich (Zählrate ~ Spannung), bei noch größeren Spannungen folgt der Auslösebereich (Plateaubereich, Zählrate konstant).

Im Proportionalbereich ist die Impulshöhe proportional zur Primärionisation und damit zur Teilchenenergie. Im Auslösebereich wird dagegen nur die Zahl der registrierten Teilchen bestimmt. Ein solches Auslöse-Z. heißtnach seinen Erfindern H. GEIGER und WALTER M. MÜLLER (*1905, †1979) **Geiger-Müller-Zählrohr.**

Je nach Teilchenart muss der Zylinder des Z. anders konstruiert werden:

■ Für Alphateilchen braucht man ein möglichst dünnes Eintrittsfenster aus Glimmer, Aluminium oder Ähnlichem, da die Zählrohrwände bereits einen erheblichen Teil der Alphastrahlung absorbieren.

▨ Betateilchen, d. h. Elektronen oder Positronen, durchdringen die Metallwände des Zylinders.

▨ Gamma- und Röntgenstrahlen (Photonen) werden durch die Bildung von Fotoelektronen in einer Bleiumhüllung um das Z. nachgewiesen.

▨ Neutronenzählrohre werden mit lithium- und borhaltigen Ummantelungen und Füllgasen versehen; der Nachweis beruht auf den Kernreaktionen

$$n + {}^{6}Li \rightarrow {}^{3}He + \alpha,$$

$$n + {}^{10}B \rightarrow {}^{7}Li + \alpha.$$

Zeeman-Effekt ['ze:-]: Bezeichnung für die 1896 von P. ZEEMAN entdeckte Aufspaltung von Spektrallinien, die auftritt, wenn Atome in ein Magnetfeld gebracht werden. Anhand des Z.-E. lässt sich der Zusammenhang zwischen den Drehimpulsquantenzahlen und dem ↑magnetischen Moment eines Atoms untersuchen.

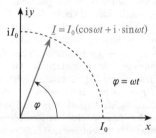

Zeigerdiagramm: Darstellung eines Wechselstroms

Zeigerdiagramm: die Darstellung von Sinusschwingungen mithilfe im Kreis rotierender Zeiger (↑Schwingung, Abb.). Der Winkel des Zeigers zur Horizontalen gibt die Phase φ an, die Projektion des Zeigers auf die Vertikale die zu dieser Phase gehörige Auslen-

kung. Als besonderer Vorzug lassen sich mehrere Schwingungen gleicher Frequenz, die zueinander phasenverschoben sind, übersichtlich darstellen und sogar überlagern. Z. spielen z. B. bei der Darstellung der Vorgänge in Wechselstromkreisen eine Rolle.

Zeit: allgemein die nicht umkehrbare Abfolge von Geschehnissen, die in Vergangenheit, Gegenwart und Zukunft eingeteilt wird. In der ↑Relativitätstheorie ist die Z. Teil der vierdimensionalen Raum-Zeit; dennoch unterscheidet sie sich von den räumlichen Dimensionen in vielerlei Hinsicht. Die Unumkehrbarkeit der Zeit wird u. a. mit der Irreversibilität thermodynamischer Vorgänge in Verbindung gebracht, kann aber nicht erschöpfend mit den bestehenden physikalischen Gesetzen erklärt werden. Mit Sicherheit kann man sagen, dass die physikalischen Gesetze »Zeitreisen« ausschließen. Mit der Z. sind noch weitere grundlegende philosophische und physikalische Fragen verbunden, z. B. die nach dem Anfang der Zeit: Gab es vor dem ↑Urknall überhaupt eine Zeit? Kann Zeit bei kleinsten Abständen oder höchsten Energien noch sinnvoll definiert werden?

Zeitdilatation [lat. dilatio »Verzögerung«]: die aus der ↑Relativitätstheorie folgende Tatsache, dass die Zeit in einem Bezugssystem S′, das sich an einem Beobachter vorbei bewegt, für diesen langsamer zu vergehen scheint als die in seinem Ruhesystem S gemessene Zeit. Dies bedeutet natürlich *nicht*, das bewegte Uhren in einem absoluten Sinne langsamer wären – für einen Beobachter in S′ scheint mit gleichem Recht die Zeit in S langsamer zu verlaufen!

Neben der in der speziellen Relativitätstheorie durch die Lorentz-Transformation beschriebenen Z. gibt es noch eine allgemein-relativistische Z., die

Z

	s	m	h	d	a
s	1	$16{,}7 \cdot 10^{-3}$	$0{,}27 \cdot 10^{-3}$	$11{,}6 \cdot 10^{-6}$	$31{,}6 \cdot 10^{-9}$
m	60	1	$16{,}7 \cdot 10^{-3}$	$0{,}69 \cdot 10^{-3}$	$1{,}90 \cdot 10^{-6}$
h	3600	60	1	0,042	$0{,}11 \cdot 10^{-3}$
d	86 400	1440	24	1	$2{,}74 \cdot 10^{-3}$
a	$31{,}6 \cdot 10^{6}$	$0{,}52 \cdot 10^{6}$	8766	365,25	1

Zeiteinheiten: Beziehungen zwischen Sekunde und den Nicht-SI-Einheiten. Man liest z. B.:
1 d = 1440 m, 1 m = $0{,}69 \cdot 10^{-3}$ d.

von der Verzerrung der Raum-Zeit durch große Massen bewirkt wird. Beide Effekte sind experimentell mit hoher Genauigkeit bestätigt worden.

Zeiteinheiten: Einheiten zur Quantifizierung der ↑Zeit; außer der SI-Basiseinheit ↑Sekunde (s) ist aus historischen Gründen noch eine Reihe von weiteren, nicht zum SI-System gehörenden Z. in Gebrauch (siehe Tab.). Gesetzlich zugelassen sind Minute (m), Stunde (h, lat. hora), Tag (d, lat. dies) und Jahr (a, lat. annus), außerdem benutzt man Woche und Monat. Einheitenvorsätze werden für dezimale Bruchteile von Sekunden sowie zum Teil für die dezimalen Vielfachen des Jahrs benutzt (ka, Ma, vor allem in der Astronomie und Kosmologie).

Zeitmessung: ↑Uhr.

Zelle: ↑galvanisches Element.

Zener-Diode ['zenər-, nach CLARENCE M. ZENER; *1905, †1993]: eine ↑Halbleiterdiode, die in Sperrrichtung betrieben wird und bei Überschreiten einer bestimmten Spannung einen starken Stromanstieg zeigt. Infolge von Stoßionisation brechen dann die Elektronen lawinenartig durch die Sperrschicht.

Zenti: ↑Einheitenvorsätze.

Zentralbewegung [lat. centrum »Mitte«]: eine Bewegung, die ein Massenpunkt oder Körper um einen Raumpunkt ausführt, wobei er unter dem Einfluss einer auf diesen Punkt gerichteten Kraft steht (↑Kinematik).

zentraler Stoß: ↑Stoß.

Zentralkraft: ↑Kinematik.

Zentrifugalkraft [lat. fugare »fliehen«] (Fliehkraft): eine Kraft, die bei einer krummlinigen Bewegung eines Massenpunkts oder Körpers auftritt und nur im Bezugssystem des bewegten Objekts existiert. Die Z. ist damit eine Schein- oder ↑Trägheitskraft. Ihr Betrag ist gleich dem der ↑Zentripetalkraft, ihre Richtung ist dieser entgegengesetzt.

Zentrifuge: eine die Wirkung der ↑Zentrifugalkraft ausnutzende Vorrichtung zur Trennung von Stoffgemischen, deren Bestandteile eine unterschiedliche Dichte haben. Das Gemisch wird durch einen Motor in schnelle Rotation versetzt, wodurch sich die dichtesten (schwersten) Bestandteile am Rand, die übrigen mit zur Mitte hin abnehmender Dichte absetzen. Der Grund hierfür ist die Dichteabhängigkeit der Zentrifugalkraft. Z. werden u. a. in der physikalischen Chemie, der Biophysik und der Verarbeitung von Kernbrennstoffen (↑Isotopentrennung) eingesetzt.

Zentripetalbeschleunigung [lat. petere »nach etwas streben«]: ↑Kinematik.

Zentripetalkraft: diejenige Kraft, die einen krummlinig bewegten Massenpunkt oder Körper auf seiner Bahn hält. Bei einer gleichförmigen Kreisbewegung (↑Kinematik) ist die Z. immer auf den Kreismittelpunkt gerichtet, ihr Betrag ist

$$F_p = m \cdot \omega^2 \cdot r = \frac{mv^2}{r}$$

(*m* Masse des bewegten Objekts, $\omega =$ *v/r* Winkelgeschwindigkeit, *r* Radius des Kreises, *v* Betrag der Bahngeschwindigkeit des Objekts). Ein mitrotierender Beobachter befindet sich in seinem (auf einer Kreisbahn umlaufenden, also beschleunigten) Bezugssystem in Ruhe. Er spürt daher eine der Z. entgegengesetzte Trägheitskraft, die ↑Zentrifugalkraft.

Zerfallsgesetz: das den radioaktiven Zerfall quantitativ beschreibende Gesetz (↑Radioaktivität).

Zerfallskonstante: die Proportionalitätskonstante λ im radioaktiven Zerfallsgesetz (↑Radioaktivität).

Zerfallsreihe: eine Reihe von ↑Isotopen, die beim radioaktiven Zerfall entstehen (↑Radioaktivität).

Zerstrahlung: ↑Paarvernichtung.

Zerstreuungslinse: ↑Linse.

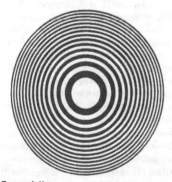

Zonenplatte

Zonenplatte (Zonenlinse): ebene Platte mit konzentrischen Kreisringzonen, die unterschiedliche optische Eigenschaften aufweisen (z. B. unterschiedliche Lichtdurchlässigkeit). Sind die Zonen als ringförmige Linsen angelegt, spricht man auch von einer ↑Fresnel-Linse. Für die Breite der Zonen hat A. J. FRESNEL ein Konstruktionsverfahren angegebem, wodurch die Z. wie eine Sammellinse wirkt.Besonders vorteilhaft sind Z. für Röntgenstrahlen, da es für sie keine brechenden Medien, also keine Linsen im herkömmlichen Sinn gibt. Auch für Schall kann man Z. bauen.

Zugkraft: eine gleichmäßig an einer Fläche angreifende ↑Kraft, deren Richtung senkrecht von der Fläche fortweist.

Zugspannung: das Verhältnis aus einer ↑Zugkraft (genauer: dem Betrag der Kraft) und der Fläche, an der sie angreift; eine Z. ist damit ein negativer ↑Druck (umgangssprachlich auch Sog genannt).

Zündkriterium: ↑Kernfusion.

Zustand: die Gesamtheit aller physikalischen Größen, welche Eigenschaften und Entwicklung bzw. Verhalten eines physikalischen Systems eindeutig und vollständig beschreiben. In der ↑Wärmelehre verwendet man Zustandsfunktionen. In der Quantentheorie wird ein Z. durch sog. Quantenzahlen oder Wellenfunktionen charakterisiert.

Zustandsänderung: bei einem thermodynamischen System die Änderung einer ↑Zustandsgröße. Bleibt bei einer Z. die Temperatur konstant, nennt man die Z. isotherm, bei konstantem Volumen isochor und bei konstantem Druck isobar. Diese Z. werden bei Gasen durch die ↑Gasgesetze beschrieben, gleichzeitige Änderungen aller drei Zustandsgrößen in der allgemeinen ↑Zustandsgleichung. Eine ↑adiabatische Zustandsänderung erfolgt ohne Wärmeaustausch.

Zustandsfläche: eine Fläche im von Druck, Temperatur und Volumen aufgespannten, abstrakten Zustandsraum eines Stoffes, die sich ergibt, wenn zwei dieser drei Größen als unabhängige Variable gewählt werden; die Dritte

Z

ist dann gemäß der ↑Zustandsgleichung die abhängige Variable.

Zustandsgleichung: eine Gleichung, die den Zusammenhang zwischen den Zustandsgrößen Druck (p), absoluter Temperatur (T) und Volumen (V) eines Gases beschreibt. Für ↑ideale Gase gilt die sog. **allgemeine Zustandsgleichung (allgemeine Gasgleichung):**

$$p \cdot V = n \cdot R \cdot T$$

(n Anzahl der Mole des Gases, R universelle ↑Gaskonstante). Man kann auch sagen, dass für ein Mol eines beliebigen (idealen) Gases das Verhältnis aus dem Produkt von Druck und Volumen und aus der Temperatur konstant ist. Für ein Mol gilt

$$p \cdot V_m = R \cdot T$$

(V_m Molvolumen). Bezieht man die Z. auf die Zahl N der im Volumen enthaltenen Moleküle oder Atome, so nimmt die Gleichung die Form

$$p \cdot V_m = N \cdot k \cdot T$$

an (k ↑Boltzmann-Konstante).
Bei hohen Drücken und starken zwischenmolekularen Wechselwirkungen gilt die allgemeine Z. in der oben angegebenen Form nicht mehr, an ihre Stelle tritt die ↑Van-der-Waals-Gleichung.

Zustandsgrößen (thermische Zustandsgrößen): die drei Größen Druck, absolute Temperatur und Volumen, durch die der Zustand eines thermodynamischen Systems (z. B. eines idealen oder realen Gases oder eines Gasgemischs) charakterisiert wird.

Außer diesen drei Z. gibt es noch weitere, abgeleitete Größen, die **Zustandsfunktionen,** z. B. (innere) Energie, Enthalpie oder Entropie. Der Zusammenhang zwischen den Z. wird durch die ↑Zustandsgleichung beschrieben.

Zwangskräfte: in der klassischen Mechanik Kräfte, die ein System in seiner Bewegungsfreiheit einschränken, und die sich aus den Bedingungsgleichungen ableiten lassen, welche diese Einschränkungen ausdrücken (↑d'alembertsches Prinzip). Ein Beispiel ist die Bewegung einer Kugel auf einer Ebene oder in einer Rinne. Z. stehen immer senkrecht auf der Bewegungsrichtung und leisten daher keine Arbeit.

Zweitaktmotor: ↑Ottomotor.

Zwillingsparadoxon: ↑Relativitätstheorie.

Zwischenbild: in einem ↑Fernrohr oder ↑Mikroskop ein vom Objektiv erzeugtes Bild des betrachteten Gegenstands, das mit dem Okular wie durch eine Lupe vergrößert beobachtet werden kann. Allgemein ist ein Z. ein innerhalb eines optischen Geräts erzeugtes *reelles* Bild, das durch andere Geräteteile noch weiter abgebildet wird.

Zyklotron: [griech. kýklos »Kreis«]: ↑Teilchenbeschleuniger.

Zylinderkondensator: ein aus zwei konzentrischen Metallzylindern aufgebauter ↑Kondensator. Die Urform des Kondensators, die Mitte des 18. Jh. erfundene **Leidener Flasche,** hatte diese Gestalt. Sie erreichte Kapazitäten von 10 nF und hat heute nur noch historische Bedeutung.

α:

♦ Symbol für das Alphateilchen (↑Alphazerfall).

♦ (α): Formelzeichen für den ↑linearen Ausdehnungskoeffizienten und die Feinstrukturkonstante.

♦ ($\vec{\alpha}$): Formelzeichen für die Winkelbeschleunigung.

β:

♦ Symbol für das Betateilchen (↑Betazerfall).

♦ (β): Formelzeichen für das Geschwindigkeitsverhältnis v/c in der ↑Relativitätstheorie.

γ:

♦ Symbol für das ↑Photon.

♦ (γ): Formelzeichen für die Raumausdehnungszahl (↑Wärmeausdehnung) und die ↑Wichte.

δ (δ): Formelzeichen für den Verlustwinkel (↑Verlustfaktor).

ε (ε): Formelzeichen für die Permittivität (↑Dielektrizitätskonstante).

ε_0 (ε_0): Formelzeichen für die elektrische Feldkonstante (↑Dielektrizitätskonstante des Vakuums).

ε_r (ε_r): Formelzeichen für die Dielektrizitätszahl (Permittivitätszahl, relative ↑Dielektrizitätskonstante).

η (η): Formelzeichen für die ↑Viskosität und den ↑Wirkungsgrad.

θ (θ): Formelzeichen für die ↑Temperatur und den Winkel.

κ (κ): Formelzeichen für die ↑Kompressibilität.

λ (λ): Formelzeichen für die ↑Wellenlänge, die Zerfallskonstante (↑Radioaktivität) und die ↑freie Weglänge.

μ:

♦ Abk. für den ↑Einheitenvorsatz Mikro (Millionstel = 10^{-6}fach).

♦ Symbol für das ↑Myon.

♦ (μ): Formelzeichen für das ↑Magneton und die ↑Permeabilität.

μ_0 (μ_0): Formelzeichen für die ↑magnetische Feldkonstante (↑Permeabilität des Vakuums).

μ_n (μ_n): Formelzeichen für das ↑Kernmagneton.

μ_r (μ_r): Formelzeichen für die Permeabilitätszahl (relative ↑Permeabilität).

ν:

♦ Symbol für das ↑Neutrino.

♦ (ν): Formelzeichen für die ↑Frequenz.

π:

♦ Symbol für das ↑Pion.

♦ Abk. für die Kreiszahl $\pi = 3,141592\ldots$.

ρ (ρ): Formelzeichen für die ↑Dichte, die Volumenladungsdichte (↑Ladungsdichte) und den spezifischen ↑Widerstand.

σ (σ): Formelzeichen für die Flächenladungsdichte (↑Ladungsdichte), die elektrische ↑Leitfähigkeit, den ↑Wirkungsquerschnitt, die Stefan-Boltzmann-Konstante (↑Strahlungsgesetze) und die ↑Oberflächenspannung.

τ:

♦ Symbol für das ↑Tauon.

♦ (τ): Formelzeichen für die mittlere ↑Lebensdauer.

φ (φ): Formelzeichen für den ↑Drehwinkel, die ↑Phasenverschiebung, und das ↑elektrische Potenzial.

Φ (Φ): Formelzeichen für den ↑Lichtstrom und den ↑magnetischen Fluss.

χ:

♦ (χ_e): Formelzeichen für die ↑dielektrische Suszeptibilität.

♦ (χ_m): Formelzeichen für die ↑magnetische Suszeptibilität.

Ψ (Ψ): Formelzeichen für den ↑elektrischen Fluss und die quantenmechanische Wellenfunktion (↑Schrödinger-Gleichung).

ω (ω): Formelzeichen für die ↑Kreisfrequenz.

$\vec{\omega}$ ($\vec{\omega}$): Formelzeichen für die ↑Winkelgeschwindigkeit.

Ω: Einheitenzeichen für die Einheit ↑Ohm des elektrischen Widerstands.

A **Alembert, Jean le Rond d'**
[dalã'bɛːr]: *Paris 16. 11. 1717,
†Paris 29. 10. 1783, französischer
Physiker und Philosoph; Arbeiten zur
Mechanik (d'alembertsches Prinzip)
und Hydromechanik.

Ampère, André Marie [ã'pɛːr]: *Polé-
mieux (Rhône) 22. 1. 1775, †Marseille
10. 6. 1836, französischer Mathematiker und Physiker; erkannte als erster
den Zusammenhang von Strom und
Magnetismus (amperesche Molekular-
ströme), amperesches Gesetz über die
Kraft zwischen zwei Leitern.

Archimedes: *Syrakus um 285 v.
Chr., †Syrakus 212 v. Chr., griechischer Mathematiker und Physiker;
bestimmte Kreisinhalt und -umfang,
stellte die Hebelgesetze und das archi-
medische Prinzip der Hydrostatik auf.

Aristoteles: *Stagira 384 v. Chr.,
†Chalkis 322 v. Chr., bedeutendster
Naturphilosoph der Antike; Schüler
von Platon, systematisierte das dama-
lige Wissen nach Grundsätzen, die bis
zur Renaissance Gültigkeit hatten;
Schriften über Philosophie, Physik,
Astronomie und Meteorologie.

Aston, Francis William ['æstən]:
*Harborn 1. 9. 1877, †Cambridge
20. 11. 1945, britischer Physiker und
Chemiker; entdeckte 1907 den Dunkelraum der Glimmentladung, 1919
astonscher Massenspektrograph; 1922
Chemie-Nobelpreis.

B **Balmer, Johann Jacob:** *Lau-
sen 1. 5. 1825, †Basel 12. 3.
1898, schweizerischer Mathematiker
und Physiker; entdeckte die B.-Spek-
tralserie im Wasserstoffspektrum und
fand die zugehörige Serienformel.

Bardeen, John [baː'diːn]: *Madison
23. 5. 1908, †Boston 30. 1. 1991,
amerikanischer Physiker; erfand mit
WALTER H. BRATTAIN (*1902, †1987)
und WILLIAM B. SHOCKLEY (*1910,
†1989) den Transistor, wofür alle drei
1956 den Physik-Nobelpreis erhielten.

Schuf mit LEON N. COOPER (*1930)
und JOHN R. SCHRIEFFER (*1931) die
BCS-Theorie der Supraleitung und
erhielt mit diesen 1972 seinen zweiten
Physik-Nobelpreis.

Becquerel, Antoine Henri [bɛ'krɛl]:
*Paris 15. 12. 1852, †Le Croisic 25. 8.
1908, französischer Physiker;
entdeckte 1896 die radioaktive Strahlung des Urans und 1899 die magnetische Ablenkbarkeit der Betastrahlen;
1903 Physik-Nobelpreis mit P. und M.
CURIE.

Bernoulli [bɛr'nʊli], schweizerische
Gelehrtenfamilie: DANIEL B. (*Groningen 8. 2. 1700, †Basel 17. 3. 1782)
leitete die B.-Gleichung der Hydrostatik her, sein Vater JOHANN B. (*Basel
6. 8./27. 7. 1667, †Basel 1. 1. 1748)
und sein Onkel JAKOB B. (*Basel 6. 1.
1654/27. 12. 1653, †Basel 16. 8. 1705)
leisteten wichtige Beiträge zur Integral-
und Differenzialrechnung und ihrer
Anwendung in der Mechanik.

Bethe, Hans Albrecht: *Straßburg
2. 6. 1906, deutsch-amerikanischer
Physiker; am amerikanischen Atom-
und Wasserstoffbombenprojekt beteiligt; Arbeiten zur Quantenfeldtheorie,
Kosmologie (Urknall), Festkörperphysik, Reaktorphysik, B.-Weizsäcker-
Zyklus der Energieerzeugung in
Sternen; Physik-Nobelpreis 1967.

Bohr, Niels Hendrik David: *Kopenhagen 7. 10. 1885, †Kopenhagen
18. 11. 1962, dänischer Physiker; 1913
bohrsches Atommodell, 1922 Theorie
der chemischen Elemente und Physik-
Nobelpreis, »Kopenhagener Deutung«
der Wellenfunktion als Wahrscheinlichkeitswelle. Sein Sohn AAGE NIELS
B. (*Kopenhagen 19. 6. 1922) bekam
1975 den Physik-Nobelpreis für
Beiträge zum Kernmodell.

Boltzmann, Ludwig: *Wien 20. 2.
1844, †5. 9. 1906 Duino bei Triest,
österreichischer Physiker; 1872 experimentelle Bestätigung der Maxwell-

Beziehung, Mitbegründer von kinetischer Gastheorie, Thermodynamik und
statistischer Physik.

Born, Max: *Breslau 11. 12. 1882,
†Göttingen 5. 1. 1970, deutscher Physi-
ker; Arbeiten zu Relativitätstheorie,
Kristallphysik und Quantenmechanik
(u. a. Grundlagen zur Kopenhagener
Deutung der Quantenmechanik).

Bose, Satyendra Nath: *Kalkutta
1. 1. 1894, †Kalkutta 4. 2. 1974, indi-
scher Physiker; Arbeiten zur statistischen Thermodynamik (bewies u. a.
die plancksche Strahlungsformel).
Seine statistische Methode ist Grundlage der B.-Einstein-Statistik für unun-
terscheidbare Teilchen (sog. Bosonen).

Bragg, William Henry [bræg]: *West-
ward/Cumberland 2. 7. 1862, †London
12. 3. 1942, britischer Physiker; entwickelte zusammen mit Sohn WILLIAM
LAWRENCE B. (*Adelaide 31. 3. 1890,
†Ipswich 1. 7. 1971) die B.-Methode
zur Röntgen-Kristallanalyse; 1915 gemeinsamer Physik-Nobelpreis.

Broglie, Louis Victor de [də'brɔj]:
*Dieppe 15. 8. 1892, †Louveciennes
(bei Paris) 19. 3. 1987, französischer
Physiker; führte 1923/24 die nach ihm
benannten Materiewellen ein; 1929
Physik-Nobelpreis.

C **Carnot, Nicolas Léonard Sadi**
[kar'noː]: *Paris 1. 6. 1796,
†Paris 24. 8. 1832, frz. Physiker und
Ingenieur; erforschte den carnotschen
Kreisprozess und den Zusammenhang
zwischen Wärme und Energie.

Clausius, Rudolf Julius Emanuel:
*Köslin 2. 1. 1822, †Bonn 24. 8. 1888,
deutscher Physiker; Mitbegründer von
mechanischer Wärmelehre und statistischer Mechanik, führte 1865 die
Entropie ein, Theorie der elektrolytischen Leitfähigkeit.

Compton, Arthur Holly ['kɔmptən]:
*Wooster 10. 9. 1892, †Berkeley 15. 3.
1962, amerikanischer Physiker; untersuchte Beugung, Streuung und Reflexi-

on von Röntgenstrahlen (C.-Effekt,
1922); 1927 Physik-Nobelpreis.

Coulomb, Charles Augustin de
[ku'lɔb]: *Angoulême 14. 6. 1736,
†Paris 23. 8. 1806, französischer Physiker und Ingenieur; Offizier, unter Napoleon Erziehungsminister, Arbeiten
u.a. zu Mechanik, Reibung, Elektro-
und Magnetostatik (C.-Gesetz).

Curie [ky'riː], französisch-polnische
Physiker- und Chemikerfamilie: MA-
RIE C. (*Warschau 7. 11. 1862, †San-
cellemoz/Haute-Savoie 4. 7. 1934,
Physik-Nobelpreis 1903, Chemie-
Nobelpreis 1911) prägte den Begriff
»Radioaktivität«, begründete mit ihrem
Mann PIERRE C. (*Paris 15. 5. 1859,
†Paris 19. 4. 1906, Physik-Nobelpreis
1903) die Radiochemie und -physik.
PIERRE C. entdeckte mit seinem Bruder
PAUL JACQUES C. (*1855, †1941) 1880
die Piezoelektrizität und fand 1894/95
das C.-Weiss-Gesetz. PIERRE und
MARIE C.s Tochter IRÈNE JOLIOT-
CURIE (*1897, †1956) und ihr Mann
FRÉ-DÉRIC JOLIOT-CURIE (*1900,
†1958) sind Mitentdecker des Neutrons
und der künstlichen Radioaktivität (ge-
meinsamer Chemie-Nobelpreis 1935).

D **Dalton, John** ['dɔːltən]:
*Eaglesfield 5. 9. 1766,
†Manchester 27. 7. 1844, britischer
Physiker und Chemiker; Arbeiten zur
Flüssigkeits- und Gasdynamik,
Begründer der modernen Atomlehre.

Debye, Peter Josephus Wilhelmus
[də'bɛiə]: *Maastricht 24. 3. 1884,
†Ithaca (N. Y.) 2. 11. 1966, niederlän-
disch-amerikanischer Physiker; wichtige Beiträge zur Festkörperphysik,
D.-Theorie der spezifischen Wärme;
schlug 1938 die adiabatische Entmagnetisierung vor.

Demokrit (Demokritos): *Abdera
(Thrakien) um 460 v. Chr., † um 375
v. Chr., griechischer Philosoph; einer
der Begründer des Atomismus, erkannte die Milchstraße als Sternensystem.

Descartes, René [de'kart] (Renatus Cartesius): *La Haye (heute Descartes) 31. 3. 1596, †Stockholm 11. 2. 1650, französischer Mathematiker, Naturwissenschaftler und Philosoph; Mitbegründer des modernen naturwissenschaftlichen Weltbilds; kartesisches Koordinatensystem.

Dirac, Paul Adrien Maurice [dɪr'æk]: *Bristol 8. 8. 1902, †Tallahassee (Florida) 20. 10. 1984, britischer Physiker; Mitbegründer der Quantenmechanik, stellte die relativistische Wellengleichung (D.-Gleichung) auf und sagte das Positron voraus; Arbeiten zu Quantenelektrodynamik und Quantengravitation; 1933 Physik-Nobelpreis.

Doppler, Christian: *Salzburg 29. 11. 1803, †Venedig 17. 3. 1853, österreichischer Physiker; entdeckte 1842 den D.-Effekt, Arbeiten in Geometrie und Optik.

E **Einstein, Albert:** siehe S. 86.
Eötvös, Loránd Baron von ['øt-vøʃ]: *Budapest 27. 7. 1848, †Budapest 8. 4. 1919, ungarischer Physiker; Nachweis der Übereinstimmung von schwerer und träger Masse (E.-Drehwaage); 1894–95 Kulturminister.

F **Faraday, Michael** ['færədɪ]: *Newington (heute London) 22. 9. 1791, †Hampton Court (heute London) 25. 8. 1767, britischer Physiker und Chemiker; zunächst Buchbinder, dann Laborgehilfe, ab 1827 Physik- und Chemieprofessor; entscheidende Beiträge zur Theorie der Elektrolyse, des Elektromagnetismus und der Feldtheorie; erfand den F.-Käfig.

Fermi, Enrico: *Rom 29. 9. 1901, †Chicago 28. 11. 1954, italienisch-amerikanischer Physiker; 1926 F.-Dirac-Statistik (nach ihm sind die Fermionen benannt), Arbeiten zu β-Zerfall, schwacher Wechselwirkung und Quantentheorie des Festkörpers; 1942 erster Kenreaktor, wichtige Rolle bei der Entwicklung der Atombombe.

Feynman, Richard Phillips ['feɪnmən]: *New York 11. 5. 1918, †Los Angeles 15. 2. 1988, amerikanischer Physiker; 1942–45 Mitarbeit am Atombombenprojekt; grundlegende Arbeiten zu Quantenelektrodynamik, β-Zerfall und Suprafluidität, F.-Graphen zur Berechnung von Elementarteilchenreaktionen; Physik-Nobelpreis 1965.

Foucault, Jean Bernard Léon [fu'ko]: *Paris 18. 9. 1819, †Paris 11. 2. 1868, französischer Physiker und Astronom; Autodidakt, 1865 Mitglied der Académie des sciences, 1850 Drehspiegelmethode zur Messung der Lichtgeschwindigkeit, 1851 foucaultscher Pendelversuch, arbeitete über Magnetismus und Wärmestrahlung.

Fourier, Jean Baptiste Joseph [fur'je]: *Auxerre 21. 3. 1768, †Paris 16. 5. 1830, französischer Mathematiker und Physiker; 1798–1801 mit Napoleon in Ägypten; Theorie zur Wärmeausbreitung (1822), harmonische Analyse von Funktionen (F.-Analyse).

Franklin, Benjamin [fræŋ'klɪn]: *Boston 17. 1. 1706, †Philadelphia 17. 4. 1790, amerikanischer Staatsmann und Naturwissenschaftler; Arbeiten zu Elektrizität (erfand den Blitzableiter), Hydro- und Thermodynamik; 1776 Mitunterzeichner der amerikanischen Unabhängigkeitserklärung.

Fraunhofer, Joseph von: *Straubing 6. 3. 1787, †München 7. 6. 1826, deutscher Glastechniker und Physiker; entwickelte zunächst als Handwerker optische Geräte, 1819 Physik-Professor; entdeckte 1814 die F.-Linien im Sonnenspektrum, Nachweis der Wellennatur des Lichts, stellte das erste Beugungsgitter für Licht her.

Fresnel, Augustin Jean [frɛ'nɛl]: *Broglie 10. 5. 1788, †Ville-d'Avray (bei Sèvres) 14. 7. 1827, französischer Ingenieur und Physiker; 1815 erste Wellentheorie des Lichts, F.-Spiegelversuch, -Linse und -Zonenplatte.

G **Galilei, Galileo:** siehe S. 146.
Galvani, Luigi: *Bologna 9. 9.
1737, †Bologna 4. 12. 1798, italienischer Arzt und Naturforscher; entdeckte »tierische Elektrizität« in Frosch-
schenkeln, was von ALESSANDRO VOL-
TA (*1745, †1827) korrekt interpretiert
wurde.
Gamow, George ['gɑɪməʊ]: *Odessa
4. 3. 1904, †Boulder (Colorado) 19. 8.
1968, amerikanischer Physiker russi-
scher Herkunft; u. a. kernphysikalische
(α- und β-Zerfall) und kosmologische
Arbeiten (prägte den Begriff »Urknall«
und sagte die kosmische Hintergrundstrahlung voraus).
Gauß, Carl Friedrich: *Braunschweig, 30. 4. 1777, †Göttingen 23. 2.
1855, deutscher Mathematiker, Astronom und Physiker; einer der bedeutendsten Mathematiker aller Zeiten; für
die Physik wichtig sind Arbeiten zu
Fehlerfortpflanzung, Potenzialtheorie
(gaußsches Gesetz), Erdmagnetfeld,
Optik, Kapillarität; führte das gaußsche
Maßsystem ein (CGS-System), war am
Bau des ersten Telegrafen beteiligt.
Geiger, Hans: *Neustadt a. d. Wstr.
30. 9. 1882, †Potsdam 24. 9. 1945,
deutscher Physiker; Schüler von RUTH-
ERFORD, 1913 Identität von Kernla-
dungs- und Ordnungszahl, 1928
G.-Müller-Zählrohr (WALTER M.
MÜLLER, *1905, †1979).
Gell-Mann, Murray: ['gel'mæn],
*New York 15. 9. 1929, amerikani-
scher Physiker; grundlegende Arbeiten
zur Elementarteilchenphysik; führte die
»Strangeness« ein, postulierte 1964 die
Quarks; Physik-Nobelpreis 1969.
Gibbs, Josiah Willard [gɪbz]: *New
Haven (Conn.) 11. 2. 1839, †New
Haven 28. 4. 1903, amerikanischer
Physiker; Arbeiten zu Wärmelehre und
statistischer Physik, prägte den Begriff
»Phase« und die gibbssche Phasenregel
(1876), trug zur Einführung der
Vektorrechnung in der Physik bei.

Goeppert-Mayer, Maria: *Kattowitz
28. 6. 1906, †San Diego 20. 2. 1972,
deutsch-amerikanische Physikerin; ab
1947 Kernschalenmodell, Arbeiten zu
Isotopentrennung und statistischer
Mechanik. Physik-Nobelpreis 1963 mit
H. D. JENSEN und E. P. WIGNER.
Guericke, Otto von ['geːrikə]: *Magdeburg 20. 11. 1602, †Hamburg 11. 5.
1686, deutscher Physiker; Bürgermeister in Magdeburg, erfand die Luftpumpe, bewies die Stofflichkeit der Luft,
fand die elektrische Abstoßung, Leitfähigkeit und Influenz.

H **Hahn, Otto:** *Frankfurt/Main
8. 3. 1879, †Göttingen 28. 7.
1968, deutscher Chemiker; gemeinsam
mit L. MEITNER Arbeiten zur Uran-
spaltung und ihrer Kettenreaktion;
Chemie-Nobelpreis 1944.
Hawking, Steven William ['hɔkiŋ]:
*Oxford 8. 1. 1942, britischer Physi-
ker; grundlegende Beiträge zu Kosmologie (H.-Strahlung schwarzer Löcher)
und Teilchenphysik.
Heisenberg, Werner: *Würzburg
5. 12. 1901, †München 1. 2. 1976,
deutscher Physiker; 1927 heisenbergsche Unschärferelation, 1932 Physik-
Nobelpreis, Arbeiten zum Ferromagnetismus, im Zweiten Weltkrieg Leiter
des deutschen Atombombenprojekts.
Helmholtz, Hermann von: *Potsdam
31. 8. 1821, †Charlottenburg (heute
Berlin) 8. 9. 1894, deutscher Physiker
und Physiologe; 1847 Begründung des
Energiesatzes, erforschte Sehen und
Hören, führte den Begriff der Elementarladung ein.
Hertz, Heinrich Rudolf: *Hamburg
22. 2. 1857, †1. 1. 1894 Bonn, deutscher Physiker; grundlegende Beiträge
zum Elektromagnetismus (hertzscher
Dipol), erzeugte 1886 erstmals elektromagnetische Wellen.
Hooke, Robert [hʊk]: *Freshwater
(Isle of Wight) 18. 7. 1865, †London
3. 3. 1703, britischer Naturforscher;

verbesserte u. a. Luftpumpe und Mikroskop, fand das hookesche Gesetz.

Huygens, Christiaan [ˈhœi̯xəns]: *Den Haag 14. 4. 1629, †Den Haag 8. 7. 1695, niederländischer Mathematiker, Physiker und Uhrenbauer; Arbeiten über Wahrscheinlichkeitsrechnung, Wellentheorie des Lichts (huygenssches Prinzip), Pendelschwingungen, entdeckte den ersten Saturnmond.

J Jensen, Hans Daniel: *Hamburg 25. 6. 1907, †Heidelberg 11. 2. 1973, deutscher Physiker; Arbeiten zur schwachen Wechselwirkung, Kernschalenmodell; 1963 Physik-Nobelpreis.

Joliot-Curie, Irène und **Pierre:** siehe CURIE.

Joule, James Prescott [dʒuːl]: *Salford 24. 12. 1818, †Sale (Cheshire) 11. 10. 1889, britischer Brauereibesitzer und Physiker; Arbeiten zu Elektromagnetismus und Wärmelehre, 1841 joulesche Wärme, 1843 Energiesatz, 1852 J.-Thomson-Effekt.

Jukawa, Hideki (Yukawa): *Tokio 23. 1. 1907, †Kyoto 8. 9. 1981, japanischer Physiker; Arbeiten zu Kern- und Elementarteilchenphysik, 1935 Beschreibung der Kernkräfte durch das Yukawa-Potenzial; Nobelpreis 1949.

K Kamerlingh Onnes, Heike: *Groningen 21. 9. 1853, †Leiden 12. 2. 1926, niederländischer Physiker, Begründer der Tieftemperaturphysik; 1908 Heliumverflüssigung, 1911 Supraleitung; 1913 Physik-Nobelpreis.

Kelvin, William Lord K. of Largs […əv lɑːgz], geboren als WILLIAM THOMSON: *Belfast 26. 6. 1824, †Nethergall bei Largs 17. 12. 1907, britischer Physiker; 1848 K.-Temperaturskala, 1852 Joule-Thomson-Effekt; 1898 mit J. J. THOMSON »Rosinenkuchenmodell« des Atoms.

Kepler, Johannes: *Weil der Stadt 27. 12. 1571, †Regensburg 15. 11. 1630, deutscher Astronom und Mathematiker; 1609/1618 keplersche Gesetze der Planetenbewegung, Begründer der geometrischen Optik.

Kirchhoff, Gustav Robert: *Königsberg (heute Kaliningrad) 12. 3. 1824, †Berlin 17. 10. 1887, deutscher Physiker; 1845 kirchhoffsche Regeln, 1859 kirchhoffsche Strahlungsgesetze, erklärte die fraunhoferschen Linien als Absorptionslinien.

Kopernikus, Nikolaus (Koppernigk): *Thorn (heute Torun) 19. 2. 1473, †Frauenburg (heute Frombork) 24. 5. 1543, deutscher Astronom; veröffentlichte 1543 in einer Schrift das kopernikanische Weltbild mit der Sonne als Mittelpunkt des Planetensystems.

L Landau, Lew Dawidowitsch [lanˈdaʊ̯]: *Baku 22. 1. 1908, †Moskau 1. 4. 1968, sowjetischer Physiker: Beiträge zu fast allen Bereichen der Physik, u. a. Diamagnetismus, Plasmaphysik, Supraleitung und -fluidität, Quantenfeldtheorie, Tieftemperaturphysik; 1962 Physik-Nobelpreis. L. entwickelte die sowjetische Wasserstoffbombe, war aber ein überzeugter Stalingegner (1938/39 inhaftiert).

Laue, Max von: *Pfaffendorf (heute Koblenz) 9. 10. 1879, †Berlin 24. 4. 1960, deutscher Physiker; Arbeiten zur Relativitäts- und Quantentheorie, Supraleitung, Röntgen-Kristallstrukturanalyse (Physik-Nobelpreis 1914); trat während des Nationalsozialismus für verfolgte Physiker ein (u. a. EINSTEIN).

Leibniz, Gottfried Wilhelm: *Leipzig 1. 7. 1646, †Hannover 14. 11. 1716, deutscher Universalgelehrter und Diplomat; entwickelte die Integral- und Differenzialrechnung parallel zu I. NEWTON, Beiträge zu Mechanik und Theorie der Reibung, baute eine funktionsfähige Rechenmaschine.

Lenard, Philipp: *Pressburg (heute Bratislava) 7. 6. 1862, †Messelhausen 20. 5. 1947, deutscher Physiker; Arbeiten zu Phosphoreszenz und Kathodenstrahlen (Physik-Nobelpreis 1905), ab 1920 maßgeblich an der Judenverfolgung an der Universität Heidelberg beteiligt, bekämpfte EINSTEIN u. a. mit einer sog. »deutschen Physik«.

Lichtenberg, Georg Christoph: Oberramstadt (bei Darmstadt) 1. 7. 1742, †Göttingen 24. 2. 1799, deutscher Physiker und Schriftsteller; Professor für Mathematik und Physik in Göttingen, Arbeiten zu Geodäsie, Elektrizitätslehre, Meteorologie und Chemie. Die nach ihm benannten L.-Figuren sind Grundlage der Xerographie. Schrieb in seine berühmten »Sudelbücher« Tausende von Aphorismen u. a. zu Fragen der Philosophie und Physik.

Lorentz, Hendrik Antoon: *Arnheim 18. 7. 1853, †Haarlem 4. 2. 1928, niederländischer Physiker; erklärte 1875 Lichtbeugung und -brechung mithilfe der Maxwell-Gleichungen, 1895 L.-Kraft, 1899 L.-Transformation; 1902 Physik-Nobelpreis.

M **Mach, Ernst:** *Turas (Tschechien) 18. 2. 1838, †Haar (bei München) 19. 2. 1916, österreichischer Physiker und Philosoph; arbeitete über Akustik, Strömungslehre und Gasdynamik (M.-Kegel bei Überschallgeschwindigkeit); das machsche Prinzip bereitete die Relativitätstheorie vor.

Maxwell, James Clerk [m'ækswəl]: *Edinburgh 13. 6. 1831, †Cambridge 5. 11. 1879, britischer Physiker; wichtige Beiträge zu Elektromagnetismus (M.-Gleichungen) und Gastheorie (M.-Boltzmann-Verteilung).

Mayer, Julius Robert: *Heilbronn 25. 11. 1814, †20. 3. 1878 Heilbronn, deutscher Arzt und Naturforscher; leitete 1842 aus einem medizinischen Befund die Äquivalenz von mechanischer Arbeit und Wärme ab (erster Hauptsatz der Thermodynamik) und formulierte den Energieerhaltungssatz.

Meitner, Lise: *Wien 7. 11. 1878, †Cambridge 27. 10. 1968, österrei-

chisch-schwedische Physikerin; wichtige Beiträge zur Theorie der Kernspaltung (bis zu ihrer Emigration 1933 gemeinsam mit O. HAHN), zeigte 1925, dass Gammastrahlung erst nach einem Kernzerfall entsteht.

Michelson, Albert Abraham ['maɪkəlsn]: *Strelno (bei Posen) 19. 12. 1852, †Pasadena 9. 5. 1931, polnischamerikanischer Physiker; 1881 M.-Interferometer, vermaß als Erster die Feinstruktur von Spektrallinien; 1907 Physik-Nobelpreis.

N **Nernst, Walther Hermann:** *Briesen (Westpreußen, heute Wabrzezno) 25. 6. 1864, †Zibelle (Oberlausitz) 18. 11. 1941, deutscher Physiker und Chemiker; erforschte u. a. Elektromagnetismus und Wärmelehre, 1897 N.-Lampe, 1906 nernstscher Satz, 1920 Chemie-Nobelpreis.

Newton, Sir Isaac ['nju:tn]: siehe S. 288.

Noether, Amalie Emmy: *Erlangen 23. 3. 1882, †Bryn Mwar (Pennsylvania) 14. 4. 1935, bedeutendste Mathematikerin des 20. Jh.; führte im N.-Theorem die physikalischen Erhaltungssätze auf grundlegende Symmetrien zurück.

O **Ohm, Georg Simon:** *Erlangen 16. 3. 1787, †München 6. 7. 1854, deutscher Physiker; ohmsches Gesetz der Elektrizitätslehre, Wärmeleitung, Magnetostatik und Akustik.

Oppenheimer, Julius Robert: *New York 22. 4. 1904, †Princeton (New Jersey) 18. 2. 1967, amerikanischer Physiker; arbeitete u. a. über Kern- und Elementarteilchenphysik, leitete das Labor für die Entwicklung der ersten Atombombe; setzte sich nach dem Zweiten Weltkrieg für Abrüstung ein und wurde 1954 wegen angeblicher kommunistischer Neigungen entlassen.

P **Pascal, Blaise** [pas'kal]: *Clermont-Ferrand 19. 6. 1623, †Paris 19. 8. 1662, französischer Religionsphilosoph, Mathematiker und Physiker; erklärte 1647 die kommunizierenden Röhren, maß die Abnahme des Luftdrucks mit der Höhe.

Pauli, Wolfgang: *Wien 25. 4. 1900, †Zürich 4. 11. 1950, österreichisch-amerikanischer Physiker; 1924 Pauli-Prinzip, postulierte 1930 das Neutrino, 1945 Physik-Nobelpreis.

Planck, Max: *Kiel 23. 4. 1858, †Göttingen 4. 10. 1947, deutscher Physiker; zunächst Ausbau der Thermodynamik, 1900 plancksche Strahlungsformel als Ausgangspunkt der Quantentheorie; 1918 Physik-Nobelpreis. P. war langjähriger Präsident der Kaiser-Wilhelm-Gesellschaft (heute Max-P.-Gesellschaft), philosophische Schriften.

Poincaré, Jules Henri [pwɛ̃ka're]: *Nancy 29. 4. 1854, †Paris 17. 7. 1912, französischer Mathematiker, Physiker und Philosoph; Untersuchung des Dreikörperproblems (Wegbereiter der Chaostheorie), forderte 1904 die Invarianz aller physikalischen Gesetze unter Lo-rentz-Transformationen, Arbeiten zur Wissenschaftstheorie.

Poisson, Siméon Denis [pwass'ɔ̃]: *Pithiviers (Departement Loiret) 21. 6. 1781, †Paris 25. 4. 1840, französischer Mathematiker und Physiker; P.-Verteilung (Wahrscheinlichkeitstheorie), P.-Gleichung (Elektrostatik).

R **Rayleigh, John William** Strutt Baron von ['reɪlɪ strʌt]: *Langford Grove (Essex) 12. 11. 1842, †Witham (Essex) 30. 6. 1919, britischer Physiker; Arbeiten in Schwingungslehre, Akustik und zu Wärmestrahlung (rayleigh-jeanssches Strahlungsgesetz) und Lichtstreuung (blaue Farbe des Himmels); 1904 Physik-Nobelpreis.

Römer, Ole (Olaf): *Århus 25. 9. 1644, †Kopenhagen 19. 9. 1710, dänischer Astronom und Mathematiker; baute den ersten Meridiankreis und bestimmte die Lichtgeschwindigkeit mithilfe der Jupitermonde.

Röntgen, Wilhelm Conrad: *Lennep (heute Remscheid) 27. 3. 1845, †München 10. 2. 1923, deutscher Physiker; arbeitete über Kristallphysik, spezifische Wärme, Wärmestrahlung und Elektrodynamik; entdeckte 1895 in Gasentladungen die X-Strahlen (R.-Strahlen), 1901 Physik-Nobelpreis.

Rutherford, Ernest ['rʌðəfəd]: *bei Nelson (Neuseeland) 30. 8. 1871, †Cambridge 19. 10. 1937, britischer Physiker neuseeländischer Herkunft; einer der Begründer der Atom- und Kernphysik; 1898 Nachweis von α- und β-Strahlen, 1903 Theorie des radioaktiven Zerfalls, 1911 rutherfordscher Streuversuch und R.-Modell des Atoms, 1919 erste künstliche Kernumwandlung (Stickstoff); 1908 Chemie-Nobelpreis.

S **Sacharow, Andrej Dimitrijewitsch** ['sa-]: *Moskau 21. 5. 1921, †Moskau 14. 12. 1989, sowjetischer Physiker und Bürgerrechtler; führend an der Entwicklung der sowjetischen Wasserstoffbombe beteiligt, schlug Tokamak-Anordnung für die Kernfusion vor, diskutierte 1967 erstmals die Instabilität des Protons; trug ab 1957 entscheidend zum Verbot von oberirdischen Kernwaffentests bei; 1975 Friedensnobelpreis, 1980–87 verbannt, 1987–89 Volksdeputierter.

Schrödinger, Erwin: *Wien 12. 8. 1887, †Wien 4. 1. 1961, österreichischer Physiker; Interpretation der Quantenmechanik als Wellenmechanik (S.-Gleichung); philosophische Schriften; lehnte die Kopenhagener Deutung der Quantenmechanik ab (»Schrödingers Katze«), 1933 Physik-Nobelpreis.

Siemens, Werner von: *Lenthe 13. 12. 1816, †Berlin 6. 12. 1892; deutscher Erfinder und Unternehmer; erfand u.a. die Dynamomaschine.

Sommerfeld, Arnold: *Königsberg (heute Kaliningrad) 5. 12. 1868, †München 26. 4. 1951, deutscher Physiker;

Arbeiten zur Kreiseltheorie, 1915 bohr-sommerfeldsches Atommodell, wandte die Relativitätstheorie auf die Quanten-theorie an.

Teller, Edward: *Budapest 15. 1. 1908, ungarisch-amerikani-scher Physiker; Arbeiten zu Kern- und Plasmaphysik, wirkte an der Entwick-lung der Atombombe mit; schuf nach dem Zweiten Weltkrieg die theoreti-schen Grundlagen für die Wasserstoff-bombe; setzte sich in den 1980er-Jahren für ein lasergestütztes Raketen-abwehrsystem im Weltraum (SDI) ein.

Tesla, Nicola: *Smiljan 10. 7. 1856, †New York 7. 1. 1943, amerikanischer Physiker kroatischer Herkunft; zeitwei-se Mitarbeiter von THOMAS A. EDISON (*1847, †1931), 1887 Mehrphasen-stromtechnik, 1888 Drehstrommotor.

Thales von Milet, *Milet um 625 v. Chr., †um 547 v. Chr., griechischer Naturphilosoph; sagte die Sonnenfin-sternis von 585 v. Chr. voraus, beschrieb Elektrizität und Magnetis-mus, hielt Wasser für das Urelement.

Thomson, Joseph John ['tɔmsn]: *Cheetham Hill 18. 12. 1856, †Cam-bridge 30. 8. 1940, britischer Physiker; bestimmte die spezifische Ladung des Elektrons, entdeckte 1913 stabile Isoto-pe des Neon, »Rosinenkuchenmodell« des Atoms (zusammen mit Lord KEL-VIN); 1906 Physik-Nobelpreis. Sein Sohn GEORGE PAGET T. (*Cambridge 3. 5. 1892, †Cambridge 10. 9. 1975) fand 1927 Elektroneninterferenz (mit CLINTON DAVISSON, *1881, †1958 und LESTER GERMER, *1896, †1971), 1937 Physik-Nobelpreis mit DAVISSON.

Thomson, William: siehe KELVIN.

Torricelli, Evangelista ['torritʃɛlli]: *Faenza 15. 10. 1608, †Florenz 25. 10. 1647, italienischer Physiker und Mathematiker; Fallversuche mit GALILEI (Nachweis der Erddrehung), maß den Luftdruck, erzeugte ein Vaku-um, 1644 Quecksilberthermometer.

W **Waals, Johannes Diderik van der:** *Leiden 23. 11. 1837, †Am-sterdam 8. 3. 1923, niederländischer Physiker; V.-d.-W.-Gleichung und -Wechselwirkung, untersuchte Ober-flächenspannung und Kapillarität; Phy-sik-Nobelpreis 1910.

Watt, James [wɔt]: *Greenock 19. 1. 1736; †Heathfield (heute Birmingham) 19. 8. 1819, britischer Ingenieur und Erfinder; zunächst Feinmechaniker; 1769 Niederdruck-Dampfmaschine, 1782 universell einsetzbare Dampf-maschine, führte Pferdestärke als Leistungseinheit ein.

Weinberg, Steven ['waɪnbəːg]: *New York 3. 5. 1933, amerikanischer Physiker; kosmologische Arbeiten, Theorie der elektroschwachen Wech-selwirkung (mit SHELDON L. GLAS-HOW, *1932, und ABDUS SALAM, *1926, †1996); Physik-Nobelpreis 1979 (zusammen mit SALAM).

Weizsäcker, Carl Friedrich Freiherr von: *Kiel 28. 6. 1912, deutscher Phy-siker und Philosoph, Bruder des ehe-maligen Bundespräsidenten; Tröpf-chenmodell des Kerns, Energieerzeu-gung in Sternen (Bethe-W.-Zyklus), 1966 Versuch einer »Weltformel«.

Wigner, Eugene Paul: *Budapest 17. 11. 1902, †Princeton (New Jersey) 1. 1. 1995, ungarisch-amerikanischer Physiker; bedeutende Arbeiten zur Atom- und Kernphysik und zur Theorie des Kernreaktors, Mitarbeit an der Ent-wicklung der Atombombe; Physik-Nobelpreis 1963.

Y **Yukawa:** siehe JUKAWA.

Z **Zeeman, Pieter** ['zeː-]: *Zonne-maire 25. 5. 1865, †Amsterdam 9. 10. 1943, niederländischer Physiker; Z.-Effekt, Hyperfeinstruktur, Physik-Nobelpreis 1902 mit H. A. LORENTZ.

■ **Lehrbücher und Lernhilfen**

Beuthan, Steffen: Abi-Countdown
Physik, Band 1: Grundkurs. Stuttgart
(Klett) 1998, Band 2: Leistungskurs.
Stuttgart (Klett) 1998.

Götz, Hans-Peter: Physik. Berlin (Cor-
nelsen Scriptor) 2000.

Grehn, Joachim und Krause, Joachim:
Metzler Physik, 2 Teile. Hannover;
Stuttgart (Schroedel; Metzler) [3]2000.

Lehrbuch der Experimentalphysik, begründet von Ludwig Bergmann und
Clemens Schäfer, 8 Bände. Berlin
(de Gruyter) [1-11]1992-99.

Physik, hg. von Peter Rennert und Herbert Schmiedel. Neuausgabe Mannheim (BI-Wissenschaftsverlag)
1995.

Sexl, Roman u.a.: Eine Einführung in
die Physik, 3 Bände. Aarau (Sauer-
länder) [3]1996.

Tipler, Paul A.: Physik. Neudruck Heidelberg (Spektrum Akademischer
Verlag) 2000.

Vogel, Helmut: Gerthsen Physik,
begründet von Christian Gerthsen.
Berlin (Springer) [20]1999.

Winnenburg, Wolfram: Duden-Abitur-
hilfen. Basiswissen Mathematik zur
Physik. Mannheim (Dudenverlag)
1991.

Winnenburg, Wolfram: Duden-Abitur-
hilfen. Elektrizitätslehre. Mannheim
(Dudenverlag) 1994.

Winnenburg, Wolfram: Duden-Abitur-
hilfen. Mechanik, 2 Bände. Mannheim (Dudenverlag) 1992.

■ **Nachschlagewerke und
Formelsammlungen**

Fischer, Rolf und Vogelsang, Klaus:
Größen und Einheiten in Physik und
Technik. Berlin (Verlag Technik)
[6]1993.

Fischer, Tilo und Dorn, Hans-Jörg:
Physikalische Formeln und Daten.
Neudruck Stuttgart (Klett) 1995.

Formeln und Tabellen für die Sekundarstufen I und II. Berlin (Paetec) [8]2000.

Hund, Friedrich: Grundbegriffe der
Physik, 2 Bände. Mannheim (Bibliographisches Institut) [2]1979.

Kurzweil, Peter: Das Vieweg Einhei-
ten-Lexikon. Braunschweig (Vieweg) [2]2000.

Lexikon der Physik, bearbeitet von
Walter Greulich u. a., 6 Bände. Hei-
delberg (Spektrum, Akademischer
Verlag) 1998–2000.

Das visuelle Lexikon der Naturwissenschaften. Neuausgabe Hildesheim
(Gerstenberg) 2000.

Wissensspeicher Physik, hg. von
Rudolf Göbel. Berlin (Volk-und-
Wissen-Verlag) 1998.

■ **Populärwissenschaftliche Physik**

Baeyer, Hans Christian von: Das All,
das Nichts und die Achterbahn. Neuausgabe Reinbek (Rowohlt) 1997.

Feynman, Richard P.: Vom Wesen
physikalischer Gesetze. München
(Piper) [2]1996.

Gell-Mann, Murray: Das Quark und
der Jaguar. München (Piper) [2]1998.

Haken, Hermann: Erfolgsgeheimnisse
der Natur. Taschenbuchausgabe
Reinbek (Rowohlt) 1995.

Hawking, Stephen W.: Die illustrierte
Geschichte der Zeit. Taschenbuchausgabe Reinbek (Rowohlt) 2000.

Kranzer, Walter: So interessant ist
Physik. Köln (Aulis) [3]1997.

Morrison, Philip und Morrison, Phylis:
Zehn hoch. Frankfurt am Main
(Zweitausendeins) [2]1994.

Prigogine, Ilya: Die Gesetze des Chaos.
Frankfurt am Main (Insel) 1998.

Völz, Horst und Ackermann, Peter: Die
Welt in Zahlen und Skalen. Heidelberg (Spektrum, Akademischer Verlag) 1996.

■ Ungewöhnliche Zugänge zur Physik

Bruce, Colin: Sherlock Holmes und der Energie-Anarchist. Basel (Birkhäuser) 1998.

Bublath, Joachim: Knoff-hoff. Die neuen Experimente. Taschenbuchausgabe München (Heyne) 1999.

Epstein, Lewis C.: Epsteins Physikstunde. Basel (Birkhäuser) [3]1992.

Gamov, George: Mister Tompkins' seltsame Reisen durch Kosmos und Mikrokosmos. Nachdruck Braunschweig (Vieweg) 1994.

Weber, Robert L. und Mendoza, Eric: Kabinett physikalischer Raritäten. Braunschweig (Vieweg) [3]1984.

■ Geschichte und Biografien

Bührke, Thomas: Newtons Apfel. Sternstunden der Physik. München (Beck) [3]1998.

Feynman, Richard: "Sie belieben wohl zu scherzen, Mister Feynman!" München (Piper) [10]2000.

Die großen Physiker, herausgegeben von Karl von Meyenn, 2 Bände. München (Beck) 1997.

Hund, Friedrich: Geschichte der physikalischen Begriffe. Neudruck Heidelberg (Spektrum, Akademischer Verlag) 1996.

Segrè, Emilio: Die großen Physiker und ihre Entdeckungen. Sonderausgabe München (Piper) [2]1998.

Simonyi, Károly: Kulturgeschichte der Physik. Thun (Deutsch) [2]1995.

■ Physik auf CD-ROM

Bauer, Wolfgang u. a.: CliXX Physik. Thun (Deutsch) 1998.

Einstein – die Welt des Genies. München; Heidelberg (Systhema; Spektrum Akademischer Verlag) 1998.

Das elektronische Tafelwerk für die Sekundarstufen I und II. Berlin (Paetec) 2000.

Härtel, Hermann und Lüdke, Michael: Physik 3 D – Mechanik. XyZET. Ein Simulationsprogramm zur Physik. Berlin (Springer) 2000.

Hawking, Stephen W.: Eine kurze Geschichte der Zeit. Ein interaktives Abenteuer. Lizenzausgabe Köln (Naumann u. Göbel) 2000.

Naturwissenschaften neu entdecken. Mannheim (Meyers Lexikonverlag) 1997.

Physikus. Stuttgart (Heureka Klett) 1999.

Wüllenweber, Matthias: Albert – Physik interaktiv. Berlin (Springer) [3]1999.

■ Physik im Internet

Zeitschriften und Dienste:
http://www.spektrum.de/
(Spektrum der Wissenschaft)
http://www.bdw.de/
(bild der wissenschaft online)
http://www.wiley-vch.de/vch/journals/index.html
(Physikalische Blätter)
http://www.uniterra.de/rutherford/
(Rutherford-Lexikon der Elemente)
http://www.physikserver.de/
(Physikserver)
http://www.physicsweb.org/TIPTOP/
(The Internet Pilot To Physics)

Institutionen:
http://www.dpg-physik.de/ (Deutsche Physikalische Gesellschaft)
http://www.helmholtz.de/ (Hermann von Helmholtz-Gemeinschaft Deutscher Forschungszentren)
http://www.mpg.de/
(Max-Planck-Gesellschaft)
http://www.fhg.de/german/index.html
(Fraunhofer-Gesellschaft)
http://www.ptb.de/ (Physikalisch-Technische Bundesanstalt)
http://www.deutsches-museum.de/
(Deutsches Museum)

Abb.	Abbildung	Jh.	Jahrhundert
Abk.	Abkürzung	lat.	lateinisch
amerik.	amerikanisch	n. Chr.	nach Christus
bzw.	beziehungsweise	S.	Seite
ca.	circa	sog.	so genannt
d. h.	das heißt	s. u.	siehe unten
e. V.	eingetragener Verein	Tab.	Tabelle
engl.	englisch	u. a.	und andere, unter anderem
evtl.	eventuell	u. Ä.	und Ähnliches
frz.	französisch	usw.	und so weiter
ggf.	gegebenenfalls	v.	von
griech.	griechisch	v. a.	vor allem
hg.	herausgegeben	v. Chr.	vor Christus
i. A.	im Allgemeinen	vgl.	vergleiche
i. d. R.	in der Regel	z. B.	zum Beispiel
ital.	italienisch	z. T.	zum Teil

Corbis Picture Press, Hamburg: *13, 37, 45, 51, 81, 104, 138, 185, 329, 346, 410, 411, 434, 459.* – Deutsches Museum, München: *86, 146, 147, 288, 330.* – IBM Almaden Research Center; Almaden (Calif.): *26.* – NASA: *429.* – The Stock Market, Düsseldorf: *103, 111, 406.* – Wacker Siltronic, Freiberg: *167.* – Zeiss, Jena: *275.*

Grafiken und Tabellen Bibliographisches Institut & F. A. Brockhaus, Mannheim

Naturkonstanten

Lichtgeschwindigkeit im Vakuum	c	$2{,}997\ 924\ 58 \cdot 10^8$ m/s
Gravitationskonstante	G	$6{,}673 \cdot 10^{-11}$ m³/(kg·s²)
Elementarladung	e	$1{,}602\ 176\ 46 \cdot 10^{-19}$ C
elektrische Feldkonstante	ε_0	$8{,}854\ 188 \cdot 10^{-12}$ C/(V·m)
magnetische Feldkonstante	μ_0	$1{,}256\ 637 \cdot 10^{-6}$ V·s/(A·m)
plancksches Wirkungsquantum	h	$6{,}626\ 068\ 8 \cdot 10^{-34}$ J · s
Avogadro-Konstante	N_A	$6{,}022\ 142\ 0 \cdot 10^{23}$ 1/mol
Faraday-Konstante	F	$96\ 485{,}34$ C/mol
allgemeine Gaskonstante	R	$8{,}314\ 472$ J/(K·mol)
Molvolumen idealer Gase (im Normzustand)	V_{m0}	$22{,}4140$ dm³/mol
absoluter Nullpunkt		$-273{,}15$ °C
Ruhemasse des Protons	m_p	$1{,}672\ 621\ 6 \cdot 10^{-27}$ kg
Ruhemasse des Neutrons	m_n	$1{,}674\ 927\ 2 \cdot 10^{-27}$ kg
Ruhemasse des Elektrons	m_e	$9{,}109\ 381\ 9 \cdot 10^{-31}$ kg

Einheitenvorsätze

Zahlenwert, mit dem die Einheit multipliziert wird	Vorsatz	Vorsatz-zeichen	Herkunft/Bedeutung
$1\ 000\ 000\ 000\ 000\ 000\ 000 = 10^{18}$	Exa	E	griech. hexa: sechs ($10^{18} = 1000^6$)
$1\ 000\ 000\ 000\ 000\ 000 = 10^{15}$	Peta	P	griech. pente: fünf ($10^{15} = 1000^5$)
$1\ 000\ 000\ 000\ 000 = 10^{12}$	Tera	T	griech. teras: unermesslich groß
$1\ 000\ 000\ 000 = 10^{9}$	Giga	G	griech. gigas: riesig
$1\ 000\ 000 = 10^{6}$	Mega	M	griech. megas: groß
$1\ 000 = 10^{3}$	Kilo	k	griech. chilioi: tausend
$100 = 10^{2}$	Hekto	h	griech. hekaton: hundert
$10 = 10^{1}$	Deka	da	griech. deka: zehn
$1 = 10^{0}$			
$0{,}1 = 10^{-1}$	Dezi	d	lat. decem: zehn
$0{,}01 = 10^{-2}$	Zenti	c	lat. centum: hundert
$0{,}001 = 10^{-3}$	Milli	m	lat. mille: tausend
$0{,}000\ 001 = 10^{-6}$	Mikro	μ	griech. mikros: klein
$0{,}000\ 000\ 001 = 10^{-9}$	Nano	n	griech. nannos: Zwerg
$0{,}000\ 000\ 000\ 001 = 10^{-12}$	Piko	p	ital. piccolo: klein
$0{,}000\ 000\ 000\ 000\ 001 = 10^{-15}$	Femto	f	dän. femto: fünfzehn
$0{,}000\ 000\ 000\ 000\ 000\ 001 = 10^{-18}$	Atto	a	dän. atten: achtzehn

Geschwindigkeitsskala (in Metern pro Sekunde)

Lichtgeschwindigkeit	Atomelektron	Erde um Sonne		Eisenbahn		Fußgänger
10^8	10^6	10^4		10^2		10^0

Leistungsskala (in Watt)

Strahlung Milchstraße	Strahlung Sonne		Strahlung Pulsar	Sonnenstrahlung auf Erde		Gezeiten	Golfstrom
10^{30}		10^{25}		10^{20}	10^{15}		10^{10}